V&R

Universitäre Münzsammlungen im deutschsprachigen Raum

Geschichte, Gegenwart und Zukunft

Herausgegeben von
Katharina Martin, Martin Mulsow und Johannes Wienand

VANDENHOECK & RUPRECHT

Diese Publikation wurde gefördert vom Bundesministerium für Bildung und Forschung im Rahmen des Verbundprojekts [NUMiD] Geschichte prägen/Werte bewahren, Förderkennzeichen 01UQ1705A–C, sowie durch die Numismatische Kommission der Länder in der Bundesrepublik Deutschland e. V. und durch den Open Access-Publikationsfonds der Technischen Universität Braunschweig.

GEFÖRDERT VOM

Bundesministerium für Bildung und Forschung

NUMISMATISCHE KOMMISSION DER LÄNDER IN DER BUNDESREPUBLIK DEUTSCHLAND E.V.

Technische Universität Braunschweig

Bibliografische Information der Deutschen Nationalbibliothek:
Die Deutsche Nationalbibliothek verzeichnet diese Publikation in der Deutschen Nationalbibliografie; detaillierte bibliografische Daten sind im Internet über https://dnb.de abrufbar.

Umschlaggestaltung und Satz: SchwabScantechnik, Göttingen
Druck und Bindung: Elanders Waiblingen GmbH, Waiblingen
Printed in the EU

Vandenhoeck & Ruprecht Verlage | www.vandenhoeck-ruprecht-verlage.com
E-Mail: info@v-r.de

ISBN 978-3-525-30608-6

Der Unterschied ist der schmale Spalt, der im Herzen der Identität aufbricht – inmitten der miteinander identischen Dinge, aus denen nun eines durch seine Abweichung nach Form, Farbe, Materialbeschaffenheit oder seinen Platz in der Chronologie heraussticht. Ohne die Identität bleibt der Unterschied unsichtbar, ohne die Regel die Ausnahme stumm. Es ist die Serie, die das Einzelobjekt trägt, es ist die Reihe der engen Verwandten, die ihm seinen eigentümlichen Platz und seine Signifikanz vermittelt.

Ulrich Raulff

Die Dinge und ihre Verwandten.
Zur Entwicklung von Sammlungen
(2016)

Inhalt

Vorwort

Dieser Band geht auf eine Tagung zurück, die sich zum Ziel gesetzt hatte, erstmals ein umfassendes Bild der Geschichte, Gegenwart und Zukunft universitärer Münzsammlungen im deutschsprachigen Raum zu gewinnen. Ausgewiesene Fachleute und Kuratierende akademischer Sammlungen waren eingeladen, gemeinsam im Herzog Ernst-Kabinett der Forschungsbibliothek Gotha im Ostflügel des Schlosses Friedenstein zu tagen – dem Ort eines einzigartigen numismatischen Sammlungszusammenhangs, zu dem ein weitgehend unverändertes historisches Münzkabinett aus dem frühen 18. Jahrhundert mit bedeutender Münzsammlung sowie ein umfangreicher Bestand an numismatischer Literatur und handschriftlicher Überlieferung zählen. Der Sammlungskomplex geht auf fürstliche Ursprünge zurück und steht heute auf vielfältige Weise in Verbindung zu universitärer Forschung, Lehre und Vermittlung: Während sich die Münzsammlung in der Stiftung Schloss Friedenstein Gotha und die Manuskripte im Landesarchiv Thüringen – Staatsarchiv Gotha befinden, sind das Münzkabinett und die numismatische Literatur der Forschungsbibliothek Gotha der Universität Erfurt zugeordnet.

Das Forschungszentrum Gotha befasst sich mit der wissens- und wissenschaftsgeschichtlichen Entwicklung und Bedeutung der Numismatik und Geldgeschichte, und gemeinsam erschließen die Forschungsbibliothek Gotha und die Stiftung Schloss Friedenstein Gotha die numismatischen Sammlungsbestände und machen sie digital zugänglich. Der Ort war also überaus passend gewählt, der Termin der Tagung hat sich dagegen als weniger günstig erwiesen: Das akademische Zusammenkommen war für den 20./21. März 2020 geplant und musste, wie so viele wissenschaftliche Veranstaltungen in jenem Frühjahr, pandemiebedingt entfallen. Der Austausch hat auf anderen Wegen stattgefunden, und die Beiträge dieses Bandes dokumentieren nun – neben den vielfältigen historischen Facetten der universitären Sammlungskulturen – auch den Grad an Vernetzung, wechselseitiger Unterstützung und Resilienz der akademischen Kabinette in Zeiten von Social Distancing und Homeoffice.

Die Erforschung der Geschichte, Gegenwart und Zukunft der universitären Sammlungskulturen im deutschsprachigen Raum, die im vorliegenden Band mündet, hat ihren Ursprung in dem vom Bundesministerium für Bildung und Forschung (BMBF) von 2017 bis 2021 geförderten Verbundprojekt »Geschichte prägen/Werte bewahren«, das gemeinsam von den Universitäten Düsseldorf, Frankfurt am Main und Erfurt (mit der Forschungsbibliothek Gotha) im Zusammenhang mit dem Netzwerk universitärer Münzsammlungen (NUMiD) sowie in Kooperation mit dem Münzkabinett der Staatlichen Museen zu Berlin und weiteren universitären wie außeruniversitären Partnern durchgeführt wurde. Das Netzwerk universitärer Münzsammlungen umfasst über vierzig numismatische Kollektionen an mehr als dreißig Standorten im deutschsprachigen Raum und darüber hinaus. Die Beiträge dieses Bandes zeugen eindrücklich davon, wie lebendig und produktiv die standortübergreifende Vernetzung der sammlungsbezogenen universitären Numismatik in Forschung und Lehre schon immer war und welche Bedeutung den vielfältigen Kooperationen auch weiterhin zukommt.

Dem BMBF und dem Projektträger beim Deutschen Zentrum für Luft- und Raumfahrt e.V. (DLR), speziell Dr. Kerstin Lutteropp und Dr. Christopher Wertz, gilt ein besonderer Dank der Herausgeber für die Unterstützung des Projekts, für die gute Zusammenarbeit und für die Beteiligung an der Finanzierung dieses Bandes. Für einen großzügigen Zuschuss zu den Druckkosten danken wir ebenso herzlich der Numismatischen Kommission der Länder e.V. Der Universitätsbibliothek Braunschweig danken wir für die Förderung der Open Access Publikation dieses Bandes. Die Fertigstellung des Manuskriptes erfolgte in Verbindung mit einem an der Technischen Universität Braunschweig angesiedelten Projekt der Förderlinie Nationale Forschungsdateninfrastruktur (NFDI) mit Bezug zur Task Area »Collecting« des vom Deutschen Archäologischen Institut geleiteten Konsortiums NFDI4Objects.

Die Koordinierungsstelle für wissenschaftliche Universitätssammlungen in Deutschland hat einen wichtigen Beitrag zur standortübergreifenden Vernetzung der universitären Numismatik geleistet und zur Sichtbarkeit über die Fachkreise hinaus beigetragen, und der wissenschaftliche Beirat des Netzwerks universitärer Münzsammlungen hat das Projekt kontinuierlich unterstützt. Ein großer Dank geht auch an Manuela Mayer und Anna-Sophie Haake für die überaus wertvolle Unterstützung bei der Redaktion der Beiträge und der Publikationsvorbereitung sowie an die zahlreichen Personen und Institutionen, die uns die erforderlichen Reproduktionsrechte für das hier verwendete Bildmaterial eingeräumt haben. Der anonymen Gutachterin möchten wir herzlich für die wertvollen konstruktiven Anregungen danken. Kai Pätzke und seinem Team sind wir zu größtem Dank für die exzellente Betreuung vonseiten des Vandenhoeck & Ruprecht Verlags verpflichtet. Und last but not least möchten wir den Autorinnen und Autoren für ihre faszinierenden Beiträge und die gute Zusammenarbeit ganz herzlich danken.

November 2024
Katharina Martin, Martin Mulsow & Johannes Wienand

Geleitwort

Reinhard Wolters

Ein breit aufgestellter Band zur Geschichte der universitären Münzsammlungen im deutschsprachigen Raum füllt nicht nur für die Numismatik ein Desiderat, sondern ebenso für die Wissenschaftsgeschichte und für die Universitäten. Neben der Orientierung über diese Sammlungen und ihrer forschungsgeschichtlichen Einbettung macht ein solcher Band auch die Rolle der Universitätssammlungen als wesentliche Vorbedingung für erfolgreiche Lehre sichtbar. In Alter und Umfang sowie in ihrer Zusammensetzung sind die Sammlungen so unterschiedlich wie die Universitäten, die sie beheimaten. Ein Überblick zur Entstehung und Entwicklung von rund fünfundzwanzig größeren und kleineren, älteren und jüngeren Universitätsmünzsammlungen im deutschsprachigen Raum und zu den mit ihnen verbundenen Personen und Projekten dient nicht nur der Selbstvergewisserung des Fachs, sondern bereichert auch ganz wesentlich das Bild von »Numismatik« in den Universitäten und darüber hinaus.

An den Universitäten sind die Sammlungen wichtige Ressourcen der Forschung und unverzichtbar für die praktische Ausbildung. Erst das Original bezeugt die Materialität der Objekte. Nur am Original entwickelt sich ein Gespür für Abnutzungen und Erhaltungen, für sekundäre Bearbeitungen oder auch für Fälschungen. Hinzu kommt die Begeisterung der Studierenden, Geschichte in Händen zu halten: Seit Jahrhunderten oder gar mehr als zweieinhalb Jahrtausenden unverändert auf uns gekommene Objekte, deren genaue Betrachtung nach und nach den Wortlaut und Sinn der Legenden, die Bilder mit ihren Chiffrierungen und Bedeutungen sowie die mit der Ausgabe verbundenen Absichten erschließt und so den wirtschaftlichen und kommunikativen Kontext ihrer Präge- und Umlaufzeit in großer Anschaulichkeit erfassen lässt. Münzen in Sammlungen bilden einen nochmals eigenen Kontext, der mit den bei ihrer Anlage verfolgten Strategien, den Paradigmenwechseln und auch Zufällen in gleicher Weise Geschichte erschließt und deren Analyse wesentliche Erkenntnisse verspricht.

Innerhalb des historisch-kulturwissenschaftlichen Kanons nimmt die Numismatik die Position einer Spezialdisziplin ein, die einer maßgeblichen Quellengruppe zugewandt ist.

Als solche ist sie präzise definiert und Teil eines Ganzen. Mit anderen Kleinen Fächern ist ihr das Spannungsfeld von disziplinärem Können und interdisziplinärer Notwendigkeit zu eigen. Die erforderliche Spezialisierung ist Grundlage des hohen Qualitätsstandards und positioniert das Fach gleich international. Doch die mit dieser Expertise zu bearbeitenden relevanten Fragestellungen reichen weit über das Fach hinaus. Diese Anwendungsmöglichkeiten müssen vom Fach erkannt und ebenso von außen an die Numismatik mit ihren Quellen herangetragen werden.

Als Fach zwischen den Disziplinen ist die Numismatik an einer lebendigen Universität bestens aufgehoben, und im Prinzip ist sie an jedem Ort erforderlich. Die inhaltliche und methodische Kompetenz des Kleinen Fachs stärkt auch das Lehrergebnis und den Forschungsertrag der benachbarten Disziplinen. Sammlungen an Universitäten konnten und können profilbildend für die Ausrichtung eines Faches sein, in manchen Fällen strahlen sie über die ganze Universität. In den Objekten, in der Geschichte ihrer Zusammenstellung und Nutzung, in den Betreuern und Erforschern ist auch ein Teil der Identität einer Universität und ganzer Universitätskulturen bewahrt. Numismatik muss sichtbar sein mit dem, was sie tut, ebenso mit dem, was sie kann. Zu dieser Sichtbarkeit über die eigene Disziplin hinaus trägt der vorliegende Band bei.

Die Geschichte der universitären Münzsammlungen im deutschsprachigen Raum – eine Annäherung

Johannes Wienand

Seit Erfindung des Münzgeldes vor etwa 2600 Jahren wurden zunächst im Mittelmeerraum, letztlich über den gesamten Globus hinweg Milliarden und Abermilliarden an Münzen hergestellt und in Umlauf gebracht – in aller Regel in Form kleiner runder Metallscheiben mit beidseitig eingearbeiteten Text- und/oder Bildelementen. Münzen kamen seither in unzähligen menschlichen Interaktionen zum Einsatz und dienten dabei als Zahlungsmittel, Recheneinheit und Wertspeicher, die drei Grundfunktionen von Geld. Von einem Laib Brot bis zu einem ganzen Kriegszug ließ sich mit Münzen so ziemlich alles Denkbare bezahlen. Als Wertgarant stand und steht stets eine wie auch immer geartete politische Autorität ein, deren Geltungsanspruch sich typischerweise in der programmatischen Gestaltung der Münzen etwa mit Wappen, Herrscherporträts oder Wertbegriffen manifestiert. Die Münzautorität vergibt Aufträge zur Produktion von Münzen oder kümmert sich selbst um die nötigen Infrastrukturen und Technologien, auch um das Personal und die Prozesse – von der Metallgewinnung und -verarbeitung über die Prägeverfahren bis hin zu Fragen der Logistik und Buchhaltung –, sie kontrolliert die Güte des Metalls, legt den Münzfuß und die Gestaltungsmerkmale fest und bemüht sich in aller Regel auch, die Gültigkeit des Münzgeldes durchzusetzen und für Preisstabilität zu sorgen.

Münzen spielten und spielen auf diese Weise eine erhebliche Bedeutung im Schnittfeld von Politik, Wirtschaft und Gesellschaft. Aus kulturgeschichtlicher Perspektive sind Münzen als materielle Originalzeugnisse also gerade deshalb so faszinierend, weil ihre technischen Eigenschaften, ihre Bild- und Textgestaltung sowie ihre Präge- und Fundorte so überaus viel darüber verraten, wie Menschen miteinander interagiert, wie sich politische Mächte legitimiert und wie sich ganze Wirtschaftssysteme entwickelt haben: Über die Materialeigenschaften, die Gestaltungsmerkmale einschließlich etwaiger Verwaltungskennzeichen, über die Spuren von Gebrauch und sekundärer Bearbeitung sowie die Verbreitungs- und Überlieferungswege bieten uns Münzen als Quellenmaterial differenzierte Einblicke in historische Zusammenhänge, die sich aus der schriftlichen Überlieferung oftmals nicht gewinnen lassen, jedenfalls nicht für die Vormoderne. Dies gilt selbst unter der

Voraussetzung, dass Münzen neben anderen Geldformen wie Papiergeld sowie Schuldverschreibungen und sonstigen Verbindlichkeiten stets nur einen Teil der Geldmenge abbilden und im privaten Bereich auch unregulierte Geldsurrogate zum Einsatz kommen.

Im Zuge der Entwicklung neuzeitlicher Wissenschaften hat sich ein Bewusstsein des besonderen Erkenntniswertes von Münzen als einer eigenen Gattung historischer Zeugnisse herausgebildet – zunächst in den universalwissenschaftlichen Gelehrtenkulturen der frühen Neuzeit, dann in den sich daraus entwickelnden historischen, archäologischen und philologischen Disziplinen. Besonders stark ausgeprägt war und ist das Interesse an Münzen als Geschichtszeugnissen stets in jenen Disziplinen, die monetarisierte Kulturen erforschen, aber mit einer relativen Armut an literarischer und dokumentarischer Überlieferung konfrontiert sind, also speziell in den Altertumswissenschaften, der Mediaevistik, Byzantinistik und Orientalistik. Zwar existiert auch der weitaus größte Teil der einst in Umlauf befindlichen Münzen heute nicht mehr: Über Zölle, Steuern oder sonstige Abgaben sind Münzen an offizielle Stellen zurückgeflossen, wurden von staatlichen oder privaten Akteuren eingeschmolzen oder umgeprägt, in Schmuck umgearbeitet, als Grabbeigaben verwendet oder als Bestandteil von Horten vergraben, gingen als Einzelstücke verloren oder wurden durch Korrosionsprozesse zersetzt. Anders als bei literarischen und dokumentarischen Quellen ist bei Münzen aber selbst eine geringe Quote erhaltener Einzelexemplare vergleichsweise aufschlussreich: Aufgrund ihrer Herstellung in hohen Auflagen lässt sich schon auf Basis einzelner Belegstücke der emittierten Serien eine insgesamt genaue Kenntnis der Münzproduktion und des Geldumlaufs erlangen.

Mit der Ausbildung des neuzeitlichen Geschichtsinteresses ist folgerichtig auch das Bestreben verbunden, die heute noch greifbaren Münzen früherer Zeiten zu bewahren, zu dokumentieren und zu untersuchen. Den Bezugsrahmen dieser Erhaltungs-, Erfassungs- und Erforschungstätigkeiten bildet die Institution der wissenschaftlichen *Sammlung*. Eine numismatische (also münzkundliche bzw. geldgeschichtliche) Sammlung ist dabei weitaus mehr als ein Ort der reinen Konservierung von Objekten einer bestimmten Gruppe historischer Artefakte. Wie eine Bibliothek Literaturbestände – oder ein Archiv Verwaltungsdokumente – nicht nur bewahrt, so nimmt auch eine Sammlung materieller Kulturgüter die Objekte nicht bloß auf, um sie zu erhalten: Die Sammlung dient immer auch der Systematisierung der Objektbestände und eröffnet Zugänge zu ihnen. Wie Bibliotheken und Archive, so nehmen auch Sammlungen damit eine das Wissenschaftssystem im engeren Sinne transzendierende Rolle als Forschungsinfrastrukturen und Gedächtnisinstitutionen ein. Wissenschaftliche Objektsammlungen sind Arenen der erkenntnisgeleiteten kritischen Auseinandersetzung mit den materiellen Zeugnissen der menschlichen Kultur, der dynamischen Ordnung entsprechender Wissensbestände sowie der Entwicklung und Erprobung wissenschaftlicher Theorie und Praxis. Als Brennpunkte zeitgenössischer Gelehrten- bzw. Wissenschaftskulturen sind Objektsammlungen Bestandteile eines Gefüges forschungsbezogener Werte, Praktiken und Instrumente, das von den unterschiedlichsten Akteuren mit ihren diversen gesellschaftlichen und akademischen Rollen, ihren Netzwerken und Interessen sowie den ihnen eigenen Zugängen und Methoden getragen wird. Das Sammeln selbst fügt den Objektgeschichten der gesammelten Geschichtszeugnisse eine ganz eigene Facette hinzu.

Die im vorliegenden Band versammelten Beiträge sind der Geschichte, Gegenwart und Zukunft speziell der *universitären* Münzsammlungen gewidmet – im Gegensatz etwa zu privaten Sammlungen, musealen Kabinetten oder Fundarchiven der Denkmalämter. Münzsammlungen zählen zu den ältesten Sammlungsbeständen materieller Kulturgüter an Universitäten, und universitäre Sammlungen sind ganz grundsätzlich in die paradigmatische Logik des Zusammenspiels von akademischer Forschung und Lehre eingebunden. In der Gesamtschau betrachtet bieten universitäre Sammlungen gerade deshalb so faszinierende Perspektiven auf die Wissenschaftsgeschichte, da die sammlungsbezogene universitäre Numismatik für jene Fachkulturen, in die sie eingebettet ist, alles andere als ein randständiges Phänomen darstellt: Die Geschichte speziell der Altertumswissenschaften (insbesondere der griechisch-römischen Geschichte, der klassischen Archäologie und der klassischen Philologie) sowie der Orientalistik (vor allem der Islamwissenschaft) wäre ohne die Geschichte ihrer Sammlungen unvollständig. Von Studierenden über wissenschaftliche Hilfskräfte, Promovierende und Mitarbeitende bis zu den Professorinnen und Professoren hat sich in den genannten Fächern stets eine nicht zu unterschätzende Zahl an Akteuren der akademischen Wissenschaft auf die eine oder andere Weise in Forschung, Lehre und akademischer Selbstverwaltung mit numismatischen Sammlungen auseinandergesetzt. Von den Ursprüngen der neuzeitlichen Wissenschaften im 16./17. Jahrhundert bis heute hat dies die handelnden Personen inspiriert, ihr akademisches Selbstverständnis beeinflusst und die Bedeutung ihrer wissenschaftlichen Einrichtungen geprägt, auch wenn sich die Strukturen, Funktionen und Dynamiken der Arbeit an und mit universitären Sammlungen über die Zeiten hinweg gewandelt haben.

Numismatische Objekte haben schon in kaum einer frühen Gelehrtensammlung gefehlt. Bereits hier zeigt sich, dass die Sammlungen der Professoren anders zustande kamen und anders genutzt wurden als etwa fürstliche Sammlungen, die mit größeren Budgets oft über diplomatische Kontakte zusammengetragen wurden und auf Repräsentativität ausgelegt waren. In den »Kunst- und Wunderkammern« der Gelehrten, die deren polyhistorische Privatbibliotheken um materielle Natur- und Kulturzeugnisse ergänzten, wurden Münzen neben anderen Artefakten und Naturalien unter Kollegen wechselseitig zugänglich gemacht, sie flossen in Abhandlungen ein, auch in Form entsprechender Zeichnungen bzw. Stiche, wurden in der Gelehrtenkorrespondenz diskutiert und motivierten die akademischen Schüler zur kritischen Auseinandersetzung mit der historischen Evidenz. Vom 17. bis 19. Jahrhundert wurden an zahlreichen Universitäten – nicht selten von solchen professoralen Universalsammlungen ausgehend – akademische Münzsammlungen institutionalisiert, die in der elitären Gelehrtenkultur ihre Bedeutung als prägnante Bezugspunkte in den Begegnungen von Professoren und Studenten, Bibliothekaren und Rektoren, Fürsten und Geistlichen, Mäzenen und Handelsreisenden weiter ausbauen konnten.

Um die gesammelten Objektbestände herum, die zunächst vor allem an Universitätsbibliotheken, später zunehmend an akademischen Instituten in eigens angepassten oder auch speziell angefertigten Möbeln verwahrt wurden, oftmals in räumlicher Nachbarschaft zu Beständen wissenschaftlicher Literatur, entwickelten sich entsprechende Ordnungssysteme und Dokumentationsstrategien, Forschungszugänge und Lehrkonzepte. In der frühneuzeitlichen Wissenschaftskultur hat die Auseinandersetzung mit den Sammlungsobjekten eine Vielfalt an historischen, ikonographischen und philologischen, teils aus heutiger Sicht auch kuriosen medizinhistorischen, religionswissenschaftlichen oder zoologisch-botanischen Einzelbeobachtungen angeregt, aber auch breiter angelegte Untersuchungen etwa zur Entwicklung von Herrschertitulaturen oder -porträts hervorgebracht. Speziell islamische Münzen wurden nicht zuletzt wegen ihrer besonderen Bedeutung als kleinformatige Schriftträger gesammelt, da sie durch den Verzicht auf Bilder mehr Raum für Inschriften boten und teilweise ganze Herrschaftshierarchien abbilden konnten. In den betreffenden Fächern haben universitäre Münzsammlungen auch eine wichtige Rolle für die Ausbildung des Prinzips der Autopsie gespielt, die Arbeit an und mit den Beständen in Forschung und Lehre hat also die Sensibilität für den wissenschaftlichen Mehrwert der unmittelbaren Auseinandersetzung mit historischen Originalzeugnissen erhöht und konnte so auch die methodischen Zugänge zu anderen Objektgruppen, etwa Inschriften, Papyri und Skulptur, beeinflussen.

Von diesen Voraussetzungen her wurde im Prozess der disziplinären Ausdifferenzierung des Wissenschaftssystems, mit seinem Höhepunkt im 19. und 20. Jahrhundert, die wissenschaftliche Bedeutung universitärer Münzsammlungen weiter konturiert, nicht zuletzt dadurch, dass die meisten numismatischen Sammlungen, die bis dahin noch von den Bibliotheken verwahrt wurden, nun an akademische Forschungsinstitute übertragen wurden. Auch wenn die Sammlungsverantwortlichen typischerweise kein kohärentes Sammlungskonzept für den Ausbau der universitären Münzsammlungen verfolgten, wurden die Originalbestände vielerorts erweitert, wobei auch dem nun stärker gewerbsmäßig agierenden Münzhandel eine wachsende Bedeutung zukam – teils direkt bei Ankäufen durch die Universitäten, teils indirekt über mit den Universitäten verbundene Privatsammler. Im Umfeld der Sammlungen entstanden regelrechte numismatische Spezialbibliotheken, und an einigen Standorten wurden zu Forschungszwecken auch Sammlungen an Gipsabgüssen historischer Münzen oder Kollektionen anderer Arten von Repliken angelegt. Die eher repräsentativen Möbel früherer Zeiten wurden durch funktionalere Aufbewahrungssysteme ersetzt, mehrfach wurden mit Blick auf Zugriffsschutz und Brandsicherheit auch Tresore angeschafft. Mit den Sammlungen verband sich nun, auch im Zuge einer zunehmenden Vernetzung mit Museen und außeruniversitären archäologischen Diensten, die Entwicklung genuin numismatischer Forschungsmethodiken, die in die bis heute grundlegenden Katalogisierungs- und Typologisierungsprojekte mündeten sowie durch Stempelanalysen und metallurgische Untersuchungen ein differenziertes Verständnis der Produktionsprozesse und des Münzumlaufs hervorgebracht haben. Durch fachliche Spezialisierungen an den verantwortlichen Lehrstühlen konnten nun allerdings auch Phasen auftreten, in denen einzelne universitäre Sammlungen aus dem Blick gerieten, denn die Freiheit akademischer Forschung und Lehre schließt auch die wissenschaftliche Souveränität ein, hinwegzusehen über das, was vorausgegangene Generationen aufgebaut haben. Speziell an den Standorten mit größeren Beständen an orientalischen Münzen kommt hinzu, dass flächendeckend eine durchgehende sachkundige Betreuung schon wegen der überschaubaren personellen Aufstellung der Fachcommunity kaum je möglich war.

In der ersten Hälfte des 20. Jahrhunderts haben sich zudem die Wirtschaftskrise sowie nationalistische Tendenzen und schließlich der Nationalsozialismus erkennbar auf die Personal- und Sammlungspolitik ausgewirkt. Die Kassen wurden zunehmend knapper, die Berufsperspektiven von Wissenschaftlerinnen und Wissenschaftlern wurden zunehmend eingeschränkt, wenn sie in der totalitären Logik der »Rassegesetzgebung« als jüdisch oder als politisch unzuverlässig galten. Die Zerstörungen des Zweiten Weltkriegs, Beschlagnahme und Verbringung von Objektbeständen in die Sowjetunion sowie sonstige Verluste in den Wirren der frühen Nachkriegszeit haben Spuren und Lücken in den Sammlungen hinterlassen. So verschwanden beispielsweise in Göttingen im Zuge einer Umlagerung, die durch die Britische Rheinarmee 1945 erfolgte, ausgerechnet Münzen der Britischen Inseln. Die Blockbildung im Kalten Krieg bis zur Öffnung des Eisernen Vorhangs hat die Möglichkeiten standortübergreifender wissenschaftlicher Zusammenarbeit eingeschränkt.

Lichtblicke für die universitären Sammlungen waren in dieser Zeit die Restituierung von Beutekunst, der dynamische Ausbau einer Reihe sehr forschungsstarker Standorte universitärer Numismatik (teils vorübergehend, teils nachhaltiger: Basel, Düsseldorf, Frankfurt, Heidelberg, Münster, Saarbrücken, Tübingen, Wien und andere) und sogar die Neueinrichtung universitärer Münzsammlungen an neugegründeten »Reformuniversitäten«. Seit den frühen 1980er Jahren wirken erste universitäre Münzsammlungen an der Sylloge Nummorum Graecorum (SNG) mit, einer standortübergreifenden internationalen Sammlungspublikation der griechischen Münzprägung, und in den späten 1980er Jahren wurde mit Unterstützung der Volkswagenstiftung der größte jemals für eine universitäre Münzsammlung im deutschsprachigen Raum verwirklichte Ankauf einer wissenschaftlich bedeutenden Privatsammlung vollzogen: Die Universität Tübingen, flankiert durch die Einrichtung einer Forschungsstelle für Islamische Numismatik Tübingen (FINT), konnte so eine wissenschaftliche Sammlung islamischer Münzen von Weltrang begründen, vor Ort ergänzt durch eine entsprechende Forschungsbibliothek sowie eingebettet in ein akademisches Umfeld, zu dem auch das damals noch von der Deutschen Forschungsgemeinschaft finanzierte Sondersammelgebiet »Vorderer Orient« und der Tübinger Atlas des Vorderen Orients zu zählen sind. In Anlehnung an die SNG wird seit den 1990er Jahren der Tübinger Bestand islamischer Münzen in der Sylloge Numorum Arabicorum Tübingen (SNAT) publiziert.

Die zunehmende Aussagekraft metallurgischer Analysen hat um die Mitte des 20. Jahrhunderts auch neue Erkenntnisse speziell zur Rohstoffgewinnung, zu den Produktionsprozessen und zum Geldumlauf beflügelt, und in den 1970er und 1980er Jahren wurde im Umfeld universitärer Münzsammlungen erstmals mit den Möglichkeiten experimentiert, Verfahren der elektronischen Datenverarbeitung zur seriellen Erforschung historischer Münzen zu nutzen. Nachdem von den 1970er Jahren bis in die frühen 2000er Jahre hinein universitäre Sammlungen insgesamt durch die sich wandelnde gesellschaftliche Bedeutung der Hochschulen, durch entsprechende Reformen und durch die strukturelle Unterfinanzierung des öffentlichen Wissenschaftssektors in Bedrängnis geraten sind, konnte sich die Situation durch Projektförderungen in jüngster Zeit wieder etwas entspannen. Zugleich rückten nun Fragen der Provenienzforschung sowie verstärkt Bemühungen um standortübergreifende Zusammenarbeit in der Digitalisierung der Sammlungsbestände in den Vordergrund, womit ganz eigene Implikationen für den Aufbau entsprechender Forschungsinfrastrukturen in einem zunehmend global interagierenden Wissenschaftssystem einhergehen.

Als Grundwissenschaft (oder »Hilfswissenschaft«) konnte sich die sammlungsbezogene Numismatik speziell in den Altertumswissenschaften und der Orientalistik zu einem vergleichsweise breiten und facettenreichen Feld entwickeln, obwohl die Universitäten – anders als für ihre Bibliotheken und Archive – nur selten gesonderte Budgets für den Erhalt und die Entwicklung numismatischer Sammlungen bereitstellen wollten. Im Gegensatz zu anderen Gattungen historisch aussagekräftiger materieller Artefakte (Inschriften, Papyri, Plastik und Skulptur, dekorierte Keramik, Architekturfragmente, Schmuck, Textilien) waren Münzen aber stets vergleichsweise einfach zu beziehen (auch in größeren Mengen), sie sind zudem relativ unkompliziert in der Handhabung, sie lassen sich verhältnismäßig platzsparend aufbewahren und sind robust genug, um regelmäßig in der akademischen Lehre eingesetzt werden zu können. Die handlichen und recht unempfindlichen Einzelobjekte können in nahezu allen Veranstaltungstypen im Rahmen entsprechender Lehreinheiten verwendet werden, zugleich lassen sich mit einer universitären Sammlung auch spezialisierte numismatische Lehrveranstaltungen durchführen. Von der Bestandsaufnahme und Bestimmung über die Detailanalyse bis hin zur Interpretation und historischen Kontextualisierung können unterschiedliche wissenschaftliche Arbeitsschritte durchlaufen und Forschungsmethoden diskutiert werden. Heute lässt sich die numismatische Lehre auch direkt mit der Digitalisierung der Sammlungsbestände koppeln, zudem wurden und werden immer wieder Lehrprojekte durchgeführt, die unter aktiver Mitwirkung von Studierenden zu (physischen oder virtuellen) Ausstellungen führen.

Aufgrund ihrer besonderen Eigenschaften bieten sich Münzen dabei für eine Vielfalt an Zugängen und Fragestellungen an – neben Aspekten der Geld- und Wirtschaftsgeschichte auch zu sozial- und kulturhistorischen Interessen –, und sie können im akademischen Unterricht sowohl zu Zwecken der fachlichen Hinführung wie auch für spezialisiertere Studien etwa im Rahmen von Hausarbeiten oder Abschlussarbeiten genutzt werden. An mehreren Standorten werden in Verbindung mit numismatischen Sammlungen spezielle Weiterbildungskurse (Spring School, Summer School, Autumn School) angeboten, und wo numismatisches Quellenmaterial in Promotionen herangezogen wird, sind die angehenden Wissenschaftlerinnen und Wissenschaftler nicht selten zuvor über universitäre Münzsammlungen erstmals in Kontakt gekommen mit dem historischen Material. Von einzelnen Lehrstühlen und bedeutenden Forscherpersönlichkeiten aus haben sich so regelrechte akademische Schulen der sammlungsbezogenen Numismatik ausbilden können.

Hinsichtlich der Eingrenzung des vorliegenden Bandes speziell auf universitäre Münzsammlungen soll hier noch präzisiert werden, dass sich an Universitäten auch Leihgaben und Dauerleihgaben von Privatpersonen oder außeruniversitären öffentlichen Einrichtungen befinden, die also nicht eigentlich zum Besitz der Universitäten zählen, zudem gibt es vor allem in der Schweiz (dazu unten mehr), aber auch in Deutschland und Österreich vormals universitäre Sammlungsbestände, die heute zu städtischen Institutionen oder Landeseinrichtungen gehören. So geht beispielsweise der Kernbestand des Münzkabinetts des Stadtarchivs Mainz auf die Sammlung der alten kurfürstlichen Universität zurück, und in München dürften vormals universitäre Sammlungsbestände in die Staatliche Münzsammlung eingegangen sein (dies lässt sich nach dem Verlust des Akzessionsbuchs im Zweiten Weltkrieg allerdings nicht mehr sicher nachvollziehen). Im Regelfall sind die Münzsammlungen deutscher und österreichischer Universitäten aber an den Hochschulen geblieben, wo sie typischerweise direkt an den wissenschaftlichen Instituten geführt werden, zu in etwa gleichen Teilen an archäologischen und an althistorischen Instituten, seltener auch an orientalistischen, theologischen, byzantinistischen und philologischen Instituten bzw. Abteilungen sowie an den Universitätsbibliotheken (wie in Erlangen-Nürnberg, Freiberg, Konstanz oder Leipzig). An der Humboldt-Universität zu Berlin und in Greifswald sind numismatische Sammlungen universitären Kustodien zugeordnet, und in einigen Fällen werden akademische Münzsammlungen auch von universitären Museen kuratiert oder jedenfalls Teile daraus dort ausgestellt – so etwa im Akademischen Kunstmuseum der Universität Bonn, im Archäologischen Universitätsmuseum der Universität Innsbruck, in der Antikensammlung · Kunsthalle zu Kiel der Christian-Albrechts-Universität zu Kiel, im Museum Alte Kulturen der Universität Tübingen oder im Martin von Wagner Museum der Universität Würzburg.

Der vorliegende Band konzentriert sich nun auf universitäre Münzsammlungen speziell *im deutschsprachigen Raum*. Diese Eingrenzung ist in besonderem Maße erklärungsbedürftig, denn die deutschsprachige Wissens- und Wissenschaftskultur ist kein homogenes Gebilde, sie lässt sich kaum konsequent eingrenzen, und sie hat sich auch nicht überall in gleicher Weise entwickelt: Vieles hängt von einzelnen Akteuren, ihren Interessen und Netzwerken ab, aber auch von lokalen Gegebenheiten, speziellen institutionellen Voraussetzungen, von unterschiedlichen politischen und rechtlichen Rahmenbedingungen und von Zufällen. Wir begegnen heute einer entsprechend heterogenen Landschaft universitärer Münzsammlungen im deutschsprachigen Raum, die aus diesen Voraussetzungen hervorgegangen ist. Was hier mit der deutschsprachigen akademischen Sammlungskultur umrissen wird, lässt sich also nur näherungsweise bestimmen. Drei Aspekte, die die Eingrenzung erschweren, sollen besonders hervorgehoben werden.

Erstens war und ist das, was in der deutschsprachigen Wissenschaft passiert, stets auf vielfältige Weise verflochten mit den Entwicklungen im restlichen Europa und darüber hinaus. Bestimmte Tendenzen lassen sich beispielsweise auch in Frankreich, Italien oder England feststellen, und die Entwicklungen interagieren miteinander und reagieren aufeinander. Dies galt schon im 17. Jahrhundert für die internationalen Gelehrtennetzwerke; es galt für die Zeit des Kolonialismus und der Missionstätigkeit; es galt für die Ära der Ausbildung der Nationalstaaten und der Entwicklung des modernen Wissenschaftssystems; und es gilt in besonderer Weise auch heute, unter den Vorzeichen der globalen Vernetzung im digitalen Raum – auch wenn sich die aus der öffentlichen Hand finanzierten Förderprogramme (auf die ein »kleines«, also strukturell schwaches Fach wie die Numismatik so elementar angewiesen ist) meist weiter an den Landes- oder Bundesgrenzen orientieren und damit eine freie Entwicklung der wissenschaftlichen Netzwerke konterkarieren, vielfach eine Wahl der Kooperationspartner nach Zugehörigkeit zur entsprechenden politischen Einheit einfordern und so (je nach Zuschnitt) standortübergreifende, überregionale bzw. internationale Kooperationen erschweren.

Zweitens haben sich in den historischen Anfängen der akademischen Sammlungskulturen die Sprach- und Nationalgrenzen noch ganz anders dargestellt, und in den akademischen Milieus spielten neben Englisch, Französisch und Italienisch auch etwa Russisch, Tschechisch oder Ungarisch eine Rolle. Noch in den 1830er Jahren hielt der Theologe und Orientalist Johann Gustav Stickel (1805–1896), der Begründer der orientalischen Münzsammlung in Jena, sein numismatisches Oberseminar ganz selbstverständlich in Latein ab. Zugleich können ein Universitätsstandort wie Königsberg, die heutige russische Enklave Kaliningrad, wo sich die Ursprünge der universitären Münzsammlung ins erste Viertel des achtzehnten Jahrhunderts zurückverfolgen lassen, oder auch Lemberg, das heutige Lwiw in der Westukraine, das im letzten Viertel des 18. Jahrhunderts von den Habsburgern mit einer universitären Münzsammlung ausgestattet wurde, als Teil der deutschsprachigen Wissen- und Wissenschaftskultur verstanden werden. Ähnliches gilt für die heutige Eötvös Loránd Universität in Budapest, deren Münzsammlung auf Ursprünge Mitte des achtzehnten Jahrhunderts in einem akademischen Jesuitenkolleg in Tyrnau (ungar. Nagyszombat, heute Trnava in der Slowakei) zurückgeht, für die damalige Karls-Ferdinands-Universität in Prag, deren Münzsammlung in der zweiten Hälfte des 18. Jahrhunderts angelegt wurde, oder auch für Straßburg, wo die Anfänge der Münzsammlung im letzten Viertel des neunzehnten Jahrhunderts liegen.

Drittens lassen sich auch innerhalb des deutschsprachigen Raums deutliche Unterschiede ausmachen. Dies zeigt sich speziell mit Blick auf besondere historische Entwicklungstendenzen in der deutschsprachigen Schweiz, die dazu geführt haben, dass an den dortigen Universitäten heute keine vergleichbar stark ausgeprägten numismatischen Forschungsinfrastrukturen bestehen, wie sie uns in Deutschland und Österreich begegnen – und dies, obwohl sich die Geschichte universitärer Münzsammlungen in der Schweiz weiter zurückverfolgen lässt als anderswo und eine vielfältige Landschaft wissenschaftlicher numismatischer Sammlungen freilich auch in der Schweiz existiert – sie erstreckt sich aber heute primär über Bibliotheken, städtische und kantonale Museen, Stiftungen sowie Klöster und (speziell bei Fundmünzen) auch Archive der archäologischen Dienste.

Das Beispiel der Universität Basel, der ältesten Universität der Schweiz, deren Geschichte ins 15. Jahrhundert zurückreicht, zeigt vielleicht am deutlichsten, woran dies liegt: Für das 17. Jahrhundert – darin vergleichbar etwa Jena, Göttingen oder Halle – ist im universitären Gelehrtenmilieu Basels die Bedeutung privater Münzsammlungen gut greifbar, und im Jahr 1661 haben die Stadt und die Universität gemeinsam eine bedeutende private Münzsammlung für die Universität angekauft. Damit wurde vielleicht sogar das älteste universitäre Münzkabinett im deutschsprachigen Raum begründet: Die Rede ist von der im sogenannten Amerbach-Kabinett enthaltenen numismatischen Kollektion, deren Keimzelle der Nachlass des Humanisten Erasmus von Rotterdam (gest. 1536) bildete, aus dessen Sammlungstätigkeit unter anderem auch eine hellenistische, eine kaiserzeitliche und eine spätantike Goldmünze eingegangen sind. Der Rechtsgelehrte Bonifacius Amerbach (1495–1562), der den Nachlass übernahm, hat daraus durch eigene Sammlungstätigkeit eine umfassendere Münzsammlung geformt. Sein Sohn Basilius Amerbach (1533–1591), der unter anderem als Rektor der Universität Basel wirkte, übernahm und inventarisierte die Sammlung und baute sie über seine vielfältigen Kontakte in Europa weiter aus, bis sie um die 4 000 Objekte umfasste – darunter etwa 1 000 antike Münzen, vor allem römische Prägungen der Kaiserzeit, sowie mittelalterliche und neuere Münzen und Medaillen, auch Paduaner, Brakteaten und Münzen aus verschiedenen Funden. 1661 ging also eine beachtliche numismatische Gelehrtensammlung mit einer ganz besonderen frühneuzeitlichen Sammlungsgeschichte an die Universität Basel – an eine Universität, die heute über keine nennenswerte Münzsammlung mehr verfügt, abgesehen von einer (immerhin mehrere tausend Objekte umfassenden) Sammlung an Gipsabgüssen antiker Münzen, die größtenteils durch den ungarischen Altertumswissenschaftler Andreas Alföldi (1895–1981) zusammengetragen wurde, als dieser von 1952 bis 1956 vier Jahre lang als Professor für Alte Geschichte in Basel wirkte, und abgesehen von einer kleineren Zahl vor allem antiker griechischer Münzen.

Der Einschnitt, der zum Abzug der frühneuzeitlichen numismatischen Gelehrtensammlung von der Universität Basel führte, liegt in den 1830er Jahren, als ein Gesetz über das Universitätsgut verabschiedet wurde, mit dem der Besitz der Universität, einschließlich der Sammlungen, zu einem »an die Örtlichkeit der Stadt Basel unauflöslich geknüpft[en] Eigentum des Kantons Basel-Stadtteil« wurde. Das Münzkabinett, dessen Wert damals auf 11 000 Franken geschätzt wurde, ging wenige Jahre später an das 1849 eröffnete Museum an der Augustinergasse über, die Vorgängerinstitution des Historischen Museums Basel. Jacob Burckhardt (1818–1897), der den Lehrstuhl für Geschichte und Kunstgeschichte an der Universität erst übernahm, als es dort schon kein eigentliches universitäres Münzkabinett mehr gab, nämlich im Jahr 1858, hat mit seiner privaten Münzsammlung gearbeitet, aus der ein Nachkomme im Jahr 2018, zum 200. Geburtstag des Gelehrten, eine kleine Kollektion von 50 römischen Münzen mit sorgfältig beschrifteten Unterlegzetteln auch bezeichnenderweise nicht etwa der Universität, sondern dem Historischen Museum stiften sollte.

Die Universitäten in Zürich und Bern wurden erst im frühen 19. Jahrhundert gegründet, als sich in der Schweiz der Trend, private Stiftungen numismatischer Sammlungen eher an die öffentlichen städtischen oder kantonalen Einrichtungen zu geben, schon deutlich abzuzeichnen begann. Die übrigen Schweizer Universitäten (Genf, Lausanne, Fribourg) sind Gründungen der zweiten Hälfte des 19. Jahrhunderts. Dass auch dort der kantonale Sog wirkte, zeigt die Geschichte der durch private Stiftungen entstandenen Münzsammlung des Collège Saint-Michel in Fribourg, eines vormaligen Jesuitenkollegs, dessen säkularisierte Nachfolgeinstitution 1889 zur Keimzelle der neugegründeten Universität wurde, die auch die Sammlungen des Kollegs übernahm, diese Anfang der 1920er Jahre aber an das Musée d'Art et d'Histoire übergingen, wo sich die Bestände noch heute befinden. Darüber hinaus ist die Université de Fribourg, neben dem Kanton und einem Förderverein, an der Trägerschaft des musée BIBLE+ORIENT beteiligt, das über eine Sammlung an Münzen vor allem aus der antiken Levante verfügt. Auch diese Bestände befinden sich, anders als die weitaus meisten numismatischen Sammlungen deutscher und österreichischer Universitäten, in einem professionell geführten Museum, auch wenn die Universität hier formal Besitzerin der Sammlungsbestände ist.

Da die öffentlichen Museen – wo sich personelle Wechsel und individuelle Forschungsinteressen weit weniger stark auf die kuratorische Pflege der Bestände auswirken als an universitären Instituten – gut aufgestellte und leicht zugängliche numismatische Sammlungen führen, allen voran das Münzkabinett der Stadt Winterthur, besteht in der Schweiz seit dem 19. Jahrhundert im Grunde kein dringender Bedarf mehr, noch umfassendere Münzsammlungen direkt an universitären Instituten einzurichten. In ganz ähnlicher Weise konnten beispielsweise auch in Berlin und München unter dem Eindruck der bedeutenden öffentlichen Münzkabinette universitäre Münzsammlungen nicht wie an anderen Standorten florieren. Wien stellt in dieser Hinsicht eine Ausnahme dar, aber auch dort wurde in der universitären Lehre und Forschung lange in erster Linie mit den numismatischen Beständen des Kunsthistorischen Museums gearbeitet, dessen Mitarbeiter auch den Großteil der numismatischen Lehre in Wien bestritten. Erst Ende des 19. Jahrhunderts wurde an der Universität ein numismatischer Lehrapparat eingerichtet, der den Grundstock für die Bibliothek und die Münzsammlung des dann 1965 gegründeten Instituts für Numismatik und Geldgeschichte legen sollte – einer in ihrer Art europaweit einzigartigen Einrichtung. In der Schweiz haben nach den 1830er Jahren nur vorübergehend einzelne Wissenschaftler, wie etwa Alföldi in Basel, darauf hingearbeitet, in ihren eigenen Abteilungen Münzsammlungen zu etablieren. Darüber hinaus finden sich an Schweizer Universitäten heute nur eher zufällig zusammengekommene kleinere numismatische Bestände, wie eine wohl auf das 18. Jahrhundert zurückgehende Sammlung von etwa 130 Münzen am Frey-Grynaeischen Institut der Universität Basel, die 1943 von Herbert A. Cahn (1915–2002) dokumentiert wurde, oder eine überschaubare Anzahl an Münzen, die Ernst Jenni (1927–2022), von 1958 bis 1997 Professor für Altes Testament und Semitische Sprachwissenschaft in Basel, in den 1950er und 1960er Jahren von Reisen nach Israel, ins Westjordanland und nach Jordanien mitgebracht hat und die sich heute in der Archäologischen Sammlung der Theologischen Fakultät Basel befinden. Die skizzierten Voraussetzungen bedingen, dass universitäre Münzsammlungen der Schweiz im vorliegenden Band in den Hintergrund treten.

Auch wenn die Geschichte universitärer Münzsammlungen also nur näherungsweise auf den deutschsprachigen Raum eingegrenzt werden kann und dieser Zuschnitt keinesfalls exklusiv oder gar essentialistisch zu verstehen ist, so lässt sich doch insgesamt feststellen, dass sich – bei allen Verflechtungen, aber auch Differenzen – in jenem Wissenschaftsraum, der hier in den Blick genommen wird, eine vergleichsweise stark ausgeprägte und vielfältige akademische Sammlungskultur ausgebildet hat: Vom ausgehenden siebzehnten bis ins frühe zwanzigste Jahrhundert hinein hat sich hier die akademische Numismatik in einem so engen Bezug zur Institution des wissenschaftlichen Sammelns entwickelt, dass akademische Münzsammlungen zu einem regulären Bestandteil der Altertumswissenschaften und der Orientalistik werden konnten und selbst an Standorten mit dünner Personaldecke in den fraglichen Arbeitsbereichen anzutreffen sind. Dieser Nexus ist so stark, dass sogar in einer Reihe erst in der zweiten Hälfte des 20. Jahrhunderts neu gegründeter Universitäten noch (in diesen Fällen von vornherein altertumswissenschaftlich ausgerichtete) numismatische Sammlungsbereiche eingerichtet wurden – so in Bochum oder Düsseldorf.

Jede dieser universitären Münzsammlungen hat letztlich ihren eigenen Charakter und ihre eigene Geschichte. In einigen Fällen haben sich auch regelrechte Spezialsammlungen ausgebildet, etwa an der TU Bergakademie Freiberg eine außergewöhnliche Kollektion an Bergbaugeprägen, in Köln (Institut für Altertumskunde, Klassische Philologie) eine umfassende Sammlung ptolemäischer und römische Münzen aus Alexandria, in Würzburg eine Sammlung archaischer und klassischer griechischer Prägungen mit ikonographisch besonders anspruchsvollen Bildmotiven, darunter speziell Nymphendarstellungen auf thessalischen Kleinstücken, oder in Jena und Tübingen die bereits genannten umfangreichen Spezialsammlungen zur islamischen Münzkunde. Dass auch kleinere Sammlungen bemerkenswerte Schwerpunkte aufweisen können, beweist die Münzsammlung des Historischen Instituts der Universität Mannheim mit ihrem Fokus auf Frauenporträts. Weitere Standorte legten oder legen spezifische Forschungsschwerpunkte, so Düsseldorf und Frankfurt mit umfassenden Gipsabgusssammlungen zur Erforschung speziell der antiken griechischen Münzprägung, Erlangen-Nürnberg und Frankfurt mit stark ausgeprägter Forschung im Bereich materialwissenschaftlicher Analysen oder Heidelberg mit einem standortübergreifenden Netzwerk zur Erforschung von Fundmünzen.

So individuell die einzelnen Sammlungen auch sind, innerhalb ihres gemeinsamen Bezugs auf die numismatische Wissens- und Wissenschaftskultur bilden sie doch ein Gesamtgefüge mit einem dezentralen Bestandskomplex numismatischer Sammlungsobjekte, der sich letztlich auch nur als solcher wissenschaftsgeschichtlich umfassend beschreiben lässt. Insgesamt sind es heute etwa 50 Universitätsstandorte mit numismatischen Objektbeständen, die sich unter dem skizzierten Zuschnitt als akademische Münzsammlungen des deutschsprachigen Raums ansprechen lassen (für eine Gesamtübersicht der im vorliegenden Band thematisierten Sammlung siehe den entsprechenden Index im Anhang). Die meisten dieser universitären Münzsammlungen verfügen über einen vierstelligen Bestand numismatischer Originalobjekte, teilweise können universitäre Münzsammlungen aber auch deutlich umfangreicher werden und in Einzelfällen erstaunliche Dimensionen annehmen, wie etwa die Münzsammlung der Universitätsbibliothek Leipzig mit ca. 90 000 Objekten oder die Sammlung der Forschungsstelle für Islamische Numismatik Tübingen mit über 80 000 Objekten.

Aktuell lässt sich der Gesamtbestand der universitären Münzsammlungen im deutschsprachigen Raum noch nicht mit abschließender Genauigkeit quantifizieren. Die Bemühungen, einen verlässlichen Überblick zu gewinnen, reichen inzwischen mehr als drei

Jahrzehnte zurück. Anfang der 1990er Jahre hat der Althistoriker Peter Robert Franke (1926–2018) im Auftrag der Numismatischen Kommission eine »vorläufige Zusammenstellung« der numismatischen Sammlungsbestände an Universitäten in Deutschland erarbeitet. Die (unveröffentlichte) Übersicht nennt 34 universitäre Standorte mit numismatischen Sammlungen, für welche Bestandszahlen an Originalobjekten meistens im vierstelligen Bereich gemeldet wurden. Insgesamt ergibt sich aus der Liste ein Gesamtbestand von knapp 200 000 numismatischen Originalobjekten, davon etwa 100 000 antike Münzen.

Die sammlungsgeschichtliche Forschung des Netzwerks universitärer Münzsammlungen (NUMiD) hat ergeben, dass die Bestände numismatischer Originalobjekte umfangreicher sind: Bei den von Franke erfassten universitären Standorten umfassen sie wahrscheinlich um die 300 000 Objekte. In Deutschland kommen weitere, von Franke nicht berücksichtigte Sammlungen hinzu, zudem verfügen auch Universitäten in Österreich und der Schweiz über numismatische Bestände, wobei schon die Sammlung des Instituts für Numismatik und Geldgeschichte in Wien über 30 000 Objekte umfasst. Die universitären Münzsammlungen im deutschsprachigen Raum bewahren damit heute Bestände im Umfang von schätzungsweise zwischen 350 000 und 400 000 numismatischen Originalobjekten – ohne jene Standorte, die zwar einst, zumindest zeitweise, zum deutschsprachigen Wissenschaftsraum zählten, sich heute aber in Ländern mit anderer Gemeinsprache befinden (etwa Budapest, Königsberg, Lemberg, Prag oder Straßburg); ausgenommen auch diejenigen Sammlungsbestände, die sich zwar zwischenzeitlich an Universitäten befanden, heute aber verschollen sind oder an außeruniversitären öffentlichen Einrichtungen verwahrt werden; und ohne Berücksichtigung der Objektbestände an Repliken, vor allem der Gipsabgusssammlungen, die an einigen Standorten (Basel, Düsseldorf, Frankfurt, Münster, Wien) ebenfalls einen erheblichen Umfang aufweisen. Zum Vergleich: Das Fitzwilliam Museum Cambridge zählt mit ca. 60 000 antiken Münzen bereits international zu den zehn »core collections« der antiken Numismatik.

Insgesamt handelt es sich also um einen bemerkenswert umfangreichen dezentralen Sammlungskomplex, dessen Gesamtbestand zahlenmäßig zwischen den Kollektionen der Staatlichen Münzsammlung München (mit ca. 300 000 Objekten) und des Münzkabinetts der Staatlichen Museen zu Berlin (ca. 540 000 Objekte) einzuordnen ist. Bemerkenswert ist der Gesamtbestand numismatischer Originalobjekte der universitären Münzkabinette aber nicht nur quantitativ, sondern auch deshalb, da sich die universitären Sammlungen hinsichtlich Genese, Zusammensetzung, Nutzung und Stand der Erforschung von anderen Arten numismatischer Sammlungen in öffentlicher Trägerschaft unterscheiden: Besonders ausgeprägt ist die Differenz gegenüber numismatischen Fundarchiven der Denkmalämter, die primär der Konservierung, Dokumentation, Erforschung und Publikation von Fundobjekten eines spezifischen, in der Regel geographisch definierten Zuständigkeitsbereichs dienen. Weniger offenkundig, aber ebenfalls signifikant, sind die Unterschiede zu musealen Sammlungen.

Dass besondere Entwicklungsfaktoren, spezielle institutionelle Rahmenbedingungen und die Verankerung in Forschung und Lehre universitäre Münzsammlungen geprägt haben, wurde bereits thematisiert. Konsistente Sammlungskonzepte, wie sie an Museen oftmals gelten und die kontinuierliche Arbeit an den Beständen auch über personelle Wechsel hinweg garantieren, gab es höchstens zeitweise an einzelnen universitären Standorten, auch normalerweise keine festen Budgets für den systematischen Ausbau der Kollektionen. Daraus ergibt sich auch, dass an Hochschulen, anders als bei musealen Sammlungen, vor allem aber im Gegensatz zu privaten Sammlungen, meist nicht nach dem Erhaltungszustand der Objekte selektiert wurde (oder dass Objekte mit geringerem Sammlerwert unter Umständen sogar eine größere Chance haben konnten, in eine universitäre Sammlung zu gelangen). Oft waren spezifische Forschungsinteressen oder andere wissenschaftlich definierte Sammlungsschwerpunkte ausschlaggebend, vielfach aber schlicht die personellen Kontakte im Feld der akademischen Numismatik ebenso wie zu privaten Sammlern – und nicht zuletzt auch Zufälle.

Weitere Besonderheiten, die universitäre von musealen Sammlungen unterscheiden, bestehen darin, dass die Bestände universitärer Münzsammlungen oftmals gar nicht ausgestellt werden (nur wenige Standorte verfügen über spezielle Vitrinen oder haben die Möglichkeit, ausgewählte Objekte in universitätseigenen Museen zu präsentieren) und dass es in den meisten Fällen auch keine geregelten Öffnungszeiten für die Nutzung der Bestände gibt. Regelmäßig gezeigt und bearbeitet werden die Objekte in der universitären Lehre, und die universitären Sammlungen werden auch immer wieder zum Bezugspunkt unterschiedlichster Forschungs- und Publikationsprojekte. Dabei besteht bei den Sammlungsverantwortlichen der universitären Münzkabinette auch eine tendenziell höhere Bereitschaft als unter Kuratoren musealer Sammlungen, Objekte für invasive Materialbeprobungen zur Verfügung zu stellen.

Der vielleicht offenkundigste Unterschied hinsichtlich der generellen Bestandszusammensetzung besteht darin, dass es sich bei den größeren musealen Sammlungen oft um Universalsammlungen handelt, typischerweise mit Schwerpunktbildungen in der mittelalterlichen und neuzeitlichen Geldgeschichte, während die universitären Sammlungen in aller Regel Schwerpunkte in der antiken oder orientalischen Münzprägung aufweisen. An fast allen universitären Standorten bilden Münzen der griechischen und römischen Antike den jeweils größten Teilbestand. Der Gesamtbestand antiker griechischer Münzen deckt dabei ein ganzes Jahrtausend ab, er reicht von den archaischen Elektronprägungen im siebten vorchristlichen Jahrhundert über die städtischen Prägungen der klassischen Zeit und die hellenistische Münzprägung bis zum Ende der provinzialrömischen Prägetätigkeit im dritten nachchristlichen Jahrhundert. Die Bestände römischer Münzen beginnen beim Aes signatum der frühen römischen Republik und dem Aes grave der mittleren Republik, decken die Münzmeisterprägungen der späten Republik und frühen Kaiserzeit ab und umfassen die gesamte kaiserzeitliche und spätantike staatliche Prägetätigkeit bis zu den Münzen der Völkerwanderungszeit im Westen und der früh- bis mittelbyzantinischen Zeit im Osten.

Die griechischen Prägungen sind in den universitären Sammlungen tendenziell unterrepräsentiert gegenüber römischen Münzen, welche vor allem, wegen der intensiven Prägetätigkeit in diesem Zeitraum, durch die kaiserliche Münzprägung des dritten und vierten Jahrhunderts meist sehr stark vertreten sind. Und da sich die griechische Münzprägung – mit der ihr eigenen technischen und gestalterischen Vielfalt der zahlreichen unterschiedlichen städtischen Prägungen – den wissenschaftlichen Systematisierungsbemühungen deutlich stärker als die römische Münzprägung widersetzt, wurden an den Universitäten immer wieder besondere Anstrengungen unternommen, speziell die griechische Münzprägung zu erforschen und diesen Bereich auch in den Sammlungen auszubauen.

Zwar sind es dagegen nur wenige Sammlungen, die über größere Mengen an orientalischen Prägungen verfügen, insgesamt macht dieser Bestand aber doch ein Viertel bis ein Drittel der numismatischen Originalobjekte universitärer Münzsammlungen aus. Größere Bestände dieser Art, mit Schwerpunkt auf der islamischen Münzprägung, gibt es insbesondere in Tübingen (Münzsammlung der Forschungsstelle für Islamische Numismatik Tübingen), Jena (Orientalisches Münzkabinett der Universität Jena), Leipzig (Münzsammlung der Universitätsbibliothek Leipzig), Göttingen und Rostock. In geringeren, aber doch nennenswerten Quantitäten sind in den universitären Münzsammlungen auch numismatische Objekte weiterer antiker bis (früh-)mittelalterlicher Kulturen vertreten (etwa persische, jüdische, indo-baktrische, chinesische, keltische und byzantinische Münzen), wobei neben Münzen auch Medaillons, Tesserae, Imitationen und sonstige Pseudomonetae sowie teilweise auch Gegenstände der Kleinkunst enthalten sind. Münzen des europäischen Mittelalters und der Neuzeit, die in musealen Sammlungen oft deutlich stärker vertreten sind, spielen an universitären Sammlungen dagegen eine eher untergeordnete Rolle, ebenso neuzeitliche Medaillen und Banknoten. Für eine ganze Reihe vor allem der älteren universitären Münzsammlungen ist darüber hinaus charakteristisch, dass sich über Münzfunde aus dem jeweiligen Raum, auch befördert durch heimatkundliches oder nationales Interesse, gewisse regionale Schwerpunkte ausbilden konnten, so etwa Bestände an pommerschen Prägungen in Greifswald, altwürttembergischen Münzen in Tübingen oder mittelalterlichen ungarischen Geprägen in Budapest.

Die Zugangsarten, über die die universitären Sammlungsbestände zusammengetragen wurden, sind vielfältig. Typisch sind neben gezielten Erwerbungen aus Privatsammlungen und dem Handel (finanziert mit universitären Budgets oder Projektmitteln, über Zuschüsse der Wissenschaftsministerien, über Stiftungsmittel oder Fördervereine) vor allem Schenkungen durch Professoren und Absolventen an ihre Alma Mater sowie sonstige Stiftungen und testamentarische Legate von privater Hand, teilweise auch (Dauer-)Leihgaben, die den Sammlungen zu bestimmten Zwecken (etwa für die akademische Lehre) oder mit bestimmten Auflagen (beispielsweise zur Publikation) überlassen wurden. Mit privaten Gelehrtensammlungen sind vereinzelt schon im ausgehenden 17., verstärkt ab dem 18. Jahrhundert Münzen an die Universitäten gelangt, im Zuge der Säkularisierung wurden auch Bestände aus Kirchenbesitz an Universitäten übertragen. Akademische Münzsammlungen wurden auch gezielt durch den Tausch von Objekten (vor allem mit anderen universitären Sammlungen oder musealen Münzkabinetten) erweitert, auch konnten universitäre Sammlungen wiederholt in den Besitz von Objekten kommen, die von größeren musealen Sammlungen im Zuge der Abgabe von Dubletten angeboten wurden. Auf Objekte, die noch im 20. Jahrhundert im Zuge biblisch-archäologischer Forschungsreisen an Universitäten gelangt sind, wurde bereits hingewiesen, Bestandsgruppen dieser Art sind beispielsweise auch an der Theologischen Fakultät der Universität Greifswald in einer Sammlung des Palästinaforschers Gustaf Dalman (1855–1941) oder, wie die Fundmünzen aus Rāmat al-Ḫalīl bei Hebron im Westjordanland aus dem Nachlass des christlichen Archäologen Alfons Maria Schneider (1896–1952), in der Abteilung Byzantinische Archäologie der Universität Freiburg vorhanden. Vergleichbare Zugänge sind auch aus Forschungsreisen klassischer Altertumswissenschaftler und Orientalisten belegt, einzelne Bestandsgruppen, wie etwa in Tübingen eine Kollektion an Kauris (Muschelgeld) wahrscheinlich aus dem heutigen Ghana, gehen auf Missionsreisen zurück.

Als mit der disziplinären Ausdifferenzierung der Altertumswissenschaften das Interesse am systematischen Ausbau numismatischer Sammlungsbestände stieg, fanden in hoher Zahl auch Repliken (v. a. in Form von Galvanos bzw. Elektrotypen oder Schwefelpasten) Eingang in die Sammlungsbestände, teils wurden gezielt, um Bestandslücken zu schließen, auch antike oder neuzeitliche Fälschungen erworben – so etwa in Heidelberg, wo sich auch einige der berühmten Becker'schen Fälschungen befinden. In universitäre Münzsammlungen sind zudem vielfach Münzen aus Einzel- oder Schatzfunden eingegangen, wiederholt durch offizielle Zuweisung einzelner Fundobjekte oder ganzer Horte, hin und wieder auch nach der Fundteilung per Überlassung durch den Finder. An einzelnen Standorten wurden zeitweise Belegexemplare jeweils aktueller Prägungen der staatlichen Prägeanstalten abgeliefert. Auch der Fall einer Zuweisung beschlagnahmter Münzen aus einer illegal angelegten Privatsammlung durch ein Landeswissenschaftministerium an eine universitäre Sammlung ist belegt.

Wie die universitären Sammlungsbestände zusammengekommen sind, kann aus heutiger Sicht nicht durchgängig als unproblematisch angesehen werden. Im Zuge der kritischen Auseinandersetzung mit dem Erbe des Kolonialismus und Nationalsozialismus, mit der Bedeutungszunahme der Provenienzforschung und der Weiterentwicklung des Kulturgutschutzes (mit entsprechenden rechtlichen Anpassungen auf nationaler und europäischer Ebene) ist die Sensibilität gegenüber ethisch problematischen Erwerbungen in den letzten Jahrzehnten gestiegen. So konnten auch Universitäten beim Ankauf von Münzen von Preisnachlässen profitieren, die aus erzwungenen Geschäftsauflösungen von Münzhandlungen durch die nationalsozialistische »Rassegesetzgebung« resultierten, auch der Ankauf aus enteignetem jüdischem Besitz ist belegt. Zudem ist die Gefahr einer Herkunft aus illegaler Grabungstätigkeit bei antiken Objekten grundsätzlich besonders hoch. Heute verfügen universitäre Münzsammlungen zwar üblicherweise über keinen Erwerbungsetat, beziehen also nicht selbst Objekte im Handel; universitären Münzsammlungen wurden und werden aber immer wieder, meist von privater Seite, einzelne Münzen, Sammlungssegmente oder ganze Kollektionen zu Forschungs- und Studienzwecken angeboten, bei denen sich Fragen zur Provenienz teils nicht restlos klären lassen. Wie für die musealen Sammlungen, so ergeben sich daraus auch für die universitären Münzsammlungen neue Herausforderungen, denn auch weiterhin werden universitäre Sammlungen Ziele in Forschung und Lehre verfolgen, die eine Entwicklung der Bestände nahelegen. Eine wissenschaftsorientierte Lösung besteht, wie dies auch für Museen gilt, in einer verantwortungsvollen und transparenten Sammlungspolitik, die Provenienzforschung als integralen Bestandteil versteht.

Den Zugängen sind Abgänge bzw. Verluste gegenüberzustellen, auch diese Vorgänge müssen aus heutiger Sicht teils als problematisch eingestuft werden: Tausch sowie Abgabe von Dubletten wurden bereits genannt, es kam auch vor, dass Einzelobjekte oder Bestandssegmente gezielt verkauft wurden, etwa um Mittel für andere Vorhaben, beispielsweise den Erwerb von Forschungsliteratur, zu gewinnen. Belegt ist auch, dass nichtantike Bestände liquidiert wurden, um gezielt den Sammlungsbestand antiker Münzen auszubauen. Vereinzelt wurden in Kooperationen universitärer mit außeruniversitären Einrichtungen Bestandsbereinigungen durchgeführt, um etwa antike Prägungen an der Hochschule und nachantikes Material an einem Museum zu bündeln. Verluste verbinden sich darüber hinaus mit Diebstählen einzelner Objekte oder auch mit spektakulären Einbrüchen (etwa 1892 in Würzburg, 1955 in Göttingen oder 1979 in Wien), die zum Verlust größerer Sammlungsteile geführt haben. Von kriegsbedingten Zerstörungen im Zweiten Weltkrieg und von Verlusten in der frühen Nachkriegszeit, nicht zuletzt durch Beschlagnahme, sind mehrere universitäre Sammlungen betroffen. Schließlich sind auch Verluste von Einzelobjekten festzustellen, deren Hintergründe sich nicht vollständig aufklären lassen.

Wie detailliert sich die Provenienzen der vorhandenen Objekte und auch die Verluste heute noch nachvollziehen lassen, ist von Standort zu Standort verschieden und muss darüber hinaus für jedes Bestandssegment und letztlich für jedes einzelne Objekt individuell geklärt werden: Die Eingliederung von Objekten in die Sammlungen wurde im Regelfall schriftlich dokumentiert über entsprechende Einträge in Zugangsbüchern oder Karteien; diese Dokumentationen sind typischerweise gekoppelt an ein System an Inventar-

oder Positionsnummern, die bei der Aufnahme in die Sammlung vergeben wurden bzw. sich aus dem Ordnungsprinzip logisch ergaben und regemäßig (oft mit weiteren Notizen) auf Unterlegzetteln vermerkt wurden. Bei Erwerbungen unter Einsatz universitärer Mittel wurden und werden die Zugänge an einigen Standorten auch von der zentralen Universitätsverwaltung akzessioniert. Auch wenn teilweise Schriftwechsel oder sonstige Akten vorliegen, mit denen sich die Hintergründe der Erwerbungen beleuchten lassen, so stellen die Zugangsbücher, Karteien und Unterlegzettel oftmals die wichtigsten historischen Quellen dar, über die sich die Entwicklung der Sammlungsbestände heute noch detailliert nachvollziehen lässt. An manchen Standorten wurden darüber hinaus Siegellackabdrücke, Gipsabgüsse oder Fotografien bzw. Dias angefertigt, die bei unklarer Identifikation eines Objekts herangezogen werden können, selbst wenn das Original verloren ist.

Wie aussagekräftig die Sammlungsdokumentation jeweils ist, hängt davon ab, mit welcher Sorgfalt und in welcher Detailgenauigkeit die Unterlagen geführt wurden, hier überlagern sich zeittypische Standards, persönliche Ansprüche der wechselnden Sammlungsverantwortlichen und universitätsinterne formale Vorgaben, die ebenfalls historischem Wandel unterliegen. Dokumentationsrichtlinien, die einrichtungsübergreifend zur Geltung kommen, haben sich im Grunde erst im Zuge der Einrichtung numismatischer Digitalisierungsverbünde im zurückliegenden Jahrzehnt ausgebildet. Nicht überall konnten die Sammlungsdokumentationen die Zeiten unbeschadet überstehen. Auch hier stellt der Zweite Weltkrieg für mehrere universitäre Sammlungen einen Einschnitt dar: Jenseits solch dramatischer Zäsuren wie in Würzburg, wo nicht nur ein Großteil der Objektsammlung, sondern auch das alte Inventarbuch bei einem Luftangriff zerstört wurde, konnte selbst beim Versuch, eine Sammlung in Sicherheit zu bringen, der Zusammenhang zwischen der Dokumentation und den Objekten verloren gehen, wenn – wie in Leipzig – die Münzen von den zugehörigen Unterlegzetteln getrennt wurden. Auch vergleichsweise harmlose Vorgänge wie der Umzug eines Instituts in andere Räumlichkeiten oder die Überweisung einer universitären Sammlung an eine andere universitäre Organisationseinheit konnten Sammlungszusammenhänge und ihre Dokumentationen gefährden.

In der Geschichte der universitären Münzsammlungen zeigt sich immer wieder, wie wichtig Fotos sind, um entscheidende Fragen zur Identifizierung einzelner Objekte, zu Provenienzen und zur Entwicklung der Bestände klären zu können. Einige der numismatischen Diatheken, die an mehreren Standorten angelegt wurden, wurden allerdings inzwischen ausgemustert. In Printform sind immerhin Teile der universitären Sammlungsbestände mit Fotos publiziert, meist als maßstabsgetreuer Abdruck einer Schwarzweißaufnahme, oft erstellt auf Basis eines Gipsabgusses. Der Umweg über den Abguss hat den Vorteil, dass der Eindruck vom dreidimensionalen Relief nicht durch Verfärbungen des Originalobjekts (etwa durch Korrosion) gestört wird, allerdings sind so zwar die Umschriften und Bildelemente meist relativ gut erkennbar, der physikalisch-chemische Zustand der Objektoberfläche hingegen nicht; zudem gehen bei einem mit bestimmter Druckauflösung reproduzierten Foto Details verloren, die für die sichere Identifikation des Objekts unter Umständen relevant sind. Auch unabhängig von der Bedeutung der Fotos kommt Publikationen ausgewählter Objekte oder ganzer Bestandssegmente aus universitären Sammlungen freilich ein hoher Stellenwert zu. Neben den bereits genannten Sylloge-Bänden aus Leipzig und Tübingen sind numismatische Kataloge unter anderem auch in Düsseldorf, Erlangen, Freiberg, Göttingen und Rostock entstanden, auch Fundpublikationen und numismatische Spezialabhandlungen unter Rückgriff auf universitäre Sammlungsbestände wurden an mehreren Standorten erarbeitet.

Erst im Zuge der Digitalisierung der universitären Sammlungsbestände werden seit einigen Jahren hochwertige Digitalaufnahmen seriell mit Inventardaten sowie technischen und beschreibenden Informationen online veröffentlicht. Dies erleichtert nicht nur die Erforschung der Bestände, auch die Anforderungen des Kulturgutschutzes werden durch diese Dokumentationsform deutlich umfassender erfüllt. Im deutschsprachigen Raum sind etwa 100 000 numismatische Objekte aus universitären Sammlungen – also ein Viertel bis ein Drittel des Gesamtbestands – aktuell bereits in dieser Form zugänglich. Im Zuge der Digitalisierung materieller Objektsammlungen zeigt sich auch, dass sich numismatische Objekte selbst aus unterschiedlichen Epochen und Kulturen mit einheitlichen Erfassungskonzepten, Vokabularen und Schnittstellen bearbeiten lassen. Geschuldet ist dies den grundlegenden gattungsspezifischen Charakteristika von Münzen, die sich aus der Organisation der Herstellungsprozesse in Chargen seriell produzierter Einzelobjekte mit gleichen technischen und gestalterischen Eigenschaften ergeben. Damit sind in der sammlungsbezogenen Numismatik heute Formen der internationalen Verbundarbeit vergleichsweise unkompliziert möglich, die bei anderen Gruppen historischer Zeugnisse mit einem deutlich größeren organisatorischen und technischen Aufwand einhergehen.

Die Digitalisierungsverbünde setzen hier an und sorgen mit der Einrichtung geeigneter datentechnischer Infrastrukturen nun seit etwa einem Jahrzehnt dafür, dass die wertvollen Sammlungsbestände der akademischen Münzkabinette trotz unterschiedlichster Rahmenbedingungen umfassend und einheitlich dokumentiert sowie für Forschung, Lehre und Wissensvermittlung zugänglich gemacht werden können. Ein Großteil der Digitalisate lässt sich über die Verbundportale kenom.de und numid.online abrufen, über Schnittstellen werden die Daten auch einer Vielzahl unterschiedlicher Forschungs- und Kulturerbeplattformen zur Verfügung gestellt. Angesichts der heterogenen personellen und finanziellen Kapazitäten und der divergierenden infrastrukturellen Voraussetzungen der einzelnen Abteilungen, an denen die Sammlungsbestände bearbeitet werden, ist dies eine bemerkenswerte Leistung. Sie resultiert aus einem erfolgreichen Zusammenspiel zwischen dem Engagement der Mitarbeitenden, dem Arbeitseinsatz studentischer Hilfskräfte und

Ehrenamtlicher, der Beteiligung von Studierenden im Rahmen der universitären Lehre und den Effekten geeigneter Förderprogramme.

Während die Sammlungsbestände damit nun peu à peu im Sinne einer grundwissenschaftlichen Aufarbeitung systematisch dokumentiert und zugänglich gemacht werden, wurde die Wissenschaftsgeschichte der universitären Münzsammlungen, wie sie hier skizzenartig umrissen ist, bislang nur punktuell, nie umfassend erforscht. Die universitären Münzsammlungen im deutschsprachigen Raum haben aber – wie die Beiträge dieses Bandes eindrücklich zeigen – speziell für jene Disziplinen und Akteure, die sich mit den monetarisierten Kulturen der Vormoderne befassen, eine besondere akademische Relevanz. Numismatische Universitätssammlungen haben sich damit bis heute ein beträchtliches Erkenntnispotenzial bewahrt, hier schlummert im wahrsten Sinne des Wortes ein wissenschaftsgeschichtlicher Schatz der besonderen Art. Der vorliegende Band möchte nun – um im Bild zu bleiben – den entscheidenden Impuls dazu leisten, diesen Schatz zu heben. Damit soll auch die Geschichte der Numismatik insgesamt als wissenschaftlicher Disziplin weiter erhellt werden, mit ihren besonderen personellen Verbindungen, infrastrukturellen Voraussetzungen, Organisationsprinzipien und Methodiken – einer wissenschaftlichen Disziplin, die ihre Stärke aus der engen Verflechtung mit verschiedenen historisch, archäologisch, philologisch und materialwissenschaftlich arbeitenden Fächern gewinnt. Von den universitären Münzsammlungen aus lässt sich, dies zeigt der vorliegende Band, eine faszinierende Facette der modernen Wissensgeschichte schreiben.

Das entscheidende Element in dieser Wissensgeschichte sind ihre Akteure – aufgrund der eingeschränkten gesellschaftlichen Entfaltungsmöglichkeiten von Frauen sind dies freilich bis Mitte des 20. Jahrhunderts fast ausschließlich Männer. Der vorliegende Band nähert sich den Akteuren über eine Vielzahl faszinierender Geschichten, die wertvolle Einblicke in die historische Entwicklung der akademischen Tätigkeiten rund um die universitären Münzsammlungen ermöglichen. Dabei treten auch immer wieder ganz unerwartete Personen ins Rampenlicht. So war es etwa in Gießen der Hausmeister, der nach dem Luftangriff auf das Universitätsgebäude vom 6. Dezember 1944 den Tresor in den Ruinen mit Brandschutt bedeckte, um die Münzsammlung vor Plünderungen zu bewahren. In Düsseldorf war es im Jahr 2009 eine ehemalige studentische Hilfskraft, die eine numismatische Datenbank, an der über drei Jahrzehnte lang gearbeitet worden war, aus einer privaten Sicherungskopie wieder herstellen konnte. In Bochum hat ein Privatsammler durch die Überlassung seiner Korrespondenz aus den 1920er bis 1960er Jahren einmalige Einblicke in private Sammlungslogiken und ihre gesellschaftlichen, wirtschaftlichen und politischen Voraussetzungen ermöglicht.

Episoden und Personen wie diese sind eng verwoben mit den Tätigkeiten der wissenschaftlichen Akteure im engeren Sinne: Den besagten Luftangriff auf Gießen nicht überstehen konnte eine Sammlung mehrerer hundert Gipsabgüsse, die im Jahr 1928 der damalige Direktor des Münzkabinetts der Staatlichen Museen zu Berlin, Kurt Regling (1876–1935), der Universität Gießen überlassen hatte, um Margarete Bieber (1879–1978), dort damals Lehrstuhlinhaberin für Klassische Archäologie, in ihrem Einsatz für die Numismatik zu unterstützen. Als die von ihr an die Universität geholte Sammlung zerstört wurde, lehrte Bieber bereits an der Columbia University – 1933 war sie auf Grundlage des nationalsozialistischen »Berufsbeamtengesetzes« in Gießen entlassen worden und über England in die USA emigriert. Die in Düsseldorf wiederhergestellte Datenbank wiederum geht auf das weltweit früheste numismatische Digitalisierungsprojekt zurück, das der Althistoriker Dietmar Kienast (1925–2012) Mitte der 1970er Jahre im Zusammenhang mit dem Aufbau einer umfassenden Sammlung an Gipsabgüssen angestoßen hatte, inspiriert vom numismatischen Forschungsarchiv seines akademischen Lehrers Konrad Kraft (1920–1970) in Frankfurt. Und Karl Welz (1887–1964), dessen Sammlungszusammenhang von Objekten und Korrespondenz sich heute in Bochum befindet, hat unter anderem bei Ulrich von Wilamowitz-Moellendorff (1848–1931) und Eduard Meyer (1855–1930) studiert und wurde von Bruno Keil (1859–1916) in klassischer Philologie promoviert. Beim Aufbau seiner Sammlung verhandelte er nicht nur mit Händlern über Preise, er stand auch im steten Austausch mit zahlreichen Wissenschaftlern im In- und Ausland und hat selbst gelehrte Abhandlungen verfasst.

Die Geschichte der universitären Münzsammlungen liest sich streckenweise wie ein Who is who der akademischen und gesellschaftlichen Netzwerke rund um die Altertumswissenschaften und Orientalistik, bis zurück zu den Anfängen der universitären Sammlungskulturen. Der bereits genannte Theologe und Orientalist Johann Gustav Stickel, der 1840 mit Unterstützung der russischen Großfürstin und sächsischen Großherzogin Maria Pawlowna (1786–1859) die orientalische Münzsammlung an der Universität Jena begründete, führte sein Interesse an numismatischen Objekten auf seine frühere Korrespondenz mit Johann Wolfgang von Goethe (1749–1832) zurück. Einige Jahrzehnte früher hatte Maria Theresia (reg. 1740–1780) nicht nur Joseph Hilarius Eckhel (1737–1798) – der dann auch an der Universität Wien die Professur für Altertümer und der historischen Hilfsmittel übernahm und dessen numismatische Grundlagenarbeit das Fach bis heute prägt – zum Direktor des kaiserlichen Münzkabinetts in Wien berufen, sondern durch ein weitreichendes Bildungsdekret auch die Bedeutung der Münzsammlung an der Königlichen Ungarischen Universität bestärkt. Nochmals einige Jahrzehnte zuvor hatte der Universalgelehrte Johann Heinrich Schulze (1687–1744) mit seinem 1738 in Halle durchgeführten Kolleg »Über die Müntz-Wissenschafft«, in dem er antike Münzen seiner Privatsammlung als Anschauungsmaterial heranzog und den Wert der Autopsie des Originals betonte, einen prägenden Eindruck auf seinen Hörer und Studenten Johann Joachim Winckelmann (1717–1768) hinterlassen, der seinerseits einen erheblichen Einfluss auf die altertumswissenschaftliche Methodik ausüben sollte. Dass nochmals ein halbes Jahrhundert früher bei Gründung der wahrscheinlich ersten universitären Münzsammlung des deutschsprachigen Raums Objekte aus dem Besitz eines bedeutenden Humanisten aus dem 16. Jahrhundert eingegangen sind, wurde schon gesagt.

Dies sind nur einige ausgewählte Beispiele dafür, dass der vorliegende Band auch einen Beitrag zur Prosopographie der Numismatik in ihren vielfältigen Verflechtungen mit den benachbarten akademischen Fächern und mit außeruniversitären Akteuren und Einrichtungen leistet. Dabei lassen sich hier freilich nicht sämtliche Verästelungen der sammlungsbezogenen numismatischen Wissenschaftsgeschichte nachvollziehen, und es kann auch nicht die Geschichte jeder einzelnen universitären Münzsammlung und der mit ihnen verbundenen Personen im deutschsprachigen Raum aufgearbeitet werden, auch wenn sich dort vergleichbar spannende und aufschlussreiche Entwicklungen vollzogen haben. So bleiben nicht nur eine Reihe kleinerer bis mittlerer, oft jüngerer Sammlungen unberücksichtigt, die vor Ort vor allem die altertumswissenschaftliche Lehre bereichern, aber teilweise auch Kooperationen mit Museen und Denkmalämtern begründen, wie etwa in Berlin (Freie Universität u. Humboldt-Universität), Braunschweig, Eichstätt, Frankfurt (Klassische Archäologie), Freiburg (Abt. Byzantinische Archäologie), Konstanz, Mannheim, Passau, Stuttgart oder Wuppertal (Biblisch-Archäologisches Institut), sondern auch einige mittlere bis größere Sammlungen wie jene der Universitäten Augsburg, Innsbruck, Mainz, Marburg, Köln (Historisches Institut u. Institut für Altertumskunde), Regensburg und Trier.

Auch die größeren und traditionsreicheren Sammlungen können im vorliegenden Band nicht durchgängig eigens untersucht werden, dies betrifft die bereits genannten Sammlungen in Lemberg, Königsberg und Prag, aber auch Freiburg und Bonn: Das Seminar für Alte Geschichte der Universität Freiburg verfügt seit den 1960er Jahren wieder, nachdem eine frühere Sammlung im Zweiten Weltkrieg zerstört wurde, mit etwa 14000 Münzen aus der ehemaligen Privatsammlung des Erlanger Geheimen Oberbaurats Heinrich Wefels (gest. 1931), die sich zwischenzeitlich im Erzbischöflichen Ordinariat in Freiburg befand, über eine der größeren universitären Münzsammlungen im deutschsprachigen Raum, die inzwischen auch fast vollständig digitalisiert ist. Eine ebenfalls umfangreiche Sammlung, zudem die erste universitäre Kollektion, deren Digitalisierungskonzept in Kooperation mit dem Münzkabinett der Staatlichen Museen zu Berlin entwickelt wurde und die damit eine gewisse Vorreiterfunktion für das Netzwerk universitärer Münzsammlungen eingenommen hat, befindet sich in der Antikensammlung des Akademischen Kunstmuseums der Universität Bonn.

Auch wenn der Band also selektieren und fokussieren muss, so zeichnen die hier versammelten Beiträge doch ein Bild der akademischen Bedeutung universitärer Münzsammlungen im deutschsprachigen Raum, das in dieser Form – speziell in dieser Dichte und Breite – bislang nicht bestand. Von über zwanzig universitären Münzsammlungen in Deutschland, Frankreich, Österreich und Ungarn aus werfen die Autorinnen und Autoren, die selbst über vielfältige Erfahrungen in der Arbeit mit universitären Münzsammlungen verfügen und größtenteils auch kuratorische Verantwortung tragen, eindrückliche Schlaglichter auf etwa vierhundert Jahre Wissenschaftsgeschichte. Die vielfältige Verflechtung dessen, was dabei als Geschichte, Gegenwart und Zukunft der universitären Münzsammlungen im deutschsprachigen Raum ergründet wird, zeigt allerdings auch, dass der vorliegende Band im Grunde nur als erster Schritt zu einer umfassenderen Geschichte numismatischer Forschungssammlungen in europäischer und globaler Perspektive zu verstehen ist.

Die gelehrte Münzsammlung der frühneuzeitlichen Universität

Das Beispiel Georg Wolfgang Wedel in Jena

Martin Mulsow

Professoren und Privatsammlungen

An deutschsprachigen Universitäten gab es im späten 17. Jahrhundert nur ausnahmsweise universitäre Münzsammlungen.[1] Der akademische Umgang mit Münzen war typischerweise geprägt durch Gelehrtensammlungen von Professoren, die Münzen sammelten, für sich, aus eigener Tasche und mit privatem Interesse. Das ist eigentlich nicht anders als mit den Büchern. Denn bevor es Universitätsbibliotheken gab – vorbildlich die Einrichtung in Göttingen 1734 – gab es auch, was Büchersammlungen angeht, lange Zeit fast nur die Privatbibliotheken der Professoren, und manche von ihnen ließen ihre Studenten und zuweilen auch Gäste darin arbeiten.[2] Wenn man diesen Umstand vernachlässigt, erhält man ein völlig falsches Bild vom Funktionieren des Forschungsbetriebs an den deutschen Universitäten. Man könnte dann meinen, vor 1734 hätten Studenten und Assistenten keine Möglichkeit zum Arbeiten mit umfangreicher Literatur gehabt; doch das ist nicht der Fall. Nehmen wir in Bezug auf Jena beispielsweise die Sammlung des Theologen Johann Gerhard (1582–1637) und seines Sohnes Johann Ernst Gerhard (1621–1668). Das war zunächst eine stattliche Bibliothek von 6 000 Bänden, dazu kam aber noch eine Sammlung von Objekten – etwa Dolche oder Schattenspielfiguren aus Indonesien – und nicht zuletzt eine Münzsammlung. In den 1660er und 1670er Jahren konnten zumindest Johann Ernst Gerhards Schüler und Freunde in der Bibliothek arbeiten und sie nach freien Stücken benutzen.[3] Andere Professoren werden es ähnlich gehalten haben.

---

1 1661 hat die Stadt Basel ein privates Münzkabinett für die Universität angekauft; s. dazu die Einleitung zum vorliegenden Band. Zu nennen ist zudem ein Bestand an Münzen aus dem Nachlass des Historikers Johann Andreas Bose, der sich ab 1678 an der Universitätsbibliothek Jena nachweisen lässt; s. dazu den Beitrag von Christoph Klose im vorliegenden Band.

2 Diejenigen Bibliotheken, die als Universitätsbibliotheken deklariert waren, waren zunächst meist nur sehr kleine Sammlungen. Zur Bedeutung privater Münzsammlungen von Professoren im 17./18. Jahrhundert s. auch die Beiträge von Stephan Lehmann, Daniel Graepler und Christian Russenberger im vorliegenden Band.

3 Zu Gerhard vgl. Ben-Tov 2021; Mulsow 2020, S. 128–148.

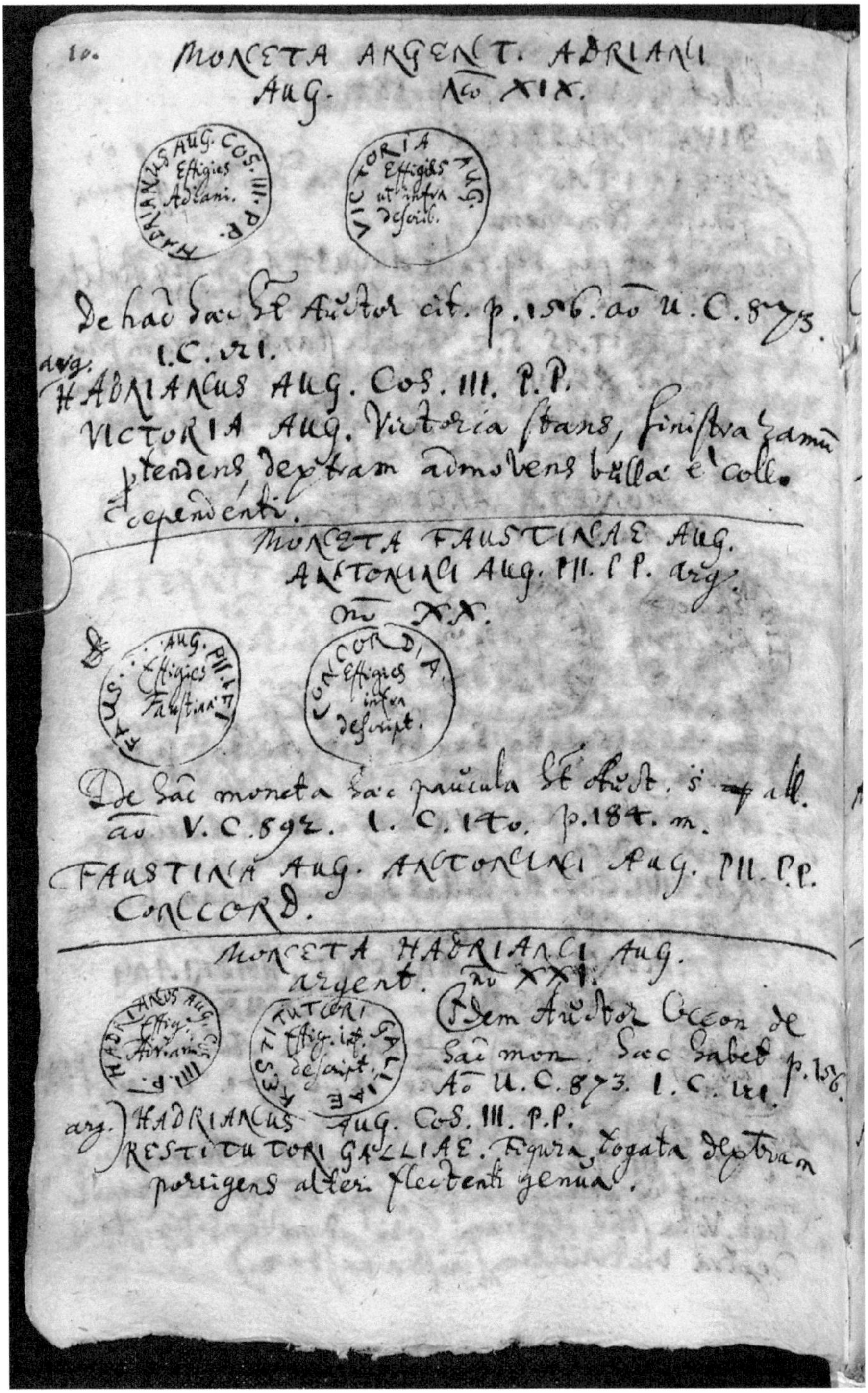

Abb. 1: Doppelseite aus J. E. Gerhard, *Syllabus mei Nomismatiphylacii.*

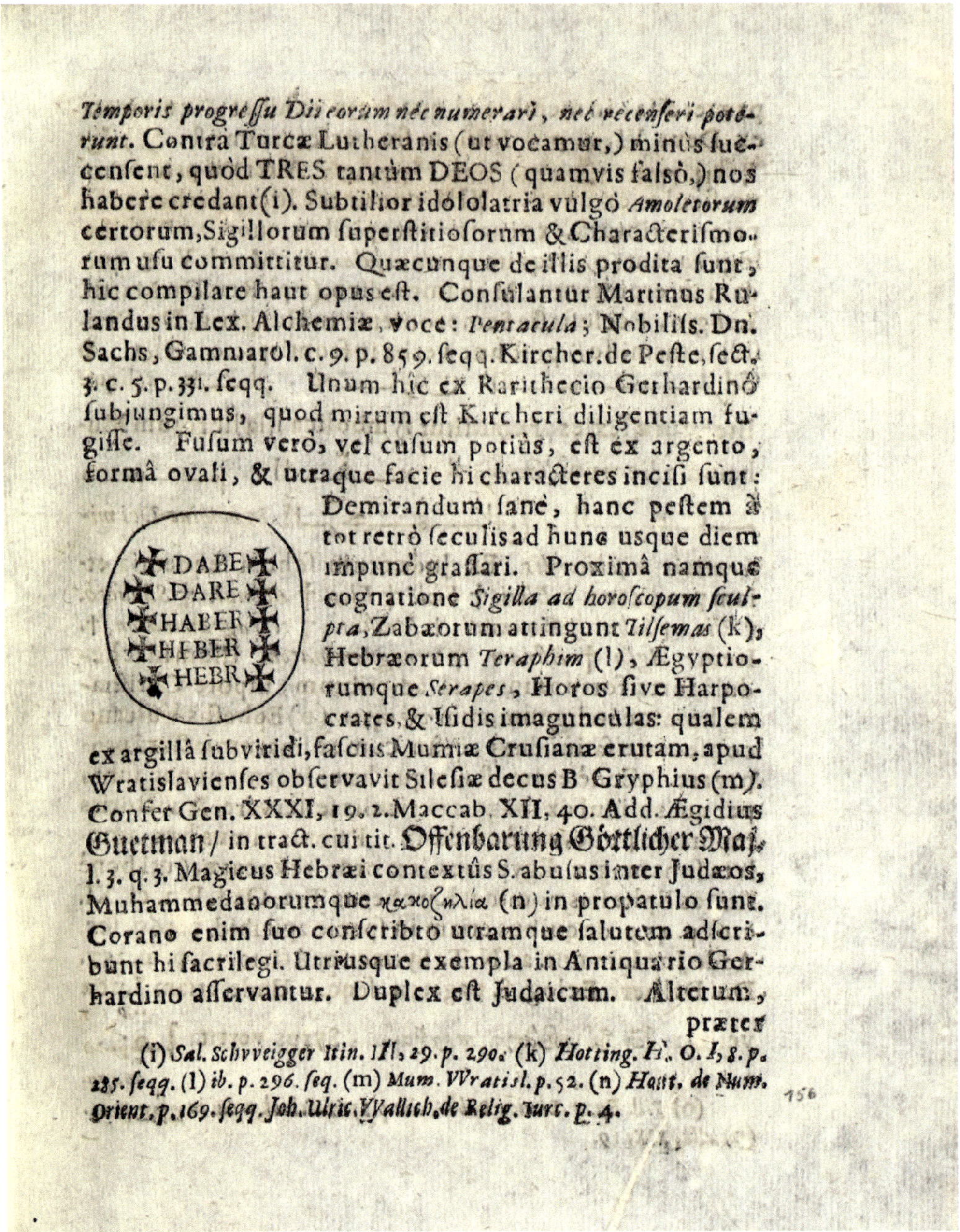

Temporis progreſſu Dii eorum nec numerari, nec recenſeri potêrunt. Contra Turcæ Lutheranis (ut vocamur,) minùs ſuccenſent, quòd TRES tantùm DEOS (quamvis falsò,) nos habere credant(i). Subtilior idololatria vulgò *Amoletorum* certorum, Sigillorum ſuperſtitioſorum & Characteriſmorum uſu committitur. Quæcunque de illis prodita ſunt, hic compilare haut opus eſt. Conſulantur Martinus Rulandus in Lex. Alchemiæ, voce: *Pentacula*; Nobiliſs. Dn. Sachs, Gammarol. c. 9. p. 859. ſeqq. Kircher. de Peſte, ſect. 3. c. 5. p. 331. ſeqq. Unum hîc ex Raritheccio Gerhardinô ſubjungimus, quod mirum eſt Kircheri diligentiam fugiſſe. Fuſum verò, vel cuſum potiùs, eſt ex argento, formâ ovali, & utraque facie hi characteres inciſi ſunt:

Demirandum ſanè, hanc peſtem à tot retrò ſeculis ad hunc usque diem impunè graſſari. Proximâ namque cognatione *Sigilla ad horoſcopum ſculpta*, Zabæorum attingunt *Tilſemas* (k), Hebræorum *Teraphim* (l), Ægyptiorumque *Serapes*, Horos ſive Harpocrates, & Iſidis imagunculas: qualem ex argillâ ſubviridi, faſciis Mumiæ Cruſianæ erutam, apud Wratislavienſes obſervavit Sileſiæ decus B. Gryphius (m). Confer Gen. XXXI, 19. 2. Maccab. XII, 40. Add. Ægidius Guetman / in tract. cui tit. Offenbarung Göttlicher Maj. l. 3. q. 3. Magicus Hebræi contextûs S. abuſus inter Judæos, Muhammedanorumque κακοζηλία (n) in propatulo ſunt. Corano enim ſuo conſcribto utramque ſalutem adſcribunt hi ſacrilegi. Utriusque exempla in Antiquario Gerhardino aſſervantur. Duplex eſt Judaicum. Alterum, præter

(i) *Sal. Schvveigger Itin. III, 29. p. 290.* (k) *Hotting. H. O. I, 8. p. 285. ſeqq.* (l) *ib. p. 296. ſeq.* (m) *Mum. VVratisl. p. 52.* (n) *Hott. de Num. Orient. p. 169. ſeqq. Joh. Ulric. VVallich. de Relig. Turc. p. 4.*

156

Abb. 2: Seite aus J. E. Gerhard & C. Hoffmann: *Umbra in luce, sive consensus et dissensus religionum profanarum, Judaismi, Samaritanismi, Muhammedismi, Gingis-Chanismi, atque paganismi.* Jena 1667, Kap. II, § 43.

Was die Münzsammlung der Gerhards angeht, so sind wir sogar in der glücklichen Lage, ein handschriftliches Verzeichnis zu haben, in dem Johann Ernst Gerhard stolz seine wohl auf der Peregrinatio durch Holland und Frankreich erworbenen Stücke abgemalt und aufgezeichnet hat – insgesamt 41 Stück (Abb. 1).[4] Später müssen es mehr geworden sein, denn auch in einigen von Johann Ernst Gerhards Büchern werden – andere – Münzen erwähnt und sogar abgebildet, exotische Münzen wie eine Umayyadenprägung, die aus nordischen Funden der Wikingerzeit stammen könnte, und ein Amulett mit dem Zachariassegen aus der Pestzeit (Abb. 2).[5] Aber gehen wir ein wenig weiter durch die Gassen von Jena in den letzten Jahrzehnten des 17. Jahrhunderts. Es war eine Zeit, als der »Polyhistorismus« populär war, also die Mehrfachkompetenz von Professoren auf ganz unterschiedlichen Gebieten.[6] In Jena war das besonders der Fall und kann bei einer ganzen Reihe von Professoren beobachtet werden – nicht zuletzt, was ihre privaten Sammlungen angeht. So hat sich Erhard Weigel (1625–1699) nicht nur für Mathematik, Astronomie und Kalenderwesen interessiert, sondern auch für Metaphysik, Pädagogik, Ethik, Naturwissenschaft und viele andere Bereiche, außerdem war er Erfinder und hat in seinem Haus (Abb. 3) technische Spielereien wie eine Weinleitung aus dem Keller, einen Fahrstuhl und ein Observatorium angebracht.[7]

Johann Andreas Schmidt (1652–1726) war neben seiner Tätigkeit als Philosoph und Theologe ebenfalls ein Technik-Freak und Bastler, er hortete in einer Rumpelkammer seines Hauses eine vollmechanische Fliegenfalle, eine Dresch- und Sämaschine, Druckluftinstrumente und einen Automaten, der Pfeife rauchen konnte.[8] Und er sammelte Naturalien und Münzen, ja schrieb sogar über Münzen, denn er hatte sich von seinen Kollegen Johann Andreas Bose (1626–1674) und Caspar Sagittarius (1643–1694) anstecken lassen, sich mit mittelalterlichen Brakteaten zu beschäftigen.[9] Auch von seiner Münzkollektion haben wir eine gewisse Vorstellung, denn sie ist in einem Extrateil des Auktionskataloges aufgeführt, der gedruckt wurde, nachdem Schmidt 1726 in Helmstedt gestorben war – die Münzsammlung stand neben 200 Maschinen und Instrumenten, über 100 Schachteln mit Mineralien und Conchylien, Ethnologica, wie wir heute sagen würden (etwa eine Sammlung von Schuhen aus China, Lappland und Russland), Tieren und unendlich vielen anderen Dingen.[10] An Münzen besaß Schmidt 86 »sehr rare« silberne römische und andere Prägungen, 171 Brakteaten, 95 Bronzemünzen, dazu noch eine Abdrucksamm-

4 FB Gotha Ch. B 917: Syllabus mei Nomismatiphylacii.
5 Gerhard & Hoffmann 1667, Kap. II, § 43. Vgl. Mulsow 2020, S. 146f.
6 Vgl. allg. Wiedemann 1967, S. 215–235; Grafton 1985, S. 31–47; Jaumann 1990, S. 76–89; Burke 2020; Mulsow 2024. Zur Situation in Jena vgl. Hiller 1937.
7 Zu Weigel vgl. Schielicke et al. 1999.
8 Roling 2014, S. 211–246.
9 Vgl. Steguweit 1995, S. 59–69.
10 Anonymus 1730.

Abb. 3: Modellhafte Darstellung des Weigelschen Hauses in Jena. Benedictus Georgi, Tectum Decussatum Jenae.

lung von 216 »in Lack und Pappe abgedruckte[n] alte[n] römische[n] Münzen«.[11] Das ist sicherlich eine kleine Sammlung gewesen, und sie fällt kaum ins Gewicht gegenüber der riesigen Instrumenten- und Naturaliensammlung, doch sie kann uns trotzdem einen ersten quantitativen Anhaltspunkt für professorale Münzsammlungen geben.

Bose und Sagittarius haben, wie erwähnt, in Jena eine Manie für Brakteaten ausgelöst. Bose war Historiker und einer der allerersten, die überhaupt einen Sinn für den Wert und die Eigenheit von mittelalterlichen Blechmünzen entwickelt haben; von ihm stammt auch der Begriff »Brakteat«.[12] Während seiner Studienreise hat er eine Sammelleidenschaft für römische Münzen entwickelt und kaufte vor allem solche der römischen Republik;[13] später aber fing er an, die mittelalterlichen Blechmünzen als wichtige Quelle für die deutsche Ge-

11 Ebd. S. 385, Nr. 377.
12 Steguweit 1995; zu Bose vgl. Kappner 1931, S. 68–131.
13 Vgl. Döring 1845, S. 43.

Abb. 4: Porträt Georg Wolfgang Wedels in einem Kupferstich von Gustav Andreas Wolfgang nach einer Zeichnung von Christian Schaeffer (1678).

schichte zu nutzen. Als Bose 1674 starb, gingen seine Bücher und Manuskripte an die *Bibliotheca electoralis,* die seit 1549 als Universitätsbibliothek genutzt wurde und viele ihrer Bestände aus Wittenberg hinübergenommen hatte;[14] die Bibliothek gewann allerdings erst durch diesen Zuwachs eine wirklich brauchbare Größe. Boses Briefe und Münzen sind aber an seinen Nachfolger Sagittarius gegangen, der die Witwe Boses heiratete. Zwar hat Sagittarius selbst nichts über Brakteaten publiziert, aber seine Schüler Christian Schlegel (1667–1722), Johann Christoph Olearius (1668–1747) und Jakob von Melle (1659–1743) waren dann die Piniergeneration, die diesen Bereich der Numismatik umfassend erschlossen hat.[15] In diesem Kontext von sammelnden, polyhistorisch orientierten Kollegen ist auch der Mediziner Georg Wolfgang Wedel zu sehen, der 1673 mit 27 Jahren Professor in Jena wurde (Abb. 4).

14 Ebd. S. 42 f.

15 Vgl. Schilling 2018; Steguweit 1995. Boses Münzsammlung hat Sagittarius testamentarisch der Jenaer Universitätsbibliothek vermacht und damit eine der ersten eigentlichen universitären Münzsammlungen im deutschsprachigen Raum begründet; s. dazu den Beitrag von Christoph Klose im vorliegenden Band.

Wedel als Sammler

Georg Wolfgang Wedel (1645–1721) war nicht weniger Polyhistor als viele seiner Kollegen. Fernab davon, nur Spezialist für Anatomie, Chirurgie, Botanik und theoretische Medizin zu sein, war er vor allem chemisch interessiert und hatte sich tief in die Alchemie und den Paracelsismus eingearbeitet.[16] Seine pharmazeutischen Schriften, etwa seine *Opiologia*, die erste Monographie zum Opium überhaupt, versuchen detailliert, das Funktionieren der Substanzen chemisch-alchemisch zu verstehen.[17] Aber Wedel war auch philologisch und historisch hochgebildet. Das zeigt eindrucksvoll seine Schriftenreihe *Exercitationes medico-philologicae sacrae et profanae*, die seit 1686 erschien und kleine Texte nachdruckte, die er zu Universitätsanlässen geschrieben hatte. Am Ende war sie auf zehn Dekaden angewachsen, also insgesamt hundert kleine Exercitationes.[18] Darin ging es um die Interpretation von Bibelstellen aus der Sicht des Mediziners (z. B. den Lanzenstich in die Seite des gekreuzigten Jesus),[19] um antike Mythologie (Herkules als Arzt), um Krankheiten und Todesursachen berühmter Persönlichkeiten, um Alchemiegeschichte – und auch um Numismatik. Grundlage für Wedels numismatische Exercitationes waren Stücke aus seiner eigenen Sammlung.[20]

In diesem Fall haben wir allerdings nicht, wie bei Gerhard oder Schmidt, ein Verzeichnis dieser Sammlung. Im Universitätsarchiv Jena zumindest ist keines überliefert. Aber wie können wir dann Aufschluss darüber gewinnen, was Wedel gesammelt hat, was er in den Räumen seines Hauses aufbewahrte? Der einzige Weg, der bleibt, so scheint mir, ist es, Hinweise aus Briefen, aus Erwähnungen in Vorworten oder Abhandlungen von Wedel und von seinen Kollegen zu entnehmen und sie wie ein Puzzle zu einem Bild zusammenzusetzen. Das ist zwar mühsam, aber zugleich auch perspektivenreich, denn es zeigt den Blick auf die Sammlung aus unterschiedlichen Winkeln. Schon Wedels Bücher- und Manuskriptschatz muss beträchtlich gewesen sein, wenn man bedenkt, dass Editio-

16 Vgl. Gerabek 2005, S. 1468. Eine Monographie zu Wedel fehlt.

17 Wedel 1674. Vgl. Mulsow 2022. – Vgl. von Wedels medizinischen und pharmazeutischen Schriften vor allem: *Pharmacia in artis formam redacta*, Jena 1677; *De medicamentorum facultatibus cognoscendis*, Jena 1678; *Physiologia medica*, Jena 1680–1688; *Amoenitates materiae medicae*, Jena 1684; *Pharmacia acroamatica*, Jena 1686; *Pathologia medica dogmatica*, Jena 1692; *Compendium praxeos clinicae*, Jena 1707; *Compendium chimiae, theoreticae et practicae, methodo analyticae propositae*, Jena 1715; *De morbis infantum*, Jena 1717. Wedel hat also die Bereiche der Medizin umfassend abgedeckt.

18 Sie erschienen gesammelt 1701 in Jena; 1704 erschienen noch weitere 5 Dekaden einer zweiten geplanten Centurie.

19 Dieses Thema hat derzeit erneute Aktualität bekommen: Fried 2019.

20 1704 wurde sogar eine Medaille auf Wedel geprägt, auf deren Rückseite eine ganze Ahnengalerie von Ärzten mit Hippokrates, Galen, Paracelsus und van Helmont zu sehen war (ikmk.smb.museum/object?id=18219185). Das war tatsächlich die Spannweite, die Wedel gerecht wurde, denn seine Medizin verbindet traditionelle und iatrochemische Elemente. Vgl. Klier 2002, S. 139–143.

nen alchemischer Rezepte »e bibliotheca Wedelii« vorgenommen wurden.[21] Aber auch Wedels Münzkollektion hatte es durchaus in sich.

Beginnen wir mit der Frage: Wann hat Wedel angefangen zu sammeln? Das lässt sich aus einer Passage am Ende eines Vorwortes ermitteln, das Sagittarius 1679 zu seiner Biographie von Ciceros Tochter (Abb. 5) geschrieben hat.[22] Es ging darin auch um mögliche Porträtbildnisse des Politikers und seines Kindes. »Ciceros Gesicht hat aus Boseschen Münzen, allerdings, wie ich glaube, nicht besonders alten, Jacob von Melle aus Lübeck abgezeichnet, mit seiner einzigartigen Gelehrsamkeit und Tüchtigkeit – der mir deshalb besonders lieb ist. Und das tat er dank unseres Wedel, der vor noch nicht so langer Zeit mit großem Eifer angefangen hat, einen Schatz an Münzen zu sammeln; und er hat dabei einen nicht zu verachtenden Fortschritt gemacht. Mich schmerzt es dennoch gewaltig, dass, während der hochgeschätzte Herr so eifrig nach seltenen Münzen sucht, Gott ihm das beste Geldstück entzogen hat«.[23] Das war eine Anspielung darauf, dass Wedels Frau Christina Sabina (1655–1679), geborene Avemann, am 3. März gestorben war. Sieben kleine Kinder blieben dem Witwer und mussten aufgezogen werden.

»Vor noch nicht so langer Zeit«, sagt Sagittarius: also seit etwa Mitte der 1670er Jahre, hat Wedel Münzen gesammelt. Das fällt zusammen mit dem Beginn seiner Professur, denn 1673 war Wedel ordentlicher Professor für Medizin geworden und erhielt den Lehrstuhl für Anatomie, Chirurgie und Botanik sowie kurze Zeit später, nach Werner Rolfincks (1599–1673) Tod, auch den für theoretische Medizin. Warum »dank unseres Wedel«? Womöglich, weil Wedel, der sich mit Münzen besser auskannte als Sagittarius, Melle geholfen hat, in Boses Münzsammlung in Sagittarius' Haus die richtigen Stücke zu finden.[24]

Dreizehn Jahre später, 1692, widmet Sagittarius' Schüler Johann Christoph Olearius Wedel eine Schrift über einen Kontorniaten, weil er sie anhand des Exemplars aus Wedels Sammlung geschrieben hat.[25] Darin erfahren wir etwas mehr über dieses inzwischen

21 Vgl. etwa Friedrich Zobel: *Tartarologia spagirica, seu medicamentorum ex tartaro in laboratorio Gottorpiensi paratorum fidelis descriptio e bibliotheca Georgii Wolfgangii Wedelii*, Jena 1676.

22 Sagittarius 1679.

23 Ebd. unpaginiert: »Ciceronis faciem ex nummis Boseanis, non adeo tamen, ut puto, vetustis, exscripsit singulais doctrinae ac virtutis, et ob id mihi amicissimus Juvenis Jacobus a Mellen Lubecensis, idque in Wedelii nostri gratiam, qui non ita pridem thesaurum nummarium magno coepit colligere studio, nec contemnendos in eo fecit progressus. Ego tamen vehementer doleo, quod dum summus Vir tam sollicite indagat rariores nummos, Deus Opt. Max. eidem substraxerit OPTIMAM MONETAM«. Zu Melles Zeichenkunst und Melle als Lieblingsschüler von Sagittarius vgl. Schilling 2018, S. 147–150.

24 Vom engen Umgang Melles mit Wedel zeugt auch die Dedikation einer Schrift Melles aus diesem Jahr: *Historia urnae sepulcralis Sarmaticae anno MDCLXXIV. Repertae ad excell. virum Dn. Georgium Wolfgangum Wedelium Med. D. et Prof. P. Archiatrum Ducalem Saxonicum S. R. I. Naturae-Curiosorum Academiae Adiunctum Herculem*, Jena 1679.

25 Das Buch erschien erst 1696, der dort abgedruckte Brief ist auf 1692 datiert: Johann Christoph Olearius: *Ad virum excellentissimum Georg. Wolffg. Wedelium ... de nummo (uti vocatur) contourniato M. Aurelii Antonini ex Musaeo Wedeliano, M. Joh. Christoph. Olearii ... epistola*, Jena 1696.

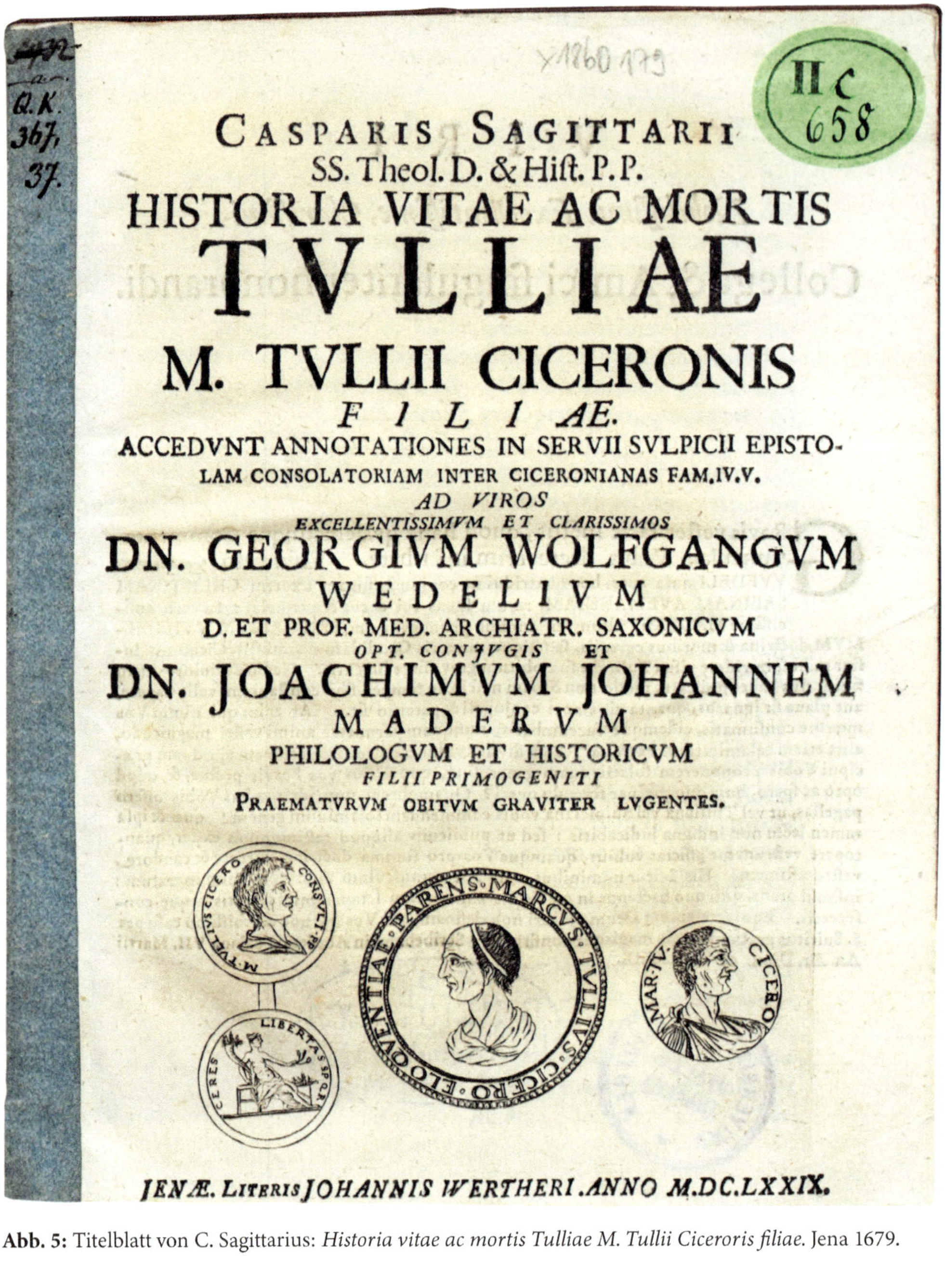

CASPARIS SAGITTARII
SS. Theol. D. & Hiſt. P.P.
HISTORIA VITAE AC MORTIS
TVLLIAE
M. TVLLII CICERONIS
F I L I AE.
ACCEDVNT ANNOTATIONES IN SERVII SVLPICII EPISTOLAM CONSOLATORIAM INTER CICERONIANAS FAM. IV. V.
AD VIROS
EXCELLENTISSIMVM ET CLARISSIMOS
DN. GEORGIVM WOLFGANGVM
WEDELIVM
D. ET PROF. MED. ARCHIATR. SAXONICVM
OPT. CONJVGIS ET
DN. JOACHIMVM JOHANNEM
MADERVM
PHILOLOGVM ET HISTORICVM
FILII PRIMOGENITI
PRAEMATVRVM OBITVM GRAVITER LVGENTES.

JENÆ. LITERIS JOHANNIS WERTHERI. ANNO M.DC.LXXIX.

Abb. 5: Titelblatt von C. Sagittarius: *Historia vitae ac mortis Tulliae M. Tullii Ciceroris filiae.* Jena 1679.

kräftig angewachsene Kabinett. »Deine Schatzkammer, die nicht nur mit seltenen Büchern jedweder Wissenschaft angefüllt ist, sondern auch mit herausragenden Wundern der Natur und Kunst, hat mich oft ergötzt, wenn ich sie durchgegangen bin; am meisten aber hat bei mir die Menge *(copia)* deiner Münzen und die so sorgfältige Auswahl *(delectus accuratius)* der verschiedensten von ihnen, wenn ich sie gesehen habe, höchstes Staunen und höchsten Beifall erweckt, und nicht ohne besondere Zuvorkommenheit hast Du mich, indem Du sie mir auseinandergelegt, erklärt und mit nicht wenigen beobachtungswürdigen Anmerkungen versehen hast, aus einem wenig erfahrenen zu einem durchaus erfahrenen Fachmann gemacht«.[26]

Aus diesen Sätzen voller Dankbarkeit lässt sich mehreres erkennen. Zum einen hat Wedel seine eigene kleine Kunst- und Wunderkammer besessen, also ausgestopfte Tiere, Mineralien, Schnitzereien, ähnlich wie Schmidt, aber sicherlich kleiner. Zum anderen war seine Bibliothek polyhistorisch angelegt, mit Werken aus sämtlichen Wissensgebieten, was nochmals das breite Profil des Professors unterstreicht. Und drittens war Wedels Münzsammlung nicht nur recht groß, sondern vor allem vielfältig, also enthielt Münzen unterschiedlichster Herkunft und Epoche: Römer, Provinzialrömer, Griechen, Barbaren, Mittelalter, vielleicht auch Neuzeit, vielleicht auch exotische außereuropäische Prägungen.

Fragen wir weiter: In welcher Beziehung stand Wedels Münzkabinett zu den anderen Sammlungen, in erster Linie denen seiner Kollegen? Dass es eine wechselseitige Benutzung der Münzsammlungen gab, haben wir schon gehört, als deutlich wurde, dass Melle sowohl bei Sagittarius als auch bei Wedel unterwegs war; aber auch Johann Andreas Schmidt gehörte völlig selbstverständlich in diesen Zirkel, in dem man sich gegenseitig mit Münzinformationen aushalf. Das zeigt etwa die Abhandlung *Lunam in cruce visam ...* von Schmidt aus dem Jahr 1689, in der es darum ging, dass Schmidt im Kreise einiger Astronomie-Interessierter kurzzeitig ein Kreuz auf dem Mond beobachtet hatte, welches durch die Reflexion von Kometenstrahlen zustande gekommen war (Abb. 6).[27]

Das war so recht ein Thema, wie es Polyhistore interessierte, denn von dort her konnte man auf Tiere mit Kreuzzeichen und auch auf historische Begebenheiten kommen, die jetzt neu zu deuten waren, nicht zuletzt durch Prägungen auf Münzen. Wedel hat Schmidt dabei geholfen, und der vermerkt das dankbar: Wedel hatte ihm nicht nur mit numismatischer Literatur zu Kaiser Konstantin (reg. 306–337) ausgeholfen, dem ja vor der Schlacht von 312 ein flammendes Kreuz erschienen war, sondern selbst eine Prägung von Constantius II.

26 Ebd. S. 7: »Cimeliarchium tuum non libris tantum rarioribus cujuslibet scientiae, sed et egregiis naturae artisque miraculis refertum saepius perlustrando me summopere delectavit, maxime vero numismatum tuorum copia variorumque eorum delectus accuratius mihi ista invisenti stuporem atque consensum incussit eximium, et quidem haud absque insigni commodo, edisserendo enim, explicando, notisque haud paucis observatus dignissimis adjectis expertus minus peritum peritiorem me fecisti«.

27 Schmidt 1681.

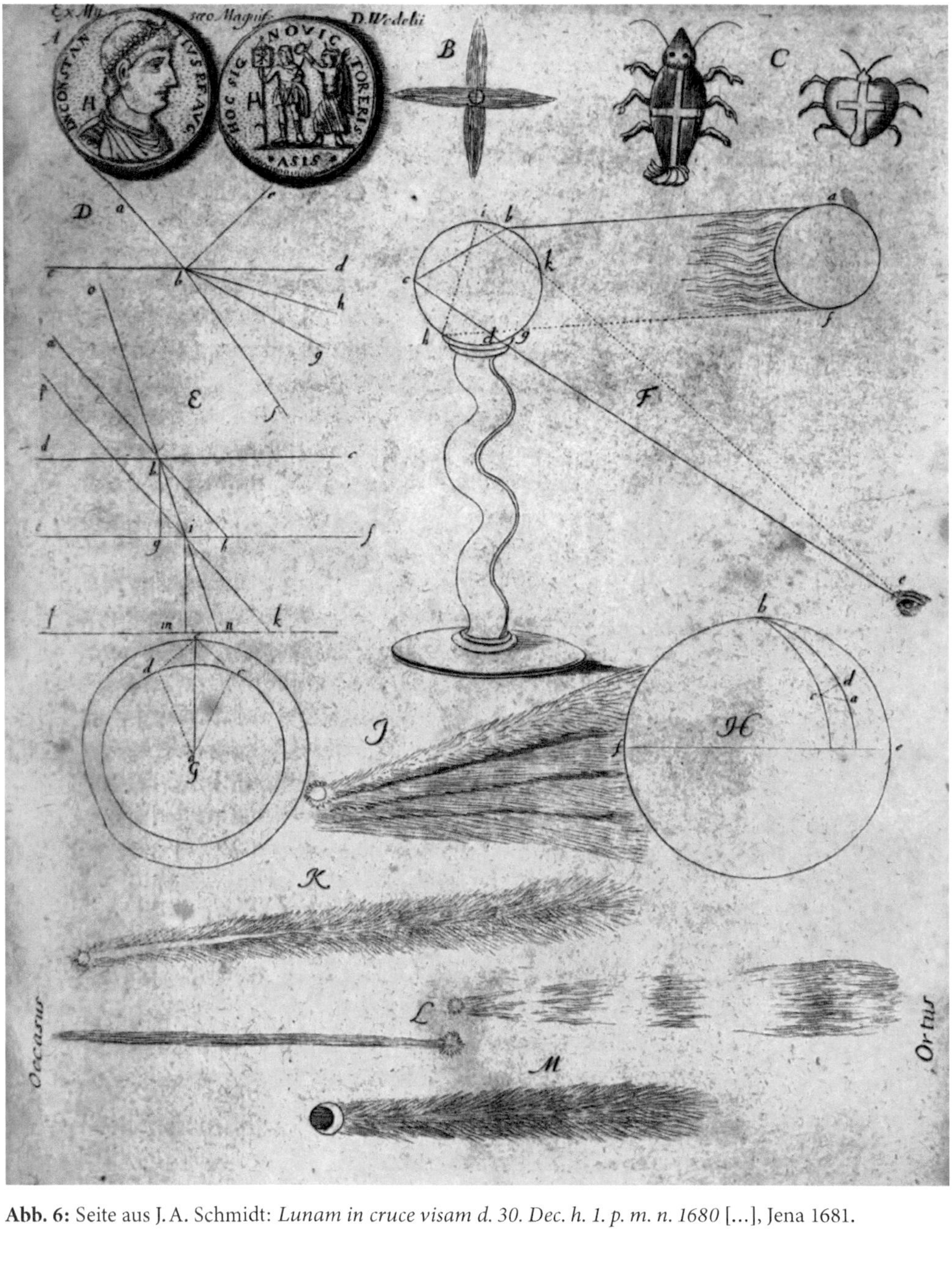

Abb. 6: Seite aus J. A. Schmidt: *Lunam in cruce visam d. 30. Dec. h. 1. p. m. n. 1680* [...], Jena 1681.

(reg. 337–361) gezeigt, auf der das Kreuzzeichen und Konstantins Wahlspruch »(In) hoc signo victor eris« zu sehen war.[28] Schmidt bildet sie in seiner Abhandlung ab.[29] Ähnliche Münzen konnte Schmidt dann in der Sammlung seines Lehrers Sagittarius vergleichen und sich fragen, ob nicht auch Konstantins vermeintliches Wunder schon ein solches Reflexionsphänomen gewesen war.[30] Auch andere theologische Kollegen hatten es besonders auf Münzen mit Kreuzsymbolik abgesehen, wenn auch nicht wie bei Schmidt zur Wunderminimierung, sondern eher der Erbaulichkeit halber. Valentin Ernst Löscher (1674–1749) in Wittenberg besaß eine kleine Sammlung von Talismanen und Münzen mit Kreuzen.[31]

Es scheint tatsächlich so, dass Wedel Münzen von unterschiedlichster Sorte gesammelt hat, wenn er sowohl Kontorniaten als auch spätantike Kaiser als auch Brakteaten in seinem Sortiment hatte. Und noch Prägungen ganz ungewöhnlicher Art: Der Jurist, Schriftsteller und Münzfachmann Johann Zacharias Gleichmann (vor 1700–1758) hat sich beispielsweise erinnert, bei Wedel so etwas seltenes wie eine Bleimünze gesehen zu haben, und zwar von Kaiser Probus (reg. 276–282).[32] Wahrscheinlich war es eine Prägung aus der Münzstätte Alexandria. Was die Anzahl von Wedels Münzen angeht, so kann man nur spekulieren. Ich denke, dass es sich um etliche hundert gehandelt hat, vielleicht mehr als tausend. Wenn selbst ein Student wie Jacob von Melle in seiner frühen Zeit schon 200 Prägungen gesammelt hat,[33] dann wird Wedels Kabinett merklich größer gewesen sein. Das ist immer noch weit entfernt von den Größenordnungen von reichen Kaufleuten wie Georg Lüders in Hamburg mit seinen 8 500 Stücken oder Sigismund von Haunold (1634–1711) in Breslau mit seiner nicht viel kleineren Sammlung,[34] oder gar von den 20 000, die man für das Münzkabinett von Anton Günter II. (1653–1716) in Arnstadt ansetzen muss, dem größten in der Region, und von ähnlichen in Paris, Wien oder Rom – aber doch immerhin beträchtlich.[35]

---

28 Ebd. S. 7.

29 Ebd., Ausfaltblatt.

30 Ebd. S. 9: »Praeterea omnes nummi, qui labarum referunt, atque a me ipso inspici poterant partim in praedicto Magnif. D. Wedelii Musaeo, partim in Max. Reverendi DN. D. Sagittarii Praeceptoris ac Patroni nostri aetatem devenerandi apparatu rei nummariae veterum instructissimo, partim etiam in descriptionibus Nummographorum, crucem de die in coelo visam ac ab Eusebio descriptam nullatenus primo intuito exprimere videntur, nisi dicere velis eam respondere visioni nocturnae quae pluribus descripta non est«.

31 Vgl. die Dissertation, die Löscher seinen Schüler schreiben ließ: Valentin Ernst Löscher (praes.)/Johann Sigismund Koblig (resp. et auctor): *Disquisitio antiquaria de talismanibus*, Wittenberg 1693. Vgl. Mulsow 2012, S. 335–338.

32 Johann Zacharias Gleichmanns Anmerkungen von alten bleyernen Münzen, in: Bauer 1772, S. 160 f.: »... und der berühmte Herr D. Wolfgang Wedel in Jena, und Herr D. Redel in Halle, haben auch Nummos plumbeos in ihren Cabinetten gehabt, und zwar der erstere einen von dem Imperatore Probo ...«

33 Schilling 2018, S. 149.

34 Zu Lüders vgl. Capell 1678. Zu Haunold vgl. Markgraf 1880, S. 70 f.

35 Zum Arnstädter Kabinett, das 1712 vom Gothaer Herzog aufgekauft wurde, vgl. Berghaus 2000, S. 125–131.

Als Sagittarius 1694 starb, vermachte er seine Bose'sche Münzsammlung – wie auch seine Bibliothek – der Universität Jena. Zunächst wurden die Münzen durch Schmidt betreut, der als Testamentsvollstrecker eingesetzt war, aber als Schmidt im September 1695 nach Helmstedt wechselte, ging die Zuständigkeit an Wedel über.[36] Wedel hatte jetzt also gleich zwei Sammlungen unter sich: die eigene und die ihm vertraute Bose'sche – was die Anzahl an Münzen, die ihm zur Verfügung standen, nochmals deutlich erhöhte.[37]

Numismatische Studien

Was aber hat Wedel mit all diesen Stücken angefangen? Wie hat er seine Beschäftigung als Sammler in seine eigenen gelehrten Schriften einfließen lassen? Das zumindest ist ein Vorteil bei der Beschäftigung mit professoralen Münzsammlungen im Gegensatz zu allgemeinen herzoglichen oder universitären Münzkabinetten: Hier lässt sich viel genauer die Relation zwischen Sammlung und gelehrter Numismatik nachzeichnen. Dabei hat sich Wedel in seinen Möglichkeiten sicher nicht überschätzt. »Es mag uns genügt haben«, sagt er an einer Stelle in aller Bescheidenheit, »aus der ziemlich unbedeutenden Sammlung *(e leviculo thesauro)* gewissermaßen als ein Probestück etwas zu formen oder nach einem ferneren Nutzen zu fragen«.[38] Das war nicht nur eine modeste, sondern in gewisser Weise auch eine realistische Einschätzung dessen, was dieser Freizeit-Numismatiker mit seinen Möglichkeiten erreichen konnte. Immerhin: Wedel sucht den »ferneren Nutzen« und kann ihn durchaus finden, zumal mit seinem Hintergrundwissen in naturwissenschaftlichen Disziplinen. Das werden wir gleich noch sehen.

Wedel hat seine kleinen Abhandlungen, die er dann in den *Exercitationes* sammelte, die aber vorher separat erschienen waren, »Propemptica« genannt, nach der antiken Gattung von Gedichten, die einem Abschiednehmenden Glück für seine Reise wünschen.[39] So gab er – in seiner Eigenschaft als Prorektor oder als Dekan der medizinischen Fakultät – die Texte am Tag der Abschlussdisputationen der Medizinstudenten heraus, am Ende mit deren Namen und Kurzbiographie versehen, als Andenken und kleine Beigabe zur Urkunde.[40] Im März 1692 handelte das erste numismatische Propempticon von Münzen, auf denen der Stab des Hermes oder Mercurius zu sehen ist: *De nummis caduceatis* (Abb. 7).[41] Das war eine kleine

36 Vgl. Schilling 2018, S. 155.

37 Was aus der Bose-Sagittariusschen Sammlung wurde, nachdem sie in den Besitz der Universität Jena gekommen war, ist nicht bekannt.

38 Wedel 1701, Dec. VII, Ex. VIII, S. 60.

39 Vgl. Robbins 2001, Sp. 414 f.

40 Ob Wedel dabei auch Münzen verschenkt hat, wissen wir nicht.

41 Wedel 1692a.

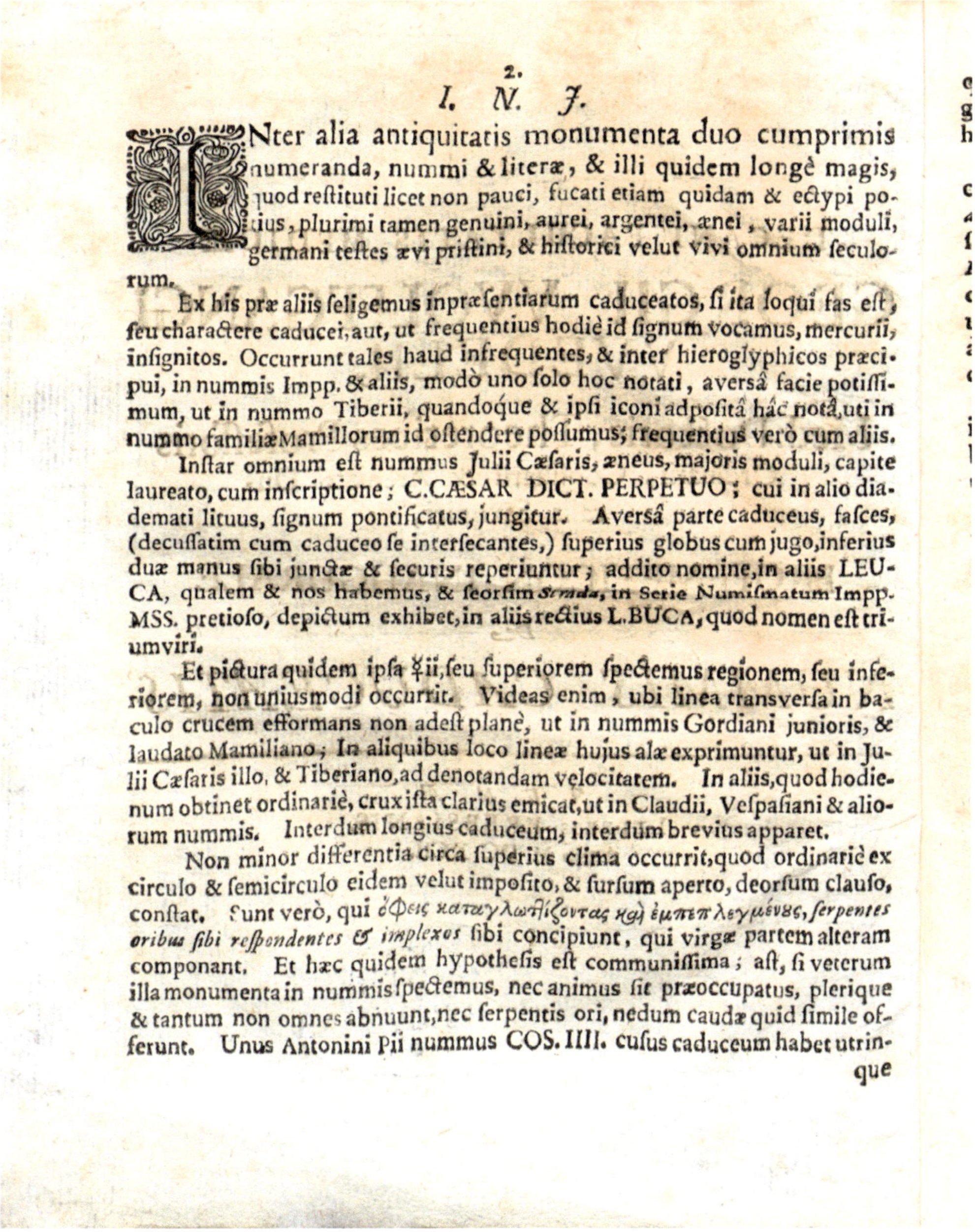

2.

I. N. J.

INter alia antiquitatis monumenta duo cumprimis numeranda, nummi & literæ, & illi quidem longè magis, quod reſtituti licet non pauci, fucati etiam quidam & ectypi potius, plurimi tamen genuini, aurei, argentei, æneï, varii moduli, germani teſtes ævi priſtini, & hiſtorici velut vivi omnium ſeculorum.

Ex his præ aliis ſeligemus inpræſentiarum caduceatos, ſi ita loqui fas eſt, ſeu charactere caducei, aut, ut frequentius hodiè id ſignum vocamus, mercurii, inſignitos. Occurrunt tales haud infrequentes, & inter hieroglyphicos præcipui, in nummis Impp. & aliis, modò uno ſolo hoc notati, aversâ facie potiſſimum, ut in nummo Tiberii, quandoque & ipſi iconi adpoſitâ hâc notâ, uti in nummo familiæ Mamillorum id oſtendere poſſumus; frequentius verò cum aliis.

Inſtar omnium eſt nummus Julii Cæſaris, æneus, majoris moduli, capite laureato, cum inſcriptione; C.CÆSAR DICT. PERPETUO; cui in alio diademati lituus, ſignum pontificatus, jungitur. Aversâ parte caduceus, faſces, (decuſſatim cum caduceo ſe interſecantes,) ſuperius globus cum jugo, inferius duæ manus ſibi junctæ & ſecuris reperiuntur; addito nomine, in aliis LEUCA, qualem & nos habemus, & ſeorſim *Strada*, in Serie Numiſmatum Impp. MSS. pretioſo, depictum exhibet, in aliis rectius L.BUCA, quod nomen eſt triumviri.

Et pictura quidem ipſa ☿ii, ſeu ſuperiorem ſpectemus regionem, ſeu inferiorem, non uniusmodi occurrit. Videas enim, ubi linea transverſa in baculo crucem efformans non adeſt planè, ut in nummis Gordiani junioris, & laudato Mamiliano; In aliquibus loco lineæ hujus alæ exprimuntur, ut in Julii Cæſaris illo, & Tiberiano, ad denotandam velocitatem. In aliis, quod hodienum obtinet ordinariè, crux iſta clarius emicat, ut in Claudii, Veſpaſiani & aliorum nummis. Interdum longius caduceum, interdum brevius apparet.

Non minor differentia circa ſuperius clima occurrit, quod ordinariè ex circulo & ſemicirculo eidem velut impoſito, & ſurſum aperto, deorſum clauſo, conſtat. Sunt verò, qui ὄφεις καταγλωττίζοντας καὶ ἐμπεπλεγμένους, *ſerpentes oribus ſibi reſpondentes & implexos* ſibi concipiunt, qui virgæ partem alteram componant. Et hæc quidem hypotheſis eſt communiſſima; aſt, ſi veterum illa monumenta in nummis ſpectemus, nec animus ſit præoccupatus, plerique & tantum non omnes abnuunt, nec ſerpentis ori, nedum caudæ quid ſimile offerunt. Unus Antonini Pii nummus COS. IIII. cuſus caduceum habet utrinque

Abb. 7: Seite aus G. W. Wedel, *De nummis caduceatis*, Jena 1692, mit Symbol des Hermesstabes in der ersten Zeile des vierten Absatzes.

elegante Besonderheit, die im Übrigen auch zu Wedels großem Interesse an der Alchemie passte. Denn das Zeichen des Merkur ist dort die Chiffre für das Quecksilber. Wedels Freund in Gotha, Wilhelm Ernst Tentzel (1659–1707), referiert schon drei Monate später im Juniheft seiner *Monatlichen Unterredungen,* Wedel habe bemerkt, »daß dieser Character entweder allein stehe / theils auf dem revers, in einem nummo des Tiberii, theils neben dem Bildnisse auff der ersten Seitten / dergleichen man in einem nummo der Mamilianischen Familie findet. Oder mit anderen Dingen vergesellschafftet / auf vielen nummis, sonderlich auff des Julii Caesaris küpffernen / da er mit denen fascibus gleichsam ein Creutz machet …«.[42]

In welchem Verhältnis stand diese Abhandlung zu Wedels Sammlung? Nun, er wird zumindest eine Münze mit Merkurstab unter seinen Prägungen gehabt und dies zum Anlass genommen haben, weiterzuforschen und Thesen zu entwickeln, die sich mit seinen alchemischen und historischen Erkenntnissen verbanden. Gerade der Stab auf der Münze von Caesar war in seinem oberen Teil schon seit alters her so gedeutet worden, dass er zwei Schlangen zeige, auch wenn auf den Münzen weder Kopf noch Schwanz zu sehen seien. Damit sei, so Wedel im Referat von Tentzel, weiter zurück auf »den zur Schlangen gewordenen Stab Mosis, jedoch darneben auch auf die Principia Chymica von denen Egyptern / als ersten Erfindern dieser Hieroglyphicorum, gezielet worden«.[43] Dass das Zeichen für Quecksilber von Wedel als ägyptische Hieroglyphe angesehen wurde, hat sicher auch mit John Dee (1527–1608/09) zu tun, der mit seiner Monas-Hieroglyphe ein Modell dafür geliefert hatte, wie man sich älteste Weisheit, ägyptische Hieroglyphik und alchemische Symbolik im Zusammenhang vorstellen konnte.[44] Wedel war in diesen Monaten ohnehin mit Alchemie und Münzen beschäftigt, denn er stand mit Tentzel und anderen in Kontakt zum Thema angeblich aus alchemischem Gold verfertigter Münzen.[45]

Nicht weniger speziell ist Wedels nächster Griff in seine Münzkiste, nämlich das Propempticon *De nummis capite velato,* über Münzen, auf denen das Haupt verschleiert oder bedeckt ist, im Juni 1692 verfasst.[46] Der Kopf des Menschen sei seine Akropolis, hebt das kleine Stück an, sein Zentrum und bestes Stück.[47] Warum werden dann zuweilen verschleierte Gesichter auf Münzen gezeigt? Wedel bemüht eine Fülle von Zitaten aus grie-

---

42 Tentzel 1692, S. 473. Er nimmt Bezug auf einen Denar serratus des C. Mamilius Limetanus von 82 v. Chr. mit einem Caduceus haltenden Mercur auf der Vorderseite (RRC Nr. 362,1) sowie auf einen Denar von C. Iulius Caesar und L. Aemilius Buca von 44 v. Chr., der auf der Rückseite Rutenbündel (fasces) gekreuzt mit einem geflügelten Mercurstab zeigt (RRC Nr. 480).

43 Tentzel 1692, S. 473.

44 Dee 1564. Vgl. Yates 1979.

45 Mulsow 2021, Kapitel 4.

46 Wedel 1692b.

47 Wedel 1692b, S. 1: »Ut caput corporis humani acropolis est, omnisque decoris velut centrum quoddam, quodque hominem constituit potissimum; ita prae reliquis omnibus partibus onari et diversis modis conspicuum reddi consuevit«.

chischen und römischen Autoren, um darzustellen, wie etwa als Zeichen eines Amtes oder aus Gründen der Pietät bestimmte Kopfbedeckungen und Verschleierungen getragen wurden.[48] Aber warum hatte Wedel gerade dieses Thema ausgesucht? Was konnte er als Arzt dazu beitragen? Nun, er kannte aus der Hippokrates-Vita des Soranus eine Passage, in der gesagt wird, Hippokrates wäre oft mit bedecktem Haupt dargestellt worden, und in der sieben Gründe genannt werden, sich das Haupt zu bedecken.[49] Das hat ihn offenbar angeregt, dieses Thema durch numismatische Studien zu vertiefen.

Immer noch im gleichen Jahr 1692 erscheint die nächste kleine Studie, *De nummis serratis,* über gezackte, »zersägte« Münzen.[50] Wedel erlaubt sich hier eine Anspielung auf die blumigen Beschreibungen der Mediziner *(flosculorum medicorum),* die etwa bei Muskeln im hinteren Brustkorb von »Sägemuskeln« oder »Sägezahnmuskeln« *(musculi serrati)* sprächen.[51] Das reicht ihm, um dem bis dahin wenig beachteten Phänomen von Münzen Aufmerksamkeit zu schenken, die schon vor der Prägung einen gezackten Rand besaßen.[52]

Wedel wusste aus Tacitus, dass solche Münzen besonders bei den Germanen beliebt waren.[53] Denn bei solchen Zacken sei es weniger leicht möglich, dass sich unter der Silberschicht Bronze verbarg und die Münzen somit von minderem Metallwert waren. Er besitze selbst solche verfälschten *(adulterinus)* Exemplare, sagt Wedel.[54] Später aber hätten manche Prägungen einen zackenhaft eingefassten Rand nur noch als Zierform erhalten. Er, Wedel, habe selbst in Autopsie feststellen können, dass dieser Rand von Anfang an da war und nicht erst später eingeritzt wurde.[55] Also waren dies wohl seine eigenen Exemplare, und sie mögen der Anlass gewesen sein, Wedel, diesen feinen Beobachter medizinischer wie auch numismatischer Details, zu seiner Studie zu bewegen.

Im Jahr darauf, 1693, erschien *De nummis Jani ratitis,* eine Abhandlung über Münzen mit einem »beschifften« Janus, also einem Janusgott, der mit einem Schiff dargestellt

---

48 Wedel 1692b, S. 5: »Fuerit itaque hoc et officii et pietatis ipsius signum«.

49 Wedel 1692b, S. 6f.: »Ex his facile efficitur, quid nummi capite velato signent, modo officium puta, modo vitae statum, durantis vel amissae, modo pietatem et devotionem, modo indifferens id esse magis. Quae alia ad velaminis illustrationem spectant, referri huc possunt ex Hippocratis vita l.c. ubi septem velati capitis adducuntur rationes. Talis tamen habitus ejus fuerit praecipue ob sacram artem, cui operatus est, ob pietatem, ob pudicitiam inculpatam circa oblata«. Vgl. Soranus von Ephesus: *Vita Hippocratis* I,7. Zu Soranus vgl. Temkin 1991, S. 52–57; Pinault 1992.

50 Wedel 1692c.

51 Wedel 1692c, S. 3.

52 Vgl. Albert 2003, S. 131 ff.

53 Tacitus: Germania V,4.

54 Wedel 1692c, S. 5: »Est nobis talis subaerati exemplum in consulari et Tiberii nummis, hac ipsa antiquitatis nota conspicuis, et de his videtur simul Plinius loqui l.33 N.H. c.9. Falsi denarii, inquiens, spectatur exemplar, pluribusque veris denariis adulterinus emitur«. Wedel weist ebd. auch auf ein ähnliches Phänomen wie die Denarii serrati bei neuzeitlichen Münzen der Grafschaft Henneberg und des Herzogtums Braunschweig-Lüneburg hin.

55 Wedel 1692c, S. 6: »Ubi αὐτοψία itidem satis superque docet ...«.

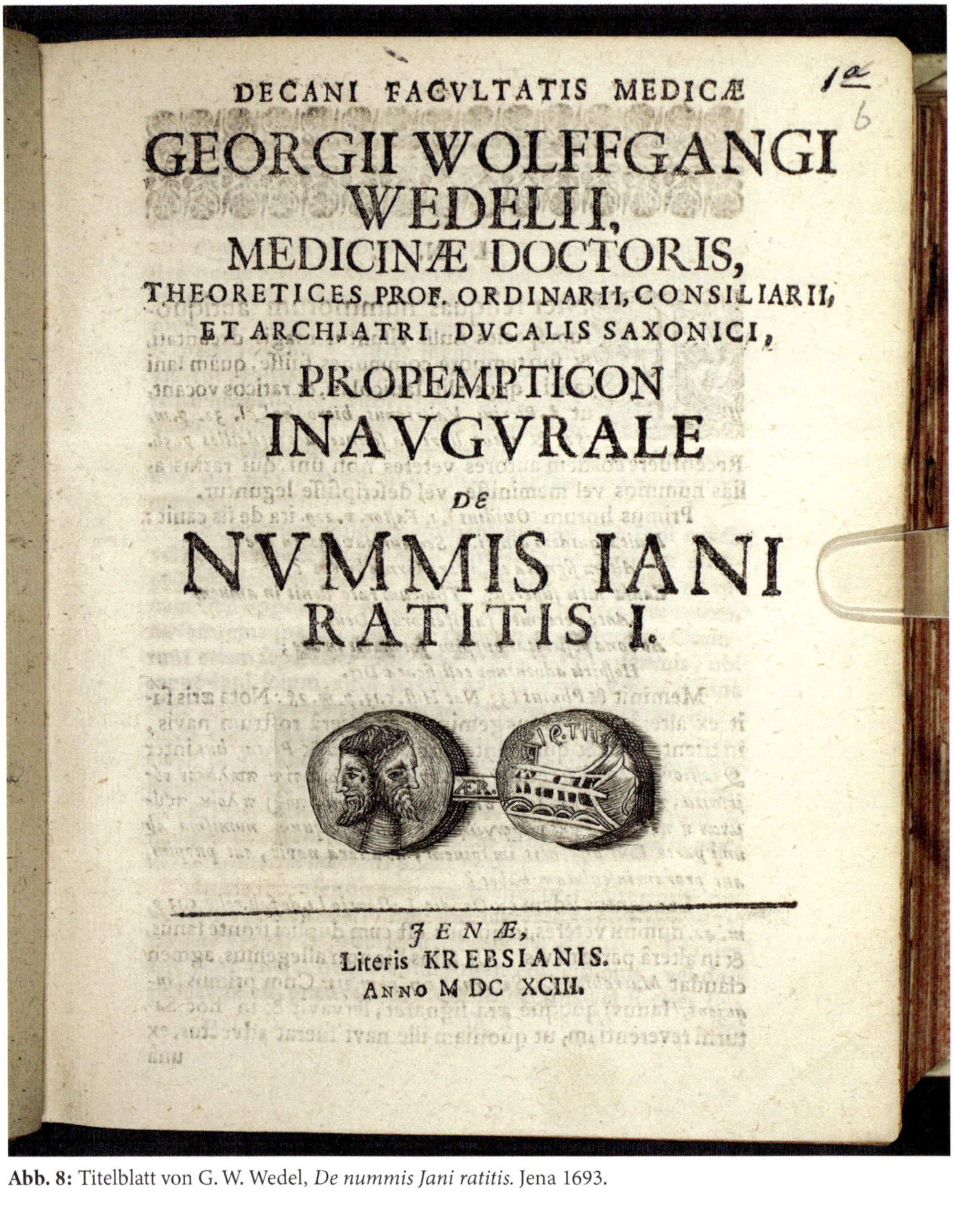

DECANI FACVLTATIS MEDICÆ
GEORGII WOLFFGANGI
WEDELII,
MEDICINÆ DOCTORIS,
THEORETICES PROF. ORDINARII, CONSILIARII,
ET ARCHIATRI DVCALIS SAXONICI,
PROPEMPTICON
INAVGVRALE
DE
NVMMIS IANI
RATITIS I.

JENÆ,
Literis KREBSIANIS.
ANNO M DC XCIII.

Abb. 8: Titelblatt von G. W. Wedel, *De nummis Jani ratitis.* Jena 1693.

wurde.[56] Wedel bildet in diesem Fall sogar die Münze ab, die in seinem Besitz und der Anlass für diese Abhandlung war. Die Weise, in der er sie abbildet, ist interessant: nicht idealisierend, den Typus herausarbeitend, wie Morell und viele andere die Illustration angingen, sondern antiquarisierend, also die Münze als Einzelstück mit all ihren Besonderheiten und Makeln darstellend (Abb. 8).[57]

Das war eine bewusste Entscheidung, wie auch die Formulierung zeigt: »Eine solche besitzen auch wir, eine einzigartige *(singularem)*, und wir haben dafür gesorgt, dass ihr Abbild *(ectypum)* hier dargestellt wird, in seinem genuinen Aussehen *(genuinum aspectu)*, von einer halben Unze Gewicht, wenn man ein winziges bisschen ausnimmt, vielleicht wegen seines Alters etwas abgenutzt und daher im Gewicht vermindert«.[58] Wedel war diese Darstellungsweise auch deshalb wichtig, weil es ihm auf die Unterschiede der Exemplare ankam. Seines beispielsweise hatte keinerlei Beschriftung, das seines Kollegen, mit dem er es verglichen hatte, aber schon: »Das Exemplar, das sich in der Raritätenkammer *(rarithecio)* des seligen Bose – und jetzt unseres Doktor Sagittarius – befindet, zeigt unter dem Bild des Schiffsbugs das Wort ROMA«.[59] So war es an einem Ort wie Jena aufgrund der diversen professoralen Sammlungen sogar möglich, Vergleiche anzustellen, zumindest bei einer so relativ häufigen Münze wie dem Bronze-As der römischen Republik mit doppeltem Januskopf und Schiff, das über einen längeren Zeitraum vom dritten bis zum ersten vorchristlichen Jahrhundert geprägt wurde. Wedel wog die Stücke und bezahlte einen Zeichner, der die Münze mit allen Besonderheiten festhielt. Im Sagittarius-Kreis pflegte man diesen antiquarischen Stil, auch Jacob von Melles Antiquitäten und Christian Schlegels Brakteaten wurden auf diese Weise abgebildet.[60]

Im Übrigen ließ Wedel diesem Propempticon noch ein weiteres unmittelbar folgen, das das Thema aufgriff, nämlich eine *Mythologia nummi Iani ratitis*, die nun aufzeigte, wie Janus als aus Thessalien eingewanderter Gott die Schifffahrt und das Prägen des Geldes gelehrt habe.[61] An Mythologie war Wedel immer interessiert, seit er auf der Schule in Golßen und in Schulpforta die lateinischen und griechischen Klassiker studiert hatte. Kurze Zeit später schrieb er auch einen Text über die Mythologie der Parzen, als Ab-

56 Wedel 1693a. Auch in: Wedel 1701, Dec. VII, Ex. VIII, S. 48–60. Zu Janus – auch auf Münzdarstellungen – vgl. Creuzer 1841, S. 585–600.

57 Zu Morells Darstellungen vgl. Mulsow 2013, S. 39–46.

58 Wedel 1693a, S. 4: »Talem obtinemus et nos singularem, et ectypum exprimi curavimus, genuinum ipso aspectu, ponder eunciae semis, si scrupulum unum excipias, forsan vetustate detritum paulo, et sic immunutum«.

59 Ebd.: »Qui in rarithecio B. Bosii, jam D. D. Sagittarii nostri reperitur, sub prorae effigie vocem ROMA exhibet«.

60 Dieser Stil unterscheidet sich bewusst von dem sonst meist gepflegten idealisierenden Stil, bei dem Abnutzungen oder Beschädigungen nicht abgebildet wurden, zugunsten des Versuchs, das ideale ursprüngliche Münzbild zu rekonstruieren. Zu antiquarischen Stilen vgl. auch Schnapp 1996.

61 Wedel 1693b.

schiedsgeschenk für seinen Freund Günter Christoph Schellhammer (1649–1716), als der im Dezember 1694 Jena verließ und nach Kiel abreiste, wo er Leibarzt des Herzogs von Holstein und Professor an der dortigen Universität wurde.[62] Schellhammer war ihm ein lieber Freund, mit dem er zahlreiche Interessen teilte; wir besitzen in Berlin in der Sammlung Darmstaedter noch heute ein stattliches Korpus von 72 Briefen, die Wedel an Schellhammer im Anschluss an die Abreise 1694 nach Kiel schrieb.[63]

Wedel blieb auch in den kommenden Jahren seiner Maxime treu, bestimmte auffällige Münzen aus seiner Sammlung zum Mittelpunkt eines kleinen Essays zu machen. So wie er sich schon über Prägungen mit Merkurstab und solchen mit Schleiern verbreitet hatte, wählte er 1695 Exemplare, auf denen Speere oder Dolche zu sehen waren, zum Gegenstand: *De nummis pileatis*.[64] Wieder war er bereit, in die Tasche zu greifen und einige Abbildungen für das Titelblatt bzw. später für eine Extraseite in den *Exercitationes* zu bezahlen. Im Propempticon sah der Leser drei Münzen Wedels (Abb. 9), später in der Fassung der *Exercitationes* sogar fünf (Abb. 10).

Zunächst die berühmte Brutus-Münze mit den Dolchen von der Ermordung Caesars,[65] dann einen Denar des Münzmeisters Marcus Cordius Rufus, bei der auf der Rückseite die Göttin Venus eine Waage und langes, fast speerförmiges Zepter trägt.[66] Es folgt ein Bronze-As von Marcus Vipsanius Agrippa mit Neptun samt seinem Stab – eigentlich dem Dreizack.[67] Ein weiterer As, diesmal von Trajan (reg. 98–117), zeigt einen trauernden Daker in Landestracht auf Waffen und Schilden nach links sitzend; davor steht ein Tropaeum aus verschiedenen Waffen, darunter ein Schild und zwei Lanzen.[68] Und schließlich noch ein letzter »Pilum« in der weiten Definition von Wedel, nämlich ein Caracalla-Denar, bei dem Telesphoros, der Heilgott, sich auf den Äskulapstab mit Schlange stützt.[69]

Wedel bezieht sich in diesem Zusammenhang auch auf eine Abbildung, die sein Augsburger Freund Georg Hieronymus Welsch (1624–1677) in seiner monumentalen, vor orientalistischer Gelehrsamkeit überfließenden Abhandlung über den Medinawurm *(De vena medinensi)* untergebracht hatte. Denn Welsch, der Mediziner, der keinen Arztberuf ausübte, weil er nicht wirklich lebenstauglich war, sondern noch bei seinen Eltern wohnte und nur schrieb, hatte einen Denar des Pescennius Niger (reg. 193–194) aus der kaiserlichen Sammlung in Wien abgebildet, der auch den Äskulapstab zeigte, weil ihn,

62 Wedel 1694. Zu Schellhammer vgl. Pagel 1890, S. 755 f.; Günther 1980.

63 StB Berlin, Slg. Darmstaedter 3a 1680: Wedel, Georg Wolfgang, Blatt 3–127.

64 Wedel 1695.

65 RRC Nr. 508,3. Vgl. Schulz 2013, S. 327–344.

66 RRC Nr. 463/1.

67 RIC I² (Caligula) Nr. 58.

68 RIC II (Trajan) Nr. 561–562 (die Büstenvariante, mit Gewand oder Ägis an der l. Schulter, ist auf dem Stich nicht klar erkennbar).

69 Vgl. RIC IV,1 Nr. 251–253.

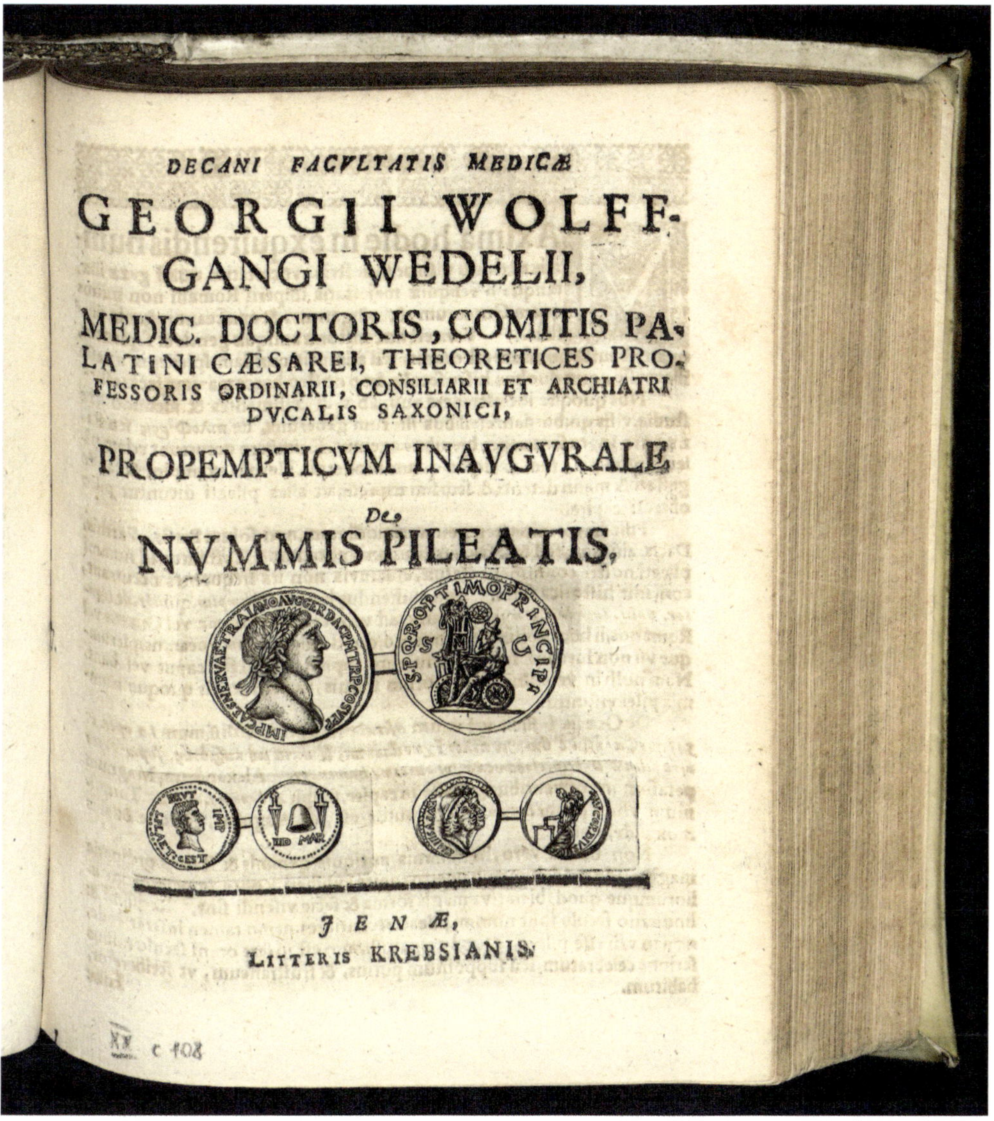
DECANI FACVLTATIS MEDICÆ
GEORGII WOLFF-
GANGI WEDELII,
MEDIC. DOCTORIS, COMITIS PA-
LATINI CÆSAREI, THEORETICES PRO-
FESSORIS ORDINARII, CONSILIARII ET ARCHIATRI
DVCALIS SAXONICI,
PROPEMPTICVM INAVGVRALE
De
NVMMIS PILEATIS.

JENÆ,
LITTERIS KREBSIANIS.

Abb. 9: Titelblatt von G. W. Wedel, *De nummis pileatis*. Jena 1695.

Welsch, die spezifische Krümmung interessierte, mit der die Schlange des Äskulap dort abgebildet war.[70]

Medinawürmer wurden, wie er wusste, mit Stäben aus dem Körper gewickelt, so dass es gut und gern sein konnte, dass die angebliche Schlange am Äskulapstab ein Medinawurm war – was man wiederum an der Krümmung sehen könnte. Da ging es dann üb-

70 Welsch 1674, S. 89. Vgl. Mulsow 2022. Vgl. zu Welsch auch Keller 2015, S. 283–303; Keller 2019, S. 1–27.

Abb. 10: Extraseite aus G. W. Wedel, *De nummis pileatis.* Jena 1696.

rigens auch um die eherne Schlange des Moses, von der ja schon anlässlich des Merkurstabes bei Wedel die Rede war, denn Welsch glaubte die These beweisen zu können, dass auch die angeblichen »feurigen Schlangen«, die nach Numeri 21 das israelitische Volk gebissen hatten, eigentlich Medinawürmer, also Parasiten im menschlichen Körper, gewesen seien. Man sieht: Hier schauen Mediziner auf Münzen und sehen ganz andere Dinge, als der normale Numismatiker vermuten würde.

In der zweiten Zenturie der *Exercitationes,* 1704 gedruckt, gibt es schließlich noch eine Abhandlung *De nummis Novi Testamenti.* In ihr bezieht sich Wedel recht elegant auf Stellen des Neuen Testaments, in denen Münzen oder Geld erwähnt werden, und kommt über diesen Leitfaden auf allerlei römische, griechische und hebräische Prägungen zu sprechen, aber auch auf die Rolle von Geld im allgemeinen, vor allem anhand der griechischen Terminologie, die immer wieder auf Münzen anspielt.[71]

So viel sei als kleine Zwischenbilanz gesagt: Man sieht an all diesen Texten, dass es ungerecht wäre, Wedel nur als Hobby-Numismatiker zu bezeichnen. Er schreibt die Essays zwar neben seiner klinischen Arbeit, zwischen Patientenbesuchen und Behandlungen seiner herzoglichen Gönner, zwischen Vorlesungen und pharmakologischen Experimenten mit Opium, doch er beherrscht und zitiert die numismatische Literatur perfekt, er weiß jederzeit kundig aus entlegensten antiken Quellen zu zitieren, und er hat ein wirkliches Auge für kompetente Ergänzungen, die er zu Spanheim und anderen Autoritäten auf dem Feld beitragen kann.

»Gotische« Münzen

Ein Gebiet allerdings gibt es, auf dem Wedel als Sammler und als Forscher mehr denn nur ein Beiträger von Fußnoten gewesen ist. Das zeigt sich im Mai 1698. In diesem Monat schrieb Wedel eine Abhandlung von sechs Seiten *De nummis gothicis,* was ihn tatsächlich zu einem der Pioniere auf diesem Feld gemacht hat.[72] Wedel hatte – wie auch einige seiner Kollegen – bemerkt, dass man, wenn man denn Neues bieten wollte, auf unbekannte Pfade ausweichen musste. »Bereits erschöpft«, beginnt er, »scheint der Abgrund des Schatzes der römischen Antike, ihrer Münzprägung, weil so viele exzellente Geister nicht nur des vorigen Jahrhunderts, sondern vor allem auch des unsrigen alles und jedes erforscht haben, was ich den Vorrat *(copia)* nennen möchte, daraufhin ob er durch seinen Glanz auch die

71 Georg Wolfgang Wedel: *De nummis Novi Testamenti,* in: Wedel 1704, S. 62–78.

72 Wedel 1698. Mit Illustrationen wiederabgedruckt in Wedel 1701, Decas IX, Exercitatio 10, S. 73–81. Vgl. auch Mulsow 2023.

Majestät der frühen Zeit repräsentiert«.[73] Wedel hatte Recht: den großen Sammlungen kam es vor allem auf Repräsentativität an. »Und es gibt im Überfluss«, fährt er fort, »die Spanheime, Begers, Morellis, Seidels, Meiboms und andere hochvermögende Männer, um nicht die vielen erhabenen ausländischen Münzsammlungen zu nennen, Männer, die mit stupender Gelehrsamkeit und Fleiß diese Heiligtümer erhellen und täglich bearbeiten«.[74]

Das mag auch ein wenig die Frustration eines Sammlers und Numismatikers ausdrücken, der im Brotberuf schlicht zu viel zu tun hatte, als dass er den Großen das Wasser hätte reichen können. Was konnte er da tun? Nun, sich weg von der Repräsentativität orientieren, hin zu unscheinbaren, womöglich »barbarischen« Münzen, die aber Aufschlüsse über die eigene Vergangenheit geben konnten. Diesen Schritt hatte Bose mit den hochmittelalterlichen Brakteaten getan, und Sagittarius und seine Schüler waren ihm gefolgt. Wedel geht jetzt noch einen Schritt weiter in die Vergangenheit zurück, bis in die Epoche der Völkerwanderung und davor. Das war noch ein weißer Fleck auf der Landkarte. »Fast unberührt« sagt er, »scheinen dennoch die Gotischen Münzen, und noch nicht genügend gesammelt und in eine Ordnung gebracht die alten Germanischen«.[75] So weit so gut. »Es ist freilich schwierig«, fügt er aber gleich hinzu, »hier die Ernte einzubringen und in Bündeln aufzubereiten, oder gar das Innere herauszudreschen, wo sich nur spärlich kaum fruchtbare Ähren auf dem Feld zeigen und anbieten. Und wir können nicht einmal mit dem Hervorgeholten weggehen, wo Schilf, Dornen und Disteln uns auf dem unausgebauten Weg entgegenstehen«.[76] Wedel schwelgt ausgiebig in dieser Metaphorik des Pioniers, der sich mühsam allererste Erkenntnisse zu erkämpfen und zu erarbeiten hat. Wo das Repräsentativitätsargument wegfällt, müssen schwere Geschütze aufgefahren werden, um das Unternehmen dennoch zu rechtfertigen.

Das galt sicher auch für das Sammeln. Es war zwar billig, »barbarische« Münzen zu kaufen, aber man musste sie erst einmal bekommen. Den Markt dafür gab es noch gar nicht richtig. Zumindest beschreibt Otto Sperling (1634–1715), der sich zur gleichen Zeit in Kopenhagen für »gebogene Münzen« oder Hohlmünzen *(nummi cavi)* interessierte, und damit sowohl »gotische« als auch hochmittelalterliche meinte, in einem Brief an

73 Wedel 1698, S. 73: »Exhausta iam videri potest abyssus Thesauri antiquitatis Romanae, rei nummariae, adeo tot excellentia ingenia non superiori solummodo seculo, sed nostro hoc potissimum disquirere omnia et singula, quae copia dicam, an splendore etiamnum repraesentant maiestatem pristini orbis«.

74 Wedel 1698, S. 73: »Supersunt etiamnum Spanhemii, Begeri, Morelli, Seidelii, Meibomii, aliique summi viri, ne sublimiora gazophylacia exterosque plures laudemus, qui stupenda eruditione et studio haec sacra illustrarunt, et indies excolunt«.

75 Wedel 1698, S. 73: »Videas tamen intactos fere nummos Gothicos, nec dum satis collectos et in ordinem redactos Germanos antiquos«.

76 Wedel 1698, S. 73: »Sane difficile est messem instituere, et in fasciculos colligare, nedum excutere intimius, ubi non nisi sparsim se exerunt ac offerunt aristae sterili in campo; non exprompum progredi, ubi carecta, sentes, vepres, via inculta obstat«.

Christian Schlegel die Lage so: »Glaub mir, diese alten Münzen werden hier nicht geschätzt. Ich bin der einzige, der in diesem Altertum Vergnügen sucht. Und weil sie nicht nachgefragt werden, werden sie hier auch nicht angeboten. Wenn es welche gibt, so sind sie verborgen. Nichts, keine Stücke irgendwo von irgendjemandem«.[77] Trotz solcher Schwierigkeiten hat sich Wedel über die Jahre eine kleine Anzahl von mindestens einigen Dutzend besorgen können. Sie wurden ja immer mal wieder zufällig gefunden. Wedels Freund Christian Schlegel bekam seine Münzen manchmal von Bauarbeitern, wenn diese beim Ausheben der Erde auf alte Gräber stießen, oder von Bauern, die Münzen nach Regengüssen auf den Feldern fanden.[78]

Die kleine Sammlung, die Wedel zwar nicht in ihrer Gesamtheit abbildet, aber immerhin die silbernen und goldenen Stücke, machte ein ganzes Ausfaltblatt nötig (Abb. 11).[79] Ein weiteres Ausfaltblatt (Abb. 12) stellt die Ordnung dar, die Wedel für diese Art von

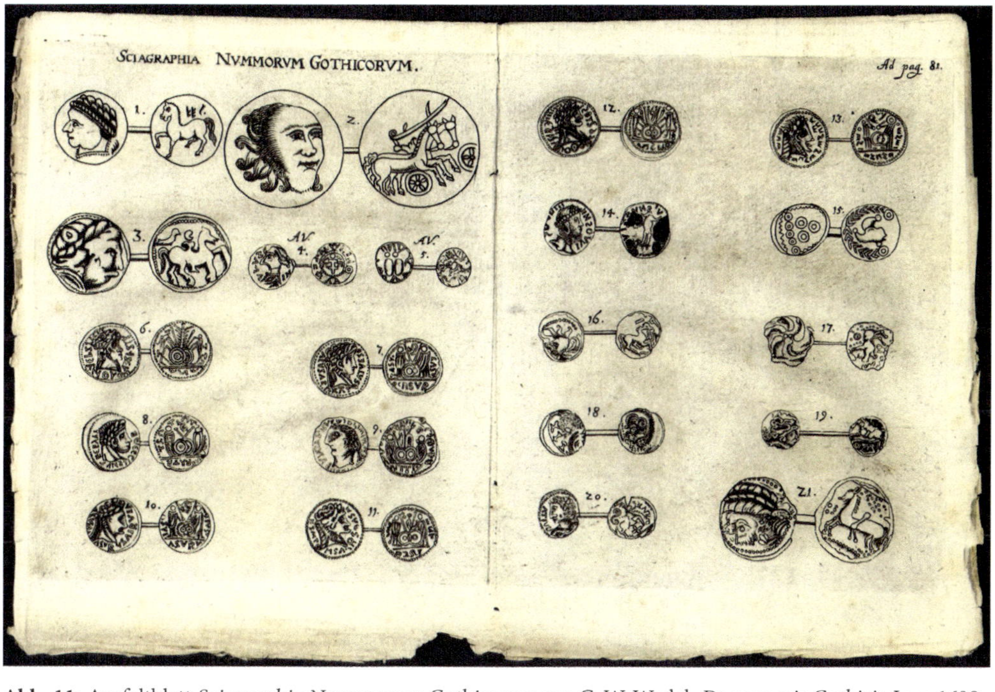

Abb. 11: Ausfaltblatt *Sciagraphia Nummorum Gothicorum* aus G. W. Wedel, *De nummis Gothicis.* Jena 1698.

77 Otto Sperling an Christian Schlegel, 16.4.1704, Kgl. Bibl. Kopenhagen, GKS 3092 4° V,2 Nr. 16; zit. nach Kromann & Jensen 1995, S. 75: »Credi mihi, antiqua ista hic non aestimamus; solus sum, qui in illa antiquitate oblectamentum quaero. Et quoniam nullius momenti sunt neque huc apportantur. Sie quae sunt, latent; nulla cuidam usquam copia«.

78 Vgl. Mulsow 2018, S. 159–206, hier S. 192–197.

79 Wedel 1698, zu S. 81.

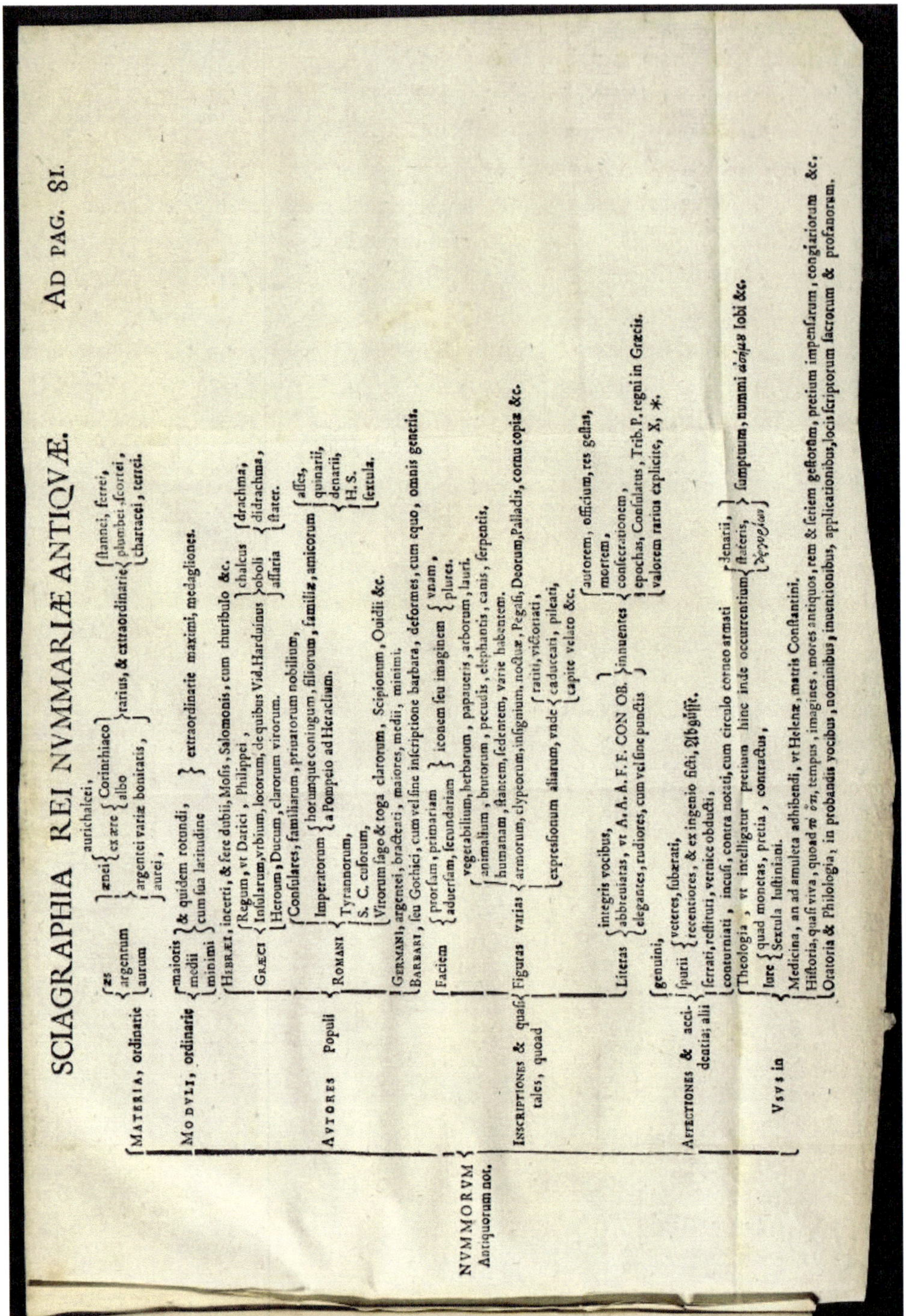

Abb. 12: Ausfaltblatt *Sciagraphia Rei Nummariae Antiquae* zu G. W. Wedel, *De nummis Gothicis.* Jena 1698.

Münzen vorschlägt, für »die Jugend« zur Orientierung, wie er sagt.[80] Darin werden die Münzen ganz klassisch nach ihrem Material, ihrer Größe, den diversen Völkern, den Inschriften und den Themen unterschieden, und bei den Völkern wird neben den Hebräern, Griechen und Römern die Kategorie der Germanen und der »Barbaren oder Goten« aufgemacht. Die Germanen definieren sich über »Silbermünzen, Blechmünzen, große, mittlere, kleine«, die Goten aber sind »mit oder ohne barbarische Inschrift, unförmig, mit Pferd, von jeder Art«.[81] Heute würde man der eigenwilligen Ästhetik dieser Münzen sehr viel mehr an Stil zubilligen, und man benennt sie mit einem Begriff, der damals noch nicht zur Verfügung stand: keltisch.[82]

Die »Goten« sind insofern als eine weitgespannte zeitgenössische Kategorie zu verstehen, unter die sich viel einordnen ließ, was die germanische und skandinavische Vergangenheit anging. Wedel wehrt sich gegen das Pauschalurteil, die Goten seien einfach Barbaren gewesen, und alles, was sie geschrieben und geschaffen hätten, sei rau und unförmig.[83] Er erkennt durchaus, dass die Völker am Rande des römischen Reiches Münzen der Römer und Griechen kopiert und abgewandelt haben.

Wie wir heute wissen, haben die Kelten schon früh – um 300 v. Chr. – Handel mit den Griechen betrieben, und da sie keine eigenen Münzen besaßen, kopierten sie deren Stücke – etwa Münzen von Philipp II. von Makedonien (reg. 359–336 v. Chr.), auf denen ein Zeuskopf und Pferde zu sehen waren.[84] Sie veränderten die Figuren immer mehr, indem sie sie stilisierten und mit ihren eigenen Symbolen wie der Triskele, einer Dreifachspirale, versahen.[85] Am Ende wurde aus dem Pferd eine fast abstrakte geometrische Form.[86] All solche Münzen besaß Wedel in seiner Sammlung. Unter den Stücken, die er dabei vor sich hatte, ohne dass er sie wirklich genau zuordnen konnte, waren aber offensichtlich nicht nur Prägungen »deutscher« und helvetischer Kelten, sondern auch solche britannischer, etwa die Abwandlung einer Münze von Kaiser Konstantin aus den Jahren um 340.

Auf diese Weise war ein allererster Eindruck von der Vielfalt, dem Imitationscharakter und den Motiven keltischer Münzprägekunst gegeben.

80 Wedel 1698, zu S. 81. Die Tafel ist erst in der Version der Exercitationes gedruckt worden.

81 Wedel 1698: »Germani: argentei, bracteati, maiores, minores, minimi«. »Barbari, seu Gothici: cum vel sine inscriptionibus, deformes, cum equo, omnis generis«.

82 Pink 1974; Castelin Stäfa 1980; Ziegaus 2010.

83 Wedel 1698, S. 74 f.

84 Zu den Münzen Philipps II. s. Le Rider 1977. Der Übergang von makedonischen Originalen und keltischen Imitationen ist schwierig zu fassen.

85 Beispielsweise: Kelten, untere Donau, Philipp II.-Nachahmungen im sog. Puppenreiter-Typus mit Triskeles, s. Göbl 1973, Taf. 35, Nr. 434; Dembski 1998, Nr. 1350.

86 Beispielsweise: Kelten, mittlere und untere Donau, Tetradrachmen vom Typ Kapostal, dazu Göbl 1973, Taf. 39, Nr. 484.

Fazit

Die Frage nach den universitären Münzsammlungen muss in einen größeren Rahmen gestellt werden, der auch die privaten Sammlungen der Professoren umfasst – und in gewisser Weise sogar die jeweils nahegelegenen adeligen und herzoglichen Sammlungen. Denn die Wissenskommunikation an Universitäten findet stets in Informationsnetzwerken statt, und die lassen sich nicht auf bloße Institutionen beschränken. So wie die Frage nach den Universitätsbibliotheken nicht mehr rein institutionengeschichtlich behandelt werden kann, wenn man verstanden hat, dass die typische Situation im 16. bis 18. Jahrhundert ein Zusammenwirken der Ressourcen von (oft großen) Professorenbibliotheken, die Kollegen und Studenten teilweise zugänglich waren, und (oft kleinen) Universitätsbibliotheken gewesen ist, so ist es genauso im Fall von Münzsammlungen, Naturaliensammlungen und Instrumentensammlungen ein Zusammenwirken von privaten und zunehmend öffentlichen Häusern gewesen, was für die Effektivität eines Standortes ausschlaggebend war.

Der einzelne Forscher folgt – natürlich – einer »opportunistischen Logik«, wie es die Wissenschaftshistorikerin Karin Knorr-Cetina (geb. 1944) genannt hat:[87] Er (oder sie) bedient sich, wo immer es möglich ist. Ein durchschnittlicher (»kleiner« bis »mittelgroßer«) Numismatiker wie Wedel hat sich seine eigene Sammlung von einigen hundert oder tausend Münzen aufgebaut, vergleicht seine Stücke mit den drei, vier Kollegen, die Ähnliches haben, reist gelegentlich zu den großen höfischen Sammlungen im näheren Umfeld (in diesem Falle Arnstadt und später Gotha), macht auf Reisen Abstecher in große Kabinette und korrespondiert im Übrigen mit Kollegen, indem Münzzeichnungen, kleine angefertigte private Kupferstiche oder Abdrucke (nach verschiedenen Techniken) ausgetauscht werden.[88] Im Falle von Schmidt haben wir erfahren, dass die Zahl der Abdrucke fast an die Zahl der Münzen heranreichte. Was bisher noch sehr im Dunkeln liegt, ist der Münzhandel in der Frühen Neuzeit, der für ein Sammeln unerlässlich war: Gab es in Jena bereits kleine Münzfachgeschäfte? Oder fuhr man dazu nach Leipzig, vielleicht sogar auf die Messe? Gab es Kataloge, nach denen man sich etwas zuschicken lassen konnte?[89]

Wir sehen: Die Frage nach universitären Münzsammlungen lässt sich eigentlich nur im Rahmen einer integralen Wissensgeschichte von ganzen epistemischen Kulturen stel-

87 Knorr Cetina 2002.

88 Zum Austausch von Abdrucken vgl. Mulsow 2017, S. 261–344; Missere Fontana 2009.

89 Für solche Fragen Kampmann 2013, S. 149–157. Für den Fall des Beschaffungsweges aus Nürnberg sind wir durch einen Brief von Wedels Schüler Johann Jakob Baier an seinen Lehrer informiert. Baier schreibt am 31.12.1701: »Nummi, quos iam mitto parum, ut vereor, se commendabunt raritate vel pretio, neque etiam hoc aliquo respectu oblatos Tibi existimes velim, sed potius ut de nostro desiderio lecupletandi nummophylacium Tuum tantisper tibi constaret. Multos hic habemus antiquioris rei nummariae cultores, qui avidissime corradunt ejusmodi κειμήλια, et quovis redimunt pretio, unde fit, ut raro ac difficulter tale quid acquirere liceat«. Baier 1760, S. 11.

len, also von Standorten und ihren Vernetzungen mit anderen Standorten.[90] Eine solche Wissensgeschichte ist nicht einfach statisch, indem sie registrieren würde, was und wieviel an Münzen in einer Sammlung vorhanden war, sondern sie fragt nach der Konsumption und Produktion von Objekten, Informationen und Wissen: Woher sind die Münzen bezogen worden, woher beschaffte man sich Informationen über sie, wie setzte man das eigene Wissen in Texte um, wer waren die Adressaten dieser Texte, und wie interagierte das numismatische Wissen mit anderem Wissen, in Wedels Fall mit medizinischem, medizinhistorischem, botanischem und philologischem Wissen? Wir haben gesehen, wie beispielsweise das alchemische Interesse die Fragestellung eines Propemticons zum Merkurstab geprägt hat und wie Beobachtungen aus der Vita des Hippokrates oder von Muskelbenennungen Anlass zu Münzforschungen ergaben. Wie interagierten dabei die Münzsammlungen – gerade auch in den Privatsammlungen der Professoren, die ja oft aus Büchern, Naturalien, Münzen, Kunstgegenständen, Ethnologica und Instrumenten bestanden – mit anderen Sammlungsteilen?[91] Bei Schmidt konnten wir beobachten, dass optisch-technische Fragestellungen über Lichtreflexionen auf dem Mond mit historischen und auch numismatischen Beobachtungen einhergingen, wie Fernrohre, Münzen und Bücher gleichermaßen herangezogen wurden.

Mein Eindruck ist, dass wir mit solchen komplexen Fragen noch relativ am Anfang stehen. Das ist nicht schlimm. Im Gegenteil, es macht es nur umso spannender, sich mit universitären Münzsammlungen zu beschäftigen.

Objekt- und Abbildungsnachweise

Abb. 1 Forschungsbibliothek Gotha Ch. B 917 Bl. 131v–132r. Digitalisat der Forschungsbibliothek Gotha der Universität Erfurt.

Abb. 2 Thüringer Universitäts- und Landesbibliothek Jena, Sign. 4 Diss.theol.63(4). Digitalisat der Thüringer Universitäts- und Landesbibliothek Jena.

Abb. 3 Städtische Museen Jena, Graphische Sammlung, Inv. 4710. Scan: Städtische Museen Jena.

Abb. 4 Herzog August Bibliothek Wolfenbüttel, Inv. A 23418. Digitalisat der Herzog August Bibliothek Wolfenbüttel.

Abb. 5 Universitäts- und Landesbibliothek Sachsen-Anhalt, Halle, Sign. Pon IIc 658, QK. Digitalisat der Universitäts- und Landesbibliothek Sachsen-Anhalt.

Abb. 6 Bayerische Staatsbibliothek, München, Sign. 4 Diss. 447#Beibd. 34. Digitalisat der Bayerischen Staatsbibliothek, ID bsb10811620.

Abb. 7 Universitäts- und Landesbibliothek Sachsen-Anhalt, Sign. Pon IIm 912, QK, S. 2. Digitalisat der Universitäts- und Landesbibliothek Sachsen-Anhalt, Halle (Saale).

---

90 Mulsow 2019, S. 159–173 und 179–187 (dazwischen ein Kommentar von Lorraine Daston).

91 Die Forschung zu Sammlungen ist in den letzten zwei Jahrzehnten sehr umfassend und auch theoretisch ambitioniert geworden, nicht zuletzt im Kontext der Konsumforschung und der Forschung zur materiellen Kultur. Vgl. etwa Schmidt-Funke 2019; Cremer & Mulsow 2017.

Abb. 8 Niedersächsische Staats- und Universitätsbibliothek Göttingen, Sign. DISS MED COLL MAX 264 (1b). Digitalisat der Niedersächsischen Staats- und Universitätsbibliothek Göttingen.
Abb. 9 Bibliothek des Museums für Hamburgische Geschichte, Sign. XX c 108. Digitalisat der Staats- und Universitätsbibliothek Hamburg Carl von Ossietzky, ID 1025599047.
Abb. 10 Thüringer Universitäts- und Landesbibliothek Jena, Sign. 4 Diss.med.24(8). Digitalisat der Thüringer Universitäts- und Landesbibliothek Jena.
Abb. 11 Thüringer Universitäts- und Landesbibliothek Jena, Sign. 4 Diss.med.24(9). Digitalisat der Thüringer Universitäts- und Landesbibliothek Jena.
Abb. 12 Thüringer Universitäts- und Landesbibliothek Jena, Sign. 4 Diss.med.24(9). Digitalisat der Thüringer Universitäts- und Landesbibliothek Jena.

Bibliographie

Albert 2003 R. Albert: *Die Münzen der Römischen Republik*. Regenstauf 2003.

Anonymus 1730 *Catalogus oder Verzeichniss allerley curiosorum tam naturalium quam artificialium, welche Jo. Andreas Schmidt vor Zeiten zum Gebrauch seines collegii curiosi gesammlet* ... Helmstedt 1730.

Baier 1760 J. J. Baier: *Epistolae ad viros eruditos eorundemque responsiones*. Frankfurt 1760.

Bauer 1772 G. Bauer: *Auserlesene und nützliche Neuigkeiten für alle Münzliebhaber*. Nürnberg 1772.

Ben-Tov 2021 A. Ben-Tov: Johann Ernst Gerhard (1621–1668): The Life and Work of a Seventeenth-Century Orientalist. Leiden 2021.

Berghaus 2000 P. Berghaus: Das münzsichtige Arnstadt. In: *Johann Sebastian Bach und seine Zeit in Arnstadt*. Rudolstadt 2000, S. 121–136.

Burke 2020 P. Burke: *The Polymath. A Cultural History from Leonardo da Vinci to Susan Sontag*. New Haven 2020.

Capell 1678 R. Capell: *Nummophylacium Luederianum, antiquum & recentius, Horis Cuiusque Subcisivis, in Sciapraghia exhibitum & usui accomodatum* ... Hamburg 1678.

Castelin 1980 K. Castelin: *Keltische Münzen. Katalog der Sammlung des Schweizerischen Landesmuseums Zürich*. Stäfa 1980.

Cremer & Mulsow 2017 A. C. Cremer & M. Mulsow (Hrsg.): *Objekte als Quellen der historischen Kulturwissenschaften*. Köln 2017.

Creuzer 1841 F. Creuzer: *Symbolik und Mythologie der alten Völker 3/1*. Leipzig 1841.

Dee 1564 J. Dee: *Monas Hieroglyphica*. Antwerpen 1564.

Dembski 1998 G. Dembski: *Münzen der Kelten*. Wien 1998

Döring 1845 H. Döring: *Jenaer Universitäts-Almanach*. Jena 1845.

Fried 2019 J. Fried: *Kein Tod auf Golgatha. Auf der Suche nach dem überlebenden Jesus*. München 2019.

Gerabek 2005 W. E. Gerabek: Wedel, Georg Wolfgang. In: W. E. Gerabek, B. D. Haage, G. Keil & W. Wagner (Hrsg.): *Enzyklopädie Medizingeschichte*. Berlin 2005, S. 1468.

Gerhard & Hoffmann 1667 J. E. Gerhard & Ch. Hoffmann: *Umbra in luce, sive consensus et dissensus religionum profanarum, Judaismi, Samaritanismi, Muhammedismi, Gingis-Chanismi, atque paganism*. Jena 1667.

Göbl 1973 R. Göbl: *Ostkeltischer Typenatlas*. Braunschweig 1973.

Grafton 1987 A. Grafton: The World of the Polyhistors: Humanism and Encyclopedism. *Central European History* 18 (1985), S. 31–47.

Günther 1980 G.-A. Günther: *Der Briefwechsel zwischen Gottfried W. Leibniz und dem Professor der Medizin Günther Chr. Schellhammer*. Hannover (Diss.) 1980.

Hiller 1937 L. Hiller: *Die Geschichtswissenschaft an der Universität Jena in der Zeit der Polyhistorie*. Jena 1937.

Jaumann 1990 H. Jaumann: Was ist ein Polyhistor? Gehversuche auf einem verlassenen Terrain. *Studia Leibnitiana* 22.1 (1990), S. 76–89.

Kampmann 2013 U. Kampmann: Die Schellenberg-Briefe. Ein wertvolles Zeugnis für den Kenntnisstand eines »normalen« Sammlers zur römischen Antike. In: U. Peter & B. Weisser (Hrsg.): *Translatio Nummorum. Römische Kaiser in der Renaissance*. Mainz 2013, S. 149–157.

Kappner 1931 H. Kappner: *Die Geschichtswissenschaft an der Universität Jena vom Humanismus bis zur Aufklärung.* Jena 1931.
Keller 2015 V. Keller: *Knowledge and the Public Interest, 1575–1725.* Cambridge 2015.
Keller 2019 V. Keller: The Ottomanization of the History of Knowledge: The historia literaria Turcarum of Georg Hieronymus Welsch (1624–1677). *Lias* 46.2 (2019), S. 201–231.
Klier 2002 G. Klier: *Die drei Geister des Menschen. Die sogenannte Spirituslehre in der Physiologie der Frühen Neuzeit.* Stuttgart 2002.
Knorr Cetina 2002 K. Knorr Cetina: *Wissenskulturen: Ein Vergleich naturwissenschaftlicher Wissensformen.* Berlin 2002.
Kromann & Jensen 1995 A. Kromann & J. S. Jensen: Der dänische Gelehrte Otto Sperling (1634–1715) als Numismatiker und die Numismatik in Kopenhagen in der zweiten Hälfte des 17. Jahrhunderts. In: P. Berghaus (Hrsg.): *Numismatische Literatur 1500–1864: die Entwicklung der Methoden einer Wissenschaft.* Wiesbaden 1995, S. 71–82.
Le Rider 1977 G. Le Rider: *Le monnayage d'argent et d'or de Philippe II frappé en Macédoine de 359 à 294.* Paris 1977
Markgraf 1880 N. N. Markgraf: Haunold, Johann Sigismund von. *Allgemeine Deutsche Biographie* 11 (1880), S. 70–71.
Missere Fontana 2009 F. Missere Fontana: *Testimoni parlanti. Le monete antiche a Roma tra Cinquecento e Seicento.* Rom 2009.
Mulsow 2012 M. Mulsow: *Prekäres Wissen. Eine andere Ideengeschichte der Frühen Neuzeit.* Berlin 2012.
Mulsow 2013 M. Mulsow: Kaisermünzen und Konkurrenten. Ezechiel Spanheim, Andreas Morell und ihre Gegner. In: U. Peter & B. Weisser (Hrsg.): *Translatio Nummorum. Römische Kaiser in der Renaissance.* Mainz 2013, S. 39–46.
Mulsow 2017 M. Mulsow: Hausenblasen: Kopierpraktiken und die Produktion numismatischen Wissens um 1700. In: A. C. Cremer & M. Mulsow (Hrsg.): *Objekte als Quellen der historischen Kulturwissenschaften.* Köln 2017, S. 261–344.
Mulsow 2018 M. Mulsow: Die erste Münzgeschichte des mittelalterlichen Sachsen. Christian Schlegels ungedruckte »Historiae Saxonicae Antiquioris Veritas ex Nummis Demonstrata« von 1697. *Neues Archiv für Sächsische Geschichte* 89 (2018), S. 159–206.
Mulsow 2019 M. Mulsow: History of Knowledge. In: M. Tamm & P. Burke (Hrsg.): *Debating New Approaches to History.* London 2019, S. 159–173, 179–187.
Mulsow 2020 M. Mulsow: Die silberne Rippe der orientalischen Schrift. Johann Ernst Gerhards Stammbuch und seine Reise durch die Niederlande im Jahr 1650. In: J. Loop & J. Kraye (Hrsg.): *Scholarship between Europe and the Levant. Essays in Honour of Alastair Hamilton.* Leiden 2020, S. 128–148.
Mulsow 2022 M. Mulsow: Ein Zettelkasten voller Drogen. In: M. Mulsow (Hrsg.): *Überreichweiten: Perspektiven einer globalen Ideengeschichte.* Berlin 2022.
Mulsow 2023 M. Mulsow: *Fremdprägung. Münzwissen in Zeiten der Globalisierung.* Berlin 2023.
Mulsow 2024 M. Mulsow: *Aufklärungs-Dinge. Zweifler und Verzweifelte im Umbau des Wissens um 1700.* Berlin 2024.
Olearius 1696 J. Ch. Olearius: *Ad virum excellentissimum Georg. Wolffg. Wedelium … de nummo (uti vocatur) contourniato M. Aurelii Antonini ex Musaeo Wedeliano, M. Joh. Christoph. Olearii … epistola.* Jena 1696.
Pagel 1890 J. L. Pagel: Schellhammer, Günther Christoph. *Allgemeine Deutsche Biographie* 30 (1890), S. 755–756.
Pinault 1992 J. R. Pinault: *Hippocratic Lives and Legends.* Leiden 1992.
Pink 1974 K. Pink: *Einführung in die keltische Münzkunde. Mit besonderer Berücksichtigung des österreichischen Raumes.* Wien (3. Aufl.) 1974.
Robbins 2001 E. Robbins: Propemptikon. *Der Neue Pauly* 10 (2001), Sp. 414–415.
Roling 2014 B. Roling: Mechanik und Mirakel: Johannes Andreas Schmidt (1652–1726) und die technischen Grenzen des Wunders in Helmstedt. In: M. Mulsow & F. Rexroth (Hrsg.): *Was als wissenschaftlich gelten darf. Praktiken der Grenzziehung in Gelehrtenmilieus der Vormoderne.* Frankfurt 2014, S. 211–245.
Sagittarius 1679 C. Sagittarius: *Historia vitae ac mortis Tulliae M. Tullii Ciceroris filiae.* Jena 1679.
Schielicke et al. **1999** R. E. Schielicke, K.-D. Herbst & S. Kratochwil (Hrsg.): *Erhard Weigel – 1625 bis 1699. Barocker Erzvater der deutschen Frühaufklärung.* Thun 1999.

Schilling 2018 J. Schilling: Caspar Sagittarius und die Numismatik seiner Schüler. *Neues Archiv für Sächsische Geschichte* 89 (2018). S. 143–157.
Schmidt 1681 J. A. Schmidt: *Lunam in cruce visam d. 30. Dec. h. 1. p. m. n. 1680* ... Jena 1681.
Schmidt-Funke 2019 J. Schmidt-Funke (Hrsg.): *Materielle Kultur und Konsum in der Frühen Neuzeit.* Köln 2019.
Schnapp, 1996 A. Schnapp: *Die Entdeckung der Vergangenheit: Ursprünge und Abenteuer der Archäologie.* Stuttgart 1996.
Schulz 2013 V.-S. Schulz: Vom Tyrannenmörder zum Souverän. Umdeutungen des Brutuskultes im 16. Jahrhundert. In: U. Peter & B. Weisser (Hrsg.): *Translatio Nummorum. Römische Kaiser in der Renaissance.* Ruhpolding 2013, S. 327–344.
Steguweit 1995 W. Steguweit: Von Sagittarius bis Schlegel. Beginn und Höhepunkt der Brakteatenforschung in Thüringen 1675–1722. In: P. Berghaus (Hrsg.): *Numismatische Literatur 1500–1864.* Wiesbaden 1995, S. 59–69.
Temkin 1991 O. Temkin: *Hippocrates in a World of Pagans and Christians.* Baltimore 1991.
Tentzel 1692 W. E. Tentzel: *Monatliche Unterredungen* (1692).
Wedel 1674 G. W. Wedel: *Opiologia.* Jena 1674.
Wedel 1692a G. W. Wedel: *De nummis caduceatis.* Jena 1692.
Wedel 1692b G. W. Wedel: *De nummis capite velato.* Jena 1692.
Wedel 1692c G. W. Wedel: *De nummis serratis.* Jena 1692.
Wedel 1693a G. W. Wedel: *De nummis Jani ratitis.* Jena 1693.
Wedel 1693b G. W. Wedel: *Mythologia nummi Iani ratitis.* Jena 1693.
Wedel 1694 G. W. Wedel: *De Mythologia Parcorum.* Jena 1694.
Wedel 1695 G. W. Wedel: *De nummis pileatis.* Jena 1695.
Wedel 1698 G. W. Wedel: *De nummis Gothicis.* Jena 1698.
Wedel 1701 G. W. Wedel: *Centuria exercitationum medico-philologicarum sacrarum et profanarum.* Jena 1701.
Wedel 1704 G. W. Wedel: *Centuriae secundae exercitationum medico-philologicarum sacrarum et profanarum decas I.* Jena 1704.
Welsch 1674 G. H. Welsch: *Exercitatio de vena medinensi.* Augsburg 1674.
Wiedemann 1967 C. Wiedemann: Polyhistors Glück und Ende. Von Daniel Georg Morhof zum jungen Lessing. In: H. O. Burger & K. v. See (Hrsg.): *Festschrift Gottfried Weber.* Bad Homburg 1967, S. 215–235.
Yates 1979 F. A. Yates: *The Occult Philosophy in the Elizabethan Age.* London 1979.
Ziegaus 2010 B. Ziegaus: *KeltenGold. Münzen der Kelten und angrenzender nichtgriechischer Völkerschaften. Sammlung Christian Flesche.* München 2010.

Sämtliche Verweise auf Internetressourcen in diesem Beitrag wurden vor der Drucklegung geprüft.

Johann Heinrich Schulze, sein Münzkabinett und Winckelmann

Der Begründer der antiken Numismatik und Archäologie an der Universität Halle und seine Wirkung auf den Schüler

Stephan Lehmann

Für Hans-Dieter Zimmermann,
den langjährigen wissenschaftlichen Bewahrer und Pfleger der
Münzsammlung des Archäologischen Museums!

Thema des vorliegenden Beitrages[1] ist die Bedeutung Johann Heinrich Schulzes (1687–1744) und seiner Sammlung antiker Münzen für die Entwicklung der universitären antiken Numismatik und Altertumswissenschaften sowie der Einfluss Schulzes und seiner Sammlung auf die wissenschaftliche Vita seines Hörers und Studenten Johann Joachim Winckelmann (1717–1768).

Grundlage der Untersuchung sind Schulzes Kolleg von 1738 »Über die Müntz-Wissenschafft und die Daraus zu erläuternde Griechische und Römische Alterthümer« sowie die Münzen, die im Rahmen dieses Kollegs behandelt wurden. Denn der wegweisende, auf seiner eigenen Sammlung antiker Münzen beruhende Forschungsbeitrag und Lehrerfolg Schulzes eröffneten der gesamten Altertumskunde und damit auch seinen Schülern, darunter Winckelmann, einen völlig neuen methodischen Zugang zur Numismatik, der über die rein antiquarische Bestimmung hinaus zu einer historisch argumentierenden und kontextualisierten Bestimmung von Altertümern der griechischen und römischen Kunst überleitete. Damit leistete Schulze in der ersten Hälfte des 18. Jahrhunderts einen überaus wirkungsvollen Beitrag zur Erforschung der griechischen und römischen Kunst und Geschichte an der Friedrichs-Universität in Halle, der über seine Schüler, insonderheit über Winckelmann, Eingang in die Kunstarchäologie der Epoche der europäischen Aufklärung finden sollte.

---

1 Danken möchte ich den Vielen, die zu unterschiedlichen Zeiten und Anlässen geholfen haben, das Münzkabinett des Archäologischen Museums und mit ihm auch die Münzsammlung von J. H. Schulze praktisch und wissenschaftlich den Ort zu geben, der ihm gebührt. Mein Dank gilt hierfür: Dieter Bellinger, Karsten Dahmen, Elisabeth Décultot, Robert Dylka, Henryk Löhr, Katharina Martin, Christian Mileta, Georg Pöhlein, Dieter Salzmann, Johannes Wienand, Hans-Dieter Zimmermann und den Mitgliedern des Netzwerks universitärer Münzsammlungen (NUMiD). Das Manuskript wurde im September 2020 abgeschlossen und Literatur bis 2023 eingearbeitet.

Das Andenken an die Person und Bedeutung ist freilich durch die alles überragende Erinnerung an Winckelmann in den Hintergrund gedrängt worden. Das zeigt sich nicht zuletzt daran, dass der Kunsthistoriker und Winckelmann-Biograph Carl Justi (1832–1912) in seiner wirkungsmächtigen Winckelmann-Biographie die Leistungen Schulzes als Lehrer und Forscher eher skeptisch beurteilte und damit dazu beitrug, dass dem bedeutenden Altertumsforscher und Medizinhistoriker eine adäquate wissenschaftliche Würdigung verwehrt blieb.[2] Justi lobte in Schulze zwar den »fleißigen und begabten Gelehrten«, »der damals die ganze Althertumswissenschaft Halles auf seinen Schultern trug« und dessen Studenten ihn übereinstimmend als Lehrer lobten. Doch zugleich kritisierte er den akademischen Lebensweg Schulzes, der »leider sein ganzes Leben hindurch zwischen Linguistik und Medizin, wie zwischen zwei Existenzen« geschwankt hätte.[3]

Abb. 1: Johann Heinrich Schulze (1687–1744).

2 Justi 1898, S. 52–54. Zur Bedeutung der griechischen Münzprägung für Winckelmann, ohne Erwähnung des Lehrers J. H. Schulze an der Universität in Halle und dessen Münzkolleg, s. auch de Callataÿ 2007 und Cantilena 2019.

3 Justi 1898, S. 52.

Tatsächlich war Johann Heinrich Schulze (Abb. 1), der am 12. Mai 1687 als neuntes von elf Kindern des Schneidermeisters Matthias Schulze (1638–1718) in dem altmärkischen Dorf Colbitz geboren worden war, ein ungemein begabtes Kind, was den Ortspfarrer Albert Corvinus (1650–1740) veranlasste, ihm zusammen mit seinen Kindern Privatunterricht zu erteilen.[4] Ab 1697 besuchte der Junge dann die Schule der im Aufbau befindlichen Waisenanstalt des August Hermann Francke (1663–1727). 1704 begann er Medizin, Chemie, Philosophie und Theologie zu studieren, wobei seine Interessen darüber hinaus den klassischen alten Sprachen, aber auch denen des arabischen Raumes galten.[5] Einige Jahre unterrichtete er an Franckes Pädagogium, studierte dann aber auf Zuspruch des bekannten Mediziners Friedrich Hoffmann (1660–1742) weiter Medizin.[6] 1717 wurde Schulze in Halle mit einer medizinhistorischen Arbeit über die Diät antiker Athleten promoviert.[7] Im selben Jahr entdeckte er bei seinen chemischen Versuchen die Lichtempfindlichkeit der Silbersalze und fertigte einfache Lichtbilder an. 1719 publizierte er die Ergebnisse dieser Versuche, womit er die Grundlagen für die spätere Fotografie schuf.[8]

1720 folgte Schulze einem Ruf auf den Lehrstuhl für Anatomie und Chirurgie an der Universität der Reichsstadt Nürnberg in Altdorf. Dort begründete er u. a. die Geschichte der Medizin, die er bis in die Antike zurückführte.[9] 1728 erschien der erste Teil seines bedeutendsten, doch leider unvollendet gebliebenen Werks »Historia medicinae«.[10] 1729 bzw. 1730 übernahm Schulze auch noch die Ordinariate für Griechisch und Arabisch. Das hing vermutlich mit dem Umstand zusammen, dass er 1728 als praktischen Beweis für seine Kenntnis der arabischen Sprache die bis dahin für Verzierungen gehaltene kufische Aufschrift entlang des Saums des Krönungsmantels der deutschen Kaiser entziffert hatte.[11] Auch das Amt des Rektors bekleidete Schulze für mehrere Jahre. 1732 nahm er den Ruf zurück nach Halle als Professor der Medizin, Eloquenz und Altertümer an und verband hier geisteswissenschaftliche Fachgebiete mit denen der Medizin.[12] In besonderer Weise widmete er sich den Altertumswissenschaften und plante, letztlich vergebens, die Gründung eines philologisch-altertumswissenschaftlichen Seminars an der Universität in Halle.[13]

---

4 Zimmermann 2020, S. 5–9.
5 Zimmermann 2020, S. 11–14; Zimmermann 2007.
6 Eder 1917, S. 40–49; Kaiser & Piechocki 1970, S. 155–172.
7 Schulze 1717.
8 Zimmermann 2020, S. 16–18.
9 Zimmermann 2020, S. 22–30.
10 Schulze 1728.
11 Zimmermann 2020, S. 36–38.
12 Zu Johann Heinrich Schulze: www.catalogus-professorum-halensis.de/schulze-johann-heinrich.html; Pagel 1891, S. 4 f.; Kaiser & Völker 1980, S. 33–89.
13 Zimmermann 1980, S. 89–97; Zimmermann 2020, S. 53–57.

Abb. 2: Aufsatz für den Münzschrank mit der Widmungsinschrift (1768). Der Kartuschentext teilt mit, dass das »Nympholacium Schulzianum« vom Besitzer August Friedrich Eichel nach seinem Tod der Universität für die Lehre vermacht wurde.

Johann Heinrich Schulze wurde als ein weithin anerkannter Universalgelehrter bereits 1721 in die Akademie der Naturforscher (Leopoldina) gewählt. 1724 wurde er als ausländisches Mitglied in die Russische Akademie der Wissenschaften in Sankt Petersburg, 1739 zu einem ihrer Ehrenmitglieder und 1729 zum Mitglied der Preußischen Akademie der Wissenschaften berufen. Als Schulze am 10. Oktober 1744 in Halle starb, galt er als einer der gelehrtesten Männer seiner Zeit; noch im 19. Jahrhundert wurde er als der größte deutsche Polyhistor des 18. Jahrhunderts bezeichnet. Begraben wurde er auf dem Stadtgottesacker in Halle.[14] In der Folgezeit geriet seine Familie in finanzielle Schwierigkeiten, weshalb sie u.a. die Münzsammlung verkaufen musste. Diese erwarb 1762 August Friedrich Eichel (1698–1768), ein ehemaliger hallischer Student und einflussreiches Kabinettsmitglied am preußischen Hof. Als Eichel 1768 starb, gelangte die Sammlung als Legat mit der Maßgabe an die Friedrichs-Universität, sie für Lehrzwecke zu verwenden (Abb. 2).[15]

Schulzes Einladungsschrift (1738) und postumes Münzbuch (1766)

Für seine numismatisch-altertumskundlichen Vorlesungen »Über die Müntz-Wissenschafft« zog Schulze antike Münzen seiner Privatsammlung als Anschauungsmaterial heran, womit er den gegenstandsbezogenen, neuen Weg der altertumskundlichen Vermittlung anhand antiker Monumente der *artes minores* beschritt. Seine Privatsammlung,

14 Beigesetzt wurde er im Schwibbogen 85, wo seit 2009 eine Gedenkplatte an Schulze erinnert.
15 Schultze 1959, S. 368 f.; Zimmermann 2020, S. 88 f.

Abb. 3: Blick in den Tresor der Münzsammlung des Archäologischen Museums der Martin-Luther-Universität Halle-Wittenberg.

Abb. 4: Tetradrachmon aus Thasos (um 146 v. Chr.; AR, 16,39 g, 32 mm) aus der Sammlung Schulze, wahrscheinlich die erste Münze Schulzes.

das »Numophylacium Schulzianum«, gehört heute zu den wesentlichen Beständen originaler antiker Objekte des Archäologischen Museums (Abb. 3).[16]

16 Lehmann 2017, S. 154–155 (Kat. Nr. 7); Zimmermann & Löhr 2013, S. 45–46; Zimmermann 2005, S. 256–264; Zimmermann 1994, S. 177–188; Speler 2002, S. 379–413.

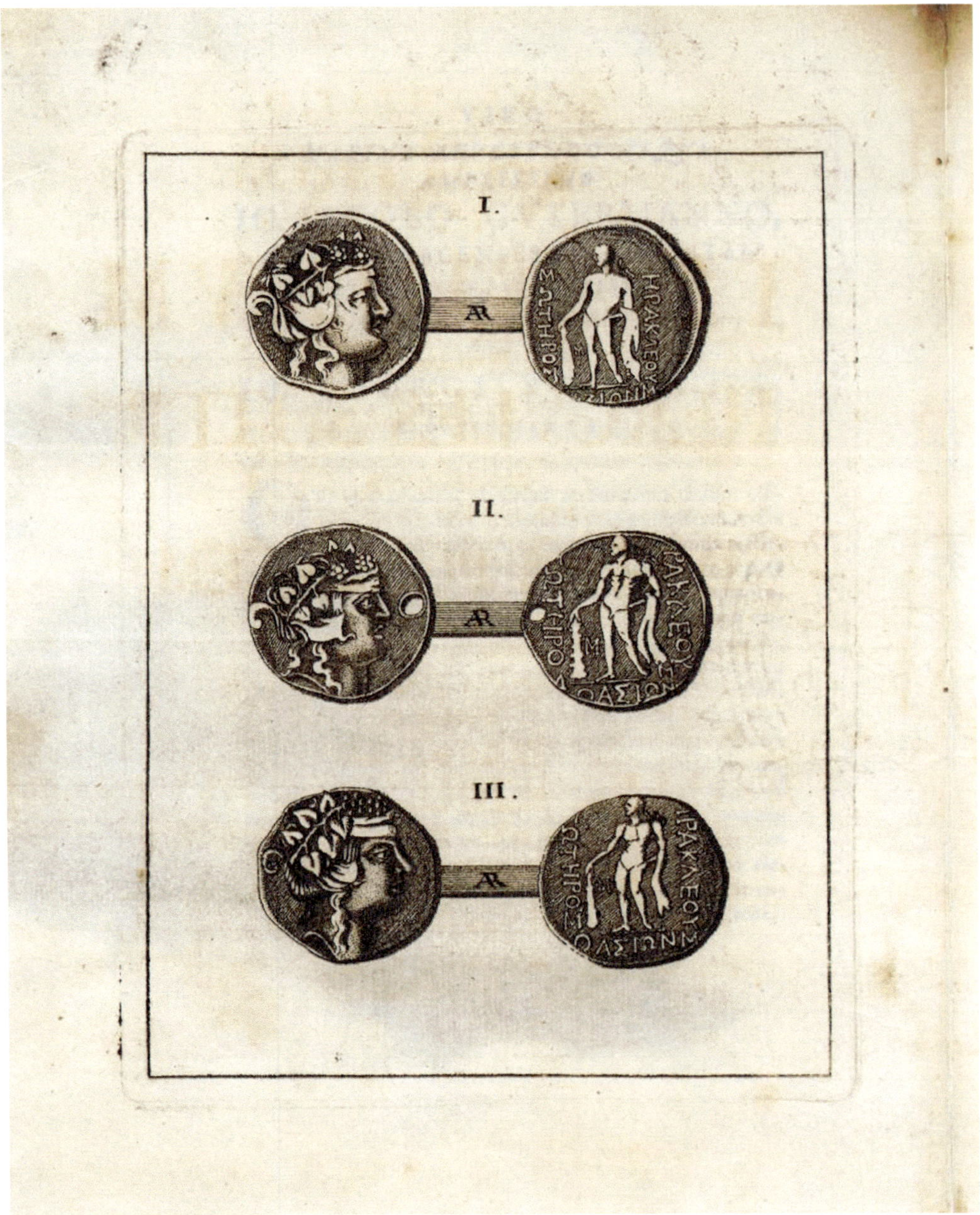

Abb. 5: Frontispiz von Schulzes *Commentatio De Numis Thasiorum* … aus dem Jahr 1737, das die erste Münze aus seiner Sammlung zum Thema hat.

Mit dem Sammeln antiker Münzen hatte Schulze 1734 begonnen, nachdem ihm ein Student aus Siebenbürgen im selben Jahr ein Tetradrachmon von der thrakischen Insel Thasos zum Geschenk gemacht hatte, das Anlass für seine Publikation »Commentatio De numis

Thasiorum …« von 1737 bot (Abb. 4 und 5).[17] Damit war Schulzes Interesse an griechischen, römischen, aber auch orientalischen Münzprägungen geweckt worden, weshalb die Gelehrtensammlung schnell wuchs. Nach Justi umfasste sie schließlich »zweitausend römische Kaisermünzen und etwa 340 römische Familienmünzen; 149 griechische und einige barbarische Stücke«. Dasselbe vermerkt auch Alexander Conze (1831–1914), von 1863 bis 1869 außerordentlicher Professor für Archäologie an der Universität Halle, in seinem handschriftlichen Museumskatalog der Sammlung.[18]

Schulze hielt sein Kolleg »Über die Müntz-Wissenschafft« von 1738 noch zweimal in den Jahren bis zu seinem Tod 1744. Justi betont in seiner Winckelmann-Biographie zwar, dass Winckelmann hier »zum erstenmale die Götter in Ächten, wenn auch untergeordneten Denkmalen leibhaftig vor sich« habe sehen können.[19] Im Übrigen ist sein Fazit aber ernüchternd, denn mehr gäbe es »von der classischen Althertumswissenschaft in Halle« nicht zu berichten, und Winckelmann hätte »in diesem Punkte keine unglücklichere Wahl … treffen können«.[20] Demgegenüber ist festzustellen, dass ausgehend von der Schulze'schen Münzsammlung, seinen altertumskundlichen Lehrveranstaltungen und seinen numismatischen Publikationen im Lichte der Forschungsgeschichte das von Justi gezogene Resümee sowohl für die Person Schulzes als auch für Winckelmann allein schon deshalb unzutreffend ist, weil Schulzes berühmter Nachfolger Friedrich August Wolf (1759–1824), der von 1789 bis 1807 in Halle lehrte, für seine Vorlesungen zur Einführung in die Altertumswissenschaften die Münzsammlung heranzog und der vor allem an Winckelmann interessierte Johann Wolfgang von Goethe (1749–1832) im Jahre 1803 die berühmte Schulze'sche Münzsammlung sehen wollte (Abb. 6).[21] Die Sammlung der antiken Prägungen gehört überhaupt zum ältesten Kunstbesitz, der der Universität Halle vermacht wurde, und bildete innerhalb der im Jahr 1841 gegründeten universitären Antikensammlung als »Numophylacium Schulzianum« den Grundstock der Sammlung antiker Originale.[22]

Die Sammlung spielte also, seit sie von Schulze angelegt worden war, mit Unterbrechungen, bis heute eine große Rolle als materielle Grundlage für die altertumswissenschaftliche Ausbildung an der Universität Halle. Darüber hinaus war sie überhaupt von weitreichender forschungsgeschichtlicher Bedeutung für die Entwicklung der antiken Numismatik und Klassischen Archäologie. Als Glücksfall der Überlieferung ist die Sammlung für die Numismatik wie für die Geschichte der Altertumswissenschaften gleicher-

17 Schulze 1737; Zimmermann 2020, S. 63 f.

18 Justi 1898, S. 53, Alexander Conze, im handschriftlichen Katalog der Münzsammlung des Archäologischen Museums der Universität von 1867. Grundsätzlich zur Bedeutung privater Münzsammlungen von Professoren im ausgehenden 17. und frühen 18. Jahrhundert s. den Beitrag von Martin Mulsow im vorliegenden Band.

19 Justi 1898, S. 54.

20 Justi 1898, S. 54.

21 Agnethler 1750–1752.

22 Lehmann 2017, S. 154–155 (Kat. 7); Zimmermann 1966, S. 50–62.

Abb. 6: Friedrich August Wolf, Medaille von Ferdinand Helfricht (1840; Bronze, 43,07 g, 45 mm).

maßen von Interesse, weil Michael Gottlieb Agnethler (1719–1752), ein Schüler Schulzes, die Sammlung zügig bearbeitet und in den Jahren 1746 bis 1752 in vier Bänden zunächst in lateinischer und dann in deutscher Sprache vorlegte (Abb. 7).[23] Erst viel später, nämlich 1766, gab Schulzes Sohn, Johann Ludwig Schulze (1734–1799), der als Theologieprofessor an der hallischen Universität lehrte, das Manuskript seines Vaters unter dem Titel »Anleitung zur älteren Münzwissenschaft: Worin die dazu gehörigen Schriften beurtheilet, und die Alterthümer aus Münzen erleutert werden« in Halle postum heraus (Abb. 8).[24] Damit liegt neben der gedruckten Kollegankündigung von 1738 und dem Katalog der Münzsammlung von Agnethler von 1746–1752 auch Schulzes Münzkunde in der 1766 gedruckten Form vor.

Wie oben erwähnt wurde, hat Schulze seine Lehrveranstaltungen in den Jahren 1740, 1741 und in seinem Todesjahr 1744 wiederholt, wofür er weiter an den Texten gearbeitet und sie aktualisiert hat. Die postume Schrift geht somit weitgehend auf das Originalmanuskript zurück, an dem der herausgebende Sohn nur wenige Ergänzungen vorgenommen hat.[25] Diese in gedruckter Form dokumentierten Vorlesungen über antike Numismatik in Verbindung mit antiken Altertümern wurden in dieser Weise an einer

23 Agnetheler 1746; Agnethler 1750–1752.

24 Schulze 1766.

25 Schulze 1766, S. 4: »Die Abschrift, welche damals auf Deroselben Befehl von dem Originale genommen worden, wird mir zu einem Zeugnis gereichen, daß ich in der Anlage und Ausführung dieser Schrift nichts willkührlich geändert, noch weniger aber mir etwas ungebührlich zugeeignet; sondern daß ich die Pflichten zu erfüllen gesuchet, welche mir die Ehrfurcht für die Asche meines sel. Vaters aufgeleget«.

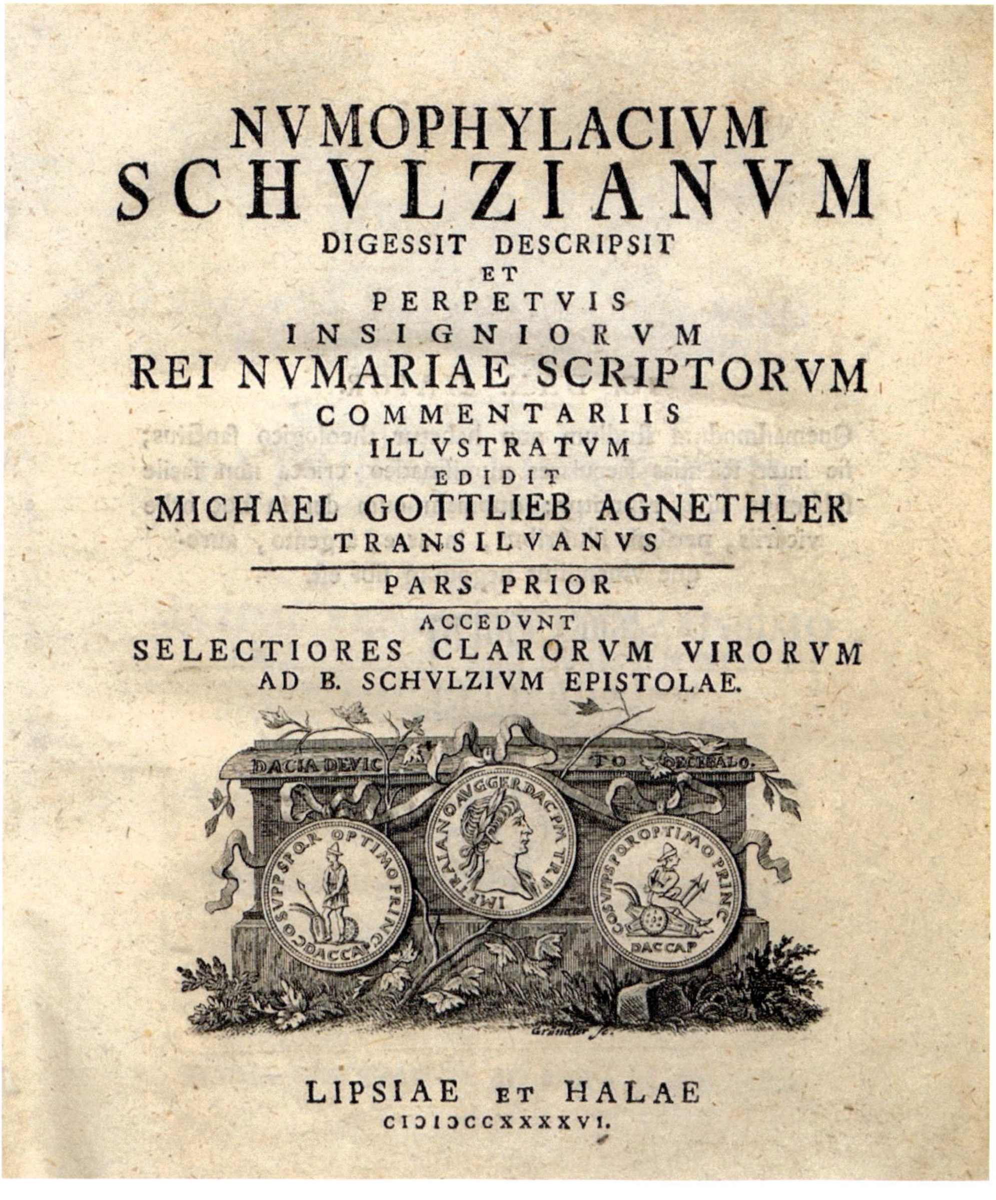

NVMOPHYLACIVM
SCHVLZIANVM
DIGESSIT DESCRIPSIT
ET
PERPETVIS
INSIGNIORVM
REI NVMARIAE SCRIPTORVM
COMMENTARIIS
ILLVSTRATVM
EDIDIT
MICHAEL GOTTLIEB AGNETHLER
TRANSILVANVS

PARS PRIOR

ACCEDVNT
SELECTIORES CLARORVM VIRORVM
AD B. SCHVLZIVM EPISTOLAE.

LIPSIAE ET HALAE
CIↃIↃCCXXXXVI.

Abb. 7: Titelblatt von Agnethlers *Numophylacium Schulzianum*. Leipzig 1746.

Universität im deutschsprachigen Raum erstmals von Schulze gehalten.[26] Anhand der Druckfassungen können wir Schulzes methodisches Vorgehen, seine so vermittelten Inhalte und vor allem sein historisches, ikonographisches und künstlerisches Erkenntnis-

26 Eder 1917, S. 40–49.

D. Johann Heinrich Schulze,
der Arzeneigelahrheit, Beredsamkeit und Alterthümer ehemaligen ordentlichen
Lehrers auf der Friedrichsuniversität zu Halle, Mitgliedes der Königlichen
Academie der Wissenschaften zu Berlin ꝛc. ꝛc.

Anleitung
zur älteren
Münzwissenschaft,
Worin
die dazu gehörigen Schriften beurtheilet,
und die Alterthümer
aus Münzen erleutert werden.
Zum Druck befördert
von
M. Johann Ludewig Schulze,
der griechischen und morgenländischen Sprachen ordentlichen Lehrer
auf der Friedrichsuniversität.

Halle, gedruckt und verlegt im Waisenhause, 1766.

Abb. 8: Titelblatt des postum erschienenen Buches von Schulze *Anleitung zur älteren Münzwissenschaft: Worin die dazu gehörigen Schriften beurtheilet, und die Alterthümer aus Münzen erleutert werden.* Halle 1766.

D. Johann Heinrich Schultzens
Ordentlichen Lehrers der Medicin wie auch der Beredsamkeit
und Alterthümer
Einladungs-Schrifft
Zu einem
COLLEGIO PRIVATO
Uber die
Müntz-Wissenschafft
Und die
Daraus zu erläuternde
Griechische und Römische Alterthümer.

HALLE
Gedruckt mit Hilligerischen Schrifften.

Abb. 9: Titelblatt von Schulzes *Einladungs-Schrifft Zu einem Collegio Privato Uber die Müntz-Wissenschafft Und die Daraus zu erläuternde Griechische und Römische Alterthümer.* Halle 1738.

interesse, aber auch die wissenschaftliche Wirkung seiner Vorlesungen, detailliert nachvollziehen und beurteilen.[27]

Im Folgenden soll genauer auf diese Werke eingegangen werden. Auf schmalen 14 Druckseiten wird das geplante Lehrprogramm vorgestellt, womit die »Einladungsschrift« zugleich eine Begründungsschrift zur universitären Unterweisung in die antike Numismatik und Altertumskunde darstellt (Abb. 9).[28] Es handelt sich hierbei um die für ihre Zeit modernsten numismatisch-altertumswissenschaftlichen Methoden, die den Hörern mithilfe der Autopsie griechischer und römischer Münzen vermittelt werden. Wegen der exemplarischen Bedeutung für die späteren interpretatorischen Herangehensweisen nicht nur der Schüler Schulzes bei der Analyse antiker Monumente unter Heranziehung antiker Schriftquellen muss hier näher auf den Inhalt der Einladungsschrift eingegangen werden, da sie bislang in der numismatischen Forschungsgeschichte, wie auch in ihrer Beurteilung für die Entwicklung Winckelmanns zum Altertumswissenschaftler, kaum eine Rolle spielte, obwohl vor allem Hans-Dieter Zimmermann (geb. 1933) in seinen Publikationen immer wieder auf die Leistungen von Schulze hingewiesen hat.[29]

Zu Beginn der Ankündigung zu seinem *collegio privato,* den er als »Ordentlicher Lehrer der Medizin wie auch der Beredsamkeit und Althertümer« ankündigt, umreißt Schulze in den ersten drei ausufernden Einführungssätzen die wissenschaftlichen Gründe, seine pädagogischen Ansprüche sowie die angestrebten Ziele seiner Lehrveranstaltung:

> Mein Beruf verbindet mich die Althertümer zu untersuchen, und alles, was zur Erkenntniß und gründlicher Erklärung derselben gehöret, nach aller Möglichkeit aufzutreiben, genau zu betrachten, und den daher etwa erlangten Nutzen denen allhier studirenden Liebhabern dieser edlen Wissenschaft mündlich, auswertigen aber nach Gelegenheit schriftlich mitzuteilen. Da nun die würklichen Überbleibsel der alten Welt die beste Vorstellung von alten Sitten und Gebräuchen geben; derselbe auch mit großem Nutzen und Vergnügen an den noch hin und wieder befindlichen Gebäuden, Ehren-Säulen, Gedenck-Schriften auf Erz und Steinen, Gemälden, Siegel-Ringen und dergleichen betrachtet werden, die man noch hin und wieder antrifft: ist doch unter allen kein leichterer und bequemerer Weg sich von der alten Welt richtige Begriffe zu machen, als Derselbe, welchen uns die bis auf unsere Zeit erhaltene Münzen an die Hand geben. Denn um die Ueberreste der alten Gebäude zu sehen, muß ein Liebhaber mit großen Kosten und Gefahr in fremde reisen: die alten mit Aufschrifften versehene Steine aber zu betrachten ist eben so vieler Schwürigkeiten unterworfen; wenn man

27 Zimmermann 2005, S. 256–264.

28 Schulze 1738.

29 Siehe zuletzt Zimmermann 2020.

> sich nicht will an denen öffters sehr mangelhaften oder von einander unterschiedenen Abschriften und Zeichnungen begnügen lassen. Nur die Römischen, und zur Noth auch noch die Griechischen Müntzen sind zum guten Glück überall, wo diese Völker hingekommen sind, übrig geblieben, und werden alljährlich an allen Enden und Orten, welche ausgegraben, oder von Reisenden in alle Gegenden der Welt gebracht, und von Liebhabern aufbehalten: so daß einer, der in Samlung derselben fleißig und glücklich ist, mit noch erträglichen Kosten einen solchen Vorrath zusammen bringen kann, der ihm in den meisten Stücken der Althertümer ungemeine Dienste thun kann.[30]

Gleich zu Anfang der »Einladungsschrift« streicht Schulze also heraus, dass die antiken Metallprägungen Originalzeugnisse der jeweiligen Zeit sind und dass sich entsprechende Münzfunde im Kernland Griechenlands und seinen Städten, dem Römischen Reich mit seinen Provinzen erstrecken, aber darüber hinaus sich auch im »Barbaricum« finden lassen. Dieser Ansatz gilt bis heute für die griechischen Münzprägungen. Denn deren numismatisches Ordnungsprinzip erfolgt nach Münzstätten, die durch antike Landschaftsräume gegliedert sind, wie sie durch Strabons Geographika vorgegeben werden.

Dann führt Schulze aus, dass er erst 1734 begonnen habe, antike Münzen zu sammeln, und hierfür historische und altertumskundliche Gründe für ihn wesentlich waren. Immer wieder betont er sein Anliegen, wenn er ausführt, dass die Münzen wichtige Stützen der Chronologie seien und dass »dadurch die Chronologie und Historie durchgehend zu verbessern« sei. Dies ist einer seiner zentralen Punkte für eingehende und kunstgerechte Münzstudien, deren Grundlagen nach seiner Ansicht universitär vermittelt werden müssen.

Schulze, der bereits in seiner Jugend die arabische Sprache erlernt hatte, hebt auch darauf ab, zur klassisch-antiken Numismatik auch die numismatischen Studien zu orientalischen Münzprägungen (wie aus Ägypten, Syrien und Persien) mit hinzuzuziehen, so wie es beispielsweise seinerzeit im Königlichen Münzkabinett in Paris bereits praktiziert wurde.[31]

Danach folgen Nennungen und Aufzählungen, die zwar antiquarischer Natur sind, aber dennoch bis heute gängige Herangehensweise zur Untersuchung ikonographischer Probleme der antiken Bildsprache darstellen. So geht er auf die Bedeutung der »*signis militaribus* der Alten« ein, wie auch der in Kämpfen verlorener *signa* sowie auf die Aussagen, die Münzbilder zu Krieg und Frieden bieten. Neben diesen Darstellungen militärischer Antiquaria und ihrem Aussagewert sind es auch die geprägten Bilder von Tempeln in antiken Städten, die für Schulze von religiöser Bedeutung sind, da sie mit Darstellungen griechischer und römischer Gottheiten verbunden werden könnten. Diese Gottheiten lassen große Unterschiede erkennen, sowohl in den Handlungen, in der Kleidung und bei den

30 Schulze 1738, S. 3.
31 Schulze 1738, S. 4–5.

Attributen. Aber – und dies ist einer der innovativsten Punkte in Schulzes Schrift! – er bewundert hier die Münzdarstellungen auch wegen ihrer künstlerischen Machart, die einen Eindruck von der »Kunst der Alten, in lebhaffter und deutlicher Vorstellung« vermittelt.[32]

Im Anschluss daran fragt er, wie etwa Leidenschaften und Tugenden, also Emotionen, bildlich Ausdruck verliehen werden. Er hebt auf die antike Festkultur mit ihren musischen, gymnischen und hippischen Agonen ab, also auf Leibesübungen und Wettkämpfe, oder er nennt die Sieges- und Ehrenzeichen, die durch Tapferkeit im Krieg erworben wurden, bis hin zu den verschiedenen Formen der Kränze als Siegessymbole. Auch geht er auf Architekturdarstellungen, wie die Ehrenbögen, als Hinweise auf gefeierte Triumphe ein. Immer wieder betont Schulze die Bedeutung der Darstellungen von griechischen und römischen Antiquaria, also Trachten und Kleidung, sakralen Gerätschaften und Waffen, wobei ihm die Unterscheidung zwischen den eigenen Siegreichen und dem Aussehen der Besiegten wichtig ist. Für ihn bieten die antiken Münzen insgesamt mehr Informationen, als die »Antiquitäten«, also die archäologischen Funde und Monumente, übermitteln, somit stellen die Münzen die besten Quellen der »alten Wissenschaftsschöpfer« dar.[33]

Epigraphische Kenntnisse, die es erlauben, Münzlegenden mit einzubeziehen, sind ihm außerordentlich wichtig. Überhaupt sei die Numismatik für das Studium der griechischen und römischen Geschichte von großem Nutzen, wie die Kaisergeschichte des ersten Jahrhunderts n. Chr. »fast von Jahr zu Jahr lehren« würde und wovon die sonstigen Quellen oftmals schweigen würden. Hierbei werden nicht nur die Namen der Kaiser und ihrer Familien genannt, sondern es findet sich zudem ihre künstlerische Darstellung auf den Prägungen, die wohl dem tatsächlichen Aussehen ähneln würde. Diese Bildnisse können dann mit den »Taten, Tugenden und Lastern« sowie Lebensleistungen der Herrscher und ihrer Familien verglichen werden. Damit wirft er bereits Fragen zur Erforschung des Realitätsgehaltes antiker Porträts auf.

Grundsätzlich könnten aber durch das »Abnehmen des Künstlerischen zu unruhigen und endenden Zeiten« Krisen-, Verfalls- und Endzeiten der Antike beobachtet und ausgewertet werden; selbst stark abgenutzte oder korrodierte Prägungen bleiben gerade wegen der typologisch unterscheidbaren Darstellung der Kaiserbildnisse meist erkennbar, und es könne somit bestimmt werden »wann sie geschlagen wurden«. Somit leitet Schulze über zur allgemeinen Bestimmung des Zeitrahmens, also dem Beginn der griechischen Münzprägungen und dem Ende des römischen Münzsystems.[34] Die ältesten griechischen Münzen, die noch vorhanden sind, reichen nach Schulze in eine Zeit, die früher als im 3. Jahrhundert v. Chr. wäre, wobei er ausdrücklich Alexander den Großen nennt. Die rö-

---

32 Schulze 1738, S. 6–7.

33 Schulze 1738, S. 8; vgl. die von Schulze aufgeführte und kommentierte numismatische Forschungsliteratur, in: Schulze 1766, S. 6–36.

34 Schulze 1738, S. 9.

mischen Prägungen hören seiner Meinung nach im Laufe des 7. Jahrhunderts n. Chr. auf, es lohne sich nicht, sie zeitlich weiterzuverfolgen, da sie schließlich mit den arabischen Eroberungen endeten.

Er betont, dass es darauf ankomme, die Prägungen zeitlich richtig einzuordnen, weil sie grundsätzlich für die allgemeine Chronologie wichtig seien, welche ihrerseits wissenschaftliche Hinweise auf historische Ereignisse oder Tatsachen geben könnten. Hieran schließt sich die Frage der Fundmünzen in den verschiedenen Fundgebieten an, wie »Siebenbürgen, und Ungarn, Griechenland, Anatolien, Spanien, Frankreich und der Schweiz«. Auch auf Deutschland, besonders entlang des Rheins, kommt Schulze zu sprechen. Worauf er mit Hinweisen auf römische Münzfunde aus der Region um Halle schließt.[35]

Schulze liefert auch die Begründung, warum man nicht nur universitäre Lehrveranstaltungen zur antiken Numismatik anbieten, sondern diese auch anhand originaler Münzen studieren solle, obwohl dabei auch »Original-Stücke« verlorengehen könnten. Der praktisch begründete Einwand, dass ein Studium der antiken Prägungen besser in einem großen Münzkabinett mit den dort vorhandenen umfangreichen Sammlungen von Gold-, Silber- und Bronzeprägungen zu leisten wäre, erkennt er durchaus an. Beim »Endzweck« ging es Schulze aber darum, mit Hilfe der Münzprägungen die richtigen Grenzen abzustecken, denn griechische und römische Geschichte könne sicherlich nur in vollständigen Sammlungen gelehrt werden, weil kleine Universitätssammlungen damit überfordert wären.[36] Seine geradezu »revolutionäre« Lösung dieses Widerspruchs lautet, dass sich die Perspektive ändert, wenn der Ausgangspunkt die römischen und griechischen Monumente insgesamt sind, während die Münzen als *artes minores* nur ein Teil dieser sind. Dann würde sich nämlich die Frage anders stellen, weil mit Hilfe der Kenntnisse der antiken Numismatik die Interpretationen der antiken Altertümer im Vergleich mit antiken Münzdarstellungen erfolgen könne. Als Beispiele hierfür zieht Schulze die Ikonographie antiker Gottheiten heran und trifft damit den hermeneutisch zentralen Punkt für die vergleichende Deutung antiker Darstellungen.[37] Werden Darstellungen von Gottheiten wie Jupiter/Zeus oder Juno/Hera auf »griechischen und römischen Altertümer[n]« mit denen auf den Münzbildern verglichen, so können diese Götterfiguren auf Gemälden, Münzen etc. benannt werden. Dies gelte auch für *insignia* der Römer, etwa der *auguren.* Die Darstellungen lagen nach Schulze also nicht im Belieben der Stempelschneider, sondern folgten vorgegebenen und historisch gewachsenen künstlerisch-typologischen Konventionen.

Demnach, so argumentiert Schulze weiter, kann an der Universität die Unterrichtung an Altertümern auch mit einer geringen Zahl von Münzen erfolgen. Sie müssten lediglich

35 Schulze 1738, S. 10.
36 Schulze 1738, S. 10–11.
37 Schulze 1738, S. 12.

die Prägungen deutlich erkennen lassen und »vor allen Dingen genuin sein«. Unter diesen Voraussetzungen kann er anhand seiner Sammlung, die zu dieser Zeit ca. eintausend antike Münzen umfasste, eine gründliche Vermittlung und den Erwerb von Kenntnissen ermöglichen.

Nach diesen »Vorbemerkungen« geht Schulze *in medias res.*[38] In seinem Kolleg der antiken Münzkunde müssten und würden als erstes grundsätzliche Informationen zur »Beschaffenheit des *studii numismatici*« und ihrem Nutzen für die anderen altertumswissenschaftlichen Disziplinen gegeben werden. Danach würde die einschlägige Fachliteratur behandelt und charakterisiert; vor allem aber sollten die betreffenden Werke dabei tatsächlich gezeigt und nicht nur genannt werden. Danach seien die Fachtermini (»Kunstwörter«) zu erklären, da diese Fachwörter es erleichtern, Münzen »kunstmäßig« zu beschreiben. Es folgen Erklärungen zu den Bildern und Legenden auf dem Revers der Münzen sowie zur Methode des Vergleichs von Abbildungen in den Münzpublikationen. Im Resultat aber sollte versucht werden, auf Grundlage des »Compendiums antiquitatum Romanarum« von Christoph Cellarius (1638–1707) eine grundlegende Ordnung der Münzen seiner Sammlung zu erreichen.[39] Das 1710 in Halle erschienene realkundliche Breviarium von Cellarius führt Schulze als eine seiner wichtigen Grundlagen an. Cellarius, der in Halle Inhaber der Professur für Geschichte und für Beredsamkeit gewesen war, hatte die Periodisierung der Geschichte in Altertum, Mittelalter und Neuzeit etabliert, die bis heute wissenschaftlicher Standard ist.[40]

Als weiteres Grundlagenwerk nennt Schulze den »Consensus novus et methodicus antiquitatum Romanarum« des Antiquars und Historikers Hinrich Kipping (1623–1678).[41] Die dann folgenden Ausführungen Schulzes betreffen detaillierte Bestimmungen von sakralen Realien, mythologischen Darstellungen, antiken Opferdarstellungen, den Festen und Spielen sowie der Vergötterung der Kaiser und ihrer Gattinnen. Es folgen die Benennung und Bestimmung von Personen, Ämtern und Vertragshinweisen, Darstellungen von Siegesmonumenten und Zeugnissen der Tapferkeit wie Waffen, Schiffe, Gebäude und ihre Funktionen sowie von Trachten und Kleidung bis hin zu den Bartformen und den Frisuren dargestellter Personen. Zum Schluss wendet sich Schulze der Frage zu, wie Münzbestimmungen helfen können, die Chronologie und Geschichte besonders der Römischen Kaiser bis Konstantin festzulegen. Die aktuellen Forschungen hierzu wollte er im Kolleg bekanntmachen und diskutieren.[42]

---

38 Schulze 1738, S. 13.

39 Cellarius 1710.

40 Zu Christoph Cellarius: www.catalogus-professorum-halensis.de/cellarius-christoph.html; Beck 2012, Sp. 210–212; Leuschner 1957, S. 180–181.

41 Krause 1882, S. 786 f.

42 Schulze 1738, S. 14.

Ein beiläufiger, aber wichtiger methodischer Hinweis findet sich bei seiner Bemerkung, dass er zumeist römische Prägungen behandeln werde, wobei er aber zugleich betont: »Doch soll bei Gelegenheit der meisten Sachen der Ursprung von Griechen, oder doch die Übereinstimmung oder Unterschied, mit angewiesen werden«. Hier kann man in einem umfassenderen Sinne erkennen, dass Schulze die Abhängigkeiten und Unterschiede der griechischen und römischen Münzprägungen in der Kunst ihrer Darstellungsweisen kennt und charakterisiert – ganz gleich, ob es sich hierbei um sakrale, mythologische oder politische Ikonographie oder um Stilgeschichte handelt. Selbst aus der Geschichte der Trachten und den Darstellungen profaner und sakraler Antiquaria heraus erkannte er wesentliche historische und kulturelle Distinktionsmerkmale.[43] Auch das wichtige Phänomen der Fälschung antiker Münzen lässt er in seiner Ankündigung keineswegs aus. Vielmehr geht er auf diese Problematik ein und verspricht, dass die Hörer in seinem Kolleg erlernen werden, originale von »nachgekünstelten« Münzen zu unterscheiden.

Insgesamt vermittelt Schulze den prospektiven Hörern als Lehrziel des Kollegs, dass sie in die wissenschaftliche Arbeit mit griechischen und römischen Altertümern eingeführt und somit befähigt werden würden, unterschiedliche Gattungen und Darstellungen der griechischen und römischen Kunst und ihrer Geschichte »zu verstehen und vernünftig zu beurteilen«. Schulze beschließt die Ankündigung mit einem Hinweis auf den praktischen Nutzen seines Kollegs: Anhand der Münzdarstellungen werde dort auch gezeigt, was für spätere, kostspielige Reisen in die Länder des Mittelmeeres nützlich sein könne. Denn wenn man dort tatsächlich vor den Monumenten und Bauwerken stehen oder sich neu ausgegrabene Funde anschauen würde, könnte man dann das in Halle erworbene Wissen anwenden.

Wie angekündigt hielt Johann Heinrich Schulze sein Kolleg zur antiken Münzkunde erstmals im Sommersemester 1738, und zwar jeweils am Montag, Dienstag, Donnerstag und Freitag von 17 bis 18 Uhr in deutscher Sprache ab. Zu jeder dieser Lehrstunden verfasste er eine Zusammenfassung, die von den Hörern abgeschrieben werden konnte, damit – wie er ausdrücklich schrieb – sie das Gesagte besser behalten könnten.[44] Auf den Münzkollegs Schulzes, die in Anlage und Aufbau der »Einladungsschrift« weitgehend folgten, beruht auch Schulzes »Anleitung zur älteren Münzwissenschaft«. Diese wurde postum von dessen Sohn, Johann Ludwig Schulze, herausgegeben, wobei er in seinem Vorbericht bekundet, nur wenig Zusätze hinzugefügt zu haben.[45] Damit enthält die Druckfassung fast ausschließlich originale Gedanken und Äußerungen von Johann Heinrich Schulze.

In der ausführlichen Einleitung des Buches vermittelt der Autor Grundkenntnisse und breitet die Forschungsliteratur aus. Im ersten Kapitel werden die Darstellungen »Heid-

43 Schulze 1738, S. 14–15.
44 Schulze 1738, S. 16.
45 Schulze 1766, s. Vorbericht des Herausgebers.

nischer Gottheiten« und im anschließenden zweiten Kapitel die des Kultpersonals, der Tempel, Altäre, Opfer, Spiele auf Münzen behandelt.[46] »Zum Cevil-Regime« (3. Kapitel) werden die Hinweise auf griechische und römische Ämter, Gesetze und Verordnungen in den Münzbildern benannt, dem folgt das Kapitel zu Darstellungen aus dem Militärwesen.[47] Die Kapitel fünf und sechs gehen der Frage nach dem Wert des griechischen und römischen Geldes sowie auf die nach dem »heutigen Wert alter Münzen« nach. Es folgen ausführliche Register, während das Buch – leider – keine Illustrationen enthält.[48]

Wie eben gezeigt wurde, ergänzen sich die »Einladungsschrift« und »Anleitung« Schulzes. Sie gehen inhaltlich fast zur Gänze auf Schulze selbst zurück, womit sie eine umfangreiche Grundlage für die wissenschaftshistorische Bewertung seiner numismatisch-kunstarchäologischen Forschungen darstellen. Schulzes kunstarchäologische Aspekte bei der Behandlung der Altertümer anhand antiker Münzprägungen betreffen zentrale historisch-archäologische Kategorien, die in ihrer forschungsgeschichtlichen Tragweite bislang nicht erkannt wurden. Wegen des hermeneutischen Ansatzes und der Vermittlung von Methoden für die Analyse dieser »kleinen« antiken Monumente war Schulzes Einladungsschrift inhaltlich von exzeptioneller Bedeutung für seine Studenten. Darüber hinaus handelt es sich um die Gründungsschrift der universitären antiken Numismatik, inklusive der Erklärung ihrer Möglichkeiten, auf der Basis der Münzbilder »griechische und römische Althertümer« zu erläutern. Damit schuf Schulze das Instrumentarium für eine historische Analyse komplexer antiker Kunstwerke, und nicht nur der *artes minores.* In der Summe begründet Schulze hier eine archäologische Methodik zur Analyse der monumentalen Überlieferung des Altertums, also nicht nur aus der antiken Literatur, sondern aus tatsächlich überlieferten kleinen Originalwerken, die man in Händen hält und vor Augen hat. Damit spielt in seinem Konzept die Autopsie der Stücke eine zentrale Rolle, zumal diese bei der Untersuchung mit unterschiedlichen erhaltenen Materialgruppen zusammengestellt und verglichen werden können. Ausführlich begründet Schulze, warum er aus zunächst praktischen Gründen Münzen favorisierte. Es ist zum einen ihre leichte Verfügbarkeit, allein durch die ungeheure Menge der erhaltenen Prägungen, sowie der rasch mögliche Aufbau einer Sammlung antiker Münzen, was ihm selbst in nur vier Jahren gelungen war.

Betrachtet man den weiteren Gang seiner Argumentation genauer, so können dort die Schlüsselbegriffe und -fragen erkannt werden, die auch in der modernen wissenschaftlichen Numismatik eine zentrale Rolle spielen. Zentrale Themen sind zum einen Geschichte und Chronologie im Zusammenhang mit der zeitlichen Abfolge und Ordnung von Münzprägungen, mit ihren Fundorten und der Fundverteilung, etwa Münzfunde im

46 Schulze 1766, Einleitung (S. 1–69), 1. Kapitel (S. 70–161), 2. Kapitel (S. 162–174).
47 Schulze 1766, 3. Kapitel (S. 175–198), 4. Kapitel (S. 199–204).
48 Schulze 1766, 5. Kapitel (S. 205–215), 6. Kapitel (S. 216–220).

germanischen Barbaricum oder orientalische Prägungen an der Peripherie des Imperium Romanum. Spezieller wird er in seinen Fragen nach den Inschriften und Münzlegenden, der Beziehung von Religion und Kunst oder in seinen stilistischen und ikonographischen Untersuchungen zum antiken Götterbild sowie der Porträtkunst am Beispiel der römischen Herrscherbildnisse. Zudem wirft er die grundsätzliche Frage nach den Anfängen der Prägekunst sowie der Identifizierung von Prägestätten auf, widmet sich eingehend der numismatischen Forschungsgeschichte und wendet sich sodann den Sammlungsprinzipien und der Sammlungsgeschichte in Münzkabinetten zu. Bei alldem betont er aber dann, dass der Endzweck des Münzstudiums das Ablesen von Geschichte sei, wobei das nur möglich ist, wenn die richtige zeitliche Reihenfolge gegeben ist.

Schulze begründet hier – was im deutschen universitären Raum wohl zum ersten Mal geschah –, warum es ein Münzstudium an Universitäten geben solle und wie der Lehrende antike Prägungen in seinen Unterricht einbeziehen könne. Dabei betont er am Ende seiner »Einführung«, dass in seinem Kolleg vor allem mit römischen »Antiquitäten« gearbeitet werden wird, aber »bey Gelegenheit der meisten Sachen Ursprung von Griechen, oder doch in Übereinstimmung oder Unterschied, mit angewiesen werden«. Sein vorrangiges Ziel ist die Vermittlung von Kenntnissen über römische und griechische Monumente und eben nicht allein nur die kleinformatigen Münzprägungen, um letztlich jede Form der antiken Kunstäußerungen eingehend untersuchen und beurteilen zu können.

Schulzes folgenreiche numismatisch-kunstarchäologische Forschungen sowie seine Lehrveranstaltungen und Publikationen sind nicht zu trennen von dem Aufbau der Sammlung griechischer und römischer Münzen. Bei diesen Bemühungen handelte es sich zunächst zwar um eine traditionelle antiquarische Form der seit dem 16. Jahrhundert intensiv betriebenen numismatischen Forschung.[49] Diese Numismatik ist allerdings die älteste historische Wissenschaft, weshalb sich die Antiquare intensiv mit den antiken Prägungen beschäftigten und zwangsläufig ein ungeheures Wissen anhäuften. Dieses schlägt sich in zahlreichen Publikationen insbesondere zum römischen Münzwesen nieder, und es entstanden auch zahlreiche Münzkabinette. Im 18. Jahrhundert erweiterte die Numismatik den Zeitraum auf die Erfassung und Erforschung von Prägungen aller Zeiten und Länder. So legte Schulzes ehemaliger Kollege an der Universität Nürnberg in Altdorf, Johann David Köhler (1684–1755), mit seinen regelmäßig erscheinenden »Historischen Münzbelustigungen« in der Zeit von 1729 bis 1750 wegweisende historische Münzinterpretationen vor.[50] Auch in Schulzes direktem Umfeld an der Fridericiana Halensis wirkten eminente Gelehrte und bedeutende Numismatiker. Zu nennen wären hier der Pionier

49 Heenes 2003, S. 19–40.

50 Köhler 1729, seitdem erschienen bis 1750 insgesamt 22 Bände.

der Brakteatenforschung, Historiker und Jurist Johann Peter von Ludewig (1668–1743)[51] oder der Historiker Martin Schmeitzel (1679–1747),[52] ein Spezialist für Heraldik und numismatische Wappenforschung, der ein Werk über Münzen aus Siebenbürgen verfasste (1748),[53] oder der berühmte Jurist Johann Gottlieb Heineccius (1681–1741),[54] der auch über den Wert antiker Nominale gearbeitet hat. Dieses fruchtbare Umfeld in Halle zeigt, dass Schulze mit seinen numismatischen Interessen keineswegs allein dastand.[55]

Schulzes numismatische Lehrveranstaltungen erfreuten sich eines regen Zuspruchs, und eine Reihe von Absolventen sind aus seiner Schule hervorgegangen. Genannt seien hier nur der Literat, Münzsammler und Leibarzt Friedrichs II. (1712–1786), Johann Carl Wilhelm Moehsen (1722–1795),[56] sodann sein bereits erwähnter Sohn, der spätere Theologieprofessor Johann Ludwig Schulze[57] sowie der herausragende Numismatiker und Altertumskundler Michael Gottlieb Agnethler und nicht zuletzt auch Johann Joachim Winckelmann. Auf die beiden letzteren soll hier näher eingegangen werden.[58]

Ab dem Jahr 1742 studierte der aus Siebenbürgen stammende Pfarrersohn Agnethler in Halle zunächst Theologie, Philosophie etc. und bei Schulze antike Numismatik und Altertumskunde.[59] Nachdem er 1746 zur Medizin übergewechselt war, wurde er 1750 zum Doktor der Philosophie und 1751 im Fach Medizin promoviert. Noch im selben Jahr wurde er in die Leopoldina gewählt und als »Professor ordinarius antiquitatum, eloquentiae et poeseos« an die Universität in Helmstedt berufen. Kurz nach seinem Wechsel nach Helmstedt starb Agnethler 32-jährig an Schwindsucht. Trotz seiner Jugend und Krankheit war Agnethler ungemein produktiv gewesen.[60] So hat er Schriften des Biologen Carl von Linné (1707–1778) herausgegeben, nach dem Tod von Schulze das »Lexicon Medicum« von Steven Blankaart (1650–1704) überarbeitet.[61] Ferner hat er Schmeitzels Buch[62] über die Siebenbürger Münzen herausgegeben und den Katalog der Sammlung antiker Münzen von Schulze verfasst, der zunächst in lateinischer und dann in deutscher Sprache er-

51 Zu Johann Peter von Ludewig: www.catalogus-professorum-halensis.de/ludewig-johann-peter-von.html; von Ludewig 1709.
52 Zu Martin Schmeitzel: www.catalogus-professorum-halensis.de/schmeitzel-martin.html; Hertzberg 1890, S. 633 f.
53 Schmeitzel 1748.
54 Zu Johann Gottlieb Heineccius: www.catalogus-professorum-halensis.de/heineccius-johann-gottlieb.html; Lieberwirth 1969, S. 296 f.
55 Zimmermann 1995, S. 155–169.
56 Engel 1994, S. 623–625.
57 Zu Johann Ludwig Schulze: www.catalogus-professorum-halensis.de/schulze-johann-ludwig.html.
58 Zimmermann 2020, S. 65 f.
59 Libloy 1875, S. 140 f.
60 Carpzov 1752.
61 Blankaart 1748.
62 Schmeitzel 1748.

schienen ist.[63] Wie in der Einleitung zur »Beschreibung des Schulzischen Münzkabinet« zu lesen, fußt sein Text methodisch auf Schulzes Einladungsschrift von 1738, auf die er sich mehrmals beruft. Auch vermerkt er, dass die Erben beabsichtigen, die Münzsammlung zu verkaufen, wozu er somit einen Verkaufskatalog verfasst hatte.[64]

Agnethlers großer Beitrag über »Syracusanische Könige und Tyrannen aus griechischen Münzen«, der in der »Allgemeinen Welthistorie« erschienen ist, folgt in charakteristischer Weise der bei Schulze erlernten Methodik für die eingehende Analyse griechischer Nominale.[65] Das Werk von Agnethler ist eine umfassende und bahnbrechende Würdigung der großgriechischen, auf Sizilien und in Unteritalien gehäuft aufretenden Münzbilder, auf denen Tyrannen- und Götterbilder mit denen von siegreichen Wagenrennen verbunden werden. Agnethler behandelt hier alle ihm bekannten Münzen in chronologischer und dynastischer Folge, in einem Anhang werden drei seltene Exemplare aus dem Schulze'schen Münzkabinett ausführlich behandelt.[66] Damit hat Agnethler für die Erforschung der Münzprägung der antiken Stadt Syrakus auf Sizilien, die wohl im letzten Jahrzehnt des 6. Jahrhunderts v. Chr. begann, einen wesentlichen Beitrag geleistet. Wie eine Tetradrachme aus der ersten Hälfte des 5. Jahrhunderts v. Chr. aus dem Besitz Schulzes zeigt, trugen die Münzbilder von Syrakus meist ein Pferdegespann auf der Vorder- und die Nymphe Arethusa auf der Rückseite (Abb. 10). Die Stücke gehören zu den herausragenden Leistungen der griechischen Münzkunst. Die innovativen Motive und künstlerisch hervorstechenden Münzbilder beeinflussten die Münzprägung aller anderen sizilischen Städte, was Agnethler mit seinem beeindruckend reifen numismatischen Beitrag mustergültig gezeigt hat.[67]

Abb. 10: Tetradrachmon aus Syrakus mit dem Kopf der Arethusa (485–465 v. Chr.; AR, 17,29 g, 24 mm) aus der Sammlung Schulze.

63 Agnethler 1746; Agnethler 1750–1752.
64 Agnethler 1750–1752 Bd. 1 (1750), S. 1–5.
65 Agnethler 1750, S. 293–398.
66 Agnethler 1750, S. 391–396 (zu den drei Münzen aus dem Besitz Schulzes).
67 Tudeer 1913; Fischer-Bossert 2017.

Abb. 11: Anton von Maron, Rötelzeichnung zum Gemälde mit Johann Joachim Winckelmann, 1767.

Michael Gottlieb Agnethler war ein bekennender Schüler Schulzes, der in seinen Schriften immer wieder auf die Schriften seines Lehrers zurückkommt. Völlig anders verhielt sich der zweite, berühmte Schüler Schulzes, Johann Joachim Winckelmann (Abb. 11). Dieser hatte sich am 4. April 1738 als Theologiestudent in die Matrikel der Friedrichs-Universität in Halle eingetragen.[68] Er hatte eine gründliche Schulbildung an zwei Lateinschulen in Stendal und Salzwedel und an einem Gymnasium in Berlin erhalten, wobei die anschließende Wahl des Studienortes ebenso wie das Theologiestudium vor allem aus pekuniären Gründen auf die Universität in Halle fiel, die von Staat und Kirche gefördert wurde.[69] Demnach konnte sie aus mittellosen Familien stammenden Studenten die Immatrikulations- und Studiengebühren erlassen. Für die Wahl Halles als Studienort sprach auch ein Edikt König Friedrich Wilhelms I. (reg. 1713–1740) aus dem Jahre 1729, dass diejenigen Studenten, die eine Anstellung im Staatsdienst anstrebten, an der Fried-

68 Justi 1866, S. 483 (Anhang II).
69 Graf 2020, S. 127 f.; Kroll 2017, S. 106–17.

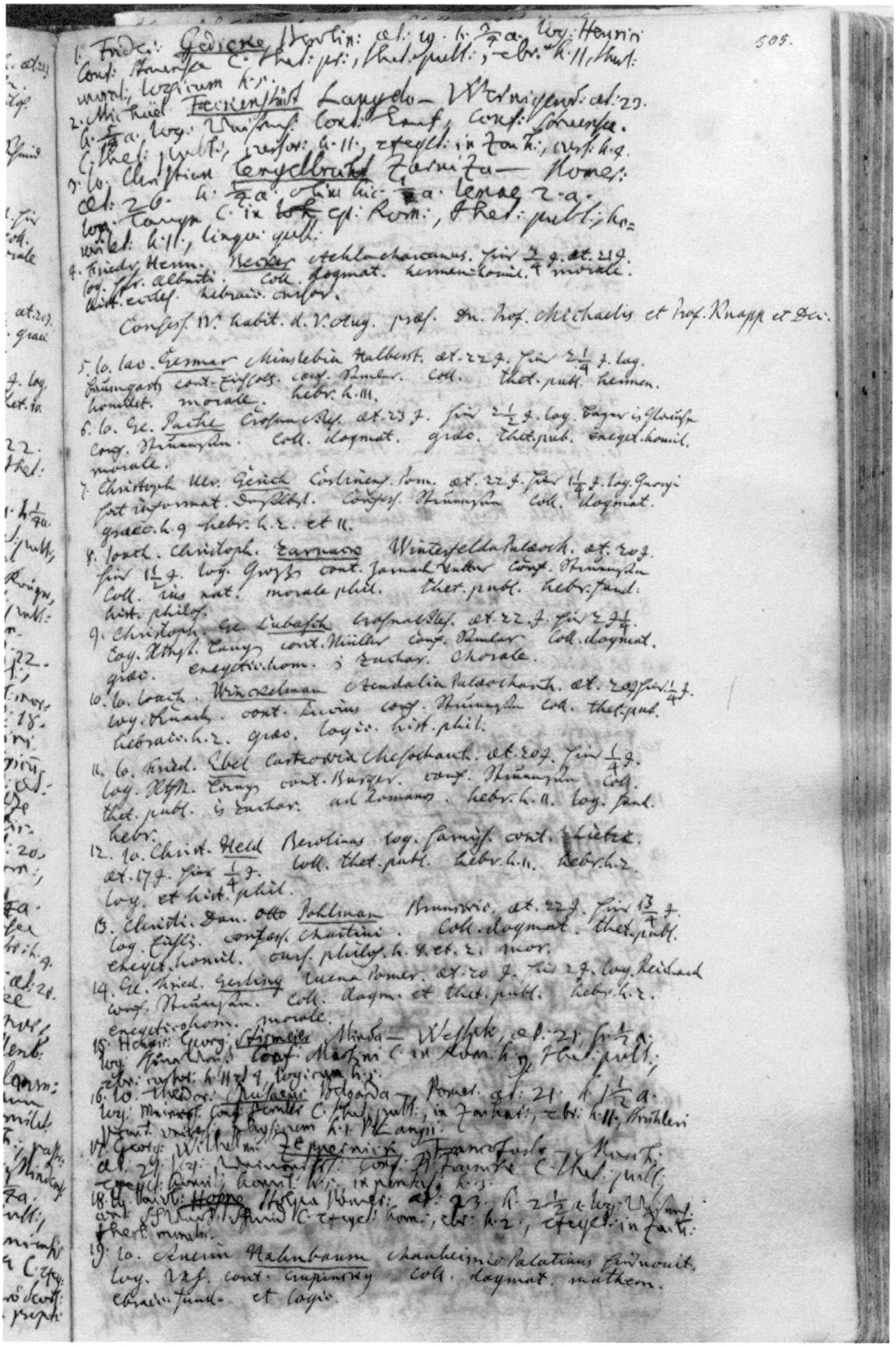

Abb. 12: Auszug aus dem Kollegienbuch; unter der Nr. 10: die von Winckelmann besuchte Lehrveranstaltung Schulzes im Sommer 1738.

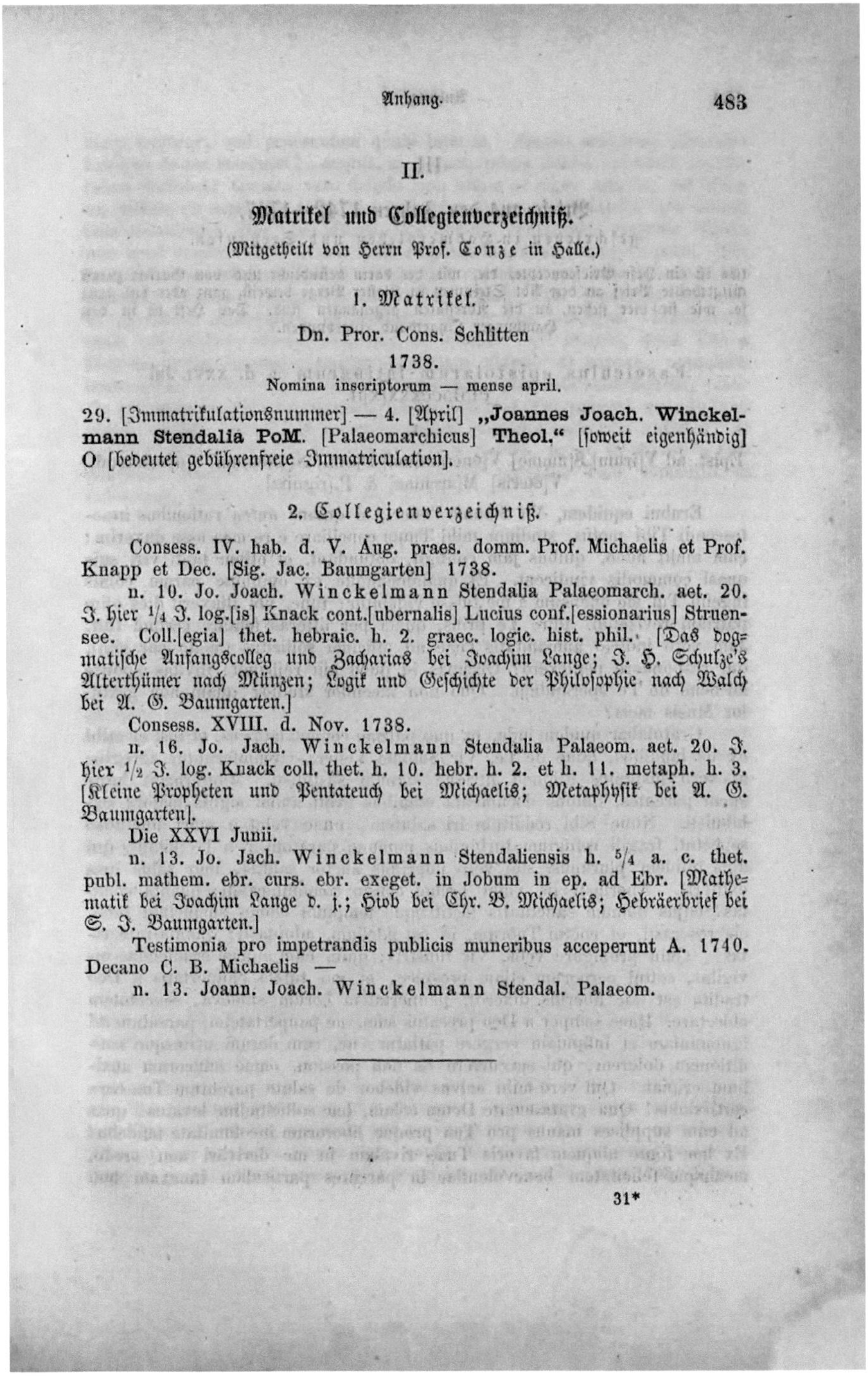

Anhang. 483

II.

Matrikel und Collegienverzeichniß.

(Mitgetheilt von Herrn Prof. Conze in Halle.)

1. Matrikel.

Dn. Pror. Cons. Schlitten

1738.

Nomina inscriptorum — mense april.

29. [Immatrikulationsnummer] — 4. [April] **„Joannes Joach. Winckelmann Stendalia PoM.** [Palaeomarchicus] **Theol."** [soweit eigenhändig] O [bedeutet gebührenfreie Immatriculation].

2. Collegienverzeichniß.

Consess. IV. hab. d. V. Aug. praes. domm. Prof. Michaelis et Prof. Knapp et Dec. [Sig. Jac. Baumgarten] 1738.

n. 10. Jo. Joach. Winckelmann Stendalia Palaeomarch. aet. 20. J. hier 1/4 J. log.[is] Knack cont.[ubernalis] Lucius conf.[essionarius] Struensee. Coll.[egia] thet. hebraic. h. 2. graec. logic. hist. phil. [Das dogmatische Anfangscolleg und Zacharias bei Joachim Lange; J. H. Schulze's Alterthümer nach Münzen; Logik und Geschichte der Philosophie nach Walch bei A. G. Baumgarten.]

Consess. XVIII. d. Nov. 1738.

n. 16. Jo. Jach. Winckelmann Stendalia Palaeom. aet. 20. J. hier 1/2 J. log. Knack coll. thet. h. 10. hebr. h. 2. et h. 11. metaph. h. 3. [Kleine Propheten und Pentateuch bei Michaelis; Metaphysik bei A. G. Baumgarten].

Die XXVI Junii.

n. 13. Jo. Jach. Winckelmann Stendaliensis h. 5/4 a. c. thet. publ. mathem. ebr. curs. ebr. exeget. in Jobum in ep. ad Ebr. [Mathematik bei Joachim Lange d. j.; Hiob bei Chr. B. Michaelis; Hebräerbrief bei S. J. Baumgarten.]

Testimonia pro impetrandis publicis muneribus acceperunt A. 1740. Decano C. B. Michaelis —

n. 13. Joann. Joach. Winckelmann Stendal. Palaeom.

31*

Abb. 13: Auszug aus dem von Alexander Conze erstellten »Collegienverzeichnis« in Carl Justis Winkelmann-Biographie.

richs-Universität, die seinerzeit als die bedeutendste im Königreich Preußen galt, zwei Jahre studieren müssen.

Aus dem Kollegienverzeichnis der Universität Halle wissen wir, welche Lehrveranstaltungen Winckelmann belegt hatte (Abb. 12 und 13):[70] Daraus geht hervor, dass Winckelmann bei der vierten Sitzung am 5. August 1738, bei der die Herren Prof. Christian Benedict Michaelis (1680–1764) und Prof. Johann Georg Knapp (1705–1771) sowie der Dekan Sigmund Jacob Baumgarten (1706–1757) anwesend waren. Unter der Nummer 10 wurde Folgendes eingetragen:[71] Johann Joachim Winckelmann aus Stendal in der Altmark, Alter 20 Jahre, hatte hier im Knack'schen Hause ein Vierteljahr Logis zusammen mit dem Zimmergenossen Samuel Benedict Lucius, einem Medizinstudenten aus Freystadt in Schlesien.[72] Außerdem wird vermerkt, dass Winckelmanns Seelsorger Adam Struensee (1708–1791)[73] war und dass er folgende Vorlesungen gehört hat: Das dogmatische Anfangskolleg und Zacharias (bei Sigmund Jacob Baumgarten); dann Schulzes Kolleg über die Altertümer nach Münzen; bei Alexander Gottlieb Baumgarten (1714–1762)[74] Logik und Geschichte der Philosophie nach Johann Georg Walch (1693–1775).

Winckelmann nahm also zu Anfang seines Studiums an dem Kolleg »Über die Münz-Wissenschaft« von Schulze teil, was sich für seine Kenntnisse des Altertums außerordentlich folgenreich erweisen sollte.[75] Auf die folgenschweren akademischen Einflüsse Schulzes auf Winckelmanns Antikenforschungen hat bereits im Jahre 1953 Joseph Wiesner (1913–1975) hingewiesen:

> Er hat damit bereits im ersten Semester in die Vorlesungen eines akademischen Lehrers gefunden, der in einer Person geistes- und naturwissenschaftliche Forschungen vertreten hat: der Begründer archäologischer Altertumskunde an der Universität Halle, ... und der erste Vertreter medizingeschichtlicher Forschungen in Deutschland ...[76]

---

70 Universitätsarchiv der MLU, Archivsignatur UAHW, Rep. 27, Nr. 1203; vgl. Justi 1866, S. 483 (Anhang II).

71 Zu Christian Benedict Michaelis: www.catalogus-professorum-halensis.de/michaelis-christian-benedikt.html; Johann Georg Knapp: www.catalogus-professorum-halensis.de/knapp-johann-georg.html; Sigmund Jacob Baumgarten: www.catalogus-professorum-halensis.de/baumgarten-siegmund-jakob.html.

72 Lucius 1738.

73 Zu Adam Struensee: www.catalogus-professorum-halensis.de/struensee-adam.html.

74 Zu Alexander Gottlieb Baumgarten: www.catalogus-professorum-halensis.de/baumgarten-alexander-gottlieb.html.

75 Graf 2020, S. 127–137 mit Nachweisen. Hinweise auf Winckelmanns Studium der antiken Münzkunde bei Schulze in Halle und dessen Einfluss auf die stilistische und chronologische Beurteilung griechischer Münzbilder finden sich auch bei Burnett 2021. Er behandelt ausführlich J. H. Schulze, wobei er dessen methodischen Einfluss auf Winckelmann für unbedeutend hält: »One should not, however, exaggerate the similarities between the methods of Schulze and Winckelmann. Schulze was using coins to throw light on ancient history and culture, especially religion, rather than trying to construct a history of art or coinage from them« (so Burnett 2021, S. 8).

76 Wiesner 1953, S. 149–167, hier S. 150.

Wie oben gezeigt worden ist, besuchte Winckelmann theologische, philosophische und mathematische Lehrveranstaltungen.[77] Sein Interesse galt insbesondere den Vorlesungen bei dem Aufklärungsphilosophen Alexander Gottlieb Baumgarten.[78] Einer seiner Lehrer, Gottfried Sell (ca. 1704–1767), der neben Rechtsgeschichte Vorlesungen über Naturwissenschaften und Physik hielt, die Winckelmann auch hörte, hat später Winckelmanns »Geschichte der Kunst des Alterthums« für die 1766 in Paris gedruckte Ausgabe ins Französische übertragen.[79]

Friedrich Wilhelm Graf rief unlängst in Erinnerung, dass in Halle die Theologische Fakultät hervorragend besetzt war und dass in Winckelmanns Abgangszeugnis vom 2. Februar 1740 hervorgehoben wird, dass er häufig die theologischen Vorlesungen besucht habe, was kaum dem von Justi und durch die Aussagen der Kommilitonen vermittelten Bild entsprechen könne, er habe mehr in Bibliotheken als in Hörsälen gesessen.[80] Winckelmann hat den Universitätszeugnissen nach sein Studium durchaus ernstgenommen, und neben Schulze wirkten in Halle hervorragende theologische Universitätslehrer von großer akademischer Reputation.[81]

Merkwürdigerweise kennen wir aus dieser Zeit von Winckelmann bislang keine persönlichen Briefe, Exzerpte und andere schriftliche Zeugnisse etc. über sein Studium in Halle, und es ist bemerkenswert wenig, was über seine Zeit in Halle erhalten ist. Zu seinem Lehrer Schulze findet sich keine einzige Erwähnung, aber auch den anderen Professoren ergeht es kaum besser. Daher sind es die Kollegienverzeichnisse und die erfolgte Charakterisierung der akademischen Leistungen seiner Lehrer, die einen Eindruck des universitären Umfelds in Halle vermitteln können, wie Winckelmann hier geistig gefordert war und einen gravierenden und tief prägenden Bildungsaufbruch erlebte. Auch wurde er offensichtlich gefördert, davon zeugt allein die Tatsache, dass der Geschichtsprofessor, Archivar und Hofhistoriograph von Ludewig, der ebenso wichtige Funktionen an der Universität ausübte, ihm im Sommer 1740 die Neuordnung seiner umfangreichen Privatbibliothek anvertraute (Abb. 14).[82] Dies deutet darauf hin, dass der glänzend vorgebildete und augenscheinlich herausragend begabte und fleißige Student der Professorenschaft aufgefallen ist.

---

77 Zu Christian Benedict Michaelis: www.catalogus-professorum-halensis.de/michaelis-christian-benedikt.html; Siegmund Jacob Baumgarten: www.catalogus-professorum-halensis.de/baumgarten-siegmund-jakob.html; Joachim Lange: www.catalogus-professorum-halensis.de/lange-joachim.html.

78 Neugebauer-Wölk 1994, S. 27–55.

79 Zu Gottfried Sell: www.catalogus-professorum-halensis.de/sellius-gottfried.html; Winckelmann 1766; Ferrari 2017, S. 333 f.

80 Graf 2020, S. 136.

81 Bäbler 2017, S. 6–9.

82 Haupt 2017, S. 7.

Abb. 14: Johann Peter von Ludewig, Medaille von Christian Wermuth (Gotha 1731; Kupfer, 35 g, 43,4 mm).

Von einer anregenden akademischen Atmosphäre zeugt auch Winckelmanns Briefwechsel zu drei seiner Kommilitonen, mit denen er in Halle Freundschaften geschlossen hatte. Deren sehr unterschiedliche Lebenswege können darauf hindeuten, dass die universitäre Ausbildung an der brandenburgisch-preußischen Landesuniversität hervorragend gewesen sein muss.[83] Eine enge, lebenslange Freundschaft verband Winckelmann mit dem Pfarrersohn Gottlob Burchard Genzmer (1716–1771), der von 1736 bis 1738 Theologie und Philosophie in Halle studierte. Später machte Genzmer sich einen Namen als Naturforscher und wurde ein bekannter Prinzenerzieher von Karl, Herzog zu Mecklenburg-Strelitz (1708–1752).[84] Eng befreundet war er auch mit Friedrich Wilhelm Marpurg (1718–1795), der 1739 in Halle studierte und aus Preußen fliehen musste, um dann im späten 18. Jahrhundert ein bedeutender Musikhistoriker und -kritiker der »Berliner Schule« zu werden.[85] Und schließlich Karl Gottlieb Guichard (1724–1775), der in Halle Theologie studierte. Der von Friedrich II. (reg. 1740–1786) als von Quintus Icilius in den Adelsstand erhobene Guichard studierte Theologie, klassische Philologie und orientalische Sprachen in Halle und wurde später ein wissenschaftlich anerkannter Militärhistoriker. Später ernannte Friedrich II. ihn schließlich zum Offizier und setzte ihn auch als Verwalter seiner Bibliothek ein.[86] Er hatte versucht, seinen Studienfreund als Bibliothekar an den preußischen Hof zu holen.

83 Dilly 2002, S. 279–289; Schrader 1894, S. 275–290.

84 Winckelmanns Briefe an Genzmer wurden zwanzig Jahre nach Genzmers Tod ediert, s. Siemssen 1791, Sp. 523–534; Justi 1898, S. 125 f.

85 Seidel 1990, S. 235 f.; Justi 1898, S. 47–48.

86 Zopf 1966, S. 297 f.; Justi 1898, S. 48 f.

Als Fazit über Winckelmanns hallische Zeit bleibt festzuhalten, dass er seiner Passion, dem Studium griechischer Autoren, in Halle ebenso treu blieb, wie er auch eine umfassende altertumswissenschaftliche Ausbildung erhielt. Es sind diese Grundlagen des Wissens, für das er in der Gelehrtenwelt Europas so geschätzt wurde.[87] Dabei spielen die Lehrveranstaltung von Schulze über »Die griechischen und römischen Altertümer nach antiken Münzen« eine prominente Rolle. Die Gründe, warum gerade diese Einführung in die antike Numismatik und Altertümer durch Schulze für Winckelmann zur Grundlage seiner späteren methodischen Analysen antiker Originalkunstwerke wurde, liegen auf der Hand. Zunächst liegt es in der Gattung selbst begründet, denn bei den numismatischen Zeugnissen handelt es sich um die umfangreichste materielle Hinterlassenschaft der antiken Welt, die durch ihre Vieldimensionalität eine einzigartige historische Objektgruppe darstellt. Die Prägungen sind Schrift- und Bildquellen, die in ihrer Vielzahl und ihrem Variantenreichtum an Größe, Gewicht, Material, Vorder- und Rückseitenbildern sowie Legenden auch quellenarme Zeiträume füllen können. Somit handelt es sich bei den Münzprägungen auch um eine engmaschige Geschichtschronik aus Metall.

Die Voraussetzung, mit dieser Quellengattung adäquat oder gar meisterhaft umgehen zu können, ist aber, so wie es Schulze ankündigt, das Erlernen von Kenntnissen und Fähigkeiten, um die antiken Prägungen in ihren chronologischen, geographischen und sachlichen, aber auch künstlerischen Bezügen zu interpretieren. Darauf aufbauend lässt sich bei einer Vielzahl von zunächst zu bestimmenden Prägungen auch eine Kunstgeschichte der griechischen und römischen Münzprägungen schreiben. Schließlich war das Münzgeld seit dem 5. Jahrhundert v. Chr. in der antiken Welt ein gängiges Zahlungsmittel. Die Prägungen können somit in Hinsicht auf Fragen zu »Chronologie und Historie«, zur Ikonographie ihrer Münzbilder und zur Lesung der Legenden befragt, klassifiziert und bestimmt werden. Diese Fertigkeiten hat Winckelmann in Halle erworben. Neben Münzbildern zu religiösen Darstellungen von Heiligtümern und Gottheiten, zu ausgewählten Themen wie athletischen Leibesübungen, Lust- und Kranz-Spielen, Bildnissen von Herrschern und Machthabern etc. lernte er hier auch ihre künstlerischen Eigenheiten kennen und zu unterscheiden.

Wie Schulze es ausdrückt, war es sein Ziel, dass seine Hörer erlernen, griechische und römische Altertümer vor allem aus »genuinen« Münzen zu erklären. Es verwundert somit in keiner Weise, dass insbesondere die griechischen Münzbilder für Winckelmanns postulierte Stilepochen, mangels ihm bekannter griechischer Originalwerke, dann eine zentrale Rolle als erklärende Kunstwerke insbesondere für die »Archaische Epoche« spielen sollten. Er selbst schreibt dazu: »Man kann keine ältere und zuverläßigere Denkmaale des ältern Stils, als einige Münzen, anführen, von deren hohem Alter das Gepräge und ihre

87 Kochs 2005.

Inschrift Zeugniß geben ...«.[88] Es sei aber noch einmal betont, dass in Halle bei Schulze der methodische Grund für Winckelmanns Verständnis der griechischen Ikonographie sowie ihrer historischen Interpretation gelegt wurde. Im Kolleg von Schulze hielt Winckelmann 1738 erstmals kleinformatige, originale griechische Werke der Münzkunst in Händen und lernte sie methodisch in verschiedene Richtungen und unter verschiedenen Aspekten zu lesen und zu deuten.

Das in Halle geweckte Interesse an den *artes minores* begleitete Winckelmann bis zu seinem Lebensende. Sein Wissen etwa zur antiken Porträtkunst resultierte ganz wesentlich aus der Kenntnis griechischer und römischer Münzprägungen, wie der Darstellungen hellenistischer Herrscher, etwa von makedonischen Königen wie Philipp II. und dessen Sohn Alexander dem Großen oder auch von Lysimachos von Thrakien. Sie boten ihm eine Vorstellung darüber, wie namhafte Männer in der griechisch-hellenistischen Kunst dargestellt wurden (Abb. 15).[89] Auch die Beobachtungen zu früheren griechischen Stilepochen wurden durch die Münzprägungen angeregt, die er in Halle studiert hatte. Dafür wäre der archaische Kopf der Athena auf der Tetradrachme aus Athen ebenso in Betracht gekommen (Abb. 16) wie der zum »Strengen Stil« gehörende Kopf der Arethusa aus Syrakus (wie Abb. 10).[90]

Abb. 15: Tetradrachme des Lysimachos von Thrakien (297–281 v. Chr.; AR, 16,92 g, 28 mm) aus der Sammlung Schulze.

88 Winckelmann 1764, S. 214. Für Winckelmann waren die Münzbilder für die ikonographische und stilistische Beurteilung der griechischen Kunst von großem Zeugniswert. Am Ende seines Beitrages resümiert Burnett 2021, dass Winckelmann die Münzen als erster für Kunstbetrachtungen herangezogen habe und somit für lange Zeit einen imminenten Einfluss ausübte: »Winckelmann was an enthusiast for coins. He knew them and the numismatic literature very well, even though he accorded greater prominence to other forms of art when they were available. Yet the plentiful survival of ancient coins meant they were available for all periods and places, and so could be deployed when other evidence was thin or lacking. The dominance of the stylistic approach which Winckelmann applied to them was the silent legacy of the figure who first brought coins into the mainstream of considerations of art. His influence, though largely forgotten and perhaps indirect, could not have been more pervasive« (Burnett 2021, S. 25).

89 Lehmann 2017, S. 154 Kat. 7, c.d.

90 Lehmann 2017, S. 154 Kat. 7, e.f.

Abb. 16: Tetradrachme aus Athen mit Kopf der Athena und der Eule (479–393 v. Chr.; AR, 16,79 g, 24 mm) aus der Sammlung Schulze.

Als Winckelmann die Universität Halle im Jahre 1740 verließ, basierten seine Kenntnisse über die griechische und römische Kunst vor allem auf der eingehenden Anschauung originaler Münzprägungen. Sie schulten seinen Blick, während ihm unter Anleitung von Schulze auch Hinweise auf antike Quellen, auf die numismatische Sekundärliteratur und die in den Stichwerken des 17. und 18. Jahrhunderts gezeigten antiken Werke vermittelt wurden. Zweifellos wurde hier in Halle im Jahr 1738 bereits der Grund für Winckelmanns späterer methodisch folgenreicher Forderung nach der Autopsie antiker Kunstwerke und ihrer methodischen Analyse gelegt. Und es war die Privatsammlung von Schulze, die ihm erstmals Autopsie ermöglichte, und es waren die griechischen und römischen Originale dieser Sammlung, die über Winckelmann einen enormen Einfluss auf die Entwicklung der Numismatik, der Altertumswissenschaften im Allgemeinen und der Archäologie im Besonderen ausübten.

Die forschungsgeschichtliche Bedeutung Halles für die Herausbildung der antiken Numismatik und Archäologie als universitäre Disziplinen ist somit mit Händen zu greifen.[91] In Verbindung mit seinem Kolleg über »Altertümer nach Münzen« wurde Schulze zum Begründer der historisch orientierten und objektbezogenen universitären Archäo-

91 Bruer 1990, S. 26–29; Müller 2012, Sp. 224–228; Zimmermann 2013; Wiegand 2017, S. 83–86 vertreten die Position, dass der Leipziger Professor für Poesie und Beredsamkeit, Johann Friedrich Christ (1700–1756), als erster in Leipzig Archäologie gelehrt habe. Christ studierte in Jena und Halle und wurde 1739 ordentlicher Professor. Er las über verschiedene Gebiete, insbesondere über lateinische Dichtkunst, und behandelte auch archäologische Denkmäler und wurde daher zum Begründer der universitären Archäologie. Die Vorlesungen ab 1735 zeugen zweifellos von seinen antiquarischen Kenntnissen, die er in der Nachfolge der »Miscellanea« von Jacques Spon 1679 darlegte. Allerdings erschienen die Mitschriften über seine Abhandlung über Literatur und Kunstwerke erst postum, s. Christ 1776. Hervor trat Christ mit seiner großen Kenntnis über antike Gemmen. Er verfasste den Katalog der Gemmenabgüsse im Museum Richterianum (Christ 1743) und ab 1753 teilweise auch die Erklärungen für die »Dactyliotheca Universalis« von Philipp Daniel Lippert (1702–1785). Als Zeitgenosse Schulzes gehört er sicherlich zu den Pionieren der Klassischen Archäologie.

Abb. 17: Johann Heinrich Schulze, Medaille von Heidi Wagner-Kerkhof (1979; Bronze, 245 g, 93 mm).

logie, die über seinen Schüler Winckelmann in viele Wissenschaftsdisziplinen ausstrahlen und zu einem markanten kulturgeschichtlichen Phänomen des 18. Jahrhunderts werden sollte (Abb. 17).[92]

Bis heute wartet im Archäologischen Museum der Universität die Schulze'sche Sammlung darauf, in moderner und angemessener Weise der numismatischen Forschung zugänglich gemacht zu werden, damit ihre wissenschaftliche Bedeutung weiter erforscht werden kann. Das seit dem Jahr 2017 betriebene Projekt des »Digitalen Münzkabinetts des Archäologischen Museums der Martin-Luther-Universität Halle-Wittenberg«, das in das Netzwerk universitärer Münzsammlungen (NUMiD) eingebunden ist, macht dies nun möglich.[93]

Objekt- und Abbildungsnachweise

Abb. 1 Historischer Sessionssaal im Löwengebäude der MLU; Öl auf Leinwand, Gabriel Spitzel (um 1742), Zentrale Kustodie der MLU. Foto: Kustodie.

Abb. 2 Zentrale Kustodie der MLU, Inv. MLU-Ku 208. Foto: Kustodie.

Abb. 3 Archäologisches Museum der MLU. Foto: Georg Pöhlein.

Abb. 4 Archäologisches Museum der MLU, Slg. Schulze, Inv. 1479. Foto: Robert Dylka. numid.altertum.uni-halle.de/object?id=ID3.

Abb. 5 Reproduktion nach dem Exemplar und mit freundlicher Genehmigung der Herzogin Anna Amalia Bibliothek Weimar, Sign. Scha BS 1 B 00011. Digitalisat der Klassik Stiftung Weimar. haab-digital.klassik-stiftung.de/viewer/image/1419511017/5.

---

92 Décultot et al. 2017; Hoop 1988, S. 146–149; Kaiser 1988, S. 149–155.

93 numid.altertum.uni-halle.de.

Abb. 6 Münzkabinett der Sammlung antiker und nachantiker Münzen und Medaillen des Instituts für Klassische Archäologie der Universität Tübingen, Inv. VI 513/29. Foto: Stefan Krmnicek. ikmk.uni-tuebingen.de/object?id=ID1849.

Abb. 7 Reproduktion nach dem Exemplar der ULB Halle an der Saale, Sign. Mb 1800 (1). Digitale Sammlungen der Universitäts- und Landesbibliothek Sachsen-Anhalt. doi.org/10.25673/71339.

Abb. 8 Reproduktion nach dem Exemplar der Staatlichen Bibliothek Regensburg, Sign. 999/hist.pol.1059. Digitalisat der Bayerischen Staatsbibliothek. nbn-resolving.org/urn:nbn:de:bvb:12-bsb11095974-4.

Abb. 9 Reproduktion nach dem Exemplar der Anna Amalia Bibliothek Weimar, Sign. Num 402. Digitalisat der Klassik Stiftung Weimar. haab-digital.klassik-stiftung.de/viewer/image/4221315784/2.

Abb. 10 Archäologisches Museum der MLU, Slg. Schulze, Inv. 944, Foto: Robert Dylka. numid.altertum.uni-halle.de/object?id=ID6.

Abb. 11 Rijksmuseum Amsterdam, Inv. RP-T-1968-69. Foto: Rijksmuseum.

Abb. 12 Universitätsarchiv Halle: UAHW, Rep. 27, Nr. 1203.

Abb. 13 Reproduktion nach Justi 1866, S. 483 (Anhang II). München, Bayerische Staatsbibliothek, Biogr. 1249 ef-1

Abb. 14 Landesmuseum Württemberg, Kunst- und Kulturgeschichtliche Sammlungen, Inv. MK 1819. Foto: Landesmuseum Württemberg. bawue.museum-digital.de/object/10272.

Abb. 15 Archäologisches Museum der MLU, Slg. Schulze, Inv. 1088. Foto: Robert Dylka. numid.altertum.uni-halle.de/object?id=ID4.

Abb. 16 Archäologisches Museum der MLU, Slg. Schulze, Inv. 3. Foto: Robert Dylka. numid.altertum.uni-halle.de/object?id=ID5.

Abb. 17 Münzkabinett der Staatlichen Museen zu Berlin, Inv. 18231277. Foto: Reinhard Saczewski. ikmk.smb.museum/object?id=18231277.

Bibliographie

Agnethler 1746 M. G. Agnethler: *Numophylacium Schulzianum digessit, descripsit et perpetuis insigniorum rei numariae scriptorum commentariis illustratum; Pars prior: Accedunt Selectiores Clarorum Virorum Ad B. Schulzium Epistolae.* Leipzig 1746.

Agnethler 1750 M. G. Agnethler: Syracusanische Könige und Tyrannen aus griechischen Münzen. In: S. J. Baumgarten (Hrsg.): *Sammlung von Erleuterungsschriften und Zusätzen zur allgemeinen Welthistorie; Theil 3.* Halle 1750, S. 293–398.

Agnethler 1750–1752 M. G. Agnethler: *Beschreibung des Schulzischen Münzkabinet; Bde. 1–4. Entworfen und mit kurzen Anmerkungen begleitet von Michael Gottlieb Agnethler.* Halle 1750–1752.

Bäbler 2017 B. Bäbler: *»Die Passion zum Studio der Griechen«. Winckelmann als Philologe.* Heidelberg 2017, S. 138–141.

Beck 2012 M. Beck: Christophorus Cellarius. *Der Neue Pauly* Suppl. 6 (2012), Sp. 210–212.

Blankaart 1748 S. Blankaart: *Lexicon Medicum.* Halle 1748.

Bruer 1990 S.-G. Bruer: *Die Wirkung Winckelmanns in der deutschen Klassischen Archäologie des 19. Jahrhunderts.* Stuttgart 1994.

Burnett 2021 A. Burnett: Coins and Winckelmann. Winckelmann and coins. Journal of Art Historiography, Nr. 25 (Dezember 2021), S. 1–25.

de Callataÿ 2007 F. de Callataÿ: Winckelmann et les monnaies antiques. Revue des Études Grecques 120 (2007), S. 553–601.

Cantilena 2019 R. Cantilena: Winckelmann osserva le monete greche: qualche nota di commento. In: I. Bragantini & E. Morlicchio (Hrsg.), Winckelmann e l'archeologia a Napoli. Atti dell'incontro di studi – Università degli studi di Napoli l'Orientale, 1 marzo 2017 (Neapel 2019), S. 149–164.

Christ 1743 J. F. Christ: Musei Richteriani Dactyliotheca Gemmas Scalptas Opere Antiquo Plerasque Complexa Interprete Ioh. Frider. Christio. In: J. E. Hebenstreit: *Museum Richterianum. Continens Fossilia Animalia Vegetabilia Mar.* Leipzig 1743 (57 Seiten m. Tafeln, nicht durchgängig paginiert).

Christ 1776 J. F. Christ: *Abhandlungen über die Litteratur und Kunstwerke vornemlich des Alterthums. Durchgesehen und mit Anmerkungen begleitet von Johann Karl Zeune.* Leipzig 1776.

Carpzov 1752 J. B. Carpzov: *D.O.M.S. et eternae memoriae viri generosi doctissimique Michaelis Gottlieb Agnethler.* Helmstedt 1752.

Cellarius 1710 C. Cellarius: *Antiquitates Romanae, ex veterum monumentis ac legibus Romanis digestae.* Halle 1710.

Décultot et al. 2017 E. Décultot et al. (Hrsg.): *»Winckelmann. Moderne Antike«; Katalog der Ausstellung im Neuen Museum vom 7. April bis 2. Juli 2017, Klassik Stiftung Weimar.* München 2017.

Dilly 2002 H. Dilly: Johann Joachim Winckelmann in Halle. In: H.-J. Rupieper (Hrsg.): *Beiträge zur Geschichte der Martin-Luther-Universität Halle-Wittenberg 1502–2002.* Halle 2002, S. 279–289.

Engel 1994 M. Engel: Moehsen, Johann Carl Wilhelm. *Neue Deutsche Biographie* 17 (1994), S. 623–625.

Eder 1917 J. M. Eder: *Johann Heinrich Schulze. Der Lebenslauf des Erfinders des ersten photographischen Verfahrens und des Begründers der Geschichte der Medizin.* Wien 1917, S. 40–49.

Fischer-Bossert 2017 W. Fischer-Bossert: *Coins, Artists, and Tyrants: Syracuse in the Time of the Peloponnesian War.* New York 2017.

Ferrari 2017 S. Ferrari: Publikationsgeschichte, Übersetzungen und Editionsgeschichte (1755–1834). In: M. Disselkamp & F. Testa (Hrsg.): *Winckelmann-Handbuch: Leben – Werk – Wirkung.* Stuttgart 2017, S. 333–339.

Graf 2020 F. W. Graf: Winckelmanns Religiosität – Freiheit eines Christenmenschen? In: A. H. Borbein & E. Osterkamp (Hrsg.): *Kunst und Freiheit. Eine Leitthese Winckelmanns und ihre Folgen. Internationale Tagung der Akademie der Wissenschaften und der Literatur Mainz und der Winckelmann-Gesellschaft Stendal, Berlin 13.–14. Juni 2018.* Stuttgart 2020, S. 121–149.

Haupt 2017 K.-W. Haupt: Studienzeit in Halle (Saale) und Jena. In: M. Disselkamp & F. Testa (Hrsg.): *Winckelmann-Handbuch: Leben – Werk – Wirkung.* Stuttgart 2017, S. 6–9.

Heenes 2003 V. Heenes: *Antike in Bildern: Illustrationen in antiquarischen Werken des 16. und 17. Jahrhunderts.* Stendal 2003.

Hertzberg 1890 G. F. Hertzberg: Schmeitzel, Martin. *Allgemeine Deutsche Biographie* 31 (1890), S. 633–634.

Hoop 1988 A. Hoop: Der Weg der Numismatik zur Wissenschaft. In: W. Kaiser & A. Völker (Hrsg.): *Johann Heinrich Schulze (1687–1744) und seine Zeit.* Halle 1988, S. 146–149.

Justi 1866 C. Justi: *Winckelmann, sein Leben, seine Werke und seine Zeitgenossen; Bd. 1: Winckelmann in Deutschland.* Leipzig 1866.

Justi 1898 C. Justi: *Winckelmann, sein Leben, seine Werke und seine Zeitgenossen; Bd. 1: Winckelmann in Deutschland.* Leipzig (2. durchges. Aufl.) 1898.

Kaiser 1988 W. Kaiser: Die Numismatik als hallesche Hochschuldisziplin und ihre Initiatoren. In: W. Kaiser & A. Völker (Hrsg.): *Johann Heinrich Schulze (1687–1744) und seine Zeit.* Halle 1988, S. 149–155.

Kaiser & Piechocki 1970 W. Kaiser & W. Piechocki: Johann Heinrich Schulze und sein Wirken an der Medizinischen Fakultät Halle. *Wissenschaftliche Zeitschrift Martin-Luther-Universität Halle-Wittenberg, Mathematisch-naturwissenschaftliche Reihe* 19 (1970), S. 155–172.

Kaiser & Völker 1980 W. Kaiser & A. Völker (Hrsg.): *Johann Heinrich Schulze (1687–1744).* Halle 1980, S. 33–89.

Kochs 2005 S. Kochs, *Winckelmanns Studien der antiken griechischen Literatur.* Mainz 2005.

Köhler 1729–1750 J. D. Köhler: *Der wöchentlichen historischen Münz-Belustigung ... Stück, darinnen allerhand merckwürdige und rare Thaler, Ducaten, Schaustücken, andere sonderbahre Gold- und Silber-Münzen ..., seit dem erschienen insgesamt 22 Bände bis 1750.* Nürnberg 1729.

Krause 1882 K. E. H. Krause: Kipping, Hinrich. *Allgemeine Deutsche Biographie* 15 (1882), S. 786–787.

Kroll 2017 F.-L. Kroll: Winckelmann und Preußen – Eine wechselhafte Beziehung. In: F.-W. von Hase (Hrsg.): *Die Kunst der Griechen mit der Seele suchend. Winckelmann in seiner Zeit.* Darmstadt 2017, S. 106–115.

Lehmann 2013 S. Lehmann: *Gestern. Heute! Morgen? Das Archäologische Museum der Martin-Luther-Universität in Halle auf der Suche nach seinem Platz zwischen Tradition und Moderne.* Halle 2013, S. 5–6.

Lehmann 2017 S. Lehmann: »Numophylacium Schulzianum«. In: E. Décultot et al. (Hrsg.): *Winckelmann. Moderne Antike, Katalog der Ausstellung im Neuen Museum vom 7. April bis 2. Juli 2017, Klassik Stiftung Weimar.* München 2017, S. 154–155.

Libloy 1875 F. S. von Libloy: Agnethler, Michael Gottlieb. *Allgemeine Deutsche Biographie* 1 (1875), S. 140–141.

Lieberwirth 1969 R. Lieberwirth: Heineccius, Johann Gottlieb. *Neue Deutsche Biographie* 8 (1969), S. 296–297.

Leuschner 1957 J. Leuschner: Christoph Cellarius. *Neue Deutsche Biographie* 3 (1957), S. 180–181.

Lucius 1738 S. B. Lucius: *Dissertatio Inauguralis Medica De Medico Physico.* Halle (Diss.) 1738.

von Ludewig 1709 J. P. von Ludewig: *Einleitung zu dem teutschen Müntzwesen mittler Zeiten nebst einem Anhang verschiedener Ao. 1708 ausgegrabener Hällischer und Magdeburgischer fünfhundert jähriger Bracteatorum.* Halle 1709.

Müller 2012 H.-P. Müller: Christ, Johann Friedrich. *Der Neue Pauly* Suppl. 6 (2012), Sp. 224–228.

Neugebauer-Wölk 1994 M. Neugebauer-Wölk: Der Kampf um die Aufklärung. Die Universität Halle 1730–1806. In: G. Berg & H.-H. Hartwich (Hrsg.): *Martin-Luther-Universität. Von der Gründung bis zur Neugestaltung nach zwei Diktaturen.* Opladen 1994, S. 27–55.

Pagel 1891 J. L. Pagel: Schulze, Johann Heinrich. *Allgemeine Deutsche Biographie* 33 (1891), S. 4–5.

Schmeitzel 1748 M. Schmeitzel: *Erläuterung goldener und silberner Münzen von Siebenbürgen, welche zugleich auch die merkwürdigen Begebenheiten des 16., 17., und 18. Jahrhunderts im siebenbürgischen Fürstenthume zu erkennen gibt. Herausgegeben von Gottlieb Michael Agnethler.* Halle 1748.

Schulze 1717 J. H. Schulze: *De athletis veterum eorumque diaeta et habitu.* Halle 1717.

Schulze 1728 *Historia medicinae a rerum initio ad annum urbis Romae 535 deducta/studio Jo[anni] Henrici Schulzii.* Leipzig 1728.

Schulze 1737 J. H. Schulze: *Commentatio De Numis Thasiorum Praecipue Illis In Quibus Hercules Soter Conspicitur Ad Illvstrandum Iulium Pollucem libr. IX. cap. VI. segment. 84./Eliciendis Doctorum Virorum Proposuit Ioannes Henricus Schulze Medicinae Eloquentiae Et Antiquitatum In Regia Fridericiana Professor.* Halle 1737.

Schulze 1738 J. H. Schulze: *Einladungs-Schrifft zu einem Collegio Privato uber die Müntz-Wissenschafft und die daraus zu erläuternde Griechische und Römische Alterthümer.* Halle 1738.

Schulze 1766 J. H. Schulze: *Anleitung zur älteren Münzwissenschaft: Worin die dazu gehörigen Schriften beurtheilet, und die Alterthümer aus Münzen erleutert werden.* Halle 1766.

Schultze 1959 J. Schultze: Eichel, August Friedrich. *Neue Deutsche Biographie* 4 (1959), S. 368–369.

Schrader 1894 W. Schrader: *Geschichte der Friedrich-Universität zu Halle; Bd. 1.* Berlin 1894.

Seidel 1990 W. Seidel: Marpurg, Friedrich Wilhelm. *Neue Deutsche Biographie* 16 (1990), S. 235–236.

Siemssen 1791 A. C. Siemssen: Winkelmannsche Briefe. *Monatsschrift von und für Mecklenburg* 4 (1791), Sp. 523–534.

Speler 2002 R.-T. Speler: Wahre Fundgruben. Sammlungen, Bibliotheken, Archive. Die akademischen Sammlungen und Museen. In: G. Berg et al. (Hrsg.): *Emporium. 500 Jahre Universität Halle-Wittenberg, Landesausstellung Sachsen-Anhalt 2002.* Halle 2002, S. 379–413.

Spon 1679 J. Spon: *Miscellanea eruditae antiquitatis.* Frankfurt 1679.

Tudeer 1913 L. O. T. Tudeer: *Die Tetradrachmenprägung von Syrakus in der Periode der signierenden Künstler.* Berlin 1913.

Wiegand 2017 H. Wiegand: Johann Friedrich Christ – Vorgänger Winckelmanns und Mitbegründer der deutschen Archäologie. In: F.-W. von Hase (Hrsg.): *Die Kunst der Griechen mit der Seele suchend. Winckelmann in seiner Zeit.* Darmstadt 2017, S. 83–86.

Winckelmann 1764 J. J. Winckelmann: *Geschichte der Kunst des Alterthums.* Dresden 1764.

Winckelmann 1766 J. J. Winckelmann: *Histoire de l'art chez les anciens, par Mr. J. Winckelmann. Ouvrage traduit de l'Allemand* [Übers. J. B. Robinet]. Amsterdam 1766.

Wiesner 1953 J. Wiesner: Winckelmann und Hippokrates. Zu Winckelmanns naturwissenschaftlich-medizinischen Studien. *Gymnasium* 60 (1953), S. 149–167.

Zimmermann 1966 H.-D. Zimmermann: Zur Geschichte der Münzsammlung im Robertinum. In: Martin-Luther-Universität Halle-Wittenberg, Archäologisches Seminar (Hrsg.): *Johann Heinrich Schulze, ein Vorläufer der halleschen Altertumswissenschaft: Anläßlich der 75-Jahr-Feier des Archäologischen Museums Robertinum.* Halle 1966, S. 50–62.

Zimmermann 1980 H.-D. Zimmermann: Johann Heinrich Schulze und die Münzsammlung im Robertinum. *Wissenschaftliche Zeitschrift der Martin-Luther-Universität, Halle-Wittenberg. Gesellschafts- und sprachwissenschaftliche Reihe* 29.4 (1980), S. 53–59.

Zimmermann 1994 H.-D. Zimmermann: Die Münzsammlung. In: R.-T. Speler (Hrsg.): *300 Jahre Universität Halle 1694–1994. Schätze aus den Sammlungen und Kabinetten, Katalog zur Ausstellung.* Halle 1994, S. 177–188.

Zimmermann 1995 H.-D. Zimmermann: Die Numismatik an der Universität Halle im 18. Jahrhundert. In: P. Berghaus (Hrsg.): *Numismatische Literatur 1500–1864. Die Entwicklung der Methoden einer Wissenschaft.* Wolfenbüttel 1995, S. 155–169.

Zimmermann 2005 H.-D. Zimmermann: Die Sammlung antiker Münzen – eine frühe Lehrmittelsammlung der Universität. In: M. Kunze (Hrsg.): *Kunst und Aufklärung im 18. Jahrhundert: Kunstausbildung der Akademien, Kunstvermittlung der Fürsten, Kunstssammlung der Universität. Ausstellung Zentrale Kustodie – Museum Universitatis – der Martin-Luther-Universität Halle-Wittenberg, Halle, 22.9.–4.12.2005. Katalog der Landesinitiative »Sachsen-Anhalt und das 18. Jahrhundert«.* Ruhpolding 2005, S. 256–264.

Zimmermann 2007 H.-D. Zimmermann: Schulze, Johann Heinrich. *Neue Deutsche Biographie* 23 (2007), S. 725–726.

Zimmermann 2013 H.-D. Zimmermann: Halles Bedeutung für die Numismatik im 18. und 19. Jahrhundert. *Hallische numismatische Beiträge* 1 (2013), S. 68–87.

Zimmermann 2020 H.-D. Zimmermann: *Johann Heinrich Schulze. Ein hallescher Universalgelehrter und Urvater der Fotografie.* Halle 2020.

Zimmermann & Löhr 2013 H.-D. Zimmermann & H. Löhr: Die Sammlung antiker Münzen. In: S. Lehmann (Hrsg.): *Die Akademischen Sammlungen und Museen der Martin-Luther-Universität Halle-Wittenberg.* Halle 2013, S. 45–46.

Zopf 1966 H. Zopf: Guichard, Karl Theophil. *Neue Deutsche Biographie* 7 (1966), S. 297–298.

Sämtliche Verweise auf Internetressourcen in diesem Beitrag wurden vor der Drucklegung geprüft.

»Was ist das ganze Museum, wenn keine Ordnung drinnen ist?«

Christian Wilhelm Büttners Münz- und Naturalienkabinett und die Ursprünge der Münzsammlung der Universität Göttingen

Daniel Graepler

Unter den Münzsammlungen deutscher Universitäten rangiert die Göttinger auf den vorderen Plätzen, sowohl was ihren Umfang als auch was ihr Alter betrifft. Sie umfasst mehr als 40 000 numismatische Objekte. Christof Boehringer, der diese reichen Bestände mehr als dreißig Jahre lang (1967–1998) als Kustos betreut hat, ist in verschiedenen Aufsätzen der Geschichte der Sammlung nachgegangen.[1] An dieser Stelle soll nicht noch einmal eine detaillierte Gesamtdarstellung gegeben werden. Stattdessen sollen nach einem kurzen Überblick über die wichtigsten Etappen der Entwicklung der Sammlung die Umstände ihrer Entstehung näher beleuchtet werden, die sich durch neu erschlossene Dokumente jetzt besser erforschen lassen, als dies zuvor der Fall war.

Die Geschichte der Göttinger Universitäts-Münzsammlung im Überblick

Die Geschichte der Göttinger Sammlung[2] beginnt im Jahr 1773. Auf Initiative des Professors der Poesie und Beredsamkeit und Leiters der Universitätsbibliothek Christian Gottlob Heyne (1729–1812), den man als den heimlichen Lenker der Göttinger Hochschulpolitik seiner Zeit betrachten darf, erwarb die Georg-August-Universität damals das Münz- und Naturalienkabinett des Göttinger Professors Christian Wilhelm Büttner (1716–1801). Wichtigen Zuwachs brachten in den folgenden Jahrzehnten die kontinuierlichen Schenkungen des deutschstämmigen Generalstabsarztes im russischen Heer und Alumnus der Göttinger Universität Baron Georg Thomas von Asch (1729–1807) aus Sankt Petersburg an seine ehemalige Alma Mater, die neben Mineralien, zoologischen, botanischen und

1 Boehringer 1993; 1995; 1996; 2000; 2001; 2005; 2007a.

2 Angaben in diesem kurzen Überblick werden nicht einzeln belegt, soweit sie den genannten Arbeiten Boehringers zu entnehmen sind.

ethnographischen Objekten, Handschriften und seltenen Büchern immer wieder auch umfangreiche Lieferungen von Münzen und Medaillen beinhalteten.[3]

Nach Heynes Tod 1812 wuchs die Sammlung zwar weiter an, u.a. auch durch die Zuweisung lokaler Münzfunde aus dem Kurfürstentum Hannover durch die Landesregierung, doch stagnierte die wissenschaftliche Bearbeitung der Bestände. Erst als sich der Altertumswissenschaftler Karl Otfried Müller (1797–1840) der Sammlung annahm, gewann sie erneut an Bedeutung. Nun wurden auch wieder gezielt Erwerbungen getätigt. Nach Müllers frühem Tod wurde Ende 1842 auf Betreiben seines jungen Mitarbeiters Friedrich Wieseler (1811–1892) ein von diesem gemeinsam mit Müllers Nachfolger Karl Friedrich Hermann (1804–1855) geleitetes, von der Universitätsbibliothek unabhängiges »Archäologisch-Numismatisches Institut« gegründet, in dem der gesamte Bestand des Münzkabinetts, die bereits 1765 begonnene Sammlung von Gipsabgüssen antiker Skulpturen und die damals noch sehr kleine archäologische Originalsammlung zusammengefasst wurden. Vor allem Hermann, der 1844 seine eigene Kollektion antiker Münzen an die Universität verkaufte, aber auch Wieseler bemühten sich intensiv um die Erweiterung und wissenschaftliche Katalogisierung der Bestände. Mit letzterer betrauten sie 1851 einen gemeinsamen Schüler, Karl Gustav Schmidt (1829–1892),[4] der die anspruchsvolle Aufgabe, über 10 000 antike, mittelalterliche und neuzeitliche Münzen zu inventarisieren, in wenigen Monaten in vorbildlicher Weise bewältigte. Sein vierbändiger handschriftlicher Katalog bildet noch heute die wichtigste Grundlage unserer Kenntnis der historischen Göttinger Münzsammlung.

Nach Schmidts Weggang von Göttingen verlegte Wieseler, der das Institut seit 1856 allein leitete, den Schwerpunkt seiner Erwerbungstätigkeit auf die Abguss- und auf die Originalsammlung und kaufte kaum noch Münzen. Dies galt auch für seine Nachfolger, Karl Dilthey (1839–1907), Gustav Körte (1852–1917) und Hermann Thiersch (1874–1939). Erst kurz nach Thierschs Tod kam es – merkwürdigerweise mitten im Zweiten Weltkrieg – zu einer erheblichen Erweiterung des Münzkabinetts, als 1943 kurz nacheinander aus Mitteln des Göttinger Universitätsbundes die Sammlung antiker Münzen des Klassischen Philologen Wilhelm Crönert (1874–1942)[5] und die Sammlung mittelalterlich-neuzeitlicher Gepräge des Göttinger Germanisten Edward Schröder (1858–1942)[6] angekauft wurden.

Weiteren Zuwachs brachte 1952 die Deponierung der aus Königsberg geretteten Münzsammlung der Albertus-Universität im Göttinger Archäologischen Institut, wo sie bis heute als Dauerleihgabe der Stiftung Preußischer Kulturbesitz aufbewahrt wird. Doch auch herbe Rückschläge waren in diesen Jahren zu verzeichnen. Als das Münzkabinett –

3 Boehringer 1998; 2007b.
4 Zu Schmidt ausführlicher u. S. 138–142; vgl. Jacobs 1908; Lauerwald 1999.
5 Zu Crönert vgl. Gigante 1986.
6 Zu Schröder vgl. Ruprecht 2007.

seit 1912 im neuerbauten Institutsgebäude am Nikolausberger Weg untergebracht, jedoch nach Beschlagnahmung dieses Gebäudes durch die Britische Rheinarmee 1945 in andere Universitätsgebäude ausgelagert – wieder an seinen angestammten Ort zurückkehrte, waren sämtliche Münzen von den Britischen Inseln verschwunden. 1955 kam es erneut zu schweren Diebstählen aus den unzureichend gesicherten Münzschränken, die vor allem neuzeitliche Gold- und Silbermünzen betrafen.

Nachdem 1964 eine eigene Kustodenstelle zur Betreuung der verschiedenen Sammlungen am Archäologischen Institut eingerichtet worden war,[7] die 1967 mit Christof Boehringer (geb. 1934) besetzt wurde, wurde sowohl die Aufbewahrung als auch die wissenschaftliche Erschließung der numismatischen Bestände auf ganz neue Grundlagen gestellt. Endlich wurden solide Münztresore angeschafft und eine Alarmanlage installiert. Schon bevor dies gelang, hatte Boehringer mit der Ordnung und Inventarisierung der antiken Münzen begonnen. Für die sog. Alte Sammlung konnte er sich dabei auf das Inventar Schmidts stützen, aber alle anderen Teilsammlungen waren noch vollkommen uninventarisiert, da die entsprechenden Unterlagen, soweit ursprünglich überhaupt vorhanden, in den Wirren des Zweiten Weltkriegs verloren gegangen waren. Dies gilt für die Königsberger Inventare ebenso wie für die Aufzeichnungen Crönerts. In der Amtszeit Boehringers wurden erstmals seit langer Zeit auch wieder antike Münzen in größerer Zahl angekauft. Vor allem aber wurde die Sammlung durch eine bedeutende Schenkung erweitert, die vor allem ein Gebiet betraf, für das bereits sehr früh durch die Donationen des Barons von Asch eine wichtige Grundlage gelegt worden war, nämlich die orientalische Numismatik. Der in Göttingen lehrende Arabist Peter Bachmann (1936–2018) und seine Ehefrau Almuth schenkten der Universität ihre umfangreiche Münzsammlung, die Bachmann vor allem während seiner Zeit als Direktor des deutschen Orient-Instituts in Beirut in den 1970er-Jahren zusammengetragen hatte.[8] Sie umfasste über 5 500 vorwiegend islamische, aber auch griechische, römische und byzantinische Münzen aus dem östlichen Mittelmeerraum und dem Vorderen Orient.

Nachdem Boehringer, der das Göttinger Münzkabinett bis heute sehr tatkräftig unterstützt, 1998 in den Ruhestand getreten war und der Verfasser dieses Beitrags seine Nachfolge angetreten hatte, rückte neben der Fortführung der Inventarisierungsarbeiten die digitale Erschließung der Bestände immer mehr in den Fokus. Zwar konnte 2003 erstmals ein gedrucktes Verzeichnis eines kompletten Teilbereichs der Sammlung, der 922

---

7 In den ersten drei Jahren vertrat der Kunsthistoriker Helmut Eichhorn (1932–2023), später Museumsdirektor in Emden, die Stelle, beschäftigte sich während dieser Zeit aber offenbar nicht speziell mit der Münzsammlung.

8 Zur Bedeutung der Schenkung Bachmann vor dem Hintergrund der Geschichte des Göttinger Münzkabinetts vgl. Bachmann 2000; Boehringer 2000; Schwarz 2000.

byzantinischen Münzen,[9] vorgelegt werden. Doch sind im Moment keine weiteren gedruckten Kataloge in Vorbereitung. Vielmehr konzentrieren sich alle Aktivitäten auf die systematische Publikation der unterschiedlichen Materialgruppen im Internet. Das Göttinger Münzkabinett gehört zu den Gründungsmitgliedern des Verbundprojekts KENOM, das 2012 gestartet wurde und in dessen Datenbank mittlerweile (Stand März 2024) über 275 000 numismatische Objekte erfasst sind, darunter fast 20 000 aus der Göttinger Sammlung.[10] Vollständig erschlossen sind die Münzen der römischen Republik und die Reichsprägung der Kaiserzeit (zusammen 10 032 Stück), die byzantinischen Münzen (936 Stück) und die numismatischen Bestände der Sammlung Asch (russische Münzen und Medaillen: 820 Stück, orientalische Münzen: 952 Stück). Gegenwärtig werden die griechischen Münzen einschließlich der römischen Provinzialprägungen bearbeitet, so dass bald der größte Teil der antiken Münzen in KENOM erfasst und online publiziert sein wird.[11] Auch in das gemeinsame Portal der universitären Münzsammlungen im Rahmen des Verbundprojekts NUMiD sollen die Göttinger Daten einbezogen werden.[12]

Die Sammlung Büttner: Das Münz- und Naturalienkabinett eines »wundersam vielwissenden Sonderlings«

Den Ursprung der Göttinger Universitätssammlung bildet, wie erwähnt, die Erwerbung des Münz- und Naturalienkabinetts von Christian Wilhelm Büttner im Jahre 1773. Dieser lebte damals bereits seit 25 Jahren in Göttingen und galt wegen seiner ungeheuren Gelehrtheit, wegen seiner ungezügelten Sammelwut und wegen seiner ungewöhnlichen häuslichen Verhältnisse als »ein großer Sonderling«.[13] Es lohnt sich, diese außergewöhnliche Persönlichkeit und ihre ebenso außergewöhnliche Sammeltätigkeit etwas genauer zu betrachten.

9 Sommer 2003.
10 Die veröffentlichten Datensätze sind abrufbar unter kenom.de.
11 Es fehlen dann noch die griechischen Münzen der Sammlung Bachmann, größtenteils kaiserzeitliche Prägungen, und ein Teil der griechischen Münzen aus der Sammlung Crönert mit dem Schwerpunkt Karien.
12 numid.online.
13 Schlichtegroll 1802, S. 227. Als »ein wundersam vielwissender Sonderling« wird Büttner auch in den Erinnerungen seines Schülers J. F. Blumenbach tituliert (Marx 1840, S. 5). Schlichtegrolls Nekrolog liefert die ausführlichste biographische Skizze zu Büttner. Sie beruht z.T. auf dem kurzen Nachruf Böttiger 1801. Die neuere Fachliteratur zu Büttner ist recht überschaubar und wird im Folgenden an jeweils passender Stelle zitiert. Kurz zusammenfassend Stumpf 1957. Bislang unveröffentlicht ist die gründliche Untersuchung von Nicole Zornhagen (Zornhagen 2014). Ich danke der Autorin für die Möglichkeit zur Einsichtnahme in ihre Arbeit und für wichtige Hinweise. Auch zu der im Herbst 2020 im Goethe- und Schiller-Archiv in Weimar (wo ein Teil von Büttners wissenschaftlichem Nachlass aufbewahrt wird) gezeigten Ausstellung »Alphabete der Natur – Der Sammler Christian Wilhelm Büttner« ist leider keine Publikation erschienen. Zu Büttners Sammeltätigkeit jetzt auch Müller 2020, bes. S. 80–94.

Büttner war 1716 als Sohn eines Apothekers in Wolfenbüttel geboren worden und hatte sich nach mehrjährigen Studienreisen durch Mittel- und Osteuropa, Skandinavien, Schottland, England und die Niederlande, wo er mit Carl von Linné (1707–1778) in engen Kontakt trat, 1748 in Göttingen niedergelassen. Seit dem Sommersemester 1755 bot er an der Universität Vorlesungen vorwiegend zur Naturgeschichte an, anscheinend das erste systematische Lehrangebot auf diesem Gebiet überhaupt an einer deutschen Universität.[14] 1758 wurde Büttner zum außerordentlichen und 1763 zum ordentlichen Professor an der Göttinger Georgia Augusta ernannt, allerdings mit einem Gehalt von nur 160 Reichstalern jährlich. Er scheint sich mit dieser eher symbolischen Summe, die keinesfalls für den Lebensunterhalt ausreichte, zufrieden gegeben zu haben, da er aufgrund seines ererbten Vermögens auf das Geld nicht angewiesen war. 55 Semester lang bot er Lehrveranstaltungen ganz überwiegend naturkundlicher, selten auch numismatischer Art an.[15]

Nur eine Ankündigung, im Wintersemester 1779/80 wich deutlich davon ab: »Über den Ursprung, die Verschiedenheit und Sprache der Völker«.[16] Das vergleichende Sprachstudium war ein Gebiet, dem Büttner sich in seinen späteren Jahren immer ausschließlicher zuwandte und dem er auch die wichtigsten seiner sehr wenigen gedruckten Schriften widmete. Er versuchte nachzuweisen, dass alle Sprachen auf eine gemeinsame Wurzel zurückzuführen seien, und bemühte sich um die Entwicklung eines Universalalphabets.[17] Obwohl er unermüdlich an diesen Projekten arbeitete, blieb seine dazu geplante Monographie Fragment: Der gedruckte Text bricht im zweiten Heft auf Seite 40 mitten im Satz ab – Ausdruck sowohl der außerordentlich peniblen und langsamen Arbeitsweise Büttners als auch der Ungeduld seines Verlegers, der schon mit dem Drucken begann, bevor das ganze Manuskript vorlag.[18] Welche Folgen die vielfältigen, manchmal wohl auch

14 Schlichtegroll 1802, S. 217 (»daß er der allererste war, der in Göttingen, und, so viel man weis, überhaupt in Teutschland, eigne Vorlesungen übe die Naturgeschichte gehalten hat«); vgl. Ehlers 1901, bes. S. 393–397; Wagenitz 2001; Zornhagen 2014, S. 24f.

15 Welche dieser Veranstaltungen allerdings wirklich stattfanden, lässt sich nicht mehr feststellen. Blumenbach glaubte sich später zu erinnern, dass Büttner 1772 »schon seit langen Jahren keine Collegia gelesen hatte und den Studenten ganz unbekannt worden war«. Erst »sein Freund und grosser Bewunderer unser Orientalist Michaelis, dessen ältester Sohn damals anfing Medicin zu studiren«, habe erreicht, dass Büttner wieder »ein Collegium der Naturgeschichte, die er ehedem wohl gelesen«, abgehalten habe (Marx 1840, S. 5). Folgt man nur den Vorlesungsverzeichnissen, so hätte Büttner kontinuierlich fast in jedem Semester eine naturkundliche Vorlesung angeboten.

16 Verzeichniß der Vorlesungen, welche in dem nächsten Winter vom 11ten October 1779. an sowol von den ordentlichen und ausserordentlichen Herren Professoren, als von Privat-Lehrern auf der Universität zu Göttingen gehalten werden (Göttingen 1779), S. 13.

17 Zu Büttners Sprach- und Schriftstudien vgl. Gierl 2010, bes. S. 17–22; Gierl 2012, S. 210–217; Zornhagen 2014, S. 56–72; vgl. auch Canal & Paulus 2019.

18 Büttner 1779.

konfusen Forschungsaktivitäten Büttners[19] und sein bedächtiger Arbeitsstil für die Ordnung der Münzsammlung und für sein Verhältnis zu dem höchst effizienten Organisator Heyne hatten, wird unten noch ausführlicher erläutert werden.

Büttners Naturaliensammlung war über Göttingen hinaus bekannt. Sie ging auf seinen Großvater mütterlicherseits Nicolaus Wilhelm Ulrich (16??–1729) zurück, der sie an Büttners Vater weitergegeben hatte.[20] Schon die Sammlung des Großvaters enthielt neben Naturalien und »Kunstsachen« auch Münzen und Medaillen. Das geht u.a. aus dem Reisetagebuch des Frankfurter Patriziers Zacharias Konrad von Uffenbach hervor, der Ulrichs Kabinett auf der Fahrt durch Norddeutschland am 3. Januar 1710 besichtigte und wenig begeistert notierte:

> Nachmittags besuchten wir einen gewissen Kaufmann, Nahmens H. Ulrich, von dem uns war gerühmet worden, daß er allerhand *Curiosa,* sonderlich von Medallien und Porträten habe, und wieder verhandeln solle. Wir fanden uns aber in unserer Einbildung sehr betrogen ... Nach dem zeigte uns Herr Ulrich in einem mittelmäßigen Cabinete allerhand Sachen der Natur und Kunst; aber an beyden ist nichts besonders, und dabey unterliefen sehr viele Kleinigkeiten. ... Von neuern Münzen meynten wir nun was sonderliches zu sehen; aber wir fanden in Natur nichts, sondern eine grosse Menge von Abgüssen in Bley, und dann vier Bücher voller Abgüsse von *Ichthyocolla,* oder Hausblase, sauber aufgeklebet. Diese begnüget sich Herr Ulrich von denen Medallien und Thalern, so er den Liebhabern verschaffet, zu nehmen.[21]

Zu Büttners Münzkabinett gehörte eine sehr umfangreiche Sammlung von Blei- und Zinnabgüssen neuzeitlicher Münzen und Medaillen, die sich bis heute erhalten hat.[22] Möglicherweise befinden sich darunter auch die von Uffenbach erwähnten »Abgüsse in Bley« aus der großväterlichen Sammlung. Ob diese auch antike Münzen enthielt, geht aus Uffenbachs Beschreibung nicht hervor.[23] Es muss daher einstweilen offen bleiben, welche

19 Am Ende seines Lebens kam noch die intensive Beschäftigung mit astronomischen und mathematischen Fragen und mit der Herstellung optischer Instrumente hinzu; vgl. Schlichtegroll 1802, S. 236–238.

20 Zu Ulrich und seiner Sammlung vgl. Leschhorn 2010, S. 408.

21 Uffenbach 1753, S. 379–381.

22 Es handelt sich um 3 585 Abgüsse von Münzen und Medaillen größtenteils aus dem 17. und frühen 18. Jahrhundert. Ein nicht unerheblicher Teil gibt allerdings Originale aus der Zeit nach dem Tode Nicolaus Wilhelm Ulrichs 1729 wieder, dürfte also von Büttner selbst stammen. Die gesamte Sammlung wurde 2022 auf der Grundlage einer in den 1980er Jahren von der Kunsthistorikerin Ursula Zehm erstellten Kartei und finanziert aus Mitteln des von der Beauftragten der Bundesregierung für Kultur und Medien (BKM) geförderten Programms »Neustart Kultur« in KENOM (s.o. Anm. 10) und in der Deutschen Digitalen Bibliothek online veröffentlicht.

23 Auch die Beschreibung bei Baring 1744, S. 48 führt hier nicht weiter: »In Wolffenbüttel habe ehedessen auch gesehen des sel. Burgermeister Ulrichs Cabinet, welches nachher an Herrn Johann Christian Büttner,

Teile des Büttner'schen Münzkabinetts von diesem selbst erworben wurden und welche aus dem Familienerbe stammten.

Dass Büttner ein persönliches Interesse an numismatischen Fragen hatte, darf man wohl aus seiner diesbezüglichen Lehrtätigkeit schließen. Den lateinischen Vorlesungsverzeichnissen der Göttinger Universität zufolge hat Büttner während seines fast dreißigjährigen Wirkens an der Georgia Augusta neben naturkundlichen Vorlesungen wiederholt auch Lehrveranstaltungen numismatischen Inhalts angeboten, zuerst im Sommer 1767, in eben demselben Semester, in dem Christian Gottlob Heyne zum ersten Mal seine berühmte Archäologie-Vorlesung hielt.[24] Die letzte derartige Veranstaltung wurde von Bütt-

Abb. 1: Johann Heinrich Tischbeins d.Ä. (Umkreis), Bildnis Christian Wilhelm Büttner, 1781.

Hochfürstl. Hof-Apothecker gekommen und vererbet worden, worin ausser der schönen Sammlung rarer Münzen sehr viele *Curiosa, Conchilia,* und in die *antiquität* gehörige Sachen zu sehen waren, als Schreib-Tafeln der alten Römer von Wachs …«.

24 Zu Heynes Vorlesung vgl. Graepler 2014 (mit der älteren Literatur); Graepler 2017.

ner für das Wintersemester 1775/76 angekündigt, also zu einem Zeitpunkt, als die Münzen bereits ins Eigentum der Universität übergegangen waren.[25]

Auch das Portrait, das Büttner 1781 von einem unbekannten Maler (wohl aus dem Umkreis Johann Heinrich Tischbeins d.Ä. [1722–1789]) von sich malen ließ, verweist deutlich auf seine numismatischen Interessen (Abb. 1). Das Gemälde wurde von ihm der Universität verehrt und hing im Saal des Academischen Museums.[26] Es zeigt den bereits 65-jährigen Gelehrten, vornehm gekleidet und mit jugendlich straffen Gesichtszügen, in seinem Arbeitszimmer an einem Tisch sitzen. Er ist umgeben von zahlreichen Gegenständen, die z.T. in höchst hintersinniger und humorvoller Weise auf die unterschiedlichen Bereiche seiner weitgespannten wissenschaftlichen Aktivitäten anspielen.[27] Auf dem Tisch, an dem Büttner sitzt, liegt im Vordergrund eine Münzwaage und weiter hinten je eine große Münze oder Medaille in Gold, Silber und Kupfer. Sie sollen sicherlich auch an Büttners nun der Universität gehörende Sammlung erinnern, ebenso wie der Ring mit Edelstein, die Koralle, der eierlegende Seidenspinner und die Pflaume auf dem Tisch sowie der Käfer am linken Bildrand.[28]

Auf seinen Reisen und bei Exkursionen in die Umgebung Göttingens, aber auch durch umfangreiche Ankäufe hatte Büttner im Laufe der Jahre die geerbte Sammlung auf weit über 12 000 naturkundliche Objekte erweitert.[29] Auch im Bereich der Münzen wird Büttner das vom Großvater und Vater Ererbte sicherlich erheblich vermehrt haben.[30] Die Frage nach dem Umfang seines Münzkabinetts wird unten noch eingehend behandelt werden. Fest steht jedenfalls, dass das beträchtliche Vermögen, über das Büttner von Haus aus verfügte, aufgrund der hohen Ausgaben für seine ausufernden Sammlungen und für seine riesige und unaufhörlich weiterwachsende Bibliothek immer mehr dahinschmolz.

---

25 In den lateinischen Vorlesungsverzeichnissen (Catalogus praelectionum publice et privatim in Academia Georgia Augusta ... habendarum) werden numismatische Lehrveranstaltungen Büttners im Sommersemester 1767 und in den Wintersemestern 1767/68, 1768/69, 1771/72, 1772/73 und 1775/76 angekündigt. Vor Büttner hatten bereits andere Professoren in Göttingen Numismatik gelehrt, so schon im Wintersemester 1737/38 Johann David Köhler »notitiam rei nummariae Germanicae«; zu Köhler vgl. Gierl 2012, S. 114–122.

26 Pütter 1788, S. 240.

27 Pütter 1788, S. 240: Bildnis »vom Herrn Hofrath Büttner, mit symbolischen Ausschmückungen von seiner eignen Erfindung«. Zu dem Gemälde, heute in der Kunstsammlung der Universität Göttingen (Inv.-Nr. GG261) vgl. Ehlers 1901, S. 394f. und zuletzt Füssel 2019, S. 67–70, Müller 2020, S. 91 Abb. 1 (nur Abbildung, ohne Kommentar); Zornhagen 2019, S. 194–197.

28 Zu den zusätzlichen Bedeutungen einiger dieser Elemente vgl. Zornhagen 2019.

29 Nawa 2010a, S. 47; in Blumenbachs Catalogus sind sogar über 13 000 Naturalia verzeichnet (Nawa 2010a, S. 127–134).

30 Erst nach Abschluss des vorliegenden Aufsatzes kamen im Archiv des Göttinger Münzkabinetts zwischen Akten der 1840er Jahre drei (offenbar falsch eingeordnete) Notizzettel mit Auflistungen römischer Kaisermünzen samt Preisangaben zutage, die aufgrund der Handschrift mit hoher Wahrscheinlichkeit Büttner zugewiesen werden können. Héctor Canal Pardo (Weimar), ein guter Kenner der Handschrift Büttners, hat die Zuschreibung bestätigt. Demnach wurden zwei der Listen von Büttner selbst geschrieben und die dritte, von anderer Hand stammend, vermutlich von ihm mit Zusätzen versehen. Vermutlich handelt es sich um Münzen, die von Büttner angekauft wurden bzw. deren Ankauf er in Erwägung zog.

Abb. 2: Büttners Wohnhaus in der heutigen Prinzenstraße in Göttingen (1909 abgerissen).

Schon 1759 hatte sich in Göttingen herumgesprochen, welch außerordentliche Schätze Büttner in seiner Wohnung beherbergte.[31] Damals wurde der Universität ein anderes Naturalienkabinett zum Ankauf angeboten, wovon Johann Mathias Gesner (1691–1761), Heynes Vorgänger, jedoch in einem Gutachten abriet, in dem er auf die viel höhere Qualität der Büttner'schen Sammlung hinwies. Solange sich letztere in Göttingen befinde, brauche sich die Universität kein weniger gut ausgestattetes Kabinett dieser Art zuzulegen. Zu Büttners Sammlung teilt Gesner Folgendes mit:

> Das Cabinet nimmt die ganze mittlere Etage des Hauses ein, welches der sel. Canzler von Mosheim bewohnet hat, in dessen Miethe von 300 rthl.[32] Buttner getreten ist. Es hat, wie ich vernehme, mit der dazu gehörigen Bibliothek den Besitzer u. seinen Vater über 8000 rthlr. gekostet. Diese Bibliothek ist sehr beträchtlich. Der Besitzer hat sich ganz der Kenntnis der Natur gewidmet. Er hat, nachdem er einen hübschen Theil seines Vermögens in Hofnung eines etablissements hier verzehret, endlich eine Profession[33] erhalten.[34]

31 Hochrangige Offiziere und sogar der Herzog von Württemberg sollen während des Siebenjährigen Krieges bei Büttner zu Gast gewesen sein, um sein Kabinett und wahrscheinlich auch seine Bibliothek zu besichtigen; vgl. Müller 2020, S. 81. Grundsätzlich zur Bedeutung der privaten Sammlungen von Professoren im ausgehenden 17. und frühen 18. Jahrhundert s. auch den Beitrag von Martin Mulsow im vorliegenden Band.

32 Reichstalern.

33 Gemeint ist die im Jahr zuvor erfolgte Ernennung Büttners zum Professor extraordinarius.

34 Universitätsarchiv Göttingen, Kuratorialakten (UAG Kur.) 7336, Bl. 4. Bemerkenswert ist, dass Gesner, der zwar Philologe war, sich aber auch für Altertümer interessierte, Büttners Münzsammlung nicht erwähnt.

Um seine Schätze adäquat unterbringen zu können, kaufte Büttner 1768 das von Gesner erwähnte Wohnhaus in zentraler Lage direkt neben dem Universitätsgebäude, das später unter dem Namen »Prinzenhaus« (Abb. 2) stadtgeschichtliche Berühmtheit erlangen sollte.[35] Da der akademische Unterricht in dieser Zeit in der Regel in den Privatwohnungen der Göttinger Professoren stattfand, ist davon auszugehen, dass Büttner seine Sammlung auch zu Lehrzwecken genutzt hat. Aber auch auswärtige Besucher hatten Gelegenheit, sie zu besichtigen – wenn sie bereit waren, über die etwas eigenartigen Wohnverhältnisse des eingefleischten Junggesellen großzügig hinwegzusehen. In einer kurz nach seinem Tod erschienenen biographischen Würdigung heißt es dazu:

> Er hatte in Göttingen das obere Stock seines ansehnlichen Hauses inne, eines der größten daselbst, das vor ihm der Kanzler von Mosheim besaß[36] und neuerlich die drey Englischen Prinzen bewohnten. Seine jedesmalige, an sich sehr geräumige Wohnstube ward aber nach und nach durch die Last der sich darinn ansammelnden Bücher und Curiositäten, und sebst zum Theil durch die natürlichen Folgen der Unsauberkeit seiner thierischen Stubengenossen, so beengt, daß er sie von Zeit zu Zeit mit einer andern vertauschen mußte. Denn viel Jahre hindurch wohnte er mit Affen und Hunden, die er besonders zärtlich liebte und mit ihnen auf das vertrauteste umging, zusammen, zuweilen auch mit Igeln, Adlern, Seemöven u. dgl. ... Bei dem Tode der Hündin, welche die Stammmutter seiner ganzen Hundefamilie und mehr häßlich als schön war, weinte er bitterlich und konnte sich nur mit Mühe von ihrem Leichnam trennen, der noch im Zustand der Verwesung eine Zeitlang neben ihm lag.[37]

Eine ähnlich drastische Schilderung von Büttners häuslicher Umgebung liefert Goethes Freund Johann Heinrich Merck (1741–1791), der dem mittlerweile 63-jährigen Gelehrten 1779, also bereits einige Jahre nach dem Verkauf des Kabinetts, einen Besuch abstattete. In seinem Reisetagebuch notierte Merck:

Dies erklärt sich vielleicht aus dem Kontext, denn es ging ja konkret um das Angebot eines Naturalienkabinetts, dessen Unterlegenheit gegenüber dem Büttner'schen Gesner herausstreichen wollte.

35 Zur Geschichte des Hauses vgl. Thiersch 1927, S. 99 Anm. 2 und S. 147f. Taf. VI. Nachdem Büttner das Haus 1784 an den Buchhändler Dieterich verkauft hatte, wohnten hier während ihres Göttinger Studiums 1786 bis 1791 die englischen Prinzen Ernst August (1837–1851 König von Hannover), August Friedrich und Adolf Friedrich, später, 1829/30, auch Kronprinz Maximilian von Bayern. 1909 wurde das Haus abgerissen und durch das heutige Gebäude der Commerzbank ersetzt.

36 Die Angabe ist nicht korrekt. Büttner kaufte das Haus direkt von den Erben des Erbauers Daniel Gebert (Stadtarchiv Göttingen B 100 Nr. 535; vgl. Thiersch 1927, S. 147). Universitätskanzler Johann Lorenz von Mosheim (1694–1755) hatte in dem Haus nur zur Miete gewohnt.

37 Schlichtegroll 1802, S. 228f.

> Der alte Büttner sitzt unter Affen und Hunden, und im ganzen Haus riechts nach Katzen Piß. Aber einer ihrer größten Gelehrten der 47 Sprachen versteht, und sie alle verglichen hat, dabey ein großer Botanikus, Chimiker, und Numismatiker. Er ist höchst sonderbar, man mag mit ihm reden was man will, er hört nicht, sondern erzählt seine Sachen fort ohne alle Prätension. Sie haben ihm nie mehr gegeben als 160 thr Pension, weil er sich nicht bücken kann. Neulich hat ihm die Akademie (die Heyne durch seinen Schwiegervater ganz regiert, der CammerSecretair in Hannover und gleichsam Curador davon ist)[38] Büttners Naturalien Cabinet durch eine Pension von 300 thr abgekaufft. Nachher wollten sie auch die Bibliothek haben, die zweymal so viel werth ist, und boten ihn dafür als eine besondere Gnade vom Konig 100 thr Pension weiter an, wenn er sie auch hergeben wollte, alsdenn sagte Heyne, verkaufen wir sie, und lösen mehr denn 12/m thr[39] daraus. Dies ist ein *Echantillon*[40] von der dortigen Denkart.[41]

Woher Merck diese Informationen über Heynes angebliche Pläne besaß (vielleicht von Büttner selbst?), bleibt unklar. Wenn die Universitätsleitung wirklich beabsichtigt haben sollte, auch die Bibliothek zu den genannten Konditionen zu erwerben, so ist dieser Plan jedenfalls nicht aufgegangen, denn 1781 nahm Herzog Carl August von Sachsen-Weimar und Eisenach (1757–1828) Kaufverhandlungen mit Büttner auf und erwarb schließlich die ganze Bibliothek, ebenfalls gegen eine Leibrente von 300 Reichstalern jährlich. Büttner übersiedelte 1783 von Göttingen nach Jena, wo er 1801 hochbetagt starb.[42] Ähnlich wie in Göttingen gestand man Büttner auch in Jena zu, seine ehemaligen Besitztümer weiter intensiv zu benutzen und durch zusätzliche Ankäufe anzureichern.[43]

Das schon für Büttners Göttinger Sammlung von vielen Augenzeugen konstatierte Durcheinander scheint auch am neuen Wohnort vorgeherrscht zu haben. Goethe, der als zuständiger Minister an den Kaufverhandlungen mit Büttner unmittelbar beteiligt gewesen war, war nach dessen Tod mit der Abwicklung des Nachlasses befasst. In mehreren Briefen und noch Jahrzehnte später in seinen »Tag- und Jahresheften«[44] hat er anschaulich geschildert, welcher Anblick sich ihm bei der Öffnung der von Büttner genutzten

---

38 Georg Friedrich Brandes (1719–1791), Vater von Heynes zweiter Frau Georgine, seit 1770 als Geheimer Kanzleisekretär in Hannover für die Verwaltungsgeschäfte des Göttinger Universitätskuratoriums zuständig. Vgl. Crusius 2008.

39 12 000 Taler.

40 Franz. *échantillon* = Kostprobe.

41 Merck 2016, S. 32f.

42 Schlichtegroll 1802, S. 220.

43 Zornhagen 2014, S. 57f. Anm. 79.

44 Goethe 1830, S. 130–132. Dort (S. 131) auch die bekannteste Büttner-Anekdote: »In allen Auctionen bestellte er sich Bücher, und als der alte Schloßvoigt, sein Commissionair, ihm einstmals eröffnete: daß ein bedeutendes Buch schon zweymal vorhanden sey, hieß es dagegen: ein gutes Buch könne man nicht oft genug haben«.

Räume bot. In einem Brief an Christian Gottlob Voigt (1743–1819) schreibt er am 22. Januar 1802 aus Jena:

> Gestern, als der Conducteur Koch das Büttnerische Quartier aufsiegeln ließ, um, wegen Reparatur desselben, einiges vorzukehren, ging ich auch mit hinein und kann versichern, daß die geläufigste Zunge und geschickteste Feder nicht fähig seyn würde den Zustand zu beschreiben, in welchem man diese Zimmer gefunden. Sie schienen keinesweges von einem Menschen bewohnt gewesen zu seyn, sondern bloß ein Aufenthalt für Bücher und Papiere. Tische, Stühle, Koffer, Kasten, Betten waren, bald mit einiger Ordnung, bald zufällig, bald ganz confus durch einander, mit diesen litterarischen Schätzen bedeckt, darunter verschiedenes altes Gerümpel, besonders mehrere Hackebreter und Drehorgeln. Alles zusammen durch ein Element von russigem Staub vereinigt. ... Im Wohnzimmer, dessen Decke, Wände, Fußboden und Ofen gleich schwarz aussahen, waren mehrere Dielen von Feuchtigkeit und Unrath der Thiere aufgeborsten. Genug, es wird einiges zu fegen geben, bis auf diese litterarische Schweinigeley eine militarische Propretät folgen kann. ... Was werden Sie aber sagen, wenn ich Ihnen versichern kann: daß der Alte, während seines Hierseyns, eine Masse von sechs bis acht Tausend Bänden, von denen wir so gut als nichts wußten, da sie noch nicht in den Katalog eingetragen sind, über einander gehäuft hat. So fanden sich noch ein paar uneröffnete Kisten, die aus Auctionen angekommen waren.[45]

In demselben Tenor ist ein Brief an Christiane Vulpius (1765–1816) vom gleichen Tag gehalten:

> ... von einer solchen Gerümpelwirtschaft hat man gar keinen Begriff. So sind zum Beispiel ein halb Dutzend Drehorgeln und Hackebretter, die auch durch Walzen bewegt werden, unter dem Zeuge. Eine Menge Schubkästchen mit allerlei antiken Kleinigkeiten, physikalische Spielereien und was nur so ein Kindskopf wünschen kann.[46]

Goethe stand hier offenbar vor dem gleichen Problem wie Heyne fast 30 Jahre zuvor: Aus einem riesigen Sammelsurium interessanter Einzelobjekte – im einen Fall Bücher, im anderen Münzen und Naturalien – musste ein wohlgeordnetes Ganzes geschaffen werden, um es der Wissenschaft nutzbar zu machen. Goethe ist dies dank fähiger Bibliothekare in Bezug auf die Bücher gelungen, während der ebenfalls nach Jena bzw. Weimar gelangte

45 Goethe 1894, S. 16f.
46 Goethe 1894, S. 20.

umfangreiche handschriftliche Nachlass Büttners bis in jüngste Zeit ungeordnet blieb.[47] Heyne hatte das Glück, in der Gestalt Johann Friedrich Blumenbachs (1752–1840), einen brillanten Mitarbeiter zu gewinnen, der in mehrjähriger Arbeit Büttners Naturalien katalogisierte und daraus ein epochemachendes Museum gestaltete.[48] Weniger erfolgreich waren Heynes Bemühungen um die Katalogisierung der Münzen, wie noch genauer zu zeigen sein wird.

Der Ankauf des Büttner'schen Kabinetts 1773

Die Rekonstruktion der genauen Umstände der Erwerbung des Büttner'schen Kabinetts für die Georg-August-Universität wird durch die Tatsache erschwert, dass der speziell auf diesen Vorgang bezügliche Aktenfaszikel im Göttinger Universitätsarchiv seit Jahrzehnten verschollen ist.[49] Doch sind andere Akten zu dem Vorgang in größerem Umfang erhalten, ferner liefern Briefe und ähnliche Zeugnisse weitere Informationen über den Ankauf. Zwei Dokumente aus den Akten der Deutschen Kanzlei in London, heute im Niedersächsischen Landesarchiv in Hannover, die von der Forschung bisher kaum bzw. gar nicht beachtet wurden, verdienen dabei besondere Beachtung.

Es handelt sich um ein Schreiben, das das Geheime Ratskollegium, also die Regierung des Kurfürstentums Hannover, an König Georg III. (reg. 1760–1820) in London richtete, um die Genehmigung zum Ankauf der Büttner'schen Sammlung einzuholen und die benötigten Sondermittel zu erbitten, sowie um eine beigefügte knappe Übersicht über den

---

47 Über die erst 1971 in Angriff genommene und 2014 abgeschlossene Ordnung und Katalogisierung des Büttner'schen Nachlasses findet sich in der Datenbank des Goethe- und Schiller-Archivs die folgende Erläuterung von Gerhard Schmid, der den Bestand 1971–1976 verzeichnet hat: »Die Hauptschwierigkeit bei dieser Bearbeitung war, dass der Bestand, der sich zum überwiegenden Teil aus Unterlagen zu Büttners Forschungen über vergleichende Sprachwissenschaft zusammensetzt, in völliger Unordnung überliefert war. Dieser Zustand war nicht nur durch den Gang der Überlieferung verursacht, sondern hatte wohl schon in der Arbeitsweise Büttners seine Ursache. Büttner hat sicher sein wissenschaftliches Arbeitsmaterial und seine sonstigen schriftlichen Unterlagen vollständig aufbewahrt, und nach Schilderungen über den vorgefundenen Zustand seiner Bibliothek dürfte er zu denjenigen Gelehrten gehört haben, die nur schwer etwas Schriftliches vernichten. Ebenso sicher ist aber anzunehmen, dass Büttners Form der ›Archivbildung‹ von vornherein ohne Ordnungsansätze war; dies zeigen im vorliegenden Bestand z.B. die relativ häufigen Fälle, in denen er zu bestimmten Vorhaben immer neue Entwürfe begonnen hat, offenbar weil er die früheren vergessen hatte oder nicht mehr auffinden konnte« (G. Schmid, Bestand 105: Büttner, Christian Wilhelm – Geschichte und archivische Bearbeitung, kalliope-verbund.info/DE-2060-BE-105).

48 Zum Academischen Museum vgl. u. Anm. 55.

49 Dougherty & Klatt 2006, S. 4 Anm. 5: »The file ›4) V g 2: Betr.: den Ankauf der Büttnerschen Münz-, Stein- und Naturaliensammlung. 1773–1774‹ is missing in the Archives of the University at Göttingen«. Schon in der sammlungsgeschichtlichen Darstellung von Plischke 1931 wird die Akte nicht zitiert, obwohl Akten mit benachbarten Signaturen angeführt werden.

Inhalt des Kabinetts.[50] Das Schreiben wurde zwar 2006 im Rahmen der Blumenbach-Briefausgabe vollständig abgedruckt, von der Forschung aber bisher kaum rezipiert.[51] Die angehängte Liste blieb bislang unpubliziert, obwohl gerade sie wichtige Informationen speziell zu Büttners Münzen enthält.[52]

Über die mündlichen Verhandlungen, die dem Ankauf zweifellos vorausgegangen sind, und die vermutlich im Wesentlichen direkt zwischen Büttner und Heyne stattfanden, ist nichts Genaueres bekannt. Dass die Initiative dazu von Büttner selbst ausging, wie in dem Schreiben an den König behauptet wird, ist durchaus möglich. Einiges spricht für die öfters geäußerte Vermutung,[53] dass der ehemals so wohlhabende Gelehrte durch seine ungezügelte Sammelleidenschaft allmählich in finanzielle Schwierigkeiten geraten sei und sich daher nach einer Möglichkeit umsehen musste, seine Einkünfte zu erweitern. Ganz im Mittelpunkt seiner eigenen wissenschaftlichen Interessen stand nun seine Bibliothek, und um diese weiter pflegen und ausbauen zu können, war er bereit, die Münz- und Naturaliensammlung abzustoßen. Ob die Konditionen für den Verkauf von ihm selbst vorgeschlagen wurden oder ihm von Heyne suggeriert wurden, lässt sich nicht mehr feststellen. Man darf jedoch davon ausgehen, dass Heyne einen sehr aktiven Part in den Verhandlungen gespielt und mit einem konkreten Konzept für die Modalitäten und den Zeitplan der Ablieferung der Sammlung das Heft des Handelns gegenüber dem zur Zögerlichkeit neigenden älteren Kollegen in die Hand genommen haben wird.

Als weitblickender Organisator wird Heyne die große Chance, die sich der Universität hier eröffnete, sogleich erkannt haben. Den traditionellen Aufgabenbereich der von ihm geleiteten Göttinger Universitätsbibliothek hatte er bereit 1765 grundlegend erweitert, indem er damit begonnen hatte, außer Druckwerken und Handschriften auch Gipsabgüsse antiker Skulpturen anzukaufen und in den einzelnen Räumen der Bibliothek aufstellen zu lassen. Damit schuf er den Grundstock zur ersten Gipsabgusssammlung an einer Universität, die sich seither zu einer der umfangreichsten Einrichtungen ihrer Art entwickelt hat.[54] Am Büttner'schen Kabinett dürfte den Altertumswissenschaftler Heyne vor allem die numismatische Abteilung interessiert haben. Für die Weite seines Horizonts ist es jedoch

50 Niedersächsisches Landesarchiv Hannover (NLA HA) Hann. 92 Nr. 1016: »Das Göttingische Museum oder Kunst- und Naturalien-Kabinett. Enthält: v.a. Erwerbungen dafür«, Blatt 98–100 (Schreiben der Räte), Blatt 101–105 (Liste).

51 Dougherty & Klatt 2006, S. 1–3 Nr. 1.

52 Die gesamte Akte steht im Internet als Digitalisat zur Verfügung, abrufbar über das System Arcinsys (arcinsys.niedersachsen.de). Auf die Liste wurde ich zuerst von Christine Nawa aufmerksam gemacht. Alexander Gehler, Kustos des Geowissenschaftlichen Museums der Universität Göttingen, hat sich freundlicherweise damit einverstanden erklärt, dass eine vollständige Transkription dieses zuerst von ihm bei Archivstudien in Hannover entdeckten Dokuments hier im Anhang abgedruckt wird.

53 Vgl. zuletzt in diesem Sinne Müller 2020, S. 89.

54 Neue Forschungsergebnisse zu Heynes ersten Abgusserwerbungen bei Graepler 2019.

bezeichnend, dass er sich für den Ankauf der gesamten Sammlung einsetzte und damit für die Gründung einer in höchstem Maße innovativen und vorbildhaften Institution sorgte: des berühmten »Königlich Academischen Museums« der Georg-August-Universität.[55]

Dank Heynes Einsatz scheint man sich innerhalb der Göttinger Universität rasch einig gewesen zu sein, dass sich hier eine wichtige Gelegenheit bot, das Ansehen der Universität zu vergrößern und ihre führende Stellung unter den deutschen Hochschulen durch ein weiteres Alleinstellungsmerkmal zu festigen. Auch das Kuratorium in Hannover billigte den Plan und richtete daraufhin am 20. April 1773 den erwähnten offiziellen Antrag an König Georg III. in London.[56] Aus diesem Schreiben seien die wichtigsten Passagen wörtlich zitiert:

> Es besitzet der Professor Büttner zu Göttingen ein überaus reiches und in vielem Betrachte merckwürdiges Cabinet von Müntzen, edelen und anderen Steinen, Mineralien, Konchylien, allerhand Stücken der Natur- und Kunstwercke, auch Instrumenten, wovon die Samlungen seit vielen Jahren von seinen Voreltern angefangen und von ihm auf seinen Reisen so weit gebracht sind, dass nicht leicht ein Particulier, wenigstens in Deutschland, sich eines gleichen wird rühmen können.
> Da nun der Mann bei nahe 60. Jahre erreichet hat, und in einem unverheurathetem Stande auch ohne nahe Anverwandten ist, so hat derselbe den Vorschlag geäußert, daß er diese gesammte Sammlung der Universität, und zwar sofort noch bei seinen Leb-Zeiten überlaßen wolle, wenn ihm dagegen eine gewiße Summe iährlich, entweder als eine Leibrente oder Vermehrung seines Gehaltes, von Eurer Königlichen Majestät bewilliget werden möchte.
> Wir haben darauf unserer Pflicht erachtet, sowol von dem Belange dieser Sammlungen zuverläßige Erkundigung zu nehmen, als auch über die desfalls gethane Forderung eine vorgängige nähere Bestimmung zu treffen, mithin solcherhalben dem Hofrathe Heynen Auftrag gethan. Der von diesem erstattete Bericht übertrifft noch die Erwartung welche wir in Ansehung des ersteren geheget, und wir glauben, Eurer Königlichen Majestät nicht beßer von der Wichtigkeit des Kabinets versichern zu können, als wenn wir die von besagtem Hofrathe eingesandte allgemeine Beschreibung desselben unterthänigst vorlegen.

Obwohl unmöglich »von dergleichen Sachen ein festgesetzeter Wehrt auszumachen« sei, da dieser vor allem im Zuwachs an Prestige (»lustre«) für die Universität und dem »für

55 Zum Academischen Museum vgl. vor allem Nawa 2010a; Nawa 2010b; Plesker 2015; ferner Plischke 1931, S. 11–39.

56 Siehe o. Anm. 50.

die Wissenschaften daher zu nehmenden Vortheil« liege, »so ergiebet auch der bloße Überschlag nur von den beiden, einen bestimmteren Wehrt habenden Klaßen der an die 30/m. [30 000] Stück gehenden Müntzen und der vollständigen Sammlung von edelen Steinen, daß der Hofrath Heyne es wol nicht zu milde über 12,000. rthlr [Reichstaler] angeschlagen habe, wie denn auch der Besitzer es weit höher ausgiebet, und sich allenfalls einer Schätzung unterwerfen will«.

Beantragt wird, Büttner, wie von diesem gewünscht, eine lebenslange Leibrente von jährlich 300 Reichstalern zu zahlen, unter der Bedingung, dass dieser »seine gantze Sammlung nach einem zu verfertigendem vollständigem, systematischem richtigem Verzeichniße sofort an die Universitäts-Bibliothek abliefern wolle«. Die Gewährung einer Leibrente erscheine auch deshalb angemessen, weil Büttner bislang nur das außerordentlich niedrige Jahresgehalt von 160 Reichstalern beziehe.

Der Antrag wurde vom König in der vorliegenden Form bereits am 4. Mai 1773 genehmigt, und umgehend wurde mit der Verlagerung der gesamten Sammlung aus der Privatwohnung Büttners in das Universitätsgebäude begonnen. Lediglich einige als Dubletten betrachtete Naturalien und Instrumente durfte Büttner bei sich behalten, musste aber auch diese abliefern, als er 1783 nach Jena übersiedelte.[57]

Schon bei der Überführung der Objekte in die Universität scheint es aber zu ersten Schwierigkeiten und Verzögerungen gekommen zu sein, die zu Spannungen zwischen Heyne und Büttner führten und die sich in den folgenden Monaten und Jahren hinsichtlich der Ordnung und Katalogisierung der Münzen fortsetzen sollten. Darauf deutet ein Schreiben Heynes an Büttner, das sich in dessen Nachlass erhalten hat:[58]

> Eben erhalte ich von Hannover aus Auftrag, daß ich Euer Wohlgebohren der Herren geheimen Räthe groses Vergnügen bezeugen soll, die ihnen die von mir überschriebene Nachricht von dem beträchtlichen Geschenke, das Sie dem academischen Cabinet gemacht haben, verursacht habe. Ich hatte das Verzeichniß selbst beygelegt, u. man hat es erkannt, daß sehr seltene Stücken darunter sind, u. bewundert Ihre Denkungsart. Die Herren geheimen Räthe wünschen dabey nichts mehr, als daß sie durch die bald vollendete Ablieferung in den Stand gesetzt werden mögen, zugleich auch von diesem Geschenke an Ihre Maj. den König Bericht zu erstatten.
> Heute ist auch das Rescript eingelaufen, daß forthin die Medicinische Facultät keinen Theil mehr am Auditorio habe, u. solches ganz für das Cabinet bestimmt sey.
> Zu gleicher Zeit ist mir angedeutet daß wir die nächste Woche die Commission aus

57 Schlichtegroll 1802, S. 220.

58 Goethe- und Schiller-Archiv Weimar (GSA) 105/139, Bl. 6. Für die freundliche Übermittlung von Digitalisaten der Heyne-Briefe und für die Erlaubnis, daraus zu zitieren, danke ich Héctor Canal Pardo, Goethe- und Schiller-Archiv Weimar.

Hannover zu erwarten haben, welche das Cabinet in Augenschein nehmen u. alsdann wegen der fernern Einrichtung weiter Verfügung treffen soll.
Nun bitte ich Sie, mein lieber Herr Professor ud. beschwöre Sie bey aller Freundschaft, die Sie mir zeither bewiesen haben, sorgen Sie dafür, daß die Ablieferung beschleuniget wird. Ihre und meine Ehre hängt davon ab. Der Architekt u. der Tischler würde auch vergebens von Hannover hergekommen seyn, wenn man die Sachen nicht beysammen sieht, und den Plan u. Entwurf zum Cabinet darnach machen kan.
Ich bin äuserst unruhig darüber, daß so viel Zeit verstrichen ist, und daß wir nun vielleicht endlich noch überrascht werden. Aber ich kenne Sie, mein lieber Herr Professor, wenn Sie sich einmal zusammenfassen, so ist alles möglich Ich beharre Ihr ergeb. Freund Heyne

Von welchem »beträchtlichen Geschenke« Heyne hier spricht, ist unklar. Offenbar hatte Büttner über den Umfang der vereinbarten Transaktion hinaus der Universität freiwillig weitere wertvolle Objekte zukommen lassen. Ob es sich dabei um Naturalien, Münzen oder Bücher handelte, bleibt im Dunkeln. Hier erweist es sich als besonders misslich, dass, wie oben erwähnt, die einschlägige Kuratoriumsakte im Universitätsarchiv fehlt, in der Heynes Schreiben nach Hannover und das diesem beigelegte »Verzeichniß« sicherlich enthalten waren.

Heynes Brief an Büttner ist zwar undatiert, lässt sich aber anhand der Bemerkung »Heute ist auch das Rescript eingelaufen ...« zeitlich einordnen. Die besagte Verfügung wurde am 20. April 1774 erlassen und traf wahrscheinlich zwei oder drei Tage später in Göttingen ein.[59] Es war also genau ein Jahr vergangen, seit die Erwerbung des Büttner'schen Kabinetts offiziell beantragt und umgehend genehmigt worden war. Vor diesem Hintergrund mögen Heynes Klage darüber, dass bereits »so viel Zeit verstrichen« sei, und der Nachdruck, mit dem er den älteren Kollegen antreibt, die Ablieferung seiner Preziosen endlich abzuschließen, verständlich erscheinen. Ob Büttners Langsamkeit mehr darauf beruhte, dass er sich von vielen Dingen, mit denen er so lange gelebt hatte, nur schwer trennen konnte, oder ob der Hauptgrund das Chaos in seiner Wohnung war, sei dahingestellt. Fest steht, dass Heyne inzwischen sehr konkrete Schritte eingeleitet hatte, um aus der privaten Sammlung eine universitäre Einrichtung, das später so berühmte Königlich Academische Museum, zu machen. Die wichtigsten dieser Maßnahmen waren:

a) die Bereitstellung und Herrichtung eines Saals im Universitätsgebäude,
b) die Anfertigung spezieller Sammlungsmöbel,
c) die Ordnung und Katalogisierung der Objekte,
d) die Regelung der personellen Zuständigkeiten und der organisatorischen Abläufe in der neuen Einrichtung.

---

59 UAG, Med. Fak., 1: Acta Facultatis Medicae 1734–1912, Protokollbuch der Medizinischen Fakultät, Bl. 192. Für den Hinweis danke ich Volker Berwinkel, dem Leiter des Göttinger Universitätsarchivs.

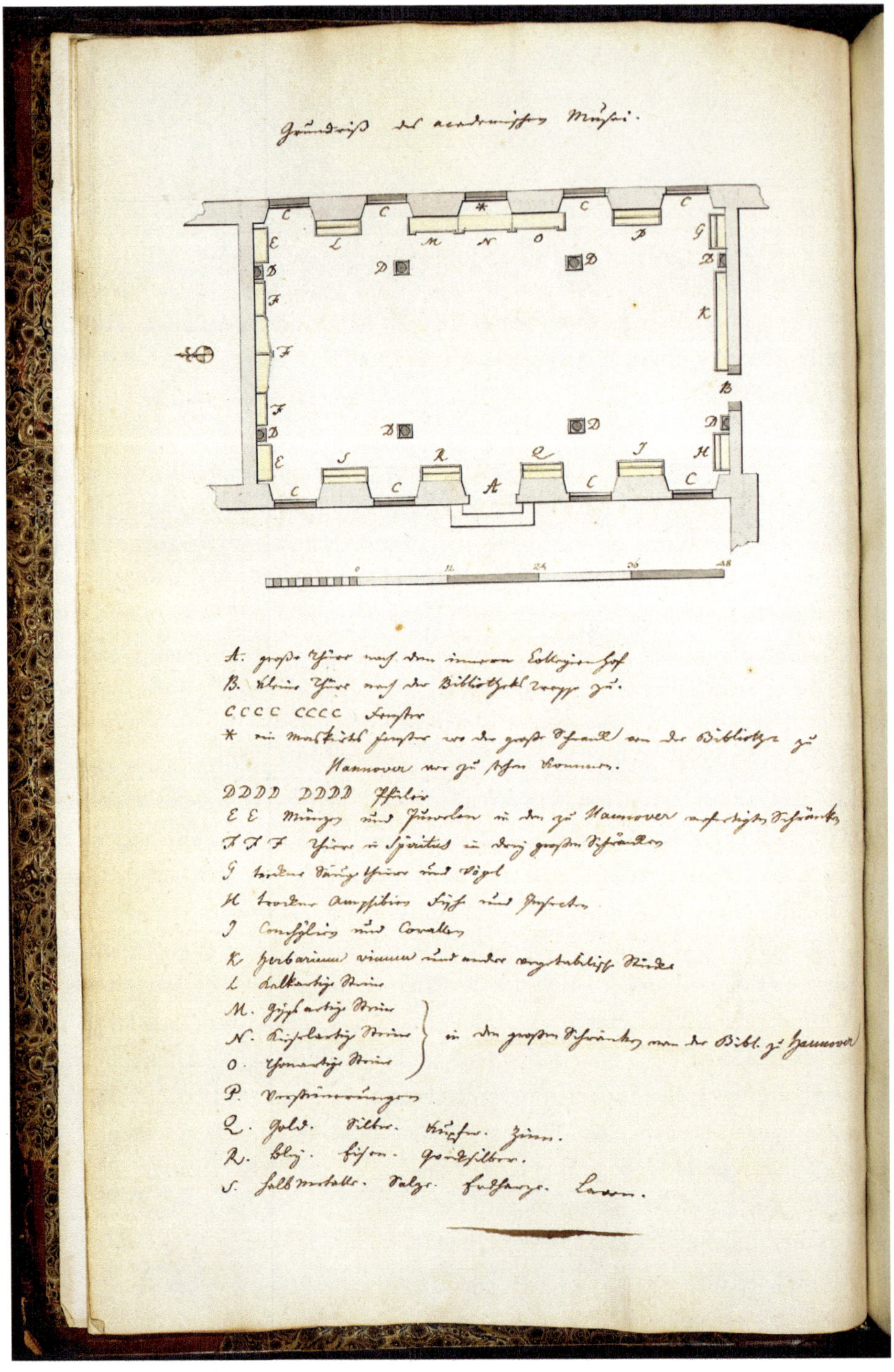

Abb. 3: Grundriss des Königlich Academischen Museums der Universität Göttingen, 1778.

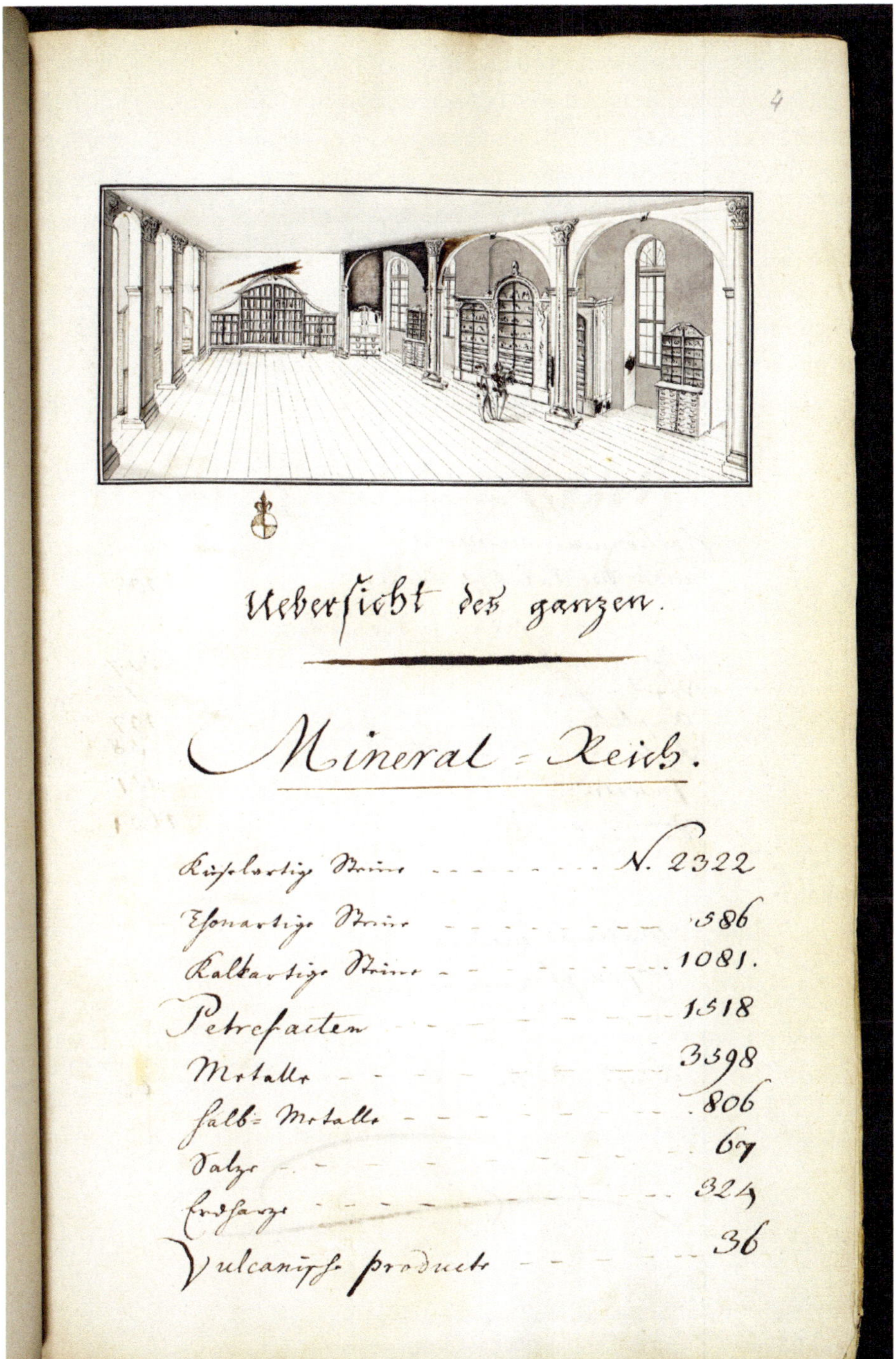

4

Uebersicht des ganzen.

Mineral-Reich.

Kieselartige Steine	N. 2322
Thonartige Steine	586
Kalkartige Steine	1081.
Petrefacten	1518
Metalle	3398
halb-Metalle	806
Salze	67
Erdharze	324
Vulcanische producte	36

Abb. 4: Innenansicht des Königlich Academischen Museums, 1778.

Die meisten dieser Aspekte sind bereits gut erforscht, da das Academische Museum schon von Zeitgenossen häufig beschrieben worden ist[60] und vor allem in der neueren museumsgeschichtlichen Forschung aufgrund seiner Pionierstellung unter den universitären Sammlungen auf verstärktes Interesse stößt.[61] Es genügt daher, an dieser Stelle, diejenigen Punkte hervorzuheben, die sich auf die Münzsammlung beziehen und die durch bislang unbekannte oder unbeachtete Dokumente neu beleuchtet werden.

Über das ehemalige Philosophische, dann Medizinische Auditorium, in dem Büttners Kabinett untergebracht wurde, war schon immer bekannt, dass es sich um den großen Saal im östlichen Erdgeschoss der Vierflügelanlage des Universitätsgebäudes befand.[62] Die innere Einrichtung des Saales konnte bisher jedoch nur aus Beschreibungen erschlossen werden. Erst neuerdings sind ein Grundriss (Abb. 3) und eine Innenansicht (Abb. 4) des

Abb. 5: Detail aus Abb. 4: Rechter Münzschrank.

Abb. 6: Münzschrank A im Archäologischen Institut der Universität Göttingen.

60 Besonders wichtig Pütter 1788, S. 232–240; Pütter & Saalfeld 1820, S. 419–423; vgl. auch die bei Plesker 2015, S. 442 (und auf zugehöriger CD-ROM) zusammengestellten zeitgenössischen Textzeugnisse.

61 Vgl. o. Anm. 55.

62 Nawa 2010a, S. 52f. Abb. 3; Nawa 2010b, S. 28 Abb. 1; Plesker 2015, S. 417 Abb. 3.

Raumes aufgetaucht, die nun auch eine bildliche Anschauung vermitteln.[63] Die beiden Darstellungen lassen erkennen, dass der Saal durch Pfeiler mit vorgeblendeten oder aufgemalten Halbsäulen in drei Schiffe gegliedert war und dass die Sammlungsobjekte in großen, an den Wänden aufgereihten Schränken untergebracht waren. Im vorliegenden Zusammenhang besonders wichtig sind zwei symmetrisch am nördlichen Ende der beiden Seitenschiffe aufgestellte Schränke, die im Grundriss jeweils mit dem Buchstaben E gekennzeichnet sind und in der zugehörigen Legende wie folgt erläutert werden: »Münzen und Juwelen in den zu Hannover verfertigten Schränken«.

Die Schränke (Abb. 5) haben drei Füße, in der unteren Hälfte zwei Register zu jeweils drei Schubladen, in der oberen Hälfte zwei Flügeltüren mit jeweils zwei vertieften Feldern und als oberen Abschluss ein geschweiftes Gesims. Es kann kein Zweifel bestehen, dass es

Abb. 7: Münzschrank A, Innenansicht.

63 Sie befinden sich in einer handschriftlichen Kopie von Blumenbachs Katalog des Academischen Museum, die an den König nach London gesandt wurde; London, The British Library, KINGS MS 394, Bl. 2 und Bl. 4. Für die Vermittlung von Digitalisaten danke ich Wolfgang Böker, Wissenschaftlicher Mitarbeiter am Blumenbach-Projekt der Göttinger Akademie der Wissenschaften.

Abb. 8: Einer von ursprünglich 24 Münzkästen aus Schrank A.

sich um dieselben Eichenschränke handelt, die noch heute im Archäologischen Institut stehen (Abb. 6).[64] Lediglich die gestreckte Proportionierung der originalen Schränke ist auf der Zeichnung nicht korrekt wiedergegeben sowie die Zahl der beweglichen Griffe an den Schubladen.[65] Die beiden Schränke,[66] deren Innenstruktur nur noch rudimentär erhalten ist, waren sehr durchdacht konstruiert: Hinter den Flügeltüren verbargen sich 24 gleichartige Fächer, in die hölzerne Münzkästen eingeschoben waren (Abb. 7). Nur einer dieser Kästen ist noch fast vollständig vorhanden und erlaubt es, deren Aufbau zu rekonstruieren (Abb. 8).[67] Demnach war jeder von ihnen mit sechs flachen hölzernen Schubladen bestückt[68] und auf der Vorderseite mit Führungsschienen zur Aufnahme eines Verschlussbrettchens versehen, während sich auf der Rückseite ein beweglicher Messinggriff befand. Offensichtlich diente diese Konstruktion dazu, den Inhalt der Schränke im Notfall, besonders bei Feuergefahr, rasch in Sicherheit zu bringen: Die Kästen konnten im Ganzen herausgezogen und an den Griffen weggetragen werden; die Verschlussbrettchen auf der (dann nach unten hängenden) Vorderseite sorgten dafür, dass die Laden nicht herausrutschen konnten.

---

64 Der hier abgebildete Schrank ist seit 2022 als temporäre Leihgabe des Archäologischen Instituts im Forum Wissen, dem neuen Wissenschaftsmuseum der Universität Göttingen, ausgestellt.

65 Auch die kleinen quadratischen Metallgitter in jeder der beiden Flügeltüren, die (wie ein weiteres Gitter auf der Oberseite) der Belüftung der Schränke dienten, sind weggelassen.

66 Höhe 252 cm, Breite 134,5 cm (mit Gesims 160 cm), Tiefe 50,5 cm (mit Gesims 64 cm).

67 Höhe 16,5 cm, Breite 30,7 cm, Tiefe (ohne Griff) 41,3 cm.

68 In allen übrigen Kästen des einen Schrankes wurden die hölzernen Laden, weil sie sich stark verzogen hatten und gerissen waren, in den 1950er Jahren durch Aluminiumladen ersetzt. Die Innenstruktur des zweiten Schranks wurde später weitgehend entfernt, um Platz für Aktenordner zu schaffen.

Bisher war über die genaue Entstehungsgeschichte der beiden Münzschränke nichts Näheres bekannt. Anhand des oben zitierten Heyne-Briefes und der Legende zum Grundriss des Academischen Museums in dem Londoner Manuskript lässt sich jetzt nicht nur feststellen, dass diese und andere Sammlungsmöbel 1774 von einem Tischler aus Hannover angefertigt wurden, der dazu eigens nach Göttingen anreiste, um die Konstruktion mit Heyne zu besprechen. Wichtiger noch ist die Erkenntnis, dass alle Schränke in demselben Raum standen, die Münzsammlung also gemeinsam mit den Naturalien aufbewahrt wurde und damit integraler Bestandteil des Academischen Museums war. Dies ist insofern eine neue Einsicht, als die Forschung bisher unter dem Academischen Museum ausschließlich die naturwissenschaftlich-ethnologische Einrichtung verstanden hat, zu der es sich später tatsächlich entwickelt hat.[69] Zum Gründungszeitpunkt spielten die Münzen jedoch eine mindestens ebenso große Rolle wie die Naturalien. Im Schreiben an den König wird Büttners Sammlung als ein »in vielem Betrachte merckwürdiges Cabinet von Müntzen, edelen und anderen Steinen, Mineralien« usw. präsentiert.[70] Die Münzen stehen also an erster Stelle, und in der angefügten Liste, die noch näher zu analysieren sein wird,[71] nehmen die wiederum an erster Stelle genannten Münzen mehr als fünf der insgesamt achteinhalb Seiten ein.

Dass der Focus aller Studien zum Büttner'schen Kabinett und zum Academischen Museum bislang auf den Naturalien (und z.T. den Ethnographica) lag und die Münzen kaum beachtet bzw. als nicht zugehörig betrachtet wurden, kommt nicht von ungefähr. Obwohl sie 1773 vielleicht als Hauptargument dienten, den vorgesetzten Instanzen in Hannover und London die Erwerbung von Büttners Sammlung schmackhaft zu machen, und obwohl sie, wie eben gezeigt, auch räumlich zum Academischen Museum gehörten, bahnte sich ihre Ausgliederung aus dem Museum schon früh an. Eine wichtige Personalentscheidung dürfte dazu wesentlich beigetragen haben: Schon als im Frühsommer 1773 mit der Verlagerung der Sammlungsobjekte aus Büttners Wohnung in die Bibliothek begonnen wurde, konnte Heyne auf die Mitarbeit eines vielversprechenden jungen Mannes zurückgreifen, der ihm von Büttner selbst empfohlen worden war. Der bereits genannte Medizinstudent Johann Friedrich Blumenbach war im Wintersemester 1772/73 von der

69 So z.B. Nawa 2010a; 2010b. Auch Plesker 2015 geht auf die Münzsammlung nicht weiter ein, rechnet dem Academischen Museum jedoch irrigerweise die Gemäldesammlung zu, die zeitweise zwar im gleichen Gebäude untergebracht war, institutionell aber stets vom Museum getrennt blieb (so Pütter & Saalfeld 1820, S. 419–426). Derselbe Fehler findet sich bei Collet 2012, S. 472f.; er erwähnt die Münzen ebenfalls mit keinem Wort. Hingegen behauptet Bucher 2023, S. 329 explizit, dass »die Münzen, die eigentlich ein Bestandteil von Büttners Sammlung waren, sofort aus dem Academischen Museum ausgegliedert wurden, nachdem die Universität Büttners Naturalienkabinett übernommen hatte«. Dies war jedoch erst ab 1793 der Fall; vgl. unten Anm. 81.

70 Siehe o. S. 121.

71 Siehe u. S. 144–159.

Universität Jena nach Göttingen gewechselt, um hier sein Studium abzuschließen.[72] Wie er später in einem autobiographischen Text berichtete, habe Büttner in diesem Winter zum ersten Mal nach vielen Jahren wieder ein naturgeschichtliches Kolleg gehalten. Blumenbach nahm daran teil und erhielt durch Büttner sogar die Anregung zu seiner epochemachenden Dissertation »De generis humani varietate nativa«.[73]

> Das sogenannte Collegium war ein blosses Conversatorium, worin wochenlang von der Naturgeschichte keine Rede war[, sodass] wir ... im ganzen Semester unter so hunderterley ganz fremdartigen Dingen, die er einmischte, noch lange nicht mit den Säugethieren durchkamen. Gleich in jenem ersten Winter kam durch Heyne's Vermittlung der Ankauf von Büttners Naturalien- und Münz-Cabinet für die Universität zu Stande. Nur war in der exemplarischen Unordnung, worin die Naturalien bei dem ohnehin nichts weniger als expediten Manne ganz unverzeichnet durcheinander lagen, ihm ein Gehülfe zum Ordnen und Abliefern nöthig. Heyne fragte ihn also: ›Nun Sie lesen ja eben Naturgeschichte; haben Sie denn da unter Ihren jungen Leuten nicht etwa einen, der dazu passt?‹ ›Doch ja‹, sagte Büttner, und nannte mich ... und so ward mir diese Hülfleistung angetragen, die ich lehrreich fand und mit Vergnügen unentgeltlich übernahm.[74]

Nach seiner Promotion 1775 wurde Blumenbach bereits Anfang 1776 außerordentlicher und im Herbst 1778 ordentlicher Professor in der Medizinischen Fakultät. Verbunden war mit der Ernennung zum Extraordinarius die Bestellung zum Prosektor in der Anatomie und zum Unteraufseher des Academischen Museums, als dessen Direktor (»Oberaufseher«) Heyne fungierte.[75] Blumenbachs Museumsamt war mit zahlreichen, in einer von Heyne entworfenen »Instruction« festgehaltenen Aufgaben verbunden, allen voran die Ordnung und Katalogisierung der Bestände – mit Ausnahme der Münzen.[76] Während Heyne durch seine zahllosen anderen universitären Verpflichtungen – genannt seien hier außer seiner Professur und der Leitung der Universitätsbibliothek nur das Amt des Sekretärs der Societät der Wissenschaften und des leitenden Redakteurs der Göttingischen

72 Umfassende Informationen und Materialien zu Blumenbachs Leben und Werk und zu seiner Tätigkeit für das Academische Museum finden sich auf der Website des Blumenbach-Projekts der Göttinger Akademie der Wissenschaften, blumenbach-online.de.

73 Marx 1840, S. 5.

74 Marx 1840, S. 5f.

75 Dougherty & Klatt 2006, S. 56f. Nr. 28; S. 67–72 Nr. 31–35.

76 Der Text der Dienstanweisung ist vollständig wiedergegeben bei Nawa 2010a, S. 49f und bei Dougherty & Klatt 2006, S. 72–74 Nr. 36.

Anzeigen von gelehrten Sachen[77] – gar nicht die Zeit hatte, sich beständig um das Museum zu kümmern, wurde Blumenbach rasch zur eigentlichen Seele der neuen Institution. Schon lange bevor er 1812, nach dem Tode Heynes (dessen Schwager er seit 1779 war), die offizielle Oberaufsicht über das Museum übernahm, war er dessen faktischer Leiter und verkörperte es nach außen. Von Anfang an hatte Heyne ihm die wissenschaftliche Betreuung der naturkundlichen und ethnographischen Bestände, für die er als Altertumswissenschaftler auch fachlich nicht die nötige Kompetenz besaß, vollständig übertragen. Im Gegenzug behielt er sich die alleinige Zuständigkeit für die numismatische Abteilung des Museums vor. Nur er verfügte über den Schlüssel zu den Münzschränken. Dazu heißt es in § 7 von Blumenbachs Dienstanweisung: »So oft der Hofrath Heyne verhindert wird, die Münzen und die edlen Steine, Fremden und Personen, denen man es nicht wohl abschlagen kan, vorzuzeigen, so wird er, der Unteraufseher, den Schlüssel zum Schranke von ihm erhalten, und bey der Vorzeigung alle erforderliche Vorsicht brauchen, auch so gleich den Schrank sorgfältig wieder verschliessen, und die Schlüssel wieder an besagten Hofrath Heyne zurückgeben«.[78]

1793 wurde das Academische Museum aus dem bisher genutzten Saal im Erdgeschoss des Universitätsgebäudes, der für die unablässig wachsende Universitätsbibliothek benötigt wurde, in einen benachbarten Gebäudekomplex verlagert, der ehemals Professorenwohnungen beherbergt hatte.[79] Die genaue Verteilung der einzelnen Museumsabteilungen auf die einzelnen Stockwerke und Säle des langgestreckten Baus ist erst vor einigen Jahren anhand neu entdeckter Grundrisspläne fassbar geworden.[80] Sie lassen erkennen, dass die Münzsammlung nicht mit in die neuen Räumlichkeiten überführt wurde. Von nun an waren die Münzen nicht mehr Teil des Academischen Museums, sondern der Bibliothek.[81] Bezeichnenderweise ging der Schlüssel zu den Münzschränken nach Heynes Tod nicht an Blumenbach, sondern an den neuen Bibliotheksdirektor, Heynes Schwiegersohn Jeremias David Reuß (1750–1837), über.[82]

---

77 Aus der umfangreichen Literatur zu Heyne sei nur der Sammelband Bäbler & Nesselrath 2014 zitiert, der einen guten Überblick über Heynes vielfältige Aktivitäten gibt.

78 Nawa 2010a, S. 50.

79 Nawa 2010b, S. 34f. mit Abb. 2.

80 Beer 2010; Nawa 2010b, S. 43–50. Sie zeigen allerdings den Zustand nach Blumenbachs Tod 1840.

81 So auch die Beschreibung bei Pütter & Saalfeld 1820, S. 405.

82 Vgl. das Übergabeprotokoll UAG Kur. 6924, Bl. 8r.

Die Katalogisierung der Büttner'schen Münzsammlung – ein gescheitertes Projekt

Im Antrag, den das Hannoversche Geheime Ratskollegium an den König richtete, wird als Bedingung für die Gewährung der Leibrente an Büttner festgehalten, dass dieser »seine gantze Sammlung nach einem zu verfertigendem vollständigem, systematischem richtigem Verzeichniße sofort an die Universitäts-Bibliothek abliefern wolle«.[83] Das klingt so, als solle zunächst ein Inventar der in Büttners Wohnung angehäuften Objekte angefertigt werden, um dann mit dessen Hilfe die vollständige Übergabe der Sammlung an die Universität zu kontrollieren. Angesichts des enormen Umfangs der Sammlung und angesichts der oben ausführlich geschilderten chaotischen Verhältnisse, unter denen Büttner seine Schätze aufbewahrte, war dies aber eine unrealistische Forderung – erst recht, falls man erwartet haben sollte, er selbst werde ein solches Inventar vorlegen. Offenbar begnügte man sich deshalb in der Praxis damit, die Sachen nach und nach in das Universitätsgebäude zu schaffen, wo sie dann mit mehr Übersicht geordnet und katalogisiert werden konnten. Dass sich allein schon der Vorgang der Ablieferung zu Heynes Verzweiflung über mehr als ein Jahr hinzog, wurde oben gezeigt.

Wie zu erwarten, nahm die Inventarisierung der riesigen Materialmengen auch unter Universitätsregie sehr viel Zeit in Anspruch. Für die Naturalia war – zunächst inoffiziell, dann ganz regulär, in seiner Funktion als Unteraufseher des Academischen Museums – Blumenbach zuständig. In § 4 seiner »Instruction« heißt es dazu: »Eben so gewissenhaft wird er sich die Verfertigung, Beendigung und Berichtigung der Catalogen des Kabinets angelegen seyn lassen; von welchen, so wie von den Nachträgen, von Zeit zu Zeit, ein Exemplar, das vom Hofrath Heyne untersignirt ist, an Königl. Regierung eingesendet werden muß«.[84]

Blumenbach machte sich gleich an die Arbeit, die sich zwar länger, als es Heyne lieb war, hinzog; doch 1778 konnte er das Resultat seiner Mühen, einen vollständigen handschriftlichen Katalog der gesamten naturkundlichen Bestände des Museums (einschließlich einiger »Artefacten«, d.h. ethnographischer und archäologischer Objekte) vorlegen. Zwei Exemplare dieses Katalogs befinden sich heute im Archiv des Ethnologischen Instituts der Universität Göttingen,[85] ein drittes in der British Library in London – eben jenes besonders aufwendig gestaltete Exemplar, in dem die oben behandelte Innenansicht

83 Siehe o. S. 122.

84 Nawa 2010a, S. 49.

85 Übersicht über den Inhalt bei Nawa 2010a, S. 126–134; vgl. jetzt auch Bucher 2023, S. 168–178. Digitalisat der Originalhandschrift: https://blumenbach-online.de/fileadmin/wikiuser/Materialien%20zu%20Blumenbach/Blumenbach_Handschriften_1778_Catalog%20Musei%20Academici_Bestand%20Ethnologie.pdf.

und der Grundriss des Academischen Museums enthalten sind.[86] Die Münzen und Medaillen werden in keiner dieser Handschriften erwähnt. Ihre Katalogisierung hätte nicht nur Blumenbachs fachliche Kompetenz überstiegen, sondern fiel ausdrücklich in die Zuständigkeit Heynes. Das geht aus dem Begleitschreiben hervor, das das Hannoversche Geheime Ratskollegium am 7. Januar 1779 zusammen mit dem Catalogus an den König nach London übersandte. Darin wird explizit darauf hingewiesen, »daß dieses Verzeichniß blos die Naturalien- und Kunstsamlung betreffe, einfolglich der ansehnliche Vorrath von alten und neuen Müntzen nicht darunter gegriffen sei, sondern dieses des Hofraths Heynen näherer Aufsicht untergeben worden, und von ihm darüber ein eigner Catalogus verfertigt werde«.[87]

Heyne war allerdings nicht in der Lage, einen solchen Katalog aller Münzen persönlich anzufertigen, vor allem aus zeitlichen, z.T. aber wohl auch aus inhaltlichen Gründen. Als Altertumswissenschaftler fühlte er sich nur für die antiken Münzen zuständig, doch selbst dieser Bestand war viel zu umfangreich, als dass er ihn angesichts seiner vielen anderen Verpflichtungen selbst hätte bearbeiten können. Er begnügte sich daher damit, einen abgegrenzten, aber wissenschaftlich für ihn besonders interessanten Teilbestand der römischen Münzen selbst zu katalogisieren: die sog. Familienmünzen, also die republikanischen Prägungen, auf denen die Namen der verantwortlichen Münzmeister angegeben sind und die nach den numismatischen Gepflogenheiten des 16.–19. Jahrhunderts nach den Gentilnamen dieser Münzmeister alphabetisch geordnet wurden.[88] Heyne stützte sich bei seiner Bestimmungsarbeit auf den 1734 in Amsterdam in zwei prachtvollen Bänden publizierten »Thesaurus Morellianus«, das damals wichtigste und vollständigste Referenzwerk zur römisch-republikanischen Münzprägung.[89] Als Professor der Bered-

86 Vgl. o. Anm. 63 und Abb. 3–5.

87 Dougherty & Klatt 2006, S. 166f. Nr. 101.

88 Boehringer 2007.

89 Morell 1734. Der aus Bern gebürtige Numismatiker und Zeichner Andreas Morell (1646–1703) war lange am Pariser Cabinet des Médailles tätig und betreute später das zu seiner Zeit sehr bedeutende Münzkabinett des Grafen Anton Günther II. von Schwarzburg-Sondershausen zu Arnstadt. Zur Entstehungsgeschichte des erst drei Jahrzehnte nach Morells Tod erschienen Thesaurus vgl. Amiet 1883, S. 50: »Morell hatte diese nach Fulvius Ursinus' und Carl Patin's System geordneten und von ihm selbst ausgeführten Kupfertafeln dem Leipziger Buchhändler Thomas Fritsch, und dessen Erben dieselben den Buchhändlern Wettstein und Smith in Amsterdam verkauft. Dort sah 1729 Sigebert Havercamp die Tafeln und schrieb dazu unter Benutzung der Morellischen Aufzeichnungen und früherer numismatischer Werke den berühmten Commentar in zwei Foliobänden, welche unter dem Titel *Thesaurus Morellianus* 1734 zu Amsterdam erschienen«. Morell hatte sich 1673 in Basel mit dem großen Numismatiker Charles Patin (1633–1693) angefreundet, der zehn Jahre zuvor das Werk *Familiae Romanae in antiqvis nvmismatibvs, ab vrbe condita ad tempora Divi Avgvsti. Ex bibliotheca Fvlvii Vrsini* (Paris 1663) veröffentlicht hatte. Dieses wiederum beruhte auf dem Werk des Fulvio Orsini (1529–1600) resp. Fulvius Ursinus, *Familiae Romanae qvae reperivntvr in antiqvis nvmismatibvs, ab vrbe condita ad tempora Divi Augusti, ex bibliotheca Fulvi Vrsini* (Rom 1577).

samkeit war Heyne für die öffentlichen Ansprachen an der Universität zuständig, die am jährlichen Gründungsfest der Universität (am 17. September), bei der Einführung des neuen Prorektors am Jahresbeginn und zu anderen Anlässen in lateinischer Sprache gehalten wurden. Zu diesen Feierlichkeiten wurde mit einer kurzen, ebenfalls in Latein abgefassten Programmschrift eingeladen, die ein wissenschaftliches Thema behandelte.[90] In drei, 1777–1778 erschienenen Programmen unter dem Titel »Numi familiarum Romanarum, qui in Museo academico servantur. Commentatio I–III« legte Heyne 196 Familienmünzen aus Büttners Sammlung vor, in der üblichen alphabetischen Abfolge und mit knappen Beschreibungen versehen.[91] Abbildungen waren in den Einladungsschriften nicht

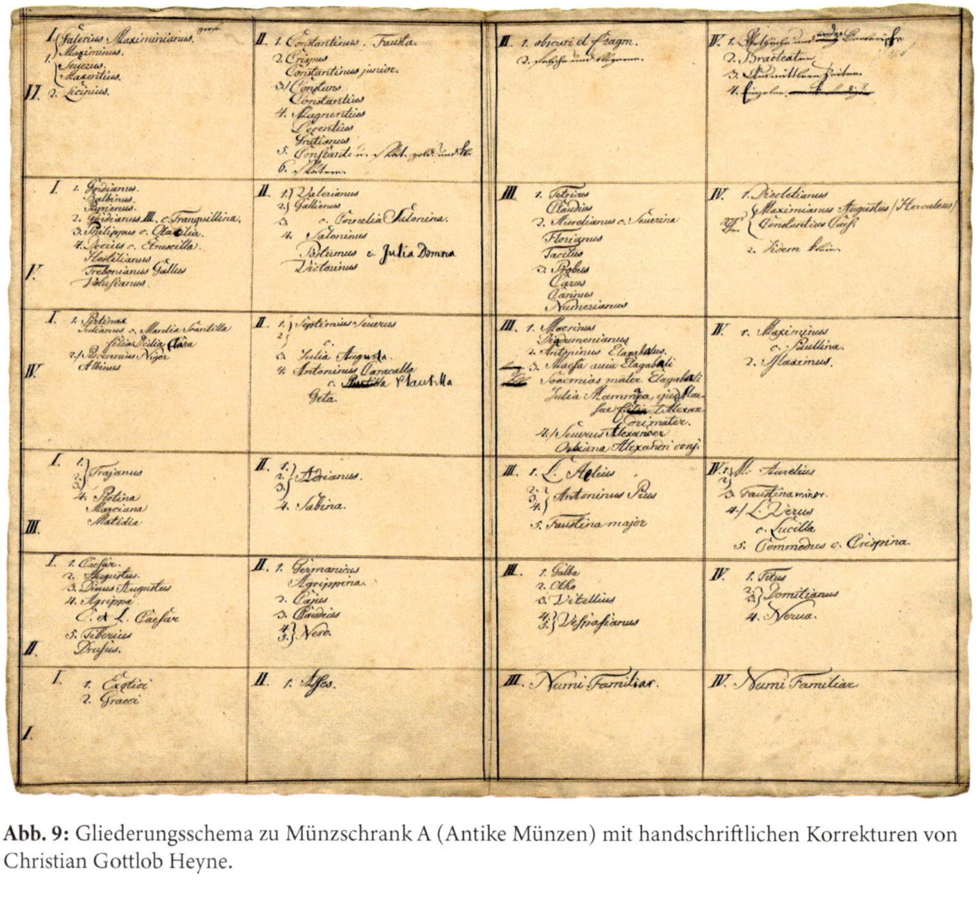

Abb. 9: Gliederungsschema zu Münzschrank A (Antike Münzen) mit handschriftlichen Korrekturen von Christian Gottlob Heyne.

90 Heidenreich 2006, S. 187–262. Heyne hat insgesamt 126 Programme verfasst (ebd. S. 191).

91 Heyne 1777/78. Die als Einzeldrucke veröffentlichten Programme wurden wieder abgedruckt in Heyne 1787, S. 354–408. Zum zeitgeschichtlichen Kontext von Heynes Themenwahl vgl. Boehringer 1993, 27. Im Archiv des Göttinger Münzkabinetts ist sowohl Heynes Originalmanuskript als auch ein von ihm mit handschriftlichen Nachträgen versehenes, zusammengebundenes Exemplar der drei Erstdrucke erhalten.

vorgesehen und wären wohl auch aus Kostengründen nicht möglich gewesen. Hier begnügte sich Heyne mit Verweisen auf den Morell'schen Thesaurus.

Man darf vermuten, dass Heyne auch die übrigen antiken Münzen aus Büttners Sammlung zumindest grob geordnet hat, um sie benutzen zu können. Darauf deutet auch eine großformatige Schemazeichnung (Abb. 9), die die 24 Fächer des Schrankes mit den antiken Münzen zeigt und angibt, wie die Bestände auf die einzelnen Laden verteilt waren. Sie stammt zwar nicht von Heyne, doch weist sie Korrekturen in seiner Handschrift auf, ist also zu seinen Lebzeiten entstanden. Sie belegt, dass der große Bestand an kaiserzeitlichen Münzen chronologisch nach Kaisern geordnet war.[92]

Für die Bestimmung und Ordnung der nachantiken Münzen scheint Heyne auf Büttners Mitarbeit gezählt zu haben, der zu diesem Zweck offenbar sogar autorisiert wurde, ganze Abteilungen des Münzkabinetts wieder bei sich zu Hause aufzubewahren, um daran zu arbeiten. Das lässt sich einem Schreiben entnehmen, das Heyne Ende 1777 an Büttner richtete und in dem er diesen in ungewöhnlich harscher Form zur Rückgabe der entliehenen Münzen aufforderte.[93] Wieder war ihm angesichts der Saumseligkeit des Kollegen der Geduldsfaden gerissen.

26. Dec(ember) (17)77

Ew(er) Wohlgeb(ohren)
müssen mir erlauben, daß ich einmal wieder wegen der Anordnung der Münzen Anregung thue. Ich habe die Verantwortung bey unsern Obern; ich bekomme Vorwürfe darüber, daß nichts in Ordnung kömmt, und mich entschuldiget es nicht, wenn ich gleich schreibe, Herr Prof. Büttner hat die Münzen ins zweyte Jahr bey sich. Also bitte ich der Sache ein Ende zu machen. Können Sie nicht dazu kommen, die Ordnung zu machen, so seynd Sie so gütig und stellen mir lieber die Münzen wieder zu, daß auf andere Weise dafür gesorget werden kan. Ew. Wohlgebohren können dieß auf keine billige Weise übel nehmen. Es ist alles mögliche geschehen, was Ihnen Zufriedenheit machen konnte. Selbst daß ich die Römischen Münzen in Programmen beschreibe, wovon jetzt zum 2. Jan. das Zweyte erscheint, zielt blos ab, Ihrer Sammlung Ehre zu machen. Wie können Sie selber nun dasjenige verhindern und aufhalten, was zum fernern Lustre Ihres Cabinets gereichen soll? Was ist das ganze Museum, wenn keine Ordnung drinnen ist? Die Münzen können die Stunde noch keinem Menschen gewiesen werden, und mit den Naturalien läßt uns Herr Prof. Blumenbach auch da wo

92 Archäologisches Institut der Universität Göttingen, Archiv des Münzkabinetts (AIGAM), Mappe 1. Darin auch knappe handschriftliche Listen Heynes sowohl zu griechischen Städtemünzen als auch zu kaiserlichen Prägungen.

93 Weimar, GSA 105/139, Bl. 1, abgedruckt bei Dougherty & Klatt 2006, S. 139 Nr. 78.

wir waren. So müssen Sie endlich in Hannover alle Lust verliehren. Ich beharre mit aufrichtiger Freundschafft
Ew(er) Wohlgebohren
Gehors(amster) D(iener) Heyne

Büttner, 13 Jahre älter und schon lange vor Heyne an der Göttinger Universität tätig, war über den nach den damals herrschenden Usancen ziemlich unhöflichen Ton dieses Briefes spürbar gekränkt und antwortete mit einem Schreiben, dessen Entwurf sich unter seinen nachgelassenen Papieren erhalten hat:[94]

den 30. Dec(ember) 1777.
Ew(er) Wohlgeb(oren) Schreiben, womit Dieselbe mich zu ermuntern beliebet haben, läßet mich Vorwürfe ersehen die gar nicht auf mich paßen. Bescheidene Erinnerungen und Ersuche höre ich sehr gerne, und befolge sie nach Masgebung meiner häuslichen Umstände, aber Versuche, bey Verrichtungen worzu ich nicht verpflichtet bin mich nach hinterlegten 60 Jahren noch als einen untergebenen Jüngling zu behandeln, muß ich mir eben nicht nothwendig gefallen laßen. Wenn die Sammlung, welche ich abgeliefert habe, einigen innerlichen Werth hat; so kann ihr äuserlicher Aufzug bey Leuten von Kentniß so wenig als die Hinzufügung des Bütnerischen Namens (: welchen solches nicht verdient) ihrer Ehre etwas zusezen, wohl aber ein daraus errichtetes Cabinet der Realkentniße beforderlich seyn, und ob nun solches gehörig eingerichtet ist; so gereichet es zum *lustre* der *academie,* welches ich eben so gern als Ew(er) Wohlgeb(oren) selbst sehe, ich wünsche nur daß man zu diesem Zwecke zu gelangen die rechte Bahn gehen möge, dieses und nichts anderes wird meine Zufriedenheit vermehren. Die Ehre wird alsdann auf die Beförderer deßelben fallen, ich verlange dergleichen als ein geringes und bald abgenuztes Werkzeug nicht. Die seit Ostern bis heute (also nicht ins zweite Jahr) in meiner Verwahrung gewesene Französische und Niederländische Münzen kommen hiermit angeordnet zurück, wenn Ew(er) Wohlgeb(oren) gefällig ist mir weiter welche zuzuschicken; so kan ich jezo mit deren arrangemente ununterbrochen fortfahren, und um Ostern wird die Eintheilung sämtlicher Münzen geendigt seyn. Ubrigens beharre ich mit vollkommenster Hochschäzung, in allen thunlichen Fällen.
Ew(er) Wohlgeb(oren)
gehorsamster Diener.
PS: H Pr. Blumenbach hat freilich mehrere Verpflichtung für ein *Salarium* von 300 rth. als ich für 40 rth. Zulage

94 Weimar, GSA 105/158.

Es ist kaum anzunehmen, dass Büttner die angekündigte Ordnung »sämtlicher Münzen« abgeschlossen hat. Aus dem Tenor von Heynes Briefen an ihn darf man wohl eher schließen, dass die Arbeiten im Sande verlaufen sind. Worin die Ordnungsarbeiten genau bestanden, ist auch unklar. Ein bloßes Sortieren kann eigentlich nicht genügt haben, irgendeine Art von schriftlichen Notizen, sei es in Form von Unterlegzetteln, sei es in Listenform, wäre zu erwarten. In einem leider undatierten Kurzbrief, vielleicht aus dem August 1777 oder 1778, schreibt Heyne:[95]

> Ew(er) Wohlgebohren nehmen es freundschaftlich auf, wenn ich nach langem Harren einmal eine Anregung wegen der Verzeichnung zu neuen *Tabletten* für die Münzen thue. Ich ersuche Sie auf das Inständigste u(nd) Angelegentlichste darum. Ich komme sonst selbst darüber in die größte Verantwortung. Schon ist es wieder August. Wie viel hätten wir die schönen Sommermonate machen können! Nun muß man sich wieder in der Kälte in das Cabinet hinsetzen! Wenn Sie aber doch nur dießmal dazu wollten, damit wir nach dem Herbst in Ordnung kämen! Ich will Sie gern nicht weiter incommodiren. H.

Dass Heyne die »Verzeichnung« weiterer Münztabletts bei Büttner anmahnt, könnte auf eine zumindest rudimentäre Katalogisierung hindeuten. Schriftliche Spuren hat Büttners Tätigkeit jedoch nicht hinterlassen, denn es sind weder Inventarlisten noch Unterlegzettel von seiner Hand erhalten, die auf entsprechende Aktivitäten hinweisen würden. Warum Heyne, nachdem sich immer deutlicher abzeichnete, dass Büttner den 1773 im Antrag an den König angekündigten Katalog schuldig bleiben würde, nicht nach anderweitiger Unterstützung innerhalb der Universität Umschau gehalten hat, ist unklar. Unter seinen Kollegen war z.B. August Ludwig Schlözer (1735–1809) an neuzeitlichen Münzen interessiert und sammelte selbst Münzen;[96] auch Johann Christoph Gatterer (1727–1799), der »Vater der Hilfswissenschaften«, wäre ein möglicher Ansprechpartner gewesen.[97] Beide Gelehrte hätten in ihrem Schülerkreis sicherlich geeignete Studenten gehabt, die man mit Katalogisierungsarbeiten hätte betrauen können. Immerhin wurde 1785 Jeremias David Reuß, Heynes späterer Nachfolger als Bibliotheksdirektor, beauftragt, einen Katalog der

95 Weimar, GSA 105/139, Bl. 8.

96 Schlözer veröffentlichte u.a. zusammen mit seiner Tochter Dorothea: Münz-, Geld- und Bergwerks-Geschichte des russischen Kaiserthums vom J. 1700 bis 1789; Meist aus Urkunden beschrieben, Göttingen 1791. Die (z.T. allerdings erst auf seine Nachkommen zurückgehende) kleine Münzsammlung der Familie Schlözer befindet sich im Münzkabinett der Universität Göttingen.

97 Zu Gatterers numismatischen Studien vgl. Gierl 2012, S. 124–128. Gatterer veröffentlichte 1773 begleitend zu seiner Vorlesung einen kurzen »Grundriß der Numismatik; zum Gebrauche seiner Zuhörer«. Aus dem Göttinger Münzkabinett entlieh er Münzen für seine Lehrveranstaltungen, wie aus handschriftlichen Belegen hervorgeht (AIGAM, Mappe 1).

russischen Münzen und Medaillen aus den Schenkungen des Barons von Asch anzufertigen. Das mit erstaunlicher Sachkenntnis und in schmuckvoller Handschrift erstellte Exemplar ist im Archiv des Münzkabinetts im Archäologischen Institut erhalten. Ähnliches wäre auch für die Büttner-Münzen denkbar gewesen, doch offensichtlich ist dies unterblieben.

Zusammensetzung der Büttner'schen Münzsammlung

Da das geplante Inventar der Büttner'schen Münzen nie zustande gekommen ist, kann man über den ursprünglichen Umfang und den Inhalt seiner Sammlung nur auf indirektem Wege Aufschluss gewinnen. Auf windungsreichen, mit vielen Unsicherheiten behafteten Pfaden muss man sich vom heute vorhandenen Bestand des Göttinger Münzkabinetts schrittweise bis zu den Anfängen zurücktasten. Die eingangs genannten umfangreichen Neuzugänge des 20. Jahrhunderts (Crönert, Schröder, Königsberg, Bachmann) sind zwar klar vom älteren Bestand abgrenzbar. Aber dieser deckt sich nur teilweise mit dem, was Karl Gustav Schmidt[98] (Abb. 10) in seinem im Sommer 1851 begonnenen und bis 1865 um Nachträge erweiterten Gesamtinventar der Sammlung festgehalten hat. Weil Schmidt darauf verzichtete, durchlaufende Inventarnummern zu vergeben und diese auf Unterlegzetteln zu vermerken sowie das Gewicht der einzelnen Münzen zu registrieren, ist die eindeutige Identifikation der von ihm katalogisierten Münzen mit den heute vorhandenen Stücken erheblich erschwert. Bei Amtsantritt Boehringers als Kustos 1967 befand sich die sog. Alte Sammlung – bedingt wohl vor allem durch die Auslagerung nach dem Zweiten Weltkrieg – in erheblicher Unordnung. In

Abb. 10: Karl Gustav Schmidt (1829–1892, Carte de Visite, um 1887).

98 s.o. Anm. 4.

jahrelanger Arbeit gelang es Boehringer, durch sorgfältigen Abgleich der vorhandenen griechischen und römischen Münzen mit dem Schmidt'schen Inventar die dort verzeichneten Stücke größtenteils wiederzufinden, wobei das Vorhandensein mehrerer Exemplare desselben Typs eine ganz sichere Zuordnung der einzelnen Stücke oft nicht möglich macht.

Ungeachtet dieser Schwierigkeiten ist Schmidts Inventar ein höchst wertvolles Hilfsmittel, um den Zustand des Göttinger Münzkabinetts kurz nach der Mitte des 19. Jahrhunderts zu rekonstruieren. In mikroskopisch kleiner Handschrift sind in den vier großformatigen Bänden alle antiken, mittelalterlichen und neuzeitlichen Münzen erfasst. Hinsichtlich der von Baron von Asch geschenkten russischen Münzen und Medaillen genügte es, im Reuß'schen Inventar von 1785 die seither neu hinzugekommenen Stücke nachzutragen. Während Schmidt sich trotz seines jugendlichen Alters – bei der Übernahme der Arbeit war er kaum 22 Jahre alt – auf allen Gebieten der europäischen Numismatik hervorragend ausgekannt zu haben scheint, fehlten ihm für die orientalischen Münzen die nötigen Spezialkenntnisse. Es war wohl geplant, die Inventarisierung dieser Bestände nachzuholen, sobald sich ein entsprechend qualifizierter Bearbeiter gefunden hätte, aber da wichtige Ausschnitte aus diesem Teil der Sammlung bereits Jahre zuvor von Thomas Christian Tychsen (1758–1834) erfasst und publiziert worden waren,[99] betrachtete man diese Aufgabe offenbar nicht als vordringlich. Erst in den 1990er Jahren sind nahezu sämtliche orientalischen Münzen der Göttinger Sammlung, deren Zahl sich durch die Schenkung Bachmann 1991 vervielfacht hatte, von Florian Schwarz wissenschaftlich bearbeitet worden.[100]

Von dieser Ausnahme abgesehen, ist jedoch alles, was sich 1851 in der Göttinger Sammlung befand, und alles was in den erwerbungsfreudigen Jahren bis 1865 noch hinzugekommen ist, in Schmidts Inventar erfasst. Jede Münze wird kurz beschrieben, dazu sind Material und Größenklasse (nach dem Schema von Mionnet) angegeben. Öfters finden sich in der letzten Spalte Literaturhinweise oder andere Bemerkungen. Für alle während der vierzehnjährigen Tätigkeit Schmidts neu erworbenen Stücke sind das Jahr und der Monat des Zugangs und der Name des Schenkers oder Verkäufers notiert (Abb. 11).

Am 20. Juni 1851 war Schmidt, damals »Practicant« am Göttinger Gymnasium, zunächst für den Zeitraum von zwei Jahren eingestellt worden, der nach Berechnungen der Sammlungsdirektoren Hermann und Wieseler notwendig war, um den Gesamtbestand

---

99 Tychsen widmete den Göttinger Münzen verschiedene Aufsätze in den »Commentationes Societatis Regiae Scientiarum Gottingensis« zwischen 1787 und 1816, vgl. dazu Boehringer 2000, S. 66 Anm. 15.

100 Vgl. Schwarz 2000. Die von Schwarz angelegte Münzkartei bildet die Grundlage zweier digitaler Publikationsprojekte: Die islamischen Münzen der sog. Alten Sammlung, hauptsächlich aus den Schenkungen des Barons von Asch stammend, wurden 2017 von Matthias Naue (Hamburg) in KENOM erfasst und online veröffentlicht. Gleiches ist für die islamischen Münzen der Sammlung Bachmann geplant, die seit Februar 2023 im Rahmen eines Forschungsprojekts unter der Leitung des Göttinger Arabisten Jens Scheiner durch Huda Subeh (Hamburg) bearbeitet werden.

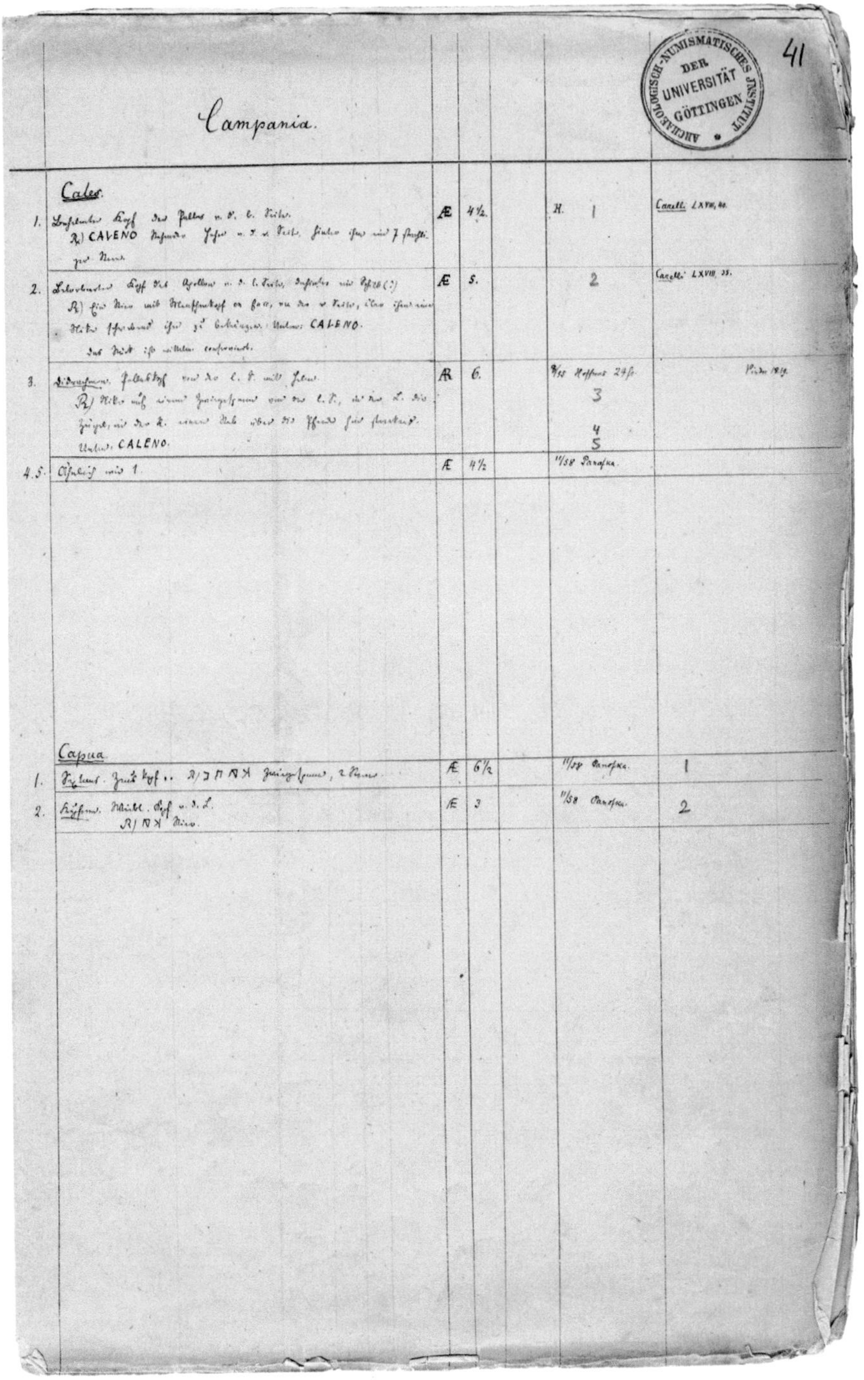

Abb. 11: Karl Gustav Schmidt, Inventarbuch des Göttinger Münzkabinetts, Band 1 (Griechische Münzen), Seite 41.

zu katalogisieren.[101] Doch der junge Numismatiker erwies sich in puncto Arbeitstempo und Effizienz als das genaue Gegenteil Büttners: Bereits nach weniger als acht Monaten hatte er die wahrhaft herkulische Aufgabe bewältigt. Hochbefriedigt konnten die Direktoren am 14. Februar 1852 dem Kuratorium vermelden, »daß der Genannte unseren Erwartungen vollständig entsprochen und von den nach beiliegender Specification über 10,000 Nummern betragenden Sammlung einen detaillirten Katalog angefertigt hat, der mit Inbegriff der russischen Numismatik in fünf Foliobänden vor uns liegt«.[102] Schmidt erhielt die vereinbarte Vergütung von 100 Reichstalern und wurde zu einem Jahresgehalt von 25 Talern zusätzlich zu seiner hauptberuflichen Tätigkeit am Gymnasium als Assistent des Archäologisch-Numismatischen Instituts eingestellt, eine Aufgabe, die er offenbar kontinuierlich wahrnahm, bis er 1866 Göttingen verließ.[103]

In der oben erwähnten »Specification«, die auch in der Hannoverschen Zeitung abgedruckt wurde, gab Schmidt einen statistischen Überblick über die Zusammensetzung der Sammlung:[104]

> Die Sammlung zerfällt in zwei Theile, von denen der eine die antiken und der andere die modernen Münzen umfaßt. An erstern sind 4976 Stück vorhanden, die sich so vertheilen: griechische 732, darunter 134 in Silber, 598 in Erz, römische Familienmünzen 389, darunter 1 in Gold, 379 in Silber, 9 in Erz; römische Kaisermünzen 3833, 8 in Gold, 1200 in Silber 2625 in Erz. Dazu kommen noch die barbarischen, 22 Stück, worunter 4 goldene, 14 silberne, 4 in Erz. ... Die modernen Münzen belaufen sich auf 5221 Stück, worunter 197 in Gold, 3492 in Silber und 1532 in anderen Metallen, darunter befinden sich 146 mittelalterliche zum großen Theile den Deutschen Kaisern angehörende Brakteaten. Die Sammlung der modernen Münzen zerfällt in die der eigentlichen Münzen und der Medaillen. Die letzteren, 723 an der Zahl, worunter 2 goldene, 85 silberne und 646 in anderen Metallen, erfreuen sich in einigen Branchen einer ganz besondern Vollständigkeit; namentlich sind die russischen und päpstlichen Medaillen gut vertreten. ... Alles in Allem beträgt die Sammlung mit Ausschluß der orientalischen Münzen 210 in Gold, 5219 in Silber, 4768 in anderen Metallen, Summa 10,197 Stück.

101 UAG, Kur. 1335, unpaginiert, Dokument 1: Die 100 Reichstaler werden fällig bei »Beendigung des Katalogs der antiken und modernen Gold-, Silber- und Kupfermünzen binnen längstens zwei Jahren«.

102 UAG, Kur. 1335, Dokument 5.

103 Nach Stationen in Hannover und Nordhausen wurde er 1871 Direktor des Domgymnasiums in Halberstadt, wo er 1892 starb; vgl. Jacobs 1908, S. 100.

104 Hannoversche Zeitung Nr. 46, Montag, den 23. Februar 1852, S. 329. Der Text der handschriftlichen »Specification« wurde für den Abdruck nur geringfügig redigiert.

Positive Angaben darüber, welche dieser Münzen und Medaillen auf das Büttner'sche Kabinett zurückgingen, scheinen Schmidt nicht vorgelegen zu haben. Soweit ihm Provenienzdaten bekannt waren, hat er diese in sein Inventar aufgenommen[105] und, wie schon erwähnt, alle nach seinem Amtsantritt eingegangenen Neuzugänge akkurat sowohl im Inventar als auch in einem eigenen Akzessionskatalog[106] vermerkt. Diese Daten harren noch einer genaueren Auswertung. Wie spürbar die Sammlung aber bereits seit 1837, als Karl Otfried Müller die Leitung der Sammlung übernommen hatte, gewachsen war, zeigt der Vergleich mit einem von Müller erhobenen »Befund der Akademischen Münzsammlung im Jahre 1838«.[107] Er nennt 304 griechische, 242 römisch-republikanische, 2 283 kaiserzeitliche, 28 byzantinische, 15 barbarische und 301 mittelalterliche sowie 3 447 neuzeitliche Münzen, ferner 272 Schaumünzen und 42 Medaillen, insgesamt 7 034 Stück. Zwar sind in Müllers Zählung die russischen Münzen und Medaillen aus der Sammlung Asch nicht eingeschlossen, gleichwohl bleibt die Differenz zu dem Stand 15 Jahre später (»10 197 Stück«) erheblich.

Auch wenn Müllers »Befund« keine Informationen zu einzelnen Stücken enthält, so liefert er doch die ältesten uns vorliegenden detaillierten Zahlenangaben zum Gesamtumfang der Göttinger Sammlung. Geht man zeitlich weiter zurück, so muss man sich damit begnügen, einige sicher bezeugte und genau quantifizierte Neuzugänge von Müllers Zahlen zu subtrahieren, um sich dem Büttner'schen Urbestand weiter anzunähern. Nach Heynes Tod 1812 war die aktive wissenschaftliche Betreuung der Sammlung für ein Vierteljahrhundert zum Erliegen gekommen. Die in dieser Zeit eingetroffenen Schenkungen und Überweisungen wurden vom Bibliotheksdirektor Reuß in die Münzschränke eingeschlossen, aber nicht numismatisch bearbeitet. Der einzige Gelehrte, der sich in der Interimsperiode von 1812 bis 1837 aktiv mit den Münzen beschäftigte, war offenbar Thomas Christian Tychsen. Außer den erwähnten Forschungen zu den orientalischen Münzen scheint er das Projekt einer Gesamtinventarisierung der Münzsammlung weiterbetrieben zu haben,[108] ohne es freilich abzuschließen. Lediglich eine von ihm um 1820 angefertigte

105 Bei manchen antiken Münzen findet sich der Vermerk »Asch«. Nie aber wird bei einzelnen Münzen auf Büttner verwiesen.

106 AIGAM, Mappe 17.

107 AIGAM, Mappe 13.

108 Bericht der Bibliotheks-Commission an das Kuratorium vom 18. 5. 1837 »über den gegenwärtigen Zustand des akademischen ... so genannten Büttnerschen Münz-Cabinets«: »Auf den Wunsch und im Auftrage Heyne's, welcher einige dieser Münzen in Programmen selbst beschrieb, hatte der verstorbene Hofrath Tychsen die Sammlung geordnet, ein Verzeichniß davon aufgestellt, welches bei Übergabe der Schlüssel der Münzschränke der Oberbibliothekar Reuß erhielt, und von ihm in dem einen der Münzschränke niederlegte. In diesem Zustande ist die Münz-Sammlung bis jetzt geblieben. Da den Bibliothekaren sich einem Studium dieses Faches zu widmen anderweitige Arbeiten nicht gestatten, auch bisher einige Geschenke hinzugekommen, welche Oberbibliothekar Reuß pflichtmäßig in den Münzschrank (in einer Schachtel) niederlegte, so wäre wohl zu wünschen, daß dadurch das Tychsensche Verzeichniß ergänzt, und die Aufsicht einem Alterthumskundigen anvertraut würde« (UAG Kur. 6924, Bl. 8). Vermutlich ist das »Verzeichniß« mit der in der folgenden Anm. genannten Liste gleichzusetzen.

handschriftliches »Verzeichniß der Münzen auf der Kgl. Universitäts-Bibliothek zu Göttingen, verfertiget von Hofr. Tychsen«, das aber nur die griechischen und römisch-republikanischen Münzen auflistet, hat sich erhalten.[109]

Die wichtigste Quelle zum Bestand des Münzkabinetts in den knapp 40 Jahren, in denen es von Heyne geleitet wurde, sind dessen Veröffentlichungen zu den Familienmünzen.[110] Diese 196 Objekte, vorwiegend Denare, im Schmidt'schen Inventar bzw. im heutigen Bestand mit Sicherheit ausfindig zu machen, ist jedoch nicht immer möglich, da zu manchen von Heyne aufgeführten Positionen bereits zu Schmidts Zeit mehr Exemplare vorhanden waren, so dass sich lediglich der Münztyp, nicht aber das konkrete Stück sicher identifizieren lässt. Bereits im von Heyne bearbeiteten Bestand waren Dubletten vorhanden, wie er pauschal angibt, ohne deren eventuelles Vorhandensein bei den einzelnen Münztypen zu vermerken.[111] Auch macht Heyne keinerlei Angaben zum Erhaltungszustand einzelner Stücke. Nicht einmal Denari serrati werden als solche gekennzeichnet. Bei der Wiedergabe der Legenden scheint Heyne sich mehr an den bei Morell[112] dokumentierten Idealzustand als an das am jeweiligen Göttinger Stück Lesbare gehalten zu haben. Auch wenn absolute Eindeutigkeit in der Identifizierung individueller Stücke aus diesen Gründen in vielen Fällen nicht möglich ist, so ergibt die systematische Überprüfung der in Heynes erster Abhandlung aufgeführten 72 Typen, dass zu jedem von ihnen noch heute mindestens ein Exemplar in der Sammlung vorhanden ist. Es besteht also begründeter Anlass zu der Annahme, dass im Bereich der republikanischen Denare noch sehr viel von dem vorhanden ist, was Büttner besessen hat.[113]

Zu den übrigen Beständen der Sammlung hat Heyne lediglich sporadische Notizen hinterlassen, die aber nicht ausreichen, um einzelne Stücke eindeutig ausfindig machen zu können. Umso wichtiger ist die bislang von der Forschung nicht beachtete Liste, die – wie oben erwähnt – dem Antrag an den König vom 20. April 1773 zum Ankauf des Büttner'schen Kabinetts beigelegt war und die sich in den Akten der Londoner Deutschen Kanzlei im Niedersächsischen Landesarchiv Hannover erhalten hat.[114] Sie ist im Anhang vollständig abgedruckt.

---

109 AIGAM, Mappe 4. Das Verzeichnis bedarf noch eines genaueren Abgleichs mit dem Schmidt'schen Inventar.

110 s. o. Anm. 91.

111 Heyne 1787, S. 358 Anm. b): »Dupli qui adsunt numi, in hoc recensu non commemorantur«.

112 s. o. Anm. 89.

113 Bei einer nicht geringen Zahl der von Heyne katalogisierten Münztypen nennt das Schmidt'sche Inventar allerdings eine andere, spätere Provenienz. Offenbar war man im 19. Jahrhundert bestrebt, schlecht erhaltene, weniger qualitätvolle oder auch unechte Stücke durch bessere Exemplare zu ersetzen.

114 s. o. Anm. 50.

Die Angebotsliste von 1773

Wie das Schreiben an den König ist auch die beigelegte Liste wohl von einem professionellen Schreiber in Schönschrift ausgeführt worden, so dass unklar bleibt, von wem und unter welchen Umständen die Vorlage dazu erstellt wurde. In dem Schreiben heißt es, man habe »dem Hofrathe Heynen Auftrag gethan«, Genaueres sowohl über den wissenschaftlichen als auch über den finanziellen Wert von Büttners Kabinett zu ermitteln. »Der von diesem erstattete Bericht übertrifft noch die Erwartung welche wir in Ansehung des ersteren geheget, und wir glauben, Eurer Königlichen Majestät nicht beßer von der Wichtigkeit des Kabinets versichern zu können, als wenn wir die von besagtem Hofrathe eingesandte allgemeine Beschreibung desselben unterthänigst vorlegen«.[115] Diese Formulierung impliziert nicht notwendig, dass Heyne die Liste selbst verfasst hat, sondern lässt auch die Möglichkeit offen, dass es sich um eine von Büttner gelieferte Aufstellung handelt. Die oben ausführlich wiedergegebenen Schilderungen der in Büttners Wohnung herrschenden Zustände machen es wenig wahrscheinlich, dass Heyne überhaupt im Stande gewesen wäre, eine solche Liste zu erstellen. Viel plausibler ist die Annahme, dass er nach einer kursorischen Besichtigung des Büttner'schen Labyrinths und dem Studium einiger Kostproben den Eigentümer gebeten hat, die einzelnen Sammlungsteile selbst aufzulisten und dabei auf besonders interessante Stücke eigens hinzuweisen.

Man darf sich allerdings fragen, ob Büttner selbst überblickte, was er besaß. Zweifel daran erweckt schon gleich am Anfang der Liste die Angabe zum Umfang der Münzsammlung: »der Anzahl nach zwischen 20- und 30,000. Stücke«. Sie ist die Grundlage für die noch weiter zugespitzter Formulierung im Schreiben an den König, wo von »an die 30/m. Stück gehenden Müntzen« die Rede ist.[116] Verwunderlich ist nicht nur die extreme Vagheit der Zahlenangabe, sondern vor allem die krasse Diskrepanz, die sich daraus zu dem 1838 von Karl Otfried Müller ermittelten Umfang des Göttinger Münzkabinetts von gut 7 000 Objekten ergibt, von denen manche nachweislich erst nach Erwerbung der Büttner'schen Bestände dorthin gelangt waren. Ist es denkbar, dass die Münzsammlung 1773 ungefähr viermal so groß war wie 1838? Wollte man sich auf diese mehr als unwahrscheinliche Annahme einlassen, so müsste man zu einer der folgenden Erklärungshypothesen Zuflucht nehmen:

a) Die Sammlung wurde 1773 nicht so übergeben, wie in dem Verzeichnis angekündigt. Gegen diese Hypothese spricht, dass Heyne noch im Moment von Büttners Übersiedelung nach Jena zehn Jahre später sehr darauf bedacht war, dass dieser keines der noch in seinem Besitz befindlichen Sammlungsobjekte mitnehme oder an Dritte ver-

115 NLA HA Hann. 92 Nr. 1016, Blatt 98v; Dougherty & Klatt 2006, S. 1.
116 NLA HA Hann. 92 Nr. 1016, Blatt 99r; Dougherty & Klatt 2006, S. 2.

schenke. Mehrere Schreiben Heynes zu diesem Thema haben sich in den Kuratorialakten erhalten.[117] Es ist wohl auszuschließen, dass Heyne es akzeptiert hätte, wenn Büttner nach der Einreichung der Liste beim König den größten Teil der Münzen zurückbehalten hätte.

b) Es wurden große Teile der Sammlung zwischen 1773 und 1838 gestohlen.
Dies ist sicher auszuschließen. Angesichts der strengen Aufsicht über die Münzschränke durch Heyne und die nach ihm verantwortlichen Personen erscheint es kaum denkbar, dass eine so große Zahl von Münzen aus der Sammlung entwendet wurde, ohne dass dazu irgendeine Notiz in die Akten gelangt wäre. Ein Einbruch in das Academische Museum 1783, bei dem aus der mineralogischen Abteilung eine wertvolle Silberstufe gestohlen wurde, erregte großes Aufsehen und ist in den Akten gründlich dokumentiert.[118] Ähnliches wäre zu erwarten, wenn große Teile der Münzsammlung gestohlen worden wären.

c) Es wurden Stücke eingetauscht.
Dies könnte das Fehlen einzelner Stücke aus Büttners Liste in der Tat erklären, da mehrere Tauschaktionen ausdrücklich bezeugt sind.[119] Sie betrafen aber nur eng begrenzte Ausschnitte aus der Sammlung. Keineswegs können davon mehrere Tausend oder gar Zehntausend Stücke betroffen gewesen sein – noch dazu ohne jegliche Dokumentation in den Akten.

Viel wahrscheinlicher ist hingegen die Annahme, dass die Schätzung vollkommen übertrieben war. Eine solche Erklärungshypothese hat allerdings mit der Schwierigkeit zu kämpfen, dass Heyne ein sehr akkurater und zuverlässiger Verwalter der ihm unterstellten Universitätsangelegenheiten war. Alles Hochstaplerische lag ihm vollkommen fern. Wie konnte er dann aber seinem Bericht an das Kuratorium eine so extrem verfehlte Zahlenangabe zugrunde legen? Die Antwort kann wohl nur lauten: Weil ihm diese Zahlenangabe von Büttner geliefert wurde und er keinerlei Möglichkeit hatte, sie zu verifizieren. Aber auch Büttner wird man keine betrügerischen Absichten unterstellen müssen. Man kann sich lebhaft vorstellen, wie Heyne den zerstreuten Kollegen in seiner Wohnung besuchte und dieser für ihn hier und dort interessante Münzen hervorkramte, die – in verschiedensten Schubladen, Schachteln, Kästen, Säckchen oder Ähnlichem aufbewahrt – zwischen hunderterlei anderen Dingen über die Räume verstreut, z.T. vielleicht auch

117 UAG Kur. 5754, p. 33–40 (Schreiben Heynes vom 8.9., 11.9. und 15.9.1783). Vgl. auch Plischke 1931, S. 12.

118 Nawa 2010a, S.73f.

119 Hermann und Wieseler ließen sich 1843 sogar mit einem offiziellen Schreiben vom Kuratorium generell zur Durchführung von Tauschaktionen ermächtigen (Archäologisches Institut Göttingen, Acten des archäologisch-numismatischen Instituts 1842–1851, Nr. 12). Vorher war wohl eher ad hoc getauscht worden.

ganz unzugänglich verpackt waren. Am Ende wird ihm nichts anderes übriggeblieben sein, als Büttner selbst den Umfang seiner numismatischen Besitztümer abschätzen zu lassen. Wie verfehlt dessen Schätzung ausgefallen war, wurde definitiv vielleicht erst klar, als er alle Münzen endlich abgeliefert hatte und Heyne für den Tischler aus Hannover konkrete Berechnungen anstellen konnte, in welchem Schrank wie viele Münzen unterzubringen waren. Gleichwohl bleibt die Tatsache irritierend, dass Heyne, der auf seinen guten Ruf in Hannover so großen Wert legte, sich darauf eingelassen hat, seine Schätzung des finanziellen Werts von Büttners Kabinett auf eine derart approximative und letztlich grob falsche Zahlenangabe zu gründen.

Welche Aufschlüsse aber liefert die Liste hinsichtlich der Identifikation einzelner Stücke? Leider werden nur wenige Exemplare so konkret spezifiziert, dass man sie anhand der Schmidt'schen Inventare und anhand des heute Vorhandenen ausfindig machen könnte. Als erstes werden »Pondera Romana« genannt, also frühes römisches Bronzegeld.[120] In Schmidts Inventar sind außer wenigen Aes Grave-Stücken, die erst 1857 angekauft wurden,[121] zahlreiche republikanische Bronzeprägungen verzeichnet. Bis auf wenige Ausnahmen sind sie noch heute vorhanden. Man darf vermuten, dass ein Großteil davon auf Büttner zurückgeht.

Die an zweiter Stelle genannten »Denarii consulares argentei (über 200. Stücke.)« sind mit den von Heyne veröffentlichten sog. Familienmünzen gleichzusetzen.[122] Da er in seiner Publikation 196 Typen bespricht und darüber hinaus eine nicht genau spezifizierte Zahl von Dubletten erwähnt, dürfte die Zahlenangabe in der Liste in diesem Fall ungefähr das Richtige treffen. Mithilfe von Heynes Publikation lassen sich viele Stücke mit großer Wahrscheinlichkeit auf Büttner zurückführen (Abb. 12). Allerdings erhielt die Alte Sammlung auf diesem Gebiet schon vor der Inventarisierung durch Schmidt deutlichen Zuwachs, auch wurden einzelne Münzen gegen bessere Exemplare getauscht. Dies macht es z.T. unmöglich, innerhalb einer Gruppe typgleicher Stücke das Büttner'sche Stück eindeutig zu bestimmen.

Wie aus der oben erwähnten Übersicht über den Inhalt des Schrankes mit den antiken Münzen (Abb. 9) klar hervorgeht, lag der Schwerpunkt der Büttner'schen Sammlung hier auf der Reichsprägung der römischen Kaiserzeit: 18 der 24 Schrankfächer sind für sie reserviert. Doch ist es auch hier nur in wenigen Fällen möglich, konkrete Stücke ausfindig zu machen. Die Liste von 1773 enthält dazu leider kaum brauchbare Angaben. Einzeln genannt werden »eine höchstseltene Manlia Scantilla und eine Didia Clara, wel-

---

120 Zur Bezeichnung vgl. Uffenbach 1753, S. 352 über das Hasperg'sche Kabinett in Wolfenbüttel: »Die *pondera Romana* gar schön beyeinander, vom *asse* an bis auf *minimam partem*«.

121 Inv. AS-00001 (Triens), AS-00003 (Sextans), AS-00581 (Uncia, Fälschung). Diese und alle in den folgenden Anmerkungen genannten Göttinger Münzen sind in KENOM (kenom.de) unter ihrer jeweiligen Inventarnummer abrufbar.

122 s. o. Anm. 91.

AS-00120 (Aelia, 138 v. Chr.)

AS-00122 (Pompeia, 137 v. Chr.)

AS-00144 (Vargunteia, 130 v. Chr.)

AS-00201 (Didia, 113/112 v. Chr.)

AS-00218 (Memmia, 109/108 v. Chr.)

AS-00229 (Cornelia, 106 v. Chr.)

AS-00282 (Calpurnia, 90 v. Chr.)

AS-00347 (Crepusia, 82 v. Chr.)

Abb. 12: »Familienmünzen« der römischen Republik, Denare, 138–82 v. Chr. (Maßstab: 1:1).

che bis 20. Ducaten bezahlt wird«. Beide Münzen sind schon bei Schmidt nicht mehr verzeichnet. Ein dort aufgeführter Denar für Manlia Scantilla wurde erst im August 1854 durch Hermann und Wieseler erworben.[123] Auch die in der Liste einzeln genannten Münzen der Sabina, »ein sehr seltener aureus subargenteatus« und ein »Denarius subaeratus« lagen schon Schmidt nicht mehr vor. Von der »gantze[n] Suite der Secularium« des Philippus Arabs, also der Prägungen anlässlich der ludi saeculares zum tausendjährigen Gründungsjubiläum Roms 248 n. Chr., sind hingegen noch heute fünf Antoniniane[124] sowie fünf Bronzeprägungen[125] vorhanden (Abb. 13).

123 Inv. AS-02397.

124 SAECVLARES AVGG: Inv. AS-03019, AS-03022, AS-03023 (oder AS-03024), AS-03057; SAECVLVM NOVVM: AS-03025.

125 SAECVLARES AVGG: Inv. AS-03070 (oder AS-03071), AS-03072 (oder AS-03073), AS-03074, AS-03135 (oder AS-03136); SAECVLVM NOVVM: AS-03076 (oder AS-03077).

AS-03022 (Antoninian)

AS-03019 (Antoninian)

AS-03057 (Antoninian)

AS-03074 (Sesterz)

Abb. 13: Münzen des Philippus Arabs zur Saecularfeier 248 n. Chr. (Maßstab: 1:1).

Die beeindruckende Reihe von 22 Aurei, von denen die Liste 20 namentlich spezifiziert, war bereits zu Schmidts Zeiten auf sechs Stücke zusammengeschrumpft, von denen wiederum zwei heute nicht mehr nachweisbar sind, nämlich der Aureus des Vespasian und der des Honorius. Warum nur die beiden Aurei des Nero, der des Constantius II. und der des Anastasius[126] (Abb. 14) überdauert haben, lässt sich nicht mehr klären. Denkbar wäre, dass schon Heyne die bei Schmidt nicht mehr vorkommenden Stücke als Fälschungen erkannt und zum Materialwert gegen andere Stücke eingetauscht hat.

Eine ganz untergeordnete Rolle scheinen in Büttners Sammlung griechische Münzen gespielt zu haben. Ohne Nennung von Beispielen werden »Goldene, silberne und kupferne griechische Münzen« erwähnt. Vermutlich beschränkten sie sich auf einige hispanische, gallische, italische und sizilische Prägungen.[127] Münzen aus Griechenland und

126 Nero: Inv. AS-00852, AS-00856; Constantius II: AS-04435; Anastasius: Inv. Byz-0001.
127 Darauf deuten die Eintragungen im oben Anm. 109 genannten »Verzeichniß« von Tychsen.

Aurei des Nero (Inv. AS-00852 und AS-00856)

Solidus des Constantius II. und Anastasius (Inv. AS-04435, Inv. Byz-0001)

Abb. 14: Noch nachweisbare römische Goldmünzen aus Büttners Sammlung (Maßstab: 1:1).

Kleinasien kamen wohl erstmals in nennenswerter Zahl erst nach Heynes Tod in die Göttinger Sammlung, als man 1818 mit Friedrich Münter (1761–1830) in Kopenhagen (der 1781–83 bei Heyne studiert hatte) 60 griechische Bronzemünzen gegen 15 orientalische Stücke eintauschte.[128]

Die verschiedenen Beispiele nachantiker Münzen, die die Liste aufführt, können hier nicht im Einzelnen besprochen werden. Der passionierte Sprachensammler Büttner gibt sich unter Punkt 11 zu erkennen, wo 19 geographische Bereiche aufgezählt werden, in denen sein Kabinett angeblich mit »meist completen Suiten in Gold, Silber, Kupfer« aufwarten kann. Hier mag wieder eine gewisse Übertreibung im Spiel sein, aber das Meiste, was einzeln spezifiziert wird, scheint noch bei Schmidt verzeichnet zu sein, während heute aufgrund der eingangs erwähnten Diebstähle in den 1940er und 50er Jahren besonders alle in der Liste aufgeführten britischen und einige der russischen Stücke eindeutig nicht mehr vorhanden sind. Relativ gut sind hingegen die Aussichten, die aufgelisteten portugiesischen und spanischen Prägungen im heutigen Bestand zu identifizieren. So lassen sich von den elf in der Liste genannten spanischen Goldmünzen zehn in Schmidts Inventar wiederfinden,[129] und von diesen sind alle bis auf eine noch heute vorhanden. Auch die

128 Vgl. Boehringer 1993, S. 31. Das Verzeichnis von Tychsen (vgl. Anm. 109) vermerkt diese Stücke genau, ebenso wie die 1813 von Antoine Bruguière, Baron von Sorsum (1773–1823) geschenkten 80 Münzen (darunter viele aus Unteritalien und Sizilien) sowie einige von Asch geschenkte antike Stücke und erlaubt auf diese Weise, den vermutlich auf Büttner zurückgehenden Bestand genauer einzugrenzen. Zur Schenkung Bruguière vgl. Göttingische gelehrte Anzeigen 1813, S. 1353f. Zu Münter als Numismatiker vgl. Galster 1959, bes. 49f.; Mørkholm 1981, S. 129–139. Einen Überblick über Münters umfangreiche Münzsammlung gibt der dreibändige Auktionskatalog, der nach seinem Tod erschien (Museum Münterianum. Kopenhagen 1836–1839).

129 Band 4, S. 6–12.

Philipp IV. (1621–1665), 8 Reales, Potosí, 1661

Karl II. (1665–1700), 8 Reales, Lima, 1684

Abb. 15: Spanische 8-Reales-Stücke aus Potosí (1661) und Lima (1684) (Maßstab: 1:1).

beiden auf der Liste erscheinenden silbernen 8-Real-Stücke aus Südamerika (Potosi und Lima) befinden sich noch heute in der Sammlung (Abb. 15).[130] Ebenso verhält es sich mit den portugiesischen Prägungen: Von den vier Goldmünzen fehlt nur eine, ein 1 000-Réis-Stück Peters II. (reg. 1683–1704).[131] Die in Büttners Liste genannten sechs Silber- und drei Kupfermünzen scheinen noch vollzählig vorhanden zu sein (Abb. 16).

---

130 Es handelt sich um eine Prägung Philipps IV. von 1661 aus Potosí und eine Prägung Karls II. von 1684 aus Lima. Vgl. dazu Villaplana Persiva 1997, S. 86f. 113–119.

131 Bei Schmidt, Band 4, S. 6 unter Peter II. als Nr. 2 aufgeführt, eine Prägung von 1691. Bei dem auf der Liste erscheinenden »Moidor«, einem Goldstück zu 4 000 Réis (so auch – mit Fragezeichen – Schmidt a.O. Johann V. Nr. 6) handelt es sich in Wirklichkeit um ein noch größeres Nominal, eine »Peça« zu 6 400 Réis, geprägt 1746 in Rio de Janeiro (Ferraro Vaz 1987, S. 365, J5.114). Das auf der Büttner-Liste als »1. Halber Mille Reis« aufgeführte Goldstück ist ein ½ Escudo Johanns V. von 1740 im Wert von 800 Réis (Ferraro Vaz 1987, S. 364, J5.341, von Schmidt a.O. unter Nr. 5 irrtümlich als 400 Réis-Stück verzeichnet) und bei der Goldmünze zu »1. Viertel Mille Reis« dürfte es sich, da es keine Münzen zu 250 Réis gab, um den von Schmidt a.O. unter Johann V. als Nr. 1 aufgeführten »Cruzado Novo« zu 400 Réis von 1720 handeln (Ferraro Vaz 1987, S. 352, J5.380). Auch die auf der Büttner-Liste als »1. Crusado«, »1. halber Crusado« und »1. Achtel Crusado« erscheinenden Silberstücke sind bei Schmidt a.O. verzeichnet (unter Peter II. als

Peter II., 1704 400 Réis (Cruzado Novo, 400 = 480 Réis)

Peter II., 1688 200 Réis (12 Vintens, 200 = 240 Réis)

Peter II., o. J., 6 Vinténs (120 Réis)

Johann V., 1746 6400 Réis = 1 Peça

Johann V., 1740 ½ Escudo

Johann V., 1720 400 Reís

Abb. 16: Portugiesische und brasilianische Münzen Peters II. und Johanns V., ca. 1683–1746 (Maßstab: 1:1).

Nr. 4, Nr. 1. und Nr. 5) und noch heute vorhanden. Es handelt sich um einen »Cruzado novo« von 1704 (Nominalwert 400 Réis, Ferraro Vaz 1987, S. 336, P2.56), ein »12 vinténs«-Stück von 1688 (Nominalwert 200 Réis, Ferraro Vaz 1987, S. 332, P2.77) und ein »6 vinténs«-Stück ohne Jahresangabe (Ferraro Vaz 1987, S. 333, P2.92B). Die Liste der Büttner-Sammlung nennt noch »3. Kleine SilberMünzen« und »3. Kupferne«. Auch diese – hier nicht abgebildeten – Stücke lassen sich bei Schmidt und auch in der heutigen Sammlung noch nachweisen.

Abgesehen von der grotesk übertriebenen Angabe zum Gesamtumfang der Münzsammlung dürfte die Liste also als recht zuverlässiges Dokument über die 1773 der Universität Göttingen übereigneten Sammlungsobjekte und damit als wichtige positive Quelle für die Rekonstruktion des Büttner'schen Münzbesitzes anzusehen sein. Die systematische Auswertung der Provenienzangaben in Schmidts Inventar wird es in Zukunft erlauben, auch ex negativo noch besser einzugrenzen, was nicht zu Büttners Sammlung gehört haben kann, da es nachweislich erst nach 1773 erworben worden ist.

Schon jetzt kann festgehalten werden, dass das Göttinger Münzkabinett durch den Büttner'schen Grundstock von Anfang an den Charakter einer sehr breit angelegten Universalsammlung hatte und, wie es der Universitätschronist Johann Stephan Pütter (1725–1807) formulierte, schon in seinem Urbestand alles enthielt, »was zum Münzstudium erforderlich seyn kann«, da es »ganz für das Studium der Münzkunde angelegt und geordnet, also keine Liebhabersammlung« sei. Pütter fährt fort: »Immer noch hoffet man, einmal unter unsern Studierenden einige zu finden, welche Numismatik studieren wollten; zur Anleitung für diese würde die Sammlung von großem Werthe seyn«.[132] Diese Sätze gelten unverändert noch heute. Nachdem in Bezug auf die griechischen und römischen, die byzantinischen und die islamischen Münzen die unter Heyne nicht gelungene, von Schmidt dann so tatkräftig durchgeführte, von Boehringer auf modernem wissenschaftlichen Stand wieder aufgenommene und seit einigen Jahren im Rahmen des KENOM-Projekts ins digitale Zeitalter überführte Katalogisierung bald abgeschlossen sein wird, bleibt das große Vorhaben für die Zukunft, auch die mittelalterlichen und neuzeitlichen Münzen in ebensolcher Weise für Forschung und Lehre zugänglich zu machen. Erst dann wäre die Voraussetzung erfüllt, unter der man Büttners Kabinett 1773 erworben hatte: eine »vollständige, systematische und richtige« Katalogisierung sämtlicher Bestände.

132 Pütter 1788, S. 232f.

Anhang

»Allgemeine Beschreibung« des Büttner'schen Kabinetts, Anlage an das Antragsschreiben des Hannoverschen Geheimen Ratskollegiums an König Georg III., 20.4.1773 (NLA HA Hann. 92 Nr. 1016, Blatt 101–105).

[Bl. 101r] Münzsammlung:

(der Anzahl nach zwischen 20_ und 30,000. Stücke.)

1. *Pondera Romana.*
2. *Denarii consulares argentei* (über 200. Stücke.)
3. *Denarii Imperatorum argentei:* die *Suite* vom *Augusto* an bis auf *Justinianum complet,* samt den Kayserinnen *) und den *Principibus inventutis.*[sic!] Alles ausgesuchte schön *conservir*te Exemplaria Nebst dem, von allen diesen noch vielerley *Reverse,* am zahlreichsten von *Domitiano, Adriano, Traiano,* den *Antoninis* s:w: von *Philippo* die gantze *Suite* der *Secularium.*
4. Dergleichen 22. *aurei,* schön *conservi*rt, nemlich:
   2. vom *Tiberio.*
   2. " *Nero.*
   1. *Vespasian.*
   1. *Domitian.*
   2. *Traiani.*
   1. *Adrian.*
   1. *Sabina***)
   1. *Faustina.*
   Folgende machen eine *Suite:*
   1. *Constantius.*
   1. *Valentinianus* I.
   1. *Theodosius.*

---

*) darunter z: E: eine höchstseltene *Manlia Scantilla* und eine *Didia Clara,* welche bis 20. *Duca*ten bezahlt wird.

**) Von der *Sabina* ist es ein sehr seltener *aureus subargenteatus:* Daneben von eben dieser noch ein wircklicher *argenteus denarius,* und ein *Denarius subaeratus,* um die ganze Veränderung des Münz-Fußes von der Zeit zu übersehen.

[Bl. 101v] 1. *Arcadius.*
1. *Honorius.*
1. *Valentinianus* II.
1. *Anastasius.*
1. *Justinianus.*
und lehren vortreflich die ganze Verschlimmerung
des Münzfußes nach Schrot, Korn und Gepräge.
Noch einige *quinarii.*

5. Die ganze obige Kayser=Suite in *maximo* und
medio aere complet.
Hiezu noch viele hundert *Reverse.*
Auch eine Anzahl *Medaillons en bronze,*
und *quadrantes.*
6. Eine Anzahl silberne und kupferne Münzen der
*orientali*schen Kayser, seit *Justiniano.*
7. Eine Anzahl Gothische, Fränkische und Nordische,
alte, goldene, silberne und kupferne Münzen:
so sind 2. *aurei Francorum RR.* 2. *aurei Gothici* etc.
8. *Solidi* auf dem *medio aevo* und *Bracteati* eine
gute Zahl.
Weiter
9. Goldene, silberne und kupferne[133] griechische Münzen.
10. Verschiedene Phönicische Münzen. 1. schöner
Siclus aureus mit einigen silbernen *Siclis.*
11. Von neuern Münzen die meist *comple*ten
Suiten in Gold, Silber, Kupfer,
der Portugiesischen,
Spanischen,
Französischen,
[Bl. 102r] Italiänischen,
Deutschen,
Schweitzerischen,
Niederländischen,
Englischen,
Dänischen,
Schwedischen,

133 Über der Zeile eingefügt.

Rußischen,
Polnischen,
Ungrischen,
Türckischen,
Persischen,
Mongolischen,
Chinesischen,
Japanischen,
Barbarischen etc.

MünzArten.

Beyspiele, was diese *Suiten* in sich enthalten, können folgende seyn:

Portugiesische:

Gold: 1. ganzer *Moidor.*
1. *Mille Reis.*
1. halber *Mille Reis.*
1. Viertel *Mille Reis.*

Silber: 1. *Crusado.*
1. halber *Crusado.*
1. Achtel *Crusado.*

Noch 3. Kleine SilberMünzen.
3. Kupferne.

[Bl. 102v] Spanische:

Gold: Oesterreich-Spanisch:
1. ganze Duplone, (à 20 rthlr:)
1. halbe --------"
1. ViertelDuplone.

Bourbonisch-Spanische:
1. ganze ----
1. halbe ----
1. Viertel-Duplone.
Noch 5. halbe Duplonen von verschiedenen Königen.

Silber: 2. Stück von Achten, zu Potosi und zu Lima geprägt.
1. Viertel ----
1. Achtel-Stück von Achten
Ganze und halbe Realen.

Marivedis.
15. Stück alte 1. St: neue Kupfer-Münze.

Rußische.

aurei. 1. *rarissimus: Sophia,* auf dem Revers die beyden Brüder.
1. *rariss:* Peter, auf den Sieg bey Pultawa.
1. *rariss:* Peter, mit lateinischer Schrift.
1. Peter I.
1. Peter II.
1. Zweyrubelstück von Peter
1. -------"------"-----von Elisabet.
1. Ducat von Elisabet.
1. ------" von Anna.
1. halber *Imperial* von Elisabet.
1. -------" ----------" von Peter III.
1. -------" ----------" von Catharina II.

[Bl. 103r]

Silber: Rubeln: die *Suite* von Peter dem ersten an.
halbe, Viertel. Rubeln s:w: 14. Stücke.
noch 1. Stück von *Iwan.*
noch 15. Stück Kupfermüntze etc.

Englische:

Alte.

Gold: 1. *Rosenoble* von der Königin Elisabet.
1. halber *Rosenoble* vom König *Eduard.*
1. Viertel ------------" -----"-------" -------"
1. Achtel ------------" -----"-------" -------"
1. Goldstück von Cromwel.
NB. von eben diesem die *Suite.*
1. Crone; eben die, welche unlängst in England mit 60. £. bezahlt worden ist.
1. halbe Crone.
1. *Sh.* 1. *P.* 1. *Halfp.*

Silber. Die ganze *Suite* von Königin *Elisabet* an.

noch einige 20. von verschiedenen.
Neuern:
Goldne 6.-
Silber: etliche 30. Stücke.
Unter andern seltenen:
1. Ducat von Herzog Ferdinand Albert zu Braunschweig von welchem nur Drey Exemplarien
[Bl. 103v]
geprägt worden.
Item:
der erste *florenus*
der erste Thaler, *Joachimicus.*
der erste Gulden, von *Sigismund.*
der erste halbe und
Viertels Gulden.

II. Edle Steine

1. Alle durchsichtige Edelsteine:
einmal, in ihrer natürlichen Gestalt,
wieder: auf verschiedene Art geschnitten
und
wiederum in Ringe gefaßt, als:
Demanten, von allen Farben,
Sapphire,
Topasen,
Smaragde,
Hyacinthen,
Amethysten,
Crystallen,
Chrysolithen,
Turmalinen [a.)]
Granaten.
2. Alle halbdurchsichtigen Edelsteine,:
Allerley Arten von Achaten über 100. Stücke.
Chalcedonier

---

a.) worunter eine mit 22. *Louisd'or* gekauft worden.

[Bl. 104r]
Onyche,
Carneole und Prasier
3.) undurchsichtige: alle Arten
von Jaspis,
Türkis,
Lasurstein,
Malachiten;
darunter viele antike geschnittene Steine.
4.) allerley gefärbte Gläser.

III.

1. Alle Arten der gemeinen Steine, Erden,
Salze, Schwefel und Mineralien.
2. Alle Metalle und Halbmetalle,
so wohl gediegen,
als verarbeitet:
und ihre Erze:
3. Die mehresten Arten der Versteinerungen
und gebildeten Steine.
4. Steine aus Menschen und aus Thieren.
5. Eine meistens *complet*e Sammlung von
Conchylien.

IV. Höltzer.

1. Alle Arten der Europäischen, und
2. viele ausländischen Hölzer,
Wurzeln,
[Bl. 104v]
Rinden,
Früchte,
Saamen,
Harze,
Gummi,
getrocknete Kräuter,
Blumen p.
3.) viele aus obigen verfertigte Oele, Balsam s. w.

V. Thiere.

1.) Viele vierfüßige, meist ausländische Thiere,
Vögel,
Fische,
Insecten und Gewürme,
theils in *Spiritu vini,*
theils ausgestopft und ausgetrocknet
2.) Viele Theile derselben besonders; als ihre Köpfe,
Knochen, Häute, Hörner.
3.) Ihre Skelette,
auch
4.) Menschliche Skelette.
Diese Fünfte Claße wird, so wie die Dritte und
Vierte, als sehr beträchtlich gerühmt.

VI. *Artefacta.*

als Porcellane,
Glasarten,
[Bl. 105r] Chinesische und Indianische aus Speckstein
verfertigte Geschirre, Tisch- und Schreib-
Geräthe, s. w.

Endlich VII.

Verschiedene zur Experimental-Physic ge-
hörige Instrumente, als:
Luftpumpen,
Electrisir-Maschinen,
Brenngläser, und Spiegel s. w.
Magnete s. w.

Objekt- und Abbildungsnachweise

Abb. 1 Kunstsammlung der Universität Göttingen, Inv. GG 260. Foto: Katharina Anna Haase.
Abb. 2 Reproduktion nach: H. Thiersch: *Ludwig I. von Bayern und die Georgia Augusta.* Berlin 1927, Taf. VI.
Abb. 3 Handschriftliche Kopie von Blumenbachs Katalog des Academischen Museums. London, The British Library, KINGS MS 394, Bl. 2. Foto: © The British Library Board.
Abb. 4 Handschriftliche Kopie von Blumenbachs Katalog des Academischen Museums. London, The British Library, KINGS MS 394, Bl. 4. Foto: © The British Library Board.
Abb. 5 Foto: © The British Library Board. Bearbeitet von Stephan Eckardt.
Abb. 6 Foto: Stephan Eckardt.
Abb. 7 Foto: Stephan Eckardt.
Abb. 8 Foto: Stephan Eckardt.
Abb. 9 Archäologisches Institut der Universität Göttingen, Archiv des Münzkabinetts, Mappe 1; Foto: Stephan Eckardt.
Abb. 10 Foto im sogenannten Wieseler-Album im Archäologischen Institut der Universität Göttingen: Foto Gebr. Noelle, Fr. Spangenbergs Nachf., Göttingen.
Abb. 11 Foto: Stephan Eckardt.
Abb. 12 Münzsammlung der Universität Göttingen, AS-00120 (Aelia, 138 v. Chr.); AS-00122 (Pompeia, 137 v. Chr.); AS-00144 (Vargunteia, 130 v. Chr.); AS-00201 (Didia, 113/12 v. Chr.); AS-00218 (Memmia, 109/08 v. Chr.); AS-00229 (Cornelia, 106 v. Chr.); AS-00282 (Calpurnia, 90 v. Chr.); AS-00347 (Crepusia, 82 v. Chr.). Fotos: Stephan Eckardt.
Abb. 13 Münzsammlung der Universität Göttingen, AS-03019 (Antoninian); AS-03022 (Antoninian); AS-03057 (Antoninian); AS-03074 (Sesterz). Fotos: Stephan Eckardt.
Abb. 14 Münzsammlung der Universität Göttingen, Aurei des Nero (Inv. AS-00852 und AS-00856); Solidus des Constantius II. (Inv. AS-04435); Solidus des Anastasius (Inv. Byz-0001). Fotos: Stephan Eckardt.
Abb. 15 Münzsammlung der Universität Göttingen, Philipp IV. (1621–1665), 8 Reales, Potosí, 1661; Karl II. (1665–1700), 8 Reales, Lima, 1684. Fotos: Stephan Eckardt.
Abb. 16 Münzsammlung der Universität Göttingen, Peter II., 1704, 400 Réis (Cruzado Novo, 400 = 480 Réis); Peter II., 1688, 200 Réis (12 Vintens, 200 = 240 Réis); Peter II., o. J., 6 Vinténs (120 Réis); Johann V., 1746, 6400 Réis = 1 Peça; Johann V., 1740, ½ Escudo; Johann V., 1720, 400 Reís. Fotos: Stephan Eckardt.

Bibliographie

Amiet 1883 J. Amiet: *Der Münzforscher Andreas Morellius von Bern. Ein Lebensbild aus der Zeit der Bastille.* Bern 1883, S. 1–52.

Bachmann 2000 P. Bachmann: Der neue Bestand orientalischer Münzen an der Universität Göttingen. Zum Zustandekommen der Sammlung. In: S. Heidemann (Hrsg.): *Islamische Numismatik in Deutschland. Eine Bestandsaufnahme.* Wiesbaden 2000, S. 83–86.

Baring 1744 D. E. Baring: *Museographia Brunsvico-Lunburgica oder Curiöse Nachricht von denen Museis, Schatz-, Kunst- und Raritäten Cammern, so curiose Herren in den Braunschweig-Lüneburgischen Landen gesammlet und größten Theils noch heutiges Tages in denselben aufbehalten werden.* Lemgo 1744.

Beer 2010 G. Beer: Beitrag zur Baugeschichte des Akademischen Museums 1773 bis 1877 mit drei Gebäudeplänen des Akademischen Museums (1832 - 1842 - 1862). *Museum der Göttinger Chemie. Museumsbrief* 29 (2010), S. 2–20.

Boehringer 1993 C. Boehringer: Daten zur Göttinger Universitäts-Münzsammlung. *Georgia Augusta* 59 (1993), S. 27–41.

Boehringer 1995 C. Boehringer: Etappen der Göttinger Universitäts-Münzsammlung. In: R. Albert & R. Cunz (Hrsg.): *Wissenschaftsgeschichte der Numismatik. Beiträge zum 17. Deutschen Numismatikertag 3.–5. März 1995 in Hannover.* Speyer 1995, S. 184–195.

Boehringer 1996 C. Boehringer: Eine Universitäts-Münzsammlung in Deutschland: Göttingen. *Commission Internationale de Numismatique, Compte rendu* 43 (1996), S. 43–49.

Boehringer 1998 C. Boehringer: Münzen und Medaillen. In: H. Rohlfing (Hrsg.): *»ganz vorzügliche und unvergeßliche Verdienste« – Georg Thomas von Asch als Förderer der Universität Göttingen. Ausstellung im Historischen Gebäude der Niedersächsischen Staats- und Universitätsbibliothek, 20. April bis 22. Mai 1998.* Göttingen 1998, S. 80–84.

Boehringer 2000 C. Boehringer: Notizen zur Sammlung orientalischer Münzen der Universität Göttingen. In: S. Heidemann (Hrsg.): *Islamische Numismatik in Deutschland. Eine Bestandsaufnahme.* Wiesbaden 2000, S. 61–70.

Boehringer 2001 C. Boehringer: Die Göttinger Universitäts-Münzsammlung. In: D. Hoffmann & K. Maack-Rheinländer (Hrsg.): *»Ganz für das Studium angelegt«. Die Museen, Sammlungen und Gärten der Universität Göttingen.* Göttingen 2001, S. 73–81.

Boehringer 2005 C. Boehringer: Die Göttinger Preismedaillen. In: E. Mittler (Hrsg.): *»Eine Welt allein ist nicht genug«. Großbritannien, Hannover und Göttingen 1714–1837.* Göttingen 2005, S. 121–140.

Boehringer 2007a C. Boehringer: Heynes numismatische Forschungen und die Begründung der Münzsammlung. In: D. Graepler & J. Migl (Hrsg.): *Das Studium des schönen Altertums. Christian Gottlob Heyne und die Entstehung der Klassischen Archäologie.* Göttingen 2007, S. 105–109.

Boehringer 2007b C. Boehringer: Die Schenkungen an Münzen und Medaillen – Bestände und Arbeitsaufgaben. In: B. Hauser-Schäublin & G. Krüger (Hrsg.): *Sibirien und Russisch-Amerika: Kultur und Kunst des 18. Jahrhunderts. Die Sammlung von Asch, Göttingen.* München 2007, S. 18–24.

Böttiger 1801 K. A. Böttiger: Büttner. *Neuer teutscher Merkur* 10 (1801), S. 156–158.

Bucher 2023 G. Bucher: *Von 66 Kunst Sachen zum Institut für Völkerkunde der Georg-August-Universität Göttingen 1773–1935/36.* Göttingen 2023, doi.org/10.17875/gup2023-2439.

Büttner 1771 C. W. Büttner: *Vergleichungs-Tafeln der Schriftarten verschiedener Völker, in denen vergangenen und gegenwärtigen Zeiten; Erstes Stück.* Göttingen 1771.

Büttner 1779 C. W. Büttner: *Vergleichungs-Tafeln der Schriftarten verschiedener Völker, in denen vergangenen und gegenwärtigen Zeiten; Zweytes Stück.* Göttingen 1779.

Canal & Paulus 2019 H. Canal & J. Paulus: Shandeana in der Provinz. Kommentar zur ›Marbled Page‹ in Christian Wilhelm Büttners ›Motley Book‹ (GSA 105/76). *Zeitschrift für Medien- und Kulturforschung* 10 (2019), S. 81–91.

Collet 2012 D. Collet: Das Academische Museum der Universität Göttingen (1773–1840). Inszenierung, Naturalisierung und ›Disziplinierung‹ aufgeklärten Wissens. In: F. Berndt & D. Fulda (Hrsg.): *Die Sachen der Aufklärung.* Hamburg 2012, S. 470–478.

Crusius 2008 G. Crusius: *Aufklärung und Bibliophilie. Der Hannoveraner Sammler Georg Friedrich Brandes und seine Bibliothek.* Heidelberg 2008.

Dougherty & Klatt 2006 F. W. P. Dougherty & N. Klatt (Hrsg.): *The Correspondence of Johann Friedrich Blumenbach; Vol. I: 1773–1782, Letters 1–230.* Göttingen 2006.

Ehlers 1901 E. Ehlers: Göttinger Zoologen. In: Gesellschaft der Wissenschaften Göttingen (Hrsg.): *Festschrift zur Feier des hundertfünfzigjährigen Bestehens der Königlichen Gesellschaft der Wissenschaften zu Göttingen: Beiträge zur Gelehrtengeschichte Göttingens.* Berlin 1901, S. 391–494.

Ferraro Vaz 1987 J. Ferraro Vaz & J. Salgado: *Livro das moedas de Portugal – Book of the Coins of Portugal.* Braga 1987

Füssel 2019 M. Füssel: Die Kunst der Unterscheidung. Professorenporträts in der Frühen Neuzeit. In: C. Vogel & S. E. Nökel (Hrsg.): *Gesichter der Wissenschaft. Repräsentanz und Performanz von Gelehrten in Porträts.* Göttingen 2019, S. 59–78.

Galster 1959 G. Galster: Frederik Münter's Numismatic Studies, in: ders., *Coins and History. Selected Numismatic Essays.* Aarhuus 1959, S. 32–52.

Gierl 2010 M. Gierl: Das Alphabet der Natur und das Alphabet der Kultur im 18. Jahrhundert. Botanik, Diplomatik, Linguistik und Ethnographie nach Carl von Linné, Johann Christoph Gatterer und Christian Wilhelm Büttner. *NTM Zeitschrift für Geschichte der Wissenschaften, Technik und Medizin* 18 (2010), S. 1–27.

Gierl 2012 M. Gierl: *Geschichte als präzisierte Wissenschaft. Johann Christoph Gatterer und die Historiographie des 18. Jahrhunderts im ganzen Umfang.* Stuttgart 2012.

Gigante 1986 M. Gigante: Per un profilo di Wilhelm Crönert. *Cronache Ercolanesi* 16 (1986), S. 94–99.

Goethe 1830 J. W. v. Goethe: *Tag- und Jahres-Hefte als Ergänzung meiner sonstigen Bekenntnisse, von 1749 bis 1806* [Goethe's Werke; Bd. 31]. Stuttgart 1830.

Goethe 1894 J. W. v. Goethe: *Goethes Briefe. 1802, 1803* [Goethes Werke; Abt. 4: Briefe; Bd. 16]. Weimar 1894.

Graepler 2014 D. Graepler: Antikenstudium für junge Herren von Stand. Zu Christian Gottlob Heynes archäologischer Lehrtätigkeit. In: H.-G. Nesselrath & B. Bäbler (Hrsg.): *Christian Gottlob Heyne. Werk und Leistung nach zweihundert Jahren.* Berlin 2014, S. 75–108.

Graepler 2017 D. Graepler: »Mit Rücksicht auf Winkelmann, aber nicht nach Winkelmann«. Heynes Vorlesungen über die Archäologie. In: F. Bomski, H.Th. Seemann & Th. Valk (Hrsg.): *Die Erfindung des Klassischen. Winckelmann-Lektüren in Weimar.* Göttingen 2017, S. 31–52.

Graepler 2019 D. Graepler: »Fürnissen«, bronzieren oder weiß übersprühen? Göttinger Gipsabgüsse und die Geschichte ihrer Oberflächenbehandlung seit 1765. In: D. Graepler & J. Ruppel (Hrsg.): *Weiß wie Gips? Die Behandlung der Oberflächen von Gipsabgüssen.* Rahden 2019, S. 17–34.

Heidenreich 2006 M. Heidenreich: *Christian Gottlob Heyne und die Alte Geschichte.* München 2006.

Heyne 1777/78 [C. G. Heyne:] *Recensentur numi familiarum Romanarum, qui in Museo academico servantur. Commentatio prior. Commentatio altera. Commentatio tertia et nouissima.* Göttingen 1777–1778.

Heyne 1787 C. G. Heyne: *Opuscula Academica locupleta, collecta et animadversionibus; Bd. 2.* Göttingen 1787.

Jacobs 1908 E. Jacobs: Karl Gustav Schmidt. *Allgemeine Deutsche Biographie* 54 (1908), S. 100–102.

Lauerwald 1999 P. Lauerwald: Dr. Carl Gustav Schmidt (1829–1892) als Numismatiker. *Eichsfeld-Jahrbuch* 7 (1999), S. 293–305.

Marx 1840 K. F. H. Marx: *Zum Andenken an Johann Friedrich Blumenbach. Eine Gedächtniss-Rede gehalten in der Sitzung der Königlichen Societät der Wissenschaften den 8. Februar 1840.* Göttingen 1840.

Merck 2016 *Johann Heinrich Merck: Gesammelte Schriften; Bd. 5: 1779–1780* [hrsg. U. Leuschner]. Göttingen 2016.

Morell 1734 A. Morell: *Thesaurus Morellianus, Sive Familiarum Romanarum Numismata Omnia, Diligentissime undique conquisita, ad ipsorum nummorum fidem accuratissime delineata, & juxta ordinem Fulvii Ursini & Caroli Patini disposita: Accedunt Nummi Miscellanei, Urbis Romae, Hispanici, & Goltziani Dubiae Fidei Omnes/a Celeberrimo Andrea Morellio. Nunc primum edidit & Commentario perpetuo illustravit Sigebertus Havercampus; 2 Bde.* Amsterdam 1734.

Mørkholm 1981 O. Mørkholm: The Danish Contribution to the Study of Ancient Numismatics 1780–1880, in: *Den kongelige Mønt- og Medaillesamling 1781–1981.* Kopenhagen 1981, S. 123–164.

Müller 2020 M. Müller: *Der sammelnde Professor. Wissensdinge an Universitäten des Alten Reichs im 18. Jahrhundert.* Stuttgart 2020.

Nawa 2010a C. Nawa: *Sammeln für die Wissenschaft? Das Academische Museum Göttingen (1773–1840).* Göttingen 2010 (hdl.handle.net/11858/00-1735-0000-000D-F1CC-C).

Nawa 2010b C. Nawa: Zum »öffentlichen Gebrauche« bestimmt: Das Academische Museum Göttingen. *Göttinger Jahrbuch* 58 (2010), S. 23–62.

Plesker 2015 N. Plesker: Das Königlich Academische Museum in Göttingen. In: B. Savoy (Hrsg.): *Tempel der Kunst. Die Geburt des öffentlichen Museums in Deutschland, 1701–1815.* Köln 2015, S. 413–442 (mit Anhang auf CD-ROM).

Plischke 1931 H. Plischke: *Die ethnographische Sammlung der Universität Göttingen: Ihre Geschichte und ihre Bedeutung.* Göttingen 1931.

Pütter 1788 J. S. Pütter: *Versuch einer academischen Gelehrten-Geschichte von der Georg-Augustus-Universität zu Göttingen; Zweyter Theil: von 1765 bis 1788.* Göttingen 1788.

Pütter & Saalfeld 1820 J. S. Pütter & F. Saalfeld: *Versuch einer academischen Gelehrten-Geschichte von der Georg-Augustus-Universität zu Göttingen; Dritter Theil: von 1788 bis 1820.* Göttingen 1820.

Ruprecht 2007 D. Ruprecht: Schröder, Edward Karl W. *Neue Deutsche Biographie* 23 (2007), S. 559–560.

Schlichtegroll 1802 F. Schlichtegroll: *Nekrolog der Teutschen für das 19. Jahrhundert; Bd. 1.* Gotha 1802, S. 211–240.

Schwarz 2000 F. Schwarz: Von der »Türkenbeute« zur wissenschaftlichen Sammlung. Ein Überblick über die orientalischen Münzen der Universität Göttingen. In: S. Heidemann (Hrsg.): *Islamische Numismatik in Deutschland. Eine Bestandsaufnahme.* Wiesbaden 2000, S. 71–81.

Sommer 2003 A. U. Sommer: *Katalog der byzantinischen Münzen. Münzsammlung der Georg-August-Universität Göttingen im Archäologischen Institut.* Göttingen 2003.

Stumpf 1957 H. Stumpf: Büttner, Christian Wilhelm. *Neue Deutsche Biographie* 3 (1957), S. 6–7.

Thiersch 1927 H. Thiersch: *Ludwig I. von Bayern und die Georgia Augusta.* Berlin 1927.

Uffenbach 1753 Z. C. von Uffenbach: *Merkwürdige Reisen durch Niedersachsen, Holland und Engelland; Erster Theil.* Ulm 1753.

Vilaplana Persiva 1997 M. Villaplana Persiva: *Historia del real de a ocho.* Murcia 1997.

Wagenitz 2001 G. Wagenitz: Christian Wilhelm Büttner, 1716–1801. In: K. Arndt, G. Gottschalk & R. Smend (Hrsg.): *Göttinger Gelehrte. Die Akademie der Wissenschaften zu Göttingen in Bildnissen und Würdigungen 1751–2001; Bd. 1.* Göttingen 2001, S. 34.

Zornhagen 2014 N. Zornhagen: *Der »Weltweisheit Magister«: Christian Wilhelm Büttner. Ein Ausschnitt Göttinger Wissenschaftsgeschichte des 18. Jahrhunderts und dessen Bedeutung für die Konstituierung der Ethnologie.* Göttingen 2014 (Univ. Magisterarbeit).

Zornhagen 2019 N. Zornhagen: »Das Portrait dHErn Profeßor Büttners möchte ich auch wol sehen, es muß ganz sonderbar seyn«. In: C. Vogel & S. E. Nökel (Hrsg.): *Gesichter der Wissenschaft. Repräsentanz und Performanz von Gelehrten in Porträts.* Göttingen 2019, S. 194–197.

Sämtliche Verweise auf Internetressourcen in diesem Beitrag wurden vor der Drucklegung geprüft.

Kauris, Technologen und Missionare

Exoten für das Münzkabinett des Tübinger Archäologischen Instituts im 19. Jahrhundert

Stefan Krmnicek

Das späte 19. Jahrhundert ist für das Münzkabinett des Tübinger Archäologischen Instituts von besonderer Bedeutung.[1] Fristete die 1798 begründete Sammlung bisher eher ein bescheidenes Dasein, setzte mit dem knapp 3000 hochwertige Münzen und Medaillen umfassenden Legat von Karl von Schäffer im Jahre 1888 der intensive Ausbau zu einer umfangreichen Universalsammlung ein. In dem Beitrag wird die Geschichte des konzentrierten Münzerwerbs für das Münzkabinett des Tübinger Archäologischen Instituts am Ende des 19. Jahrhunderts am Beispiel einer exotischen Bestandsgruppe exemplarisch skizziert. Es handelt sich hierbei um ein Konvolut von Kauris, welche von der Basler Missionsgesellschaft über das einstige Tübinger Technologische Institut ihren Weg in die Münzsammlung des Archäologischen Instituts fanden. Der Beitrag wird den Bestand im Kontext der zeitgenössischen Sammlungsgeschichte evaluieren und damit einen neuen Blickwinkel zum Verständnis des »numismatischen Sammelns« im späten 19. Jahrhundert beitragen.

In der Münzsammlung des Instituts für Klassische Archäologie der Universität Tübingen befinden sich unter den über 20000 numismatischen Objekten zehn sog. Kauris, Schneckenschalen der Gattung Monetaria aus der Familie der Cypraeidae (Abb. 1):

Monetaria moneta (L.):
Inv. VI 426/8a. 3,17 g. 17 × 24 mm.
Inv. VI 426/8b. 1,28 g. 13 × 17 mm.
Inv. VI 426/8c. 2,30 g. 16 × 20 mm.
Inv. VI 426/8d. 1,98 g. 14 × 19 mm.
Inv. VI 426/8e. 1,64 g. 11 × 16 mm.
Inv. VI 426/8f. 0,79 g. 10 × 14 mm.

1 Für Hilfe bei der Recherche im Archiv der Basler Mission danke ich vielmals Patrick Moser (Basel) und Jürgen Quack (Reutlingen).

Abb. 1: Kauris aus der Sammlung des Instituts für Klassische Archäologie.

Monetaria annulus (L.) sensu lato:[2]
Inv. VI 426/8 g. 3,21 g. 18 × 22 mm.
Inv. VI 426/8h. 2,14 g. 15 × 21 mm.
Inv. VI 426/8i. 1,52 g. 14 × 19 mm.

Monetaria caputserpentis (L.):
Inv. VI 426/8j. 4,04 g. 19 × 26 mm.

2 Monetaria sublitorea Lorenz und Monetaria obvelata (Lamarck) werden teils als eigene Arten angesehen, teils als Unterarten zu Monetaria annulus gestellt. Bei Inv.-Nr. VI 426/8h könnte es sich um Monetaria annulus sensu stricto, bei Inv.-Nr. VI 426/8 g wegen des breiten Randes um eine der beiden anderen Formen handeln. Inv.-Nr. VI 426/8i ist wohl eine ungewöhnlich gefärbte Monetaria annulus. Ich danke Erich Weber (Tübingen) vielmals für die Bestimmung.

Das alte, 1890 von Victor von Reuss verfasste Inventar der Sammlung erwähnt für die zehn Kauris folgende Erwerbsdaten: »Von der Basler Missionsgesellschaft 1851 dem hiesigen Technologischen Institut geschenkt. Vom hiesigen Technologischen Institut am 1. August 1892 erhalten«. Damit ist gesichert, dass die Kauris 1851 von der Basler Missionsgesellschaft dem Tübinger Technologischen Institut geschenkt wurden, von dem das Archäologische Institut die Stücke im Jahr 1892 übernahm. Weitere Angaben zur Provenienz der Stücke sind dem Inventar nicht zu entnehmen. Im Folgenden soll nun versucht werden, die Spur der Kauris von der Tübinger Sammlung bis zu ihrem einstigen Ursprung zurückzuführen.

Das Tübinger Technologische Institut und Wilhelm Ludwig Volz

Als 1817 durch König Wilhelm I. (reg. 1816–1864) an der Universität Tübingen die »staatswirthschaftliche« (später staatswissenschaftliche) Fakultät eingerichtet wurde, umfasste diese Lehrstühle für Nationalökonomie, Land- und Forstwirtschaft sowie Lehrstühle für Staatsrecht und öffentliches Recht.[3] Auf Ministerialerlass sollte die neu begründete Fakultät die Lehrfächer Staatswirtschaft mit Staatspolizei und Finanzkunde, Staats- und Verwaltungspraxis, namentlich Polizei-, Kameral- und Finanzpraxis, Landwirtschaft, Forstwirtschaft und Technologie, Handels- und Bergbaukunde anbieten.[4] Diesem breiten Anforderungsprofil entsprechend, wurden in der staatswirtschaftlichen Fakultät zwei Sammlungen eingerichtet, eine technologische und eine land- und forstwirtschaftliche Sammlung.[5] Beide Bestände wurden mehr oder weniger unmittelbar mit der Gründung der Fakultät als Hilfsmittel für die Lehre angelegt und erlebten durch ihre Anbindung an die jeweiligen namensgleichen Lehrstühle ein annähernd ähnlich bewegtes Schicksal. Die Professur der Technologie wurde ab 1872, der Lehrstuhl für Landwirtschaft ab 1905 nicht mehr nachbesetzt und die Sammlungen aufgelöst.[6]

Doch zunächst zum Beginn der Sammlungsgeschichte: Nachdem in Folge der Gründung der staatswirtschaftlichen Fakultät Johann Heinrich Moritz von Poppe (1776–1854) zum Professor der Technologie auf den hierfür neu geschaffenen Lehrstuhl berufen wurde,[7] war auch die Anlegung einer technologischen Modell-, Materialien- und Produktensammlung als Hilfsmittel für Demonstrationen bei dessen Vorlesungen zu Technologie und Maschinenlehre bewilligt worden. 1837 erhielt die Sammlung einen eigenen Diener und

3 Paletschek 2001, S. 161–162.
4 Klüpfel 1849, S. 461–462.
5 Klüpfel 1877, S. 127.
6 Paletschek 2001, S. 570.
7 Zu Leben und Wirken von Poppe vgl. Volz 1854a.

wurde den Studenten an einem Wochentag zur Besichtigung geöffnet.[8] Nachdem Poppe 1841 in den Ruhestand getreten war, wurde der Direktor der Polytechnischen Schule in Karlsruhe, Wilhelm Ludwig Volz (1799–1855) zu dessen Nachfolger als ordentlicher Professor der Technologie und Vorstand der Technologischen Sammlung berufen. Volz hatte sich bereits in jungen Jahren beim Militär als Lehrer für Artillerie-Offiziere einen Namen gemacht. 1821 erhielt er als Sachverständiger vom Kriegsministerium den kommissarischen Auftrag zur Untersuchung der Gewehre des badischen Armeecorps. 1823 wurde er auf Befehl von Großherzog Ludwig (1763–1830) und Markgräfin Amalie von Baden (1754–1832) als Begleiter und Lehrer in Kriegswissenschaft für Herzog Karl II. von Braunschweig (1804–1873) zu einer Studienreise nach Frankreich und England abkommandiert. Nach Verwicklung in eine Ehrensache und einer strafweisen Versetzung trat Volz 1825 aus dem Militär aus und wechselte an die soeben neugegründete Polytechnische Schule in Karlsruhe als Professor der Mathematik, insbesondere der speziellen Maschinenlehre oder des Maschinenbaus und der darstellenden Geometrie. In dieser Funktion lehrte er den zu dem Zeitpunkt noch nicht stark entwickelten Maschinenbau, den er in rein beschreibender Weise vermittelte.[9] 1836 war er bereits zum Direktor der Anstalt aufgestiegen; zudem war ihm als Auszeichnung der Titel eines Hofrats verliehen worden. Den Grad eines Doktors der Philosophie hatte er schon 1827 von der Philosophischen Fakultät der Universität Freiburg erhalten. In Karlsruhe hatte sich Volz in vielerlei Hinsicht einen Namen gemacht. Auf seine Initiative wurde ein Gewerbekalender ins Leben gerufen, damit »dem gewerbetreibenden Publikum auf eine gründlich populäre Weise nach und nach die wichtigsten Ergebnisse der technischen Wissenschaften in geeigneten Abhandlungen und mit den erforderlichen Zeichnungen übergeben werden sollten«. Von ihm selbst erschienen darin Abhandlungen über unterschiedlichste Gebiete des gewerblichen Wissens, wie »verschiedene physikalisch-mechanische, maschinistisch-technologische, gewerbs-ökonomische, polizeiliche und politische, und über gewerbestatistische Gegenstände und Fragen«.[10] Landesweit fachlich ausgewiesen als Mitglied der Kommission zur Bearbeitung einer Landesstatistik (1836) und als »Ministerial-Commissär« für die Visitation der Gewerbeschulen des Landes (1838), erhielt er 1841 den Ruf nach Tübingen.

In Tübingen richtete sich Volz' Lehre der »speciellen Technologie und allgemeinen Maschinenlehre« zunächst an die Zwecke und Bedürfnisse angehender Polizei- und Finanzbeamten, wurde aber bald auf die Bereiche der industriellen Wirtschafts- oder Betriebslehre und der »Gewerbe-Oeconomie« ausgedehnt. Um in der Lehre eine möglichst lebendige Anschauung von der Wirksamkeit der Technik zu geben, erweiterte Volz

8 Fallati 1853, S. 55.
9 Plank 1950, S. 222.
10 Hoffmann 1855, S. 655.

kontinuierlich die 1817 angelegte technologische Modell-, Materialien- und Produkten-Sammlung.[11] Nach schrittweiser Erhöhung des Sammlungsetats und der Bewilligung von kostspieligen Zukäufen, wie etwa während der Industrieausstellung 1844 in Paris (Exposition des produits de l'industrie française en 1844) oder der Industrieausstellung 1851 in London (Great Exhibition of the Works of Industry of All Nations), erhielt die Sammlung 1847 eigene Ausstellungsräumlichkeiten und Arbeitsräume.[12] Volz' berufliche Höhepunkte gipfeln in der Wahl zum Rektor der Universität im Studienjahr 1848–1849 und in der Verleihung des Ordens der Württembergischen Krone im Jahr 1850, mit dem die Erhebung in den persönlichen Adel verbunden war.

Waren die Forschungsinteressen von Volz, wie dessen Publikationen zu entnehmen ist, zunächst der eigentlichen Technik und Mechanik zugewandt, richtete sich sein Fokus später zunehmend auf soziale und staatliche Fragestellungen, die heute im Bereich der Volkswirtschaftslehre anzusiedeln wären. In seinen letzten Lebensjahren interessierte sich Volz vermehrt für die »Geschichte der Erfindungen nach ihrem Einflusse auf Cultur und Politik«;[13] diese kulturhistorische Blickrichtung mündete in einer Studie zum sogenannten Primitivgeld in der von ihm mitbegründeten »Zeitschrift für die gesamte Staatswissenschaft« mit dem Titel »Geschichte des Muschelgeldes«.[14] Dieser Beitrag erwuchs offensichtlich aus der intensiven persönlichen Auseinandersetzung mit den oben erwähnten zehn Kauris, welche – nach Ausweis des alten Inventars des Instituts für Klassische Archäologie – bereits seit 1851 im Besitz des Technologischen Instituts waren. Tatsächlich berichtet die Beschreibung der Technologischen Sammlung zum Anlass der 30. Versammlung deutscher Naturforscher und Ärzte, welche von 18.–24. September 1853 in Tübingen abgehalten wurde, dass jene Sammlung vier Abteilungen umfasste und von denen ein Bereich aus ethnographischen Objekten bestand: 1) Sammlung für Maschinenwesen, 2) Sammlung für spezielle Technologie, 3) Materialien- und Fabrikate-Sammlung und 4) ethnographisch-technologische Sammlung.[15] Die Ausstellung der Sammlungsobjekte war in einer Reihenfolge konzipiert, sodass beginnend mit Grundmaterialien und Bauelementen über die Kombination der letztgenannten Teile, ausgewählten Funktionsdarstellungen und Verarbeitungsschritten ein Gesamtverständnis des jeweiligen Unterrichtsstoffs am Lehrstuhl für Technologie (Maschinenbau, Gewerbe etc.) vermittelt wurde. In dieser Aufstellung standen die Kauris als Teil der ethnographisch-technologischen Sammlung gleichberechtigt neben Objekten wie einem »Dynamometer nebst Gurtenprüfungsvorrichtung, boîte de tension für den Dienst der französischen Marine von Reymondon-

11 Hoffmann 1855, S. 658.
12 Fallati 1853, S. 55.
13 Hoffmann 1855, S. 666.
14 Volz 1854b.
15 Fallati 1853, S. 56.

Martin in Paris«, einer »Locomotive, arbeitendes Modell mit Tender von Werkmeister Schill in Cannstatt, 1/10 der wahren Größe«, einem »Baumwollen-Fein-Vorspinnstuhl mit Differenzialbewegung von Pfaff in Chemnitz« oder einer »Sammlung der im englischen Handel vorkommenden Gerbestoffe von Curtis in London«.[16] Die Publikation zur 30. Versammlung deutscher Naturforscher und Ärzte nennt in dem Zusammenhang nicht nur die Funktion des Sammlungsbestandes, der die Kauris enthielt, sondern auch deren Provenienz: »Die ethnographisch-technologische Sammlung wurde im Jahr 1851 durch ein Geschenk der Basler Missionsgesellschaft mit 79 Nummern gegründet, und seither durch Gaben von Dr. v. Barth in Calw und anderen Privatpersonen vermehrt, sodass sie bisher keine Geldmittel in Anspruch genommen hat. Sie hat den Zweck, die geschichtliche Entwicklung der menschlichen Thätigkeitsreise in gewerblichen Dingen zur Anschauung zu bringen, und dadurch besonders die Vorträge über die Geschichte der Erfindungen zu unterstützen, welche der Vorstand von Zeit zu Zeit an der Universität hält«.[17]

Nach dem Tod von Volz am 19. August 1855 verlor die bis dahin intensiv gepflegte Sammlung kontinuierlich an Bedeutung. Zunächst wurden die Vorlesungen über Maschinenlehre und Technologie und die Obhut über die Technologische Sammlung an Friedrich Eduard Reusch (1812–1891) übertragen.[18] Reusch war seit 1851 Professor für Physik in Tübingen und eigentlich im Bereich der Optik und Kristallographie spezialisiert. Aufgrund der Doppelbelastung in der Lehre in Physik und Technologie legte Reusch seine Lehrverpflichtungen an der staatswirtschaftlichen Fakultät 1871 wieder nieder.[19] Nach einer Vakanz im Wintersemester 1871/72 und Sommersemester 1872 wurde mit dem Hüttendirektor a. D. Karl Dorn (1815–1891) ein externer Vertreter mit der Lehre der Technologie und der Vorstandschaft über die Technologische Sammlung beauftragt,[20] die dieser bis zum Sommersemester 1888 ausfüllte. Ab Wintersemester 1888/89 bis Sommersemester 1890 leitete mit Privatdozent Otto Schumann (1852–1898) wieder ein Physiker die Sammlung. Schumann hielt Vorlesungen zur Technologie, bevor er 1890 die Universität verließ und eine Industrieanstellung annahm.[21] Im Sommersemester 1891 und Wintersemester 1891/92 vertrat Carl Julius Tuisko Lorey (1845–1901), Professor der Forstwissenschaften, interimistisch die Technologische Sammlung. Von Sommersemester 1892 bis Sommersemester 1893 leitete Julius Leemann (1839–1913), Professor für Landwirtschaft, landwirtschaftliche Technologie und landwirtschaftliches Genossenschaftswesen die Samm-

16 Fallati 1853, S. 56.
17 Fallati 1853, S. 57–58.
18 Zu Leben und Wirken von Reusch, s. Ammermüller 1892.
19 Hermann 1980, S. 23–24.
20 Klüpfel 1877, S. 109.
21 Hermann 1980, S. 30.

lung.[22] Nach einer neuerlichen Vakanz im Wintersemester 1893/94 stand der Geologe und Paläontologe Wilhelm Branco (1844–1925) der Sammlung von Sommersemester 1894 bis Sommersemester 1895 vor.[23] Im Wintersemester 1895/96 und im Sommersemester 1896 war die Sammlung abermals ohne Vorstand, bis der Paläontologe Ernst Koken (1860–1912) die Leitung der Sammlung im Wintersemester 1896/97 übernahm.[24]

Koken hatte so wie sein Vorgänger keinen fachlichen Bezug mehr zur Technologie. Reusch, Dorn, Schumann und Leemann boten immerhin Lehrveranstaltungen zur Technologie an, jedoch mit jeweils unterschiedlicher Ausrichtung, so etwa Schumann mit »Technologie der mineralischen Stoffe und Maschinenlehre«[25] oder Leemann mit »Landwirtschaftliche Betriebslehre, mit Einschluß des landwirtschaftlichen Genossenschaftswesens und der landwirtschaftlichen Technologie«.[26] Nachdem die Inhalte der Technologie – welche aus der Wirtschafts- und Wissenschaftsauffassung des Kameralismus des späten 18. Jahrhunderts entstanden war – in der zweiten Hälfte des 19. Jahrhunderts zwischen Universitäten und Technischen Hochschulen aufgeteilt wurden, war dem Fach seine Grundlage entzogen. Spätestens mit der Loslösung von Lehre und Forschung hatte auch die Technologische Sammlung in Tübingen ihre Daseinsberechtigung verloren und wurde 1905 aufgelöst.[27]

Ein im Tübinger Universitätsarchiv aufbewahrter Akt betreffend die Auflösung der Sammlung am 10. November 1905 zählt die Gegenstände auf, die bereits mit dem 1. August 1892 dem Archäologischen Institut überlassen worden waren. Neben siamesischen und chinesischen Münzen enthält die von Ludwig Schwabe (1835–1908), dem damaligen Professor für Philologie und Archäologie sowie Vorstand des Münz- und Antikenkabinetts, gegengezeichnete Auflistung auch die zehn Kauris.[28] Das Zuwachsverzeichnis der Münzsammlung nennt neben vier weiteren neuzeitlichen Münzen,[29] die das Archäologische Institut im Zuge der Aktion am 1. August 1892 vom Technologischen Institut übernommen hatte, auch ein Schaukästchen, in dem die Produktion eines Württembergischen

22 Zur Vita von Julius Leemann, s. Herrmann 1985.
23 Zu Leben und Wirken, s. Quenstedt 1955.
24 Zu Ernst Koken, s. Walter 1979.
25 Randecker 2014, S. 84–86, 88.
26 Randecker 2014, S. 92, 95, 98, 101, 104.
27 Paletschek 2001, S. 570.
28 Universitätsarchiv Tübingen (UAT) 117/5896b Akten betr. Die technologische Sammlung 1842–1934.43.44. Auflösung 1905. Archäologisches Institut Verzeichnis der aus der technologischen Sammlung für das Institut ausgesonderten Gegenstände. 10. 11. 1905: »... Nr. 2 sechs Kauri Muscheln – Münzzuwachsverzeichnis 12584 bis 12589; Nr. 3 vier Kauri Muscheln – Münzzuwachsverzeichnis 12590 bis 12593; Nr. 4 syamesische Münzen – Münzzuwachsverzeichnis 12581; chinesische Münzen – Münzzuwachsverzeichnis 12583. ... diese Sammlung wurde der Archäolog. Sammlung vom Technolog. Institut am 1. 8. 1892 überlassen. L. Schwabe«.
29 ZWVerz. 12579: »Französischer Thaler 1790«; ZWVerz. 12580: »Franz. Med. de confiance 1791«; ZWVerz. 12581: »Spanien, Philipp IV 1663«; ZWVerz. 12582: »Oesterreich, Mar. Theresia 1764«.

Gulden anhand von einzelnen Bearbeitungsstufen des Schrötlings veranschaulicht wird (Abb. 2).[30] Die rechtsgültige Übernahme der numismatischen Sammlungsobjekte geschah im Kontext eines offensichtlich sehr guten, einvernehmlichen Kontakts zwischen Ernst Koken und Ludwig Schwabe. Koken setzte sich zwei Jahre später in einer anderen Angelegenheit wieder für das Institut für Klassische Archäologie ein. Als Rektor der Universität verfasste Koken für den Mäzen Ernst von Sieglin (1848–1927), der dem Archäologischen Institut 38 griechische Vasen aus dem römischen Kunsthandel schenkte, eine öffentliche Dankesschrift.[31]

Abb. 2: Schaukästchen. Dazu die Beschreibung im Zuwachsverzeichnis: »Württembergischer Gulden 1856 mit fünf seine Herstellung veranschaulichenden Stücken: 1) gegossen & gewalzte, 2) ausgestückelte, 3) justierte, 4) randierte, 5) weißgesottene Plakette«.

30 ZWVerz. 12594–12599: »Württembergischer Gulden 1856 mit fünf seine Herstellung veranschaulichenden Stücken: 1) gegossen & gewalzte, 2) ausgestückelte, 3) justierte, 4) randierte, 5) weißgesottene Plakette«.

31 Krmnicek 2017a, S. 69 u. 72.

Die Basler Missionsgesellschaft

Wir erinnern uns, dass die Publikation zur 30. Versammlung deutscher Naturforscher und Ärzte aus dem Jahre 1853 die Herkunft der ethnographischen Gegenstände in der Technologischen Sammlung erwähnte: »Die ethnographisch-technologischer Sammlung wurde im Jahr 1851 durch ein Geschenk der Basler Missionsgesellschaft mit 79 Nummern gegründet, und seither durch Gaben von Dr. v. Barth in Calw und anderen Privatpersonen vermehrt ...«.[32] Diese Schenkung ist auch durch einen Akt im Tübinger Universitätsarchiv aus dem Nachlass des Technologischen Instituts bezeugt. In einem auf den 13. Februar 1851 datierten Briefentwurf wird dem Missions-Committee der Basler Missionsgesellschaft für die Schenkung der ethnographischen Objekte gedankt:

> Euer Hochwohlgeboren
> Gütiger Vermittlung verdankt die Universität die werthvolle Schenkung einer beträchtlichen Anzahl ethnographischer Gegenstände als ersten Anfang einer ethnographischen Abtheilung unserer technologischen Sammlung von Seiten des Missions-Commitee in Basel; wir ersuchen nun Euer Wohlgeboren das Organ unserer Erkenntlichkeit ... dem verehrungswürdigen Committee ..., und uns demselben zu fernerem Wohlwollen empfehlen zu wollen, und sprechen Ihnen unseren besonderen Dank für Ihre erfolgreiche Verwendung aus.
> Hochachtungsvoll
> Tübingen d. 13. Febr. 1851
> ...
> Se Hochwohlgeborenen
> Herrn Ephorus Dr. Hoffmann
> dahien[33]

Das Schreiben ist an Wilhelm Hoffmann (1806–1873),[34] 1839–1850 Inspektor der Missions-Anstalt und 1850–1852 Ephorus des Theologischen Stifts und zugleich Professor des evangelisch-theologischen Seminars in Tübingen, adressiert. Als Inspektor der Basler Mission war Hoffmann elf Jahre lang der Anstalt vorgestanden und hatte allem Anschein

32 Fallati 1853, S. 57–58.
33 UAT 117/589b. Für Hilfe bei der Transkription danke ich H. Hardt (Tübingen).
34 Ranke 1905; speziell zum Wirken in der Basler Mission der autobiographische Rückblick bei Hoffmann 1853.

nach auch danach weiterhin beste Verbindungen zu dem Missions-Committee,[35] dem leitenden Gremium der Basler Mission. Es liegt die Vermutung nahe, dass Volz vom Technologischen Institut mit dem Professorenkollegen Hoffmann vom evangelisch-theologischen Seminar spätestens seit dessen Wechsel nach Tübingen persönlich bekannt war und über diesen Kontakt die Vermittlung der Kauris von der Basler Mission erfolgte.

Die Evangelische Missionsgesellschaft Basel wurde 1815 auf Initiative von Christian Friedrich Spittler (1782–1867), dem Sekretär der Deutschen Christentumsgesellschaft in Basel und aktiven Organisator der süddeutschen Erweckungsbewegung, als pietistisches Missionswerk gegründet. Ursprüngliches Ziel der Einrichtung war es, in der eigenen Missionsschule in Basel Missionare auszubilden, die in Übersee für andere Organisationen arbeiten sollten. Doch schon 1819 formierte sich in der Anstalt der Wunsch nach einer selbständigen, von Basel ausgehenden »Missionsarbeit unter Heiden und Mohamemedanern«.[36] Bereits 1822 reisten die ersten Missionare in eigenem Missionsauftrag aus Basel in Richtung Kaukasus. Noch ehe dieser erste Missionsversuch jedoch am Widerstand der armenischen Kirche und der russischen Politik kläglich scheiterte – und da die Mission am Kaukasus auch nicht als echte »Heidenmission« angesehen werden konnte – hatte die Missionsleitung 1827 mit Liberia an der Westküste Afrikas ein neues Arbeitsfeld ins Auge gefasst.[37] Erst in den darauffolgenden Missionsaktivitäten etablierte die Missionsgesellschaft mit Goldküste/Ghana (1828), Südindien (1834) und Südchina (1847) ihre zentralen Missionsgebiete, welche für die erste Hälfte des 19. Jahrhunderts bestimmend werden sollten. Die Missionare dieser ersten Phase im 19. Jahrhundert stammten mehrheitlich aus den pietistischen Kreisen des württembergischen Bauern- und Handwerkermilieus und waren eng mit der württembergischen Heimat verbunden.

Zwar verlieren sich mit der Übernahme der Kauris durch das Technologische Institut von der Basler Mission deren frühere Spuren; aufgrund der gut dokumentierten Lebensläufe und bekannten Netzwerke von Angehörigen der Missionsgesellschaft und Vertretern aus dem unmittelbaren Wirkungskreis der Basler Mission lassen sich jedoch zwei Personen als potentielle Quellen zur Provenienz der Kauris einengen. Beide hatten einen direkten Bezug zu dem möglichen Herkunftstort der Kauris, zu Tübingen und zu Wilhelm Hoffmann, dem Inspektor der Missions-Anstalt und späteren Ephorus des Tübinger Theologischen Stifts. Bei der einen Person handelt es sich um den Missionar Johann Georg

35 Vgl. den Hinweis in *Der Evangelische Heidenbote* 23, 1850, S. 46: »Hoffmann wird auch in seiner neuen Stellung für einige Jahre noch das Missionsmagazin schreiben, und schon auf diese Weise mit uns in enger Verbindung bleiben«.

36 Für die Entstehung der Basler Mission und ihrer Ausrichtung in der Frühphase s. die Zusammenfassung bei Steiner 1915, S. 3–22.

37 Schlatter 1916, S. 9–16.

Widmann (1814–1876).[38] Widmann stammte aus Gniebel, einem knapp 10 km östlich von Tübingen gelegenen Dorf. Nach einer sechsjährigen Ausbildung im Missionsseminar der Basler Mission reiste er 1842 an die Goldküste im heutigen Ghana, wo er in der Missionsstation Akropong – von nur zwei Heimataufenthalten unterbrochen – bis zu seinem Tod im Jahre 1876 wirkte. Über den Gebrauch von Kauris durch die lokale Bevölkerung in der Station Akropong und in der Region sind wir durch unterschiedliche zeitgenössische Berichte durch die Basler Missionare – etwa über Zahlungen beim Fetischpriester, den Wert von Ziegen oder die Übernahme von Kostgeld – gut unterrichtet.[39] Widmann erlebte die Benutzung von Kauris also vor Ort und hatte somit direkten Kontakt zu dem »Muschelgeld«. Der erste Heimataufenthalt von Widmann mit seiner Gattin 1850/51 in Gniebel bei Tübingen würde sich für die Überbringung von Kauris anbieten und zeitlich mit dem oben besprochenen Briefentwurf vom 13. Februar 1851 an Ephorus Hoffmann als Dank für die Schenkung der ethnographischen Objekte gut harmonisieren. Die Widmanns reisten im Frühjahr 1850 nach Europa[40] und kehrten im Herbst 1851 wieder nach Afrika zurück.[41]

38 Vgl. die biographischen Hinweise in der Studie zu seiner Gattin Rosina Widmann bei Quartey 2007; ebenso die Nachweise in Schlatter 1916.

39 *Der Evangelische Heidenbote* 24, 1851, S. 89 mit einem Bericht von Missionar Zimmermann zur Benutzung von Muschelgeld in Akropong bei der Bezahlung von Fetischpriestern: »Ist einem Vater eines von zwei Kindern gestorben und das zweite wird auch krank, so bringt er dem Fetisch eine Flasche Branntwein und einiges Muschelgeld und spricht dann durch den Priester zum Fetisch ... Endlich sagt der Fetisch: Ich verlange sechs Ellen Zeug, drei Doppelflaschen Branntwein, dreimal neun Kauristränge (etwas mehr als 15 Btz.), und zwei Hühner, so will ich essen und dein Kind segnen, damit es lebe ...«; *Der Evangelische Heidenbote* 24, 1851, S. 92 mit einem Bericht von Missionar Zimmermann zur Viehzucht in Akropong: »Die verhältnismäßig wenigen Schafe und Ziegen werden nicht in Herden, sondern als Haustiere gehalten. Kaum wird es Neger geben, die über 20 Stücke besitzen; lieber speichern sie ihre Kauris (Muschelgeld) auf; denn es traut keiner dem anderen so weit, eine Herde zu halten, aus Furcht er möchte bestohlen werden«; Schlatter 1916, S. 72 zur Bezahlung eines Kostgeld für die Schüler der Mission im Jahre 1867: »Müller hielt es für richtig, für jeden Schüler ein monatliches Kostgeld zu bezahlen (einen Strang Kaurimuscheln, etwa Fr. 2.25), da wegen der herrschenden Unzucht mancher der Knaben niemanden hatte, der für ihn aufgekommen wäre, und daher sein Brot selber suchen musste«.

40 Schlatter 1916, S. 41; *Der Evangelische Heidenbote* 23, 1850, S. 82: »Auch Bruder Widmann und seine Frau haben die Committee um die Erlaubnis gebeten, Erholung in der Heimat suchen zu dürfen; ein Wunsch den die Committee umso mehr bewilligen zu müssen glaubte, als dieser Bruder bereits 8 Jahre seine Arbeit in Afrika fortgeführt hat, seine geliebte Frau in Afrika nicht wieder gesund werden zu können scheint, und er trotz der Leiden, die ihn umgeben, die Ankunft neuer Brüder, wenn immer möglich, zu erwarten entschlossen war«.

41 *Der Evangelische Heidenbote* 25, 1852, S. 52: »Wir haben die Freude, zu berichten, dass die Geschwister Widmann, sowie die beiden Brüder Däuble und Menge, welche am 2. Nov. 1851 sich in London eingeschifft haben, nach einer kurzen und glücklichen Seefahrt am 23. Dez. Abends in Ussu an der westafrikanischen Küste wohlbehalten angekommen sind«.

Bei der zweiten Person, die für die Besorgung von Kauris in Frage käme, handelt es sich um den christlichen Volks- und Jugendschriftsteller und evangelischen Theologen Christian Gottlob Barth (1799–1862).[42] Der in Stuttgart geborene Barth sollte als Gründer des Calwer Verlagsvereins eine treibende Kraft der Basler Missionstätigkeit in der Heimat werden. Bereits als junger und besonders eifriger[43] Student am Tübinger Seminar entfaltete Barth eine rege theologische schriftstellerische Tätigkeit.[44] In diese Zeit datieren nicht nur die ersten Kontakte mit organisierten pietistischen Kreisen, sondern auch das über den theologischen Horizont weit hinausgehende Interesse von Barth an kulturhistorischen und naturwissenschaftlichen Themen.

Der Besuch des Pfarrers Wilhelm Matthäus Elias Köllner (1760–1835), einem entfernten Verwandten und Freund der Familie Barth, bei dem jungen Christian Gottlob in Tübingen im Herbst 1818 ist der entscheidende Moment in Barths Kontakt mit der Basler Mission. Köllner war zunächst Sekretär der deutschen Christentumsgesellschaft in Frankfurt gewesen und wurde von dieser Stelle von seinem langjährigen Freund Christian Friedrich Spittler (s. oben) für die Basler Missionsgesellschaft gewonnen. Barth berichtet über das Treffen: »Einen unverhofften, aber unschätzbaren, werthen Besuch erhielt ich gestern von Herrn Pfarrer Köllner. ... Ich freute mich außerordentlich und bedauerte nur die kurze Zeit seines Aufenthalts. Doch konnte er zwei Stunden bei mir bleiben. Ich führte ihn auf unser Museum und ließ eine Bouteille guten, alten Wein kommen, der sehr angelegt war. Da unterhielten wir uns denn sehr angenehm und lehrreich«.[45] Auch Barths Biograph, der schwäbischer Pfarrer, Pietist und Schriftsteller Karl Friedrich Werner (1804–1872) sieht dieses Treffen als entscheidend an: »Da Köllner, wie gesagt, in Basel eine feste Stellung erhielt, und mit seinem jungen Freunde Barth in Correspondenz trat, so knüpfte sich daran für diesen die erste Verbindung mit Basel, die in der Folgezeit von großer Bedeutung geworden ist«.[46] Das zunehmende Interesse bei Barth für den Missionsgedanken und die Ideale der Basler Mission – ihm selber wird 1819 der Antrag gemacht, als Missionar auszugehen, den er jedoch aus Rücksicht auf die Mutter ablehnt[47] – wird auch in Zukunft durch dessen persönliche Freundschaft mit Studienkollegen, die

42 Zu Leben und Wirken ausführlich Werner 1865; Werner 1866; Werner 1869; Palmer 1875; Frohnmeyer 1953.

43 Werner 1865; S. 111 aus einem Schreiben vom 21. 1. 1818: »Zuerst, wenn ich vom Bette komme, um drei Uhr, lese ich zwei Kapitel im Brief an die Römer im französischen Testament, sodann zwei Psalmen hebräisch und holländisch, ferner 30–40 Verse aus der Ilias, 10–12 Stanzen aus Tasso Gerusalemme liberata, ferner ein Kapitel aus den Sketches by George Klate, endlich ein Kapitel aus Seneca (wegen meines Aufsatzes über die Eigenheit seines Styls), einige Briefe aus Cicero«.

44 Siehe dazu zusammenfassend Palmer 1875.

45 Werner 1865, S. 123.

46 Werner 1865, S. 122–123.

47 Werner 1865, S. 135–136.

später als Missionare tätig werden, aufrecht erhalten; der Kontakt mit den Missionaren der Basler Mission, mit denen er noch aus Studienzeiten bekannt war, ist nie abgerissen.[48]

Nachdem Barth 1824 an die Pfarrei in Möttlingen berufen wurde, legte er sein Pfarramt 1838 aus gesundheitlichen Gründen und wegen Arbeitsüberlastung – besonders wegen der Aktivitäten für die Basler Mission – wieder nieder und zog nach Calw, um sich dort in dem von ihm 1833 begründeten Calwer Verlagsverein voll und ganz seiner umfangreichen schriftstellerischen Tätigkeit im Dienste der äußeren und inneren Mission widmen zu können. Er verfasste nicht nur Missionsblätter, christliche Kinder- und Schulschriften, Erzählungen und Gedichte, sondern auch eine vielbeachtete Geschichte von Württemberg.[49] Daneben war Barth auch als Dichter vieler Kirchenlieder erfolgreich. Seine intensive Korrespondenz mit den Missionaren in Afrika und Asien floss in die Missionsblätter ein, mit der ein lebhaftes Bild der Missionstätigkeiten vermittelt wurde. Seine weltweiten Beziehungen nutzte Barth auch, um eine umfangreiche ethnographische Sammlung aufzubauen. Besonders wichtige Objekte gab er an interessierte Fachinstitutionen ab, so etwa an die Stuttgarter und Münchner Naturalienkabinette,[50] aber auch Tübingen kam in den Genuss seiner Freigiebigkeit.

Barths Biographie, die nur wenige Jahre nach seinem Tod verfasst wurde, beschreibt das für die Zeitgenossen sicher ungewöhnliche ethnographische Interesse des schwäbischen Missionstheologen und Schriftstellers ausführlich:

> Denn er hatte neben seinem geistigen Sinne auch manche wunderliche Neigung, von der man nicht wissen konnte, was daraus werden würde. Hierher gehört unter Anderem die Liebhaberei, von sonderbaren und seltsamen Dingen sich eine Sammlung anzulegen. Wer hätte es damals geahnt, dass auch dieser Zug in dem Bilde des gereiften Mannes von wesentlicher Bedeutung sein würde? Und doch war dies der Fall; denn aus dem Knaben, der mit einer Wappensammlung anfing, ist hernach der Begründer einer nicht unbedeutenden ethnographischen Sammlung geworden, der Merkwürdigkeiten aus allen Gegenden der Welt zusammenbrachte, die für die Länder- und Völkerkunde von Interesse sind; und er hat gleichzeitig mehr als ein Naturalien-Kabinet mit sehr seltenen Exemplaren aus verschiedenen Gebieten der Natur ansehnlich bereichert.[51]

Für das Jahr 1846 berichtet Barths Biographie ausführlich über dessen Sammlung. Dabei stützt sich der Bericht auf Angaben von Barths langjährigen Freund, den Apotheker und

48 Werner 1865, S. 147, S. 174–175.
49 Siehe zur Literatur zusammenfassend Palmer 1875; Frohnmeyer 1953; in hohen Auflagen erschienen noch postum: Barth 1882 (270. Auflage); Barth 1887 (22. Auflage); Barth 1885 (5. Auflage).
50 Palmer 1875; Frohnmeyer 1953.
51 Werner 1865, S. 46.

Botaniker Gottlieb Heinrich Zeller (1794–1864) aus Nagold,[52] mit dem Barth die Freude an der Naturwissenschaft und am Sammeln teilte:

> Es wird nun am Orte seyn, auch ein Wörtlein davon zu sagen, was Barth für die Naturwissenschaften durch seine Sammlungen geleistet hat, da diese Leistungen in den Jahren, in welchen wir stehen, allmählich umfassender wurden. Bekannt ist, dass er für Missionszwecke eine ethnographische Sammlung anlegte, die um so bedeutender wurde, je weiter sich seine Verbindungen mit den Missionaren ausdehnten. Unter den interessanten Gegenständen, die ihm diese einsandten, befanden sich nicht selten auch Naturalien, deren Werth für die Wissenschaft leicht zu erkennen war. Während er nun die kleineren Artikel häufig in sein Kabinet einreihte, ließ er die wichtigeren gerne an die öffentlichen Sammlungen abgehen, und zwar vorzüglich an die Naturalienkabinete in Stuttgart und München, später auch nach Tübingen. Als diese Schenkungen nach und nach gewichtiger wurden, so reizte dies die Custoden der Kabinete, diesem bereitwilligen Geber selbst solche Naturgegenstände zu bezeichnen, die ihnen noch fehlten und doch in hohem Grade wünschenswerth erschienen. Wünsche dieser Art fanden bei Barth eine gute Statt. Denn Geben war seine Lust. Stets war er bereit, seine Schätze abzutreten, wenn es sich auch um ausgezeichnete Stücke handelte, sobald er erkannte, dass sich für wissenschaftliche Zwecke ein guter Gebrauch von denselben machen ließ. Selbst wenn ein Privatmann als Naturforscher oder Technolog etwas, was ihm fehlte, in Barths Museum mit Wohlgefallen ansah, und den stillen Wunsch des Besitzes hegte, so steckte er im ein solches Stück alsbald mit Freuden in seinen Reisesack. Mit anderen Gaben, oft von bedeutendem Werthe, suchte er das Herz und Interesse fürstlicher Personen für die Mission zu gewinnen. So wanderte manches aus seiner Sammlung fort, was sein eigener Custos, sein lieber Heiner, nachher vergeblich suchte, wenn er in den Glas- und Schiebladen in Calw gelegentlich Durchgang hielt. Da konnte dann Barth, wenn jener mit ängstlicher Besorgnis lange umhergespäht hatte, mit Lachen bekennen, er habe das Gesuchte verschenkt. Aber je mehr er gab, desto mehr empfing er wieder; und für die Bedürfnisse öffentlicher Kabinete ließ er sich auch das Bitten nicht verdrießen. Er gab häufige Aufträge an die mit ihm verbundenen Missionsbrüder in den entlegensten Ländern und wiederholte solche oft jahrelang, bis endlich das Gewünschte erschien. Neben den Missionsberichten ließ er sich gar Vieles senden, was für die Wissenschaft von Werth und Interesse war, z. B. meteorologische Tabellen, Seehunde, Walrosse und Walfischskelette, bengalische Tiger, afrikanische Löwen und Antilopen, und wie die Hunderte von merkwürdigen Geschöpfen heißen, deren Eti-

52 Zur Freundschaft Barths mit Zeller, s. Werner 1869; zu Zellers naturhistorischen Aufsätzen in den von Barth redigierten Jugendblättern von 1836–1852, s. beispielsweise von Kurr 1865.

quetten in den Naturaliensammlungen mit seinem Namen bezeichnet sind. Die unkundige Nachwelt wird diesen ›Barth in Calw‹ einst für einen der berühmtesten Weltumsegler ansehen, der den höchsten Norden und den tiefsten Süden bereist haben müsse, während er doch niemals ein außereuropäisches Land betreten hat. ... Außer den oben erwähnten großen Kabinetstücken kamen nämlich im Laufe der Jahre auch viele andere Naturgegenstände nach Calw und von diesem damaligen Centralort für die deutsche Mission in die obengenannten Kabinete, wie außer Amphibien, Insekten usw. viele Conchylien und andere Seethiere, ebenso Pflanzen, besonders auch Algen, aus der südlichen und nordischen Zone. ... Durch einen geübten Naturforscher hatte Barth schon vorher eine Instruction für Sammlung und Verpackung von Naturalien verfassen lassen und auf die mit ihm verbundenen Missionsstationen versendet. Die Wirkung davon war in den meisten Fällen eine günstige. Dennoch fehlte es bei gar manchen Sendungen nicht an vielen Verlusten durch Verderbnis, wobei jedoch weniger die Versender als die Zollbeamten schuldig waren, welche nach Ihren Visitationen nicht mehr vorsichtig einpackten, auch wohl Manches entwendeten. Nur einmal wurde die stets große Freude des Auspackens durch eine totale Fehlgeburt getäuscht. Eine 2 bis 3 Centner schwere Kiste brachte Conchylien von den maledivischen Inseln. Der ganze schwere Inhalt bestand aus großen und kleinen, am Meeresstrand ohne Auswahl zusammengerafften Muscheln, von denen nur ein kleines Körbchen voll für Sammler tauglich war. Der große Rest war eine erwünschte Acquisition für die Schuljugend. ... Und es ist leicht zu berechnen, welchen Eindruck und Einfluss diese mit der größten Uneigennützigkeit verbundene Förderung wissenschaftlicher Zwecke auf die Hohen und Gelehrten ausüben musste, von Seiten eines Mannes, der als Vorkämpfer unter den Genossen des Reiches Gottes allgemein bekannt war. Überdies war die in seiner eigenen Wohnung befindliche ethnographische Sammlung für die Belebung der Theilnahme an der Mission viele Jahre lang förderlich. Unzählige Personen aus allen Ständen wurden durch dieselbe angelockt, einen Besuch in Barths Hause zu machen und nahmen Anschauungen und Eindrücke mit sich, die sie sonst vielleicht nicht erhalten hätten. Es war besonders auch die Sammlung von Götzen, die ein fühlendes Gemüth unwillkürlich darauf führen musste, wo der Mensch so weit herabgesunken sei, um solche Mißgestalten göttlich zu verehren, da müsse durch das Evangelium Hilfe geleistet werden.[53]

Die hier zitierten längeren Zitate, aber auch die kürzeren Anmerkungen[54] in Barths Biographie skizzieren ein eindrucksvolles Bild von Barths Sammeltätigkeit. Gerade die Erwähnung der Schlagworte Tübingen, Muscheln und Technologe sind vielleicht ein Indiz,

53 Werner 1869, S. 140–145.
54 Siehe auch die Hinweise bei Werner 1866, S. 375, 370; Werner 1866, S. 388.

um Barth als Quelle der Kauris zu identifizieren. Wir erinnern uns, dass die Publikation zur 30. Versammlung deutscher Naturforscher und Ärzte aus dem Jahre 1853 Barth als Schenker von ethnographischen Gegenständen an die Technologische Sammlung erwähnte.[55] Vielleicht erfolgte die Schenkung der Kauris von Barth an Volz zunächst über den Weg der Mission bzw. Hoffmann, da die beiden letztgenannten Personen in Tübingen einander kannten, jedoch Volz und Barth einander nicht bekannt waren. Dass Barth und Hoffmann in regem Austausch standen, ist gut belegt. Sogar am 10. Februar 1851, knapp vor dem Datum des Briefentwurfs an das Missions-Committee (s. oben)[56] stattete Hoffmann seinem Freund Barth in Calw nachweislich einen Besuch ab.[57]

Auch wenn sich in Ermangelung von weiteren Quellen die genaue Herkunft der Kauris nicht weiter zurückverfolgen lässt, so sprechen die stärksten Argumente für eine Besorgung der Objekte durch Johann Georg Widmann oder Christian Gottlob Barth. Der Eine war selber in Westafrika tätig und erlebte dort die tagtägliche Benutzung von Kauris; zudem stammte er aus einem Dorf unmittelbar neben Tübingen, hatte aufgrund seiner Stellung in der Basler Missionsgesellschaft engen beruflichen Kontakt mit Wilhelm Hoffmann und befand sich im Zeitraum unmittelbar vor der Schenkung der Kauris an das Technologische Institut in der Heimat. Der Andere pflegte neben seiner freiberuflichen Tätigkeit für die Basler Missionsgesellschaft als Sammler ethnographischer Objekte ein weltweites Netzwerk und war für die Überlassung von besonderen Stücke an die großen Naturalienkabinette, aber auch an kleinere Sammler, bekannt. Ihn verband mit Hoffmann nicht nur eine langjährige Freundschaft, er hatte zudem in den Tagen unmittelbar bevor der Entwurf des Dankesschreiben für die Schenkung der Kauris verfasst wurde mit diesem ein persönliches Treffen in Calw.

Numismatisches Sammeln für Tübingen im 19. Jahrhundert

Kehren wir zurück zur Übernahme der Kauris durch das Archäologische Institut am 1. August 1892. Auf den ersten Blick mag es verwundern, dass ein klassisch-archäologisch ausgerichtetes Institut (das zu dieser Zeit zudem noch stark mit der klassischen Philologie

---

55 Fallati 1853, S. 57–58.

56 UAT 117/589b.

57 Werner 1869, S. 226 zitiert Barths Bericht über das Treffen: »Am Samstag Mittag, als ich eben mit dem Essen fertig war und um das Wetter anzusehen zum Fenster hinausguckte, fuhr ein gelber Wagen an und stieg ein Knabe und ein Herr in Pelzrock aus. Ich kannte Keinen von Beiden. Als die Thüre aufgieng, war's Ephorus Hoffmann mit seinem Karl. Wollte meiner Hand einen Besuch machen. Während wir uns noch verwunderten, gieng die Thür wieder auf und Zaremba trat herein, von Pforzheim herkommend. Du kannst dir die Freude dieses Zusammentreffens denken. Gerade hatte ich wollen nach Urumiah und Konstantinopel und Grahamstown schreiben, nun wurde aber nur gesprochen, nicht geschrieben. – Wir bekamen natürlich keine Langeweile; ich konnte mit Hoffmann vielerlei durchsprechen«.

verbunden war) ethnographische Objekte in seine Sammlung aufnahm. Die Sammlungsgeschichte des Tübinger Archäologischen Instituts ist jedoch im gesamten 19. Jahrhundert dadurch gekennzeichnet, dass die Sammlung durch Ankäufe und Stiftungen nicht nur von antiken, sondern auch von mittelalterlichen, neuzeitlichen und orientalischen Münzen kontinuierlich erweitert wurde, wie etwa durch die Übernahme von rheinischen Goldgulden des 15. Jahrhunderts aus dem Schatz von Kusterdingen oder von altwürttembergischen Münzen und Medaillen aus der Sammlung Christian Binder (1775–1840). Der Staat kaufte diese Sammlung 1841 für das Stuttgarter Münzkabinett und ließ die Dubletten der bereits in Stuttgart vorhandenen Stücke unbesehen nach Tübingen abgeben. Darunter befanden sich Stücke von großer Seltenheit und besonders guter Erhaltung, deren Übernahme Tübingen mit einem Schlag zur zweitbedeutendsten öffentlichen Sammlung altwürttembergischer Münzen aufsteigen ließ.[58]

Die (trotz ihres verhältnismäßig großen Umfangs) qualitativ immer noch mittelmäßige Münzsammlung an antiken Münzen gewann erst 1888 plötzlich an Format und Bedeutung. Völlig unerwartet vermachte Obermedizinalrat Dr. Karl von Schäffer (1808–1888), ehemaliger Direktor der »Irrenanstalt von Zwiefalten«, testamentarisch rund 3 000 meist aus dem europäischen Münzhandel erworbene Münzen und Medaillen seiner Alma Mater.[59] Damit erlangte Tübingen einen Längsschnitt durch die antike Münzprägung, der zum weiteren Ausbau anregte. Tatsächlich wurde unter Ludwig Schwabe (1835–1908), als Direktor des Archäologischen Instituts für die Münzsammlung zuständig, zwischen 1891 und 1907 massiv in die Erweiterung der Sammlung investiert. Für den Kauf einer Dekadrachme aus dem Besitz des badischen Hofbildhauers Professor Joseph Kopf (1827–1903) um 1 897,50 Mark aus der Auktion Jakob Hirsch am 24. November 1904 war sogar eine Sondergenehmigung des Ministeriums erforderlich. Der Erwerb der gesamten Serie von knapp 800 galvanoplatischen Münznachbildungen aus dem British Museum und der Ankauf von Elektrotypen aus der Königlichen Münchner Sammlung im September 1904 als Lehr- und Studienbehelfe unterstreichen die neue numismatische Schwerpunktbildung in Tübingen gegen Ende des 19. Jahrhunderts.[60] Dazu zählt auch der Ankauf eines großen dreiteiligen eisernen Münzschranks der Stuttgarter Tresorfirma Carl Ade um 2 316 Mark eigens für die nun umfangreiche Münzsammlung sowie eine umfassende Katalogisierung der gesamten numismatischen Bestände in den Jahren 1888 bis 1890 durch Victor von Reuss, den Assistenten am Institut.[61]

58 Schwabe 1891, S. 25–26, 36.
59 Dazu ausführlich Krmnicek & Hardt 2017.
60 Mannsperger 1972/1973, S. 129.
61 Krmnicek 2017a, S. 70.

Das breite numismatische Spektrum des Archäologischen Instituts unter Ludwig Schwabe – ohne Einschränkung nur auf die Antike, wie das vielleicht zu vermuten wäre – lässt sich auch daran gut ablesen, dass Schwabe neben antiken und neuzeitlichen Münzen auch kontinuierlich zeitgenössische Personenmedaillen für die Münzsammlung des Archäologischen Instituts erwarb. Mit dem Legat von Karl von Schäffer gelangten knapp 500 Medaillen auf Ärzte und Naturforscher, Päpste, Dichter, Künstler und Gelehrte in Tübinger Besitz. Dieser außergewöhnliche Grundstock regte womöglich zum weiteren Ausbau an; immerhin sind auch Schenkungen von Personenmedaillen aus Schwabes Privatbesitz an die Münzsammlung des Archäologischen Instituts im Inventarbuch der Sammlung dokumentiert. Eine Medaille wurde sogar auf Schwabes Anregung zu Ehren von Theodor Mommsen (1817–1903) für den Philologentag vom 26.–30. September 1899 in Bremen hergestellt. Im Inventarbuch der Archäologischen Sammlung fügte Schwabe zum Eintrag der Medaille den handschriftlichen Hinweis über die geistige Urheberschaft des Stücks hinzu: »Diese Medaille wurde auf meine Anregung vom Präsidium der Bremer Philologenversammlung Sept. 1899 hergestellt. Für die Ausführung bin ich nicht verantwortlich. LS«.[62]

Vor dem Hintergrund dieses alle numismatische Kategorien umfassenden Interesses von Ludwig Schwabe bzw. dem Institut – von antikem Münzgeld über mittelalterliche und neuzeitliche Prägungen sowie orientalische Münzen bis hin zu Medaillen und sonstigen Geldformen, wie eben Kauris – macht die Übernahme der exotischen Objekte aus den Beständen des Technologischen Instituts Sinn. Die Stücke passten einfach in das Tübinger Verständnis des numismatischen Sammelns (ohne Epochengrenzen oder räumliche Beschränkung) dieser Zeit. Heute, etwa 130 Jahre nachdem die Objekte in die Bestände des Archäologischen Instituts eingegliedert wurden, haben sie immer noch einen Exotenstatus inne; durch die vorliegende Aufarbeitung ihrer Objektgeschichte erzählen sie uns immerhin ihre lange und bewegte Reise aus der Ferne über die Basler Mission und das einstige Technologische Institut bis zum heutigen Aufbewahrungsort in Tübingen und werden uns damit zu vertrauten Zeitgenossen.

Objekt- und Abbildungsnachweise

Abb. 1 Sammlung des Instituts für Klassische Archäologie, Tübingen. Inv. VI 426/8a–j. Foto: Thomas Zachmann.

Abb. 2 Sammlung des Instituts für Klassische Archäologie, Tübingen. Beschreibung nach ZWVerz. 12594–12599. Foto: Thomas Zachmann.

62 Krmnicek 2017b, S. 9.

Bibliographie

Ammermüller 1892 F. Ammermüller: Nekrolog des Prof. Dr. F. Eduard von Reusch. *Jahreshefte des Vereins für vaterländische Naturkunde in Württemberg* 48 (1892), S. 99–103.
Barth 1882 Chr.G. Barth: *Zweimal zweiundfünfzig biblische Geschichten für Schulen und Familien.* 270. Calw 1882.
Barth 1885 Chr.G. Barth: *Geschichte von Württemberg.* Calw (5. Aufl.) 1885.
Barth 1887 Chr.G. Barth: *Christliche Kirchengeschichte.* Calw (22. Aufl.) 1887.
Fallati 1853 J. B. Fallati: *Zum Andenken an die 30. Versammlung deutscher Naturforscher und Ärzte zu Tübingen. Wegweiser durch die wissenschaftlichen Institute der Universität.* Tübingen 1853.
Frohnmeyer 1953 K. Frohnmeyer: Barth, Christian Gottlob. *Neue Deutsche Biographie* 1 (1953), S. 601.
Hermann 1980 A. Hermann: Physik an der Eberhard-Karls-Universität. In: A. Hermann & A. Wankmüller (Hrsg.): *Physik, Physiologische Chemie und Pharmazie an der Universität Tübingen.* Tübingen 1980, S. 13–40.
Herrmann 1985 K. Hermann: Leemann, Julius. *Neue Deutsche Biographie* 14 (1985), S. 53–54.
Hoffmann 1853 W. Hoffmann: *Elf Jahre in der Mission. Ein Abschiedswort.* Stuttgart 1853.
Hoffmann 1855 K. H. L. Hoffmann: Nekrolog Wilhelm Ludwig von Volz. *Zeitschrift für die gesamte Staatswissenschaft* 11 (1855), S. 649–668.
Klüpfel 1849 A. K. Klüpfel: *Geschichte und Beschreibung der Universität Tübingen.* Tübingen 1849.
Klüpfel 1877 K. A. Klüpfel: *Die Universität Tübingen in ihrer Vergangenheit und Gegenwart.* Leipzig 1877.
Krmnicek 2017a S. Krmnicek: Ludwig Schwabe und das Archäologische Institut. In: P. Baas, S. Krmnicek & J. Lipps (Hrsg.): *Klassische Archäologie im Wandel. Zum 150-jährigen Bestehen des Tübinger Instituts.* Rahden 2017, S. 67–76.
Krmnicek 2017b S. Krmnicek: Einleitung und Überblick. In: S. Krmnicek (Hrsg.): *Theodor Mommsen (1817–1903) auf Medaillen und Plaketten.* Tübingen 2017, S. 7–11.
Krmnicek & Hardt 2017 S. Krmnicek & H. Hardt: *A Collection in Context. Kommentierte Edition der Briefe und Dokumente Sammlung Dr. Karl von Schäffer.* Tübingen 2017.
Mannsperger 1972/1973 D. Mannsperger: Vom Akademischen Münz- und Antiquitätenkabinett zur Numismatischen Arbeitsstelle. *Attempto* 45/46 (1972/1973), S. 124–137.
Paletschek 2001 S. Paletschek: *Die permanente Erfindung einer Tradition. Die Universität Tübingen im Kaiserreich und in der Weimarer Republik.* Stuttgart 2001.
Palmer 1875 Ch. Palmer: Barth, Christian Gottlob. *Allgemeine Deutsche Biographie* 2 (1875), S. 94–95.
Plank 1950 R. Plank: Fakultät für Maschinenwesen, Die Abteilung für Maschinenbau. In: F. Raab (Hrsg.): *Die Technische Hochschule Fridericiana, Karlsruhe. Festschrift zur 125-Jahrfeier.* Karlsruhe 1950, S. 222–226.
Quartey 2007 S. Quartey: *Missionary Practices on the Gold Coast, 1832–1895.* Youngstown 2007.
Quenstedt 1955 W. Quenstedt: Branca, Wilhelm von. *Neue Deutsche Biographie* 2 (1955), S. 514–515.
Randecker 2014 G. Randecker: Über 400 Semester Wirtschaftswissenschaftliche Vorlesungen (1798–2013). In: J. Starbatty & H. Strecker (Hrsg.): *Über 400 Semester. Wirtschaftswissenschaftliche Vorlesungen an der Eberhard Karls Universität Tübingen 1798–2013.* Stuttgart 2014, S. 1–476.
Ranke 1905 O. Ranke: Hoffmann, Wilhelm. *Allgemeine Deutsche Biographie* 50 (1905), S. 417–424.
Schlatter 1916 W. Schlatter: *Geschichte der Basler Mission 1815–1915; Bd. 3: Die Geschichte der Basler Mission in Afrika.* Basel 1916.
Schwabe 1891 L. Schwabe: *Geschichte der archaeologischen Sammlung der Universität Tübingen.* Tübingen 1891.
Steiner 1915 P. Steiner: *Hundert Jahre Missionsarbeit. Erinnerungen an das hundertjährige Bestehen der Basler Mission 1815–1915.* Basel 1915.
Volz 1854a W. L. Volz: Nekrolog Johann Heinrich Moritz von Poppe. *Zeitschrift für die gesamte Staatswissenschaft* 10 (1854), S. 373–395.
Volz 1854b W. L. Volz: Geschichte des Muschelgeldes. *Zeitschrift für die gesamte Staatswissenschaft* 10 (1854), S. 83–122.
von Kurr 1865 J. G. von Kurr: Nekrolog des Dr. Gottlieb Heinrich Zeller in Nagold. *Jahreshefte des Vereins für Vaterländische Naturkunde in Württemberg* 21 (1865), S. 50–54.
Walter 1979 H. Walter: Koken, Ernst. *Neue Deutsche Biographie* 12 (1979), S. 438.

Werner 1865 K. Werner: *Christian Gottlob Barth, Doktor der Theologie, nach seinem Leben und Wirken gezeichnet; Bd. 1.* Calw 1865.
Werner 1866 K. Werner: *Christian Gottlob Barth, Doktor der Theologie, nach seinem Leben und Wirken gezeichnet; Bd. 2.* Calw 1866.
Werner 1869 K. Werner: *Christian Gottlob Barth, Doktor der Theologie, nach seinem Leben und Wirken gezeichnet; Bd. 3.* Calw 1869.

Behrendt Pick und das Akademische Münzkabinett in Jena

Zwischen Hochschullehre und numismatischer Forschung

Christoph Klose

Das Akademische Münzkabinett Jena ist nach Basel die älteste noch erhaltene universitäre Münzsammlung im deutschsprachigen Raum und eine der ältesten Europas.[1] Dementsprechend wechselvoll ist seine Geschichte, die in einem neuen Projekt umfassend erforscht wird.[2] Wie an vielen universitären Lehrsammlungen im Allgemeinen und Münzkabinetten im Besonderen bestand auch in Jena immer ein enger Nexus von Person und Institution. Den im positiven Sinne prägendsten Einfluss auf die Sammlung von Münzen sowie deren Etablierung, Ordnung und Mehrung übten in Jena dabei Johann Andreas Bose (1626–1674), Carl Wilhelm Göttling (1793–1869), Rudolph Gaedechens (1834–1904) und Behrendt Pick (1861–1940) aus. Persönliche Interessensgebiete und Forschungsschwerpunkte einzelner Professoren führten besonders im 19. Jahrhundert zum Aufbau und zur Institutionalisierung von Sammlungen an Universitäten, und vice versa beförderten diese die Ausdifferenzierung einzelner Fachdisziplinen. Ein anschauliches Beispiel bieten die Veränderungen an der Philosophischen Fakultät der Großherzoglich und Herzoglich Sächsischen Gesamtuniversität Jena seit dem mittleren 19. Jahrhundert bis zum Ersten

1 Teile dieses Beitrags wurden auf Vorträgen in Erlangen, Jena und Münster vorgestellt. Für dabei erhaltene Anregungen bin ich allen Diskutanten dankbar. Mein besonderer Dank gilt außerdem Prof. Dr. Eva Winter für die Möglichkeit, das Thema zu bearbeiten, sowie Dr. Heike Richter und Dr. Hans-Christoph Noeske für manchen Rat. Vielfältige Unterstützung habe ich von allen genannten Forschungseinrichtungen erfahren, insbesondere den Archiven im In- und Ausland, für die ich mich an dieser Stelle insgesamt bedanken möchte. Den Herausgebern gilt mein ausdrücklicher Dank für die Aufnahme in diesen Band. Zu Basel, dessen ältester Sammlungsteil, das Amerbach'sche Kabinett, heute zum Historischen Museum Basel gehört und seit 1972 über einen eigenen Kurator verfügt, s. die Einleitung im vorliegenden Band und Wielandt 1951, S. 10–14, 20–22; Matzke 2013.

2 Im Rahmen dieses Projekts wurden die in Vergessenheit geratenen Anfänge der Sammlung im 17. Jahrhundert wieder zu Tage befördert. Zur Geschichte des Akademischen Münzkabinett s. bislang die knappe Übersicht bei Kluwe 1996 und Schörner 2005. Vgl. daneben auch: Kluwe 1974, S. 157; Kluwe 1981, S. 126f.; Kluwe 1988, S. 45–48; Schörner 2007, S. 1828. 1832; Kleinschmidt 2009, S. 105f.; Graen 2013, S. 331. Zu numismatischen Netzwerken an der Universität Jena im späten 17. Jahrhundert s. den Beitrag von Martin Mulsow im vorliegenden Band, zu Basel s. die entsprechenden Ausführungen in der Einleitung.

Weltkrieg.[3] Während für das Jahr 1839 gerade einmal sieben Seminare und Sammlungen der Fakultät verzeichnet werden, sind es 1914 bereits 34 Nummern, unter welchen oft mehrere Einrichtungen subsumiert werden.[4] Auch das Akademische Münzkabinett war in diesem Zeitraum hinzugekommen, nicht aber das Fach Numismatik, obwohl es seit 1896 die mit Behrendt Pick besetzte Professur für Münzkunde gab. Wie es zur Berufung von Pick kam, wie sich das Münzkabinett in diesem Zeitraum entwickelte und welches Erbe sich aus der Tätigkeit Picks ergibt, möchte dieser Beitrag darstellen.

Biographie bis zur Berufung in Jena

Abb. 1: Büste von Behrendt Pick (1861–1940).

Behrendt Pick ist Numismatikern zweifelsohne ein Begriff (Abb. 1). Weniger bekannt dürfte aber sein akademisches Wirken in Zürich und Jena und, damit verbunden, sein Einfluss auf die Spezialisierung altertumswissenschaftlicher Disziplinen an der Wende vom 19. zum 20. Jahrhundert sein. Sein Eintrag fehlt in den einschlägigen Nachschlagewerken zu Altertumswissenschaftlern. In der Geschichte der altertumswissenschaftlichen Fächer an der Universität Jena taucht sein Name, wenn überhaupt, bislang nur am Rande auf. Um sich ein Bild von seinem Wirken und dem zweifelsohne großen Einfluss auf die Münzsammlungen machen zu können, möchte ich zunächst Angaben zu seiner Biographie machen, zumal die vorliegenden Informationen verstreut vorliegen und es an Unstimmigkeiten nicht mangelt. Insbesondere die bislang kaum beleuchtete Zeit bis zu seiner Berufung nach Jena soll hier auf Grundlage bislang nicht publizierter Primärquellen ausführlicher dargestellt werden.

3 Vgl. Gerber 2009, S. 103–160. Diagramm 6 zeigt anschaulich, dass das Budget für Institute und Sammlungen ab 1890 höher als alle anderen Ausgaben der Universität war. Es fehlt freilich eine zusammenfassende und vergleichende wissenschaftsgeschichtliche Perspektive aus den einzelnen Disziplinen heraus.

4 Vgl. AVUJ Nr. 26 (SoSe 1839), S. 8 f. Nr. 2; 5–8; 11–12. AVUJ Nr. 176 (SoSe 1914), S. 13–18 Nr. 26–59.

Pick wurde am 21. Dezember 1861 in Posen als Sohn des Kaufmanns Robert Pick und dessen Frau Julie, geb. Kantorowicz geboren.[5] Der Nachname seiner Mutter ist in Posen eng mit der Spirituosenfabrik Hartwig Kantorowicz verbunden.[6] Aus dieser Familie stammen u. a. der Mediävist Ernst Hartwig Kantorowicz (1895–1963)[7] sowie dessen Cousine, die Kunsthistorikerin und Lyrikerin Gertrud Kantorowicz (1876–1945),[8] die als eine der ersten Frauen in Deutschland ab 1898 in Berlin, München und Zürich Kunstgeschichte, Archäologie und Philosophie studierte und 1903 in Zürich mit einer kunsthistorischen Dissertation promoviert wurde. Beide knüpften im Verlauf ihres Lebens enge Verbindungen zum George-Kreis, zu dem auch der zwischen 1904 und 1917 in Jena wirkende Professor für Archäologie und Kunstgeschichte Botho Graef (1857–1917) zählte.[9] Auch wenn Julie etwa zwei Generationen älter als die beiden Genannten gewesen sein dürfte und ihr verwandtschaftliches Verhältnis einstweilen unbekannt bleibt,[10] ist zu konstatieren, dass Behrendt Picks Elternhaus vor diesem Hintergrund mit einiger Sicherheit im gut situierten, unternehmerischen Bürgertum anzusiedeln ist.

Pick erwarb die Hochschulreife am (im Zuge der Zuteilung Posens an Preußen nach dem Wiener Kongress gegründeten) Friedrich-Wilhelms Gymnasium und ging zum Studium von Geschichte, Philologie und Archäologie zum Sommersemester 1880 nach Berlin. Er gehörte damit zu der Generation von Altertumsforschern, die während ihrer Schulzeit die Texte des klassischen Altertums lasen, als zeitgleich die zugehörigen antiken Orte entdeckt und medienwirksam ausgegraben wurden, allen voran das Troja Schliemanns.[11] An der Universität besuchte er ein breites Spektrum an Veranstaltungen bei den Historikern Johann Gustav Droysen (1808–1884), dessen Sohn Hans Droysen (1851–1918), Harry Bresslau (1848–1926), Ferdinand Heinrich Müller (1805–1886) und Theodor Mommsen (1817–1903). Zu seinen akademischen Lehrern zählten außerdem die klassischen

---

5 Vgl. die Vita in seiner Promotionsschrift; UAJ D 2267 Bl. 1; UAJ I Nr. 1–3 S. 1483; LAB Heiratseintrag Nr. 1125/1891; LAB Sterberegister Nr. 1677 Behrendt Pick. Beide Eltern emigrierten in den 1880er oder frühen 1890er Jahren in die USA, weswegen genaue Angaben zu ihnen schwierig sind. Behrendt Pick besuchte sie 1893 auf einer längeren Reise vor seinem Dienstantritt in Gotha (ThHStAW 23252 Bl. 21 [18. 7. 1893]). In den Adressbüchern der Stadt Posen ist Robert Pick erstmals 1862 als Kaufmann, später auch als Glaswarenhändler, verzeichnet (vgl. Posener Wohnungs-Anzeiger 1862, S. 65). Ab 1882 ist der Name in den Adressbüchern nicht mehr zu finden. Ob die Eltern mit ihrem Sohn nach Berlin zogen oder gleich in die USA emigrierten, ist nicht bekannt. Zu Julie Pick vgl. auch u. Anm. 10.

6 Vgl. etwa StAPos Bestand 53/294/0/5.2/7897.

7 Vgl. Schaller 1977; Lerner 2020.

8 Paul 1994; Wendland 1999.

9 Schaller 1977, S. 126; Grünewald 1982; Wendland 1999, S. 355–357; Lerner 2012. Zu Graef s. Richter 2017, S. 45–47. 53–57. 76–84. 102.

10 Julie Kantorowicz wurde am 16. 1. 1834 in Posen geboren. Die Namen ihrer Eltern sind nicht überliefert. Unterlagen zur jüdischen Gemeinde des 19. Jahrhunderts in Posen haben sich nicht erhalten. Für die Auskunft danke ich dem Direktor des StAPos, Prof. Dr. Krzysztof Stryjkowski.

11 Zur medialen Wirkung der Ausgrabungen Schliemanns s. Samida 2018.

Philologen Emil Hübner (1834–1901) und Johannes Vahlen (1830–1911), der Philologe und Indologie Hermann Oldenberg (1854–1920), der Geographiehistoriker und Kartograph Heinrich Kiepert (1818–1899), der Philosoph Eduard Zeller (1814–1906) sowie die Archäologen Ernst Curtius (1814–1896) und Carl Robert (1850–1922).[12] Er wurde am 12. Juli 1884 bei keinem geringeren als Mommsen mit der Arbeit »De senatus consultis Romanorum« promoviert.[13] Der Stadt Berlin blieb er – trotz der beruflichen Verpflichtungen andernorts – ein Leben lang verbunden.[14]

Der anschließende Werdegang in die Wissenschaft vollzog sich unter Schwierigkeiten, wobei die Tatsache, dass Pick bekennender Jude war, eine nicht zu unterschätzende Rolle gespielt haben wird.[15] Während der Zeit seines Studienbeginns hatte es in Berlin offene Agitationen gegen die rechtliche Gleichstellung von Juden allgemein und speziell auch gegen die Verbeamtung jüdischer Wissenschaftler an deutschen Hochschulen gegeben. Wortführer in dieser heute als Berliner »Antisemitismusstreit« (1879–1881) bekannten Auseinandersetzung war der Historiker Heinrich von Treitschke (1834–1896), bei dem Pick bezeichnenderweise keine Veranstaltung besuchte. Gegen dessen antijüdische Haltung bezogen Picks akademische Lehrer Bresslau und etwas später auch Mommsen zwar öffentlich Stellung. An den eingeschränkten Berufsperspektiven jüdischer Wissenschaftler im wilhelminischen Kaiserreich änderte dies aber wenig. Im Gegenteil war nun die Position des neuen, verstärkt völkisch (und nicht nur religiös) motivierten Antisemitismus salonfähig geworden und in die Mitte der Gesellschaft gerückt.[16] Für Pick bedeutete es,

12 Vgl. die Vita in seiner Promotionsschrift sowie sein Abgangszeugnis vom 4.6.1884 von der Universität Berlin: HU UA RS 01 Abgangszeugnisse Nr. 725. Am häufigsten besuchte er Veranstaltungen bei Mommsen (8 mal, ab dem 4. Semester), Bresslau (6 mal, ab dem 2. Semester) und Robert (5 mal, ab dem 6. Semester).

13 Die mündliche Prüfung fand am 6.3.1884 statt, vgl. HU UA Phil.Fak.01, Nr. 264, Bl. 71–78 (Promotionsakte); UAJ I Nr. 1–3 S. 1483.

14 Nach dem Studium (und vielleicht schon währenddessen) wohnte er mind. zwischen 1885–1886 in der Oranienburger Str. 52 (vgl. Bewerbungsschreiben Reisestipendien, s. u. Anm. 22 f.). In Berlin heiratete er 1891, als ao. Prof. in Zürich beschäftigt, Gertrud Sternberg (ThHStAW C Nr. 23253 Bl. 69; LAB Heiratseintrag Nr. 1125/1891), verbrachte häufig Teile seines Jahresurlaubs (teilweise in den Urlaubsanträgen angegeben, vgl. ThHStAW C Nr. 23252) und zog nach seinem beruflichen Ausscheiden in Gotha 1934 bald in die Schwäbische Straße 9 in Schöneberg. Sein Grab befindet sich auf dem Jüdischen Friedhof in Berlin-Weißensee (vgl. Steguweit 2011a, S. 490; Steguweit 2011c). Seit einem Baumsturz im Sommer 2020 ist der Grabstein vom Sockel gestürzt (Feld G2, Reihe 20, Nr. 103457). Für Hinweise zum Grab danke ich Anja Pick vom Förderverein Jüdischer Friedhof Berlin-Weißensee e. V.

15 Vgl. die seiner Promotionsschrift beiliegende Vita: »Fidem profiteor iudaicam«. Pick hielt an seinem Bekenntnis ein Leben lang – trotz anzunehmender weitgehender Assimilation – fest, wie der Inschrift auf seinem Grabstein zu entnehmen ist: »Durch Liebe unvergesslich. | Professor | Dr. Behrendt Pick | Geh. Hofrat | geb. 21. 12. 1861 in Posen | gest. 3. Mai 1940 in Berlin | treu dem Menschen | treu dem Judentum | treu seiner Wissenschaft«. Zum Grabstein vgl. Steguweit 2011a, S. 490 Abb. 1. 4; Steguweit 2011b; Steguweit 2011c.

16 Zum Berliner »Antisemitismusstreit« vgl. Boehlich 1965; Krieger 2003; Zimmermann & Berg 2011; Conze 2020, S. 144; Longerich 2021, S. 95–99. Zum modernen, rassistischen Antisemitismus der Reichs-

dass selbst die Patronage eines so angesehenen Wissenschaftlers wie Mommsen, der ihn zu seinen fähigsten Schülern zählte, nicht jede Tür öffnete.[17] Vor allem der Weg zu Habilitation und Professur blieb vielen Glaubensgenossen versperrt. Auch Picks wissenschaftliche Karriere begleiten Ablehnung, Hemmnisse und Sonderwege, die in der Sache oft nicht begründet erscheinen. Sie sind als Symptome einer zumindest latent anti-jüdischen Wissenschaftspolitik im protestantisch dominierten wilhelminischen Kaiserreich zu werten.[18]

Zunächst arbeitete Pick, der nach eigener Aussage über die Beschäftigung mit römischer Epigraphik am Ende seines Studiums auf Veranlassung Mommsens den Weg zur Numismatik gefunden hat, freiwillig (d.h. unbezahlt) am Berliner Münzkabinett unter Alfred von Sallet (1842–1897)[19] und ordnete dabei die griechischen und v.a. römischen Münzen der Sammlung Prof. Dr. Richard von Kaufmann. Wie aus der (abgelehnten) Bewerbung für das Reisestipendium des DAI vom Januar 1885 hervorgeht, hat sich dies noch 1884 zugetragen. Die Sammlung von Kaufmann bezeichnete er später selbst als Ausgangspunkt seiner ersten numismatischen Aufsätze.[20] Der Bewerbung für das Reisestipendium waren Empfehlungsschreiben von Carl Robert,[21] Alfred von Sallet und Theodor Mommsen beigegeben.[22] Ziel der Reise waren genaue Vor-Ort-Studien der italienischen und griechischen Münzsammlungen. Da auch seine Bewerbung für das Folgejahr abgelehnt wurde,

---

gründungszeit s. Mann 1992, S. 465–480; Conze 2020, S. 142–147; Longerich 2021, S. 87–131. Vgl. auch Herbert 2021, S. 57–81. – Zu antisemitischen Einstellungen in studentischen Organisationen s. Longerich 2021, S. 113f. u. 228–231.

17 Vgl. Duffield 1940, S. 510; JBA I Suppl. 91, 208; von Kaenel 2004, S. 32f. Dort auch auf Pick bezogenes Zitat aus Brief Mommsens an Friedrich Imhoof-Blumer vom 24. 7. 1890: »Die Stellung unserer jüdischen Docenten ist eine aussichtslose«.

18 Allgemein zu den eingeschränkten Berufsperspektiven jüdischer Wissenschaftler: Grüttger 2012, bes. S. 181–185 mit Tab. 17 u. 18 (zwar viele habilitierte jüdische Wissenschaftler, die aber so gut wie nie auf Ordinariate berufen wurden – und wenn, dann nur in größeren Städten wie Berlin, Frankfurt a. Main oder Breslau). Zur Situation an der Universität Jena s. v. a. Kirsche 1998, S. 112–145; vgl. auch: Schramm-Häder 2001, S. 235–254; Jonscher 2015, S. 59–62, 67–73, 77–79.

19 Lit. bei von Kaenel 2004, S. 24 Anm. 27; s. jetzt auch Dahmen 2020a.

20 Pick 1930, S. 304; vgl. die Aufsätze zur Titulatur der Flavier: Pick 1885a; Pick 1885b; Pick 1886. Die Sammlung wurde 1929 bei Leo Hamburger in Frankfurt a. Main versteigert. Einige Münzen aus der Sammlung sind noch im Bestand des Münzkabinetts Berlin verzeichnet, vgl. Dahmen 2020b, S. 255.

21 Kuhlmann & Schneider 2012, S. 1066–1068 (M. Oppermann).

22 DAI, Berlin, Archiv der Zentrale, Biographica-Mappe Behrendt Pick. Bewerbung Picks vom 29. 1. 1885 (mit dem Vermerk: »abgelehnt 21./5.85«): »Die Wissenschaft, der ich mich gewidmet habe, ist die römische Alterthumskunde, und namentlich habe ich mich eingehender mit der Epigraphik befasst. ... Seit etwa zwei Jahren habe ich mich dann auch der Numismatik zugewandt; Gelegenheit zu Arbeiten auf diesem Gebiet fand ich dadurch, dass Herr Professor Mommsen mir die Bearbeitung des numismatischen Materials für die Prosopographie der römischen Kaiserzeit übertrug, und dass ich auf Empfehlung des Herrn Director v. Sallet, die große Sammlung antiker, namentlich römischer Münzen des Herrn Professor v. Kaufmann zu Berlin ordnete«. – Dies bestätigt auch das Schreiben von A. v. Sallet vom 27. 1. 1885: »Ferner hat Herr Dr. Pick durch genaue chronologische Ordnung einer großen Privatsammlung römischer und zum kleineren Theile griechischer Münzen seine praktische Bekanntschaft mit der antiken Numismatik bewiesen«. Die Briefe Roberts und Mommsens datieren vom 20. bzw. 28. 1. 1885.

ist daraus zunächst nichts geworden.[23] Er verrichtete weiter epigraphische und numismatische Hilfsarbeiten u. a. für das Corpus Inscriptionum Latinarum (CIL) und Mommsens Prosopographie der römischen Kaiserzeit und arbeitete bis 1887, nach späterer eigener Aussage, fast täglich im Münzkabinett Berlin.[24]

Vom 1. Oktober 1887 bis 30. April 1888 fand er erstmals eine bezahlte Anstellung als wissenschaftlicher Hilfsarbeiter an der Kgl. Bibliothek Berlin.[25] Anschließend führte ihn sein Weg über Umwege nach Zürich. Dort hatte schon sein akademischer Lehrer Mommsen von 1851 bis 1854 Römisches Recht gelehrt, und die Universität stand im Ruf, äußerst liberal zu sein.[26] Sie nahm eine Pionierstellung ein, was das Frauenstudium anging, und wies einen hohen Anteil osteuropäischer, oft jüdischer Studierender auf, denen aufgrund eines im Zarenreich rigide durchgesetzten Numerus Clausus ein Studium nicht möglich war. Auf Vermittlung Mommsens knüpfte Pick in der Schweiz Kontakt mit Friedrich Imhoof-Blumer (1838–1920), dem damals wahrscheinlich besten Kenner griechischer Münzen, der zu einem Förderer und engen Vertrauten Picks wurde.[27] Anlass war das von Mommsen initiierte, 1888 genehmigte und unter die Leitung von Imhoof-Blumer gestellte Corpus Nummorum der Preußischen Akademie der Wissenschaften.[28] Pick wurde die Bearbeitung des ersten Bandes zu den Münzen Nordgriechenlands anvertraut. Als Mitarbeiter des Corpus Nummorum führte ihn eine erste Studienreise nach Athen, wo er von Mai bis September 1888 am Münzkabinett Athen arbeitete und dabei mit Ioannis Svoronos (1863–1922) Bekanntschaft schloss, der die Materialbeschaffung für das

23 DAI, Berlin, Archiv der Zentrale, Biographica-Mappe Behrendt Pick. Bewerbungsschreiben Pick vom 30. 1. 1886 mit dem Vermerk: »abgelehnt 20./5. 1886« – trotz des beiliegenden positiven Gutachtens von Otto Hirschfeld (1843–1922) vom 9. 5. 1886.

24 Eigene Aussage Picks in Brief vom 25. 7. 1925 an das Thüringische Volksbildungsministerium: ThHStAW 23253 Bl. 24: »Es handelt sich um die Ausbildung, die ich durch freiwillige fast tägliche Arbeit im Berliner Münzkabinett mehr als drei Jahre hindurch (1884–1887) genossen habe«. DAI, Berlin, Archiv der Zentrale, Biographica-Mappe Behrendt Pick. Bewerbungsschreiben Pick vom 30. 1. 1886: »Seitdem [sc. Empfehlungsschreiben Mommsen 28. 1. 1885] hatte ich weitere Gelegenheit zur Ausbildung auf diesem Gebiete, dadurch dass mir verschiedene Hilfsarbeiten für das Corpus Inscriptionum Latinarum übertragen wurden; ich hoffe mich in Folge dessen namentlich bei der weiteren Herausgabe der stadtrömischen Inschriften nützlich machen zu können. … Bei der Bearbeitung des numismatischen Materials für die Prosopographie der römischen Kaiserzeit kam ich in die günstige Lage, mir einen Überblick über die gesamte griechische Numismatik – und nicht nur der römischen Zeit – zu verschaffen«.

25 Vgl. v. a. ThHStAW 23253 Bl. 18, 20, 21. Ferner: Lencer-Krüßmann 1934, S. 1; Duffield 1940, S. 510; Hellmann 2015, S. 402; UAJ D 2267 Bl. 1.

26 Zur Geschichte der Universität Zürich vgl. Gagliardi et al. 1938; Beiser 1988; Bolleter et al. 2008. Zu Mommsens Lehrtätigkeit an der Juristischen Fakultät in Zürich s. Gagliardi et al. 1938, S. 961 Nr. 11 (F. Peter).

27 Pick 1898a, S. XV: »im Anfang ein geduldiger Lehrer, ein nie versagender Rathgeber bis heute und immer ein treuer und beständiger Freund«. Vgl. auch Pick 1922a, S. 10: »Der beste Kenner der griechischen Münzen«. Zu Imhoof-Blumer vgl. die Würdigungen Pick 1921; Engeli 1924. Jetzt: Kuhlmann & Schneider 2012, S. 609 f. (H.-M. von Kaenel).

28 von Kaenel 2004, S. 24.

Corpus Nummorum unterstützte.[29] Weitere Studienreisen nach Südosteuropa sollten folgen.[30] In Zürich habilitierte er sich 1889 und wurde 1891 zum außerordentlichen Professor für historische Hilfswissenschaften ernannt.[31] Im Oktober 1891 heiratete er Gertrud Sternberg (1864–1942) in Berlin.[32] Trotz des Extraordinariats und seiner bis 1902 weiterhin laufenden Beschäftigung am Griechischen Münzwerk blieb Picks finanzielles Auskommen prekär. Gleichzeitig dürfte das ihm in Zürich auferlegte hohe Lehrdeputat zeitraubend gewesen sein.[33]

So wird verständlich, dass er zum 1. Oktober 1893 an die Herzogliche Bibliothek in Gotha wechselte.[34] Sein Einstiegsgehalt betrug mit 2000 Mark mehr als das Doppelte dessen, was er in Zürich verdiente.[35] Der Leiter der Bibliothek, der Orientalist Wilhelm Pertsch (1832–1899), hatte erstmals die Schaffung einer Beamtenstelle speziell für die Leitung des Münzkabinetts erwirkt. Hinter der sperrigen Amtsbezeichnung »dritter Beamter der Herzoglichen Bibliothek und zweiter des Herzoglichen Münzkabinetts« verbarg sich also die Tatsache, dass Pick damit tatsächlich der erste ausgebildete Numismatiker war, der das seit der Herauslösung aus der fürstlichen Kunstkammer im Jahr 1712 als selbstständige Einrichtung bestehende Gothaer Münzkabinett betreute.[36] Offenbar zur

---

29 ThHStAW 23253 Bl. 24. Daraus entwickelte sich eine lebenslange Freundschaft. Pick vervollständigte »Les monnaies d'Athènes« und publizierte es postum in dessen Namen (Svoronos 1923/1926). – Zu Svoronos: Kuhlmann & Schneider 2012, S. 1206f. (H. Schubert).

30 Pick 1898a, S. VIIf.; Purgold 1931; UAJ M 622 Bl. 184. Zu den Reisen vgl. auch: DBA II 1006, 78.80; DBA III 703, 326. 327; JBA I 81. 87; JBA II 78. 80.

31 Gagliardi et al. 1938, S. 984 Nr. 79 (F. Peter); StAZh U 109.6.73.

32 Am 19. 10. 1891: LAB Sterberegister Nr. 1677 Behrendt Pick, vgl. ThHStAW 23253 Bl. 69 (20. 10. 1891). Zu Gertrud Pick, geb. Sternberg s. Steguweit 2011c. Frank Sternberg (1912–1994), eine Neffe von Pick, führte in Zürich eine renommierte Münzhandlung, vgl. Steguweit 2011a, S. 490. Das Grab der Geschwister von Gertrud Pick, Selma Lubascher, geb. Sternberg (1865–1942) und Siegbert Sternberg (1870–1937), Vater von Frank (Feld G2, Reihe 20, Nr. 96464), befindet sich unmittelbar neben dem von Pick, der sich den Grabstein mit seinem Schwager Max Sternberg (1868–1899) teilt.

33 Vgl. von Kaenel 2004, S. 32f.: 1000 Franken für das Extraordinariat und 150 Mark für die Mitarbeit am Corpus Nummorum. Pick gab in den acht Semestern von Winter 1889 bis Sommer 1893 insgesamt 24 überwiegend verschiedene Lehrveranstaltungen (s. u. Anm. 42). Zur Tätigkeit Picks am Griechischen Münzwerk bis 1902 s. Schönert-Geiß 1991, S. 298; Peter 2020, S. 288.

34 Zur Einstellung in Gotha vgl. ThHStAW C Nr. 23252 Bl. 1–2, 6–31. Bl. 24 = Ernennungsurkunde des Herzog Alfred von Sachsen-Coburg und Gotha vom 27. 9. 1893 »zum dritten Beamten der Bibliothek und zweiten des Münzkabinetts mit dem Dienstprädikat Professor und Bibliothekar«. Bl. 31 = Protokoll der Einstellung vom 13. 10. 1893.

35 ThHStAW 23252 Bl. 4–5 (Personalbogen Gotha) und Bl. 6–7: Empfehlung zur Anstellung Picks vom 20. 2. 1893: hier werden die 1000 Franken Gehalt in Zürich auf 800 Mark umgerechnet. Nach dieser Berechnung lockte man Pick mit dem zweieinhalbfachen Gehalt. Vgl. außerdem von Kaenel 2004, S. 33.

36 Vgl. dazu Steguweit 1980, S. 8; Steguweit 1983, S. 42; Steguweit 1989, S. 164. Am umfassendsten zur Geschichte des Münzkabinetts Gotha: Lucke 1966. In dieser Stellung in Gotha erhielt er auch den Professorentitel, vgl. UAJ M 622 Bl. 184r–185. Vollständige Amtsbezeichnung: ThHStAW C Nr. 23252 Bl. 2. – Zu Pertsch: Heidemann 2000a, S. 101–103; vgl. auch Pick 1933a, S. 108f. Zweiter Beamter der Bibliothek war Heinrich Georges (1852–1921), zu ihm s. Pachnicke 1958, S. 27f.

Materialsichtung für das Griechische Münzwerk war Pick erstmalig in Gotha vorstellig geworden.[37] Bei der Stellenbeschaffung dürfte Pick zugutegekommen sein, dass Pertsch und von Sallet nicht nur dienstlich, sondern auch freundschaftlich verbunden waren.[38] Auch an der Universität Jena wurde man spätestens jetzt auf ihn aufmerksam.[39]

Berufung an die Universität Jena 1895/96

Am 6. März 1896 wurde Behrendt Pick an die Universität Jena als außerordentlicher Professor für Münzkunde berufen (Abb. 2) und am 2. Mai des Jahres vom Senat verpflichtet.[40] Die Berufung erfolgte auf Antrag der Philosophischen Fakultät vom 16. November 1895, dem ein »motivierender Bericht« des Altphilologen und -historikers Heinrich Gelzer (1847–1906) beigegeben war.[41] Darin werden besonders die umfangreiche Lehrtätigkeit an der Universität Zürich,[42] seine getätigten bzw. in Angriff genommenen Publikationen (darunter der erste Band des griechischen Münzwerks) und seine internationale Vernetzung (namentlich zu Imhoof-Blumer und Svoronos) hervorgehoben. Ein weiterer wichtiger Punkt ist die vom Vorstand des Münzkabinetts Gotha, Wilhelm Pertsch, in Aussicht gestellte Möglichkeit, Münzen und Münzabdrücke aus dem Münzkabinett Gotha »zu Demonstrationszwecken« bei Lehrveranstaltungen mit nach Jena führen zu können.

37 Dies nur bei Purgold 1931: »Auch Pick hat hier zuerst als Gast auf einer Studienreise gearbeitet und so das Münzkabinett gleich von seiner wissenschaftlichen Seite her kennengelernt«.

38 Heidemann 2000a, S. 87, 102.

39 Schon bei den Verhandlungen zur Berufung nach Gotha äußerte Pertsch am 4.5.1893 die Überlegung gegenüber dem Staatsministerium Gotha, dass Pick auch für eine Lehrtätigkeit in Jena infrage käme (ThHStAW C Nr. 23252 Bl. 13).

40 Ernennung zum ao. Prof. für Münzkunde vom 6.3.1896: StAG Nr. 1521 Bl. 20. Verpflichtung durch Senat und Fakultät am 2.5.1896: UAJ M 622 Bl. 187: »An die Philosophische Fakultät zu Jena. Die philosophische Fakultät benachrichtigen wir ergebenst für die Akten der Fakultät, daß der ordentliche Professor für Landwirtschaftslehre, Dr. Henry Settegast, und der außerordentliche Professor für Münzkunde, Dr. Behrendt Pick, in der heutigen Senatssitzung verpflichtet worden sind und Herr Professor Dr. Settegast in den Senat eingeführt worden ist. Jena, den 2. Mai 1896 Prorektor und Senat der Großherzoglich und Herzoglich, Sächs. Gesammt-Universität. W. Müller z. Zt. Prorektor«; UAJ BA 413 Bl. 164: »Abschrift vom Protokoll des illustren Senats vom 2. Mai 1896: Einführung und Verpflichtung von Herren Professoren Rosenthal und Settegast und Verpflichtung von Professoren Schön und Pick ist in feierlicher Weise den Statuten gemäß erfolgt«.

41 Antrag: UAJ M 622 Bl. 182; Bericht: UAJ M 622 Bl. 183–185. In Reinschrift: StAG Nr. 1521 Bl. 4–7. – Zu Heinrich Gelzer: Ameling 2011, S. 175–183.

42 UAJ M 622 Bl. 183. Die insgesamt 24(!) Vorlesungen und Übungen Picks in Zürich von 1891–1893 sind im HistVv der UZh online einsehbar. Pick hatte ein breites Spektrum an Veranstaltungen zu Epigraphik, Numismatik, Kunstmythologie, Quellenkunde, Römischen Recht sowie griechischer, römischer, byzantinischer und völkerwanderungszeitlicher Geschichte angeboten.

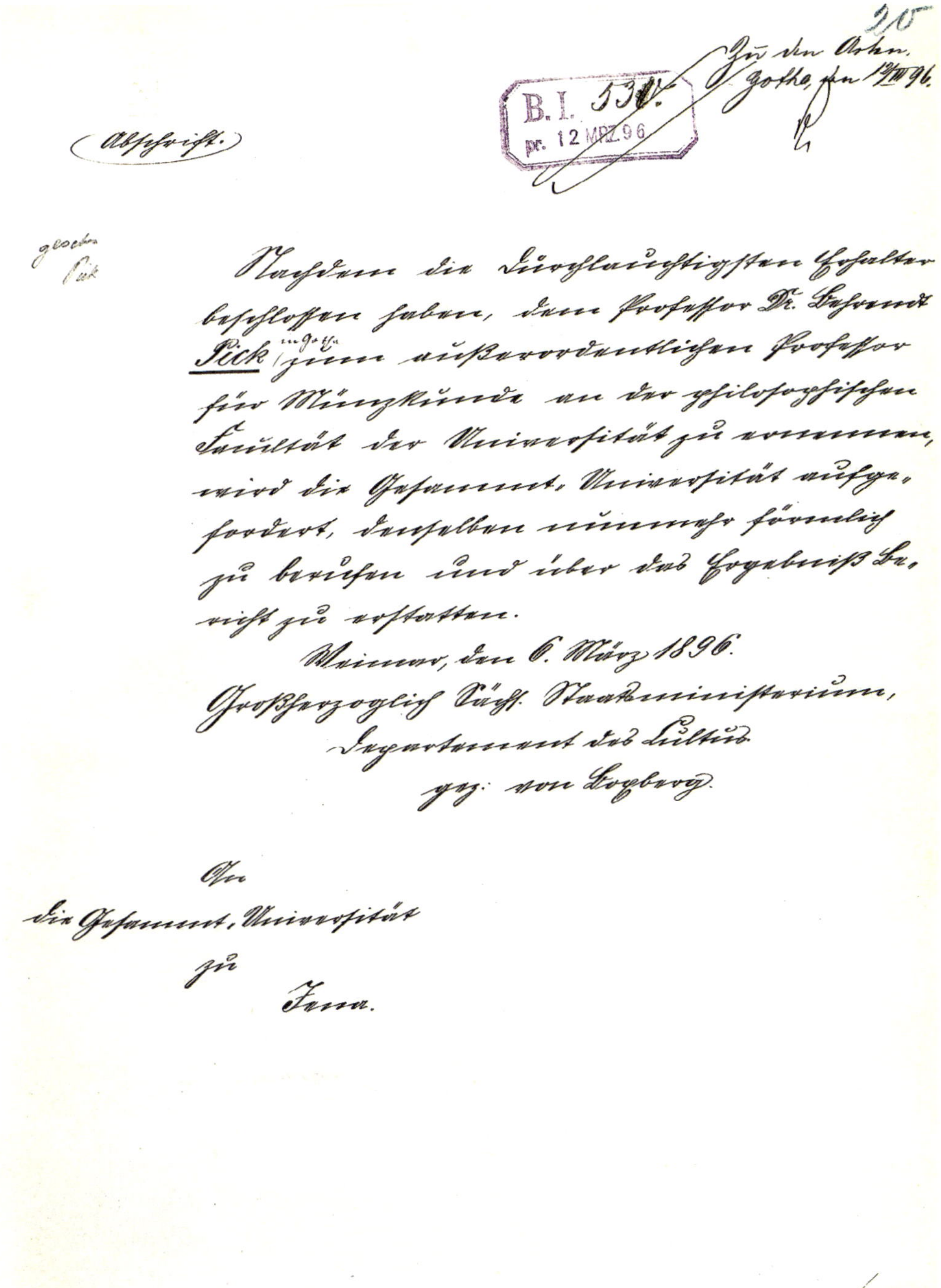

Zu den Acten.
Gotha, den 12/III 96.

B. I. 53 IV.
pr. 12 MRZ. 96

Abschrift.

Nachdem die Durchlauchtigsten Erhalter beschlossen haben, den Professor Dr. Behrendt Pick zum außerordentlichen Professor für Münzkunde an der philosophischen Facultät der Universität zu ernennen, wird die Gesammt-Universität aufgefordert, denselben nunmehr förmlich zu berufen und über das Ergebniß Bericht zu erstatten.

Weimar, den 6. März 1896.
Großherzoglich Sächs. Staatsministerium,
Departement des Cultus
gez: von [illegible]

An
die Gesammt-Universität
zu
Jena.

Abb. 2: Ernennungsurkunde Picks als Professor für Münzkunde an der Universität Jena (6. 3. 1896, Abschrift).

Den Antrag fasste die Philosophische Fakultät einstimmig.[43] Ausdrückliche Unterstützung erfuhr Gelzer zudem von seinen Kollegen aus der orientalischen Philologie, dem hochbetagten Johann Gustav Stickel (1805–1896), den ein fachliches und freundschaftliches Verhältnis mit Pertsch verband,[44] und dem Professor für Archäologie und Kunstgeschichte, Rudolph Gaedechens:[45] Beide vertraten die Ansicht, »daß es sehr wünschenswerth waere, wenn numismatische Vorlesungen an unserer Hochschule von einem tüchtigen Fachmann gelesen würden«.[46] Stickel hatte 1843 das Orientalische Münzkabinett als erste facheigene Münzsammlung an der Philosophischen Fakultät institutionalisiert.[47] Gaedechens hatte 1867 das archäologische Seminar gegründet und war seit 1874 Direktor des Archäologischen Museums.[48] In dieser Funktion veranlasste Gaedechens 1886 die Institutionalisierung des Akademischen Münzkabinetts an der Professur für Archäologie und Kunstgeschichte als eigenständige Universitätssammlung. Seit 1870 bestand bereits ein dem Archäologischen Museum zugeordnetes Münzkabinett, das zuvor der Universitätsbibliothek angegliedert gewesen war.[49] Gelzer wiederum hatte 1885 an der Philosophischen Fakultät Jena das Seminar für Alte Geschichte eingerichtet, aus dem sich 1907 die erstmals für seinen Nachfolger, Walther Judeich (1859–1942), vergebene Denomination »Professor der Alten Geschichte« entwickelte.[50]

Mithin waren diejenigen, welche die Berufung von Pick mit Nachdruck unterstützten, ausgeprägte Vertreter einer fachlichen Spezialisierung und einer Institutionalisierung von Lehrmitteln in der akademischen Ausbildung. Außerdem hatten zwei davon ein ent-

43 UAJ M 622 Bl. 186. Auf dem Anschreiben zum Antrag auf Ernennung Picks zum ao. Prof. an Prorektor und Senat (UAJ M 622 Bl. 182) haben alle damaligen Mitglieder der Fakultät unter »einverstanden« unterschrieben – mit Ausnahme von Ottokar Lorenz (1832–1904). Ob Lorenz verhindert war oder ob gerade der Historiker, der in Jena die Aufteilung der Geschichte in das von ihm geleitete Historische Seminar (für neuere Geschichte) und das von Heinrich Gelzer geleitete Seminar für Alte Geschichte zu verantworten hatte (dazu Ameling 2011, S. 172 f.), der Abstimmung eines Antrags auf Ernennung eines Spezialisten für antike Numismatik zum Professor für Münzkunde absichtsvoll fernblieb, lässt sich daraus nicht entnehmen.

44 Zu Johann Gustav Stickel s. Heidemann 2019, S. 17–30; Heidemann 2007, S. 105–109; Heidemann 2000b, S. 110–125. Vgl. auch Krmniczek & Gaidys 2020, S. 40 f. Kat. 10.

45 Zu Gaedechens: Richter 2017, bes. S. 41–44. 102; Goetz 1928, S. 93–98; Unrein 1905.

46 StAG Nr. 1521 Bl. 6; UAJ M 622 Bl. 185.

47 AVUJ Nr. 35 (WiSe 1843/44), S. 10 Nr. 18. Gleichzeitig mit der Gründung des Orientalischen Seminars, ebd. S. 8. – Dies ist nicht zu verwechseln mit dem Gründungsdatum des Großherzoglich Orientalischen Münzkabinett Jena, das Heidemann zeitgleich mit der Erwerbung der ersten Münzen mit 1840 angibt (Heidemann 2000b, S. 112–116; Heidemann 2006, S. 233–238 Heidemann 2007, S. 104–108; Heidemann 2019, S. 19–26). Vgl. auch den Beitrag von Stefan Heidemann im vorliegenden Band. Ich beziehe mich auf das Jahr 1843, um die Einrichtung des Kabinetts als offizielle akademische Lehranstalt mit anderen vergleichbar zu machen.

48 Richter 2017, S. 41–44, 102.

49 Dazu ausführlich s. u. bei Anm. 82, 94 u. 110.

50 Ameling 2011, S. 174–186. Die Denomination Professor der Klassischen Philologie und Alten Geschichte erfolgte erstmals bei der Berufung Alfred von Gutschmids (1831–1887) im Jahr 1876. Zu Judeich s. auch Kluwe 1990; Simon 1990, S. 56–58.

schiedenes Interesse an Numismatik – und dazu Münzsammlungen als wissenschaftliches Instrument philologischer, historischer und archäologischer Forschung an der Philosophischen Fakultät verankert.[51]

Mehrere Aspekte an Picks Berufung nach Jena waren außergewöhnlich: So erfolgte seine Ernennung ohne Gegenkandidaten. Es handelte sich außerdem um die erste Ernennung eines Professors in Jena mit auswärtigem Wohnsitz (in Gotha).[52] Seine Lehrveranstaltungen bis zum Wintersemester 1930/31 legte Pick deshalb immer auf einen Tag, an dem er mit dem Zug die ca. 75 km von Gotha nach Jena und zurück reiste. Dazu war bei den meisten Verbindungen ein Umsteigen in Weimar notwendig.[53] Für das Pendeln zu Vorlesungszwecken gewährte man Pick eine Entschädigung in Höhe von einmal pro Woche 15 Mark, ein Betrag, der über 20 Jahre lang nicht an erhöhte Fahrpreise angepasst wurde und der von Beginn an unterhalb dessen lag, was eine Bezahlung von Reise- und Tagegeldern bedeutet hätte. Da Pick als Professor im Nebenamt außer dieser Entschädigung in Jena kein Gehalt bezog, die Entschädigung bis 1918 nicht erhöht und außerdem aus einer separaten Kasse des Herzogtums Sachsen-Coburg und Gotha bezahlt wurde, war seine Ernennung zum Professor der Münzkunde ein für die Universität (und insbesondere die anderen sog. Erhalterstaaten Sachsen-Weimar-Eisenach, Sachsen-Meiningen und Sachsen-Altenburg) ausgesprochen billiges Unterfangen.[54] Last but not least: Die Berufung Picks war erst die vierte Berufung eines Professors mit jüdischem Bekenntnis an die Universität Jena. Auch die zuvor ernannten Professoren hatten mit Widerständen zu kämpfen gehabt

51 Zu Münzen als Forschungsinstrument in der historisch ausgerichteten Orientalistik bei Stickel: Heidemann 2006, bes. S. 224, 233, 235; Heidemann 2000b, S. 112, 119–121. Für Gaedechens ist der numismatische Schwerpunkt in der Archäologie bislang ungenügend herausgearbeitet.

52 Vgl. dazu Gelzers Bericht zum Ernennungsantrag: UAJ M 622 Bl. 185; StAG Nr. 1521 Bl. 7: »eine mit einem auswärtigen Wohnsitze verbundene ausserordentliche Professur ist auch an anderen Hochschulen z. B. in Heidelberg und Zürich vorgekommen«.

53 Jena war die letzte deutsche Universitätsstadt mit Bahnanbindung, die 1876 mit der Weimar-Geraer Bahn in Betrieb genommen wurde, vgl. Drescher 2001, S. 12–29 (Fahrplan von 1913 auf S. 24); Gerber 2004, S. 347–350.

54 Dazu heißt es in einem Brief des Herzoglich Sächsischen Staatsministeriums Gotha, Department I vom 15. 1. 1896 (STaG Nr. 1521 Bl. 8): »Da Professor Dr. Pick – so viel uns bekannt ist – nicht vermögend ist, wird ihm nicht angesonnen werden können, die Reisen von hier nach Jena ohne Entgelt zurückzulegen. Wir befürworten deshalb ihm als Ersatz der Reisekosten und Tagegelder für jede Reise ein Aversum von 15 Mark zu verwilligen. Gleichzeitig erklären wir uns im Hinblick auf das Interesse, welches wir an der Förderung der wissenschaftlichen Bestrebungen des im hiesigen Dienst stehenden Beamten haben, bereit, diese Ausgabe aus dem diesseitigen Separatfonds zu übernehmen«. Trotz mehrfacher früherer Anträge auf Erhöhung bzw. Gewährung eines festen Gehalts in Jena blieb dieser Betrag über 20 Jahre unverändert, sodass Pick zeitweilig 3. Klasse reiste, vgl. STaG Nr. 1521 Bl. 108, 117, 129. StAG Nr. 1521 Bl. 109: Gewährung von 20 Mark pro Fahrt ab WiSe 1918/19. Ab WiSe 1919/20 wurde Pick endlich eine Erstattung der Fahrtkosten plus Tagegelder nach Reisekostengesetz zugestanden (StAG Nr. 1521 Bl. 126). Die Entschädigung hatte sich damit von ca. 200 Mark pro Semester auf etwa 800 Mark vervierfacht (StAG Nr. 1521 Bl. 133). – Zur Organisation der Universität Jena und ihrer Verwaltung im 19. Jahrhundert s. Gerber 2009, S. 47–102.

und teils sogar glaubensbedingte Einschränkungen ihrer Lehrbefugnisse erhalten.[55] So glücklich Picks Berufung für das Akademische Münzkabinett und die Universität Jena auch war und so sehr sie von Kollegen aus der Philosophischen Fakultät begrüßt wurde, so ist sie aufgrund der bescheidenen Vergütung doch auch als Symptom eines zumindest zwiespältigen Umgangs mit jüdischen Wissenschaftlern an einer protestantischen Universität im wilhelminischen Kaiserreich zu werten. Für Behrendt Pick bedeutete die Ernennung gleichwohl die einmalige Chance, den Titel eines Universitätsprofessors führen und die nach seinem Abgang von der Universität Zürich zeitweilig unterbrochene akademische Laufbahn weiter verfolgen zu können.

Die universitären Münzsammlungen und das Akademische Münzkabinett Jena

Bevor ich auf den Zustand des Akademischen Münzkabinetts Jena 1896 bei Eintritt Picks in den Universitätsverband eingehe, seien knapp die darauf folgenden wichtigsten Meilensteine in Picks beruflichem Wirken und deren Würdigung genannt. 1899 trat Pick die Nachfolge von Pertsch als Vorstand des Münzkabinetts an und wurde »zweiter Beamter« der Herzoglichen Bibliothek in Gotha.[56] 1908/09 lehnte er einen Ruf an das Königliche Münzkabinett in Dresden ab.[57] Dadurch erzielte er in Gotha nicht nur eine Gehaltserhöhung, sondern wurde auch vom zeitaufwendigen Bibliotheksdienst entbunden und erhielt die offizielle Amtsbezeichnung »Direktor des Münzkabinetts Herzogtum Gotha«. Zudem wurde ihm im Juli 1909 das Ritterkreuz II. Klasse des Herzoglich Ernestinischen

55 1.) Nathaniel Pringsheim (1823–1894) o. Prof. der Botanik u. Direktor des Botanischen Gartens 1864 als erster nichtkonvertierter Jude, Ernennung angeblich ohne bekannte Widerstände. 1868 ging er auf eigenen Wunsch als Privatgelehrter nach Berlin; 2.) Jakob Caro (1836–1904), 1866 ao. Prof. der Geschichte: jüdischer Glaube erschwerte schon sein Habilitationsverfahren in Jena. Als Prof.: Einschränkungen in seiner Lehrbefugnis (!); 3.) Felix Auerbach (1856–1933) seit 1889 ao. Prof. für theor. Physik. Erst 1923 o. Prof (zuvor wegen Glaubens verweigert!). – Die übrigen in der Sekundärliteratur genannten Professoren jüdischer Herkunft hatten ihre Religionszugehörigkeit vor Annahme der Professur gewechselt oder entstammten (wie Richard Loening-Löwenthal) einem konvertierten Elternhaus: 1.) Sigmund Wilhelm Zimmern (1796–1830), o. Prof. der Rechte von 1826 bis 1830 in Jena; 2.) Oscar Ludwig Wolff (1799–1851) 1830 ao./1838 Hon.-Prof. der Deutschen Literatur; 3.) Otto Binswanger (1852–1929) 1880 ao./1891 o. Prof. der Psychiatrie; 4.) Richard Loening-Löwenthal (1848–1913), o. Prof. Jura von 1882 bis 1913 in Jena; 5.) Eduard Rosenthal (1853–1926) seit 1883 ao. Prof. der Rechtswissenschaften, ab 1896 o. Prof. (gegen den Widerstand des Universitätskurators von Eggeling!). – Vgl. dazu: Kirsche 1998, S. 114–122, 135–145; Schramm-Häder 2001, S. 235–254; John & Stutz 2009, S. 343 f. Anm. 518; Jonscher 2015, S. 59–62, 67–73.

56 ThHStAW Nr. 23252 Bl. 56–62 (Urkunde vom 18. 10. 1899).

57 Die Ablehnung eines Rufs entspricht allerdings Picks eigener Diktion, mit der er geschickt gegenüber dem Herzoglichen Staatsministerium Gotha und der Universität Jena kommunizierte (ThHStAW 23252 Bl. 109, 26. 3. 1909, vgl. UAJ D 2267 Bl. 1). Tatsächlich waren die Verhandlungen deutlich komplizierter und keineswegs abgeschlossen, als Pick sein Interesse an der Position in Dresden im März 1909 zurückzog (HStArDD 13890 Nr. 338). Vgl auch u. Anm. 134 und 152.

Hausordens durch den Herzog von Sachsen-Coburg und Gotha verliehen.[58] 1911 erfolgte die Beförderung zum ordentlichen Honorarprofessor an der Universität Jena. Auch diese geschah jedoch nicht ohne vorherige Ablehnung und nur durch die Unterstützung des Altphilologen Georg Goetz (1849–1932), der damals als Prorektor der Universität vorstand und von dem überliefert ist, dass er als Gasthörer regelmäßig Picks Veranstaltungen in Jena besuchte.[59] In der Begründung des Antrags der Philosophischen Fakultät wird angeführt, dass Pick in den 30 Semestern die 1896 bei seiner Berufung an ihn geknüpften Hoffnungen vollends erfüllt habe. Durch die Ergänzung seiner Vorlesungen »ist Jena vielen auch weitaus größeren Universitäten unmittelbar voraus«.[60] Für die Beförderung hilfreich war sicher auch die zeitgleiche Verleihung des Ritterkreuzes II. Klasse des Großherzoglichen Hausordens der Wachsamkeit oder vom weißen Falken durch den Großherzog von Sachsen-Weimar-Eisenach, in Anerkennung seiner Verdienste bei der zwischen 1908 und 1911 vorgenommenen Neuordnung des Münzkabinetts in der Weimarer Schlossbibliothek.[61] Schließlich übte das Großherzogtum Sachsen-Weimar-Eisenach als wichtigster Erhalterstaat besondere Vorrechte in der Verwaltung der Jenaer Universität aus, zu dessen Staatsgebiet sie gehörte.[62] 1915 dekorierte ihn Herzog Carl Eduard (1884–1954) ob seiner Verdienste für das Gothaer Kabinett und der Mehrung des Bestandes um rund 30 000 Münzen, ohne Überschreitung der zur Verfügung gestellten Mittel, mit dem Ritter-

58 UAJ D 2267 Bl. 1; ThHStAW 23252 Bl. 3. 111 f. 114–116; StAG Nr. 2370 Bl. 272 f.: Begründung: »Pick hat seit 16 Jahren mit außerordentlichem Eifer und großer Gewissenhaftigkeit das Münzkabinett des Herzoglichen Hauses verwaltet und durch wertvolle Erwerbungen wesentlich vergrößert«. – Von Oktober 1906 bis Oktober 1907 unterrichtete Pick zweimal wöchentlich auch die höheren Jahrgangsstufen des Gothaer Gymnasiums in Kunstgeschichte (StAG Lehrerverzeichnis Gymnasium Ernestinum Bl. 27) – Übersicht Bezüge: ThHStAW 23252 Bl. 4 f.

59 Vgl. das Schreiben Georg Goetz an das herzogliche Staatsministerium Gotha mit dem Senatsbeschluss zur Ernennung Picks vom 6. 3. 1911 StAG 1521 Bl. 73–75; Ernennungsurkunde: UAJ M 626 Bl. 6 vom 3. 4. 1911. – Zu Georg Goetz s. Vielberg 1997. Schneider 1931 bezeichnet Goetz als Picks »ältesten Studenten«. Goetz selbst geht in seiner Geschichte der Altertumswissenschaften an der Universität Jena von 1928 nur zum Schluss seiner Abhandlung kurz auf die noch tätigen Dozenten ein: »So bin ich denn am Ziele angelangt, das ich mir gesteckt hatte. Eine neue Generation ist am Werke, der neue Aufgaben gestellt sind. An Heinrich Gelzers Stelle lehrt alte Geschichte seit zwei Jahrzehnten Walther Judeich. Auf Rudolph Gaedechens folgte die Reihe Ferdinand Noack (jetzt in Berlin), der früh verstorbene Botho Graef und Herbert Koch; daneben standen und stehen noch in rüstiger Kraft die Veteranen Wilhelm Dörpfeld, der Archäologe, und Behrendt Pick, der Numismatiker« (Goetz 1928, S. 194).

60 Antrag der Philosophischen Fakultät Jena vom 21. 2. 1911; StAG Nr. 1521 Bl. 74f; UAJ M 626 Bl. 4 f.

61 ThHStAW 23252 Bl. 122 (21. 2. 1911); vgl. zum Beginn der Neuordnung in Weimar auch StAG Nr. 1521 Bl. 62 f. (14. 10. 1908). – Noch im Dezember 1910 war die Ernennung Picks zum Honorarprofessor auf der Universitätskonferenz abgelehnt worden, vgl. StAG Nr. 1521 Bl. 69. 71. Ein Schreiben des Staatsministeriums Gotha an das Staatsministerium Weimar von Anfang 1911 machte genau den Vorschlag, ob Pick nicht für die Neueinrichtung des Weimarer Münzkabinetts mit einem Weimarer Orden ausgezeichnet werden könne, als Kompensation für die nicht erfolgte Beförderung an der Universität Jena, StAG Nr. 2253 Bl. 7.

62 Gerber 2009, S. 47–50.

kreuz I. Klasse des Herzoglich Ernestinischen Hausordens.[63] 1917 folgte von der Regierung des Herzogtums Sachsen-Coburg und Gotha die Ernennung zum Geheimen Hofrat.[64] Nach dem Ersten Weltkrieg wurde er zum Beauftragten der Landesregierung für die Münzsammlungen des 1920 neugegründeten Freistaats Thüringen ernannt.[65]

Von der damals breiten wissenschaftlichen Anerkennung Picks zeugen seine vielen internationalen Auszeichnungen und Mitgliedschaften in wissenschaftlichen Gesellschaften. Pick wurde 1911 sowohl als Ritter des belgischen Kronenordens (Croix & Chevalier de l'ordre de la Couronne)[66] als auch des bulgarischen Kronenordens ausgezeichnet.[67] 1913 erhielt er das Offizierskreuz des Sterns von Rumänien.[68] 1898 ernannte die Zentral-Direktion Pick zum korrespondieren Mitglied des Deutschen Archäologischen Instituts.[69] 1899 wurde er »membre associé étranger« der »Société royale de numismatique de Belgique«[70] und ebenso »Honorary Member of the Numismatic Society of London«,[71] zwei der weltweit ältesten und angesehensten numismatischen Vereinigungen. Im selben Jahr hatte Pick als Preisrichter in einer Konkurrenz zur Prämierung von Artikeln zur griechischen Numismatik an der Seite der Kabinetts-Direktoren aus London, Barclay Head (1844–1914), und Paris, Ernest Babelon (1854–1924), fungiert.[72] Anfang 1900 zeigte Pick dem Gothaer Staatsministerium an, dass er außerdem bereits Mitglied der Numismatischen Gesellschaft Wien sowie Ehrenmitglied des Kaiserlich russischen Archäologischen Instituts in Konstantinopel geworden war.[73] 1913 wurde er zum Ehrenmitglied des Istituto Italiano di Numismatica[74] und der Societatea Numismatica Romana in Bukarest ernannt.[75] Im Juni 1914 wurde er Mitglied der Akademie der Wissenschaften in Bukarest,[76] 1917 bestimmte ihn die Numismatische Gesellschaft Wien zu ihrem Ehrenmitglied.[77] In Deutschland folgten wichtige weitere Anerkennungen erst spät: am 13. Dezember 1928

---

63 StAG Nr. 2392 Bl. 166 f.; ThHStAW 23252 Bl. 154 f. (12. 12. 1915).

64 ThHStAW 23252 Bl. 3, 167; ThHStAW 23253 Bl. 3 (19. 7. 1917); UAJ D 2267 Bl. 1.

65 ThHStAW C Nr. 740 (Thüringische Münzsammlungen 1923–1928); UAJ I Nr. 1–3 S. 1483; vgl. auch ThHStAW F 2171 Nachlass Friedrich Stier Nr. 6 S. 209 f. Dazu Klose & Winter 2022.

66 StAG Nr. 2253 Bl. 11. 44. Verliehen am 28. 8. 1911. Pick legte diesen Orden – wohl um Staatstreue zu demonstrieren – zu Beginn des Ersten Weltkriegs nach dem Überfall des Deutschen Kaiserreichs auf das Königreich Belgien ab und überführte ihn unter der Nr. 28439 dem Münzkabinett, vgl. ThHStAW 23252 Bl. 148.

67 ThHStAW 23252 Bl. 127 f. (verliehen am 16. 9. 1911).

68 StAG Nr. 2253 Bl. 210. 213 (20. 9. 1913); ThHStAW 23252 Bl. 137.

69 DAI Berlin; Zentrale Biographica Mappe Behrendt Pick 1898 (29. 4. 1898).

70 ThHStAW 23252 Bl. 66 (22. 9. 1899).

71 ThHStAW 23252 Bl. 70 (21. 12. 1899).

72 ThHStAW 23252 Bl. 63–65.

73 ThHStAW 23252 Bl. 68 (4. 1. 1900).

74 ThHStAW 23252 Bl. 139 (8. 12. 1913).

75 ThHStAW 23252 Bl. 139 (31. 12. 1913).

76 ThHStAW 23252 Bl. 145 (25. 6. 1914).

77 ThHStAW 23252 Bl. 161 (12. 2. 1917).

ernannte das DAI ihn zum ordentlichen Mitglied – aber erst auf mehrfaches Insistieren von Herbert Koch (1880–1962), Professor für Klassische Archäologie in Jena von 1918–1929.[78] Die Ernennung zum Ehrenmitglied der Numismatischen Gesellschaft Berlin erhielt Pick zu seinem 70. Geburtstag 1931.[79] All diese Aufnahmen und Ernennungen – sowie weitere[80] – erfolgten erst ab den späten 1890er Jahren und belegen, wie immens wichtig für Pick die Zugehörigkeit zu einer Universität gewesen ist – sei es auch nur als Extraordinarius an der Universität Jena.[81]

Überblick zu den Münzsammlungen der Universität Jena und der Entwicklung des Akademischen Münzkabinetts während Picks Amtszeit

1. Die Situation bis zur Berufung von Behrendt Pick

Die Münzsammlung der Universitätsbibliothek (Slg. Bose)

Neben privaten Sammlungen von Professoren, die diese zu Lehrzwecken in Ihren Veranstaltungen einsetzten, bildete die älteste Sammlung von Münzen an der Universität Jena das Münzkabinett der Universitätsbibliothek, das sich in den amtlichen Verzeichnissen der Universität nur bis 1832 zurückverfolgen lässt (Abb. 3).[82] Damaliger Bibliotheksdirektor war seit 1826 der Philologe Carl Wilhelm Göttling, der 1846 das Archäologische

78 DAI, Berlin, Archiv der Zentrale, Biographica Mappe Behrendt Pick (zwei Schreiben von Koch an Rodenwaldt vom 18.1. und 28.8.1928; Ernennung erfolgte zum 13.12.1928); ThHStAW Bestand C Nr. 299 (Schriftwechsel des Archäologischen Instituts des Deutschen Reiches mit dem Archäologischen Institut in Jena 1913–1941). – Zu Herbert Koch s. Richter 2017, S. 45–47, 102.

79 Blätter für Münzfreunde Nr. 349/350, 1932/Januar S. 425: Beschlussfassung im November 1931 anlässlich Picks bevorstehendem 70. Geburtstag und »in Anerkennung seiner Forschungen auf dem Gebiete der antiken Numismatik und Archäologie wie nicht minder seiner verständnisvollen Förderungen der heimischen Münzkunde«. Nach schriftlicher Auskunft von Prof. Dr. Bernd Kluge (6. u. 9.3.2021) fand die Sitzung am 16.11.1931 statt und Pick war zuvor kein Mitglied der Gesellschaft gewesen.

80 In einem Leistungsbericht an das Staatsministerium Gotha von 1915, der offenbar Grundlage der Ordensverleihung 1915 und auch der Ernennung zum Geheimen Hofrat 1917 gewesen ist, erwähnt Pick (ThHStAW 23252 Bl. 165f.): »Wahl zum Ehrenmitglied bzw. Korrespondierenden Mitglied zahlreicher wissenschaftlicher Gesellschaften (4 in Deutschland, 2 in Oesterreich, 1 in Russland, 1 in Belgien, 1 in England, 2 in Italien, 2 in Rumänien)«. Demnach fehlen in der hiesigen Auflistung drei deutsche und eine italienische Mitgliedschaft in wissenschaftlichen Gesellschaften.

81 Zweifelsohne spielte auch die Herausgabe von Pick 1898a eine Rolle. Da der Band aber erst im Herbst 1898 gedruckt wurde (Pick 1898a, S. XV), fällt beispielsweise die Wahl zum korrespondierenden Mitglied des DAI (April 1898) sicher in die Zeit vor dieser Publikation.

82 AVUJ Nr. 13 (WS 1832/33), S. 5. Nr. 1. Zu privaten Sammlungen von Professoren in der Schülergeneration Boses, die auch ihren Teil zu den münzwissenschaftlichen epistemischen Netzwerken im Umkreis der Salana beigetragen haben, s. den Beitrag von Martin Mulsow im vorliegenden Band.

Museum gründen sollte.[83] Infolge eines Umzugs und einer Neuordnung der Bibliothek ab 1817 ist bekannt, dass Göttling in seiner Funktion als Bibliotheksdirektor im November 1831 die Erlaubnis Johann Wolfgang von Goethes (1749–1832) erhielt, ein seit dem Umzug versiegeltes Münzschränkchen zu öffnen, darauf das durcheinandergeratene Material ordnete und einen neuen Schrank zur angemessenen Benutzung erbat.[84] Im Zuge der aktuellen Recherchen zum Akademischen Münzkabinett konnte zweifelsfrei festgestellt werden, dass der Nukleus dieser Sammlung, neben einem sicher noch älteren, bislang nicht endgültig datierten Bestand, tatsächlich auf den von 1656–1674 als Geschichtsprofessor in Jena wirkenden Universalgelehrten Johann Andreas Bose zurückgeht und 1831 schon eine geraume Zeit nicht mehr im Fokus wissenschaftlicher Anwendung gestanden haben muss – um es vorsichtig auszudrücken. Durch die Wiederentdeckung historischer Verzeichnisse von 1675 und 1678 kann dieser für die universitäre Verankerung objektbezogener Vergangenheitsforschung bedeutsame Sammlungskern nun auf einer bislang nicht beachteten und erstaunlich präzisen Quellenbasis erschlossen und für die Geschichte verschiedenster altertumswissenschaftlicher, historischer und kulturwissenschaftlicher Disziplinen verfügbar gemacht werden.[85]

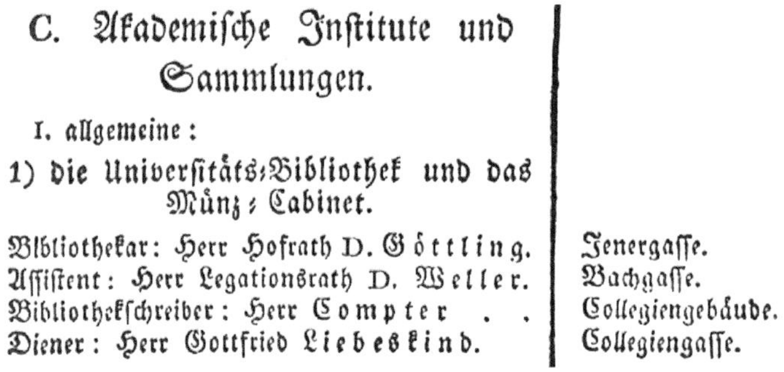
C. Akademische Institute und Sammlungen.

I. allgemeine:

1) die Universitäts-Bibliothek und das Münz-Cabinet.

Bibliothekar: Herr Hofrath D. Göttling.	Jenergasse.
Assistent: Herr Legationsrath D. Weller.	Bachgasse.
Bibliotheksschreiber: Herr Compter . .	Collegiengebäude.
Diener: Herr Gottfried Liebeskind.	Collegiengasse.

Abb. 3: Verzeichnis der Universität Jena von 1832/33: Das Münzkabinett an der Universitätsbibliothek.

Die Sammlung des Bergrats Schueler

Die zweitälteste Sammlung von Münzen an der Universität Jena war Teil der seit 1841 »der Universität zum Gebrauche überlassenen Sammlungen des Bergrats« und Professors für Mineralogie und Technologie, Carl Gustav Schueler (1807–1855).[86] Diese beinhaltete laut einem Universitätsalmanach von 1845 schier ungeheure Schätze, die der Geologe auf seinen ausgedehnten Reisen zusammengetragen hatte und die im Jenaer Stadtschloss zu

83 Das Gründungsgesuch des Museums wurde 1828 zunächst wegen zu hoher Kosten abgelehnt. Zu Göttling, s. Karpe 1958b; Richter 2017, S. 19–40, 101 und *passim.*

84 Karpe 1958b, S. 438, 445.

85 Vgl. u. bei Anm. 110.

86 AVUJ Nr. 31 WS 1841/1842, S. 10 Nr. 14. Zu Schueler s. Richter 2017, S. 22–24, 101; Richter 2018, S. 33.

sehen waren. Darunter sollen sich angeblich 10 000 Münzen befunden haben.[87] Schueler war Mitbegründer und bis 1847 Vizedirektor des 1846 gegründeten Archäologischen Museums der Universität Jena. Kurz vor seinem Tod 1855 verkaufte Schueler seine Sammlung an den Badischen Staat. Münzen aus der Sammlung Schueler befinden sich heute im Münzkabinett Karlsruhe, allerdings existiert kein Bestandskatalog, so dass der tatsächliche Umfang nicht einfach zu bestimmen ist.[88]

Das orientalische Münzkabinett

1843 wurde eine seit 1839/40 von Johann Gustav Stickel aufgebaute orientalische Münzsammlung als Großherzoglich Orientalisches Münzkabinett – zeitgleich mit dem Orientalischen Seminar – eine offizielle Einrichtung der Philosophischen Fakultät.[89] Es war das Werk desjenigen, der sich 52 Jahre später als hochbetagter Senior der Philosophischen Fakultät ausdrücklich für die Berufung Behrendt Picks nach Jena ausgesprochen hatte.

Das Orientalische Münzkabinett umfasste in einem von Stickels Nachfolger Karl Vollers (1857–1909) 1906 publizierten Inventar über 13 600 Münzen.[90] Nachdem Vollers Nachfolger Ungnad 1909 kein Interesse an den Münzen zeigte und der Lehrstuhl für orientalische Philologie 1919 nicht wiederbesetzt wurde, blieb die Sammlung ungenutzt. Zu Picks Zeiten war sie nach 1909 eine eigenständige Sammlung ohne Leitung. 1933 wurde die aufsichtslose Sammlung der Obhut der »Hilprecht-Sammlung vorderasiatischer Altertümer« der Universität Jena unterstellt. 1939 gelangte ein Teilbestand der Sammlung aufgrund von Restitutionsforderungen in die Fänge des ehemaligen Großherzoglichen Hauses und fehlt seither – ähnlich sollte es Teilen des Akademischen Münzkabinetts ergehen. Über Umwege gelangten die Restbestände 1955 in die Obhut des Archäologischen Instituts, wo sie knapp 40 Jahre verblieben. Seit 1994 werden sie vom Lehrstuhl für Islamwissenschaften betreut, vermehrt und wissenschaftlich bearbeitet.[91]

Münzen im Archäologischen Museum

Im 1846 im Jenaer Stadtschloss eröffneten Archäologischen Museum[92] spielten Münzen zunächst keine Rolle (vgl. jedoch die ebenfalls im Schloss ausgestellten Münzen der Samm-

---

87 Doering 1845, S. 51; Richter 2017, S. 22 f. Diese verdächtig hohe, gerundete Zahl wird auch in einem quantitativen Verzeichnis seiner Sammlung gemacht, das der Sicherung der der Universität überlassenen Objekte dienen sollte: UAJ BA 1644 Bl. 3v.

88 Laut Auskunft von Oliver Sänger (3. 2. 2021) befinden sie sich dort seit 1859 und wurden in die Sammlungssystematik einsortiert, ein Bestandsverzeichnis besteht nicht. Vgl. Grimm 1993, S. 53 f. mit Anm. 80.

89 AVUJ Nr. 35 (WS 1843/44), S. 8. Nr. 4; S. 10 Nr. 18. – Zum Orientalischen Münzkabinett vgl. o. Anm. 47.

90 Vollers 1906; Heidemann 2000b, S. 125 f.; Heidemann 2007, S. 113; Heidemann 2019, S. 31.

91 Heidemann 2000b, S. 126–128; Heidemann 2007, S. 113–116; Heidemann 2019, S. 30–32.

92 Anlässlich der neunten Philologen- und Orientalistenversammlung vom 29. 9. bis 2. 10. 1846. Zur Gründung des Museums s. Richter 2017, S. 23–30; Richter 2018.

lung Schueler!). Erst im Anschluss an eine Griechenlandreise des Museumsgründers Göttlings im Jahre 1852 werden in der 3. Auflage des gedruckten Museumskatalogs von 1854 Münzen aufgelistet, wie z. B. eine Hemidrachme des 4. Jahrhunderts v. Chr. der Opuntischen Lokrer.[93] In einem persönlichen Handexemplar Göttlings, das sich erhalten hat, sind bis zu seinem Tod 1869 weitere Zugänge ans Archäologische Museum handschriftlich verzeichnet (Abb. 4). Darin finden sich Angaben zu den Stiftern und teilweise auch Informationen zum Fundort. Die Identifizierung einzelner zugehöriger Münzen aus dem heutigen Bestand ist möglich.

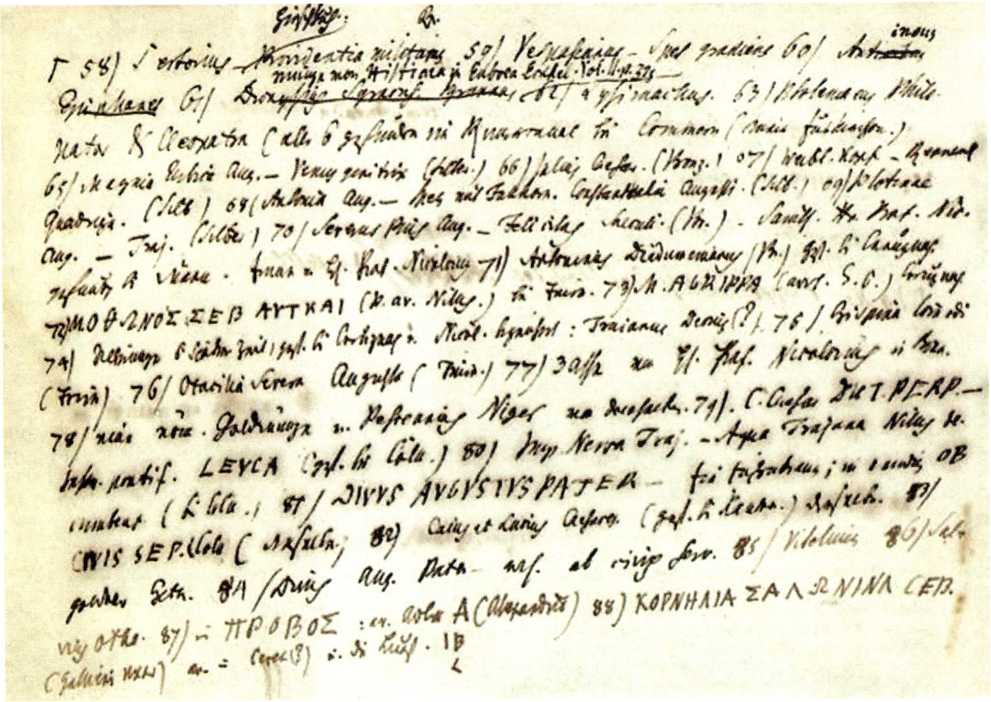

Abb. 4: Handschriftliche Nachträge der Schenkungen von Nicolovius (1854) in Göttlings persönlichem Exemplar von Göttling 1854.

93 AMK 14 (SNG Kopenhagen 13, 50), Göttling 1854, S. 77 Nr. 6. Ob eine Hemidrachme der 1. Hälfte des 4. Jahrhunderts v. Chr. aus Sikyon auf einen Ankauf Göttlings zurückgeht (vgl. Göttling 1854, S. 77 Nr. 3. 5), wie Kleinschmidt 2009, S. 105. 111 Abb. 2 annimmt, ist seit der Wiederentdeckung des Verzeichnisses der Sammlung Bose von 1675 nicht mehr sicher, da dieses unter Tabula II Nr. 14 eine ebenfalls passende Münze nennt. Zur Griechenlandreise s. Schörner 2008.

Archäologisches Museum und Münzkabinett

1870 wechselte die Zuordnung des Münzkabinetts von der Universitätsbibliothek zum Archäologischen Museum. Entsprechend wurde das Archäologische Museum ab 1870 unter Einschluss des Zusatzes »und Münzkabinett« geführt (Abb. 5).[94] Dies ging einher mit dem Tod des Museums- und Bibliotheksdirektors Göttling 1869 sowie der von ihm initiierten Einrichtung einer dritten Professur für Philologie, einem Lehrstuhl mit der Denomination »Philologie mit Realienbezug«, auf den Conrad Bursian (1830–1883) noch 1869 berufen und damit Direktor des Archäologischen Museums wurde. Maßgeblichen Anteil an der Übernahme von Münzen aus der Bibliothekssammlung hatte Rudolph Gaedechens, der 1863 in Jena als Schüler Göttlings habilitiert worden war, als außerordentlicher Professor 1867 das archäologische Seminar gegründet hatte und als Vizedirektor des Archäologischen Museums wirkte. Seine Hoffnungen, die Nachfolge Göttlings antreten zu können, zerschlugen sich durch die Berufung Bursians zunächst. Infolge von Bursians Abgang nach München 1874 avancierte er zum alleinigen Direktor des Archäologischen Museums und wurde zum ordentlichen Honorarprofessor für Archäologie und Kunstgeschichte ernannt, wobei sich aus der Professur Bursians parallel dazu der Lehrstuhl für Alte Geschichte entwickeln sollte.[95]

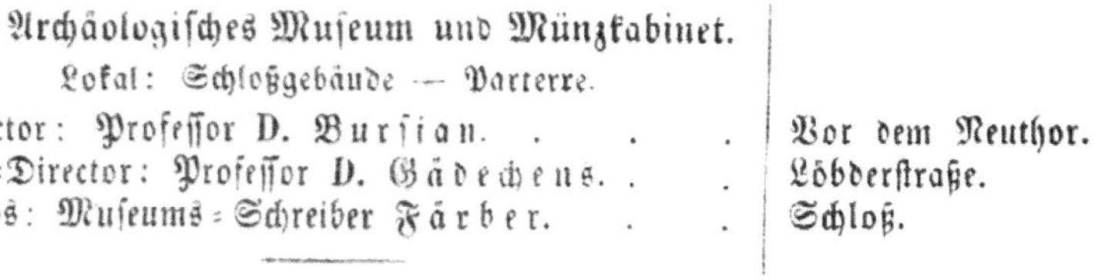
17) Archäologisches Museum und Münzkabinet.
Lokal: Schloßgebäude — Parterre.
Director: Professor D. Bursian. . . . Vor dem Neuthor.
Vice-Director: Professor D. Gädechens. . . Löbderstraße.
Custos: Museums-Schreiber Färber. . . Schloß.

Abb. 5: Verzeichnis der Universität Jena von 1870/71: Das Münzkabinett im Archäologischen Museum.

Akademisches Münzkabinett als eigenständige Sammlung

Gaedechens veranlasste 1886 die Trennung von Archäologischem Museum und Akademischem Münzkabinett, das fortan als eigenständige Sammlung bestand.[96] Mit diesem Schritt folgte Gaedechens der universitären Institutionalisierung von Münzsammlungen, wie sie 1843 bereits Johann Gustav Stickel mit dem Orientalischen Münzkabinett vorgenommen hatte. In Göttingen, wo Gaedechens studierte und 1859 bei Friedrich Wieseler (1811–1892) promoviert worden war, bestand bereits seit 1842 ein Archäologisch-

94 AVUJ Nr. 89 (WS 1870/71), S. 11 Nr. 17. Vgl. UAJ C 791 Bl. 56: Exzerpt zur Übernahme der Münzsammlung am 23. 10. 1870.

95 Zu den Entwicklungen vgl. Ameling 2011, S. 160–172; Goetz 1928, S. 93–98. Zu Bursian s. auch Richter 2017, S. 40 f. 101.

96 AVUJ Nr. 121 (WS 1886/87), S. 10 Nr. 21.

Numismatisches Institut.[97] Mit Jena vergleichbare Sammlungsspezialisierungen erfolgten auch im rein musealen Sektor: So wurden beispielsweise das Berliner Münzkabinett 1868 und das Wiener Münzkabinett 1900 aus den jeweiligen Antikensammlungen als eigenständige Einrichtungen herausgelöst.[98] Allerdings blieb der Direktor des Archäologischen Museums in Personalunion stets auch verantwortlich für das Akademische Münzkabinett. Auch über ein regelmäßiges, eigenes Budget verfügte das Münzkabinett nicht. Mittel waren immer eigens zu beantragen oder mussten aus dem Etat der Professur abgeführt werden.

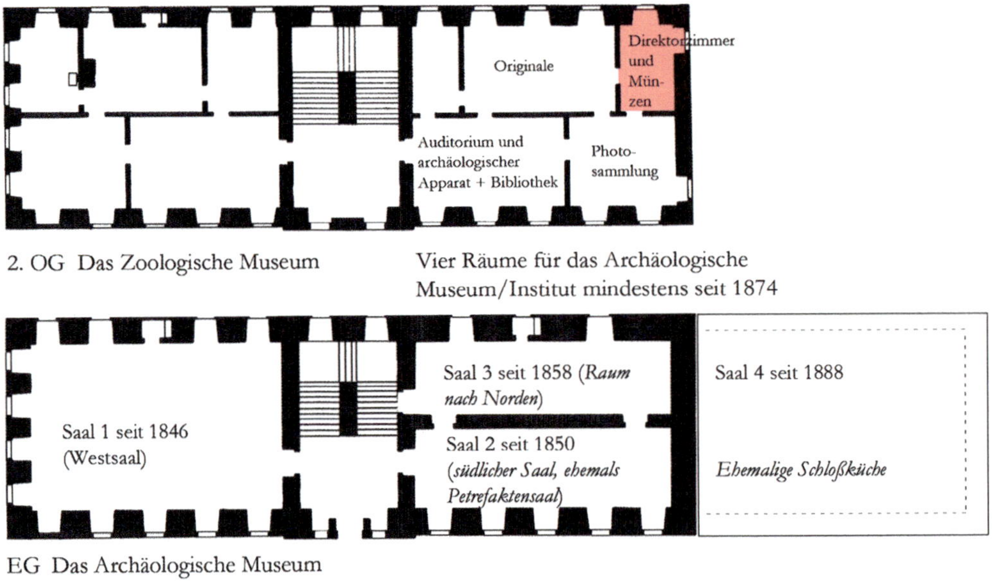

Abb. 6: Unterbringung des Akademischen Münzkabinetts im Archäologischen Museum der Universität Jena.

Die Münzsammlung wurde im 2. Obergeschoss des ehemaligen Jenaer Stadtschlosses zunächst im Direktorenzimmer (Abb. 6) untergebracht. Sie konnte im grundsätzlich mittwochs zwischen 15 und 17 Uhr geöffneten Archäologischen Museum auf Anfrage besichtigt werden.[99] So ähnlich dürfte die räumliche Disposition ausgesehen haben, als Behrendt Pick erstmals mit dem Akademischen Münzkabinett in Berührung gekommen ist. Kurz nach Picks Berufung 1896 wurden die Münzen zusammen mit der Originalsammlung

97 Vgl. den Beitrag von Daniel Graepler im vorliegenden Band.

98 Vgl. Haupt 1991, S. 48; Weisser 2019, S. 45, 48.; Weisser 2020, S. 59.

99 Richter 2017, S. 31–44, 63–72 mit Textabb. 22. Vgl. dazu auch den Brief Gaedechens an Friedrich Wieseler (31. 12. 1876), bei Richter 2017, S. 130 Anhang 12 (= UB Göttingen, Cod. Ms. F. Wieseler 1:1 Bl. 202 f.).

in ein größeres Zimmer gestellt, in dem sich auch ein Schreibtisch befand, der Pick für seine Arbeit in Jena zur Verfügung stand.[100]

2. Die Kollektionen des Akademischen Münzkabinetts

Bestand des Archäologischen Museums

Der Teil der Sammlung, der seinen Ursprung in Beständen des Archäologischen Museums hat, wird 1854 erstmals im Katalog erwähnt und kann durch handschriftliche Vermerke bis 1864 auf 147 Stück beziffert werden (Abb. 4).[101] Die meisten der Münzen, nämlich 129, stiftete der Bonner Jurist Prof. Alfred Nicolovius (1806–1890) zwischen 1854 und 1864. Sein Vater Georg Heinrich Ludwig (1767–1839) war preußischer Ministerialbeamter auf höchster Ebene und mit einer Nichte Goethes verheiratet. In seiner Jugend verbrachte Alfred Nicolovius ein Jahr in Weimar bei Goethe, und es ist davon auszugehen, dass hierbei auch der Kontakt mit Göttling zustande kam, der als Leiter der Universitätsbibliothek beruflich ebenfalls mit Goethe in Verbindung stand.[102]

Sammlung Ortloff

1869 wurde die Sammlung des in Erlangen geborenen und ab 1819 in Jena als Professor für Privatrecht und am Oberappellations-Gericht tätigen Friedrich Ortloff (1797–1868) kurz nach dessen Tod für 25 Taler erworben.[103] Sie umfasste knapp 200 Exemplare römischer Aes-Prägungen. Treibende Kraft hinter dem Ankauf war Rudolph Gaedechens, der daran die »Hoffnung, ein neues Bildungsmittel für die Studierenden der Philologie, Geschichte und Archäologie zu schaffen«, knüpfte.[104] Dies ist ein weiteres Indiz für Gaedechens ausgeprägtes Interesse an Numismatik und seiner Förderung der Jenaer Sammlungen. Leider sind die Original-Akten der Universitätskuratel aus dieser Zeit nicht erhalten, aus denen genauere Angaben zum Ankauf hervorgehen könnten.[105]

---

100 Die Umstellung erfolgte 1899, vgl. Richter 2017, Textabb. 23. Brief von Herbert Koch an Friedrich Zucker (17.9.1929: UAJ C 790 Bl. 222); UAJ C 791 Bl. 3 (Ministerialgeschäftsstelle an Pick 25.10.1929).

101 Göttling 1854 (Handexemplar), vgl. Richter 2017, Anhang 12 und S. 38 Anm. 201; S. 117–123. Daneben stammen 6 Münzen von Göttlings Griechenlandreise 1852, 6 weitere von Dr. Gerber und Familie Klepperbein, 4 von Dr. Gille und 2 von Gustav Wölfel (stud. pharm.). Die alten Angaben bei Kluwe 1996, S. 55, Schörner 2006, S. 9 sind unvollständig.

102 Zu Nicolovius s. von Schulte 1906. Zur Verbindung Goethes mit Göttling s. Karpe 1958b, S. 434–448.

103 Zu Ortloff vgl. Günther 1858, S. 89 f.; Landau 1999.

104 Vgl. UAJ C 791 Bl. 55. Dort auch das Zitat aus der Abschrift eines Briefs von Gaedechens vom 28.3.1869 an den Universitätskurator Moritz Seebeck.

105 Die Akten der Jenaer Universitätskuratel vor 1896 gingen in den 1930er Jahren an das Archiv in Weimar und sind dort in einem Außenlager 1945 verbrannt, Auskunft von Stefan Gerber (UAJ), vgl. Richter 2017, S. 12 Anm. 9. Vgl. zum Ankauf der Slg. Ortloff die Exzerpte UAJ C 791 Bl. 55 f.

Übernahme der Sammlung der Universitätsbibliothek (Slg. Bose)

Im Jahr darauf erfolgte die Überführung des Münzkabinetts von der Universitätsbibliothek an das Archäologische Museum. Die rasche Übernahme nach Göttlings Tod, der als Leiter der Bibliothek Zugriff auf die dort verwahrte Münzsammlung hatte, legt nahe, dass diese Sammlung für die studentische Ausbildung genutzt werden sollte. Am 23. Oktober 1870 wurde sie zum Beginn des Wintersemesters im Archäologischen Museum untergebracht.[106] Der Bestand beinhaltete die Münzsammlung des Historikers Johann Andreas Bose, der zwischen 1656 und 1674 in Jena lehrte und u. a. ein Buch über Kaiser Tiberius veröffentlicht hatte. Aus Boses Nachlass stammt auch die erste große Büchersammlung eines Gelehrten (knapp 3 000 Bände und 47 kostbare Handschriften), die die Universität Jena ankaufte, und zwar von dessen als Alleinerbin eingesetzten Witwe Anna Barbara (geb. Cummer, 1635–1685), wodurch die Bibliothek ihren Bestand verdoppelte.[107] Boses Nachfolger Caspar Sagittarius (1643–1694) heiratete Boses Witwe und vermachte die so in seinen Besitz übergegangene Münzsammlung nach seinem Tod testamentarisch der Universität.[108] Wahrscheinlich während der Übergangszeit an die Universitätsbibliothek betreuten zunächst Johann Andreas Schmidt (1652–1726), der als Testamentsvollstrecker eingesetzt war, und später Georg Wolfgang Wedel (1645–1721) die Sammlung.[109]

Im Zuge der Nachforschungen zur Geschichte des Akademischen Münzkabinetts konnten Verzeichnisse mit genauen Angaben zu den einzelnen Münzen wiederentdeckt werden, die einen erstaunlich exakten Einblick in Bestand und Sammelinteressen Boses eröffnen und darüber hinaus noch weitere Sammlungsteile offenbaren. Durch den Vergleich des Bose'schen Verzeichnisses von 1675 (1 069 numismatische Objekte) mit einem Inventar der Universitätsbibliothek von 1678 ist auch deutlich geworden, dass sich ein ca. 300 Stück umfassender Teilbestand bereits seit mindestens 1678 an der Universitätsbibliothek befand, dessen älteste Komponente mutmaßlich auf die Gründungszeit der Universität Jena Mitte des 16. Jahrhunderts zurückzuführen ist. Eine Identifizierung von Münzen aus diesen bedeutenden Teilsammlungen des Akademischen Münzkabinetts ist durch Abgleich mit vorhandenen Exemplaren möglich geworden.[110] So ist der historische

106 UAJ C 791 Bl. 56 (Reskript eines Berichts Gaedechens aus dem Jahr 1876).

107 Zu Johann Andreas Bose vgl. Günther 1858, S. 182. Trotz der Bedeutung des Ankaufs von Boses Privatbibliothek 1678 für die Universitätsbibliothek Jena nach Verhandlungen mit Boses gebildeter Witwe Anna Barbara, deren Bruder Johann Georg Cummer (gest. 1696) die Bibliothek von 1670–1679 leitete, ist die Übernahme der Münzsammlung bis jetzt praktisch in Vergessenheit geraten, vgl. Karpe 1958a, S. 74 f.; Feyl 1958, S. 189 f.; Fabian 2003, s.v. Thüringer Universitäts- und Landesbibliothek § 1.11–1.13; Ott 2012a, S. 56–63.

108 Feyl 1958, S. 190; Ott 2012b, S. 64–67.

109 Siehe Schilling 2018, S. 155, sowie speziell zu Wedel den Beitrag von Martin Mulsow im vorliegenden Band.

110 Es handelt sich im Einzelnen um einen Index der kompletten Münzsammlung Bose aus dem Jahr 1675 mit v. a. römisch-kaiserzeitlichen, aber auch republikanischen, griechischen, orientalischen und mittelalterlichen Münzen in allen Metallen, ein undatiertes Verzeichnis, das Eintragungen aus verschiedenen

Nukleus des Akademischen Münzkabinetts, neben Basel die älteste nachweisbare universitäre Münzsammlung im deutschsprachigen Raum sowie eine der ältesten Europas. Von diesen Sammlungen und den an ihnen münzkundlich geschulten Gelehrten strahlte die Gründung universitärer Münzkabinette im 18. Jahrhundert aus. Auch die von Fürst Anton Günther II. (geb. 1653, reg. 1681–1716) im 50 km von Jena entfernten Arnstadt zusammengetragene und 1712 nach Gotha verkaufte riesige Sammlung von etwa 20 000 Münzen wäre ohne den bislang völlig verkannten Einfluss der universitären Beschäftigung mit Münzen in Jena so nicht erfolgt. Ähnlich wichtig wie die Untersuchung der Einwirkung der Universität Jena auf die Entwicklung der frühen Numismatik als akademische Disziplin sind aber auch die verblüffende Tatsache und die im Detail noch zu erforschenden Konditionen, unter denen eine wissenschaftsgeschichtlich derart herausragende Sammlung aus dem Sichtkreis der Forschung geraten konnte.[111]

Die 1870 übernommene Münzsammlung der Universitätsbibliothek umfasste noch weitere Bestände. Dazu zählte die Münzsammlung Dr. Kluge in Jena, deren Ankauf 1832 genehmigt wurde, über deren genaue Zusammensetzung einstweilen nichts bekannt ist.[112] 1864 kamen 149 Münzen des 15. bis 17. Jahrhunderts in die Sammlung, die einem Hortfund der Zeit um 1620 entstammen, der beim Abbruch des alten Karzers in Jena gemacht wurde. Von diesen lassen sich heute noch elf im Akademischen Münzkabinett nachweisen.[113]

Zuwächse nach 1870

Nach Vereinigung mit der zuvor bei der Bibliothek aufbewahrten Sammlung wuchs das Akademische Münzkabinett weiter an. Dies sollte zunächst durch einen Ankauf griechischer Münzen geschehen, für den Rudolph Gaedechens 1876 insgesamt 500 Mark an Extrabewilligungen von den Ministerien der Erhalterstaaten der Universität einwarb.[114] Allerdings ist unbekannt, ob und falls ja, welche Münzen davon angekauft worden sind.[115]

1887 wurde die Münzsammlung des Gymnasiallehrers Dr. Richard Mende (gest. 1. März 1891) dem akademischen Münzkabinett testamentarisch vermacht. Diese Samm-

---

Zeiten und Münzzeichnungen enthält sowie ein von Johann Georg Cummer erstelltes Verzeichnis der Universitätsbibliothek aus dem Jahr 1678, das auch ca. 300 Münzen nennt (ThHStAW A Nr. 7003 Bl. 386–400). Die Publikation der Verzeichnisse durch den Verf. ist im Rahmen des Projekts zur Geschichte des Akademischen Münzkabinetts in Vorbereitung. Zur Identifikation mittels der Inventare s. Klose 2024, S. 65 f. Abb. 2–6.

111 Dazu Klose 2024.

112 Feyl 1958b, S. 445 f. Möglicherweise lassen sich nach Durchsicht der dienstlichen Tagebücher der Bibliothekare Umfang und Art der Sammlung genauer taxieren.

113 Schollmeyer 1904, S. 3180; AMK M 154–164.

114 Brief Gaedechens an Friedrich Wieseler 31. 12. 1876, Richter 2017, S. 130 Anhang 12 (= UB Göttingen, Cod. Ms. F. Wieseler 1:1 Bl. 202).

115 Zum Fehlen der Kuratelakten vgl. o. Anm. 105.

lung soll, wie aus späteren Exzerpten bekannt ist, überwiegend mittelalterliche und neuzeitliche Münzen, aber auch zu etwa einem Drittel antike Münzen beinhaltet haben.[116]

Dieser heute im Detail schwierig zu beziffernde Bestand war also der Grundstock des Akademischen Münzkabinetts, als Pick 1896 berufen wurde. Es wird daraus verständlich, weswegen man sich in der Fakultät die Zusage des Vorstand des Gothaer Münzkabinetts, Wilhelm Pertsch, einholte, Münzen und Münzabdrücke als Lehrmittel für die wöchentlichen Besuche des neu berufenen Professors von Gotha nach Jena bringen zu können. Der Bestand war nicht besonders groß und repräsentativ und durchaus ein Indiz dafür, dass er schon damals nicht mehr vollständig den frühen Bestandskern beinhaltet haben könnte.

Bis 1908 sollten aber umfangreiche Zugänge folgen. Diese sind jetzt eindeutig auf das Wirken von Behrendt Pick zurückzuführen, der zwar als Extraordinarius nicht Direktor des Akademischen Münzkabinetts war – über diese Amtsgewalt verfügte stets auch der Direktor des Archäologischen Museums, d. h. der jeweilige Professor für Archäologie –, aber durch seine beratende Tätigkeit mittelbar und entscheidend Einfluss auf die Geschicke der Sammlung ausübte, wie die aktuellen Recherchen zeigen.

Der erste greifbare Einfluss auf die Sammlung war der Versuch einer »Abrundung der Sammlungsbestände« und ist ab 1901 belegt. Dass es nicht früher dazu kam, dürfte auch mit der 1897 einsetzenden Erkrankung und Beurlaubung Gaedechens zu tun haben, der erst von 1899 an durch Ferdinand Noack (1865–1931) vertreten wurde, sodass in Picks Jenaer Anfangsjahren die offizielle Beschlussfähigkeit über das Akademische Münzkabinett durch den Direktor des Archäologischen Museums eingeschränkt war.[117] Beantragt und genehmigt wurde der Verkauf von Dubletten (v. a. Brakteaten), um numismatische Fachliteratur und einen Schaukasten mit Glasdeckel für die Präsentation der Münzen anzuschaffen – Dinge, die für die Arbeit mit den Studenten offenbar gebraucht wurden und für die aufgrund des fehlenden eigenen Etats kein Geld vorhanden war.[118] 1902 wurde der Verkauf von weiteren ca. 20 Brakteaten »ohne Wert für die hiesige Sammlung« an das Münzkabinett Gotha beantragt. Dahinter steckte Picks exzellentes Gespür für Erwerbungen, der auf diese Weise die Sammlung in Gotha um ein paar seltene Brakteaten

116 UAJ C 791 Bl. 56 f. Vgl. auch den Bericht zur Übergabe der mittelalterlichen und neuzeitlichen Münzen und Medaillen an das Historische Institut vom 7. 10. 1942 (= UAJ S Abt. 23 Nr. Bl. 1): »Sammlung des Gymnasiallehrers a. D. Dr. Mende, durch dessen Testament vom 19.IX.1887 der Universität vermacht«. Vgl. auch UAJ BA 1564.

117 Gaedechens war im Sommer 1897 und ab Sommer 1898 wegen einer Nervenerkrankung durchgehend bis zu seinem Tod 1904 beurlaubt (Richter 2017, S. 102). Zu Noack s. Lullies & Schiering 1988, S. 162 f. (E.-L. Schwandner); Richter 2017, S. 102 und passim.

118 Genehmigung zum Verkauf vom 29. 6. 1901 (UAJ C789 Bl. 77). Verkauft wurden insgesamt 19 Brakteaten-Dubletten, sieben Medaillen und zwei falsche Goldmünzen mit Auflistung der Käufer (= Bericht über den Verkauf vom 26. 11. 1902, UAJ C789 Bl. 112). Angeschafft wurden u. a. Heads »Historia Nummorum« und Darembergs »Münzkunde«.

geschickt erweitern wollte. Aus dem Erlös sollten für Jena 50 bis 60 antike Münzen, davon ein Drittel in Silber, angeschafft werden, um die Lehrmittelsammlung zu vergrößern. Pick hatte sich bereit erklärt, die Vermittlung zu übernehmen.[119] Der vom Senat gebilligte Antrag wurde aber wegen des Einwands des Direktors des Orientalischen Münzkabinetts, Karl Vollers (1857–1909), beim Universitätskurator abgelehnt. Vollers wollte verhindern, dass die Münzen nach Gotha abgegeben werden, und stattdessen eine eigene Brakteatensammlung in Jena etablieren, da sich Brakteaten auch im Orientalischen Münzkabinett und im Germanischen Museum (heute Sammlung Ur- und Frühgeschichte) befanden.[120] Mit der Ablehnung des Verkaufs griff das Staatsministerium in Weimar diesen Vorschlag auf und ordnete am 26. März 1903 an, die Jenaer Brakteaten im Akademischen Münzkabinett zu vereinigen.[121] Damit war ein Präzedenzfall entstanden, der die Beschaffung von Mitteln zum Ausbau der Sammlung aus dem Erlös nicht benötigter Münzen verbot. Gleichzeitig mit der Vereinigung der Brakteatensammlung erging die Bitte an Behrendt Pick, das Akademische Münzkabinett zu katalogisieren.

Inventarisierung des Münzkabinetts

Selbstredend übernahm Pick diese Aufgabe und inventarisierte auf eigenen Vorschlag zunächst die älteren Münzen des Kabinetts: Am 11. Mai 1903 schrieb er an den Universitätskurator Heinrich von Eggeling (1838–1911):

> Der dringendere und schwierigere Teil der Arbeit wäre die Neuordnung der antiken und mittelalterlichen Münzen, die grösstenteils ungeordnet und daher unbenutzbar sind. Die Bestände sind aber ansehnlich genug, um eine systematische Ordnung zu verdienen, und sie könnten dann auch bei Vorlesungen benutzt werden. Ferner ließe sich daraus auch eine Auswahl treffen, die zur Ausstellung geeignet wäre.[122]

Der endgültige Auftrag an Pick erging am 5. Juni 1903. Für seine dadurch gehäuften Aufenthalte in Jena erhielt er eine zusätzliche Aufwandsentschädigung in Höhe von 250 Mark

---

119 UAJ C 789, Bl. 94–96 (Antrag von Ferdinand Noack vom 10.6.1902) mit Taxierung des Werts der zum Verkauf vorgesehenen Münzen durch Pick auf 120 Mark. Auch die geringe Einschätzung des Werts für die Jenaer und der gleichzeitig »beträchtliche für die Gothaer Sammlung« gehen auf seine Expertise zurück.

120 UAJ C 789 Bl. 98 f. (13.7.1902). Tags zuvor hatte der Senat dem Verkauf zugestimmt (UAJ C 789 Bl. 100). Vgl. zum Vorgang auch ThHStAW Bestand C Nr. 348 Bl. 24–31 (Bl. 31 = Ablehnung des Verkaufs durch die Universitätskonferenz am 21./22.12.1902). – Zu Vollers s. Heidemann 2000b, S. 125 f.; Heidemann 2007, S. 113; Heidemann 2019, S. 30 f.

121 UAJ C 789 Bl. 124. Die Staatsministerien der Erhalterstaaten hatten zuvor den Vorschlägen des Universitätskurators nach einer Vereinigung im Akademischen Münzkabinett und der Inventarisierung desselben durch Pick zugestimmt (vgl. ThHStAW Bestand C Nr. 348 Bl. 33–38).

122 UAJ C 789 Bl. 136.

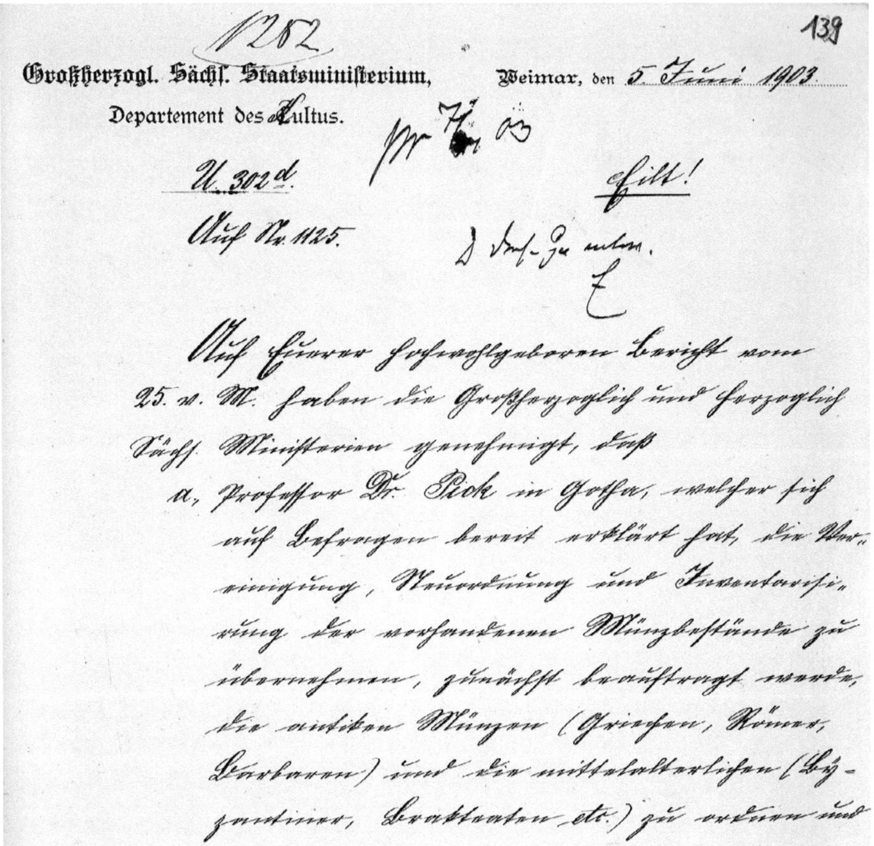

1282 139

Großherzogl. Sächs. Staatsministerium, Weimar, den 5. Juni 1903.

Departement des Kultus.

Nr 7. 03

U. 302 d.

Eilt!

Auf Nr. 1125.

Auf Euer Hochwohlgeboren Bericht vom 25. v. M. haben die Großherzoglich und Herzoglich Sächs. Ministerien genehmigt, daß

a, Professor Dr. Pick in Gotha, welcher sich auf Befragen bereit erklärt hat, die Vereinigung, Neuordnung und Inventarisierung der vorhandenen Münzbestände zu übernehmen, zunächst beauftragt werde, die antiken Münzen (Griechen, Römer, Barbaren) und die mittelalterlichen (Byzantiner, Brakteaten etc.) zu ordnen und zu inventarisieren,

b, dem Professor Pick als Entschädigung für diese Arbeit und für die Kosten des besonderen Aufenthalts in Jena der Betrag von 250 M aus Kap. V des Voranschlags bewilligt werde.

Euer Hochwohlgeboren wollen hiernach das

An
den Herrn Universitätskurator
in
Jena.

Universitätsarchiv Jena,
Bestand C, Nr. 789, Bl. 139

Abb. 7: Ministerieller Erlass des Staatsministeriums Weimar, Department des Kultus vom 5. Juni 1903 zur Inventarisierung der antiken und mittelalterlichen Münzen des Akademischen Münzkabinetts durch Pick.

(Abb. 7).[123] Pick sortierte die Münzen im Sommer 1903 nach Epochen und notierte auf Kartonscheibchen, die unter die in Laden aufbewahrten Münzen gelegt wurden, eine Kurzbestimmung der Münze. Darauf gab er auch die Sammlungszugehörigkeit an, wobei die Altbestände nicht ausgewiesen wurden. Anhand der erhaltenen Unterlegzettel ist es daher möglich, den Mindestbestand der aus dem Germanischen Museum (59) und dem Orientalischen Münzkabinett (8) im Akademischen Münzkabinett vereinigten Brakteaten zu bestimmen.[124] Darüber hinaus legte er noch ein handschriftliches Inventar an, dessen Spur sich in den 1940er Jahren verliert.[125] Dies war kein detaillierter Katalog der Münzen gewesen, da diese bis 2021 nie bestandsinventarisiert worden sind, sondern – nach allem, was sich darüber sagen lässt – wohl nur eine quantitative Übersicht zum Inhalt der verschiedenen Tabletts.[126] Summarisch fallen entsprechend die Bestandsangaben aus, die Pick am 15. August 1903 im Abschlussbericht der Neuordnung und Inventarisierung der antiken und mittelalterlichen Münzen macht:

> I. Griechen 197, II. Römer Republik 57, III. Römer Kaiserzeit 611, IV. Byzantiner 17, V. Barbaren 11, VI. Mittelalter 331, im ganzen also 1224 Stück.[127]

Unklar ist, ob zu den mittelalterlichen Münzen die mindestens neun heute noch vorhandenen Groschen aus dem zwischen 1407 und 1411 vergrabenen Jenaer Groschenfund zählten, den Pick ein Jahr später veröffentlichte, oder ob diese erst später in die Sammlung gelangten.[128]

---

123 UAJ C 789 Bl. 139.

124 Auf den Zetteln finden sich heute keine Hinweise auf die Sammlungen Bose, Kluge, Ortloff und Mende. Der Jenaer Karzerfund ist jedoch ausgewiesen. Pick hatte das verpackte Schächtelchen bei den Inventarisierungsarbeiten entdeckt, vgl. Schollmeyer 1904, S. 3180.

125 Vgl. UAJ C 789 Bl. 141 (Übergabe des Inventars an Ferdinand Noack am 15. 8. 1903). Zum Inventar vgl. auch UAJ C 790 Bl. 101 (Schreiben des Universitätskurators Vollert vom 8. 6. 1909); UAJ C 790 Bl. 220 (Schreiben Herbert Koch 17. 9. 1929); UAJ C 791 Bl. 3 (14. 11. 1929); UAJ C 791 Bl. 5. 8 (Schreiben Picks vom 24. 11. 1929); UAJ C 791 Bl. 13 (Schreiben Friedrich Stier 30. 4. 1931); UAJ S Abt. 23 Nr. Bl. 1–3 (Übergabeprotokoll der mittelalterlichen und neuzeitlichen Münzen und Medaillen an das Historische Institut vom 7. 10. 1942, erstellt anhand eines summarischen Abgleichs der Münztafeln mit dem Pick'schen handschriftlichen Inventar).

126 Vgl. dazu das Schreiben von B. Pick an Friedrich Stier im Volksbildungsministerium vom 24. 11. 1929 (= UAJ C 791 Bl. 4–6 und handschriftlich UAJ C 791 Bl. 7–9): »Das Verzeichnis, das ich einst aufgestellt habe, als ich vor etwa 25 Jahren die in mehreren Kisten und Schränken lagernden Bestände vereinigte und ordnete, ist nur ein ganz summarisches Inventar«. Vgl. auch: UAJ C 790 Bl. 101 (Schreiben des Universitätskurators Vollert vom 8. 6. 1909): »Es ist ein von Prof. Dr. Pick in einem Quarthefte angelegter, sehr kurz gehaltener Katalog darüber vorhanden«.

127 UAJ C 789 Bl. 141. Falsche und unbrauchbare Münzen, deren Umfang nicht angegeben wird, wurden ausgesondert.

128 Jenaer Groschenfund: AMK M165–M173, zum »kürzlich von Herrn Schlossermeister Gemper in der Oberlauengasse gehobenen« Fund: Pick 1904a.

Im Jahr darauf folgte die Inventarisierung der neueren Münzen im Akademischen Münzkabinett, für die der neuberufene Botho Graef im Juni Pick zu gleichen Konditionen beauftragte.[129] Die Arbeiten dauerten bis in den Winter an, sodass Picks Abschlussbericht vom 23. Januar 1905 stammt.[130] Auch diesmal sah die Inventarisierung eine Zusammenlegung von Münzbeständen vor, die zuvor in verschiedenen Schränken und Kisten aufbewahrt wurden. Neben der eigentlichen Universitätssammlung umfasste dies Münzen der Sammlung Mende, einige aus dem Germanischen Museum und Orientalischen Münzkabinett, den Karzerfund von 1864, einige Münzen aus dem Nachlass des 1904 verstorbenen Gaedechens sowie die Sammlung des Freiherrn Wolfgang Maximilian von Goethe (1820–1883), einem Enkel Goethes, der 1882 als einer seiner letzten direkten Nachfahren verstorben war. Die Herkunft der einzelnen Münzen wurde auf beigefügten Zetteln festgehalten und die Münzen vereinigt und geordnet. Lediglich die 336 Münzen der »Dr. Harmening'schen Sammlung Sächsischer und Lippescher Münzen« blieben auf Wunsch des Stifters als separate Teilsammlung beisammen. Der Gesamtbestand neuerer Münzen und Medaillen inklusive letztgenannter Sammlung betrug damals 2 283 Stück.[131] Zusammen mit den älteren Münzen belief sich der Gesamtbestand des Akademischen Münzkabinetts im Januar 1905 damit auf 3 507 Münzen. Auch das Inventarbuch wurde weitergeführt.[132]

Die Zugänge des Jahres 1908

Zu diesem Bestand kamen 1908 drei umfangreiche Leihgaben antiker Münzen hinzu. Dies geschah auf Veranlassung von Behrendt Pick. Hintergrund waren die ungeordneten, damals in der Großherzoglichen Bibliothek Weimar aufbewahrten Münzbestände, für deren Pflege es keinen mit einem Fachmann besetzen Posten gab. Heinrich Buchenau (1862–1931), Kenner der mittelalterlichen Numismatik und Herausgeber der Blätter für Münzfreunde, war vor seiner Berufung zum Kustos des Münchner Münzkabinetts 1908

129 Antrag von Botho Graef an den Universitätskurator vom 16. 6. 1904 und Einverständnis von Behrendt Pick vom 23. 6. 1904 (UAJ C 789 Bl. 180b).

130 Dass sich die Arbeit hinzog, hatte mehrere Gründe: So kamen die Münzen aus dem Nachlass Gaedechens erst nach dessen Tod am 4. Oktober des Jahres nach Jena. Außerdem verhandelte Pick mehrfach mit dem Rechtsanwalt Dr. Ernst Harmening (1854–1913), der seine Münzen als getrennte Teilsammlung unbedingt aufbewahrt wissen wollte. Schließlich fiel Picks Vorlesung im Wintersemester aus, weswegen er seltener in Jena war als ursprünglich geplant (UAJ C 790 Bl. 1). Zur Sammlung Harmening vgl. die Schenkungsurkunde von Todeswegen vom 9. 7. 1886 (ThHStAW Bestand C Nr. 348 Bl. 6–7).

131 UAJ C 790 Bl. 1: 18 in Gold, 1 327 in Silber und 938 in unedlem Metall. Vgl. auch Picks Brief vom 24. 11. 1929: UAJ C 791 Bl. 5, 8.

132 UAJ C 790 Bl. 1: Zusatz von Botho Graef vom 23. 1. 1905: »Die oben bezeichneten Münzen sowie das Inventar sind mir von Herrn Professor Dr. B. Pick am heutigen Tage übergeben worden«. Da bei späteren Erwähnungen des Inventars nur von einem Exemplar die Rede ist, wird es einfach im ähnlichen Stil wie das zu den antiken und mittelalterlichen Münzen fortgeführt worden sein. Zum Inventar s. o. Anm. 125 f.

als Gymnasiallehrer in Weimar tätig gewesen und hatte sich offenbar nebenbei auch um die numismatischen Sammlungen gekümmert. Mit Pick stand er in freundschaftlich-fachlichem Austausch.[133] Daher war es gewiss kein Zufall, dass im Jahr von Buchenaus Weggang Behrendt Pick mit der Neuordnung der Weimarer Münzbestände betraut wurde. Bevor damit begonnen wurde, sollte zunächst die Abgabe der antiken Münzen an die Universität Jena vollzogen sein, wie es in einem Schreiben des Großherzoglichen Staatsministeriums in Weimar an den Jenaer Universitätskurator vom 2. Februar 1908, nach einer ersten Durchsicht der Bestände durch Pick, heißt:

> Aus Anlass der in Aussicht genommenen Neuordnung der Weimarer Münzsammlung sollen die Bestände an Antiken [sc.: in Weimar] nicht weiter vermehrt werden. Stattdessen ist angedacht, sie der Univ. Jena zu überlassen, für deren Sammlung es eine entschiedene Verbesserung bedeuten würde, insbesondere für die »Griechen« [nach Urteil von Pick]. ... Die Regelung der Angelegenheit ist Voraussetzung für Beginn der Neuordnung der Sammlung.[134]

Die Neuordnung erfolgte ab Herbst 1908 in mehreren Etappen und galt Anfang 1911 als offiziell abgeschlossen.[135] Danach hatte die Weimarer Sammlung zwei Schwerpunkte: sächsische Münzen und Münzen der Reformationszeit. Die antiken Münzen wurden ans Akademische Münzkabinett nach Jena abgegeben.[136] So kamen im Herbst 1908 folgende drei Sammlungen als Leihgaben an die Universität Jena:

---

133 Pick gab die Festschrift zu Buchenaus 60. Geburtstag heraus: Pick 1922b. Noch 1928 bedauerte Pick in einem Schreiben an das Thüringische Volksbildungsministerium bezüglich einer durch die 1927 erfolgte Überführung der Weimarer Münzsammlung von der Bibliothek in die Staatliche Kunstsammlung Weimar nötig gewordenen Bestandsüberprüfung, dass der beste Kenner der Bestände, Herr Buchenau in München, für diese Aufgabe nicht zu gewinnen sei (ThHStAW Bestand C Nr. 753 Bl. 21–22; 29. 9. 1928). Pick nahm die Überprüfung der Brakteaten der Sammlung im November 1928 schließlich selbst vor (vgl. ebd. Bl. 25, 29). Zu Buchenau s. auch Körner & Jahn 2005, S. 250.

134 UAJ C 790 Bl. 41. Vgl. dazu auch das Empfehlungsschreiben (Anfang 1909) von Karl Koetschau (1869–1949), der von 1907–1909 Direktor der Großherzoglichen Museen in Weimar war, an das Münzkabinett Dresden (HStArDD 13890 Nr. 338 Bl. 63f): »Bei der Neuordnung der Weimarischen Sammlung habe [ich] seine große Zuverlässigkeit in der Arbeit, seinen immer gleichen Fleiß schätzen gelernt. ... Für Dresden scheint er mir der am meisten geeignete Mann zu sein, weil er allein die beiden Gebiete souverän beherrscht, die für Dresden vornehmlich in Frage kommen: Sachsen und die Antike«.

135 Befreiung von der Vorlesungspflicht für das WiSe 1908/9 wegen Neuordnung der Weimarer Münzsammlung (StAG Nr. 1521 Bl. 62 f.). ThHStAW Nr. 23252 Bl. 112: Fortsetzung der Arbeiten im SoSe 1909; ebd. Bl. 117: zwei Wochen Urlaub im Sommer 1909 für Arbeiten in Weimar; ebd. Bl. 122: Abschluss der Arbeiten in der Weimarer Münzsammlung und Verleihung des Ritterkreuz II. Klasse des Großherzoglichen Hausordens der Wachsamkeit oder vom weißen Falken (21. 2. 1911).

136 Zum Weimarer Kabinett: Pick im Februar 1923 (ThHStAW C 740 Bl. 5): »Die Münzsammlung in Weimar (Landesbibliothek), die früher allerlei aus allen Gebieten enthielt, ist von mir neu geordnet und umgestaltet worden. Nach Ausscheidung (Verkauf) aller vereinzelten und entbehrlichen Teile sind zwei

1. die Sammlung des Großherzogs von Sachsen-Weimar-Eisenach Carl Alexander (1818–1901, Großherzog von 1853 bis zu seinem Tod). Der Umfang dieser Sammlung wird mit 1 438 antiken griechischen und römischen Münzen angegeben.[137]
2. Die Sammlung Christian Gottlob von Voigt (1743–1819), der Ministerial-Kollege, Vertrauter und numismatischer Berater von Goethe war. Die Sammlung beinhaltete die stattliche Anzahl von 1 020 griechischen und 4 746 römischen Münzen.[138] Beide Sammlungen wurden auf Kosten des Archäologischen Museums inklusive zweier Münzschränke am 2. Oktober 1908 in Jena vom Direktor des Akademischen Münzkabinetts, Botho Graef, in Empfang genommen.[139]
3. Als dritte Leihgabe fand 1908 auch die Sammlung des Oberstleutnant Friedrich-Wilhelm Schmidt (1786–1846) am 5. November 1908 ihren Weg ans Akademische Münzkabinett.[140] Sie war zuvor vom jüngeren Bruder Ernst Gottlob Schmidt (1799–1877) geordnet und testamentarisch dem Weimarer Wilhelm-Ernst-Gymnasium 1877 vermacht worden.[141] Sie umfasste 4 346 Nummern und 4 347 Münzen.[142] Das Inventarverzeichnis beruht auf handschriftlichen Aufzeichnungen der Brüder Schmidt und wurde 1890 vom Weimarer Gymnasiallehrer Otto Knott (1858–1913), nach einer von Rudolph Gaedechens durchgeführten Revision, gedruckt. Es bildet bis heute

---

Hauptsammlungen erhalten geblieben und erst richtig eingerichtet worden: Sachsen und Reformation, ausserdem einige kleinere Gruppen«. – Zur Überführung nach Jena ebd. Bl. 6: »Die Sammlung der antiken und neueren Münzen in der Universität, die von mir neugeordnet worden ist und auf meinen Vorschlag auch die antiken Münzen aus Weimar erhalten hat, würde besser wirken können, wenn die letzteren noch mit den älteren Jenaer Beständen vereinigt würden«. Vgl. auch UAJ C 791 Bl. 4 (24. 11. 1929): »Ich war einmal sehr stolz, dass ich die Antiken aus Weimar für [sc. Jena] gewonnen hatte und in Jena hat man es auch sehr begrüßt«.

137 UAJ C 790 Bl. 41, 42, 48, 49, 54, 81, 101–104. Die Slg. war Eigentum des Großherzoglichen Hausfideikommisses.

138 UAJ C 790 Bl. 41, 42, 48, 49, 54, 81, 101–104. Die Slg. war Eigentum des Großherzoglichen Kronfideikommisses.

139 UAJ C 790 Bl. 54, 81. Beim zur Slg. Carl Alexander gehörenden Schrank handelte es sich jedoch nur um einen Schrankaufsatz ohne zugehörigen unteren Teil (vgl. UAJ C 790 Bl. 101–104 vom 8. 6. 1909). – Zum Mangel an Münzschränken im Jenaer Münzkabinett vgl. bereits die die Ablehnung der Finanzierung eines Münzschrankes durch das Staatsministerium Weimar vom 2. 8. 1894: ThHStAW Bestand C Nr. 348 Bl. 23.

140 Vgl. die Empfangsbestätigung von Botho Graef UAJ C 790 Bl. 81 (Abschrift): »Die Schmidt'sche Sammlung habe ich in Weimar auf der Bibliothek für das Jenaer Münzkabinet persönlich in Empfang genommen und abends persönlich und eigenhändig an seinen Bestimmungsort transportiert. Es sind 4 346 Münzen, von deren Vollständigkeit ich mich überzeugt habe, nicht aber von der Echtheit sämmtlicher Stücke, wie auch seinerzeit bereits auch brieflich bemerkt worden ist«. Die Anweisung zur Überführung der Slg. seitens des Staatsministeriums Weimar erfolgte am 8. 5. 1908: UAJ C 790 Bl. 43. Vgl. auch UAJ C 790 Bl. 101–104 (Entwurf des Schreibens des Universitätskurators Vollert vom 8. 6. 1909 an das Staatsministerium in Weimar über die drei Leihgaben aus Weimar). Die Slg. war Eigentum des Weimarer Gymnasiums im Großherzoglichen Staatsfiskus.

141 Zu F. W. Schmidt vgl. Schwemin 2015.

142 Knott 1890, S. 107 Nr. 3945 mit zwei typengleichen Exemplaren.

die Grundlage der als einzigen dieser drei Leihgaben noch am Akademischen Münzkabinett aufbewahrten Sammlung.[143]

Friedrich Wilhelm und Ernst Gottlob Schmidt stammten aus Eckartsberga, das etwa 30 km nördlich von Jena liegt, und besuchten das Gymnasium in Weimar, ehe sie beide eine Karriere im preußischen Militär einschlugen. Für Friedrich Wilhelm Schmidt scheint das Jahr 1806 einen Wendepunkt darzustellen. Zum Wintersemester 1805 hatte er sich offenbar an der Philosophischen Fakultät in Jena immatrikuliert.[144] Im Dezember 1806 trat er in die herzogliche Zeichenschule in Weimar ein.[145] Diese diente neben der Förderung von Ästhetik, Geschmack und Kunstgewerbe für alle Stände auch der Ausbildung des Militärs, insbesondere bei der Erstellung topographischer Karten.[146] Es ist davon auszugehen, dass Schmidt die Augenzeugenschaft der Doppelschlacht des 14. Oktober 1806 bei Jena (wo er studierte) und Auerstedt (unmittelbar bei seinem Geburtsort Eckartsberga gelegen) zu diesem Schritt und dem Verfolgen einer militärischen Laufbahn bewogen. 1813 war er Mitglied des Lützower Freikorps und brachte es schließlich bis zum Dienstgrad des Oberstleutnant im Großen Generalstab des Preußischen Heeres, für das er lange Jahre in den preußischen Rheinlanden stationiert war (Abb. 8).[147]

Abb. 8: Auszug aus der »Offiziersnomenklatur« zu F. W. Schmidt.

143 Knott 1890. Zur durch das Staatsministerium in Weimar verfügten Revision vgl. das dortige Vorwort. Gaedechens war seit 1885 im Nebenamt Prof. für Kunstgeschichte an der Herzoglichen Zeichenschule in Weimar. Es ist davon auszugehen, dass er mit den Antiken der Stadt bestens vertraut gewesen ist, vgl. Richter 2017, S. 102; Unrein 1905, S. 129 f.

144 Matrikelverzeichnis Univ. Jena WiSe 1805/6: »d. XXIII. Oct. Fried. Schmidt, Vinar(iae)«. Abgangsverzeichnisse wurden zu dieser Zeit in Jena nicht ausgestellt, deshalb lässt sich der Verbleib an der Hochschule nicht weiter verfolgen.

145 Schwemin 2015, S. 201.

146 Klinger 2013, S. 49, 96–98, 106, 154.

147 Zur militärischen Laufbahn s. Schwemin 2015, S. 201–210 und die hier abgebildete Zusammenfassung aus der Offiziersnomenklatur: GStA PK IV. HA, Rep. 1, Nr. 86 Bl. 30.

Während seiner Zeit im Rheinland und persönlicher Urlaubszeiten unternahm er umfangreiche Wanderungen, Besichtigungen und Sondagen, um die römischen Verteidigungsanlagen in Germanien zu untersuchen. Er entdeckte dabei u. a. das Römerlager auf dem St. Annaberg bei Haltern. Vor seinem plötzlichen Tod kam er nicht mehr dazu, seine Untersuchungen umfassend zu publizieren. Er war Mitglied, Vortragender oder Korrespondent vieler der sich in der ersten Hälfte des 19. Jahrhunderts gründenden Altertumsvereine, so etwa des 1841 gegründeten Vereins der Altertumsfreunde im Rheinlande oder des 1812 gegründeten Nassauischen Altertumsvereins.[148] Er muss heute als ein fast vergessener Pionier der provinzialrömischen Archäologie bezeichnet werden. Für Mommsen war Schmidt noch 1885 »vielleicht der beste auf diesem Arbeitsfelde (sc.: der Limesforschung) thätig gewesene Beobachter« gewesen.[149] Begleitend zu seinen Forschungen legte Schmidt auch eine Münzsammlung an, die entsprechend zu großen Teilen aus Fundmünzen besteht. Indem sie von den ersten römischen Denaren des späten 3. Jahrhundert v. Chr. bis zu Kaiser Justinian im 6. Jahrhundert reicht, ist die Sammlung für alle Epochen der römischen Numismatik als repräsentativ zu bezeichnen.

Aufgrund seiner Publikationen und der seines jüngeren Bruders, Ernst Gottlob, der sein Nachlassverwalter wurde, aber daneben auch selbst als Altertumsforscher Ausgrabungen durchführte, ist es möglich, die potenziellen Fundorte der Münzen dieser Sammlung zusammenzustellen. Die schiere Anzahl an beglaubigten Fundorten ist beeindruckend. Darüber hinaus ist es bislang vereinzelt möglich gewesen, Münzen aus der Sammlung mit genauen Beschreibungen von Münzen und Legenden in Verbindung zu bringen und daher genaue Fundorte zu rekonstruieren. Dabei stellte sich auch jetzt schon heraus, dass einzelne Münzen der bislang als Friedrich Wilhelm Schmidt'sche bezeichneten Sammlung auch auf das Konto seines jüngeren Bruders Ernst Gottlob gehen.[150] Die Sammlung Schmidt erlaubt damit wichtige Einblicke in die Praxis des Münzsammelns zweier Pioniere der provinzialrömischen Altertumsforschung in der ersten Hälfte des 19. Jahrhunderts. Es ist sehr gut vorstellbar, dass der Mommsen-Schüler Behrendt Pick den besonderen Wert der Sammlung Schmidt für die Universität Jena erkannt hat.

---

148 Vgl. Schwemin 2015, S. 205: Ehrenmitglied im Verein für nützliche Forschungen zu Trier (seit etwa 1830), Mitglied ab 1844 im 1841 gegründeten Bonner Verein von Alterthumsfreunden im Rheinlande (Schwemin 2015, S. 209), Mitglied der Berliner Numismatischen Gesellschaft (gegründet 1843, Schwemin 2015, S. 209. 211). Außerdem: Auswärtiges Mitglied im Verein für Geschichte und Altertumskunde Westfalen (Chronik des Vereins für Geschichte und Altertumskunde Westfalen 1846, Zeitschrift für Geschichte für vaterländische Geschichte und Alterthumskunde 10, 1847, 207–243: S. 213); Anerkennende Erinnerung an F. W. Schmidt: Annalen des Vereins für Nassauische Alterthumskunde und Geschichtsforschung 4, 1857, S. 208.

149 Mommsen 1885, S. 47.

150 So z. B. Slg. Schmidt Nr. 38 (= Knott 1890, S. 2 Nr. 38): Caelia (Apulien), Æ Sextans, 2. Jahrhundert v. Chr. Vs.: Kopf (?) Rs.: Tropaeum (?). Leg.: (KAI)ΛΙΝΩΝ. Die Münze wurde bei Ausgrabungen von Ernst Gottlob Schmidt 1866 in Bad Kreuznach auf dem Römerkastell (»Heidenmauer«) gefunden, vgl. Schmidt 1869, S. 112 f. Slg. Schmidt 38: »1866 in Bad Kreuznach auf dem Römerkastell gefunden«. Zu E. G. Schmidt s. Schwemin 2015, S. 200, 213.

Umfang 1908 und heute

Auf Grundlage der Inventarisierungen von 1903 und 1905 sowie der Leihgaben von 1908 kann die Größe des Münzkabinetts im Jahre 1908 auf 15 058 Münzen (davon 11 551 als Leihgabe) beziffert werden. Durch die Leihgaben war der Umfang also mehr als vervierfacht, an antiken Münzen sogar mehr als verzwölffacht worden.[151] Eine enorme Vergrößerung des Bestandes ist auch für das Inventar des Gothaer Münzkabinetts unter der Ägide Behrendt Picks verzeichnet. Während seiner Zeit als Vorstand bzw. Direktor sind im dortigen Inventarbuch handschriftlich über 30 000 Neuzugänge angegeben.[152] Wichtig ist allerdings die Tatsache, dass Pick die Überführung der antiken Münzen aus Weimar nicht ans größere Münzkabinett Gotha, sondern ans universitäre Kabinett in Jena veranlasste. Wie er selbst schreibt, wurden die antiken Münzen dort auch gerne von Botho Graef und Hans Lietzmann (1875–1942), einem auch archäologisch interessierten Professor für Kirchengeschichte, der 1916 Botho Graef als Professor und bis 1919 als kommissarischer Direktor des Archäologischen Museums vertrat, in Lehrveranstaltungen genutzt. Auch Graefs Nachfolger, Herbert Koch (als Professor der Archäologie in Jena von 1918–1929), griff auf die Münzsammlung zurück, wenngleich seltener.[153] Dass antike Münzen zum Sammelschwerpunkt am Jenaer Münzkabinett wurden, hatte, wie oben dargestellt, mit der Pick'schen Neuordnung des Weimarer Münzkabinetts ab 1908 zu tun, das sich fortan auf sächsische Münzen und Gepräge des Themenkreises Reformation konzentrieren sollte. Andererseits war das Akademische Münzkabinett auch noch nach 1886 formell dem Direktor des Archäologischen Museums unterstellt, womit die Stärkung des Schwerpunkts Antike auch in der Sache begründet war. In Jena blieben die Leihgaben aus Weimar zudem auf dem Staatsgebiet des Großherzogtums Sachsen-Weimar-Eisenach. Den hohen Stellenwert der antiken Münzen für Jena betonte Pick noch in den 1920er Jahren, als er – als von der Landesregierung des 1920 neugegründeten Freistaats Thüringen offiziell für die Münzsammlungen Beauftragter – ein Konzept zum Ausbau der Münz-

151 Insgesamt 3 507 (1905) zu 15 058 (1908). Antike (1903) 893 zu 12 444 (1908).

152 Vgl. StA Gotha Nr. 2392 Bl. 166 f. und ThHStAW Nr. 23252 Bl. 154 f. (Begründung für die Verleihung des Ritterkreuzes I. Klasse 1915). Siehe auch Steguweit 1983, S. 42; Steguweit 2011a, S. 489. – Picks herausragende Kenntnis der Sammlungen und des Marktes spielten hierbei eine entscheidende Rolle: vgl. das Empfehlungsschreiben Karl Koetschaus (Volontär an der Bibliothek Gotha 1896 und u. a. später Direktor des Historischen Museums Dresden und des Goethe-Nationalmuseums in Weimar sowie der Berliner Gemäldegalerie und der Städtischen Kunstsammlung Düsseldorf) von Anfang 1909 an das Münzkabinett Dresden: »Ich bin erstaunt, wie billig und gut er kauft: Er hat eben ganz vortreffliche Beziehungen zum Markt, der sich häufig an ihn wendet, da er überall in Kleinasien, den Balkanstaaten, Italien u.s.w. war, aber auch London, Paris u.s.w. vorzüglich kennt. Ich glaube, er kennt jede europäische Sammlung von Rang, auch die privaten, und auch etliche amerikanische« (HStArDD 13890 Nr. 338 Bl. 63 f.).

153 UAJ C 791 Bl. 5 (Pick 24. 11. 1929): »Die Professoren Graef und Lietzmann haben die Sammlungen auch viel bei ihren Vorlesungen benutzt, Prof. Koch wohl seltener«. Zu Lietzmann s. Richter 2017, S. 102; Bornkamm 1943.

kabinette entwarf.[154] Die Konzentration auf antike Münzen spiegelte gleichzeitig die fachliche Spezialisierung der Archäologie: Seit Gaedechens bis 1918 lautete die Denomination »Professur der Archäologie und Kunstgeschichte«. Erst nach dem Tode von Botho Graef 1917 und mit der Berufung von Paul Weber (1868–1930) 1917 und Herbert Koch 1918 wurden eigenständige außerordentliche Professuren der (Mittleren und Neueren) Kunstgeschichte und (Klassischen) Archäologie gebildet, die sich über die Einrichtung eines Kunstgeschichtlichen Seminars bzw. einer Archäologischen Anstalt 1921 etablierten und 1923/24 Ordinarienstatus erhielten. 1927 wurde schließlich ein »Archäologisches Institut mit Museum und akademischer Münzsammlung« gegründet.[155]

In diesem Umfang blieb die Sammlung bis ans Ende von Picks Tätigkeit in Jena im Jahr 1931 weitgehend unverändert und stand somit Pick u.a. Dozenten für Lehrveranstaltungen und Forschungen zur Verfügung.[156] Vergleicht man den Bestand mit dem heutigen, so ist seitdem ein bedeutender Rückgang zu verzeichnen:

- 971 griechische und römische Münzen
- 284 mittelalterliche Münzen
- 11 münzähnliche Objekte (Abdrücke etc.)
- Slg. Schmidt: 4314 Exemplare (davon 224 Vertauschungen), als Leihgabe.
- = 5580 Sammlungsobjekte

154 Der im Frühjahr 1923 vorgestellte Plan sah Schwerpunktsetzungen an allen öffentlichen Sammlungen des Landes durch Austausch vor. Die Leiter der wichtigsten Sammlungen (darunter Jena und Weimar) erklärten sich damit im Sommer 1923 einverstanden (ThHStAW Bestand C Nr. 740 Bl. 4–7; 22–24). Auf den Plan wurde noch lange nach Picks offiziellem Ausscheiden als Landesbeauftragter im Jahr 1925 Bezug genommen. Dazu Klose & Winter 2022.

155 Vgl. Fuhrmeister 2008, S. 94; Hoßfeld et al. 2003b, S. 1114f.; Richter 2017, S. 102; AVUJ SoSe 1921, S. 10; AVUJ WiSe 1927/28, S. 14. Vgl. auch John & Stutz 2009, S. 374 (mit Ungenauigkeiten). Zu Paul Weber s. Hellmann 1995. Die Jenaer Kunstgeschichte hat daneben mit Friedrich Klopfleisch (1832–1898), 1859 Privatdozent und 1875 ao. Prof. der Kunstgeschichte, Gründer des Germanischen Museums 1863 (heute Slg. Ur- und Frühgeschichte), eine weitere Wurzel, aus der, nachdem sie lange einen provisorischen Status ohne ordentliche Professur (1927: Honorarprofessur für Gustav Eichhorn [1862–1929]) aufwies, schließlich die vor- und frühgeschichtliche Archäologie entwuchs (1934: ao., 1945 und erneut 1953: o. Professur für Gotthard Neumann [1902–1972]). Vgl. dazu: Grabolle et al. 2003; Ettel 2020, S. 17–23.

156 Inwiefern ein angekündigter und von der Universitätskonferenz genehmigter Einzug von Goldmünzen zum Ende des Ersten Weltkriegs (4.7.1917: ThHStAW Bestand C Nr. 348 Bl. 48) tatsächlich stattgefunden hat, und falls ja, ob die als Sicherheit eingezogenen Münzen nach Kriegsende retourniert wurden, lässt sich gegenwärtig nicht beurteilen. Eine noch ausstehende Überprüfung der bei einer im Herbst 1932 durchgeführten Revision der Sammlung Schmidt als fehlend in ein Exemplar von Knott 1890 handschriftlich verzeichneten Stücke könnte dazu allerdings Indizien liefern. Fünf Goldmünzen des Orientalischen Münzkabinetts Jena, die im Juli 1917 für 2412,35 Mark an die Reichsbank abgetreten wurden, sind am 19.5.1919 wieder restituiert worden (unpaginierte Akten am OMK Jena). Aktenkundig ist ein einziger Zugang in diesem Zeitraum: Am 4.8.1916 erhielt das AMK eine nicht näher bezeichnete römische Münze von Walther Burggraf als Geschenk (UAJ C 790 Bl. 152).

Die Gründe für die Bestandsverringerung können hier nur verkürzt angedeutet werden. Fünf personelle Wechsel, drei Lehrstuhlvakanzen und eine Lehrstuhlvertretung im engen Zeitraum zwischen 1929 und 1936 seit dem Weggang von Herbert Koch nach Leipzig führten zu einem veränderten Stellenwert der Münzsammlung in Forschung und Lehre.[157] Daraus resultierten strukturelle Veränderungen in der Verwaltung der Sammlung.[158] Schließlich hatten auch die politischen Umbrüche 1930/33 (Thüringen besaß ab 1930 die erste Landesregierung mit Beteiligung der NSDAP und ein durch sie besetztes Bildungsministerium) und 1945 sowie die wirtschaftlichen Krisen mit einem dadurch veränderten Stellenwert des Sammlungsobjekts Münze (als finanzielles Wertobjekt) mittel- und unmittelbaren Einfluss auf die Sammlung: in den späten 1920er und 30er Jahren durch eine reaktionäre Kulturpolitik und natürlich die allgemeine Wirtschaftskrise.[159] Der Zweite Weltkrieg und der Neuaufbau der Universität in der SBZ/DDR hatten ebenfalls massive Auswirkungen auf das Münzkabinett.[160] Auch Picks Biographie trug insofern mit dazu bei, da er ab 1928 in Personalunion Direktor der Gothaer Bibliothek wurde und deswegen sein Engagement in Jena reduzierte. Die Doppelfunktion war ein Grund für das auf eigenen

157 Vakanz: SoSe 1929 und WiSe 1929/30; SoSe 1930: Camillo Praschniker (1884–1949) ao. Prof. der Archäologie; Vakanz im WiSe 1930/31; SoSe 1931: Ernst Langlotz (1895–1978) ao. Prof., ab WiSe 1931/32 bis WiSe 1932/33 o. Prof. der Archäologie; SoSe 1933: Reinhard Herbig (1898–1961) ao. Prof., ab WiSe 1933/34 bis WiSe 1935/36 o. Prof. der Archäologie; SoSe 1936: Walter Hahland (1901–1966) als Vertretung, von WiSe 1936/37 bis 2. Trimester 1940 ao., 3. Trimester 1940–1945 o. Prof. der Archäologie. Vgl. dazu die Eintragungen in den entsprechenden Jahrgängen des AVUJ und überblicksmäßig Richter 2017, S. 102 f. – 1936 konnte der Versuch des Volksbildungsministeriums, die Archäologie mit der ebenfalls vakant gewordenen Alten Geschichte zusammenzulegen, durch die Philosophische Fakultät unterbunden werden (UAJ M 632 Bl. 103), vgl. Simon 1990, S. 61.

158 Die Münzsammlung wurde vom 25. 10. 1929 bis 1936 ins Kunstgeschichtliche Seminar überführt und dort übergangsweise verwaltet (vgl. UAJ C 791 Bl. 1–2 mit Bl. 70 vom 1. 12. 1936).

159 Zu den drastischen Maßnahmen in der Kulturpolitik der Regierung Baum & Frick ab 1930 s. Esche 2017; vgl. Hoßfeld et al. 2003a, S. 44–49. Restitutionsforderungen der Großherzoglich Sächsischen Schatullverwaltung ab 1936 führten am 21. 5. 1938 zur Abgabe der Sammlungen Carl Alexander und Voigt (vgl. UAJ C 791 Bl. 71; Bl. 166–167). Aufteilung der Sammlung auf Antrag Hahlands vom 10. 7. 1940 (UAJ C 791 Bl. 137–138; UAJ S Abt. V Nr. 7 Bl. 10–11) und Abgabe von über 2 140 mittelalterlichen und neuzeitlichen Münzen (eine Lade, »Auszug 47 r«, ließ sich nicht öffnen) und 75 Medaillen (aus dem Schaukasten der Sammlung Goethe) an das Historische Institut. Durchgeführt am 7. 10. 1942 (UAJ S Abt. V Nr. 7 Bl. 18–20; UAJ S Abt. 23 Nr. 13 Bl. 1–3; UAJ C 791 Bl. 181–182).

160 So kamen die ans Historische Institut abgegebenen Münzen nach 1945 wieder ans Akademische Münzkabinett. Am 27. 7. 1961 wurden allerdings 1 562 mittelalter- und neuzeitliche Münzen und 149 Medaillen ans Stadtmuseum Jena abgegeben (Übergabeprotokoll am Lehrstuhl für Klassische Archäologie; vgl. auch Kluwe 1996, S. 67; Schörner 2005, S. 13 Anm. 56; Schörner 2007, S. 1832 [mit falscher Zahl]). Die Sammlung Schmidt befand sich nach 1945 bis 1961 ohne Zustimmung (und eine Zeitlang auch ohne Wissen!) der Fakultät, Universität und der Staatlichen Kunstsammlungen Weimar am Münzkabinett Berlin, wo sie als Ausgleich für die nach St. Petersburg verschleppte Berliner Sammlung dienen sollte (unkatalogisierter Schriftwechsel der Jahre 1954–1962 am Lehrstuhl Klassische Archäologie Jena; zum Kontext des Vorgangs s. den Beitrag von Angela Kugler-Kießling im vorliegenden Band). Die Restbestände des Orientalischen Münzkabinetts kamen 1955 an den Lehrstuhl für Archäologie (Kluwe 1996, S. 57).

Wunsch und Antrag erfolgte Ende seiner Lehrtätigkeit an der Universität Jena im Alter von fast 70 Jahren zum Ende des Wintersemesters 1930/31.[161]

Lehre und Forschung von Behrendt Pick

Bis dahin hat Behrendt Pick in den fast 35 Jahren seiner Professur für Münzkunde in Jena in jedem einzelnen Semester Vorlesungen und Übungen zur Numismatik angeboten (Abb. 9). Abgesehen von wenigen Ausnahmen hat er diese Veranstaltungen auch abgehalten.[162] Die Beurlaubung von der Lehrverpflichtung in den letzten drei Wintersemestern war Picks hauptamtlicher Doppelfunktion als Direktor des Münzkabinetts und Leiter der Gothaer Bibliothek ab 1928 geschuldet, die ihn voll beanspruchte.[163]

Die Lehrveranstaltungen, wenn es mehrere waren, legte er immer auf einen Tag, wofür er Donnerstage und Montage bevorzugte. Die Titel der Vorlesungen und Übungen wiederholten sich. Sie lauteten häufig: »Einführung in die (römische [seltener:] griechische) Nu-

---

161 Die Gothaer Bibliothek war 1919 wie das ehemals herzogliche Museum und Münzkabinett in Landeseigentum übergegangen. In ebenso Aufsehen erregenden wie strittigen Prozessen vor dem Reichsgericht Leipzig 1925 und 1928 konnte der ehemalige Herzog von Sachsen-Coburg und Gotha Carl Eduard allerdings die zum Juli 1919 wirksam gewordene Enteignung der ehemals herzoglichen wissenschaftlichen Anstalten in Gotha rückgängig machen. Dass die Gerichtsurteile jedoch im antirepublikanischen Geist der Rechtsprechung in der Weimarer Republik zustande gekommen sind, zeigt sich nicht zuletzt daran, dass die seit 1928 zur Verwaltung der Einrichtungen gegründete »Herzog von Sachsen-Coburg und Gothaische Stiftung für Kunst und Wissenschaft« erst seit Juli 1934 durch Beschluss des nationalsozialistisch gleichgeschalteten thüringischen Kabinetts vom 16.2.1934 rechtswirksam in Kraft trat (vgl. StA Gotha Nr. 309 Bl. 4; Schüren 1978, S. 293–296; Sandner 2010, S. 199f., 205f., 210f., 259). Pikant ist, dass Carl Eduard einer der einflussreichsten fürstlichen Republikgegner und Steigbügelhalter des Nationalsozialismus war und seinen vorigen Bibliotheksleiter, Hermann Krüger, aus politischen Gründen entlassen hatte (Pachnicke 1958, S. 27–31). Der Rückgriff auf den bereits 66-jährigen Pick als Leiter der Bibliothek war daher Mittel zum Zweck und sparte Geld. Nach 1945 versuchte sich der wegen Verbrechen gegen die Menschlichkeit angeklagte ehemalige Herzog der Verurteilung zu entziehen, indem er u.a. apologetisch auf seinen jüdischen Beamten Behrendt Pick verwies: Sandner 2010, S. 268, 445; Slivi 2015, S. 55. – Annahme von Picks Emeritierungsgesuch durch Rektor Karl Heussi (1877–1961) am 21.10.1930: ThHStAW 23253 Bl. 38. Zum trotz der Mehrfachbelastung unveränderten Gehalt Picks: ThHStAW 23252 Bl. 4–5.

162 So las er wegen zu geringer Hörerzahl (jeweils 2) nicht im SoSe 1899 (StA Gotha Nr. 1521 Bl. 36), WiSe 1904/05 (UAJ C790 Bl. 1) und SoSe 1917 (StA Gotha Nr. 1521 Bl. 102f.). Im WiSe 1908/09 war er wegen der Neuordnung des Weimarer Münzkabinetts freigestellt (StA Gotha Nr. 1521 Bl. 62–63). Im WiSe 1917/18 erlitt Pick eine Bruchverletzung, nach deren Operation in Jena er auf ärztlichen Rat freigestellt wurde (StA Gotha Nr. 1521 Bl. 104).

163 Die Beurlaubungen erfolgten mit der Begründung der zunächst provisorischen und ab dem WiSe 1930/1 dauerhaften Leitung der Bibliothek: WiSe 1928/29 (ThHStAW 23252 Bl. 251; UAJ M 631 Bl. 541–543; UAJ D 2267 Bl. 6); WiSe 1929/30 (UAJ D 2267 Bl. 6; UAJ M 631 Bl. 547–548); WiSe 1930/31 (ThHStAW 23253 Bl. 35–37; UAJ M 631 Bl. 549). Vgl. auch UAJ C 791 Bl. 5–6.

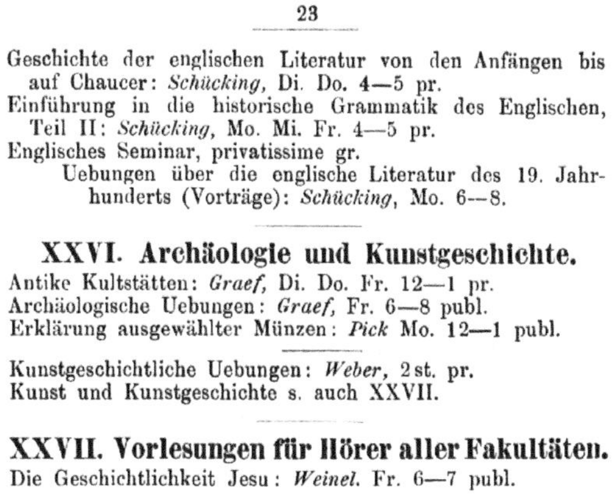

23

Geschichte der englischen Literatur von den Anfängen bis auf Chaucer: *Schücking*, Di. Do. 4—5 pr.
Einführung in die historische Grammatik des Englischen, Teil II: *Schücking*, Mo. Mi. Fr. 4—5 pr.
Englisches Seminar, privatissime gr.
Uebungen über die englische Literatur des 19. Jahrhunderts (Vorträge): *Schücking*, Mo. 6—8.

XXVI. Archäologie und Kunstgeschichte.

Antike Kultstätten: *Graef*, Di. Do. Fr. 12—1 pr.
Archäologische Uebungen: *Graef*, Fr. 6—8 publ.
Erklärung ausgewählter Münzen: *Pick* Mo. 12—1 publ.

Kunstgeschichtliche Uebungen: *Weber*, 2 st. pr.
Kunst und Kunstgeschichte s. auch XXVII.

XXVII. Vorlesungen für Hörer aller Fakultäten.

Die Geschichtlichkeit Jesu: *Weinel*. Fr. 6—7 publ.

Abb. 9: Lehrangebot von Pick WiSe 1910/11.

mismatik«,[164] »Erklärung ausgewählter (griechischer und römischer) Münzen«,[165] oder in der Zeit nach dem Ersten Weltkrieg, »Numismatisch-archäologische Übungen« bzw. »Numismatische Übungen zur Archäologie und Alten Geschichte«.[166] Nur selten, vor allem in den früheren Jahren, tauchten grundsätzlich andere Titel auf, so etwa »Elemente der Kunstmythologie (bes. nach den Münzen)«,[167] und ab 1908 bot er insgesamt fünfmal Veranstaltungen zu mittelalterlichen, thüringischen Münzen an, die dann Titel wie »Die Münzen Thüringens im Mittelalter und der Reformationszeit«[168] trugen.

Aufschlussreich ist die aus den Vorlesungsverzeichnissen ersichtliche Zuweisung der Veranstaltungen auf Disziplinen bzw. Seminare der Philosophischen Fakultät. Aus ihr lässt sich eine an der Universität nicht institutionalisierte, sich aber in der Lehre aus-

164 VVUJ 1896/97, S. 11; VVUJ 1898/99, S. 13; VVUJ 1899, S. 13 (nicht gelesen); VVUJ 1899/1900, S. 13; VVUJ 1900/01, S. 13; VVUJ 1905/06, S. 13; VVUJ 1907/08, S. 16; VVUJ 1911/12, S. 21; VVUJ 1912, S. 21; VVUJ 1913/14, S. 24; VVUJ 1914/15, S. 21.

165 VVUJ 1896/97, S. 11; VVUJ 1897; S. 11; VVUJ 1898, S. 13; VVUJ 1900, S. 13; VVUJ 1901/02, S. 12; VVUJ 1902, S. 13; VVUJ 1902/03, S. 13; VVUJ 1903, S. 13; VVUJ 1904/05, S. 14 (nicht gelesen); VVUJ 1905, S. 15; VVUJ 1906, S. 14; VVUJ 1906/07, S. 15. 17; VVUJ 1907, S. 18; VVUJ 1908/09, S. 16 (nicht gelesen); VVUJ 1909, S. 20; VVUJ 1909/10, S. 20 (»der hellenistischen Zeit«); VVUJ 1910, S. 23; VVUJ 1910/01, S. 23; VVUJ 1911, S. 23; VVUJ 1912/13, S. 24; VVUJ 1913, S. 24; VVUJ 1914, S. 24; VVUJ 1915, S. 22; VVUJ 1916, S. 21; VVUJ 1916/17, S. 21; VVUJ 1917, S. 21 (nicht gelesen); VVUJ 1917/18, S. 22 (nicht gelesen); VVUJ 1918, S. 22; VVUJ 1918/19, S. 18; VVUJ 1919/20, S. 21; VVUJ 1920, S. 21; VVUJ 1920/21, S. 21; VVUJ 1927, S. 29; VVUJ 1927/28, S. 30; VVUJ 1928/29, S. 32 (nicht gelesen); VVUJ 1929/30, S. 22 (nicht gelesen); VVUJ 1930, S. 24.

166 VVUJ 1919, S. 19;VVUJ 1921, S. 29; VVUJ 1921/22, S. 29; VVUJ 1922, S. 29; VVUJ 1922/23, S. 29; VVUJ 1923, S. 30; VVUJ 1923/24, S. 30; VVUJ 1924; S. 30; VVUJ 1924/25, S. 32; VVUJ 1925, S. 28 f.; VVUJ 1925/26, S. 29; VVUJ 1926, S. 29; VVUJ 1926/27, S. 29; VVUJ 1928, S. 27; VVUJ 1929, S. 17; VVUJ 1930/31, S. 24 (nicht gelesen).

167 VVUJ 1897/98, S. 13; VVUJ 1904, S. 15; VVUJ 1915/16, S. 23.

168 VVUJ 1908, S. 17; VVUJ 1911/12, S. 21; VVUJ 1919, S. 16; VVUJ 1925/26, S. 29; VVUJ 1926, S. 29.

differenzierende fachliche Spezialisierung ablesen. Von 1896 bis 1931 hat Pick insgesamt 37 Veranstaltungen im Bereich Archäologie (bis 1918: und Kunstgeschichte) angeboten, 19 bei der Philologie und ebenso viele bei der Geschichte, wobei 14 davon auf die Alte und fünf davon auf den eigenen Bereich Mittlere Geschichte entfielen.

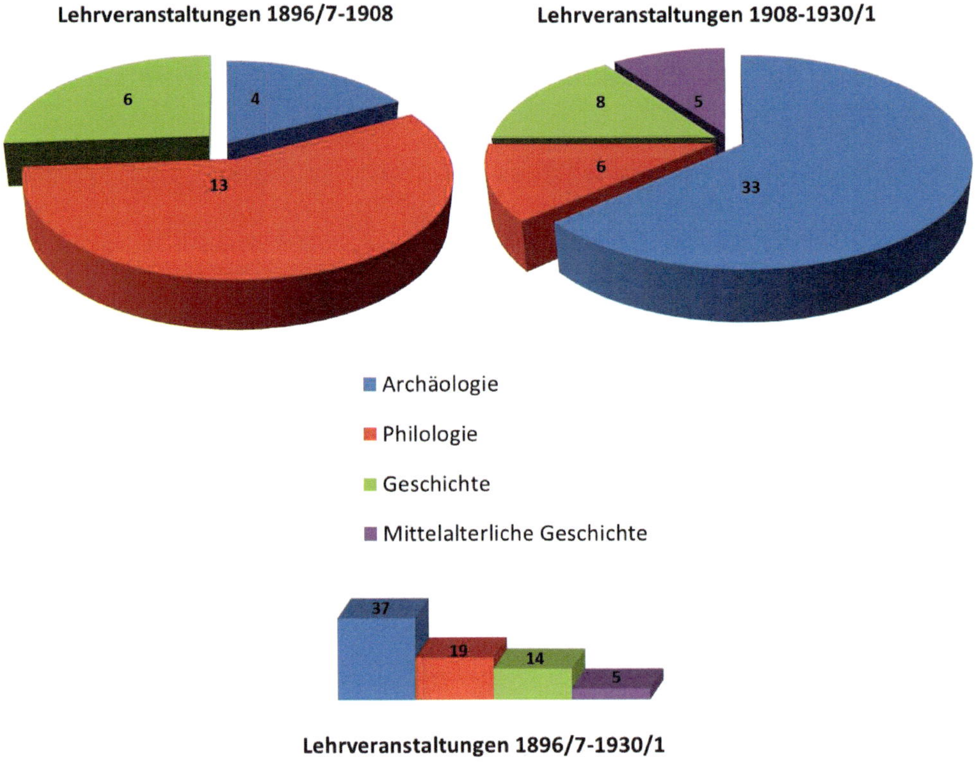

Abb. 10: Zuordnung der Lehrveranstaltungen von Pick an der Univ. Jena nach Fachbereichen: 1896 bis 1908, 1908 bis 1931.

Diese Verteilung wird umso aussagekräftiger, wenn man sie in zwei Zeiträume unterteilt: Vor und nach 1908, also dem Jahr der Bestandsvermehrung des Akademischen Münzkabinetts auf 15 058 Stück (Abb. 10). Vor 1908 entfielen die meisten Veranstaltungen, nämlich 13, in den Bereich der Philologie, wohingegen die Geschichte sechsmal, die Archäologie und Kunstgeschichte nur viermal vertreten waren. Nach 1908 änderte sich das Bild komplett. Überwiegend wurden die numismatischen Veranstaltungen nun im Bereich der Archäologie (33) angeboten, wobei die Philologie (6) deutlich zurücktrat, während die Veranstaltungen etwa gleich oft in der Alten Geschichte (8) angeboten wurden, zu der die Mittlere Geschichte mit fünf Veranstaltungen neu hinzukam. Es zeichnet sich dadurch ganz deutlich eine disziplinäre Ausdifferenzierung der von Pick gelehrten Münzkunde in den Bereich der Archäologie ab. Diese Veränderung ist zum einen vor dem Hintergrund der fachlichen Spezialisierungen in den Disziplinen Archäologie, Geschichte, Philologie und Kunstgeschichte interessant; zum anderen aber auch vor dem Hintergrund des Vorhandenseins einer vergleichsweise großen Münzsammlung, die eben insbesondere ab 1908 auf Picks Betreiben in Jena aufgebaut worden war.

Pick selbst definierte in seinen Schriften Numismatik als selbstständige Wissenschaft, die vielen Fachgebieten der Altertums- bzw. Mittelalterforschung zugutekomme.[169] Das über verschiedene Lehrbereiche verteilte Lehrangebot dürfte deshalb auf seine eigenen Vorstellungen von der durch ihn in Jena vertretenen »Münzkunde« zurückzuführen sein. Dass es dabei über seinen ursprünglichen Schwerpunkt Antike hinaus zu einem Vorlesungsangebot auch über das mittelalterliche Münzwesen kam, spricht für das methodische Interesse des Numismatikers am Medium Münze.[170] Aufgrund seiner Stellung als zunächst außerordentlicher und ab 1911 ordentlicher Honorarprofessor im Nebenamt blieb sein Lehrangebot insgesamt aber relativ überschaubar. Darin dürfte ein Grund zu suchen sein, weswegen die numismatischen Veranstaltungen in Jena nicht zur Bildung eines eigenständigen Fachbereichs Münzkunde/Numismatik führten, sondern zur Ergänzung anderer Fachbereiche dienten, die sich in diesem Zeitraum ihrerseits immer weiter spezialisierten.[171]

Es trug dazu bei, dass keine von Pick in Jena betreuten numismatischen Dissertationen bekannt sind und er damit im engeren Sinn auch keine Schüler hervorbrachte.[172] Gleichwohl lassen sich eine Förderung numismatischer Themen und eine durchaus prominente Hörerschaft nachweisen. Dazu zählte etwa, dass er einen seiner Studenten, Alfred Schollmeyer, dazu veranlasste, das Verzeichnis eines Jenaer Münzfunds, der 1864 beim Abriss des alten Karzers gemacht worden war, in den Blättern für Münzfreunde zu publizieren.[173] Als

169 V.a. Pick 1922a, S. 3.

170 Pick vertrat die Auffassung, dass aus dem umfangreicheren Quellenmaterial zum späteren Münzwesen unter Umständen kulturvergleichende Schlüsse auch für die Geldgeschichte der Antike zu ziehen wären, vgl. Pick 1922a, S. 22–31.

171 Die Aufteilung der Archäologie und Kunstgeschichte in jeweils eigene Professuren erfolgte 1917/1918 (s.o. Anm. 155). Die Professur mit Denomination Alte Geschichte wurde erstmals 1907 mit Walther Judeich besetzt, zuvor hatte seit 1885 ein Seminar für Alte Geschichte bestanden und erstmals mit der 1876 erfolgten Berufung Alfred von Gutschmids (1831–1887) die Denomination Klassische Philologie und Alte Geschichte (vgl. o. Anm. 50). Zur Situation in der Alten Geschichte und Klassischen Philologie, für die ein Seminar im WS 1817/18 gegründet wurde, dessen Lehrstühle sich seit 1879 unter Georg Goetz in einen latinistischen und einen gräzistischen ausdifferenzierten, s. auch Simon 1990; Goetz 1928, S. 30–33, 127, 131 f., 140–187. Vgl. auch Gerber 2009, S. 138 und die Übersicht Hoßfeld et al. 2003b, S. 1114–1116.

172 Beruhend auf einer ersten Durchsicht der insgesamt über 20000 Blatt umfassenden, nicht nach Gutachtern geordneten Promotionsakten der Philosophischen Fakultät Jena zwischen 1896 und 1931 (UAJ M 497–M 595).

173 Schollmeyer 1904. Schollmeyer war im SoSe 1903 als Student der Philosophie immatrikuliert (AVUJ 1903, S. 33) und bezeichnet sich (Schollmeyer 1904, S. 3180 Anm. 2) als Hörer der Vorlesungen von Pick, wel-

prominente Hörer ließen sich bislang u. a. identifizieren: Georg Goetz, Professor für Klassische Philologie in Jena von 1879–1923, der die Veranstaltungen des Kollegen aus Interesse offenbar regelmäßig besuchte;[174] der Lokalhistoriker Herbert Koch (1886–1982), dessen Promotion 1909 in Jena erfolgte;[175] sowie der spätere Gießener Archäologie-Professor Willy Zschietzschmann (1900–1976), der 1924 beim Archäologen Herbert Koch (1880–1962) in Jena promoviert wurde.[176] Ein besonderes Verhältnis verband Behrendt Pick mit dem späteren langjährigen Leiter der Staatlichen Kunstsammlungen Weimar, Walther Scheidig (1902–1977). Dieser hatte ab dem Wintersemester 1921/22 Kunstgeschichte, Archäologie und Germanistik in Jena studiert und dabei auch Veranstaltungen bei Pick besucht. Er wurde 1928 beim Wickhoff-Schüler Wilhelm Koehler (1884–1959) in Jena promoviert.[177] Scheidig trat der »Vereinigung Thüringer Münzfreunde« bei, zu deren Gründungsmitgliedern Pick zählte.[178] Nach seinem Studium führte Scheidig als Volontär und Assistent bei den Staatlichen Kunstsammlungen 1928 eine partielle Revision des kurz zuvor von der Weimarer Bibliothek an die Kunstsammlungen überführten Weimarer Münzkabinetts durch. Pick überprüfte Scheidigs Ergebnisse und ordnete selbst die Brakteaten des Kabinetts neu.[179] Walther Scheidig machte Karriere bei den Staatlichen Kunstsammlungen, stand diesen von 1933 (zunächst kommissarisch) bis 1967 vor und übte dadurch großen

---

cher die Herausgabe dieses Verzeichnisses anlässlich der Neuordnung des Münzkabinetts veranlasste. Es handelt sich dabei um einen 149 Exemplare umfassenden Schatzfund mit Schlussmünzen von 1620, der Gepräge des 15. bis 17. Jahrhunderts umfasste. Heute befinden sich noch elf Münzen davon im Bestand des AMK (AMK 154–164).

174 Vgl. o. Anm. 59.

175 Nicht mit dem gleichnamigen Archäologieprofessor zu verwechseln. Koch hatte von 1905 bis 1909 in München, Berlin und Jena studiert (UAJ M 528 [1908/09] Bl. 48–59). Zu seiner bewegten Lebensgeschichte s. John 1996, S. 395–412.

176 Das Promotionsthema nach dem Studium in Jena, Kiel, München und Leipzig lautete »Untersuchungen zur Gebärdensprache in der älteren griechischen Kunst«. Bei Pick hatte er mehrere Veranstaltungen besucht (vgl. UAJ M 587 [1924/5] Bl. 206–212). Nach dem Reisestipendium und der Habilitation in Berlin wurde er 1937 Professor für Archäologie in Gießen, vgl. Recke 2000; Lullies & Schiering 1991, S. 276 f. (H.-G. Buchholz).

177 UAJ M 593 (1928/29) Bl. 57–72: Titel der Promotion bei Wilhelm Koehler »Der Miniaturenzyklus der Weltchronik Ottos v. Freising im Cod. Jenensis Bose q. 6«. Zu Koehler, der enge Kontakte zum Bauhaus pflegte und infolge der völkischen Kulturpolitik der Baum-Frick-Regierung 1932 nach Harvard ging und dort u. a. 1941–1944 das Dumbarton Oaks Institut für Byzantinistik leitete, s. Wendland 1999, S. 372–376.

178 Die Anfänge der Vereinigung liegen wohl in der Mitte der 1920er Jahre, als gelegentliche Treffen einen offiziellen Status erhielten, vgl. Steguweit 1989, S. 160 f. Vgl. auch den Bericht »Die Vereinigung Thüringer Münzfreunde und die Wasserburg Kapellendorf« in der Thüringischen Allgemeinen Landeszeitung vom 30. 9. 1931 über einen Besuch der Vereinigung im Weimarer Münzkabinett und der Burg Kapellendorf, an dem Walther Scheidig und Behrendt Pick (der u. a. einen Vortrag über das Weimarer Münzkabinett hielt) teilnahmen.

179 Die Überführung des Münzkabinetts von der Landesbibliothek Weimar an die Staatlichen Kunstsammlungen erfolgte 1927 in beidseitigem Einverständnis der Leitungen (ThHStAW C Nr. 753: Staatliche Münzsammlung in Weimar 1926–1931 Bl. 2–9) mit der Begründung, dass nach der modernen Auffassung der Münze als 1.) Kunstwerk und 2.) historisches Dokument, »die im 18. Jahrhundert übliche

Einfluss auf das kulturelle Leben in Thüringen in der Zeit des Nationalsozialismus und der DDR aus.[180] Zumindest soweit sein Wirken dabei das Gebiet der Numismatik berührte, ist es daher auch vor dem Hintergrund seiner Prägung durch Pick zu sehen, welchem er erstmals als Professor in Jena begegnete.

Wirft man einen Blick auf die Publikationen Picks, für die die 1931 zu seinem 70. Geburtstag herausgegebene Festschrift 105 Nummern zählt, bilden sich die auch in den Lehrveranstaltungen durchscheinenden Schwerpunkte griechischer, römischer und mittelalterlicher Numismatik deutlich ab.[181] Bekannt sind v. a. seine beiden Halbbände zu den Münzen Nordgriechenlands in dem von Mommsen initiierten Griechischen Münzwerk sowie seine grundsätzlichen Aufsätze zu den ephesischen Neokorien und zur Titulatur der Flavier.[182] Hervorzuheben sind aber auch andere von ihm geschaffene Grundlagen zur antiken Numismatik, etwa sein Artikel zu den Kontorniaten in Paulys Realencyclopädie oder die Vervollständigung und postume Herausgabe der unvollendet gebliebenen Monographie zu den Münzen Athens von Svoronos.[183] Auch seine knappe Darstellung des römischen Münzwesens im Handbuch der Staatswissenschaften ist nach wie vor lesenswert.[184]

Außerdem hat er eine Reihe von ikonographischen Forschungen, v. a. zu Götter- und Kultbildern und deren (vermeintlicher) Darstellung auf Münzen durchgeführt, die u. a. in verschiedenen Aufsätzen im Jahrbuch des Deutschen Archäologischen Instituts oder den Österreichischen Jahresheften veröffentlicht wurden.[185] Daneben sind seine kompakten Darstellungen fachgeschichtlicher Zusammenhänge, etwa zur Geschichte des Gothaer Münzkabinetts zwischen 1712 und 1912 oder Goethes numismatischen Interessen noch heute geschätzt.[186]

Aber auch zu mittelalterlichen Münzen, insbesondere aus dem mitteldeutschen Raum sowie zu Kunstmedaillen hat Behrendt Pick zahlreich publiziert.[187] Zudem verfasste er Nachrufe auf bedeutende Numismatiker, wie den Direktor des Kopenhagener Münzkabinetts Carl Ludwig Müller (1809–1891), William Waddington (1826–1894), der sich um die Erforschung der antiken kleinasiatischen Münzen einen Namen gemacht hat,

---

Angliederung der Münzkabinette an die Bibliotheken ihre Berechtigung verloren« habe. Zur Revision durch Scheidig und Picks Kontrolle: ebd. Bl. 13–45.

180 Zu Scheidig s. Wendermann 2015.

181 Pick 1931 S. VII–XII. Dieser Bibliographie hinzuzufügen sind: Pick 1893; Pick 1904b; 1933a; 1933b.

182 Pick 1885a; Pick 1885b; Pick 1886; Pick 1898a; Pick 1904c; Pick 1906a; Pick 1910a; Pick 1930.

183 Pick 1900; Svoronos 1923–1926.

184 Pick 1910b.

185 Vgl. z. B.: Pick 1898b; Pick 1904c; Pick 1914a; Pick 1917; Pick 1929a.

186 Pick 1912; Pick 1920.

187 Vgl. z. B.: Pick 1903; Pick 1904a; Pick 1906b; Pick 1914b.

oder Friedrich Imhoof-Blumer, dessen Nachlass er in Winterthur auf Wunsch der Familie verwaltete.[188]

Ein weiterer Bereich, zu dem Pick häufiger veröffentlichte, ist hervorzuheben: Publikationen teils programmatischen Inhalts, in denen Pick mit seinen Erfahrungen aus dem Amt des Sammlungsleiters argumentiert. Da fällt zunächst ein Aufsatz aus dem Jahr 1915 auf, in dem er unter Bezugnahme auf ein neues preußisches Gesetz konkrete Vorschläge für den Denkmalschutz und Ausgrabungen macht, aus denen der Fundmünzennumismatiker und Archäologe spricht, der sich dafür einsetzte, dass Hortfunde dem wissenschaftlichen Denkmalschutz verfügbar gemacht werden.[189] Außerdem hat er sich in zwei Aufsätzen und seiner grundsätzlichen Abhandlung über »Die Münzkunde in der Altertumswissenschaft« über die speziellen Aufgaben von Museen, insbesondere Münzkabinetten geäußert.[190] Das ist natürlich hinsichtlich der Frage interessant, wie er selbst die Bestände und Zugänge des Akademischen Münzkabinetts Jena eingeordnet haben könnte.

Das Bild, das er für Münzkabinette entwirft, ist ebenso klar wie aktuell: Sammlungen haben keine Existenzberechtigung um ihrer selbst willen, sondern sind für alle Ebenen der interessierten Öffentlichkeit differenziert nutzbar zu machen: vom Laien (er unterscheidet Individuelle Besucher, Schulklassen, Studenten, Lehrer und Vereine) bis zum Münzsammler und Wissenschaftler (ebenfalls mit Trennung der Fachgebiete, zu denen die Numismatik etwas beizutragen habe):[191] »Uns als die Verwalter der dem Staate oder bisher dem Fürsten gehörenden Schätze muß es reizen, unaufgefordert das Volk an der Belehrung und dem Genuß teilnehmen zu lassen, den sie bieten können«.[192] Daher sollen Münzkabinette – anders als Kunstmuseen – »nicht nur Sammlungen, sondern Forschungsinstitute sein, darin den naturwissenschaftlichen Museen ähnlicher«.[193] Insbesondere verwehrt er sich gegen von Generation zu Generation mitgeschleppte Sammelsurien, die »wie unbenutzte und unverwaltete Sammlungen in Instituten lieber irgendwie dem nächsten

188 Pick 1892; Pick 1895; Pick 1921. – Zur Ordnung des Nachlasses erbat sich Pick 1921 sechs Wochen Sonderurlaub. Seine Begründung spricht Bände: »Der im vorigen Jahre verstorbene Numismatiker Dr. Imhoof-Blumer in Winterthur (Schweiz) hat einen sehr bedeutenden wissenschaftlichen Nachlass, namentlich die grössten Sammlungen von Abdrücken und Gipsabgüssen antiker Münzen in ganz Europa, hinterlassen. Der Familie fehlen die Fachkenntnisse, um darüber sowie über den Briefwechsel u. a. richtig zu verfügen, und unter den Schweizer Gelehrten weiss auch keiner genügend Bescheid. Da ich von meiner Schweizer Zeit her die Sammlungen und die einschlägigen Verhältnisse genau kenne, hat die Familie mich um meinen Beistand gebeten. Ich möchte ihren Wunsch umso lieber erfüllen, als es von grosser Wichtigkeit für die Zukunft der antiken Numismatik ist, wohin die Sammlungen kommen. – Die Kosten meiner Reise würde natürlich die Familie tragen«. Die Ordnung des Nachlasses führte Pick zwischen Mitte März und Ende April 1921 durch (ThHStAW C Nr. 23253 Bl. 206).

189 Pick 1915.

190 Pick 1919; Pick 1922; Pick 1929b.

191 Pick 1919, S. 159–168.

192 Pick 1922, S. 16.

193 Pick 1929, S. 67.

wissenschaftlichen Münzkabinett überlassen oder auch durch Verkauf in den Handel und so in lebendige Hände geleitet werden. Ich habe überall, wo ich Gelegenheit dazu hatte, einen Rat zu erteilen, dahin zu wirken gesucht, daß man sich entschließe, das nächstliegende Sondergebiet oder auch mehrere sorgfältig zu pflegen, alles andere aber fortzugeben und den Erlös daraus zum Ausbau der Sondersammlungen zu benutzen«.[194] »Die Ausstellung einer Sammlung« ist ihm zufolge »nur dann am Platz, wenn sie die Gepräge ... eines kleinen Gebiets umfaßt, das allen Besuchern ... vertraut oder doch interessant ist«.[195]

Diese programmatische Umschreibung eines idealen Münzkabinetts lässt sich in der Tat auf die Bestände und Zugänge des Akademischen Münzkabinetts bis 1908 anwenden. Nahezu alle seit 1908 im Münzkabinett verwahrten Sammlungsteile verbindet ihr regionaler Entstehungskontext, der sich fast ausschließlich um das klassische Weimar dreht. Die Münzen des von Göttling gegründeten Archäologischen Museums stiftete zum ganz überwiegenden Teil Alfred Nicolovius, der als Großneffe ein Jahr bei Goethe lebte und darüber selbst eine Schrift verfasste. Dasselbe gilt für die Voigt'sche Sammlung, die Sammlung von Johann Wolfgang Maximilian von Goethe und die Münzsammlung des Großherzogs Carl Alexander von Sachsen-Weimar. Selbst die Spur der Sammlung Schmidt führt nach Weimar, weil beide Sammler dort zur Goethe-Zeit zur Schule gingen, Friedrich Wilhelm nach der Immatrikulation an der Universität Jena die dortige Zeichenschule besuchte und die Sammlung schließlich testamentarisch ans Gymnasium der Stadt gelangte. Von ihnen lässt sich aber auch eine Brücke zu Alfred Nicolovius schlagen, der als Jurist in Bonn wie die Brüder Schmidt ebenfalls in Altertumsvereinen verkehrte.

Auch andere Sammlungsbestandteile besaßen diesen regionalen Bezugspunkt, wobei bei ihnen nicht immer eindeutig ist, ob Pick die Provenienz bekannt war.[196] Das heißt: Die Zusammenführungen am Jenaer Münzkabinett 1908 zeigen genau das, was Pick elf Jahre später programmatisch als die Aufgabe eines Museums umreißt: es muss eine für das Laienpublikum ansprechende Bezugsebene ebenso vorhanden sein wie Anknüpfungspunkte für Wissenschaftler – wobei Pick hier die»reine Numismatik« von der »angewandten Numismatik« unterschied.[197] Gemeint ist damit zum einen die Numismatik, die sich mit den Münzen an sich, deren Bestimmung und Ordnung beschäftigt; und zum anderen die Implementierung von anhand numismatischen Materials gewonnenen Erkenntnissen auf andere Fachgebiete, die Münzen als Quelle für übergeordnete Fragestellungen in Anspruch nehmen: namentlich Philologien (etwa für sprachgeschichtliche Unter-

---

194 Pick 1919, S. 153.
195 Pick 1919, S. 155.
196 Insbesondere gilt das für die Münzen der Sammlung Ortloff. Unklar ist, ob bzw. inwiefern Pick über die Vorbesitzer der Münzen aus dem Teil der Sammlung Bescheid wusste, der 1870 von der Universitätsbibliothek übernommen wurde, v.a. die Sammlung Bose.
197 Pick 1922, S. 6–31, bes. S. 6; Pick 1929, S. 235–237.

suchungen), Geschichtswissenschaften (für allgemeine politische und wirtschaftliche Zusammenhänge) und Archäologien wie Kunstwissenschaften (für kulturhistorische Themen). Behrendt Pick verkörpert damit den Typus eines durchaus modernen Numismatikers. Selbst wenn er bis in seine späten Jahre auch zu kunsthistorischen Aspekten von Münzdarstellungen publizierte, so waren ihm geldgeschichtliche Fragestellungen an Münzen ein ebenso wichtiges Anliegen.[198]

Dass wir diesen Zusammenhang nicht mehr im Einzelnen an den Beständen erläutern können, die zu Picks Zeiten am Akademischen Münzkabinett vereinigt wurden, mag man bedauern. Dass dem so ist, ist in jedem Fall eine Folge der großen Abhängigkeit von persönlichen Spezialisierungen und Kompetenzen. Wie dargestellt, hatte sich die von Pick vermittelte Münzkunde ab 1908 zusehends in den Bereich Archäologie verlagert (Abb. 10). Dies entsprach wohl Picks persönlicher Überzeugung, nach welcher die angewandte Numismatik auf diesem Fachgebiet besonderen Nutzen stiften konnte, wohingegen er der praktischen Ausbildung an Münzen im Sinne seiner reinen Numismatik skeptisch gegenüberstand.[199]

Nach Picks Emeritierung gab es bis 1945 keine Archäologen mehr in Jena, die die Münzsammlungen intensiv nutzten. Camillo Praschniker (1884–1949), Nachfolger von Herbert Koch und ao. Prof. der Archäologie im Sommersemester 1930, soll einem Bericht der Geschäftsstelle des Bildungsministeriums an der Universität Jena zufolge in seinen Berufungsverhandlungen kein Interesse an den Münzen gezeigt haben, so dass diese vorübergehend – und ohne Fakultätsbeschluss – an die Kunstgeschichte abgegeben wurden.[200] Die Übertragung der Verwaltung wurde mit dem 1931 als Professor der Kunstgeschichte neuberufenen Hans Rose (1888–1945) bestätigt. Erst als dieser in Ungnade fiel – er wurde wegen angeblicher Homosexualität angeklagt, entlassen und verhaftet – wurde das Münzkabinett wieder dem 1936 neuberufenen Leiter des Archäologischen Instituts, Walter Hahland (1901–1966), zugeteilt.[201] Aber auch dieser zeigte kein Interesse am Münzkabinett und beteiligte sich sogar aktiv an der Aufteilung der Bestände. Die Sammlungen Voigt und

198 Vgl. Pick 1922, S. 22–31. Zur Bedeutung der Geldgeschichte aus heutiger Perspektive: Noeske 2004.

199 Pick 1929, S. 64: »Ob der Beamte seine etwaigen numismatischen Kenntnisse auf der Universität erworben hat oder auf anderem Wege, ist unwichtig; das meiste für den praktischen Dienst erlernt auch der Gelehrte durch Uebung ebenso wie der Sammler und der Händler ... [weswegen] ich mir von Universitäts-Vorlesungen über praktische Fragen, wenigstens für mein Fach, nicht viel versprechen kann«.

200 UAJ C 791 Bl. 1–2 (25. 10. 1929). Zu Praschniker und der unregelmäßigen Besetzung des archäologischen Lehrstuhls s.o Anm. 154.

201 Zu Rose s. Fuhrmeister 2006a; John & Stutz 2009, S. 376. Fuhrmeister 2006b, S. 94 bezeichnet ihn als »Prototyp eines Kunsthistorikers, der sich meines Erachtens tatsächlich nur oberflächlich – soweit wie nötig – nationalsozialistischen Direktiven anpasste, ohne im Kern korrumpiert werden zu können«. Seine Berufung an die Jenaer Hochschule passt daher zum nationalkonservativen, republikfeindlichen und zunehmend völkischen Klima der Universität in den Jahren 1924–1933. – Zu Hahland s. o. Anm. 157.

Großherzog Carl-Alexander, deren Rechtsstatus nach den Auseinandersetzungsverträgen zur Fürstenenteignung ungeklärt war, kamen 1938 nach Restitutionsforderungen des ehemaligen Großherzoglichen Hauses auf Vermittlung des Volksbildungsministeriums nach Weimar an die sog. Großherzoglich Sächsische Schatullverwaltung – wo sich ihre Spur verliert.[202] Es ist anzunehmen, dass die große Nachfrage nach Sachwerten in Zeiten der Wirtschaftskrise zu ihrer Veräußerung führte. Die Reste des Akademischen Münzkabinetts wurden auf einen schon älteren Antrag Walter Hahlands hin 1942 aufgeteilt: Die antiken Bestände blieben am archäologischen Institut, die nicht gerade geringen mittelalterlichen und neuzeitlichen Bestände wurden dem Historischen Seminar und der neu gegründeten »Anstalt für geschichtliche Landeskunde«, einem nationalsozialistischen Prestigeprojekt, unterstellt.[203] Walter Hävernick (1905–1983), der Nachfolger Picks in Gotha, bot nach seiner erfolgten Umhabilitation in Jena 1943 ausschließlich Lehrveranstaltungen zur Numismatik des Mittelalters und der Neuzeit an.[204] Darin zeigt sich die Priorisierung einer historischen Forschung auf die als »deutsch« vereinnahmte Vergangenheit.[205] So muss man konstatieren, dass der heute fragmentierte Bestand des Akademischen Münzkabinetts auch eine Folge nationalsozialistischer Kulturpolitik ist.

Diese hatte Behrendt Pick spätestens 1934 voll ereilt. Dem gläubigen jüdischen Wissenschaftler wird der Profilwandel an der Jenaer Universität in der Weimarer Republik nicht entgangen sein, die sich einmal »rühmen« sollte, »die erste rassen- und lebensgesetzlich ausgerichtete Hochschule Großdeutschlands« gewesen zu sein.[206] Aggressive völkisch-antisemitische Agitationen einflussreicher Professoren gegen Studierende und Kollegen gab es bereits seit Mitte der 1920er Jahre.[207] 1930 setzte das von der NSDAP geleitete Bildungsministerium die Berufung des Rassentheoretikers Hans F. K. Günther (1891–1968) auf den

202 Erste Rückgabeforderung vom Dezember 1936, Überführung am 21. 5. 1938: UAJ C 791 Bl. 71; Bl. 166–167.

203 Aufteilung der Sammlung auf Antrag Hahlands vom 10. 7. 1940 (UAJ C 791 Bl. 137–138; UAJ S Abt. V Nr. 7 Bl. 10–11) und Abgabe von 2 140 mittelalterlichen und neuzeitlichen Münzen an das Historische Institut. Durchgeführt am 7. 10. 1942 (UAJ S Abt. V Nr. 7 Bl. 18–20; UAJ S Abt. 23 Nr. 13 Bl. 1–3; UAJ C 791 Bl. 181–182). – Zur »Anstalt für geschichtliche Landeskunde« vgl. ThHStAW C 308; Gottwald 2003, S. 921–923; Hoßfeld et al. 2003b, S. 1114; John & Stutz 2009, S. 509–512.

204 Steguweit 1989, S. 163: Hävernick war 1937 für Deutsche Altertums- und Volkskunde in Hamburg habilitiert worden. Sein Verfahren in Jena, wo er schon am 22. 10. 1937 »als der für Jena demnächst als Dozent in Frage kommende« bezeichnet wurde, zog sich in die Länge (UAJ C 791 Bl. 98). Die Venia Legendi erhielt er für »Numismatik und Geldgeschichte des Mittelalters und der Neuzeit«. Zu Hävernick, dem »Organisator der deutschen Nachkriegsnumismatik« (Klüßendorf 1995, S. 726), s. Klüßendorf 2014.

205 Ähnlich ist es mit der Dauerausstellung der antiken Münzen in Gotha gewesen. Die von Pick gepflegten und eingerichteten Schautische wurden ab 1934 zugunsten der Ausstellung mittelalter- und neuzeitlicher Münzen abgeräumt: vgl. Pick 1933a, S. 110 mit Schenk zu Schweinsberg 1937, S. 186.

206 Das Zitat entstammt der Artikelserie »Das Gesicht der deutschen Wissenschaft« aus der Brüsseler Zeitung von 1941, vgl. Hoßfeld et al. 2003a, S. 24.

207 Besonders hervorzuheben sind der Zoologe Ludwig Plate (1862–1937) und der Philosoph Max Wundt (1879–1963). Vgl. John & Stutz 2009, S. 340–345 (zu Plate), 399 f. u. 505 f. (Wundt).

Lehrstuhl für Sozialanthropologie durch.[208] Picks eingeschränkte Lehrtätigkeit ab 1928 und die Beendigung dieser auf eigenen Wunsch sind gewiss auch vor diesem Hintergrund zu sehen.[209] Am 30. Juni 1934 wurde der 72-jährige langjährige und verdiente Leiter des Gothaer Münzkabinetts aus dem dortigen Dienst entlassen, offenbar ohne das Datum seiner Pensionierung selbst bestimmen zu können.[210] Dass er überhaupt noch bis dahin als Direktor des Münzkabinetts und der Bibliothek tätig sein konnte, ist wohl nur durch die besondere rechtliche Stellung des Münzkabinetts zwischen 1925 und 1934 zu erklären, nach der er quasi Staatsbeamter in persönlichem Dienst war.[211] Pick war zweifelsohne ein hervorragender Direktor des Münzkabinetts, aber dem ehemaligen Herzog Carl Eduard sicher auch Mittel zum Zweck, bis die »Herzog von Sachsen-Coburg- und Gothaische Stiftung für Kunst und Wissenschaft« am 1. Juli 1934 mit ihrem neuen Direktor Eberhard Freiherr Schenk zu Schweinsberg (1893–1990) offiziell in Kraft trat.[212] Angesichts der zunehmenden nationalsozialistischen Ausgrenzung und Verfolgung in Deutschland dürfte die 1935 an Pick für sein Lebenswerk verliehene Medaille der Royal Numismatic Society of London nur ein schwaches Zeichen der Anerkennung gewesen sein. Aus vielen wissenschaftlichen Gesellschaften in Deutschland war er bereits ausgeschlossen worden oder – dem Unvermeidbaren zuvorkommend – ausgetreten.[213] Dennoch blieb Pick in Deutschland, zog zurück nach Berlin, wo er 1940 an den Folgen von Schüttellähmung und Grippe verstarb.[214]

---

208 Die Antrittsvorlesung am 15.11.1930 besuchten viele einflussreiche Nationalsozialisten, darunter Hitler, Göring, Frick und Sauckel. Vgl. Kirsche 1998, S. 128; Hoßfeld et al. 2003a, S. 44–49; John & Stutz 2009, S. 410–415 Taf. 16 Nr. 22. Günther war zuvor auch für den Lehrstuhl für Vorgeschichte im Gespräch: Grabolle et al. 2003, S. 871 f.

209 Pick deutet in einem Schreiben vom 20.8.1930 bezüglich der Einstellung seiner Lehrtätigkeit mangelnde Wertschätzung seitens der Philosophischen Fakultät an (ThHStAW 23253 Bl. 36–37).

210 Das Ruhestandsalter hatte Pick bereits 1927 erreicht. Aufgrund der komplizierten Rechtslage um das enteignete und restituierte Münzkabinett blieb Pick länger im Dienst. Der zunächst auf den 1.6. festgesetzte Eintritt in den Ruhestand wurde am 17.5.1934 um einen Monat nach hinten verschoben, da der zukünftige Leiter (Eberhard Schenk zu Schweinsberg) seinen Dienst erst ab Juli antreten konnte (ThHStAW 23253 Bl. 1. 49–63).

211 Vgl. dazu besonders ThHStAW 23253 Bl. 49.

212 Zu Schenk zu Schweinsberg s. Wendland 1999, S. 123. Die Stiftung sah eine Zusammenlegung der vormaligen Direktorenposten vor. Folglich war Walter Hävernick nicht mehr Direktor, sondern Kustos des Münzkabinetts. Vgl. Schenk zu Schweinsberg 1937, S. 185. Zur Rücknahme der Fürstenenteignung s.o Anm. 161.

213 1933 ausgeschieden aus der Vereinigung Thüringer Münzfreunde (Steguweit 1989, S. 161 f.); Verein der Gothaer Altertumsfreunde: Mitgliedschaft zum 1.1.1934 gestrichen (StAG Verein für Gothaische Geschichte und Altertumsforschung Bl. 5); Ehrenmitgliedschaft der Berliner numismatischen Gesellschaft: erzwungener Austritt am 20.10.1935 (Fried 2015, S. 125). – Die Medaille der Royal Numismatic Society wurde Pick auf der Sitzung vom 20.6.1935 in Abwesenheit verliehen, wo der Präsident Percy H. Webb (1856–1937) ihn würdigte und einen übersetzten Brief des Geehrten vom 1.6.1935 verlas (vgl. die Proceedings in NumChron 15, 1935, S. 12–18).

214 LAB Sterberegister Nr. 1677.

Auch wenn die Berufung Behrendt Picks als Professor für Münzkunde in Jena wohl auch aufgrund seiner jüdischen Biographie keine Nachhaltigkeit hatte,[215] bleibt festzuhalten, dass seine Ernennung zum Professor 1896 in einen Zeitraum fiel, in dem die fachliche Ausdifferenzierung der ehemals philologischen Disziplinen Archäologie und Alte Geschichte zwar durch die Gründung entsprechender Seminare 1867 bzw. 1885 eingeleitet, aber noch lange nicht abgeschlossen war. Das erklärt auch, weswegen Pick seine Vorlesungen in der Philologie, der Geschichte und der Archäologie angeboten hat. Das akademisch junge Fachgebiet der Numismatik wies Überschneidungen zu allen drei Bereichen auf, und entsprechend hat Pick Lehrveranstaltungen platziert, wobei eine deutliche Zunahme ab 1908 im Bereich der Archäologie zu konstatieren ist.

Die Ernennung eines Professors für Münzkunde folgte mithin derselben Logik wie bereits für die Denomination Archäologie: Am Anfang stand der Aufbau einer wissenschaftlichen Sammlung, die für Lehrzwecke eingesetzt werden sollte. Diese wurde 1846 als Archäologisches Museum bzw. 1870/86 als Akademisches Münzkabinett institutionalisiert, damit sie durch im Anschluss eigens geschaffene Professuren geleitet wurden, die die Sammlungsobjekte als Lehrmittel einsetzten und so ihrerseits einer weiteren Spezialisierung der Disziplinen Vorschub leisteten. Der Fall der in Jena gelehrten Münzkunde unterscheidet sich dabei aber nicht nur durch die lediglich nebenamtlich besetzte Professur von den altertumswissenschaftlichen Nachbardisziplinen. Vielmehr ist es auch Picks eigene Reduktion der universitären Lehre auf die »angewandte Numismatik«, die dazu führte, dass seine Veranstaltungen zunehmend ab 1908 zu einer Ergänzung des archäologischen (sowie historischen und philologischen) Lehrangebots wurden bzw. nie darüber hinauswuchsen. Wenngleich in den 1930er Jahren eine Interessenverschiebung in den Bereich der deutschen Münzkunde sicher auch politisch gewollt war und für Jena gut zu belegen ist, führte die durch Pick veranlasste Bestandsvergrößerung dazu, dass es nach seinem Ausscheiden an Fachwissen für die Verwaltung des Akademischen Münzkabinetts fehlte. Daher weist diese Art der im langen 19. Jahrhundert sich vollziehenden altertumswissenschaftlichen Spezialisierung auf ein mit ihr verknüpftes Problem hin: Die Abhängigkeit der Lehrsammlungen von einzelnen Professorenstellen bzw. von professoralen Spezialisierungen und Forschungsinteressen kann die Isolierung von Fachwissen gerade in sog. Kleinen Fächern begünstigen. Sammlungen, deren Verwaltung spezielle

---

215 Nach seinem Tode wurde in keinem deutschen Organ ein Nachruf auf Pick verfasst (vgl. Steguweit 1989, S. 164; Lederer 1940; Duffield 1940). Dies hatte massiven Einfluss auf die langfristige Erinnerung an seine Lebensleistung, er geriet schlichtweg vielerorts in Vergessenheit. Ein beredtes Zeugnis dafür ist die Falschinformation, Pick habe Selbstmord begangen (John & Stutz 2009, S. 431), die allein auf den Memoiren von Friedrich Stier (1886–1966) beruht, eines einflussreichen und von 1918–1945 durchgehend im Thüringer Bildungsministerium beschäftigten Beamten (ThHStAW Nachlass Friedrich Stier Nr. 6, S. 209). Nach 1945 war Stier, der NSDAP-Mitglied war, im Universitätsarchiv Jena beschäftigt, wo sein Porträt noch heute (!) hängt. Zu Stier: Mieth & Stutz 2018, S. 626 f. (C. Faludi).

und (noch) nicht allgemein in der Disziplin vermittelte Kenntnisse erfordert, laufen deshalb permanent Gefahr, durch personelle Veränderungen zum Spielball von Universitätsverwaltungen und Bildungspolitik zu werden. Umso mehr muss es ein Anliegen sein, wissenschaftliche Sammlungen für einen bleibenden Nutzen in Lehre und Forschung zu erschließen, wozu dieser Artikel einen Beitrag leisten möchte.

Objekt- und Abbildungsnachweise

Abb. 1 Stiftung Schloss Friedenstein Gotha. Foto nach: FS Pick 1931, Frontispiz. Bearbeitung: Christoph Klose.
Abb. 2 Landesarchiv Thüringen, Staatsarchiv Gotha Nr. 1521 Bl. 20. Scan: StAG.
Abb. 3 (Amtliches) Verzeichnis der Lehrer, Behörden, Beamten und Studierenden der ... Universität Jena, Nr. 13 WS 1832/1833, S. 5. zs.thulb.uni-jena.de/receive/jportal_jparticle_00560147.
Abb. 4 Thüringer Universitäts- und Landesbibliothek, HA, 8 Hist. Lit. VI, 94/17A, S. 156. Scan: ThULB.
Abb. 5 (Amtliches) Verzeichnis der Lehrer, Behörden, Beamten und Studierenden der ... Universität Jena, Nr. 89 WS 1870/1871, S. 11. zs.thulb.uni-jena.de/receive/jportal_jparticle_00893549.
Abb. 6 nach Richter 2017, Textabb. 22. Bearbeitung: Christoph Klose.
Abb. 7 Universitätsarchiv Jena, C, Nr. 789 Bl. 139. Scan: UAJ.
Abb. 8 Geheimes Staatsarchiv Preußischer Kulturbesitz IV. HA, Rep. 1, Nr. 86 Bl. 30. Scan: GStA PK.
Abb. 9 Vorlesungsverzeichnis der Universität Jena, WS 1910/11, S. 23. zs.thulb.uni-jena.de/receive/jportal_jparticle_00559500.
Abb. 10 Christoph Klose, erstellt nach den Vorlesungsverzeichnissen der Universität Jena (1896 bis 1908, 1908 bis 1931). zs.thulb.uni-jena.de/receive/jportal_jpvolume_00277131?XSL.referer=jportal_jpvolume_00215101.

Bibliographie

Ameling 2011 W. Ameling: Jenas Weg zur »Alten Geschichte«. In: M. Vielberg (Hrsg.): *Die klassische Altertumswissenschaft an der Friedrich-Schiller-Universität Jena. Eine Ringvorlesung zu ihrer Geschichte,* Altertumswissenschaftliches Kolloquium 23. Stuttgart 2011, S. 147–188.

Beiser 1988 K. Beiser (Hrsg.): *Ebenso neu als kühn: 120 Jahre Frauenstudium an der Universität Zürich.* Zürich 1988.

Boehlich 1965 W. Boehlich (Hrsg.): *Der Berliner Antisemitismusstreit.* Frankfurt a. M. 1965.

Bolleter et al. 2008 S. Bolleter, M. van Grondel & H. Ringger (Hrsg.): *Rückblenden, Einsichten, Ausblicke – Universität Zürich 2008: Wissen teilen: 175 Jahre Universität Zürich.* Zürich 2008.

Bornkamm 1943 H. Bornkamm: Hans Lietzmann zum Gedächtnis. *Die Antike* 19 (1943), S. 81–85.

Conze 2020 E. Conze: *Schatten des Kaiserreichs. Die Reichsgründung von 1871 und ihr schwieriges Erbe.* München 2020.

Dahmen 2020a K. Dahmen: Herausforderungen für Alfred von Sallet (1884–1897). In: B. Weisser (Hrsg.): *Münzkabinett. Menschen – Münzen – Medaillen.* Berlin 2020, S. 81–86.

Dahmen 2020b K. Dahmen: Eine Sammlung – viele Köpfe. Vorbesitzer und Provenienzrecherche. In: B. Weisser (Hrsg.): *Münzkabinett. Menschen – Münzen – Medaillen.* Berlin 2020, S. 241–261.

Doering 1845 H. Doering: *Jenaischer Universitäts-Almanach.* Jena 1845.

Duffield 1940 F. G. Duffield: Behrendt Pick. *The Numismatist* 53 (1940), S. 510–511.

Engeli 1924 A. Engeli: Friedrich Imhoof-Blumer 1838–1920. *Neujahrsblatt der Stadtbibliothek Winterthur* 258 (1924), S. 2–64.

Esche 2017 A. Esche: *Hitlers »völkische Vorkämpfer«. Die Entwicklung nationalsozialistischer Kultur- und Rassenpolitik in der Baum-Frick-Regierung 1930–1931.* Berlin 2017.

Ettel 2020 P. Ettel: *Die Sammlung Ur- und Frühgeschichte am Lehrstuhl UFG der Friedrich-Schiller-Universität Jena in Lehre, Forschung und Ausstellungen.* Jena 2020.

Fabian 2003 B. Fabian (Hrsg.), *Handbuch der historischen Buchbestände in Deutschland. Digitalisiert von Günter Kükenshöner.* Hildesheim 2003. fabian.sub.uni-goettingen.de/fabian.

Feyl 1958 O. Feyl: Die neuzeitlichen Anfänge der Universitätsbibliothek Jena. 1650–1750. In: K. Bulling (Hrsg.): *Geschichte der Universitätsbibliothek Jena 1549–1945.* Weimar 1958, S. 141–224.

Fried 2015 T. Fried: Hoffmann, Tassilo (1887–1951). In: D. Alvermann & N. Jörn (Hrsg.): *Biographisches Lexikon für Pommern,* Bd. 2. Köln 2015, S. 122–126.

Fuhrmeister 2006a C. Fuhrmeister: Hans Rose. Eine biographische Skizze. In: P. Schneider & P. Zitzlsperger (Hrsg.): *Bernini in Paris. Das Tagebuch des Paul Fréart de Chantelou über den Aufenthalt Gianlorenzo Berninis am Hofe Ludwigs XIV.* Berlin 2006, S. 434–455.

Fuhrmeister 2006b C. Fuhrmeister: Von der ›Rasse‹ zur ›Klasse‹? Das kunstgeschichtliche Seminar der Universität Jena zwischen 1938 und 1958, Kunst und Politik. *Jahrbuch der Guernica-Gesellschaft* 8 (2006), S. 93–120.

Gagliardi et al. 1938 E. Gagliardi, H. Nabholz & J. Strohl (Hrsg.): *Die Universität Zürich 1833–1933 und ihre Vorläufer.* Zürich 1938.

Gerber 2004 S. Gerber: *Universitätsverwaltung und Wissenschaftsorganisation im 19. Jahrhundert. Der Jenaer Pädagoge und Universitätskurator Moritz Seebeck.* Köln 2004.

Gerber 2009 S. Gerber: Die Universität Jena 1850–1918. In: *Traditionen – Brüche – Wandlungen. Die Universität Jena 1850–1995.* Köln 2009, S. 23–269.

Goetz 1928 G. Goetz: Geschichte der klassischen Studien an der Universität Jena von ihrer Gründung bis zur Gegenwart. Jena 1928.

Göttling 1854 C. W. Göttling: *Das archaeologische Museum der Universität Jena, gegründet im Jahr 1845 (sic!).* Jena (3. Aufl.) 1854.

Gottwald 2003 H. Gottwald: Die Jenaer Geschichtswissenschaft in der Zeit des Nationalsozialismus. In: Hoßfeld et al. 2003b, S. 913–942.

Grabolle et al. 2003 R. Grabolle, U. Hoßfeld & K. Schmidt: Ur- und Frühgeschichte in Jena 1930–1945. In: Hoßfeld et al. 2003b, S. 869–912.

Graen 2013 D. Graen: Gute Zeiten – Schlechte Zeiten. Die Sammlungen des Lehrstuhls für Klassische Archäologie der Friedrich-Schiller-Universität Jena. In: F. Müller (Hrsg.): *Archäologische Universitätsmuseen und -sammlungen im Spannungsfeld von Forschung, Lehre und Öffentlichkeit.* Berlin 2013, S. 325–340.

Grünewald 1982 E. Grünewald: *Ernst Kantorowicz und Stefan George. Beiträge zur Biographie des Historikers bis zum Jahre 1938 und seinem Jugendwerk »Kaiser Friedrich der Zweite«.* Wiesbaden 1982.

Grüttger 2012 M. Grüttger: Protestanten – Juden – Katholiken: Eine komplizierte Koexistenz. In: H.-E. Tenorth (Hrsg.): *Geschichte der Universität unter den Linden 1810–2010,* Bd. 2. Berlin 2012, S. 171–185.

Günther 1858 J. Günther: *Lebensskizzen der Professoren der Universität Jena 1558–1858.* Jena 1858.

Haupt 1991 H. Haupt: *Das Kunsthistorische Museum: Die Geschichte des Hauses am Ring. Hundert Jahre im Spiegel historischer Ereignisse.* Wien 1991.

Heidemann 2000a S. Heidemann: Die verschollene Gothaer Sammlung orientalischer Münzen. In: S. Heidemann (Hrsg.): *Islamische Numismatik in Deutschland. Eine Bestandsaufnahme.* Wiesbaden 2000, S. 87–106.

Heidemann 2000b S. Heidemann: Orientalistik und Orientalische Numismatik in Jena. In: S. Heidemann (Hrsg.): *Islamische Numismatik in Deutschland. Eine Bestandsaufnahme.* Wiesbaden 2000, S. 107–128.

Heidemann 2006 S. Heidemann: Maria Pawlowna und der Umbruch in der Orientalistik – Die Gründung des Großherzoglichen Orientalischen Münzkabinetts. In: J. Berger & J. von Puttkamer (Hrsg.): *Von Petersburg nach Weimar. Kulturelle Transfers von 1800 bis 1860.* Frankfurt a. M. 2006, S. 221–259.

Heidemann 2007 S. Heidemann: Das orientalische Münzkabinett in Jena. Die Islamische Münzkunde von der Theologie der Aufklärung zu den Regionalstudien. *Eothen* 4 (2007), S. 95–120.

Heidemann 2019 S. Heidemann: Das orientalische Münzkabinett Jena. In: N. Nebes (Hrsg.): *Das Orientalische Münzkabinett und die Alphons-Stübel-Sammlung früher Orientphotographien. Orientalische Sammlungen an der Universität Jena.* Wiesbaden 2019, S. 9–41.

Hellmann 1995 B. Hellmann: Paul Weber. Kunsthistoriker, Museumsgründer und Denkmalpfleger in Jena. In: J. John & V. Wahl (Hrsg.): *Zwischen Konvention und Avantgarde. Doppelstadt Jena Weimar.* Weimar 1995, S. 91–104.

Hellmann 2015 B. Hellmann: Behrendt Pick. In: *Jüdische Lebenswege in Jena: Erinnerungen, Fragmente, Spuren.* Jena 2015, S. 401–403.

Herbert 2021 U. Herbert: *Wer waren die Nationalsozialisten?* München (2. Aufl.) 2021.

Hoßfeld et al. 2003a U. Hoßfeld, J. John, O. Lemuth & R. Stutz: Zum Profilwandel der Jenaer Universität in der NS-Zeit. In: Hoßfeld et al. 2003b, S. 23–121.

Hoßfeld et al. 2003b U. Hoßfeld, J. John, O. Lemuth & R. Stutz (Hrsg.): *»Kämpferische Wissenschaft«. Studien zur Universität Jena im Nationalsozialismus.* Weimar 2003.

John 1996 J. John: Nachwort. In: H. Koch (Hrsg.): *Geschichte der Stadt Jena. Unveränderter Nachdruck der Ausgabe von 1966.* Jena 1996, S. 395–412.

John & Stutz 2009 J. John & R. Stutz: Die Jenaer Universität 1918–1945. In: *Traditionen – Brüche – Wandlungen. Die Universität Jena 1850–1945.* Köln 2009, S. 270–587.

Jonscher 2015 R. Jonscher: Juden und jüdisches Leben in Jena vom Mittelalter bis zur Gegenwart. In: *Jüdische Lebenswege in Jena: Erinnerungen, Fragmente, Spuren.* Jena 2015, S. 21–125.

Karpe 1958a G. Karpe: Nachreformatorische Gründungsperiode. Die Fürstlich Sächsische Bibliothek Jena 1559–1650. In: K. Bulling (Hrsg.): *Geschichte der Universitätsbibliothek Jena 1549–1945.* Weimar 1958, S. 1–140.

Karpe 1958b G. Karpe: Carl Wilhelm Göttling 1826–1869. Eine Übersicht über die Bibliotheksgeschichte im dritten bis siebenten Jahrzehnt des 19. Jahrhundert. In: K. Bulling (Hrsg.): *Geschichte der Universitätsbibliothek Jena 1549–1945.* Weimar 1958, S. 434–481.

Kirsche 1998 B. Kirsche: Zur Geschichte der Juden an der Universität Jena. In: *Juden in Jena. Eine Spurensuche.* Jena 1998, S. 104–145.

Kleinschmidt 2009 T. Kleinschmidt: Akademisches Münzkabinett. In: A. Lorke & H. G. Walther (Hrsg.): *Schätze der Universität. Die wissenschaftlichen Sammlungen der Friedrich-Schiller-Universität Jena.* Jena 2009, S. 105–113.

Klinger 2013 K. Klinger: *Die Anfänge der Weimarer Zeichenschule (1774–1806). Zwischen Fachausbildung und Dilettantismus.* Weimar 2013.

Klose 2024 Ch. Klose: Johann Andreas Boses Erbe. Entdeckung der langen Geschichte des Akademischen Münzkabinetts der Universität Jena. *Antike Welt* 1/2024, S. 62–67.

Klose & Winter 2022 Ch. Klose & E. Winter: Der Plan zum Ausbau der Münzsammlungen im neugegründeten Freistaat Thüringen. *Thüringer Museumshefte* 2022,2, S. 82–87.

Klüßendorf 1995 N. Klüßendorf: Das Akademische Münzkabinett Rostock. In: W. Buchholz & W. Mangelsdorf (Hrsg.): *Land am Meer. Pommern im Spiel seiner Geschichte.* Köln 1995, S. 725–757.

Klüßendorf 2014 N. Klüßendorf: Walter Hävernick (1905–1983). Leben, Werk und Wirkung vor dem Hintergrund des Wetterau-Corpus. In: *Walter Hävernick, Das ältere Münzwesen der Wetterau bis zum Ausgang des 13. Jahrhunderts.* Kommentierte Neuauflage mit biographischem Vorwort. 2. durchgesehene und ergänzte Auflage. Marburg 2014, S. 3–42.

Kluwe 1974 E. Kluwe: Die archäologischen Sammlungen des Instituts für Altertumswissenschaften. In: B. Schweinitz & G. Steiger (Hrsg.): *Reichtümer und Raritäten. Kulturhistorische Sammlungen, Museen, Archive, Denkmale und Gärten der Friedrich-Schiller-Universität Jena.* Jena 1974, S. 155–158.

Kluwe 1981 E. Kluwe: Fälschungen antiker Münzen in der Sammlung antiker Kleinkunst der Sektion Altertumswissenschaften der Friedrich-Schiller-Universität Jena. In: B. Schweinitz & G. Steiger (Hrsg.): *Reichtümer und Raritäten Bd. 2: Kulturhistorische Sammlungen, Museen, Archive, Denkmale und Gärten der Friedrich-Schiller-Universität Jena.* Jena 1981, S. 126–137.

Kluwe 1988 E. Kluwe: Münzen als historische und kulturgeschichtliche Zeugnisse. Zur Nutzung der Jenaer Münzsammlungen für wissenschaftliche Studien sowie Lehrzwecke. In: J. Sliwa & E. Kluwe (Hrsg.): *From the Archaeological Collections of Cracow and Jena.* Warschau 1988, S. 45–54.

Kluwe 1990 E. Kluwe: Walther Judeich (1859–1942). In: H. Schmigalla (Hrsg.): *Zur Geschichte der klassischen Altertumswissenschaft der Universitäten Jena.* Budapest 1990, S. 5–12.

Kluwe 1996 E. Kluwe: Die Münzsammlungen am Institut für Altertumswissenschaften der Friedrich-Schiller-Universität Jena. *Commission Internationale de Numismatique, Compte rendu* 43 (1996), S. 50–58.

Knott 1890 O. Knott: *Verzeichnis der Oberstlieutnant F. W. Schmidt'schen antiken Münzsammlung des Wilhelm-Ernst-Gymnasiums nach der Handschrift des Majors a. D. E. G. Schmidt.* Weimar 1890.

Körner & Jahn 2005 H.-M. Körner & B. Jahn: *Große bayerische biographische Enzyklopädie.* Berlin 2005.

Krieger 2003 K. Krieger: *Der »Berliner Antisemitismusstreit« 1879–1881. Eine Kontroverse um die Zugehörigkeit der deutschen Juden zur Nation. Kommentierte Quellenedition.* München 2003.

Krmniczek & Gaidys 2020 S. Krmniczek & M. Gaidys: *Gelehrtenbilder. Altertumswissenschaftler auf Medaillen des 19. Jahrhunderts. Begleitband zur online-Ausstellung im Digitalen Münzkabinett des Instituts für Klassische Archäologie der Universität Tübingen, Von Krösus bis zu König Wilhelm N. S. 3.* Tübingen 2020.

Kuhlmann & Schneider 2012 P. Kuhlmann & H. Schneider (Hrsg.): *Geschichte der Altertumswissenschaften: biographisches Lexikon,* DNP Suppl. 6. Stuttgart 2012.

Landau 1999 P. Landau: Ortloff, Friedrich. In: *Neue Deutsche Biographie,* Bd. 19. Berlin 1999, S. 602–603.

Lederer 1941 P. Lederer: Geheimrat Prof. Dr. Behrendt Pick 1861–1940. *Schweizerische Numismatische Rundschau* 28 (1941), S. 87–89.

Lencer-Krüßmann 1934 R. Lencer-Krüßmann: Drei Gothaer Wissenschaftler scheiden aus ihren Aemtern. *Rund um den Friedenstein* 11 Nr. 13 (1934), S. 1–2.

Lerner 2012 R. E. Lerner: Kantorowicz, Gertrud, in: A. Aurnhammer, W. Braungart, S. Breuer, U. Oelmann & B. Wägenbaur (Hrsg.): *Stefan George und sein Kreis. Ein Handbuch,* Bd. 3. Berlin 2012, S. 1478–1480.

Lerner 2020 R. E. Lerner: *Ernst Kantorowicz. Eine Biographie,* durchgesehen und erweitert. Übersetzung Thomas Gruber. Stuttgart 2020.

Longerich 2021 P. Longerich: *Antisemitismus. Eine deutsche Geschichte: von der Aufklärung bis heute.* München 2021.

Lucke 1966 G. Lucke: *Geschichte des Münzkabinetts Gotha.* Halle (Diss.) 1966.

Lullies & Schiering 1991 R. Lullies & W. Schiering (Hrsg.): *Archäologenbildnisse. Porträts und Kurzbiographien von Klassischen Archäologen deutscher Sprache.* Mainz (2. Aufl.) 1991.

Mann 1992 G. Mann: *Deutsche Geschichte des 19. und 20. Jahrhunderts.* Frankfurt a. M. 1992.

Matzke 2013 M. Matzke: Das Münzkabinett des Historischen Museums Basel. *Commission Internationale de Numismatique, Compte rendu* 60 (2013), S. 50–64.

Mieth & Stutz 2018 H. Mieth & R. Stutz (Hrsg.): *Jena. Lexikon zur Jenaer Stadtgeschichte.* Barching 2018.

Mommsen 1885 T. Mommsen: Der oberrheinische Limes. Vortrag, gehalten in der archäologischen Gesellschaft in Berlin. *Korrespondenzblatt der Westdeutschen Zeitschrift für Geschichte und Kunst* 4 (1885), S. 43–51 [= abgedruckt in: T. Mommsen, *Gesammelte Werke,* Bd. 5,2: *Historische Schriften.* Berlin 1908, S. 444–452.]

Noeske 2004 H.-C. Noeske: Geldgeschichte versus Numismatik. Eine kritische Bilanz. In: H.-M. von Kaenel, M. Radnoti-Alföldi, U. Peter & H. Komnick (Hrsg.): *Geldgeschichte vs. Numismatik. Theodor Mommsen und die antike Münze.* Berlin 2004, S. 277–294.

Ott 2012a J. Ott: Die Bibliothek Johann Andreas Boses. In: S. Wefers (Hrsg.): *Bücherschätze von Fürsten und Gelehrten. Das Kulturerbe in der Thüringer Universitäts- und Landesbibliothek Jena.* Jena 2012, S. 56–63.

Ott 2012b J. Ott: Die Bibliothek des Caspar Sagittarius. In: S. Wefers (Hrsg.): *Bücherschätze von Fürsten und Gelehrten. Das Kulturerbe in der Thüringer Universitäts- und Landesbibliothek Jena.* Jena 2012, S. 64–67.

Pachnicke 1958 G. Pachnicke: *Gothaer Bibliothekare. Dreißig Kurzbiographien in chronologischer Folge.* Gotha 1958.

Paul 1994 B. Paul: Gertrud Kantorowicz (1876–1945). Kunstgeschichte als Lebensentwurf. In: B. Hahn (Hrsg.): *Frauen in den Kulturwissenschaften. Von Lou Andreas-Salomé bis Hannah Arendt.* München 1994, S. 96–109.

Peter 2020 U. Peter: Das Münzkabinett und die Berlin-Brandenburgische Akademie der Wissenschaften. Eine enge Partnerschaft. In: B. Weisser (Hrsg.): *Münzkabinett. Menschen – Münzen – Medaillen.* Berlin 2020, S. 285–299.

Pick 1885a B. Pick: Zur Titulatur der Flavier. 1. Der Imperator-Titel des Titus. *Zeitschrift für Numismatik* 13 (1885), S. 190–238.

Pick 1885b B. Pick: Zur Titulatur der Flavier. 2. Die Consulate Domitians als Caesar. *Zeitschrift für Numismatik* 13 (1885), S. 356–383.
Pick 1886 B. Pick: Zur Titulatur der Flavier. 3. Die griechischen Münzen. 4. Anmerkungen zu Cohen. *Zeitschrift für Numismatik* 14 (1886), S. 294–374.
Pick 1892 B. Pick: C. Ludwig Müller. *Zeitschrift für Numismatik* 17 (1892), S. 349–351.
Pick 1893 B. Pick: Römische Inschriften vom Schwaderloch. *Anzeiger für Schweizer Alterthumskunde* 4 (1893) [abgedruckt in: *Korrespondenzblatt der Westdeutschen Zeitschrift für Geschichte und Kunst* 12 (1893), S. 193–197].
Pick 1895 B. Pick: W. H. Waddington. *Zeitschrift für Numismatik* 19 (1895), S. 318–321.
Pick 1898a B. Pick: *Die antiken Münzen Nord-Griechenlands.* Bd 1,1: *Die antiken Münzen von Dacien und Moesien.* Berlin 1898.
Pick 1898b B. Pick: Thrakische Münzbilder. *Jahrbuch des Deutschen Archäologischen Instituts* 13 (1898), S. 134–174.
Pick 1900 B. Pick: Contorniaten. In: *RE* IV,1. Stuttgart 1900, S. 1153–1160.
Pick 1903 B. Pick: Die ältesten Thüringer Münzen. *Coburg-Gothaische Heimatblätter* 1 (1903), S. 52–57.
Pick 1904a B. Pick: Der Jenaer Groschenfund. *Jenaische Zeitung* 4. August 1904, (= Jg. 231 Nr. 181).
Pick 1904b B. Pick: Ein Aureus des Carus unter Mitnennung seines Sohnes. *Blätter für Münzfreunde* 39 (1904), S. 3155.
Pick 1904c B. Pick: Die tempeltragenden Gottheiten und die Darstellung der Neokorie auf den Münzen. *Jahreshefte des Österreichischen Archäologischen Institutes in Wien* 7 (1904), S. 1–41.
Pick 1906a B. Pick: Die Neokorien von Ephesos. In: *Festschrift B. Head, Corolla numismatica.* Oxford 1906, S. 234–244.
Pick 1906b B. Pick: Deutsche Medaillen. In: *Katalog der 3. Deutschen Kunstgewerbe-Ausstellung in Dresden.* Dresden 1906, S. 39–61
Pick 1910a B. Pick: Die Münzen von Odessos. In: B. Pick & K. Regling (Hrsg.): *Die antiken Münzen Nord-Griechenlands.* Bd 1,2: *Die Münzen von Odessos und Tomis.* Berlin 1910, S. 519–586.
Pick 1910b B. Pick: Römisches Münzwesen. In: J. Conrad (Hrsg.): *Handbuch der Staatswissenschaften,* Bd. VI. Jena (3. Aufl.) 1910, S. 832–839.
Pick 1912 B. Pick: Das Gothaer Münzkabinett 1712–1912. *Coburg-Gothaische Heimatblätter* 7 (1910), S. 1–13.
Pick 1914a B. Pick: Athenische Statuen auf Münzen. In: *Festschrift Hugo Blümner.* Zürich 1914, S. 485–499.
Pick 1914b B. Pick: Münzen aus Thüringer Gold. *Archiv für Lagerstättenforschung* 4 (1914), S. 250–263.
Pick 1915 B. Pick: Die Ansprüche der Museen auf Schatz und Gräberfunde. Vorschläge für ein Ausgrabungsgesetz. *Museumskunde* 11,3 (1915), S. 113–122.
Pick 1917 B. Pick: Die thronende Göttin des Berliner Museums und die Persephone von Lokroi. *Jahrbuch des Deutschen Archäologischen Instituts* 32 (1917), S. 204–215.
Pick 1919 B. Pick: Die Münzkabinette. In: *Die Kunstmuseen und das deutsche Volk.* München 1919, S. 151–168.
Pick 1920 B. Pick: Goethes Münzbelustigungen. *Jahrbuch der Goethe-Gesellschaft* 7 (1920), S. 195–227.
Pick 1921 B. Pick: *Friedrich Imhoof-Blumer in Winterthur. Verzeichnis seiner Schriften (mit kurzer Würdigung seines Schaffens).* Gotha 1921.
Pick 1922a B. Pick: *Die Münzkunde in der Altertumswissenschaft.* Stuttgart 1922.
Pick 1922b B. Pick: *Heinrich Buchenau am 20. April 1922, 60 Jahre alt.* München 1922.
Pick 1929a B. Pick: Die Neokorie-Tempel von Pergamon und der Asklepios des Phyromachos. In: *Festschrift Walther Judeich.* Weimar 1929, S. 28–44.
Pick 1929b B. Pick: Die Kunstmuseen und die Münzen. *Museumskunde* N. F. 1 (1929), S. 59–68.
Pick 1930 B. Pick: Zur Titulatur der Flavier: Ein später Nachtrag. *Zeitschrift für Numismatik* 40 (1930), S. 304–307.
Pick 1931 B. Pick: *Aufsätze zur Numismatik und Archäologie.* Jena 1931.
Pick 1933a B. Pick: Das herzogliche Münzkabinett. In: E. Anding, B. Pick & W. Schmidt-Ewald (Hrsg.): *Die wissenschaftlichen Sammlungen und Anstalten der Stadt Gotha.* Gotha 1933 [= *Gotha: Das Buch einer deutschen Stadt.* Mit Unterstützung der Stadtverwaltung und in Verbindung mit zahlreichen Mitarbeitern herausgegeben von Kurt Schmidt, 7 (1933), S. 103–110].

Pick 1933b B. Pick: Das Gothaer Münzwesen. In: E. Anding, B. Pick & W. Schmidt-Ewald (Hrsg.): *Die wissenschaftlichen Sammlungen und Anstalten der Stadt Gotha.* Gotha 1933 [= *Gotha: Das Buch einer deutschen Stadt.* Mit Unterstützung der Stadtverwaltung und in Verbindung mit zahlreichen Mitarbeitern herausgegeben von Kurt Schmidt, 7 (1933), S. 111–120].

Piltz 1908 E. Piltz: *Dozenten-Album der Universität Jena 1858 bis 1908: Verzeichnis der Professoren und Privatdozenten der Großherzoglich Herzoglich Sächsischen Gesamtuniversität Jena in der ersten Hälfte des vierten Jahrhunderts ihres Bestehens.* Jena 1908.

Posener Wohnungs-Anzeiger 1862 *Posener Wohnungs-Anzeiger auf das Jahr 1862. Aus amtlichen Materialien zusammengestellt,* https://www.wbc.poznan.pl/dlibra/docmetadata?id=248467.

Purgold 1931 K. Purgold: Vom Wirken eines verdienstvollen Gothaers. Geheimrat Dr. Pick 70 Jahre alt. *Gothaisches Tageblatt* 21.12.1931 (Beilage).

Recke 2000 M. Recke. *Die Klassische Archäologie in Gießen. 100 Jahre Antikensammlung.* Gießen 2000, S. 95–114.

Richter 2017 H. Richter: *Geschichte des Archäologischen Museums der Universität Jena 1846–1962.* Wiesbaden 2017.

Sandner 2010 H. Sandner: *Hitlers Herzog: Carl Eduard von Sachsen-Coburg und Gotha. Die Biographie.* Aachen 2010.

Samida 2018 S. Samida: *Die archäologische Entdeckung als Medienereignis: Heinrich Schliemann und seine Ausgrabungen im öffentlichem Diskurs, 1870–1890.* Münster 2018.

Schaller 1977 H. M. Schaller: Kantorowicz, Ernst. In: *Neue Deutsche Biographie,* Bd. 11. Berlin 1977, S. 126–127.

Schenk zu Schweinsberg 1937 E. Schenk zu Schweinsberg: Die Herzoglichen Anstalten für Kunst und Wissenschaft seit 1934. In: K. Purgold & E. Schenk zu Schweinsberg (Hrsg.): *Das Herzogliche Museum.* Gotha 1937 [= *Gotha: Das Buch einer deutschen Stadt.* Mit Unterstützung der Stadtverwaltung und in Verbindung mit zahlreichen Mitarbeitern herausgegeben von Kurt Schmidt, Heft 8. Gotha 1937, S. 185–188].

Schilling 2018 J. Schilling: Caspar Sagittarius und die Numismatik seiner Schüler. *Neues Archiv für Sächsische Geschichte* 89 (2018), S. 143–157.

Schmidt 1869 E. Schmidt: Ueber die auf dem Terrain des römischen Kastells bei Bad Kreuznach, die Heidenmauer genannt, vom October 1858 bis November 1866 stattgefundenen Ausgrabungen. *Jahrbücher des Vereins von Alterthumsfreunden im Rheinlande* 47/48 (1869), S. 66–113.

Schneider 1931 F. Schneider: Geheimer Hofrat Prof. Dr. Behrendt Pick (21. Dez. 1861–21. Dez. 1931). *Jenaische Zeitung* vom 19.12.1931.

Schönert-Geiß 1991 E. Schönert-Geiß: 100 Jahre »Griechisches Münzwerk«. *Klio* 73 (1991), S. 298–303.

Schörner 2005 H. Schörner: Geschichte des Akademischen Münzkabinettes der Friedrich-Schiller-Universität Jena. In: A. Geyer (Hrsg.): *Moneta Augusti. Römische Münzen der Kaiserzeit und der Spätantike im Akademischen Münzkabinett der Friedrich-Schiller-Universität Jena.* Jena 2005, S. 9–15.

Schörner 2007 H. Schörner: Die Geschichte des Faches Klassische Archäologie an der Universität Jena von 1945 bis 1990. In: U. Hoßfeld, T. Kaiser & H. Mestrup (Hrsg.): *Hochschule im Sozialismus. Studien zur Geschichte der Friedrich Schiller-Universität Jena (1945–1990).* Köln 2007, S. 1816–1847.

Schörner 2008 H. Schörner: Das junge Museum wächst – Carl Wilhelm Goettling in Griechenland. In: A. Geyer (Hrsg.): *1846–2006: 160 Jahre Archäologisches Museum der Universität Jena.* Berlin 2008, S. 23–46.

Schramm-Häder 2001 U. Schramm-Häder: *Jeder erfreut sich der Gleichheit vor dem Gesetze, nur nicht der Jude. Die Emanzipation der Juden in Sachsen-Weimar-Eisenach (1823–1850).* München 2001.

Schüren 1978 U. Schüren: *Der Volksentscheid zur Fürstenenteignung 1926. Die Vermögensauseinandersetzung mit den depossedierten Landesherren als Problem der deutschen Innenpolitik unter besonderer Berücksichtigung der Verhältnisse in Preußen.* Düsseldorf 1978.

Schwemin 2015 F. Schwemin: Offizier und Römerforscher: Skizze zu Leben und Werk von Friedrich Wilhelm Schmidt (1786–1846). *Vestische Zeitschrift* 105 (2014/15), S. 199–223.

Simon 1990 M. Simon: Klassische Philologie und Alte Geschichte an der Jenaer Universität in der Zeit der Weimarer Republik und des Nationalsozialismus. In: H. Schmigalla (Hrsg.): *Zur Geschichte der klassischen Altertumswissenschaft der Universitäten Jena, Budapest, Kraków.* Jena 1990, S. 40–76.

Slivi 2015 J. Slivi: *Gotha 1918 bis 1933: Stadt der Gegensätze.* Bad Langensalza 2015.

Steguweit 1980 W. Steguweit: Wachstum und Schicksal einer bedeutenden Sammlung. In: W. Steguweit & U. Werneburg (Hrsg.): *Die römischen Münzen des Münzkabinetts Gotha.* Gotha 1980, S. 5–8.

Steguweit 1983 W. Steguweit: Münzkabinett Gotha. *Commission Internationale de Numismatique, Compte rendu* 30 (1983), S. 40–46.

Steguweit 1989 W. Steguweit: Die »Vereinigung Thüringer Münzfreunde« von 1929 bis 1943 – Behrendt Pick (1861–1940) und Karl Siegburg (1891–1940) zum 50. Todestag. *Numismatische Beiträge* 22, 54 (1989,4), S. 159–166.

Steguweit 2011a W. Steguweit: Prof. Dr. Behrendt Pick (21.12.1861 Posen – 3.5.1940 Berlin): Einem verdienstvollen Numismatiker und Museumsmann zum 150. Geburtstag. *Numismatisches Nachrichtenblatt* 60 (2011), S. 489–490.

Steguweit 2011b W. Steguweit: »Treu der Wissenschaft«. Prof. Behrendt Pick, Numismatiker und Museumsmann zum 150. Geburtstag. *Thüringische Landeszeitung* vom 24.11.2011.

Steguweit 2011c W. Steguweit: Eine stille Förderin mit sozialem Engagement. Das Schicksal der jüdischen Mitbürgerin Gertrud Pick (1864–1942), *Thüringische Landeszeitung* vom 9.11.2011.

Svoronos 1923–1926 I. Svoronos: *Les monnaies d'Athènes: Par Jean N. Svoronos,* 6 Bde. München 1923–1926.

Unrein 1905 O. Unrein: Rudolph Gaedechens. *Jahresbericht über die Fortschritte der klassischen Altertumswissenschaft* 128 (1905), S. 115–135.

Vielberg 1997 M. Vielberg: Georg Goetz (1849–1932). Klassischer Philologe und Glossograph in Jena. In: J. Kiefer (Hrsg.): *Jenaer Universitätslehrer als Mitglieder der Akademie Gemeinnütziger Wissenschaften zu Erfurt.* Erfurt 1997, S. 87–92.

Vollers 1906 K. Vollers: Das orientalische Münzkabinett der Universität Jena im Jahr 1906. *Blätter für Münzfreunde* 41, 6 (1906), S. 3515–3524; 41,7/8, S. 3529–3537.

von Kaenel 2004 H.-M. von Kaenel: Das *Corpus nummorum* der Kgl. Preußischen Akademie der Wissenschaften zu Berlin als Teil des »Großbetriebs der Wissenschaft« – Anspruch und Wirklichkeit. In: H.-M. von Kaenel, M. Radnoti-Alföldi, U. Peter & H. Komnick (Hrsg.): *Geldgeschichte vs. Numismatik. Theodor Mommsen und die antike Münze.* Berlin 2004, S. 21–36.

von Schulte J. F. von Schulte: Nicolovius, Alfred. In: *Allgemeine Deutsche Biographe* 52 (1906), S. 616–617.

Wendermann 2015 G. Wendermann: Walther Scheidig und die Staatlichen Kunstsammlungen zu Weimar im ›Dritten Reich‹. *Publications of the English Goethe Society* 84,3 (2015), S. 239–251

Wendland 1999 U. Wendland: *Biographisches Handbuch deutschsprachiger Kunsthistoriker im Exil. Leben und Werk der unter dem Nationalsozialismus verfolgten und vertriebenen Wissenschaftler,* 2 Bde. München 1999.

Weisser 2019 B. Weisser: Berliner Sonderausstellung. 150 Jahre Münzkabinett. Menschen – Münzen – Medaillen. *Numismatisches Nachrichtenblatt* 68,2 (2019), S. 45–54.

Weisser 2020 B. Weisser: Julius Friedländer als Direktor (1868–1884). In: B. Weisser (Hrsg.): *Münzkabinett. Menschen – Münzen – Medaillen.* Berlin 2020, S. 59–80.

Wielandt 1951 F. Wielandt: *Münzkunde und Münzkabinette am Oberrhein.* Karlsruhe 1951.

Wolf 1997 S. Wolf (Hrsg.): *Juden in Thüringen 1933–1945. Biographische Daten,* Bd. 2. Erfurt 1997.

Zimmermann & Berg 2011 M. Zimmermann & N. Berg: Berliner Antisemitismusstreit. In: D. Diner (Hrsg.): *Enzyklopädie jüdischer Geschichte und Kultur,* Bd. 1. Stuttgart 2011, S. 277–282.

Sämtliche Verweise auf Internetressourcen in diesem Beitrag wurden vor der Drucklegung geprüft.

Die Münzsammlung der Universitätsbibliothek Leipzig

Christoph Mackert & Thomas Uhlmann

Mit ihrer umfangreichen Münzsammlung, die im Jahr 2024 ca. 90 000 Objekte umfasst, ist die Universitätsbibliothek Leipzig ein Exot unter den großen deutschen Bibliotheken mit bedeutenden historischen Beständen. Üblicherweise finden sich numismatische Sammlungen dieser Größenordnung als eigenständige Institutionen im musealen Bereich, sei es als Landesmünzkabinette oder als Teil eines Museenverbunds. Dass sich eine der bundesweit namhaften Sammlungen von Münzen und Medaillen dieser Größe an einer Bibliothek herausbilden konnte, hat seinen Ursprung in der Frühen Neuzeit, als Bibliotheken häufig nicht einfach nur Ansammlungen von Büchern waren, sondern oft auch als Kuriositätenkabinette und Schauräume für Objektsammlungen dienten. So ist es nicht verwunderlich, dass ein Münzschatz, den die Universität Leipzig im Jahr 1718 als Schenkung erhielt, in der Bibliothek der Hochschule deponiert wurde.[1]

Aus den durchaus einfachen Anfängen im frühen 18. Jahrhundert hat sich innerhalb von 300 Jahren ein regelrechtes Museum der internationalen Geldgeschichte entwickelt, das die Geschichte der Münzprägung von ihren Anfängen im siebten vorchristlichen Jahrhundert bis zum Aufkommen der Massenzahlungsmittel des 20. Jahrhunderts quer über die Kontinente hinweg in repräsentativer Breite abbildet und neben einer ergänzenden Geldscheinsammlung auch einen umfangreichen Bestand an Medaillen vom 15. Jahrhundert an aufwärts umfasst. Während der Bestand an Münzen im Wesentlichen mit den 1910/20er Jahren endet, reicht die Geldschein- und Medaillensammlung bis in die Gegenwart. Die universelle Ausrichtung wurde durch große Sammlungszugänge im mittleren 19. Jahrhundert begründet, die das Kabinett als solches überhaupt erst konstituierten, und später gezielt weiterverfolgt. Auf diese Weise ist eine numismatische Sammlung entstanden, die für Forschung, Lehre und interessierte Öffentlichkeit reiches Mate-

1 Zu Universitätsbibliotheken des 17. und 18. Jahrhunderts als Orte von Objektsammlungen s. auch die vorausgehenden Beiträge im vorliegenden Band. Zur Stiftung des Münzschatzes an die Leipziger Universität im Jahr 1718 s. u. »Von 1718 bis heute«.

rial bereithält und unterschiedlichste Zugänge und Fragestellungen ermöglicht, etwa zu Münzentwicklung, Geldwesen, Handelsbeziehungen, Wirtschafts- und Sozialgeschichte oder historischen Repräsentationsformen.[2]

Von 1718 bis heute: Geschichte und Gegenwart einer Sammlung

Am 12. Mai 1717 feierte August der Starke (reg. 1694–1733 als Kurfürst von Sachsen) seinen 48. Geburtstag in Leipzig, wobei Vertreter der Universität ein Lobgedicht übergaben. Als Dank überreichte August eine Gold- und eine Silbermedaille, die goldene allein zu 50 Dukaten. Das kostbare Geschenk wurde allerdings nicht zum Ausgangspunkt einer numismatischen Sammlung: Schon 1718 veräußerte man die Goldmedaille wieder, der stattliche Erlös von 133 Talern und 8 Groschen finanzierte mit seinem Zinsertrag in den Folgejahren Erwerbungen der Universitätsbibliothek.[3]

Im selben Jahr erhielt die Universität aber erneut ein Geschenk, das aus heutiger Rückschau den Grundstein für eine eigenständige Münzsammlung legte. Es umfasste einen Schatzfund von mitteldeutschen Brakteaten aus dem späteren 13. Jahrhundert und verdankte sich dem niederlausitzischen Studenten Christian Bernds. Bernds hatte sich erst im Wintersemester 1717 in Leipzig immatrikuliert. Was den Studenten in seinem zweiten Semester dazu gebracht hat, einen offenbar umfangreichen Silbermünzenfund seiner Alma Mater zu schenken, ist heute nicht mehr nachvollziehbar, da keine zeitgenössischen Akten zu dem Vorgang zu ermitteln sind. Eine Publikation aus dem Jahr 1858 bietet derzeit den frühesten Beleg für die Bernds-Schenkung.[4] Bis heute lassen sich im Bestand Brakteaten nachweisen, die mit großer Wahrscheinlichkeit aus dieser Schenkung stammen (Abb. 1).

Abb. 1: Pfennig (Brakteat), Bistum Meißen, Bischof Albrecht II. von Mutzschen, 1258 bis 1266. Wahrscheinlich aus dem Brakteatenschatz von 1718, den Christian Bernds der Universität Leipzig gestiftet hat.

Aus dem 18. Jahrhundert sind vereinzelte weitere Schenkungen belegt. Die mit Abstand bedeutendste war das Vermächtnis des sächsi-

2 Zur Geschichte und Bedeutung der Leipziger Universitätsmünzsammlung s. zuletzt mit weiterführender Literatur: Mackert 2018; Mackert & Uhlmann 2019, S. 76–83; Thieme 2012, S. 315–329.

3 Zugangsbuch der Universitätsbibliothek Leipzig Nr. 4, zum Jahr 1717, UB Leipzig, MS 2789, S. 16.

4 Bülau 1858, S. 99 f.

Abb. 2: Porträt des kursächsischen Hofmedicus Samuel Kretzschmar, Mitte 18. Jh. [unbekannter Künstler].

schen Hofarztes Samuel Kretzschmar (1709–1774; Abb. 2), das 1774 einging und neben einem numismatischen Buchbestand ca. 3700 Münzen vor allem aus der Antike und dem 17. und 18. Jahrhundert umfasste. Diese Münzen wurden zusammen mit denen des Schatzfunds von Bernds in vier Schränken aufbewahrt. Da die Kretzschmar-Münzen drei Schränke einnahmen, lässt sich daraus auch eine Größenvorstellung der Bernds-Schenkung gewinnen, die demnach mehrere hundert Stück umfasst haben dürfte.[5]

Bis ins mittlere 19. Jahrhundert verharrte die Münzsammlung, soweit dies heute rekonstruierbar ist, auf diesem recht bescheidenen Niveau. Doch ab 1840 setzte unter dem seit 1833 amtierenden Bibliotheksdirektor Ernst Gotthelf Gersdorf (1804–1874; Abb. 3) eine äußerst dynamische Entwicklung ein, die innerhalb von zwei Jahrzehnten den Wandel zu einem großen Münzkabinett von überregionaler Bedeutung bewirkte – eine Ent-

5 Ebd., S. 100.

Abb. 3: Porträtstich Ernst Gotthelf Gersdorf, nach 1850, [unbekannter Künstler].

wicklung, die sich in den erhaltenen Zugangsverzeichnissen der 1840er und 1850er Jahre gut nachvollziehen lässt (Abb. 4). Als Historiker und numismatischer Spezialist engagierte sich Gersdorf intensiv für den Ausbau der Sammlung. Er setzte nicht nur ab 1841 einen eigenen Erwerbungsetat für Münzen durch, sondern erreichte 1851 auch den Ankauf der herausragenden Mittelaltersammlung des Leipziger Patriziers und namhaften Numismatikers Carl Friedrich von Posern-Klett (1798–1849) mit ihren über

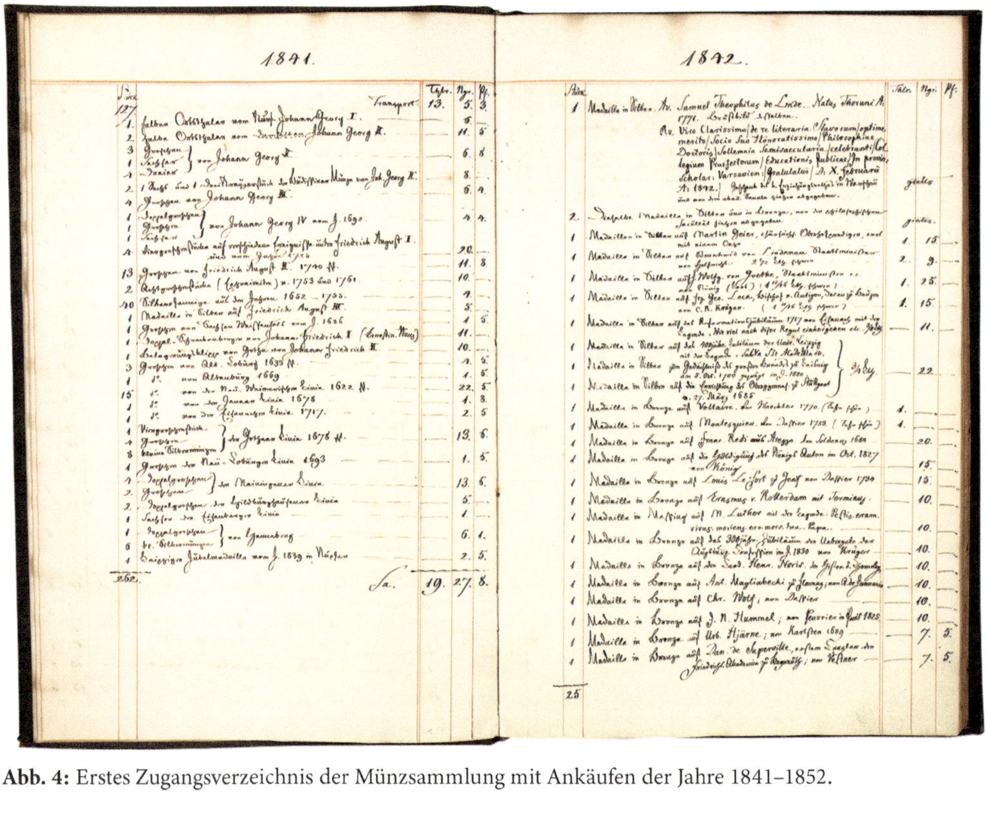

Abb. 4: Erstes Zugangsverzeichnis der Münzsammlung mit Ankäufen der Jahre 1841–1852.

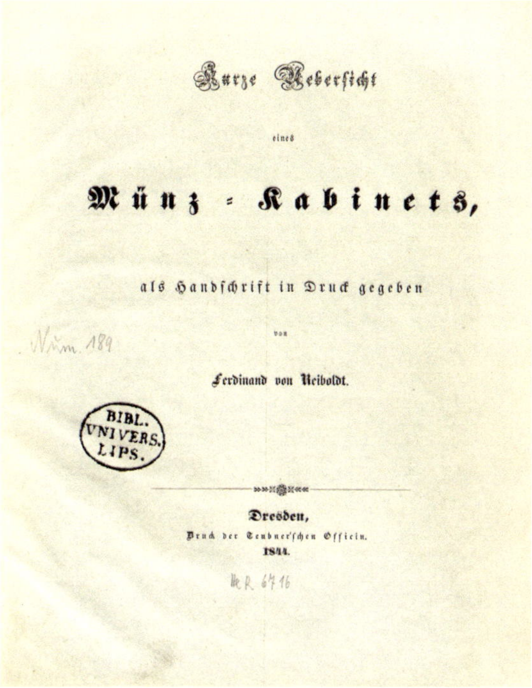
Kurze Uebersicht
eines
Münz-Kabinets,
als Handschrift in Druck gegeben
von
Ferdinand von Reiboldt.
BIBL. UNIVERS. LIPS.
Dresden,
Druck der Teubner'schen Officin.
1844.

Abb. 5: Gedrucktes Verzeichnis der Münzsammlung Ferdinand von Reiboldt (1844), Titelblatt.

45000 oder nach anderen Quellen sogar mehr als 51000 Objekten. Der Sammlung Posern-Klett verdankt sich bis heute die besondere Bedeutung der Leipziger Münzsammlung im Bereich der mittelalterlichen Münzen.[6]

Weitere Zugänge folgten, die den Bestand in kurzer Zeit signifikant anwachsen ließen: Ab 1855 waren Münzfunde aus dem Leipziger Kreisdirektionsbezirk dem Kustos des Münzkabinetts vorzulegen, sodass Gersdorf, der schon seit dem Fund von Gerstenberg 1843 an solchen Stücken für die Sammlung interessiert war, bei seinen Ankäufen Erstzugriff auf das Material hatte. Die spektakuläre Erwerbung des 1856 in Paunsdorf bei Leipzig gefundenen Schatzes, der aus 1018 ganzen und 639 halben Brakteaten von meist vorzüglichem Erhaltungszustand bestand, gehört in diesen Kontext. Ein umfangreicher Neuzugang vor allem im Bereich der antiken und neuzeitlichen Münzen folgte 1858 mit der testamentarisch vermachten Sammlung des königlich-sächsischen Finanzrats Ferdinand von Reiboldt (1786–1858), die ca. 26500 Münzen umfasste (Abb. 5).[7] Um 1860 war das Leipziger Münzkabinett damit auf ca. 75000 bis 80000 Objekte angewachsen und hatte bereits seine zeiten- und räumeübergreifende Ausrichtung erhalten. Zugleich wurde der Bestand in einem handschriftlichen Bandkatalog von schließlich 16 Bänden dokumentiert (Abb. 6).[8]

Unter Gersdorf wurde die Leipziger Münzsammlung auch ein wichtiger Akteur in der deutschen Numismatik. Gersdorf selbst war von 1865 bis zu seinem Tod 1874 Herausgeber der »Blätter für Münzfreunde« und veröffentlichte hier 19 Aufsätze, die im Wesentlichen auf dem Bestand der Universitätsbibliothek basierten. Im Mai 1880 fand der erste Vereinstag der deutschen Münzforscher in Leipzig statt, einer der Initiatoren dieses Treffens

6 Vgl. Mackert 2011a, S. VII–IX.
7 Vgl. Reiboldt 1844; Stübel 1874, S. 291–292.
8 UB Leipzig, Archiv Münzsammlung, Nr. 6,1–16. Vgl. Jäger 1997, S. 52.

Abb. 6: Unter Gersdorf begonnener Bandkatalog der Münzsammlung der Leipziger Universitätsbibliothek.

war der neue Sammlungsdirektor Bruno Stübel (1842–1907).[9]

Auch nach Gersdorf konnte der Sammlungsbestand kontinuierlich ausgebaut werden. Die Erwerbung von kleineren Münzfunden und Partien größerer Funde wie denen aus Zwickau (1876), Seega (1902), Nordhausen (1911) oder Etzoldshain (1933) setzte sich fort. Bis zum Zweiten Weltkrieg wurde auch weiterhin gezielt auf Auktionen oder direkt von namhaften Numismatikern angekauft. Darüber hinaus gelang es immer wieder, größere Privatsammlungen zu übernehmen: 1872 die Sammlung des Dresdner Hofsekretärs Wilhelm Albert Müller (1802–1870) mit 798 islamischen Münzen,[10] 1925 ca. 2 000 Münzen des 19. und 20. Jahrhunderts aus dem Vermächtnis des Leipziger Anatomie-Professors Sandór Kästner (1865–1924), 1926 aus dem Vorbesitz des Sinologie-Professors August Conrady (1864–1925) 176 ostasiatische Käsch-Münzen.

Der Zweite Weltkrieg brachte für die Sammlung, die seit 1922 von Benno Hilliger (1863–1944) geleitet wurde, eine einschneidende Zäsur. Bei der Auslagerung nach Schloss Mutzschen (ca. 15 km östlich von Grimma) mussten die Münzen aus Platzgründen von den Tabletts genommen und zusammengepackt werden, womit die gesamte Sammlungserschließung aus hundert Jahren vernichtet wurde. Der Bestand an Goldmünzen, der separat in Schließfächern der Deutschen Bank in Leipzig untergebracht war, ging offenbar nach dem Einmarsch der US-Truppen verloren. Die in Mutzschen gelagerten Bestände wiederum wurden von der Roten Armee nach Leningrad und wohl auch nach Moskau abtransportiert, wo erste Neuordnungen und -bestimmungen begannen (Abb. 7). 1958 erfolgte zwar die Rückgabe an die DDR, die Münzen verblieben aber zunächst am Münzkabinett in Ost-Berlin. Erst 1964 gelang es der Leipziger Universität, die Sammlung zurückzuerhalten. Bei der Ankunft in Leipzig war sie von über 90 000 auf ca. 81 000 Stücke geschrumpft.[11]

9 Siehe Bericht über den zu Leipzig am 19. und 20. Mai abgehaltenen ersten Vereinstag deutscher Münzforscher. *Blätter für Münzfreunde* 85/86 (1881), S. 733–744, hier S. 733.

10 Zu dieser Erwerbung und der ungeklärten Identifikation der Person vgl. Heidemann 2004, S. 346–348.

11 Vgl. Thieme 2012, S. 318 f.

Es dauerte vier weitere Jahre, bis 1968 unter Arnold Roggisch (1933–2008) die Wiederaufarbeitung des Sammlungsbestandes begann.[12] Da die Universität über keine Numismatiker verfügte und keine Neueinstellungen infrage kamen, wurden hierfür Münzsammler als Ehrenamtliche angeworben. Die Wiedererschließung der Leipziger Sammlung war und ist daher mit zahlreichen Namen der sächsischen Sammler-Numismatik verbunden: Citizen Science in seiner besten Ausprägung, lange bevor sich dieser Modebegriff etablierte. Neben Günther Röblitz (1923–2008) und Günther Breitner begann damals auch Klaus Thieme (1929–2013) mit der Sortierungs- und Bestimmungsarbeit, der sein Engagement für die Sammlung bis 2010 fortsetzte und auf der Basis seiner Bestandskenntnis wichtige Veröffentlichungen zu den mitteldeutschen Brakteaten vorlegte.[13] Seit den 1970er Jahren war Ewald Hausmann (geb. 1933) Teil des freiwilligen Münzteams, der ebenfalls bis 2010 intensiv für die Sammlungserschließung tätig war und sie mit Publikationen begleitete.[14]

Unter Kustos Roland Jäger (geb. 1935) wurde ab 1978 die Wiedererschließung forciert. Mit dem Katalog der autonomen griechischen Münzen erschien 1993 ein erster publizierter Bestandsnachweis.[15] Darüber hinaus erfolgten nun wieder Bestandsergänzungen: Durch Ankäufe, die ab 1979 sporadisch einsetzen und ab 1990 intensiver möglich waren, konnte der kriegsbedingte Verlust der Goldmünzen zumindest in Ansätzen abgemildert werden, die Kriegsverluste im Bereich der Groschen wurden durch die Erwerbung der Sammlung Günther Röblitz wenigstens teilweise kompensiert. 1999 erhielt das Kabinett die Münzsammlung der Familie Treusch, die im 20. Jahrhundert in Leipzig als Silberschmiede tätig waren, als Schenkung, wodurch der Bestand der sächsischen Taler und der deutschen Münzen des 19. und 20. Jahrhunderts ergänzt werden konnte. Der entscheidendste Fortschritt aber war, dass die Sammlung 1998 im Zuge des Wiederaufbaus der teilweise kriegszerstörten Bibliothek eine neue, angemessene Unterbringung erhielt.[16]

In den 2000er Jahren verlagerte sich mit dem nächsten Kustodenwechsel der Schwerpunkt der Sammlungsarbeit unter Christoph Mackert darauf, die Bestände öffentlich besser verfügbar zu machen. Mehrere neue Bestandskataloge konnten zwischen 2008 und 2012 im Zuge der weiterhin ehrenamtlichen Erschließungstätigkeit publiziert werden: Veröffentlichungen zu den provinzialrömischen Prägungen, den meißnischen Brakteaten, den sächsischen Groschen und den Leipziger Universitätsmedaillen.[17] Im Zuge des Digital Turn, der im Bibliotheksbereich intensiv und proaktiv mitgestaltet wurde, war aber zugleich klar, dass die Münzsammlung wie die anderen Bestände der Bibliothek prioritär

12 Vgl. zum Folgenden ebd., S. 321–326.
13 Siehe insbesondere: Thieme: 2011; Thieme & Hausmann 2016.
14 Siehe insbesondere: Hausmann 2008; Mackert 2011b.
15 Vgl. Anm. 14.
16 Vgl. Thieme 2012, S. 325.
17 Siehe Anm. 13 und 14 sowie Schöder 2012.

eine Internet-Präsenz erhalten müsse und dass perspektivisch eine digitale Bereitstellung der Gesamtsammlung anzustreben sei.

Die Gelegenheit zur Umsetzung dieser Pläne bot die Einrichtung eines Landesdigitalisierungsprogramms durch den Freistaat Sachsen im Jahr 2015, mit dem Drittmittel für die systematische Digitalisierung von Kulturgut bereitgestellt wurden. Die hauseigene Reproduktionstechnik, ohnehin schwerpunktmäßig auf die Digitalisierung von Altbestandsmaterial spezialisiert, wurde um eine Station für digitale Münzfotografie erweitert, was die Beantragung von Projektmitteln ermöglichte. Seit 2015 war die UB Leipzig bislang in jedem Jahr erfolgreich, Landesdigitalisierungsmittel für die Münzsammlung einzuwerben. Für mehr als ein Drittel der Sammlung konnten auf diesem Weg bislang hochwertige Digitalisate angefertigt und mit elektronischen Erschließungsdaten versehen werden. Als Präsentationssystem der digitalisierten Münzbestände nutzt die UB Leipzig anstelle einer eigenen Hauslösung das mit DFG-Mitteln aufgebaute zentrale Münzportal KENOM (kenom.de), um die numismatische Forschungscommunity möglichst direkt über ein fachspezifisch einschlägiges Informationssystem zu erreichen. Unter den aktuell ca. 115 000 über das KENOM-Portal publizierten Digitalisaten numismatischer Objekte (Stand Januar 2024) machen die Stücke der UB Leipzig derzeit mehr als ein Viertel aus.[18] Das bedeutet zugleich, dass mit mehr als 32 000 Datensätzen inzwischen ein Drittel der Gesamtsammlung online ist.

Parallel gelang bei den Ehrenamtlern ein gleitender Generationenwechsel: 2010 beendeten Klaus Thieme und Ewald Hausmann altersbedingt ihre freiwillige Mitarbeit an der Sammlungserschließung, im selben Jahr begann mit Thomas Uhlmann ein junger numismatischer Autodidakt mit bester Vernetzung in die deutsche Sammlerszene und Fachcommunity ein intensives Engagement für die Münzsammlung, das auch zu einer Vielzahl von öffentlichkeitswirksamen Aktivitäten führte und weiterhin führt.[19] Zudem meldeten sich mehrfach Studierende, nachdem die Münzsammlung in Lehrveranstaltungen vorgestellt worden war, für Praktika, Hilfskraftstellen und auch zur freiwilligen Mitarbeit.[20] Die Fördermittel des Landesdigitalisierungsprogramms erlaubten dann ab 2016 den Aufbau eines zumindest jahresweise abgesicherten studentischen »Münzteams« von meist fünf bis sechs Personen, von denen sich einzelne intensiv in numismatische Fragen einarbeiteten und sich damit beruflich weiterqualifizieren konnten.

Weitere Unterstützung durch drittmittelfinanzierte Lehrveranstaltungen mit Ausstellungsprojekten erhielt die Münzsammlung ab 2013 über die »Leipziger Sammlungsinitiative«, die Teil des vom Bundesministerium für Bildung und Forschung im Rahmen des Qualitätspakts Lehre geförderten Projektes »StiL – Studieren in Leipzig« an der Leip-

18 kenom.de/institutionen/isil_DE-15/.
19 Vgl. Uhlmann 2015, S. 4.
20 Vgl. ebd. S. 4.

ziger Universität war.[21] Erst das Zusammenspiel all dieser Mosaiksteine zur Einbindung von Personen ohne feste Anstellung an der UB Leipzig ermöglichte die Umsetzung nicht nur der guten digitalen Sichtbarkeit, die die Münzsammlung inzwischen hat, sondern auch von Publikationen und größeren Aktivitäten wie der Sonderausstellung zum 300-jährigen Sammlungsjubiläum im Jahr 2018 mit begleitendem Fachkolloquium. Denn die Personalsituation des Leipziger Kabinetts ist trotz der bedeutenden Größe weiterhin mehr als prekär: Mit dem Dienstende von Roland Jäger wurde die Kustodenstelle für den Aufbau eines Handschriftenzentrums zur überregionalen Durchführung von DFG- und anderen Drittmittelprojekten umgewidmet,[22] die Betreuung der Münzsammlung macht seitdem nur noch einen geringen Bruchteil dieser Stelle aus.

Ein Kabinett nicht nur für Münzen: Medaillen im Leipziger Sammlungsbestand

Wie fast alle großen numismatischen Sammlungen mit universeller Anlage umfasst auch das Leipziger Kabinett neben historischen Zahlungsmitteln auch Medaillen, Objekte also, die kein finanzielles Wertäquivalent darstellen, sondern als Schau- und Geschenkstücke dienen. Mit fast 9 000 Stück machen Medaillen etwa ein Zehntel des gesamten Sammlungsbestands aus. Wie die Münzen, so decken auch die Medaillen zeitlich und räumlich eine große Spannbreite ab, im Gegensatz zum eigentlichen Münzenbestand reichen die Medaillen in der Leipziger Sammlung dabei aber auch bis in die aktuelle Gegenwart.

Das Aufkommen der Medaille im Italien des mittleren 15. Jahrhunderts kann der Leipziger Bestand zwar nicht dokumentieren, doch ist die italienische Renaissance-Medaille des späteren 15. Jahrhunderts bereits im Bestand mit einzelnen Stücken vertreten, die Überlieferung aus dem früheren 16. Jahrhundert dann sogar in zahlreichen Exemplaren. Mit einer Fülle repräsentativer und teilweise sehr seltener Stücke kann die Leipziger Sammlung auch die frühe deutsche Medaillenproduktion der ersten Hälfte des 16. Jahrhunderts beleuchten. Für die folgenden Jahrhunderte findet sich in der Sammlung kontinuierlich reiches Material, wobei sich die regionalen Schwerpunkte derzeit noch nicht klar abzeichnen, da gerade im Bereich der Medaillen noch großer Erschließungsbedarf besteht. Bislang erscheint anhand der bestimmten und ausgelegten Stücke der Raum Sachsen-Brandenburg und natürlich auch insbesondere Leipzig als ein zentrales Schwerpunktgebiet. Doch hat sich im Sommer 2023 anlässlich einer Nutzeranfrage beispielsweise gezeigt, dass die Sammlung auch über 300 schwedische Medaillen birgt, von denen bislang nur neun erfasst waren.

---

21 Vgl. ebd. sowie Kornemann 2020, S. 61–70.
22 Vgl. Mackert 2022.

Trotz der grundsätzlich internationalen Ausrichtung gehörte und gehört eine möglichst breite Dokumentation des Medaillenwesens in Sachsen und Leipzig zu den Aufgaben des Leipziger Kabinetts. Dies schlägt sich in einem Bestand nieder, der (nach aktuellem Erschließungsstand) mindestens 700 Medaillen auf Leipziger Persönlichkeiten und Ereignisse umfasst. Hinzu kommen zahlreiche weitere Stücke, die von Leipziger Medailleuren stammen, aber auf Anlässe oder Personen außerhalb Leipzigs angefertigt wurden. Allerdings war die Phase von den 1920er Jahren bis um 1970 bis vor wenigen Jahren auffallend unterrepräsentiert. Der Grund hierfür dürfte im Rückgang der Erwerbungstätigkeit während der Weltwirtschaftskrise und verstärkt dann unter dem NS-Regime liegen, an die sich die lange Unterbrechungsphase anschloss, die 1943 mit der Auslagerung begann und erst 1968 mit der Neubearbeitung der rückgeführten Bestände endete. Es war daher eine wichtige Bestandsergänzung, als 2014 eine Sammlung von Medaillen des Leipziger Medailleurs Johannes Kanz (1919–1997) von dessen Witwe Ruth und seinen Freunden Hilmar Sachse (geb. 1932) und Ralf Schreiber dank der Vermittlung von Thomas Uhlmann dem Leipziger Kabinett überlassen wurde. Vor wenigen Jahren konnte die empfindliche Lücke bei den Leipziger Medaillen des 20. Jahrhunderts schließlich durch den Ankauf einer bedeutenden Privatsammlung merklich reduziert werden. Diese für Leipzig prominente Neuwerbung soll im folgenden näher vorgestellt werden.

Medaillen von Bruno Eyermann: Ein bedeutender Neuzugang

Im Jahr 2018, dem Jahr des 300-jährigen Bestehens der Münzsammlung der Universitätsbibliothek Leipzig, gelang mit umfangreicher Drittmittelförderung die Erwerbung einer umfassenden Sammlung zum Schaffen des Leipziger Medailleurs Bruno Eyermann (1888–1961). Eyermann war die bestimmende Gestalt unter den Leipziger Kunstmedailleuren in der ersten Hälfte des 20. Jahrhunderts. Seine künstlerische Ausbildung erhielt er ab 1905 an der Leipziger Akademie für graphische Künste und Buchgewerbe, der heutigen Hochschule für Graphik und Buchkunst (HGB). Dort war er ab 1919 auch als Dozent tätig. Von 1923 an entfaltete er als freischaffender Künstler in Leipzig eine reiche Medaillenproduktion, die sich durch eine außergewöhnliche zeichnerische Sicherheit und Realitätstreue auszeichnete und mit ihrer Ausrichtung an der Klassischen Moderne bzw. der Neuen Sachlichkeit schnell vorbildlich für die Leipziger Kunstmedaille wurde. Sie beeinflusste noch die Medaillenkunst der DDR maßgeblich. Charakteristisch sind auch seine Experimente mit verschiedenen Formaten und Materialien (Abb. 7).[23]

---

23 Thieme 2016, S. 17–18.

Abb. 7: Bronze-Medaille mit Selbstbildnis Bruno Eyermann, 1958.

Das Medaillenwerk Eyermanns setzt um 1909 ein und deckt damit die Zeit des späten Kaiserreichs, der Weimarer Republik, der NS-Zeit und der ostdeutschen Nachkriegsära ab, für die letzten beiden Lebensjahre auch die westdeutsche Wirtschaftswunderphase, nachdem Eyermann 1959 mit seiner Familie nach Hanau übergesiedelt war. In dieser gut 50-jährigen Schaffensphase lässt sich eine stilistische Entwicklung von äußerst detailliert gearbeiteten Feingravuren mit recht flachem Relief hin zu einer deutlich großzügigeren Behandlung mit stärker hervortretenden plastischen Elementen beobachten. Gleichbleibend ist aber die ausgeprägte Grundhaltung realistischer Wirklichkeitswiedergabe, die ein Markenzeichen Eyermanns darstellt. Angesichts der zeithistorischen Brüche, die Eyermann erlebte, ist es gleichzeitig interessant zu verfolgen, wie der Künstler in seinen Arbeiten stets eine Distanz zu den jeweiligen politischen Machthabern wahrte, was ihm zugleich ermöglichte, in jedem der Systeme Aufträge zu erhalten.

Abb. 8: Silber-Medaille auf den Tod des Industriellen Karl Louis Krauß, 1927 (Dedikationsexemplar?).

Die neuerworbene Medaillen-Sammlung dokumentiert das Œuvre Eyermanns in einzigartiger Weise. Sie umfasst mit 218 Objekten über 80 Prozent des bekannten Medaillenwerks und vermittelt damit einen exzellenten Überblick über die verschiedenen Schaffensphasen, die künstlerische Entwicklung, die Auftraggeber und die Anlässe der einzelnen Arbeiten. Nirgends sonst existiert eine vergleichbar umfangreiche und vollständige Eyermann-Kollektion mit so ausgesucht qualitätvollen Exemplaren in hervorragendem Erhaltungszustand. Besonders erwähnenswert sind 18 Silber-Stücke, die als separat hergestellte Widmungsexemplare hohen Seltenheitswert haben (Abb. 8).

Die Eyermann-Medaillensammlung wurde über Jahrzehnte hinweg von dem Leipziger Graphiker und Numismatiker Klaus Thieme aufgebaut. Es handelt sich um denselben Klaus Thieme, der, wie oben erwähnt, fast vier Jahrzehnte lang die Wiedererschließung der Münzsammlung der Universitätsbibliothek Leipzig maßgeblich mitgetragen hat. Nach seinem Tod stand die Sammlung zum Verkauf, und es drohte eine Zerstreuung über den Münzhandel. Dass die Eyermann-Sammlung schließlich geschlossen in einer öffentlichen Institution für die weitere Nutzung erhalten werden konnte, verdankte sich einem gemeinsamen Förderhandeln mehrerer Geldgeber aus dem Stiftungsbereich und der Numismatik.[24] Auch die Medaillen der Eyermann-Sammlung wurden nach dem Eingang in die Leipziger Sammlung digitalisiert und stehen dank der Rechteeinräumung durch Eyermanns Nachkomme Thomas Güldner als Inhaber der Urheberrechte über das Web-Portal KENOM digital bereit.

Impulse für eine Geldscheinsammlung

Obwohl das Leipziger Münzkabinett traditionell auf die historische Geldgeschichte bis zum 19. Jahrhundert ausgerichtet ist und die Entwicklung der Zahlungsmittel in der Moderne nicht zu seinen Schwerpunkten gehört, ist der Bestand im Laufe des 20. und 21. Jahrhunderts auch um eine Geldscheinsammlung erweitert worden, die Stand heute über 800 Einzelscheine umfasst. Sie bestand zunächst und über längere Zeit vor allem aus Papiernotgeld aus der Zeit des Ersten Weltkriegs und der Hyperinflation der 1920er Jahre (Abb. 9). In den letzten zehn Jahren hat sich hier aber dank privater Initiativen eine erfreuliche Dynamik entwickelt: Umfangreiche Spenden haben zum einen das Segment des Not- und Inflationsgeldes stark ausgebaut, zum anderen einen neuen Sammlungsbereich entstehen lassen, der aus jungen Geldnoten mit unikal-persönlichen Zusätzen besteht. Hierzu gehören Euro-Noten, die von Geldschein-Designern und Notenbankchefs signiert

24 Der Erwerb wurde insbesondere ermöglicht durch die Ostdeutsche Sparkassenstiftung zusammen mit der Sparkasse Leipzig. Weitere Unterstützung erhielt die UB Leipzig von der Kulturstiftung der Länder, der Fritz Rudolf Künker GmbH & Co. KG Osnabrück und dem Verband der Deutschen Münzenhändler e. V. (VDDM).

Abb. 9: Notgeldschein der Stadt Glauchau, »Buttermilchserie« (50 Pfennige), 1921.

Abb. 10: 10-Euro-Schein, gestaltet 2016 von Karoline Kehr (Hamburg), aus der Aktion »Gib dem Euro ein Gesicht!«.

sind, ebenso wie eine Kollektion von Ost- und West-Mark-Scheinen, auf denen sich Akteurinnen und Akteure der Friedlichen Revolution und der Deutschen Einheit verewigt haben – bis zu zu einem 500-Ostmark-Schein mit der eigenhändigen Unterschrift von Michail Gorbatschow (1931–2022).

Große Resonanz hat im Jahr 2018 eine Aktion zur künstlerischen Gestaltung von Euro-Scheinen unter dem Motto »Gib dem Euro ein Gesicht!« gefunden, die zu einem der außergewöhnlichsten Neuzugänge für das Leipziger Münzkabinett geführt hat (Abb. 10).[25] Die Initiative – an der sich 100 internationale Illustratorinnen und Illustratoren wie Cartoonistinnen und Cartoonisten beteiligt haben – ging von dem Privatsammler Steffen Schumann aus. Im Begleitkatalog zur Jubiläumsausstellung GELDKULTURERBE, bei der eine Auswahl der übermalten und umgestalteten Euro-Scheine präsentiert wurde,[26] schreibt Schumann zum Hintergrund dieser Aktion:

> Anfangs war es eine verrückte Idee! In Zeiten der Europaskeptiker dem Euro ein Gesicht geben! Mit Augenzwinkern Ungewöhnliches und wahrscheinlich Einmaliges zeigen! Die aus politischen Gründen für ganz Europa gleich gehaltenen Banknoten mit ihren wenig einprägsamen Bauten interessanter und individueller gestalten, markant und mit garantiertem Wiedererkennungseffekt! Warum eigentlich nicht? Auf Messen und Signierstunden war die Resonanz überraschend. Genau 100 Künstler*innen unterschiedlicher Fach- und Stilrichtungen sind der Bitte und dem Aufruf »Gib dem Euro ein Gesicht!« gefolgt und haben die Banknoten kreativ und mit eigener Motivwahl umgestaltet. Auch der preisgekrönte Designer der ersten Euro-Banknotenserie, der Wiener Robert Kalina, dessen Entwurf sich damals gegenüber 43 anderen durchgesetzt hat, überarbeitete für die Aktion zwei »seiner« Scheine. Viele griffen im Zeitalter des digitalen Zeichnens wieder auf Pinsel und Farben zurück, für die meisten war der Zeichenuntergrund eine vollkommen neue Erfahrung. Echte Geldscheine? Ja! Man darf diese in Deutschland bemalen! Damit zu bezahlen oder »frisches« Geld dafür einzutauschen, klappt aber unter Umständen nicht. In jedem Fall haben alle Künstler*innen daran mitgewirkt, der UB Leipzig zum 300-jährigen Jubiläum ihrer Münzsammlung ein wahrhaft einmaliges materiell-immaterielles Geschenk zu bereiten![27]

Über 90 Scheine sind über diese Aktion in den Bestand des Leipziger Kabinetts gelangt, das damit zugleich einen Schatz von Originalillustrationen namhafter Gegenwartskünstler und -künstlerinnen beherbergt.

---

25 Welche Künstlerinnen und Künstler sich an der Aktion »Gib dem Euro ein Gesicht!« beteiligt haben, kann in Mackert 2018, S. 64 f. nachgelesen werden.

26 Vgl. die Abbildungsdoppelseite ebd., S. 62 f.

27 Ebd., S. 61.

Openness als Chance

Die Münzsammlung der Universitätsbibliothek Leipzig kann heute als Beispiel dafür dienen, wie die konsequente Öffnung nach außen, die dezidierte Ausrichtung an Nutzungsbedarfen und die möglichst freie digitale Bereitstellung zum Vorteil ausschlagen. Trotz der ungenügenden Personalausstattung ist das Leipziger Kabinett ein lebendiger Ort der Erforschung, Bestandserschließung und -digitalisierung mit großer Sichtbarkeit und zunehmender internationaler Nutzung. Die Open Digitization Policy der Universitätsbibliothek stellt Digitalisate der urheberrechtsfreien historischen Objekte im Sinne des Open Access frei zugänglich und ohne Einschränkungen zur Verfügung,[28] was eine Nutzung stimuliert und zugleich Nutzende positiv mit der Sammlung verbindet. Offenheit führt zur Attraktivität für Citizen Science-Beteiligung und generiert zusätzliche Kräfte in Form von ehrenamtlicher Mitarbeit. Drittmittel zur Digitalisierung ermöglichen, obwohl sie zeitlich begrenzt sind und Erschließungstätigkeiten ausschließen, dennoch ein Team aus engagierten Studierenden, die für die Sammlung einen Mehrwert erbringen, der über die reine Bildbereitstellung hinausgeht. Die grundsätzliche Serviceorientierung heißt auch, dass Reproduktionswünsche von Forschenden möglichst mit Hilfe der bewilligten Digitalisierungsmittel umgesetzt werden, um auf diese Weise Kostenhürden für die Sammlungsnutzung abzubauen. Und, auch das bedeutet hier Offenheit, die Leipziger Münzsammlung bietet Raum für Mitwirkung und Interessen, die nicht auf die klassische numismatische Methodik begrenzt sind. Ein positiver Effekt dieser Openness und Sichtbarkeit sind daher auch immer wieder Schenkungen, zuletzt die testamentarische Überlassung einer umfangreichen Sammlung von Münzen und Medaillen des 20. und 21. Jahrhunderts zum Thema Architektur in der Numismatik durch Joachim Seebauer im Sommer 2023. Die Leipziger Münzsammlung mag als Bibliotheksbestand ein Exot sein, sie versucht gleichwohl einen Beitrag zu leisten, dass Arbeit mit numismatischen Objekten zukunftsfähig bleibt.

Objekt- und Abbildungsnachweise

Abb. 1 Universitätsbibliothek Leipzig, Münzsammlung, Inv.-Nr. 1981/895. Foto: UB Leipzig.
Abb. 2 Kunstsammlung der Universität Leipzig, Janda-Bux, Nr. 163. Foto: Olaf Mokansky.
Abb. 3 Universitätsbibliothek Leipzig, Porträtstichsammlung, Inventar-Nr. 17/171. Foto: UB Leipzig.
Abb. 4 Universitätsbibliothek Leipzig, Archiv der Münzsammlung, Nr. 1. Foto: UB Leipzig.
Abb. 5 Universitätsbibliothek Leipzig, Num. 189. Foto: UB Leipzig.
Abb. 6 Universitätsbibliothek Leipzig, Archiv der Münzsammlung, Nr. 6,2–6,6. Foto: Olaf Mokansky.
Abb. 7 Universitätsbibliothek Leipzig, Münzsammlung, Inv.-Nr. 2018/2206. Foto: UB Leipzig, Urheberrecht bei Thomas Güldner.
Abb. 8 Universitätsbibliothek Leipzig, Münzsammlung, Inv.-Nr. 2018/2194. Foto: UB Leipzig, Urheberrecht bei Thomas Güldner.

---

28 Vgl. ub.uni-leipzig.de/index.php?id=1418.

Abb. 9 Universitätsbibliothek Leipzig, Münzsammlung, Inv.-Nr. 2018/4073. Foto: UB Leipzig.
Abb. 10 Universitätsbibliothek Leipzig, Münzsammlung, Inv.-Nr. 2018/2899. Foto: UB Leipzig, Urheberrecht bei Karoline Kehr.

Bibliographie

Bülau 1858 F. Bülau: *Sr. Majestät des Königs Johann von Sachsen Besuch der Universität Leipzig am 4., 5. und 6. August 1857. Nebst einer Darstellung der Anstalten und Sammlungen der Universität. Nach amtlichen Quellen bearbeitet.* Leipzig 1858.

Hausmann 2008 E. Hausmann: *Sylloge Nummorum Graecorum: Deutschland. Sammlung der Universitätsbibliothek Leipzig: 2. Römische Provinzialprägungen, Addenda und Corrigenda zum 1. Bd.* München 2008.

Heidemann 2004 S. Heidemann: Die orientalischen Münzen der Universitätsbibliothek in Leipzig. Eine Wiederentdeckung für die Forschung. In: R. Cunz (Hrsg.): *FUNDAMENTA HISTORIAE. Geschichte im Spiegel der Numismatik und ihrer Nachbarwissenschaften. Festschrift für Niklot Klüßendorf zum 60. Geburtstag am 10. Februar 2004.* Hannover 2004, S. 339–352.

Jäger 1997 R. Jäger: Aus der Geschichte der Münzsammlung der Universitätsbibliothek Leipzig. *Erfurter Münzblätter* 5 (1997), S. 47–54.

Kornemann 2020 I. Kornemann: Lehre im Transfer oder: Studierende stellen aus! Ein Bericht über objekt- und sammlungsbezogene Lehre am Beispiel der Leipziger Sammlungsinitiative. In: I. Hilpert (Hrsg.): *Der Qualitätspakt Lehre als Impulsgeber für Studium und Lehre.* Leipzig 2020, S. 61–70 (online verfügbar unter: nbn-resolving.org/urn:nbn:de:bsz:15-qucosa2-711723).

Mackert 2011a Ch. Mackert: Die Münzsammlung der Universitätsbibliothek Leipzig und ihr Brakteatenbestand. In: K. Thieme (Hrsg.): *Brakteaten der Markgrafschaft Meißen und ihrer Nachbarn zwischen Saale und Neiße.* Leipzig 2011, S. V–XI (online verfügbar unter: nbn-resolving.org/urn:nbn:de:bsz:15-qucosa2-210820).

Mackert 2011b Ch. Mackert (Hrsg.): *Münzen der Groschenzeit der Markgrafschaft Meißen und des Kurfürstentums Sachsen. Bestandskatalog.* Leipzig 2011 (online verfügbar unter: nbn-resolving.org/urn:nbn:de:bsz:15-qucosa2-210780).

Mackert 2018 Ch. Mackert (Hrsg.): *GELDKULTURERBE. 300 Jahre Münzsammlung der UB Leipzig, Katalog zur gleichnamigen Ausstellung der Universitätsbibliothek Leipzig vom 5. Oktober 2018 bis 1. Januar 2019.* Leipzig 2018 (online verfügbar unter: nbn-resolving.org/urn:nbn:de:bsz:15-qucosa2-722710).

Mackert 2022 Ch. Mackert (Hrsg.): *Handschrift öffne dich. 20 Jahre Handschriftenzentrum Leipzig.* Leipzig 2022.

Mackert & Uhlmann 2019 Ch. Mackert & Th. Uhlmann: Die Münzsammlung der Universitätsbibliothek Leipzig. 300 Jahre numismatische Tradition in Sachsen. *Sächsische Heimatblätter* 65/1 (2019), S. 76–83.

Reiboldt 1844 F. v. Reiboldt (Hrsg.): *Kurze Uebersicht eines Münz-Kabinets.* Dresden 1844.

Schöder 2012 M. Schöder: *Die Gründungsjubiläen der Universität Leipzig und ihre Darstellung auf Medaillen von 1709 bis 2009. Ein numismatischer Beitrag anlässlich des 600-jährigen Universitätsbestehens.* Leipzig 2012.

Stübel 1874 B. Stübel: Die Münzsammlung der Universität Leipzig. *Blätter für Münzfreunde* 39 (1874), S. 291–292.

Thieme 2011 K. Thieme: *Brakteaten der Markgrafschaft Meißen und ihrer Nachbarn zwischen Saale und Neiße. Bestandskatalog.* Leipzig 2011.

Thieme 2012 K. Thieme: Was du ererbt von deinen Vätern ... Die Wiedererschließung des Münzkabinetts der Universitätsbibliothek Leipzig. In: T. Fuchs, Ch. Mackert & R. Scholl (Hrsg.): *Das Buch in Antike, Mittelalter und Neuzeit. Sonderbestände der Universitätsbibliothek Leipzig.* Wiesbaden 2012, S. 315–329; nbn-resolving.org/urn:nbn:de:bsz:15-qucosa-202470.

Thieme 2016 K. Thieme: *Bruno Eyermann: Medaillen und Plaketten.* Regenstauf 2016.

Thieme & Hausmann 2016 K. Thieme & E. Hausmann (Hrsg.): *Königsbrakteaten der Stauferzeit im Reichsland zwischen Saale und Mulde und in der Oberlausitz.* Freiberg 2016.

Uhlmann 2015 Th. Uhlmann: Ein Schatz, der noch zu bergen ist – Die Münzsammlung der Universitätsbibliothek Leipzig. *Numismatisches Nachrichtenblatt* 64 (05/2015), S. 1–4.

Sämtliche Verweise auf Internetressourcen in diesem Beitrag wurden vor der Drucklegung geprüft.

Die numismatische Sammlung der Eötvös Loránd Universität in Budapest

Márton Gyöngyössy

Romulidum si prisca cupis monumenta videre,
augustos nummos inspice: multa leges.[1]

Die universitäre Münzsammlung und die Anfänge der numismatischen Bildung in Ungarn

Die numismatische Sammlung der Eötvös Loránd Universität ist die älteste öffentliche Münzsammlung Ungarns, und mit einem Bestand von etwa 20 000 Münzen ist sie zugleich eine der größten Universalsammlungen des Landes.[2] Die Geschichte der Universität selbst und ihrer Vorgängerinstitutionen reicht ins frühe 17. Jahrhundert zurück. Kardinal Péter Pázmány (1570–1637), Erzbischof von Gran (ungar. Esztergom) und Primas von Ungarn, begründete am 12. Mai 1635 mit einem Fonds von 60 000 Forint die Universität in Tyrnau (ungar. Nagyszombat, heute Trnava in der Slowakei), wohin wegen der Besetzung Grans durch die Türken der Sitz des Erzbistums ausgewichen war. Die ersten Lehrveranstaltungen der bis 1773 von den Jesuiten verwalteten Einrichtung wurden im akademischen Jahr 1635/36 abgehalten.[3]

Bereits zu Pázmánys Zeiten verfügten die Jesuiten über verschiedene Sammlungen, deren Bedeutung als Infrastrukturen der akademischen Forschung und Lehre greifbar sind. Die Ursprünge der universitären Münzsammlung liegen in der Mitte des 18. Jahrhunderts: 1753 hat der Jesuitenpater Leopold Fischer (1703–1787) im Zuge der Gründung eines Instituts für Altertümer auch eine Münzsammlung im Jesuitenkolleg in Tyrnau etabliert.[4]

1 »Wenn du die alten Denkmäler der Romulus-Nachfahren sehen willst, | dann betrachte die Kaisermünzen: Du wirst viel lernen«. Distichon auf einem spätbarocken Münzschrank des Münzkabinetts der Eötvös Loránd University in Budapest; s. u. bei Anm. 46. Übertragung der engl. Textvorlage des vorliegenden Beitrags durch Johannes Wienand.

2 Über bedeutende numismatische Sammlungsbestände verfügen heute in Ungarn das Münzkabinett des Ungarischen Nationalmuseums, die Münz- und Banknotensammlung der Ungarischen Nationalbank, die Erzabtei der Benediktiner in Pannonhalma sowie die Sammlungen des Déri Museums in Debrecen und des Rómer Flóris Museums in Győr. Zur Geschichte der Münzsammlung der Eötvös Loránd Universität in Budapest s.a. Gyöngyössy 2005, S. 3–8 und Gyöngyössy et al. 2010.

3 Zur Geschichte der Universität bzw. der Fakultät der Geisteswissenschaften s. hier und im Folgenden Pauler 1880; Hekler 1935, S. 7–30; Sinkovics 1985; Szögi 2010.

4 Gyöngyössy 2005, S. 3.

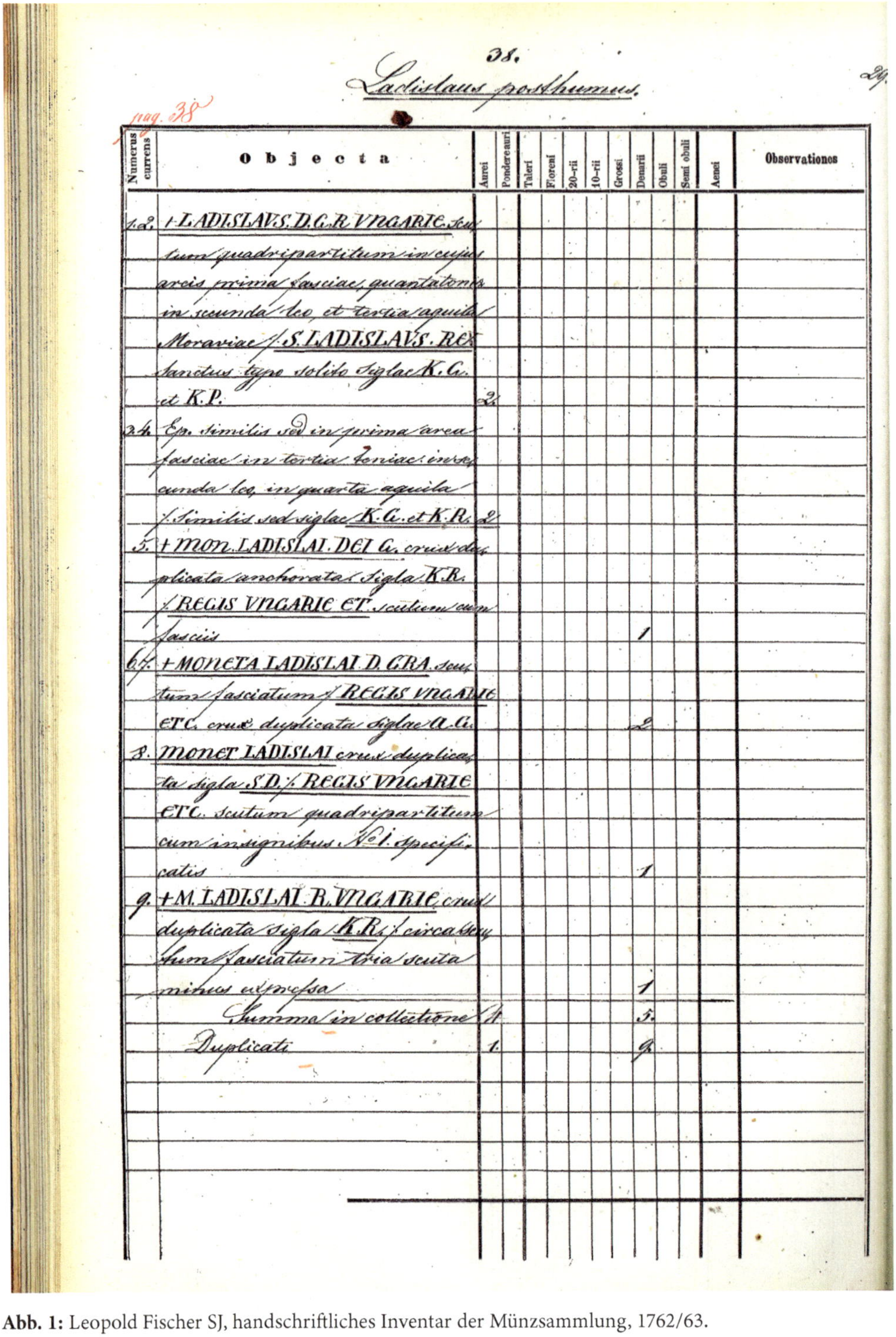

38.

Ladislaus posthumus.

pag. 38 — 29.

Numerus currens	Objecta	Aurei	Pondere auri	Taleri	Floreni	20-rii	10-rii	Grossi	Denarii	Obuli	Semi obuli	Aenei	Observationes
1.2.	+LADISLAVS.D.G.R VNGARIE.scutum quadripartitum in cujus areis prima fasciae, quantatonis in secunda leo, et tertia aquila Moraviae / S.LADISLAVS.REX sanctus typo solito siglae K.G. et K.P.	2.											
3.4.	Ex. similis sed in prima area fasciae in tertia leniae in secunda leo, in quarta aquila / Similis sed siglae K.G. et K.R.	2											
5.	+MON.LADISLAI.DEI G. crux duplicata anchorata / sigla K.R. / REGIS VNGARIE ET. scutum cum fasciis								1				
6.7.	+MONETA LADISLAI D. GRA. scutum fasciatum / REGIS VNGARIE ETC. crux duplicata siglae A.G.								2				
8.	MONET LADISLAI crux duplicata sigla S.D. / REGIS VNGARIE ETC. scutum quadripartitum cum insignibus No 1. specificatis								1				
9.	+M.LADISLAI.R.VNGARIE crux duplicata sigla K.R. / circa scutum fasciatum tria scuta minus expressa								1				
	Summa in collectione	4.							5.				
	Duplicati	1.							9.				

Abb. 1: Leopold Fischer SJ, handschriftliches Inventar der Münzsammlung, 1762/63.

Die Einrichtung der Münzsammlung fügt sich in eine breitere gesellschaftliche Kultur des Sammelns ein: Studiensammlungen, die auch im universitären Lehrbetrieb genutzt wurden, waren im 17. und 18. Jahrhundert durchaus üblich, sie spielten zugleich eine Rolle für soziale Distinktion in Kreisen der Aristokratie wie bei ranghohen Geistlichen und dem wohlhabenden Landadel.[5] Während die klösterliche und private Sammlungskultur florierte – wie wir dies etwa in der Erzabtei der Benediktiner in Pannonhalma und in den Hochadelsgeschlechtern Radvánszky, Viczay, Festetics und Esterházy sehen, oder auch bei prominenten Sammlern wie Samuel von Brukenthal (1721–1803) oder Miklós Jankovich (1772–1846) –, entwickelte sich parallel an Bildungseinrichtungen ein verstärktes Interesse daran, Sammlungen für den akademischen Unterricht einzurichten, auszubauen, zu institutionalisieren und zu systematisieren.[6] Im 18. sowie insbesondere im 19. Jahrhundert wurden wiederholt auch private Sammlungen durch Stiftungen, testamentarische Legate oder Ankäufe in öffentliche Sammlungen integriert.[7] In der Gesamtschau zeigt sich, dass Gelehrtensammlungen des 16. bis 18. Jahrhunderts vorwiegend Kuriositäten und Kunstwerke der ganzen Welt umfassten, während sich der Fokus ab dem 18. Jahrhundert zunehmend hin zu einerseits einer stärkeren Fokussierung auf bestimmte wissenschaftliche Interessensgebiete sowie andererseits der nationalen Geschichte und den nationalen Traditionen verschob.

Die Einrichtung und die Erweiterung der Münzsammlung des Jesuitenkollegs spiegeln sich in den von Fischer angelegten handschriftlichen Inventaren von 1762/63 (Abb. 1). Daraus geht hervor, dass die Kollektion zu diesem Zeitpunkt 1 842 Stücke umfasste, primär Kupfer-/Bronze und Silberprägungen sowie einige Dutzend Goldmünzen hauptsächlich aus den Bereichen der griechischen und römischen sowie der ungarischen königlichen Münzprägung. Der Großteil der Objekte gelangte in Form privater Stiftungen an die Sammlung. Als Stifter verzeichnen die Inventarlisten unter anderem prominente Alumni des »Collegium Tyrnaviense« und gelehrte Jesuitenpriester.[8]

Ab den 1750er Jahren griff die Habsburgermonarchie im Zuge eines breiteren Reformprogramms unter Maria Theresia (reg. 1740–1780) verstärkt auch in die Gestaltungsspielräume der Bildungseinrichtungen ein, das Wiener Universitätsmodell gewann an

5 Bertók & Tóth 1999/2000. Siehe hierzu auch die vorausgehenden Beiträge im vorliegenden Band.

6 Sólymos 1993, S. 320; Bényei 1985, S. 12–18; Entz 1937, S. 47–84.

7 Neben der universitären Münzsammlung erwarb auf diese Weise auch die Münzsammlung des Ungarischen Nationalmuseums, die im frühen 19. Jahrhundert gegründet wurde, bedeutende Sammlungen und herausragende Einzelstücke, s. Pallos 2002.

8 Genannt werden etwa Bálint Kéri (1712–1764), zeitweise Rektor des Kollegs; Mátyás Pock (1690–1780), unter anderem Rektor der Universität in Graz; Károly Roth (1721–1785), Professor für Theologie und Kirchenrecht in Tyrnau; Miklós Muszka (1713–1783), unter anderem Lehrer der Philosophie und Theologie in Wien: Series Nummorum Argenteorum Collegii Soc. Jesu Tyrnaviensis. Disposita Anno 1762. et 3. (im Aktenbestand der Münzsammlung der Universität).

Bedeutung. Nachdem die Universität in Tyrnau im Jahr 1769 unter königliche Schirmherrschaft und damit faktisch unter staatliche Kontrolle gestellt worden war, erfolgte im Zuge der Auflösung des Ordens durch Papst Clemens XIV. (1705–1774) und des Dekrets der Königin im Jahr 1773 die endgültige Umwandlung der Sammlungen des »Collegium Tyrnaviense« in universitäre Sammlungen. 1777 wurde die Universität zudem – nun unter ihrer neuen Bezeichnung Königliche Ungarische Universität – nach Ofen (ungar. Buda) verlegt (mit ihrer feierlichen Eröffnung im Jahr 1780), und 1784 schließlich zog sie an ihren endgültigen Standort in Pest um.[9] Im Jahr 1778, nach der Verlegung der Universität nach Ofen, wurde im Zuge ihrer Neustrukturierung ein Lehrstuhl für Altertümer und Münzkunde (Cathedra Archaeologico-Numismatica) eingerichtet, die elfte Abteilung der Fakultät für Geisteswissenschaften. Im Zuge der Ordensauflösung wurde durch einen Erlass Maria Theresias auch die Münzsammlung an die Universität übertragen und dabei nochmals neu inventarisiert. Dass in den entsprechenden Dokumenten bereits 5376 Objekte verzeichnet sind, bezeugt das dynamische Wachstum der Sammlung in der zweiten Hälfte des 18. Jahrhunderts.[10]

Beim Großteil der Münzen handelte es sich ausweislich der Inventarlisten um Prägungen aus Kupfer/Bronze (65 %), gefolgt von Silber (29 %), Zinn (5 %) und schließlich Gold (1 %). Römische Münzen bildeten den größten Anteil am Bestand; ein ebenfalls bedeutendes, aber kleineres Segment bildeten ungarische Münzen etwa der Árpád-Dynastie und späterer Herrscher. Im Inventar wurde eine Zinnmünze des Attila als ältestes Stück der letztgenannten Gruppe angeführt (bei der betreffenden Münze handelte es sich faktisch um eine frühneuzeitliche Medaille). Die Sammlung enthielt zwei Denare von König Stephan I. von Ungarn (reg. 1000–1038) sowie Münzen der Könige Matthias I. Corvinus (reg. 1458–1490 als König von Ungarn) und Leopold (reg. 1655–1705 als König von Ungarn), ferner Münzen und Medaillen ungarischer Adelsfamilien wie der Batthyánys und Esterházys sowie schließlich auch Münzen russischer Zaren und Zarinnen. Speziell den antiken und den ungarischen Prägungen wurde im späten 18. Jahrhundert ein hoher Wert zugeschrieben.[11]

Die Bedeutung der Münzsammlung der neu geschaffenen Königlichen Ungarischen Universität wurde in der »Ratio Educationis totiusque rei literariae per regnum Hungariae et provincias eidem adnexas«[12] von 1777 gewürdigt, einem von Maria Theresia als

---

9 Pauler 1880, S. 43–180; Hekler 1935, S. 20–24; Szögi 2010, S. 11–12 und 33–35. Bereits bei der Gründung der Universität hatte Pázmány betont, dass er Tyrnau nur als vorübergehenden Standort der Universität verstand.

10 Muszka 1997, S. 70 f. und Gyöngyössy 2005, S. 3.

11 Muszka 1997, S. 70–71.

12 *Ratio Educationis totiusque rei literariae per regnum Hungariae et provincias eidem adnexas.* Volumen I. Vindobonae 1777. Im Folgenden »Ratio Educationis«.

Edikt promulgierten und auf die Regulierung der Bildungseinrichtungen ausgerichteten umfassenden Rahmen- und Regelwerk mit Geltung für Ungarn und Kroatien. Die »Ratio Educationis« geht mit Blick auf das Fach Geschichte auch auf das Numismatische Institut sowie auf die archäologische Ausbildung und die Disziplin der Numismatik ein und würdigt in diesem Zusammenhang ausdrücklich das »Numophylacium« (Münzkabinett) in seiner Bedeutung für die akademische Bildung (§ CC: *De Universitatis Bibliotheca, Numophylacio, ceterorumque antiquitatis monumentorum Musaeo)* (Abb. 2):

> Zudem gibt es eine sehr reichhaltige Münzsammlung, bestens ausgestattet mit lateinischen, griechischen und ungarischen Münzen; von nun an werden weder Aufwand noch Mühen gescheut, diesen Schatz zu vermehren: Ein Exemplar jeder Münze, die künftig in den Erblanden neu geprägt wird, wird dort hinterlegt. Schließlich wird auch in Zukunft sorgfältig darauf geachtet, dass die in ganz Pannonien gefundenen archäologischen Denkmäler nach und nach gesammelt und im Palast der Universität aufbewahrt werden, um nicht nur den inländischen Studierenden der unterschiedlichen Disziplinen, sondern auch Externen, die hierher kommen, um sie zu besichtigen, von Nutzen und Vorteil zu sein.[13]

Die »Ratio Educationis« stellt die Bedeutung der Münzsammlung als wichtige Ressource der Geschichtswissenschaft fest.[14] Der zitierte Abschnitt zeigt, dass der Sammlung ein akademischer Wert beigemessen wurde, der über ihre Rolle in der universitären Bildung hinauswies: Speziell mit der Regelung, fortan solle von jeder in den Erblanden geprägten Münze ein Belegexemplar im Münzkabinett der Universität hinterlegt werden, schuf das Edikt faktisch eine nationale ungarische Sammlungs- und Forschungsstelle für Numismatik. An anderer Stelle wird die Münzkunde als *libera et extraordinaria studia* verstanden, zwei Vorlesungen pro Woche werden für ihr Studium vorgesehen.[15]

Den Umzug der archäologischen Sammlungsbestände von Tyrnau nach Ofen koordinierte Stephan Schönvisner (1738–1818), der auch als Vater der ungarischen wissenschaftlichen Archäologie verstanden wird: Ehemals Jesuit, war Schönvisner ab 1777 zweiter

---

13 Ratio Educationis § CC: *Adest praeterea Numophylacium admodum copiosum, Latinis, Graecis, ac Hungaricis monetis belle instructum; neque deinceps deerunt vel sumtus, vel industriae ad thesaurum hunc locupletiorem efficiendum: quidquid certe in Terris haereditariis numorum novorum in posterum fuerit excusum, isthuc sine mora transmittetur. Denique et illud sedulo in posterum curabitur, ut monumenta antiquitatis per Pannoniam passim occurrentia sensim colligantur, atque in Palatio Universitatis asserventur, usui et emolumento futura non demesticis modo disciplinarum auditoribus, sed etiam exteris visendi studio huc aliquando delatis.*

14 Ratio Educationis § CLXXVII; Friml 1913, S. 196; Szentpétery 1935, S. 137, 140, 297; Oroszlán 1966, S. 58; Mészáros 1981, S. 139; Gyöngyössy 2005, S. 3–4.

15 Gyöngyössy 2005, S. 5.

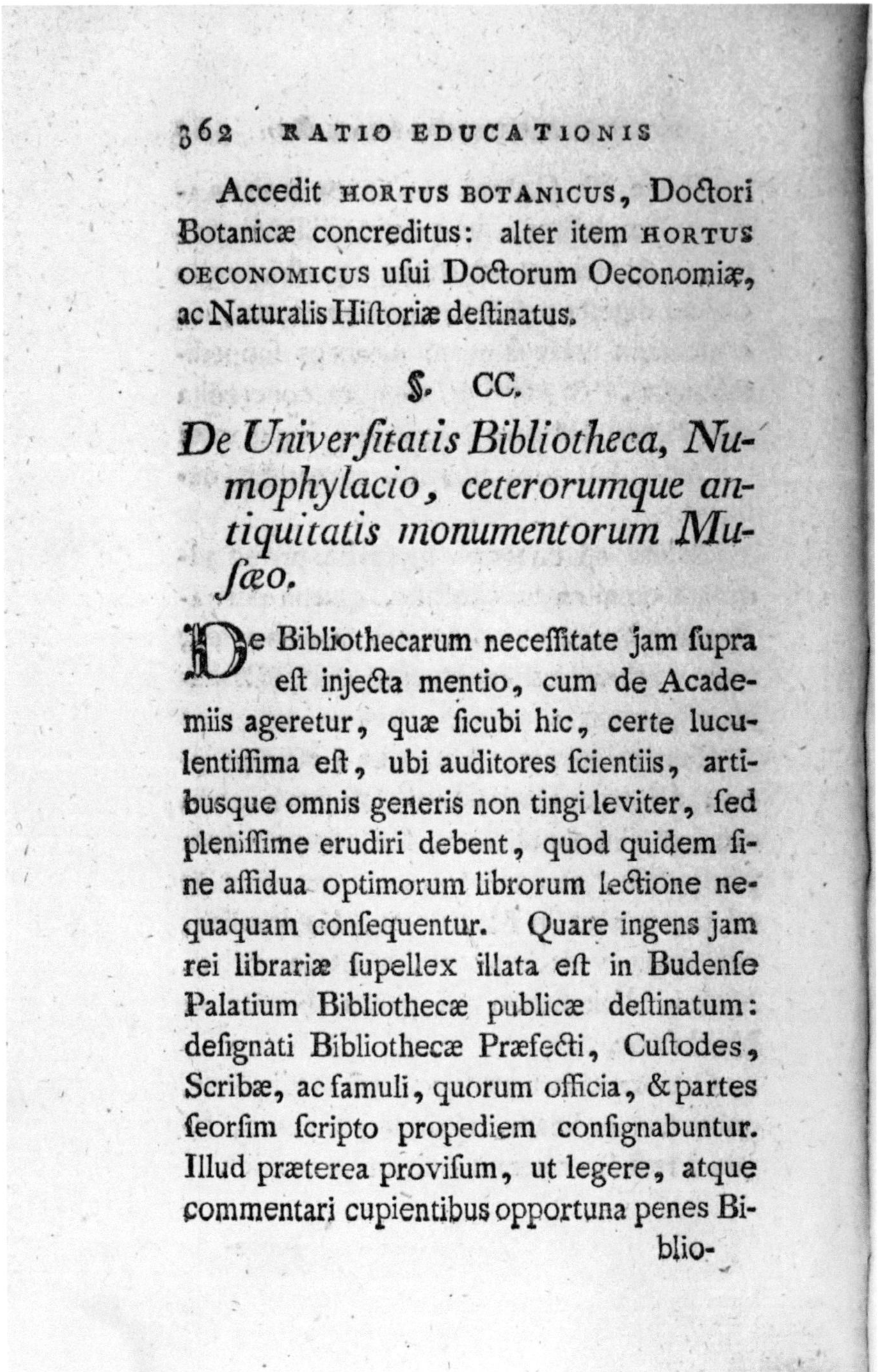

362 RATIO EDUCATIONIS

Accedit HORTUS BOTANICUS, Doctori Botanicæ concreditus: alter item HORTUS OECONOMICUS uſui Doctorum Oeconomiæ, ac Naturalis Hiſtoriæ deſtinatus.

§. CC.

De Univerſitatis Bibliotheca, Numophylacio, ceterorumque antiquitatis monumentorum Muſæo.

De Bibliothecarum neceſſitate jam ſupra eſt injecta mentio, cum de Academiis ageretur, quæ ſicubi hic, certe luculentiſſima eſt, ubi auditores ſcientiis, artibusque omnis generis non tingi leviter, ſed pleniſſime erudiri debent, quod quidem ſine aſſidua optimorum librorum lectione nequaquam conſequentur. Quare ingens jam rei librariæ ſupellex illata eſt in Budenſe Palatium Bibliothecæ publicæ deſtinatum: deſignati Bibliothecæ Præfecti, Cuſtodes, Scribæ, ac famuli, quorum officia, & partes ſeorſim ſcripto propediem conſignabuntur. Illud præterea proviſum, ut legere, atque commentari cupientibus opportuna penes Biblio-

Abb. 2: Seite aus der *Ratio Educationis totiusque rei literariae per regnum Hungariae et provincias eidem adnexas,* Wien 1777, § CC.

Verwalter der Universitätsbibliothek, deren Direktor er 1794 werden sollte, und ab 1780 erster Inhaber des Lehrstuhls für Altertümer und Münzen. Das Numophylacium wurde in der Universitätsbibliothek untergebracht, wohl auch wegen Schönvisners universitärer Doppelfunktion als Altertumswissenschaftler und Bibliothekar.[16]

Bereits am Theresianum in Wien (nach seiner Priesterweihe von 1768 bis zur Auflösung des Jesuitenordens 1773) hatte Schönvisner Archäologie gelehrt und mehrere Studien auf diesem Gebiet veröffentlicht. Sein besonderes Interesse galt den Altertümern Pannoniens, wobei er auch Übersichten über ungarische Münzfundstellen und Werke zur ungarischen Geldgeschichte verfasste.[17] Aufgrund seiner Expertise wurde Schönvisner regelmäßig auch zu den archäologischen Funden in Ungarn konsultiert – so erforschte und publizierte er etwa die Ruinen des römischen Militärbads im Legionslager von Aquincum (heute Óbuda),[18] ferner bearbeitete er einen römischen Meilenstein aus Csév und einen Münzschatz aus Vörösberény, und er veröffentlichte mehrere numismatische Studien, darunter den Katalog der Sammlung von Ferenc Széchényis (1754–1820), die einen Grundstein der Sammlung des Ungarischen Nationalmuseums bilden sollte.[19] Neben der sonstigen verfügbaren wissenschaftlichen Literatur verwendete Schönvisner mit hoher Wahrscheinlichkeit auch das numismatische Lehrwerk »Doctrina numorum veterum« von Joseph Hilarius Eckhel (1737–1798), das aus Eckhels Tätigkeit am Kaiserlichen Münzkabinett und der Universität in Wien hervorgegangen ist und später auch an der Königlichen Ungarischen Universität eingeführt wurde.[20] In seinen Studienjahren in Wien 1761/62 war Schönvisner Studienkollege von Eckhel gewesen.

Der Lehrstuhl für Altertümer und Münzkunde von 1777 bis zum Ausgleich von 1867

Im Jahr 1784 wurde die numismatische Sammlung der Königlichen Ungarischen Universität zusammen mit der Bibliothek von der Budaer Burg in das Franziskanerkloster in Pest verlegt; die Münzen wurden in einem Lesesaal der Bibliothek untergebracht. Dass Münzsammlungen in Bibliotheken eingegliedert wurden, war nicht außergewöhnlich: Das vielleicht prominenteste Beispiel in Europa ist das Cabinet des Médailles in der Bibliothèque Nationale de France in Paris: Seit den 1660er Jahren zählte die damals königliche, heute staatliche Sammlung zu den Beständen einer Bibliothek. In Ungarn verfügte etwa

16 Gyöngyössy 2005, S. 3–4.
17 Zu Schönvisners *Antiquitatum et Historiae Sabariensis* (1791) s. Sánta 2019a.
18 Zu dieser Ausgrabung s. Sánta 2019b.
19 Szalatnai 1959, S. 207–227; Tóth 1989, S. 34; Oroszlán 1966, S. 59.
20 Zu Eckhel s. auch den Beitrag von Hubert Emmerig und Martin Baer im vorliegenden Band.

die in den Jahren 1799 bis 1801 von György Festetics gegründete Bibliothek im Palast des Hochadelsgeschlechts in Keszthely über eine wertvolle Münzsammlung. Auch die im Jahre 1775 gegründete Münzsammlung der Benediktiner wurde in ihrer Bibliothek aufbewahrt.[21] Dass auch wissenschaftliche Münzsammlungen unter dem institutionellen Dach von Bibliotheken kuratiert wurden, war ebenfalls nicht neu: Seit dem ausgehenden 17. und verstärkt ab dem 18. Jahrhundert beherbergten mehrere Universitäten numismatische Sammlungen in ihren Bibliotheken, beispielsweise in Jena, Göttingen oder Leipzig, auch wenn sich die Entwicklungen weitgehend unabhängig voneinander vollzogen und auf jeweils individuellen Voraussetzungen basierten.[22]

Die universitäre Münzsammlung der Königlichen Ungarischen Universität konnte sich in den letzten Jahrzehnten des 18. Jahrhunderts dynamisch entwickeln. Als im Jahr 1782 Joseph II. (seit 1765 Mitregent von Maria Theresia) den Paulinerorden auflöste – und mit ihm mehrere weitere Orden –, gelangte auch die Sammlung der Pauliner von Pest an die Universitätsbibliothek. Die numismatischen Bestände aus dem Besitz des Ordens wurden in einem Verzeichnis mit dem Titel »Elenchus Numorum qui ex abolito Pestiensi monasterio Paulinorum ad Bibliothecam Regiae Universitatis Pestiensis translati sunt« erfasst.[23] Laut einer späteren Notiz erfolgte die Übertragung der Münzen im Jahr 1786, der Vorgang wurde offenbar von Schönvisner koordiniert. Der »Elenchus« enthält auch Beschreibungen der griechischen und römischen Münzen sowie verschiedener zeitgenössischer Münzen und Medaillen.[24] Schönvisner kuratierte das Material mit größter Sorgfalt, wie seine penibel geführten Inventare zeigen.[25]

In den ersten zwei Dritteln des 19. Jahrhunderts entwickelten Schönvisners Nachfolger die ungarische Numismatik kontinuierlich weiter. Als Schönvisner 1794 zum Leiter der Universitätsbibliothek ernannt wurde, wurde Matthias Peter Katanchich (1750–1825), ein kroatischer Franziskanermönch, zum Professor für Altertümer und Münzkunde und damit zugleich zum Leiter der universitären Münzsammlung bestellt. Ihm folgte in dieser Funktion im Jahr 1800 Alajos Emmánuel Stipsics (1747–1815) nach, unter dessen Aufsicht die Münzsammlung und weitere Antiquitäten aus den Sammlungen der Universität während der Napoleonischen Kriege aus Sicherheitsgründen vorübergehend nach Essegg (ungar. Eszék, heute Osijek in Kroatien) verlagert wurden. Ab 1817 wurde die universitäre Münzsammlung von József Weszerle (1781–1838) als Professor für Altertümer und Münz-

21 Keresztényi 1959/1960, S. 70 und Sólymos 1993, S. 320.

22 Siehe hierzu die Beiträge von Martin Mulsow, Daniel Graepler, Christoph Klose sowie Christoph Mackert und Thomas Uhlmann im vorliegenden Band.

23 Das Verzeichnis befindet sich heute im Aktenbestand der universitären Münzsammlung.

24 Stöhr 1927, S. 323–324. *Elenchus Numorum, qui ex abolito Pestiensi monasterio Paulinorum ad Bibliothecam Regiae Universitatis Pestiensis translati sunt, 1786 Schoenvisneri* (im Aktenbestand der Münzsammlung der Universität).

25 Gyöngyössy 2005, S. 4.

kunde kuratiert. Mit der Arbeit an einem großangelegten numismatischen Grundlagenwerk, mit dem er an die Forschungen Schönvisners anknüpfte, leistete Weszerle einen bedeutenden Beitrag zur ungarischen Numismatik. Zwar blieben das Manuskript sowie weitere detaillierte Aufzeichnungen in mehreren Dutzend Notizbüchern durch seinen frühen Tod unpubliziert, Weszerle hatte für die geplante Veröffentlichung aber bereits über 150 Kupferdruckplatten mit mehr als 2000 Zeichnungen von Münzen gravieren lassen, die später noch in zwei Auflagen veröffentlicht wurden.[26] Von 1852 bis zu seinem Tod lag die Betreuung der Sammlung schließlich bei Ferenc Kiss (1791–1859), der auch Vorlesungen zu Archäologie und Numismatik hielt und in seine münzkundlichen Veranstaltungen auch praktische Übungen integrierte. Kiss' Tod im Jahr 1859 markiert das Ende der ersten Phase der wissenschaftlichen Entwicklung der Abteilung für Altertümer und Münzkunde der Königlichen Ungarischen Universität.[27]

Die Sammlung wurde auch im 19. Jahrhundert durch unterschiedlichste Zugänge erweitert, etwa durch die Stiftung der Privatsammlung von Mihály Winkler (1729–1810), Pfarrer der Gemeinde Gödre im Komitat Baranya sowie Ehrenmitglied des Domkapitels in Fünfkirchen (ungar. Pécs), deren Wert von Schönvisner auf 300 Forint geschätzt wurde. Von besonderer wissenschaftlicher Bedeutung war dieser Neuzugang nicht zuletzt aufgrund der von Winkler akribisch geführten Dokumentation, die mit der Sammlung an die Universität gelangte. Auch in den 1830er und 1840er Jahren erwarb die Universität Münzen aus Privatsammlungen, etwa aus der umfangreichen Kollektion des Kunstsammlers Miklós von Jankovich (1773–1846), die neben Münzen auch Gemälde, Manuskripte und Goldschmiedearbeiten umfasste. Von Jankovich hatte seine Sammlung über mehr als vier Jahrzehnte hinweg durch Ankauf und Tausch erweitert, aber auch Material erworben, das bei verschiedenen Ausgrabungen ans Tageslicht gekommen war. Ein erster umfangreicher Komplex aus diesen privaten Sammlungsbeständen wurde vom Ungarischen Nationalmuseum erworben, ein zweiter Komplex wurde versteigert, einige Stücke gelangten in die Münzsammlung der Universität.[28] Auch aus den Privatsammlungen der Professoren

---

26 Weszerle 1873, 2. Auflage 1911. Das Manuskript befindet sich im Ungarischen Nationalmuseum.

27 Mit Blick auf die Entwicklung der ungarischen Numismatik in dieser Zeit muss auch Jakab Rupp (1800–1879) genannt werden, Archivar der Ungarischen Hofkammer, der einen zweibändigen Münzkatalog mittelalterlicher ungarischer Münzen erstellte. Das Corpus wurde über ein halbes Jahrhundert hinweg in Ungarn und darüber hinaus als Standardwerk für die Identifizierung ungarischer Münzen genutzt: Rupp 1841/1846 und Huszár 1985, S. 85.

28 Huszár 1985, S. 86–94. *Catalogus numorum aureorum, et argenteorum et aereorum, qui reperiuntur in Cimelio Gödrensi et humillime osseruntur Serenissimae Apostolico Regiae Majestati Suae pro Universitate Pesthana. Asteriscus indicat suppositios* und *Catalogus Numorum et aliorum Monumentorum a k. k. D. Michaele Winkler Canonico Honorario Quinque-Ecclesiensi Regiae Scientiarum Universitati Hung. Anno 1804. Donatorum* (im Aktenbestand der Münzsammlung der Universität).

József Weszerle und Ferenc Kiss flossen Objekte sowohl in die Bestände des Ungarischen Nationalmuseums wie auch der Universität ein.[29]

Auch Gedenkmedaillen wurden in die Bestände eingegliedert: Bereits zur Verlegung der Universität von Tyrnau nach Ofen und ihrer feierlichen Eröffnung im Jahr 1780 wurden Medaillen entworfen, von denen jeweils ein Exemplar in die universitäre Münzsammlung eingegangen ist. Als die Universität im Jahr 1830 das 50-jährige Jubiläum ihrer Neugründung als Königliche Ungarische Universität feierte, wurde von Joseph Daniel Böhm (1794–1865), dem kaiserlichen Hofmedailleur und Direktor der Graveurakademie des k.k. Hauptmünzamtes in Wien, eine Gedenkmedaille entworfen. Der damalige Rektor der Universität, Ignác Stáhly (1787–1849), verlieh je drei Studenten der vier Fakultäten eine Medaille für ihre herausragenden akademischen Leistungen. Eine Goldmedaille wurde der Universitätssammlung übergeben.[30]

Insgesamt galt die universitäre Münzsammlung in der ersten Hälfte des 19. Jahrhunderts sowohl in Bezug auf den Umfang der Sammlungsbestände wie auch hinsichtlich ihrer Qualität als die bedeutendste des Landes: Einer von Weszerle durchgeführten Inventur zufolge umfasste die Sammlung damals 14 492 Objekte,[31] und noch im Jahr 1849 war sie mit einem Bestand von 15 600 Objekten die größte Sammlung ihrer Art im Land.[32] Die Münzsammlung des Ungarischen Nationalmuseums, das 1802 mit 2 675 Stücken begründet wurde, wuchs ebenfalls rasch und umfasste in den 1830er Jahren etwa 15 000 bis 16 000 Stück, wies damals also eine ähnliche Größe auf wie die Sammlung der Universität. Auch in der Zeit der absolutistischen Herrschaft des Wiener Hofes lässt sich ein (wenn auch bescheidenes) Wachstum der Sammlung feststellen. Einer erneuten Überprüfung der Bestände im Jahr 1860 zufolge umfasste die Sammlung damals 16 061 Münzen, etwa 461 Stück mehr als noch im Jahr 1849.[33]

Die staatlichen Maßnahmen im Jahrzehnt nach der Niederschlagung des ungarischen Unabhängigkeitskrieges von 1848 bis 1849 hatten allerdings auch die universitäre Münzsammlung getroffen. Das Wiener Münzkabinett besaß nun das Recht, die wertvollsten Stücke aus der Universitätssammlung auszuwählen. Unklar ist, ob sich in den erhaltenen Dokumenten eine entsprechende Entnahme tatsächlich nachvollziehen lässt. Nach seiner Ernennung zum Professor im Jahr 1867 vermerkte Flóris Rómer (1815–1889) jeden-

29 Pallos 2002, S. 227–232 und Gyöngyössy 2005, S. 5.

30 Huszár 1929/1930, S. 59–61.

31 Stöhr 1927, S. 324; Szentpétery 1935, S. 299–300; Keresztényi 1959/1960, S. 74; Oroszlán 1966, S. 61; Gyöngyössy 2005, S. 4.

32 Keresztényi 1959/1960, S. 74 und Gyöngyössy 2005, S. 5.

33 Gyöngyössy 2005, S. 5.

falls, dass in dem auf Ferenc Kiss zurückgehenden Segment der Sammlung eine gewisse Zahl an Stücken fehlte:[34]

> Ich muss zu meiner Verteidigung erklären, dass mehrere Münzen aus der Árpádenzeit, die in Rupps Werk als Teil der Universitätssammlung beschrieben werden, nicht mehr in der Sammlung zu finden sind und auch nicht in diesem Register aufgeführt sind. Darüber hinaus wurden einige von ihnen durch Münzen anderer Könige ersetzt.

Die Münzsammlung von 1867 bis heute

Im letzten Drittel des 19. Jahrhundert veränderte sich allmählich das Beziehungsgeflecht, das sich zwischen dem universitären Münzkabinett und der Bibliothek sowie zwischen der Rolle der Münzkunde in der akademischen Bildung und den wissenschaftlichen und administrativen Anforderungen an die Abteilungs- und Bibliotheksleitungen entwickelt hatte. Tiefgreifende Neuerungen für die wissenschaftliche Archäologie und die altertumswissenschaftliche Ausbildung in Ungarn verbinden sich insbesondere mit dem Wirken Flóris Rómers.[35] Rómer, der seine akademische Entwicklung als vielseitig begabter und gelehrter Benediktinermönch, Erzieher und Offizier begann und sich in den 1850er und 1860er Jahren verstärkt der Altertumsforschung widmete, wurde im Jahr 1863 Privatdozent, erhielt 1864 eine außerordentliche und 1868 schließlich eine ordentliche Professur für Archäologie an der Königlichen Ungarischen Universität und übernahm damit zugleich die Leitung des Münzkabinetts. Im selben Jahr übernahm er auch die Leitung der archäologischen Abteilung am Ungarischen Nationalmuseum. Mit seiner Forschungs-, Publikations- und Lehrtätigkeit deckte Rómer ein breites chronologisches, geographisches und thematisches Feld ab, von der Vor- und Frühgeschichte bis zur mittelalterlichen Archäologie und Kunstgeschichte. Rómer führte Exkursionen mit seinen Studenten durch und richtete Stipendien ein, um Studierenden der Geschichte und Philologie die Arbeit im Ungarischen Nationalmuseum zu ermöglichen. In die Zeit Rómers fallen auch 1873 die

---

34 Siehe *Catalogus numorum graecorum familiarum et imperatorum romanorum* und *Collectio hungarica ac transilv. et miscellanea* (Inventarbuch von Ferenc Kiss, im Aktenbestand der Münzsammlung der Universität; übersetzt aus dem Ungarischen).

35 Die Entwicklung ist allerdings insgesamt in einem breiteren Kontext zu sehen, in dem sich in Ungarn weitere wichtige Standorte der archäologischen Forschung etablieren konnten. So bildete sich zu dieser Zeit auch ein neues Zentrum der ungarischen Archäologie in Kolozsvár (dt. Klausenburg, heute Cluj-Napoca in Rumänien) in Siebenbürgen heraus. Die Universität Kolozsvár und der Siebenbürgische Museumsverein führten gemeinsam wichtige Ausgrabungen durch und publizierten gemeinsam die Forschungsergebnisse.

Zusammenlegung der Städte Buda und Pest sowie die damit einhergehende Umbenennung der Universität in Universität Budapest.

Rómer wurde von József Hampel (1849–1913) abgelöst, dem Károly Torma (1829–1897) folgte. Torma hielt Vorlesungen über dakische und pannonische Altertümer und führte archäologische Feldarbeit durch – so leitete er etwa die Ausgrabungen in Aquincum. Nach Tormas Ausscheiden und frühem Tod wurde dessen Vorgänger, Hampel, der unter anderem die Abteilung für Münzen und Antiquitäten des Ungarischen Nationalmuseums leitete, nun auch sein Nachfolger. Hampel war ein engagierter Schüler Rómers sowohl in der Sekundarschule als auch an der Universität und später zudem als dessen Assistent im Ungarischen Nationalmuseum gewesen. An der Universität lehrte er mehr als zwei Jahrzehnte lang, wobei er sich hauptsächlich der griechischen und römischen Kunst widmete und der Numismatik insgesamt weniger Aufmerksamkeit schenkte. Eine Weiterentwicklung der archäologischen Ausbildung lässt sich unter Hampel, der für seine wissenschaftliche Arbeit und als Gründer und Herausgeber der Zeitschrift »Archaeologiai Értesítő« international anerkannt war, nicht nachvollziehen. Hampels Forschungsinteressen erstreckten sich auch auf die mittelalterliche Archäologie: Sein 1905 bei Vieweg in Braunschweig veröffentlichtes Werk »Alterthümer des frühen Mittelalters in Ungarn« wurde zu einem vielfach genutzten Handbuch der frühmittelalterlichen Archäologie.[36] Auf Hampel folgt nach dessen Tod im Jahr 1913 Bálint Kuzsinszky (1864–1938), der auch das Hauptstädtische Museum (heute Budapester Historisches Museum) in Budapest leitete.

In der ersten Hälfte des 20. Jahrhunderts gewannen nun in stärkerem Maße auch Assistenzprofessoren und Privatdozenten, die typischerweise enge Beziehungen zu Museen unterhielten und beispielsweise auch das Ungarische Nationalmuseum in der Aufarbeitung von Münzfunden unterstützten, an Bedeutung für die akademische Lehre und die numismatische Forschung. Zwei dieser Assistenten müssen namentlich genannt werden: Pál Harsányi (1882–1929) und András (bzw. Andreas) Alföldi (1895–1981). Harsányi wurde der erste Leiter des nun als eigene Abteilung institutionalisierten Münzkabinetts im Ungarischen Nationalmuseum, während Alföldi im Jahr 1930 als Nachfolger Bálint Kuzsinszkys die Leitung des Instituts für Altertümer und Münzkunde und damit auch die Leitung der universitären Münzsammlung übernahm. Speziell Alföldi leistete einen bedeutenden Beitrag zur Entwicklung der Numismatik. Er war Mitglied der Ungarischen Numismatischen Gesellschaft und Herausgeber des »Numizmatikai Közlöny«, der Zeitschrift der Gesellschaft. Er rief die Reihe Dissertationes Pannonicae ins Leben, die der Publikation von Promotionsschriften im Bereich der Geisteswissenschaften gewidmet war. Unter Alföldis Ägide wurde im Jahr 1938 auch die Abteilung für Urgeschichte gegründet, zu deren Leitung Ferenc von Tompa (1893–1945) berufen wurde, dem nach des-

36 Hampel 1905; Kubinyi & Laszlovszky 1993, S. 167–170; Gyöngyössy 2005, S. 6.

sen Tod János Banner (1888–1971) von der Universität Szeged folgte. Alföldi emigrierte während des Krieges, und als er sich 1948 entschied, im Ausland zu bleiben, trat er von seiner Professur zurück.[37] Das Institut wurde nach dem Zweiten Weltkrieg zunächst von Zoltán Oroszlán (1891–1971) geleitet, der auch für die Antikenabteilung im Museum der Schönen Künste (Szépművészeti Múzeum) zuständig war, sowie später von András Mócsy (1929–1987). Mehrere Assistenzprofessoren und Privatdozenten wurden in ihrem jeweiligen Fachgebiet teils über Ungarn hinaus bekannt: Für den Bereich der antiken Numismatik sind insbesondere Jenő Fitz (1921–2011), Maria R.-Alföldi (1926–2022) und Vera Lányi (1940–1997) zu nennen; Lajos Huszár (1906–1987) und István Gedai (geb. 1934) lehrten mittelalterliche Numismatik und leiteten das Münzkabinett des Ungarischen Nationalmuseums.[38]

Von 1867 bis zum Ersten Weltkrieg hatte sich die Sammlung noch weiter dynamisch entwickeln können. In den 1860er und 1870er Jahren bemühte sich Rómer nach Kräften, die Sammlung zu erweitern: Er beantragte ein höheres Budget und ließ auch zwei große Münzschränke anschaffen.[39] Neuzugänge zu den universitären Sammlungsbeständen ergaben sich ab den 1860er Jahren ausgehend von einem Erlass des Finanzministeriums auch dadurch, dass die numismatischen Abteilungen des Ungarischen Nationalmuseums und der Universität Objekte aus den in Ungarn entdeckten Schatzfunden auswählen durften. Die von beiden Instituten abgelehnten Münzen wurden zunächst eingeschmolzen, später, ab 1873, entsprechend einer ministeriellen Vorschrift (und nach Abzug eines bestimmten Teils durch das Schatzamt) dem Finder überlassen, so dass sie über Auktionen ihren Weg in die Sammlungen kommunaler Museen oder in private Sammlungen finden konnten.[40]

Kuzsinszky hatte das numismatische Material der Universität bereits zur Zeit Hampels studiert, und Anfang der 1890er Jahre begann er gemeinsam mit László Réthy (1851–1914), dem Kurator der Abteilung für Münzen und Antiquitäten des Ungarischen Nationalmuseums, die gesamte Sammlung zu sichten und die Publikation eines Sammlungskatalogs vorzubereiten. Die Arbeiten bereiteten eine von Réthy im Jahr 1906 durchgeführte umfassende Inventarisierung vor – die Dokumentation ist bis heute in Gebrauch.[41] Daraus geht hervor, dass die Sammlung nun 25 885 Stücke umfasste und damit die drittgrößte des Landes war.[42] Die Münzsammlung des Ungarischen Nationalmuseums übertraf zu Beginn des 20. Jahrhunderts mit einem Bestand von etwa 133 000 Objekten bei weitem

37 Zu Alföldis späterem Wirken in Basel s. die Einleitung des vorliegenden Bandes.
38 Zu den bedeutenderen Institutsmitgliedern zählen auch Lajos Nagy (1897–1946), Nándor Fettich (1900–1971), János Szilágyi (1907–1988); s.a. Oroszlán 1966, S. 70–71.
39 Stöhr 1927, S. 324; Szentpétery 1935, S. 456–457; Keresztényi 1959/1960, S. 74; Oroszlán 1966, S. 64; Gyöngyössy 2005, S. 5.
40 Fridrich 1873, S. 308–311.
41 Oroszlán 1966, S. 63–69 und Gyöngyössy 2005, S. 6.
42 Gyöngyössy et al. 2010, S. 24.

jede andere Sammlung des Landes. Die zweitgrößte Münzsammlung befand sich im Brukenthal-Museum in Nagyszeben (dt. Hermannstadt; heute Sibiu in Rumänien). Vom Umfang her in etwa vergleichbar mit der universitären Sammlung waren damals noch die numismatischen Kollektionen der Benediktinerklöster in Győr und Pannonhalma.[43]

Unter Kuzsinszky wurden die Sammlungsbestände nicht erweitert, und nach dem Ersten Weltkrieg – in diese Zeit fällt 1921 auch die Umbenennung in Pázmány-Péter-Universität – machte die Abteilung auch keinen Gebrauch mehr von ihrem Recht, Objekte aus Münzfunden für die Sammlung auszuwählen. Unter der Leitung Alföldis (von 1930 bis 1948) umfasste die Sammlung sogar erstmals weniger Münzen als zuvor, nämlich insgesamt 19650 Stück. Mitte der 1930er Jahre veröffentlichte der Kunsthistoriker und Archäologe Antal Hekler (1882–1940) detaillierte Statistiken über die Sammlung.[44] Daraus geht hervor, dass (ungeachtet des quantitativen Rückgangs der Sammlungsbestände) weiter Stiftungen und andere Erwerbungen in die Sammlung einflossen.

Im Jahr 1940 wurde ein Segment bedeutender Objekte aus der universitären Münzsammlung an das Ungarische Nationalmuseum übertragen: Auf Vorschlag Alföldis hinterlegte die Fakultät für Geisteswissenschaften 1196 Münzen in der numismatischen Abteilung des Museums, die Universität behielt jedoch das Eigentumsrecht an den Stücken. Bei den meisten der Gold-, Silber- und Bronze-/Kupfermünzen handelte es sich um römische Prägungen oder barocke Gedenkmedaillen. Die Liste der entsprechenden Stücke, die im »Numizmatikai Közlöny« veröffentlicht wurde, zeigt, dass mit den meisten der im Museum hinterlegten Münzen aus der universitären Sammlung Lücken in den Beständen des Museums geschlossen wurden. Alföldi ging es aber wahrscheinlich nicht primär darum, die Sammlung des Museums aufzuwerten, vielmehr scheint er mögliche Kriegsschäden befürchtet zu haben und ging offenbar davon aus, dass die Objekte im Museum besser geschützt wären. Dies liegt auch dadurch nahe, dass gerade die wertvollsten Objekte aus der universitären Sammlung an das Museum übertragen wurden, darunter Exemplare von Münztypen, die bereits in der Sammlung des Museums vertreten waren. Im Jahr 1999 beantragte die Universität die Rückgabe der Objekte. Die Rückübertragung begann in den folgenden Jahren und ist nach wie vor im Gange. Die griechischen, römischen, byzantinischen, mittelalterlichen und modernen Münzen wurden bereits zurückgegeben, und die Übertragung der Gedenkmedaillen hat ebenfalls begonnen.[45]

43 Gohl 1906, S. 51–55.

44 Hekler 1935, S. 90–91 und Gyöngyössy 2005, S. 6.

45 Huszár 1940, S. 89; Gyöngyössy 2005, S. 7; Pallos 2002, S. 256–257.

Die historischen Münzschränke

Der damals üblichen Praxis entsprechend hatte Leopold Fischer Mitte des 18. Jahrhunderts kleine Schränke mit flachen Schubladen anfertigen lassen, um die Sammlung in angemessener Weise aufzubewahren. Die drei Schränke haben sich in gutem Zustand erhalten und spiegeln als fein gearbeitete, elegante Möbelstücke das Verständnis von Funktionalität und den ästhetischen Geschmack ihrer Entstehungszeit ebenso wider wie die Techniken des damaligen Kunsthandwerks. Der größte Schrank (Abb. 3) ist ein zweitüriges, spätbarockes Münzkabinett, das an der Vorderseite und an den Seiten mit Intarsien verziert ist (Höhe: 79 cm, Breite: 65 cm, Tiefe: 50 cm). Der obere Teil des Schranks ist mit einem schwarz lackierten, aufwendig gestalteten Wappen versehen, das von einem vergoldeten Akanthusblatt gerahmt ist und ein lateinisches Distichon bietet (Abb. 4): *Romulidum si prisca cupis monumenta videre, | augustos nummos inspice: multa leges* (»Wenn du die

Abb. 3: Der große spätbarocke Münzschrank der Universität Budapest.

alten Denkmäler der Romulus-Nachfahren sehen willst, | dann betrachte die Kaisermünzen: Du wirst viel lernen«). Eine auf einem hölzernen Sockel angebrachte Reiterstatuette Leopolds I. aus vergoldetem Blei krönt den Schrank. Der Schrank selbst besteht aus mit Walnuss furniertem Kiefernholz. Die Einlage, die die Profilleiste und das zentrale Paneel trennt, besteht aus Ahorn und Eibe. Die Intarsien auf den Paneelen der beiden Flügeltüren bilden Akanthusblätter aus Ahorn und Walnuss. Die Kanten bestehen aus profiliertem Walnussholz.[46]

Abb. 4: Kartusche mit lateinischer Inschrift am spätbarocken Münzschrank.

Abb. 5: Eines der beiden kleineren historischen Münzkästchen der Universität Budapest.

46 Gyöngyössy et al. 2010, S. 13–15.

Die beiden anderen historischen Münzkabinette (Höhe: 65 cm, Breite: 32 cm, Tiefe: 41 cm) sind kleiner als der erste und weisen eine truhenähnliche Form auf (Abb. 5). Die Vorderseiten sind ebenfalls mit Intarsien verziert, an den Seiten verfügen sie über aufwendig gestaltete Kupfergriffe. Sie bestehen aus mit Walnuss furnierter Kiefer. Stilisierte Ranken sind mit Intarsien aus Obstbaumholz (Sauerkirsche oder Ulme) zwischen zwei Ahorneinlagen gestaltet. Die Innenseite der Schranktüren ist ebenfalls furniert und mit Intarsien verziert. Eines der beiden Münzkästchen verfügt über ein Kupferschild mit der Gravur *Augusta Augustorum Moneta Qua R. P. Leopoldus Fischer e S. Jesu Academicum Tyrnaviense Collegium Primus Instruxit Ornavit MDCCLIII* (»Die erhabenen Münzen der Kaiser, mit denen der ehrwürdige Leopold Fischer von der Gesellschaft Jesu das Akademische Kolleg von Tyrnau erstmals ausgestattet hat 1753«).[47]

Das historische Münzkabinett mit der Reiterstatuette Leopolds I. und die beiden kleineren Münzkästchen wurden auf drei Tischen an einem prominenten Ort in der Bibliothek des Jesuitenkollegs aufgestellt, sie können noch heute in ihrem Originalzustand im Münzkabinett des Instituts für Archäologische Wissenschaften besichtigt werden.[48]

In der zweiten Hälfte des 19. Jahrhunderts wurden zwei große Münzschränke mit einer Höhe von 173 cm und jeweils 33 Schubladen eingeführt, die Platz für die wachsende Münzsammlung schufen: Einer Inschrift an der Innenseite der Türe *(Ex dono Camera naturalium musaei nation. Hungariae. 1875)* zufolge wurden die Schränke im Jahr 1875 von der Abteilung für Naturgeschichte des Ungarischen Nationalmuseums gestiftet. Die Fronten der beiden vergleichsweise schlicht gehaltenen Schränke sind mit Walnuss furniert, die Innenseiten der Türen mit Ahorn. Das Schloss der Schränke verläuft vertikal in der Mitte und ist mit aufwendigen Kupferbeschlägen versehen, die die Schlüssellöcher umfassen. Die Schubladen sind nummeriert; wahrscheinlich stammt auch die Nummerierung der Schubladen der spätbarocken Schränke aus der Zeit, als die neuen Schränke eingerichtet wurden und die Sammlung neu strukturiert wurde.[49]

Der heutige Bestand

Die heutige Zusammensetzung der Sammlung zeigt deutlich, dass sie nicht systematisch entwickelt wurde. Obwohl sie insgesamt einen Querschnitt durch die Geschichte der Münzen- und Medaillenprägung von der Antike bis zum 19. Jahrhundert bietet und damit als umfassende Lehrsammlung gelten kann, stellt sich die zeitliche und geographische Verteilung

47 Gyöngyössy et al. 2010, S. 15.
48 Stöhr 1927, S. 319–323; Muszka 1997, S. 68; Gyöngyössy et al. 2010, S. 15.
49 Gyöngyössy et al. 2010, S. 15.

der Objekte im Detail ungleichmäßig dar. Dies geht im Wesentlichen darauf zurück, dass im 18. Jahrhundert der Großteil des Bestands antiker Münzen primär durch Stiftungen und durch Eingang verschiedener Privatsammlungen sowie durch einzelne Münzfunde aus dem Gebiet Ungarns zusammengekommen ist, nicht aber durch eine kohärente Sammlungspolitik mit systematischen Erwerbungen. So lässt sich für den Bereich der antiken Münzen feststellen, dass das 3. und 4. Jahrhundert deutlich überrepräsentiert ist, während die Sammlung vergleichsweise wenige griechische oder römisch-republikanische Prägungen umfasst. Ähnliches gilt für das mittelalterliche Material, das beispielsweise nur etwa zweihundert Stücke aus dem Zeitalter der Árpáden umfasst, aber mehrere tausend Objekte aus den Regierungszeiten von Matthias I. Corvinus, Wladislaw II. (reg. 1490–1516 als König von Ungarn) und Ludwig II. (reg. 1516–1526 als König von Ungarn). Die meisten neuzeitlichen Münzen sind deutsche und polnische Prägungen des 16. und 17. Jahrhunderts – also jene Stücke, die in Horten, die in dieser Zeit angelegt wurden, am häufigsten auftreten und damit im späten 19. und frühen 20. Jahrhundert in großer Zahl als Fundobjekte in die Sammlung gelangen konnten. Für die Zeit nach dem Zweiten Weltkrieg – in die 1950 auch die letzte Umbenennung der Universität nach dem Physiker Loránd Eötvös (1848–1919) fällt – fand praktisch keine Erweiterung der Sammlung mehr statt.[50]

Die Sammlung besteht heute aus drei Kernsegmenten: Das erste Segment bildet die Antikensammlung, die etwa 9000 griechische, keltische, römische und byzantinische Münzen umfasst. Eine etwa 9000 Stücke umfassende mittelalterliche und frühneuzeitliche Sammlung bildet das zweite Segment, das größtenteils aus etwa 5000 ungarischen und siebenbürgischen Münzen besteht und auch frühmittelalterlichen Münzen sowie Münzen des 19. Jahrhunderts beinhaltet. Das dritte Segment besteht aus rund 1000 Gedenkmedaillen aus dem 16. bis 19. Jahrhundert.[51]

Objekt- und Abbildungsnachweise

Abb. 1 Aktenbestand der Numismatischen Sammlung, Eötvös Loránd Universität, Budapest. Foto bereitgestellt von Prof. Dr. Tivadar Vida.

Abb. 2 Bayerische Staatsbibliothek München, Sign. Paed.th. 4514-1, S. 362. Digitalisat der Bayerische Staatsbibliothek, ID bsb10763774.

Abb. 3 Bestand der numismatischen Sammlung, Eötvös Loránd Universität, Budapest. Foto bereitgestellt von Prof. Dr. Tivadar Vida.

Abb. 4 Bestand der numismatischen Sammlung, Eötvös Loránd Universität, Budapest. Foto bereitgestellt von Prof. Dr. Tivadar Vida.

Abb. 5 Bestand der numismatischen Sammlung, Eötvös Loránd Universität, Budapest. Foto bereitgestellt von Prof. Dr. Tivadar Vida.

50 Gyöngyössy et al. 2010, S. 29.

51 Gyöngyössy 2005, S. 7.

Bibliographie

Bényei 1985 M. Bényei: A művelődés feladatainak, formáinak és intézményrendszerének átalakulása a polgárosodás időszakában. In: H. Belitska-Scholtz (Hrsg.): *Jankovich Miklós, a gyűjtő és mecénás (1772–1846). Tanulmányok.* Budapest 1985, S. 11–22.

Bertók & Tóth 1999/2000 K. Bertók & Cs. Tóth: Az arisztokrácia éremgyűjtése. *Numizmatikai Közlöny* 98/99 (1999/2000), S. 15–20.

Entz 1937 G. Entz: *A magyar műgyűjtés történetének vázlata 1850-ig.* Budapest 1937.

Fridrich 1873 I. Fridrich: A pénzügyi m. kir. Miniszternek az érem- és kincsleletek ügyében kibocsátott legújabb rendelete. *Archaeologiai Értesítő* 7 (1873), S. 308–311.

Friml 1913 A. Friml (Hrsg. & Übers.): *Az 1777-iki Ratio Educationis.* Budapest 1913.

Gohl 1906 Ö. Gohl: A magyarországi múzeumok, köz- és tanintézetek éremgyűjteményei. *Numizmatikai Közlöny* 5 (1906), S. 51–68.

Gyöngyössy 2005 M. Gyöngyössy: *Magyar aranypénzek 1. »... hasznára és okulására szolgáljanak.« Az ELTE Régészettudományi Intézetének éremgyűjteménye I.* Budapest 2005.

Gyöngyössy et al. 2010 M. Gyöngyössy, O. Mészáros & Cs. Tóth: *Az Eötvös Loránd Tudományegyetem Bölcsészettudományi Kar Régészettudományi Intézetének éremgyűjteménye.* Budapest 2010, S. 9–29.

Hampel 1905 J. Hampel: *Alterthümer des frühen Mittelalters in Ungarn,* 3 Bde. Braunschweig 1905.

Hekler 1935 A. Hekler: *Die Universität Budapest = L'université de Budapest.* Basel 1935.

Huszár 1929/1930 L. Huszár: A budapesti kir. magyar Pázmány Péter tudományegyetem háromszáz évének érememlékei. *Numizmatikai Közlöny* 28/29 (1929/1930), S. 56–64.

Huszár 1940 L. Huszár: Az Országos Magyar Történeti Múzeum Éremtára jelentősebb újszerzeményei 1940-ben. *Numizmatikai Közlöny* 40 (1941), S. 89.

Huszár 1985 L. Huszár: Jankovich Miklós numizmatikai tevékenysége. In: H. Belitska-Scholtz (Hrsg.): *Jankovich Miklós, a gyűjtő és mecénás (1772–1846). Tanulmányok.* Budapest 1985, S. 82–98.

Keresztényi 1959/1960 J. Keresztényi: Az egyetemi könyvtár szerepe a XVIII–XIX. század érmészetében. *Numizmatikai Közlöny* 58/59 (1959/1960), S. 70–74.

Kubinyi & Laszlovszky 1993 A. Kubinyi & J. Laszlovszky: Medieval Archaeology at the Eötvös Loránd Universtiy Budapest. In: H. Andersson & J. Wienberg (Hrsg.): *The Study of Medieval Archaeology.* Stockholm 1993, S. 167–172.

Mészáros 1981 I. Mészáros (Hrsg. & Übers.): *Ratio Educationis. Az 1777-i és az 1806-i kiadás magyar nyelvű fordítása.* Budapest 1981.

Muszka 1997 E. Muszka: A nagyszombati jezsuita kollégium leltára, 1773. In: G. Haiman, E. Muszka & G. Borsa (Hrsg.): *A nagyszombati jezsuita kollégium és az egyetemi nyomda leltára, 1773.* Budapest 1997, S. 5–112.

Oroszlán 1966 Z. Oroszlán: Egyetemünk régészeti tanszékének kialakulása és története. *Régészeti Dolgozatok* 8 (1966), S. 55–72.

Pallos 2002 L. Pallos: Az Éremtár. In: J. Pintér (Hrsg.): *A 200 éves Magyar Nemzeti Múzeum gyűjteményei.* Budapest 2002, S. 222–275.

Pauler 1880 T. Pauler: *A Budapesti Magyar Kir. Tudomány-Egyetem története.* Budapest 1880.

Rupp 1841/1846 J. Rupp: *Magyarország ekkorig ismeretes pénzei I–II.* Buda 1841/1846.

Sánta 2019a. S. Sánta: A régész Schönvisner István: az Antiquitatum et Historiae Sabariensis ... (1791) archeológiai vonatkozásai. *Savaria* 41 (2019), S. 83–90.

Sánta 2019b. S. Sánta: Chronicle of the first planned excavation in Hungary: István Schönvisner and »De ruderibus«. *Acta Classica Universitatis Scientiarum Debreceniensis* 55 (2020), S. 233–246.

Sinkovics 1985 I. Sinkovics (Hrsg.): *Az Eötvös Loránd Tudományegyetem története 1635–1985.* Budapest 1985.

Sólymos 1993 Sz. Sólymos: Pannonhalma. Die Münzsammlung der Erzabtei des Benediktinerordens. In: M. Bakos & V. Lányi (Hrsg.): *Fundmünzen der römischen Zeit in Ungarn. II. Komitat Győr-Moson-Sopron.* Bonn 1993, S. 320–321.

Stöhr 1927 G. Stöhr: A Budapesti Tudományegyetem Class. Archaeol. tanszéke Éremtárának története. *Az Országos Magyar Régészeti Társulat Évkönyve* 2 (1927), S. 319–325.

Szalatnai 1959 R. Szalatnai: Kempelen Farkas és az egyetem átköltöztetése Budára. *Tanulmányok Budapest Múltjából* 13 (1959), S. 207–227.

Szentpétery 1935 I. Szentpétery: *A Bölcsészettudományi Kar története 1635–1935.* Budapest 1935.

Szögi 2010 L. Szögi: *Az Eötvös Loránd Tudományegyetem története képekben = The Illustrated History of the Eötvös Loránd University (ELTE).* Budapest 2010.

Tóth 1989 A. Tóth: A felvilágosodás kora és utóélete 1773–1794. In: I. Diószegi (Hrsg.): *Az Eötvös Loránd Tudományegyetem Bölcsészettudományi Karának története 1635–1985.* Budapest 1989, S. 27–36.

Weszerle 1873 J. Weszerle: *Hátrahagyott érmészeti táblái.* Pest 1873.

Von Vermehrungen und Verlusten

Zur Geschichte der universitären Münzsammlung Rostock

Christian Russenberger

Die Archäologische Sammlung des Heinrich-Schliemann-Instituts verfügt über einen Bestand von ca. 9 000 Münzen.[1] Als diese Münzsammlung im Jahr 1944 formell der Archäologischen Sammlung der Universität Rostock angegliedert wurde, hatte sie eine 150-jährige Geschichte hinter sich: Die Gründung war im Jahr 1794 erfolgt, nachdem Friedrich Franz I. (1756–1837), der Herzog von Schwerin, den damaligen Professor für orientalische Literatur Oluf Gerhard Tychsen (1734–1815) per Reskript damit beauftragt hatte, an der Universität Rostock ein Münzkabinett einzurichten. Die Initiative für die Gründung des Kabinetts war auf eben diesen Tychsen zurückgegangen, der sich in Forschung und Lehre intensiv mit numismatischen Themen beschäftigte.

Die Geschichte der Münzsammlung der Universität Rostock ist in großen Teilen – gerade was die frühe Phase des späten 18. und des 19. Jahrhunderts betrifft – sehr gut dokumentiert. Sie weist allerdings auch gravierende Lücken auf, insbesondere hinsichtlich der Entwicklungen in der ersten Hälfte des 20. Jahrhunderts. Die Dokumentation der Sammlungsgeschichte besteht in erster Linie aus handgeschriebenen Inventarbüchern und Katalogen, die sich teilweise im Besitz der Universitätsbibliothek Rostock, teilweise im Besitz des Heinrich-Schliemann-Instituts befinden. Darüber hinaus sind an der Archäologischen Sammlung des Heinrich-Schliemann-Instituts, im Archiv der Universität Rostock und im Landesarchiv in Schwerin zahlreiche Akten und Korrespondenzen vorhanden, die teilweise ebenfalls detailliert über einzelne Aspekte der Sammlungsgeschichte Auskunft geben. Einen wichtigen Teil der Dokumentation bilden schließlich auch die in der

1 Antike nicht-römische Münzen (inklusive römische Provinzialprägungen): 569 Exemplare; römisch-republikanische Münzen: 137 Ex.; römisch-kaiserzeitliche Münzen: 2 892 Ex.; byzantinische Münzen: 104 Ex.; orientalische Münzen (Mittelalter bis Neuzeit): 982 Ex.; neuzeitliche Prägungen aus diversen europäischen Ländern, v. a. Mecklenburg: ca. 4 500 Ex.; neuzeitliche Medaillen: mindestens ca. 150 Ex. Dazu kommen diverse Abformungen in unterschiedlichen Materialien, die in dieser Zählung nicht berücksichtigt sind. – Nach einer Zählung des Jahres 1991 handelt es sich um die achtgrößte universitäre Münzsammlung Deutschlands: Klüßendorf 1993, S. 192 f.

heutigen Sammlung erhaltenen Münzbestände selbst und die Aufbewahrung der Münzen, teilweise in zwei systematisch geordneten und beschrifteten Münzschränken des späten 18. bis mittleren 19. Jahrhunderts, teilweise in weiteren kleinen Münzkästen und in separaten, mit Bleistift beschrifteten Papiertütchen.

Wichtige Episoden der Sammlungsgeschichte wurden im Verlauf der letzten dreißig Jahre anhand der genannten Archivalien aufgearbeitet. In mehreren Aufsätzen hat sich Niklot Klüßendorf (geb. 1944) mit der Sammlungsgeschichte auseinandergesetzt. Ausgangspunkt seiner Untersuchungen war die Aufarbeitung des Schatzes von Remplin, einem 1830 im Landkreis Malchin auf der Mecklenburger Seenplatte ausgegrabenen Hort von 990 Münzen vornehmlich aus mecklenburgischen Prägestätten des späten 14. und des frühen 15. Jahrhunderts, die 1844 zu großen Teilen ins Rostocker Münzkabinett integriert wurden.[2] Im Fokus der Untersuchungen Klüßendorfs standen dementsprechend zunächst die Sammlungsdynamik im mittleren 19. Jahrhundert unter dem langjährigen Leiter des Münzkabinetts Christian Ehrhard von Nettelbladt (1792–1863) sowie die Ereignisse im Zusammenhang der »Bestandsbereinigungen«, die im frühen 20. Jahrhundert dazu führten, dass das Münzkabinett einen wichtigen Teil seiner Mecklenburgica an die Großherzogliche Sammlung in Schwerin abgab.[3] Auf der Basis der Archivalien, die Klüßendorf zur Rekonstruktion dieser Aspekte der Sammlungsgeschichte aufgearbeitet hatte, beschäftigte er sich in weiteren Aufsätzen dann auch mit der gesamten Sammlungsgeschichte[4] und schließlich vor allem auch mit der Geschichte der Sammlung orientalischer Münzen, die dank der Arbeit des Kabinettsgründers Tychsens und dann auch Christian Martin Joachim Frähns (1782–1851), des in Sankt Petersburg lehrenden Schülers Tychsens, für die Wissenschaftsgeschichte der orientalischen Numismatik von erheblicher Bedeutung ist.[5]

Die Rolle Tychsens als Numismatiker wurde in jüngster Zeit auch im Rahmen der Vorarbeiten zu einem geplanten SFB-Teilprojekt zur Korrespondenz von Tychsen ausführlich thematisiert. Das Vorhaben sollte sich mit der Figur des Gelehrten Tychsens als einem wichtigen und international besonders gut vernetzten Wissenschaftler der späten Frühen Neuzeit beschäftigen.[6] Erste Resultate dieser Forschungsarbeiten hat Lutz Ilisch in zwei Aufsätzen publiziert.[7] Aus diesen sowie aus drei weiteren Arbeiten zu verschiedenen Kor-

2 Klüßendorf 1993. Insgesamt gelangten 761 Münzen aus dem Hortfund ans Münzkabinett der Universität. Zum Münzschatz von Remplin s. weiter auch Steinwascher & Klüßendorf 1989, S. 63–100.

3 Siehe v. a. Klüßendorf 1993; Klüßendorf 1995a.

4 Klüßendorf 1995a; Klüßendorf 1995b. Knappe Darstellungen der Sammlungsgeschichte finden sich zudem bei Zimmermann 1999; Kunzel 2004, S. 15–17.

5 Klüßendorf 2000; vgl. auch Klüßendorf 2012; Klüßendorf 2019. Zur orientalischen Numismatik in Rostock s. auch Heidemann 2004.

6 Arnold et al. 2019a. s. zu Tychsen zudem Klüßendorf 2011; Klüßendorf 2012; Klüßendorf 2019.

7 Ilisch 2015; Ilisch 2019.

respondenzen numismatischen Inhalts[8] geht das große wissenschaftsgeschichtliche Potential der außergewöhnlich gut dokumentierten frühen Geschichte der Rostocker Münzsammlung deutlich hervor. Im Rahmen des SFB-Projekts wurden zudem die von Tychsen angefertigten Kataloge und Inventare sowie auch zahlreiche Briefe, in denen numismatische Fragen eine wichtige Rolle spielen, digitalisiert und online zugänglich gemacht.[9]

Was den heutigen Sammlungsbestand betrifft, wurden bisher einzig die römischen Reichsprägungen und die byzantinischen Münzen systematisch aufgearbeitet. Dies geschah in einem von Konrad Zimmermann (geb. 1940) initiierten Projekt, das von Silke Burmeister durchgeführt und 1999 in Form eines Bestandskataloges publiziert wurde.[10] Darin sind 137 republikanische, 2892 kaiserzeitliche und 104 byzantinische Prägungen verzeichnet. Im Rahmen dieses Projekts wurden auch ein Teil der römischen Provinzialprägungen sowie die weiteren antiken Münzen – insgesamt 569 Objekte, insbesondere iberische, phönizische und griechische Prägungen – systematisch neu geordnet, jedoch nicht in Katalogform erfasst.[11] Sammlungsgeschichtliche Aspekte blieben bei der Arbeit von Burmeister vollständig ausgeklammert; bei keiner der verzeichneten Münzen wurde die Provenienz eruiert. Für den ersten, ausschließlich römische Prägungen umfassenden Teil der Rostocker Münzen, die über das Digitale Münzkabinett der Universität Rostock online zugänglich gemacht werden, dient die Arbeit Burmeisters als Grundlage.[12]

Trotz der guten dokumentarischen Ausgangslage fehlen bisher also Untersuchungen dazu, inwiefern sich die aktuell in der Sammlung vorhandenen antiken Münzen in den Inventaren und Katalogen – und eventuell auch in der Korrespondenz – des späten 18. und des 19. Jahrhunderts allenfalls bereits nachweisen lassen.[13] Abgesehen von wenigen einzel-

8 Pontani 2019; Travaini & D'Ottone Rambach 2019; Kravtsov 2019.

9 Die Unterlagen lassen sich abrufen über rosdok.uni-rostock.de/site/histbest. Die digitalisierten Bestände umfassen alle von Konrad Zimmermann verzeichneten Inventare und Kataloge von der Hand Tychsens: Zimmermann 2000, S. 47–54 Nr. 1–11. In digitaler Form liegt mittlerweile jedoch auch ein Teil der weiteren bei Zimmermann aufgeführten Verzeichnisse von Hartmann, Frähn und Nettelbladt vor (Zimmermann 2000, S. 54–56 Nr. 12–15); diese, teilweise noch in Bearbeitung befindlichen Digitalisate finden sich im Katalog der UB Rostock (opac.lbs-rostock.gbv.de) unter der Bezeichnung »Inventar des Rostocker Akademischen Münzkabinetts Nr. [1–15]«.

10 Burmeister 1999.

11 Von Silke Burmeister wurden nur 315 der 569 Münzen bestimmt und systematisiert; nach einer mündlichen Auskunft von Konrad Zimmermann wurden die restlichen 254 Münzen erst nachträglich in einer unbeschrifteten Kartonschachtel entdeckt.

12 ikmk.uni-rostock.de.

13 Nebst der Korrespondenz Tychsens, die mittlerweile online zugänglich ist bzw. in Kürze zugänglich sein wird (s. o. Anm. 9), wäre hier wohl vor allem auch der Briefverkehr Nettelbladts zu berücksichtigen, der sich in der Handschriftenabteilung der Universitätsbibliothek befindet und gemäß Klüßendorf »weitläufige numismatische Korrespondenzen« enthält: Klüßendorf 1993, S. 177 mit Anm. 4. Weitere Korrespondenzen, die Klüßendorf noch nicht bekannt waren, befinden sich zudem im Archiv des Heinrich-Schliemann-Instituts.

nen Ausnahmen gilt dasselbe auch für die nicht-orientalischen nachantiken Münzen, zu denen gegenwärtig auch eine systematische Bestandserfassung noch aussteht.

Dennoch kann festgehalten werden, dass die Geschichte der Münzsammlung der Universität Rostock insbesondere dank der Arbeiten von Klüßendorf in ihren wesentlichen Zügen gut bekannt ist, vor allem auch was den Zeitraum vor dem frühen 20. Jahrhundert betrifft. Die Entwicklungen der ersten rund 110 Jahre seit der Gründung des Kabinetts werden im Folgenden deshalb relativ knapp umrissen. Eine detailliertere Darstellung soll dann jedoch vom weiteren Verlauf der Sammlungsgeschichte im 20. Jahrhundert gegeben werden, der bisher nicht ausführlich behandelt wurde. Dazu können für diesen Beitrag erstmals auch weitere Archivalien ausgewertet werden – vor allem Inventarbücher und Kataloge, aber auch Korrespondenzen –, die Klüßendorf noch nicht zur Verfügung gestanden hatten. Diese Unterlagen erlauben es, die teilweise zumindest abenteuerlichen, teilweise in ethischer Hinsicht problematischen Sammlungsaktivitäten im Zeitraum von 1913 bis 1951 sowie die Umstände, die im Zweiten Weltkrieg zu schwerwiegenden Bestandsverlusten führten, erstmalig detailliert nachzuzeichnen. Zunächst möchte ich allerdings einen kurzen Überblick über die gegenwärtige Aufbewahrungsform der Münzen geben.

Zum aktuellen Zustand der systematischen Münzverwahrung

Die antiken und byzantinischen Münzen sind gegenwärtig in einem Münzschrank mit 50 Schubfächern verwahrt (Abb. 1), die orientalischen Münzen in einem zweiten, kleineren Schrank mit 65 Schubfächern. In einem dritten Schrank befinden sich die weitgehend ungeordneten Bestände der weiteren mittelalterlichen und neuzeitlichen Prägungen.

Im größeren Schrank mit den antiken Prägungen sind die Münzen in Kartonschächtelchen entsprechend der üblichen, auf Joseph Hilarius Eckhel (1737–1798) zurückgehenden Systematik abgelegt (Abb. 1–2). Darin befindet sich nebst der Münze jeweils ein Einlageblättchen (Abb. 3), das bei den römischen und byzantinischen Münzen durchgehend auf die neue Bearbeitung durch Burmeister zurückgeht, bei den griechischen teilweise auf Burmeister, teilweise wohl auf Gottfried von Lücken (1883–1976), der von 1921 bis 1954 für die Sammlung zuständig war. Dazu kommen teilweise zusätzliche Einlageblättchen, die im Zusammenhang einer älteren Systematik des 19. oder des frühen 20. Jahrhunderts stehen und teilweise noch der Hand Tychsens, zumeist jedoch keinem bestimmten Bearbeiter sicher zugeordnet werden können. Hinweise auf das Anschaffungsdatum des Schrankes konnten bisher nicht beigebracht werden.

Im kleineren Schrank mit den orientalischen Prägungen sind die Münzen in Kartonschächtelchen abgelegt, die ebenfalls eine aus dem 19. Jahrhundert stammende Beschriftung aufweisen, die in diesem Fall der Hand Christian Frähns zugewiesen werden

Abb. 1: Münzschrank mit griechischen, römischen und byzantinischen Prägungen.

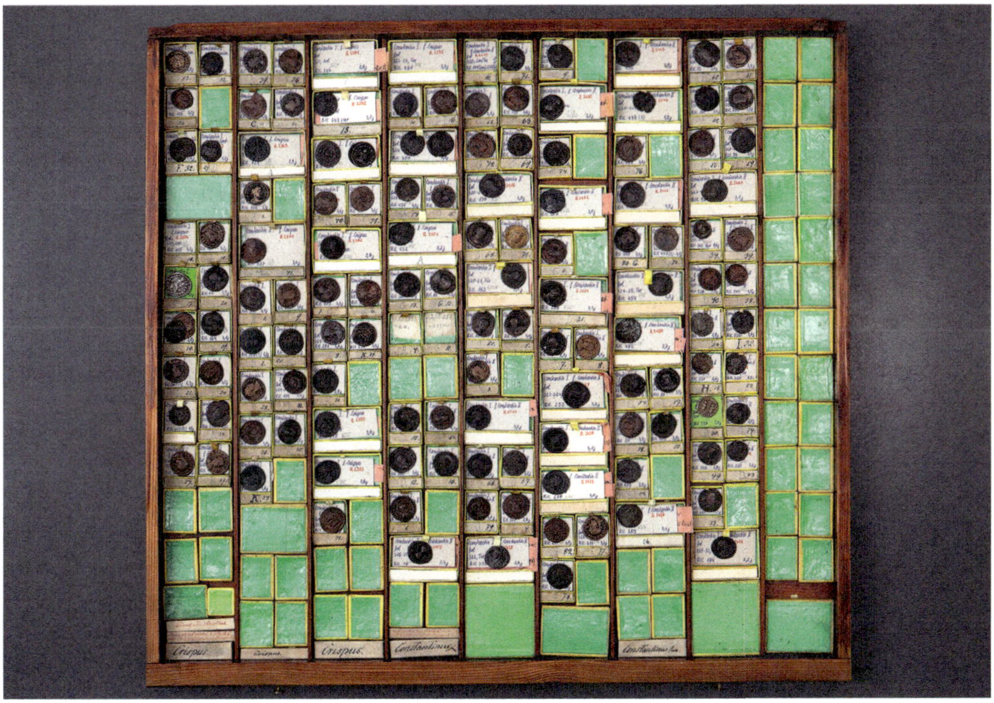

Abb. 2: Schubfach mit Münzen Konstantins I. und Konstantins II.

Abb. 3: Pappschächtelchen mit Follis des Konstantin II., Inv. R2456.

kann, der die Sammlung zwischen 1839 und 1842 neu ordnete.[14] Teilweise finden sich in den Schächtelchen zudem beschriftete Papiertütchen. Hinweise auf eine jüngere Systematik aus dem 20. Jahrhundert fehlen. Auch bei diesem kleinen Schrank in Form eines tragbaren Tischaufsatzes fehlen Hinweise darauf, zu welchem Zeitpunkt er ans Münzkabinett gelangte. Immerhin geht aus der Beschriftung der für den Schrank angefertigten Schächtelchen hervor, dass er spätestens in der frühen Amtszeit Nettebladts (um 1830/40)[15] angeschafft wurde.[16]

Das Akademische Münzkabinett von 1794 bis 1838: Vermehrungen I

Das 1794 auf Betreiben von Tychsen eingerichtete Akademische Münzkabinett bestand in seinen Anfängen im Wesentlichen aus einer Dotation von Herzog Friedrich Franz I. (reg. 1785–1837).[17] Diese umfasste einerseits Münzen aus der Sammlung des Herzogs,[18]

14 Siehe dazu u. bei Anm. 19–21.

15 Zu Nettelbladt s. u. bei Anm. 24–34.

16 Der tragbare Münzschrank konnte 2015 umfassend restauriert werden. Die Schubfächer hatten sich zuvor nur mehr teilweise öffnen lassen. Auf der Rückseite des Schranks findet sich ein Siegelabdruck der Universität aus der NS-Zeit, der darauf schließen lässt, dass er zwischen 1933 und 1945 transportiert wurde, vielleicht im Zusammenhang einer Auslagerung zur Vermeidung von Kriegsschäden. Von einem weiteren Siegelabdruck auf der Oberseite sind keine beschrifteten Teile erhalten; er dürfte im Zusammenhang derselben Transportmaßnahme angebracht worden sein.

17 Zur frühen Phase des Münzkabinetts unter Tychsen und zu dessen Rolle als Numismatiker s. bes. Klüßendorf 1995a, S. 197–200; Klüßendorf 2000, S. 28–34; Klüßendorf 2012; Klüßendorf 2019.

18 Ob diese Dotation auch bereits antike Münzen umfasste, scheint nicht ganz klar zu sein. Den Eingang einer Schenkung des Herzogs im Umfang von 306 römischen Münzen (8 *A*V, 110 *A*R, 188 Æ) verzeichnete

andererseits eine größere Sammlung vornehmlich von mecklenburgischen Prägungen der Rostocker Ratsherrenfamilie Niemann-Martini, die der Herzog angekauft hatte, um sie der Universität zu übereignen. Schon vor Einrichtung des Münzkabinetts hatte Tychsen damit begonnen, in kleinem Umfang für die Universität Münzen zu sammeln. Darüber hinaus trug er auch eine private Sammlung zusammen, die 1817, zwei Jahre nach seinem Tod, ebenfalls in den Besitz des Münzkabinetts überging. Im Zentrum des Interessens Tychsens standen naturgemäß die orientalischen Münzen, er beschäftigte sich zumal in der Lehre aber auch intensiv mit den mecklenburgischen und den antiken Münzen.

Schon seit der Gründung des Kabinetts bestand eine enge Verbindung mit der Bibliothek der Universität, nicht zuletzt weil Tychsen sowohl das Amt des Ersten Bibliothekars als auch dasjenige des Leiters des Münzkabinetts bis zu seinem Lebensende innehatte. In beiden Fällen handelte es sich um Nebenämter, die keine formale Bindung an ein bestimmtes Institut oder einen bestimmten Lehrstuhl besaßen. Für die weitere Entwicklung des Münzkabinetts war die fehlende institutionelle Verankerung zunächst wenig problematisch – ganz anders als im späteren 19. und frühen 20. Jahrhundert.

Nach dem Tod Tychsens im Jahr 1815 hatte die Hoffnung bestanden, dass dessen Lehrstuhl von dem Orientalisten Christian Martin Joachim Frähn – einem Schüler Tychsens – übernommen würde.[19] Wie Tychsen beschäftigte sich dieser intensiv mit Münzen und hätte als Leiter des Münzkabinetts nicht nur für eine kontinuierliche Entwicklung, sondern zweifellos auch für eine Konsolidierung der Rolle des Kabinetts als besonders wichtiger Sammlung und Forschungseinrichtung im Bereich der orientalischen Numismatik sorgen können. Immerhin blieb Frähn der Universität Rostock auch nach seiner Übernahme einer Professur in Sankt Petersburg eng verbunden. Dem Münzkabinett überließ er wiederholt Münzen. Und 1842 publizierte er einen ausführlichen Katalog der orientalischen Münzen des Rostocker Kabinetts.[20] Für die Arbeiten an diesem Katalog wurde die gesamte Sammlung an orientalischen Münzen inklusive des handschriftlichen Katalogs Tychsens in den Jahren 1839 und 1840 in zwei Sendungen vorübergehend nach Sankt Petersburg transferiert.[21]

Tychsen dann jedenfalls am 13.3.1805 (gemäß einem handschriftlichen Dokument mit ausführlicher Liste im Archiv des Heinrich-Schliemann-Instituts). Ein Bestand antiker Münzen konnte zudem 1839, kurz nach dem Tod Friedrich Franz I., aus der großherzoglichen Sammlung übernommen werden (s.u. Anm. 28). Zur Antikenrezeption am Hof Friedrich Franz' I., der von 1785 bis 1837 regierte (seit 1815 als Großherzog), s. Zimmermann 2017, bes. S. 113–128.

19 Zu Frähn s. bes. Klüßendorf 1995a, S. 200; Klüßendorf 2000, S. 34–36; Klüßendorf 2012.

20 Frähn 1842a; Frähn 1842b.

21 Im Archiv des Heinrich-Schliemann-Instituts befinden sich umfangreiche Archivalien mit Korrespondenzen Frähns und Nettelbladts sowie weiteren Unterlagen, welche die Zusammenarbeit zwischen Frähn und Nettelbladt dokumentieren. Diese Archivalien konnten bisher nicht ausgewertet werden.

Anstelle von Frähn war seit 1818 der Theologieprofessor Anton Theodor Hartmann (1774–1838) als Leiter des Münzkabinetts für eine kontinuierliche Entwicklung verantwortlich.[22] Hartmann schien dafür aus verschiedenen Gründen geeignet. Wie Tychsen war er ein ausgewiesener und international renommierter Forscher auf dem Gebiet der Orientalistik. Auch verband ihn mit Tychsen ein sehr gutes kollegiales Verhältnis, was unter anderem daraus hervorgeht, dass Hartmann nach dessen Tod eine vierbändige Biographie Tychsens verfasste und anlässlich der bevorstehenden Versteigerung der Privatbibliothek Tychsens ein Vorwort zum Bestandskatalog schrieb. Wie Tychsen war Hartmann zudem eine prägende Figur für die Universität Rostock, der er 1825/26 als Rektor vorstand.

Mit der Übernahme der Leitung des Münzkabinetts durch Hartmann war der Umzug des Kabinetts aus den Räumlichkeiten der Bibliothek verbunden. Neuer Sitz wurde das großherzogliche Stadtpalais. Für die 22 Jahre, die Hartmann das Münzkabinett leitete, sind nur geringe Sammlungsaktivitäten nachzuweisen. Schon vor dem Amtsantritt Hartmanns waren 1817 Tychsens Privatsammlungen orientalischer und antiker Münzen als Teil von dessen wissenschaftlichem Nachlass durch die Universität erworben und dem Münzkabinett angegliedert worden. Ebenfalls noch vor Hartmans Amtsantritt erfolgte 1818 die Übernahme einer Sammlung altorientalischer Münzen des Schleswiger Generalsuperintendenten Jacob Georg Christian Adler (1756–1834), der ähnlich wie Tychsen und Frähn im damaligen Netzwerk orientalischer Numismatiker eine wichtige Rolle spielte. Darüber hinaus lässt sich aus einer knappen, von Hartmann geführten Akzessionsliste erschließen, dass während dessen Amtszeit ca. 300 bis 400 weitere Münzen in die Sammlung gelangten. Der Zustand der Sammlung am Ende der Amtszeit von Hartmann ist dank der Dokumentation von dessen Nachfolger Erhard von Nettelbladt gut bekannt. Dieser hatte schon ein Jahr vor seinem Amtsantritt einen umfangreichen Bericht verfasst, in dem er den Zustand des Kabinetts, das er teilweise in verwahrlostem Zustand vorgefunden habe, detailliert beschrieb.[23] Daraus geht hervor, dass die Sammlung im Jahr 1837 aus 16 Teilbereichen bestand, die insgesamt ca. 6 500 Objekte umfassten. Nur bei rund der Hälfte dieser Objekte handelte es sich um originale Münzprägungen (ca. 3 375 bis 3 575 Objekte), wobei die antiken Münzen ca. 779, die orientalischen Münzen ca. 466, die mecklenburgischen Münzen ca. 1 100 bis 1 200 und die mittelalterlichen und neuzeitlichen Münzen verschiedener anderer europäischer Länder ca. 650 Exemplare ausmachten. Dazu kam ein Bestand von ca. 300 bis 400 noch nicht katalogisierten Prägungen. Bei den weiteren ca. 3 000 Objekten, die Nettelbladt verzeichnete, handelte es sich um Galvanos sowie Abgüsse und Abdrücke – vornehmlich von Münzen und geschnittenen Steinen – in verschiedenen Materialien. Genannt werden Fischleim, Zinn, Blei, Gips und Schwefelpaste. Weiter ent-

22 Klüßendorf 1993, S. 200 f.; Klüßendorf 2000, S. 36 f.

23 Eine Überblicksdarstellung zu diesem Bericht bei Klüßendorf 2000, S. 40 f.

hielt die Sammlung aber auch »Bronzeplatten mit bildlichen Darstellungen bzw. Ornamenten« sowie nicht näher spezifizierte und quantifizierte »kleinere Kunst- und Altertümer«.

Das Akademische Münzkabinett von 1838–1863: Vermehrungen II

Der bereits genannte Nachfolger Hartmanns, Erhard von Nettelbladt, stand dem Kabinett 26 Jahre lang vor (1838 bis 1863). Er kann neben Tychsen als die zweite für die Sammlungsgeschichte des 19. Jahrhunderts prägende Figur gelten.[24] Nettelbladt war Jurist und hatte seit 1834 das Amt des Zweiten Bibliothekars der Universität Rostock inne. Die Leitung des Münzkabinetts wurde ihm auf Betreiben des Regierungsbevollmächtigten und Vizekanzlers der Universität, Carl Friedrich von Both (1789–1875), übertragen. Von Both war seit 1820 und dann vor allem seit der Umwandlung der vormals herzoglich-städtischen Universität in eine Landesuniversität im Jahr 1827 maßgeblich für die dynamische Entwicklung der Alma Mater Rostock verantwortlich. Mit den durch von Both betriebenen Bemühungen um eine Reorganisation des Münzkabinetts, die bereits in der Amtszeit Hartmanns eingesetzt hatten, war auch eine neue finanzielle Ausstattung verbunden. Erstmals stand nun ein Anschaffungsetat von 50 Talern zur Verfügung.

Nettelbladt nutzte die durch die Verbindung zu von Both abgesicherte starke Position innerhalb der Universität, um den Ausbau der Sammlungsbestände intensiv voranzutreiben. Als Nettelbladt 1863 starb, hatte er die Sammlung des Münzkabinetts um mehr als 26 000 Objekte erweitert: Das von ihm geführte fünfbändige »Vermehrungsverzeichnis« reichte zum Ende der Amtszeit bis zur Nummer 27041 (im Jahr 1862), wobei die Nummern 25100 bis 25999 versehentlich übersprungen worden waren, so dass sich eine Gesamtzahl von 26 140 Einträgen ergibt. Die Sammlung dürfte zu diesem Zeitpunkt also rund 30 000 Münzen umfasst haben.[25] Nebst diversen kleineren Ankäufen, Schenkungen

24 Zur Entwicklung des Münzkabinetts unter Nettelbladt s. bes. Klüßendorf 1995a, S. 203; Klüßendorf 2000, S. 38–41.

25 Anders die Zählung bei Klüßendorf 1995a, S. 203; Klüßendorf 2000, S. 41: Dieser geht offensichtlich davon aus, dass das Vermehrungsverzeichnis die 1837 bereits vorhandenen Objekte mit einschloss. Soweit ich dies beurteilen kann, beginnt das Verzeichnis der Neueingänge seit 1838 jedoch mit der Nummer 1, so dass davon auszugehen ist, dass die bereits vorhandenen Objekte in der Zählung nicht enthalten sind. Worauf die bei Klüßendorf genannte Zahl von 26 982 unter Nettebladt verfassten Einträgen basiert (Klüßendorf 2000, S. 41), erschließt sich mir nicht. Eine präzise Aussage zum Umfang der Bestände ist vorderhand allerdings sowieso nicht möglich, da es sich bei den einzelnen Einträgen verschiedentlich um Sammelnummern handelt (z. B. Nr. 2692: »31 bronzene Kaisermünzen 2. u. 3. Grades«). Es müsste zunächst also das gesamte Verzeichnis durchgezählt werden. Darüber hinaus enthält das Verzeichnis spätere Bleistifteinträge, die eine »Liquidation« bzw. Deakzession vermerken, beispielsweise im Fall der Einträge Nr. 2692 bis 2726 (»liquid. 15. Januar 1839«). Es ist also vielleicht damit zu rechnen, dass zahlreiche Münzen schon kurz nach dem Eingang wieder verkauft bzw. für Tauschgeschäfte verwendet wurden. Vgl. zum Bestand nach dem Tod Nettelbladts auch Kunzel 2004, S. 17 mit Anm. 49.

und Stiftungen, die in den Zeitraum der Amtsführung Nettelbladts fallen, sind mehrere größere Zugänge bemerkenswert, deren sammlungsgeschichtliche Bedeutung sich ohne weitere Forschungen vorderhand jedoch nur schwer beurteilen lässt. Um einen knappen Einblick in die Dokumentation zu geben, seien hier zwei Einträge zur Erwerbung von antiken Münzen näher betrachtet: 1838 wurden auf der »Münterschen Auktion in Kopenhagen« durch den genannten Vizekanzler von Both 313 republikanische und kaiserzeitliche Münzen erworben und dem Münzkabinett als Geschenk übereignet. Die Objekte aus der umfangreichen Münzsammlung Friedrich Münters (1761–1830), der in Kopenhagen 1830 verstorben war, wurden unter den Nummern 1509 bis 1821 verzeichnet, jeweils mit der Angabe des Materials und dem Münzherrn sowie einem Verweis auf »M. Münt. II«.[26] Im selben Jahr gelangten 43 kaiserzeitliche und eine Syrakusaner Silbermünze in die Sammlung, und zwar unter dem Vermerk »von histor. Verein in Schwerin gegen Mecklenb. Münzen«.[27] Knapp genannt sei hier zudem die Übernahme römischer und kufischer Münzen aus der großherzoglichen Sammlung in Schwerin (1839 und 1841).[28] Auch die Schenkung einer umfangreicheren Sammlung orientalischer Münzen des Tychsen-Schülers Frähn (1843)[29] und die Übernahme von 761 Münzen aus dem Schatz von Remplin (1844) in Form einer Schenkung Georg Wilhelms von Schaumburg-Lippe (1784–1860)[30] seien hier noch einmal erwähnt.

Insgesamt zeigte sich Nettelbladt sehr bemüht, aus allen erdenklichen Quellen Neuzugänge für das Münzkabinett zu erschließen. Seit 1843 bestand sogar eine Vereinbarung mit der Münzstätte von Schwerin, wonach diese jeweils Belegexemplare ihrer neuen Prägungen an das Münzkabinett abgeben sollte.[31] Zwar verfasste Nettelbladt keine wissenschaftlichen Studien zur Münzkunde. Jedoch stand er mit zahlreichen im Bereich der Numismatik tätigen Wissenschaftlern in brieflichem Austausch[32] und verfasste mehrere handschriftliche Kataloge zu einzelnen Münzbeständen. Dabei war er der letzte Aufseher

26 »Vermehrungsverzeichnis« Bd. 2, Einträge 1509 bis 1821 vom 30. 1. 1838. Mit Friedrich Münter hatte bereits Tychsen einen intensiven Tauschverkehr gepflegt, der sowohl orientalische als auch antike Münzen betraf, wie aus zahlreichen Notizen in den Katalogen, aber auch aus der Korrespondenz hervorgeht; s. z. B. Klüßendorf 2000, S. 31 mit Anm. 18 und Abb. 3.

27 »Vermehrungsverzeichnis« Bd. 2, Einträge 2330 bis 2373 vom 18. 6. 1838. Zur Syrakusaner Silbermünze lautet der Eintrag: »2372 – Sicilia – Syracusae – Ar. (crass. eleg.)«.

28 Klüßendorf 2000, S. 41.

29 Klüßendorf 2000, S. 41.

30 Siehe o. bei Anm. 2.

31 Klüßendorf 1993, S. 181. Weiter gab die Großherzogliche Sammlung in Schwerin aus ihren Beständen regelmäßig Dubletten ans Akademische Münzkabinett.

32 Dazu zählt beispielsweise eine Korrespondenz mit Johann Gustav Stickel (1805–1896), Professor für orientalische Sprachen und Gründer des Münzkabinetts an der Universität Jena, erhalten in Briefen, die sich einerseits in dem von Nettelbladt verfassten Inventar orientalischer Münzen, andererseits im Universitätsarchiv Jena befinden: Klüßendorf 2000, S. 41 mit Anm. 37.

bzw. Direktor[33] des Münzkabinetts, der sich mit der Bestimmung der orientalischen Münzen befasste. Sein »Catalog römischer Münzen« in zwei Bänden umfasste nach einer dem zweiten Band beiliegenden »Uebersicht der Münzen römischer u. byzantinischer Kaiser«, die im Wintersemester 1872/73 von dem Studierenden H. Raddatz verfertigt wurde, insgesamt 3 956 Stück.[34]

Das Akademische Münzkabinett von 1863–1905: Vermehrungen III

Die auf die Amtszeit Nettelbladts folgende Periode ist durch eine deutliche Abnahme der Sammlungsaktivitäten gekennzeichnet.[35] Die Problematik einer fehlenden institutionellen und wissenschaftlichen Anbindung des Münzkabinetts machte sich nun deutlich bemerkbar. Die Leitung des Kabinetts lag jetzt zumeist in den Händen von Professoren, die sich kaum eingehender mit Numismatik beschäftigten und entsprechend wenig Energie auf die Betreuung der Sammlung verwandten. Im Zeitraum von 1863 bis 1905 fungierten mit Georg Voigt (1827–1891) von 1863 bis 1866 und Friedrich Wilhelm Schirrmacher (1824–1904) von 1871 bis 1904 zwei Historiker und mit Karl Friedrich Bartsch (1832–1888) von 1866 bis 1871 ein Germanist und Romanist als Direktoren. 1904 und 1905 waren zudem zwei Klassische Philologen – Adolph Hofmeister (1849–1904) und Otto Kern (1863–1942) – kommissarisch mit der Leitung des Münzkabinetts beauftragt.[36]

In den rund vierzig Jahren nach Nettelbladt wurde die Sammlung zwar gelegentlich von Studenten zu Lehrzwecken, kaum jedoch wissenschaftlich genutzt.[37] Anders als noch unter Nettelbladt waren die Direktoren auch wenig bemüht, die Sammlung zu erweitern oder wenigstens einzelne Teilbestände systematisch zu erschließen, was auch durch eine insgesamt schlechte finanzielle Ausstattung der Philosophischen Fakultät mit bedingt

33 Zunächst hatte von Nettelbladt als »Aufseher« firmiert, seit 1856 dann als »Direktor« (Klüßendorf 2000, S. 40); ein Titel, der eigentliche bereits 1835 zum ersten Mal verwendet wurde, als das Münzkabinett neu unter der Bezeichnung eines Akademischen Instituts im Staatskalender geführt wurde (Klüßendorf 1995a, S. 201). Das Amt war jährlich mit 50 Talern bzw. später dann mit 160 Mark besoldet (bis 1920): Klüßendorf 1995a, S. 206.

34 Zimmermann 2000, S. 57 zu Nr. 18.

35 Siehe zu dieser Phase der Sammlungsgeschichte bes. Klüßendorf 1993, S. 181 f.; Klüßendorf 2000, S. 42.

36 Eine vollständige Liste der Aufseher bzw. Direktoren des Münzkabinetts mit Angabe der jeweiligen hauptamtlichen Tätigkeit bei Klüßendorf 1995a, S. 201–203. Zum wissenschaftlichen Profil der mit der Leitung betrauten Personen s. auch Klüßendorf 1995a, S. 206 f. Unter den 15 Personen kann letztlich nur Tychsen als Wissenschaftler mit einer gewissen Bedeutung für die Numismatik gelten.

37 Unter Schirrmacher soll der Schlüssel des Kabinetts unkontrolliert unter Studierenden zirkuliert haben. Zu diesen Studierenden dürfte auch Otto Oertzen (1855–1903) gehört haben, der später für die massive Umgestaltung des Verhältnisses zwischen dem Akademischen Münzkabinett und der Großherzoglichen Münzsammlung in Schwerin verantwortlich war: Klüßendorf 1993, S. 182 f.

war.[38] Das von Nettelbladt begonnene »Vermehrungsverzeichnis« wurde bis 1880 in fortlaufender Nummerierung weitergeführt (bis zum Eintrag Nr. 27721). Weitere Einträge mit separater bzw. ohne Nummerierung reichen bis 1908. Es lässt sich daraus erschließen, dass von 1863 bis 1908 rund 800 Münzen in die Sammlung gelangten. Soweit nachvollziehbar, handelte es sich zumeist um Schenkungen in kleinem Umfang, ein letzter größerer Eingang hatte in der Übernahme der Sammlung eines Großhändlers namens Schalin in Stockholm bestanden (1875).[39] Mit der Fertigstellung des neuen Universitätshauptgebäudes im Jahr 1870 dürfte der Umzug des Kabinetts aus dem großherzoglichen Stadtpalais in dieses Gebäude verbunden gewesen sein. Räumlich dürfte die Münzsammlung nun wieder einen Teil der Universitätsbibliothek gebildet haben. Unter Schirrmacher wurde das Kabinett 1874 jedenfalls auch formell wieder an die Universitätsbibliothek angegliedert – eine Anbindung, die bis 1904 Bestand hatte.[40]

Das Akademische Münzkabinett von 1901–1944: Verluste I/Vermehrungen IV

Seit 1906 wurde das Münzkabinett von den Inhabern des Lehrstuhls für Klassische Archäologie verwaltet.[41] Als erster Archäologe bekleidete Carl Watzinger (1877–1948) den Posten von 1906 bis 1909. Watzinger hatte die Professur von Gustav Körte (1852–1917) übernommen, dem ersten Inhaber des an der Universität Rostock 1881 eingerichteten Lehrstuhls für Klassische Archäologie. Sowohl Körte als auch Watzinger waren stark involviert in den Aufbau der Archäologischen Lehrsammlung der Universität, deren Initiation auf das Jahr 1879 zurückging. Um die Münzsammlung scheinen sich jedoch weder Körte noch Watzinger aktiv bemüht zu haben.[42] Auch ist nichts darüber bekannt, dass der auf den Nahen Osten spezialisierte und eng mit dem Rostocker Alttestamentler Ernst Sellin (1867–1946) verbundene Watzinger die Sammlung orientalischer Münzen für wissenschaftliche oder didaktische Zwecke genutzt hätte. Auf Watzinger folgten Arnold von Salis (1881–1958) von 1911 bis 1916, Rudolf Pagenstecher (1886–1921) von 1916 bis 1921 und schließlich – bis zur formalen Auflösung des Kabinetts – Gottfried von Lücken von 1921

38 Klüßendorf 1995a, S. 203. Reguläre Finanzmittel für Neuankäufe standen ohnehin nicht zur Verfügung: Klüßendorf 1993, S. 181.

39 Klüßendorf 1993, S. 181.

40 Klüßendor 1995a, S. 207 f.

41 Siehe zu dieser Phase der Sammlungsgeschichte bes. Klüßendorf 2000, S. 42.

42 Watzinger setzte sich 1907 im Zusammenhang der noch nicht abgeschlossenen Bestandsbereinigung mit Schwerin (s. u.) allerdings stark für einen möglichst vollständigen Erhalt des gesamten Sammlungsspektrums ein; auch Walther Kolbe (1876–1943), der von 1909 bis 1911 dem Kabinett kommissarisch vorstand, bemühte sich sehr um den Erhalt der Sammlung: Klüßendorf 1993, S. 187; Klüßendorf 1995a, S. 205, 208.

bis 1944.[43] Ab 1944 bildete das Münzkabinett dann auch *de iure* einen Teil der Archäologischen Sammlung der Universität, nachdem es in diesem Jahr als eigenständige Institution aufgelöst worden war. Die Leitung verblieb somit bei von Lücken, der über seine Emeritierung im Jahr 1954 hinaus als kommissarischer Direktor der Archäologischen Sammlung amtierte und erst 1968, im Zuge der Dritten Hochschulreform und der damit verbundenen Auflösung der Philosophischen Fakultät, von seinen Aufgaben entbunden wurde.[44]

In den ersten Jahren des 20. Jahrhunderts war eine neue konzeptionelle Ausrichtung des Akademischen Münzkabinetts erfolgt, die allerdings nicht von der Universität ausging, sondern von außen angestoßen beziehungsweise der Universität aufgezwungen wurde.[45] Ausgangspunkt war die Absicht von Friedrich Schlie (1839–1902) und Otto Oertzen (1855–1903), dem Direktor des Großherzoglichen Museums in Schwerin und dem Kustos der dortigen Münzsammlung, zwischen dem Akademischen Münzkabinett und der numismatischen Sammlung in Schwerin eine Bereinigung der jeweiligen Sammlungsschwerpunkte herbeizuführen.[46] Nach diesem Vorhaben sollte Schwerin für mecklenburgische und Rostock für antike Münzen zuständig sein. Im Hinblick auf diese Neukonzeption sollte die Universität ihre Bestände an Mecklenburgica, die in Schwerin gar nicht oder nicht in ausreichender Qualität und Zahl vorhanden waren, im Tausch mit antiken Münzen an die Großherzogliche Sammlung abgeben. Wie Klüßendorf anhand der Akten nachzeichnen konnte, scheinen es Schlie und Oertzen darauf angelegt zu haben, die unzureichende Betreuungssituation des Akademischen Münzkabinetts an der Wende vom 19. zum 20. Jahrhundert bewusst zu ihren Gunsten auszunutzen. Tatsächlich gelang es ihnen 1901, noch bevor sich an der Universität hinreichender Widerstand gegen die Pläne formiert hatte, ein Reskript des Landesherrn Herzog Johann Albrechts von Mecklenburg (1857–1920) zu erwirken, das die neue Schwerpunktsetzung der beiden Sammlungen und den entsprechenden Austausch an Münzen festschrieb. Noch in demselben Jahr begann man auf die energische Initiative Oertzens hin mit den Tauschaktivitäten, die sich dann aber über mehrere Jahre hinziehen sollten. Sie hatten zur Folge, dass die umfangreichen Bestände des Akademischen Münzkabinetts an mecklenburgischen Prägungen vor allem

43 Kommissarisch standen dem Kabinett zudem von 1909–1911 der Althistoriker Walther Kolbe und im Jahr 1921 der Klassische Philologe Rudolf Helm (1872–1966) vor.

44 Zur Biographie Gottfried von Lückens s. ausführlich Zimmermann 2012. Vgl. auch Buddrus & Fritzlar 2007, S. 264 f.

45 Zu dieser Phase der Sammlungsgeschichte s. bes. Klüßendorf 1993, S. 181 f.; Klüßendorf 2000, S. 43.

46 Siehe dazu die detaillierte Darstellung bei Klüßendorf 1993, S. 182–187. Vgl. auch Klüßendorf 1995a, S. 203–206.

qualitativ stark beeinträchtigt wurden, während sich der Zuwachs an antiken Münzen in engen Grenzen hielt.[47]

Als Oertzen im Jahr 1903 unerwartet starb, waren die Bestandsbereinigungen zwischen Rostock und Schwerin noch nicht abgeschlossen. In der Folge gerieten sie ins Stocken, vor allem auch weil man sich an der Universität zunehmend bewusst wurde, welch schweren Eingriff in das Münzkabinett die Tauschaktivitäten darstellten. Es bedurfte langwieriger und zäher Verhandlungen, bis der Austausch 1911 schließlich durch einen Vergleich abgeschlossen werden konnte. Soweit nachvollziehbar, scheinen im Rahmen des Tauschgeschäfts insgesamt 654 besonders wertvolle Mecklenburger Münzen von Rostock nach Schwerin und 320 antike Münzen von Schwerin nach Rostock gelangt zu sein.[48] Da der Tausch für Rostock unvorteilhaft war, wurde aus Schwerin zudem eine Typenauswahl an mittelalterlichen Münzen ans Akademische Münzkabinett abgegeben. Darüber hinaus hatte das Großherzogliche Museum zur Begleichung des noch bestehenden Wertunterschieds eine Entschädigung in Höhe von 1 200 Mark zu leisten,[49] die in Rostock dann für die Anschaffung weiterer antiker Münzen verwendet werden konnte.

Nach der faktischen Angliederung des Münzkabinetts an den Lehrstuhl für Klassische Archäologie spielten die nach wie vor umfangreichen Bestände an mecklenburgischen

47 Gottfried von Lücken fasste das Tauschgeschäft in einem Bericht vom 21. 5. 1935 folgendermaßen zusammen (Universitätsarchiv Rostock, 1.07.067-0903, Blatt 187): »Alles in allem dürfte der Wert dessen, was das Akademische Münzkabinett an brauchbarem Ersatz erhalten hat, kaum mehr als 1 500 RM betragen. Wenn man dem gegenüberstellt, dass das Münzkabinett Münzen im Wert von 3 000–4 000 RM abgegeben hat, so dürfte ein Zweifel an dem Vorteil, den dieses Geschäft der Universität gebracht hat, wohl möglich seien«.

48 Gemäß einer Liste vom 15. 3. 1903 mit dem Vermerk »Im Juni 1901 sind vom Großherzoglichen Münzkabinett folgende antike Münzen an das Akademische Münzkabinett in Rostock übersandt« (Archiv des Heinrich-Schliemann-Instituts) handelte es sich um 79 griechische und 241 römische Münzen, darunter 92 unbestimmte Exemplare. Der Gesamtwert der übersandten Münzen wird mit 408,40 Mark angegeben. – Gemäß einem Bericht Watzingers handelte es sich dagegen um 315 Münzen, deren Wert von Schirrmacher mit 222,60 Mark zu hoch taxiert worden sei (darauf basiert Klüßendorf 1993, S. 185). Diese Angaben werden in einem Schreiben von Lückens vom 21. 5. 1935 (Archiv des Heinrich-Schliemann-Instituts) wiederholt, mit dem Zusatz, der Wert der nach Schwerin abgegebenen Münzen habe ca. 3 000–4 000 Mark betragen, wogegen der in die umgekehrte Richtung geflossene Tauschwert höchstens auf 1 500 Mark beziffert werden könne (vgl. auch Anm. 47). – Die nach Rostock gelangten antiken Münzen gingen 1921 für eine erneute Überprüfung wieder zurück nach Schwerin, wo sie noch bis 1936 verblieben, wobei anscheinend 102 »bessere Exemplare« abhanden kamen. Vgl. dazu von Lücken in einem Schreiben an den Regierungsbevollmächtigten vom 19. 5. 1936 (Universitätsarchiv Rostock, 1.07.067-0903, Blatt 157): »Das Schweriner Museum hat dem Akademischen Münzkabinett 213 antike Münzen gesandt, die zum größten Teil in einer an meinen Vorgänger [*sc.* Pagenstecher] adressierten Schachtel, einige in einem von ihm geschickten Briefumschlag im Nachlass des vor vier Jahren verstorbenen Münzwartes gefunden sind. Da aus den beiden vom Münzkabinett eingesandten Briefen – weitere Akten über dieses Tauschgeschäft sind hier nicht vorhanden – hervorzugehen scheint, dass mein Vorgänger die Anfang dieses Jahrhunderts im Austauschverfahren nach Rostock gekommene Schweriner Sammlung antiker Münzen 1921 wieder nach Schwerin gesandt hat, damit Herr Direktor Josephi aus ihnen die in Mecklenburg gefundenen für das Schweriner Museum aussuchte, fällt auf, dass fast alle wertvolleren Stücke aus dieser Sammlung fehlen.«

49 Klüßendorf 1993, S. 186 f.

und orientalischen Münzen natürlich auch aufgrund der fachlichen Ausrichtung des leitenden Personals nur noch eine marginale Rolle für das Sammlungskonzept.[50] Von Salis, Pagenstecher und dann vor allem von Lücken stellten die antiken Münzen ganz in den Mittelpunkt ihrer Tätigkeit. Die in zwei Inventarbüchern verzeichneten Neueingänge der Jahre 1913 bis 1951 lassen erkennen, dass es den Direktoren nun darum ging, eine anschauliche numismatische Lehrsammlung aufzubauen, die die zentralen Bereiche der klassischen antiken Kulturen möglichst umfassend illustrieren sollte. Als besonders ausbaubedürftig erschien dabei der Bestand an »guten« griechischen Münzen, das heißt insbesondere an spätarchaischen und klassischen Silberprägungen aus Süditalien, Sizilien und Zentralgriechenland (vor allem Ägina, Athen und Korinth) sowie aus den Münzstätten Makedoniens und der Diadochenreiche.[51] Römische Münzen wurden demgegenüber nur in sehr geringem Umfang neu erworben; die bereits vorhandenen mehr als 3000 Münzen deckten die Bedürfnisse in diesem Bereich offensichtlich hinreichend ab.[52] 1921 wurden antike, wohl vor allem römische Münzen sogar zum Zweck von Buchanschaffungen veräußert.[53] Auch in anderen Bereichen wurde offensichtlich nicht versucht, bereits be-

50 Zwar hatte Carl Watzinger 1907 in einer schriftlichen Stellungnahme zum Münzkabinett auch das Sammeln von mecklenburgischen Prägungen noch zu den Aufgaben des Kabinetts gezählt (Klüßendorf 1993, S. 187); in der Folge wurden jedoch keine nachantiken Münzen mehr in die Sammlung aufgenommen.

51 Die Sammlungsstrategie geht besonders deutlich aus einem Schreiben von Lückens vom 30.10.1939 hervor, in dem er die große Erwerbung bei Grabow im Juli 1939 (s.u.) zusammenfasste (Universätsarchiv Rostock, 1.07.067-0903, Blatt 199): »Laut Genehmigung des Ministeriums konnte die bei der Auktion am 27.07. sich bietende günstige Gelegenheit zum Kauf antiker Münzen voll ausgenutzt werden und etwa 80 [sic; vgl. u. mit Anm. 69] teilweise sehr wertvolle griechische Münzen zu einem unverhältnismäßig billigen Preis erworben werden. Besonders sicilianische und attische Münzen der frühen und klassischen Zeit, Tetradrachmen Alexanders des Großen und Bildnismünzen seiner Nachfolger hat unsere Sammlung erwerben können, so dass sie jetzt wirklich einen Überblick über die griechische Münzgeschichte gewährt«.

52 Aufgrund der oben erwähnten Liste von 1872/73 (o. Anm. 34) und unter der Annahme, dass die im Tausch mit Schwerin zu Beginn des 20. Jahrhunderts neu in die Sammlung gelangten römischen Münzen die Abgänge bis in die 1930er Jahre quantitativ überstiegen, ist davon auszugehen, dass die Sammlung 1943 kaum weniger als 4000 römische (und byzantinische) Münzen enthalten haben kann. Damit stimmen auch die Angaben zu den Verlusten im Zweiten Weltkrieg überein (s.u.). Jedoch spricht von Lücken in einem Schreiben vom 27.6.1935 nur von ca. 3000 römischen Münzen (Universitätsarchiv Rostock, 1.07.067-0903, Blatt 145). Diese Zahl dürfte einer Kontrolle der Bestände entsprechen, die in von Lückens Zeit erfolgte und anhand von Einträgen im Katalog Nettelbladts nachvollzogen werden kann. Daraus geht hervor, dass tatsächlich rund 1000 der von Nettelbladt verzeichneten römischen Münzen in den 1930er Jahren offensichtlich nicht mehr vorhanden waren. Da es sich nicht um Dubletten handelt, muss vorderhand offen bleiben, wann und unter welchen Umständen diese Münzen aus der Sammlung abgingen. Befremdlich ist der Umstand, dass das Fehlen dieser Münzen in keinem der Berichte von Lückens erwähnt wurde. Zwar ist anzunehmen, dass die Überprüfung der Bestände nicht vollständig war (s.u. Anm. 59), aber dass beispielsweise bei den Münzen des Traian von 134 Exemplaren (ohne Münzen für die Augustae), die 1872 verzeichnet worden waren, nur noch 69 vorhanden waren und also fast die Hälfte (darunter zahlreiche Einzelbelege) nicht aufzufinden waren, muss doch wohl für Irritationen gesorgt haben.

53 Zusammen mit mecklenburgischen Brakteaten gingen die Münzen an das Landesmuseum in Schwerin: Klüßendorf 1995, S. 205. Gemäß einem Schreiben von Lückens vom 28.9.1936 (Archiv des Heinrich-

stehende Schwerpunkte der Sammlung an antiken Münzen zu stärken; dies gilt etwa für die späthellenistischen und kaiserzeitlichen Münzen von der iberischen Halbinsel.[54]

Der neue Schwerpunkt lässt deutlich erkennen, dass der Sammlungszweck nun im Wesentlichen auf das Vermitteln von kunsthistorischem Wissen ausgerichtet war, während im engeren Sinn numismatische oder historische Aspekte nur eine untergeordnete Rolle spielten. Dies ist vor dem Hintergrund der wissenschaftlichen Biographien Arnold von Salis' und Gottfried von Lückens, die für die Neuanschaffungen verantwortlich zeichneten, natürlich wenig erstaunlich.[55] Soweit nachvollziehbar, scheinen in der ersten Hälfte des 20. Jahrhunderts denn auch keine numismatischen Veranstaltungen durchgeführt worden zu sein; auch wissenschaftlich hat sich etwa von Lücken nie explizit mit numismatischen Themen beschäftigt. Die Münzen scheinen in erster Linie als Anschauungsmaterial, vielleicht im Zusammenhang von Veranstaltungen zum antiken Porträt, verwendet worden zu sein.[56]

Besonders konsequent wurde die neue, zunächst von außen aufgezwungene Sammlungskonzeption des Akademischen Münzkabinetts unter von Lücken umgesetzt. Er hatte seit 1935 bei der Universität darauf hingewirkt, auch die noch in der Sammlung verbliebenen Mecklenburger Münzen veräußern zu können, um mit den dadurch erzielten Einnahmen »gute griechische Münzen« zu erwerben.[57] Auf dieser Grundlage konnten 1939 insgesamt 6 124 Mecklenburger Kleinmünzen für 1 000 Reichsmark ans Landesmuseum in Schwerin veräußert werden.[58] Bis in die Mitte des Zweiten Weltkriegs folgten weitere Abgaben von Mecklenburger Münzen sowie von rund 500 römischen Dubletten, wobei diese verschiedentlich auch an Münz- und Antiquitätenhändler veräußert wurden.[59]

Schliemann-Instituts) ließ sich nicht mehr feststellen, welche Münzen nach Schwerin abgegeben wurden. Von Lücken ging davon aus, dass die Münzen gegen 7 Bände einer Schweizer Zeitschrift getauscht wurden, die von einem Schweriner Buchbinder gebunden worden waren und deren Anschaffung gegen Bezahlung im Kontext der damaligen Inflation undenkbar gewesen sei. Zur (mutmaßlichen) Veräußerung weiterer römischer Münzen an den Münzhändler Waldemar Wruck in Berlin s. u. Anm. 59.

54 Siehe dazu u. bei Anm. 103–106.

55 Zum wissenschaftlichen Profil von Lückens s. Lullies & Schiering 1988, S. 218–219 (K. Zimmermann); Zimmermann 2012; zu demjenigen von Salis, s. Lullies & Schiering 1988, S. 210–211 (H. Jucker).

56 In einem Schreiben an das Mecklenburgische Unterrichtsministerium vom 5. 7. 1939 (Archiv des Heinrich-Schliemann-Instituts) hielt Lücken fest, dass die antiken Münzen »in Übungen und Vorlesungen oft gebraucht werden«.

57 Besonders deutlich zeigt sich der Ansatz von Lückens in einem Schreiben vom 16. 9. 1938, in dem er gegen die Verfügung der Denkmalpflege argumentierte, die die gesamte Sammlung unter Schutz gestellt hatte: Klüßendorf 1993, S. 188 (mit ausführlichem Zitat aus dem Schreiben).

58 Siehe die detaillierte Darstellung des gesamten Vorgangs bei Klüßendorf 1993, S. 187–190. Dem Verkauf waren Schätzungen der Sammlungsbestände durch den Rostocker Münzhändler Ludwig Grabow und den Hamburger Oberjustizinspektor Otto Schulenburg vorausgegangen, die beide auf dem Gebiet der norddeutschen Numismatik als ausgewiesene Kenner galten. Schulenburg schätzte die Sammlung an Mecklenburger Münzen auf 16 000 Reichsmark: Klüßendorf 1993.

59 1940 wurden weitere Mecklenburger Münzen zum Preis von 1 140 Reichsmark an die Verwaltung der Strelitzer Schlösser veräußert. Weitere Münzen gingen vor allem an Grabow in Rostock; neuzeitliche

Mit den Finanzmitteln, die sich aus den Abgaben der Mecklenburgica an Schwerin ergaben, waren bereits unter von Salis von 1913 bis 1914 insgesamt 62 antike Münzen angekauft worden.[60] Eine erste, am 8. April 1913 verzeichnete Anschaffung wurde in der Münzhandlung Philipp Lederer in Berlin getätigt. Sie umfasste neun griechische Münzen (davon 5 AR, 4 Æ, 1 Material unklar) und einen Denar des Juba.[61] Eine zweite, undatierte Erwerbung, die zwischen dem 8. April 1913 und dem 18. Mai 1914 erfolgt sein muss, umfasste 46 griechische Münzen (21 AR, 3 Æ, 22 Material nicht definiert) sowie je eine karthagische und eine campanisch-römische Bronzemünze (Nummern 11–57).

Gemmen bzw. Gemmenabdrücke auch an den Rostocker Antiquitätenhändler August Mau: Klüßendorf 1993, S. 189f. Ob der ebd. von Klüßendorf erwähnte Verkauf von ca. 500 römischen Dubletten an Waldemar Wruck in Berlin tatsächlich zustande kam, ist nicht ganz sicher. Aus den Akten geht einerseits hervor, dass der Vorgang vom Ministerium am 3.6.1941 zwar genehmigt wurde, andererseits aber auch, dass eine Zweckbindung des von Wruck angebotenen Erlöses im Umfang von 250 RM für den Ankauf griechischer Münzen nicht gewährt werden konnte; das Geld müsse dem Vermögen der Universität zugeschlagen werden (Universitätsarchiv Rostock, 1.07.067-0903, Blatt 245). Die dann bereits am 25.6.1941 erfolgte Anfrage um Erlaubnis, eine Gelegenheit für die Erwerbung griechischer Münzen im Wert von 350 RM nutzen zu können (Universitätsarchiv Rostock, 1.07.067-0903, Blatt 248), deutet immerhin darauf hin, dass der Verkauf an Wruck zustande gekommen sein dürfte und die nicht gewährte Zweckbindung der Mittel letztlich unwirksam blieb; jedenfalls passen die 350 RM allzu gut mit der aus dem Verkauf der Dubletten (250 RM) und der neuzeitlichen Gemmen (90 RM) erlösten Summe zusammen. Eine Beantwortung der letztgenannten Anfrage ist zwar nicht überliefert, wahrscheinlich ist jedoch ein positiver Bescheid, da in dem betreffenden Zeitraum die Erwerbung von zehn griechischen Münzen ins Inventarbuch eingetragen wurde (s.u. mit Anm. 85–86). Dass der Verkauf tatsächlich stattfand, ist auch deshalb naheliegend, weil entsprechende Dubletten in der Sammlung nicht vorhanden sind. Die an Wruck verkauften Stücke dürften denjenigen Münzen entsprechen, die in einem nicht datierten handschriftlichen Verzeichnis aus der Zeit von Lückens zusammengestellt sind (Archiv des Heinrich-Schliemann-Instituts). Befremdlich ist der Umstand, dass hier teilweise Stücke als Dubletten ausgewiesen sind, die bei der unter von Lücken vorgenommenen Bestandskontrolle anhand des Katalogs von Nettelbladt (o. Anm. 52) gar nicht als vorhanden ausgewiesen waren. Die einzig logische Erklärung besteht in der Annahme, dass die Bestandsaufnahme unvollständig war. Anders wäre auch kaum zu erklären, dass z. B. für Traian 69 Münzen im Bestandskatalog und 23 Münzen im Dubletten-Katalog verzeichnet sind, trotz der Kriegsverluste heute aber immer noch 67 Exemplare vorhanden sind (darunter keine Dubletten).

60 Die im folgenden vorgestellten Neuerwerbungen der Jahre 1913 bis 1951 sind in zwei ungebundenen Inventaren bzw. Eingangsverzeichnissen dokumentiert, die hier erstmals für die Rekonstruktion der Sammlungsgeschichte des Rostocker Münzkabinetts ausgewertet werden. Diese Verzeichnisse lagen weder Niklot Klüßendorf noch Konrad Zimmermann vor. Sie befinden sich im Archiv des Heinrich-Schliemann-Instituts, als Teil eines Konvoluts diverser Archivalien des Münzkabinetts, das dem Heinrich-Schliemann-Institut zu einem mir nicht bekannten Zeitpunkt von der UB Rostock übergeben wurde. Das erste Verzeichnis trägt den Titel »In Ermangelung eines zus.hängenden Münzkatalogs des Rost. Münzkabinetts« in der Handschrift Arnold von Salis' und umfasst sieben lose Bögen mit 183 Einträgen zu insgesamt 203 Münzen (Nr. 1–184 [Nr. 105 entfällt]). Der erste Eintrag datiert vom 8.4.1913, der letzte vom 4.9.1943. Das zweite Verzeichnis trägt den Titel »Inventarien-Verzeichnis des Archäologischen Instituts Abt. Münzkabinett« und besteht aus sechs gehefteten Bögen mit 82 Einträgen (Nr. 1–82), die in der Mehrzahl von Gottfried von Lücken verfasst wurden. Die ersten 48 Einträge sind undatiert, der erste datierte Eintrag wurde am 19.7.1947 vorgenommen, der letzte am 3.7.1951.

61 Zu Philipp Lederer s. Cahn 1946; Priese 2013, S. 252; Schwartz 2019.

Die dritte Erwerbung vom 18. Mai 1914 umfasste vier griechische Silbermünzen (Nummern 58–61). Aus den Einträgen ins Inventarbuch lässt sich schließen, dass mit dem Ankauf dieser Münzen Kurt Ludwig Regling (1876–1935) beauftragt worden war, der zu dieser Zeit als Direktorialassistent am Münzkabinett Berlin arbeitete.[62] Weiter kann festgestellt werden, dass Regling die Münzen teilweise in Wien, teilweise bei Jacob Hirsch (1874–1955) in München erworben hatte. In wenigen Fällen ermöglicht die Angabe der Nummer im entsprechenden Katalog Jacob Hirschs sogar eine sichere Identifikation der einzelnen Münzindividuen, die alle im heutigen Bestand nicht mehr vorhanden sind.[63]

Unter von Lücken wurden bis 1943 weitere 148 Münzen angekauft. Die ersten sechs Erwerbungen von insgesamt acht Münzen wurden nur teilweise und ohne Datumsangabe eingetragen. Sie müssen von Beginn 1937 bis spätestens im ersten Halbjahr 1939 erfolgt sein und umfassten ausschließlich griechische Münzen, wohl alle aus Silber.[64] Da die Erwerbungen lediglich je eine bis zwei Münzen umfassen, scheint es sich um Gelegenheitsankäufe gehandelt zu haben. Die Herkunft der Münzen wurde – wo überhaupt – in Form von sehr knappen Angaben vermerkt. Daraus lässt sich schließen, dass zwei Exemplare (Nr. 62–63) bei der Münzhandlung Robert Ball Nachf. in Berlin,[65] vier beim Münzhändler Ludwig Grabow (gest. 1954) in Rostock (Nr. 65–67 plus 1 nicht verzeichnetes Exemplar, dessen Erwerb aber durch ein Rechnungsschreiben belegt ist)[66] und eines bei der Münz-

62 Zur Biographie Reglings s. Lederer 1935. Zu Regling als Mitarbeiter des Berliner Münzkabinetts, dem dieser von 1921 bis 1935 als Direktor vorstand, s. Kluge 2004, bes. S. 23–26, 104.

63 Die Nummern beziehen sich auf die Kataloge Nr. XXXIII (Auktion vom 17. 11. 1913 und fortfolgende Tage in München) und Nr. XXXIV (Auktion vom 5. 5. 1914 und fortfolgende Tage in München). Auf diesen Auktionen wurden die folgenden Münzen angekauft: Hirsch Auktion 1913, Nr. 79, 86, 228, 713, 724, 740, 745 (davon nur Nr. 740 im Katalog abgebildet); Hirsch Auktion 1914, Nr. 116, 184, 269, 340 (alle Exemplare im Katalog abgebildet). Dass es sich nicht um Referenzverweise handelt, geht daraus hervor, dass mehrmals nicht das detailliert beschriebene und abgebildete Exemplar, sondern ein weiteres, nicht abgebildetes und beschriebenes Exemplar des jeweiligen Typs zitiert wird.

64 Das erste Datum ergibt sich aus dem Kauf der Münzen bei Robert Ball Nachf., zu dem die Rechnung noch vorliegt (s. die folgende Anm. 65).

65 Zu Robert Ball Nachfahren s. u. bei Anm. 76–83. – Zu diesem Kauf liegt das auf den 6. 3. 1937 datierte Begleitschreiben der Rechnung über 30,75 Reichsmark vor (Archiv des Heinrich-Schliemann-Instituts). Es enthält keine näheren Angaben zu den Münzen, jedoch die Bemerkung »Bei dieser Gelegenheit möchte ich der Ordnung halber bemerken, dass Inhaberin des Geschäfts arischer Abstammung ist und der Reichskammer der bildenden Künste als Mitglied angehört«. Diese Aussage bezieht sich auf die schwierige Situation, in der sich Johanna Grünthal befand, die als geborene Gotthard zwar »nicht-jüdischer Abstammung« war, allerdings einen jüdischen Ehemann und einen »nicht-arischen« Sohn hatte und darüber hinaus ein »jüdisches Geschäft« leitete. Das mit der Signatur »RobBallNachf« gezeichnete Schreiben ist publiziert in Russenberger 2022, S. 333 f. Abb. 7.

66 Zu Ludwig Grabow liegen zwei wenig aussagekräftige Nachrufe vor (Peus 1954; Berliner Numismatische Zeitschrift 17, 1954, S. 109 f.), eine kurze Notiz zum 50-jährigen Jubiläum seiner Münzhandlung (Berliner Numismatische Zeitschrift 19, 1955, S. 158) sowie eine knappe Darstellung bei Priese 2013, S. 215. Weitere Literatur zu Grabows Biographie und zu seinem Münzhandel scheinen nicht zu existieren. Aus Fried 2015, S. 227 f. und Fried 2016, S. 199 geht immerhin hervor, dass Grabow häufig als Geschäftspartner des

händlerin Elisabeth Button (gest. 1963) in Frankfurt (Nr. 68)[67] erworben wurden. Beim siebten Exemplar (Nr. 64) lautet die Herkunftsbezeichnung »Hen.«, ein Kürzel, das ich vorderhand nicht auflösen kann.

Die siebte und bei weitem umfangreichste Erwerbung von Lückens erfolgte am 27. Juli 1939. Die auf dieses Datum terminierte Versteigerung einer umfangreichen Sammlung antiker Münzen durch den Rostocker Münzhändler Ludwig Grabow hatte von Lücken die Möglichkeit gegeben, die bereits beschlossene, faktisch aber noch ausstehende große Liquidierung der Mecklenburgica im Sinn der neuen Sammlungskonzeption zu reinvestieren. Auf der Auktion wurden für den Preis von 2800 Reichsmark[68] insgesamt 113 griechische (102 Æ, 11 Æ) und vier römische Münzen (3 Æ, 1 Æ) erworben.[69] Da bei den Einträgen zu den einzelnen Exemplaren die Katalognummern bei Grabow angegeben sind, lässt sich heute trotz des Verlusts der Münzen noch vollumfänglich nachvollziehen, welche Typen angeschafft wurden.[70]

Münzkabinetts des Landesmuseums Schwerin tätig war. Auch zum Münzkabinett hatten bereits früher Beziehungen bestanden: So hatte von Lücken 1937 vorgeschlagen, dass Grabow im Auftrag der Universität eine Schätzung der mecklenburgischen Münzen vornehmen sollte, die dann nach Schwerin veräußert wurden (vgl. Klüßendorf 1993, S. 187 f.; zu diesem Vorgang sind im Archiv des Heinrich-Schliemann-Instituts weitere Dokumente vorhanden). In Korrespondenzen der Universitätsbibliothek Graz ist zudem die merkwürdige Episode überliefert, wonach Grabow im Juli 1942 wegen der anhaltenden Bombenangriffe auf Rostock sechs Kisten mit wertvollen Büchern nach Graz auslagern ließ, die er dann erst im März 1948 wieder nach Rostock zurückholte: Bergmann-Pfleger 2011, S. 111.

67 Zu Elisabeth Button und dem Frankfurter Münzhandel in diesem Zeitraum s. Cahn 1981; Werz 1994.

68 Diese Summe war von Lücken vom Ministerium unter der Voraussetzung zur Verfügung gestellt worden, dass nebst dem unmittelbar bevorstehenden Verkauf der 6124 Münzen an die Sammlung in Schwerin (für 1000 Reichsmark) noch weitere Teile der insgesamt auf 16000 RM geschätzten Sammlung mecklenburgischer Prägungen veräußert würden: Klüßendorf 1993, S. 189.

69 Vgl. zu diesen Zahlen die Angabe in dem zusammenfassenden Schreiben von Lückens, wonach ca. 80 Münzen erworben worden seien (o. Anm. 51). Von Lücken scheint hier übersehen zu haben, dass zwei der bei Grabow erstandenen Lose je zehn Münzen umfassten.

70 Es sind folgende Prägestätten bzw. Prägeherrn vertreten (jeweils mit Angabe der Nummer bei Grabow Auktion 1939): Massilia (2), Neapel (7, 10), Tarent (36, 38, 43, 51), Herakleia (55), Metapont (60, 63, 65), Poseidonia (69), Sybaris (71), Thurii (74), Velia (82, 91), Kaulonia (97), Kroton (101, 102), Rhegion (106, 109), Terina (116, 118), Gela (129), Panormos (135), Selinus (136), Syrakus (139, 140, 143–145, 149, 155), Chersonnesos (163), Abdera (189), Thasos (194), Lysimachos (198), Philippi (210), Amyntas III. (212), Philipp II. (214), Alexander III. (223, 249, 284, 295, 302, 307 [10 Ex.], 311 [10 Ex.], 316), Philipp III. (326, 335), Demetrios Poliorketes (343), Antigonos Gonatas (344), Demetrios II. (347), Damastium (358), Dyrrhachium (360), Athen (397–398, 402), Korinth (409), Elis (420), Sikyon (422), Amisos (435), Nikomedes III. von Bithynien (443), Kyzikos (449, 452), Attalos I. (455), Pergamon (Kistophor) (456), Abydos (459), Kyme (463), Rhodos (494), Ariarathes VI. von Kapadokien (510), Seleukos I. (511), Antiochos IV. Epiphanes (515), Demetrios I. Soter (516), Alexander I. Balas (517), Antiochos VII. Sidetes (518–519), Antiochos VIII Grypos (521–522), Arados (531), Mithridates I. (559a), Phraates II. (569a), Phraates IV. (581), Vonones I. (589), Volagases VI. (601), Ptolemaios I. (623), Arsinoe II. (624), Ptolemaios VI. (633), Ptolemaios VIII. (635), Ptolemaios X. (636), Ptolemaios XI. (637), C. Julius Caesar (695), Augustus (713; plus zwei Silbermedaillons = 703–704?), Korinth (Augustus) (718), Kyzikos (Augustus) (719), Aegypten (Livia) (722).

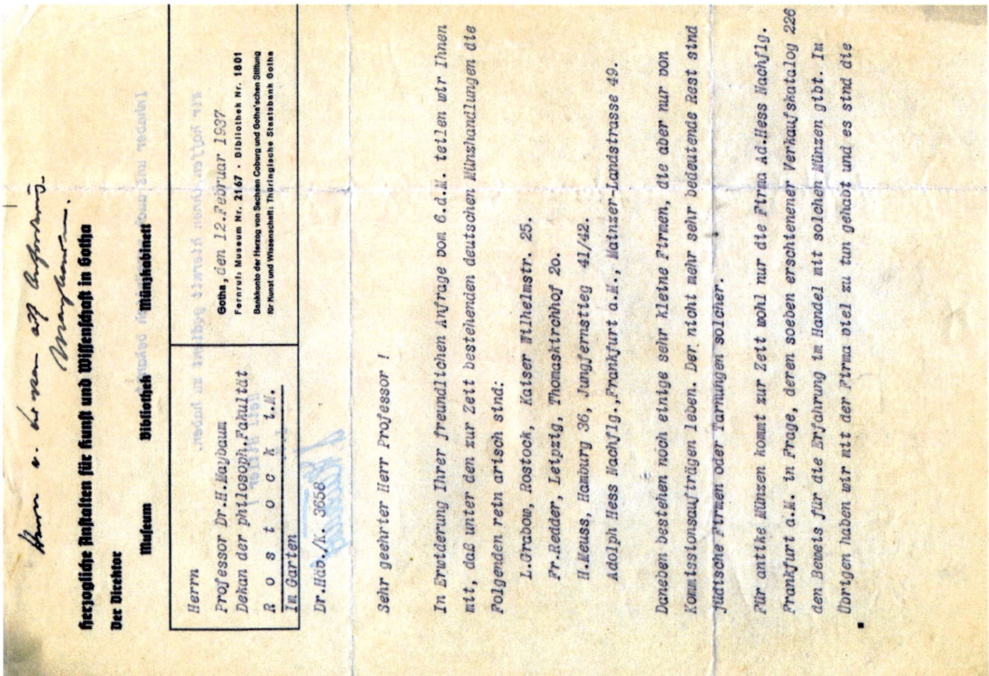

Herzogliche Anstalten für Kunst und Wissenschaft in Gotha

Der Direktor

Museum **Bibliothek** **Münzkabinett**

Herrn
Professor Dr.H.Maybaum
Dekan der philosoph.Fakultät
R o s t o c k i.M.
Im Garten

Gotha, den 12.Februar 1937
Fernruf: Museum Nr. 2167 · Bibliothek Nr. 1801
Bankkonto der Herzog von Sachsen Coburg und Gotha'schen Stiftung für Kunst und Wissenschaft: Thüringische Staatsbank Gotha

Dr.Häv./K. 3658

Sehr geehrter Herr Professor !

In Erwiderung Ihrer freundlichen Anfrage vom 6.d.M. teilen wir Ihnen mit, daß unter den zur Zeit bestehenden deutschen Münzhandlungen die Folgenden rein arisch sind:

L.Grabow, Rostock, Kaiser Wilhelmstr. 25.
Fr.Redder, Leipzig, Thomaskirchhof 2o.
H.Meuss, Hamburg 36, Jungfernstieg 41/42.
Adolph Hess Nachflg.,Frankfurt a.M., Mainzer-Landstrasse 49.

Daneben bestehen noch einige sehr kleine Firmen, die aber nur von Kommissionsaufträgen leben. Der nicht mehr sehr bedeutende Rest sind jüdische Firmen oder Tarnungen solcher.

Für antike Münzen kommt zur Zeit wohl nur die Firma Ad.Hess Nachflg. Frankfurt a.M. in Frage, deren soeben erschienener Verkaufskatalog 226 den Beweis für die Erfahrung im Handel mit solchen Münzen gibt. Im Übrigen haben wir mit der Firma viel zu tun gehabt und es sind die

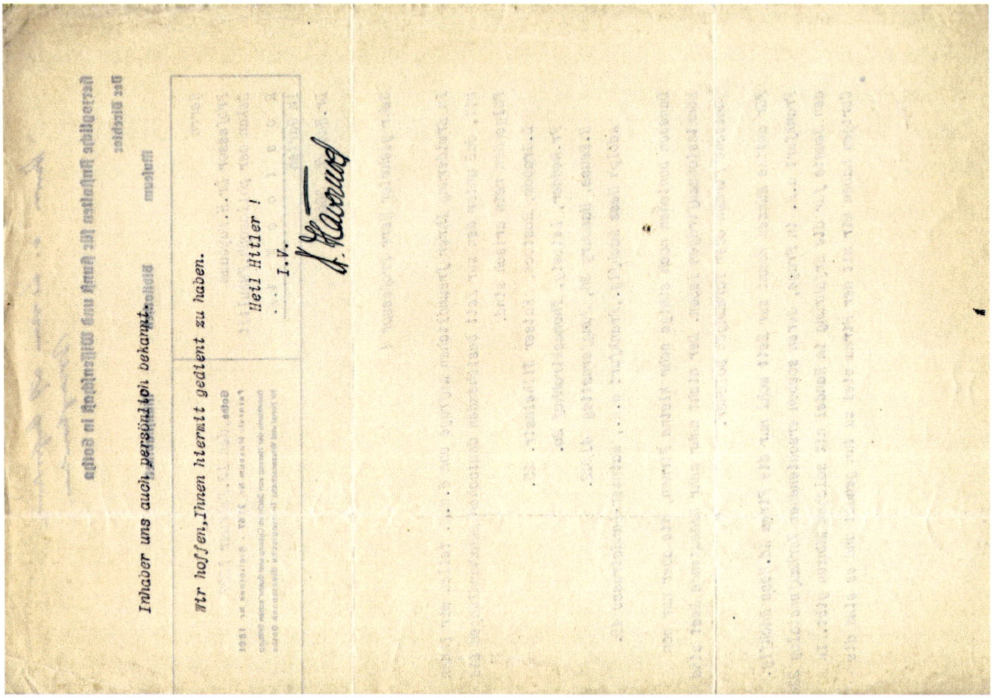

Inhaber uns auch persönlich bekannt.

Wir hoffen,Ihnen hiermit gedient zu haben.

Heil Hitler !
I.V.
W. Hävernick

Abb. 4: Brief von Walter Hävernick an Heinz Maybaum vom 12. Februar 1937.

Im Hinblick auf die Neuerwerbungen, die mit dem in die Wege geleiteten Verkauf der Mecklenburgica getätigt werden sollten, hatte die Universitätsleitung von Lücken offensichtlich damit beauftragt, sich zu erkundigen, welche Münzhandlungen dafür überhaupt in Frage kämen. Das heißt, es sollte abgeklärt werden, welche Münzhandlungen als »rein arisch« gelten konnten, ein wohl routinemäßig durchgeführtes Vorgehen, da Staatsangestellten der Erwerb von Ware bei jüdischen Geschäften bereits seit 1933 gesetzlich untersagt war.[71] Von diesem Vorgang zeugt ein Schreiben vom 12. Februar 1937 (Abb. 4),[72] das an den damaligen Dekan der Philosophischen Fakultät Heinz Maybaum (1896–1955) adressiert ist, der 1936 dank einschlägiger politischer Unterstützung – unter anderem vonseiten des NS-Studentenbundes und des Gauleiters Friedrich Hildebrandt (1898–1948) – und gegen erhebliche Widerstände seitens der Universität auf den Lehrstuhl für Mittlere Geschichte berufen worden war.[73] Es wurde unter dem Vermerk »Herrn von Lücken auf Anforderung, Maybaum« an den Direktor des Münzkabinetts weitergeleitet. Der Brief wurde von Walter Hävernick (1905–1983), dem damaligen Vorsteher des Münzkabinetts der Herzoglichen Anstalt für Kunst und Wissenschaft in Gotha, unterzeichnet, und zwar in Vertretung des Direktors Eberhard Schenk zu Schweinsberg (1893–1990). Gemäß Hävernick konnten lediglich vier Münzhandlungen als »rein arisch« gelten. Nebst derjenigen von Ludwig Grabow in Rostock nennt er Friedrich Redder in Leipzig, Hans Meuss in Hamburg und Adolph Hess Nachfolger (unter der Leitung von Busso Peus [1902–1983]) in Frankfurt.

Mit der Abklärung des »arischen« Status verbindet sich die Frage nach der Provenienz der Münzen, die von Lücken 1939 auf der Auktion bei Grabow ersteigert hatte und für die

---

71 Schwartz 2019, S. 144; mit Verweis auf W. Selig, »Arisierung« in München. Die Vernichtung jüdischer Existenz 1937–1939 (Berlin 2004) S. 25 f. *(non vidi)*. – Ähnliche Abklärungen hatten schon kurz zuvor stattgefunden, und zwar im Hinblick auf die Frage, wen man mit der Taxierung der Mecklenburgica beauftragen sollte; vgl. dazu ein Schreiben von Lückens an den Regierungsbevollmächtigten der Universität vom 27. 1. 1937 (Universitätsarchiv Rostock, 1.07.067-0903, Blatt 162): »Entsprechend der Verabredung am 10. vorigen Monats habe ich mich an Dr. Liegle, den Nachfolger Professor Reglings an der antiken Abteilung des Berliner Münzkabinetts gewandt, mit der Bitte mir einen Münzhändler in Berlin nachzuweisen, der die Taxe der Münzen übernehmen könnte. Jedoch habe ich bis jetzt keine Nachricht erhalten. Es dürfte auch schwer seien unter den Berliner Münzhändlern einen Nichtjuden zu finden; im Berliner Adressbuch von 1936 sind folgende Münzhändler verzeichnet: Ball, Bernstein, Lederer, Rappaport, Schlessinger. / Ich bin jedoch einem arischen Münzhändler auf der Spur, der eine der großen ehemals jüdischen Frankfurter Münzhandlungen übernommen hat [*sc.* Busso Peus als Geschäftsführer von Adolph Hess Nachfolger] und werde mich sowie ich seine genaue Adresse habe, was voraussichtlich im Laufe der nächsten Wochen geschieht, mit ihm in Verbindung setzen«. Siehe dazu auch Knuth 2014, S. 78, wo zudem aus einem weiteren Schreiben von Lückens zitiert wird, das nach den im folgenden thematisierten Abklärungen verfasst wurde.

72 Archiv des Heinrich-Schliemann-Instituts.

73 Zu Heinrich Johannes Friedrich August (gen. Heinz) Maybaum s. Buddrus & Fritzlar 2007, S. 270–273; Klüßendorf 2010; Detjens 2019, S. 269. – Zur Geschichte der Universität Rostock während der NS-Diktatur s. ausführlich Detjens 2020.

im gegebenen Kontext eine Herkunft aus zwangsweiser Aneignung oder erzwungenem Verkauf natürlich naheliegt.[74] Die von Grabow veranstaltete Versteigerung firmierte unter dem Titel »Antike Münzen. Griechen und Römer. Aus dem Besitz von A.«. Aus einem Schreiben von Lückens vom 5. Juli 1939, in dem er beim Unterrichtsministerium in Schwerin um die Erlaubnis bat, auf der Auktion bei Grabow antike Münzen zu erwerben, geht hervor, dass er von der tatsächlichen Herkunft der Münzen wusste und ihm auch klar war, weshalb ihr Erwerb zum gegebenen Zeitpunkt besonders günstig war; er schrieb: »Wenn irgendwann lässt sich das [*sc.* Vorhaben der Ergänzung der Sammlung um gute antike Münzen] jetzt verwirklichen: Die große, an auserlesenen griechischen und römischen Stücken ungewöhnlich reiche Sammlung des Münzhändlers Ball wird am 27. und 28. dieses Monats hier versteigert (durch Herrn Grabow). Es ist das eine einmalige Gelegenheit, da antike Münzen wegen der Devisengesetzgebung nicht mehr hereinkommen, während die Nachfrage unverändert stark bleibt. Daher werden die antiken Münzen von Monat zu Monat seltener. Da die Sammlung Ball auf jeden Fall verkauft werden muss, sind die Preise unverhältnismäßig niedrig angesetzt, durchschnittlich etwa 20–30 % niedriger, als sie von Ball vor einigen Jahren ausgezeichnet waren«.[75] Die bei Grabow angebotenen Münzen stammten also aus dem Besitz der jüdischen Berliner Münzhandlung Robert Ball Nachf.[76]

Die Herkunft der 1939 bei Grabow ersteigerten Münzen lässt sich zumindest teilweise auch unabhängig von der Darstellung von Lückens sowie der wenigen weiteren Angaben aus der bisher publizierten Forschungsliteratur nachvollziehen. Denn bei 28 der insgesamt 117 auf der Auktion bei Grabow für die Universität Rostock erworbenen Münzen lässt sich eindeutig nachweisen, dass es sich nicht nur um entsprechende Münztypen, sondern tatsächlich auch um dieselben individuellen Münzexemplare gehandelt haben muss. Beweisen lässt sich dieser – im Hinblick auf einen rechtlich haltbaren Provenienznachweis natürlich wesentliche – Sachverhalt anhand übereinstimmender fotografischer Abbildungen in drei Lagerkatalogen von Ball Nachf. und im Auktionskatalog von Grabow.[77] Dank der 2021 erschienenen Dissertation von Emanuele Sbardella zum Berliner Münzhandel während der NS-Zeit kann mittlerweile wenigstens in groben Zügen auch nachgezeichnet werden, wie es zur Versteigerung der Münzen von Ball Nachf. bei Grabow kam – auch wenn wesentliche Fragen nach wie vor offen bleiben müssen.[78] Demnach

74 Zur Situation insbes. des Berliner Kunsthandels zur Zeit des Nationalsozialismus s. Enderlein 2006; Fischer-Defoy & Nürnberg 2011; Francini 2015; Heuß 2015. Speziell zum Münzhandel s. vorderhand die beiden Aufsätze von Golenia 2011 und Schwartz 2019; sowie nun auch die umfassende Untersuchung von Emanuele Sbardella 2021.

75 Schreiben 5.7.1939 im Archiv des Heinrich-Schliemann-Instituts.

76 Siehe dazu und zum Folgenden die ausführliche Darstellung in Russenberger 2022.

77 Siehe dazu die ausführliche Darstellung in Russenberger 2022, S. 330–332 mit Abb. 2–6 und Anhang.

78 Siehe dazu im Detail Russenberger 2022, S. 333–335 mit den entsprechenden Verweisen auf die Arbeit von Sbardella 2021 sowie auf weitere Literatur.

wurden die Lagerbestände der Münzhandlung Ball Nachf. am 29. März 1938 durch die Zollfahndungsstelle beschlagnahmt. Drei Tage später schlossen Johanna Grünthal (gest. 1969), die Inhaberin der Münzhandlung, und deren Sohn Heinrich Grünthal (1905–2001) das Geschäftslokal.[79] Während Heinrich Grünthal kurz darauf Deutschland verließ, blieb Johanna Grünthal bis 1941 in Berlin. Erst dann folgte sie ihrem Sohn Heinrich und ihrem Mann Hugo (1869–1943), der bereits früher Berlin verlassen hatte, ins amerikanische Exil. Über den weiteren Ablauf der Liquidierung der Münzbestände von Ball Nachf. sind nur wenige Details bekannt.[80] Zur Frage, wie mit dem Erlös aus der erzwungenen Versteigerung der Münzen verfahren wurde, liegen keinerlei Informationen vor. Angesichts der zeithistorischen Umstände ist aber natürlich davon auszugehen, dass das Ziel der Liquidierung in einer möglichst vollständigen Zuführung der Vermögenswerte der Firma an den nationalsozialistischen Staat bestand.[81] Eine Parallele, die ein entsprechendes Vorgehen erkennen lässt, bietet vielleicht der Fall des Berliner Münzhändlers Erich Rappaport (1877–1943; Münzhandlung Edmund Rappaport), dessen Handelsware sich der nationalsozialistische Staat in den Jahren 1938 bis 1939 unter der Mithilfe von Waldemar Wruck (1902–1971) angeeignet zu haben scheint.[82] Eine mögliche Parallele bietet aber auch die staatlich organisierte, ebenfalls unter Mitarbeit von Waldemar Wruck erfolgte Ausplünderung der firmeneigenen sowie der privaten Sammlungsbestände Philipp Lederers (1872–1944) in den Jahren 1938 bis 1941, wie sie von Johannes Schwartz jüngst detailliert nachgezeichnet werden konnte.[83]

In den Jahren 1941 bis 1943 wurden bei Grabow drei weitere Ankäufe von insgesamt zehn antiken Münzen getätigt, wobei die erste Erwerbung von fünf Münzen in den Akten nur in Form einer Rechnung vom 9. Juli 1940 belegt ist; im Eingangsverzeichnis wurde dazu kein Eintrag vorgenommen. Zwischen der umfangreichen Erwerbung bei Grabow und den späteren kleinen Einzelankäufen ist im Inventar der Eingang von zehn weiteren Münzen vermerkt, für die allerdings weder ein Eingangsdatum angegeben noch eine wenigstens summarische Beschreibung vorgenommen wurde.[84] Es lässt sich aus den Angaben einzig erschließen, dass die Münzen teilweise in den Münzhandlungen Grabow

79 Siehe dazu nun v.a. auch Elvers 2022, S. 294–296. Zum »nicht-arischen« bzw. »jüdischen« Status der Münzhandlung und der Familie Grünthal s. auch o. Anm. 65.

80 Aus den von Sbardella ausgewerteten Quellen geht immerhin hervor, dass der Verkauf der Münzen bei Grabow auf Veranlassung des Oberfinanzpräsidenten von Berlin erfolgte: Sbardella 2021, S. 321 f.

81 Zu den verschiedenen Gesetzen und Verordnungen, die dazu durch den nationalsozialistischen Staat bis zu diesem Zeitpunkt erlassen wurden, s. die Zusammenstellung bei Enderlein et al. 2011.

82 Golenia 2011, S. 113 f.

83 Schwartz 2019, bes. S. 140–155.

84 Einzig bei den letzten Einträgen Nr. 176–179 zu den Münzen, die bei Button erworben wurden, findet sich eine Datumsangabe (21.7.1939), die aber vor der Auktion bei Grabow liegt. Falls kein Versehen vorliegt, ist also vielleicht davon auszugehen, dass mit diesem Eintrag, der notabene nicht in der Handschrift von Lückens ausgeführt ist, nachträglich Münzen verzeichnet wurden, die schon vor der Auktion bei Grabow

(Nr. 173–175) und Button (Nr. 176–179), teilweise aber auch bei Waldemar Wruck in Berlin[85] (Nr. 170–172) erworben wurden.[86] Ein weiterer Eintrag (Nr. 169) vom 30. Mai 1941 belegt zudem den Eingang einer Münze Ptolemaios' XIII., deren Bezugsquelle mit »Stettner« angegeben wird. Ausweislich einer Rechnung vom 17. Februar 1941 wurde diese Münze zusammen mit drei weiteren Münzen aus Alexandria, für die jedoch keine Einträge im Inventarbuch vorhanden sind, bei der Münzhandlung Karl Stettner in München erworben. Als das Münzkabinett am 31. März 1944 als eigenständige Institution und somit auch als separate Position aus dem Haushalt gestrichen wurde, beliefen sich die Mittel noch auf exakt 40,23 Reichsmark.

Das Akademische Münzkabinett im Jahr 1945: Verluste II

Im heutigen Bestand des ehemaligen Münzkabinetts hat die intensive Sammlungstätigkeit von Salis' und von Lückens leider so gut wie keine Spuren hinterlassen. Denn es gehört mit zu den tragischen Aspekten der Geschichte des Rostocker Münzkabinetts, dass die von den beiden Direktoren angestrebte neue Schwerpunktsetzung letztlich zur Folge hatte, dass die heutige Sammlung gerade im Bereich der »guten griechischen Münzen« als besonders schwach ausgestattet gelten muss. Grund hierfür war ironischerweise die besondere Sorge, mit der sich von Lücken um die seit 1913 neu angeschafften Bestände kümmerte. Als Rostock im Frühjahr 1942 von den stärksten alliierten Bombardierungen betroffen war, die bis zu diesem Zeitpunkt auf eine deutsche Großstadt niedergingen, ließ er eine Auswahl von besonders wertvollen Münzen in einem Schließfach der Mecklenburgischen Bank am damaligen Hopfenmarkt, dem heutigen Universitätsplatz, deponieren, um diese vor allfälligen Kriegsschäden zu bewahren.[87] Als die Münzen nach Kriegsende zurückgeholt werden sollten, waren sie nicht mehr auffindbar – sie waren mutmaßlich von den sowjetischen Truppen zusammen mit den gesamten in der Bank gelagerten Wert-

---

am 27.7.1939, erstanden worden waren. – Anstelle einer Objektbezeichnung findet sich jeweils die Angabe einer Zahl in Klammern. Bisher war es nicht möglich zu bestimmen, worauf diese Zahlen referieren.

85 Wruck führte seit 1937 und bis über den Krieg hinaus eine eigenständige Münzhandlung in Berlin, nachdem er zuvor (seit 1935) zusammen mit Rudolf Bahrs bei Robert Ball Nachf. angestellt gewesen war; zu Wruck s. Golenia 2011, S. 117; Priese 2013, S. 209.

86 Es dürfte sich bei den zehn Münzen dieses Eintrags um jene Stücke handeln, für deren Erwerb am 25.6.1941 beim Ministerium ein Antrag gestellt wurde und für deren Ankauf wohl die Mittel verwendet wurden, die sich unter anderem aus der Veräußerung von Dubletten an Wruck ergeben hatten (s.o. Anm. 59).

87 Zunächst hatte von Lücken schon am 26.3.1942 bei der Universitätsbibliothek angefragt, ob die Münzen in deren Luftschutzraum deponiert werden könnten (Universitätsarchiv Rostock, 1.07.067-0903, Blatt 254). Weshalb er sich dann trotz eines positiven Bescheids seitens der UB vom 30.3.1942 dazu entschied, die Münzen in ein Bankschließfach zu überführen, bleibt unklar.

sachen abtransportiert worden.[88] Nach Ausweis eines Bankmitarbeiters fanden sich in den Trümmern der Bank nur noch einige wenige antike Münzen von geringem Wert. Diese wurden von Lücken in einem »Zigarettenschächtelchen« ausgehändigt. Als 1958 erstmals im Zweiten Weltkrieg geraubte deutsche Sammlungsbestände von der Sowjetunion restituiert wurden, machte von Lücken gezielte Erkundigungen beim Münzkabinett in Berlin, bei den Staatlichen Kunstsammlungen in Dresden und beim Schlossmuseum Gotha, die allerdings ohne Erfolg blieben: Unter den jüngst dorthin rücküberführten Münzbeständen fanden sich keine Stücke, die der Rostocker Sammlung zugewiesen werden konnten.[89] Von Ludwig Grabow hatte von Lücken schon früher die Auskunft erhalten, dass dieser keine Kenntnis davon habe, dass in Rostock nach dem Krieg entsprechende Münzen unter der Hand angeboten worden wären.

In einem Schreiben an den Rat des Bezirks Rostock vom 9. März 1959 gab von Lücken einen summarischen Überblick über die Kriegsverluste.[90] Daraus geht hervor, dass die Sammlung insgesamt 302 griechische Münzen (3 AV, 180 AR, 119 Æ), 1 260 römische Münzen (66 AV, 910 AR, 284 Æ) sowie 340 neuzeitliche Münzen (300 Taler und 40 Goldmünzen, vor allem mecklenburgische Prägungen) verloren hatte. Die an der Universität magazinierten Münzen waren dagegen vollumfänglich erhalten geblieben. Die Liste von Lückens macht deutlich, dass die Verluste weit größer waren, als bisher in der Literatur angegeben; sie umfassten bei weitem nicht nur Goldmünzen und einige bessere Silberprägungen, sondern auch durchschnittliche griechische Silbermünzen und vor allem auch eine beträchtliche Anzahl von griechischen und auch römischen Bronzemünzen, unter den griechischen offensichtlich auch schlecht erhaltene Exemplare ohne großen Handelswert.[91] Überraschend ist zudem der Umstand, dass in der Liste keine orientalischen Münzen verzeichnet sind.[92]

88 Dieser und die im folgenden geschilderten Sachverhalte gehen aus einem Schreiben von Lückens an den Rat des Bezirkes Rostock vom 9. 3. 1959 hervor, von dem sich eine Kopie im Archiv des Heinrich-Schliemann-Instituts befindet.

89 Antwortschreiben vom 27. 5. aus Berlin und vom 22. 6. 1959 aus Dresden und Gotha im Archiv des Heinrich-Schliemann-Instituts.

90 Siehe o. Anm. 88.

91 Vgl. dazu z. B. die sehr unterschiedlichen Angaben bei Klüßendorf 1993, S. 190, wonach nur Goldmünzen ausgelagert worden seien, und bei Zimmermann 1999, S. 5, wonach »die Mehrzahl vor allem der antiken Edelmetallprägungen« ausgelagert wurden. – Soweit ich sehe, wurden zu den Vorgängen bei der Auslagerung und zu den Umständen des Verlustes bisher keine Archivalien herangezogen; Klüßendorf bezieht sich bei seiner Darstellung auf eine mündliche Nachricht von Wolfgang Virk (Klüßendorf 1993, S. 190 Anm. 25), Zimmermann auf mündliche Nachricht von Gottfried von Lücken. – Zu den griechischen Bronzemünzen s. u.

92 Vgl. dazu Anm. 98: Aus den (vor Bekanntwerden der Liste durchgeführten) Untersuchungen von Ilisch war hervorgegangen, dass von der Auslagerung auch mehr als 150 orientalische Prägungen, vor allem Gold- und Großsilbermünzen, betroffen gewesen sein müssten. Dass von Lücken diese für die Rostocker

Anhand der Inventarbucheinträge von 1913 bis 1943 und vor allem anhand eines zusätzlichen handschriftlichen Verzeichnisses[93] lassen sich die Verluste in Teilbereichen noch deutlich präziser fassen, als dies allein aufgrund der summarischen Liste von Lückens möglich wäre.[94] Das genannte katalogartige Verzeichnis war vor der umfangreichen Erwerbung bei Grabow von 1939 von unbekannter Hand und zweifellos auf Veranlassung von Lückens, vielleicht schon deutlich vor 1935, begonnen worden.[95] Es sollten darin offensichtlich alle griechischen Münzen des Akademischen Kabinetts entsprechend der üblichen systematischen Ordnung verzeichnet und typologisch bestimmt werden. Interessant und im Hinblick auf die neue Sammlungskonzeption sicherlich symptomatisch ist der Umstand, dass das Verzeichnis erst bei den etruskischen Städten einsetzt und bereits nach den Einträgen zu Knossos und Gortyn wieder abbricht. Erfasst wurden zunächst also nur jene Gebiete, die für die »guten« griechischen Prägungen, um die es nun gehen sollte, von besonderer Relevanz waren. Alles andere sollte offensichtlich erst in einem zweiten Schritt nachgetragen werden, darunter z. B. auch die Prägungen der iberischen Halbinsel.

Sammlung so wichtigen Stücke beim Verfassen der insgesamt doch recht detaillierten Liste schlicht vergessen haben sollte, ist allerdings kaum vorstellbar.

93 Auch dieses Verzeichnis ist in dem o. (Anm. 60) genannten Konvolut enthalten. Wie bei den Inventaren der Jahre 1913 bis 1951 besteht an dieser Stelle erstmals die Gelegenheit, dieses Dokument für die Sammlungsgeschichte auszuwerten.

94 Im oben genannten Überblick werden bei den antiken Gold- und Silbermünzen lediglich teilweise die Prägestätten bzw. die Prägeherren angegeben, ebenso bei einer kleinen Anzahl besonders wichtiger Mecklenburgica (hier zusätzlich auch Prägedaten). Worauf diese Informationen beruhen, ist nicht klar. Im Archiv findet sich leider kein Verzeichnis der ausgelagerten Stücke. Im Fall der griechischen Münzen lassen sich die ausgelagerten Stücke anhand des u. zu besprechenden handschriftlichen Katalogs von 1939 gut fassen. Anders sieht es bei den römischen und den mecklenburgischen Münzen aus, zu denen keine entsprechenden Verzeichnisse aus der ersten Hälfte des 20. Jahrhunderts vorliegen.

95 Es dürfte sich um das Verzeichnis handeln, das von Lücken in einem Bericht an das Ministerium in Schwerin vom 27.6.1935 (Universitätsarchiv Rostock, 1.07.067-0903, Blatt 145) erwähnt: »Die wertvolleren griechischen Münzen sind schon vor Jahren auf Veranlassung des Unterzeichneten inventarisiert«. Die letzten Einträge dieses Verzeichnisses wurden dann allerdings auf den Rückseiten der zusammengehefteten Blätter einer Verkaufsliste des Antiquariats der Buchhandlung C. F. Schulz & Co in Plauen verfasst, deren jüngster Titel im Jahr 1939 erschienen ist. Da auch in diesem Teil der Liste die bei Grabow erworbenen Münzen noch nicht mit aufgenommen sind, kann sicher davon ausgegangen werden, dass die Arbeiten an dem Katalog kurz vor der Auktion offensichtlich wieder aufgenommen wurden. Dieser letzte Teil ist in einer zweiten Handschrift verfasst. Diese Handschrift lässt sich auch im Verzeichnis der Neueingänge des Jahres 1939 und in einem weiteren handschriftlichen Katalog nachweisen, der nach 1939 angefertigt wurde und dann auch alle Erwerbungen der Grabow'schen Auktion dieses Jahres enthielt. Möglicherweise handelt es sich um die Handschrift von Hans Diller (1905–1977), der von 1935 bis 1941 in Rostock Klassische Philologie lehrte und dessen Mitarbeit in der Münzsammlung in verschiedenen Akten belegt ist (z. B. Universitätsarchiv Rostock, 1.07.067-0903, Blatt 245 und 285). Soweit ich dies beurteilen kann, stimmt die dort nachweisbare Handschrift mit derjenigen der genannten Inventar- und Katalogeinträge überein. In den Akten tritt er unter anderem als stellvertretender Direktor des Münzkabinetts auf, der von Lücken beispielsweise vertrat, nachdem dieser im April 1942 in die Wehrmacht eingezogen worden war, um als Übersetzer in einem belgischen Kriegsgefangenenlager zu dienen. Notabene war Diller damals gar nicht mehr in Rostock, sondern bereits in Kiel angestellt (seit 1941).

Mit über 170 Exemplaren machten diese zwar die größte Teilgruppe der damaligen Bestände an nicht-römischen antiken Münzen aus. Jedoch scheinen sie aufgrund ihrer für einen Klassischen Archäologen mit traditioneller Ausbildung eher schwer zugänglichen Eigenheiten als wenig interessante und wohl auch anhand der vor Ort greifbaren Literatur kaum zu bearbeitende Gruppe wahrgenommen worden zu sein. Die Münzen aus der Grabow'schen Auktion von 1939 waren in dem Verzeichnis zwar noch nicht erfasst; jedoch wurden an jenen Stellen, wo die neu erworbenen Münzen in die Systematik zu integrieren waren, nachträglich Verweise auf die Nummern in Grabows Auktionskatalog eingefügt.[96]

Eine vollständige Abgleichung der 1943 und der aktuell vorhandenen Bestände konnte bisher nicht vorgenommen werden. Die stichprobenartige Überprüfung gewisser Teilbereiche hat jedoch aufschlussreiche Resultate erbracht. Bemerkenswert ist insbesondere die bereits genannte Erkenntnis, dass von der Auslagerungsaktion von 1942 auch eine ansehnliche Zahl an schlecht erhaltenen Bronzemünzen betroffen war. Dies ist offensichtlich darauf zurückzuführen, dass die Selektion der ausgelagerten Stücke nur teilweise auf dem Kriterium des Wertes basierte. Ein weiteres Kriterium ergab sich aus der Zusammenstellung eines Teilbereichs der griechischen Münzen, die wohl mit der Absicht vorgenommen wurde, die betreffenden Stücke wissenschaftlich aufzuarbeiten. Das genannte katalogartige Verzeichnis muss im Zusammenhang dieser Selektion entstanden sein. Das Vorgehen bei der Selektion lässt sich anhand der Münzen aus städtischen sizilischen Prägestätten gut nachvollziehen: Von allen im Verzeichnis aufgeführten Bronzemünzen sind nur jene in der Sammlung noch erhalten bzw. von der Auslagerung »verschont« geblieben, die aus bestimmten Gründen – vor allem weil es sich um Dubletten handelte – nicht in die Auswahl aufgenommen wurden. Beispielsweise ist von ursprünglich drei Münzen aus Tauromenion in der Sammlung nur die schlechter erhaltene, im Katalog durchgestrichene Dublette noch vorhanden (Abb. 5–6).[97] Dies lässt vermuten, dass das

96 Diese Nachträge hat teilweise von Lücken vorgenommen, teilweise wurden sie in der oben erwähnten zweiten Handschrift, die vielleicht Hans Diller zugewiesen werden kann (o. Anm. 95) ausgeführt. In dieser zweiten Handschrift wurden nachträglich auch Maßangaben eingefügt (Angabe des Durchmessers) und die Qualität der Stücke neu bestimmt (vorzüglich/sehr schön/schön/sehr gut/gut/gering/schlecht).

97 Inv. [ohne Inv.-Nr.], Æ, Tauromenion, 336–317 v. Chr. Av. Kopf des Apollon mit Lorbeerkranz nach links [unklar ob Inschrift vorhanden]. Rv. TAYPOM-ENITAN, dazwischen Dreifuß. 5,5 g. 20 mm. 1 h. Typenreferenz: Gàbrici 1927, S. 190 Nr. 19–25; SNG Cop. Sicily, Nr. 923–924 (mit Inschrift ΑΡΧΑΓΕΤΑ auf Av.); Nr. 936–938 (ohne Inschrift auf Av.). – Die Streichungen wurden mit Bleistift, teilweise auch mit Tinte vorgenommen. In einigen Fällen wurden die Bleistiftstreichungen in einem weiteren Bearbeitungsschritt mit Tinte bestätigt (vgl. den Eintrag Nr. 2 hier in Abb. 5) oder auch wieder zurückgesetzt (durch Punktierungen; vgl. die Angabe zur Ausrichtung des Apollonkopfes in Eintrag Nr. 1 hier in Abb. 5). Die Streichungen betreffen zumeist Dubletten von Bronzemünzen, in einzelnen Fällen aber auch Typen, die nur in einem Exemplar überliefert sind, etwa im Fall eines Pentonkion der Mamertiner der Serie Särström XIII Ae (Inv. [ohne Inv.-Nr.]; vielleicht war hier die relativ starke moderne Überarbeitung des Avers Anlass für die Streichung). Dass die Streichungen Münzen betrafen, die dann offensichtlich wieder in den Gesamtbestand zurückgelegt wurden, lässt sich an diesen weniger gut belegten Stücken besonders gut nachvoll-

Verzeichnis eine Selektion für die Ausarbeitung eines Katalogs wiedergibt, in dem von den Bronzemünzen im Normalfall keine Dubletten aufgenommen werden sollten. Konkret ist etwa ein Szenario denkbar, in dem von den selektierten Stücken Abgüsse für die Verfertigung von Tafelabbildungen hätten hergestellt werden sollen. 1942 müssen diese ausgewählten Münzen dann zusammen mit den 1939 bei Grabow erworbenen sowie mit weiteren Münzen aus den Altbeständen der Sammlung, die aufgrund ihres Wertes selektiert wurden,[98] gesamthaft ausgelagert worden sein.

Für die sizilischen Städteprägungen lässt sich beim aktuellen Forschungsstand das folgende, relativ detaillierte Bild skizzieren: Nach den letzten Erwerbungen der Kriegsjahre waren 1943 insgesamt mindestens 98 sizilische Münzen vorhanden (1 AV, 19 AR, 67 Æ). Von diesen 98 Münzen waren ca. elf Exemplare (ausschließlich Æ) bereits Teil der Sammlung Tychsen gewesen (z. B. Abb. 7–8).[99] Ca. 53 Exemplare dürften in der Zeit Nettelbladts, teilweise vielleicht auch erst in den Jahren zwischen 1863 und 1913 in die Sammlung gelangt sein.[100] 23 Exemplare kamen 1913 und 1914 unter von Salis und elf Exemplare schließlich

ziehen, da sie als einzelne Individuen im Bestand sicher identifiziert werden können. – Die Silbermünzen sind in keinem einzigen Fall von Streichungen betroffen, auch wenn es sich um Dubletten handelte; sie sind denn auch ausnahmslos verloren. – Keine Berücksichtigung fanden in dem Katalog offensichtlich auch die kaiserzeitlichen Münzen; jedenfalls blieb das einzige im heutigen Bestand erhaltene kaiserzeitliche Stück aus Sizilien, ein Lilybaitaner As des Q. Terentius Culleo, im Katalog unerwähnt.

98 Nach welchen Kriterien die römischen Münzen selektiert wurden, ist vorderhand weitgehend unklar. Natürlich muss es sich im Wesentlichen um die besonders wertvollen Stücke gehandelt haben; es ist aber z. B. schwer nachvollziehbar, weshalb 68 republikanische und 203 kaiserzeitliche Denare, darunter durchaus ansehnliche Stücke, nicht pauschal zusammen mit den anderen römischen Silbermünzen ausgelagert wurden. – Nach den noch unpublizierten Untersuchungen von Lutz Ilisch, waren im Bereich der orientalischen Münzen etwas weniger als 200 von ursprünglich über 1 000 Exemplaren von der Auslagerung betroffen, vor allem Gold- und Großsilbermünzen. Auch bei den orientalischen Münzen ist jedoch belegt, dass zumindest einzelne Exemplare schon im 19. Jahrhundert (nach der Arbeit von Frähn) durch Tausch aus der Sammlung abgingen. Weitere Stücke könnten zudem im frühen 20. Jahrhundert nach Schwerin abgegeben worden sein, weil es sich um Fundmünzen aus Mecklenburg handelte.

99 Inv. [ohne Inv.-Nr.] (Tychsen Kat. 1800, S. 125 Nr. 3): Ae, Pentonkion, Mamertiner, nach 211/10 v. Chr. Av. Kopf des Zeus mit Lorbeerkranz nach rechts, im Feld links Mondsichel, auf Bart moderne Zahlangabe »3« (Katalognummer Tychsens). Rv. Nackter behelmter Krieger in Ausfallschritt nach rechts, mit Lanze in der Rechten und Schild in der Linken, im Feld links Inschrift teilweise noch lesbar [MAMEPTINΩN], im Feld rechts Monogramm Π. 11,4 g. 30 mm. 1 h. Typenreferenz: Särström 1940, S. 123 Nr. 348–354 Taf. 42 (Serie XVI Ae). – Bei den elf Exemplaren handelt sich um die maximale Anzahl der im Verzeichnis von 1939 und im heutigen Bestand nachweisbaren Münzen, die mit Stücken identifizierten werden können, die bereits im Katalog von Tychsen aus dem Jahr 1800 verzeichnet waren. Diese Identifikationen können teilweise als gesichert gelten, insbesondere in jenen Fällen, wo auf den Münzen noch die Katalognummern Tychsens nachgewiesen werden können (vgl. hier Abb. 8). Teilweise können sie als sehr wahrscheinlich gelten, etwa dort, wo es sich um seltene Typen handelt oder wo spezifische Beizeichen erwähnt sind. In einigen Fällen kann die Identifikation aber auch nur eine gewisse Wahrscheinlichkeit für sich beanspruchen, weil es sich um einen sehr häufigen Typus handelt oder die Beschreibung bei Tychsen wenig präzise ist.

100 Eine vollständige Durchsicht des sehr umfangreichen (und sehr klein geschriebenen!) Vermehrungsverzeichnisses Nettelbladts war bisher nicht möglich, so dass zu diesen Neueingängen vorderhand noch keine Aussagen gemacht werden können.

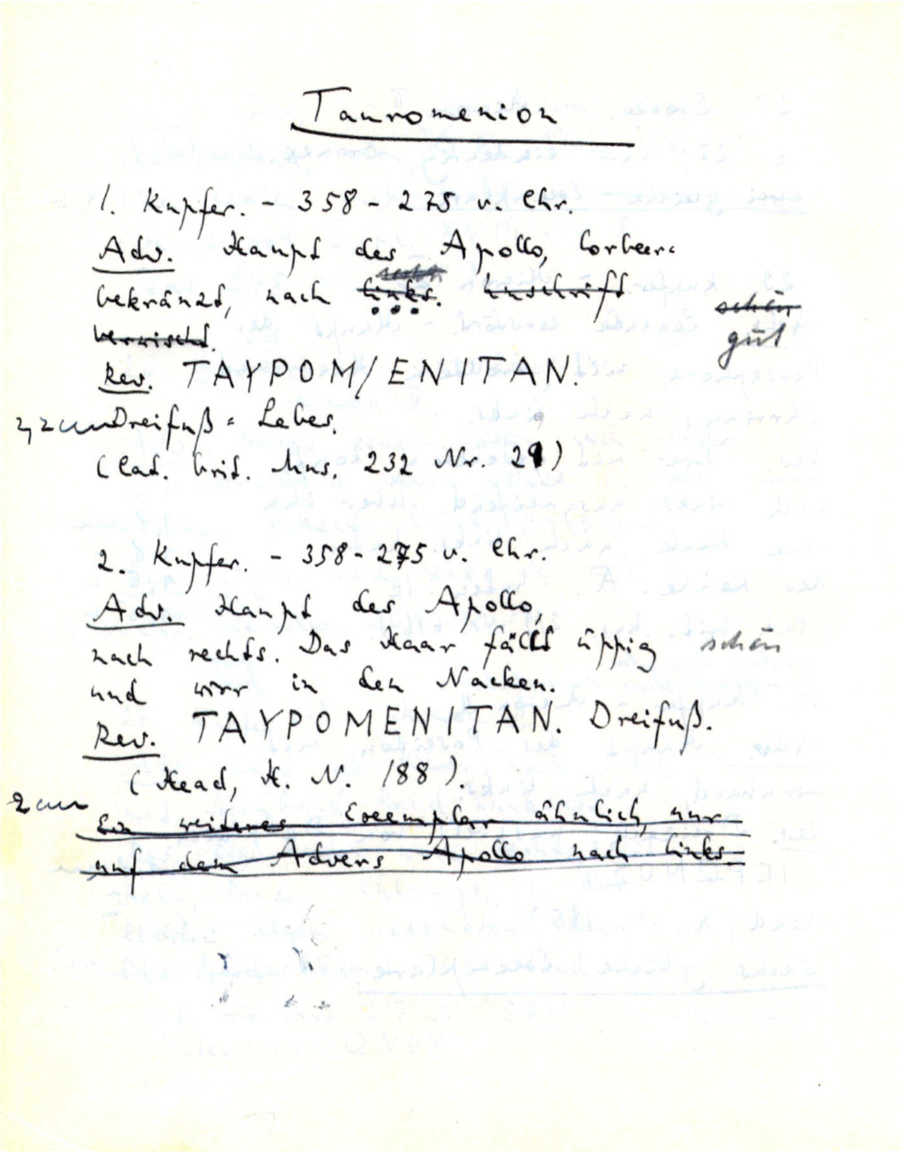

Tauromenion

1. Kupfer. – 358 – 275 v. Chr.
Adv. Haupt des Apollo, lorbeerbekränzt, nach ~~links~~ rechts. ~~Inschrift~~ ~~schön~~ ~~verwischt~~. gut
Rev. TAYPOM/ENITAN.
zu Dreifuß = Lebes.
(Cat. Brit. Mus. 232 Nr. 29)

2. Kupfer. – 358 – 275 v. Chr.
Adv. Haupt des Apollo, nach rechts. Das Haar fällt üppig schön und wirr in den Nacken.
Rev. TAYPOMENITAN. Dreifuß.
(Head, H. N. 188).
~~Ein weiteres Exemplar ähnlich, nur auf dem Advers Apollo nach links~~

Abb. 5: Eintrag zu Tauromenion im Verzeichnis griechischer Münzen von 1939 (oder kurz zuvor), mit (bestätigter) Streichung der Münze in Abb. 6.

Abb. 6: Bronzemünze von Tauromenion, Typus Gàbrici 190 Nr. 19–25 (336–317 v. Chr.; 20 mm).

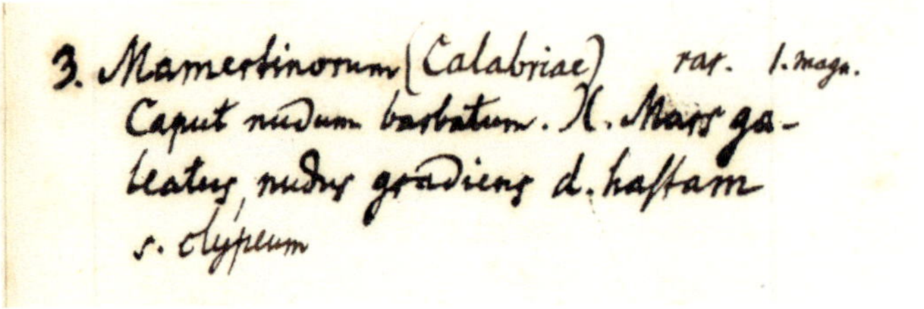
3. Mamertinorum (Calabriae) rar. 1.magn.
Caput nudum barbatum. R. Mars ga-
leatus, nudus gradiens d. hastam
s. clypeum

Abb. 7: Eintrag zum Pentonkion der Mamertiner des Typus Särström Serie XVI Ae in Tychsens Katalog der antiken Münzen von 1800 (S. 125 Nr. 3).

Abb. 8: Pentonkion der Mamertiner des Typus Särström Serie XVI Ae (nach 211/10 v. Chr.; 30 mm) mit Katalognummer Tychsens (3) auf dem Av.

unter von Lücken zwischen 1939 und 1943 hinzu. Aktuell sind in der Sammlung 34 sizilische Münzen vorhanden (ausschließlich Æ), von welchen vier Exemplare durch von Lücken nach dem Zweiten Weltkrieg angeschafft wurden. Die Auslagerung im Jahr 1942 hatte demnach den Verlust von nicht weniger als 68 der zuvor vorhandenen 98 Münzen aus sizilischen Prägestätten zur Folge, darunter alle 28 Gold- und Silbermünzen sowie 40 von 70 Bronzemünzen.

Ähnlich oder noch verheerender hat sich die Selektion und Auslagerung unter von Lücken im Fall weiterer wichtiger Prägestätten vor allem der spätarchaischen und klassischen Zeit ausgewirkt. So verfügt die Sammlung heute beispielsweise über keine einzige attische Tetradrachme. Und auch inkuse Prägungen aus Süditalien oder Statere aus Ägina und Korinth, wie man sie für einen Basiskurs in antiker Numismatik durchaus gerne zur Hand hätte, fehlen vollständig. Andere Bereiche der nicht-römischen antiken Münzprägung, die unter von Lücken nicht im Fokus standen und in dem Verzeichnis von 1939 noch nicht berücksichtigt werden konnten, haben demgegenüber ein wesentlich besseres Schicksal gehabt:

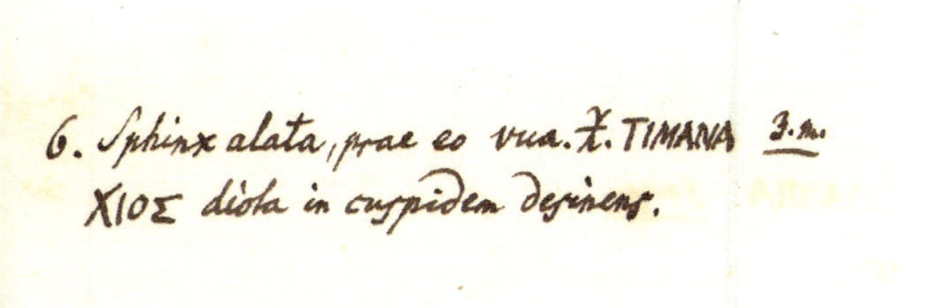

Abb. 9: Eintrag zum Trichalkion von Chios in Tychsens Katalog der antiken Münzen von 1800.

Abb. 10: Trichalkion von Chios, XIOΣ – TIMANΔ(ρος) (ca. 270–220 v.Chr.; 17 mm) mit Katalognummer Tychsens (6) auf dem Av.

So scheinen etwa die hellenistischen chiotischen Bronzeprägungen ganz ohne Verluste geblieben zu sein. Zwar handelt es sich um eine sehr kleine Gruppe. Im Vergleich zu den sizilischen Prägungen ist der Befund aber dennoch signifikant: Es lassen sich im heutigen Bestand noch alle drei der bereits bei Tychsen verzeichneten Münzen von Chios nachweisen (z. B. Abb. 9–10).[101] Verluste scheint es in diesem Fall also gar keine gegeben zu haben, und zwar offensichtlich einzig deshalb, weil diese Münzen noch nicht für den geplanten Katalog selektioniert worden waren.[102] Da von Lücken nach dem Zweiten Weltkrieg eine weitere Münze erwarb, verfügt die Sammlung heute sogar über mehr auf Chios geprägte Münzen als 1943.

101 Inv. G282 (Tychsen Kat. 1800, S. 131 Nr. 6): Trichalkon, Chios, ca. 270–220 v. Chr. Av. Sitzende Sphinx nach rechts, im rechten Feld Weintraube, am linken Rand Gegenstempel mit Monogramm, unter Weintraube moderne Zahlangabe »6« (Katalognummer Tychsens). Rv. XIOΣ – TIMANΔ(ρος), dazwischen Weinamphore, im linken Feld Kornähre, im rechten Feld Stern. 4,1 g. 17 mm. 11 h. Typenreferenz: Lagos 1998, S. 171 f. Taf. 8, 20–23 (Serie XVII, Gruppe D). – Dank der Beamtennamen lassen sich die chiotischen Münzen im Katalog Tychsens von 1800 besonders gut überprüfen. Weiter lassen sich zwei der drei Identifikationen auch anhand der auf den Münzen erhaltenen Katalognummern Tychsens absichern (vgl. hier Abb. 10).

102 Aufgrund des entsprechenden Vorgehens bei den sizilischen Münzen ist jedenfalls davon auszugehen, dass diese Exemplare wegen der individuellen Beamtennamen zweifellos selektiert worden wären, wenn man bis zum Lemma »Ionia« gekommen wäre.

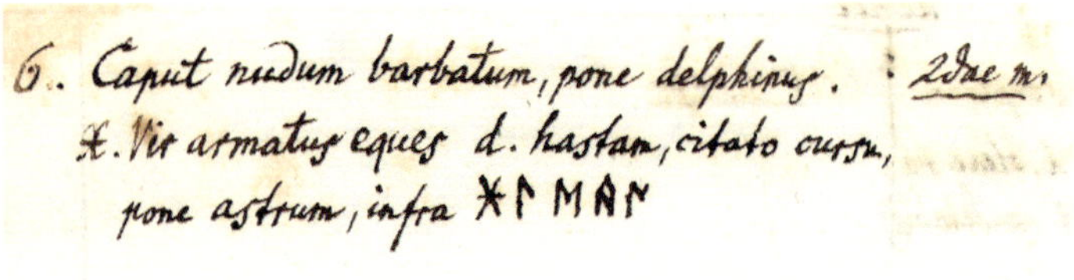
6. Caput nudum barbatum, pone delphinus. : 2dae m.
✝. Vir armatus eques d. hastam, citato cursu,
pone astrum, infra [illegible]

Abb. 11: Eintrag zur Bronzemünze von Bolskan in Tychsens Katalog der antiken Münzen von 1800.

Abb. 12: Bronzemünze von Bolskan (Osca/Huesca, BoLSKaN, ca. 150–37 v. Chr.; 24 mm) mit Katalognummer Tychsens (6) auf dem Av.

Weitestgehend verschont geblieben sind auch die bereits unter Tychsen umfangreichen Bestände an hellenistischen und kaiserzeitlichen Münzen von der iberischen Halbinsel, die in dem Verzeichnis von 1939 ebenfalls (noch) nicht berücksichtigt waren und im heutigen Bestand mit 174 Exemplaren eine umfangreiche Gruppe bilden.[103] In diesem Fall sind es vor allem die Prägungen mit Legende in iberischer Schrift, die sich für eine Überprüfung besonders eignen, da Tychsen diese im Katalog von 1800 präzise wiedergab und die einzelnen Münzen entsprechend einfach im heutigen Bestand identifiziert werden können. Im Katalog Tychsens sind 8 Denare und 23 Bronzemünzen mit Legenden in iberischer Schrift verzeichnet. Davon sind heute noch drei Denare und 19 Bronzemünzen vorhanden (z. B. Abb. 11–12).[104] Dazu kommen drei weitere Münzen, die bei Tychsen noch nicht verzeichnet waren, was darauf schließen lässt, dass auch nach Tychsen noch

103 Es handelt sich damit um mehr als ein Viertel der griechischen – bzw. der nicht-römischen und der römisch-provinziellen – Prägungen, die insgesamt 569 Münzen umfassen.

104 Inv. G275 (Tychsen Kat. 1800, S. 104 Nr. 6): Ae, Bolskan (*Osca*/Huesca), ca. 150–37 v. Chr. Av. Bärtiger Kopf mit Halsring nach rechts, im Feld links ein Delfin, im Feld rechts moderne Zahlangabe »6« (Katalognummer Tychsens). Rv. Behelmter Krieger mit Lanze auf galoppierendem Pferd nach rechts, im Feld links fünfstrahliger Stern, auf Standlinie BoLSKaN (in iberischer Schrift). 8,2 g. 24 mm. 2 h. Typenreferenz: Villaronga 1994, S. 211 Nr. 8. – Bei 13 der 19 noch vorhandenen Bronzemünzen lässt sich die Identifikation anhand der auf den Münzen noch lesbaren Katalognummern Tychsens weiter absichern (vgl. hier Abb. 12 Vorderseite). Insgesamt sind die folgenden der heute noch vorhandenen Rückseitenlegenden bereits bei Tychsen belegt: Denare: BaSKuNES, IKaLKuSKeN, SEKoBiRIKeS; Bronzemünzen: ARSE, BeLAISKoM, BeLIKiOM, BiLBiLIS, BoLSKaN (4 Ex.; vgl. hier Abb. 12), KaSTiLO, KeLSE, KeSE, KoNTeBaKoM, LAKiNE, SAITi (4 Ex.), SEKaISA, SEKiA. Nicht mehr vorhanden sind Denare mit den Legenden ARSAOS, BoLSKaN und TuRIASU sowie Bronzemünzen mit den Legenden ARSE, SAITi, SEKaISA und TiTiAKoS. Weiter sind bei Tychsen zwei nicht mehr vorhandene Denare belegt, deren Legenden ich im Faksimile bisher nicht entziffern kann.

iberische Prägungen in die Sammlung gelangten.[105] Im Fall der Münzen mit Legenden in iberischer Schrift muss offen bleiben, in welchem Zusammenhang die schon bei Tychsen verzeichneten Exemplare aus der Sammlung ausschieden. Da nicht auszuschließen ist, dass diese Stücke als Tauschobjekte verwendet wurden,[106] und weil der Verlust sowohl Bronze- als auch Silbermünzen umfasst, scheint es eher unwahrscheinlich, dass der Abgang im Zusammenhang der Auslagerungsaktion von 1942 steht. Diese Annahme ist auch deshalb naheliegend, weil von dieser Aktion auch zahlreiche, teilweise durchaus ansehnliche kaiserzeitliche und republikanischen Denare verschont geblieben sind.[107]

Eine vollständige Quantifizierung der Kriegsverluste ist weiterhin nicht möglich. Dafür müsste zunächst der sehr arbeitsintensive Versuch unternommen werden, anhand der umfangreichen Serie an Inventarbüchern und Katalogen den Münzbestand im Jahr 1943 möglichst komplett zu rekonstruieren.

Die universitäre Münzsammlung von 1945–2020: Vermehrungen V

Mit den Verlusten im Zweiten Weltkrieg und der formalen Auflösung des Münzkabinetts im Jahr 1944 war das Ende der Sammlungsgeschichte noch nicht erreicht. Vielmehr ist zu konstatieren, dass Gottfried von Lücken in den ersten Nachkriegsjahren weiterhin stark darum bemüht war, den eingeschlagenen Weg in Richtung einer repräsentativen Lehrsammlung auf dem Gebiet der antiken Numismatik fortzusetzen: Bis 1951 wurden in mehreren Erwerbungen insgesamt 82 antike Münzen angeschafft. Die erste Erwerbung im Umfang von 48 Münzen erfolgte bereits spätestens 1947. Leider blieben die Einträge zu 46 griechischen Münzen (10 Ꜳ, 29 Æ, 7 Material unklar) und zwei karthagischen Bronzemünzen, die noch vor dem 19. Juli 1947 in die Sammlung gelangten, ohne Angaben zu Herkunft und Erwerbungsdatum. Die folgenden Einträge mit den Nummern 49 bis 82 umfassen vier Erwerbungen im Zeitraum vom 27. Juli 1947 bis zum 3. Juli 1951, die allesamt bei Grabow in Rostock getätigt wurden. Während zwei dieser Erwerbungen ohne Spezifikation der dafür eingesetzten Mittel verzeichnet wurden, firmiert der zweitletzte Eintrag vom 2. Februar 1948 unter dem Vermerk »Erworben durch Tausch. Siehe Inventar-

105 Ein weiterer Denar mit der Rückseitenlegende BaSKuNES sowie zwei Bronzemünzen mit den Rückseitenlegenden KeSE und SEBeIS.

106 Da von den bei Tychsen verzeichneten Münzen mehrere Exemplare nicht mehr vorhanden sind, deren Legenden in der Sammlung nur einmal belegt sind, gleichzeitig aber Stücke noch vorhanden sind, deren Legenden mehrfach belegt sind, scheint eine Verwendung der abgegangenen Stücke für Tauschzwecke eigentlich eher unwahrscheinlich.

107 Gegenwärtig umfasst die Sammlung noch 77 republikanische Denare, darunter lediglich neun Exemplare, die erst nach dem Zweiten Weltkrieg erworben wurden, sowie 203 kaiserzeitliche Denare, die alle zu Beginn des Zweiten Weltkriegs schon vorhanden waren.

verzeichnis der Hausbibliothek Nr. 2062–2065!« und der letzte Eintrag vom 3. Juli 1951 unter dem Vermerk »Erworben durch Tausch von Schwedischem Notgeld. Gesamtwert: 200 M.«. Die Strategie der Liquidierung nichtantiker Bestände zum Zweck der Anschaffung antiker Münzen wurde nach dem Krieg also zunächst konsequent weiterverfolgt.

Nach diesem Zeitpunkt gelangten dann allerdings keine weiteren Münzen mehr in die Sammlung. Der Umstand, dass bis in die 1990er Jahre auch keine anderen Aktivitäten wie etwa eine Bearbeitung von Teilbeständen überliefert sind, lässt erkennen, dass die Geschichte der Münzsammlung mit dem Jahr 1951 zu ihrem vorläufigen Ende gekommen war. Eine Rolle spielte dabei sicherlich der Umstand, dass nun kaum noch Gelegenheit bestand, antike Münzen zu erwerben, und das Ziel, eine auch auf dem Gebiet der griechischen Münzkunde repräsentative Sammlung aufzubauen, als kaum realisierbar erscheinen musste. Als symptomatisch dafür dürfte von Lücken der Umzug der Münzhandlung Ludwig Grabows nach Berlin erschienen sein, der 1951 erfolgte, also im Jahr der letzten Erwerbung für die Archäologische Sammlung.

Wesentlich war die Entwicklung aber auch durch die allgemeine Situation der Altertumswissenschaften an der Universität Rostock bedingt: Die in den Nachkriegsjahren einsetzende Marginalisierung mündete 1968 in der weitgehenden Aufgabe altertumswissenschaftlicher Lehr- und Forschungstätigkeit im Zuge der Dritten Hochschulreform und der damit verbundenen Auflösung der Philosophischen Fakultät. Im Zusammenhang dieser Entwicklung hatten sich in den frühen 1950er Jahren schon die Bemühungen von Lückens um eine sachgerechte Betreuung der Archäologischen Sammlung – insbesondere der umfangreichen Bestände an Gipsabgüssen – als hinfällig erwiesen: Nach einer kurzzeitigen Präsentation der Abguss-Sammlung im Universitätshauptgebäude und im benachbarten Barocksaal während der Jahre 1947 bis 1953 mussten diese infolge Platzmangels wieder unter äußerst prekären Verhältnissen magaziniert werden. Da eine sachgerechte Unterbringung der Abgüsse in den Räumlichkeiten der Universität nicht zu gewährleisten war, entschied sich von Lücken, einen großen Teil der Gipse nach Berlin zu verlagern, wo sie an der Humboldt-Universität untergebracht und vor Lagerungsschäden bewahrt werden sollten. Auch bei dieser zweiten Auslagerungsaktion hatte von Lücken alles andere als eine glückliche Hand: Die 1958 mit insgesamt sechs Transporten nach Berlin verbrachten Abgüsse gingen nahezu vollständig verloren, während die wenigen in Rostock verbliebenen Stücke zwar ebenfalls nicht ohne Schäden, insgesamt aber wesentlich besser erhalten geblieben sind.[108]

---

108 Zur Geschichte der Rostocker Abguss-Sammlung s. Winkler-Horaček 2007, S. 27–29; Winkler-Horaček 2012.

Von den 1960ern bis in die 1980er Jahre war eine aktive Betreuung der Sammlungsbestände im Bereich der Münzen, aber auch der anderen Kleinfunde nur in eng begrenztem Umfang möglich. Nur gelegentlich konnten antike Objekte, darunter auch Münzen, im Rahmen von Ausstellungen präsentiert werden. Weiter wurden die Münzen aber auch als Anschauungsmaterial im Unterricht verwendet. Eine partielle Reaktivierung der Sammlungstätigkeit erfolgte im Jahr 1978. Auf Veranlassung von Konrad Zimmermann wandte sich damals Wilhelm Neumann (1929–2022), Professor für Tierzucht und Erster Prodekan der Sektion Tierproduktion der Universität Rostock, an die Münze der DDR. Er bat darum, der Universität Belegexemplare ihrer Prägungen zukommen zu lassen.[109] Die in der Folge regelmäßig eingesandten Prägungen, vor allem Sondermünzen und Gedenkmedaillen, wurden in die Bestände des ehemaligen Münzkabinetts aufgenommen. Der letzte Eingang ist auf den 17. Juli 1990 datiert.

Erst die Neukonstituierung der Altertumswissenschaften an der Universität Rostock im Jahr 1991 hauchte auch der Münzsammlung neues Leben ein. Eine aktive Beförderung erfolgte dabei in der Form einer Neuausstattung des Altertumswissenschaftlichen Instituts mit numismatischer Fachliteratur, die vonseiten der Numismatischen Kommission dank einer Drittmittelfinanzierung zur Verfügung gestellt werden konnte. Wie eingangs bereits erwähnt, konnten dann unter der Leitung von Konrad Zimmermann, der seit den späten 1960er Jahren die Sammlung betreut hatte und 1992 auf die wieder eingerichtete Professur für Klassische Archäologie berufen worden war, die Bestände der antiken Münzen neu geordnet werden, und es konnte ein Bestandskatalog der römischen und byzantinischen Münzen vorgelegt werden. Jutta Fischer, die nach der Übernahme des Direktoriums durch Detlev Wannagat im Jahr 2004 von 2008 bis 2018 als Kustodin für die Archäologische Sammlung zuständig war, konnte Teile der Münzsammlung in die neue Dauerausstellung am Heinrich-Schliemann-Institut integrieren. Weiter initiierte sie zusammen mit Studierenden, darunter Torsten Bendschus und Anne Gürlach, ein museumsdidaktisches Projekt, in dessen Zusammenhang antike Münzen eine wichtige Rolle spielen.[110] Auch im studentischen Curriculum ist die antike Numismatik seit der Tätigkeit Fischers fest verankert. Nicht zuletzt geht auf Fischer und den amtierenden Sammlungsdirektor Wannagat aber auch die fruchtbare Mitarbeit im Netzwerk universitärer Münzsammlungen (NUMiD) zurück, aus der bereits wiederholt wichtige Impulse für die wissenschaftliche Erschließung der Rostocker Münzsammlung und ihrer über 200-jährigen Geschichte hervorgegangen sind – unter anderem der vorliegende Artikel.

---

109 Schreiben vom 10.6.1978 im Archiv des Heinrich-Schliemann-Instituts.

110 Siehe dazu Bendschus 2016.

Schluss

Verschiedentlich wurde im vorliegenden Beitrag auf Lücken in der Aufarbeitung der Geschichte der Münzsammlung der Universität Rostock hingewiesen. Eine dieser Lücken stellt das Fehlen eines vollständigen Überblicks über die Kriegsverluste dar. Um hier weiterzukommen, müsste zunächst der sehr arbeitsintensive Versuch unternommen werden, den Münzbestand im Jahr 1943 möglichst komplett zu rekonstruieren. Der Zweck einer näheren Qualifizierung der Kriegsverluste dürfte diesen Aufwand allein kaum rechtfertigen. In anderer Hinsicht könnte es sich aber durchaus um ein interessantes Unterfangen handeln; dann nämlich, wenn es gelänge, für eine möglichst große Zahl der noch vorhandenen Münzen nachzuweisen, aus welchen Quellen sie zu welchem Zeitpunkt in die Sammlung gelangten – wenn also wichtige Elemente der einzelnen Objektbiographien nachgezeichnet und dabei natürlich vor allem die sammlungs- und forschungsgeschichtlichen Kontexte erschlossen werden könnten, in welche die Münzen einst eingebunden waren. Dass eine entsprechende Analyse als aussichtsreich gelten kann, zeigen die eingangs genannten Untersuchungen zur Bedeutung der orientalischen Münzen für die wissenschaftliche Arbeit Tychsens.

Interessant wäre in dieser Hinsicht unter anderem die Frage nach der Herkunft der von Tychsen gesammelten Münzen mit phönikischen und iberischen Legenden und vor allem auch nach deren Bedeutung innerhalb des wissenschaftlichen Netzwerks, in das Tychsen eingebunden war. Das Faktum, dass diese Münzen in den Korrespondenzen Tychsens eine größere Rolle spielen, ist zwar bekannt, forschungsgeschichtlich jedoch nicht weiter aufgearbeitet, so dass vorderhand offen bleiben muss, ob Tychsen die Münzen gezielt sammelte oder ob sie eher als »Nebenprodukte« seiner wissenschaftlichen Kontakte in die Fundregionen, in diesem Fall vor allem Spanien, Marokko und Sizilien, zu gelten haben. Eine intensive Beschäftigung Tychsens mit den iberischen Münzen ist durch seine unpublizierte Schrift »De numis ignotis Hispaniae periculum« belegt.[111] Eindeutig belegt ist aber auch das besondere – für einen Orientalisten natürlich naheliegende – Interesse Tychsens an phönizischen bzw. punischen Münzen: Um seine Kenntnisse in diesem Bereich zu vertiefen, hatte er sich 1803 eine Serie von 162 Schwefelpastenabgüssen

111 purl.uni-rostock.de/rosdok/ppn894221027. Im Archiv des Heinrich-Schliemann-Instituts ist zudem ein bisher nicht bekanntes (und nicht digitalisiertes), teilweise gebundenes Konvolut mit dem Titel »Auszüge aus O. Gerh. Tychsen, de Numis incognitis Hispaniae periculum, 1800, mit vielen Zusätzen und Erweiterungen« überliefert. Darin sind auch verschiedene Tabellen enthalten, die nachvollziehen lassen, wie Tychsen bei seinen Versuchen, die Schrift zu entziffern, vorging. Soweit ich sehe, sind Tychsens Versuche im Hinblick auf die Geschichte der Entschlüsselung des iberischen Alphabets bisher nicht ausgewertet bzw. der entsprechenden Spezialforschung (völlig?) unbekannt.

nach phönizischen und punischen Münzen im Cabinet des Médailles zusenden lassen.[112] Auch diese von Tychsen in seinem Katalog der antiken Münzen detailliert beschriebenen Abgüsse sind in den heutigen Sammlungsbeständen fast vollständig erhalten geblieben.[113]

Ein besonderes Kapitel stellt die Frage nach der Provenienz der während der NS-Zeit erworbenen Münzen dar. Die ersten Untersuchungsresultate lassen erkennen, dass in diesem Bereich noch viel Arbeit vor uns liegt – eine Feststellung, die für die Provenienzforschung zu entsprechenden Münzbeständen in Deutschland generell getroffen werden kann.

Eine weitere Untersuchung der Geschichte der Münzsammlung der Universität Rostock erscheint im Hinblick auf ihre Bedeutung für die Forschungsgeschichte der Numismatik in Deutschland, aber auch für die Institutsgeschichte der Universität Rostock, wünschenswert. Dass die Rostocker Münzsammlung in verschiedener Hinsicht ein aufschlussreiches und überaus spannendes Untersuchungsobjekt darstellt und dass die für eine weitere Erforschung der Sammlungsgeschichte notwendigen Archivalien vorliegen, sollte in diesem Beitrag aufgezeigt werden.[114]

Objekt- und Abbildungsnachweise

Abb. 1 Universität Rostock, Heinrich-Schliemann-Institut. Foto: Edeltraud Altrichter.
Abb. 2 Universität Rostock, Heinrich-Schliemann-Institut. Foto: Julia Tetzke.
Abb. 3 Universität Rostock, Heinrich-Schliemann-Institut, Foto: Julia Tetzke.
Abb. 4 Scan: Universität Rostock, Heinrich-Schliemann-Institut.
Abb. 5 Scan: Universität Rostock, Heinrich-Schliemann-Institut.
Abb. 6 Universität Rostock, Heinrich-Schliemann-Institut, Inv. —. Foto: Anne Gürlach.
Abb. 7 Katalog der antiken Münzen von 1800, S. 125 Nr. 3. Scan: Universität Rostock, Universitätsbibliothek.
Abb. 8 Universität Rostock, Heinrich-Schliemann-Institut, Inv. —. Foto: Anne Gürlach.
Abb. 9 Katalog der antiken Münzen von 1800, S. 131 Nr. 6, Inv. G282. Scan: Universität Rostock, Universitätsbibliothek.
Abb. 10 Universität Rostock, Heinrich-Schliemann-Institut, Inv. G282. Foto: Anne Gürlach.
Abb. 11 Katalog der antiken Münzen von 1800, S. 104 Nr. 6, Inv. G275. Scan Universität Rostock, Universitätsbibliothek.
Abb. 12 Universität Rostock, Heinrich-Schliemann-Institut, Inv. G275. Foto: Anne Gürlach.

---

112 Die Abgüsse wurden Tychsen von Gustav Knös (1773–1828) zugestellt, den er 1801 in Rostock unterrichtet hatte und der später in Uppsala eine Professur für orientalische Sprachen bekleidete; vgl. dazu Knös' Brief vom 3.5.1803: rosdok.uni-rostock.de/resolve/id/rosdok_document_0000009161; vgl. dazu auch French 1984, S. 95f. Bereits 1801 hatte Tychsen (wohl vergeblich?) Antoine-Isaac Silvestre de Sacy (1758–1838) um eine Übersendung entsprechender Abgüsse gebeten: French 1984, S. 117.

113 Die Beschreibung der 162 Abgüsse bildet den letzten Teil des Katalogs von 1800 (S. 159–170) und trägt den Titel »Ectypa sulphurea omnium numorum phoenicis characteribus inscriptorum, qui in Numophylacio nationali Parisiis asservantur«: purl.uni-rostock.de/rosdok/ppn890449066.

114 Zur Ausarbeitung meines Beitrages haben Hinweise, Korrekturen und Ergänzungen zahlreicher Kollegen maßgeblich beigetragen. Dank schulde ich Florian Detjens, Jutta Fischer, Torsten Fried, Patrick Golenia, Angela Hartwig, Lutz Ilisch, Emanuele Sbardella, Antje Strahl, Reno Stutz und Konrad Zimmermann.

Bibliographie

Arnold et al. 2019a R. Arnold, M. Busch, H.-U. Lammel & H. von Thiessen: Einleitung. In: R. Arnold, M. Busch, H.-U. Lammel & H. von Thiessen (Hrsg.): *Der Rostocker Gelehrte Oluf Gerhard Tychsen (1734–1815) und seine internationalen Netzwerke.* Hannover 2019, S. 7–21.

Arnold et al. 2019b R. Arnold, M. Busch, H.-U. Lammel & H. von Thiessen (Hrsg.): *Der Rostocker Gelehrte Oluf Gerhard Tychsen (1734–1815) und seine internationalen Netzwerke.* Hannover 2019.

Bendschus 2016 T. Bendschus: Archäologie macht Schule. Zur Einbindung antiker Münzen in ein Rostocker Schulprojekt. *Numismatisches Nachrichtenblatt* 65.8 (2016), S. 312–314.

Bergmann-Pfleger 2011 K. Bergmann-Pfleger: *Geschichte der Universitätsbibliothek Graz 1938–1945.* Wiesbaden 2011.

Buddrus & Fritzlar 2007 M. Buddrus & S. Fritzlar: *Die Professoren der Universität Rostock im Dritten Reich.* München 2007.

Burmeister 1999 S. Burmeister: *Römische und byzantinische Münzen der Universität Rostock. Bestandskatalog, Kataloge der Archäologischen Sammlung und des Münzkabinetts der Universität Rostock 1.* Rostock 1999.

Cahn 1946 H. A. Cahn: Nekrolog. Philipp Lederer, *Schweizerische Numismatische Rundschau* 32 (1946), S. 69–73.

Cahn 1981 E. B. Cahn: Der Frankfurter Münzhandel 1924–1934. In: *Frankfurter Numismatische Gesellschaft 1906–1981. Festgabe der Frankfurter Numismatischen Gesellschaft an ihre Mitglieder zum 75jährigen Bestehen mit Beiträgen über »Francofurtensien«.* Melsungen 1981, S. 135–158.

Detjens 2019 F. Detjens: Die Universität Rostock im Nationalsozialismus. Eine Überblicksskizze. In: M. von der Höh (Hrsg.): *Traditionen – Zäsuren – Dynamiken. 600 Jahre Universität Rostock.* Köln 2019, S. 365–389.

Detjens 2020 F. Detjens: *Am Abgrund der Bedeutungslosigkeit? Die Universität Rostock im Nationalsozialismus 1932/33–1945.* Berlin 2020.

Elvers 2022 K.-L. Elvers: Dr. Karl Welz und der Berliner Münzhandel der 1930er Jahre. In: Münzsammlungen in Deutschland zwischen 1933 und 1945. Erwerbungsquellen und Normdaten, Workshop Berlin, 25. November 2021, *Geldgeschichtliche Nachrichten* 57, Sonderheft (2022), S. 293–301.

Enderlein 2006 A. Enderlein: *Der Berliner Kunsthandel in der Weimarer Republik und im NS-Staat. Zum Schicksal der Sammlung Graetz.* Berlin 2006.

Enderlein et al. 2011 A. Enderlein, C. Fischer-Defoy & N. Poll: Rechtliche Rahmenbedingungen. In: C. Fischer-Defoy & K. Nürnberg (Hrsg.): *Gute Geschäfte. Kunsthandel in Berlin 1933–1945.* Berlin 2011, S. 120 f.

Fischer-Defoy & Nürnberg 2011 C. Fischer-Defoy & K. Nürnberg (Hrsg.): *Gute Geschäfte. Kunsthandel in Berlin 1933–1945.* Berlin 2011.

Frähn 1842a C. M. Frähn: Summarische Übersicht des orientalischen Münzkabinettes der Universität Rostock, und Anzeige der in demselben befindlichen unedirten oder vor andern bemerkenswerthen Stücke [Einführung]. *Bulletin scientifique public par L'Académie Impériale des Sciences de Saint Petersbourg* 10 (1842), col. 80–90.

Frähn 1842b C. M. Frähn: Summarische Übersicht des orientalischen Münzkabinettes der Universität Rostock, und Anzeige der in demselben befindlichen unedirten oder vor andern bemerkenswerthen Stücke [*Katalog*]. *Bulletin de la classe des sciences historiques, Philologiques et Politiques de l'Académie Impériale des sciences de St. Petersbourg* 1 (1842) col. 1–32.

Francini 2015 E. T. Francini: Jüdische Kunsthändler im Nationalsozialismus: Möglichkeiten und Grenzen. In: A. Bambi & A. Drecoll (Hrsg.): *Alfred Flechtheim. Raubkunst und Restitution.* Berlin 2015, S. 159–167.

French 1984 R. French: *Oluf Gerhard Tychsen. Ein deutscher Orientalist des 18. Jahrhunderts. Eine Untersuchung seiner Korrespondenz als Beitrag zur Geschichte der Orientalistik.* Rostock 1984.

Fried 2015 T. Fried: *Geprägte Macht. Münzen und Medaillen der mecklenburgischen Herzöge als Zeichen fürstlicher Herrschaft.* Köln 2015.

Fried 2016 T. Fried: Das Schweriner Münzkabinett und der Berliner Numismatiker Arthur Suhle. In: A. John (Hrsg.): *Köpfe. Institutionen. Bereiche. Mecklenburgische Landes- und Regionalgeschichte seit dem 19. Jahrhundert.* Lübeck 2016, S. 193–208.

Gàbrici 1927 E. Gàbrici: *La monetazione del bronzo nella Sicilia antica.* Palermo 1927.

Golenia 2011 P. Golenia: Exkurs: Berliner Münzhändler. In: C. Fischer-Defoy & K. Nürnberg (Hrsg.): *Gute Geschäfte. Kunsthandel in Berlin 1933–1945.* Berlin 2011, S. 113–117.

Grabow Auktion 1939 Münzhandlung Ludwig Grabow, *Versteigerungskatalog Nr. XIV, Antike Münzen. Griechen und Römer. Aus dem Besitz von A. (Auktion am 27. und 28. Juli, Rostock).* Rostock 1939.

Heuß 2015 A. Heuß: Verfolgung, Emigration und Wiedergutmachung. In: A. Bambi & A. Drecoll (Hrsg.): *Alfred Flechtheim. Raubkunst und Restitution.* Berlin 2015, S. 37–44.

Hirsch Auktion 1913 J. Hirsch: *Griechische, römische und byzantinische Münzen aus dem Besitze von Baron Friedrich von Schennis, Berlin, Dr. B. K. in M. und eines bekannten englischen Archaeologen. Öffentliche Versteigerung, 17. November 1913 und ff. Tage, Katalog Nr. XXXIII.* München 1913.

Hirsch Auktion 1914 Jacob Hirsch: *Griechische, römische, byzantinische Münzen, Medaillen und Plaketten der Renaissance, Münzen und Medaillen von Württemberg etc. Numismatische Bibliothek vorzugsweise aus dem Nachlasse eines bekannten deutschen Kunstsammlers. Öffentliche Versteigerung, 5. Mai 1914 und ff. Tage, Katalog Nr. XXXIV.* München 1914.

Heidemann 2004 S. Heidemann: Collections of Oriental Coins in Germany. *Oriental Numismatic Society – Newsletter Spring* 179 (2004), S. 5–9. www.aai.uni-hamburg.de/voror/personen/heidemann/collections-of-islamic-coins-in-germany.html.

Ilisch 2015 L. Ilisch: The Leipzig Numismatic Contest of 1752. An Incentive from the Imperial Coin Collection to Reestabilish the Ability to Attribute Arabic Coins. In: B. Callegher & A. D'Ottone Rambach (Hrsg.): *The 4th Simone Assemani symposium on Islamic coins, Triest, 26/27 September 2014.* Triest 2015, S. 105–129.

Ilisch 2019 L. Ilisch: Die Sammlung orientalischer Münzen des Oluf Gerhard Tychsen. In: R. Arnold, M. Busch, H.-U. Lammel & H. von Thiessen (Hrsg.): *Der Rostocker Gelehrte Oluf Gerhard Tychsen (1734–1815) und seine internationalen Netzwerke.* Hannover 2019, S. 205–228.

Klüßendorf 1993 N. Klüßendorf: Die Rostocker Universitätsmünzsammlung und der Schatz von Remplin. *Mecklenburgische Jahrbücher* 109 (1993), S. 175–193.

Klüßendorf 1995a N. Klüßendorf: 150 Jahre Institut im Nebenamt. Das Akademische Münzkabinett der Universität Rostock (1794–1944). In: R. Albert & R. Cunz (Hrsg.): *Wissenschaftsgeschichte der Numismatik. Beiträge zum 17. Deutschen Numismatikertag, 3.–5. März 1995 in Hannover.* Speyer 1995, S. 96–209.

Klüßendorf 1995b N. Klüßendorf: Das akademische Münzkabinett der Universität Rostock (1794–1944). In: W. Buchholz & G. Mangelsdorf (Hrsg.): *Land am Meer – Pommern im Spiegel seiner Geschichte. Roderich Schmidt zum 70. Geburtstag.* Köln 1995, S. 725–757.

Klüßendorf 2000 N. Klüßendorf: Rostock als Standort der orientalischen Numismatik. In: S. Heidemann (Hrsg.): *Islamische Numismatik in Deutschland. Eine Bestandsaufnahme.* Wiesbaden 2000, S. 27–46.

Klüßendorf 2010 N. Klüßendorf: Der Historiker Heinz Maybaum (1896–1955). Ein Leben mit Prägespuren von fünf politischen Systemen. In: H.-U. Lammel & G. Boeck (Hrsg.): *Tochter oder Schwester – die Universität Greifswald aus Rostocker Sicht. Referate der interdisziplinären Ringvorlesung des Arbeitskreises »Rostocker Universitäts- und Wissenschaftsgeschichte« im Wintersemester 2006/07.* Rostock 2010, S. 69–83.

Klüßendorf 2011 N. Klüßendorf: Oluf Gerhard Tychsen (1734–1815), Orientalist, Professor und Bibliothekar an den Universitäten Rostock und Bützow. In: A. Röpcke et al. (Hrsg.), *Biographisches Lexikon für Mecklenburg,* Bd. 6. Rostock 2011, S. 276–280.

Klüßendorf 2012 N. Klüßendorf: Zwei bedeutende Vertreter der orientalischen Numismatik: Oluf Gerhard Tychsen und Christian Martin Joachim Frähn. *Jahrbuch für Numismatik und Geldgeschichte* 62 (2012), S. 363–378.

Klüßendorf 2019 N. Klüßendorf: Oluf Gerhard Tychsen als Numismatiker. In: R. Arnold, M. Busch, H.-U. Lammel & H. von Thiessen (Hrsg.): *Der Rostocker Gelehrte Oluf Gerhard Tychsen (1734–1815) und seine internationalen Netzwerke.* Hannover 2019, S. 229–248.

Kluge 2004 B. Kluge: *Das Münzkabinett. Museum und Wissenschaftsinstitut.* Berlin 2004.

Knuth 2014 T. Knuth: *Kunstraub/Raubkunst. Fälle der Provenienzforschung in den Schweriner Museen.* Schwerin 2014.

Kravtsov 2019 K. V. Kravtsov: O. G. Tychsen's Contribution to the Study of Ṭabaristān Drachms. In: R. Arnold, M. Busch, H.-U. Lammel & H. von Thiessen (Hrsg.): *Der Rostocker Gelehrte Oluf Gerhard Tychsen (1734–1815) und seine internationalen Netzwerke.* Hannover 2019, S. 285–289.

Kunzel 2004 M. Kunzel: *Die Münzen der Hansestadt Rostock ca. 1492 bis 1864. Münzgeschichte und Geprägekatalog.* Berlin 2004.

Lagos 1998 C. Lagos: *A study of the coinage of Chios in the Hellenistic and Roman periods.* (Doctoral thesis, Durham University 1998, Durham E-Theses Online: etheses.dur.ac.uk/1050).

Lederer 1935 Ph. Lederer: Kurt Regling †. *Deutsche Münzblätter* 54/54 (1934/1935), S. 405–408.

Lullies & Schiering 1988 R. Lullies & W. Schiering (Hrsg.): *Archäologenbildnisse. Porträts und Kurzbiographien von Klassischen Archäologen deutscher Sprache.* Mainz 1988.

Peus 1954 B. Peus: [Nachruf auf Ludwig Grabow]. *Numismatisches Nachrichtenblatt* 3 (1954), S. 96.

Pontani 2019 A. Pontani: The Presence of Tychsen in the Correspondence with Simone Assemani. In: R. Arnold, M. Busch, H.-U. Lammel & H. von Thiessen (Hrsg.): *Der Rostocker Gelehrte Oluf Gerhard Tychsen (1734–1815) und seine internationalen Netzwerke.* Hannover 2019, S. 249–258.

Priese 2013 K. Priese: Berliner Münzhandel. *Beiträge zur brandenburgisch-preußischen Numismatik* 21 (2013), S. 186–260.

Russenberger 2022 C. Russenberger: »Wenn irgendwann lässt sich das jetzt verwirklichen«. Die Erwerbung antiker Münzen für die Universität Rostock im Jahr 1939. In: *Münzsammlungen in Deutschland zwischen 1933 und 1945. Erwerbungsquellen und Normdaten, Workshop Berlin, 25. November 2021,* Geldgeschichtliche Nachrichten 57, Sonderheft (2022), S. 328–339.

Särström 1940 M. Särström: *A Study in the Coinage of the Mamertines.* Basel 1940.

Sbardella 2021 E. Sbardella: *Zwischen »Munitionen« und »Musikalien«. Das Geldmuseum der Deutschen Reichsbank und die Umstrukturierung des numismatischen Lebens während der NS-Diktatur.* Berlin 2021. depositonce.tu-berlin.de/handle/11303/13810.

Schwartz 2019 J. Schwartz: »Scheinbare Sicherheit« – Geschäftsbeziehungen Philipp Lederers und seine NS-Verfolgungsgeschichte. In: J. Schwartz & S. Vogt (Hrsg.): *Spuren der NS-Verfolgung. Provenienzforschung in den kulturhistorischen Sammlungen der Stadt Hannover.* Köln 2019, S. 137–159.

SNG Cop. Italy I *Sylloge Nummorum Graecorum Copenhagen Italy 1: Etruria – Campania.* Kopenhagen 1942.

SNG Cop Italy II *Sylloge Nummorum Graecorum Copenhagen Italy 2: Apulia – Lucania (Metapontum).* Kopenhagen 1942.

Steinwascher & Klüßendorf 1989 G. Steinwascher & N. Klüßendorf: Frühe Denkmalpflege auf schaumburgisch-lippischen Gütern in Mecklenburg. Die Ausgrabung eines bronzezeitlichen Grabhügels bei Tieplitz (Ruchow) und ein mittelalterlicher Münzschatz bei Remplin. *Mecklenburgische Jahrbücher* 107, (1989), S. 47–101.

Travaini & D'Ottone Rambach 2019 L. Travaini & A. D'Ottone Rambach: Tychsen, Vella, Adler and Borgia. The Italian Connection in Islamic Numismatics. In: R. Arnold, M. Busch, H.-U. Lammel & H. von Thiessen (Hrsg.): *Der Rostocker Gelehrte Oluf Gerhard Tychsen (1734–1815) und seine internationalen Netzwerke.* Hannover 2019, S. 259–284.

Tychsen Kat. 1800 O. G. Tychsen: *Catalogus numorum antiquorum Romanorum, Hispanorum, Phoeniciorum rel. quos collegit Olaus Gerhardus Tychsen concinnatus Rostochii mense Januario A. O. R. MDCCC.* Rostock 1800. <https://kalliope-verbund.info/ead?ead.id=DE-611-HS-3390995>

Villaronga 1994 L. Villaronga: *Corpus Nummum Hispaniae Ante Augusti Aetatem.* Madrid 1994.

Werz 1994 U. Werz: Münzhändler und Münzhandel in Frankfurt/M. nach dem Zweiten Weltkrieg. *Geldgeschichtliche Nachrichten* 29 (1994), S. 300–303.

Winkler-Horaček 2007 L. Winkler-Horaček: Die Antikensammlung des Heinrich-Schliemann-Instituts für Altertumswissenschaften der Universität Rostock. In: J. Fischer (Hrsg.): *Gesammelte Antiken in Mecklenburg-Vorpommern. Ausstellungskatalog Ribnitz-Damgarten.* Ribnitz-Damgarten 2007, S. 25–30.

Winkler-Horaček 2012 L. Winkler-Horaček: Zerstörung – Wiederbelebung – Zerstörung. Abgüsse in Berlin von 1950 bis 1977. In: N. Schröder & L. Winkler-Horaček (Hrsg.): *… von gestern bis morgen … Zur Geschichte der Berliner Gipsabguss-Sammlunge(en), Ausst. Berlin.* Rahden 2012, S. 199–214.

Zimmermann 1999 K. Zimmermann: Vorwort. In: S. Burmeister: *Römische und byzantinische Münzen der Universität Rostock. Bestandskatalog, Kataloge der Archäologischen Sammlung und des Münzkabinetts der Universität Rostock 1.* Rostock 1999, S. 5–6.
Zimmermann 2000 K. Zimmermann: Anhang: Inventare des Rostocker Akademischen Münzkabinetts. In: S. Heidemann (Hrsg.): *Islamische Numismatik in Deutschland. Eine Bestandsaufnahme.* Wiesbaden 2000, S. 47–59.
Zimmermann 2012 K. Zimmermann: Gottfried von Lücken. Rostocker Hochschullehrer in drei Systemen. In: G. Boeck & H.-U. Lammel (Hrsg.): *Rostocker gelehrte Köpfe. Referate der interdisziplinären Ringvorlesung des Arbeitskreises »Rostocker Universitäts- und Wissenschaftsgeschichte« im Wintersemester 2009/2010.* Rostock 2012, S. 81–97.
Zimmermann 2017 K. Zimmermann: Antikenrezeption am Ludwigsluster Hof. *Mecklenburgische Jahrbücher* 132 (2017), S. 85–132.

Sämtliche Verweise auf Internetressourcen in diesem Beitrag wurden vor der Drucklegung geprüft.

»Kaum ist gegenwärtig irgend ein Zweig der Münzkunde, der nicht auf's eifrigste cultivirt würde«

Zur Geschichte des Münzkabinetts an der Universität Würzburg

Marc Philipp Wahl

Mit der Zerstörung der Alten Universität im Zweiten Weltkrieg – des Gebäudes, in dem das Museum untergebracht war –, durchzieht die Geschichte des Martin von Wagner Museums der Universität Würzburg eine scharfe Zäsur, die bis auf den heutigen Tag nachwirkt.[1] Während die meisten Sammlungsteile rechtzeitig in Sicherheit gebracht werden konnten – die reichen Bestände des Museums, ihr Rang und ihre Provenienz sind oftmals gewürdigt worden[2] –, gilt dies nicht für die Gipsabgusssammlung, um die sich vor allem Heinrich Bulle bemüht hatte, sowie für das Münzkabinett, die beide zerstört wurden. Das Museum wurde in der Nachkriegszeit in den Südflügel der Würzburger Residenz transloziert und feierte seine festliche Wiedereröffnung erst 1963. Seit wenigen Jahren kommt nun nach der Zäsur im Zweiten Weltkrieg den numismatischen Objekten im Museum wieder verstärkte Aufmerksamkeit zu.

Der vorliegende Beitrag möchte sich der Genese des akademischen Münzkabinetts der Universität Würzburg widmen und seine Entwicklung nachzeichnen. Im Zentrum steht dabei nicht eine bloße Zurschaustellung der Kabinettsgeschichte, sondern eine systematische Einbettung der meist eher randständigen Disziplin der Numismatik und Geldgeschichte an der Universität Würzburg im Allgemeinen und der Sammlung in Forschung, Lehre und musealer Praxis im Speziellen. Es wird danach zu fragen sein, nach welchen Gesichtspunkten sich das Würzburger Münzkabinett konstituierte und vermehrte – und inwieweit zumindest zeitweise eine regelrechte Ankaufs- respektive Sammlungsstrategie verfolgt wurde.

---

1 Für wertvolle Hinweise und einige Korrekturen möchte ich an dieser Stelle Damian Dombrowski, Carolin Goll, Jochen Griesbach und Pascal Weitmann danken. Ebenso bin ich dem Archiv der Universität Würzburg verbunden, die mir großzügig Einblick in den Aktenbestand (für diesen Beitrag wurden die Aktennummern 3148 und 3157 herangezogen) gewährten.

2 Specht 2001 gibt den jüngsten Überblick über die Sammlungsgeschichte samt einer Zusammenstellung der seit dem 19. Jahrhundert publizierten Beiträge zu Erwerbungen und Entwicklung des Museums.

Von der »Nummotheca publica Wirceburgensis« ...

Die Anfänge der Münzsammlung an der damaligen Alma Mater Juliana gehen wie einige weitere universitäre Sammlungsteile auf den Minoritenpater Bonavita Blank (1740–1827) zurück.[3] Seine Sammlung, die er 1803 und 1804 der Universität gegen eine Leibrente von 1 500 Gulden p/a[4] überließ, war vornehmlich naturkundlich angelegt – Blank selbst bezeichnete die »Kunstwerke und Alterthümer« als bloße »Nebendinge dieses Cabinettes«.[5] Aufsehen erregten insbesondere die gut 488 sogenannten Musivgemälde, Collagen aus allerlei natürlichen Materialien (Federn, Gräser etc.), von denen sich jedoch nur noch ein Exemplar erhalten hat.[6] Wenn sich für die übrige Sammlung des Martin von Wagner Museums konstatieren lässt, dass es sich bei der Sammlung Blanks lediglich um einen »fernen Ahnen unseres Museums« handelt,[7] so gilt dies jedoch nicht für das Münzkabinett. In der Sammlung befand sich schließlich auch eine ansehnliche numismatische Kollektion. In Blanks Publikationen seiner Bestände werden sie zwar – wie alle anderen Posten – lediglich kursorisch aufgeführt, aber immerhin: Ein Eindruck wird gewährt (Anhang I und II). Zweierlei Charakteristika fallen dabei ins Auge. In durchaus barocker Manier erscheint einerseits kein klarer Sammlungsschwerpunkt, neuzeitliche Gepräge überwiegen aber deutlich. Andererseits betont Blank die merkantilen Vorzüge einer Sammlung an Gipsabdrücken, von denen er 5 661 Exemplare zusammenbrachte:

> Die Münzwissenschaft ist angenehm und reizend. Sie stehet in genauer Verbindung mit anderen angenehmen Wissenschaften, als der Geschichte, Geschlechts- und Wapenkunde. Sie wird deswegen in unserem Jahrhunderte mit vielem Eifer bearbeitet, und steiget immer zu höheren Stufen der Vollkommenheit. Demnach findet sich kaum eine vollkommene Münzsammlung, welcher nichts abgehet; wenn man sie gleichwohl um schweres Geld zusammen bringt. Mit Abdrücken bringt man es noch weiter, als mit echten Münzen. Seltene Münzen, die oft für großes Geboth nicht feil sind, erhält man leicht zum Abdrucken von guten Freunden. In eine Sammlung von wahren Münzen können sich nur die Großen und Reichen der Welt einlassen. Die Minderen müssen sich mit Abdrücken begnügen, welche für das Wissenschaftliche so guten Dienst leisten, wie Münzen aus Gold, Silber und anderen Metallen.[8]

3 Carus 1875, S. 689.
4 Über die Höhe der Pension scheint einige Verwirrung zu herrschen: Ich folge hier – auch beim Datum der Erwerbung, das häufig mit 1803 angesetzt wird, so Ringelmann 1835, S. 36f. – der Lebensbeschreibung bei Benkert 1819, S. 73–76.
5 Blank 1802, S. IX.
6 Eine Übersicht gibt Benkert 1820.
7 So Hoffmann 1982, S. 254.
8 Blank 1795, S. 175.

Seine Publikation von 1795 ergänzte Blank wenige Jahre später mit einem ähnlich kurzgefassten Supplement. Die Gipssammlung ist nun auf 5836 angewachsen, und die Zahl von immerhin 1129 Münzen wird nun genannt. Einige nähere Informationen zur Zusammensetzung der Münzsammlung führt Blank in diesem Supplement auf, doch drängt sich auch hier der Eindruck auf, es sei mehr oder minder ohne festen Schwerpunkt zusammengestellt worden (Anhang II). Das Münzinventar des später gegründeten Martin von Wagner Museums unter der Signatur »Ka«, das auch noch heute in Verwendung ist, nennt einige wenige griechischen Gepräge aus der Sammlung Bonavita Blanks. Letztlich bleibt dieser Nucleus des Würzburger Münzkabinetts heute aber fast zur Gänze im Dunkeln.

Als »Blankisches Kunst- und Naturalien-Cabinet« stand die Sammlung zunächst unter der Direktion von Bonavita Blank selbst. Erst nach seinem Tod 1827 kam es zu einer grundlegenden Neuorientierung der Sammlung: Blanks Nachfolger Ambrosius Rau (1784–1830) trennte das Cabinet auf, sodass die naturgeschichtliche Sammlung von den übrigen Teilen separiert wurde.[9] Der numismatische Teil gelangte so 1832 für kurze Zeit in das wenig zuvor eingerichtete »Technologische Cabinet«, wo er denkbar unpassend aufgehoben war.[10] Selbst in dieser Anfangszeit, als die Münzsammlung mehr als Nebenwerk anderer Universitätssammlungen verwahrt wurde, sind einige Eingänge nachzuweisen. Es handelt sich hierbei unter anderem um Professorenmedaillen, die zum fünfzigjährigen Doktorjubiläum oder zum Ausscheiden aus dem Universitätsdienst von Kollegen und Schülern zum Geschenk gereicht wurden.[11] Traditionell verblieb dabei ein Abschlag bei der Universität, so beispielsweise bei der Medaille für den Mediziner Johann Georg Pickel (1751–1838) zum Doktorjubiläum 1828, die jedoch beim Brand 1945 verloren ging.[12]

1834 erfolgte schließlich auf Ministeral-Rescript die Anordnung zur Einrichtung eines Münzkabinetts als eigenes universitäres »Attribut«, die am 25. März 1835 mit der Übergabe der Sammlung abgeschlossen wurde. Die Münzsammlung wurde auf diese Weise dem 1832 gegründeten Ästhetischen Attribut, dem die Gemälde, Kupferstiche und Antiken zuflossen, gleichgestellt. Gemessen an der – im Vergleich zu anderen Sammlungsteilen – eher geringen Bedeutung der Münzsammlung ist es eine glückliche Fügung, dass Friedrich von Ringelmann (1803–1870) mit der Festschrift anlässlich des fünften Lustrums der Ehe des Kronprinzen Ludwig (1786–1868) und der Prinzessin Therese (1792–1854) am 12. Oktober 1835 eine Übersicht der Universität und ihrer Einrichtungen vorlegte. Die

9 Ringelmann 1835, S. 37 f.; Bulle 1914, S. 6.

10 Ringelmann 1835, S. 70–72, 83.

11 Soweit ich es überblicke, ist die Gattung der Professorenmedaillen, die fast ausschließlich Medizinern gewidmet waren, nie umfassend zusammengestellt und untersucht worden. Einige weitere Stücke aus Bayern führen Wesche & Kostial 1997 auf.

12 Zur Medaille: Keller 1848, S. 30–37; Wagner 1979, Nr. 1828.01; vgl. *Numismatische Zeitung* 4.1 (1837), S. 6.

zeitliche Nähe dieser Festschrift zu der Einrichtung des Münzkabinetts sowie die Tatsache, dass Ringelmann, der in Würzburg deutsches Recht lehrte, zum Conversator des Münzkabinetts ernannt wurde, geben seiner Beschreibung des numismatischen Attributs den Charakter eines regelrechten Gründungsmanifests.[13]

Diese erste Zeit unter Ringelmann sind zweifelsohne besonders aktive Jahre für das Münzkabinett gewesen, seine Bemühungen blieben auch außerhalb Würzburgs nicht unbemerkt.[14] Diese umfassten nicht allein die Beschaffung von geeignetem Mobiliar und den Aufbau einer numismatischen Spezialbibliothek, sondern auch Ankäufe von weiteren Geprägen und Gipsen. Zur »ersten Begründung« stellte die Universität Ringelmann 500 fl. und als jährliche Dotation 300 fl. zur Verfügung, somit waren zumindest einige gezielte Erweiterungen des Kabinetts möglich. Ringelmann erweiterte die Sammlung aus der Erstdotation sogleich um 650 Exemplare – vornehmlich aus der Neuzeit –, aber auch in den späteren Jahren sind einige Eingänge getätigt worden, im Rechnungsjahr 1837/38 beispielsweise 202 Stücke (7 griechische Münzen, 45 römische Gepräge, 147 Münzen der Neuzeit und 3 Medaillen), wie der Akte im Universitätsarchiv zu entnehmen ist.

Ringelmanns Betreiben im akademischen Nebenamt als Conservator des Münzkabinetts gründete sich vor allem auf ein persönliches Interesse an der Numismatik, er selbst ist als Münzsammler in Erscheinung getreten.[15] Seinem Interesse gemäß spricht Ringelmann ambitioniert davon, an der Universität eine »Nummotheca publica Wirceburgensis« aufzubauen:

> Der Conservator beabsichtigt, die [sic!] letztgenannte Brauche [die Anschaffung von fürstbischöflichen Münzen Würzburgs, *MW*] vorzugsweise zu cultiviren, einerseits, um dem verewigten Stifter der Hochschule, seinen Vorgängern und Nachfolgern den Tribut dankbarer Erinnerung zu bringen; andererseits, um für Würzburg eine Nummotheca publica Wirceburgensis zu gründen. Es dürfte dieses um so zeitgemässer erscheinen, als diese Münzen bereits anfangen, sich selten zu machen[16]

An Ringelmanns Absichten und Ambitionen mag kein Zweifel bestehen, doch verhinderte seine Berufung nach München ans Oberappellationsgericht im Jahr 1838, dass er nur wenig zur Ausführung bringen konnte. Für das Münzkabinett endete so auf diese Weise eine – wenngleich kurze – Phase eifriger Betriebsamkeit, schließlich waren die nachfolgenden

13 Ringelmann 1835.

14 *Blätter für Münzkunde: Hannoversche Numismatische Zeitschrift* 2.10 (1836), S. 111.

15 Die Münzsammlung Ringelmanns wurde gut 60 Jahre nach seinem Tod dem Kunsthandel einverleibt: Auktion Otto Helbing Nachfolger (München) 12. 6. 1930 »Sammlung des †Herrn Staatsministers Dr. von Ringelmann, Bistum Würzburg«; vgl. auch Scharold 1837, S. 32, Nr. 47.

16 Ringelmann 1835, S. 84, Anm. *.

Conservatoren nur in Ausnahmen darauf erpicht, sich dem Münzkabinett zu widmen. Und mehr: Kurze Zeit nach Ringelmanns Ausscheiden gerieten das Münzkabinett und sein neuer Conservator, der Philologe Ernst von Lasaulx (1805–1861), der auch das neu eingerichtete Antiquarische Museum leitete, in eine eher unglückliche Posse um Franz Joseph Fröhlich (1780–1862), der dem Ästhetischen Attribut vorstand. Der Oberbaurat Friedrich von Gärtner (1791–1847) zeigte sich bei einer Visite höchst unzufrieden mit Fröhlichs »antiquierter« Anordnung der Gemälde nach Sujets und nicht nach Schulen. Dies und die Streitigkeiten mit dem Ministerium um die Schenkung einer kleinen Gemäldesammlung Benedikt Webers sorgten dafür, dass am 23. Dezember 1839 verfügt wurde, dass »die neuen Anschaffungen für das ästhetische Attribut, sowie für das Münzkabinett ... für *immer einzustellen*« seien.[17] Zwar versiegten die Zugänge und Ankäufe des Münzkabinetts nach dieser deutlichen Order nicht vollständig, doch nahmen sie spürbar ab. Grund dafür war auch das eher geringe Interesse von Lasaulx und ab 1845 seines Nachfolgers auf dem Lehrstuhl und im Nebenamt, Franz Joseph Reuter (1799–1873), am Kabinett und auch am Fach.

Eine neue Ära für die universitären Kunst- und Altertümersammlungen und für das Münzkabinett brach 1855 mit der Berufung von Ludwig von Urlichs (1813–1889) auf den Lehrstuhl für Klassische Philologie und Ästhetik an, aus dem später die Professur für Klassische Archäologie erwachsen sollte.[18] Die Betreuung derjenigen Sammlungen, die wenig später unter dem Namen »Aesthetisch-Archäologisches Attribut und Münz-Cabinet« vereinigt wurden, übertrug man dem begabten Gelehrten. Untrennbar verknüpft ist sein Wirken mit der Schenkung des Namensgebers des späteren Universitätsmuseums, mit Martin von Wagner (1777–1858), der seine Sammlung 1857 der Universität Würzburg übergab. Es ist an dieser Stelle kaum der geeignete Raum, um die Hintergründe der so wichtigen Schenkung – und der damit verbundenen Probleme – zu erörtern, zudem ist die Schenkung häufig thematisiert worden. Der kurz darauf verstorbene Wagner vermachte der Universität zudem ein ansehnliches Vermögen, das als Grundkapital der Wagner-Stiftung jungen fränkischen Künstlern ein Stipendium in Italien erlaubte. Im Zuge des Testaments gelangte auch die Münzsammlung Wagners nach Würzburg: Die gut 1 462 Münzen, Medaillen und Schwefelpasten werden in dem Inventar, das für die Sammlung Wagners in Würzburg angefertigt wurde, kursorisch angegeben (Anhang III). Eine Zuordnung einiger heute im Münzkabinett noch befindlicher Stücke erlauben die Angaben im Inventar (Abb. 1) zwar nicht, doch lässt sich zumindest eine Übersicht über die Sammlung gewinnen: Der Schwerpunkt des umfassenden Konvoluts lag sicherlich auf römischen und – in geringerem Ausmaß – auf päpstlichen Geprägen.

17 Bulle 1914, S. 82 f. Hervorhebung im Original.
18 Eine eingehende Würdigung der Person von Urlichs' zuletzt Steinhart 2013; vgl. auch Dietz 2010, S. 160 f.

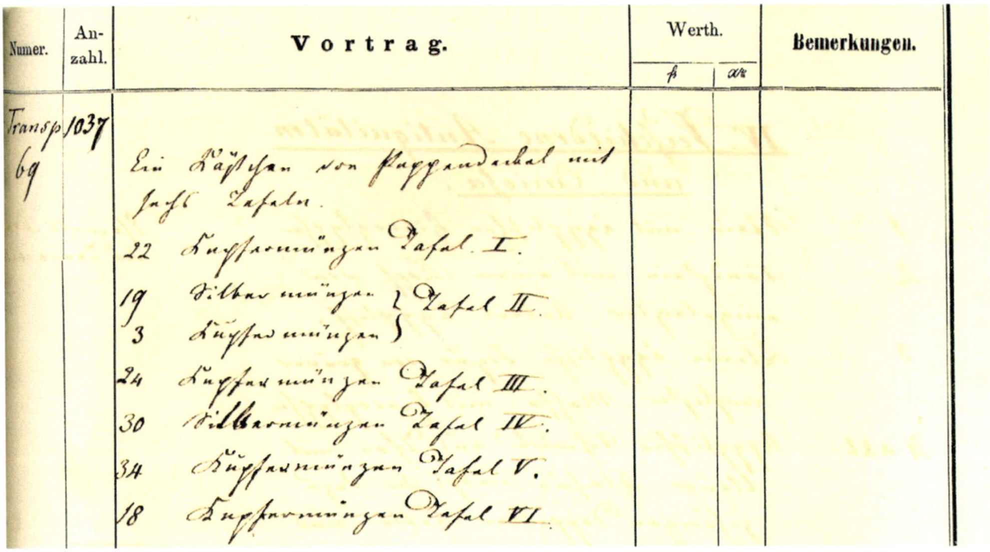

Numer.	Anzahl.	Vortrag.	Werth. fl	kr	Bemerkungen.
Transp. 69	1037				
		Ein Kästchen von Pappendeckel mit sechs Tafeln.			
		22 Kupfermünzen Tafel I.			
		19 Silbermünzen } Tafel II.			
		3 Kupfermünzen }			
		24 Kupfermünzen Tafel III.			
		30 Silbermünzen Tafel IV.			
		34 Kupfermünzen Tafel V.			
		18 Kupfermünzen Tafel VI.			

Abb. 1: Auszug aus dem Inventar der Sammlung Wagners (1859).

Während bei dem Legat Wagners eine Identifizierung der Stücke nicht gelingt, gestatten die präzisen Angaben bei der Aufnahme einer anderen Sammlung mehr Erfolg. Es handelt sich hierbei um die Sammlung des in Rom lebenden Malers Ludwig Brüls (1803–1882), die gegen eine Leibrente aus dem Wagner-Fond 1860 angeschafft werden konnte.[19] Urlichs gab bereits wenige Jahre später in seinem zweiten Heft zum »Verzeichniss der Antikensammlung der Universität Würzburg« eine Übersicht über Brüls Kollektion »christlicher Altertümer«, darunter einige byzantinische Münzen.[20] Von den fünf Münzen aus dem Verzeichnis lassen sich anhand der ausführlichen, jedoch in ihrer Zuweisung oft fehlerhaften Beschreibungen im heutigen Bestand drei byzantinische Gepräge der Sammlung Brüls zuordnen – die Stücke sind somit diejenigen Münzen im Martin von Wagner Museum mit der ältesten nachweisbaren Provenienz (Abb. 2–4).[21]

19 Bulle 1914, S. 86; Hoffmann 1982, S. 259.

20 Urlichs 1868. Drei der Gepräge werden auch im Münzinventar erwähnt, die Beschreibung der drei Stücke erfolgt dabei auf Französisch: »drei Münzen (Nr. 78–80): Trois monnaies byzantines bien conservais avec le Christ au revers l'inscription Jesus Christus Basileus basile ... ou(?) IC.XC.NIKA, siècle 1000«.

21 Es hat angesichts der Beschreibungen den Anschein, als ob die Münzen ohne Fachliteratur bestimmt wurden. Diese Beobachtung drängt sich vor allem bei den anonymen Folles auf, die das Epitheton Emmanuel der Legende +ЄMMA – NOVHΛ / IC – XC nicht auf den dargestellten Christus beziehen, sondern auf einen »Kaiser Manuel« (wohl war damit Manuel I. Komnenos gemeint). Obgleich es um den Forschungsstand zu den byzantinischen Stücken Mitte des 19. Jahrhunderts nicht günstig bestellt war, wies schon die damals gängige Literatur die anonymen Folles dem Kaiser Johannes Tzimiskes zu: Eckhel 1798, S. 250–251; Sabatier 1862, S. 142, Nr. 6 (Ka 1803) und S. 143, Nr. 8 (Ka 1002).

Abb. 2: Follis, Iustinianus I. (540/541 n. Chr.; 19,47 g, 33 mm, 1 h).

Abb. 3: Follis (976–1030/1035 n. Chr.; 8,48 g, 27 mm, 6 h).

Abb. 4: Follis (976–1030/1035 n. Chr.; 11,26 g, 36 mm, 6 h).

Die bedeutendste Schenkung, die dem Münzkabinett in der Zeit vor dem Zweiten Weltkrieg einverleibt wurde, waren jedoch die testamentarisch überlassenen Stücke des Würzburger Oberbibliothekars Anton Ruland (1809–1874).[22] Die 3 465 Münzen umfassende Sammlung, die 1874 ans Kabinett gelangte, war einzig der reichen Würzburger Münz- und Geldgeschichte gewidmet und stellte eine der damals bedeutendsten Sammlungen fränkischer Münzen dar, soweit ein Urteil anhand der wenigen Informationen möglich ist.[23]

22 Leitschuh 1889, S. 632–634. Der Autor dieser Übersicht zum Leben Rulands, Friedrich Leitschuh (1837–1898), fungierte auch als Verwalter des Testaments, das in einer Abschrift im Universitätsarchiv erhalten ist.

23 Bulle 1914, S. 85; Bulle 1932, S. 136: »Das Münzkabinett endlich enthält Münzen und Medaillen von der Antike bis in die neueste Zeit, doch ohne systematische Zusammenstellung. Dafür besitzt es als geschlossenes Kernstück und ortsgemässe Besonderheit eine vortreffliche Serie der Würzburger Fürstbischöflichen Prägungen, ein Vermächtnis des Würzburger Oberbibliothekars Dr. Anton Ruland«.

Die Übersicht, die Urlichs anlässlich des Wagner-Festes 1875 publizierte, gibt zumindest einen knappen Einblick in dieses Konvolut, es werden dabei aber lediglich der zeitliche Umfang sowie einige Glanzstücke wie ein Goldgulden Lorenz' von Bibra (1459–1519) von 1507 oder ein Goldabschlag eines Talerstempels unter Philipp Adolph von Ehrenberg (1583–1631) genannt.[24]

Obgleich von Rulands Legat keinerlei Reste erhalten sind und Urlichs Beschreibung nur wenige konkrete Angaben bereitstellt, ist bekannt, dass Ruland erst spät die Leidenschaft zum Sammeln von Münzen entdeckte. Auslöser mag dafür die Herausgabe des Buches von Jospeh Gutenäcker (1800–1866) gewesen sein, der 1866 kurz vor Abschluss seines Werkes zur Bamberger und Würzburger Münz- und Medaillengeschichte verstarb.[25] Es ist höchst unwahrscheinlich, dass Ruland bereits vor 1867, dem Jahr des Erscheinens des Buchs, als Münzsammler tätig war, schließlich sind unter Gutenäckers zahlreichen Stücknachweisen keine Münzen Rulands aufgeführt. In der Zeit der Herausgabe von Gutenäckers Werk fiel zudem ein kurzer Bericht aus Rulands Feder über das Schicksal eines anderen Corpus zur Würzburger Münzgeschichte, namentlich das unpubliziert gebliebene Werk J. Willhelm Rosts (1797–1855).[26] Die wenigen Jahre zwischen 1866 und 1874 nutzte Ruland für eine intensive Sammeltätigkeit, so wurde er laut Urlichs Bericht der Sammlungen Horn und Oehninger habhaft. Bei Erstem dürfte es sich vielleicht um Philipp Franz Horn (1781–1856) handeln, dessen Bibliothek Ruland 1857 für die Universitätsbibliothek Würzburg erwarb,[27] Letzter dagegen ist wohl der 1868 verstorbene Georg Franz Oehninger (1801–1868).[28]

Durch die Schenkung wurde Rulands Sammlung zum Kern- und Prunkstück des nun erweiterten Münzkabinetts, das zu dieser Zeit in der Tat den Anspruch einer »Nummotheca publica Wirceburgensis« erfüllen konnte. Einer glücklichen Fügung war es zu verdanken, dass beim Einbruch am 21. September 1892 keine Stücke aus dem Konvolut Rulands entwendet wurden. Offenkundig war der Diebstahl kein professionell durchgeführter, schließlich wurden einige der Stücke bei Würzburger Münzhändlern zum Kauf angeboten – von den gestohlenen 83 Münzen aus der Neuzeit konnten 56 sichergestellt werden, 27 Münzen blieben dagegen verschollen.

---

24 Urlichs 1875, S. 7–10.

25 Gutenäcker 1867.

26 Ruland 1867. Die gedruckten Bögen des Werks wurden vor der Publikation aufgrund des Todes des Verlegers 1851 und der damit verbundenen Rechts- und Geldstreitigkeiten mit den Erben vernichtet. Lediglich drei oder vier Exemplare des nicht vollständig gedruckten Buches blieben nach Aussage Rulands damals erhalten – heute ist das Werk offenbar zur Gänze verschollen.

27 Fabian 2003, Kap. 2.94, digital verfügbar unter: fabian.sub.uni-goettingen.de/fabian?Universitaetsbibliothek_(Wuerzburg).

28 Vgl. *Jahrbücher des Fränkischen Weinbau-Vereins* 3 (1837), S. 27; vgl. zu den Lebensdaten: bibliothek.uni-wuerzburg.de/permalink/vb/1112221540-1.

In jedem Falle stellte Urlichs Tätigkeit für lange Zeit ein letztes Aufflackern ernsten Interesses an der Münzsammlung dar, immerhin führte er im Schriftverkehr den Titel »Conservator des universitätischen Münzcabinets«. So verwundert es nicht, dass der letzte Ankauf der Ergänzung eines Sammlungsteils diente, der laut Urlichs' universitätsinterner Klage vom 19. Januar 1876 deutlich unterrepräsentiert war, nämlich der Sektion der griechischen Münzen. Diese wurde im selben Jahr um 57 Stücke aus der Sammlung Margaritis für 1 200 Mark erweitert. Nach diesem Ankauf werden die Akten zum Münzkabinett im Universitätsarchiv deutlich seltener. Der letzte Eingang, der verzeichnet wurde, betrifft die Schenkung einer Freiburger Universitätsmedaille am 12. April 1906, die Paul Wolters (1858–1936) unter K 6771 inventarisierte.

… zum Kleinod eines Museums im digitalen Zeitalter

Eine Zäsur in der Geschichte des Martin von Wagner Museums stellte der britische Luftangriff auf Würzburg am 16. März 1945 dar, der weite Teile der Altstadt zerstörte. Große Teile der Bestände des Museums waren rechtzeitig in Sicherheit gebracht worden, nicht jedoch die umfangreiche Gipsabgusssammlung und das Münzkabinett, die beide mit der Alten Universität im Feuer untergingen. Von der Münzsammlung im dritten Stock[29] blieben nur Reste erhalten, wenige hundert Stücke – oftmals in kläglichem Zustand (Abb. 5) – konnten gerettet werden.[30] Fast vollständiger Vernichtung fiel dabei die Sammlung Rulands anheim, die erhaltenen Reste stammen ausschließlich aus der Antike und Byzanz.[31]

Abb. 5: Philipp I. Arabs, Dupondius (18,70 g, 12h, 27 mm).

29 Ringelmann 1835, S. 84; Bulle 1910, S. 149.
30 Vgl. Hoffmann, 1982, S. 261.
31 Anders in Leipzig, wo die Münzen im Vorfeld ausgelagert und deswegen gerettet wurden: Jäger 1997, S. 53 f.

Für das Münzkabinett wurden im Lauf der Jahre zwei Inventarbücher angelegt: Das ältere der beiden, das K-Inventar, ging mit dem Kabinett im Krieg verloren. Begonnen wurde es wohl bereits unter Ringelmann, die ersten Nummern beziehen sich auf Blanks Sammlung. Es muss mindestens bis Nummer K 6787 geführt worden sein, dies war ein Stück, das am 11. Juli 1907 Eingang fand. Im 20. Jahrhundert wurde ein zweites Buch begonnen, das Ka-Inventar, das heute noch vorliegt. Einige Gepräge aus dem K-Inventar lassen sich über Kreuzreferenzierungen durch das Ka-Inventar benennen: so besagtes Gepräge K 6787, das als Ka 562 ins neue Buch aufgenommen wurde. Mit dem Jahr 1937 brechen die Einträge im Buch mit Nummer Ka 564 vorerst ab – es ist an den wenigen Nummern erkennbar, dass das Inventar eine systematische Ordnung des Materials versuchte, so wurden ausschließlich griechische Münzen aus Archaik bis Hellenismus inventarisiert, offenkundig auch nach einer rudimentären geographischen Ordnung, bei der man jedoch nicht über Griechenland hinauskam. Die zweite Inventarisierung, das Ka-Buch, blieb auf diese Weise in einem höchst unvollständigen Zustand.

Mit dieser Grundlage ist hinsichtlich des Umfangs der verlorenen Sammlung keine rechte Sicherheit zu gewinnen. Das Inventar mit seinen 6 787 Einträgen umfasst keinesfalls alle Stücke im Kabinett – allein die Zahl der größten uns bekannten Käufe und Schenkungen lässt darauf schließen, dass mindestens 8 000 Exemplare versammelt wurden.

In der unmittelbaren Nachkriegszeit standen für das Martin von Wagner Museum nach der Zerstörung der Alten Universität, wo die Sammlungen untergebracht waren, weit wichtigere Themen als das nahezu verlorene Münzkabinett auf der Agenda. Erst 1963, nach fast 20 Jahren, wurde das Museum – nun im Südflügel der Würzburger Residenz untergebracht – wiedereröffnet. Beim Festakt anlässlich der Einweihung machte Hans Möbius (1895–1977), der Direktor des Museums, unmissverständlich deutlich, dass von nun an dem Münzkabinett nur eine nachrangige Priorität eingeräumt werden würde:

> Schon aus Platzmangel wird man nicht daran denken können, eine neue Sammlung der Gipsabgüsse auch nur anzufangen. Auch das Sammeln der Münzen überlassen wir nunmehr, vor allem soweit es das Fürstbistum betrifft, dem Mainfränkischen Museum, das sich ja ganz zum Landesmuseum Unterfrankens entwickelt hat.[32]

Das Mainfränkische Museum, heute Museum für Franken, scheint diesem Anspruch, den Möbius hier formuliert – dies lässt sich gut 50 Jahre später festhalten –, zumindest teilweise gerecht geworden zu sein: Zwischenzeitlich wurded die gut 2 200 bis 2 500 Exemplare umfassende Münzsammlung – auch sie musste im Krieg erhebliche Verluste hinnehmen[33] –

32 Möbius 1964, S. 319.
33 Kolb 2012, S. 28.

online in einer Datenbank präsentiert, die Zugang zu gut 800 Stücken gewährte.[34] Das Martin von Wagner Museum ist dagegen bis heute sehr zurückhaltend, was die Eingänge mittelalterlicher und neuzeitlicher Münzen anbelangt. Etwas anders die Antike: Wenige Jahre nach Kriegsende übergab der Würzburger Chemieprofessor Hermann Pauly (1870–1950), der dem Museum bereits in den 1930er Jahren 88 römische Münzen geschenkt hatte, einige Stücke aus der römischen Kaiserzeit.

Erst 1971 und 1972 erhielt der numismatische Sammlungsteil nähere Aufmerksamkeit: Dank der Bemühungen Hans-Werner Ritters (1934–2017) und Dieter Salzmanns wurden in diesen Jahren die antiken Bestände einer eingehenden Inspektion und Inventarisierung unterzogen – das Inventar wurde dabei mit Nummer Ka 600 fortgesetzt. Ein größeres Konvolut an Münzen, das stärker vom Feuer in Mitleidenschaft gezogen wurde oder herausfordernder zu bearbeiten ist, blieb unter Ritter und Salzmann jedoch ohne Bestimmung und folglich ohne Inventarisierung.

Gezielte Einkäufe für das Münzkabinett wurden – entgegen Möbius' Ankündigung und in einem bescheidenen Umfang – in den letzten Direktorenjahren Erika Simons (1927–2019) durchgeführt. Unter den römischen Münzen stellen diese Stücke die besterhaltenen dar, es sind dies vor allem Edelmetallmünzen. Der Ankauf von Antiken, die in den Jahren Simons zum Wuchs des Wagner Museums beitrugen – erinnert sei an den Vierjahreszeitenaltar –, wurde inzwischen im Zuge der Diskussion um den Kulturgüterschutz nahezu vollständig aufgegeben.[35]

Den Betreibungen und persönlichen Kontakten Simons ist es schlussendlich zu verdanken, dass nach der Jahrtausendwende zwei Schenkungen das Haus erreichten, die dem Münzkabinett sein jetziges Gesicht verliehen. Es handelt sich einerseits um die Schenkung des Histologen Walter Schmidt (1925–2019), der 2003 seine Münzsammlung zur Verfügung stellte. Diese Sammlung umfasst vor allem griechische Silber- und Elektrongepräge ohne festen zeitlichen oder räumlichen Schwerpunkt. Die prominenteste Schenkung ist jedoch die Sammlung Herbert Wellhöfers (geb. 1947), eines Würzburger Industriellen und Kunstfreundes – sie sei an dieser Stelle vorgestellt (Abb. 6–9).

34 Die Datenbank, die 2012 online gestellt wurde, ist inzwischen nicht mehr verfügbar, vgl. https://web.archive.org/web/20130128032956/http://wuerzburg.adlibhosting.com/ais312/default.aspx.Auf der Webseite der Datenbank wurden 2 500 Stücke als Gesamtumfang des Kabinetts genannt, Kolb 2012 führt dagegen die Zahl von 2 200 Exemplaren auf.

35 Specht 2001, S. 134f.

Abb. 6: Stater aus Herakleia, Bithynien (um 380–360 v. Chr.; 6,89 g, 12 h, 22 mm).

Abb. 7: Obol aus Larissa, Thessalien (um 420–400 v. Chr.; 0,97 g, 2 h, 12 mm).

Abb. 8: Dekadrachmon aus Syrakus, Sizilien (kurz nach 400 v. Chr.; 43,05 g, 8 h, 38 mm).

Abb. 9: Stater aus Kroton, Bruttium (um 400–380 v. Chr.; 7,88 g, 9 h, 23 mm).

Die Münzsammlung Wellhöfers spezialisiert sich auf griechische Gepräge der Archaik bis zum frühen Hellenismus. Ihre besondere Stärke liegt bei den Münzen der Westgriechen, Thessaliens und Lykiens. Wellhöfer legte seine Kollektion nicht, anders als beispielsweise Blank, Wagner oder Schmidt, als Generalsammlung an, sondern konzentrierte sich auf Stücke, denen er besonderen ästhetischen Wert zuschrieb, kurzum: eine Sammlung innovativer, schöner oder herausragender Stücke – in einigen Fällen unikale oder sehr seltene Münzen[36] oder Exemplare mit ausgesuchter Provenienz.[37] Mit der Synopse, die das Netzwerk universitärer Münzsammlungen (NUMiD) nun erlaubt, lässt sich festhalten, dass ein derartiger Schwerpunkt an deutschen Universitätsmünzkabinetten singulär ist. Allein an Umfang mögen die gut 400 Stücke nicht beeindruckend wirken, doch gibt die Qualität den entscheidenden Ausschlag. Durch die Sammlung Wellhöfer ist der Bestand des Münzkabinetts einschließlich der Gipse auf beinahe 1 500 Exemplare angewachsen. Dabei überwiegen freilich nun die griechischen Gepräge deutlich (Abb. 10).

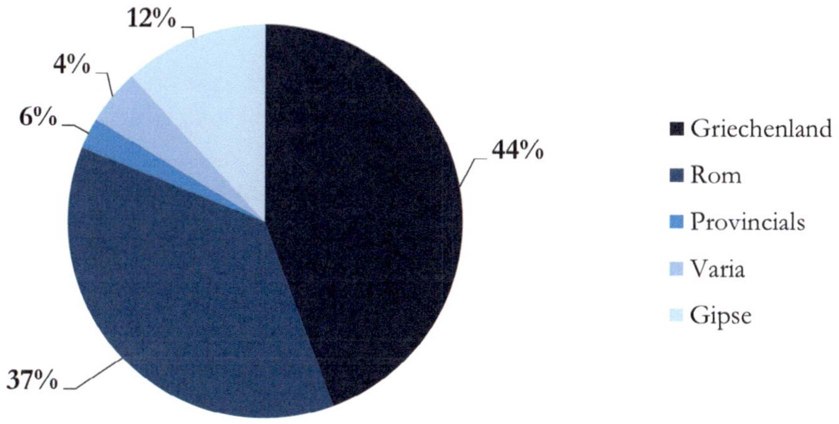

Abb. 10: Zusammensetzung der Würzburger Sammlung.

36 So beispielsweise eine Drachme aus Teos (Ka 1297: nomisma.museum.uni-wuerzburg.de/object?id=ID525), der Stater aus Herakleia (Ka 1280, hier Abb. 6), eine Drachme aus Lydien? (Ka 1344: nomisma.museum.uni-wuerzburg.de/object?id=ID645) und ein Trihemiobol aus Trikka (Ka 1254: nomisma.museum.uni-wuerzburg.de/object?id=ID232).

37 Darunter zählen bekannte Sammler wie beispielsweise Hans von Aulock (1906–1980), Basil C. Demetriadi (geb. 1940), Charles Gillet (1879–1972; »Kunstfreund«), Robert Göbl (1919–1997), Friedrich Imhoof-Blumer (1838–1920), Hyman Montagu (1844–1895), Samuel Pozzi (1846–1918), Charles Theodore Seltman (1886–1957), William Henry Waddington (1826–1894), John Ward (1932–1912).

Mit der Sammlung Wellhöfer verknüpft ist die Inkorporierung der numismatischen Objekte in die Dauerausstellung – erstmalig seit 1945. Über die verlorene Ausstellung in der Alten Universität lässt sich heute nur noch wenig sagen, hier schweigen die Aufzeichnungen nahezu vollständig. Es ist jedoch bekannt, dass ein kleines Konvolut antiker Münzen für einige Zeit im Eingangsbereich der Universitätsbibliothek ausgestellt wurde. In der neuen Ausstellung werden zwar nicht nur Stücke aus der Sammlung Wellhöfer gezeigt, jedoch liegt der Fokus auf den Motiven der Münzen. Damit wird der Stärke der Stücke Rechnung getragen und das Würzburger Alleinstellungsmerkmal betont. Auf diese Weise werden Münzen als Kunstwerke *en miniature* ernstgenommen und nicht als Platzhalter für nur schwer museal aufzubereitende Geld- und Währungsgeschichte präsentiert.[38]

Die neu eingerichtete Dauerausstellung geht Hand in Hand mit der umfassenden Publikation des Münzkabinetts. Im Rahmen des Verbundprojekts NUMiD[39] wurden die Gepräge im Martin von Wagner Museum umfassend digitalisiert und stehen nun in der Datenbank »Nomisma: Das Digitale Münzkabinett der Universität Würzburg« der Fachwelt wie der interessierten Öffentlichkeit zur Verfügung.[40]

Numismatische Lehre und Forschung an der Universität Würzburg

Trotz der mangelnden Aufmerksamkeit, die der eigenen Münzsammlung seit dem Zweiten Weltkrieg zuteilwurde, fand das Fach Numismatik und Geldgeschichte an der Universität Würzburg in der Lehre immer wieder Berücksichtigung – den frühesten nachweisbaren Kurs gab Hildebrecht Hommel (1899–1996) 1934, auch für ihn ist eine rege Sammlertätigkeit nachgewiesen.[41] Wie häufig an deutschen Universitäten, wo curriculare Verankerungen fehlen oder verlustig gegangen sind, sind es in Würzburg vor allem der akademische Mittelbau oder die (Neben-)Interessen von Einzelforschern, die die Quellengruppe der Münzen in der Lehre vertreten. Würzburg bildete damit unter den deutschen Universitäten eine Ausnahme: Anders als andernorts waren es nicht Museumswissenschaftler – oftmals sind dies die jeweiligen Landesnumismatiker –, die numismatische Lehre besorgten, sondern das Universitätspersonal.[42] Unter den Kursen überwiegen

38 Wahl 2019.

39 Eine Übersicht bei z. B. Wienand 2017.

40 nomisma.museum.uni-wuerzburg.de.

41 Zur Person Hommels als Numismatiker: Krmnicek 2016, S. 39; Krmnicek 2018.

42 Vgl. Leschhorn 2017, S. 25: »Seit dem 19. Jahrhundert ging die numismatische Forschung in Deutschland vor allem von den Museen aus. An deutschen Universitäten war die Numismatik bis zum Zweiten Weltkrieg kaum vertreten. Numismatik wurde fast nur als Erweiterung der historischen, archäologischen oder kunsthistorischen Studiengänge gelehrt, und zwar meist von Fachleuten aus den Münzkabinetten. Nur selten vertrat hauptamtliches Lehrpersonal das Fach an den Universitäten«.

freilich Einführungen und vor allem Bestimmungskurse – der Schwerpunkt liegt auf der Antike (s. Anhang V). Von den fast 30 Lehrveranstaltungen, die sich in den Vorlesungsverzeichnissen seit 1850 ausmachen lassen, widmen sich 15 Veranstaltungen (62 %) diesen Grundlagen, vermitteln also nur bedingt numismatische Methoden[43] – oder boten, im Sinne eines berühmten Diktums Robert Göbls (1919–1997) – »Wissenschaftliche Numismatik fängt konkret dort an, wo die Bestimmung endet« – lediglich eine erste Heranführung an das Material.[44] Drei weitere Kurse (Klaus Reder, WiSe 2008/09 und SoSe 2009; Matthias Stickler, WiSe 2000/2001) nahmen die fernsten Säume der Disziplin in den Blick (10 %). Bei den übrigen elf Übungen und Seminaren (38 %) stellten historische Fragestellungen die Mehrheit, insbesondere die Beziehung der antiken Texte zur Münze standen im Vordergrund. Nur in wenigen Fällen zeigen sich aufeinander aufbauende Kurse – die Lehrveranstaltungen von Peter Weiß (geb. 1943) mündeten zudem in eine kleine öffentliche Ausstellung.[45] Es zeigt sich aber, wie die Numismatik trotz ihrer eigenen Methoden und des vielbeklagten Spezialistentums eine ihr innewohnende Stärke – dies ist die Vernetzung mit den Nachbardisziplinen – ausspielen kann.[46]

Konträr zu den Entwicklungen an anderen deutschen Universitäten erlebte die Numismatik in der Lehre nach 2000 einen deutlichen Aufschwung.[47] Dafür sorgte insbesondere der Lehrstuhl für Klassische Archäologie, wo seit 2007 in periodischer Regelmäßigkeit numismatische Kurse angeboten werden und wo in den kommenden Jahren angesichts der Wellhöfer'schen Schenkung weitere Lehrveranstaltungen, insbesondere zur Bildsprache griechischer Münzen, zu erwarten sind.

Die Vergabe von Qualifikationsarbeiten berührte die numismatische Lehre jedoch kaum. Lediglich vereinzelte Würzburger Arbeiten lassen sich nennen, die ein numismatisches[48] respektive im weitesten Sinne geldgeschichtliches Problem[49] zum Thema hatten oder sich in hohem Maße numismatischen Materials bedienten.[50] Unter diesen Arbeiten ist Erich Boehringers (1897–1971) Werk zur frühen Münzprägung von Syrakus, das 1925

43 Vgl. auch Leschhorn 2017, S. 29.

44 Göbl 1984, S. 64: »Bei dieser Gelegenheit muß im Anschluß an eine schon 1956 von Konrad Kraft getane Äußerung daran erinnert werden, daß das Bestimmen von Münzen, also die Fixierung von Originalen nach einem systematischen Katalog noch keine wissenschaftliche Leistung ist. Diese gewiß wichtige Grundtätigkeit des Numismatikers ist reines Handwerk, das freilich ein gutes Auge, solide Materialkenntnis, Kombinationsgabe und Geduld verlangt. Wissenschaftliche Numismatik fängt konkret dort an, wo die Bestimmung endet«.

45 »Münzen der römischen Kaiserzeit (31 v. Chr.–284 n. Chr.)«, Ausstellung vom »Lehrstuhl für alte Geschichte der Universität Würzburg« in der Städtischen Sparkasse Würzburg, Hofstraße 9; lediglich ein Folder hat sich erhalten. Es wurden dafür wohl keine Gepräge aus dem Martin von Wagner Museum verwendet.

46 Vgl. auch Wolters 2017, S. 124–126.

47 Zur Entwicklung der numismatischen Lehre an deutschen Universitäten zuletzt Leschhorn 2017, S. 31.

48 Schneidt 1749 (= Mälzer 1992, Nr. 1267).

49 Stützel 1912; Messerer 1913; Geropp 1924; Häde 1991.

50 Lümmel 1991; Gkikaki 2014.

eingereicht wurde, besonders hervorzuheben, wenngleich eingeschränkt werden muss, dass Boehringers »Münzarbeit«[51] in ihrer vorbildgebenden Anwendung der stempelkritischen Methode aber eher von Kurt Regling (1876–1935) am Berliner Münzkabinett als vom Würzburger Archäologen Heinrich Bulle (1867–1945) beeinflusst ist.[52] Es ist freilich in diesem Zusammenhang bezeichnend, dass Boehringer die syrakusanischen Gepräge in Würzburg nicht in sein Corpus aufnahm. Nur in Ausnahmefällen trat Würzburg als Ausbildungsstätte für Numismatikerinnen und Numismatiker in Erscheinung. Neben den genannten Dissertationen und den Lehrenden ist hier vor allem Dieter Salzmann zu nennen, der als Ordinarius für Klassische Archäologie in Münster mit der Forschungsstelle Antike Numismatik ein numismatisches Zentrum aufbauen konnte und in Würzburg nicht allein studiert hatte, sondern auch zusammen mit Hans-Werner Ritter die Inventarisierung des vom Krieg versehrten Münzbestands im Museum übernahm.

Gemessen an der Bedeutung der Münzstätte Würzburg in der Geldgeschichte des Mittelalters und der Neuzeit ist es auf den ersten Blick erstaunlich, wie wenig Wurzeln die Numismatik in der Universität Würzburg schlagen konnte.[53] Regelrecht symptomatisch ist Karl Sittls (1862–1899) – seines Zeichens von 1889 bis 1899 Direktor der Sammlungen – These in seiner »Archäologie der Kunst«, immerhin eines der wenigen Werke eines Würzburger Gelehrten, das sich an einem Überblick über die Numismatik versucht: »Da die Numismatik zwar thatsächlich den Rang einer eigenen Wissenschaft sich errungen hat, theoretisch jedoch nach ihrem üblichen Betriebe denselben nicht beanspruchen kann, muss unser Abriss der Numismatik von ihrer Entwicklungsgeschichte ausgehen«.[54] In diesem Sinne scheint nur bedingt zutreffend, wenn Karl Christ (1923–2008) Würzburg in seine Liste der numismatischen Zentren an deutschen Universitäten in der Nachkriegszeit aufnimmt.[55]

Den Widrigkeiten, denen sich ein kleines Fach wie die Numismatik ausgesetzt sieht,[56] zum Trotz darf konstatiert werden, dass sich inzwischen an der Universität Würzburg eine veritable Basis für numismatische Studien herausgebildet hat. Wie deutlich wurde, kann das universitäre Münzkabinett mit seiner Gründung 1835 auf eine lange Geschichte

---

51 So Boehringers Bezeichnung für seine Dissertation in einem Brief aus Athen an Stefan George vom 24. 1. 1927 (Stefan George Archiv, Stuttgart, Inv. George III, 1210).

52 Boehringer 1929.

53 Vgl. Möbius 1953/54.

54 Sittl 1895, S. 863.

55 Christ 1987, S. 46 f.

56 Für die Erfassung der sog. »Kleinen Fächer« wurde, zuerst an der Universität Potsdam, nun aber an der Universität Mainz, eine Arbeitsstelle eingerichtet. Im Zensus der betreffenden Fächer ist die Numismatik mit drei Universitätsprofessuren aufgenommen worden – alle drei Stellen sind der antiken Numismatik gewidmet.

zurückblicken,[57] wenngleich der Sammlung nicht immer die Aufmerksamkeit zuteilwurde, die ihrem Rang gerecht geworden wäre – die Zerstörung des Kabinetts 1945 verhinderte indes, dass Spezialisierungen weiter verfolgt und Potentiale ausgeschöpft werden konnten. In der Nachkriegszeit wandelte sich das Münzkabinett schließlich von einer Generalsammlung mit einem Schwerpunkt auf der Neuzeit hin zu einer Antikensammlung, die entsprechend der Älteren Abteilung des Martin von Wagner Museums zugeordnet ist. Ob die (nun wieder) ansehnliche Münzsammlung in der Zukunft Beiträge befördern wird, die die Numismatik im Nexus der Altertumswissenschaften mit den Nachbardisziplinen verknüpfen, und ob die Quellengruppe in der Lehre weiterhin prominent vertreten sein wird, bleibt abzuwarten. Die Grundlagen dafür sind, und dies ist ein positiver Ausblick, gelegt.

Anhang I: Blank 1795, S. 175–178

Abdrücke der Münzen und anderer Gepräge.

Die Münzwissenschaft ist angenehm und reizend. Sie stehet in genauer Verbindung mit anderen angenehmen Wissenschaften, als der Geschichte, Geschlechts- und Wappenkunde. Sie wird deßwegen in unserem Jahrhunderte mit vielem Eifer bearbeitet, und steiget immer zu höheren Stufen der Vollkommenheit. Demnach findet sich kaum eine vollkommene Münzsammlung, welcher nichts abgeht; wenn man sie gleichwohl um schweres Geld zusammen bringt. Mit Abdrücken bringt man es noch weiter, als mit echten Münzen. Seltene Münzen, die oft für großes Geboth nicht feil sind, erhält man leicht zum Abdrucken von guten Freunden. In eine Sammlung von wahren Münzen können sich nur die Großen und Reichen der Welt einlassen. Die Minderen müssen sich mit Abdrücken begnügen, welche für das Wissenschaftliche so guten Dienst leisten, wie Münzen aus Gold, Silber und anderen Metallen.

In solchen Münzabdrücken bestehet die Münzsammlung des Blankischen Cabinettes. Sie ist schon ziemlich zahlreich, und wird noch immer vermehrt. Die Abdrücke sind von Staniol mit eingegossenem Gypse. Auf Quadrat-Tafeln gehäftet, hangen sie an den acht Pfeilern zwischen den Fenstern zu beyden Seiten des Cabinettes, wie folget.

57 Einen Vergleich zu anderen Universitätsmünzkabinetten bietet das Portal Wissenschaftliche Sammlungen: portal.wissenschaftliche-sammlungen.de.

Römische Päpste von Petrus bis auf Pius den VI.	Stücke 210.
Münzen von einzelnen Cardinälen	30.

Erzbischöfliche Münzen.

Von Mainz	116.
Von Kölln	38.
Von Trier	36.
Von Salzburg	106.
Münzen von dem hohen teutschen Orden	162.

Bischöfliche Münzen.

Von Bamberg	72.
Von Würzburg	478.
Römische Kaiser von Julius Cäsar bis auf Karl den VI.	231.

Münzen von einzelnen Kaisern

Von Franz I.	31.
Von Franz II.	14.
Von Karl VI.	22.
Von Karl VII.	11.
Von Leopold I.	43.
Von Leopold II.	16.
Von M. Theresia	38.

Münzen von Herzogen, Fürsten und Grafen

Von den Erzherzogen in Oesterreich und Florenz	24.
Von Reichsfürsten	54.
Von Reichsgrafen	96.

Münzen von verschiedenen Ländern und Städten

Von Anspach	71.
Von Augsburg	24.
Von Baiern	120.
Von England	85.
Von Franfurt	34.
Von Frankreich	140.
Von Holland	65.
Von Lothringen	82.
Von Lüneburg	221.
Von Nürnberg	56.
Von d. Oesterreicher Niederlanden	58.
Von d. Pfalz	119.

Von Pohlen	67.
Von Portugall	6.
Von Preußen	136.
Von Regensburg	20.
Von Rom	119.
Von Rußland	43.
Von Sachsen	114.
Von Sardinien	5.
Von Schweden	99.
Von der Schweiz	212.
Von Siebenbürgen	12.
Von Spanien	72.
Von der Türken	32.
Von Venedig	24.
Von Ungarn	60.
Von Würtemberg	28.
Römische Alterthümer	416.
Jubelmünzen	52.
Friedensmünzen	16.
Biblische Münzen	153.
Sittliche Münzen	89.
Leben Ludwigs des Großen	690.
Alte Helden	28.
Abgesandte bey dem westphälischen Friedensschlusse	44.
Gelehrte der Akademie in Paris	71.
Protestantische Gelehrte	Stück 25.
Gelehrte der alten und neueren Zeiten	31.
Künstler	29.
Abdrücke von Münzen und Geprägen ohne Mitrechnung der abgedruckten Gegenseite eines jeden Gepräges	5661.

Anhang II: Blank 1802, S. 100–101

C. Münzen und Denkgepräge.

In dem Glasschranke Nr. LIII. – 1129 Stücke

Diese Sammlung enthält folgende Münzen: Kaiserliche, römisch-kaiserliche, russische, türkische. *Königliche,* aus Ungarn, Polen, Schweden, Dänemark, Preussen, Spanien, England, Neapel, Frankreich vor und nach der Revolution. *Kurfürstliche,* von Mainz, Trier, Köln, Böhmen, Baiern, Pfalz, Sachsen, Brandenburg, Hannover. *Von geistlichen Fürsten,* von verschiedenen Päpsten, von Salzburg, von dem Teutschmeister, von Bamberg, Würzburg, Eichstätt, Speier, Strassburg, Konstanz, Augsburg, Hildesheim, Paderborn, Freisingen, Regensburg, Passau, Trient, Brixen, Basel, Lüttich, Münster, Olmütz, Chur, Fuld, Corvey, Osnabrück, Lübeck, Ellwangen, Kempten, von dem Johannitermeister. *Herzogliche,* von Toskana, Pfalzzweybrücken, Wirtemberg, Lüneburg, Hollstein, Gülch, Cleve, Bergen, Oesterreich, Burgund. *Markgräfliche,* von Ansbach, Bayreuth, Kulmbach, Baden, Badendurlach. *Landgräfliche,* von Hessen, Hassencassel, Darmstadt, Hanau. Von weltlichen Fürsten, von Löwenstein-Wertheim, Schwarzburg, Rudolstadt, Reuss, Fürstenberg, Stollberg, Waldeck, Lippe, Anhalt. *Reichsstädtische,* von Augsburg, Aachen, Ulm, Rostock, Frankfurt, Nürnberg, Köln, Mühlhaufen, Soest, Goslar, Wismar, Weissenburg, Hamburg, Danzig, Dortmund. *Niederländische,* aus den österreichischen Niederlanden, von Holland, Oberyssel, Utrecht, Seeland, Geldern, Friesland. *Republikanische,* von Venedig, aus der Schweiz. Alte *römische, italienische, griechische, chinesische* Münzen. *Alte* und *neue* Denkgepräge aus Silber, Kupfer, Zinn, Messing, Composition u.s.w. Auch *falsch geprägte* Münzen. Nebst einigen antiken.

D. Münzenabdrücke.

In vier gedeckten Kästen Nr. LIV. LV. LVI. LVII. – 5836 Stücke, ohne Mitrechnung der abgedruckten Gegenseite eines jeden Gepräges.

Mit *Abdrücken* bringt man eine *Münzsammlung* weiter als mit *echten Münzen.* Seltene Münzen, welche oft für grosses Geld nicht feil sind, erhält man leichter zum Abdrucken von guten Freunden.

Der Inhalt dieser Münzenabdrücke ist zu sehen in der Beschreibung des Naturalien-Cabinettes vom Jahre 1795. S. 176.

Anhang III: Inventar Martin von Wagners

15

III. Münzen und Medaillen.

A. In Originalien

1	15	Päbstliche Münzen in Kupfer
2	{ 7	Verschiedene Silbermünzen
	{ 1	Scheidemünze.
3	15	Verschiedene Kupfermünzen.
4	7	Kupfermünzen, zum Thail antik
5	3	Severus, Kupfermünzen.
6	1	Trajanus } Kupfermünzen.
	1	Decius }
7	8	Lucilla Kupfermünzen.
8	3	Griechische Kupfermünzen.
9	14	Maximianianus (sic), Kupfermünzen
10	5	Maximinus, Kupfermünzen.
11	3	Carus, Kupfermünzen.
12	100	Verschiedene Kupfermünzen
13	21	Verschiedene Kupfermünzen.
14	9	Titus Kupfermünzen.
15	12	Nero Kupfermünzen
16	66	Verschiedene Kupfermünzen
17	6	Germanicus und Agrippina, Kupferm:
18	6	Hadrianus, Antinous, Kupfermünzen
19	12	Aurelianus Kupfermünzen.
20	17	Vespasiuanus Kupfermünzen
21	14	Faustina junior, Kupfermünzen.
22	12	Faustina major, Kupfermünzen.
23	6	Diocletianus, Kupfermünzen
24	12	Janusmünzen in Kupfer.
25	200	Verschiedene Kupfermünzen.

16

Transp.	576	
26	4	Galba, Kupfermünzen.
27	31	Verschiedene Kupfermünzen.
28	{ 11	Constantinus } Kupfermünzen
	{ 1	Constantinus junior }
29	22	Commodus, Kupfermünzen.
30	2	Volusianus, Kupfermünzen.
31	2	Sabina, Kupfermünzen.
32	7	Octacilia, uxor Philippi, Kupfermünzen.
33	38	Marcus Aurelius, Kupfermünzen.
34	20	Philippus, Kupfermünzen.
35	2	Maxentius, Kupfermünzen.
36	2	Otho Kupfermünzen.
37	6	Agrippa, Kupfermünzen.
38	26	Domitianus, Kupfermünzen.
39	4	Caracalla, Kupfermünzen
40	1	Valentinianus, Kupfermünzen.
41	{ 1	Severus, Silbermünze
	{ 1	Kupfermünze
	{ 1	Philippus, Kupfermünze
42	2	Probus, Kupfermünzen
43	3	Lucius Verus, Kupfermünzen.
44	20	Verschiedene Kupfermünzen.
45	14	Augustus Kupfermünzen (augusti. cattivi)
46	20	Claudius Kupfermünzen
47	1	Cicilia virgo, filia Johannis Fran = cisci primi marchionis Mantue, opus Pisani pictoris 1447, Medaille in Eisen
48	1	Kupfermünzen von Leyden.
49	{ 1	Valerianus Silbermünzen
	{ 1	" Kupfermünzen

[17]

Transp.	821	
50	3	Constantius, Kupfermünzen
51	4	Valerianus, Kupfermünzen
52	3	Maditia Kupfermünzen.
53	1	Macrinus, Kupfermünzen
54	3	Constans, Kupfermünzen.

55	{ 1	Gallienus, Silbermünzen
	{ 3	Gallienus, Kupfermünzen.
56	20	Augustus, Kupfermünzen.
57	31	Gordianus, Kupfermünzen.
58	38	Hadrianus, Kupfermünzen.
59	23	Trajanus, Kupfermünzen.
60	12	Nero, Kupfermünzen.
61	33	Antoninus Pius, Kupfermünzen
62	{ 1	Alexander Severus, Silbermünzen
	{ 24	" " Kupfermünzen
63	10	Pabstliche Medaillen in Kupfer.
64	1	Medaillon aus geprägtem Erzblech Schließung des Schweizerbundes vorstellend
65	1	Jubiläumsmedaille von König Max I in Silber.
66	1	Doktorjubiläumsmedaille Prof. med. Knape in Kupfer.
67	1	Gedächtnismedaille auf J. L. Custer.
68	2	Medaillen auf die dritte Jubelfeier der der Reformation, die eine mit Luthers, die andere mit Zwinglis Porträt. (Neusilber?)

[18]

Transp.	1037	
69		Ein Kästchen von Pappendeckel mit sechs Tafeln 22 Kupfermünzen Tafel I. 19 Silbermünzen } Tafel II. 3 Kupfermünzen } " 24 Kupfermünzen Tafel III. 30 Silbermünzen Tafel IV. 34 Kupfermünzen Tafel V. 18 Kupfermünzen Tafel VI.
	150	

B. In Abgüssen.

70	8	Römische Kaisermünzen in Schwefel = abgüssen	
71	3	deßgleichen	zerbrochen
72	5	Griechische Münzen Schwefelabgüssen	
73		Kästchen von Holz mit 4 Abtheilungen, Schwefelabgüssen von Kaisermedaillen, welche Gebäude darstellen	des Einzelverzeichnis ist vorhanden
	129	105 abc No 1_ 105 24 d, No 1_ 24	
74		Kästchen von Holz, abdrücke von griechischen Münzen in Thon 124 Ganze 6 zerbrochen und eine Quantität Fragmenten	
	130		
gesammt	1462		

Anhang IV: Übersicht über Institutionen und deren Leiter

Ästhetisches Attribut	**Antiquarisches Museum**	**Münzkabinett**
1832–1834 Peter Richarz		
1834–1855 Franz Joseph Fröhlich	1836 Ernst von Lasaulx	SoSe 1835 Friedrich von Ringelmann WiSe 1838/1839 Geier (vic. nom.) 1.2.1839 Ernst von Lasaulx
	23.12.1839 Einstellung der Ankäufe	23.12.1839 Einstellung der Ankäufe 1845–1855 Franz Joseph Reuter

1855–1889: Ludwig von Urlichs, 1857 Stiftung und 1858 Testament Martin von Wagners, Umbenennung WiSe 1862/1863 in »Aesthetisch-Archäologisches und Münz-Cabinet« und „Wagner'sches Kunstinstitut

WiSe 1889 Interim Lorenz Grasberger

1889–1899: Karl Sittl, SoSe 1890 Umbenennung zu »Aesthetisches-Archäologisches Attribut und Münz-Cabinet« und »Wagner'sches Kunstinstitut«; WiSe 1893/1894 Umbenennung zu »Kunstgeschichtliches Museum (v. Wagner-Stiftung)«

1900–1908: Paul Wolters

1908–1935: Heinrich Bulle, seit 1909 Archäologisch-Kunstgeschichtliches Institut; 1929 Umbenennung »Martin von Wagner Museum der Universität Würzburg«

1936–1941: Reinhard Herbig

1943–1963: Hans Möbius

1964–1994: Erika Simon (Antikenabteilung)	1974–1987: Erich Hubala (Neuere Abteilung)
1994–2011: Ulrich Sinn (Antikenabteilung)	1987–2013: Stefan Kummer (Neuere Abteilung)
2011–2014: Matthias Steinhart (Antikenabteilung)	
seit 2014: Jochen Griesbach (Antikenabteilung)	Seit 2014: Damian Dombrowski (Neuere Abteilung)

Anhang V: Übersicht über die Lehrveranstaltungen mit numismatischen oder geldhistorischen Themen seit 1850

P = Proseminar; Pr. = Praktikum; S = Seminar; T = Tutorium; Ü = Übung; V = Vorlesung

Semester	Dozent	Institut	Titel
SoSe 1934	Joseph Vogt (1895–1986); Hildebrecht Hommel (1899–1996)	Geschichte/Klassische Philologie	[Ü] Einführung in die Münzkunde des Altertums (mit Vorweisungen)
SoSe 1954	Hans Möbius (1895–1977)	Klassische Archäologie	[S] Übung über antike Münzen und Gemmen
SoSe 1971	Hans-Werner Ritter (1934–2017)	Geschichte	[Ü] Einführung in die römische Münzkunde
WiSe 1971/72	Hans-Werner Ritter	Geschichte	[Ü] Münzprägung und Politik im Imperium Romanum
SoSe 1972	Hans-Werner Ritter	Geschichte	[Ü] Literarische Überlieferung und Münze
WiSe 1972/73	Hans-Werner Ritter	Geschichte	[Ü] Die römische Münze der mittleren Kaiserzeit
WiSe 1977/78	Peter Weiß	Geschichte	[Ü] Einführung in die römische Numismatik (mit Bestimmungsübungen)
SoSe 1979	Peter Weiß	Geschichte	[Ü] Zur Münzkunde der römischen Kaiserzeit
SoSe 1980	Peter Weiß	Geschichte	[Ü] Zur Münzkunde der römischen Kaiserzeit II
WiSe 1981/82	Michael Brandt	Vor- und Frühgeschichte	[P] Keltische Numismatik Süddeutschlands
SoSe 1982	Peter Weiß	Geschichte	[Ü] Einführung in die griechische Numismatik der Kaiserzeit
WiSe 1983/84	Hans-Joachim Gehrke (geb. 1945)	Geschichte	[Ü] Münzen als Quellen für die römische Geschichte (Späte Republik und frühe Prinzipatszeit)
SoSe 1989	Rolf Sprandel (1931–2018)	Geschichte	[P] Das Geld im Mittelalter
SoSe 1991	Walter Ameling	Geschichte	[P] Texte zur antiken Numismatik
SoSe 1993	Walter Ameling	Geschichte	[P] Römische Münzen von Antoninus Pius bis Commodus
WiSe 1992/93	Ruth Lindner (1954–2008)	Archäologie	[V] Stadt und Münzprägung. Typen und Themen der lokalen Aesprägung im Osten des Römischen Reiches

Semester	Dozent	Institut	Titel
WiSe 1998/99	Ruth Lindner	Archäologie	[Pr.] Münzen im Martin von Wagner Museum. Bestimmungsübung
WiSe 2000/01	Matthias Stickler	Geschichte	[Ü] Übung zur Symbolgeschichte: Orden und Ehrenzeichen
SoSe 2007	Mairi Gkikaki	Klassische Archäologie	[Ü] Griechische Münzkunde
SoSe 2008	Mairi Gkikaki	Klassische Archäologie	[Ü] Griechische Münzkunde
WiSe 2008/09	Klaus Reder	Europäische Ethnologie/ Volkskunde	[S] Katholische und evangelische Missionsspardosen
SoSe 2009	Klaus Reder	Europäische Ethnologie/ Volkskunde	[S] Katholische und evangelische Missionsspardosen – Teil 2
SoSe 2009	Mairi Gkikaki	Klassische Archäologie	[Ü] Griechische Münzkunde
SoSe 2010	Mairi Gkikaki	Klassische Archäologie	[Ü] Einführung in die Numismatik
SoSe 2011	Mairi Gkikaki	Klassische Archäologie	[Ü] Griechische Numismatik
SoSe 2011	Stephanie Böhm	Klassische Archäologie	[S/T] Numismatik: Römische Münzen
SoSe 2014	Herbert Wellhöfer	Geschichte	[Ü] Griechische Münzen der Sammlung Wellhöfer
WiSe 2017/18	Marc Philipp Wahl	Klassische Archäologie	[Ü] Einführung in die antike Numismatik: Beschreibung und Bestimmung der antiken Münzen im Martin von Wagner Museum
SoSe 2018	Marc Philipp Wahl	Klassische Archäologie/ Geschichte	[S] Pecunia: Die Bilderwelt der römisch-republikanischen Münzprägung

Objekt- und Abbildungsnachweise

Abb. 1 Universitätsarchiv Würzburg, Aktennummer 3157. Scan: Marc Philipp Wahl.

Abb. 2 Münzsammlung der Universität Würzburg, Ka 1004. Hahn & Metlich, Nr. 95a, Brüls Nr. 82. Foto: Marc Philipp Wahl. nomisma.museum.uni-wuerzburg.de/object?id=ID284.

Abb. 3 Münzsammlung der Universität Würzburg, Ka 1803. DOC III/2, Nr. A2.14b oder 24, Brüls Nr. 78. Foto: Marc Philipp Wahl. nomisma.museum.uni-wuerzburg.de/object?id=ID272.

Abb. 4 Münzsammlung der Universität Würzburg, Ka 1002. DOC III/2, Nr. A2.50, Brüls Nr. 79. Foto: Marc Philipp Wahl. nomisma.museum.uni-wuerzburg.de/object?id=ID283.
Abb. 5 Münzsammlung der Universität Würzburg, Ka 1817. RIC IVc, Nr. 184c. Foto: Marc Philipp Wahl. nomisma.museum.uni-wuerzburg.de/object?id=ID223.
Abb. 6 Münzsammlung der Universität Würzburg, Ka 1280. Foto: Marc Philipp Wahl. nomisma.museum.uni-wuerzburg.de/object?id=ID1.
Abb. 7 Münzsammlung der Universität Würzburg, Ka 1231. Foto: Marc Philipp Wahl. nomisma.museum.uni-wuerzburg.de/object?id=ID179.
Abb. 8 Münzsammlung der Universität Würzburg, Ka 1115. Foto: Marc Philipp Wahl. nomisma.museum.uni-wuerzburg.de/object?id=ID264.
Abb. 9 Münzsammlung der Universität Würzburg, Ka 1048. Foto: Marc Philipp Wahl. nomisma.museum.uni-wuerzburg.de/object?id=ID3.
Abb. 10 Diagramm: Marc Philipp Wahl.

Bibliographie

Benkert 1819 F. G. Benkert: *Joseph Bonavita Blank's kurze Lebens-Beschreibung.* Würzburg 1819.

Benkert 1820 F. G. Benkert: *Jospeh Bonavita Blank's Beschreibung seiner Musivgemälde.* Würzburg (2. Aufl.) 1820.

Blank 1795 J. B. Blank: *Naturalien-Cabinett in dem Minoriten- sogenannten Franciscaner-Kloster zu Würzburg.* Würzburg 1795.

Blank 1802 J. B. Blank: *Kurzer Bericht über die Vermehrung und dermahlige Einrichtung des Blankischen Naturalien-Cabinettes zu Würzburg. Anstatt der versprochenen Nachträge.* Würzburg 1802.

Boehringer 1929 E. Boehringer: *Die Münzen von Syrakus.* Berlin 1929. Würzburg (Diss.) 1925 (= Die Münzen von Syrakus bis zum Jahre 435 v. Chr.).

Bulle 1910 H. Bulle: Das Kunstgeschichtliche Museum der Universität Würzburg. *Münchner Jahrbuch der bildenden Kunst* 5 (1910), S. 147–162.

Bulle 1914 H. Bulle: Das Kunstgeschichtliche Museum der Universität (M. von Wagner-Stiftung). In: J. F. Abert, J. Beckenkamp & A. Sperl (Hrsg.): *Hundert Jahre bayerisch. Ein Festbuch.* Würzburg 1914, S. 80–87.

Bulle 1932 H. Bulle: Das Martin von Wagner-Museum der Universität. In: M. Buchner (Hrsg.): *Aus der Vergangenheit der Universität Würzburg. Festschrift* zum *350jährigen Bestehen der Universität.* Berlin 1932, S. 134–145.

Carus 1875 V. Carus: Blank, Josef Bonavita. *Allgemeine Deutsche Biographie* 2 (1875), S. 689.

Christ 1987 K. Christ: Alte Geschichte und antike Numismatik. Gedanken zu den Entwicklungen in Deutschland. In: Istituto Poligrafico e Zecca dello Stato (Hrsg.): *Studi per Laura Breglia; Bd. 1: Generalia, Numismatica greca.* Rom 1987, S. 39–48.

Dietz 2010 K. Dietz: Die Entwicklung der Teildisziplin »Alte Geschichte« in Würzburg (1877–1963). In: H. Flachenecker & F. Fuchs (Hrsg.): *Anfänge der geschichtlichen Forschung an der Universität Würzburg. 150 Jahre Historisches Institut/100 Jahre Kunstgeschichtliches Institut.* Regensburg 2010, S. 144–176.

DOC III/2 Ph. Grierson: Catalogue of the Byzantine coins in the Dumbarton Oaks Collection and in the Whittemore Collection, Bd. III/2: Basil I to Nicephorus III (867–1081). Washington 1973.

Eckhel 1798 J. H. Eckhel: *Doctrina Numorum Veterum; Bd. 8.* Wien 1798.

Fabian 2003 B. Fabian (Hrsg.): *Handbuch der historischen Buchbestände in Deutschland, Österreich und Europa.* Hildesheim 2003 (online verfügbar unter: fabian.sub.uni-goettingen.de).

Geropp 1924 Ph. Geropp: *Inverkehrbringen falscher Münzen unter Berücksichtigung der neuen Entwürfe.* Würzburg (Diss.) 1924.

Gkikaki 2014 M. Gkikaki: *Die weiblichen Frisuren auf den Münzen und in der Großplastik zur Zeit der Klassik und des Hellenismus: Typen und Ikonologie.* Rahden 2014 (zugl. Würzburg [Diss.] 2011).

Göbl 1984 R. Göbl: Was ist Numismatik heute? *Geldgeschichtliche Nachrichten* 100 (1984), S. 63–65.

Gutenäcker 1867 J. Gutenäcker: *Die fürstbischöflich bambergischen und würzburgischen Münzen und Medaillen in ihren sinnbildlichen Darstellungen und Sprüchen, herausgegeben von A. Ruland.* Wien 1867 (Nachdruck aus: *Österreichische Vierteljahrsschrift für katholische Theologie* 6 [1867], S. 253–320).

Häde 1990 U. Häde: *Geldzeichen im Recht der Bundesrepublik Deutschland.* Baden-Baden 1991 (zugl. Würzburg [Diss.] 1990).

Hahn & Metlich 2013 W. Hahn & M. Metlich: *Money of the Incipient Byzantine Empire.* Wien (2. Aufl.) 2013.

Hoffmann 1982 V. Hoffmann: Das Martin von Wagner Museum der Universität Würzburg. In: P. Baumgart (Hrsg.): *Vierhundert Jahre Universität Würzburg. Eine Festschrift.* Neustadt an der Aisch 1982, S. 253–265.

Jäger 1997 R. Jäger: Aus der Geschichte der Münzsammlung der Universitätsbibliothek Leipzig. *Erfurter Münzblätter* 5 (1997), S. 47–54.

Keller 1848 G. J. Keller: Beschreibung und Erklärung einiger Denkmünzen auf merkwürdige Franken oder auf Begebenheiten, welche Franken betreffen (Fortsetzung). *Archiv des Historischen Vereines von Unterfranken und Aschaffenburg* 9.3 (1848), S. 1–66.

Krmnicek 2016 S. Krmnicek: Sammlung antiker und moderner Münzen und Medaillen des Instituts für Klassische Archäologie der Eberhard Karls Universität Tübingen. *Commission Internationale de Numismatique, Compte Rendu* 63 (2016), S. 39–48.

Krmnicek 2018 S. Krmnicek: Paduaner, Galvanos, antike Falsa und Curiosa. Eine Fälschungs-Spezialsammlung aus dem Nachlass von Professor Hildebrecht Hommel (1899–1996). *Geldgeschichtliche Nachrichten* 300 (2018), S. 393–398.

Kolb 2012 P. Kolb: Die Würzburger Münzen und Medaillen des Mainfränkischen Museums Würzburg online – vom 10. Jahrhundert bis zur Säkularisation. *Mainfränkisches Jahrbuch* 64 (2012), S. 27–42.

Leitschuh 1889 Fr. Leitschuh: Ruland, Anton. *Allgemeine Deutsche Biographie* 29 (1889), S. 632–634.

Leschhorn 2017 W. Leschhorn: Die numismatische Lehre in den altertumswissenschaftlichen Fächern in Deutschland. In: R. Wolters & M. Ziegert (Hrsg.): *Numismatik Lehren in Europa.* Wien 2017, S. 25–35.

Lümmel 1988 P. Lümmel: *»Zielgruppen« römischer Staatskunst. Die Münzen der Kaiser Augustus bis Trajan und die trajanischen Staatsreliefs.* München 1991. (zugl. Würzburg [Diss.] 1988).

Mälzer 1992 G. Mälzer (Hrsg.): *Würzburger Hochschulschriften 1581–1803: Bestandsverzeichnis.* Würzburg 1992.

Messerer 1913 R. Messerer: *Das Recht der Münzprägung in Deutschland.* München 1913 (zugl. Würzburg [Diss.] 1913).

Möbius 1953/1954 H. Möbius: Die Entwürfe zur Dalberg-Medaille Goethes. *Schweizer Münzblätter* 4 (1953/1954), S. 12–15.

Möbius 1964 H. Möbius: Das Martin von Wagner-Museum in der Würzburger Residenz. Geschichte – Bestände – Aufgaben. *Mainfränkisches Jahrbuch für Geschichte und Kunst* 16 (1964), S. 305–320.

RIC IVc H. Mattingly, E. A. Sydenham & C. H. V. Sutherland: *Roman Imperial Coinage; Bd. IVc: Gordian III–Uranius Antoninus.* London 1949.

Ringelmann 1835 A. Fr. Ringelmann: *Beiträge zur Geschichte der Universität Würzburg in den letzten zehn Jahren.* Würzburg 1835.

Ruland 1867 A. Ruland: Zur Geschichte seltener Bücher der Neuzeit; Bd. V: Versuch einer vollständigen Beschreibung sämmtlicher Würzburgischen Münzen und Medaillen ... von J. Rost. Meiningen. *Serapeum. Zeitschrift für Bibliothekwissenschaft, Handschriftenkunde und ältere Litteratur* 28 (1867), S. 26–29.

Sabatier 1862 J. Sabatier: *Description générale des monnaies byzantines,* 2 Bde. Paris 1862.

Scharold 1837 C. G. Scharold: Jahresbericht des historischen Vereins für den Untermainkreis für 1836/37. *Archiv des Historischen Vereins für den Untermainkreis* 4.2 (1837), Beilagen.

Schneidt 1749 J. M. Schneidt: *Prolusio numismatica sive rei monetariae Franconicae specimen inaugurale juridico-historico-publico-politicum.* Würzburg 1749.

Sittl 1895 K. Sittl: *Archäologie der Kunst nebst einem Anhang über die antike Numismatik.* München 1895.

Specht 2001 S. Specht: »Wie entsteht ein Museum?« – Die Erwerbungen des Martin von Wagner Museums im Spiegel der Zeiten. In: M. J. Maier & S. Specht (Hrsg.): *Blickwechsel. Zehn Jahre Museumsinitiative des Martin von Wagner Museums.* Würzburg 2001, S. 123–143.

Steinhart 2013 M. Steinhart: Humani nihil a me alienum puto. Karl Ludwig von Urlichs zum zweihundertsten Geburtstag. *Würzburger Jahrbücher* 37 (2013), S. 139–156.

Stützel 1913 Th. Stützel: *Das bayerische Münzwesen im Hinblick auf seine finanziellen Ergebnisse.* München 1912 (zugl. Würzburg [Diss.] 1912).

Urlichs 1868 L. Urlichs: *Verzeichniss der Antikensammlung der Universität Würzburg; 2. Heft: Bronzen, Cameen und Gemmen, Glassachen, Ägyptische Altertümer, Christliche Altertümer der Sammlung Brüls.* Würzburg 1868.

Urlichs 1875 L. Urlichs: *Der Vasenmaler Brygos und die Ruland'sche Münzsammlung; Siebentes Programm des von Wagner'schen Kunstinstituts.* Würzburg 1875.

Wahl 2019 M.Ph. Wahl: Würzburgs kleinste Schätze: Das Martin von Wagner Museum eröffnet sein Münzkabinett. *Geldgeschichtliche Nachrichten* 304 (2019), S. 236–237.

Wagner 1979 R. Wagner: *Würzburger Medaillen und Festzeichen 1806–1918.* Würzburg 1979.

Wesche & Kostial 1997 M. Wesche & M. Kostial: *Die Bayerische Akademie der Wissenschaften und ihre Mitglieder im Spiegel von Medaillen und Plaketten.* München 1997.

Wienand 2017 J. Wienand: NUMiD – Das Netzwerk universitärer Münzsammlungen in Deutschland. In: Kulturforum Staatliche Museen zu Berlin (Hrsg.): *EVA Berlin 2017. Elektronische Medien & Kunst, Kultur und Historie.* Berlin 2017, S. 195–204.

Wolters 2017 R. Wolters: Wiener Schule – Wiener Lehre? Numismatische Lehre in Österreich. In: R. Wolters & M. Ziegert (Hrsg.): *Numismatik Lehren in Europa.* Wien 2017, S. 113–128.

Sämtliche Verweise auf Internetressourcen in diesem Beitrag wurden vor der Drucklegung geprüft.

Zwischen Tradition und Moderne

Die Münzsammlung der Gießener Antikensammlung – Geschichte, Herausforderungen, Chancen und Perspektiven

Michaela Stark

Die Gießener Antikensammlung ist eine der traditionsreichsten Universitätssammlungen Deutschlands. Ihr Bestand umfasst ein breites Spektrum an archäologischen Zeugnissen aus dem gesamten Mittelmeerraum vom 3. Jahrtausend v.Chr. bis in die römische Zeit, darunter Objekte aus dem alten Ägypten, ein Konvolut an Funden aus den Grabungen Heinrich Schliemanns (1822–1890) in Troja, griechische und italische Keramik, Terrakotta-Statuetten, anatomische Votive, römische Terra Sigillata, Gläser – und eine beachtliche Anzahl antiker Münzen.

Die Münzsammlung ist der älteste Bestandteil und Grundstock der Antikensammlung – ihre Anfänge lassen sich bis ins 18. Jahrhundert zurückverfolgen. Im Laufe ihrer Geschichte hat die Sammlung drei Kriegszeiten wie durch ein Wunder weitestgehend unbeschadet überstanden. Zentrale Abschnitte ihrer Entstehungsgeschichte lagen über lange Zeit im Dunkeln und konnten erst in den 1970er Jahren durch einen Zufallsfund wieder erhellt werden, auf den an späterer Stelle näher eingegangen werden soll. Trotz von verschiedenen Seiten unternommener Bemühungen, vor allem seit den 1960er Jahren, den Bestand systematisch zu erschließen, sind große Teile des Bestands bis heute nicht wissenschaftlich ausgewertet.

Aktuell steht die Münzsammlung, neben den 2019 begonnen Arbeiten zur Digitalisierung des Bestands im Rahmen des Netzwerks universitärer Münzsammlungen (NUMiD), im Fokus verschiedener Projekte und ist zentraler Bestandteil der universitären Lehre und Museumsdidaktik. In diesem Beitrag sollen die historischen Etappen der Entstehung der Münzsammlung beleuchtet werden, und es wird ein Ausblick darauf gegeben, welche Rolle der Bestand in Zukunft in Forschung und Lehre spielen kann.

Die Münzsammlung – Bestand

Der historische Bestand[1] der Gießener Münzsammlung umfasst 3 710 antike Münzen, darunter 38 Gold-, 1 393 Silber- und 2 139 Bronzemünzen.[2] Das breite thematische und geographische Spektrum der Sammlung[3] umfasst Münzen unterschiedlicher griechischer Stadtstaaten und unteritalischer Koloniestädte (darunter Tarent und Sizilien) ebenso wie Prägungen der Perser, Parther, Sassaniden, Prägungen hellenistischer Herrscher,[4] keltiberische Münzen, einen großen Bestand römischer Münzen aus republikanischer Zeit – darunter auch ein Konvolut von Aes Grave – bis in die späte Kaiserzeit. In diesem Bestand finden sich auch ca. 200 historische Nachprägungen,[5] die aus dem Zeitraum von der Renaissance bis ins 18. Jahrhundert stammen.

Hinzu kommen 644 Gipsabgüsse antiker Münzen, bei denen es sich um eine Schenkung des Münzkabinetts der Staatlichen Museen in Berlin an Margarete Bieber (1879–1978) aus dem Jahr 1928 handelt. Aufbewahrt wird die Münzsammlung bis heute in einem 1912 für die Sammlung angefertigten Panzerschrank (Abb. 1), der sich in den Sammlungsräumen der Universitätsbibliothek befindet.

Die Aufbewahrung und Ordnung der Münzen entspricht heute noch weitgehend dem Zustand, den der Gießener Oberbibliotheksrat Dr. Erwin Schmidt (1901–1978) in den 1960er Jahren in einem Beitrag zur frühen Geschichte der Sammlung anschaulich beschrieben hat:

> [Die Münzsammlung] ist untergebracht in einem eisernen Schrank von 110 cm Höhe, 80 cm Breite und 40 cm Tiefe. Öffnen wir die zweiflügelige Tür, deren rechter Flügel mit

1 Friedrich Kredel (1899–1960) führt in seinem Manuskript, nach Materialien sortiert, 3 570 Münzen auf und »eine größere Anzahl von Dubletten, fast ausschließlich spätere römische Stücke«: Kredel 1925 in Gundel 1976, S. 8 und Gundel 1984, S. 8. Gundel selbst gibt in seinem Vorwort die Anzahl abweichend wie folgt an: 3 710 Münzen, 614 Gipsabgüsse von Berliner antiken Münzen (laut Gundel 1984, S. 1 Anm. 1 bezieht er sich im Hinblick auf die Zahlen auf den Aufsatz von Schmidt 1964, daher handelt es sich bei der Angabe 614 vermutlich um einen Zahlendreher).

2 Recke 2007, S. 10.

3 Recke 2007, S. 10; Recke & Kobusch 2011; Stark 2019, S. 66 f.

4 Koch & Diehl 2019.

5 Recke & Schneider 2009, S. 37 mit Abb. 29: »Dass nicht alles Gold ist, was glänzt, hat eine gründliche Inspektion der umfangreichen Münzsammlung erbracht: Bei rund 200 Stücken handelt es sich um anspruchsvolle Nachschöpfungen … aus der Zeit von der Renaissance bis ins 18. Jahrhundert. Als historische Imitationen stellen sie eine besondere Gruppe innerhalb der Gießener Sammlung dar, deren wissenschaftlicher Wert nicht unterschätzt werden darf«. Vgl. auch Zschietzschmann 1957a, S. 47: »Unter den Originalmünzen befinden sich auch einige Fälschungen, die aber, da sie als solche erkannt sind, getrost bei der Sammlung verbleiben können, um als warnende Beispiele zu dienen«. Dagegen Kredel 1925 in Gundel 1976, S. 8 und Gundel 1984, S. 8: »… dabei ist aber die Sammlung fast ganz frei von Fälschungen geblieben«.

Abb. 1: Der im Jahre 1912 angefertigte Panzerschrank, in dem die Münzsammlung bis heute aufbewahrt wird.

einem wenig komplizierten Schloß versehen ist, so sehen wir zwei senkrechte Reihen hölzerner Schiebladen, auf jeder Seite 43, in der Größe 29,3 mal 42 cm. Ganz unten befindet sich eine über die Breite des Schrankes gehende tiefere Lade, 65 cm breit. Von den insgesamt 86 schmalen Laden sind 85 mit je 6 mal 8 runden Münzbetten, Durchmesser 4 cm, versehen, die durch eine senkrechte Bezeichnung der Reihen mit a–h und eine waagerechte mit 1–6 einzeln bestimmt werden können. In diesen 4080 Münzbetten liegen heute in einer noch vorläufigen Ordnung 3584 Münzen und 456 Gipsabgüsse. Weitere 126 zum Teil abgegriffene Münzen und 158 Gipsabgüsse finden sich in der unteren großen uns der 86. kleineren Lade. Gesamtbestand der Sammlung also an Münzen 3710, an Gipsabgüssen 644.[6]

Die Ordnung, die grob geographisch beziehungsweise für die römischen Prägungen chronologisch angelegt ist, entspricht heute noch der der 1960er Jahre. In den Laden (Abb. 2) liegen die Münzen jeweils in runden Münzbetten, in denen sich außerdem handschriftlich beschriebene Zettel mit Notizen und Zuweisungen befinden (Abb. 3), deren Zuordnung zu einzelnen Münzen aber nicht mehr nachweisbar ist. Die Inventarnummern der Münzen entsprechen der Lage in der jeweiligen Lade. Die Münzen sind heute darüber

6 Schmidt 1964, S. 111 f.

hinaus in einer Bestandsdatenbank erfasst, mit Rahmendaten wie Durchmesser, Gewicht und Stempelstellung sowie jeweils einem Foto von Avers und Revers.

Abb. 2: Lade/Tablett mit Münzen und Inventarzetteln.

Abb. 3: Die Notizzettel in den Laden, die auf eine Bestimmung durch Valentin Adrian zurückzuführen sind.

Die Geschichte des Archäologischen Instituts und der Antikensammlung

Um die Münzsammlung innerhalb der Entstehungsgeschichte der Antikensammlung besser zu verorten, soll ein kurzer Abriss zu den wichtigsten Eckdaten der Geschichte des Archäologischen Instituts[7] vorangestellt werden:

Im Jahre 1809 wurde der Grundstein für das spätere Archäologische Institut gelegt, indem Friedrich Gottlieb Welcker (1784–1868)[8] als Professor für griechische Literatur und Archäologie in Gießen berufen wurde. 1826 wurde nach Bonner Vorbild das Akademische Kunstmuseum eingerichtet und so die verschiedenen bestehenden »Sammlungen zum Klassischen Altertum« institutionalisiert. Ab 1837 hieß die Sammlung dann »Kunst-, Münz-, und Antikensammlung«. Die wichtigste Rolle in dieser Zeit nimmt der Philologe und Bibliothekar Johann Valentin Adrian (1793–1864) ein, der zugleich Leiter der Universitätsbibliothek war.

1897 wurde das Kunst-, Münzen- und Antikenkabinett der Universität Gießen Bruno Sauer (1861–1919) als Direktor des Kunstwissenschaftlichen Instituts unterstellt – dadurch erhielt das Archäologische Institut erstmals ein klares Profil. Auf Sauers Veranlassung hin erfolgte die Umbenennung in »Archäologisches Institut« und somit die formale Gründung der Antikensammlung.

Die Geschichte der Münzsammlung: Die Anfänge im 18. Jahrhundert[9]

Die Entstehung des Grundstocks des Münzbestands der Gießener Antikensammlung lässt sich bis in das frühe 18. Jahrhundert[10] zurückverfolgen. Bereits 1701 kündigte Immanuel Weber (1659–1726), der 1698 Professor für Geschichte und 1699 Leiter der Universitätsbibliothek an der Ludwigs-Universität Gießen war, die Einrichtung eines Münzkabinetts an.[11] Die Einrichtung des Münzkabinetts geht dann aber auf Johann Heinrich May (Maius) den Jüngeren (1688–1732) zurück[12] (Abb. 4). May wuchs in Gießen auf und besuchte 1702

---

7 Die Geschichte der Gießener Antikensammlung ist intensiv von Matthias Recke erforscht worden, der dazu zahlreiche Schriften publiziert hat: s. unter anderem Recke 2000, Recke 2007; Recke 2009. Hier soll zur besseren historischen Einordnung der folgenden Ausführungen zur Münzsammlung nur ein kursorischer Überblick gegeben werden.

8 Recke 2007, S. 9.

9 Die frühe Geschichte der Münzsammlung wurde vor allem durch Erwin Schmidt in einem Aufsatz zu Johann Heinrich May d. J. untersucht; die folgenden Ausführungen folgen im Wesentlichen den dort genannten Stationen: Schmidt 1964.

10 Recke 2007, S. 10; Recke 2009, S. 71 f.

11 Recke 2007, S. 10: »... Anlegen eines Kabinettes von alten Numismatibus und Einführung des curiösen studii rei nummariae ...«.

12 Schmidt 1964.

Abb. 4: Johann Heinrich May d. J. (1688–1732).

bereits mit 14 Jahren die Universität, wo er bei seinem Vater, Johann Heinrich May dem Älteren (1653–1719) magistrierte. Der Vater war nicht nur Professor der orientalischen Sprachen und später Professor der Theologie in Gießen, sondern hatte darüber hinaus andere einflussreiche Positionen inne, die der weiteren Karriere seines Sohnes zugutekamen. Zunächst aber reiste May der Jüngere 1708 zu Studienzwecken nach Wien und anschließend nach Jena, wo er bei dem Universalgelehrten Burkhard Gotthelf Struve (1671–1738) – Bibliothekar der Universitätsbibliothek in Jena und seit 1704 dort Professor für Geschichte – die Grundlagen der Münzkunde erlernte.[13]

Bereits 1709 wurde er dann, von seinem einflussreichen Vater von langer Hand vorbereitet, im Alter von 21 Jahren Professor für griechische und durch einen weiteren Erlass auch für orientalische Sprachen an der Universität Gießen. 1716 kam, neben einer

13 Schmidt 1964, S. 99 f.

Funktion als Adjunktus seines Vaters im Pädagogiarchiat und als Visitator der Schulen im Oberfürstentum, auch die Rolle des Professors für Antiquitäten hinzu. In seiner Zeit in Gießen trug May der Jüngere so unter anderem eine kleine Sammlung an antiken Münzen zusammen. Aus der erhaltenen Korrespondenz Mays geht hervor, dass er sich über seine Ausbildung bei Struve auch selbst ausführlich mit der Münzkunde befasst hat und von anderen Sammlern um Rat gefragt wurde.

Nach seinem frühen Tod mit nur 44 Jahren im Jahre 1732 vermachte er der Universität unter anderem diese Münzsammlung und auch seine Bibliothek. Teile seines Testaments sind im Katalog der May'schen Bibliothek von Christoph Friedrich Ayrmann (1695–1747), Professor für Geschichte und seit 1733 Rektor der Universität, abgedruckt. Die Münzsammlung betreffend findet sich dort der folgende Passus:

> ... eine kleine Collection von alten Hebräischen, Punischen, Griechischen und Lateinischen Medaillen, auch etlichen Bracteatis ex omni metallo et modulo, darunter der Zeit acht güldene, hundert und etlich und dreysig silberne, so dann drey und zwantzig Bracteati, und über zwey Hundert und siebenzig Kupferne Müntzen, werden ebenfalls löblicher Universität legiret.[14]

Insgesamt umfasste die May'sche Münzsammlung also circa 435 Münzen.[15] Zudem verfügte er testamentarisch eine gesonderte Aufstellung der gestifteten Bestände, was später dazu führte, dass gemeinsam mit dem Bücherbestand auch die Münzsammlung in die Universitätsbibliothek gelangte. Seit 1733 erstellte Ayrmann, in dessen Zuständigkeit die Universitätsbibliothek im Jahr 1735 fiel, einen Katalog des Nachlasses, darunter auch die Münzsammlung. Dieser Katalog wurde nach seiner Fertigstellung an den Fürsten Ernst Ludwig (1667–1739) nach Darmstadt geschickt.

Christoph Friedrich Ayrmann (1695–1747)

Ayrmann nahm eine Katalogisierung[16] des Münzbestands vor, die er 1735 abschloss. Darüber hinaus erweiterte[17] er selbst den Bestand durch Ankäufe um 81 Objekte, die er ebenfalls in den Katalog mit aufnahm und dort als neue Bestände kennzeichnete. 1744 verzeichnete er im Katalog den Ankauf von 9 Silbermünzen, so dass der Bestand 1745 insgesamt etwa 600 Münzen umfasste. Der Gießener Althistoriker Hans Georg Gundel

14 Schmidt 1964, S. 102.

15 An anderer Stelle spricht Schmidt von 475 Münzen: Schmidt 1964, S. 117; die Zahl 435 stimmt aber eher mit den Angaben aus Mays Testament überein.

16 Schmidt 1964, S. 104 f.

17 Schmidt 1964, S. 105; Recke 2009, S. 71.

(1912–1999) erwähnt in seinem Bericht über die Münzsammlung von 1984[18] außerdem weitere Schenkungen von Münzen, darunter eine testamentarisch belegte Schenkung von 1756,[19] deren Verbleib jedoch ungeklärt ist.

Die weitere Geschichte der Münzsammlung im 18. Jahrhundert ist wechselhaft. Zunächst überstand sie den Siebenjährigen Krieg (1756–1763) unbeschadet. Erneute Gefahr drohte in den 1790er Jahren, die zu vereinzelten Verlusten führte: während der Besatzung Gießens durch französische Truppen im Jahre 1796 sollten, wie auch andernorts, Kunstschätze beschlagnahmt und nach Paris gesandt werden. Die Plünderung konnte jedoch verhindert werden.[20] Einzelne (vor allem der wertvolleren) Münzen wurden möglicherweise in diesem Kontext als Unterpfand oder Bestechung hergegeben, wie handschriftliche Anmerkungen im Katalog nahelegen.[21] Der Großteil des Gesamtbestands blieb jedoch erhalten.

Das 19. Jahrhundert – Johann Valentin Adrian (1793–1864)

Lange Zeit war ungeklärt, wie der recht überschaubare Ausgangsbestand an Münzen im Laufe des 19. Jahrhunderts auf ihren heutigen Bestand von 3710 Münzen anwuchs. Erwin Schmidt, der sich in den 1960er Jahren ausführlich mit der Geschichte der Münzsammlung und ihren Anfängen im 18. Jahrhundert beschäftigte, vermutete zwar anhand der Handschrift in den oben erwähnten Beschriftungen in den Münzbetten Johann Valentin Adrian als den Urheber, jedoch brachte ein erst 1975 wiederentdecktes, bis dahin unveröffentlichtes Manuskript des Archäologen Friedrich Kredel (1899–1960)[22] aus den 1920er Jahren Gewissheit und zugleich Licht ins Dunkel: Dem Manuskript zufolge lässt sich die Geschichte für das 19. Jahrhundert wie folgt rekonstruieren:

---

18 Gundel 1984.

19 Gundel 1984, S. 8 Anm. 3: »Außer der May'schen Sammlung bestanden noch einige kleinere Schenkungen von Münzen und Medaillen an die Universitätsbibliothek, so eine testamentarisch 1756 von Koch vermachte ›Parthie von alten römischen und Teutschen Silber- und Kupfermünzen‹, von dessen deutschen Stücken vielleicht noch einige Exemplare in Pappkästen im archäologischen Institut vorhanden sind. (Diese zuletzt genannten Münzen sind mit größter Wahrscheinlichkeit im Dezember 1944 vernichtet worden.)«.

20 Zu der oft in Schriften zur Universitätsgeschichte aufgegriffenen, aber falschen Behauptung aus den Memoiren des damaligen Rektors August Friedrich Wilhelm Crome von 1833, das Gießener Münzkabinett sei durch die Franzosen entführt worden, s. Schmidt 1964, S. 107; mit Bezug auf die Ausführungen Schmidts: Gundel 1984, S. 2. Dem Narrativ, dass die erste Münzsammlung 1798 im Zuge der französischen Besatzung geraubt wurde, folgt dagegen Kredel in seinem Manuskript von 1925: Kredel 1925 in Gundel 1976, S. 8 und in Gundel 1984, S. 8.

21 Schmidt 1964, S. 108.

22 F. Kredel, Übersicht über die Geschichte der Münzsammlung des Gießener Archäologischen Institutes, 1925 (unveröffentlichtes Manuskript, abgedruckt in Gundel 1976, S. 6–15; Gundel 1984, S. 6–15).

Abb. 5: Johann Valentin Adrian (1793–1864).

1824 zog das Münzkabinett gemeinsam mit der Universitätsbibliothek in ein neues Gebäude auf dem Seltersberg in Gießen. Am 21. Februar 1825 wurde der Neuphilologe Johann Valentin Adrian (Abb. 5) neuer Bibliothekar der Universitätsbibliothek.[23] Dieses Amt übte er fast 40 Jahre bis 1864 aus. Adrian führte die bislang getrennten Bibliotheken zu einem einzigen Bestand zusammen, der »Vereinigten Universitäts- und von Senckenbergischen Bibliothek«, zu deren Bestand auch die Münzsammlung gehörte.[24]

Aufgrund seines großen Interesses an Archäologie führte er diese im Jahr 1824 nicht nur als Teil des Lehrplans ein, Adrian ergänzte vor allem auch den Sammlungsbestand.

23 Schmidt 1964, S. 110.
24 Schmidt 1964, S. 111.

So erweiterte er den Münzbestand über zahlreiche Ankäufe aus und durch Tausch mit englischen, französischen, deutschen und österreichischen Sammlungen in der Zeit von 1838–1864 auf den heutigen Bestand.[25] Die verschiedenen Transaktionen sind auf der Grundlage von Briefen und Akten,[26] die Friedrich Kredel in seinem Manuskript auswertet, gut nachvollziehbar. Im Jahre 1838 erhielt das Münzkabinett drei Räume im Erdgeschoss der zu der Zeit in den Räumlichkeiten der ehemaligen Kaserne in der Liebig-Straße befindlichen Universitätsbibliothek. Zur Aufbewahrung der Sammlung fertigte man zudem einen Münzschrank an.[27] Über den Mainzer Stadtbibliothekar Philipp Hedwig Külb (1806–1869), einen Freund Adrians, wurden in dieser Zeit vor allem römische Münzen aus drei Mainzer Privatsammlungen erworben. Ein weiterer wichtiger Kontakt Adrians war Anton Promber (1794–1876) in Wien. Über diesen erwarb Adrian seit 1840 verschiedene Bestände: darunter zum Beispiel sizilische Prägungen aus der Sammlung des Grafen Lilienberg oder 1842 griechische Münzen aus Auktionen der Sammlung Bretfeld-Chlumczansky (Wien) und der Sammlung A. Traunfellner (Klagenfurt).[28] Aus Paris gelangten 1844 durch C. Rollin ein Konvolut von Münzen aus Großgriechenland und Sizilien sowie gallische und keltiberische Prägungen in die Gießener Sammlung. Des Weiteren akquirierte Adrian über diesen Kontakt Münzen aus den Sammlungen Commarmond (Lyon) und Faure (Villefranche). 1847 ersteigerte er aus der Sammlung Welzl von Wellenheim (Wien) Münzen, darunter viele spanische Prägungen.[29] Spanische Münzen stammen zudem aus einem Tausch mit dem universitären Kabinett in Ofen = Buda (Direktor Preissler). 1854 erwarb Adrian einen großen Teil der Münzsammlung des Professors für Medizin Ernst Ludwig Nebel (1772–1854) (Gießen). In den Folgejahren folgten weitere Ankäufe unter anderem aus französischen und englischen Sammlungen.[30] Adrian erstellte außerdem einen Bestandskatalog[31] mit Literaturangaben sowie ein System von Beschriftungen in Form der zuvor erwähnten, noch heute – allerdings ohne Hinweise auf die ursprüngliche Ordnung – in den Laden vorhandenen Inventarzettel. Nach dem Tod Adrians im Jahre 1864 wurde der Bestand – mit Ausnahme einer 1872 durch Friedrich Wilhelm Lübbert (1830–1889) erworbenen römischen Silberprägung[32] – nicht mehr

25 Gundel 1984; Recke 2007, S. 10; Sipsie-Eschbach 1988, S. 7; Recke 2009, S. 72.

26 Kredel 1925 in Gundel 1976, S. 8 und Gundel 1984, S. 8 mit Anm. 6.

27 Kredel 1925 in Gundel 1976, S. 10 und Gundel 1984, S. 10.

28 Kredel 1925 in Gundel 1976, S. 10 und Gundel 1984, S. 10.

29 Für die vollständige Dokumentation der verschiedenen Ankäufe s. Kredel 1925 in Gundel 1976, S. 10–12 und Gundel 1984, S. 10–12.

30 Kredel 1925 in Gundel 1976, S. 13 f. und Gundel 1984, S. 13 f.

31 Siehe Kredels Ausführungen in Gundel 1976 und Gundel 1984, S. 8: »den ausführlichen Zettelkatalog mit genauen Literaturangaben hat Adrian ebenfalls selbst zusammengestellt, ebenso hat er alle zugehörigen Schildchen selbst geschrieben«.

32 Gundel 1984, S. 14 Anm. 14.

weiter ausgebaut und bis ins frühe 20. Jahrhundert auch nicht mehr regelmäßig zu Lehrzwecken genutzt.

Die Sammlung im 20. Jahrhundert

1912 wurde die Sammlung in dem eigens dafür angefertigten Panzerschrank untergebracht, in dem sie sich auch heute noch befindet.[33] Die von Adrian vorgenommene Systematik wurde dabei beibehalten, und auch seine handschriftliche Inventarisierung wurde übernommen und in die Münzbetten gelegt.

Wohl bis 1919 befand sich die Münzsammlung in der Universitätsbibliothek. Dann wurde sie, vielleicht unter Gerhart Rodenwaldt (1886–1945), der von 1917 bis 1922 das Archäologische Institut leitete, 1919 in die Räume des Archäologischen Instituts im Kolleghaus,[34] dem späteren Universitätshauptgebäude in der Ludwigstraße 23 in Gießen überführt. Erwin Schmidt[35] führt als Beleg dafür eine Korrespondenz Margarete Biebers mit Gundel an, demzufolge der Münztresor sich bei ihrer Ankunft in Gießen 1919 im Archäologischen Seminar im späteren Universitätshauptgebäude in der Ludwigstraße befand.

Margarete Bieber (1879–1978)

1923 trat Margarete Bieber,[36] die 1919 an der Universität Gießen noch vor der offiziellen Regelung für Frauen zur Habilitation zugelassen worden war, als außerplanmäßige außerordentliche Professorin die Nachfolge Gerhart Rodenwaldts in Gießen an. 1928 bis 1933 war sie Lehrstuhlinhaberin, zunächst in Vertretung und seit 1931 als planmäßige außerordentliche Professorin. Im Frühjahr 1933 wurde sie aufgrund ihrer jüdischen Abstammung auf der Grundlage des »Gesetzes zur Wiederherstellung des Berufsbeamtentums« entlassen und emigrierte daraufhin zunächst nach England und anschließend in die USA. Margarete Bieber nutzte während ihrer Zeit in Gießen nicht nur die Antikensammlung intensiv für Forschung und Lehre, sondern erweiterte sie auch um verschiedene Objekte. Hierzu gehören unter anderem die bereits oben erwähnten 644 Gipsabgüsse von

---

33 Die Anfertigung des Tresors erfolgte unter dem Ordinariat von Carl Watzinger (1877–1948; von 1909 bis 1916 Professor in Gießen), der auch eine Neuordnung der Sammlung initiierte: Recke 2010b, S. 25 f.

34 Gundel 1984, S. 8 Anm. 5 nennt als Datum des Baus dieses Gebäudes das Jahr 1880 und die Lokalisierung der Sammlungsräume »später im 1. Stock, Südwestecke«.

35 Schmidt 1964, S. 116.

36 Recke 2000, S. 65–90.

antiken Münzen. Es handelt sich um eine Schenkung des Münzkabinetts der Staatlichen Museen in Berlin (Direktor Prof. Dr. Regling) von 1928.[37]

Die Situation kurz vor dem Zweiten Weltkrieg

Die Stiftung der Berliner Münzgipse stellt die vorerst letzte Erweiterung des Bestands dar. Im Zweiten Weltkrieg und in der Nachkriegszeit wurden Teile der Gießener Antikensammlung zerstört – die Münzsammlung blieb jedoch, teils unter abenteuerlichen Umständen, davon verschont. Um die weitere Geschichte zu verfolgen, soll hier kurz ein Einblick in die Situation vor dem Zweiten Weltkrieg vorangestellt werden.

Nach der Entlassung Margarete Biebers wurde der Archäologische Lehrstuhl nicht mehr regulär besetzt, sondern nur vertreten.[38] 1937 wurde Willy Zschietzschmann[39] (1900–1976) zunächst Lehrbeauftragter und dann außerplanmäßiger Professor in Gießen. Zschietzschmann ließ unter anderem die Sammlungsräume neu herrichten[40] und die Gipsabguss-Sammlung neu aufstellen. Die Münzsammlung befand sich in dieser Zeit gemeinsam mit den anderen Beständen in den Räumlichkeiten des Universitätshauptgebäudes in der Ludwigstraße. In den Kriegsjahren war das Institut nur unregelmäßig besetzt: 1939 wurde Zschietzschmann eingezogen.[41] Er leistete Heeresdienst bis 1944, allerdings mit Unterbrechungen, in denen er jeweils seine Tätigkeit am Archäologischen Institut wieder aufnahm. Die Informationen über den Aufstellungskontext der Originalsammlung während des Krieges sind widersprüchlich.[42] 1940 fanden Umbauarbeiten statt, von denen auch die Sammlung betroffen war,[43] deren Platzsituation deutlich verkleinert wurde und die dazu führte, dass etwa Teile der Gipsabguss-Sammlung auf dem Dachboden magaziniert werden mussten. Der Münztresor war in dieser Zeit in einem Nebenraum des Archäologischen Instituts im ersten Stockwerk des Gebäudes aufgestellt.

37 Schmidt 1964, S. 11; Gundel 1984, S. 1.

38 Recke 2000, S. 91 f.: Hans Möbius (1895–1977; im WS 1933/34), Walter-Herwig Schuchhardt (1900–1976; bis 1936).

39 Recke 2000, S. 95–114.

40 Recke 2000, S. 96. Zur Aufstellungssituation der Sammlung dort ein Zitat aus einem Brief Zschietzmanns: »... Die Sammlung ist bekanntlich in den repräsentativen großen Flügelsälen des Erdgeschosses des Vorlesungsgebäudes untergebracht, der heutige Eindruck dieser Säle ist jedoch alles andere als repräsentativ«.

41 Recke 2000, S. 101. Auch Zschietzschmanns Assistent, Erwin Ohlemutz (1912–1942), wurde eingezogen und fiel 1942; ebd. S. 102.

42 Recke 2000, S. 104.

43 Recke 2000, S. 102 zitiert hierzu wiederum einen Brief Zschietzschmanns an den Rektor der Universität: Der Exkurs zu den Ausführungen zur Aufstellungssituation der Sammlung ist hier insofern relevant, als sich dadurch die Verluste der Sammlung aufgrund der folgenden Bombardierung leichter nachvollziehen lassen; Recke 2007, S. 54.

Das Schicksal der Münzsammlung während des Zweiten Weltkriegs und in der Nachkriegszeit

Das Universitätsgebäude in der Ludwigstraße erlitt am 6. Dezember 1944 schwere Zerstörungen durch einen Bombentreffer. Hierbei wurden auch Teile der Antikensammlung zerstört. Davon in besonderem Maße betroffen war die Gipsabguss-Sammlung, die fast vollständig zerstört wurde. Die Originalsammlung blieb weitgehend unbeschadet und wurde vor allem im Nachhinein durch die provisorische Lagerung in Mitleidenschaft gezogen.[44] Zerstört wurde allerdings auch die Dokumentation der Sammlung.[45] Die Münzsammlung, aufbewahrt in ihrem massiven Panzerschrank, blieb komplett von der Zerstörung verschont.

Die Nachkriegszeit

Der Münzbestand überstand auch die schwierige Situation der Nachkriegszeit wie durch ein Wunder. Eine Schilderung der Wiederauffindung nach dem Bombardement findet sich in den verschiedenen Untersuchungen zur Geschichte der Sammlung[46] und geht vor allem wiederum auf die Augenzeugenberichte von Zschietzschmann[47] zurück: Von Brandschutt bedeckt wurde der Tresor in den Ruinen des Universitätsgebäudes vom damaligen Hausmeister Peter Brinkmann 1945 aufgefunden und, um ihn vor Plünderung zu bewahren, unter Schutt versteckt:

> Im Jahre 1946, nach meiner Rückkehr aus der Kriegsgefangenschaft, fand ich ihn [den Tresor] noch an der gleichen Stelle stehend vor, bis über den Rand unter Schutt und Trümmern verborgen. Diesen Zustand hatte die Zerstörung des Gebäudes in der Brandnacht nach der Bombardierung nur zum Teil bewirkt, vielmehr hatte ihn der Hausmeister, Herr Peter Brinkmann, absichtlich herbeigeführt: er kannte nicht nur das Haus von unten bis oben, sondern auch die Inhalte der Räume, kannte also auch den Standplatz des Münzschrankes genau. Daher hatte er nach Kriegsende den Schrank künstlich eingegraben, um seinen Inhalt vor fremden Zugriff zu bewahren, wie er überhaupt sich um die Erhaltung wertvollen Gutes bleibende Verdienste erworben hat. Er hat auf diese Weise die Münzsammlung gerettet.[48]

---

44 Auch hier sind die Berichte nicht einheitlich; s. Recke 2000, S. 104 f. zu den verschiedenen Berichten. Zur weiteren Entwicklung im Hinblick auf die Originalsammlung s. ebd. S. 105–112; Recke 2007, S. 54.

45 Recke 2000, S. 103.

46 Schmidt 1964, S. 116; Gundel 1984, S. 1; Recke 2000, S. 104; Recke 2007, S. 54.

47 Zschietzschmann 1957a u. 1957b.

48 Zschietzschmann 1957a, S. 47 f.; Vgl. auch Schmidt 1964, S. 116 f.

Damit hat die Geschichte aber noch kein glückliches Ende: Weiter schildert Zschietzschmann, wie der Tresor danach – wann genau und auf wessen Veranlassung bleibt in den Ausführungen unklar – geborgen und in die Räumlichkeiten einer Gießener Bank[49] überführt wurde:

> Ohne mein Zutun wurde später der Schrank ausgegraben und so, wie er war, in den Safe der Commerz- und Privatbank gebracht. Er erfuhr damit eine wenig sachgemäße Behandlung, denn sämtliche Münzen fielen beim mehrmaligen Umstürzen durcheinander. So fand ich, als ich schließlich mit der Betreuung der Antikensammlung beauftragt wurde, die feste Stahltür durch viel Bohrungen geöffnet und die Münzen ohne jede Ordnung herumliegend vor. Ich habe dann, noch in den Räumen der Bank, die Sammlung »geordnet«. Diese Ordnung konnte freilich nur eine höchst vorläufige sein, ich habe die Münzen nur provisorisch in die Fächer gelegt, nur weniges bestimmt, wenn es ohne größeren Zeitaufwand möglich war. Im Jahre 1951 wurde der Schrank äußerlich in Ordnung gebracht, so daß er wieder verschließbar war. Im gleichen Jahre wurde er unter meiner Leitung, ohne daß die Münzen in eine neue Unordnung gerieten, in der Universitätsbibliothek aufgestellt.[50]

Laut Auskunft der Rektoratsakten der Universität wurde Zschietzschmann im Februar 1951 von der Universität die Betreuung und Instandsetzung der Antikensammlung übertragen[51] und die Münzsammlung seit dem 6. Juli 1953 in den Räumen der Alten Bibliothek verwahrt.[52] Weiter schreibt Zschietzschmann über seine Pläne, die Münzsammlung wieder in ihre ursprüngliche Ordnung zu bringen:

> Eine Aufgabe der Zukunft wird es sein, die Sammlung neu und endgültig zu ordnen, die Stücke mit den Zetteln des Kataloges, der glücklicherweise gleichfalls erhalten geblieben ist, zu identifizieren.[53]

---

49 Zschietzschmann 1957a, S. 47 f.; Zschietzschmann 1957b, S. 21; auch bei Schmidt 1964, S. 116 findet sich die Angabe, dass der Tresor in der Commerzbank aufgebohrt wurde: »weil ja niemand wußte, was drin war und der Schlüssel fehlte«.

50 Zschietzschmann 1957a, S. 47 f.; Schmidt 1964, S. 117 nennt davon abweichend 1946 als das Datum der Überführung des Tresors in die Universitätsbibliothek.

51 Recke 2000, S. 109 mit Anm. 397. Der Lehrstuhl für Klassische Archäologie blieb nach dem Zweiten Weltkrieg bis 1964 geschlossen. Zschietzschmann übernahm die kommissarische Verwaltung bis 1965; dann mit Lehrauftrag bis 1969: ebd. S. 112.

52 Recke 2000, S. 110 mit Anm. 401.

53 Zschietzmann 1957a, S. 47 f. Ebenso Zschietzschmann 1957b, S. 21: »... und sie mit den Zetteln des Kataloges, den ich in der Universitätsbibliothek aufgefunden hatte, zu identifizieren. Das muss einer künftigen Arbeit vorbehalten bleiben ...«.

Interessant ist in diesem Zusammenhang die Erwähnung des Katalogs, der zur Zeit der Verfassung des Berichts von Zschietzschmann – der 1957 in den Mitteilungen des Oberhessischen Geschichtsvereins publiziert wurde – offenkundig noch vorhanden war.[54] Erwin Schmidt bestätigt das in seinem Beitrag zur Münzsammlung von 1964 – nur war zu dieser Zeit die Dokumentation bereits verschollen. Unter welchen Umständen die Dokumentation in den dazwischenliegenden Jahren verloren ging, ist nicht bekannt.

Die wissenschaftliche Aufarbeitung der Sammlung seit den 1960er Jahren

Während die komplexe und teils ereignisreiche Entstehungsgeschichte der Münzsammlung auf Grundlage der erhaltenen Dokumente – darunter Universitätsakten, Korrespondenzen und nicht zuletzt die Wiederauffindung des Manuskripts von Friedrich Kredel – gut erforscht und publiziert[55] ist, bleibt eine vollständige systematische wissenschaftliche Erschließung des Münzbestands aufgrund verschiedener historischer Faktoren bis heute ein Desiderat.

Bereits 1925 gab es Bestrebungen zu einer wissenschaftlichen Bearbeitung im Rahmen eines Katalogs durch den Numismatiker Max Ferdinand von Bahrfeldt (1856–1936).[56] Der Katalog sollte in den Schriften der Ludwigs-Universität zu Gießen publiziert werden. Warum dieses Projekt nicht realisiert wurde, ist ungeklärt. Im Nachlass von Bahrfeldts, der sich heute im Archiv des Münzkabinetts der Staatlichen Museen zu Berlin befindet, wurde 1975 das zuvor bereits erwähnte Manuskript[57] Friedrich Kredels mit dem Titel »Übersicht über die Geschichte der Münzsammlung des Gießener Archäologischen Instituts« gefunden, das als Vorwort zum geplanten Katalog von Bahrfeldts konzipiert war. Kredel wurde 1922 in Gießen promoviert und war von 1923 bis 1926/27 Assistent am Archäologischen Institut, damals unter der Leitung von Richard Delbrück (1875–1957; von 1922 bis 1928 in Gießen). Er erstellte seinen Text im Juni/Juli 1925 auf der Grundlage des zu der Zeit noch vorhandenen Aktenmaterials, das dann irgendwann in der Nachkriegszeit verloren ging. Bis 1945 war Gundel[58] zufolge noch nichts zum Bestand publi-

54 Schmidt 1964, S. 112: »Wir bedauern, daß der Katalog der Münzsammlung, an den sich Professor Dr. Zschietzschmann deutlich erinnert, und der ganz die Form der alten Adrianischen alphabetischen Kataloge der Universitätsbibliothek gehabt hat, verlorengegangen ist« Gundel 1984, S. 1; Recke 2007, S. 10.

55 Siehe die Publikationen zur Sammlungsgeschichte in der Bibliographie zu diesem Beitrag.

56 Gundel 1984, S. 4: »H.-D. Schultz vom Münzkabinett der Staatlichen Museen zu Berlin teilte dem Verfasser unter dem 2. 6. 1975 mit: ›Aus M. v. Bahrfeldts Nachlaß haben wir unlängst allerlei Notizen und Papiere betreffend die Gießener Münzsammlung erworben. Bahrfeldt hatte um 1925 geplant, einen Katalog der Sammlung zu schreiben, ist aber wohl nicht mehr dazu gekommen‹.«; zu von Bahrfeldts Bezug zu Gießen ebd. Anm. 9; Sipsie-Eschbach 1988, S. 7 f.

57 Gundel 1984, S. 4. Das Manuskript Kredels ist, mit einigen Ergänzungen versehen, bei Gundel 1984 abgedruckt. Zu den Angaben zum Kontext des Manuskripts und dem Publikationsvorhaben Bahrfeldts: ebd.

58 Gundel 1984, S. 1.

ziert. Zschietzschmann plante eigenen Aussagen zufolge nach seiner provisorischen Neuordnung der Münzen in den 1950er Jahren eine wissenschaftliche Aufnahme des Bestands, für die ihm wohl auch bereits finanzielle Mittel zur Verfügung standen.[59] Sein Ziel war eine fotografische Aufnahme des Bestands, die die Grundlage für eine systematische Auswertung bilden sollte. Es ist unklar, warum dieses Vorhaben nicht verwirklicht wurde. In dieser Zeit und den darauffolgenden Jahren wurden lediglich einzelne Münzen im Rahmen von Berichten publiziert.[60]

In den 1960er Jahren gab es dann erneute Bestrebungen zur wissenschaftlichen Erschließung des Bestands:[61] Die Initiative ging dabei neben dem damaligen Professor für Alte Geschichte Gundel auch von dem Althistoriker Fritz Moritz Heichelheim (1901–1968), dem damaligen Direktor der Universitätsbibliothek Dr. Josef Schawe (1902–1983) und dem Archäologen Zschietzschmann aus: Ein Plan sah dabei die Publikation des Gießener Bestands gemeinsam mit der Tübinger Münzsammlung (ca. 1 800 Münzen und die Privatsammlung Hommel mit 900 Münzen) und der Privatsammlung Fritz Taeger in Marburg in einem gemeinschaftlichen Corpusband vor. Dieser Plan wurde jedoch aufgrund verschiedener Bedenken der Beteiligten – vor allem finanzieller wie personeller Natur – wieder verworfen.[62]

1972 fanden Gespräche mit Prof. Dr. Peter Robert Franke (1926–2018) von der Universität Saarbrücken und Prof. Dr. Hans-Günter Buchholz (1919–2011), der seit 1969 Lehrstuhlinhaber der Professur für Klassische Archäologie in Gießen war, statt, um erneut die Möglichkeiten einer Bearbeitung des Münzbestands zu eruieren. Zur Debatte stand eine Publikation im Rahmen der »Sylloge Nummorum Graecorum« (SNG). Zu diesem Vorhaben wurden auch Gespräche mit der Zentraldirektion des Deutschen Archäologischen Instituts in Berlin und der Kommission für Alte Geschichte und Epigraphik in München geführt. Woran dieses Vorhaben letztlich scheiterte, geht aus den Ausführungen Gundels nicht hervor. Stattdessen wurde eine Kommission – bestehend aus den Direktoren des Althistorischen Instituts, des Archäologischen Instituts und der Universitätsbibliothek – eingerichtet, um das Material zunächst nach verschiedenen Themen geordnet intern zur Bearbeitung zu vergeben. Die Materialbearbeitung erfolgte zum großen Teil im Rahmen althistorischer Seminar- und Abschlussarbeiten. Hierzu wurde ein einheitliches Inventar-

59 Zschietzschmann 1957a, S. 4.

60 Neben den hier in der Bibliographie aufgeführten Schriften vgl. Gundel 1984, S. 25 Anm. 1 (Stand 1957–1972).

61 Die verschiedenen im Folgenden genannten Pläne und Probleme bei der Umsetzung sowie den Stand der Arbeiten fasst Gundel 1984, S. 22–25 zusammen.

62 Gundel 1984, S. 22. Zur Münzsammlung des Tübinger Instituts für Klassische Archäologie s. den Beitrag von Stefan Krmnicek im vorliegenden Band.

und Datenblatt[63] erstellt mit dem Ziel, die Ergebnisse der verschiedenen Bearbeiter später zu einem Gesamtkatalog zusammenzuführen.

Von 1972 bis 1977 wurden so folgende Themen unter althistorischen Gesichtspunkten bearbeitet:

- Die Münzen Alexanders des Großen und Philipps III. (H.-P. Gumtz)
- Aes Grave (R. Rinn)
- Die Münzen der römischen Republik (Laden 52 bis 63) (F. Forster)
- Katalog der römischen Münzen: Teil I Von den Anfängen bis um 95 v.Chr. (F. Bohl-Forster)
- Münzen der Zeit Caesars (F. Bohl-Forster)
- Germanicus – Vespasian (Lade 64) (B. Jessen)
- Die Münzprägung unter Claudius (B. Jessen)
- Vom Vierkaiserjahr bis Nerva (H. Schumacher)
- Die Münzen der Kaiser Trajan und Hadrian (G. Bohl)
- Die Münzen des M. Aurel und des L. Verus (L. Gerhardt)
- Die Münzen von Antoninus Pius bis Commodus (L. Gerhardt)
- Die Münzen aus Ägypten (Lade 1–5) (Dr. W. Hornbostel, Hamburg)
- Münzprägungen aus Spanien (Lade 47–52) publiziert in: J. Hildebrandt: Cátalogo de las monedas antiguas de Hispania de la Biblioteca de la Universidad de Giessen, Alemania. *Acta Numismatica* 12 (1982), S. 53–55.

Die Arbeiten sind bis auf wenige Ausnahmen nicht publiziert, aber im Bestand der Gießener Universitätsbibliothek verfügbar und auch digitalisiert. Nach Gundels Emeritierung 1978 wurden keine weiteren Themen mehr zur Bearbeitung vergeben.[64] Gundel übergab die Verwaltung der Münzsammlung an die Professur für Klassische Archäologie unter der Leitung von Prof. Dr. Wolfram Martini (1941–2017; Leitung des Lehrstuhls von 1985 bis 2006). 1988[65] wurde eine Auswahl an Münzen im Rahmen einer gemeinsamen Ausstellung der Professur für Klassische Archäologie und der Universitätsbibliothek in der Volksbank Gießen einer breiteren Öffentlichkeit vorgestellt. Der Begleitkatalog stellt eine repräsentative Auswahl von insgesamt 138 griechischen und römischen Münzen vor, jeweils inklusive kurzer Bestimmung und Fotos von Avers und Revers.[66]

63 Gundel 1984, S. 23.

64 Gundel 1984, S. 25. H. G. Buchholz erwähnt jedoch in einem Beitrag zur Antikensammlung im Sammelband einer Ausstellung zur Geschichte der Universität im Oberhessischen Museum aus dem Jahre 1982 noch das gemeinsame Projekt: Buchholz 1982, S. 297.

65 Seit 1987 ist eine repräsentative Auswahl an Objekten der Antikensammlung der JLU im Wallenfels'schen Haus des Oberhessischen Museums der Stadt Gießen öffentlich ausgestellt.

66 Im Vorwort des Begleitkataloges findet sich wiederum der Verweis auf den lückenhaften Stand der wissenschaftlichen Bearbeitung der Sammlung: Sipsie-Eschbach 1988, S. 8.

Dr. Matthias Recke (von 2003 bis 2016 wissenschaftlicher Mitarbeiter an der Professur für Klassische Archäologie und dann von 2009 bis 2016 Kustos der Antikensammlung; Institutsleitung: Prof. Dr. Anja Klöckner) beschäftigte sich intensiv mit der Sammlungsgeschichte und im Zusammenhang mit seiner Tätigkeit als Kustos auch mit der Münzsammlung, unter anderem in Form einer umfangreichen Restaurierung des Bestands[67] und der Erstellung einer lokal nutzbaren Datenbank mit Inventarnummer, Bezeichnung, technischen Angaben und Objektfotos. Der historische Bestand an Münzen wurde überdies nochmals erweitert: In einem 2010 vom Hessischen Ministerium für Wissenschaft und Kunst der Antikensammlung übereigneten Konvolut von über 440 aus einer illegal angelegten Privatsammlung beschlagnahmten Antiken[68] waren auch zahlreiche römische Münzen, so dass der Gesamtbestand an Münzen in Gießen auf ca. 4 100[69] Objekte angewachsen ist.

2011 waren die Münzen der Gießener Antikensammlung erneut im Fokus einer Sonderausstellung: Die Ausstellung »Bare Kunst« im Museum im Spital in Grünberg behandelte die Themen Wirtschaft, Handel, aber auch Ikonographie anhand ausgewählter Münzen und publizierte diese auch in einem Katalog. 2015 wurden im Rahmen eines Forschungsprojekts der Professur für Münze und Geld in der griechisch-römischen Antike der Goethe Universität Frankfurt (Leitung Prof. Dr. Fleur Kemmers) eine Kooperation mit der Professur für Klassische Archäologie initiiert und Metallanalysen zu Münzen aus Süditalien und Sizilien vorgenommen. Zum jetzigen Stand sind im Rahmen dieses Projekts zwei Publikationen (zu den griechischen Münzen des 5.–3. Jahrhunderts und zu den römischen Silbermünzen) erschienen, eine weitere zu den archaischen Münzen ist derzeit im Druck.[70]

Die Münzsammlung heute – Chancen und Perspektiven

Obwohl sich gerade in der jüngsten Vergangenheit viel im Hinblick auf die Antikensammlung und die Gießener Münzsammlung getan hat, ist die vollständige und systematische wissenschaftliche Erfassung und Auswertung des Bestands nach neuesten

67 Recke & Schneider 2009, S. 36 f.; Recke & Kobusch 2011, S. 5; Recke 2013, S. 400.

68 Recke 2010a, S. 274: »Die als Kulturgut klassifizierten Artefakte waren bereits vor mehreren Jahren als Teil einer umfangreichen, illegal angelegten Privatsammlung beschlagnahmt worden. Sofern sich die genaue Herkunft der aus Raubgrabungen stammenden Objekte lokalisieren ließ, waren die Stücke den entsprechenden Behörden im In- und Ausland zurückerstattet worden; der verbleibende Rest wurde nun nach Gießen gegeben. Darunter befinden sich zahlreiche römische Münzen, Steininschriften, Bronzestatuetten, Siegelsteine, -ringe und Rollsiegel sowie Tonlampen und etliche Gefäße«.

69 Recke & Kobusch 2011, S. 4; Stark 2019, S. 66.

70 Kemmers et al. 2019; Kemmers et al. 2020.

wissenschaftlichen Standards weiterhin ein Desiderat. Hieraus ergeben sich aber zugleich Chancen und Perspektiven, gerade im Hinblick auf die Rolle, die die Münzsammlung, wie auch die anderen Objektbestände der Sammlung, in den Projekten der Professur für Klassische Archäologie in Zukunft spielen werden. Nach einer längeren Vakanz von 2016 bis Anfang 2018 wurde der Lehrstuhl für Klassische Archäologie an der Justus-Liebig-Universität Gießen im April 2018 neu besetzt. Seitdem hat Prof. Dr. Katharina Lorenz den Lehrstuhl und die Leitung der Antikensammlung inne. Die Verfasserin dieses Beitrags ist, ebenfalls seit 2018, Kustodin der Antikensammlung.

Neue Perspektiven: Forschung

Die Bestände der Münzsammlung waren in jüngster Vergangenheit Gegenstand eines Kooperationsprojekts mit der Universität Frankfurt. Das Projekt »KOINON: Common Currencies and Shared Identities. Understanding the Structures and Daily Realities of Greek Federal States Through an Analysis of Coin Production and Coin Circulation in the Aetolian and Peloponnesian Koina (5th–1st BC)« (Leitung Prof. Dr. Fleur Kemmers und Prof. Dr. Sabine Klein) widmet sich der Münzprägung und dem Münzumlauf des Arkadischen, Aitolischen und Achaiischen Koinon. Im Rahmen des Projekts fand neben einer Analyse ausgewählter Münzen der Gießener Sammlung im Sommer 2019 eine Be-

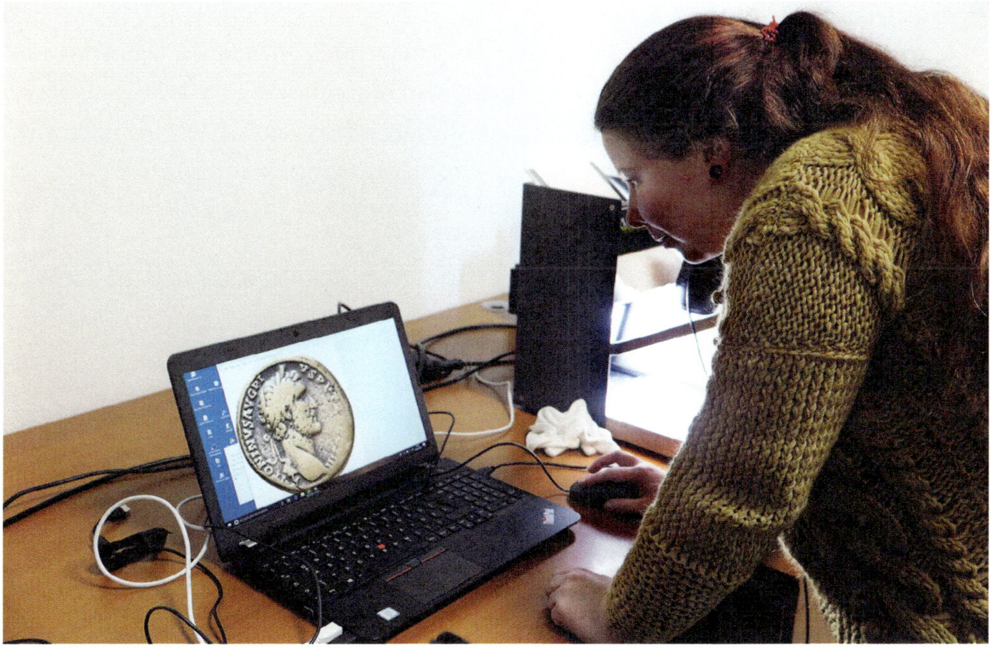

Abb. 6: Neuaufnahme und Digitalisierung des Bestands im Rahmen des NUMiD-Projekts seit 2019.

probung durch die archäometallurgische Arbeitsgruppe des Bergbaumuseums in Bochum (Dr. Eveline Salzmann) statt.

Im Januar 2019 wurde zudem die Digitalisierung der Münzsammlung im Rahmen des Verbund-Projekts NUMiD gestartet. Johanna Diehl M. A., die von 2019 bis 2022 als wissenschaftliche Hilfskraft im Projekt tätig war, hat im Zuge ihrer Arbeit (Stand März 2024) bereits den Gesamtbestand fotografisch erfasst und rund 40 Prozent bestimmt und wissenschaftlich dokumentiert (Abb. 6).[71]

Neue Perspektiven: Die Antikensammlung als Lehrsammlung der Zukunft

Die Antikensammlung – und somit auch die Münzsammlung – ist fester Bestandteil der praxisorientierten museumsdidaktischen Ausbildung der Studierenden der Professur für Klassische Archäologie an der Justus-Liebig-Universität Gießen. Im Wintersemester 2018/19 wurden im Rahmen eines Seminars unter Leitung von Dr. Julia Koch die Prägungen der hellenistischen Herrscher ausgewertet. Die Ergebnisse wurden gemeinsam mit einer repräsentativen Auswahl an Münzen in der im Frühjahr 2019 eröffneten neu konzipierten Dauerausstellung[72] der Antikensammlung ausgestellt und im Begleitkatalog publiziert.[73] Auch die folgenden Sonderausstellungen »Reisen in die Unterwelt«,[74] »Gruppenbilder – von der Kunst des Gemeinsam-Seins«,[75] »Im Reich des Dionysos«[76] und »of Beasts and Men«[77] integrierten jeweils eine thematische Auswahl an repräsentativen Münzen verschiedener Regionen und Zeiten.

Eine wesentliche Neuerung der Sammlungsaktivitäten seit 2018 ist der verstärkte Einsatz digitaler Interaktionstechnologien[78] in Lehre und Museumsarbeit. Die Digitalisate ermöglichen Nutzerinnen und Nutzern Objekte, die aus konservatorischen Gründen eine besondere Aufbewahrung und Handhabung erfordern, oder, wie im Falle der Münzen, aufgrund ihres kleinen Formats für Laien schwer lesbar sind, im digitalen Raum von allen

71 Der Projektstand wurde von Johanna Diehl im Februar 2020 im Rahmen des NUMiD-Workshops in Braunschweig (13./14. 2. 2020) vorgestellt.

72 Kuratiert von der Verf.

73 Koch & Diehl 2019, S. 67–69.

74 2019–2020: Reisen in die Unterwelt – Antike Unterweltskonzepte und ihre Rezeption. Sonderausstellung (Gießen, 17. 11. 2019–15. 2. 2020, verlängert bis 29. 3. 2020) (gemeinsam mit C. Rinn, Institut für Kunstgeschichte, JLU).

75 Kuratiert von K. Lorenz und der Verf., mit Begleitkatalog: Lorenz & Stark 2020, zu den Münzen ebd. S. 37–55.

76 2022: Im Reich des Dionysos – die Antikensammlung der JLU zu Gast im Alten Schloß (Eröffnung: 25. 3. 2022).

77 2023: Of Beasts and Men – Menschen und Tiere in der antiken Kunst (Eröffnung: 31. 3. 2023) (in Kooperation mit dem Oberhessischen Museum, der Hermann-Hoffmann-Akademie der JLU und dem Institut für Veterinär-Anatomie, -Histologie und -Embryologie der JLU Gießen).

78 Lorenz, Schmieder & Stark 2022.

Abb. 7: Blick in das römische Wohnhaus des virtuellen Projekts Museum 3D der Antikensammlung der JLU.

Seiten zu betrachten und zu analysieren. Neben Hands-on-Objekten in Form von (vergrößerten) 3D-Drucken in Museumskoffern für Schule und Museumsworkshops werden digitale Lehrprojekte realisiert, wie das kürzlich abgeschlossene Projekt »Museum 3D – Ein virtueller Ausstellungsraum als DigiLab für Museen und Lehre«. In diesem Projekt wurde ein virtueller Ausstellungsraum mit drei Themenwelten (Grab, römisches Wohnhaus und Tempel) konzipiert, der die Sammlungsobjekte in Form von 3D-Visualisierungen immersiv erlebbar macht (Abb. 7). Zugleich kann ein solcher virtueller Museumsraum als Experimental-Labor zur Schulung im Umgang mit Objekten, zu methodenorientierten und interdisziplinären Lehrformaten sowie für die Gestaltung von studentischen Sonderausstellungen genutzt werden. Von dieser innovativen und zukunftsorientierten Herangehensweise an die öffentliche Präsentation der universitären Lehrsammlung profitieren neben Museumsbesucherinnen und -besuchern, die auf eine wachsende Zahl digitalisierter Sammlungsobjekte und interaktiv gestalteter Lernangebote der Antikensammlung zugreifen können, insbesondere auch die Studierenden an der Professur für Klassische Archäologie, die aktiv an der Konzeption der Formate beteiligt werden und so wesentliche Kenntnisse in den Bereichen Kulturgutvermittlung, Design Thinking, Creative Visiting und Wissenschaftskommunikation erwerben.

Objekt- und Abbildungsnachweise

Abb. 1 Gießener Antikensammlung. Foto: Michaela Stark.
Abb. 2 Gießener Antikensammlung. Foto: Michaela Stark.
Abb. 3 Gießener Antikensammlung. Foto: Michaela Stark.
Abb. 4 Foto eines Gemäldes aus der Professorengalerie; Ansichtskarte. Bildarchiv von Universitätsbibliothek und -archiv Gießen; Bildsignatur HR A 66 a.

Abb. 5 Stahlstich. Bildarchiv von Universitätsbibliothek und -archiv Gießen; Bildsignatur HR A 6 a.
Abb. 6 Foto: Michaela Stark.
Abb. 7 Viewport Unreal Engine; 3D-Visualisierung: Tobias Jung.

Bibliographie

Buchholz 1982 H. G. Buchholz: Archäologische Sammlung. In: *375 Jahre Universität Gießen: 1607–1982: Geschichte und Gegenwart. Ausstellung im Oberhessischen Museum und Gail'sche Sammlungen, 11. Mai bis 25. Juli 1982*. Gießen 1982, S. 294–298.

Gundel 1976 H. G. Gundel: Die Münzsammlung der Universität Gießen und Johann Valentin Adrian. Mit einem wiederentdeckten Beitrag von Friedrich Kredel (†). *Gießener Universitätsblätter* 9.1 (1976), S. 59–73.

Gundel 1984 H. G. Gundel: *Die Münzsammlung der Universität Gießen. Geschichte, Inhalt, Bearbeitung*. Gießen (2. Aufl.) 1984.

Kemmers et al. 2019 T. Birch, K. J. Westner, F. Kemmers, S. Klein, H. E. Höfer, H. M. Seitz: Retracing Magna Graecia's Silver: Coupling Lead Isotopes With a Multi-Standard Trace Element Procedure. *Archaeometry* 62.1 (2019), S. 81–108: onlinelibrary.wiley.com/doi/full/10.1111/arcm.12499.

Kemmers et al. 2020 T. Birch, K. J. Westner, F. Kemmers, S. Klein, H. E. Höfer, H. M. Seitz: ROME'S Rise to Power. Geochemical Analysis of Silver Coinage from the Western Mediterranean (Fourth to Second Centuries BCE). *Archaeometry* 62.3 (2020), S. 577–592: onlinelibrary.wiley.com/doi/full/10.1111/arcm.12547.

Koch & Diehl 2019 J. Koch & J. Diehl: Hellenistische Herrscher. In: M. Stark (Hrsg.): *Bilder-Welten. Eine Zeitreise in die Antike mit den Highlights der Antikensammlung der Justus-Liebig-Universität Gießen. Katalog zur neukonzipierten Dauerausstellung*. Gießen 2019, S. 67–69.

Kredel 1925 F. Kredel: Übersicht über die Geschichte der Münzsammlung des Gießener Archäologischen Institutes (1925). Unveröffentlichtes Manuskript, abgedruckt in H. G. Gundel: Die Münzsammlung der Universität Gießen. Geschichte, Inhalt, Bearbeitung. Gießen 1976, S. 6–15.

Lorenz, Schmieder & Stark 2022 K. Lorenz, C. Schmieder & M. Stark: Neue Wege für die Lehre. Seit 1880: Materialität und Körperlichkeit im Prozess des Verstehens. *Uniforum* 35/1 (2022), S. 10.

Lorenz & Stark 2020 K. Lorenz & M. Stark: *Gruppenbilder – von der Kunst des Gemeinsam-Seins Katalog zur Sonderausstellung in der Gießener Antikensammlung, 29. Oktober 2020 bis 31. März 2021*. Gießen 2020.

Recke 2000 M. Recke: *Die Klassische Archäologie in Gießen. 100 Jahre Antikensammlung*. Gießen 2000.

Recke 2007 A. Klöckner & M. Recke (Hrsg.): *Gönner, Geber und Gelehrte. Die Gießener Antikensammlung und ihre Förderer; Gießen, Wallenfels'sches Haus am Kirchenplatz, 31. Oktober 2007 bis 24. Februar 2008. Katalog zur Ausstellung*. Nürtingen 2007.

Recke 2009 M. Recke: 200 Jahre Archäologie in Gießen: Erster Lehrstuhl für Griechische Literatur und Archäologie in Deutschland. Teil 1: Die ersten hundert Jahre. *Spiegel der Forschung*, 26.2 (2009), S. 68–77.

Recke & Schneider 2009 M. Recke & O. Schneider (Hrsg.): *ErhaltenSwert. Archäologische und bibliophile Schätze für die Zukunft bewahren Eine Ausstellung der Antikensammlung und der Universitätsbibliothek Gießen; Gießen, Wallenfels'sches Haus am Kirchenplatz, 30. Juni bis 9. August 2009*. Gießen 2009.

Recke 2010a M. Recke: Jahresbericht aus der Gießener Antikensammlung 2009–2010. *Mitteilungen des Oberhessischen Geschichtsvereins Gießen* 95 (2010), S. 268–275.

Recke 2010b M. Recke: 200 Jahre Klassische Archäologie in Gießen: Teil 2: Die Zeit von 1909 bis heute. *Spiegel der Forschung* 27.1 (2010), S. 22–33.

Recke & Kobusch 2011 M. Recke & P. Kobusch (Hrsg.): *Bare Kunst. Meisterwerke im Miniaturformat. Griechische und Römische Münzen der Gießener Antikensammlung*. Gießen 2011.

Recke 2013 M. Recke: Jahresbericht aus der Antikensammlung der Justus-Liebig-Universität Gießen 2012–2013. *Mitteilungen des Oberhessischen Geschichtsvereins Gießen* 98 (2013), S. 400–408.

Recke 2015 M. Recke: Jahresbericht aus der Antikensammlung der Justus-Liebig-Universität Gießen 2014–2015. *Mitteilungen des Oberhessischen Geschichtsvereins Gießen* 100 (2015), S. 285–293.

Sipsie-Eschbach 1988 M. Sipsie-Eschbach: *Griechische und römische Münzen aus der Münzsammlung der Justus-Liebig-Universität. Eine Auswahl. Katalog einer Ausstellung der Universitätsbibliothek und der Professur für Klassische Archäologie der Justus-Liebig-Universität in der Volksbank Giessen vom 21.11–9.12.1988.* Gießen 1988.
Stark 2019 M. Stark (Hrsg.): *Bilder-Welten. Eine Zeitreise in die Antike mit den Highlights der Antikensammlung der Justus-Liebig-Universität Gießen. Katalog zur neukonzipierten Dauerausstellung.* Gießen 2019.
Schmidt 1964 E. Schmidt: Johann Heinrich May der Jüngere und die Gießener Münzsammlung. *Mitteilungen des Oberhessischen Geschichtsvereins Gießen* 48 (1964), S. 93–117.
Zschietzschmann 1957a W. Zschietzschmann: Die Sammlungen des ehemaligen Archäologischen Instituts der Universität Gießen. *Mitteilungen des Oberhessischen Geschichtsvereins* N. F. 42 (1957), S. 46–51.
Zschietzschmann 1957b W. Zschietzschmann: Die Münzsammlung der Universität. In: *350 Jahre Ludoviciana.* Gießen 1957, S. 20–23.

Sämtliche Verweise auf Internetressourcen in diesem Beitrag wurden vor der Drucklegung geprüft.

Münzsammlungen der Greifswalder Universität vom 19. Jahrhundert bis heute

Ein Überblick

Thilo Habel & Florian Krüger

Anfänge der Sammlungen

Die Gründung der Academia gryphiswaldensis 1456 war verbunden mit herrschaftlichen Schenkungen von Rektoreninsignien, Gebäudestiftungen und einer Bücherschenkung durch Ihren Gründungsrektor Heinrich Rubenow (1400–1462). Die Universität Greifswald hat eine 1604 gegründete Universitätsbibliothek, eine bis weit ins 18. Jahrhundert reichende anatomische Sammlung und eine kaum jüngere botanische Belegsammlung. Es war wohl eher eine hanseatische Tradition, dass in der Manier der Ratsherrenporträts auch früh mit dem Aufbau einer Rektorengalerie begonnen wurde. Eine kleine Geschichtskollektion begann wahrscheinlich schon im 18. Jahrhundert mit einem Schrank in der Saalbibliothek des Kollegiengebäudes, in dem Kunstgegenstände, Bodenfunde der frühesten Grabungen Christian Nettelbladts (1696–1775) und wohl auch erste Münzbestände aufbewahrt wurden – eher als Mirabilien denn als wissenschaftliche Belege. Die Sammlungen erlitten Verluste, wuchsen zeitweise wieder an und wechselten ihre Aufstellorte – überwiegend innerhalb des Hauptgebäudes in der Domstraße. Eine Sammlungstradition ist damit zwar sehr alt, sie weist aber Brüche und Wendepunkte auf und hing immer sehr vom Engagement einzelner Personen ab, die mit Enthusiasmus gut begründete Sammlungsanliegen gegen Sparzwänge und andere Widerstände durchzusetzen wussten.

Das eigentliche Phänomen einer am und mit dem materiellen Objekt forschenden und damit wissenschaftlich sammelnden Einrichtung begann aber erst, nachdem Greifswald 1815 Königlich Preußische Universität geworden war. Damit entwickelte sich die Hochschule zu einem Trabanten der neu gegründeten Berliner Musteruniversität »unter den Linden«, die man allein nach ihrer Gebäudeflächennutzung zur Mitte des 19. Jahrhunderts hin als ein Universalmuseum mit Lehrbetrieb bezeichnen könnte.

Für Greifswald gilt eine Publikation als Initialzündung für landesgeschichtliches Sammeln: Der Historiker und Philologe Peter Friedrich Kanngießer (1774–1833) rief in seinen »Mittheilungen aus Greifswald und Pommern« von 1821 dazu auf, eine zentrale Sammlung Pommerscher Altertümer aufzubauen, die idealerweise ihren Platz an der Universität in Greifswald haben sollte.[1] Das stand im Zusammenhang mit den als traumatisch empfundenen Jahren der französischen Besetzung, der eine identitätsstiftende slawisch-germanische Geschichte in der Vorzeit und vor allem während der Herrschaft der pommerschen Greifenherzöge entgegengestellt werden konnte. War Greifswald seit dem Dreißigjährigen Krieg die südlichste und älteste Universität Schwedens gewesen, so rückte nun wieder stärker der ehemalige Status einer pommerschen und damit deutschen Landesuniversität ins Bewusstsein. Materielles Erbe dieser Zeit war neben vom Herzogshaus geschenkten Würdeinsignien wie dem Rektorenornat vor allem umfangreicher Grundbesitz, der der Hochschule lange Zeit finanzielle Unabhängigkeit erlaubt hatte. Als nun älteste Hochschule Preußens mit dem Namen Königliche Universität zu Greifswald galt es, den Fokus auf landesgeschichtliche und deutsche Themen zu lenken und damit den zukünftigen Lehrern, Pfarrern, Ärzten und Juristen ein vaterländisches Geschichtsbewusstsein mit auf den Weg zu geben.

Die »Gesellschaft für pommersche Geschichte und Alterthumskunde« an der Universität

Tatsächliche Initiatoren für die neuen Sammlungen nach 1821 waren aber nicht ausgewiesene Forscher in Geschichte oder Altertumswissenschaften, sondern eine Gruppe von Gelehrten verschiedenster Fachrichtungen.[2] Sie waren organisiert in der »Gesellschaft für pommersche Geschichte und Alterthumskunde«, deren eigene Objektbestände aus Grabungen, Schenkungen und Ankäufen im Hauptgebäude der Universität mit universitären Sammlungsbeständen vereint anwuchsen. Akteure waren dabei auch außeruniversitäre Mitglieder der Gesellschaft wie etwa der Gutsbesitzer und Privatgelehrte Friedrich v. Hagenow (1797–1865), dessen Interessen sich zwischen Kameralistik, der Vorgeschichte der Region und der Paläontologie bewegten. Ehrgeizige und treibende Kräfte für den Aufbau der Objektsammlungen zur Geschichte waren in der Anfangszeit der Jurist und Greifswalder Lehrstuhlinhaber Karl Schildener (1777–1843) (Abb. 1) und später unter anderen der Orientalist Gottfried Kosegarten (1792–1860). Hervorzuheben ist in der illustren Runde besonders der Greifswalder Kaufmann Kommerzienrat Carl Friedrich Pogge (1752–1840), dessen private Münzsammlung schon zu seinen Lebzeiten legendär war und der selbstverständlich auch Stücke für die Münzsammlung innerhalb der vaterländischen

1 Kanngießer 1995, S. 681–701.
2 Wie typisch dies für jene Zeit war, zeigt ein Blick in die ersten Beiträge des vorliegenden Bandes.

Abb. 1: Karl Schildener (1777–1843).

Altertümersammlung beisteuerte.[3] Lag bereits bei der wertvollen, im Familienfideikommiss befindlichen Pogge-Sammlung[4] einer der Schwerpunkte auf pommerschen Münzen, so galt Gleiches für die Bestände von Universität und Verein: Brakteaten, Herkünfte aus Pommern, den Hansestädten und überwiegend norddeutschen Territorien bildeten den Rahmen. Münzen des klassischen Altertums waren interessant, wenn es sich um Fundstücke der Region handelte, wenngleich: »Münzen aus dem Alterthum sind in Pommern bis jetzt verhältnismäßig wenige aufgefunden worden. Es kann dies auch nicht befremden, da unsre Heimath, in weiter Ferne belegen von den gebildeten Völkern der alten Welt, mit ihnen in so geringem Verkehr gestanden zu haben scheint, daß manche Geschichtsfor-

3 Eines der Geschenke Pogges an die Sammlung vaterländischer Alterthümer wurde in der aktuellen Sammlung vorgeschichtlicher Altertümer der Universität Greifswald nachgewiesen; s. Krüger 1999, S. 121–135. Geschenke Pogges sind vermerkt in Pyl 1869, z. B. S. 43.

4 Trotz des ursprünglichen Fideikommiss-Status der Sammlung wurde sie 1903 versteigert; s. Pogge 1903.

Abb. 2: Universitäts-Bibliothek Greifswald (Ansicht nach 1856).

scher berechtigt zu sein glaubten, denselben ganz in Abrede zu stellen«.[5] Grabungen und Ankäufe durch Universitätsangehörige widerlegten diese Ansicht: Römische und auch arabische Fundmünzen aus der Ostseeregion gingen durchaus in die Sammlung ein und wurden als Belege für Fernbeziehungen erkannt.

Die Sammlungen unter Theodor Pyl

Über die einzelnen Objektgruppen der frühen Greifswalder Altertümer-Sammlung wissen wir deshalb so gut Bescheid, weil sie ihr späterer Vorstand Theodor Pyl (1826–1904) in einer Auflistung 1869 veröffentlicht hat. Schon 1863 wurde das Historische Institut unter Pyl als erstes in Preußen und als viertältestes in Deutschland gegründet, und damit kamen die Greifswalder Altertumsforschung und das entsprechende Sammlungswesen in institutionelle Bahnen. Spätestens seit der Gründung des historischen Instituts dürfte

5 Vierzehnter Jahresbericht der Gesellschaft für Pommersche Geschichte und Alterthumskunde vorgetragen am 22sten Juni 1839, Baltische Studien 7.1 (1840), S. 224.

die universitäre Münzsammlung als Teil der »Vaterländischen Alterthümer« nicht mehr nur als eine Art pommerscher Nationalschatz verstanden, sondern auch in die Lehre eingebunden worden sein.

Parallel war zu den Vaterländischen Alterthümern schon vor Pyls Amtszeit die sogenannte Akademische Kunstsammlung aufgebaut worden, bei der es zunächst ganz im Winckelmann'schen Sinne um die ästhetische Bildung der Studenten durch Anschauung und Zeichnen von antiken Bildwerken ging. Der Universitätszeichenmeister Wilhelm Titel (1784–1862) hatte mit seiner Schenkung von akademischen Zeichnungen als Bildvorlagen, die in der alten Saalbibliothek (Abb. 2) aufgehängt wurden, sowie mit der Anschaffung erster Gipse die Grundlage gelegt. Auf keinen geringeren als Otto Jahn (1813–1869), den Lehrstuhlinhaber für Klassische Literatur und Archäologie, geht die Abgusssammlung zurück. Mit dem Verein zur Sammlung von Gipsabgüssen der schönsten antiken Skulpturen erwarb er bereits eine Kollektion an Gipsen, die spätestens ab dem Universitätsjubiläum von 1856 ebenfalls prominent in der Saalbibliothek im Hauptgebäude aufgestellt war. Diese war schon 1852 in die Akademische Kunstsammlung übergegangen und wuchs im 19. Jahrhundert zur zweitgrößten derartigen Sammlung Preußens hinter Berlin heran.[6] Ebenfalls noch in den 1850er Jahren übergab Kosegarten die antiken Gefäße, Gemmen – und auch Münzen – aus der Vaterländischen Altertümersammlung an die Akademische Kunstsammlung. Mit der Gründung des archäologischen Instituts ging diese Bildwerksammlung zu antiker Kunst in dessen Obhut über. Die Bezeichnung »Akademische Kunstsammlung« wich auf den Besitzstempeln dem Archäologischen Institut Greifswald. Antike und nachantike Münzen waren somit für die nächsten Jahre getrennt.

Das Akademische Münzkabinett

Der antike Münzbestand scheint jedoch vor 1921 nicht mehr ausgebaut worden zu sein, denn von dem Althistoriker Walther Kolbe (1876–1943) wurde in diesem Jahr offiziell das »Akademische Münzkabinett« eingerichtet. Kolbe beantragte nämlich die Gründung einer numismatischen Sammlung unter diesem Namen beim Berliner Ministerium. Es wird aus dem Schreiben klar, dass es sich dabei speziell um eine Einrichtung der klassischen Archäologie handeln sollte:

> Es ist mir durch eine glückliche Verkettung von Umständen möglich geworden, die Summe von 1 200 Mark für den Zweck der Begründung einer numismatischen Lehrsammlung flüssig zu machen. Diese Sammlung, die einstweilen nur das griechisch-

6 Fischer 2015, S. 37.

> römische Altertum umfaßt, gedenke ich der Universität Greifswald zum Geschenk zu machen. Da die Ergänzung und Erweiterung der Sammlung im Interesse der Universität liegt, stelle ich den Antrag ein Münzkabinett zu begründen und mit einem Jahresetat von 500 M auszustatten. Zur ersten Einrichtung bitte ich ein Extraordinarium von 1 000 Mark zu bewilligen.[7]

Beide Münzkabinette – das neue von Kolbe gegründete und die alte Sammlung mit Regionalschwerpunkt – scheinen zunächst parallel bestanden zu haben. Kolbe, sein Amtsnachfolger Josef Keil (1878–1963) und der Mediävist Adolf Hofmeister (1883–1956), der 1927 die Leitung des Münzkabinetts übernahm, bauten den Bestand weiter zu einer Lehr- und Schausammlung – vor allem zur Antike und zum Mittelalter – aus, was die erhaltenen Mittelanträge beim Universitätskurator belegen. Unter Keil wurde am 1. September 1935 beim Wissenschaftsminister beantragt, einen zweiten Leiter aus der mittleren und neueren Geschichte, Prof. Dr. Adolf Hofmeister als Mittelalter- und Neuzeithistoriker an der Leitung des Münzkabinetts zu beteiligen.[8] Dies war wohl der Zeitpunkt, an dem die offenbar verwaisten Altbestände aus dem 19. Jahrhundert mit der neu erworbenen Antiken-Münzsammlung vereinigt wurden. In diesen Jahren wirkte zusätzlich auch der Numismatiker Tassilo Hoffmann (1887–1951)[9] in Greifswald, ohne dass ein Katalog oder eine andere Erschließungsform der Sammlung nachzuweisen wären. Doch handelte es sich damals bei dem »Kabinett« tatsächlich um ein Sammlungszimmer im Historischen Institut, das mit Schränken und Schauvitrinen ausgestattet war. »In zwei Vitrinen wurden die Münzen ausgestellt; die erste zeigte antike Münzen (griechische, römische und orientalische), die zweite mittelalterliche Münzen (Denare und Brakteaten)«.[10] In diesen Jahren war Numismatik offensichtlich ein verbreitetes Hobby innerhalb des universitären Lehrkörpers, denn es bildete sich um das Akademische Münzkabinett herum ein Münzverein.

Der letzte bedeutende Zuwachs für das Greifswalder Münzkabinett kam noch im Kriegswinter 1942/43 durch den vom Wissenschaftsministerium finanzierten Ankauf der Münzsammlung des drei Jahre vorher verstorbenen Theologieprofessors und Rektors Eduard Freiherr v. d. Goltz (1870–1939), der auch Mitglied des Münzvereins gewesen war. Der Preis von 7 500 Mark wurde in Raten an die Witwe gezahlt. Eine Möbelspedition brachte den schweren Münzschrank in die Universität. Unter den 3 800 Stücken waren immerhin ca. 750 antike und 250 mittelalterliche Münzen. Wieder lag auch hier ein Schwerpunkt auf Prägungen aus Norddeutschland und des Deutschen Ordens.

---

7 Universitätsarchiv Greifswald C527 Blatt 1, »An den Minister für Wissenschaft, Kunst und Volksbildung in Berlin«.

8 Universitätsarchiv Greifswald C528 Blatt 20 und Blatt 21 mit der Zustimmung des Ministers an den Universitätskurator.

9 Fried 2015.

10 Hofmeister 1956, S. 112.

Man hielt Greifswald im Zweiten Weltkrieg aus verschiedenen Gründen für ein potentielles Ziel für Luftangriffe der Alliierten. Insbesondere die Kunst- und kulturhistorischen Sammlungsbestände wurden darum spätestens 1944 zunächst auf umliegenden Schlössern und Gutshäusern untergebracht. Aktenkundig ist, dass ein großer Münzschrank samt Inhalt auf Schloss Niederhof eingelagert wurde, wo sich bereits die Archäologischen Sammlungen befanden.[11] Schloss Niederhof war eine unbewohnte Immobilie im Besitz Fritz Ulrich v. Bismarck-Bohlens (1884–1945), der Ehrensenator der Universität war. Es ist nicht auszuschließen, dass es sich bei besagtem Kabinettschrank nicht um das ganze Akademische Münzkabinett handelte, sondern vielleicht nur um die umfangreiche Sammlung v. d. Goltz. Es gibt einen weiteren Hinweis auf eine verteilte Unterbringung in den letzten Kriegstagen: Münzen, die noch am Historischen Institut in Greifswald verblieben waren und sich dort noch im Sammlungsraum des Münzkabinetts befanden,[12] kamen in den 1960er Jahren an das Berliner Münzkabinett und sind dort noch heute als Greifswalder Leihgaben ausgewiesen.[13] Im Jahr 1945 gelangte dann der überwiegende Teil nach Westdeutschland. Erst im Wendejahr 1989 kam die als Münzkabinett deklarierte Sammlung im Rahmen des Kulturabkommens wieder aus Schleswig-Holstein nach Greifswald zurück: Sämtliche Goldmünzen und die besseren Silberprägungen fehlten allesamt. Lediglich der Bruchteil einer ursprünglich höheren Tausenderzahl ist heute noch an der Universität vorhanden. Zahlreiche Leihgaben daraus befinden sich in verschiedenen Abteilungen der Dauerausstellung des Pommerschen Landesmuseums in Greifswald. Der größere Teil wird in der Kustodie der Universität Greifswald verwahrt.

Insgesamt kann allen Stücken kein erstrangiger Zustand zugesprochen werden. Es handelt sich im besten Fall um sehr schön erhaltene Stücke, zumeist sind sie aber nur schön und gut erhalten, bis hin zu bloßen Brakteat-Fragmenten und geringen Münzen ohne erkennbare Prägung. Von den 1 225 Münzen und Medaillen können rund hundert keinerlei zeitliche oder räumliche Zuordnung erfahren, da ihr Erhaltungszustand keine Hinweise mehr gibt. Dieser Umstand reduziert die effektiv behandelbaren Stücke auf rund 1 100. Diese Menge bietet einen Überblick über ein breites Spektrum von Münzen aus dem Raum des Heiligen Römischen Reiches im weitesten Sinne bis zur neuesten Zeit. Dabei blendet sie jedoch jene Bereiche in ihrer heutigen Zusammenstellung vollständig aus, die für eine Akademische Münzsammlung mit Ursprung im 19. Jahrhundert erwartbar wäre, die Antike. Es ist möglich, dass Teile dieses Bestandes in die später entstandenen Spezial-

11 Diesen wichtigen Hinweis erhielten wir dankenswerterweise von Herrn Pfarrer i. R. Rainer Neumann mit dem Beleg durch Universitätsarchiv Greifswald, Nachlass Adolf Hofmeister, alte Signatur: B1/2.

12 »Als 1952 das Historische Institut den Raum des Akademischen Münzkabinetts, der der inzwischen heimatlos gewordenen Klassischen Archäologie zugewiesen wurde, gegen zwei kleine, durch Abschlagen des Korridors gewonnene Räume im ersten und zweiten Stock eintauschte, wurde das Münzkabinett im Historischen Institut untergebracht. Dort befindet es sich noch heute«. Hofmeister 1956, S. 112.

13 Krüger 1999, S. 121–135.

sammlungen der Universität übergegangen sind. Allerdings verwundert dann doch der Verbleib von sechs Antiken in der akademischen Münzsammlung als scheinbar zufälliger Rest.

Als zweites Kuriosum der Sammlung kann gesehen werden, dass sie, obwohl sie ihre Ursprünge in der »Gesellschaft für pommersche Geschichte und Alterthumskunde« findet, lediglich zu einem Bruchteil von 73 Münzen aus tatsächlich eigenständig pommerschen Prägungen besteht. Den überwiegenden Teil machen 253 Stücke aus der Mark bzw. dem Kurfürstentum Brandenburg und 135 aus dem Königreich Preußen aus. Das anschließende Deutsche Reich ist mit 76 Stücken vertreten. Folglich ist weniger als die Hälfte der Sammlung thematisch eine Repräsentation der historischen Kontinuität der Teile Pommerns.

Bei den eigenständig pommerschen Prägungen weist die Sammlung keine Münzen aus der Anfangszeit der Münzprägung im Pommern des 12. Jahrhunderts durch die Herzöge Bogislaw I. (1130–1187) oder Kasimir I. (1130–1180)[14] auf. Die ältesten Stücke stammen aus dem 13. Jahrhundert, den Münzstätten Pyritz und Kolberg, und lassen sich auf den Herzog Barnim I. (um 1218–1278) zurückführen (Abb. 3). Außer den pommerschen Herzögen war auch seit dem 12. Jahrhundert der Bischof von Cammin als Münzherr in Pommern tätig, so findet sich eine Prägung Bischof Johanns I. (um 1318–1370) aus der Mitte des 14. Jahrhunderts in der Sammlung. Der gesamte Fundus an pommerschen Münzen des 13. bis 15. Jahrhunderts besteht aus kleinsten Pfennigen, Finkenaugen und Witten, deren Durchmesser im Durchschnitt etwas über einen Zentimeter und deren Gewicht ¼ bis ½ Gramm beträgt (Abb. 4). Daher sind genaue Einschätzungen über die Herkunft oftmals nicht möglich.

Da im 16. Jahrhundert in Pommern nur wenige Münzprägungen stattfanden und Stralsund in dieser Zeit bemüht war, die Eigenständigkeit aufrecht zu erhalten,[15] findet sich dementsprechend in der Sammlung die einzige Münze dieser Zeit aus Stralsund (Abb. 5). Demgegenüber stellen die letzten herzoglichen Prägungen unter Herzog Philipp Julius (1584–1625) und Bogislaw XIV. (1580–1637), in Form von Doppelschillingen (Abb. 6), einen der Höhepunkte der Sammlung dar, bevor die Prägetätigkeit in schwedische Hoheit und im Anschluss in preußische überging.

Die zweite Hälfte der Sammlung ist weniger konsistent in ihrer Herkunft und kann nur als Mischung verschiedenster Prägezeiten und Orte beschrieben werden, die von Fränkischen Prägungen aus dem 9. Jahrhundert bis zu finnischen Münzen aus dem 20. Jahrhundert reicht.

Wie diese regionalen Zuordnungen schon vermuten lassen, ist auch die Epochenrepräsentation innerhalb der Sammlung stark in die Neuzeit gerückt. Mit Abstand die meisten Stücke stammen aus dem 18. und 19. Jahrhundert, daneben existiert aber auch

14 Krüger 2004, S. 29.
15 Krüger 2004, S. 40.

Abb. 3: Pfennig aus Pommern (Barnim I./2. Hälfte 13. Jh.), Greifswald, Akademisches Münzkabinett der Universität.

Abb. 4: Finkenauge aus Pommern (Bischof Johann I./Mitte 14. Jh.), Greifswald, Akademisches Münzkabinett der Universität.

Abb. 5: Schilling aus Stralsund (1538), Greifswald, Akademisches Münzkabinett der Universität.

Abb. 6: Doppelschilling aus Pommern-Wolgast (Philipp Julius V./Anfang 17. Jh.), Greifswald, Akademisches Münzkabinett der Universität.

noch eine kleinere, aber merkliche Häufung von Münzen aus dem 13. und 14. Jahrhundert. Aus welchen Ursprüngen des Akademischen Münzkabinetts diese stammen, ist heute kaum zu ermitteln.

Doch das Sammeln von Münzen war nach den Jahren der Gründungen von eigenen Lehrstühlen für die einzelnen historischen Fächer nicht auf die Einrichtungen des Münzkabinetts und die Ursprünge der Sammlung Vaterländischer Alterthümer beschränkt, wobei Transfers als informelle Dauerleihgaben zwischen den Einrichtungen sicher nicht auszuschließen sind.

Münzen der Sammlung vorgeschichtlicher Altertümer

Auch die Sammlung vorgeschichtlicher Altertümer, die im 19. Jahrhundert ja die Anfänge des Greifswalder Münzkabinetts beinhaltete, existiert als verwaiste Sammlung noch heute. Zum Bestand der Sammlung gehören Bodenfunde aus allen Abschnitten der Vor- und Frühgeschichte der Region und anderer deutscher Gebiete. Sie decken einen Zeitraum von der Späteiszeit bis zu neu- und jetztzeitlichen Bodenfunden aus Greifswald und Umgebung ab. Bislang sind 23 Münzen registriert, von denen 21 auffindbar sind. Eine der Münzen ist nachweislich auf die erste Greifswalder Münzsammlung innerhalb der Vaterländischen Alterthümer zurückzuführen: Es handelt sich um einen Æ-Denar der Regierungszeit von Kaiser Nero aus der Sammlung des Kommerzienrats Pogge.[16] Weiteres numismatisches Material dürfte sich unkatalogisiert innerhalb der verwahrten Fundzusammenhänge aus (Not-)Grabungen des 20. Jahrhunderts befinden.

Die Münzen der Dalman-Sammlung

Ab 1917 kam eine neuartige, zugleich ihrem Wesen nach anachronistische Sammlung an die Universität Greifswald: Sie ist der Forschertätigkeit des Theologen Gustaf Dalman (1855–1941) (Abb. 7) zu verdanken, der ab 1902 erster Direktor des Deutschen Evangelischen Instituts für Altertumswissenschaft des Heiligen Landes (DEIAHL) war. In diesen Jahren vor dem Ersten Weltkrieg trug er den Grundstock einer breit angelegten Sammlung zum Thema Palästina zusammen. Wie vor ihm schon viele allein aus Bibelzitaten ein Lebensbild des alten Palästina zu Jesu Zeiten umrissen, so versuchte Dalman das mittels ethnologischer Beobachtung und Sammeltätigkeit – ganz im Alexander von Humboldt'schen Sinne vor allem auch über die Erforschung der Landesnatur. Das Ergebnis ist die

16 Krüger 1999, S. 124.

Abb. 7: Gustaf Dalman (1855–1941).

heutige Greifswalder Teilsammlung mit unzähligen Fotodokumenten, Materialproben, Präparaten, Landkarten, einer Bibliothek und selbstverständlich auch Münzfunden. Etwa sechshundert Münzen unbekannter Fundorte als Belege der Geschichte Palästinas liegen zum Teil noch in ihren ursprünglichen Verwahrformen z. B. in beschrifteten Streichholzschachteln. Es handelt sich um wenige antike und überwiegend arabische Münzen. Eine Erschließung des Bestands ist derzeit in Arbeit. Insgesamt findet die Dalman-Sammlung im Zuge ihres guten digitalen Erfassungsstands und umfangreichen Objektveröffentlichungen[17] in Netzportalen auch international große Beachtung und ist traditionell in die Lehre integriert.

17 Sammlungsobjekte sind z. B. in der Deutschen Digitalen Bibliothek und im Greifswalder Sammlungsportal recherchierbar: wissenschaftliche-sammlungen.uni-greifswald.de/dalman.

Münzen der Victor-Schultze-Sammlung

An der Greifswalder Theologischen Fakultät gibt es eine zweite, etwa zeitgleiche Sammlung mit einem kleinen Bestand von etwa hundert römischen und auch oströmischen Münzen. Sie wurde von Victor Schultze (1851–1937) (Abb. 8) als Sammlung spätantiker und mittelalterlicher Originale wie einiger Lampen und Ampullen aufgebaut. Rund zwei Dutzend gotische Holzplastiken (zum Teil mit Bezug zu Pommern), außerdem ca. 180 Abgüsse von Elfenbein- und Metallarbeiten des frühen bis hohen Mittelalters charakterisieren die Sammlung als ausgesprochenen Lehrapparat zur christlichen Ikonographie. Victor Schultze war Kunsthistoriker, evangelischer Theologe und Kirchenhistoriker. Ab 1884 hatte er mit dem Sammlungsaufbau begonnen. Seine Absicht dahinter war neben dem notwendigen Lehrmaterial zur christlichen Archäologie, die er vertrat, auch die Vermittlung kunsthistorischer Grundkenntnisse an zukünftige Pfarrer. Denn die sind ja auch heute in der Praxis oftmals auch als Verwalter und Bewahrer der Kunstschätze ihrer Gemeindekirchen zuständig. Der Münzbestand Schultzes ist im Greifswalder Münzpor-

Abb. 8: Victor Schultze (1851–1937).

tal bereits vollständig digital erschlossen, wie auch damit begonnen wurde, die gesamte Kunstsammlung zeitgemäß neu zu inventarisieren.

Objekt- und Abbildungsnachweise

Abb. 1 Handzeichnung von Wilhelm Titel. Kustodie der Universität Greifswald Inv. KU001004v. Scan: Thilo Habel.
Abb. 2 Geissler, Robert: Album von Greifswald: Erinnerungsblätter. Scan: Universitäts-Bibliothek Greifswald.
Abb. 3 Akademisches Münzkabinett der Universität, Greifswald, Inv. 332. Foto: Thilo Habel. numid.wissenschaftliche-sammlungen.uni-greifswald.de/object?id=ID235.
Abb. 4 Akademisches Münzkabinett der Universität, Greifswald, Inv. 358. Foto: Thilo Habel. numid.wissenschaftliche-sammlungen.uni-greifswald.de/object?id=ID260.
Abb. 5 Akademisches Münzkabinett der Universität, Greifswald, Inv. 207. Foto: Thilo Habel. numid.wissenschaftliche-sammlungen.uni-greifswald.de/object?id=ID121.
Abb. 6 Akademisches Münzkabinett der Universität, Greifswald Inv. 229. Foto: Thilo Habel. numid.wissenschaftliche-sammlungen.uni-greifswald.de/object?id=ID136.
Abb. 7 Ölporträt von Konrad v. Kardorff. Gustaf-Dalman-Institut der Universität Greifswald. Inv. GDI00001.
Abb. 8 Ölporträt von Konrad v. Kardorff. Kustodie der Universität Greifswald. Inv. KU000691. Foto: Thilo Habel.

Bibliographie

Fischer 2015 J. Fischer: Nicht immer geschätzt – Die Archäologische Studiensammlung der Universität Greifswald. In: *Wissen sammeln. Die digitalisierten Schätze der Universität Greifswald ...* Greifswald 2015, S. 37.

Fried 2015 T. Fried: Hoffmann, Tassilo (1887–1951). In: D. Alvermann & N. Jörn (Hrsg.): *Biographisches Lexikon für Pommern.* Köln 2015.

Hofmeister 1956 A. Hofmeister: Aus der Geschichte des Historischen Instituts. In: W. Braun (Hrsg.): *Festschrift zur 500-Jahrfeier der Universität Greifswald. 17.10.1956,* Bd. 2. Greifswald 1956, S. 92–115.

Jahresbericht Pommersche Geschichte 1839 Vierzehnter Jahresbericht der Gesellschaft für Pommersche Geschichte und Alterthumskunde vorgetragen am 22sten Juni 1839. *Baltische Studien* 7,1 (1840), S. 218–259.

Kanngießer 1821 P. F. Kanngießer: *Mitteilungen aus Greifswald und Pommern.* Greifswald 1821.

Krüger 1999 J. Krüger: Die Münzen der Sammlung vorgeschichtlicher Altertümer der Universität Greifswald. In: G. Mangelsdorf (Hrsg.): *Von der Steinzeit zum Mittelalter.* Frankfurt a. M. 1999, S. 121–136.

Krüger 2004 J. Krüger: *Zwischen dem Reich und Schweden. Die landesherrliche Münzprägung im Herzogtum Pommern und in Schwedisch-Pommern in der Frühen Neuzeit.* Münster 2004.

Pogge 1903 C. F. Pogge: *Münzen und Medaillen von Pommern, Russland, Polen, Dänemark, Schweden und Mecklenburg. Catalog/Sammlung des Herrn C. F. Pogge in Greifswald,* Abt. 1. Osterrieth 1903.

Pyl 1869 Th. Pyl: *Die Greifswalder Sammlungen vaterländischer Alterthümer und die Kunstwerke des Mittelalters u. der Renaissance im Besitz der Universität, der Kirchen u. Behörden und der Greifswalder Abtheilung der Gesellschaft für Pommersche Geschichte und Alterthumskunde [1]. Ges. für Pommersche Geschichte und Alterthumskunde.* Greifswald 1869.

Sämtliche Verweise auf Internetressourcen in diesem Beitrag wurden vor der Drucklegung geprüft.

Das orientalische Münzkabinett der Universität Jena

Islamische Numismatik in Jena vom 18. bis zum 21. Jahrhundert

Stefan Heidemann

Einführung

Das im Jahr 1840 gegründete Orientalische Münzkabinett Jena ist heute mit ca. 21 000 Objekten die zweitgrößte Sammlung ihrer Art in Deutschland und eine der größten öffentlichen Sammlungen orientalischer Münzen weltweit (Abb. 1).[1] Die Gründung des Kabinetts liegt in der Mitte des 19. Jahrhunderts, der Blütezeit der philologischen Ausrichtung der Orientalistik in Deutschland und der disziplinären Ausdifferenzierung der Geisteswissenschaften. Neue »Sprachdenkmäler« wurden entdeckt und »kartographiert«. Die Beschäftigung mit islamischer Numismatik ließ dann zum Ende des 19. Jahrhunderts nach, in dem Maße wie andere Quellen, Chroniken und biographische Lexika zur islamischen Geschichte erschlossen und ediert wurden. Sie boten als narrative Quellen dem Historiker einen viel unmittelbareren Zugang zur Geschichte der islamisch und arabisch geprägten Mittelmeerwelt und Westeurasiens.

Abb. 1: Das wohl bekannteste Exemplar des Orientalischen Münzkabinetts Jena: Gold-Dīnār des ʿAbd al-Malik, Syrien [Damaskus], Jahr 77 H. (696 n. Chr.).

1 Der vorliegende Beitrag beruht auf dem zusammenfassenden Aufsatz des Verfassers »Das Orientalische Münzkabinett der Universität Jena. Islamische Numismatik in Jena vom 18. bis 21. Jahrhundert« (Heidemann 2019); s.a. Heidemann 2008, S. 140–184; Heidemann 2007, S. 95–120 und Heidemann 2006, S. 221–259.

Das neue Interesse an der islamischen Numismatik und parallel an arabischer Papyrologie seit den 1980er und 1990er Jahren erwuchs aus der Erkenntnis, dass zwar nun eine große Zahl an Chroniken, biographischen Lexika und weiterer Literatur für die frühislamische Zeit in editierter Form existierte; diese sind jedoch bis zu dreihundert Jahre nach den Ereignissen verfasst worden. Darüber hinaus verfolgen diese Werke (wie auch die narrative Überlieferung späterer Epochen) ihre eigene Agenda: den Lobpreis einer Dynastie, einer religiösen Richtung oder der sozialen Klasse der Gelehrten. Papyri, also Urkunden, Briefe und Dokumente, waren noch kaum aufgearbeitet, lagen nur mit regionalen Schwerpunkten vor und betrafen hauptsächlich private, kommerzielle und fiskalische Vorgänge. Für Fragen zur politischen Geschichte der Zeit vor dem 15. Jahrhundert existieren kaum Dokumente; politische Strukturen in Provinzen außerhalb der Zentralorte sind wenig bekannt, und auch über die Ausdehnung und Abgrenzung der Regionen und Provinzen sowie der politischen Zugehörigkeiten mittlerer und kleinerer Städte sind wir nur unzureichend informiert. Hier bilden Münzen oder Münzreihen eines Ortes eine unabhängige Quelle.

Keine andere Kultur hat die Münze so sehr als Textdokument genutzt wie die islamische. Mit einem Textumfang von bis zu 150 Wörtern stellen islamische Münzen eine äußerst wertvolle Quelle dar. Sie bietet Informationen zu Ort und Datum der Herstellung – fast immer das Jahr, manchmal den Monat und selten den Tag der Herstellung – sowie zur politischen Hierarchie, vom lokalen Herrscher bis zum Kalifen, oft vier bis fünf Namen, manchmal auch den zuständigen Beamten und in seltenen Fällen auch den Graveur (vgl. Abb. 2 – mit näheren Erläuterungen zu dieser und den übrigen hier abgebildeten Münzen im Anhang zum vorliegenden Beitrag). Chronologisch aneinandergelegt ergeben islamische Münzen ein Narrativ wechselnder politischer Hierarchien an einem Ort, unabhängig von der literarischen Überlieferung. Sie sind wie Urkunden zeitgenössisch und im historischen Prozess entstanden. Da zeitweise in vielen mittleren und kleineren Orten Münzen hergestellt wurden, ist dieses Narrativ an politischen Hierarchien dicht und flächendeckend.

Abb. 2: Die Münze als Textdokument: Dieser seldschukische Blassgold-Dīnār aus dem (historischen) Ostiran nennt drei Herrscher mit voller Titulatur und drei Koransuren. Geprägt in Walwālīz (Qunduz/Nordafghanistan), 493 H. (1099).

Münzen von der Ostsee und eine indische Geschenkmünze – Von der »Türkenmode« zur methodischen Wissenschaft

Die Anfänge der islamischen Numismatik als methodisch geleiteter Wissenschaft liegen in Thüringen und Sachsen und sind mit den ersten beiden Monographien zur islamischen Numismatik des Leipziger Orientalisten Georg Jacob Kehr (1692–1740)[2] verbunden. Die erste Monographie der islamischen Numismatik behandelt islamische Dirhams aus dem Ostseegebiet und die zweite eine gigantische indische Geschenkmünze.

In der Zeit der »Türkenmode« schmückten sich Sachsens und Thüringens Schlösser mit so manchem orientalischen Kleinod. So finden sich in dem ab 1670 angelegten Skulpturengarten in Schloss Großkromsdorf bei Weimar 64 Büsten, von denen einige orientalische Herrscher und Menschentypen darstellen; darunter auch eine Büste des indischen Großmoguls nach dem *Theatrum Exoticorum* von 1688. Friedrich August von Sachsen (1670–1733, reg. 1694–1733) ließ den »Hofstaat zu Delhi am Geburtstag des Großmogul Aurangzib« in den Jahren 1701 bis 1708 als aufwendige Goldschmiedearbeit von Johann Melchior Dinglinger (1664–1731) fertigen. Eine für die Kulturgeschichte der »Türkenmode« wichtige Zeugin war die 2,275 kg schwere silberne Münze zu 200 Rupien (Abb. 3), geprägt 1673 vom indischen Mogul-Herrscher Aurangzīb (1618–1707, reg. 1658–1707) im 15. Jahr seiner Thronbesteigung. Im Jahr 1710 hatte der münzsammelnde Fürst Anton Günther von Schwarzburg-Arnstadt (1653–1716) den Leiter seines Münzkabinetts

Abb. 3: Zeugin der »Türkenmode«: Prunkmünze zu 200 Rupien; Mogul-Reich – Indien, Aurangzīb, Šāhǧahānabād (bei Delhi), 1083 H. (1672/73). Galvano (2002), Durchmesser 11,7 cm.

2 Zur Biographie vgl. Adelung & Rotermund 1810, S. 163 und Kratschkowski 1957, S. 43–44.

nach Amsterdam gesandt, um diese außergewöhnliche Münze aus dem Nachlass des Direktors der niederländischen Verenigden Oostindischen Compagnie, Wouter Valckenier (1659–1710), zu erwerben. Valckenier hatte diese vermutlich als Ehrengeschenk erhalten. 1712 gelangte die Münze an die Sammlung in Burg Friedenstein in Gotha. Eine Gymnasialschrift von 1722 über diese Münze hatte Kehrs Neugier geweckt, doch bekam er das Stück noch nicht zu sehen.

Abb. 4: Ostseefund: Bānīǧūriden, Aḥmad ibn Muḥammad ibn Aḥmad (reg. etwa 899–910), unter der Oberherrschaft des Sāmāniden-Amīrs Ismāʿīl ibn Aḥmad, Dirham, Balḫ (heutiges Nordafghanistan), 292 H. (904/5).

Abb. 5: Typisch für die nördlichen Funde ist die Halbierung der Münze: Wolgabulgaren, Amīr Yiltawār (nachgewiesen 308–315 H. = 920–927 n. Chr.); Dirham, ohne Münzstättenangabe und Jahr, vermutlich in Bulġār (an der Wolga im heutigen Russland) geprägt.

In dieser Zeit fragte Friedrich Gottlieb Engelcke (1693–1736), Staatssekretär der Republik Danzig und ehemaliger Bürgermeister, nach, ob Kehr nicht einen Schatzfund arabischer Münzen studieren wolle, der 1722 bei dem Dorf Stegen (heute Stegna) in der Nähe von Danzig gemacht wurde. Schatzfunde arabischer Dirhams des 8. bis 10. Jahrhunderts wurden und werden entlang der Wolga und rund um die Ostsee gefunden (Abb. 4), doch die meisten davon wurden eingeschmolzen. Im intellektuellen Milieu Preußens der 1710er und 1720er Jahre fanden aber Münzen durchaus Interesse als Dokumente der regionalen Geschichte. Die Ostseefunde islamischer Dirhams waren im 18. und 19. Jahrhundert eine der Hauptquellen für islamische Münzen in nordeuropäischen Sammlungen und bildeten die Grundlage eines fortwirkenden Diskurses über die Natur ihrer langen Reise von den Herkunftsgebieten im Kalifat und in Zentralasien zu den ost- und nordeuropäischen Fundorten. Heute ist klar, dass der sogenannte »Wikingerhandel« aus den Zentren des

Islamischen Reiches in Irak, Mesopotamien und dem Kaukasus zwischen etwa 770 und 900 sowie der Handel aus Zentralasien über das Reich der Wolgabulgaren zwischen etwa 900 und 1050 bis nach Gotland Hunderttausende von Münzen an die Gestade der Ostsee brachte (Abb. 5). 1724 publizierte Kehr in Leipzig den Schatzfund von Stegen, der damit zur ersten Monographie und Gründungsurkunde zweier Disziplinen wurde, der islamischen Numismatik und der islamischen Bodendenkmalforschung. Und 1725 wurde die gigantische Geschenkmünze von Aurangzib in Leipzig veröffentlicht.

Doch erst in der Zeit der Theologie der Aufklärung, als man die Bibel als historischen Text aus dem Morgenland zu lesen begann, entwickelte sich bei Theologen ein Interesse an allen orientalischen Textträgern, darunter und nicht zuletzt auch an Münzen. In der Zeit nach dem Siebenjährigen Krieg (1756–1763) beschäftigten sich vor allem an den Universitäten Göttingen und Rostock Theologen mit hebräischen und arabischen Sprachkenntnissen und historischem Verständnis und Neugier mit islamischen Münzen. Es ist bemerkenswert, dass im Jahr 1775 der von Johann Wolfgang von Goethe (1749–1832) nach Jena berufene junge Theologe Johann Gottfried Eichhorn (1752–1827)[3] seinen Habilitationsvortrag »De rei numariae apud arabas initiis« (Über das Münzwesen bei den frühen Arabern) auf der Grundlage arabischer Texte hielt. Dieser Vortrag war gerade deshalb programmatisch, da er einer universalhistorischen und orientalisch-philologischen Disziplin den Weg wies, die die engen Grenzen der Theologie zu sprengen begann. Eine orientalische Münzsammlung hatte er zu Studienzwecken in Jena jedoch nicht zur Verfügung.[4] Später, 1782 und 1783, gab Eichhorn Johann Jacob Reiskes (1716–1774) 14 »Briefe über das arabische Münzwesen« in dem von ihm gegründeten »Repertorium für Biblische und Morgenländische Litteratur« heraus und versah sie in derselben Zeitschrift 1785 und 1786 mit einem Nachtrag, der eine eigenständige Leistung und einen methodischen Fortschritt darstellte. In den Briefen diskutiert Reiske als erster die historischen Aussagen der Münzen mit den ihm bekannten Chroniken, und Eichhorn fügt dem eine kommentierte Gesamtbibliographie hinzu.[5]

Die Gründung des Orientalischen Münzkabinetts 1840 im Zeitalter der Philologien

Das Jahr 1839 markiert an der Universität Jena die Etablierung der philologisch-historischen Orientalistik als eigene, von der Theologie unabhängige Disziplin an der Philosophischen Fakultät mit einem breiten Sprachangebot. Dieser Neuanfang ist mit den Namen

3 Vgl. Siegfried 1877, S. 731–737; Bautz 1990, Sp. 1477–1478; Smend 1989, S. 25–37; Nebes 1999, S. 68–69.

4 Zur Geschichte der ins ausgehende 17. Jahrhundert zurückreichenden Münzsammlung des Akademischen Münzkabinetts in Jena s. den Beitrag von Christoph Klose im vorliegenden Band.

5 Vgl. Ilisch 2012, S. 363–382; Heidemann, 2005, S. 147–202; Heidemann 2000b, S. 87–106.

von Johann Gustav Stickel (1805–1896)[6] und Hermann Brockhaus (1806–1877)[7] verbunden. Die Neuausrichtung war zum einen ein Ergebnis von Stickels langjährigem Ringen, seine akademischen Interessen innerhalb einer etatistischen und starren Universitätsstruktur erfolgreich zu vertreten, zum anderen war sie am Ende ein Entschluss des Staatsministeriums, Anschluss an die Entwicklung der orientalistischen Fächer an den deutschen Universitäten zu gewinnen. Stickel lehrte in Jena 69 Jahre lang, von 1827 bis 1896, erst an der Theologischen, dann an der Philosophischen Fakultät, also fast das gesamte 19. Jahrhundert hindurch. Seine vollständige private wie wissenschaftliche Korrespondenz, sein über sechzig Jahre geführtes persönliches Tagebuch sowie zahlreiche Verwaltungsdokumente zu seinem akademischen Wirken sind erhalten geblieben. Zusammen bilden sie ein einzigartiges Corpus für die Wissenschafts- und Sozialgeschichte des 19. Jahrhunderts.[8]

Johann Gustav Stickel

Johann Gustav Stickel wurde 1805 in Eisenach geboren. Schon während seiner Schulzeit in Weimar wurde seine besondere Begabung für die hebräische Sprache entdeckt und gefördert. Ab 1822 studierte er bei Andreas Gottlieb Hoffmann (1796–1864) nicht nur Theologie, sondern auch orientalische Sprachen, vor allem Syrisch-Aramäisch und Arabisch. Seine erste akademische Ausbildung war ganz dem wissenschaftlichen Programm der philologischen und historisch-kritischen Theologie seiner Lehrer verpflichtet. Mit Förderung des Weimarer Hauses und einem Empfehlungsschreiben von Goethe versehen, ging der gerade erst 24-jährige Dozent der Theologie für das Winterhalbjahr 1829/30 als Student an die »École spéciale des langues orientales vivantes« nach Paris, um bei Antoine Isaac Silvestre de Sacy (1758–1838) Arabisch und Persisch zu hören. Silvestre de Sacy und die École speciale stehen für einen Paradigmenwechsel und für orientalische Philologien frei von theologischen Fragestellungen und Anforderungen.

6 Holzhausen 1895, S. 233–239; Nützel 1896, S. 213–220; [Hilgenfeld] 1896, S. 90–92; Siegfried 1896, Sp. 148–152; Siegfried 1908, S. 519–522.

7 Kellner 1899, S. 263–272; Kirfel 1955, S. 626–627; Windisch 1917–1921, S. 211–215.

8 Sozialgeschichtlich spiegelt sich in diesen Dokumenten ein Professorenleben in der Provinz in allen seinen privaten, wissenschaftlichen wie institutionellen Dimensionen wider. Durch Stickels weitreichende internationale Verbindungen ist der Dokumentenbestand auch ein Spiegel der Orientalistik seiner Zeit. Sein aus über 500 eng beschriebenen Seiten bestehendes Tagebuchmanuskript »Mein Ich« umfasst die Zeit von 1834 bis 1896. Stickel, Mein Ich = Thüringer Universitäts- und Landesbibliothek (ThULB), Handschriften und Sondersammlungen, Nachlass Stickel, Nr. 8. Dank der großzügigen Unterstützung und Initiative von Arnd Kniese, Eisenach, wurde das Tagebuch transkribiert. Es wird derzeit vom Verfasser für die Herausgabe vorbereitet.

Nach seiner Rückkehr aus Paris im Jahr 1830 wurde Stickel zum außerordentlichen Honorarprofessor der Theologie ernannt, ohne klare Perspektive für die Zukunft. Stickel begann aus seiner institutionellen Einbindung in der Theologie heraus, sich einen Ruf als Orientalist im Sinne von Silvestre de Sacy zu erarbeiten. Ab dem Sommersemester 1832 unterrichtete Stickel auch Persisch. Gleichzeitig, ab 1830, arbeitete er an der Herausgabe einer arabisch-persischen Handschrift aus der Weimarer Bibliothek. Sie beinhaltete die sogenannten Sinnsprüche, Sentenzen des Kalifen ʿAlī ibn Abī Ṭālib (ca. 600–661, reg. 656–661). Specimen daraus veröffentlichte er 1833 als Universitätsschrift; 1834 folgte die Edition und Übersetzung des vollständigen Textes. Schon ab 1837 arbeitete Stickel an einem etymologischen System, um das Hebräische auf eine kleine Anzahl von Wurzelwörtern zu reduzieren. Dieses Projekt kam jedoch nie über Vorarbeiten hinaus. Noch als Angehöriger der Theologischen Fakultät gründete Stickel am 1. Mai 1837 ein »Orientalisches Seminar«, um in der Lehre seiner Vorstellung von der Orientalistik eine Form zu verleihen. Es war ein privates, verfasstes, abendliches Oberseminar, das in lateinischer Sprache abgehalten wurde. Im Jahr 1836 wurde Stickel zwar zum ordentlichen Honorarprofessor an der Theologischen Fakultät ernannt, doch verbesserte dieser Schritt seine Aussicht auf eine Professur für orientalische Sprachen kaum.

Das Blatt wendete sich erst, als Stickel Anfang Dezember 1838 einen Ruf nach Göttingen erhielt – eine Folge der Relegierung Heinrich Ewalds (1803–1875) von der Universität als einem der »Göttinger Sieben«, die gegen den Verfassungsbruch des Hannoveraner Königs protestiert hatten. Im Januar 1839 – mit viel Glück – stellte ihm schließlich der zuständige Staatsminister Christian Wilhelm Schweitzer (1781–1856) in Aussicht, auf eine »ordentliche Honorarprofessur der orientalischen Sprachen und Literatur« zur Philosophischen Fakultät zu wechseln – mit Expektanz auf die nächste freiwerdende der drei dort angesiedelten ordentlichen Professuren. Am 4. Oktober 1839 erhielt Stickel das offizielle Schreiben zu seiner Bestellung. Das Staatsminister Schweitzer plante mit der Berufung von Stickel mehr als nur einen vielversprechenden Orientalisten an der Universität zu halten. Noch im selben Jahr 1839 wurde zum Sommersemester 1840 der Orientalist und ausgewiesene Sanskritforscher Hermann Brockhaus als außerordentlicher Professor der orientalischen Sprachen berufen. Brockhaus übernahm von Stickel den Persischunterricht, lehrte allerdings vor allem Sanskrit und Sanskritliteratur. Mit der Berufung von Brockhaus war eine Orientalistik in Jena institutionalisiert, die mit zwei Professuren sowohl die semitischen als auch die indogermanischen Sprachen abdeckte. Andreas Gottlieb Hoffmann zog sich nun für einige Semester aus der Sprachausbildung zurück.

Als wie bedeutend das Datum 1839 für die Orientalistik in Jena angesehen wurde, zeigt eine vom Großherzog in Auftrag gegebene Medaille auf Johann Gustav Stickel aus dem Jahr 1889 zum fünfzigjährigen Jahrestag seines Wechsels an die Philosophische Fakultät

Abb. 6: Johann Gustav Stickel, Goldmedaille von Waldemar Uhlmann, 1889.

(Abb. 6).[9] Doch schon nach kurzer Zeit, 1841, erhielt Brockhaus einen Ruf an die Universität Leipzig, dem er zum Sommersemester 1842 folgte. Um die Lücke, die Brockhaus hinterließ, zu füllen und das volle Lehrangebot an orientalistischen Sprachen abzudecken, bot der Theologe Hoffmann, der sprachlich vielfältiger als Stickel war, ab dem Wintersemester 1844/45 wieder Sanskrit an. Hoffmanns Veranstaltungen stellten keinen wirklichen Ersatz für Brockhaus dar. Die schon an mehreren Universitäten verwirklichte Differenzierung der Orientalistik in Zweigdisziplinen war schon zu weit fortgeschritten. Das Angebot an indogermanischen orientalischen Sprachen machte die Universitäten Bonn, Berlin, Halle und Leipzig für Studenten deutlich attraktiver. Die verbliebene Professur und ab 1848 das Ordinariat für orientalische Sprachen in Jena blieb auf Hörer aus der Theologischen Fakultät angewiesen.

Eine »extraordinäre« Einrichtung für die Orientalistik

Noch im Jahr 1840 konnte Stickel in wissenschaftlicher und institutioneller Hinsicht seine Stellung an der Universität als Orientalist festigen, ein unabhängiges Profil neben Hoffmann und seinem unmittelbaren Kollegen Brockhaus gewinnen und zugleich der Orientalistik eine institutionelle Verankerung an der Universität verschaffen. Im Spätsommer 1839 hatte Stickel von einer großen Sammlung orientalischer Münzen erfahren, die Heinrich August Zwick (1796–1855),[10] ein Pastor in Ebersdorf im Vogtländischen, besaß und

9 Andere biographische Daten für eine Ehrung wären denkbar: 1827 die Privatdozentur, 1830 die erste Professur, 1832 das Doktorexamen, 1840 die Gründung des Großherzoglichen Orientalischen Münzkabinetts.

10 Lebenslauf, Abschrift nach dem handschriftlichen Exemplar im Archiv der Brüdergemeine Niesky O. L. in der ThULB, Handschriften und Sondersammlungen, Nachlass Fritz Capeller, Nr. 8. Vgl. Skripkin 1997, S. 324–325; Augustin 1999, S. 217–240; Augustin & Otchir-Goriaeva 2002, S. 224–238.

zu verkaufen gedachte. Zwick hatte diese Sammlung in Russland zwischen 1818 und 1836 als Missionar zusammengetragen.

Im September 1839, schon in Erwartung seiner Bestellung zum ordentlichen Honorarprofessor für orientalische Sprachen, hatte Stickel an Schweitzer geschrieben und den Ankauf der Sammlung vergeblich vorgeschlagen.[11] Die Vorarbeiten zur Edition der Sentenzen von ʿAlī ibn ʿAbī Ṭālib, dem frühislamischen vierten Beherrscher der Gläubigen, hatten Stickel jedoch in näheren Kontakt mit dem Weimarer Hof gebracht. Dort war es vor allem die russische Großfürstin und sächsische Großherzogin Maria Pawlowna (1786–1859), die großzügig mit ihren ererbten Mitteln Kunst und Kultur förderte. An einem jener von Maria Pawlowna veranstalteten »Literarischen Abende«,[12] am 21. Januar 1840, gelegentlich eines Vortrages bei Hofe über die ägyptische Hieroglyphenschrift, lenkte Stickel seine Rede zum Schluss auf die orientalische Sammlung des Herrn Zwick. Er erläuterte ihre herausragende wissenschaftliche Bedeutung und die Möglichkeiten, die sich durch einen Erwerb für die »asiatische Geschichts- und Sprachforschung, Kunst und Paläographie« eröffnen würden (Abb. 7).[13] Im April 1840 war der Kauf abgeschlossen. Im Jahr 1842 wurde Stickel auch offiziell zum Direktor des Großherzoglichen Orientalischen Münzkabinetts ernannt. Die neue Sammlung bot die Möglichkeit, sowohl seiner neuen Professur an der Philosophischen Fakultät Gewicht und Bedeutung zu sichern als auch dem Fach der philologischen Orientalistik in Jena eine eigene bleibende Quellengrundlage zu verschaffen. Nach dem Kauf der Sammlung durch den Großherzog förderten Maria Pawlowna und später auch ihr Sohn Carl Alexander (1818–1901) weiterhin Stickel und unterstützten materiell das Großherzoglich Orientalische Münzkabinett.

Abb. 7: Die Münze als Textdokument und Urkunde: Dirham der ʿAbbāsiden aus der Sammlung Zwick, al-Mahdī (reg. 775–785) und Gouverneur ʿUṯmān ibn Ḥuraim, Provinz Armenien (Dabīl), 168 H. (784/785).

Mit dem Weggang von Brockhaus, der (wenn auch unsicheren) Expektanz Stickels auf eine ordentliche Professur sowie der Gründung des Großherzoglichen Orientalischen

11 Briefentwurf Stickels an Schweitzer vom 25.9.1839; ThULB, Orientalisches Münzkabinett Nr. 67, Bl. 1.
12 Vgl. Kretschman 1893a, S. 422–448 und 1893b, S. 58–89; Schorn 1911, S. 51–61 und Jena 1999, S. 275–287.
13 Der Vortrag findet sich im Thüringischen Hauptstaatsarchiv Weimar HA A XXV, Akten 464, Bl. 313–341: »Ueber Schrift besonders Hieroglyphenschrift. Ein Vortrag von D. Gustav Stickel«. Auf Bl. 340v–341v geht Stickel auf die Zwick'sche Sammlung ein.

Münzkabinetts waren für mehrere Jahrzehnte die Weichen innerhalb der Jenaer Orientalistik gestellt – von einer eher sprachwissenschaftlichen Disziplin im Sinne von Hoffmann und Brockhaus hin zu einer eher historisch ausgerichteten Orientalistik. Stickels nachhaltige wissenschaftliche Bedeutung liegt im Erfassen der numismatischen Textquellen. Auch Silvestre de Sacy und die meisten der Generation seiner Schüler haben unter anderem auch münzkundliche Aufsätze vorzuweisen. Im Rückblick im hohen Alter führt Stickel sein Interesse an numismatischen Objekten, das heißt wohl an kleinformatigen Schriftträgern, auf Goethes Anfrage zur Lesung seiner Siegelsteine zurück.[14] Nicht zuletzt durch das Wirken von Stickel stellten die 1840er und 1850er Jahre einen Höhepunkt in der Beschäftigung mit numismatischen Quellen innerhalb der Orientalistik in Deutschland dar.[15] Im Jahr 1848 rückte Stickel endlich auf das freigewordene Ordinariat innerhalb der Philosophischen Fakultät. Die Orientalistik im 19. Jahrhundert in Jena gewann in der Forschung mit dem Quellencorpus des Orientalischen Münzkabinetts und seinem Direktor Stickel ein international anerkanntes eigenes Profil.

Die Sammlung Zwick

Heinrich August Zwick hatte achtzehn Jahre in der Missionsstation Sarepta (heute ein Distrikt von Wolgograd) an der Wolga gelebt. Zwick stand in der sammelnden völkerkundlichen Tradition der Herrnhuter Unität. Er interessierte sich für Religion, Sprache, Kultur, Archäologie und Fauna der ihn umgebenden Region. Auf mehreren Gebieten leistete er Bahnbrechendes. Er sammelte unter anderem mit großer Kenntnis Münzen, die ihm die Leute der Region anboten. Dies waren vor allem arabische Münzen aus der Zeit des Wikingerhandels und Münzen der mongolischen Goldenen Horde in Russland. Rat holte er sich bei Christian Martin Frähn (1782–1851) in Sankt Petersburg, der über Teile der Sammlung handschriftliche Kataloge anlegte. In mehreren seiner Publikationen zitiert Frähn Münzen aus Zwicks Sammlung. Auch unter anderen Münzkennern der damaligen Zeit war das Zwick'sche Kabinett wohlbekannt. Im Jahr 1836 kehrte Zwick als Gemeinvorsteher in Ebersdorf, Thüringen, nach Deutschland zurück. Dort begann er, seine Aufzeichnungen und Sammlungen auszuwerten. Von einer seiner Missionsreisen und seinem breit gefächerten ethnographischen, geographischen wie archäologischen Interesse legen ein kleines selbstverfasstes Buch[16] und zahlreiche Aufsätze Zeugnis ab. Ende der 1830er Jahre begann er sich von seinen verschiedenartigen Sammlungen zu trennen. Stickel erfuhr vom Verkauf der Münzsammlung.

14 Stickel 1886, S. 231–240.
15 Heidemann 2000a, S. 1–16.
16 Zwick & Schill 1827.

Neben den wissenschaftlichen Argumenten, die Stickel für den Erwerb hervorbrachte, waren es aber auch einige herausragende Objekte, die den Ankauf durch das großherzogliche Haus als lohnend erscheinen lassen sollten. Stickel betonte, dass die Sammlung in Russland zusammengetragen worden sei, der Heimat von Maria Pawlowna. Das entscheidende Argument scheint jedoch der Hinweis auf eine mittelalterliche goldene Krone oder einen Mützenaufsatz, die sogenannte »Krone des Dschanibek«, gewesen zu sein.[17] Ihre Ähnlichkeit in der Gestaltung mit einem Ornament auf Kupfermünzen Ǧānī Begs (gest. 1357) gab dem goldenen Aufsatz ihren Namen. Die »Krone des Dschanibek« lässt sich heute durch einen Vergleich mit Stücken aus dem Staatlichen Historischen Museum in Moskau als kostbarer Mützenaufsatz deuten, der aufgrund stilistischer Merkmale in die erste Hälfte des 14. Jahrhunderts datiert werden kann. Während die Krone in Deutschland in Vergessenheit geriet, entwickelte sich die Geschichte der »Krone des Dschanibek« zu einem Mythos in der russischen Literatur zur Goldenen Horde im 20. Jahrhundert. In Russland war nur noch bekannt, dass sie im frühen 19. Jahrhundert nach Jena gekommen war. In Jena selbst verlieren sich die Spuren dieser Krone nach dem Jahr 1906, vermutlich infolge der Goldabgaben im Ersten Weltkrieg.

Maria Pawlownas Gatte, der Großherzog Carl Friedrich (1783–1853), war nach dem Vortrag Stickels entschlossen, die Zwick'sche Sammlung einschließlich der für die russische Geschichte bedeutenden Krone für das großherzogliche Haus zu erwerben. Ein Gutachten dazu verfasste Frédéric Soret (1795–1865), der später noch eine bedeutende Rolle in der Geschichte der Sammlung spielen sollte. Mit etwa 1 500 Exemplaren übertraf Zwicks Sammlung alles, was bis dahin an Sammlungen orientalischer Münzen außerhalb von Sankt Petersburg bekannt war. Maria Pawlowna wurde von nun an zur wichtigsten Förderin des Großherzoglichen Orientalischen Münzkabinetts und seines Direktors Stickel.

Die Sammlung wird erweitert

Die Münzen der Sammlung Zwick stammten vor allem aus der Zeit des Wikingerhandels zwischen der Ostseeregion und der islamischen Welt, von Mitte des 8. bis Mitte des 11. Jahrhunderts, und aus der Zeit der Goldenen Horde, jener mongolischen, tatarischen Dynastie in Russland während des 13. bis 15. Jahrhunderts. Die Sammlung bildete für Stickel die Grundlage seiner orientalistisch-numismatischen Studien. Im Jahr 1845 legte er den ersten Sammlungskatalog vor, eine Beschreibung der 123 umayyadischen und ʿabbāsidischen Münzen. Es sollte zum einen ein Bestandskatalog und zum anderen ein Kompendium für diesen Wissenschaftszweig sein.

17 Vollers 1906a, Sp. 3515–3524 und 1906b, Sp. 3529–3537.

Abb. 8: Münze aus der Sammlung Sprewitz: Umayyaden – Iran, Muʿāwiya (reg. 661–690), Dirham, 673–675.

Abb. 9: Geschenk der Großherzogin Maria Pawlowna: Dīnār der Mamluken aus Syrien.

Nachdem der Grundstock gelegt war, arbeitete Stickel intensiv am Ausbau der Sammlung. Durch Ankauf und Tausch mit großen Kabinetten in London, Paris und Rostock wuchs die Sammlung schnell. Im Jahr 1846 meldete Stickel schon einen Bestand von 2 000 Münzen. An der raschen Erweiterung hatte vor allem Maria Pawlowna großen Anteil. Im selben Jahr finanzierte sie Soret eine Reise nach Moskau, um Münzen aus der berühmten, ebenfalls in Russland zusammengetragenen Sammlung von Sprewitz zu erwerben (Abb. 8). Im Jahr 1852 kamen die umfangreiche Sammlung des französischen Numismatikers Justin Sabatier (1792–1870) mit 728 Exemplaren und die des bekannten Mittelalternumismatikers Heinrich Philipp Cappe (gest. 1862) mit 882 Exemplaren hinzu. Cappe hatte die islamischen Münzen seinerseits von August Otto Rühle von Lilienstern (1780–1847) erworben, der in napoleonischer Zeit Prinzenerzieher im Weimar Goethes gewesen war. Auch nach dem Tode von Maria Pawlowna im Jahr 1859 blieben die familiären Kontakte des Hauses Sachsen-Weimar und Eisenach nach Russland für die Sammlung fruchtbar (Abb. 9). Münzen aus Armenien, Georgien, der Kaukasusregion und Osteuropa bilden daher einen Schwerpunkt der Sammlung. Stickel führte eine weite europäische Korrespondenz mit Münzkabinetten und Reisenden, um neue Stücke für die Sammlung zu erwerben, darunter der Afrikaforscher Gerhard Rohlfs (1831–1896) und der Weimarer Botaniker und Orientreisende Carl Haussknecht (1838–1903).[18] Im Jahr 1873/74 und 1885 kam die bedeutende Sammlung von Münzen und Amuletten des Japanforschers Heinrich Jonkheer von Siebold (1852–1908) als Geschenk des Großherzogs an das Orientalische Münzkabinett, mit etwa 1 200 Münzen (Abb. 10). Die Sammlung geht vermutlich wesentlich auf eine bedeutende japanische Gelehrtensammlung des spä-

18 Heidemann 2013, S. 60–65.

Abb. 10: Geschenk des Großherzogs Alexander aus der Sammlung Siebold: China oder Japan, Amulett mit der Darstellung zweier Phoenixe.

ten 18. Jahrhunderts zurück, deren Herkunft und überragende Bedeutung erst vor kurzem erforscht werden konnte.

Die Jahrzehnte um die Jahrhundertmitte stellten nach der Zeit der Theologie der Aufklärung hinsichtlich der Anzahl der Publikationen und der beteiligten Wissenschaftler die zweite Blütezeit der Islamischen Numismatik dar. Johann Gustav Stickel, Frédéric Soret, der Uppsaler Gelehrte Karl Tornberg (1807–1877) – ebenfalls ein Schüler von Silvestre de Sacy – und Christian Martin Frähn in Sankt Petersburg waren die führenden Vertreter dieses Faches. Stickel baute das Orientalische Münzkabinett zur bedeutendsten Sammlung ihrer Art in Europa nach der in Sankt Petersburg aus. Erst später, in den 1870er und 1880er Jahren, wurde das Jenaer Kabinett durch die imperialen Sammlungen in Paris, London und Berlin übertroffen. Dort waren die orientalischen Münzen allerdings Bestandteile universell ausgerichteter Sammlungen.

Die Sammlung von Frédéric Soret

Am 17. Dezember 1865 verstarb Frédéric Soret in Genf. Eine lebenslange Freundschaft hatte ihn mit dem Weimarer Haus und mit Stickel verbunden. Er hatte in Weimar im Umkreis von Goethe und am Hofe Maria Pawlownas gelebt. Sorets Vater war Hofmaler der Zarenfamilie in Sankt Petersburg gewesen. Auf Vermittlung der kaiserlichen Familie hatte der junge Gelehrte einen Ruf an den Hof Weimar als Prinzenerzieher für Carl Alexander erhalten. Im Jahr 1836 kehrte Soret in seine Heimatstadt Genf zurück. Heimatkundliches Interesse gab schließlich den Anstoß, sich mit islamischen Münzen zu beschäftigen. Schon im Jahr 1830 war ein Schatzfund bei Steckborn im Thurgau zu Tage gekommen, der zahlreiche arabische Münzen enthielt. Sorets erster Aufsatz zu islamischen Münzen behandelte diesen Schatzfund, aus dem das Orientalisches Münzkabinett Jena ein Exemplar besitzt (Abb. 11).[19]

Soret hinterließ mit über 5 500 orientalischen Münzen die größte und bekannteste Privatsammlung seiner Zeit. Im September 1866 gelang es Stickel schließlich, die großherzogliche Familie zu überzeugen, den Ankauf zu finanzieren. Die Soret'sche Sammlung stellte die an Zahl und Güte bedeutendste einzelne Akzession der Sammlungsgeschichte

19 Soret 1840, S. 17, Nr. 2 und Soret 1858, S. 115, Nr. 10. Dazu vgl. Ilisch 2005, S. 78, Nr. 17.

Abb. 11: Münze aus dem Schatzfund bei Steckborn: ʿAbbāsiden – Nordafrika, Muḥammad al-ʿAkkī, Gouverneur, Dirham, Mzst. al-Ifrīqiya, 182 H. (798/99).

dar. Das bekannteste Stück seiner Sammlung ist der Dīnār aus dem Jahr 77 H. (696 n. Chr.), der eine Ganzkörperdarstellung des Kalifen ʿAbd al-Malik zeigt (Abb. 1).

Zwischen Kaiserreich und Weimarer Republik

Die Arbeits- und Reisemöglichkeiten im Vorderen Orient hatten sich seit der europäischen Expansion und seit der Einrichtung regelmäßiger Dampfschifffahrtsverbindungen zwischen Westeuropa und der Levante erheblich verbessert. Russland begann, seinen islamischen Herrschaftsbereich kolonial zu erschließen. Diese Entwicklungen erlaubten es, in Europa umfangreiche Sammlungen orientalischer Münzen aufzubauen. Die europäischen Nationalstaaten wetteiferten darin, ihre hauptstädtischen Sammlungen repräsentativ auszubauen und innerhalb der Museen die Welt abzubilden. Bedeutende Ankäufe orientalischer Münzen wurden getätigt. Das Großherzogliche Orientalische Münzkabinett, das bis dahin die bedeutendste Sammlung ihrer Art außerhalb Russlands beherbergte, wurde nun – trotz der Soret'schen Sammlung – an Zahl überholt.

Um die neuen Bestände an Münzen zu erschließen, wurden in allen großen europäischen Kabinetten ausgebildete Orientalisten angestellt. In den Museen begann man mit Katalogisierungsprojekten. Es hatte zwar auch in der ersten Hälfte des 19. Jahrhunderts eine Reihe von bis heute wichtigen Sammlungspublikationen gegeben, doch die Beschreibungstechnik war verbessert und das zur Verfügung stehende Material war vervielfacht worden. Den Auftakt dieser neuen Serie an Bestandskatalogen machte noch Johann Gustav Stickel im Jahr 1870 mit dem zweiten Teil seines »Handbuches zur Morgenländischen Münzkunde«. Seine Grundlage bildete im Wesentlichen die neu erworbene Sammlung von Frédéric Soret. Der Jenaer Bestandskatalog umfasste über 96 Prägungen aus der Zeit vor der Münzreform des Kalifen ʿAbd al-Malik im Jahr 77 H. bzw. 696 n. Chr. (Abb. 1 und 15). Der Jenaer Katalog wurde im Jahr 1975 in Leipzig und 2004 in Frankfurt nachgedruckt. Er stellte einen bedeutenden methodischen Fortschritt dar. Stickel erhob das geographische Prinzip zur bestimmenden Ordnungskategorie. Die Sequenz von Prägungen einer Region oder einer Stadt ist für die islamische Geschichte wesentlich aussagekräftiger als eine Ordnung nach der zeitlichen Abfolge von Dynastien und Herrschern, was eine Projektion europäischer Herrschaftsvorstellungen auf den Vorderen Orient darstellt. In rascher Folge erschienen nun die Kataloge der anderen großen Sammlungen in London (10 Bde. 1874–1888), Paris (3 Bde. 1887–1896), Madrid (1 Bd. 1892), Konstantinopel (6 Bde. 1894–1903), Sankt Petersburg (1 Bd., 3 Supplemente 1896–1904) und Berlin (2 Bde. 1898–1902). Trotz des enormen Anstiegs der nun zugänglichen und wissenschaftlich erfassten Münzen nahm die historisch-kritische Verarbeitung dieser neuen Quellen deutlich ab. Dies gilt besonders für Deutschland. Der Ägyptologe Adolf Erman (1854–1937) betreute zwischen 1877 und 1883 die orientalischen Münzen in Berlin. Rückblickend auf die Zeit um 1880 erinnert er sich: „Pertsch in Gotha,[20] Stickel in Jena, Weyl[21] und ich waren damals so ziemlich die einzigen Menschen in Deutschland, die orientalische Münzen kannten".[22]

Zum einen hatte die Generation der Schüler von Silvestre de Sacy, die sich wie selbstverständlich mit allen Textgattungen einschließlich der numismatischen auseinandersetzte, in Deutschland schon weitgehend Jüngeren Platz gemacht. Ein weiterer Grund war die Fülle mittelalterlicher literarischer Texte, die in der Epoche der Philologie herausgegeben worden waren und nun in gedruckter Form vorlagen. Diese Fülle an narrativen Quellen musste gesichtet und erschlossen werden. Diese Texte waren für die Forschung einfacher zugänglich als die Rekonstruktion der Sequenz von Münzlegenden einer Münzstätte. In Deutschland kam noch hinzu, dass die von Heinrich Leberecht Fleischer (1801–1888) – ebenfalls ein Schüler von Silvestre de Sacy – angeführte und in Deutschland maßgebliche Richtung innerhalb der Orientalistik sich hauptsächlich sprachwissenschaftlichen und nicht mehr historischen Themen widmete.

Der Erste Weltkrieg stellte für viele Fächer einen Einschnitt dar. Unter anderem endete weitgehend die institutionelle Beschäftigung mit islamischen Münzen in allen europäischen Ländern. Russland und die Sowjetunion bilden eine Ausnahme, da hier islamische Numismatik zur Landesarchäologie gehörte. In Deutschland kam hinzu, dass nach dem Ende des imperialen Strebens nach dem Ersten Weltkrieg die wissenschaftliche Förderung der Studien außereuropäischer Kulturen erheblich nachließ.

Die Nachfolger Stickels

In Jena verstarb Stickel nach kurzer Krankheit im 91. Lebensjahr am 21. Januar 1896. Mit der Berufung von Karl Vollers (1857–1909) versuchte die Universität wieder Anschluss an die zeitgenössische sprachwissenschaftlich orientierte Orientalistik zu gewinnen. Im Gegensatz zu vielen seiner Kollegen hatte Vollers mehrere Jahre im Nahen Osten als Direktor der

20 Wilhelm Pertsch (1832–1899).
21 Adolph Weyl (1842–1901), Berliner Münzhändler.
22 Erman 1929, S. 137.

Bibliothek des Khediven in Kairo verbracht. Als Zeichen des Neubeginns fand im Jahr 1897 nach über 50 Jahren die Allgemeine Versammlung der Deutschen Morgenländischen Gesellschaft wieder in Jena statt. Als Professor für orientalische Sprachen war Vollers in Personalunion auch für das Münzkabinett zuständig. Er arbeitete sich, seinen unpublizierten Unterlagen zufolge, relativ schnell und kompetent in die islamische Numismatik ein.

Abb. 12: Erwerbung von Karl Vollers: Aksumitisches Königreich – Äthiopien, Ezana, Goldmünze, ca. 330 n. Chr.

Die dreizehn Jahre seines Wirkens an der Sammlung in Jena sind weniger durch Publikationen als durch eine Systematisierung der Sammlung, eine geschickte und engagierte Erweiterung des Bestandes (Abb. 12) sowie eine Verbesserung der Aufbewahrung gekennzeichnet. Er arbeitete an einem Inventar und organisierte 1904 den Umzug der Sammlung vom Schloss in das neue Hauptgebäude der Universität. Einen Nachruf auf Stickels Leistung als musealer Sammler stellt Vollers kurze Beschreibung der Jenaer Sammlung aus dem Jahr 1906 dar. Zu dieser Zeit beherbergte das Kabinett über 13 600 Münzen.[23] Im Jahr 1909 verstarb Vollers. Die Universität sah nun die Zukunft des Faches in der Semitistik und Altorientalistik und berief Arthur Ungnad (1879–1945) als Nachfolger. Nach dem Ersten Weltkrieg, im Jahr 1919, folgte Ungnad einem Ruf nach Greifswald und ging später nach Breslau. Der Lehrstuhl in Jena wurde nicht wiederbesetzt. Die Bestände des Orientalischen Münzkabinetts blieben für über sieben Jahrzehnte wissenschaftlich verwaist und wurden nach der Auflösung des Orientalischen Seminars in den folgenden Jahrzehnten auseinandergerissen.

Während der Zeit der Weimarer Republik stand die Sammlung mit den Bibliotheken Stickels und Sorets ungenutzt im Keller des Hauptgebäudes der Universität. Im Jahr 1933 wurde die Bibliothek des Orientalischen Münzkabinetts in die der Frau-Prof.-Hilprecht-Sammlung Vorderasiatischer Altertümer überführt. Da der Status der Soret'schen Sammlung als Leihgabe der Fürstenfamilie als unstreitig angesehen wurde, übergab die Universität am 15. Mai 1939 vier Fünftel der Soret'schen Sammlung und den Jenaer Teil des berühmten Schatzfunds von Murom an einen Repräsentanten der Großherzoglich-Sächsischen Schatullverwaltung. Etwa ein Fünftel der Sammlung Soret hatte Stickel in die systematische Sammlung eingearbeitet. Dieser Anteil ließ sich ohne tiefere Kenntnis islamischer Numismatik, und dann auch nur eingeschränkt für eine Rückgabe extrahieren. Es gab niemanden, der arabische Münzen lesen konnte.

23 Vollers 1906a, Sp. 3515–3524 und 1906b, Sp. 3529–3537.

Im Jahr 1942 räumte der Altertumswissenschaftler Friedrich Zucker (1881–1973) im Seminar für Klassische Philologie auf. Noch lagen dort Akten und Unterlagen des Münzkabinetts. Die Sammlung selbst wurde im Rentamt der Universität deponiert, da im Hauptgebäude Platz für kriegsbedingte Einlagerungen geschaffen werden musste. Nach Einholung einer Erlaubnis beim Volksbildungsministerium sandte Zucker die Akten an das Thüringische Staatsarchiv und das Verzeichnis der Soret'schen Sammlung sowie andere Archivalien an die Schatullverwaltung des Großherzoglichen Hauses in Weimar. Wohl in der unmittelbaren Nachkriegszeit kamen ein bedeutender Teil der Goldmünzen, ein bedeutendes Bleisiegel des Königreiches Jerusalem und andere Münzen abhanden. Der Standort der Sammlung nach dem Krieg war zunächst im Gebäude Löbdergraben 24a, der später Ernst Thälmann-Ring 24a genannt wurde. Dort befanden sich auch die Altertumswissenschaften mit ihren Sammlungen. Durch unsachgemäße Transporte der von Vollers angeschafften Münzschränke – die Sammlung wurde seit ihrer Aufstellung im Hauptgebäude mindestens viermal bewegt – wurde die Voller'sche Anordnung der Sammlung durcheinandergeworfen, ohne dass sie fachgerecht wieder aufgestellt werden konnte.

In der Fachöffentlichkeit, auch der der DDR, war die Existenz der Sammlung unbekannt. Selbst in Jena wussten nur wenige, dass es die Sammlung noch gab. Sie war der Sektion der Altertumswissenschaften zugeordnet worden, da diese mit der Akademischen Münzsammlung schon über einen Münzbestand verfügte. Die Lagerung in feuchten Räumen Anfang der 1990er Jahre mit schwankendem Klima beschleunigte die Korrosion; dies führte insbesondere bei Blei- und Zinnobjekten zu substantiellen Verlusten.

Das Orientalische Münzkabinett und der Material Turn

Seit dem letzten Jahrzehnt des 20. Jahrhunderts wurde die islamische Numismatik in Deutschland wieder in die universitäre historische Forschung zur islamischen Welt einbezogen. Nach einem Jahrhundert des Studiums an den vormodernen literarischen Texten war in der historisch ausgerichteten Islamwissenschaft immer mehr deutlich geworden, dass trotz der Fülle an literarischen Quellen, abgesehen von wenigen Ausnahmen, für die Zeit vor dem 14. Jahrhundert kaum aufgearbeitete primäre Dokumentenbestände oder gar Archive, wie in Europa, vorlagen. Diese oft unabhängig voneinander gewonnene Erkenntnis gab Impulse in drei Richtungen innerhalb der materiellen Kultur: Neue Erkenntnisse ließen sich durch Papyri, vor allem aus Ägypten, gewinnen. Die reichen alten Manuskriptsammlungen mussten unter neuen Fragestellungen gesichtet und eben nicht nur als Textlieferanten untersucht werden. Und schließlich wurden die Münzen als serielle primäre Textdokumente und Sammlungen als Archive dieser Textdokumente wiederentdeckt.

Im Jahr 1990 wurde die Forschungsstelle für Islamische Numismatik Tübingen (FINT) an der Universität Tübingen mit Hilfe der Volkswagenstiftung gegründet.[24] An der Universität Oxford wurde Anfang der 1990er Jahre ebenfalls eine Stelle eingerichtet, die teils am Oriental Institute und teils am Ashmolean Museum angesiedelt war.[25] Diese Aufbruchsstimmung in mehreren universitären und musealen Sammlungen in Deutschland artikulierte sich 1996 in der Tagung »Islamische Numismatik in Deutschland – Eine Bestandsaufnahme« in Jena, die 2000 vom Verfasser publiziert wurde.[26]

Im Jahr 1993 war als Teil der Bemühungen der Universität Jena, die Geisteswissenschaften nach der Wiedervereinigung neu aufzustellen, der Lehrstuhl für Semitische Philologie und Islamwissenschaft eingerichtet worden. Berufungen für die Altorientalistik und Islamwissenschaft wurden ausgesprochen, denen im Oktober 1996 die Gründung des Instituts für Sprachen und Kulturen des Vorderen Orients folgte. Der Lehrstuhlinhaber für Semitische Philologie und Islamwissenschaft von 1994 bis 2022, Norbert Nebes, bemühte sich in den folgenden Jahren, neue institutionelle Grundlagen zu schaffen. Jedoch gab es Anfang der 1990er Jahre nicht nur leere Bibliotheksregale, sondern auch einzigartige Fundamente. Eines davon befand sich im Keller des Hauses Kahlaische Str. 1. Dorthin war die Münzsammlung 1990 im Zuge von Umbaumaßnahmen im Hauptgebäude verbracht worden. In einem völlig ungeeigneten, feuchten Raum wurde die Sammlung mit noch etwa 8 950 orientalischen Münzen und münzähnlichen Objekten gelagert. Diese waren ohne Bestimmung, ohne Inventare und ohne Dokumentation. Nach der ersten Sichtung der Sammlung im Oktober 1994 erkannte man, dass der ungeordnete Bestand Potenzial zu einem modernen Forschungsinstrument barg. Die Sammlung wurde nun dem Lehrstuhl für Semitische Philologie und Islamwissenschaften zugeordnet.

Um die Sammlung nutzbar zu machen, mussten jedoch die verschiedenen Sammlungsbestandteile, die es innerhalb und vielleicht noch außerhalb der Universität gab, erkundet und zusammengesucht werden. Historische Forschungen zur Sammlungsgeschichte und zur Provenienzforschung der einzelnen Objekte wurden unternommen. Anfang 1995 wurden die Akten, das Vermehrungsbuch, die Erwerbungsunterlagen und die wissenschaftliche Korrespondenz von Stickel und Soret, die Zucker 1942 dem Thüringischen Hauptstaatsarchiv in Weimar übersandt hatte, wieder aufgefunden und kehrten 1997 an die Universität zurück. Die Handbibliothek des Orientalischen Münzkabinetts, die im Wesentlichen aus den Privatbibliotheken von Soret und Stickel bestand, war in den vorausgegangenen über 70 Jahren auf verschiedene Zweigbibliotheken verteilt worden. Sie wurde nun im Laufe mehrerer Jahre wieder zusammengetragen.[27]

24 Zur Forschungsstelle für Islamische Numismatik Tübingen (FINT) s. den Beitrag von Sebastian Hanstein im vorliegenden Band.
25 Eine Neubesetzung dieser Stelle im Jahr 2024 lässt die Islamische Numismatik weitgehend unbeachtet.
26 Heidemann 2009c.
27 Heidemann 1999, S. 162–163.

1906 umfasste die Sammlung 13 600 Objekte. Vier- bis fünftausend Münzen fehlten im Jahr 1994. Dies waren im Wesentlichen die Münzen der Soret'schen Sammlung und ein Großteil der Goldmünzen. Im Jahr 1948 war die Soret'sche Sammlung vom großherzoglichen Haus an die Bayerische Staatssammlung in München verkauft worden, jedoch war man mit dieser Information nie an die Öffentlichkeit getreten.[28] Die Sammlung Soret hatte also den Krieg überstanden, wenn auch an einem anderen Ort.

Am 6. November 1996 zog das Orientalische Münzkabinett in geeignetere Räumlichkeiten in der Sellierstr. 6 in Jena um. Durch Schenkungen eines Kreises aktiver Förderer, allen voran Rüdiger Bettenhausen (1935–2023), Arnd Kniese (1941–2020), Hans Wilski (1927–2017) und Christof Baum, konnte die Sammlung bis 2010 auf 21 000 Objekte ausgebaut werden. Die numismatische Materialbasis zur islamischen Geschichte hat sich gerade im letzten Viertel des vorigen Jahrhunderts vor allem durch die Anstrengungen in Tübingen, Oxford und Jena vervielfacht. In Deutschland allein stehen heute etwa 140 000 orientalische Münzen in öffentlichen Sammlungen der Forschung zur Verfügung. Forschungsfragen haben sich verändert, und neue wissenschaftliche Methoden und Ansätze sind hinzugekommen. Dichte Münzreihen von einem Prägeort erlauben neue Ansätze der Erforschung regionaler politischer Geschichte. Muhammad Younis reichte an der Universität Kairo 2010 seine Doktorarbeit ein, die er mithilfe eines zweijährigen ägyptischen Stipendiums in Jena verfasst hatte und die die Geschichte der Stadt Schiraz im Iran im 12. bis 13. Jahrhundert auf der Grundlage der Münzüberlieferung behandelt.[29]

Ein Katalog der christlich-orientalischen Bleisiegel im Orientalischen Münzkabinett von 1999 von Stefan Heidemann und Claudia Sode nahm die Forschung dort wieder auf, wo sie seit der Publikation von Stickel 1868 stehen geblieben war. Die Siegel (Abb. 13) stammten aus einem bedeutenden Fund in Istanbul 1867, dessen Umstände erst durch den publizierten Briefwechsel zwischen Stickel und Andreas David Mordtmann (1811–1879) in Konstantinopel aus dem Archiv der Universität geklärt werden konnte.[30]

Abb. 13: Bleisiegel aus dem Siegelfund von Konstantinopel, wahrscheinlich Nordmesopotamien oder Nordsyrien, ʿAbd al-Masī ḥ ibn aṭ-Ṭayyib, 11. Jahrhundert.

28 Jaeckel 1951, S. 253–254.

29 Muḥammad ʿAbdallāh al-Sayyid Yūnis: *at-Tadāwul an-naqdī fī madīnat Šīrāz munḏu bidāyat ad-daula al-salġūrīya wa-ḥattā ad-daula al-muẓaffarīya* (543–795 H. = 1147–1393), PhD. Kullīyat al-āṯār, qism al-āṯār al-islāmīya, Ǧāmiʿat al-Qāhira. Kairo 2010.

30 Heidemann & Sode 1997, S. 41–60 und Heidemann & Sode 1999/2000, S. 533–593.

Von 1998 bis 2001 konnten im Rahmen eines von der Deutschen Forschungsgemeinschaft geförderten Projekts die Münzen des Kaukasus und Osteuropas in einem Sylloge-Band, der im Jahr 2005 erschien, erschlossen und katalogisiert werden. Durch die Sammlung Zwick und die Kontakte von Fréderic Soret und Maria Pawlowna nach Russland bestand hier ein einzigartiger repräsentativer Sammlungsschwerpunkt außerhalb des Herkunftslandes. Der Jenaer Sylloge-Band war darüber hinaus der erste auf moderner wissenschaftlicher Grundlage verfasste, umfassende Katalog zu den osteuropäischen Nachahmungen islamischer Münzen des 8. bis 10. Jahrhunderts von Gert Rispling und zur Numismatik der Goldenen Horde von Tobias Mayer.[31]

Einen wesentlichen Arbeitsschwerpunkt des Lehrstuhls für Semitische Philologie und Islamwissenschaft bildete bis 2022 die Erforschung der Sprache und Kultur des antiken Altsüdarabien, d.h. die arabische Halbinsel, insbesondere der Jemen, sowie das benachbarte Äthiopien. Mehrere größere abgeschlossene sowie laufende Forschungsprojekte gruppierten sich um diesen Schwerpunkt. Hier unterstützte und ergänzte das Orientalische Münzkabinett die vielfältigen historischen, archäologischen und inschriftenkundlichen Forschungen.

Bedeutende Forschungsreisen trugen zum jemenitischen Bestand der Jenaer Sammlung bei. Die Expeditionen des Österreichers Eduard Glaser (1855–1908) stellten die Erforschung des Jemen auf eine völlig neue Grundlage. Dies gilt besonders für das antike Südarabien. Objekte aus seinen Expeditionen sind nicht nur in österreichischen, sondern in fast allen bedeutenden Museen und Bibliotheken in Europa zu finden. Im Februar 1886 kam Glaser von seiner zweiten Expedition aus dem Jemen zurück und konnte diese zum Teil durch den Verkauf der mitgebrachten Altertümer und Handschriften finanzieren. Das Königliche Münzkabinett zu Berlin erwarb von ihm noch im gleichen Jahr eine Auswahl von Münzen. Die erste Erschließung der Münzen sollte durch einen Jenaer Absolventen, Heinrich Nützel (1863–1934) erfolgen, der im April 1891 mit einer Monographie über die rasūlidischen Münzen promoviert wurde.[32] Aus Dankbarkeit an seinen Lehrer vermittelte Nützel kurz darauf im Jahr 1892 acht Dubletten aus der Glaser'schen Gruppe an das Orientalische Münzkabinett in Jena (Abb. 14). Auch der bekannte Orient- und Jemenreisende Hermann Burchardt (1857–1909) hinterließ seine Spuren in der Jenaer Sammlung. Im Jahr 1909 wurde er im Jemen ermordet.[33] Drei sogenannte Ṭawīleh aus der ostarabischen Oase Hofuf schenkte er im Juni 1906 dem Orientalischen Münzkabinett (Abb. 15). Ṭawīlehs sind gebogene und beprägte Drahtabschnitte aus stark mit Kupfer legiertem Silber, die zu dieser Zeit nur noch in dieser Oase umliefen. Die bedeutende Je-

31 Mayer 2005.
32 Nützel 1891.
33 Heidemann 2004, S. 4–6.

naer Jemensammlung fand inzwischen auch in den Forschungen von Necdet Kabaklarlı zu osmanischen Kupfermünzen aus dem Jemen ihren Niederschlag.[34]

Abb. 14: Dublette aus dem Münzkabinett Berlin, Slg. Eduard Glaser: Rasūliden – Jemen, an-Nāṣir Aḥmad (reg. 1400–1423), Dirham, Mahǧam, 807 H. (1404/5).

Abb. 15: Ostarabien, drei Tawileh aus Hofuf, ca. 18. Jahrhundert.

Aufgaben für die Zukunft

Einer Sammlung an materiellen seriellen Textdokumenten kommen die Funktionen eines Archives und somit der Bewahrung des kulturellen Erbes sowie eine Referenzfunktion für die archäologische Forschung zu. Die Rolle von numismatischen Sammlungen im Forschungsprozess hat sich jedoch im Laufe des 20. und 21. Jahrhunderts geändert. Ging es im 19. Jahrhundert häufig darum, eine große und komplette Typensammlung zusammenzustellen, so initiierte der Althistoriker und Wissenschaftsorganisator Theodor Mommsen (1817–1903) den Plan eines systematischen »Corpus Nummorum«. In internationaler Zusammenarbeit sollten alle Münzen der Münzstätten der antiken Welt aus allen erreichbaren Sammlungen erfasst werden. Nach langer Anlaufphase begann im Jahr 1897 die Arbeit am »Corpus Nummorum« mit einem Pilotprojekt, den Münzstätten Thrakiens. Technisch und institutionspolitisch erwies sich dieses Vorhaben als kaum realisierbar. Machbarer erschien ein anderes internationales Projekt. Im Jahr 1931 wurde das

34 Kabaklarlı 2007.

»Sylloge«-Projekt von der British Academy für die griechische Numismatik initiiert. Es entsprach besser dem Eigeninteresse von musealen Institutionen nach Selbstdarstellung und Rechenschaftslegung. Das Prinzip der Sylloge ist die Gegenüberstellung von Abbildung und Beschreibung auf zwei sich gegenüberliegenden Seiten. Die Abbildungen sollten als Grundlage für spätere Corpora und Stempelkataloge dienen. Lutz Ilisch begann 1993 mit einem Katalogband zu den Prägungen der Münzstätten Palästinas, das Prinzip der Sylloge mit der Tübinger Sammlung auf die islamische Numismatik zu übertragen. Im Gegensatz zur antiken Numismatik stellen Syllogebände in der islamischen Numismatik heute in der Regel nicht redundantes Material vor, sondern sind oft die ersten inhaltlichen zusammenfassenden Surveys, die die Münzprägung einer Region für die historische Forschung anhand einer repräsentativen Sammlung zusammenfassend erschließen. Mit Unterstützung der DFG folgte Jena diesem Ansatz mit der 2005 gedruckten Sylloge »Die Münzen des Kaukasus und Osteuropas«.

Im 21. Jahrhundert liegt die Zukunft jedoch in vernetzten wissenschaftlichen Datenbanken. Sie vereinen die Idee der Sylloge einer Einzelsammlung mit der Idee des Corpus aller erfassbaren Münzen. Die digitalisierte Form erlaubt die ständige Erweiterung der Materialbasis für die Forschung. Für das Syllogeprojekt in Jena wurde 1998 mit Unterstützung der DFG eine Objektdatenbank aufgebaut. Seit 2013 wurde die Datenbank in das durch das DFG geförderte[35] und vom Gemeinsamen Bibliotheksverband (GBV) koordinierten ständig weiterentwickelten Projekt »Kooperative Erschließung und Nutzung der Objektdaten von Münzsammlungen« (KENOM) überführt. Der im Syllogeband veröffentlichte Teil des Jenaer Orientalischen Münzkabinetts ist seit 2015 online für die Forschung einsehbar. Seit 2019 ist das Orientalische Münzkabinett ebenfalls mit dem »Netzwerk universitärer Münzsammlungen« (NUMiD) assoziiert.

Das Problem der islamischen Sammlungen an deutschen Universitäten ist jedoch die Schaffung von islamwissenschaftlichen Kuratorenstellen und die damit zusammenhängende Frage des Nachwuchses an numismatisch kompetenten Historikerinnen und Historikern islamischer Geschichte, die das archivalische Potenzial der Sammlungen nutzen können und Forschungsprojekte selbstständig entwickeln. Numismatik gehört aber nicht zur Ausbildung von Islamwissenschaftlern und Arabisch nicht zu der von Numismatikern. Arabischkenntnisse zum Lesen von Münzaufschriften reichen nicht aus, wenn es um die Entwicklung von Forschungsdatenbanken und Forschungsfragen geht. Die antike, mittelalterliche und neuzeitliche Numismatik hat andere Aufgaben und Parameter als die islamische. Dies liegt darin begründet, dass die Aussagepotenziale dieser kulturell und historisch anders determinierten Dokumentengruppen unterschiedlich sind. Wie das Problem von Henne und Ei hängen kontinuierliche institutionelle Betreuung islamischer

35 Projektlaufzeit 2012–2015.

Sammlungen, die Entwicklung von drittmittelrelevanten Forschungsfragen sowie Nachwuchsförderung und Perspektiven für junge Wissenschaftler unmittelbar zusammen.[36] Lehre in islamischer Numismatik findet im deutschsprachigen Raum aktuell (2024) nur an den Universitäten Tübingen, Hamburg und Göttingen statt.

Abgesehen von der Sammlung in Tübingen, die über eine Kuratorenstelle verfügt, waren und sind die Bemühungen in den Sammlungen in Jena und Göttingen bislang nur temporär. In Jena wurde die fachliche Rekonstruktion der historischen Sammlung bis 2010 von einem Hochschulassistenten geleistet. Katalogisierungsdaten für die Provinz Fārs[37] und die ostasiatischen Münzen[38] der Sammlung Heinrich von Siebold liegen vor. In Göttingen werden zur Zeit der islamische Teil der Universitätsmünzsammlung in mehreren Projekten innerhalb der Verbunddatenbanken aufgearbeitet, so die Sammlung von Georg von Asch (1729–1807),[39] und in einem weiteren Schritt die Sammlung des Professors für Arabistik Peter Bachmann (1936–2018).[40] Die große Herausforderung für die islamische Numismatik bleibt in der Zukunft das Normvokabular. Hier bedarf es historischer Kenntnisse sowohl der Herrschaftsstruktur wie der Organisation des Münzwesens. Fragen der Namensansetzungen und des Normvokabulars sind ebenfalls anzugehen. Lösungen der europäischen Numismatik sind hier nicht eins zu eins zu übertragen.

Anhang: Erläuterungen zu den abgebildeten Münzen

Abb. 1: Das wohl bekannteste Exemplar aus der Sammlung des Orientalischen Münzkabinetts Jena ist ein Gold-Dīnār vom Frühjahr des Jahres 77 islamischer Zeitrechnung bzw. 696 n. Chr. Im Jahr 692, nach seinem Sieg über eine islamische Oppositionsbewegung, bemühte sich der umayyadische Kalif ʿAbd al-Malik (reg. 685–705) um eine islamische Legitimation seiner Herrschaft. Neue Symbole für Reich und Religion wurden erprobt. Der »stehende Kalif« symbolisiert die imperiale Herrschaft, und die Randlegenden beinhalten die Kernaussagen der neuen Religion: »Muhammad ist der Gesandte Gottes« und das Bekenntnis zur Einheit Gottes. Die Deutung des Objekts auf der Rückseite ist umstritten; eine Säule auf Stufen war in einigen Städten Syriens Zeichen städtischen Stolzes, so auch in Jerusalem, das zu einem Zentrum des islamischen Kultes von ʿAbd al-Malik ausgebaut wurde.

36 Weisser 2019, S. 264–277.
37 Bearbeiter Muḥammad Younis.
38 Bearbeiter Dirk de Boer.
39 Bearbeiter Matthias Naue und Huda Subeh.
40 Bearbeiterin Huda Subeh. Zur Sammlung Asch siehe Schwarz Böhringer 2000 und zur Sammlung Bachmann, Bachmann 2000.

Abb. 2: Die Münze als Textdokument: Der Golddīnār in der Größe eines 20 Cent-Stückes nennt drei Herrscher mit voller Titulatur, die gesamte Herrschaftshierarchie vom regionalen Herrscher bis zum Kalifen: Malik al-Mašriq Sanǧar ibn Malikšāh (reg. 1097–1157), Sultan Muḥammad ibn Malikšāh (reg. 1099–1118) und der Kalif al-Mustaẓhir billāh (reg. 1094–1188). Drei Koransuren werden angeführt, darunter auf der Rückseite Sure 2, Vers 255 (Thronvers), daneben befindet sich ein Schwert als seldschukisches Herrschaftszeichen (tamghā). Geprägt in Walwālīz (Qunduz/Nordafghanistan) im Monat Muḥarram 493 H. (17. November bis 16. Dezember 1099).

Abb. 3: Am Hofe des Großmoguls wurden große schwere Prunkmünzen als Ehrengeschenke an Würdenträger vergeben. 1712 gelangte diese Münze in die Sammlung auf Schloss Friedenstein in Gotha. Sie regte Fantasie und Kunsthandwerk während des thüringisch-sächsischen Barocks an. Die Münze maß 117,5 mm, war 20,5 mm stark und wog 2,275 g. Sie war geprägt, doch reichte der Prägedruck am Rande nicht aus, um einen ästhetisch befriedigenden Abdruck zu hinterlassen. Auf diesen Flächen wurden die Konturen der Prägung nachgraviert. Nachdem die Münze noch Anfang der 1930er Jahre in Gotha vorhanden war, ist sie seit 1993 verschollen. Gipsabdrücke wurden in den 1980er Jahren angefertigt, als die Münze in London zum Verkauf stand. Ein versilberter Galvano dieser für die Kulturgeschichte Sachsens und Thüringens so bedeutsamen Prunkmünze wurde dem Orientalischen Münzkabinett Jena im Jahr 2000 geschenkt.

Abb. 4: Dieser Dirham stammt ursprünglich aus der Sammlung der Preußischen Universität Königsberg und kam durch Tausch im Jahr 1856 nach Jena. Er wurde in der Stadt Balkh im heutigen Nordafghanistan im Jahr 904/905 geprägt. Seine Herkunft aus Königsberg und die abstrakte Wiedergabe des Hammers des nordischen Gottes Thor als Ritzung kennzeichnen diese Münze als Ostseefund. Er ist darüber hinaus eines der frühesten Beispiele für die Anwendung des kursiven Kopisten- oder *naskhī*-Duktus. Auf der Vorderseite findet sich der Name des Bānīǧūriden-Herrschers in *naskhī*. Auch das *kūfī*, eine repräsentative eher rechtwinklige Schriftform, ist in dieser Komposition von hoher künstlerischer Exquise; zum Beispiel sind die drei Buchstaben *rā', yā'* und *kāf* in der dritten Zeile auf der Vorderseite zu einer abstrakten blumenkelchartigen Form vereint. Diese außergewöhnliche künstlerische Kalligraphie lässt sich auf einen unbekannten innovativen Künstler zurückführen, der für die Münzstätten in Balkh und Andarābah in Afghanistan für mehrere Jahre arbeitete.[41] Prägung der Bānīǧūriden, Aḥmad ibn Muḥammad ibn Aḥmad (reg. etwa 899–910), unter der Oberherrschaft des Sāmāniden-Amīrs Ismā'īl ibn Aḥmad, Dirham, Balḫ (heutiges Nordafghanistan).

Abb. 5: Vermutlich wurden die Wolgabulgaren etwa gegen 315 H. (927/928) von den Khazaren unabhängig. Der Amīr Yiltawār stand dem Islam nahe und bat den Kalifen al-

41 Treadwell 2012, S. 99–113.

Muqtadir billāh in Bagdad, ihm einen Gesandten zu schicken, der ihn mit der Religion vertraut machen sollte. Im Jahr 310 H. (922) traf der kalifale Gesandte Ibn Faḍlān mit Yiltawar in der Hauptstadt Bulġār an der Wolga zusammen. Ibn Faḍlāns Reisebericht[42] in den Norden ist erhalten und beschäftigt seit seiner erneuten Auffindung und Publikation 1823 durch Christian Martin Frähn in Sankt Petersburg die Wissenschaft und die Fantasie, zuletzt in einem populären Roman von Michael Chrichton (»The 13th Warrior« von 1999). Ebenfalls typisch für die nördlichen Funde ist die Halbierung der Münze.

Abb. 6: Die Goldmedaille auf Johann Gustav Stickel wurde 1889 im Auftrag des Großherzogs von Sachsen-Weimar und Eisenach angefertigt. Der einzige Goldabschlag, der für das Orientalische Münzkabinett bestimmt war, ging während des 20. Jahrhunderts verloren. Er konnte jedoch 1996 mit Mitteln der Universität als erste Neuerwerbung des Orientalischen Münzkabinetts aus dem Handel wieder erworben werden.

Abb. 7: Für den Philologen ist die Münze ein Textdokument, für den Historiker eine Urkunde. Dieser Dirham aus der Sammlung Zwick wurde 168 H. (784/785) in der Provinz Armīniya geprägt, wahrscheinlich in der Hauptstadt Dabīl; genannt werden der Kalif al-Mahdī (reg. 775–785) und der Gouverneur ʿUṯmān ibn Ḫuraim.

Abb. 8: Bis zur Münzreform des ʿAbd al-Malik wurden in den sāsānidisch-iranischen Gebieten des Islamischen Reiches die Münzprägung im sāsānidischen Stil fortgesetzt und nur die Legenden geändert. Das Portrait ist anachronistisch und zeigt den sāsānidischen Šāhānšāh Ḫusrō II. (reg. 590/591–628) und die Rückseite den zoroastrischen Feueraltar. Nach der Münzreform des ʿAbd al-Malik im Jahr 696 wurden viele Münzen auf den leichteren Gewichtsstandard des Refomdirhams beschnitten. Prägung der Umayyaden – Iran, Muʿāwiya (reg. 661–690), als »Amir der Gläubigen« in Pahlawi; die Münzstättensigle D' steht für Darābǧird in Fārs, Persis; immobilisiertes Datum, Jahr »43« (tatsächlich geprägt 54–55 H. [673–675]), beschnittener Rand.

Abb. 9: Dieser Dīnār der Mamlūken aus Syrien wurde geprägt unter an-Nāṣir Muḥammad (reg. 1299–1309) in Ḥamāh, die Jahresangabe liegt außerhalb des Schrötlings. Das Goldstück zeichnet sich durch eine äußerst feine Kalligraphie aus, die sich an der besten *nasḫī* Schrift für Bücher orientiert. Diakritika werden zur besseren Lesung und Füllornamente verwandt sowie kalligraphische Ligaturen; zum Beispiel auf der Vorderseite die Buchstaben *dāl* und *alif maqsūra* in dem Wort *bil-hudā*. Das Objekt wurde dem Orientalischen Münzkabinett Jena im Jahr 1857 von der Großherzogin Maria Pawlowna geschenkt.

Abb. 10: China oder Japan, Amulett mit der Darstellung zweier Phoenixe Feng und Huang. Beide Phoenixe, der männliche Feng und der weibliche Huang, sind seit dem Altertum Symbole eines unzertrennlichen Paares.

42 Frye 2006.

Abb. 11: Diese Münze wurde in der Schweiz am 28. Mai 1830 bei Steckborn mit ca. 30 anderen Münzen gefunden. Sie ist ein Dokument für die Handelsverbindungen Nordafrikas mit dem Karolingerreich. Der Schatzfund von Steckborn regte den heimatgeschichtlich interessierten Frédéric Soret an, sich mit orientalischen Münzen zu beschäftigen und eine der größten orientalischen Münzsammlungen seiner Zeit aufzubauen.

Abb. 12: Goldmünze des Königs Ezana von Axum; geprägt ca. 330 n. Chr. nach dem Übertritt des Herrschers zum Christentum.

Abb. 13: Die Vorderseite des Bleisiegels zeigt die Büste der Maria mit Nimbus; sie hält ein Kind im Medaillon vor der Brust. Die erste Zeile ist syrisch-aramäisch und vermutlich als *pānağīya,* »Allheilige« zu lesen, ein Beiname der Mutter Gottes, die auf der Vorderseite abgebildet ist. Der Name des Siegelinhabers ist häufig, so dass keine historische Person identifiziert werden kann. Durch die griechische Anrufung und den arabischen Namen, der auf einem anderen Siegel in Karšūnī geschrieben wurde, ist der Inhaber als melkitischer Christ ausgewiesen.

Abb. 14: Die Darstellung eines schreitenden Löwen nach links wird als Zeichen der Stadt Mahğam gedeutet. Die Münze wurde von Eduard Glaser während seiner zweiten Expedition in den Jemen in den Jahren 1885/1886 erworben.

Abb. 15: Ṭawīleh sind gebogene und beprägte Drahtabschnitte aus stark mit Kupfer legiertem Silber. Diese Geldform als beprägter dicker Silberdraht war seit dem 16. Jahrhundert in der Region des Persischen Golfes beliebt. Über 200 Jahre bis etwa 1907 waren Ṭawīleh nur noch in der Oase Hofuf in Gebrauch, als diese Geldform schon lange nirgendwo anders mehr existierte.

Objekt- und Abbildungsnachweise

Abb. 1 Orientalisches Münzkabinett Jena (OMJ) Inv.-Nr. 303-A02 (ex. Slg. Frèdèric Soret 1866); 4,45 g; 20 mm. Foto: OMJ.

Abb. 2 OMJ Inv.-Nr. 2003–17-017 (Geschenk von Arnd Kniese); 2,82 g; 24 mm. Foto: OMJ.

Abb. 3 OMJ Inv.-Nr. 2000–06-001 (Galvano; Geschenk von Dr. Bernd Becker). Foto: OMJ.

Abb. 4 OMJ Inv.-Nr. 329-C08 (ex Slg. Universität Königsberg, 1856); 2,95 g, 28 mm. Foto: OMJ.

Abb. 5 OMJ Inv.-Nr. 335-B03; 1,92 g; 29 mm; 9 h; vgl. Sylloge Jena I (= Mayer 2005) Nr. 1445. Foto: OMJ.

Abb. 6 OMJ Inv.-Nr. 1996–01-001. Foto: OMJ.

Abb. 7 OMJ Inv.-Nr. 314-B10 (ex Slg. Zwick; Mayer, *Sylloge,* Nr. 1211); 2,79 g; 26 mm.

Abb. 8 OMJ Inv.-Nr. 304-B07 (ex Slg. Frédéric Soret, ex Slg. Sprewitz, Moskau, 1846); 2,06 g; 24 mm. Foto: OMJ.

Abb. 9 OMJ Inv.-Nr. 407-A03 (Geschenk der Großherzogin Maria Pawlowna, 1857); 4,69 g; 21 mm.

Abb. 10 OMJ Inv.-Nr. O-0160 (Geschenk des Großherzogs Alexander 1885, Slg. Siebold). Foto: OMJ.

Abb. 11 OMJ Inv. Nr. 315-H03 (ex. Slg. Frèdèric Soret, ex Schatzfund von Steckborn); 2,68 g; 22 mm. Foto: OMJ.

Abb. 12 OMJ Inv.-Nr. 471-F01 (Erwerbung von Karl Vollers, ex Auktion Schulman, Amsterdam, ex Slg. White-King); 1,49 g; 16 mm; 12 h. Foto: OMJ.

Abb. 13 OMJ Inv. Nr. 311-G04 (Geschenk von Dr. med. A. D. Mordtmann, Konstantinopel 1873); 7,47 g. Foto: OMJ.
Abb. 14 OMJ Inv.-Nr. 409-B07 (ex Slg. Eduard Glaser, ex Münzkabinett Berlin); 1,77 g; 23 mm. Foto: OMJ.
Abb. 15 OMJ Inv.-Nr. 409-D08, D09, D10 (Geschenke des Orientreisenden Hermann Burchardt, 1906); ca. 3 g; 29–37 mm. Foto: OMJ.

Die Abb. 1, 2, 4, 5, 7–9, 11, 12, 14, 15 sind im Maßstab 1:1 gesetzt.

Bibliographie

Adelung & Rotermund 1810 J.Ch. Adelung & H. W. Rotermund: Fortsetzung und Ergänzungen zu Christian Gottlieb Jöchers allgemeinem Gelehrten-Lexicon, Bd. 3. Delmenhorst 1810.

Augustin 1999 S. Augustin: Zur Geschichte ethnographischer Erkundungen bei den Kalmyken im Missionsgebiet der Evangelischen Brüder-Unität (Herrnhuter Mission) an der unteren Wolga. Abhandlungen und Berichte des Staatlichen Museums für Völkerkunde Dresden 50 (1999), S. 217–240.

Augustin & Otchir-Goriaeva 2002 S. Augustin & M. Otchir-Goriaeva: Eine archäologische Kollektion von der unteren Wolga (Kalmykische Steppe) in der Sammlung des Völkerkundemuseums Herrnhut. Prähistorische Zeitschrift 77.2 (2002), S. 224–238.

Bautz 1990 F. W. Bautz: Eichhorn, Johann Gottfried. In: F. W. Bautz & T. Bautz (Hrsg.): Biographisch-Bibliographisches Kirchenlexikon, Bd. 1. Hamm 1990, Sp. 1477–1478.

Erman 1929 A. Erman: Mein Werden und Wirken, Erinnerungen eines alten Berliner Gelehrten. Leipzig 1929.

Frye 2006 R. N. Frye (Übers. u. Komment.): Ibn Fadlan's Journey to Russia, A Tenth-Century Traveler from Bagdad to the Volga River. Princeton (2. Aufl.) 2006.

Heinemann 1999 S. Heidemann: Bibliothek des Großherzoglichen Orientalischen Münzkabinetts. In: F. Krause & F. Marwinski (Hrsg.): Handbuch der Historischen Buchbestände in Deutschland, Bd. 20: Thüringen H–R. Hildesheim 1999, S. 162–163.

Heidemann 2000a S. Heidemann: Islamische Numismatik in Deutschland. In: S. Heidemann (Hrsg.): Islamische Numismatik in Deutschland – eine Bestandsaufnahme. Wiesbaden 2000, S. 1–16.

Heidemann 2000b S. Heidemann: Die verschollene Gothaer Sammlung orientalischer Münzen. In: S. Heidemann (Hrsg.): Islamische Numismatik in Deutschland – eine Bestandsaufnahme. Wiesbaden 2000, S. 87–106.

Heidemann 2000c S. Heidemann (Hrsg.): Islamische Numismatik in Deutschland – eine Bestandsaufnahme. Wiesbaden 2000.

Heidemann 2004 S. Heidemann: Jemenitische Münzen in Jena. Zur Erforschung der jemenitischen Münzprägung. Jemen-Report. Mitteilungen der Deutsch-Jemenitische Gesellschaft e. V. 35.2 (2004), S. 4–6.

Heidemann 2005 S. Heidemann: Die Entwicklung der Methoden in der Islamischen Numismatik im 18. Jahrhundert – War Johann Jacob Reiske ihr Begründer? In: H.-G. Ebert & Th. Hanstein (Hrsg.): Johann Jacob Reiske: Persönlichkeit und Wirkung. Leipzig 2005, S. 147–202.

Heidemann 2006 S. Heidemann: Maria Pawlowna und der Umbruch in der Orientalistik – Die Gründung des Großherzoglichen Orientalischen Münzkabinetts. In: J. Berger & J. v. Puttkamer (Hrsg.): Von Petersburg nach Weimar. Kulturelle Transfers von 1800 bis 1860. Frankfurt a. M. 2006, S. 221–259.

Heidemann 2007 S. Heidemann: Das Orientalische Münzkabinett Jena. Die Islamische Münzkunde von der Theologie der Aufklärung zu den Regionalstudien. Eothen 4 (2007), S. 95–120.

Heidemann 2008 S. Heidemann: Zwischen Theologie und Philologie: Der Paradigmenwechsel in der Jenaer Orientalistik 1770 bis 1850. Der Islam 84 (2008), S. 140–184.

Heidemann 2013 S. Heidemann: Johann Gustav Stickel und Carl Haussknecht. Münzsammeln im 19. Jahrhundert. In: K. Victor (Hrsg.): Carl Haussknecht. Ein Leben für die Botanik. Jena 2013, S. 60–65.

Heidemann 2019 S. Heidemann: Das Orientalische Münzkabinett der Universität Jena. Islamische Numismatik in Jena vom 18. bis 21. Jahrhundert. In: N. Nebes (Hrsg.): Das Orientalische Münzkabinett und die Alphons-Stübel-Sammlung früher Orientphotographien. Orientalische Sammlungen an der Universität Jena. Wiesbaden 2019, S. 9–42.

Heidemann & Sode 1997 S. Heidemann & C. Sode: Metallsiegel in der islamischen Welt, ihre Forschungsgeschichte und Orientalische Bleisiegel aus einem Siegelfund in Konstantinopel. In: R. Gyselen (Hrsg.): Sceaux d'Orient et leur emploi. Bures-sur-Yvette 1997, S. 41–60.

Heidemann & Sode 1999/2000 S. Heidemann & C. Sode: Christlich-orientalische Bleisiegel im Orientalischen Münzkabinett Jena. Aram 11/12 (1999/2000), S. 533–593.

[Hilgenfeld] 1896 [A. Hilgenfeld]: Johann Gustav Stickel †. Protestantische Kirchenzeitung für das evangelische Deutschland 4 (29. 1. 1896), S. 90–92.

Holzhausen 1895 P. Holzhausen: Von Napoleon bis heute, ein Professorenleben. Mit Benützung einer Skizze von Geheimrat Professor Dr. Stickel. Deutsche Revue 20 (August 1895), S. 233–239.

Ilisch 2005 L. Ilisch: Der Steckborner Schatzfund von 1839 und andere Funde nordafrikanischer Dirhams im Bereich des Karlsreiches. In: G. Gorini (Hrsg.): Simone Assemani Symposium on Islamic Coinage. The 2nd International Congress on Numismatics and Monetary History. Padua 2005, S. 67–82.

Ilisch 2012 L. Ilisch: Der arabische Münzfund von Stegen/Stegna (1722) und das gelehrte Milieu Preußens 1719–1725. In: G. Dethlefs, A. Pol & S. Wittenbrink (Hrsg.): Nummi docent! Münzen – Schätze – Funde. Festschrift für Peter Ilisch zum 65. Geburtstag am 28. April 2012. Osnabrück 2012, S. 363–382.

Jaeckel 1951 P. Jaeckel: Staatliche Münzsammlung, Orient. Münchner Jahrbuch der Bildenden Kunst 3.2 (1951), S. 253–254.

Jena 1999 D. Jena: Maria Pawlowna. Großherzogin an Weimars Musenhof. Regensburg 1999.

Kabaklarlı 2007 N. Kabaklarlı: »Mangır«: Yemen'de darb edilen Osmanlı bakır paraları 1517–1640/»Mangır«: Ottoman Copper Coins Minted in Al-Yaman 1517–1640. Istanbul 2007.

Kellner 1899 H. C. Kellner: Brockhaus, Hermann. Allgemeine Deutsche Biographie 47 (1899), S. 263–272.

Kirfel 1955 W. Kirfel: Brockhaus, Hermann. Neue Deutsche Biographie 2 (1955), S. 626–627.

Kratschkowski 1957 I. J. Kratschkowski: Die russische Arabistik. Umrisse ihrer Entwicklung, übers. und bearb. v. O. Mehlitz. Leipzig 1957.

Kretschman 1893a L. v. Kretschman: Die literarischen Abende der Großherzogin Maria Paulowna. Deutsche Rundschau 75 (1893), S. 422–448.

Kretschman 1893b L. v. Kretschman: Die literarischen Abende der Großherzogin Maria Paulowna. Deutsche Rundschau 76 (1893), S. 58–89.

Mayer 2005 T. Mayer: Sylloge der Münzen des Kaukasus und Osteuropas im Orientalischen Münzkabinett Jena. Wiesbaden 2005.

Nebes 1999 N. Nebes: Orientalistik im Aufbruch. Die Wissenschaft vom Orient in Jena zur Goethezeit. In: J. Golz (Hrsg.): Goethes Morgenlandfahrten. West-östliche Begegnungen. Frankfurt a. M. 1999, S. 66–96.

Nützel 1891 H. Nützel: Münzen der Rasuliden nebst einem Abriss der Geschichte dieser jemenischen Dynastie. Berlin (Diss.) 1891.

Nützel 1896 H. Nützel: Johann Gustav Stickel. Numismatische Zeitschrift 27 (1896), S. 213–220.

Schorn 1911 A. v. Schorn: Das nachklassische Weimar unter der Regierungszeit Karl Friedrichs und Maria Paulownas. Weimar 1911.

Siegfried 1877 C. Siegfried: Eichhorn, Johann Gottfried. In: Allgemeine Deutsche Biographie 5 (1877), S. 731–737.

Siegfried 1896 C. Siegfried: Zur Erinnerung an D. Gustav Stickel. In: Protestantische Kirchenzeitung für das evangelische Deutschland 7 (19. 2. 1896), Sp. 148–152.

Siegfried 1908 C. Siegfried: Stickel, Johann Gustav. In: Allgemeine Deutsche Biographie 54 (1908), S. 519–522.

Skripkin 1997 A. S. Skripkin: Archäologische Untersuchungen deutscher Gelehrter im Unteren Wolgagebiet. Kölner Jahrbuch 30 (1997), S. 321–327.

Smend 1989 R. Smend: Deutsche Alttestamentler in drei Jahrhunderten. Göttingen 1989.

Soret 1840 F. Soret: Lettre à M. le professeur Humbert sur quelques monnaies des califes; en particulier sur celles qu'on a trouvées à Steckborn en Thurgovie. Bibliothèque Universelle de Geneve, Nouv. Sèrie 27 (Juli 1840), S. 5–18.

Soret 1858 F. Soret: Lettre à M. le colonel aux gardes de Bartholomae; Quatrième lettre sur les médailles orientales inédites de la collection de M. F. Soret. Revue de la Numismatique Belge 3.2 (1858), S. 105–139, 217–260 u. 476.

Stickel 1886 J. G. Stickel: Meine Berührungen mit Goethe. Goethe-Jahrbuch 18 (1886), S. 231–240.

Treadwell 2012 L. Treadwell: The Die-Engraver of Balkh (290/902–302/914). In: V. Porter & M. Rosser-Owen (Hrsg.): Metalwork and Material Culture in the Islamic World: Art, Craft and Text. Essays Presented to James W. Allan. London 2012, S. 99–113.

Vollers 1906a K. Vollers: Das orientalische Münzkabinett der Universität Jena im Jahre 1906. Blätter für Münzfreunde 41.6 (1906), Sp. 3515–3524.

Vollers 1906b K. Vollers: Das orientalische Münzkabinett der Universität Jena im Jahre 1906. Blätter für Münzfreunde 41.7/8 (1906), Sp. 3529–3537.

Weisser 2019 B. Weisser: Numismatiker in Deutschland. Zur Situation im Jahre 2019. Geldgeschichtliche Nachrichten 54 (2019), S. 264–277.

Windisch 1917–1921 E. Windisch: Geschichte der Sanskrit-Philologie und Indischen Altertumskunde. Strassburg 1917–1921.

Zwick & Schill 1827 H. A. Zwick & J. G. Schill: Reise von Sarepta in verschiedene Kalmücken-Horden des Astrachanischen Gouvernements im Jahr 1823 vom 26ten May bis 21ten August neuen Stils. Leipzig 1827.

Von Tux und Meier bis zur FINT-Münze des Monats

Die Tübinger Universitätssammlung islamischer Münzen

Sebastian Hanstein

Dass sich die heute größte universitäre Münzsammlung Deutschlands an der Eberhard-Karls-Universität Tübingen findet, liegt zum einen am Bestand des Instituts für Klassische Archäologie (ca. 20 000 Münzen)[1] und zum anderen am Bestand der Forschungsstelle für *Islamische* Numismatik Tübingen (FINT, über 80 000 Münzen). Letzterer kam zwar erst deutlich später zu »Ruhm« als die Sammlung antiker und mittelalterlich- bis neuzeitlich-europäischer Münzen, welche auf Schloss Hohentübingen in Teilen ausgestellt ist, doch reichen seine bescheidenen Anfänge genauso weit zurück, nämlich bis zum Kuriositätenkabinett des 1798 verstorbenen Stuttgarter Regierungsrates sowie Lehens- und Wechselgerichtssekretärs Carl Sigmund Tux (geb. 1715). Dieser hatte die im Kabinett enthaltene Münzsammlung im Kern von seinem Vater Friedrich (einem württembergisch-oelsischen Regierungs- und Konsistorialrat aus Breslau) übernommen und dann weiter ausgebaut, bis sie mehr als 3 800 Stücke umfasste.[2]

Dass Tux' berühmter »Eichhörnchen-Schrank«[3] – oder besser: »Maulwurf-und-Eichhörnchen-Schrank« – auch rund 20 Orientalia beherbergte, belegt das älteste Inventar zur Sammlung, welches offenbar Tux' eigene Worte enthält.[4] In Band V dieses handschriftlichen Werks sind unter anderem neun »türkische Asper«, ein chinesisches Stück (Qing-Dynastie) sowie verschiedene »ostindische« Münzen verzeichnet; aus den Anmerkungen erfährt man beispielsweise, dass 15 Stück einer bestimmten *fanam*-Art in Frankreich

1 Siehe den Beitrag von Stefan Krmnicek im vorliegenden Band.
2 Schwabe 1891, S. 16f.; Mannsperger 1972/1973, S. 124–126; die Sammlung Tux enthielt 2 022 antike und 1 836 »moderne« Münzen.
3 Siehe Dürr 2007, S. 117f.
4 Mannsperger 1972/1973, S. 126 erwähnt nur die Sammlungsinventarisierung durch den Historiker Christian Friedrich Rösler (1736–1821), welcher im Jahre 1800 auch gleich eine Numismatik-Vorlesung gab. Bei Schwabe 1891, S. 17 u. 38 ist hingegen zu lesen, dass Rösler ein Inventar nach Katalogen entwarf, welche vom Sammler selbst stammten, und spätere Bestandszugänge in diesen Tux'schen Katalogen vorgenommen wurden. Anscheinend hatte man also Tux' eigene Sammlungsdokumentation übernommen und nur in eine neue Form gebracht.

als ein Écu galten oder in welcher Silbermünzsorte der Tribut an den Mogul-Kaiser zu entrichten war.[5] Zu einer sog. Stern-Pagode (Abb. 1) ist angegeben, dass sie von einem Karlsruher Hauptmann namens Gaub 1760 aus Kolkata mitgebracht und dann an den bekannten württembergischen Geheimrat und Regierungspräsidenten [Eberhard Friedrich] von Gemmingen (1726–1791) übergegangen sei, welcher sie Tux 1766 geschenkt habe.[6] Geprägt wurden solche Goldmünzen in der Madras-Präsidentschaft der Britischen Ostindien-Kompanie zwischen 1740 und 1804, und auch die übrigen Orientalia der Sammlung Tux sind kaum älter; es handelt sich ausschließlich um neuzeitliche Münzen.

Abb. 1: »Stern-Pagode« aus der Sammlung Tux.

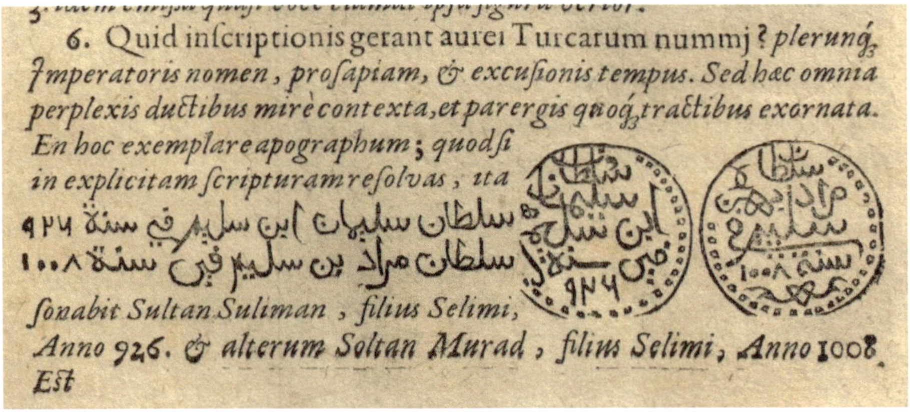

6. Quid inſcriptionis gerant aurei Turcarum nummj? *plerunq; Imperatoris nomen, proſapiam, & excuſionis tempus. Sed hæc omnia perplexis ductibus mirè contexta, et parergis quoq; tractibus exornata. En hoc exemplare apographum; quodſi in explicitam ſcripturam reſolvas, ita*

سلطان سليمان ابن سليم في سنة ٩٢٦

سلطان مراد بن سليم في سنة ١٠٠٨

ſonabit Sultan Suliman, filius Selimi, Anno 926. & *alterum Soltan Murad, filius Selimi, Anno* 1008. *Est*

Abb. 2: *Quid inscriptionis gerant aurei Turcarum nummi?* Frage und Teil der Antwort aus dem *Deus Orbus Saracenorum.*

Eine Befassung mit islamischen Münzen in Tübingen lässt sich bereits für das Jahr 1622 feststellen, als Wilhelm Schickard (1592–1635) hier den Lehrstuhl für Hebräisch (sowie andere orientalische Sprachen) innehatte und in einem Anhang zu dessen theologischer Streitschrift »Deus Orbus Saracenorum« eine kurze Erklärung zur Datierung und Herrschernennung auf osmanischen Münzen geboten wurde (Abb. 2),[7] doch war es

5 Bd. V: Neuere und Denkmünzen, Bl. 240.

6 Dieselbe Provenienz haben auch ein silberner Doppel-*fanam* und »ein Rupi ... mit persischen Buchstaben«. Andere Münzen aus Indien erhielt Tux von einem »H. v. Derichs« und einem »Lieutenant Schroeder«.

7 Als Antwort (mit Illustration) zu Frage Nr. 6 auf S. 20 f. in: *Deus orbus Saracenorum – E Pseudo-Prophetæ Muhammedis Alkurano prolectus, & suismetarmis oppugnatus, Præside Wilhelmo Shickardo, S. S. L. pro-*

Abb. 3: Prof. Ernst Heinrich Meier (1813–1866).

erst Tux, welcher der Eberhard-Karls-Universität eine eigene Münzsammlung bescherte, indem er die seinige 1795 testamentarisch für die Bibliothek der Universität bestimmte. Als Teil der Bibliothek zog der Kabinettsbestand 1819 auch mit auf das Schloss Hohentübingen um, wurde dann aber 1830 der philosophischen Fakultät unterstellt. Dies änderte wohlgemerkt nichts daran, dass offenbar kaum mit dem Material gearbeitet und der Bestand nur wenig bzw. ganz planlos vermehrt wurde, obwohl mindestens seit 1811

fessore – Respondente M. Iohanne Falcone, S. S. Th. Studioso, Tübingen 1622. Im selben Jahr und ebenda erschien auch die *Dissertatio de nummis Hebræorum – Quam Præside Wilhelmo Schickhardo, Sacr. L. Professore – Defendet M. Iohannes Falco, S. S. Theologiæ Studiosus.* Als Schickard 1619 Professor geworden war, hatte er noch gar kein Arabisch lesen können, brachte es sich dann aber mit Hilfe einer unvollständigen Koranhandschrift einigermaßen bei. Der Tübinger Theologe Johann(es) Falck lebte von 1599 bis 1634.

Abb. 4: Im Verzeichnis Prof. Meiers dokumentierter *ǧamšīdī*-Dirham (44 mm) aus dem Altbestand der philosophischen Fakultät.

ein Jahresetat von 100 Gulden zum Ausbau der Sammlung ausgesetzt war und man zumindest numismatische Literatur in nennenswertem Ausmaß anschaffte.[8]

So umfasst das erste Spezialverzeichnis der in der Sammlung der philosophischen Fakultät enthaltenen *orientalischen* Münzen – angefertigt Mitte des 19. Jahrhunderts vom Tübinger Professor Ernst Heinrich Meier (Abb. 3) – auch nur 69 Objekte (von denen mindestens 11 nicht als islamisch bezeichnet werden können). Immerhin sind es nun nicht mehr nur neuzeitliche Münzen Indiens und des Osmanischen Reiches, die hierin handschriftlich dokumentiert sind, sondern auch einige mittelalterliche Stücke, darunter Dirhams der Sāmāniden und der Umayyaden von al-Andalus sowie Prägungen der Ayyūbiden und Artuqiden. Hervorzuheben wäre (auch weil ähnliche Münzen in anderen Sammlungen der Zeit einen Fundzusammenhang erkennen lassen) ein großformatiger *ǧamšīdī*-Dirham Sultan Muḥammads II. aus der Dynastie der Anūšteginiden, geschlagen 610 H. (1213/14) zu Samarqand (Abb. 4). Anders als es das Titeletikett aussagt, sind in Meiers Verzeichnis also nicht nur Münzen aus der Tux'schen Sammlung beschrieben, sondern auch Stücke, die im Laufe der ersten Hälfte des 19. Jahrhunderts an die Universität gekommen sein müssen – woher, ist dem Werk jedoch leider ebenso wenig zu entnehmen wie darin markiert wurde, welche der Münzen von Tux stammen.

Ernst Meier war 1813 in Rusbend im Fürstentum Schaumburg-Lippe zur Welt gekommen und hatte ab 1836 in Göttingen orientalische Sprachen studiert, und zwar bei Heinrich Ewald (1803–1875). Letzterer gehörte zur Gruppe jener 7 Professoren (sog. Göttinger Sieben), die 1837 gegen die Aufhebung der liberalen Verfassung im Königreich Hannover protestierten und deshalb entlassen wurden. Als Ewald infolgedessen 1838 an die Universität Tübingen ging, begleitete ihn Meier und wurde 1840 promoviert; ein Jahr später folgte die Habilitation. Nicht viel später kam es jedoch zu einem so heftigen Zerwürfnis

8 Schwabe 1891, S. 20 f.; Mannsperger 1972/1973, S. 126–128.

zwischen dem Privatdozenten Meier und seinem prominenten Mentor Ewald, dass daraus eine dauerhafte Feindschaft erwuchs.[9] Genauer gesagt, kannte Ewald in den folgenden Jahren keine Gnade, wenn es darum ging, die Karriere und Forschung seines ehemaligen Schülers eingehend zu torpedieren und ihm jede Eignung als ernsthafter Wissenschaftler öffentlich abzusprechen.[10] Zwar wurde Meier in Tübingen 1848 trotzdem (zunächst außerordentlicher und später ordentlicher) Professor für morgenländische Sprachen – was konsequenterweise mit Ewalds Rückkehr nach Göttingen einherging –, doch war es wohl nicht zuletzt ebenjene Fehde, welche bewirkte, dass Meier sich tatsächlich nicht als Orientalist einen Namen machte, sondern als Mitbegründer der Volkskunde Schwabens.[11]

Der Grund, warum Ernst Meier hier dennoch hervorgehoben sein soll, ist weniger sein Teilkatalog zur Münzsammlung der philosophischen Fakultät als vielmehr die Tatsache, dass er neben schwäbischen Sagen, Liedern und Reimen auch selbst fleißig islamische Münzen sammelte. Den Notizen in seinen erhaltenen Rechnungsbüchern nach zu urteilen, wandte er sich dieser relativ kostspieligen Leidenschaft erst spät zu[12] (womöglich nachdem er erst durch seine Arbeit an besagtem Verzeichnis dazu angeregt worden war). Eine wichtige Rolle spielte offenbar der Kontakt zu Theodor von Heuglin (1824–1876), einem württembergischen Afrikaforscher, welcher insbesondere den Sudan bereiste, aber auch Äthiopien, Ägypten und weitere Länder am Roten Meer. Meier übernahm nicht nur die Vermarktung der von Heuglin mitgebrachten Münzen, sondern erwarb davon auch selbst einige Stücke, jedenfalls ist in einem Sammlungsverzeichnis von 1890 die Auskunft seiner Tochter Manuela (1856–1921) vermerkt, dass er zumindest die »Glasmünzen und -pasten« von Heuglin erhalten habe.[13]

Abb. 5: Dirham des »Rächer«-Kalifen al-Qāhir bi-'llāh (reg. 932–934, gest. 950) aus der Sammlung E. Meier.

9 Über diesen Konflikt, welcher ein Thema für sich ist: Haasler 2006.

10 Einblicke in seine tiefe Verachtung und Verbitterung bietet *D. Heinrich Ewald über seinen Weggang von der Universität Tübingen, mit andern Zeitbetrachtungen.* Stuttgart 1848, insb. S. 22 ff.

11 Meier 1852, S. VIII: »... der Ueberdruß, den mir ein langer gelehrter Zank hier bereitete, trieb mich zu häufigen Ausflügen aufs Land, zunächst in die Umgegend von Tübingen«.

12 Ilisch 2000, S. 130.

13 *Tübingen. Kgl. Archaeologische Sammlung. Beschreibung der Orientalischen Münzen* von Paul Schwarz, Tübingen 1890 (im Folgenden *Schwarz-Katalog* genannt), S. 427 (Anmerkung Ludwig Schwabes von 1892).

Auch publizierte Meier 1864 zwei numismatische Beiträge in der »Zeitschrift der Deutschen Morgenländischen Gesellschaft« (ZDMG), in denen er sich wiederholt auf Stücke aus seiner Privatsammlung bezieht, z. B. auf Bagdader Dirhams des ʿAbbāsiden al-Qāhir von 320 und 322 H. (932 bzw. 932/34), letzterer (Abb. 5) mit dem besonderen und von Meier besprochenen Titel *al-muntaqim min aʿdāʾ Allāh li-dīn Allāh* (»Der Rachenehmende an den Feinden Gottes zugunsten der Religion Gottes«),[14] sowie des folgenden Kalifen ar-Rāḍī von 323, 324 und 325 H.[15] Außer auf (weitere) Silbermünzen der ʿAbbāsiden[16] konnte er sich 1863 auch auf diverse *fulūs*[17] und einen Dinar des Ṭūlūniden Hārūn[18] stützen. Zu einem der ʿabbāsidischen Dirhams (Madīnat as-Salām 158 H.) gibt Meier interessanterweise an, dass das Stück aus dem Königsberger Kabinett in seine Sammlung übergegangen sei,[19] und tatsächlich ist in Ferdinand Nesselmanns (1811–1881) 1858 erschienenem Katalog der orientalischen Münzen des Akademischen Münzcabinets in Königsberg vermerkt, dass von dem betreffenden Typ zwei Exemplare vorhanden waren[20] – vermutlich fand hier also ein Tausch statt.

Vor allem Meiers Aufsatz über »Werthbezeichnungen auf muhammedanischen Münzen«[21] ist aus heutiger Sicht aber nicht mehr viel wert und in großen Teilen ziemlich spekulativ bis phantasievoll.[22] Auch hinsichtlich seiner philologischen Abhandlungen auf anderen Gebieten wurde dem Tübinger Professor rückblickend eine »wenig angebrachte Geistreichigkeit« attestiert, »die ihn veranlaßte, schillernden Phantomen nachzujagen«.[23] Zumindest hatte er in den diversen Kürzeln und Einzelwörtern auf vielen islamischen Münzen aber ein Thema erkannt, das zweifelsohne von großem Interesse ist und heute wie damals der weiteren Erforschung bedarf. Außerdem ist zu bedenken, dass Meier weder fürs Sammeln noch für eigene numismatische Studien und Publikationen sehr viel Zeit blieb – nach längerer und auch schmerzhafter Krankheit verstarb er bereits am 2. März 1866.[24] Im selben Jahr wurde Julius Euting (1839–1913) – der bei Meier promoviert hatte und

14 Meier 1864a. Der Typ mit dem Spezial-Titel (Album 2011, S. 57, Nr. 253) wird heute gerne als »avenger type« bezeichnet. Die Münze von 320 H. hat in der heutigen Sammlung die Inv.-Nr. FINT 271 C5.

15 Meier 1864b, S. 765; Inventarnummern in der heutigen Sammlung: FINT 271 D1, 271 D2 und 271 D3.

16 Meier 1864b, S. 762 (al-Muḥammadīya 177 H.) und 765 (al-Kūfa 179 H.).

17 Meier 1864b, S. 761 (Madīnat as-Salām 157 H. und *fals* des ʿAbbāsiden al-Amīn), 763 (*fals* von 160 H.) und 766 (drei *fulūs* des ʿAbbāsiden al-Mahdī, einer von 163 H. aus al-Kūfa und ein ṭāhiridischer von 209 H. aus Buḫārā).

18 Meier 1864b, S. 762; Inv.-Nr. in heutiger Sammlung: FINT 271 A5 (Miṣr 288 H.).

19 Meier 1864b, S. 765; Inv.-Nr. in heutiger Sammlung: FINT 269 H6.

20 Nesselmann 1858, S. 27 f., Nr. 54 f.

21 Meier 1864b.

22 Schon Gustav Stickel gab in einem wohlwollenden Nachwort zu bedenken, dass Meier keinesfalls abschließende Erklärungen geliefert habe, sondern es nötig sei, die vorgebrachten Ideen im Weiteren zu prüfen und zu belegen, s. Stickel 1864, S. 775–780 (mit Korrekturen zu einigen Deutungen Meiers).

23 Siegfried 1885, S. 191.

24 Nekrolog in: *Allgemeine Zeitung,* Beilage zu Nr. 81 (1866).

Abb. 6: »Assassinen«-Dirham aus der Sammlung E. Meier.

später mehrere Forschungsreisen in den Orient unternahm – in Tübingen Bibliothekar. Er war es, welcher nun dafür sorgte, dass die Münzsammlung seines verstorbenen Professors an die Eberhard-Karls-Universität überging, indem er sie zunächst katalogisierte und aus Jena sowie St. Petersburg Wertgutachten einholte. Anschließend wurden beim württembergischen Ministerium für das Kirchen- und Schulwesen 800 Gulden zum Ankauf der Münzen beantragt, worüber noch im Sommer 1867 positiv entschieden wurde.[25]

Dem handschriftlichen Katalog nach zu urteilen, welchen Euting zur Meier'schen Sammlung hinterließ und in dem das Material auf 16 »Tafeln« (ohne Abbildungen) geordnet ist,[26] umfasste diese rund 550 orientalische Münzen, darunter – wie schon aus den ZDMG-Aufsätzen zu schließen – in erster Linie ʿabbāsidische, (typischerweise) aber auch osmanische, umayyadische und sāmānidische (wie man sie aus wikingerzeitlichen Schatzfunden des Ostseeraumes kennt) sowie solche der Goldenen Horde – um hier nur die am stärksten vertretenen Dynastien zu nennen; das meiste davon in Silber. Das vielleicht bedeutendste Objekt ist ein Æ-Dirham (Abb. 6) aus dem Jahre 521 H. (1127), geprägt in Bāniyās, dem antiken Paneas/Caesarea Philippi am südwestlichen Fuß des Hermon (im Norden der israelisch besetzten Golanhöhen). Zwar sind im Revers-Feld der (sunnitische) *atabeg* von Damaskus Ẓahīr ad-Dīn Tuġ-Tegin (reg. 1104–1128) und dessen Sohn Tāğ al-Mulūk Böri aufgeführt,[27] doch nur als nominelle Oberherren eines (selbst nicht genannten) Machthabers, auf dessen Identität bereits der schiitische *šahāda*-Zusatz »ʿAlī ist der Freund

25 Ilisch 2000, S. 131.

26 Dabei weist jede der Tafeln eine eigene Durchnummerierung der einzelnen Münzen auf. Weitere Spalten enthalten die Angabe der Dynastie des Münzherrn, dessen Namen, Regierungszeit und Nummer innerhalb der Dynastie sowie die Münzsorte, den Prägeort und das Prägejahr. Oft sind die Inschriften zumindest in Teilen wiedergegeben, auf Arabisch und nicht selten mit Literaturverweisen (Ch.M. Frähn, W. Marsden …) und Frédéric-Soret-Zitaten versehen.

27 *Ẓahīr ad-Dīn Ṭuġ-Tegīn atābeg / Tāğ al-Mulūk Bō / rī;* umlaufende Inschrift: *ḍuriba hāḏā 'd-dirham bi-Bāniyās ḥamāhā 'llāh* [»möge Gott sie (die Stadt) beschützen!«] *sanata aḥad wa-ʿišrīn wa-ḫams-miʾa.*

Gottes« hindeutet.[28] Zur Grenzsicherung gegen die Kreuzfahrer hatte Tuġ-Tegin die Festung Bāniyās 520 H. (1126) nämlich dem Anführer der syrischen Nizāriten überlassen,[29] einem *dāʿī* namens Bahrām, dessen Einfluss und Anhängerschaft in der Region zuvor stark angewachsen waren (auch wenn ihm die mehrheitlich sunnitische Bevölkerung von Damaskus feindlich gesinnt blieb).[30] Aus der Identität des Münzherrn lässt sich wiederum schließen, welcher als »unser Herr« betitelten (und sonst ebenfalls anonymen) Person in der Avers-Umschrift[31] »Hilfe von Gott und ein baldiger Triumph«[32] gewünscht werden – wohl niemand anderem als dem fernen Nizāriten-Großmeister mit Sitz im nordiranischen Alamūt, damals: Kiyā Buzurg-Umīd (reg. 1124–1138)![33] Lange währte die »Assassinen«-Herrschaft in Bāniyās allerdings nicht: Nachdem Bahrām 1128 auf einem Feldzug gegen einen benachbarten Lokalherrn getötet worden war und die Nizāriten 1129 die Protektion des Damaszener Hofes verloren hatten – Böri veranlasste ein blutiges Pogrom gegen sie –, übergab der *dāʿī* Ismāʿīl Bāniyās an die Kreuzfahrer, von denen er sich Schutz versprach.

In den historischen Sammlungsverzeichnissen war der Tübinger Nizāriten-Dirham (abgesehen vom Prägejahr) immer falsch bestimmt gewesen (Meier wollte gar »es prägte diesen Dirham das Volk Gottes in Valencia« lesen, was von Euting übernommen wurde).[34]

---

28 Av.-Feld: *lā ilāha illā 'llāh / Muḥammad rasūlu 'llāh / ʿAlī walīyu 'llāh / fatḥ*. Die Münze (und damit der Münztyp) wurde zuerst 1993 von Lutz Ilisch in dessen Palästina-Bd. (IVa) der »Sylloge Numorum Arabicorum Tübingen« publiziert, als Nr. 258 auf S. 28 f. Statt »Tāǧ ad-Dawla« müsste es dort richtig »Tāǧ al-Mulūk« heißen, und anders als von Ilisch wiedergegeben beginnt die Münzstätte-Datum-Formel nicht mit der *basmala* (sondern direkt mit *ḍuriba*). Letzteres ist (weil so von Ilisch abgeschrieben?) auch in einem Artikel falsch wiedergegeben, den Ariel Berman zu diesem seltenen Münztyp publizierte, nachdem 1994 in Ausgrabungen zwei weitere Exemplare gefunden worden waren: Bermann 2007. In Album 2011 wurde der Typ auf S. 102 als Nr. 780B Tuġ-Tegin (statt dem eigentlichen Münzherrn) zugeordnet, dessen Ehrenname zudem falsch *»zhahir al-dawla«* statt *zhahir al-din* wiedergegeben ist. Ein weiteres (gelochtes) Exemplar tauchte 2011 (Stephen Album Rare Coins, Auktion 12, Los 348) und erneut 2016 (Stephen Album Rare Coins, Auktion 24, Los 299) im Handel auf; auch hier findet sich in der Beschreibung falsch *»zhahir al-dawla«* sowie *»hammâhu«* statt richtig *hamâhâ*.

29 Also jener bis heute existierenden Untergruppe der sog. Siebener-Schiiten (Ismāʿīliten), welche von den Fāṭimiden abgefallen und unter anderem als »Assassinen« bekannt war. Die syrischen Nizāriten unter Bahrām hatten sich Anfang 1126 freiwillig am Kampf Ṭuġ-Tegins gegen die Kreuzfahrer beteiligt (Schlacht von Marǧ aṣ-Ṣuffar).

30 Siehe etwa Halm 2014, S. 174 f.

31 *Bi-'smi 'llāh ar-raḥmān ar-rahīm naṣr min Allāh wa-fatḥ qarīb li-maulānā.*

32 Formel aus Vers 13 der Sure 61, welche in Konflikt-Situationen manchmal auf Münzen gesetzt auf eine aktuelle kriegerische Auseinandersetzung verweist. Auch im Av.-Feld findet sich in der untersten Zeile das Wörtchen *fatḥ*, vielleicht in Bezug auf die Gewinnung von Bāniyās.

33 Im Iran wurden die Nizāriten 1126/1127 vom Wesir des selǧuqischen Großsultans offensiv bekämpft. Auch in Bauinschriften der syrischen »Assassinen« wird der übergeordnete Herr von Alamūt (mit dem *maulā*-Titel) genannt, s. z. B. die Inschrift im Türsturz des Burgtors von Maṣyāf. Dennoch äußerte Album zu dem von ihm 2011/2012 angebotenen Dirham (s. o.) gar die Vermutung, das *maulānā* der Av.-Umschrift bezöge sich auf Tuġ-Tegin und Böri (»... *the mawlana*, here presumably a reference to the Burids«).

34 »Catalog der orientalischen Münzsam̄lung des Prof. Dr. E. Meier« (im Folgenden *Euting-Katalog* genannt), S. 9 f., Tafel V (unter ʿAbbāsiden!), Nr. 20 (statt *ḍuriba ... bi-Bāniyās ḥamāhā 'llāh: »ḍaraba ... bi-Balansiya ahl Allāh«*). Auch Paul Schwarz ordnete das Stück in seinem Katalog 1890 den »spanischen Ummajaden« (sic) zu.

Dass der Katalog zur Meier'schen Sammlung 1867 von Julius Euting erstellt wurde, legt zumindest dessen Deckblatt nahe. Bei der Vorbereitung dieses Aufsatzes fiel jedoch auf, dass auf der letzten Seite mit roter Tinte nicht nur ein arabisches Gotteslob gesetzt wurde, sondern auch noch eine arabische Zeile, bei der es sich um eine Art Kolophon mit der Information zu handeln scheint, wann, wo und von wem der Katalog verfasst wurde (Abb. 7). Das Jahr ist nach islamischer Zeitrechnung angegeben (Ḏū 'l-Ḥiǧǧa 1283), passt aber ebenso wie die Ortsangabe Tübingen *(»fī Ṭūbīnġa al-maḥrūsa«)*.[35] Am Anfang steht allerdings der Name Ibrāhīm Efendī Yūsuf an-Nimsāwī. *Nimsāwī* bedeutet »Österreicher« oder allgemein »Deutscher«, sodass es sich hier wohl um das arabische Pseudonym eines deutschsprachigen Orientalisten handelt. Leider ließ sich (noch) nicht herausfinden, wer sich dahinter verbirgt. Dass sich Euting *Ibrāhīm* nannte, ist nicht bekannt; für ihn ist vielmehr der arabische Name ʿAbd al-Wahhāb (b. Firinṣ aš-Šuwābī, d. h. »... Sohn des Franz, der Schwabe«) belegt.

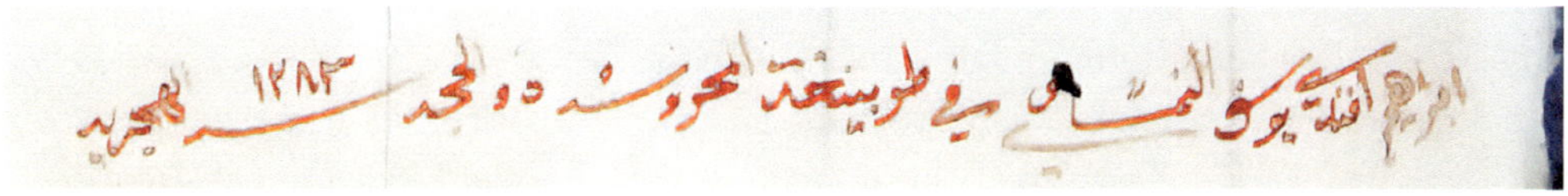

Abb. 7: Arabisches Kolophon des Katalogs zur Sammlung Meier von 1867.

Dass der Katalog von 1867 heute überhaupt noch einsehbar ist, verdankt sich übrigens einem Zufall: Ausgerechnet die Sekretärin der Forschungsstelle für Islamische Numismatik, Patricia Stasch, entdeckte ihn erst 2012 wieder, als sie im Archiv des Instituts für Klassische Archäologie eigentlich zu keltischen Regenbogenschüsselchen recherchierte.

Jedenfalls besaß die Universität Tübingen mit der von Meier hinterlassenen Sammlung erstmals auch einen respektablen Bestand islamischer Münzen. Von Bedeutung ist dabei, dass es sich zu einem sehr großen Teil um mittelalterliche Prägungen (relativ vieler verschiedener Dynastien) handelte[36] und nicht nur um neuere orientalische Münzen, wie sie der Universität z. B. auch 1852 vom Börtlinger »Mohammedaner-Missionar«, Islam-Autor und Reverend Dr. Johannes Mühleisen (*alias* John Muehleisen Arnold, 1817–1881) im Umfang von angeblich 300 Stück übergeben worden waren.[37] Verglichen mit ande-

35 Ḏū 'l-Ḥiǧǧa 1283 = April/Mai 1867.

36 Schwabe 1891, S. 36; stolz konnte man nicht zuletzt auf den Bestand von rund 40 Glasgewichten sein, welcher Teil der Sammlung Meier gewesen war (Euting-Katalog, S. 34–37, Tafel XV) und den der Tübinger Orientalistik-Professor Eberhard Nestle (1851–1913) 1892 zum Thema einer »Kronik«-Mitteilung in der Zeitung »Schwäbischer Merkur« machte.

37 Schwabe 1891, S. 36. Nach Aufenthalten in Großbritannien, Ostafrika und Jerusalem wirkte Mühleisen ab 1845 in Indien. Aus gesundheitlichen Gründen kehrte er 1849 für einige Jahre nach Deutschland zurück. Wie schon bis 1871 »erfolgreich« auf Java, missionierte er ab 1875 unter den Muslimen Südafrikas, wo er in Kapstadt starb.

ren deutschen Sammlungen der zweiten Hälfte des 19. Jahrhunderts nahm man mit nun insgesamt über 700 orientalischen Münzen jedoch nur einen der hinteren Plätze ein – marginalisiert angesichts der Sammlungsankäufe, welche damals sowohl dem Berliner Münzkabinett als auch dem Orientalischen in Jena in ganz anderen Größenordnungen gelangen.[38] So geriet der Tübinger Bestand – mit dem in der Folgezeit nicht viel passierte – auch bei den Orientalisten vor Ort praktisch in Vergessenheit, zumal das Münzkabinett ja, wie gesagt, nicht mehr Teil der Bibliothek war, sondern von der klassischen Archäologie betreut wurde und ab 1881 auch zum neu gegründeten Archäologischen Institut (in den Räumlichkeiten des Tübinger Pfleghofs) gehörte.

1890[39] wurden der Altbestand orientalischer Münzen und die Meier'sche Sammlung erstmals gemeinsam katalogisiert, und zwar durch den Leipziger Orientalistik-Studenten Paul Schwarz (1867–1938) unter der Leitung Prof. Albert Socins (1844–1899). Damals sortierte man eine große Zahl falscher, schlecht erhaltener oder mehrfach vorhandener Stücke aus, wovon wahrscheinlich auch die Orientalia betroffen waren. Insgesamt gehörten zur archäologischen Sammlung im Jahre 1891 (noch) 737 orientalische Münzen.[40] Dass der von Schwarz erstellte Katalog heute noch einige Einträge mehr enthält, liegt an den Nachträgen, welche in ebendiesem Werk bis ins frühe 20. Jahrhundert vorgenommen wurden.[41] Anders als Meier und Euting hatte Schwarz ganz auf die Wiedergabe der arabischen Inschriften verzichtet, dafür aber eine eigene Spalte für Informationen zum Erwerb angelegt. Dank dieser erfahren wir z. B., dass mit der Sammlung Schäffer[42] 1888 auch weitere Prägungen der Sāsāniden an die Universität gelangten und es 1894 gleich zwei Schenkungen neuerer orientalischer Münzen gab: zum einen indischer und chinesischer Stücke aus der Königlichen Münzsammlung in Stuttgart, zum anderen chinesischer, osmanischer, indischer und marokkanischer aus dem Besitz eines »Grafen von Scheler«.[43] Wahrscheinlich handelt es sich hier um Generalmajor Karl Georg Stephan von Schéler, den letzten Grafen dieses Geschlechts, denn dessen Vater, Onkel und auch Cousin waren 1894 bereits verstorben. Stephan von Schéler lebte von 1843 bis 1906 und war am Ende seiner Laufbahn *Generale à la suite* Seiner Majestät des Königs (von Württemberg) gewesen.[44] Von

---

38 Siehe dazu Ilisch 2000, S. 129 u. 131. Zum Orientalischen Münzkabinett Jena s. den Beitrag von Stefan Heidemann im vorliegenden Band.

39 Zum Gedeihen der Münzsammlung unter der Leitung Prof. Ludwig Schwabes (1835–1908): Mannsperger 1972/1973, S. 129–133; Krmnicek 2016, S. 43 f.

40 Schwabe 1891, S. 39 f.

41 In den 1960ern fertigte dann noch einmal Barbara Finster einen Zettelkatalog zu allen islamischen Münzen an.

42 Karl Friedrich von Schäffer (1808–1888), Direktor der »Irrenanstalt« Zwiefalten – s. zu dieser Sammlung Schwabe 1891, S. 37 f.; Mannsperger 1972/1973, S. 128 f.

43 Schwarz-Katalog, S. 387, 403 f., 409, 411, 419, 422, 425 f. (Nachträge).

44 *Gothaisches Genealogisches Taschenbuch der Gräflichen Häuser*, Gotha 1921, S. 829.

Professoren stammten weitere Schenkungen vom Ende des 19. Jahrhunderts,[45] während ein Ankauf nur für das Jahr 1897 dokumentiert ist, in dem man bei C. G. Thieme in Leipzig einige Stücke aus Japan und Siam erwarb.[46]

Einen großen zeitlichen Sprung machend, sei als Zuwachs noch die Sammlung des Tübinger Professors Hildebrecht Hommel (1899–1996) erwähnt, welche 1977 ans Archäologische Institut kam und ebenfalls einige islamische, vor allem artuqidische, Stücke enthielt – der Kernbestand geht nämlich auf den Vater Fritz Hommel (gest. 1936) zurück, einen Orientalisten.[47] Von allergrößter, entscheidender Bedeutung war dann aber das Jahr 1988, in dem mit Hilfe der Volkswagenstiftung die damals (und auch nach heutigen Maßstäben) größte Privatsammlung islamischer Münzen für die Universität Tübingen erworben werden konnte – die Sammlung des amerikanischen Iranisten und Münzhändlers Stephen Album.[48] Im Vorfeld waren gleich mehrere günstige Umstände zusammengekommen. So reifte in der Islamkunde die Erkenntnis, dass man sich nicht mehr nur auf literarische Sekundärquellen stützen sollte, sondern viel stärker auch Primärquellen zu berücksichtigen seien. An der Eberhard-Karls-Universität wurde damals in einem Großprojekt am »Tübinger Atlas des Vorderen Orients« gearbeitet, und die Universitätsbibliothek hatte passenderweise den Sondersammelbereich Orientwissenschaft. Mit Prof. Heinz Gaube (1940–2022) gab es in Tübingen zudem den deutschlandweit einzigen orientnumismatisch profilierten Hochschullehrer, dessen Engagement sich unter anderem mit dem des münzbegeisterten Max-Planck-Genetikers Dr. Claus Pelling (1932–2023) verband. Letzterer war es, welcher die Idee zum Erwerb der Album'schen Sammlung hatte, nachdem zuvor eine andere große Islam-Sammlung – die des Prof. Heinz Westphal – in den Handel geraten war. Entgegen Westphals letztem Willen hatte die Stiftung Preußischer Kulturbesitz die ihr vermachte Sammlung 1986 abgelehnt, woraufhin sie von Stephen Album aufgekauft worden war. Dies führte dazu, dass Claus Pelling (getreu dem Motto »think big«) fragte, ob man nun, wo die Sammlung Westphal zunächst verloren schien, nicht versuchen sollte, die Album'sche zu kaufen.

In der Folge stellte Prof. Gaube bei der Volkswagenstiftung den erfolgreichen Antrag auf Starthilfe zur Errichtung einer der islamischen Numismatik gewidmeten Forschungsstelle einschließlich des hierfür grundlegenden Erwerbs der Sammlung Album. Diese war bis 1988 auf annähernd 30 000 Münzen angewachsen, zunächst infolge mehrerer Orientreisen und dann auch dank Albums Position im Handel, welche es ihm erlaubt hatte, seine

45 Und zwar von: Prof. P[aul von] Bruns (1846–1916; Tübingen), Prof. [Ludwig] Stieda (1837–1918; Königsberg) und Prof. H[ermann von] Seeger (1829–1903; Tübingen), s. Schwarz-Katalog, S. 419 u. 425.

46 Schwarz-Katalog, S. 426*; dazu sei angemerkt, dass sich auch solche Münzen aus Fernost heute im Bestand an der Forschungsstelle für Islamische Numismatik befinden.

47 Krmnicek 2016, S. 44.

48 Zu ihm Ilisch 2000, S. 132 f.

eigene Sammlung kontinuierlich und gezielt aus zahlreichen anderen zum Verkauf stehenden Privatsammlungen heraus zu komplettieren.[49] Die besonderen Stärken der so zusammengekommenen Sammlung lagen und liegen bei spätmittelalterlichen und frühneuzeitlichen Prägungen Irans und Afghanistans, etwa der Tīmūriden-, Ṣafaviden- und Durrānī-Dynastie, aber auch bei anatolischen Silbermünzen des 13. Jahrhunderts, Prägungen der marokkanischen Idrīsiden und des Jemens (Abb. 8) sowie bei umayyadischen Reform-Dirhams. Münzen aus der Zeit vor der großen Reform des Kalifen ʿAbd al-Malik (reg. 685–705) oder Prägungen von der Iberischen Halbinsel waren in der Sammlung hingegen relativ schwach vertreten, woran sich bis heute auch nicht sehr viel geändert hat.

Abb. 8: 610 H. (1213/1214) im jemenitischen Bukur (westlich von Šibām-Kaukabān) geprägter Dirham des Zaiditen-Imams ʿAbdallāh b. Ḥamza b. Sulaimān al-Manṣūr bi-'llāh aus der Sammlung Album.

Nachdem die Sammlung in Tübingen angekommen war und die Volkswagenstiftung einen wissenschaftlichen Beirat zur Geburtshilfe für die Forschungsstelle eingerichtet hatte, wurde 1990 Dr. Lutz Ilisch als deren erster Leiter eingestellt. Zu seinen mit dem Beirat festgelegten Aufgaben gehörten unter anderem die Bestandspublikation in Sylloge-Form, die Bekanntmachung und Bereitstellung der Sammlung für die wissenschaftliche Öffentlichkeit, die Einbeziehung der islamischen Numismatik in die Lehre am Orientalischen Seminar, die Aufnahme von Münzfunden und die regelmäßige Abhaltung von Fachkonferenzen.[50] Die FINT wurde sowohl mit einer eigenen Handbibliothek ausgestattet als auch mit einer Foto- und Dia-Sammlung. Zum Tübinger Altbestand und der Sammlung Album kam nun auch noch Lutz Ilischs Privatsammlung (über 7000 Münzen) als Depositum an die Forschungsstelle, womit man sich schon der Größenordnung von 40000 islamischen Münzen näherte. Zur deren Unterbringung (im Gebäude der Universitätskasse) wurde mit dem Orientalia-Altbestand des Archäologischen Instituts auch dessen historisches Aufbewahrungsmöbel übernommen, genauer gesagt: dessen dreiteiliger, eichenhölzerner Schubladen-Korpus, ohne den 1880 gefertigten Stahlpanzer.[51]

49 Dazu Ilisch 2000, S. 133 f.
50 Ilisch 2000, S. 135.
51 Siehe Dürr 2007, S. 118 f.

Abb. 9: Korpusteil des alten, für das Archäologische Institut unter Prof. Ludwig Schwabe angeschafften Schrankes zur Unterbringung der Münzsammlung.

Dass diese Holzschränke (Abb. 9) bis heute nicht ausgedient haben, hat weniger mit Nostalgie zu tun als mit akuter Platznot, denn die Sammlung sollte noch weiter wachsen, vor allem dank zahlreicher Schenkungen.

Dafür, wie der Bestand seit den frühen 1990er Jahren durch das Engagement und die Großzügigkeit so vieler Unterstützer – im Vertrauen auf eine dauerhafte und professionelle Sammlungskuration – kontinuierlich vermehrt wurde,[52] können hier nur wenige Beispiele geben werden. Die frühneuzeitliche Münzprägung Marokkos etwa ist in Tübingen deshalb

52 Zum Sammlungswachstum bis 1993 (auf annähernd 44 000 Münzen): Ilisch 1992/1993, S. 73. Im Herbst 1999 zählte die FINT-Sammlung schon rund 61 000 Münzen, s. Ilisch 2000, S. 135 f.

so hervorragend vertreten, weil 1996 durch Stiftung der Familie Leu (Zürich) und des Tübinger Universitätsbundes die rund 2300 Stücke umfassende Sammlung Jean-Louis Thaus erworben werden konnte. Aus dahingegen »nur« 55 Münzen bestand eine Schenkung des Jahres 2000 von Dr. Marie Luise Zarnitz (1927–2020), welche die Stücke in einer Stuttgarter Münzhandlung gekauft hatte. Dorthin gebracht hatte sie die Witwe des Enkels von Enno Littmann (gest. 1958), was bedeutet, dass hier eine kleine, aber feine »Professorensammlung« vor ihrer Zerstreuung im Handel bewahrt werden konnte, wobei sogar ein Zurückgehen auf Theodor Nöldeke (1836–1930) möglich ist, den Großvater von Littmanns Frau Elsa. Die bunte Sammlung von rund 1900 Münzen des Chemikers Dr. Wilhelm Hake (gest. 2006) wiederum kam 2009 als Erbe an die Forschungsstelle, genau wie die des niederländischen Biologen Dr. Ruud Schüttenhelm nach dessen Tod im Jahre 2012.

Abb. 10: 363 H. (973/974) in al-Rūḏbār (nahe Alamūt in Nordiran) geprägter Dirham des (ǧustānidischen oder musāfiridischen) Königs Ḫusrau-Šāh b. Mānāḏir aus dem Besitz Prof. Enno Littmanns.

Über all die Jahre gingen immer wieder Geschenksendungen von Dr. Stephen Album (aus Santa Rosa) ein, welcher ja wusste, wodurch sich »seine« Sammlung noch gezielt verbessern ließ.[53] Langjährig und grundlegend war auch das Mäzenatentum des Tübinger Sammlerpaars Marie Luise Zarnitz und Claus Pelling, dem insbesondere erlesene Einzelstücke aus dem Auktionshandel zu verdanken sind, aber beispielsweise auch ca. 2000 Münzen aus Syrien und Nordmesopotamien, welche die beiden 1999 aus dem Depositalbestand Ilisch erwarben und der Universität 2002 – einem der geographischen Sammlungsschwerpunkte[54] entsprechend – zum Geschenk machten. Eine weitere Person, die die FINT bis heute schon mehrfach mit wertvollen Zuwendungen bedachte (darunter auch in größerem Umfang numismatische und andere Fachliteratur), ist der Schweizer Ingenieur Hans Herrli. 2018/2019 bereicherte er die Sammlung (u.a.) durch ca. 300 Kupfermünzen der Sāmāniden und Qaraḫāniden aus Zentralasien (Abb. 11). Nicht selten gingen und gehen derartige Geschenke aus Dankbarkeit dafür ein, dass die FINT nicht nur eine Anlaufstelle für Wissenschaftler ist, sondern ebenso für private Sammler, welche zwar oft einen sehr guten Materialüberblick haben (wovon die Forschung traditionell profitiert), aber bei der

53 Ilisch 2000, S. 135 f.; id. 1992/1993, S. 73.
54 Siehe Ilisch 2016, S. 208.

Abb. 11: *Fals* des qaraḫānidischen Emirs Naṣr b. ʿAlī, u. a. mit dessen türkischem Titel *ṭonqā-tegīn*, geprägt 386 H. (996/997) im Farġāna-Tal und dank einer Schenkung Hans Herrlis seit 2018 Teil der Tübinger Universitätssammlung.

Lesung und historischen Einordnung ihrer Schätze mitunter auf islamwissenschaftliche Hilfe angewiesen sind.

Als die FINT mit der übrigen Abteilung für Orient- und Islamwissenschaft 2015 in ein neues Gebäude zusammenzog, zählte die (seitdem auch in neuen Tresoren untergebrachte) Sammlung bereits rund 75 000 islamische Münzen aus allen Epochen[55] und Regionen – von der Iberischen Halbinsel bis Indien –, womit der (weiterhin wachsende) Bestand zu den drei größten und besten seiner Art weltweit gehört. Anders als ein guter Teil der Münzen auf Schloss Hohentübingen ist er nicht (dauerhaft) museal ausgestellt, sondern dient in erster Linie als spezifisch befrag- und justierbares Arbeitsinstrument, welches fortwährend weiterentwickelt und mit dem Erkenntnisfortschritt immer besser wird, indem es neue Erkenntnisse in sich aufnimmt und aus seiner Systematik heraus selbst neue Erkenntnisse liefert – als zentrale Informationseinrichtung, welche ähnlich einem öffentlichen Archiv benutzt wird (wobei ein großer Teil des hier erschlossenen Materials unpubliziert ist). Wie Lutz Ilisch mehrfach zeigte, eignet sich die Sammlung längst auch, um über den Abgleich mit vollständigen Münzen selbst kleinste Dirham-Fragmente zu bestimmen, wie sie häufig in wikingerzeitlichen Münzfunden des Ostseeraumes enthalten und auf Grund ihrer genauen Datierbarkeit für die Archäologie von größter Bedeutung sind (Kooperation mit der Bodendenkmalpflege des Landes Mecklenburg-Vorpommern).

Ein Teil der Album'schen Münzen ist noch immer nach Dynastien geordnet, was in bestimmten Bereichen und für bestimmte Zwecke durchaus seine Vorteile hat. Einen anderen Teil bilden die ca. 50 Münzfunde, welche in ihrem Zusammenhang belassen werden und zu denen beispielsweise der Fund von Butera (bestehend aus 90 überwiegend marīnidischen, also marokkanischen, Goldmünzen des 14./15. Jahrhunderts) gehört.[56] Der

55 In erwähnenswertem Umfang sind auch die vorislamischen Dynastien der Sāsāniden und Arsakiden vertreten.

56 Eine Übersicht zu einem Großteil der Fundbestände bietet Lutz Ilisch, Jahresbericht [der FINT für das Jahr] 1999, Tübingen 2000, S. 15 ff. (zum Fund von Butera: S. 4 f. sowie S. 28 f., Nr. 27).

Hauptteil der FINT-Sammlung ist und wird jedoch entgegen der Tradition geographisch (um)sortiert, zunächst nach Regionen/Provinzen (z. B. Ifrīqiya, Georgien, Kirmān oder Transoxanien), dann (alphabetisch) nach Münzstätten. Auf letzterer Ebene ist die Anordnung chronologisch, sodass der Gang der Geschichte, insbesondere politische Entwicklungen, am betreffenden Ort von Prägejahr zu Prägejahr abgelesen werden können, wobei Ungereimtheiten innerhalb einer rekonstruierten Prägereihe ggf. ins Auge fallen. Das geographische Prinzip ist auch das der von Lutz Ilisch für die islamische Numismatik eingeführten Publikation im Sylloge-Format. Die Reihe »Sylloge Numorum Arabicorum Tübingen« (kurz: SNAT) wird von der FINT seit 1993 herausgegeben und umfasst inzwischen zehn, von unterschiedlichen Autoren erstellte und teils prämierte Tafelbände, in denen sich zum einen Prägungen aus Ostiran/dem heutigen Afghanistan/Zentralasien finden und zum anderen Münzen aus dem östlichen Mittelmeerraum (Ägypten, Palästina, Syrien). Auch der zuletzt erschienene SNAT-Band führt wieder in die Levante, genauer: nach Aleppo, deckt dabei aber nur die Zeit der Mamlūken- und Osmanen-Herrschaft ab; älteren Prägungen derselben Münzstätte wird später ein separater Band (Aleppo I) gewidmet sein. Derartige Teilungen sind nicht zuletzt der Materialmenge geschuldet und ein Grund, warum die anfängliche Schätzung von insgesamt einmal 35 SNAT-Bänden längst nach oben zu korrigieren wäre.

Für die Zukunft ist also zum einen die Fortsetzung der Sylloge-Publikation fest vorgesehen.[57] Es handelt sich um ein Langzeitprojekt, dessen Finanzierung aber erfreulicherweise durch die Tübinger Pelling-Zarnitz-Stiftung gesichert ist. Diese wurde 2017 gegründet und stellt der FINT zum Zwecke der Erforschung und Publikation seit dem Frühjahr 2020 auch herausragende Münzen als Dauerleihgaben zur Verfügung. Neben der SNAT-Reihe gibt die FINT seit 2005 noch die »Arbeiten zur islamischen Numismatik« heraus; Ergebnisse eines größeren Forschungsprojekts zur mittelalterlichen Münzprägung in Bergbauregionen (in dem die zerstörungsfreie Analyse tausender Münzen unter anderem neue Erkenntnisse zur metallurgischen Verfahrenstechnik lieferte) wurden 2003/04 in »Dirham und Rappenpfennig« publiziert.[58]

Natürlich will und kann man sich auch in der islamischen Numismatik nicht der Digitalisierung verschließen. Die Tübinger Sammlung bietet vielmehr die Möglichkeiten, hier innovativ voranzugehen, indem Münzen auch nicht einfach nur in digitalen Kabinetten gezeigt werden. Zwar haben letztere (wiewohl für die speziellen Bedürfnisse der Orient-Numismatik zum Teil noch keine befriedigenden Lösungen gefunden wurden)

57 In Planung sind die Bände Damaskus II und Aleppo I sowie jene zu Sīstān und den Münzstätten des Libanon/der nördlichen Bilād-aš-Šām-Küste.

58 Ilisch et al. 2003/2004. Das Projekt lief von 1996 bis 1999; zu den Ergebnissen gehörte, dass Spurenelemente durch die Raffination weitgehend verloren gingen und so keine Hinweise mehr auf die Herkunft des Metalls liefern können.

Abb. 12: Im Jahre 424 H. (1032/1033) zu Sūq al-Ahwāz (im südwestiranischen Ḫūzistān) geschlagener Dinar des Būyiden-Königs Abū Kālīǧār – ein Geschenk des Sammlerpaares Marie Luise Zarnitz und Claus Pelling.

durchaus ihre Berechtigung – und wird im Rahmen des Netzwerks universitärer Münzsammlungen (NUMiD) an der Präsentation eines bedeutenden FINT-Sammlungsteils gearbeitet, welcher so ausgewählt ist, dass diese digitale Veröffentlichungsform mit der SNAT-Reihe harmonisiert[59] –, doch verheißt der Einsatz computergestützter Verfahren noch größeren Nutzen, wenn er der systematischen Verknüpfung, Auswertung und Veranschaulichung der numismatisch gewinnbaren Informationen dient. In diesem Sinne wurden seit Ende 2020 in einem Pilotprojekt an der FINT neue digitale Anwendungen zur Analyse und aussagekräftigen Visualisierung jener einzigartigen Datenfülle erarbeitet, welche auf (und in) Münzen der Būyiden (Iran/Irak, 10.–11. Jahrhundert) gespeichert ist (Abb. 12). Zum Sprechen gebracht wird dieses in Tübingen reichlich vorhandene Material vor allem in interaktiven Karten-Anwendungen, die den Benutzer über eine Vielzahl intelligenter Filter- und Layer-Einstellungen unter anderem bestimmte Zeit-Ort-Herrscher-Kombinationen auswählen lassen. Beispielsweise kann so in Hinblick auf die Entwicklung būyidischer Teilfürstentümer oder rivalisierende Kalifen ermittelt werden, wer wo und wann die Oberherrschaft einer bestimmten Person anerkannte/ablehnte, wobei die Abhängigkeiten, Hoheitsgebiete usw. über eine spezielle (Farb- und Form-)Symbolik deutlich werden.[60]

Bereits in den Jahren 2017 bis 2019 lieferte die Tübinger Sammlung dem Archäologen Dr. Alaa Aldin Al Chomari das notwendige Material (ca. 1 500 Münztypen), um im Rahmen eines an der FINT angesiedelten und von der Gerda-Henkel-Stiftung geförderten Projekts eine Referenzdatenbank zur Erfassung syrischer Einzelfundmünzen des Mittelalters und der frühen Neuzeit zu erstellen. Zum Einsatz kommt dieses niederschwellig nutzbare

59 Während die Sylloge-Reihe dem geographischen Prinzip folgt, wurden für ein digitales Münzkabinett der FINT im Rahmen des NUMiD-Projektes die Prägungen einer überregional bedeutenden Dynastie ausgewählt, die der Būyiden; das Ergebnis ist unter www.fint-ikmk.uni-tuebingen.de zu sehen.

60 Siehe sikkabuya.philosophie.uni-tuebingen.de.

Aufnahmeinstrument direkt in Syrien, wo für die Nachkriegszeit mit vermehrten Oberflächenfunden zu rechnen war und zu welchem Zwecke bereits Vertreter der syrischen Antikendirektion in einem Workshop mit der Anwendung vertraut gemacht wurden. Jedoch können solche digitalen Angebote und Ressourcen nicht die Forschungsarbeit in direktem Kontakt mit und an der Sammlung ersetzen, was auch daran liegt, dass in der islamischen Numismatik noch vieles im Fluss ist und selbst Entdeckungen bislang unbekannter Münzherren oder -stätten keine Seltenheit sind. Digitale Kabinette und Kataloge lassen hier vorerst die nötige Flexibilität vermissen und laden eher zur starren Einzelbetrachtung ein, wohingegen sich dem Sammlungsnutzer durch die (auch experimentelle) Verortung der Originale in Zusammenhang mit anderen Originalen – deren Synopse und polyperspektivische Kontextualisierung – Verbindungen, Muster und Entwicklungen erschließen. Voraussetzung für die »Lebendigkeit« der FINT-Sammlung ist selbstverständlich deren ebenso fachkundige wie kontinuierliche Betreuung, welche nicht zuletzt auch die gebotene Öffentlichkeit dieser einzigartigen Forschungsinfrastruktur garantiert. Immerhin kommen Wissenschaftlerinnen und Wissenschaftler, die den Bestand für ihre Arbeiten nutzen und manchmal über Wochen oder Monate darin recherchieren, aus aller Welt, wobei zum Teil sogar die bestens sortierte FINT-Bibliothek Grund für einen Besuch sein kann. Letztere wächst nicht zuletzt durch Werke, die als Belegexemplare eingehen, nachdem in ihnen Münzen aus der Tübinger Sammlung publiziert wurden.

Durch die Forschungsstelle für Islamische Numismatik ist natürlich auch die intensive Nutzung der Münzsammlung für die Lehre gewährleistet. Seit dem Frühjahr 1990 wurde vom Kustos in jedem Semester eine numismatische Veranstaltung (darunter Exkursionen anlässlich aktueller Schatzfunde sowie ein interdisziplinäres Seminar »Digital Numismatics«) in das Lehrangebot des Orientalischen Seminars bzw. der Abteilung für Orient- und Islamwissenschaft eingebracht, womit bereits Generationen von Studierenden das Privileg genossen, islamische Geschichte und Kultur anhand von Primärquellen zu begreifen. Auch hierin darf ein wichtiges Alleinstellungsmerkmal der Eberhard-Karls-Universität mit ihrem Exzellenzanspruch gesehen werden. In ihrer Relevanz für die Nachwuchsausbildung unbedingt hervorzuheben ist die Beschäftigung studentischer Hilfskräfte, für die der reiche Bestand stets Möglichkeiten bietet, das im Unterricht geweckte Interesse fortzuentwickeln, das Material unter Findung oder Verfolgung persönlicher Spezialgebiete besser kennenzulernen und nebenbei Einblicke in das Sammlungsmanagement zu erhalten. Dies kann auch im Rahmen berufsqualifizierender Praktika geschehen, während Nachwuchs- oder Gastwissenschaftler (als Doktoranden und/oder Stipendiaten) auf Grundlage der FINT-Sammlung mitunter eigene Projekte bestreiten.

Einer weiteren ihrer 1990 definierten »Aufgaben« wird die Forschungsstelle unter anderem dadurch gerecht, dass sie jedes Jahr eine internationale Wochenendtagung zur islamischen Münzkunde ausrichtet, das Meeting der Oriental Numismatic Society

(ONS). Üblicherweise wird die Teilnahme daran gerne mit einem Besuch der Tübinger Sammlung verbunden, und es ergeben sich Gelegenheiten zum Austausch, wobei Wissenschaftlerinnen und Wissenschaftler sowie Studierende mit Sammlern und interessierten Laien in Kontakt kommen. An Personen, für die es weniger naheliegend ist, die Sammlung selbst zu besuchen, oder die vielleicht noch nichts von diesem immensen Schatz wussten, richten sich zwei neuere Angebote: die FINT-Münze des Monats und eine kostenlose App (inklusive einer Anwendung für die Microsoft HoloLens), deren Zweck sogenanntes Game Based Learning (DGBL) für den Bereich der Münzkunde ist. Die von der Volkswagenstiftung geförderte Entwicklung der Lernspiel-App erfolgt seit 2019 in Kooperation mit der antiken Numismatik am Institut für Klassische Archäologie und dem Fachbereich Informatik der Universität Tübingen sowie dem Institute for the History of Ancient Civilizations an der Northeast Normal University in Changchun. Das Zeitreisen und den Aufbau eines Museums beinhaltende Spiel soll insbesondere Kindern und Jugendlichen Geschichtswissen über und anhand von Münzen nahebringen, wozu eine didaktische Auswahl repräsentativer Stücke aus der Tübinger Sammlung getroffen wurde.

Der an der FINT betreute Bestand ist es selbstverständlich auch, in welchen seit 2018 mit der »Münze des Monats« lehrreiche Einblicke im Weblog-Format gewährt werden. Dies bedeutet, dass zu Beginn eines jeden Monats ein anlassbezogen ausgesuchtes Objekt in Bild und Schrift präsentiert und vor allem in seinem historisch-kulturellen Kontext näher erläutert wird, und zwar so, dass es auch für Nichtnumismatiker und Nichtislamkundler von Interesse ist. Außer auf der FINT-Website sind diese Monatsmünzen auch im eMuseum des MUT[61] zu finden. Die Rubrik ist offen für Gastbeiträge, und so haben bislang beispielsweise schon Experten aus Armenien, Indien, Italien, Russland, Spanien, den USA und Zypern Münzen ihrer Wahl aus der Tübinger Sammlung vorgestellt – in der es (bei aller Nutzungsintensität) nach wie vor so viel Unbekanntes zu entdecken und Rätselhaftes zu erforschen gibt wie in nur wenigen anderen. Der hieraus resultierenden Verantwortung ist man sich an der Universität wohl bewusst, ohne dass sich einst hätte erträumen lassen, wofür in der Tat bereits Tux' und Meiers Leidenschaft den Grundstock schuf.

Objekt- und Abbildungsnachweise

Abb. 1 Münzsammlung der Forschungsstelle für Islamische Numismatik Tübingen, FINT 297 E6. Foto: Sebastian Hanstein.

Abb. 2 W. Schickard: *Deus Orbus Saracenorum*. Tübingen 1622, Frage 6, S. 20 f. Scan: Sebastian Hanstein.

61 Museum der Universität Tübingen (2006 gegründete Dachinstitution für die rund 70 universitären Sammlungen); eMuseum: www.emuseum.uni-tuebingen.de.

Abb. 3 *Photographische Bildnisse der Universitätslehrer.* [Tübingen] 1862, Bd. 1, Nr. 33.
Abb. 4 Münzsammlung der Forschungsstelle für Islamische Numismatik Tübingen, FINT 273 E5b. Foto: Sebastian Hanstein.
Abb. 5 Münzsammlung der Forschungsstelle für Islamische Numismatik Tübingen, FINT 271 C6. Foto: Sebastian Hanstein.
Abb. 6 Münzsammlung der Forschungsstelle für Islamische Numismatik Tübingen, FINT 272 G2. Foto: Sebastian Hanstein.
Abb. 7 Katalog zur Sammlung Meier, letzte Seite. Scan: Sebastian Hanstein.
Abb. 8 Münzsammlung der Forschungsstelle für Islamische Numismatik Tübingen, FINT BC7 C1. Foto: Sebastian Hanstein.
Abb. 9 Foto: Sebastian Hanstein.
Abb. 10 Münzsammlung der Forschungsstelle für Islamische Numismatik Tübingen, FINT 2000–13-13. Foto: Sebastian Hanstein.
Abb. 11 Münzsammlung der Forschungsstelle für Islamische Numismatik Tübingen, FINT 2018–4-100. Foto: Sebastian Hanstein.
Abb. 12 Münzsammlung der Forschungsstelle für Islamische Numismatik Tübingen, FINT 2016–1-27. Foto: Sebastian Hanstein.

Abb. 1 ist im Maßstab 2:1 gesetzt, die Abb. 4 und 12 im Maßstab 1:1.

Bibliographie

Album 2011 S. Album: *Checklist of Islamic Coins; Third Edition.* Santa Rosa 2011.

Berman 2007 A. Berman: An Exceptional Nīzāri Ismāʿīlī Coinage at Bāniyās. *Israel Numismatic Research* 2 (2007), S. 167–171.

Dürr 2007 F. Dürr: Der Schrank als Stütze des Gedächtnisses. In: A. te Heesen & A. Michels (Hrsg.): *auf\zu – Der Schrank in den Wissenschaften.* Berlin 2007, S. 116–119.

Haasler 2006 M. Haasler: *Heinrich Ewald und seine Auseinandersetzung mit Ernst Meier und Ferdinand Christian Baur.* München 2006 (zugl. Tübingen [Magisterarbeit] 1996).

Halm 2014 H. Halm: *Kalifen und Assassinen – Ägypten und der Vordere Orient zur Zeit der Kreuzzüge.* München 2014.

Ilisch 1992/1993 L. Ilisch: Silber des Kalifen auf dem Hippie-Trail – Islamische Numismatik in Tübingen. *Tübinger Blätter* (1992/1993), S. 71–75.

Ilisch 2000 L. Ilisch: Die Tübinger Sammlung islamischer Münzen. In: S. Heidemann (Hrsg.): *Islamische Numismatik in Deutschland: Eine Bestandsaufnahme.* Wiesbaden 2000, S. 129–137.

Ilisch et al. 2003/2004 L. Ilisch, S. Lorenz, W. B. Stern & H. Steuer (Hrsg.): *Dirham und Rappenpfennig – Mittelalterliche Münzprägung in Bergbauregionen* (2 Bde.). Bonn 2003/2004.

Ilisch 2016 L. Ilisch: Islamische Münzen – Münzsammlung der islamischen Numismatik. In: E. Seidl (Hrsg.): *Museen + Sammlungen der Universität Tübingen.* Tübingen 2016, S. 204–211.

Krmnicek 2016 S. Krmnicek: Sammlung antiker und moderner Münzen und Medaillen des Instituts für Klassische Archäologie der Eberhard Karls Universität Tübingen. *Commission Internationale de Numismatique, Compte Rendu* 63 (2016), S. 39–48.

Mannsperger 1972/1973 D. Mannsperger: Vom Akademischen Münz- und Antiquitätenkabinett zur Numismatischen Arbeitsstelle. *Attempto* 45/46 (1972/1973), S. 124–137.

Meier 1852 E. Meier: *Deutsche Sagen, Sitten und Gebräuche aus Schwaben; Theil 1.* Stuttgart 1852.

Meier 1864a E. Meier: Erklärung zweier Beischriften auf muhammedanischen Münzen. *Zeitschrift der Deutschen Morgenländischen Gesellschaft* 18 (1864), S. 626–628.

Meier 1864b E. Meier: Die Werthbezeichnungen auf muhammedanischen Münzen. *Zeitschrift der Deutschen Morgenländischen Gesellschaft* 18 (1864), S. 760–774.

Nesselmann 1858 F. Nesselmann: *Die orientalischen Münzen des akademischen Münzcabinets in Königsberg.* Leipzig 1858.
Schwabe 1891 L. Schwabe: *Geschichte der archaeologischen Sammlung der Universität Tübingen.* Tübingen 1891.
Siegfried 1885 C. Siegfried: Meier, Ernst Heinrich. *Allgemeine Deutsche Biographie* 21 (1885), S. 191.
Stickel 1864 G. Stickel: Die Werthbezeichnungen auf muhammedanischen Münzen. *Zeitschrift der Deutschen Morgenländischen Gesellschaft* 18 (1864), S. 775–780.

Sämtliche Verweise auf Internetressourcen in diesem Beitrag wurden vor der Drucklegung geprüft.

Die Geschichte der Sammlung am Institut für Numismatik und Geldgeschichte der Universität Wien

Martin Baer & Hubert Emmerig

Die Geschichte der Sammlung (H. E.)

Das 1965 gegründete Institut für Numismatik und Geldgeschichte der Universität Wien verfügt über eine Universalsammlung von Münzen, Papiergeld, Geldersatzmitteln und Medaillen sowie verwandten Objekten in einem Umfang von deutlich über 30 000 Exemplaren.[1] Um die Sammlung des Instituts vorzustellen, muss man vor ihrer Entstehung einsetzen, auch wenn sie selbst schon mehr als doppelt so alt ist wie das Institut.

Zunächst ist an Joseph Hilarius Eckhel (1737–1798) zu erinnern. Der Weltpriester (ehemalige Jesuit) wurde 1774 durch Maria Theresia zum »Director der antiken Münzen« im kaiserlichen Münzkabinett berufen. Ebenfalls seit 1774 war er Professor der Altertümer und der historischen Hilfsmittel an der Universität Wien. Sein Hauptwerk ist die achtbändige »Doctrina Numorum Veterum« (1792–1798), die ihm bis heute eine wesentliche Position in der frühen Geschichte der wissenschaftlichen Numismatik sichert.[2] Mit seiner Lehrtätigkeit hängt sicher das wohl bereits 1786 publizierte Werk »Kurzgefaßte Anfangsgründe zur alten Numismatik« zusammen;[3] das Werk wurde ins Lateinische (1799), Italienische (1808) und Französische (1825) übersetzt.[4] Der Unterricht fand wohl am Kaiserlichen Münzkabinett statt, so dass auch Originale zur Verfügung standen.[5]

Im Jahr 1868 kam Alexander Conze (1831–1914) nach Wien, der hier ab 1869 als erster Professor den neuen Lehrstuhl für Klassische Archäologie bekleidete. In seiner Antrittsvorlesung ging er auch auf die Numismatik ein:

---

1 Für vielfältige Hilfe danken wir Markus Greif, Wolfgang Hahn, Stefan Karwiese (1941–2023), Hadwiga Schörner, Renate Seebauer, Hubert Szemethy, Bernhard Woytek und insbesondere Wolfgang Szaivert. Das Institut wird künftig in den Anmerkungen mit ING abgekürzt.

2 Eckhel 1792–1798.

3 Eckhel o. J. (1786). Das Werk erschien 1807 in neuer vermehrter Auflage: Eckhel 1807.

4 Eckhel 1799; Eckhel 1808; Jacob-Kolb 1825.

5 Bergmann 1856, S. 80; Bergmann 1857, S. 307–308, 311–337; Szaivert 2015, S. 469–473.

> Während wir also die Epigraphik mit Ausnahme dieser ihrer einen Seite aus dem Gebiete der Archæologie verweisen,[6] nicht freilich aus dem Arbeitskreise einzelner Archæologen, wie überhaupt dem Einzelnen mit solchen Distinctionen nichts vorzuschreiben ist, so können wir das nicht mit der Numismatik. Hier haben wir es in den Münzen mit kleinen Kunstwerken zu thun, kleinen tektonischen Formen, die Träger von Bild und Schrift werden; ihre Menge, die Möglichkeit sie örtlich und zeitlich zu bestimmen, machen schon die Beobachtung der Formenwandlungen an ihnen sehr fruchtbar. Aber freilich hat gerade die unendliche Menge und Mannigfaltigkeit dieser kleinen Werke, haben die sehr mannigfachen Beziehungen, die sich geschichtlich, mythologisch, metrologisch u. s. w. an sie knüpfen, es dahin gebracht, dass die wissenschaftliche Bearbeitung der Münzen die ganze Kraft vieler einzelner Forscher vollauf in Anspruch nimmt; wer wollte in Wien hier nicht Eckhels gedenken und dessen, was er auf diesem Felde zu thun fand und that. Es liegt hier also der umgekehrte Fall vor, wie bei der Epigraphik: während diese letztere vielfach faktisch in den Arbeitskreis der Archæologen gerückt ist, ohne zur Archæologie dem Begriffe nach zu gehören, so hat sich die Numismatik emancipiert, der Archæolog, der sein Fach ganz umfassen will, kann selten in alle kleinsten Fächer der Numismatik blicken, wir haben Numismatiker, die der übrigen Archæologie sehr fern stehen, während doch die Numismatik ganz streng in die Archæologie gehört.[7]

Conze sah also die Numismatik als zur Archäologie gehörig an, akzeptierte aber trotzdem, dass sie zu einem eigenständigen Fach geworden sei, das auch ein Archäologe nicht mehr in seiner vollen Breite überblicken könne. In seiner Ansprache erwähnte Conze, die Studenten (»meine Herren«) sollten sich im Laufe einiger Semester quasi nebenbei einen Bilderapparat aufbauen, der ihnen auch später, nach dem Studium, nützlich sein würde. Conze selbst baute, wie Karl Krierer ausführt, einen archäologischen Lehrapparat auf, der vor allem aus Fachliteratur und Anschauungsmaterialien wie Schautafeln, Gipsabgüssen und Modellen für den Unterricht bestand.[8] Conzes Aufbauarbeit mündete am 1. Oktober 1876 in die Gründung eines eigenen Institutes, »Archæologisch-epigraphisches Seminar« genannt.

Im Jahr 1893 gab es eine Initiative von Victor von Renner (1846–1943)[9] für die Einrichtung einer numismatischen Lehrkanzel für die gesamte Numismatik an der Universität Wien. Die Numismatische Gesellschaft in Wien schloss sich diesem Antrag Renners an das

6 Anm. d. Verf.: Verwiesen wird sie aus der Archäologie hinsichtlich des Inhalts der Texte, nicht aber, was die Gestaltung der Schrift und deren Stil angeht.

7 Conze 2019, S. 21 f., 35. Für den Hinweis auf diese Passage danke ich Hubert Szemethy, Universität Wien, Institut für Alte Geschichte und Altertumskunde, Papyrologie und Epigraphik, sehr herzlich.

8 Conze 2019, S. 31 f.

9 Koch 1970, S. 139 f.

k.k. Ministerium für Cultus und Unterricht an und veröffentlichte ein diesbezügliches Promemoria in ihrem Monatsblatt.[10] Dieses schlägt einen weiten Bogen der numismatischen Lehre von Eckhel bis zu Joseph von Arneth (1791–1863),[11] nach dessen Tod die Numismatik bei den weiteren Besetzungen von Professuren unberücksichtigt geblieben sei.

Abb. 1: Wilhelm Kubitschek (1858–1936).

Abb. 2: Bücherstempel des Numismatischen Lehrapparats.

Im Rahmen des Archäologisch-epigraphischen Seminars, das Archäologie und Alte Geschichte vereinte, leistete Wilhelm Kubitschek (1858–1936) (Abb. 1)[12] für die Numismatik eine ähnliche Aufbauarbeit, wie sie Conze für die Archäologie verdankt wird. »Numismatischer Lehrapparat der Universität Wien«, so bezeichnet ein Stempel die damals erworbenen Bücher (Abb. 2). Die Anschaffungen Kubitscheks stellen den Grundstock von Sammlung und Bibliothek des heutigen Instituts für Numismatik und Geldgeschichte dar. Kubitschek war 1897 von Graz, wo er seit 1896 eine außerordentliche Professur für Römische Altertumskunde bekleidet hatte, nach Wien gekommen; das kaiserliche Münzkabinett hatte ihn als Kustos berufen. Bereits im Mai 1897 wurde er auch zum (unbesoldeten) außerordentlichen Professor der römischen Altertumskunde an der Universität Wien ernannt, begleitet von einem remunerierten Lehrauftrag.[13] Kurz darauf wurde er zum Konservator der Zentralkommission für die Erforschung und Erhaltung der kunst- und historischen Denkmale ernannt,[14] deren Leitung er 1903 übernahm; ein Jahr später wurde er Generalkonservator der antiken Denkmäler in Österreich. Im Jahr 1910 übernahm Kubitschek die Direktion der kaiserlichen Münzen- und Medaillensammlung in Wien, die er 1916 verließ, um in der Nachfolge von Eugen Bormann (1842–1917)[15] den Lehrstuhl für Alte Geschichte an der Universität zu übernehmen, den er bis 1929 innehatte.

10 Promemoria 1893.

11 *Österreichisches Biographisches Lexikon 1815–1950* 1(1) (1954), S. 29; online: biographien.ac.at/oebl/oebl_A/Arneth_Josef-Cal_1791_1863.xml.

12 Ausführlicher Nachruf mit Schriftenverzeichnis: Egger 1937. Vgl. auch Pesditschek 1996, S. 74–83, und *Österreichisches Biographisches Lexikon 1815–1950* 4(19) (1968), S. 314–315 (A. Betz); online: biographien.ac.at/oebl/oebl_K/Kubitschek_Wilhelm_1858_1936.xml.

13 Notiz im *Monatsblatt der numismatischen Gesellschaft in Wien* 4 (1897–1899), Nr. 168 (Juli 1897), S. 86.

14 Notiz im *Monatsblatt der numismatischen Gesellschaft in Wien* 4 (1897–1899), Nr. 169 (August 1897), S. 102.

15 *Österreichisches Biographisches Lexikon 1815–1950* 1 (2) (1954), S. 102 f.; online: biographien.ac.at/oebl/oebl_B/Bormann_Eugen_1842_1917.xml.

Der Numismatische Lehrapparat im Rahmen des Archäologisch-epigraphischen Seminars wurde 1898/99 begründet. Der drohende Weggang Kubitscheks nach Berlin ermöglichte diesem im Herbst 1898, in Verhandlungen mit dem Unterrichtsministerium die Einrichtung eines numismatischen Lehrapparats zugesagt zu bekommen. Die Gelder dafür flossen wohl erst ab 1899, zunächst wurde ein Jahr bewilligt, es folgte die Verlängerung um drei Jahre, bevor die Einrichtung auf Dauer ausgesprochen wurde. Das jährliche Budget belief sich zwischen 1906 und 1915 auf 500 Kronen, die in vierteljährlichen Tranchen zur Verfügung gestellt wurden.[16] Der Lehrapparat setzte sich aus einer Sammlung und einer Bibliothek zusammen. Bereits in der Sitzung vom 20. Februar 1901 wurde der Lehrapparat von der Numismatischen Gesellschaft in Wien zu ihrem ordentlichen Mitglied erwählt, was das Vorstandsmitglied Theodor Rohde mit Schreiben vom 13. März 1901 mitteilte.[17]

Aus der Frühzeit des Lehrapparats liegen zwei wichtige Quellen vor: Ein Accessions-Journal verzeichnet Zugänge zwischen 1900/01 und 1965. Ein Cassa-Buch weist die Verwendung des Budgets nach und erstreckt sich von 1906 bis 1930.[18]

Das Accessions-Journal setzt wohl 1900 oder zu Beginn des Jahres 1901 ein und reicht bis 1965, also bis zur Institutsgründung. Es enthält ganz überwiegend Bücher, deren Schenker bzw. Lieferanten hier weitgehend nachvollziehbar sind. Dazwischen stehen aber auch die Galvanos der Münzen im British Museum,[19] ein Schrank oder ein Papierkorb. Ganz selten finden sich hier auch Münzen, z. B. 1902 »2 sic. Kupfermünzen« (Nr. 125). Das belegt, dass der Aufbau einer Bibliothek gut voran ging, der Aufbau einer Sammlung aber gelang weniger durch viele kleine Gaben, sondern insbesondere durch die Zugänge ganzer Sammlungen. Im Jahr 1906 findet sich nämlich z. B. der Eintrag der 1 070 Münzen aus dem Nachlass des Prof. Josef Schnellinger (Nr. 288), darüber steht der Zugang von 22 mittelalterlichen Denaren aus dem Fund von Feldsberg (heute Valtice, Tschechische Republik), ein Geschenk seiner Durchlaucht des regierenden Fürsten von und zu Liechtenstein (Nr. 287).[20]

Das Cassa-Buch erstreckt sich von 1906 bis 1927, drei weitere Jahre bis 1930 liegen in losen Bögen bei. Es belegt die Verwendung des Budgets bzw. der Dotation, ganz überwiegend für den Kauf oder das Binden von Büchern, dazwischen tauchen Verbrauchsmaterialien, Briefporti oder auch Vereinsmitgliedschaften auf.

Kubitscheks eigener Bericht über den Aufbau in den ersten drei Jahrzehnten ist eine weitere wichtige Quelle; er stammt aus dem Jahr 1929, in dem Kubitschek in den Ruhestand versetzt wurde. Kubitschek verabschiedet sich hier auch gewissermaßen vom Lehr-

16 ING, Sammlung: Cassabuch.
17 Urkunde und Schreiben im ING, Archiv, Nachlass Kubitschek.
18 ING, Sammlung.
19 ING, Sammlung: Accessions-Journal, Nr. 39, 130, 153 und 153a.
20 Vgl. Domanig 1905. Die Stücke sind heute nicht mehr in der Sammlung vorhanden.

apparat: »Das Fallbeil des Altersabbaus nimmt mir leider die Möglichkeit, für seine Förderung und Sicherung direkt weiter einzutreten«.[21]

Für die Sammlung wurde als erste Anschaffung eine Serie von Galvanos antiker Münzen aus dem British Museum erworben, deren Beschreibung in der dritten Auflage von Head's Guide von 1889 vorlag.[22] Sie wurden in mehreren Tranchen zwischen 1900/01 und 1902 erworben.[23] Über eine liegt die Rechnung noch vor:[24] Am 19. Dezember 1902 stellte Aug. P. Ready, »Electrotypist to British Museum«, Kubitschek für 148 »Electrotype Greek coins« in Rechnung: 18 Pfund 10 Shilling, abzüglich 5 % Rabatt = 18 Shilling 6 Pence, das ergab 17 £ 11 sh 6 d. Dazu kam das Porto in Höhe von 2 sh 3 d, so dass sich der Endbetrag auf 17 £ 13 sh 9 d belief. Bei einem Kurs von etwa 240 Kronen für 10 £ waren das also etwa 425 Kronen.[25]

Kubitschek führt aus, welch breite Unterstützung er für sein Vorhaben im In- und Ausland erhalten habe. Die Liste der Personen, die er als Förderer des neu gegründeten Lehrapparats erwähnt, enthält auch international prominente Namen: Dr. Friedrich Imhoof-Blumer (1838–1920) in Winterthur;[26] Ioannis N. Svoronos (1863–1922) in Athen;[27] Dir. Theodor Rohde (1836–1912) in Wien;[28] Major Andreas Markl (1829–1913);[29] Karl Adolf Ludwig Freiherr Bachofen von Echt (1830–1922), der Besitzer der Nußdorfer Brauerei;[30] Oberstleutnant Otto Voetter (1841–1926);[31] Alexander Ritter von Petrowicz (1857–1925);[32] Hofrat Adolf Friedrich (1852–1932), k.k. Hofrat, 1894–1923 Professor für Kulturtechnik und Wasserbau an der k.k. Hochschule für Bodenkultur[33] in Wien;[34] Ernst Fürst

21 Kubitschek 1929. – Die Geschichte des Numismatischen Lehrapparats ist bisher nicht im Detail untersucht. Im Detail ist auch nicht geklärt, welche Quellen es zu diesen Aktivitäten Kubitscheks und zur späteren Geschichte des Lehrapparats bis zur Institutsgründung 1965 im Archiv der Universität Wien und im Archiv des Instituts für Alte Geschichte und Altertumskunde, Papyrologie und Epigraphik gibt. Für wesentliche Hinweise zu einschlägigen Archivalien danke ich Hadwiga Schörner vielmals.

22 Head 1889.

23 Vgl. Anm. 19.

24 ING, Archiv, Nachlass Kubitschek.

25 Schneider et al. 1991, S. 416 f.

26 Zahlreiche Biographien und Nachrufe weist Clain-Stefanelli 1985, S. 1580 f., nach.

27 Vgl. Clain-Stefanelli 1985, S. 1625 f., mit Nachweis einiger Biographien und Nachrufe.

28 Koch 1970, S. 140.

29 Koch 1970, S. 136.

30 Koch 1970, S. 126.

31 Koch 1970, S. 143.

32 worldcat.org/identities/lccn-n91075624. Lebensdaten wohl unsicher. Vgl. auch Koch 1970, S. 138. Die Sammlung wurde durch Naville et Cie versteigert: Naville 1925; Naville & Ars Classica 1926.

33 Heute: Universität für Bodenkultur Wien (BOKU); vgl. boku.ac.at.

34 Koch 1970, S. 131; Fitz 1993, S. 36; *Numismatische Zeitschrift* 37 (1905 [1906]), S. 244. Im Jahr 1902 wurde Adolf Friedrich von Rudolf Marschall (1873–1967) für eine Medaille zu seinem 50. Geburtstag porträtiert: Mack 1992, Kat. Nr. 30.

Abb. 3: Eugen Franz Schott (1826–1905).

Windisch-Grätz (1827–1918);[35] Armin L. Egger (1864–1929), ab 1898 Eigentümer der Münzenhandlung Brüder Egger in Wien;[36] Prof. Kurt Ludwig Regling (1876–1935) in Berlin.[37] Sich selbst erwähnt Kubitschek natürlich nicht; das Accessions-Journal belegt aber, in welch beträchtlichem Umfang er selbst dem Lehrapparat Bücher geschenkt hat.

Im Jahr 1910 stiftete Hofrat Adolf Friedrich 67 Galvanos griechischer Münzen,[38] Teil einer Serie, die von der Firma Otto Aufleger in München nach Originalen der Münchner Sammlung verlegt worden war.[39] Für Imhoof-Blumer und Svoronos werden Büchergeschenke erwähnt. Die anderen Personen werden wohl durch Geldgeschenke einschlägige Anschaffungen ermöglicht haben.[40]

Mehreren Sammlern werden bedeutende Zuwächse in der Sammlung wie in der Bibliothek verdankt. Eine genaue Datierung ist teilweise nicht möglich, so halten wir uns hier an die Reihenfolge, in der Kubitschek diese nennt.

Eugen Franz Schott (1826[41]–1905) (Abb. 3)[42] war das zweite von sieben Kindern des Heinrich Wilhelm Schott (1794–1865) und der Maria Amalie Schott, geb. Kirchhofer (1804–1852).[43] Der Vater war Botaniker gewesen, den eine Forschungsreise von 1817 bis 1821 nach Brasilien geführt hatte. Dann wurde er Hofgärtner in Schönbrunn. Der Sohn studierte offenbar Jura und absolvierte ein Praktikum bei dem Großhändler und Bankier Lazar Gotthold Goldstein (1786–1850).[44] 1851 trat er in die Oesterreichische Nationalbank ein, wo seine

35 Koch 1970, S. 144.

36 Koch 1970, S. 129.

37 Zahlreiche Nachrufe sind bei Clain-Stefanelli 1985, S. 1611, nachgewiesen.

38 ING, Sammlung: Accessions-Journal, 1910, Nr. 385 und 386.

39 Aufleger 1883. Das Verzeichnis listet 182 Münzen auf, von denen 75 Stücke auf 7 Tafeln abgebildet sind.

40 Das erst kürzlich wieder aufgefundene Accessions-Journal erlaubt hier viele weitere Aussagen, konnte aber für diesen Beitrag nicht mehr in größerem Maße ausgewertet werden.

41 Nach Seebauer 2020a, S. 315, vermutlich das Datum der Taufe.

42 Gnecchi & Gnecchi 1894, S. 188 Nr. 1114: »Cassiere della Banca Austro-ungharese. VII Burggasse, 22. – Monete romane«. Gnecchi & Gnecchi 1903, S. 68 Nr. 749: »Cassiere della Banca Austro-ungharese, in ritiro. VII Burggasse, 22. – Monete romane«.

43 Alle Angaben nach Seebauer 2020a; vgl. auch Koch 1970, S. 142. Notizen zum Tod Schotts: *Monatsblatt der numismatischen Gesellschaft in Wien* 6 (1903–1905), Nr. 259 (Februar 1905), S. 306 f., Nr. 264 (Juli 1905), S. 346.

44 Walzer 2017; Geni: geni.com/people/Lazar-Goldstein/6000000016707253257.

Dienststellen und Aufgaben öfter wechselten. Von 1858 bis 1860 war er in Linz, von 1861 bis 1864 in Prag tätig, dann wurde er – wieder in Wien – Hauptkassier und später Kontrollor, ab 1878 bei der Oesterreichisch-ungarischen Bank. Im Jahr 1887 wurde er in den Ruhestand versetzt. Bereits 1875 war Schott der 1870 gegründeten Numismatischen Gesellschaft in Wien beigetreten. Botanische Unterlagen seines Vaters schenkte er 1886 dem Naturhistorischen Museum. Den Verbleib seiner eigenen umfangreichen Sammlungen regelte er offenbar in einem Testament, das jedoch nicht erhalten ist. Antike Objekte kamen in das heutige Kunsthistorische Museum, verschiedene urgeschichtliche und römische Fundstücke sowie eine Waffensammlung erhielt das Museum Francisco Carolinum in Linz.

Seine Sammlung von etwa 3 500 überwiegend römischen Münzen vermachte Schott – zusammen mit dem Münzschrank und der Handbibliothek – dem Numismatischen Lehrapparat. Beide sind noch im Jahr 1905 im Accessions-Journal unter Nr. 240 verzeichnet. Kubitschek erwähnt in seinem Rechenschaftsbericht von 1929 bei der Literatur an erster Stelle die beiden Auflagen des Cohen aus dieser Provenienz;[45] einige Bände enthalten ein Exlibris, das wohl dasjenige von Schott sein dürfte (Abb. 4). Von Schotts Hand stammen zwei Sammlungsverzeichnisse im kleinen Sedez-Format, die alle die alte Signatur 689 tragen: Ein älteres ist beschriftet mit »Eugen Schott Münzen Heft 1« bzw. »Eugen Schott Münzen Heft 2«.[46] Das jüngere in drei Bänden trägt die Bezeichnung »Münzen Catalog« mit zusätzlicher Nummer »I«, »II« bzw. »III«.[47] Im Numismatischen Lehrapparat wurde dann 1927 eine Revision des Bestands vorgenommen: Der »Katalog der Sammlung Schott aus einer Revision der Bestände und der hs. Kataloge des Eigentümers (Sign. 689) durch die Herrn Karl Elsner und Rudolf Paulsen 1927 entstanden« trägt die Signatur 690.[48] Nach einer Zählung durch Günther Dembski[49] am 2. Februar 1968 enthält er 3 493 Münzen.[50] Von der Hand Schotts stammen auch 800 Münzunterlagskärtchen mit zentraler runder Aussparung für die Münze, die sich heute noch am Institut befinden (Abb. 5). Die Kärtchen verzeichnen durchwegs eine Fundprovenienz;[51] so könnte es sein, dass die übrigen Kärtchen, vielleicht ohne Fundprovenienz, die Neulegung der Sammlung in den 1950er Jahren nicht überlebt haben. Die Fundprovenienzen betreffen den großen Salzburger Fund

45 Kubitschek 1929, S. 57.

46 ING, Sammlung. Format: 8 × 13 cm. Hier fehlt laut Accessions-Journal derzeit ein zugehöriges Heft 3, vgl. Anm. 155; vom Inhalt her scheinen die beiden vorhandenen Bändchen aber vollständig zu sein.

47 ING, Sammlung. Format: 8,5 × 14 cm.

48 ING, Sammlung: Inventar Schott; das Zitat ist der ausführliche Innentitel des Bandes.

49 Günther Dembski war von 1968 bis 2008 am Münzkabinett des Kunsthistorischen Museums Wien tätig; seit 1995 leitete er das Münzkabinett. Im Jahr 1988 wurde er an der Universität Wien habilitiert, 1994 erhielt er den Titel eines außerordentlichen Universitäts-Professors.

50 ING, Sammlung. Notiz im Katalog auf der letzten beschriebenen Seite. Der Katalog ist bis Seite 199 handschriftlich paginiert, dann wurde die Paginierung aufgegeben.

51 Dazu Seebauer 2020b.

Abb. 4: Exlibris, vermutlich von Eugen Schott.

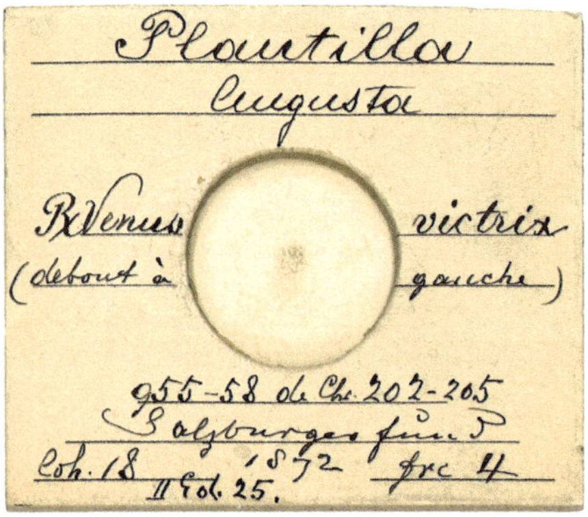

Abb. 5: Münzunterlagkärtchen von Eugen Schott mit Fundprovenienz: Salzburger Fund 1872. Plautilla Coh. 18 (II: 25) = RIC IV Caracalla für Plautilla 369.

von 1872 (534 Kärtchen),[52] die anderen 266 aber nennen Fundprovenienzen überwiegend von Carnuntum bis zum Balkanraum aus den Jahren 1870 bis 1900.[53] Auch der Schrank der Sammlung Schott ist heute noch vorhanden, auch wenn die gläsernen Türfüllungen unter Robert Göbl (1919–1997) durch Holz ersetzt wurden.

Josef Brettauer (1835–1905) (Abb. 6)[54] entstammte einer Bankiersfamilie aus Hohenems in Vorarlberg. Das Gymnasium absolvierte er in St. Gallen und Feldkirch, in Prag und Wien studierte er Medizin. Beruflich war er 1861 in Berlin als Assistenzarzt tätig, noch in diesem oder im darauffolgenden Jahr ging er mit seinen Eltern nach Triest. Bald übernahm er die vorläufige Leitung der Augenabteilung des städtischen Krankenhauses, wurde Primararzt und 1873 Präsident des Ärztekollegiums dieses Krankenhauses. Nach anderen Angaben war er dann bis 1904 Direktor der dortigen Augenklinik.[55] Den kleineren Teil seiner Sammlung vermachte der Sammler dem städtischen Museum in Triest: 127 Münzen der Bischöfe von Triest, des Papstes Pius II. (1458–1464) und von Kaiser Maximilian I. von Mexiko (1864–1867); 303 auf die Stadt Triest bezügliche Medaillen; 156 nicht näher beschriebene Jetons; und die von dem Triestiner Medailleur Giovanni Marin (1871–1926) geschaffene Goldmedaille auf Brettauer. Die

52 Dembski 1977, S. 25 Nr. D-8; Ruske 2011, S. 97 Nr. P59; Seebauer & Greif 2020.

53 Seebauer 2020b. Seebauer (S. 7) denkt an Fundjahre, es könnte sich aber vielleicht auch um die Jahre der Erwerbung handeln.

54 Gnecchi & Gnecchi 1894, S. 173 f. Nr. 981; Gnecchi & Gnecchi 1903, S. 54 Nr. 592.

55 Holzmair 1937/1989, S. iii; Hohenems Genealogie: hohenemsgenealogie.at/gen/getperson.php?personID=I0246. Die Angaben widersprechen sich teilweise in Details.

Medaille wurde ihm von den Primarärzten der städtischen Krankenhäuser in Triest 1904 gewidmet. Das Museum in Triest verfügt über zwei goldene Exemplare dieser Medaille. Schon 1905 hatten die Primarärzte ein Exemplar dem Museum übergeben, 1906 kam das Exemplar von Joseph Brettauer hinzu (Abb. 7).[56]

Seine berühmte Sammlung »Medicina in Nummis«, eine der weltbesten Sammlungen auf diesem Gebiet, kam in Form einer Stiftung durch die Erben 1907 an die Universität Wien.[57] Da die Auflage des Stiftungsbriefs, binnen drei Jahren eine Publikation der Sammlung vorzulegen, nicht erfüllt werden konnte und kein ausreichender Raum für sie vorhanden war, wurde sie 1928 als Leihgabe an die Bundessammlung von Medaillen, Münzen und Geldzeichen in Wien übergeben.[58] Dort erarbeitete Eduard Holzmair (1902–1971) den Katalog der Sammlung, der 1937 vom

Abb. 6: Josef Brettauer (1835–1905).

Abb. 7: Medaille 1904 auf Josef Brettauer, von Giovanni Marin (1871–1926).

---

56 Comune di Trieste, Civici Musei di Storia ed Arte, Inv.-Nr. MP 165 (Exemplar Brettauer), MP 166 (Exemplar der Primarärzte). Holzmair 1937/1989, S. 13 Nr. 161 (Bronze; Exemplar Brettauer, im ING).

57 Stiftbrief abgedruckt bei Holzmair 1937/1989, S. ivf.

58 Vereinbarung vom 31. 5. 1928; Druck bei Holzmair 1937/1989, S. vi.

Kuratorium der Dr. Josef Brettauer-Stiftung herausgegeben wurde und 1989 bei der Österreichischen Akademie der Wissenschaften als 2. Auflage (Reprint) – aber mit leicht verändertem Titel – erneut veröffentlicht wurde.[59] Die Sammlung selbst kehrte vom Kunsthistorischen Museum erst wieder an die Universität zurück, als das Institut in die alte Hochschule für Welthandel einzog, wo es sich auch heute befindet. Die Räume wurden im März 1988 bezogen.

Die sachliche Gliederung des Katalogs von Holzmair geht weitgehend auf Brettauer zurück.[60] Sie umfasst 22 Kapitel, die jeweils sorgfältige Untergliederungen aufweisen. Die Hauptkapitel sollen hier genannt werden: I. Ärzte und Naturforscher (1 347 Nummern). II. Pestilentia in Nummis (933). III. Patrone der Medizin und Amulette (112). IV. Kongresse (96). V. Akademien, Fakultäten, Schulen und Gesellschaften (353). VI. Spitäler (154). VII. Irrenanstalten (24). VIII. Asyle aller Art, Armenwesen und Wohlfahrtspflege (558). IX. Rotes Kreuz, Ambulanzen, Krankenpflege (168). X. Rettungswesen (234). XI. Balneologie (120). XII. Hygiene (394). XIII. Biologisches, Physiologisches, u. a. (58). XIV. Erkrankung und Genesung (99). XV. Einzelne Krankheiten (Aussatz, Podagra u. a.) (12). XVI. Oculistica (137). XVII. Otiatrica (28). XVIII. Geschlechtsleben und Fortpflanzung (171). XIX. Tod und Begräbnis (112). XX. Pharmaceutica (107). XXI. Veterinaria (65). XXII. Professionelle Jetons (275). Dieser Aufbau ermöglicht einen sehr strukturierten Zugang, auch wenn natürlich viele Stücke an verschiedenen Orten dieses Systems ihren Platz hätten finden können. Der Katalog der Sammlung umfasst insgesamt 5 557 Nummern. Es sind aber deutlich mehr Objekte, weil in vielen Fällen unter einer Nummer mehrere Exemplare, z. B. Metallvarianten einer Medaille, verzeichnet sind. Im Jahr 1998 hat Horst Doležal ein Namenverzeichnis zu diesem Katalog erstellt, das aber nicht im Druck erschienen ist.[61] Es umfasst alle Personen, Ärzte, Medailleure, Hersteller etc., die im Katalog genannt sind. Die Sammlung wird ergänzt durch zwei handschriftliche Inventare von der Hand Brettauers, die teilweise Provenienzen der Stücke benennen; das Verhältnis der zwei Inventare zueinander ist nicht recht klar. Zu den Stücken der Sammlung Brettauer existieren großteils auch noch kleine runde Unterlagzettelchen von der Hand Brettauers mit einem Durchmesser von ca. 20 mm.[62]

Aufgrund der Tatsache, dass wir die Sammlung Brettauer an unserem Institut verwahren dürfen, pflegen wir das Sammelgebiet der »Medicina in Nummis« auch in der Bibliothek in besonderem Maße und sammeln auch weiterhin Medaillen und Marken zu diesem Themengebiet. So konnte im Jahr 2018 durch eine Stiftung eine kleine Sammlung

59 Holzmair 1937; Holzmair 1989. Zur Geschichte der Sammlung bis 1937 aus Sicht des Münzkabinetts vgl. Holzmair 1937/1989, S. vii–ix (A. v. Loehr).

60 Holzmair 1937/1989, S. xvi.

61 Doležal 1998.

62 Vgl. die Abb. bei Emmerig 2019, S. 77 f., fig. 1 und 2.

von Medaillen erworben werden, welche die Person Wilhelm Conrad Röntgen (1845–1923) oder die von ihm entdeckten Strahlen thematisieren. Bereits 1991 konnten über den Münzhandel 459 einschlägige moderne Münzen, Medaillen, Plaketten und Abzeichen erworben werden, die überwiegend nach 1905 entstanden sind, so dass Brettauer sie noch nicht haben konnte. Sie stammen aus der Sammlung des Dermatologen Prof. Dr. Hagen Tronnier (1925–2019).[63]

Josef Schnellinger war laut Kubitschek ein Gymnasialprofessor in Mährisch Ostrau (Ostrava, Tschechische Republik). In seinem kaduken Nachlass, der also mangels Erben an den Staat gefallen war, befand sich eine reiche universelle Münzsammlung, die dem Wiener Hauptmünzamt zugewiesen wurde. Nach einer ersten Auswahl durch die kaiserliche Sammlung im Jahr 1906[64] konnte Kubitschek für den Lehrapparat 1 070 Stücke erhalten: 10 in Gold, 632 in Silber, 423 in Kupfer und 5 aus Nickel.[65] Auch über diese Sammlung liegt ein Inventarbuch vor, das leider weder nennt, wer diese Verzeichnung vorgenommen hat, noch wann das geschah. Die Schrift ist jedoch mit den beiden anderen identisch – es ist wohl die Schrift von Karl Elsner. So wird man wohl ebenso wie bei den Inventaren Schott und Scholz an die späten 1920er Jahre denken dürfen. Am Ende der Eintragungen findet sich ein Vermerk über die Gesamtzahl von 1968: „Zählung 2.2.68 (Frl. Reiser[66]). Gesamt: 1 513“.[67] Die enorme Diskrepanz bei den Stückzahlen verblüfft zunächst. Allerdings gibt es im Inventar eine stark verblasste Zwischenüberschrift: »Die Sammlungsspenden«. In der nächsten Zeile folgt: »Horsky«.[68] Offenbar setzt hier also eine Verzeichnung von Spenden anderer Provenienzen ein, wobei das Ergänzen weiterer Namen nach Horsky unterblieb.[69] Hier finden sich auch die 22 Denare aus dem Fund von Feldsberg, mit korrekter liechtensteinischer Provenienz.[70] In diesem Inventar sind nicht nur antike Münzen, sondern auch beträchtliche Reihen mittelalterlicher und neuzeitlicher Münzen und sogar Medaillen verzeichnet.

Das Österreichische Biographische Lexikon kennt einen Mathematiker und Gymnasialprofessor Josef Schnellinger (1846–1904), der in Mähren tätig war, erwähnt aber

---

63 Vgl. zu ihm Künker 2004, S. 12.

64 Datierung nach Loehr 1915, S. 421.

65 Kubitschek 1929, S. 58. Accessions-Journal Nr. 288.

66 Anm. d. Verf.: Die Ägyptologin Elfriede Reiser (verheiratete Haslauer) war von 1966 bis 1968 als wissenschaftliche Hilfskraft am Institut beschäftigt. Specht 2005, S. 20.

67 Das Inventar ist fast bis zum Ende der Eintragungen paginiert, zuletzt S. 75, diese Eintragung steht dann auf der unpaginierten Seite 77.

68 Johann Horský (29.3.1849–7.12.1917 Brandeis a. d. Adler [Brandýs nad Orlicí, Tschechische Republik]), Baurat, Mitglied der Numismatischen Gesellschaft in Wien seit 1891. Koch 1970, S. 133. Versteigerungen seiner Sammlung: Hess 1910; Hess 1911; Hess 1917.

69 ING, Sammlung: Inventar Schnellinger, S. (39). Auf den Seiten 1–38 sind insgesamt 801 Münzen verzeichnet. Auch hier bleibt also wieder eine Diskrepanz zu den anderweitig genannten 1 070 Münzen.

70 ING, Sammlung: Inventar Schnellinger, S. (76).

nicht Mährisch-Ostrau.[71] Dieser stammte aus Kremsmünster, studierte in Wien, unterrichtete zunächst in Wien, ab 1879 in Brünn (Brno, Tschechische Republik), ab 1880 in Ungarisch Hradisch (Uherské Hradiště, Tschechische Republik), ab 1898 in Villach und wurde 1901 in den Ruhestand versetzt. Ob dieser der Sammler Josef Schnellinger ist, bleibt unsicher, ist aber doch wahrscheinlich: Ein Gymnasialprofessor mit Wien-Bezug, aber in Mähren tätig, und auch das Todesdatum 1904 passt zur Erwerbung in den kaiserlichen Sammlungen und im Lehrapparat im Jahr 1906.

Abb. 8: Josef Scholz (1835–1916).

Josef Scholz (1835–1916) (Abb. 8),[72] ein alter Freund von Kubitschek, vermachte den griechischen Teil seiner Sammlung antiker Münzen samt zugehörigem Zettelkatalog dem Lehrapparat. Scholz, in Österreichisch-Schlesien geboren, besuchte das Theresianum in Wien, studierte dann Medizin mit Spezialausbildungen in Chirurgie, Geburtshilfe und als Operateur. Nach Tätigkeiten im Wiedner Spital und als Feldarzt im 1866er Krieg hatte er auch eine Privatpraxis auf der Wieden. Besonders engagierte er sich in Standesvertretungen und Einrichtungen der Wiener Ärzteschaft. Im Jahr 1888 trat er der Numismatischen Gesellschaft in Wien bei. Seine numismatischen Interessen waren breit, er publizierte über Griechen und antike Tesserae, aber auch über die 20-Kreuzer-Stücke der Münzkonvention von 1753. Die Sammlung der Zwanziger überließ er zu Lebzeiten dem Museum der Stadt Wien und dem kaiserlichen Münzkabinett, der numismatischen Gesellschaft vermachte er einen Betrag von 2000 Kronen. Seine Sammlung griechischer Münzen gelangte 1916 durch das Testament in den Numismatischen Lehrapparat.[73]

Von Karl Elsner und Rudolf Paulsen, die 1927 einen Katalog der Sammlung Schott erstellt hatten, liegt auch ein ähnliches Inventar der Sammlung Scholz aus dem Jahr 1928 vor.

71 *Österreichisches Biographisches Lexikon 1815–1950* 10 (50) 1994, S. 400 (Ch. Binder); online: biographien.ac.at/oebl/oebl_S/Schnellinger_Josef_1846_1904.xml.

72 Gnecchi & Gnecchi 1894, S. 188 Nr. 1113: »Dott. in medicina. IV Waaggasse, 1. – Collezione universale. Circa 4000 pezzi«. Gneccchi & Gnecchi 1903, S. 68 Nr. 748: »Dott. in medicina. IV Waaggasse, I. – Monete greche e romane. Coll. la più completa di svanziche austriache. Totale circa 5000 pezzi«.

73 Kubitschek 1916; Kubitschek 1917; Koch 1970, S. 141f; *Österreichisches Biographisches Lexikon 1815–1950* 11 (52) 1997, S. 128f. (H. Jungwirth, K. Sablik); online: biographien.ac.at/oebl/oebl_S/Scholz_Josef_1835_1916.xml. Die Sammlung trägt im Accessions-Journal die Nr. 522.

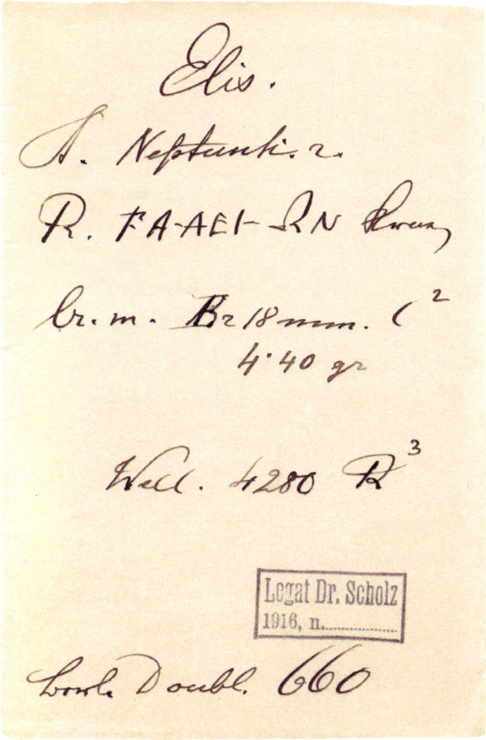

Abb. 9: Zettel des Zettelkatalogs der griechischen Münzen von Josef Scholz, mit Provenienz: Berliner Dubletten. 76 × 115 mm.

Während das Accessions-Journal keine Stückzahl nennt, ergab eine Zählung durch Frau Reiser[74] und Herrn Dembski am 2. Februar 1968 eine Gesamtzahl von 5 999 Stücken.[75]

Der erwähnte Zettelkatalog besteht aus im Hochformat beschrifteten Zetteln im Format von ca. 7,5 × 11,5 cm von der Hand des Sammlers. Die Stücke sind bestimmt und beschrieben, es folgen die technischen Daten sowie Literaturzitate. Auf manchen Zetteln scheinen unten auch Provenienzen genannt zu sein. So findet sich auf Zetteln zu Münzen von Elis unten am Rand der Hinweis »Berl. Doubl.« mit dreimal der Nummer 660 (Abb. 9), dann bei Same die Nr. 662 und bei Messene die Nr. 663.[76] Die Zettel der Münzen jeweils einer Lade des Münzschranks sind durch eine Papierbanderole zusammengehalten. Auf den Banderolen findet sich ein Vermerk: »übertragen auf S. 1–7« usw. bis

74 Vgl. Anm. 66.

75 ING, Sammlung: Inventar Scholz, S. 264.

76 Diese Provenienz war allerdings bis jetzt nicht zu klären. Zu den Berliner Dublettenauktionen vgl. Kluge 2004, S. 116 f. Die Nummern passen nicht zu den drei Imhoof-Blumer-Auktionen (Hess 1902, 1906 und 1907; Elis und Messene im Katalog 1906). Die Weyl-Kataloge von 1882, 1886 und 1887 konnten nicht überprüft werden.

»Seite 245–250« bei den Nachträgen.[77] Diese Vermerke stammen von Karl Elsner, der auch das Inventar geschrieben hat.[78]

In ihrem Beitrag zur Institutsgeschichte erwähnt Edith Specht 2005 drei weitere Personen, aus deren Sammlungen in der Frühzeit des Lehrapparats antike Münzen erworben worden seien: Dr. Reichel, A. O. van Lennep und Heinrich Cubasch.[79] Bei Kubitschek sind sie nicht genannt; er hat wohl nur Stifter und Spender des Lehrapparats gewürdigt.

Dr. Reichel ist nicht klar identifizierbar. Ein Vinzenz Robert Reichel (gest. 1899) war seit 1894 Mitglied der Numismatischen Gesellschaft in Wien und auch Mitglied des Clubs der Münz- und Medaillenfreunde in Wien gewesen. Beruflich war er Hauptcasse-Official der Stadt Wien.[80] Für ihn ist aber keine Promotion belegt. So ist vielleicht an Ernst Wolfgang Reichel (1858–1900) zu denken. Er war Archäologe, promoviert und habilitiert an der Universität Wien, mit einem Arbeitsschwerpunkt im mykenischen Griechenland. Zuletzt war er am Österreichischen Archäologischen Institut in Athen tätig gewesen, bevor er früh starb.[81] Hinweise auf numismatische Interessen Wolfgang Reichels ließen sich nicht finden. So kann es durchaus sein, dass der erwähnte Dr. Reichel mit keiner dieser beiden Personen seines Namens identisch ist. Da es sich bei den beiden folgenden Personen um Münzhändler handelt, könnte das auch bei Dr. Reichel der Fall sein.

Alfred Oscar van Lennep (1851–1913), Vize-Consul der Niederlande in Smyrna, handelte mit Münzen und Antiken. Auch das British Museum in London, das Nationalmuseum in Kopenhagen und das Rijksmuseum van Oudheden in Leiden haben von ihm Münzen bzw. Antiken erworben.[82] Er stammt aus einer Familie, der mehrere Generalkonsule der Niederlande, u. a. eben auch in Smyrna, angehörten.[83]

---

77 Vorhanden sind die Banderolen der Laden 1–11, 13–35 sowie Nachträge. Die Banderolen von Lade 10 und 11 sind jedoch leer, tragen aber ebenfalls den Vermerk »übertragen auf S. 56–62« (Nr. 10) bzw. »übertragen auf S. 63–72« (Nr. 11). Das Inventar reicht allerdings bis S. 263.

78 ING, Sammlung: Inventar Scholz, S. 263.

79 Specht 2005. Die Quellen für diese Angaben sind im Augenblick nicht konkret benennbar. Ein gewisser Reichel wird im Accessions-Journal im Jahr 1906 erwähnt: Geschenk einer Fälschung durch Benndorf aus Reichels Nachlass (Nr. 273). Van Lennep taucht im Accessions-Journal nicht auf. Cubasch tritt als Schenker von Auktionskatalogen zu Beginn des Accessions-Journals auf (Nr. 21, 22).

80 Mitgliederverzeichnis bzw. Notizen: *Numismatische Zeitschrift* 29 (1897 [1898]), S. 410; *Mittheilungen des Clubs der Münz- und Medaillenfreunde in Wien* 10 (1899), S. 548 (hier fälschlich: Vincenz Hubert Reichel); *Monatsblatt der Numismatischen Gesellschaft in Wien* 5 (1900–1902), Nr. 198 (Jänner 1900), S. 10.

81 *Österreichisches Biographisches Lexikon 1815–1950* 9 (41) 1984, S. 30 (H. Vetters); online: biographien.ac.at/oebl/oebl_R/Reichel_Wolfgang_1858_1900.xml. Vgl. auch: de.wikipedia.org/wiki/Wolfgang_Reichel_(Arch%C3%A4ologe).

82 Vgl.: britishmuseum.org/collection/term/BIOG100214. corpus-nummorum.eu/coins/649. Vgl. zur Familie: gw.geneanet.org/marmara2?lang=en&n=van+lennep&oc=0&p=alfred+oscar.

83 Lennep o. J., S. 44–52.

Heinrich Cubasch (1849–1904)[84] übernahm die Münzen- und Antiquitätenhandlung seines gleichnamigen Vaters (1816–1899), der 1870 Gründungsmitglied der Numismatischen Gesellschaft in Wien gewesen war. Der Sohn, auch als Auktionator und gerichtlicher Sachverständiger tätig, war 1890 Mitbegründer und später Vorstand des Clubs der Münz- und Medaillenfreunde in Wien. Aus den 1890er Jahren sind einige numismatische Auktionskataloge (1893–1899) sowie acht Verkaufskataloge (1893–1900) dieser Firma belegt.[85] Daneben wurden auch zahlreiche Auktionen von Gemälden und Antiquitäten durchgeführt. Kunstgegenstände aus seinem Nachlass wurden bereits am 16. November 1904 und den folgenden Tagen im Kunstsalon Pisko in Wien versteigert.[86] In seiner Funktion des Schätzmeisters des k. k. Obersthofmarschallamtes folgte ihm 1905 Armin Egger nach.[87]

In seinem Rückblick im Jahr 1929 würdigte Kubitschek als Mitarbeiter im Numismatischen Lehrapparat Karl Elsner (ca. 1866–1939). Dieser war ein Mitglied der Numismatischen Gesellschaft, sammelte überwiegend antike Münzen und unterstützte Kubitschek bei der Betreuung des Lehrapparats ehrenamtlich, aber im Zusammenwirken mit Kubitscheks wechselnden Assistenten.[88]

Als Assistenten und Mitarbeiter sind Alphons Barb und Rudolf Paulsen greifbar. Alphons A. Barb (1901–1979) bezeichnet Kubitschek als den frühesten seiner Assistenten, der nunmehr im Burgenland tätig sei.[89] Barb lernte zunächst das Goldschmiedehandwerk, dann studierte er Altertumswissenschaften und promovierte 1925 bei Kubitschek über die kaiserzeitliche Münzprägung der Stadt Tarsos in Kilikien,[90] bevor er der erste Leiter des 1926 gegründeten Burgenländischen Landesmuseums in Eisenstadt wurde.[91] Nach dem Anschluss verlor er seinen Posten und floh mit seiner Familie nach Großbritannien.[92]

---

84 Todesdatum 13. 8. 1904 in *Numismatische Zeitschrift* 36 (1904 [1905]), S. 225; Ernst 1904; Wien Geschichte Wiki: Heinrich Cubasch der Jüngere. https://www.geschichtewiki.wien.gv.at/Heinrich_Cubasch_der_J%C3%BCngere. Der Meldezettel nennt jedoch den 13. 9. 1904, s. Wiener Archivinformationssystem Sign. 2.5.1.4.K11.Cubasch Heinrich.26. 2. 1859. Der Nachruf von Fischhof 1904 nennt kein Datum, erschien aber im Juni/August-Heft der Mitteilungen des Clubs. Cubasch wurde auf dem Hietzinger Friedhof am 15. 8. 1904 beigesetzt. friedhoefewien.at/grabsuche_de; vgl. zur Firma: Gnecchi & Gnecchi 1894, S. 181 Nr. 1042; Gnecchi & Gnecchi 1903, S. 61 Nr. 664.

85 Numismatische Auktionen von H. Cubasch (teils gemeinsam mit anderen Firmen): Cubasch 1893; Trau et al. 1893; Cubasch 1894a; Cubasch 1894b; Cubasch et al. 1897; Cubasch 1899. Vgl. Varesi 2005, S. 14 f. Nr. L15–L27.

86 Katalog in der Österreichischen Nationalbibliothek: permalink.obvsg.at/AC14491822. Digitalisat: digi.ub.uni-heidelberg.de/diglit/pisko1904_11_16.

87 *Monatsblatt der Numismatischen Gesellschaft in Wien* 6 (1904–1906), Nr. 261/262 (28/29), April–Mai 1905, S. 328.

88 Kubitschek 1929, S. 58, 60; vgl. auch Koch 1970, S. 129; vgl. auch ING, Sammlung: Göbl 1968, S. 3, der Elsners Tätigkeit an der Sammlung kritisch sah.

89 Kubitschek 1929, S. 60.

90 scopeq.cc.univie.ac.at/Query/detail.aspx?ID=258672.

91 Heute: Landesmuseum Burgenland. Vgl. landesmuseum-burgenland.at.

92 Vgl. Krenn 2013.

1949 wurde er Bibliothekar im Warburg Institute der Londoner Universität,[93] was auch mit Lehrtätigkeit verbunden war. Auch nach dem Krieg blieb er eng dem Burgenland verbunden, wie etwa die Themen von Publikationen belegen.[94]

Rudolf Paulsen (1893–1975) studierte ab 1919 in Wien Anthropologie, Ethnologie, Ur- und Frühgeschichte, Medizin, Klassische Archäologie und Alte Geschichte sowie Numismatik und promovierte 1930 über »Die Münzprägungen der Boier«.[95] 1932 wurde er an der Universität Erlangen für prähistorische und klassische Archäologie habilitiert und war ab 1933 Privatdozent für diese Fächer und Kustos der anthropologisch-urgeschichtlichen Sammlung.[96] Von 1938 bis 1945 und erneut 1952–1958 war er Professor für Ur- und Frühgeschichte.[97] Seine Tätigkeit als Assistent bei Kubitschek dürfte das Inventar der Sammlung Schott von 1927 belegen, das er also während seiner Studienzeit in Wien gemeinsam mit Karl Elsner erstellte.

Auch wenn Kubitschek 1929 »die endliche Bestellung eines ständigen Assistenten für den NLA« mit Freude kommentierte,[98] wissen wir über die Geschichte des Lehrapparats in den folgenden Jahrzehnten so gut wie nichts; auch die Person(en), die diesen Posten bekleidete(n), sind derzeit unbekannt. Das Accessions-Journal belegt immerhin, dass weiterhin Literatur durch Schenkung und Kauf einging; erst im Zweiten Weltkrieg gab es kaum mehr Erwerbungen. Wer das Journal führte, ist aber derzeit nicht zu klären.

Erst eine »Bestandsaufnahme der Münzsammlung« von Robert Göbl vom 31. Januar 1968, ein siebenseitiges Typoskript, ergänzt um ein Blatt mit dem »Ergebnis der Durchzählung der Inventare der Sammlungen Schott, Scholz und Schnellinger durch Herrn Dembski und Frl. Reiser« vom 9. Februar 1968, ist eine zentrale Quelle, da Göbl hier versuchte, alle wichtigen Informationen zusammenzutragen.[99] Aber auch er beklagt, wie wenig man über den Lehrapparat nach dem Ausscheiden Kubitscheks 1929 wisse. Auch das Vorwort von Robert Göbl im 1980 erschienenen Band der Institutssammlung[100] in der Reihe Thesaurus Nummorum Romanorum et Byzantinorum (TNRB) bringt weitere Informationen, die aber erst nach dem Zweiten Weltkrieg einsetzen.

Diese Aufstellung von Göbl ist noch in anderer Hinsicht wesentlich. Obwohl mit der Sammlung Schnellinger diverse mittelalterliche, neuzeitliche und byzantinische Münzen in den Lehrapparat gekommen waren, aus anderen Quellen stammten auch Medail-

93 Vgl. warburg.sas.ac.uk.

94 Österreichisches Biographisches Lexikon, Online-Edition 2 (15.3.2013) (O.H. Urban); online: biographien.ac.at/oebl/oebl_B/Barb_Alphons-Augustinus_1901_1979.xml.

95 scopeq.cc.univie.ac.at/Query/detail.aspx?ID=276484.

96 Vgl. uf.phil.fau.de/abteilungen/sammlung/geschichte.

97 Wachter 2009, S. 157f.

98 Kubitschek 1929, S. 60.

99 ING, Sammlung: Göbl 1968.

100 Czurda & Dick 1980, S. 7–9.

len,[101] waren nach Erinnerung von Wolfgang Hahn in seiner Studienzeit (nahezu) keine mittelalterlichen und neuzeitlichen Stücke vorhanden. Göbl beziffert die Verluste 1968 auf »419 moderne Münzen aus aller Welt, 266 Byzantiner und Ostgoten«. In der Zeit zwischen 1929 und 1965 wurden also offenbar (fast) alle Münzen des Mittelalters und der Neuzeit und ein Teil der byzantinischen Münzen ausgeschieden.[102] Nähere Informationen liegen dazu nicht vor.

Von 1946 bis 1955 betreute Karl Pink (1884–1965)[103] den Lehrapparat. Pink studierte Klassische Philologie, in der er 1909 promoviert wurde.[104] Dann wurde er Zisterzienser in Stift Wilhering in Oberösterreich und studierte Katholische Theologie. 1914 erfolgte die Priesterweihe. Von 1928 bis 1938 und erneut von 1945 bis 1949 betreute er im Wiener Münzkabinett die antiken Münzen. Bereits 1933 wurde er in Wien mit der Arbeit »Die Münzen der Ostkelten und ihrer Nachbarn« für antike Numismatik habilitiert.[105] Von 1934 bis 1938 und erneut 1946 bis 1954 unterrichtete er an der Universität Wien.[106] Einer seiner wichtigsten Schüler war Robert Göbl, der die Betreuung des Lehrapparats 1955 übernahm.

Robert Göbl (1919–1997) studierte nach der Rückkehr aus der Kriegsgefangenschaft in Wien Alte Geschichte und Klassische Archäologie. 1950 erfolgte die Promotion mit einer numismatisch-historischen Arbeit über die Kaiser Valerianus und Gallienus, 1955 wurde er habilitiert; in diesem Jahr übernahm er den Numismatischen Lehrapparat. Es soll sich damals um eine Sammlung von etwa 11 000 antiken Münzen gehandelt haben.

Im Jahr 1965 wurde anlässlich der 600-Jahr-Feier der Universität das »Institut für Antike Numismatik und Vorislamische Geschichte Mittelasiens« gegründet. Der Lehrapparat wurde zur Institutssammlung und -bibliothek. Robert Göbl wurde außerordentlicher Professor und leitete nun das Institut, dem er bis 1989 vorstand.[107] Ihm folgte von 1990 bis 2010 Wolfgang Hahn in dieser Funktion. Der Institutsname wurde 1978 zum Institut für Numismatik geändert; seit 2000 heißt es nun Institut für Numismatik und Geldgeschichte.

Der bereits erwähnte Bericht von Göbl von 1968 enthält Zahlen einer neuen Zählung der Bestände der drei wichtigen Ursprungssammlungen Scholz, Schott und Schnellinger. Obwohl diese ab 1955 in eine systematische Ordnung vereinigt worden waren, konnten also 1968 noch die Stückzahlen der einzelnen Sammlungen ermittelt werden. Wichtige

---

101 ING, Sammlung: Inventar Schnellinger, S. (76).

102 Es scheinen nur die wenigen Goldmünzen aus der Sammlung Schnellinger in der Sammlung verblieben zu sein.

103 Bruck 1965; Koch 1970, S. 139. Beigesetzt wurde Pink auf dem Meidlinger Friedhof in Wien. friedhoefewien.at/grabsuche_de.

104 scopeq.cc.univie.ac.at/Query/detail.aspx?ID=224762.

105 Pink 1939; Pink 1974.

106 de.wikipedia.org/wiki/Karl_Pink; Specht 2005, S. 19.

107 de.wikipedia.org/wiki/Robert_G%C3%B6bl.

Hilfsmittel dafür waren die in dem Bericht erwähnten Inventare der drei Sammlungen. Demnach ergaben sich:

- Sammlung Scholz 5 999 Stück
- Sammlung Schott 3 493 Stück
- Sammlung Schnellinger 1 513 Stück[108]
- insgesamt also: 11 005 Stück

Im TNRB-Band erwähnt Göbl wichtige Neuzugänge in den 1970er Jahren.

Stefan Allerbauer übergab 1976 etwa 650 römische Fundmünzen aus Österreich. Der Schenker war über Jahrzehnte als Sondengänger im nördlichen Niederösterreich unterwegs, dokumentierte seine Funde aber recht sorgfältig. Große Teile der Sammlung von Stefan Allerbauer wurden später durch das MAMUZ Schloss Asparn/Zaya für die Landessammlungen Niederösterreich erworben.[109]

Im Jahr 1977 finanzierte die Schoeller-Bank den Ankauf von 480 griechischen und provinzialrömischen Münzen der Münzstätte Ephesos aus der Sammlung von Karl Hollschek (1859–1941),[110] aus der in dieser Zeit die griechischen Kleinmünzen in den Numismatica-Auktionen in Wien versteigert wurden; der Ankauf erfolgte jedoch vorher direkt. Wolfgang Szaivert hatte auf den großen Posten von Münzen aus Ephesos aufmerksam gemacht, woraufhin Robert Göbl den Bankier Philipp Schoeller (1921–2008) für den Ankauf gewinnen konnte. Dieser kam den Interessen von Stefan Karwiese (1941–2023) entgegen, der von 1978 bis 1986 stellvertretender Grabungsleiter in Ephesos, seit 1980 außerdem Grabungsleiter in St. Peter (Salzburg), von 1988 bis 1991 in Mondsee und von 1993 bis 1998 in Ephesos war.[111] Zwischen 1995 und 2019 hat Karwiese vier Bände zur Münzprägung in Ephesus publiziert, in welche dieser Münzbestand Eingang fand.[112]

Der Wiener Künstler Ernst Fuchs (1930–2015) schenkte 1978 Bronzeabschläge seiner 1973 entstandenen, 12-teiligen Medaillenserie zu biblischen Themen der Institutssammlung.[113] Fuchs ist ein Mitbegründer der Wiener Schule des Phantastischen Realismus. Über die Medaillen in seinem Schaffen gibt es nur wenig Literatur. Im Werkverzeichnis seiner Skulpturen ist die Serie mit winzigen Abbildungen verzeichnet, allerdings nur in

---

108 Zu dieser zu hohen Zahl vgl. oben im Kontext der Sammlung Schnellinger.

109 Czurda & Dick 1980, S. 8. Zum Finder vgl. Jedlička 2004, S. xi–xviii; Jedlička 2017, S. xi (Vorwort von Günther Dembski).

110 Die Sammlung Hollschek wurde beim Dorotheum in den Jahren 1956 bis 1964 in 20 Katalogen versteigert. Die griechischen Kleinmünzen waren übrig geblieben und wurden dann – von Wolfgang Szaivert bearbeitet – bei Numismatica/Wendt versteigert; Dorotheum 1956–1964; Numismatica/Wendt 1977–1978. Vgl. auch Gnecchi & Gnecchi 1903, S. 64 Nr. 694; Koch 1970, S. 132.

111 austria-forum.org/af/AEIOU/Karwiese%2C_Stefan.

112 Czurda & Dick 1980, S. 8.

113 Czurda & Dick 1980, S. 8.

Gold und Silber, nicht in Bronze.[114] Die Umbenennung des Institutsnamens in Institut für Numismatik in diesem Jahr hatte ja das Sammelgebiet endgültig auf die gesamte Numismatik, also Münzen und verwandte Objekte aller Epochen, erweitert.

Im Jahr 1978 wurde die Schulsammlung des Bundesgymnasiums und Bundesrealgymnasiums für Mädchen und Wirtschaftskundlichen Bundesrealgymnasiums für Mädchen Wien 2 in der Kleinen Sperlgasse 2c als Dauerleihgabe dem Institut anvertraut; es handelt sich laut Inventar um 1 696 Münzen aller Epochen. Die Schule nennt sich heute nach mehreren Umbenennungen Sperlgymnasium.[115] Die Sammlung geht zurück auf das Leopoldstädter Communal-Real- und Obergymnasium, das sich ab 1877 in einem Neubau an dieser Adresse befand und 1897 umbenannt wurde.[116] Bereits 1894 und 1895 hatte Victor von Renner die griechischen Münzen dieser Schulsammlung in zwei Jahresberichten der Schule publiziert.[117] Bei der Eingliederung in die Institutssammlung lag offenbar ein altes Inventar vor; Wolfgang Hahn übertrug auf die Rückseite der Unterlagszettelchen in der Regel Provenienz und Art der Erwerbung. Der Verbleib dieses Inventars ist unklar.

Einen Sonderbestand der Institutssammlung stellen noch die Gipsabgüsse dar, insbesondere, aber nicht nur von antiken Münzen. Der Grundstock geht nach Göbl bereits auf die Zeit Kubitscheks zurück. In den 1970er Jahren gab es aber zwei wesentliche Stiftungen. Andreas Alföldi (1895–1981)[118] übergab Bestände aus seinem Besitz, darunter die Gipse der Kontorniaten.[119] Aus dem Nachlass von Rudolf Paulsen erhielt das Institut von der Witwe dessen Gipse keltischer Gepräge. Insbesondere dieser Bestand wird bis heute für die Forschung genützt. Enthält er doch nicht nur Abformungen von Stücken aus inzwischen aufgelösten Privatsammlungen wie der Sammlung des Arztes Hofrat Dr. Ignaz Streber (1883–1941) in Bad Tölz,[120] sondern z. B. auch des Unikums des Salzburger Museums mit den Namen Gesatorix und Ecritusirus, das seit dem Zweiten Weltkrieg verschollen ist.

Größere Bestände an Gipsen gibt es auch von Münzen des Gallienus (reg. 253–268), der Sasaniden und Hunnen sowie ganz allgemein der Griechen und Römer. Sie stammen wohl großenteils von Robert Göbl und Wolfgang Hahn, aber auch aus anderen Quellen.

---

114 Messner 2002, S. 72, Nr. 16/1–16/12 (dort teilweise fälschlich Nr. 17), weitere Medaillen auf S. 54, 71, 79, 80, 89; Eibl 1989, S. 130 f. mit Abb. von Adam und Eva aus dieser Serie.

115 Vgl. sperlgymnasium.at. Noch im frühen 21. Jh. nannte sich die Schule Realgymnasium und Wirtschaftskundliches Realgymnasium.

116 de.wikipedia.org/wiki/Sigmund-Freud-Gymnasium.

117 Renner 1894; Renner 1895. In beiden Heften befinden sich auch Berichte über Neuzugänge der Schulsammlung.

118 Zu Andreas Alföldi s. auch den Beitrag von Márton Gyöngyössy sowie die Einleitung zum vorliegenden Band.

119 Vgl. Alföldi & Alföldi 1976/1990.

120 Versteigert bei Münchner Münzhandlung Karl Kreß (Otto Helbing Nachf.): Kreß 1957, 1958, 1959. Vgl. Schlapke 2011, S. 273 Anm. 25; alemannia-judaica.de/bad_toelz_juedgeschichte.htm (hier fälschlich Todesjahr 1943); Ärzteblatt für Bayern 8, 1941, Nr. 4, S. 29. Kunst aus seinem Besitz wurde bei Lempertz, Köln, Auktion 448, 22. 11. 1957, versteigert.

Kurz bevor im Jahr 1980 in der TNRB-Reihe der Gesamtbestand der römischen und byzantinischen Münzen der Institutssammlung publiziert wurde, kam es zu einem schweren Einschnitt in der Geschichte der Sammlung. Bei einem Einbruch in den damaligen Institutsräumlichkeiten in der Rotenhausgasse 6 im 9. Wiener Bezirk, in unmittelbarer Nähe der Oesterreichischen Nationalbank, wurden zwischen dem 24. und 26. November 1979 rund 7 500 Münzen gestohlen.[121]

Nachdem bereits kurz vorher beim Institut für Zeitgeschichte, im selben Gebäude im Stockwerk darunter, eingebrochen worden war, kam Wolfgang Szaivert am Montag, 26. November 1979, in das Institut. Die Eingangstür war intakt, im Institut aber fiel die offenstehende Türe des Chefzimmers auf. Im Zimmer waren die Rollos heruntergelassen, der Münzkasten war aufgebrochen, Laden herausgerissen, Münzen und Unterlagszettel lagen zerstreut vor dem Kasten. Die Verständigung des Ministeriums stieß dort auf wenig Interesse, da kein aktuelles Geld für die Sammlung ausgegeben worden war. Auch die Polizei wurde gerufen und über das Diebesgut informiert. Die (wenigen) Goldmünzen waren nicht gestohlen; Robert Göbl und Wolfgang Szaivert hatten sie in der Woche vorher aus der Sammlung separiert in eine eigene, noch unbeschriftete Lade am Ende des Schranks, bis zu der die Diebe nicht mehr vordrangen. Die Diebe hatten zunächst die Münzen entnommen, die Unterlagszettel blieben in der Lade. Später verloren sie offenbar die Geduld, entnahmen ganze Laden, die sie ausleerten, so dass auch die Zettel herausfielen bzw. auch mitgenommen wurden. Da der TNRB-Band gerade im Druck war, wurde der Tafelteil (14 Tafeln) nachgedruckt und an viele europäische Münzhändler verschickt.[122]

An zwei Orten tauchten Münzen aus dem Diebstahl auf: In Düsseldorf legten Hehler der Münzhandlung Ritter Münzen vor, unter denen Wiener Stücke erkannt wurden. Das führte zum Eingreifen der Polizei und zur Durchsuchung des PKWs der Anbieter. Dabei konnten 2 955 Münzen sichergestellt werden.

Wolfgang Szaivert begab sich daraufhin nach Düsseldorf und identifizierte mit dem TNRB-Band, den Originalstücken und dem mitgeführten RIC in zwei Wochen die Stücke weitgehend, woraufhin der Gesamtbestand an die Sammlung zurückgegeben wurde; sie sind in einem Handexemplar des TNRB-Bandes rot abgehakt. Einige Stücke konnten nicht sicher identifiziert werden – vielleicht etwa 2 %; ihre Zugehörigkeit zur Institutssammlung ist nicht eindeutig erwiesen. Die Ursache dafür kann eine Fehlbestimmung der Originale in Wien oder tatsächlich eine Vermischung des Diebesgutes mit einem anderen Bestand gewesen sein. Eine Identifizierung der gleichfalls gestohlenen griechischen Münzen war unmöglich, da von Seiten des Instituts keinerlei Unterlagen zur Verfügung standen. Insgesamt verteilten sich die aus Düsseldorf zurückgekommenen Münzen auf

121 Czurda & Dick 1980, zum Diebstahl S. 9.

122 Vgl. auch Anonym 1979.

folgende Gruppen: Griechen (1 407); römische Republik (208); römische Kaiserzeit (1 307); Falsa (33).[123]

Einige Monate später meldete sich Egon Beckenbauer (1913–1999),[124] Münzenhändler in München, und teilte mit, dass bei ihm Stücke aufgetaucht seien. Bei der Verkaufsabwicklung wurde der Verkäufer gefasst. 352 Stücke und ein Nachzügler wurden dem Institut zurückgegeben: Griechen (40); römische Republik (50); römische Kaiserzeit (263). In München kam es zum Prozess. Wolfgang Szaivert sagte in dem Verfahren als Zeuge aus. Der Verhaftete galt in Wien als Fahrer des sog. »Roten Heinzi«, Heinz Bachheimer (1939–2015),[125] einer Berühmtheit der Wiener Unterwelt und des Rotlichtmilieus, Betreibers von Bordellen am Wiener Gürtel und anderen Lokalen.[126] Dieser sammelte Münzen und hatte einige Zeit vorher als Sammler das Institut besucht – damals wusste keiner von seiner Profession.

Der Kasten wurde repariert. Nun wurde eine Alarmanlage angeschafft, von der im Rahmen einer polizeilichen Beratung einige Zeit vorher abgeraten worden war. Im Anschluss an die 4 631 Münzen im TNRB-Band wurde nun mit Nr. 4 632 die Inventarisierung der Sammlung in gebundenen Büchern mit Vordruck begonnen.[127] Dabei könnten sich unter den Nummern 4 632 bis 4 865 aus Düsseldorf zurückgekommene Münzen verbergen, die mit dem Katalog im TNRB-Band nicht in Übereinstimmung gebracht werden konnten; das ist aber keineswegs sicher.

Als Ergebnis des Diebstahls sind folgende Eckdaten festzuhalten. Von den damals etwa 13 500 Stücken in der Sammlung waren etwa 7 500 gestohlen worden. Die Rückgaben umfassten 3 308 Münzen. Es blieb also ein Verlust von ca. 4 192 Münzen.[128]

Mit dem Amtsantritt von Wolfgang Hahn als ao. Professor für Numismatik im Jahr 1990 konnten aus dessen Sammlung 858 mittelalterliche und neuzeitliche Münzen und Banknoten aus allen Erdteilen erworben werden. Das bedeutete einen ersten wichtigen Schritt auf dem Weg, die frühere Sammlung antiker Münzen zu einer Universalsammlung im Sinne des nun alle Epochen umgreifenden Instituts für Numismatik auszubauen.

Vermutlich in den späten 1980er Jahren erhielt das Institut als Dauerleihgabe einen beträchtlichen Posten von Entwurfszeichnungen, Modellen, Gussformen, Prägestempeln, Galvanos und Medaillen des Wiener Medailleurs Edwin Grienauer (1893–1964), der

123 Vgl. Anm. 128.

124 Nachrufe in: *Numismatisches Nachrichtenblatt* 49 (2000), Nr. 3, S. 112 (Fritz-Rudolf Künker); *Münzen-Revue* 2000, Nr. 3, S. 14.

125 de.wikipedia.org/wiki/Heinz_Bachheimer.

126 Vgl. kurier.at/chronik/wien/nach-tod-von-wiener-rotlichtkoenig-der-rote-heinzi-war-der-chef/167.047.818.

127 Derzeit werden Neuzugänge in den Inventarband 9 eingetragen.

128 Diese Zahlen, die alle als ungefähr zu betrachten sind, entstammen einem Ordner mit Unterlagen zum Diebstahl, der sich in der Institutssammlung befindet; er enthält auch zahlreiche Zeitungsberichte zum Diebstahl wie auch zu den darauffolgenden Gerichtsverfahren.

Abb. 10: Friedrich Stefan (1886–1962): Zettel und zugehörige Abformungen: *Gepiden, Justinianus I, Thrararik 489–504, Tremisis, 1.510 g, 14.5 × 15 mm; Benevento Piazza Orsini.*

aus seinem Nachlass stammt. Der Bestand wurde im Sommersemester 2002 und im Wintersemester 2002/03 in zwei Lehrveranstaltungen bearbeitet und katalogisiert und ab März 2003 in einer Ausstellung am Institut gezeigt.[129] Dieser Bestand eignet sich in ganz ausgezeichneter Weise, die verschiedenen Arbeitsschritte bei Entwurf und Realisierung einer Medaille oder Münze zu demonstrieren.

Im Jahr 2007 erhielt das Institut durch Vermittlung von Reinhold Walburg von der Deutschen Bundesbank in Frankfurt eine Sammlung von 2 251 bayerischen Notgeldscheinen des frühen 20. Jahrhunderts. Es handelt sich um eine ausgezeichnete zeitgenössische Sammlung, die Scheine sind mit Fotoecken auf sorgfältig beschriftete Blätter montiert, nach ihren Varianten unterschieden und kategorisiert. Sie wurde wohl von dem Münch-

129 Emmerig 2003.

ner kgl. Amtsrichter Friedrich von Ausin (1861–19??) aufgebaut.[130] Nur wenige Scheine waren aus der Sammlung entnommen worden, die in der Sammlung der Bundesbank noch gefehlt hatten.

Der Bestand von Münzabformungen konnte 2016 durch einen bedeutenden Zugang bereichert werden. Das Fitzwilliam Museum in Cambridge gab – vermittelt durch Arent Pol – einige Kartons voll von Münzabformungen (Kunststoff, Alu-Folie, Gips) von Münzen der Völkerwanderungszeit, der aus dem Besitz des Grazer Sammlers Friedrich Stefan (1886–1962) stammt, an das Institut ab, das auch über den schriftlichen Nachlass dieses Sammlers verfügt.[131] Dieser Bestand wurde in seinen wesentlichen Teilen bereits digital dokumentiert (Abb. 10).

Die Sammlung des Wiener Instituts ermöglicht eine der besonderen Stärken der Wiener Ausbildung: Kaum eine Lehrveranstaltung verzichtet auf die Möglichkeit, die Studierenden mit Originalen aus der Sammlung zu konfrontieren und somit die Auseinandersetzung mit dem originalen Objekt regelmäßig zu üben. Sie ist somit nach wie vor ein unverzichtbarer Bestandteil der Lehre am Institut. Auch im Rahmen der numismatischen Sommerseminare in Wien sind die Tage, an denen der Umgang mit Originalen aller Epochen geübt wird, für die Teilnehmerinnen und Teinehmer Höhepunkte im Programm.

Wolfgang Szaivert war schon immer der Vorreiter des EDV-Einsatzes im Institut und erstellte eine Access-Datenbank für die Erfassung der Sammlung. Als das Institut mit dem 1. November 2013 erstmals eine Studienassistenz zur digitalen Erfassung der Sammlung bewilligt bekam, wurde diese Datenbank überarbeitet. Seitdem kann in jedem Semester ein Studienassistent oder eine Studienassistentin diese Erfassung der Sammlung fortsetzen, die mit einer Kontrolle von Bestimmung und Zitaten und (bei den modernen Münzen) auch einer behutsamen Bereinigung des Bestandes durch das Ausscheiden von Dubletten einhergeht.

Begonnen wurde mit dem Mittelalter, es folgten die im Alten Reich und in dessen Nachfolgestaaten geprägten Münzen. Von den europäischen Ländern, deren Münzen in der Sammlung nach dem Ordnungsvorschlag von Bernhard Prokisch[132] gelegt sind, konnten die Schweiz, Frankreich, Italien, die Iberische Halbinsel, der Benelux-Raum und die britischen Inseln bereits bearbeitet werden. Für eine Erweiterung der Sammlung stehen schon lange keine Mittel mehr zur Verfügung. Trotzdem gibt es Zuwächse – durch Geschenke.

---

130 vongoetze.com/egf/abfrage.pl?aktion=person_zeigen&person_id=3486&sprache=de.
131 Scherrer 2009; Scherrer 2010.
132 Prokisch 1993.

Die Digitalisierung der Sammlung (M. B.)

Der Beginn der Digitalisierung der Sammlung am Institut für Numismatik und Geldgeschichte ist zwar zeitlich nicht genau überliefert, aber es ist anzunehmen, dass man gegen Ende der 1990er Jahre oder zu Beginn des Jahres 2000 damit anfing.

In der Institutssammlung gibt es ein Manuskript von Eduard Car aus dem Jahr 2000,[133] das von Wolfgang Szaivert herausgegeben wurde. Der Einführungstext in diesem Buch gibt darüber Aufschluss, warum man mit der Digitalisierung anfing und welcher Sammlungsteil zuerst erfasst wurde: Gegen Ende der 1990er Jahre war man am Institut daran interessiert, den Bestand der römischen Münzen einer erneuten Revision zu unterziehen, da die Publikation des Sammlungsbestandes im TNRB[134] nach dem Diebstahl im Jahr 1979 und der kurz darauf erfolgten Rückkehr eines Teils der Objekte nicht mehr den aktuellen Stand widerspiegelte.[135] Es waren ja nicht mehr alle römischen Münzen wiedererlangt worden, sodass man die entsprechenden Rückkehrer in einem Handexemplar des TNRB-Bandes gekennzeichnet hatte – dies war auch der Beginn eines vorher nicht existierenden, händisch geführten Inventarbuchs. Seit Anfang der 1980er Jahre kamen neue römische Münzen in die Sammlung, die in einem anderen Inventarbuch eingetragen wurden – die Informationen zu den römischen Münzen befanden sich demnach an unterschiedlichen Stellen. Nach Wolfgang Szaivert bestand der langersehnte Wunsch, ein neues Inventar zu den römischen Münzen zu erstellen, in dem wohl alle Informationen gebündelt festgehalten werden sollten.

Die neue Inventarisierung versprach viel Zeit in Anspruch zu nehmen, sodass man diese Arbeit zunächst aufschob. Mit Eduard Car (1920–2009) gewann man einen ehemaligen Studenten der Numismatik, der sich nach dem Abschluss seines Studiums dieser Aufgabe widmete. Unentgeltlich arbeitete er zwei Jahre lang an diesem neuen Inventarbuch. Als Grundlage dafür erfasste er die 4016 römischen Münzen des Instituts in einer Excel-Tabelle, aus der das neue Inventarbuch erstellt werden konnte.[136] Die Excel-Tabelle war zudem die Grundlage für die Erstellung einer Datenbank, die Wolfgang Szaivert spätes-

133 ING, Sammlung: Car/Szaivert 2000.

134 Czurda & Dick 1980.

135 ING, Sammlung: Car/Szaivert 2000, S. 3–10.

136 ING, Sammlung: Car/Szaivert 2000. Es scheint zwei Versionen von Car/Szaivert 2000 zu geben: eine frühere Version beinhaltete noch die Prägungen der Ostgoten, die in der zweiten Version nicht mehr aufgeführt wurden; Car/Szaivert 2000, S. 5, beschreibt, dass man sich aufgrund der entstehenden Kosten für den Druck und des kleinen Interessentenkreises gegen eine erneute Publikation eines Sammlungskataloges entschieden habe. Man entschied sich dafür, dass man das Buch und die Daten digital zur Verfügung stellen wollte. Wie und auf welchem Weg man dies vornehmen wollte, ließ man zu diesem Zeitpunkt noch offen. Heute wissen wir, dass die Excel-Tabellen, der Sammlungskatalog als Word-Dateien, eine lokale Webseite zur Navigation und eine Datenbank auf eine CD kopiert wurden. Leider ist diese CD offenbar verschollen.

tens im Jahr 2000 mit Microsoft Access erstellte. Damit ermöglichte er die fortwährende Digitalisierung während der nächsten zwei Jahrzehnte.

Der Grundstock der Datenbank bestand zunächst aus den Informationen zu den römischen Münzen der Sammlung, jedoch konnte die Datenbank für alle weiteren Sammlungsteile verwendet werden. Schon bald nach Erstellung der Datenbank wurde im Vorlesungsverzeichnis angekündigt, dass weitere Sammlungsteile miteinbezogen werden sollten.[137] So heißt es in den Mitteilungsblättern des Instituts, dass man zusammen mit Studierenden Sammlungsteile einer Revision unterziehen und Informationen zu Objekten in eine Datenbank eintragen wolle. Der Fokus lag dabei auf den griechischen Geprägen, Münzen des österreichischen Mittelalters und des Bayerischen Reichskreises. Die digitale Erfassung sollte also nicht nur auf römische Münzen beschränkt bleiben, sondern schon früh auf alle Sammlungsteile erweitert werden. Eine systematische Erfassung der Bestände konnte aufgrund einer fehlenden Sammlungsassistenz nicht erfolgen, sondern man setzte Schwerpunkte, die abhängig von den Lehrveranstaltungen waren. Ob und wie viele Münzen während dieser Lehrveranstaltungen digital erfasst werden konnten, lässt sich heute nicht mehr rekonstruieren.

Für die folgenden Jahre ist anzunehmen, dass die Access-Datenbank immer wieder verwendet wurde, um Objekte digital zu erfassen. Es ist jedoch unklar, wie umfangreich diese Arbeiten vorangetrieben werden konnten, zumal eine dafür zuständige Arbeitskraft lange Zeit fehlte. Erst im Jahr 2013 konnte die Stelle einer Studienassistenz zum 1. November besetzt werden. Es handelt sich um eine zeitlich befristete Stelle,[138] die seitens des Instituts regelmäßig bei der Historisch-Kulturwissenschaftlichen Fakultät beantragt werden muss. Seit 2013 wurden die Anträge immer wieder bewilligt, sodass die Digitalisierung der Sammlung stetig vorangetrieben werden konnte.[139]

In den Jahren 2000–2018 standen die Daten durch die Verwendung der lokalen Datenbank den Mitarbeiterinnen und Mitarbeitern zur Verfügung. Erst mit der Mitgliedschaft im numismatischen Digitalisierungsverbund ikmk.net, dem sich das Institut auf Basis eines Kooperationsabkommens mit den Staatlichen Museen zu Berlin im Jahr 2018 angeschlossen hat, kann die Institutssammlung der Öffentlichkeit zugänglich gemacht wer-

137 Mitteilungsblatt des Instituts für Numismatik und Geldgeschichte (MING) 21, 2000, S. 38; Specht 2001, S. 16–17; MING 23, 2001, S. 46. Die Erstellung einer Datenbank ging interessanterweise parallel mit der Umstellung des österreichischen Curriculums im Rahmen des individuellen Diplomstudiengangs einher, das im Wintersemester 1999 einsetzte. Darin wurde festgelegt, dass im ersten Studienabschnitt auch Lehrveranstaltungen zur EDV absolviert werden mussten. Siehe dazu MING 19, 1999, S. 40.

138 Anfänglich konnte die Stelle jeweils für ein Jahr besetzt werden. Seit dem 1. 10. 2016 wird die Stelle jeweils für ein Semester bewilligt, wobei der Umfang zwischen 4 Monaten (10 Stunden pro Woche) und 6 Monaten (14 Stunden pro Woche) wechselt.

139 Die Studienassistenz wurde damit beauftragt, die mittelalterlichen und neuzeitlichen Münzen zu digitalisieren.

den. Die Onlinedatenbank besteht aus dem Frontend IKMK (die eigentliche Webseite)[140] und dem Backend mit dem Namen »mk-edit«, das nur den Mitarbeitenden des Instituts zugänglich ist und in dem die digitale Erfassung der Objekte erfolgt. Gleich nach Einrichtung des Front- und Backends stellte sich die entscheidende Frage, wie die Digitalisierung der Sammlung mit zwei Datenbanken in Zukunft weitergehen soll.

Mit IKMK hat das Institut für Numismatik und Geldgeschichte ein umfassendes Datenbankmanagementsystem erhalten, das entgegen anderen Lösungen, wie z. B. dem Programm IMDAS, speziell für die Erfassung von numismatischen Objekten geschaffen wurde. Mit mk-edit können alle sammlungsrelevanten Daten intern dokumentiert und ausgewählte Objekte einer Öffentlichkeit auf der Webseite zur Verfügung gestellt werden. Eine komplette Umstellung der digitalen Erfassung auf IKMK wäre durchaus möglich gewesen, jedoch entschied man sich aus mehreren Gründen für eine Weiterverwendung der Access-Datenbank.

In den vergangenen 23 Jahren konnten 26 928 Objekte (Stand: Dezember 2023) in der Access-Datenbank digital erfasst werden – die Objektbeschreibungen sind von unterschiedlicher Ausführlichkeit. Eine Umstellung auf IKMK hätte bedeutet, dass man alle Daten in die MySQL-Datenbank von IKMK hätte importieren müssen. Ein solcher Import würde aber bedingen, dass man die bisher angelegten Namen von Materialien, Münzständen, Münzstätten, Nominalien und Personen in Übereinstimmung mit den in IKMK enthaltenen Stammdaten hätte bringen müssen. Zu Beginn des Jahres 2018 befanden sich zahlreiche Einträge in der Datenbank: 27 Materialien, 487 Münzstätten, 355 Münzstände, 467 Nominalien und 738 Personen. Diese Arbeit hätte sehr viel Zeit in Anspruch genommen, und weitere Bearbeitungen in der Datenbank wären erst einmal nicht möglich gewesen.

Die Weiterverwendung der eigenen Datenbank bietet den Vorteil, frei entscheiden zu können, welche Informationen in der Datenbank abgespeichert werden und wie die digitale Erfassung in der Datenbank erfolgen soll. So stehen beispielsweise in mk-edit in dem Feld »Münzstand« allgemeine Begriffe wie z. B. Reichskreis, Stadt etc., wohingegen in der Institutsdatenbank der Münzstand konkret genannt wird, wie z. B. Herzogtum Bayern. Würde man die Objekte ausschließlich in mk-edit erfassen, dann würde man diese wichtigen Informationen verlieren.[141]

Formulare, die zur Erfassung der Objekte genutzt werden, können nicht nur bei Bedarf erstellt und verändert werden, sondern sie können auch um nützliche Funktionalitäten erweitert werden, die den Arbeitsprozess der Digitalisierung beschleunigen. Zu denken wäre da beispielsweise an eine Funktion, die Informationen von Portalen herunterlädt:

140 ikmk-ing.univie.ac.at.

141 Alternativ könnte man den Titel dafür verwenden, was jedoch eine Einschränkung in der Suchmöglichkeit bedeuten würde.

wie z. B. OCRE, CRRO, PELLA, RPC etc., die ihre Daten in einem nicht-proprietären Format wie z. B. CSV oder JSON anbieten.[142] Wenn man eine Münze digital erfasst, die zu einem Münztyp der erwähnten Portale gehört, dann kann man die Informationen des Münztyps herunterladen und in die Datenbank eintragen lassen – die händische Eingabe ist auf diese Weise nicht mehr nötig. Die Arbeit an der digitalen Erfassung kann dadurch beschleunigt und mehr Zeit für die Kontrolle der Eingaben genutzt werden.

Neben dem Formular, das ausschließlich einen Datensatz anzeigt, gibt es in Access auch eine Tabellenansicht, mit deren Hilfe leicht und schnell mehrere Datensätze kontrolliert und bearbeitet werden können. Oftmals wurden in der Datenbank gleichartige Darstellungen, z. B. die Vorderseiten der Münzen mit Kopf- und Büstendarstellungen, unterschiedlich beschrieben, da diese in einem freien Textfeld stehen. Für die Suche in einer Onlinedatenbank ist es jedoch sinnvoll, Beschreibungen ähnlicher Objekte möglichst umfassend zu harmonisieren, da sonst nicht alle Objekte mit einer Suche gefunden werden können.[143] Tabellen bieten gegenüber der Datenblattansicht eine Übersicht, in der man mehrere Datensätze kontrollieren und bearbeiten kann. Und nicht zuletzt besitzt das Institut mit der Datenbank die Datenhoheit. Das erlaubt dem Institut, bestimmte Daten leicht in einem Format zu exportieren, um sie dann entweder jemandem anderen zur Verfügung zu stellen oder selbst mit den Daten zu arbeiten.

Um die Verbindung von der Institutsdatenbank zu IKMK zu gewährleisten, mussten einige Dinge in der Datenbank verändert und angepasst werden.[144] Neue Felder, Tabellen und Formulare mussten angelegt werden, die zuvor nicht vorhanden waren, wie z. B. eine Tabelle für die Verschlagwortung der Objekte nach vorgegebenen Begriffen oder Felder für die Zuordnung eines Objektes zu einer Abteilung und Unterabteilung. Einige Skripte wurden geschrieben, mit deren Hilfe Arbeitsprozesse beschleunigt wurden, wie das Ausfüllen der Informationen zur Einordnung des Materials in den Feldern Abteilung-Unterabteilung und die Verschlagwortung der Objekte. Erfasst man eine Münze aus der römischen Kaiserzeit, so muss man in mk-edit zunächst im Feld »Abteilung-Unterabteilung« den Eintrag »Antike – Römische Kaiserzeit« auswählen, dann die Datierung des Objektes eintragen und anschließend bei der Verschlagwortung der Epoche »Römische Kaiserzeit, 1. Jh. v. Chr.–3. Jh.« auswählen. Alle diese Informationen könnten in die entsprechenden Felder automatisch eingetragen werden, sobald das Feld Datierung ausgefüllt wurde, denn

142 numismatics.org/crro, numismatics.org/pella, rpc.ashmus.ox.ac.uk.

143 Um dieses Problem zu lösen, wurde für die ISEGRIM-Datenbank in Düsseldorf schon in den 1970er Jahren eine rigide Beschreibungssystematik entwickelt; s. dazu den Beitrag von Johannes Wienand im vorliegenden Band.

144 An dieser Stelle sei Klaus Vondrovec gedankt, der uns Einblicke in die Datenbank des Münzkabinetts im Kunsthistorischen Museum in Wien gewährte. Wie am Institut für Numismatik und Geldgeschichte ist auch dort eine lokale Datenbank in Betrieb, von der die Datensätze nach IKMK exportiert werden.

von der Datierung lassen sich sowohl die Zuordnung eines Objekts zu einer Abteilung als auch deren Verschlagwortung ableiten.

Einbindung der Studierenden in die Digitalisierung

Das Master-Curriculum[145] gibt den Studierenden vor, ein zweiwöchiges Praktikum am Institut für Numismatik und Geldgeschichte zu absolvieren. Die Tätigkeit im Praktikum richtet sich nach dem Arbeitsbedarf, nach den Kenntnissen der jeweiligen Studierenden und auch nach deren Interesse, in einem bestimmten numismatischen Bereich arbeiten zu wollen. Auf diese Weise sammeln die Studierenden praktische Erfahrungen, in diesem Fall bei der Ordnung des Materials in der Sammlung und der Bestimmung von Münzbeständen. Diese Arbeit ist natürlich sowohl für die Praktikantinnen und Praktikanten als auch für das Institut überaus wertvoll – jedoch profitieren nur Wenige von dieser Arbeit.

Die Studierenden, die ein Praktikum absolvieren müssen, haben nun seit 2019 die Möglichkeit, das Institut bei der digitalen Erfassung des Münzmaterials zu unterstützen. Diese Arbeit ist sehr vielfältig und auch gewinnbringend, denn auf diese Weise bekommen sie viel Material in die Hand, erhalten Einblicke in die Sammlungsarbeit, fotografieren Objekte und arbeiten mit der Institutsdatenbank – alles Kenntnisse, die sie als zukünftige Numismatikerinnen und Numismatiker benötigen. Darüber hinaus können sie jederzeit vorzeigen, woran sie gearbeitet haben und was sie erreicht haben. Und zusätzlich unterstützen sie Forschungsarbeiten, indem sie das Material digital verfügbar machen, sodass durch die Arbeit nicht nur die Studierenden und das Institut gewinnen, sondern alle interessierten Fachleute weltweit. Seit 2019 konnten auf diese Weise Teile des Münzbestandes der Keltiberer, der Römischen Republik und Kaiserzeit, der Achämeniden und der Parther digital erfasst werden.

Verbreitung der Sammlungsdaten

Die Objekte der Sammlung sind bisher auf dem institutseigenen IKMK und auf Portalen wie CRRO und OCRE zu sehen.[146] Der Großteil der Besucher dieser Seiten sind wahrscheinlich hauptsächlich Numismatiker aus dem Umfeld der Forschung, dem Münzhandel und den Sammlerkreisen. Es wird jedoch versucht, diese Webseiten durch Publikationen oder durch Vorträge einem breiteren Publikum vorzustellen.

145 1. Fassung von 2008; 2. Fassung von 2019. numismatik.univie.ac.at/studium/studienmoeglichkeiten/master.
146 numismatics.org/crro und numismatics.org/ocre.

IKMK besitzt eine wichtige Funktionalität, mit der man bestimmte Objekte der Datenbank in einem nicht-proprietären Format wie CSV, JSON oder RDF exportieren kann. Mit dieser Funktion werden z. B. die Münzen als RDF-Dateien an die Webseite Nomisma[147] weitergegeben und dort abgespeichert. Mit der RDF-Abfragesprache SPARQL kann man von Nomisma alle Objektinformationen herunterladen, die dort zur Verfügung stehen. Mit der Exportfunktion von IKMK ist es aber auch möglich, die Daten an Webseiten bzw. an Onlinedatenbanken weiterzugeben, die nicht die SPARQL-Funktion von Nomisma verwenden. Am Institut sieht man damit die Möglichkeit, die Sammlungsdaten einem breiten Publikum zur Verfügung zu stellen, das weder die Webseite des IKMK noch die erwähnten Portalseiten kennt bzw. besucht.

Museum-Digital ist ein Projekt, das es sich seit dem Jahr 2009 zur Aufgabe macht, jegliche Sammlungsobjekte aus denjenigen Museen online zu präsentieren, die dem Projekt beigetreten sind.[148] Die Daten zu den Objekten, wie u. a. Orte und Personen, sind standardisiert und mit anderen Datenbanken verknüpft. Die Exportfunktion von IKMK bietet eine gute Möglichkeit, die Sammlungsobjekte auf Museum-Digital einem breiten Publikum zugänglich zu machen.[149] Wer z. B. auf der Webseite von Museum-Digital auf das Schlagwort »Römische Kaiserzeit« klickt, bekommt neben nicht-numismatischen Objekten auch die Münzen des Instituts angezeigt. Für das Institut bedeutet diese Bereitstellung keinen zusätzlichen Zeit- oder Arbeitsaufwand, da die Daten über die Export-Schnittstelle seitens Museum-Digital in regelmäßigen Abständen aktualisiert werden.

Museum-Digital bietet darüber hinaus die Möglichkeit, die Daten nach Europeana[150] zu exportieren. Europeana ist ein Portal, das u. a. Objektdaten von mehreren europäischen Institutionen besitzt: nach derzeitigem Stand (Stand: 14. Dezember 2023) gibt es mehr als 50 Millionen digitalisierte Daten wie Bilder, Videos, Bücher, Audios, etc. Der Anteil der numismatischen Objekte ist bereits beachtlich, denn allein unter dem Suchbegriff »Münze« werden mehr als 362 453 Suchergebnisse gefunden.[151] Mit der Bereitstellung der Daten des Instituts wird ein noch größerer Kreis an potentiellen Interessierten erreicht.

Im Bereich der Lehre und der Forschung steht seit 2003 an einigen deutschsprachigen Universitäten die Onlinedatenbank easydb/UNIDAM[152] zur Verfügung, um digitale Medien (sog. Assets) wie Bilder und Videos zu recherchieren und für Lehrveranstaltungen und Hausarbeiten bereitzustellen. Diese Onlinedatenbank ist nicht öffentlich zugänglich. Derzeit sind

147 nomisma.org.

148 Es gibt pro Land eine eigene Webseite von Museum-Digital. Die österreichische Variante findet man auf at.museum-digital.org.

149 Karsten Dahmen sei an dieser Stelle dafür gedankt, dass er uns auf dieses Portal hingewiesen hat.

150 europeana.eu.

151 Mit dem Suchbegriff findet man leider nur Datensätze, die auf Deutsch beschrieben wurden. Um »alle« Münzen zu finden, muss man die Suche mit den entsprechenden Wörtern mehrmals ausführen.

152 UNIDAM an der Universität Wien: unidam1.univie.ac.at.

mehr als eine halbe Million Assets auffindbar. Der Anteil der Münzen stellt bisher jedoch nur einen sehr kleinen Anteil dar, wobei es sich zudem größtenteils um Scans von Münzen aus Publikationen handelt. Über die Exportfunktion ist es für das UNIDAM-Team leicht, die Daten des Instituts aus IKMK zu importieren. Die Programmierer des UNIDAM-Teams an der Universität Wien planen ein Skript zu schreiben, mit dem die Daten von IKMK in die entsprechenden Felder kopiert werden. Aufgrund der günstigen Situation, dass mehrere Universitätssammlungen eine IKMK-Datenbank besitzen, könnte dieses Skript auch von diesen genutzt werden, ohne dass zusätzliche Kosten für die Programmierung entstehen. Ähnlich wie auch bei Museum-Digital stünde damit eine Menge an numismatischen Objekten für hauptsächlich Studierende und Forschende an Universitäten zur Verfügung.

Ausblick

Die Onlinedatenbank IKMK des Instituts für Numismatik und Geldgeschichte könnte in der Zukunft theoretisch erweitert werden, indem Sammlungen kleinerer Museen in Österreich integriert werden. Während dies momentan nur ein theoretisches Vorhaben ist, würde eine solche Erweiterung die Vielfalt und den Umfang der Datenbank bedeutend erhöhen, was wiederum ihre Rolle als wertvolle Ressource für Forschung und Bildung stärken würde. Diese Integration würde insbesondere jenen Materialien zugutekommen, die bisher nur in spezialisierten Publikationen oder Tabellenform zugänglich waren.

Viele kleinere Museen in Österreich befinden sich in einer ähnlichen Lage, da sie oft nicht über die notwendige digitale Infrastruktur oder das Personal verfügen, um ihre numismatischen Sammlungen angemessen zu digitalisieren und zu verwalten. Die potenzielle Erweiterung der IKMK-Datenbank könnte diesen Museen eine Plattform bieten, um ihre Sammlungen einem breiteren Publikum zugänglich zu machen. Das Institut für Numismatik und Geldgeschichte, mit seiner Expertise und vorhandenen digitalen Struktur, könnte somit zu einem zentralen Knotenpunkt für die Präsentation und Erforschung numismatischer Sammlungen aus ganz Österreich werden.

Objekt- und Abbildungsnachweise

Abb. 1 Universität Wien, Institut für Numismatik und Geldgeschichte. Foto: unbekannt.
Abb. 2 In: F. Imhoof-Blumer, Kleinasiatische Münzen II. Wien 1902; Universität Wien, Fachbibliothek Numismatik, Sign. C-GRI/Imhoof-Blumer 2. Scan: Hubert Emmerig.
Abb. 3 Universität Wien, Institut für Numismatik und Geldgeschichte. Foto: Atelier Krciwanek.
Abb. 4 In: H. Cohen: Description historique des monnaies frappées sous l'empire romain. Tome second (erster Teilband). Paris 1859; Universität Wien, Fachbibliothek Numismatik, Sign. C-ROM S/Cohen 1. Aufl. 2,1. Foto: Kristina Klein.

Abb. 5 Universität Wien, Institut für Numismatik und Geldgeschichte, Sammlung. Scan: Hubert Emmerig.
Abb. 6 Universität Wien, Institut für Numismatik und Geldgeschichte. Foto: unbekannt.
Abb. 7 Comune di Trieste, Civici Musei di Storia ed Arte, Inv. CMSAOAMP0165. Foto: Fototeca dei Civici Musei di Storia ed Arte, Trieste.
Abb. 8 Universität Wien, Institut für Numismatik und Geldgeschichte. Foto: unbekannt.
Abb. 9 Universität Wien, Institut für Numismatik und Geldgeschichte, Sammlung. Scan: Hubert Emmerig.
Abb. 10 Universität Wien, Institut für Numismatik und Geldgeschichte, Sammlung. Foto: Agnes Aspetsberger und Max Resch.

Abb. 2, 4, 5, 7 und 10 zeigen die dargestellten Objekte in Originalgröße.

Archivalien

Universität Wien, Institut für Numismatik und Geldgeschichte (ING), Archiv

- Nachlass Kubitschek.

Universität Wien, Institut für Numismatik und Geldgeschichte (ING), Sammlung[153]

- Accessions-Journal (1900/01–1965). Sign. 1 und III C 8 a δ.
- Cassabuch (1906–1930). Sign. 220.
- Zettelkatalog von Dr. Josef Scholz. Sign. 522 und III C 6 a.
- Eugen Schott, Münzen Heft 1 bzw. Heft 2 [älteres Verzeichnis Schotts von seiner Sammlung in zwei Bänden]. Sign. 689.[154]
- Münzen Catalog I bzw. II bzw. III [jüngeres Verzeichnis Schotts von seiner Sammlung in drei Bänden]. Sign. 689.
- Katalog der Sammlung E. Schott (aussen)/Katalog der Sammlung Schott aus einer Revision der Bestände und der hs. Kataloge des Eigentümers (Sign. 689) durch die Herrn Karl Elsner und Rudolf Paulsen 1927 entstanden (innen). Sign. 690 und III C 6 a.
- Schnellinger (aussen)/S. Schnellinger (innen) [Katalog der Sammlung Schnellinger]. Sign. 690 a und III C 6 a.
- Katalog der Sammlung Dr. Scholz (aussen)/Katalog der Sammlung Dr. Jos. Scholz entstanden aus einer Revision der Bestände einerseits und a) der Begleitzettel und b) des Zettelkatalogs des Dr. Scholz andrerseits, vorgenommen durch die Herren Karl Elsner und Rudolf Paulsen 1928. Sign. 707 und III C 6 a.
- Katalog der Munzensammlung Dr. Josef Brettauer Triest. Mit Beilage: Schillermedaillen des Dr. Jos. Brettauer (1 Blatt). Ohne Sign.
- Weiteres Inventarbuch von Dr. Josef Brettauer, ohne Titel und Verfassernennung. Ohne Sign.[155]
- Robert Göbl, Bestandsaufnahme der Münzsammlung des Institutes für Antike Numismatik und Vorislamische Geschichte Mittelasiens. Mschr. mit handschr. Korrekturen. Wien 1968.
- Eduard Car, Wolfgang Szaivert (Hrsg.), Die Sammlung römischer Münzen am Institut für Numismatik und Geldgeschichte der Universität Wien, neu überarbeitet und um Neuzugänge seit 1979 ergänzt. Wien 2000 (unpubliziert).
- Aktuelle Inventarbücher 1–9.

---

153 Sign. ist die Nummer im Accessions-Journal; die Bedeutung der weiteren Signatur ist uns derzeit nicht klar.
154 Nach dem Accessions-Journal sollte dieses Verzeichnis ebenfalls drei Bände umfassen. Der dritte Band liegt derzeit nicht vor.
155 Das Verhältnis der zwei Brettauer-Inventare zueinander ist noch unklar. Sie überschneiden sich inhaltlich zumindest teilweise, so dürfte es sich um eine ältere und eine jüngere Fassung handeln.

Bibliographie

Alföldi & Alföldi 1976/1990 A. Alföldi & E. Alföldi: *Die Kontorniat-Medaillons; Teil 1: Katalog (in 2 Teilen); Teil 2: Text.* Berlin 1976/1990.

Anonym 1979 Anonym: Coin collection stolen from the University of Vienna. *SAN. Journal of the Society for Ancient Numismatics* 10.4 (1979), S. 58–59 u. 71.

Aufleger 1883 O. Aufleger: *Verzeichniss griechischer Münzen, meist aus dem kgl. Münzkabinet zu München, welche in galvanoplastischen Nachbildungen von Otto Aufleger, München, zu beziehen sind.* München 1883.

Bergmann 1856 J. Bergmann: Pflege der Numismatik in Österreich im XVIII. Jahrhundert mit besonderem Hinblick auf das k. k. Münz- und Medaillen-Cabinet. Erste Abtheilung. Von Heræus bis auf Eckhel (1709–1774). *Sitzungsberichte der Kaiserlichen Akademie der Wissenschaften. Philosophisch-historische Classe* 19 (1856), S. 31–108.

Bergmann 1857 J. Bergmann: Pflege der Numismatik in Österreich im XVIII. Jahrhundert mit besonderem Hinblicke auf das k. k. Münz- und Medaillen-Cabinet in Wien. II. Abtheilung. Von Eckhel bis zu dessen Tode (1774–1798). *Sitzungsberichte der Kaiserlichen Akademie der Wissenschaften. Philosophisch-historische Classe* 24 (1857), S. 296–364.

Bruck 1965 G. Bruck: Nachruf auf Karl Pink. *Numismatische Zeitschrift* 81 (1965), S. 76–78 (m. Tafel).

Clain-Stefanelli 1985 E. E. Clain-Stefanelli: *Numismatic Bibliography.* München 1985.

Conze 2019 A. Conze: Ueber die Bedeutung der classischen Archæologie (1869). Mit einem Kommentar von Karl Reinhard Krierer. In: Th. Assinger, E. Grabenweger & A. Pelz (Hrsg.): *Die Antrittsvorlesung. Wiener Universitätsreden der Philosophischen Fakultät.* Göttingen 2019, S. 17–36.

Cubasch 1893 *H. Cubasch jun., Auctions-Verzeichnis enthaltend jenen Theil der nachgelassenen Sammlungen des sel. Herrn Ignaz Spöttl, welcher nicht in das Eigenthum des kaiserlichen Museums und der Stadt Wien überging, sowie der Goldmünzen-Sammlung der Mutter des Verstorbenen, der Frau Walpurga Spöttl in Wien. Gold- und Silbermünzen und Medaillen verschiedener Länder und Barbaren-Münzen, ferner prähistorische und antike Fundgegenstände, Antiquitäten, Gemälde, Zeichnungen und eine Mineralien-Sammlung.* Wien, 10. 4. 1893 und folgende Tage.

Cubasch 1894a *H. Cubasch, Auctions-Katalog der Sammlung (Nachlass) des Herrn Dr. Wilhelm Schlesinger in Wien. Münzen, Medaillen und Papiergeld der Revolutions-Epoche von 1848–49 sowie einer Sammlung von Münzen und Medaillen der Neuzeit aller Länder, von Doubletten und aufgelassenen Partien einiger hierortiger Münzfreunde.* Wien, 22. 1. 1894 und folgende Tage.

Cubasch 1894b *H. Cubasch, Verzeichniss einer Sammlung von altem Papiergeld aller Länder. Staats- und Banknoten, Noth- und Privatgeldzeichen, Actien etc. Oeffentliche Versteigerung (Auction).* Wien, 3. 7. 1894 und folgende Tage. (non vidi).

Cubasch 1899 *H. Cubasch, Auctions-Katalog. I. Sammlung von Münzen und Medaillen aller Länder des Mittelalters und der Neuzeit. II. Sammlung von antiken griechischen und römischen Münzen. III. Sammlung von Medaillen Niederösterreichs (mit Ausschluss der Stadt Wien).* Wien, 2. 10. 1899 und folgende Tage.

Cubasch et al. 1897 *H. Cubasch, Brüder Egger & J. Nentwich, Catalog der von dem verstorbenen Herrn Theodor Unger in Graz, Ehrenmitglied des »Club der Münzen- und Medaillen-Freunde in Wien«, correspondirendes Mitglied der numismatischen Gesellschaft in Wien, I. Adjunct am steiermärkischen Landesarchiv in Graz, hinterlassenen Münzen- und Medaillen-Sammlung, enthaltend: griechische u. römische Münzen Münzen u. Medaillen der österreichisch-ungarischen Monarchie etc.* Wien, 26. 4. 1897 und folgende Tage.

Czurda & Dick 1980 B. Czurda & F. Dick: *Die Münzsammlung der Universität Wien. Institut für Numismatik.* Wien 1980.

Dembski 1977 G. Dembski: Die antiken Münzschatzfunde aus Österreich. *Numismatische Zeitschrift* 91 (1977), S. 3–64.

Doležal 1998 H. Doležal *Medicina in Nummis. Sammlung Dr. Josef Brettauer. Namenverzeichnis.* Mödling (Mschr. Manuskript) 1998.

Domanig 1905 K. Domanig: Der Pfennigfund von Feldsberg. *Jahrbuch der k. k. Zentral-Kommission für Erforschung und Erhaltung der kunst- und historischen Denkmale* NF 3.1 (1905), Sp. 289–308 (m. Tafel).

Dorotheum 1956 *Dorotheum Kunstabteilung, 992. Versteigerung. Sammlung Karl Hollschek. I. Austria in nummis. 1. Teil. Maximilian I. – Leopold I.* Wien, 28.–29. 2. 1956.

Dorotheum 1956a *Dorotheum Kunstabteilung, 1011. Versteigerung. Sammlung Karl Hollschek. II. Austria in nummis. 2. Teil. Josef. I. – Karl I. Erzbistum Salzburg. Neufürsten.* Wien, 22.–24. 11. 1956.

Dorotheum 1957 *Dorotheum Kunstabteilung, 1026. Versteigerung. Sammlung Karl Hollschek. III. Austria in nummis. 3. Teil. Münzen und Medaillen: Elsaß – Italien – Niederlande – Siebenbürgen – Bistum Olmütz. Nachträge Tirol, Wien, Standesherren (bes. Schlick). Fürstentum Siebenbürgen.* Wien, 18.–19. 7. 1957.

Dorotheum 1957a *Dorotheum Kunstabteilung, 1032. Versteigerung. Sammlung Karl Hollschek. IV. Deutschland (1. Teil). Münzen und Medaillen, Geistliche Herren – Altfürsten, Neufürsten – Städte. Von Aachen bis Braunschweig.* Wien, 24.–25. 9. 1957.

Dorotheum 1957b *Dorotheum Kunstabteilung, 1038. Versteigerung. Sammlung Karl Hollschek. V. Niederlande, Spanien. Münzen und Medaillen.* Wien, 22.–23. 11. 1957.

Dorotheum 1958 *Dorotheum Kunstabteilung, 1046. Versteigerung. Sammlung Karl Hollschek. VI. Deutschland (2. Teil). Münzen und Medaillen. Geistliche Herren – Altfürsten, Neufürsten – Städte. Von Braunschweig (Stadt) bis Osnabrück. (Mit kleinen Nachträgen zum 1. Teil).* Wien, 25.–26. 3. 1958.

Dorotheum 1958a *Dorotheum Kunstabteilung, 1052. Versteigerung. Sammlung Karl Hollschek. VII. Italien. Münzen und Medaillen. Acqui bis Zara.* Wien, 21.–23. 5. 1958.

Dorotheum 1958b *Dorotheum Kunstabteilung, 1061. Versteigerung. Sammlung Karl Hollschek. VIII. Deutschland (3. Teil). Münzen und Medaillen. Geistliche Herren – Altfürsten, Neufürsten – Städte. Von Oschatz bis Würzburg (Stadt).* Wien, 9.–11. 10. 1958.

Dorotheum 1959 *Dorotheum Kunstabteilung, 1074. Versteigerung. Sammlung Karl Hollschek. IX. Europa. Münzen und Medaillen, besonders: Deutschland (Nachträge), Deutsche Mz. nach 1871, Dänemark, England, Frankreich, Italien (Nachträge), Malta, Norwegen, Polen, Portugal, Rußland, Schweden, Schweiz.* Wien, 16.–18. 4. 1959.

Dorotheum 1959a *Dorotheum Kunstabteilung, 1088. Versteigerung. Sammlung Karl Hollschek. X. Brakteaten. Dubletten Austria in Nummis.* Wien, 19.–20. 11. 1959.

Dorotheum 1960 *Dorotheum Kunstabteilung, 1100. Versteigerung. Sammlung Karl Hollschek. XI. Antike. I. Römer. Augustus bis Carinus.* Wien, 12.–14. 5. 1960.

Dorotheum 1960a *Dorotheum Kunstabteilung, 1108. Versteigerung. Sammlung Karl Hollschek. XII. Antike. II. Römer II, Byzanz, Germanen, römische Republik.* Wien, 18.–19. 10. 1960.

Dorotheum 1961 *Dorotheum Kunstabteilung, 1120. Versteigerung. Sammlung Karl Hollschek. XIII. Antike. III. Griechen I. Spanien bis Sizilien.* Wien, 26.–27. 4. 1961.

Dorotheum 1961a *Dorotheum Kunstabteilung, 1130. Versteigerung/244. Münzversteigerung. Aus einer Sammlung Hollschek. [XV]. Antike IV: Griechen II. (Makedonien – Thrakien).* Wien, 24.–27. 10. 1961.

Dorotheum 1962 *Dorotheum Kunstabteilung, 1140. Versteigerung/249. Münzversteigerung. Sammlung Karl Hollschek. XV. Deutsche Münzen: Mittelalter und Neuzeit (Andernach – Würzburg, Medaillen).* Wien, 26.–29. 3. 1962.

Dorotheum 1962a *Dorotheum Kunstabteilung, 1149. Versteigerung/253. Münzversteigerung. Sammlung Karl Hollschek. XVI. [Griechen, teils. Nachträge].* Wien, 23.–24. 10. 1962.

Dorotheum 1963 *Dorotheum Kunstabteilung, 1160. Versteigerung/258. Münzversteigerung. Sammlung Karl Hollschek. XVII. Orient und Übersee.* Wien, 7.–8. 05. 1963.

Dorotheum 1963a *Dorotheum Kunstabteilung, 1149. Versteigerung/262. Münzversteigerung. Sammlung Karl Hollschek. XVIII. [Mittelalter und Neuzeit, Österreich, Europa, Medaillen].* Wien, 19.–20. 11. 1963.

Dorotheum 1964 *Dorotheum Kunstabteilung, 1180. Versteigerung/268. Münzversteigerung. Sammlung Karl Hollschek. XIX. Nachtrag und Dubletten. [Antike, Mittelalter, Neuzeit].* Wien, 11.–15. 5. 1964.

Dorotheum 1964a *Dorotheum Kunstabteilung, 1186. Versteigerung/270. Münzversteigerung. Sammlung Karl Hollschek. XX. Nachtrag und Dubletten. [Mittelalter und Neuzeit, Österreich, Deutschland, Europa].* Wien, 19.–23. 10. 1964.

Eckhel 1786 J. Eckhel: *Kurzgefaßte Anfangsgründe zur alten Numismatik.* Wien o. J. (wohl 1786).

Eckhel 1792–1798 J. Eckhel: *Doctrina numorum veterum. Vol. I–VIII.* Wien 1792–1798.

Eckhel 1799 J. Eckhel: *Elementa numismaticae veteris ex Germanico in Latinum transtulit Math. Petr. Katancsich.* Buda 1799.

Eckhel 1807 J. Eckhel: *Kurzgefaßte Anfangsgründe zur alten Numismatik. Neue vermehrte Auflage.* Wien 1807.

Eckhel 1808 J. Eckhel: *Lezioni elementari di numismatica antica. Tradotte dal Tedesco dal P. D. Felice Caronni.* Rom 1808.

Egger 1937 R. Egger: Wilhelm Kubitschek. *Akademie der Wissenschaften in Wien, Almanach* 87 (1937), S. 290–323.

Eibl 1989 C. Eibl (Hrsg.): *Prof. Ernst Fuchs. Villa Wagner. 1140 Wien. Hüttelbergstraße 26. Den Freunden meiner Kunst gewidmet.* Wien 1989.

Emmerig 2003 H. Emmerig: Edwin Grienauer (1893–1964). *Mitteilungen der österreichischen numismatischen Gesellschaft* 43.1 (2003), S. 2–53.

Emmerig 2019 H. Emmerig: Linné medals in the Brettauer collection. In: K. Holmberg & H. Nilsson (Hrsg.): *Samlad glädje. Numismatiska klubben Uppsala 1969–2019.* Uppsala 2019, S. 77–88.

Ernst 1904 C. v. Ernst: Heinrich Cubasch†. *Monatsblatt der Numismatischen Gesellschaft in Wien* 6 (1903–1905), Nr. 254 (21) (September 1904), S. 246 f.

Fischhof 1904 J. Fischhof: Heinrich Cubasch†. *Mitteilungen des Klubs der Münz- und Medaillenfreunde in Wien* 15 (1904), Nr. 169–171 (Juni, Juli und August 1904), S. 75 f.

Fitz 1993 O. Fitz: *Eine Sammlung erzählt. Beitrag zu Inhalt und Geschichte der Mineralien- und Gesteinssammlung an der Abteilung Baugeologie des Institutes für Bodenforschung und Baugeologie, Universität für Bodenkultur Wien.* Wien 1993.

Gnecchi & Gnecchi 1894 F. Gnecchi & E. Gnecchi: *Guida numismatica universale.* Mailand (3. Aufl.) 1894.

Gnecchi & Gnecchi 1903 F. Gnecchi & E. Gnecchi: *Guida numismatica universale.* Mailand (4. Aufl.) 1903.

Head 1889 B. V. Head: *British Museum. Department of Coins and Medals. A Guide to the Principal Gold and Silver Coins of the Ancients, from circ. B. C. 700 to A. D. 1.* London (3. Aufl.) 1889.

Hess 1902 *A. Hess, Nachfolger, Griechische Münzen. Hispania. Gallia. Italia. Sicilia. Doubletten des Kgl. Münzcabinets zu Berlin aus dem Ankauf der Sammlung des Herrn Dr. Imhof-Blumer.* Frankfurt a. M., 27.–28. 10. 1902.

Hess 1906 *A. Hess, Nachfolger, Griechische Münzen. Nord- und Mittel-Griechenland. Peloponnes. Griechische Inseln. Doubletten des Königl. Münzcabinets zu Berlin aus dem Ankauf der Sammlung des Herrn Dr. Imhoof-Blumer.* Frankfurt a. M., 12. 3. 1906 und folgende Tage.

Hess 1907 *A. Hess, Nachfolger, Griechische Münzen. Asien. Afrika. Doubletten des Königl. Münzcabinets zu Berlin aus dem Ankauf der Sammlung des Herrn Dr. Imhoof-Blumer. Nebst einer kleinen Serie grossgriechischer u. a. Münzen aus anderem Besitz.* Frankfurt a. M., 7. 10. 1907 und folgende Tage.

Hess 1910 *A. Hess, Nachfolger, Sammlung Horsky. Münzen und Medaillen der oesterreichisch-ungarischen Monarchie. I. Theil. Mittelalter. Münzen und Medaillen der römisch-deutschen und österreichischen Kaiser.* Frankfurt a. M., 7. 11. 1910 und folgende Tage.

Hess 1911 *A. Hess, Nachfolger, Sammlung Horsky. Münzen und Medaillen der oesterreichisch-ungarischen Monarchie. II. Theil. Münzen und Medaillen der geistlichen u. weltlichen Fürsten u. Herren, der Städte und Privatpersonen. Polen, Italien, u. A.* Frankfurt a. M., 27. 2. 1911 und folgende Tage.

Hess 1917 *A. Hess, Nachfolger, Sammlung Horsky. Antike Münzen. Griechen – Römer – Byzantiner. Numismatische Bibliothek.* Frankfurt a. M., 30. 4. 1917 und folgende Tage.

Hölbling 1998 L. Hölbling: *Medaillen der Wissenschaft. Die Sammlung des Archivs der Universität Wien.* Wien 1998.

Holzmair 1937 E. Holzmair: *Katalog der Sammlung Dr. Josef Brettauer. Medicina in Nummis.* Wien 1937.

Holzmair 1989 E. Holzmair: *Medicina in Nummis. Sammlung Dr. Josef Brettauer. Unveränderter Nachdruck des Katalogs von Dr. Eduard Holzmair mit einem Vorwort von Robert Göbl.* Wien (2. unv. Aufl.) 1989.

Jacob-Kolb 1825 G. Jacob-Kolb: *Traité élémentaire de numismatique ancienne, grecque et romaine composé d'après celui d'Eckhel. Tome premier. Tome second.* Paris 1825.

Jedlička 2004 F. Jedlička: *Ein Stück Bernsteinstraße im nordöstlichen Weinviertel. Ur- und frühgeschichtliche Streufunde als Beitrag zur Siedlungsgeschichte Niederösterreichs; Teil 1: Raum, Zeit und Alte Kulturen.* Würnitz 2004.

Jedlička 2017 F. Jedlička: *Ein Stück Bernsteinstraße im nordöstlichen Weinviertel. Ur- und frühgeschichtliche Streufunde als Beitrag zur Siedlungsgeschichte Niederösterreichs; Bd. 2, Teil 1: Fibeln der Urgeschichte und Älteren Römischen Kaiserzeit.* Rahden 2017.

Jedlička 2017 F. Jedlička: *Ein Stück Bernsteinstraße im nordöstlichen Weinviertel. Ur- und frühgeschichtliche Streufunde als Beitrag zur Siedlungsgeschichte Niederösterreichs; Teil 2: Münzgeld in keltischer und römisch-germanischer Zeit.* Würnitz 2017.

Kluge 2004 B. Kluge: *Das Münzkabinett. Museum und Wissenschaftsinstitut.* Berlin 2004.

Koch 1970 B. Koch (Hrsg.): *100 Jahre Österreichische Numismatische Gesellschaft. 1870–1970. Festschrift* (Numismatische Zeitschrift 84–85). Wien 1970.

Krenn 2013 M. Krenn: Die Entlassung des Alphons Barb aus dem burgenländischen Landesdienst 1938. Administrative Aspekte der nationalsozialistischen Gewaltherrschaft und ihre Folgen. *Burgenländische Heimatblätter* 75 (2013), S. 84–103.

Kreß 1957 *K. Kreß, Münchner Münzhandlung (Otto Helbing Nachf.), 106. Versteigerung. Prägungen der Kelten und Germanen aus Sammlung Streber ...* München, 06.–07. 12. 1957.

Kreß 1958 *K. Kreß, Münchner Münzhandlung (Otto Helbing Nachf.), 110. Versteigerung. Prägungen der Kelten und Germanen. 2. Teil der Sammlung Streber ...* München, 28.–29. 11. 1958.

Kreß 1959 *K. Kreß, Münchner Münzhandlung (Otto Helbing Nachf.), 112. Versteigerung. Ausgrabungen. Prägungen der Griechen, Kelten, Römer, Byzantiner, dabei 3. Teil der Sammlung Streber ...* München, 22. 6. 1959 und folgende Tage.

Kubitschek 1916 W. K[ubitschek]: Dr. Josef Scholz. *Monatsblatt der Numismatischen Gesellschaft in Wien* 10 (1915–1917), Nr. 396 (19) (07. 1916), S. 145–147.

Kubitschek 1917 W. Kubitschek: Dr. med. Josef Scholz. *Numismatische Zeitschrift* 49 (NF 9), 1916 (1917), S. 175–181.

Kubitschek 1929 W. Kubitschek: Der numismatische Lehrapparat der Universität Wien. Zu seinem dreißigjährigen Bestand. *Numismatische Zeitschrift* 62 (NF 22) (1929), S. 57–60.

Künker 2004 *F. R. Künker, Auktion 94. Münzkunst der antiken Welt. Die Sammlung Prof. Dr. Hagen Tronnier u. a.* Osnabrück, 27.–28. 9. 2004.

Lempertz 1957 *M. Lempertz, Kunsthaus, 448. Auktion. Sammlungen ... Hofrat Dr. Ignaz Streber, Bad Tölz, und anderer Kunstbesitz. Gemälde, Silber, Golddosen, Stoffe, Kästchen, Glas, Porzellan, Fayence, Skulpturen, Bronze, antike Möbel, Ausgrabungen, Ostasiatika, Orientteppiche.* Köln, 22. 11. 1957.

Lennep o. J. H. v. Lennep: *The van Lennep Genealogy. Smyrna Branch.* levantineheritage.com/pdf/The_Van_Lennep_Genealogy_Smyrna_Branch.pdf.

Loehr 1915 A. O. v. Loehr: Karl Domanig. *Jahrbuch der kunsthistorischen Sammlungen des allerhöchsten Kaiserhauses* 32 (1915), S. 416–423.

Mack 1992 G. Mack: *Leben und Werk des Medailleurs Rudolf Marschall 1873–1967.* Innsbruck (Mschr. Dipl.-Arbeit) 1992.

Messner 2002 M. E. Messner (Hrsg.): *Ernst Fuchs. Drei Dimensionen. 1945–2002. Mit einem Werkverzeichnis der Skulpturen.* Wien 2002.

Naville & Ars Classica 1926 *Naville & Cie, Ars Classica, No. XII. Catalogue de monnaies grecques et romaines ... composant les collections ... de la série parthe de feu Alexandre de Petrowicz ...* Luzern, 18.–23. 10. 1926.

Naville 1925 *Naville & Cie, No. X. Catalogue des monnaies grecques et romaines composant les collections ... de feu le Baron Alexandre de Petrowicz ... Importante collection générale grecque, série des Séleucides la plus complète du monde ...* Luzern, 15.–18. 6. 1925.

Numismatica/Wendt 1977a *Numismatica/Auktionshaus Wendt, Auktion XV. ... 350 griechische Provinzialbronzen aus der Sammlung Hollschek ...* Wien, 22.–25. 04. 1977.

Numismatica/Wendt 1977b *Numismatica/Auktionshaus Wendt, Auktion XVII. Griechen. Hollschek II: Mysien ...* Wien, 22.–23. 6. 1977.

Numismatica/Wendt 1977c *Numismatica/Auktionshaus Wendt, Auktion XIX. ... Hollschek III: Troas, Aiolis, Jonische Inseln, Karien I. ...* Wien, 7.–10. 11. 1977.

Numismatica/Wendt 1978 *Numismatica/Auktionshaus Wendt, Auktion XXI. ... Hollschek IV. ...* Wien, 20.–23. 11. 1978.

Pesditschek 1996 M. Pesditschek: *Die Professoren der Alten Geschichte an der Universität Wien.* Wien (Mschr. Dipl.-Arbeit) 1996.

Pesditschek 2012 M. Pesditschek: Kubitschek, Wilhelm. *Der Neue Pauly* Suppl. 6 (2012), Sp. 674 f.

Pink 1939 K. Pink: *Die Münzprägung der Ostkelten und ihrer Nachbarn. A keleti kelták és szomszédjaik pénzverése.* Budapest 1939.

Pink 1974 K. Pink: *Die Münzprägung der Ostkelten und ihrer Nachbarn.* Braunschweig (2. erg. u. verb. Aufl.) 1974.

Pisko 1904 *G. Pisko, Katalog. Antiquitäten … Aus den Nachlässen der Herren Heinrich Cubasch in Wien, D. Ornstein in Enns, und Privatbesitz.* Wien, 16. 11. 1904 und folgende Tage.

Prokisch 1993 B. Prokisch: *Grunddaten zur europäischen Münzprägung der Neuzeit ca. 1500–1990. Münzstände, Prägeberechtigte, Prägezeiten, Münzstätten, Kurzbibliographie. Versuch einer Abfolgeordnung.* Wien 1993.

Promemoria 1893 Promemoria über die Errichtung einer Lehrkanzel für die gesammte Münzkunde an der k. k. Universität in Wien. *Monatsblatt der numismatischen Gesellschaft in Wien* 2 (1891–1893), Nr. 119 (Juni 1893), S. 235–238.

Renner 1894 V. v. Renner: Griechische Münzen. I. Theil: Der Osten. *Jahresbericht des Leopoldstädter Communal-Real- und Obergymnasiums in Wien* 30 (1894), S. 3–58 (m. Tafel).

Renner 1895 V. v. Renner: Griechische Münzen. II. Theil: Der Westen. *Jahresbericht des Leopoldstädter Communal-Real- und Obergymnasiums in Wien* 31 (1895), S. 3–72 (m. 2 Tafeln).

Ruske 2011 A. Ruske: Die Fundregesten der antiken Münzhorte aus Österreich. Eine Zusammenstellung aller bekannten Münzdepots anhand der Literatur. *Numismatische Zeitschrift* 118 (2011), S. 53–181.

Scherrer 2009 A. Scherrer: *Universität Wien. Institut für Numismatik und Geldgeschichte. Archiv. Bestand: Nachlaß Friedrich Stefan (1886–1962). Findbuch.* Wien 2009. numismatik.univie.ac.at/fileadmin/user_upload/i_numismatik/einrichtungen/Bestand_Stefan_3.pdf.

Scherrer 2010 A. Scherrer: Der Nachlass Friedrich Stefan im Institut für Numismatik und Geldgeschichte der Universität Wien. *Schild von Steier* 23 (2010), S. 130–135.

Schlapke 2011 M. Schlapke: Zwei keltische Münzen als Altfunde vom Dolmar. Ein Beitrag zur Gruppe der stark barbarisierten Athena-Nike-Nachahmungen. *Alt-Thüringen* 41, 2008–2009 (2011), S. 270–284.

Schmidt-Dick et al. 1991 F. Schmidt-Dick, W. Hahn & W. Szaivert: *Die Münzsammlung des Bezirksmuseums Stockerau.* Wien 1991.

Schneider et al. 1991 J. Schneider, O. Schwarzer & F. Zellfelder: *Währungen der Welt I. Europäische und nordamerikanische Devisenkurse 1777–1914; Teil 3.* Stuttgart 1991.

Seebauer & Greif 2020 R. Seebauer & M. Greif: *Der Salzburger Münzfund des Jahres 1872 – Revisited.* Wien (Mschr. Seminararbeit) 2020.

Seebauer 2020a R. Seebauer: Auf den Spuren des Eugen Schott (1826 bis 1905): Bankkassier, Antiquitätensammler, Grossspender. *Adler. Zeitschrift für Genealogie und Heraldik* 30.6–7 (2020), S. 313–348.

Seebauer 2020b R. Seebauer: *Fundprovenienzen (1874–1900) in der »Sammlung Schott«. Auswertung von 266 Münzunterlagskärtchen.* Wien (Mschr. Manuskript) 2020.

Specht 2001 E. Specht: Datei der griechischen Münzen der Institutssammlung. Universität Wien. *Institut für Numismatik und Geldgeschichte. Mitteilungsblatt* 22 (2001), S. 16–17.

Specht 2005 E. Specht: Die Geschichte der numismatischen Lehre an der Universität Wien. In: H. Emmerig (Hrsg.): *Vindobona docet. 40 Jahre Institut für Numismatik und Geldgeschichte der Universität Wien 1965–2005.* Wien 2005, S. 17–31 (Nachdruck in: *Commission Internationale de Numismatique, Compte rendu* 52 [2005], S. 25–35).

Szaivert 1996 W. Szaivert: Wilhelm Josef Kubitschek zum 60. Todestag [mit Schriftenverzeichnis], *Universität Wien. Institut für Numismatik. Mitteilungsblatt* 13 (1996), S. 4–25.

Szaivert 2015 W. Szaivert: Die akademische Lehre der Numismatik in Österreich im 18. Jahrhundert. In: H. Winter & B. Woytek (Hrsg.): *Numismatik und Geldgeschichte im Zeitalter der Aufklärung. Beiträge zum Symposium im Residenzschloss Dresden.* 4.–9. Mai 2009. Wien 2015, S. 461–478.

Trau et al. 1893 *F. Trau, H. Cubasch & J. Nentwich, Katalog einer grossen Goldmünzen-Sammlung [Sammlung Trautmannsdorf], welche unter Leitung der Experten Franz Trau, Heinrich Cubasch jun. und Josef Nentwich am 15. April 1893 und an den folgenden Tagen in Wien, I., Weihburggasse Nr. 18 (Centralbad), in den Nachmittagsstunden von ½ 4 Uhr an, zur Versteigerung gelangen wird.* Wien 1893.

Varesi 2005 *Varesi Numismatica, asta 45 (20. 4. 2005): Biblioteca Domenico Rossi. Cataloghi d'asta e listini di numismatica.* Pavia 2005.

Wachter 2009 C. Wachter: *Die Professoren und Dozenten der Friedrich-Alexander-Universität Erlangen 1743–1960; Teil 3: Philosophische Fakultät. Naturwissenschaftliche Fakultät.* Erlangen 2009.

Walzer 2017 T. Walzer: Die jüdischen Gründungsmitglieder der Österreichischen Nationalbank 1816 und ihre Grabmäler am jüdischen Friedhof Währing in Wien; Teil 3: Berühmte jüdische Familien aus Böhmen als Mitbegründer der Österreichischen Nationalbank. *David. Jüdische Kulturzeitschrift* 113 (Juni 2017). davidkultur.at/artikel/die-jadischen-grandungsmitglieder-der-asterreichischen-nationalbank-1816-und-ihre-grabmaler-am-jadischen-friedhof-wahring-in-wien-4.

Sämtliche Verweise auf Internetressourcen in diesem Beitrag wurden vor der Drucklegung geprüft.

Vom realienkundlichen Schaukasten zum digitalen Museum

Die Münzsammlung der Universität Graz

Ursula Schachinger, mit einem Beitrag von Elisabeth Steiner

Das Institut für Antike, Fachbereich Alte Geschichte und Epigraphik, vormals Institut für Alte Geschichte und Altertumskunde der Universität Graz besitzt als einziges der vergleichbaren österreichischen Institute – mit Ausnahme des Instituts für Numismatik und Geldgeschichte der Universität Wien[1] – umfangreiche Sammlungsbestände, darunter auch eine respektable Münzsammlung, welche ca. 3 700 antike Münzen vom 6. Jahrhundert v. Chr. bis zum 6. Jahrhundert n. Chr. umfasst. Davon wurden 3 554 Stück bereits in Katalogform publiziert,[2] 3 476 Münzen sind im Rahmen des »Onlineportals Alte Geschichte« des »Geisteswissenschaftlichen Asset Management Systems (GAMS)« der Universität Graz im Netz zugänglich, und 2 155 Stück können im Rahmen des Projekts Nomisma in OCRE (Online Coins of the Roman Empire) und CCRO (Coinage of the Roman Republic Online) abgerufen werden (Stand Januar 2024).

Geschichte der Münzsammlung im Rahmen des Archäologischen Cabinets

Die Münzsammlung der Universität Graz geht in ihren Anfängen auf die Gründung des Archäologischen Cabinets, der ältesten Universitätssammlung Österreichs, im Jahre 1865 zurück. Die Idee des Cabinets stammt von Karl Schenkl (1827–1900), der als Klassischer Philologe in Graz auch Klassische Archäologie lehrte.[3] 1845 an der Wiener Universität immatrikuliert erlangte er, nachdem er zur Zeit der Deutschen Revolution 1848/49 dem bewaffneten Freikorps der Akademischen Legion angehörte und somit von der Universität ausgeschlossen war, 1849 das Doktorat der Philosophie. Nachdem er 1850 am neu gegründeten Philologisch-Historischen Seminar inskribiert hatte, legte er 1851 auch

1 Zum Institut für Numismatik und Geldgeschichte der Universität Wien s. den Beitrag von Martin Baer und Hubert Emmerig im vorliegenden Band.

2 Schachinger 2008a.

3 Kernbauer 1981b, S. 69; S. 79 f., Anm. 97; Pochmarski 2016, S. 12.

die Lehramtsprüfung ab. Nach mehreren Jahren als Gymnasiallehrer in Prag wurde er 1857 als ordentlicher Professor für Klassische Philologie nach Innsbruck berufen, allerdings ohne sich zuvor habilitiert zu haben. Dort initiierte er 1860 die Gründung des Philologischen Seminars. 1863 entstand in Graz mit der Pensionierung von Karlmann Tangl (1799–1866), des letzten Vertreters der »alten« philologischen Schule an der Grazer Universität,[4] eine Vakanz der philologischen Lehrkanzel. Dabei war zwar von Anfang an Karl Schenkl einer der favorisierten Kandidaten, die endgültige Abstimmung zu seinen Gunsten erfolgte jedoch erst einige Monate später. Im April 1864 hielt er schließlich seine Antrittsvorlesung, und mit ihm setzte eine neue Ära der Klassischen Philologie in Graz ein. Noch im selben Jahr wurde vom Ministerium der Antrag auf die Errichtung des Philologischen Seminars durch die Professoren Karl Schenkl und Maximilian von Karajan genehmigt, wobei Schenkl mit der Gesamtleitung ausgestattet wurde und Karajan die griechische Abteilung leiten sollte.[5]

Maximilian Theodor Ritter von Karajan (1833–1914), erster Privatdozent für Klassische Philologie an der Universität Graz, war schon während seiner Schul- und Studienzeit in Wien wegen seiner überragenden Leistungen hervorgetreten. Nach einigen Semestern in Göttingen und Berlin schloss er 1857 sein Studium in Bonn mit dem Doktorat ab, war zu diesem Zeitpunkt allerdings schon in Graz habilitiert.[6] Ein Jahr später erfolgte die Ernennung zum unbesoldeten Extraordinarius der Klassischen Philologie in Graz. Erst 1867 erreichte Karl Schenkl die Schaffung eines zweiten Ordinariates für Klassische Philologie durch den Hinweis, dass nur Graz kein zweites Ordinariat hätte, was dann offenbar ausschlaggebend für den positiven Ministerialbeschluss war. Damit wurde Max von Karajan schließlich zum Ordinarius in Graz ernannt, wo er unter zweimaliger Bekleidung des Dekanats 1869/70 und 1889/90 sowie des Rektorats 1873/74 bis zu seiner Emeritierung 1904 blieb.[7] Später sollte er zum Mitglied des Bau-Comités zur Errichtung des neuen Universitäts-Hauptgebäudes gewählt werden, worüber er in der Festschrift anlässlich der Schlusssteinlegung desselben einen Beitrag verfasste.[8] Dies war eine wichtige Funktion, denn aufgrund dieser konnte letztendlich eine adäquate Unterbringung und Aufstellung bzw. Neuordnung des Archäologischen Cabinets durchgesetzt und gesichert werden.

Dieses Cabinet wurde von Karl Schenkl und Maximilian von Karajan gemeinsam mit dem Germanisten Karl Tomaschek (1828–1878), der 1864/65 Dekan der philosophischen Fakultät war,[9] ins Leben gerufen. In ihrem Antrag an die Universität Graz verwiesen sie auf

4 Kernbauer 1981a, S. 38 f.
5 Kernbauer 1981b, S. 65 f.; Tropper 1981, S. 59.
6 Tropper 1981, S. 57 f.
7 Tropper 1981, S. 59; Höflechner 2009, S. 271.
8 Karajan 1895, S. 133–169; Höflechner 2009, S. 51–57.
9 Pichl 2015; Pochmarski 2016, S. 12 f.

die Entwicklung der klassischen Fächer seit Johann Joachim Winckelmann (1717–1768) sowie auf ähnliche, vor allem aus Abgüssen zusammengesetzte Sammlungen, die sie aus Göttingen, Bonn und Breslau kannten.[10] Der Antrag wurde vom Professorenkollegium der Universität befürwortet und samt Statutenentwurf am 1. Mai 1865 an das Ministerium für Cultus und Unterricht gesandt. Gemäß den Statuten sollte das Cabinet »die Hilfsmittel für Vorlesungen über die Kunst der Griechen und Römer« bieten und auch Künstlern der Weiterbildung dienen. Außerdem sollte es zu bestimmten Zeiten auch öffentlich zugänglich sein.[11] Die Leitung sollten drei Professoren der philosophischen Fakultät übernehmen, nämlich die beiden Professoren der Klassischen Philologie und »neben ihnen noch ein aus der Facultät durch Wahl bestelltes Mitglied. ... Wenn künftig eine Professur der Archäologie errichtet werden sollte, führt der Professor dieses Faches im Vereine mit den beiden Professoren der classischen Philologie die Direction des Cabinetes«.[12]

Neben Haftungsfragen wurde auch die Verpflichtung der Jahresabrechnung in den Statuten festgelegt. Dem Antrag wurde ein Ersuchen um entsprechende Räumlichkeiten angehängt sowie um eine Jahresdotation von 100 Gulden zumindest für Regiekosten, wie Reinigung oder für die Anschaffung von Kästen. Alle weiteren Aufwendungen sollten durch Vorträge, Schenkungen und dergleichen gedeckt werden.[13] Es wurde eine Liste bereits erfolgter sowie zugesagter Schenkungen von Kunstgegenständen angeführt. Der erste Jahresbericht von 1866/67 enthielt gleichzeitig das erste vollständige Inventar der Sammlung.[14] Sie setzte sich aus Gipsabgüssen, Fotografien, Farbkopien, antiken Gefäßen, Gemmen und Münzen zusammen und war in einem Raum der alten Universität, des ehemaligen Jesuitenkollegiums, untergebracht.[15] Aufgrund zunehmender Raumnot musste man zusätzlich auf die Aula ausweichen, dort drohte allerdings bald Einsturzgefahr des baufällig gewordenen Gebäudes, sodass die Objekte wieder entfernt werden mussten.[16] Die Statuten wurden vom Ministerium in einem Schreiben vom 16. Juli 1865 samt einer Jahresdotation von 100 Gulden genehmigt. Zudem gab es eine Zusicherung, entsprechende Räumlichkeiten für das Cabinet beim Bau der neuen Universität zu berücksichtigen. Dies war somit die offizielle Geburtsstunde des Archäologischen Cabinets und seiner Münzsammlung an der Universität Graz.

10 Karl 2015, S. 1 f. Zu Winckelmann s. den Beitrag von Stephan Lehmann im vorliegenden Band, zur Göttinger Sammlung den Beitrag von Daniel Graepler.

11 Karl 2015, S. 3; Pochmarski 2016, S. 12 f.

12 Karl 2015, S. 3.

13 Karl Schenkl hielt beispielsweise Vorträge »Über die Zeusreligion« am 14. 3. 1865 und »Über Eros und Psyche« am 11. 4. 1865. Kernbauer 1981b, S. 75, Anm. 42; Karl 2015, S. 6.

14 Karl 2015, S. 5; Pochmarski 2016, S. 14.

15 Kernbauer 1981b, S. 67.

16 Pochmarski 2016, S. 15.

Die Schenkung Richard Knabls

Gemäß den Statuten sollte das Archäologische Cabinet vorwiegend durch Schenkungen vergrößert werden. Demgemäß bildet auch das Legat Knabl den größten und ältesten Teil der Münzsammlung. Der Priester und Autodidakt Richard Knabl (1789–1874) erwarb sich erst in fortgeschrittenem Alter großen Respekt als Numismatiker und Epigraphiker. Ihm war bereits im Jahre 1845 die Lokalisierung des einzigen römischen *municipium* in der (heutigen) Steiermark gelungen: Flavia Solva.[17] Er widmete sich der corpusartigen Erfassung aller epigraphischer Denkmäler seiner Heimat und kam auf seinen Dokumentationsreisen bis nach Poetovio/Ptuj, Celeia/Celje und Emona/Ljubljana. Seine Forschungen wurden vom Steirischen Landesfürsten, Erzherzog Johann (1782–1859), des Bruders von Kaiser Franz I. (II.) (1768–1835), nicht nur unterstützt, sondern Knabl wurde dazu angehalten, im Rahmen des Historischen Vereins für Innerösterreich – nach dessen Auflösung 1848 als Historischer Verein für Steiermark 1850 neu gegründet –, dessen Mitglied er auf Anraten des Erzherzogs wurde, alle Altertümer aus der Steiermark, die auch weite Teile des heutigen Slowenien umfasste, aufzuspüren, zu dokumentieren und wenn möglich für das Steiermärkische Landesmuseum anzukaufen.[18] Er selbst erwarb auf seinen Reisen viele antike Münzen, Vasen, Tongefäße und andere Kleinfunde, die er teilweise auch weiter schenkte, so beispielsweise an das Münz- und Antikenkabinett Wien.[19] Im Zuge seiner Altertumsforschungen fertigte er eine umfangreiche Abklatsch-Sammlung an, die zum Teil an das Steiermärkische Landesmuseum und zum Teil an die Universität gelangte, wo sie sich auch heute noch als Teilbestand der umfangreichen Sammlung des Fachbereichs für Alte Geschichte befindet und bereits in digitalisierter Form im Internet verfügbar ist.[20]

Knabls Hauptwerk, die Gesamtsammlung aller auf steirischem Boden gefundener Inschriften, wurde von der Akademie der Wissenschaften abgelehnt und blieb daher unpubliziert. Es ist in zwei handschriftlichen Faszikeln erhalten: Der »Codex ducatus Styriae epigraphicus Romanae vetustatis« wurde 1862 fertiggestellt, sein »Epigraphischer Codex saemmtlicher Römerinschriften des Herzogthum Steiermark« nach 1864.[21] Diese umfassen auf 728 Folioseiten etwa 600 Inschriften aus 183 Orten, wobei Abschrift, Übersetzung, Kommentar, Fundnotizen und Literaturangaben inkludiert sind; zuzüglich 12 verschiedene Indices.[22] Die beiden Werke befinden sich an der Universitätsbibliothek in

17 Handy 2003, S. 46–50; Wrolli et al. 2005, S. 287.
18 Wrolli et al. 2005, S. 288.
19 Wrolli et al. 2005, S. 297.
20 gams.uni-graz.at/context:epsg.
21 Handy 2003, S. 53; Wrolli et al. 2005, S. 294.
22 Ilwof 1906, S. 249.

Graz und am Fachbereich Alte Geschichte. Theodor Mommsen, dessen Anwesenheit in der Steiermark im Jahre 1857 und 1866 nachgewiesen ist, bezog sich bei seiner Aufnahme der steirischen Römerinschriften für den dritten Band des »Corpus Inscriptionum Latinarum« dezidiert auf Knabls »Codex ducatus Styriae epigraphicus Romanae vetustatis«, den er als Grundlage für seine Forschungen verwendete. Ausdrücklich erwähnt er den Forschungseifer des schon betagten Pfarrers Knabl, der die Geschichtsforschung in der Steiermark ein großes Stück weitergebracht habe.[23]

Für seine altertumskundlichen Forschungen in seiner Heimat wurden Knabl neben dem Ehrendoktorat der Philosophie und der freien Künste der Universität Graz 1861 auch zahlreiche weitere Ehrungen verliehen. Dazu gehörte der Titel »kaiserlicher Rat«, den er für seine Verdienste um die Förderung von Wissenschaft und Unterricht erhielt.[24] Gabriele Wrolli weist dabei auf den direkten Zusammenhang zwischen dieser Titelverleihung und der Schenkung seiner Münzsammlung inklusive Katalog an das Archäologische Cabinet der Universität Graz am 22. Dezember 1867 hin.

Abb. 1: Einband des Münzkatalogs von Richard Knabl, 1867.

Über die Existenz dieser Sammlung, die er dem Cabinet für Unterrichtszwecke vermachte, erfährt man bereits 1848 in seinem wichtigsten historischen Artikel »Wo stand das Flavium Solvense des C. Plinius?«, in dem er die Römerstadt Flavia Solva lokalisierte.[25] Der dazugehörige handschriftliche Katalog »Catalogus nummorum veterum D^{ris} Rihardi Knabl. Nummi geographici, nummi barbari, nummi consulares, nummi familiarum, nummi imperatorum« enthielt zum Zeitpunkt der Schenkung 816 antike Münzen, die sich aus 85 griechischen, 151 republikanischen und 580 kaiserzeitlichen Prägungen zusammensetzten (Abb. 1).

23 Handy 2003, S. 53; Ilwof 1906, S. 250.
24 Ilwof 1906, S. 250; Wrolli et al. 2005, S. 277–279.
25 Knabl 1848, S. 26; Ilwof 1906, S. 250; Wrolli et al. 2005, S. 298. Auch seine umfangreiche Bibliothek (1456 Titel) vermachte Richard Knabl der Universität Graz.

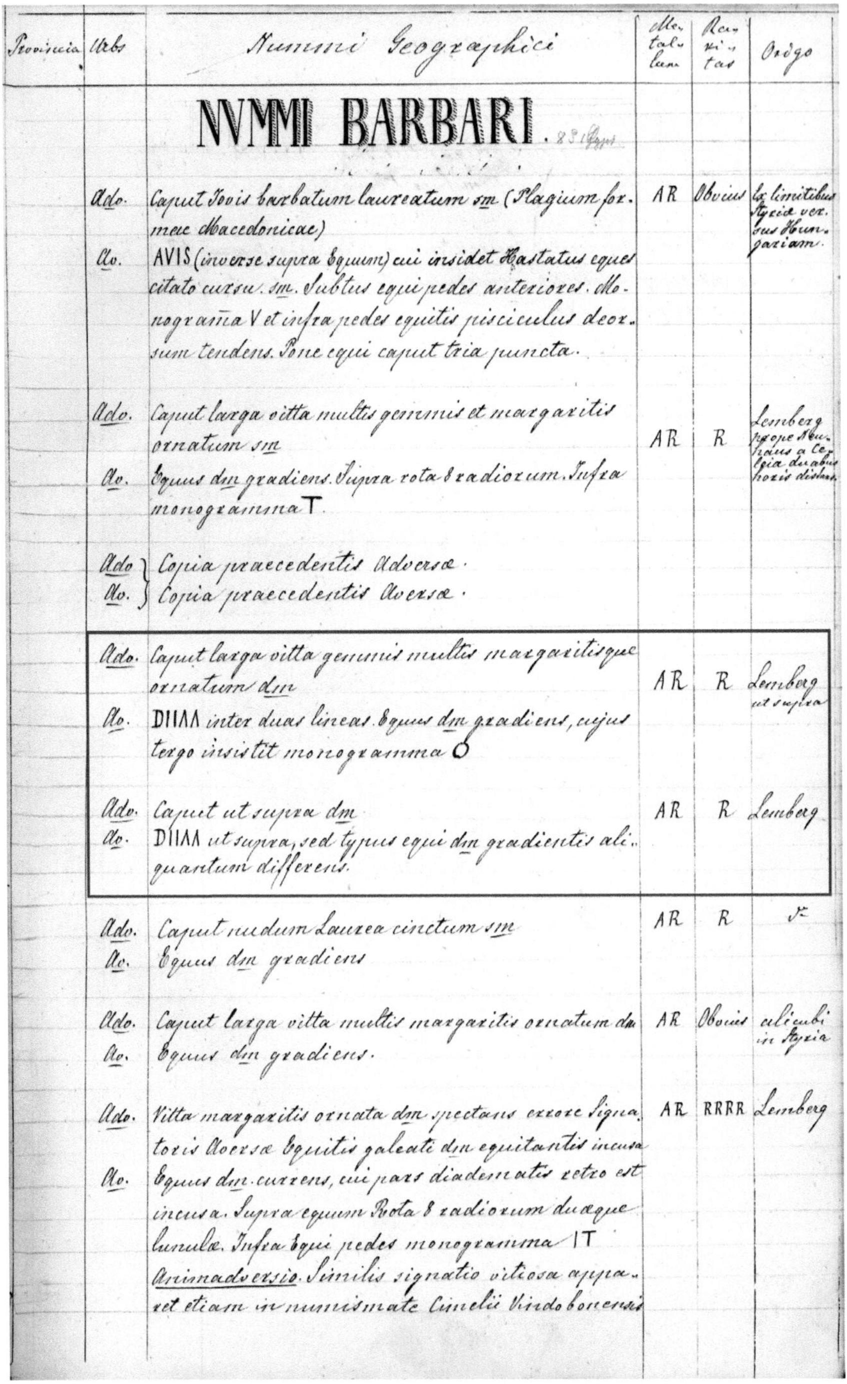

Provincia	Urbs	Nummi Geographici	Metallum	Raritas	Origo
		NVMMI BARBARI . 831			
	Ado.	Caput Jovis barbatum laureatum sm (Plagium formae Macedonicae)	AR	Obvius	In limitibus Styria versus Hungariam.
	Ao.	AVIS (inverse supra Equum) cui insidet Hastatus eques citato cursu. sm. Subtus equi pedes anteriores. Monogramma V et infra pedes equitis pisciculus deorsum tendens. Pone equi caput tria puncta.			
	Ado.	Caput larga vitta multis gemmis et margaritis ornatum sm	AR	R	Lemberg prope Neuhaus a Celeia duabus horis distans.
	Ao.	Equus dm gradiens. Supra rota 8 radiorum. Infra monogramma T.			
	Ado. Ao.	Copia praecedentis Adversa. Copia praecedentis Aversa.			
	Ado.	Caput larga vitta gemmis multis margaritisque ornatum dm	AR	R	Lemberg ut supra
	Ao.	DIIAA inter duas lineas. Equus dm gradiens, cujus tergo insistit monogramma O			
	Ado.	Caput ut supra dm	AR	R	Lemberg
	Ao.	DIIAA ut supra, sed typus equi dm gradientis aliquantum differens.			
	Ado.	Caput nudum Laurea cinctum sm	AR	R	Id.
	Ao.	Equus dm gradiens			
	Ado.	Caput larga vitta multis margaritis ornatum dm	AR	Obvius	alicubi in Styria
	Ao.	Equus dm gradiens.			
	Ado.	Vitta margaritis ornata dm spectans errore Signatoris Aversa Equitis galeati dm equitantis incusa	AR	RRRR	Lemberg
	Ao.	Equus dm currens, cui pars diadematis retro est incusa. Supra equum Rota 8 radiorum duaeque lunulae. Infra Equi pedes monogramma IT Animadversio. Similis signatio vitiosa apparet etiam in numismate Cimelii Vindobonensis			

Abb. 2: Beispielseite aus dem handschriftlichen Münzkatalog von Richard Knabl, 1867. Zu Lemberg gibt er die genaue Verortung »prope Neuhaus a Celeia duabus horis distans« an.

Im Jahre 1869 übergab der hochbetagte Knabl dem Cabinet vier weitere Münzen, bei denen es sich um Entnahmen des 1868 geborgenen keltischen Schatzfundes von Dobrna-Retje/Trbovlje (Trifail) handelt, die er offenbar – zusammen mit einem Fragment des Topfes, in dem die Münzen aufgefunden wurden – als Geschenk des hiesigen Pfarrers für seine Bemühungen bei der Bestimmung der Münzen erhalten hatte.[26] Zwar verzeichnet Knabl in seinem Katalog sämtliche Provenienzen seiner Münzen, eine Identifikation mit den Originalstücken steht allerdings großteils noch aus, da die Knabl'schen Bestände in der Gesamtsammlung aufgingen. Lediglich die keltischen Münzen konnten verifiziert werden.[27] Stephan Karl fasste zusammen, woher Knabl seine Münzen erworben hatte.[28] Demnach kamen die Erwerbungen sowohl durch Kauf als auch durch Schenkung von Doubletten (beispielsweise von Stift Rein »Ex Dupl. Reun«), Tausch (beispielsweise mit dem Steiermärkischen Landesmuseum »Ex Dupl. Joan.« Oder »Ex Duppl. Joannei«) oder als Fund (beispielsweise »Vindobona«/Wien, »Wagna«/Flavia Solva, »Petovione«/Ptuj, »Vincovze«/Vinkovci) zustande. In seinem Katalog erwähnt Knabl zahlreiche Fundorte in der Steiermark, vor allem im Leibnitzer Feld, wo sich die Römerstadt Flavia Solva befindet, und in Slowenien, aber auch Ankäufe aus dem Wiener Kunsthandel, namentlich den Sammlungen Franz Cozzer Ritter von Contanavi und Welzl von Wellenheim; zur zuletzt genannten befindet sich noch der Auktionskatalog in der Bibliothek Knabls.[29] Zu seiner Sammlung gehörten 12 keltische Münzen, darunter 5 Exemplare aus dem Schatzfund von Lemberg aus dem Jahr 1829 (Abb. 2 und 3) und die 4 erwähnten Stücke aus dem Schatzfund von Dobrna-Retje/Trbovlje des Jahres 1868[30] sowie 20 republikanische

Abb. 3: Zwei der bei Knabl (s. Abb. 2) verzeichneten keltischen Münzen aus Lemberg.

26 Kos 1977, S. 74 f.; S. 114–119; Schachinger 2008b, S. 73–77; Wrolli et al. 2005, S. 298 (irrtümlich als Kleinsilber bezeichnet).

27 Schachinger 2008b.

28 Wrolli et al. 2005, S. 299 f.

29 Wrolli et al. 2005, S. 299.

30 Kos 1977, S. 74 f.; S. 114–119 (Dobrna-Retje/Trbovlje); S. 124–133 (Lemberg); Schachinger 2008b, S. 73–81; Lemberg: Schachinger 2008a, Nr. 655, 656, 658, 663; von dem fünften Stück liegt nur ein Abguss in der Universitätssammlung vor: Schachinger 2008b, S. 78, Nr. 1. F. Pichler wies dem Schatzfund von Lemberg ein weiteres Stück der Knabl'schen Sammlung zu: Schachinger 2008a, Nr. 654. Dobrna-Retje/Trbovlje: Schachinger 2008a, Nr. 653, 657, 659, 660.

Prägungen aus dem Museo Borbonico in Neapel, in seinem Katalog mit »Ex Museo Neapolitano« oder »Ex Mus. Neap.« versehen.[31]

Friedrich Pichler hatte als erster ein Gesamtinventar der Grazer Universitätssammlung, einen Zettelkasten der griechischen Bestände, erstellt, in das er die Knabl'sche Münzsammlung integrierte. Er war es auch, der 1875 in den Mitteilungen des Historischen Vereines für Steiermark den Nachruf auf Richard Knabl verfasste.

Friedrich Pichler und die Übersiedlung ins neue Hauptgebäude der Grazer Universität

1866/67 wurde der Historiker, Archäologe und Dichter Friedrich Pichler (1834–1911) mit der Verfassung eines Münzinventars betraut, nachdem er 1865 und 1867 sein zweibändiges Werk »Repertorium der steirischen Münzkunde« veröffentlicht hatte.[32] Mit dieser Publikation legte er ein für damalige Verhältnisse bahnbrechendes Werk im Bereich der Fundnumismatik vor. Der aus Klagenfurt stammende Pichler studierte zwischen 1852 und 1855 in Wien Universalgeschichte und Altertumskunde und bei Karl Tomaschek, der von 1862 bis 1868 das Ordinariat in Graz bekleidete, Germanistik. Daneben besuchte er Lehrveranstaltungen über mittelalterliche Baudenkmalkunde bei Eduard Freiherr von Sacken (1825–1883), der als Privatdozent für Kunstarchäologie des Mittelalters großen wissenschaftlichen Einfluss auf Pichler gehabt haben dürfte.[33]

Von Sacken hatte sich schon in jungen Jahren als Amanuensis am k.k. Münz- und Antikenkabinett in Wien verdient gemacht, wo er 1855 mit der goldenen Medaille für Wissenschaft und Kunst ausgezeichnet wurde. Bald wurde er Kustos am Wiener Kabinett, unter anderem auch ständiges Mitglied der k.k. Zentralkommission für Baudenkmale, Mitglied der Akademie der Wissenschaften und akademischer Rat an der Akademie der bildenden Künste. Schließlich gipfelte seine Karriere im Direktorat des Münz- und Antikenkabinetts mit dem Titel und Rang eines Regierungsrates. Neben Neuordnung, -aufstellung und detaillierter Beschreibung der Sammlungen in Wien und Ambras (Tirol), wofür er weitere Auszeichnungen erhielt, verfasste er ein Standardwerk zur Heraldik, das auch heute noch Geltung besitzt. Insbesondere in Bezug auf die Beschäftigung mit den Historischen Hilfswissenschaften dürfte von Sacken für Pichlers weitere wissenschaftliche Entwicklung maßgeblich gewesen sein. Dieser kam durch Karlmann Tangl, der ab 1852 Ausschussmitglied des Historischen Vereins für Steiermark war und 1862 in die Kommission zur

31 Wrolli et al. 2005, S. 300.

32 Der dritte Band sollte Mittelalter und Neuzeit umfassen und wurde 1875 veröffentlicht.

33 Handy 2003, S. 54; Kernbauer 1981c, S. 264.

Herausgabe der steiermärkischen Geschichtsquellen gewählt wurde, im Jahre 1857 ans Joanneum, wo er als Kopist am Archiv, Münzen- und Antikenkabinett angestellt wurde. 1862 wurde er an der Universität Graz zum Doctor Philosophiae promoviert.

Am 26. Mai 1866 suchte Pichler an der philosophischen Fakultät der Universität Graz um Habilitierung für »Archäologie als Geschichte und Quellenkunde (mit den Inhalten Numismatik, Heraldik, Sphragistik und Epigraphik)« an. Er wollte dabei keine chronologische Einschränkung vornehmen und nicht nur im Rahmen des Philologischen Seminars, sondern auch für Universalhistoriker und Juristen numismatische und epigraphische Lehrveranstaltungen anbieten.[34] Dabei verwies er explizit auf die Bestände des 1865 gegründeten Archäologischen Cabinets, die er für die Lehre verwenden wollte. Zu seinen vorgelegten Habilitationsschriften gehörte der erste Band seines Repertoriums der steirischen Münzkunde, der 1865 publiziert wurde und die »keltischen und consularen Münzen der Steiermark« umfasste. Karl Schenkl wies als Dekan das Ansuchen einer Kommission zu, der auch Max von Karajan angehörte. Diese änderte nicht nur den Titel des Habilitationsfaches, sondern schloss die Epigraphik dezidiert aus, da Pichler darin keine Studienergebnisse vorzuweisen gehabt habe. In seinem Bericht an das Ministerium unterstützte Karl Schenkl dennoch das Habilitationsansuchen Pichlers, der in dem beauftragten ministeriellen Gutachten in niederschmetternder Weise eher als »der Zahl der Dilettanten als der Fachmänner« zuzurechnen sei. Dennoch wurde ihm schließlich die Lehrbefugnis – allerdings ohne Epigraphik – erteilt.

1868 beantragte er eine Erweiterung seiner Venia auf römische Epigraphik, was ihm diesmal gewährt wurde. Somit hatte er die ursprünglich beantragte Lehrbefugnis erhalten. In demselben Jahr ging Karl Tomaschek wieder nach Wien zurück, und Friedrich Pichler wurde auf Antrag von Karl Schenkl vom Professorenkollegium der Fakultät ins Direktorium des Archäologischen Cabinets gewählt. Zuvor hatte er zum Zwecke von Kunst- und Altertumsstudien eine Reise nach Prag und Deutschland unternommen, um Museen und Kabinette zu besuchen. Dabei erwarb er sich offenbar fundierte museologische Kenntnisse, die für seine spätere Tätigkeit der Neuordnung der Sammlungen an der Universität und am Steiermärkischen Landesmuseum Joanneum von großem Nutzen waren. Am Cabinet war er fortan für die Verwaltung der Münzsammlung verantwortlich. Zwar wurde Schenkls Antrag auf ein besoldetes Extraordinariat für Pichler abgelehnt, einer unbesoldeten Professur wurde aber mehrheitlich stattgegeben. Von 1869 an bis zu seinem Ausscheiden von der Universität Graz im Jahr 1905 blieb Friedrich Pichler im Rang eines unbesoldeten Extraordinarius für Epigraphik, Numismatik, Heraldik und Sphragistik Mitdirektor des Cabinets und Leiter der epigraphisch-numismatischen Sammlung, deren Bestände er im

34 Höflechner 2009, S. 274 f.; Kernbauer 1981c, S. 265.

Wesentlichen aufbaute.[35] Mehrmalige Versuche, eine Besoldung zu erlangen, blieben ergebnislos. Auch ein Antrag auf eine weitere Ausweitung seiner Venia – auf jene Fächer, die seine museale Tätigkeit am Joanneum betrafen, wie Archäologie, Paläographie, Ägyptologie und vieles mehr – wurde mit einem vernichtenden Gutachten diesmal durch Karl Schenkl abgelehnt. Seine bohrende Hartnäckigkeit machte Pichler nicht unbedingt zum Sympathieträger, sondern förderte offenbar eine gewisse Voreingenommenheit gegen ihn.[36] In seinen ständigen Bemühungen um eine Besoldung wandte er sich nicht nur direkt ans Ministerium, sondern stellte sogar ein Gesuch an den Kaiser persönlich mit dem Verweis auf seine langjährige Tätigkeit im Bereich der Hilfswissenschaften und auf seine prekäre finanzielle Situation.[37] Auch dieses wurde abgelehnt.

Seit 1869 war Pichler auch Vorstand des Münzen- und Antikenkabinetts am Steiermärkischen Landesmuseum Joanneum, wo er sich um die Neuordnung und -aufstellung der Sammlung in höchstem Maße verdient gemacht hatte. In der Zeit, als Pichler in Personalunion am Joanneum und am Archäologischen Cabinet tätig war, kamen viele Doubletten des Landesmuseums an die Universität, wie aus der Empfangsbestätigung vom 11. Mai 1874, unterzeichnet durch die drei Direktoren von Karajan, Schenkl und Pichler, hervorgeht.[38] Demnach kamen 374 Doubletten – bestehend aus 125 Silber- und 249 Bronzemünzen – aus dem Joanneum an das Cabinet. Zwar sind diese Eingänge auch in dem auf Pichler zurückgehenden numismatischen Zettelkasten notiert, eine Identifikation der Archivalien mit den Originalmünzen steht derzeit aber noch aus (Abb. 4–5). Pichler gelang es auch immer wieder, finanzielle Mittel für Ankäufe und Ausgrabungen – sowohl

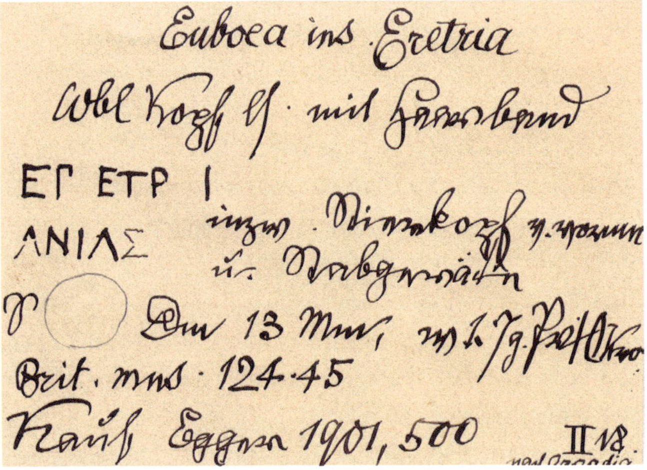

Abb. 4: Beispiel aus der Pichler'schen Kartei.

35 Graff 1983.
36 Kernbauer 1981c, S. 266 f.; Modl 2016, S. 49.
37 Kernbauer 1981c, S. 272 f., Anm. 66.
38 Modl 2016, S. 48; S. 56, Abb. 3.

für das Museum als auch die Universität – zu akquirieren, ihm selbst blieben Erfolg und Anerkennung jedoch auch am Museum versagt. Er schied 1890 freiwillig aus dem Joanneum aus, was trotz einer gewährten, allerdings geringfügigen Pension finanzielle Einbußen nach sich zog; aufgrund von »Ansichts-Conflicten« mit dem Landeshauptmann Ladislaus Gundaker Graf von Wurmbrand-Stuppach (1838–1901) und dessen »Genossen«, wie es in einem Sitzungsprotokoll der philosophischen Fakultät heißt.[39] Dies bezieht sich auf die Neuorganisation des Joanneums 1887, bei der Pichler offensichtlich übergangen wurde, dagegen wurden Wilhelm Gurlitt, der spätere erste Ordinarius für Klassische Archäologie, und Arnold von Luschin-Ebengreuth (1841–1932) ins Kuratorium gewählt.[40]

Abb. 5: Das Originalstück aus der Universitätssammlung.

Nachdem Karl Schenkl 1875 einem Ruf nach Wien gefolgt war, wurde im Jahre 1877 Wilhelm Gurlitt (1844–1905) zunächst als unbesoldeter Extraordinarius für Klassische Archäologie und die realen Fächer der Klassischen Philologie nach Graz berufen. Gurlitt hatte in Göttingen und Bonn Klassische Philologie und Archäologie studiert und ist 1867 promoviert worden. Auf seinen Studienabschluss folgte eine ausgedehnte Reisetätigkeit durch ganz Europa, vornehmlich nach Griechenland.[41] 1870 kam er als Erzieher nach Wien, wo er sich 1875 mit einer Arbeit über das Theseion in Athen bei Alexander Conze (1831–1914) habilitierte.[42] Nach zwei Jahren als Privatdozent in Wien wurde er schließlich 1877 nach Graz berufen, wo er bis zu seinem Tod 1905 blieb. 1881 wurde seine Stelle in ein besoldetes Extraordinariat umgewandelt. Gurlitt behielt seinen Forschungsschwerpunkt der griechischen Kultur zunächst noch bei, wandte sich aber vermehrt der steirischen Landesarchäologie zu und übernahm einige damit verbundene Ämter, wie

39 Kernbauer 1981c, S. 273, Anm. 70.
40 Modl 2016, S. 50.
41 Koch 2015; Koch 2016.
42 Mit diesem und seinem Nachfolger pflegte Gurlitt Zeit seines Lebens einen intensiven Briefwechsel, der sich in seinem Nachlass am Universitätsarchiv in Graz befindet; Koch 2015. Die Korrespondenz mit Otto Benndorf (1838–1907), dem Begründer des Österreichischen Archäologischen Instituts, wurde bereits ausgewertet; Szemethy 2013; Koch 2016.

jenes des Konservators der Zentralkommission und des Kurators des Steiermärkischen Landesmuseums. 1890 wurde er zum Ordinarius für Klassische Archäologie an der Universität Graz bestellt. Als Begründung dienten dem Professorenkollegium unter anderem seine Verdienste der Landesarchäologie und Grabungstätigkeit. Dies musste für Friedrich Pichler, der die Venia der »Archäologie als Geschichte und Quellenkunde« besaß, ein herber Schlag gewesen sein, zumal er sich seit dem Beginn seiner Tätigkeit am Joanneum 1857 und im Rahmen seines Extraordinariats an der Universität ununterbrochen um die Landesarchäologie und -geschichte bemüht hatte. Er war es gewesen, der das bis heute einzigartige Fußbodenmosaik in Flavia Solva gefunden und an die Universität gebracht hatte.[43] Mit Gurlitt als erstem Klassischen Archäologen in Graz wurden nun auch die Kompetenzen innerhalb des Archäologischen Cabinets – gemäß den Gründungsstatuten – neu aufgeteilt: Zwar schlug ein Antrag des Ordinarius für Latinistik, Otto Keller (1838–1927), zunächst noch fehl, wonach das Cabinet in ein archäologisches unter der Leitung von Wilhelm Gurlitt und ein numismatisch-epigraphisches mit Friedrich Pichler als Direktor getrennt werden sollte.[44] Als Mitglieder des Direktoriums verblieben Pichler für die numismatische und epigraphische Sammlung, Gurlitt für die archäologische und von Karajan als Schirmherr des bis 1895 nun »Archäologisches Museum« genannten Cabinets im Amt.[45] Erst 1895 kam es dann zur endgültigen Trennung.

Gurlitt war 1894/95 Dekan der Philosophischen Fakultät, und in diese Zeit fällt die Übersiedlung vom ehemaligen Jesuitenkolleg in das neue Hauptgebäude, wo ein eigener Trakt für das Archäologische Cabinet vorgesehen war.[46] Mit dem Umzug ins neue Hauptgebäude war die Entwicklung der 300 Jahre alten Alma Mater Graecensis in eine moderne Universität mit zahlreichen neuen Instituten und Seminaren großteils abgeschlossen. Bereits seit den 1880er Jahren hatte sich eine Aufspaltung der altertumskundlichen Fächer entwickelt. Mit Adolf Bauer (1855–1919) wurde 1884 ein Extraordinariat für Geschichte des Altertums geschaffen, das bald in eine ordentliche Professur umgewandelt wurde. Dieser initiierte 1896/97 die Einrichtung des Paläographischen Apparates und wurde somit zum Begründer der Historischen Hilfswissenschaften in Graz, und das, obwohl eigentlich Friedrich Pichler schon lange auf diesem Gebiet habilitiert war. Damit war zwar der Grundstein des archäologisch-epigraphischen Seminars, des späteren Instituts für Alte Geschichte und Altertumskunde gelegt. Allerdings wollte man Friedrich Pichler, der als am längsten lehrender Professor dafür in Frage gekommen wäre, verhindern, und so verzögerte sich die Einrichtung noch um wenige Jahre. Inzwischen war im Jahre 1895 eine Aufteilung in griechische und römische Altertumskunde erfolgt, und Wilhelm Kubitschek

43 Handy 2003, S. 56.

44 Kernbauer 1981c, S. 267.

45 Höflechner 2009, S. 274 f.; Kernbauer 1981c, S. 267.

46 In seinem Briefwechsel mit Otto Benndorf ist mehrfach die Rede davon; Szemethy 2013, S. 881–884.

(1858–1936) aus Wien wurde als erster Extraordinarius für römische Altertümer nach Graz berufen.[47] Die Abteilung wurde nach dem Ausscheiden von dessen Nachfolger Otto Cuntz (1865–1932) 1931 jedoch wieder aufgelöst.[48]

Daneben besaß die Klassische Philologie bereits seit 1871 drei Ordinariate, und mit Wilhelm Gurlitt wurde 1890 erstmals eine ordentliche Professur für Klassische Archäologie etabliert. 1895 kam es dann zur endgültigen Trennung des von Gurlitt neu geschaffenen archäologischen Instituts von der epigraphisch-numismatischen Sammlung, die vorläufig selbstständig war (mit eigener Verrechnung und Dotation) und weiterhin von Friedrich Pichler unbesoldet geleitet wurde. Im Jahre 1900 wurde sie schließlich dem auf Ministerialbeschluss neu eingerichteten archäologisch-epigraphischen Seminar zugeschlagen, wo sie sich auch heute noch befindet. Dies war damals allerdings wiederum ohne Miteinbeziehung Pichlers geschehen, der sich beim Ministerium beklagte, dass Gurlitt und Cuntz in der Fakultätssitzung vom 25. April 1898 die Errichtung des Seminars durchgesetzt hätten, ohne ihn zu informieren.[49] Zudem hatte der sich nun betrogen fühlende Pichler dem neu berufenen Cuntz zuvor freimütig ein Verzeichnis der numismatisch-epigraphischen Sammlung zu dessen Benutzung übergeben. Dabei war auch eine Anzahl von 3 600 Münzen angeführt. Die Diskreditierung Pichlers gipfelte in einer Stellungnahme Heinrich Schenkls (1859–1919), des Sohnes von Karl Schenkl, der seit 1892 eine der drei philologischen Lehrkanzeln in Graz bekleidete, in der er sich gegen eine Finanzierung der von Pichler jährlich herausgegebenen Schrift »Das epigraphisch-numismatische Cabinet der Universität Graz« mit aller Deutlichkeit aussprach.[50] Darin wirft er Pichler »Absurditäten aller Art« vor, weiters »gröbste Unwissenheit«, »Unfug« und »Verkehrtheiten«. Pichler hatte bereits im Studienjahr 1903/04 mitgeteilt, dass er in Hinblick auf seinen bevorstehenden Ruhestand die Leitung des epigraphisch-numismatischen Kabinetts zurücklegen und die Räume mit Ende des Wintersemesters 1904/05 übergeben wolle. Allerdings löste das Professorenkollegium das Kabinett schon Ende 1904 auf, womit die jährliche Dotation auf das archäologisch-epigraphische Seminar übertragen wurde. Pichler ging im September 1905 in den Ruhestand, und selbst seine Ruhestands-Remuneration wurde auf kaiserlichen Beschluss von 800 auf 600 Kronen herabgesetzt.

Pichlers Leistungen wurden Zeit seines Lebens von seinen Kollegen herabgewürdigt, da er mit seinem Anspruch der universellen Gelehrsamkeit noch in den Idealen des Vormärz verhaftet war, während sich seine Kollegen immer mehr in Spezialfächern profilierten. Die Stellung Pichlers nennt Alois Kernbauer als »zwischen den Fächern«, was sich auch im Vorlesungsverzeichnis manifestiert, wo seine Lehrveranstaltungen abwechselnd

47 Szemethy 2013, S. 890–892.
48 Höflechner 2009, S. 267.
49 Kernbauer 1981c, S. 275 f., Anm. 101.
50 Kernbauer 1981c, S. 268 u. S. 276 Anm. 103 (vollständige Wiedergabe der Stellungnahme).

18

5. IMP CAES VESP AVG P M TR P COS VIII. Büste bel. ls.
℞. AETERNITAS AVGVSTI S C. Wbl. Gestalt lst., r. Speer, l. Füllhorn.
Br. m. Mährenberg R. Cili U. J. 830, 831 (77, 78). Vgl. Coh. I. 250. rs. Pr. 8 fr.

6. CAESAR VESPASIANVS AVG. Büste bel. rs.
℞. ANNONA AVG. Wbl. Gestalt rsitzd., r. Kleid, die L. eingestemmt.
S. Pettau. Coh. I. 6. W. 9875. Annonae praefectus der Proc. aug. Bassaeus Rufus steininschriftlich zu Cili.

7. IMP CAES VESP AVG P M COS IIII. Büste bel. ls.
℞. AVGVR TRI POT. Priestergeraethe.
S. Cili? Suppantschitsch. J 559. 28. Pettau. Wagna B. Leibnitzer Feld U. J. 825, 826 (72, 73). Coh. I. 14. W. 9878. Auguralia loca steininschriftlich zu Pettau. Priester und Opfernde, Vase, Beil u. s. w., auf den Reliefs von Seckau, Pettau. Weihrauchlöffel, Feuerzange ausgegraben im leibnitzer Felde, Arae ebdas, zu Cili und Pettau.

8. IMP CAESAR VESPAS AVG COS III TR P P P. Büste bel. ls.
℞. CONCORDIA AVG. Wbl. Gestalt rsitzd., r. zwei Aehren und Mohnkelch, l. Füllhorn, unten E P E (Ephesus).
S. Cili? Durch Koch. J 556. 11. J. 824 (71). Coh. I. 22. Pr. 10 fr. Vgl. Mitth. V. 109. Denkstein eines Ephesiers zu Cili.

9. IMP CAES VESPASIAN AVG COS III. Büste bel. ls.
℞. CONCORDIA AVGVST? S C. Wbl. Gestalt rst., r. Schale? l. Füllhorn.
Br. gr. Peggau U. J. 824 (71). Vgl. Coh. I. 263. Br. m. Pr. 6 fr.

10. Aehnlich (l. Speer)?
Br. m. Cili U. Vgl. Coh. I. 263.

11. IMP CAESAR VESPASIANVS AVG. Büste bel. ls.
℞. COS ITER TR POT. Wbl. Gestalt rsitzd., r. Zweig, l. Schlangenstab.
G. Zirkowitz 1850. J 555. $3^1/_2$. 151. J. 823 (70). Vgl. Coh. I. 35. Pr 40 fr. A. f. K. oe G.-Q. 1853. IX. 127. Mitth. II. 177.

12. Aehnlich.
S. 2·57 Cili? (Gadolla). J XX. 2. 27. Pettau. Coh. I. 34. W. 9889. 9890.

13. Aehnlich. Gestalt st., r. Wage, l. schrägen Speer.
S. Landscha. B. J. 823 (70). Coh. I. 31.

14. Aehnlich mit T R P. Büste bel. ls.
℞. Aehnlich. Wbl. Gestalt (Aequitas) rst., r. Wage, l. Füllhorn.
G. Zirkowitz 1850. J. 823 (70). Vgl. die verschiedenen 29, 30, 33. Cohen's I. J. 556. $5^1/_2$. A. f. K. oe G.-Q. 1851. VI. 219. Mitth. II. 177.

Abb. 6: Beispielseite aus Pichlers »Repertorium« von 1867. Ein Exemplar der Münze Nr. 7 befindet sich in der Universitätssammlung, mit »U« bei Pichler chiffriert.

unter Geschichte, Geographie, Philologie, Archäologie und Kunstgeschichte liefen.[51] Nichtsdestoweniger hinterließ Friedrich Pichler einen stark angewachsenen Objektbestand der von ihm betreuten epigraphisch-numismatischen Sammlung und eine detaillierte Dokumentation derselben. Das von ihm verfasste dreibändige »Repertorium der steirischen Münzkunde« fand durchwegs Akzeptanz innerhalb der Fachwelt. In diesem Werk verzeichnete er alle auf steirischem Boden gefundenen Münzen mit Beschreibung, Zitat, Fundort und Verbleib sowie gegebenenfalls Literatur dazu und setzte damit auch heute noch gültige Standards für die Publikation von Fundmünzen (Abb. 6–7).

Abb. 7: Die bei Pichler 1867, Nr. 7 angeführte Münze aus der Universitätssammlung.

Die Münzsammlung im 20. Jahrhundert

Nach der Auflösung der Eigenständigkeit der epigraphisch-numismatischen Sammlung und dem Abgang Pichlers sind keine Neuzugänge mehr dokumentiert. Die Hauptbestände hatten sich zwischen 1868, dem Zeitpunkt der Schenkung Richard Knabls, und den 1880er Jahren gebildet. In den 1890er Jahren wurden nur mehr wenige Stücke erworben. Die letzten Zugänge erfolgten noch unter Pichler zwischen 1899 und 1903, als offenbar wieder etwas mehr Budget für Ankäufe zur Verfügung stand. Analog dazu erfuhr auch die Abguss- und Originalsammlung am Institut für Klassische Archäologie keine nennenswerten Zugänge mehr. Die größten Bestände hatten sich ebenfalls unmittelbar nach der Gründung des Cabinets mit Schenkungen Knabls und anderer formiert. Danach wurden größere Einkäufe von Gipsabgüssen getätigt, wofür es regelmäßige Dotationen gab. Die letzten größeren Einkäufe fanden 1910, 1911 und 1912 statt. Die problematischen Bestände aus der NS-Zeit unter dem Institutsvorstand Arnold Schober (1886–1959), bei denen es sich um die sogenannte Kreta-Sammlung handelt, wurden inzwischen geklärt und aufgearbeitet.[52]

51 Kernbauer 1981c, S. 268.
52 Christidis et al. 2013, S. 229–240; Christidis et al. 2016.

Von unrechtmäßigen Zugängen in der Zeit des Nationalsozialismus scheint die numismatische Sammlung nach aktuellem Wissensstand verschont geblieben zu sein. Allerdings stellt die Aufarbeitung der Archivalien ein großes Desiderat dar, das erst zu einer endgültigen Klärung der Frage führen kann. Der nach Friedrich Pichler entstandene Zettelkasten der römischen Bestände geht sicher auf die Pichler'sche Dokumentation zurück, da sich große Übereinstimmungen mit den von ihm selbst überlieferten Daten in der Kartei der griechischen Bestände finden. So wird beispielsweise auf die Schenkungen Knabls von 1868 verwiesen, aber auch auf Geschenke von Anton Graf Prokesch von Osten (1795–1876), Hofrat Professor Johann Loserth (1846–1936), der zwischen 1893 und 1917 Professor für mittelalterliche und neuere Geschichte in Graz war, und schließlich auf Einkäufe in Auktionshäusern wie jenem der Brüder Egger im ersten Bezirk in Wien.

Mitte der 1960er Jahre geriet die numismatische Sammlung wieder ins Bewusstsein, als am 25. Januar 1965 Ingomar Weiler (1938–2023), Erich Hudeczek (1939–2007) und Heribert Aigner (1943–2015) unterzeichneten, dass sie im Auftrag des interimistischen Leiters des Institutes für Geschichte des Altertums und Altertumskunde, Univ.-Prof. Dr. Hermann Wiesflecker (1913–2009), zwischen dem 11. Jänner und dem 23. Jänner ein Inventar der Münzsammlung aufgenommen hatten, und das nach zweimaliger Kontrolle der Bestände. In dieser Liste werden die Münzen allerdings ohne genauere Bestimmung lediglich nach Kaisern mit Ordnungsnummern angeführt und ihre Lage in einzelnen Laden des damaligen Münzkastens notiert. Dies stellte zumindest einen ersten Schritt zur Wiederentdeckung und Nutzbarmachung der Grazer Münzsammlung für Forschung und Lehre dar. In der Folge war es Heribert Aigner, der die Objekte regelmäßig in der Lehre einsetzte und sich nicht scheute, den Studierenden Originalstücke für Übungszwecke auszuhändigen. Davon profitierte eine Reihe von Studentinnen und Studenten in den späten 1980er und frühen 1990er Jahren, zu denen auch ich mich zähle. Aigner betreute zahlreiche numismatische Diplomarbeiten, die jeweils einen Teil der Münzsammlung zur Aufarbeitung vorsahen.[53]

Zwischen 2008 und 2010 wurden alle Bestände noch einmal neu überarbeitet, mit Zitaten der aktuellsten Bestimmungsliteratur versehen und alle relevanten Daten angeglichen. Gleichzeitig fand eine Vorbereitung zur Digitalisierung der Sammlung statt, wobei ich mit den Studentinnen Stephanie Lerch und Hanne Maier die Münzen fotografierte und in einer Datenbank erfasste.[54] Dies bildete die Grundlage für den Internetauftritt im Rah-

53 Darunter Sabine Ladstätter (1968–2024; vormals Schretter), die das Österreichische Archäologische Institut an der ÖAW leitete und in viele ihrer Publikationen numismatische Inhalte einbezog, oder die Archäologin Ursa Jarc und Sascha Prabitz, der sich als Numismatiker im Auktionshaus Lanz einen Namen gemacht hat.

54 Das Projekt wurde von der damaligen Institutsleiterin Sabine Tausend unterstützt, die auch einen neuen Tresor zur sachgemäßen Aufbewahrung der Sammlung ankaufte. Irmtraud Fischer förderte es in ihrer Funktion als Vizerektorin für Forschung und Weiterbildung mit angemessenen finanziellen Mitteln.

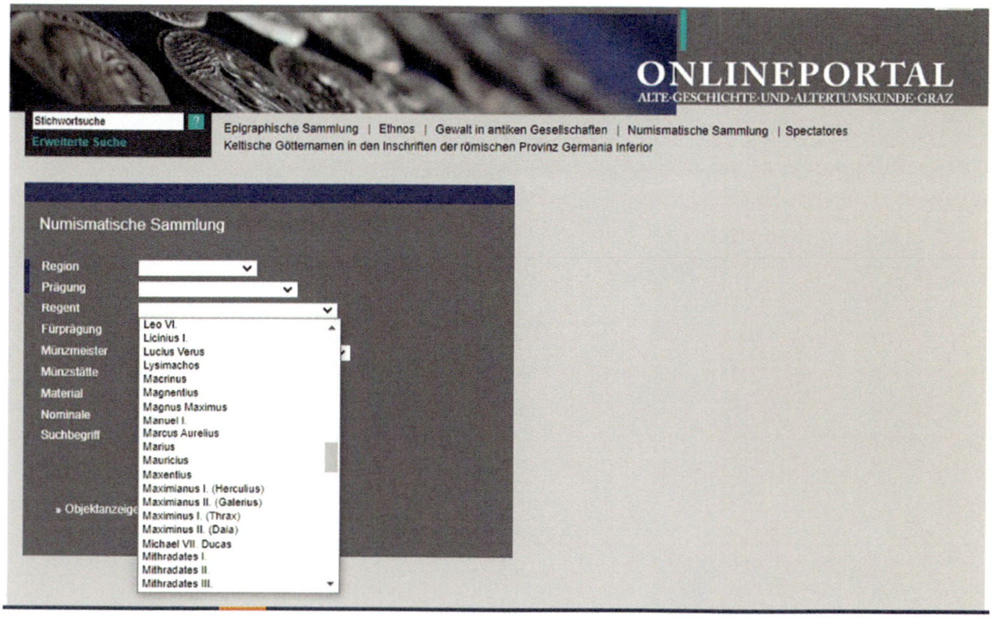

Abb. 8: Onlineportal Alte Geschichte, Numismatische Sammlung, Suchfunktionen.

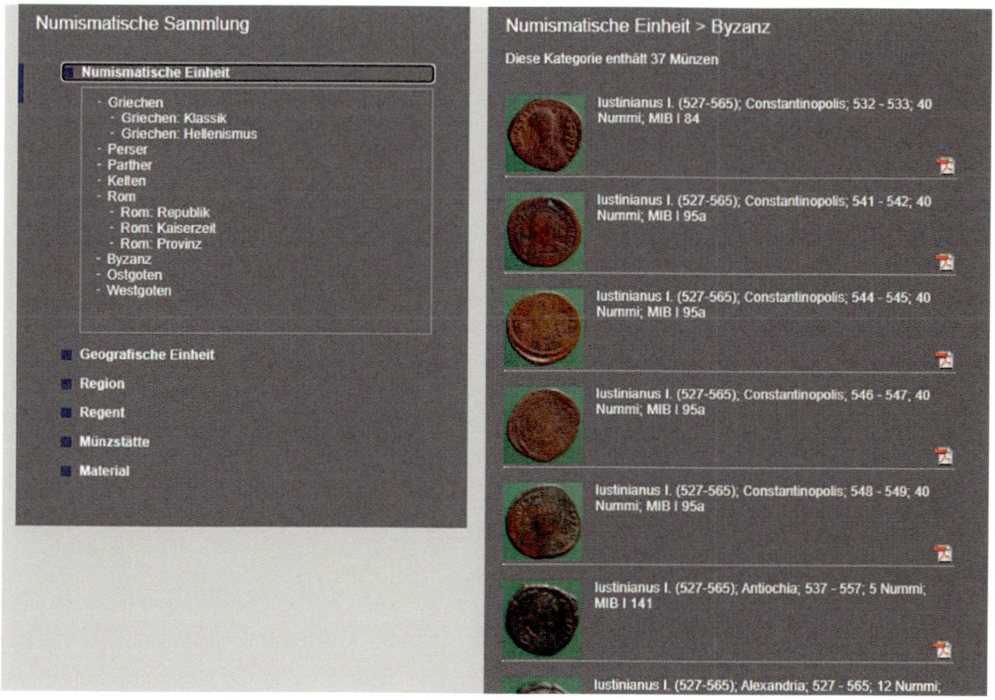

Abb. 9: Onlineportal Alte Geschichte, Numismatische Sammlung, Listenansicht, Suchkategorie: Byzanz.

Onlineportal Alte Geschichte und Altertumskunde

Numismatische Sammlung

Permalink: http://gams.uni-graz.at/o:numis.748

M. Baebius Q.f. Tampilus; Rom; 137 v.Chr.; Denar; Cra 236/1a

Avers

Revers

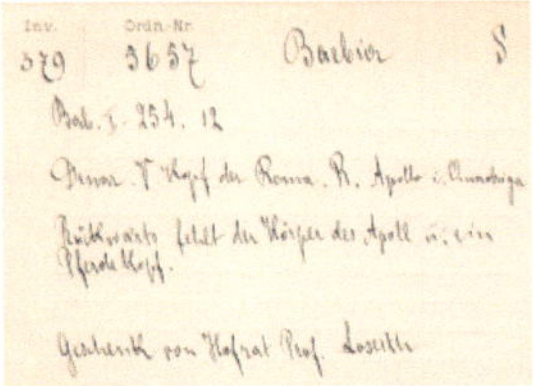

Archivalie

Inventarnummer:	379
Zitat(e):	Cra 236/1a
Prägedaten:	
Münzstand:	Rom > Rom: Republik
Münzmeister:	M. Baebius Q.f. Tampilus (Triumvir monetalis)
Münzstätte:	Rom
Datierung:	137 v.Chr.
Nominale:	
Nominale:	Denar
Material:	Silber
Technische Daten:	
Gewicht:	3,79 Gramm
Stempelstellung:	12 h
Erhaltungsgrad:	3 (schön)
Technika:	Beschneidung, Randschaden
Beschreibung:	
Bildbeschreibung:	
Avers:	Romakopf l., m. Helm u. Halsband, davor X
Revers:	Apoll in Quadriga n. r., Pfeil, Bogen u. Zügel in l. Hand, Zweig in r. Hand haltend, Randlinie
Impressum:	
Editorische Redaktion:	Ursula Schachinger
Datenerfassung:	Stefanie Lerch und Hanne Maier

http://gams.uni-graz.at 1

Abb. 10: Onlineportal Alte Geschichte, Numismatische Sammlung, Münze in PDF-Ansicht.

Abb. 11: Münze von Abb. 10 im Rahmen des CRRO-Portals.

men des »Onlineportals Alte Geschichte« des »Geisteswissenschaftlichen Asset Management Systems (GAMS)« der Universität Graz (Abb. 8–10), das unter Federführung von Hubert Stigler und Martina Scholger (vormals Semlak) im Rahmen einer Kooperation mit dem Zentrum für Informationsmodellierung/Austrian Centre for Digital Humanities zustande kam. Darüber hinaus nahmen im Sommersemester 2012 die Studentinnen und Studenten Markus Cvetko, Hanne Maier, Ricarda Meisl, Isabella Schilcher und Sandra Schweinzer im Rahmen einer Lehrveranstaltung eine neue physische Ordnung der Originalsammlung vor. Elisabeth Steiner führt inzwischen das Digitalisierungs-Projekt fort; sie konnte 2018 eine erfolgreiche Einspielung der Daten in das internationale Kooperationsprojekt Nomisma vornehmen. Damit war die Münzsammlung der Universität Graz die erste österreichische Sammlung überhaupt, deren Bestände in den Portalen »Online Coins of the Roman Empire« (OCRE) und »Coinage of the Roman Republic Online« (CRRO) abgerufen werden konnten (Abb. 11).[55]

55 Blogspot vom 7.1.2018, Ethan Gruber: »Nearly 2,000 Roman Imperial coins from the University of Graz integrated into Nomisma. After several weeks of working with Elisabeth Steiner at the University of Graz, a large portion of the collection of Roman coins at the Institute of Ancient History and Classical Antiquities has been integrated into the Nomisma.org SPARQL endpoint and is available in OCRE and CRRO. About 300 Republican coins were initially ingested in October, but the coverage has extended by nearly 2,000 coins from the Imperial period. The collection includes images published according to the IIIF specification, which is rapidly becoming the standard API by which new partners make their images available online. Unlike most Nomisma contributors, where intermediary harvesting scripts transform source XML or CSV into Nomisma-compliant RDF, the University of Graz export is a direct serialization of TEI from their Fedora repository into RDF. What's especially notable about this collection is that it was a successful demonstration of the new Numishare and Nomisma.org OpenRefine reconciliation APIs for normalizing RIC references to OCRE URIs. The first step was to normalize mints, emperors, and denominations to

Die numismatische Sammlung als digital(isiert)e Forschungsressource

Elisabeth Steiner

Bereits seit 2010 ist die Sammlung in digitalisierter Form frei zugänglich[56] und Teil des »Onlineportals Alte Geschichte und Altertumskunde«.[57] Die Umsetzung erfolgte in Kooperation des Instituts für Alte Geschichte und Altertumskunde mit dem Zentrum für Informationsmodellierung/Austrian Centre for Digital Humanities. Der digitalisierte Bestand ist im »Geisteswissenschaftlichen Asset Management System (GAMS)«[58] archiviert und publiziert. GAMS ist ein mit dem Core Trust Seal[59] zertifiziertes Repositorium für Forschungsdaten aus den Geisteswissenschaften und basiert auf der open source Software FEDORA[60]. Die Münzen wurden mit dem Auszeichnungsstandard TEI[61] beschrieben und gemeinsam mit den zugehörigen Digitalisaten als digitales Objekt unter einem persistenten Identifikator gespeichert.

Den FAIR-Datenprinzipien[62] folgend wurden die Daten im Laufe der Jahre in mehrere Projekte eingebracht. Von Beginn an waren sie in der Europeana[63] verfügbar, zusätzlich sind sie seit 2017 im Webportal »Kultur- und Wissenschaftserbe Steiermark«[64] vertreten, seit 2018 auch im österreichweiten Projekt Kulturpool.[65] 2016 und 2018 konnten die Daten in die facheinschlägigen internationalen Aggregationen Pelagios[66] und Nomisma[67] (CRRO[68] und OCRE[69]) integriert werden. Um diese Form der Nachnutzung und Interoperabilität zu ermöglichen, wurden im Laufe der Zeit Normdaten aus den Vokabularen

---

Nomisma preferred labels, which were then used as additional property search parameters for normalizing the RIC numbers themselves to the relevant OCRE URI.« (numishare.blogspot.com/2018/01/nearly-2000-roman-imperial-coins-from.html).

56 Numismatische Sammlung: gams.uni-graz.at/numis.

57 Onlineportal Alte Geschichte und Altertumskunde Graz: gams.uni-graz.at/age.

58 Geisteswissenschaftliches Asset Management System (GAMS): gams.uni-graz.at.

59 Core Trust Seal: coretrustseal.org.

60 Flexible Extensible Digital Object Repository Architecture (FEDORA): fedora.lyrasis.org.

61 Text Encoding Initiative (TEI): tei-c.org.

62 »Data should be Findable, Accessible, Interoperable, and Re-usable«, force11.org/info/the-fair-data-principles.

63 Europeana: europeana.eu.

64 Kultur- und Wissenschaftserbe Steiermark: gams.uni-graz.at/context:pardus.

65 Kulturpool: kulturpool.at.

66 Pelagios, pelagios.org. Für die Betreuung der Datenintegration vonseiten Pelagios bedanke ich mich bei Rainer Simon.

67 Nomisma: nomisma.org. Für die Hilfe bei der Integration, insbesondere dem Matching der Typologieeinträge in Nomisma bedanke ich mich herzlich bei Ethan Gruber.

68 Coinage of the Roman Republic Online: numismatics.org/crro.

69 Online Coins of the Roman Empire: numismatics.org/ocre.

GeoNames,[70] Pleiades,[71] GND[72] und Getty Arts & Architecture Thesaurus[73] zur Sammlung hinzugefügt. Dies trägt dem immer wichtiger werdenden Paradigma von Ressourcenvernetzung und Linked Open Data[74] Rechnung.

Trotz dieser vorgenommenen Erweiterungen wie auch der verlässlichen Archivierung der Quelldaten und der damit einhergehenden ständigen Wartung der gesamten Repositoriumsinfrastruktur merkt man der Präsentationsoberfläche die vergangenen vierzehn Jahre seit ihrer Erstpublikation an. Eine Aktualisierung des Frontends auf ein aktuelleres Design, das vor allem auch für mobile Endgeräte geeignet ist, würde die Usability der digitalen Sammlung erhöhen. Mit IIIF[75] steht auch ein neuer Standard für die Bildauslieferung zur Verfügung, der bereits in GAMS integriert und für die Präsentation der Münzen nutzbar wäre. In der Datenhaltung wäre ein Umstieg auf ein LIDO[76]-Modell, wie es auch in den numismatischen Digitalisierungsverbünden KENOM[77] und IKMK dokumentiert wird, zielführend. Damit einhergehend könnte inhaltlich stärker eine Vernetzung mit den zugehörigen Archivalien vorgenommen werden. Die schon erfassten Normdaten zu Orten könnten in eine geographische Visualisierung überführt werden, ein kleiner virtueller Rundgang die Sammlung als musealen Raum fassbar machen.

Einmal mehr wird hier deutlich, dass die Publikation einer digitalen Repräsentation kein endgültiges Produkt im Sinne eines gedruckten Buches ergibt. Sowohl technisch wie auch fachlich ist hier ständige Aktualisierung und Betreuung gefragt, um aktuelle Entwicklungen und Erkenntnisse adäquat reflektieren und präsentieren zu können. Diesen Anspruch mit der entsprechenden wissenschaftlichen Sorgfalt und Vertrauenswürdigkeit wie auch der technischen Stabilität eines digitalen Archivs zu kombinieren, bildet die große Herausforderung, aber gleichzeitig auch die Stärke solcher Vorhaben.

Objekt- und Abbildungsnachweise

Abb. 1 Universität Graz, Institut für Antike, Sign. MA 78K67. Scan: Ursula Schachinger.
Abb. 2 Siehe Abb. 1. Scan: Ursula Schachinger.
Abb. 3 Schachinger 2008a, Nr. 656 und Nr. 655. Fotos: Ursula Schachinger.
Abb. 4 Universität Graz, Institut für Antike. Scan: Ursula Schachinger.
Abb. 5 Schachinger 2008, Nr. 244. Foto: Ursula Schachinger.

70 GeoNames: geonames.org.
71 Pleiades: pleiades.stoa.org.
72 Gemeinsame Normdatei: dnb.de/gnd.
73 Arts & Architecture Thesaurus: getty.edu/research/tools/vocabularies/aat.
74 Tim Berners-Lee (2006): Linked Data. w3.org/DesignIssues/LinkedData.html.
75 International Image Interoperability Framework (IIIF): iiif.io.
76 Lightweight Information Describing Objects (LIDO): cidoc.mini.icom.museum/working-groups/lido.
77 Dokumentation des KENOM-LIDO: hdl.handle.net/428894.vzg/6711ef39-5762-46a8-b638-a69ce7473fe2.

Abb. 6 Universität Graz, Institut für Antike, Sign. MA 78P592. Scan: Ursula Schachinger.
Abb. 7 Schachinger 2008, Nr. 1155. Druckversion nach gams.uni-graz.at/o:numis.1155.
Abb. 8 gams.uni-graz.at/archive/objects/context:numis/methods/sdef:Context/get?mode=search.
Abb. 9 gams.uni-graz.at/archive/objects/context:numis.entity.byzanz/methods/sdef:Context/get?mode=container&context=context:numis.entity!context:numis.entity.byzanz.
Abb. 10 Schachinger 2008, Nr. 748. gams.uni-graz.at/o:numis.748.
Abb. 11 numismatics.org/crro/id/rrc-236.1a. Screenshot: Ursula Schachinger.

Bibliographie

Christidis et al. 2013 M. Christidis, H. Dourdoumas, M. Lehner, Ch. Lorenzutti, D. Morak, T. Neuhauser & E. Pochmarski: Die Archäologischen Sammlungen der Universität Graz. In: F. M. Müller (Hrsg.): *Archäologische Universitätsmuseen und -sammlungen im Spannungsfeld von Forschung, Lehre und Öffentlichkeit.* Berlin 2013, S. 223–253.

Christidis et al. 2016 M. Christidis, G. Koiner & P. Scherrer: Kulturgüterraub und der schwierige Weg zur Restitution, Kretische Keramik in der Archäologischen Sammlung der Universität Graz. In: M. H. Lenhart & B. Scholz (Hrsg.), *Was bleibt? Bibliothekarische NS-Provenienzforschung und der Umgang mit ihren Ergebnissen.* Graz 2018, S. 33–41.

Graff 1983 T. Graff: Pichler, Franz. *Österreichisches Biographisches Lexikon* 8 (1983), S. 54.

Handy 2003 M. Handy: Zur Erforschungsgeschichte von Flavia Solva. In: E. Krenn & U. Schachinger (Hrsg.): *Neue Forschungen aus Flavia Solva.* Graz 2003, S. 25–64.

Höflechner 2009 W. Höflechner: *Geschichte der Karl-Franzens-Universität Graz. Von den Anfängen bis in das Jahr 2008.* Graz 2009.

Ilwof 1906 F. Ilwof: Knabl, Richard. *Allgemeine Deutsche Biographie* 51 (1906), S. 248–250.

Karajan 1895 M. von Karajan: Geschichte der räumlichen Entwicklung der Universität Graz. In: *Festschrift zur Feier der Schlusssteinlegung des neuen Hauptgebäudes der Grazer Universität am 4. Juni des Jahres 1895.* Graz 1895, S. 133–169.

Karl 2015 St. Karl: Das archäologische Cabinet der Universität Graz – Zur Gründung im Jahre 1865 und zu den frühesten Erwerbungen. *Forum Archaeologiae* 75.6 (2015) (farch.net).

Kernbauer 1981a A. Kernbauer: Karlmann Tangl. In: W. Höflechner (Hrsg.): *Beiträge und Materialien zur Geschichte der Wissenschaften in Österreich.* Graz 1981, S. 38–52.

Kernbauer 1981b A. Kernbauer: Karl Schenkl. In: W. Höflechner (Hrsg.): *Beiträge und Materialien zur Geschichte der Wissenschaften in Österreich.* Graz 1981, S. 65–98.

Kernbauer 1981c A. Kernbauer: Friedrich Pichler. In: W. Höflechner (Hrsg.): *Beiträge und Materialien zur Geschichte der Wissenschaften in Österreich.* Graz 1981, S. 264–283.

Knabl 1848 R. Knabl: Wo stand das Flavium Solvense des C. Plinius? *Schriften des Historischen Vereines für Innerösterreich* 1 (1848), S. 1–108.

Koch 2015 I. Koch: Wilhelm Gurlitts Weg von der Klassischen Archäologie zur Landesarchäologie. *Forum Archaeologiae* 75.6 (2015) (farch.net).

Koch 2016 I. Koch: Wilhelm Gurlitt. Der erste Professor für Archäologie an der Universität Graz als »Universalarchäologe«. In: E. Trinkl (Hrsg.): *150 Jahre Archäologie und Geschichte an der Karl-Franzens-Universität Graz.* Wien 2016, S. 21–30.

Kos 1977 P. Kos: Keltski novci Slovenije. Keltische Münzen Sloweniens. *Situla* 18 (1977).

Lamm 2016 S. Lamm: Archäologische Abschlussarbeiten im Überblick. Die Absolventinnen und Absolventen der Archäologie an der Karl-Franzens-Universität Graz 1881–2014. In: E. Trinkl (Hrsg.): *150 Jahre Archäologie und Geschichte an der Karl-Franzens-Universität Graz.* Wien 2016, S. 111–122.

Modl 2016 D. Modl: Steirische Archäologen im Spannungsfeld zwischen Universität und Joanneum – Schlaglichter aus über 150 Jahren gemeinsamer Geschichte. In: E. Trinkl (Hrsg.): *150 Jahre Archäologie und Geschichte an der Karl-Franzens-Universität Graz.* Wien 2016, 45–58.

Pichl 2015 R. Pichl: Tomaschek Karl. *Österreichisches Biographisches Lexikon* 14 (2015), S. 386–387.
Pichler 1875 F. Pichler: Nachruf Richard Knabl. *Mittheilungen des Historischen Vereines für Steiermark* 23 (1875), S. 31–44.
Pochmarski 2016 E. Pochmarski: Von der Gründung der Archäologischen Sammlung an der Karl-Franzens-Universität im Jahre 1865 bis zur Professur für klassische Archäologie ab dem Jahre 1877. In: E. Trinkl (Hrsg.): *150 Jahre Archäologie und Geschichte an der Karl-Franzens-Universität Graz.* Wien 2016, S. 11–19.
Schachinger 2008a U. Schachinger: *Antike und byzantinische Münzen der Sammlung des Instituts für Alte Geschichte und Altertumskunde an der Karl-Franzens-Universität Graz.* Graz 2008.
Schachinger 2008b U. Schachinger: Richard Knabl und seine Schenkungen an die Grazer Universität – Nachträge zu den keltischen Schatzfunden von Dobrna-Retje und Lemberg. In: M. Alram & M. Pfisterer (Hrsg.): *Festschrift für Günther Dembski zum 65. Geburtstag.* Wien 2008, S. 73–86.
Semlak 2012 M. Semlak: NUMIS – Vom Schaukasten ins digitale Archiv. *Nachrichtenblatt der Österreichischen Numismatischen Gesellschaft* 4.1 (2012), S. 18–19.
Smekal 1967 F. G. Smekal: *Alma Universitas. Die Geschichte der Grazer Universität in vier Jahrhunderten.* Wien 1967.
Szemethy 2013 H. Szemethy: Wilhelm Gurlitt und Otto Benndorf. Ein Briefwechsel als Quelle für die Grazer Universitätsgeschichte. In: P. Mauritsch & C. Ulf (Hrsg.): *Kultur(en) – Formen des Alltäglichen in der Antike, Festschrift für Ingomar Weiler zum 75. Geburtstag.* Graz 2013, S. 873–900.
Tropper 1981 P. G. Tropper: Maximilian Theodor Ritter von Karajan. In: W. Höflechner (Hrsg.): *Beiträge und Materialien zur Geschichte der Wissenschaften in Österreich.* Graz 1981, S. 57–65.
Wrolli et al. 2005 G. Wrolli, S. Karl & M. Handy: Richard Knabl (1789–1874) – Ein steirischer Priester und Altertumswissenschaftler des 19. Jahrhunderts. *Zeitschrift des Historischen Vereins für Steiermark* 96 (2005), S. 269–308.

Sämtliche Verweise auf Internetressourcen in diesem Beitrag wurden vor der Drucklegung geprüft.

Von Münzen und Menschen

Die Heidelberger Münzsammlung

Susanne Börner

Der Ursprung

Die Münzsammlung der Universität Heidelberg hat eine lange Tradition. Ihre Ursprünge sind vor der Mitte des 19. Jahrhunderts zu verorten. So wurde am 8. Februar 1835 der Universität Heidelberg eine Sammlung gestiftet, die durch einen von Alumni des Philologischen Seminars eingerichteten Fonds angeschafft wurde.[1] Diese wurde Antiquarium Creuzerianum benannt zu Ehren von Georg Friedrich Creuzer (1771–1858).[2] Creuzer lehrte und wirkte zwischen 1804 und 1845 an der Universität Heidelberg als Professor für Klassische Philologie und Alte Geschichte. Sein durchaus umstrittenes Werk »Symbolik und Mythologie der alten Völker, besonders der Griechen«[3] spielte bei der sich zu dieser Zeit entwickelnden Aufspaltung der Altertumswissenschaften in verschiedene Einzeldisziplinen eine nicht unerhebliche Rolle. Die ihm zu Ehren eingerichtete Sammlung an der Universität bestand in erster Linie aus Münzen, da, so Creuzer, »die alte Münzkunde die Grundlage der gesammten Alterthumswissenschaften« sei.[4] Ein Mitglied des Stiftungskomitees, Johann Brummer, verfasste dann zwischen 1836 und 1840 ein ausführliches Verzeichnis der Sammlung mit ihren immerhin rund 750 Objekten,[5] die auch heute noch zu großen Teilen in der Heidelberger Münzsammlung nachweisbar sind und damit zweifellos deren Grundstein bildeten (Abb. 1). Die in Brummers letztem Band[6] am Schluss angefügten 62 Münzen entstammten der Sammlung von Eduard Zachariae, die dieser auf

1 Creuzer 1848, S. 165 f.; Stark 1880, S. 404; Hensen 2008, S. 103, der vermutet, dass sich im »Antiquarium Creuzerianum« auch einige Münzen aus Creuzers Sammlung befunden haben dürften, dafür aber keine Belege anführt.

2 Eine kurze Übersicht zum Wirken Georg Friedrich Creuzers bot zuletzt Gaidys & Krmnicek 2020, S. 80 f. mit der wichtigsten weiterführenden Literatur.

3 Creuzer & Mone 1810.

4 Creuzer 1848, S. 165.

5 Brummer 1836–1840.

6 Brummer 1839/1840, S. 39–47.

Abb. 1: Tetradrachme aus Thasos (2.–1. Jh. v. Chr.) aus dem Antiquarium Creuzerianum, Münzsammlung der Universität Heidelberg.

einer Orientreise angekauft hatte und 1840 als Schenkung der Universität zukommen ließ.[7]

Das Antiquarium Creuzerianum war jedoch nicht identisch mit der privaten Sammlung von Professor Creuzer. Hinsichtlich der Ursprünge der Heidelberger Sammlung ist tatsächlich nach wie vor nicht vollumfänglich geklärt, welche Rolle diese sog. »Sammlung Creuzer« genau gespielt hat. So häufte auch der Professor selbst über die Jahre eine bedeutende und umfangreiche Sammlung an, die neben »Bronzen, Bleie, Terracotten, Vasen, Marmor'n, Gemmen und anderen Anticaglien nebst Abdrücken«[8] vor allem hunderte Münzen umfasste. Doch sind auch Teile der privaten Sammlung Creuzers in der Münzsammlung der Universität aufgegangen? Ein Inventar seiner eigenen Sammlung legte Creuzer im Jahr 1852 in gedruckter Form vor. Darin listete er auch die enthaltenen Münzen auf, wobei er die griechischen und römischen Münzen bis Diokletian meist einzeln aufführt,[9] dann jedoch anmerkt: „Es folgen noch weit über hundert Münzen aus der mittleren und späteren Kaiser-Periode bis auf die Byzantiner herab, fast sämtlich in Klein-Erz und aus Fundorten aus unserer Umgegend;[10] worunter besonders viele dem Hause des Constantinus angehören; wie denn manche mit dem Haupte des Constantius Chlorus ausgezeichnet worden".[11] Im Vorwort zu seinem Inventar, datiert auf den 1. Juli 1852, bemerkte Creuzer zudem, dass er seine komplette Sammlung veräußern wolle und mit einem Mindestgebot von 2 000 Gulden Rheinisch rechne – eine stolze Summe. Das Höchstgebot erwartete er bis zum 31. Dezember 1852.[12]

Vom 4. Mai 1853 ist ein Schreiben des Ministeriums des Innern an die Universität Heidelberg überliefert,[13] das einerseits belegt, dass das Konvolut offenbar zu diesem Zeit-

7 Vgl. die Prorektoratsreden von 1839, S. 12 und 1840, S. 25. Für die Weitergabe von relevanten Prorektoratsreden etc. sowie diversen Transkriptionen danke ich sehr herzlich Hermann Pflug!

8 Creuzer 1852.

9 Creuzer 1852, S. 5–12. Die einzelnen Aufführungen beinhalten die Nennung des Dargestellten auf dem Avers und meist eine kurze Notiz zur Reversdarstellung.

10 Hierzu äußert er sich an dieser Stelle leider nicht genauer.

11 Creuzer 1852, S. 12. Eine Zuordnung dieses Konvoluts zu Einzelmünzen in der Sammlung scheint daher unmöglich.

12 Creuzer 1852, Vorwort.

13 Universitätsarchiv Heidelberg, RA 6387, fol. 29.

punkt noch zum Verkauf stand, sich also wohl noch keine Person oder Institution gefunden hatte, die bereit war, den aufgerufenen Preis zu bezahlen, und andererseits, dass die Universität Heidelberg eine abschlägige Antwort bezüglich der Finanzierung eines Sammlungsankaufes durch das Ministerium erhalten hatte (Abb. 2). So schrieb das Ministerium dem engeren Senat der Universität Heidelberg auf dessen Anfrage hin, dass u. a. durch den Mangel an ausreichenden geeigneten Mitteln von der käuflichen Erwerbung der Sammlung des Geheimraths Professor Creuzer für die Universität Heidelberg Abstand zu nehmen sei.[14] Erst 1855 gelang Creuzer der Verkauf, nachdem er sich mit einem Bittbrief an den Großherzog gewandt hatte, der seine Sammlung dann für immerhin 1 500 Gulden erwarb.[15]

Der allergrößte Teil der ehemaligen Privatsammlung Creuzers lässt sich offenbar noch heute in den Beständen des Badischen Landesmuseums in Karlsruhe identifizieren, wie in dem Ende 2017 ausgelaufenen Projekt »Gelehrtes Antikeninteresse im 19. Jahrhundert: Digitalisierungsplanung der Sammlung Friedrich Creuzer« nachgewiesen werden konnte. Die detaillierten Projektergebnisse werden mit Spannung erwartet.[16] Sie bieten dann eine verlässliche und aktuelle Basis zum Abgleich von Einzelstücken zwischen der umfangreichen Münzsammlung des Badischen Landesmuseums in Karlsruhe und dem Münzkabinett der Universität Heidelberg, wobei gerade bei den Münzen, die auf die Zeit nach Diokletian datieren, auch dann noch ein Detailabgleich durch die sehr oberflächliche Erfassung der spätantiken Prägungen durch Creuzer erschwert, wenn nicht gar verunmöglicht wird.[17]

Bereits 1843 hatte Creuzer jedoch schon einmal einen »Katalog einer Privat-Antiken-Sammlung mit Nachweisungen« veröffentlicht,[18] der letztlich den damaligen Stand seiner eigenen Sammlung dokumentierte. Interessant sind die Unterschiede zwischen seinen Sammlungsinventaren, die sich in den neun Jahren zwischen 1843 und 1852 ergeben haben. Der größere Umfang im Jahr 1852 lässt sich sicherlich durch weitere Zukäufe erklären, allerdings finden sich verschiedene, noch 1843 im Inventar aufgezählte Stücke 1852 nicht mehr im Verzeichnis. Hier stellt sich die Frage, ob einige dieser Stücke

---

14 Für die Überlassung von die Sammlung Creuzer betreffenden Scans zeitgenössischer Briefe und Unterlagen sowie teilweise deren Transkriptionen danke ich herzlich Dr. Johannes Bernhardt (Badisches Landesmuseum [BLM] Karlsruhe), der zwischen dem 1. 2. 2017 und dem 31. 12. 2017 im Rahmen der Förderlinie »e-Heritage« des BMBF das Projekt »Erstellung eines Digitalisierungskonzeptes: Gelehrtes Antikeninteresse im 19. Jahrhundert: Digitalisierungsplanung der Sammlung Friedrich Creuzer« am BLM bearbeitet hat. Die Projektergebnisse werden derzeit für die Publikation vorbereitet. Die Projektidee entstammt dem regen Austausch im Rahmen des Numismatischen Verbundes in Baden-Württemberg (numismatischer-verbundbw.de).

15 Maaß 1988, S. 72; Hensen 2008, S. 104.

16 Zu Details des genannten Projekts vgl. Anm. 14.

17 Vgl. oben im Text bei Anm. 11.

18 Creuzer 1843.

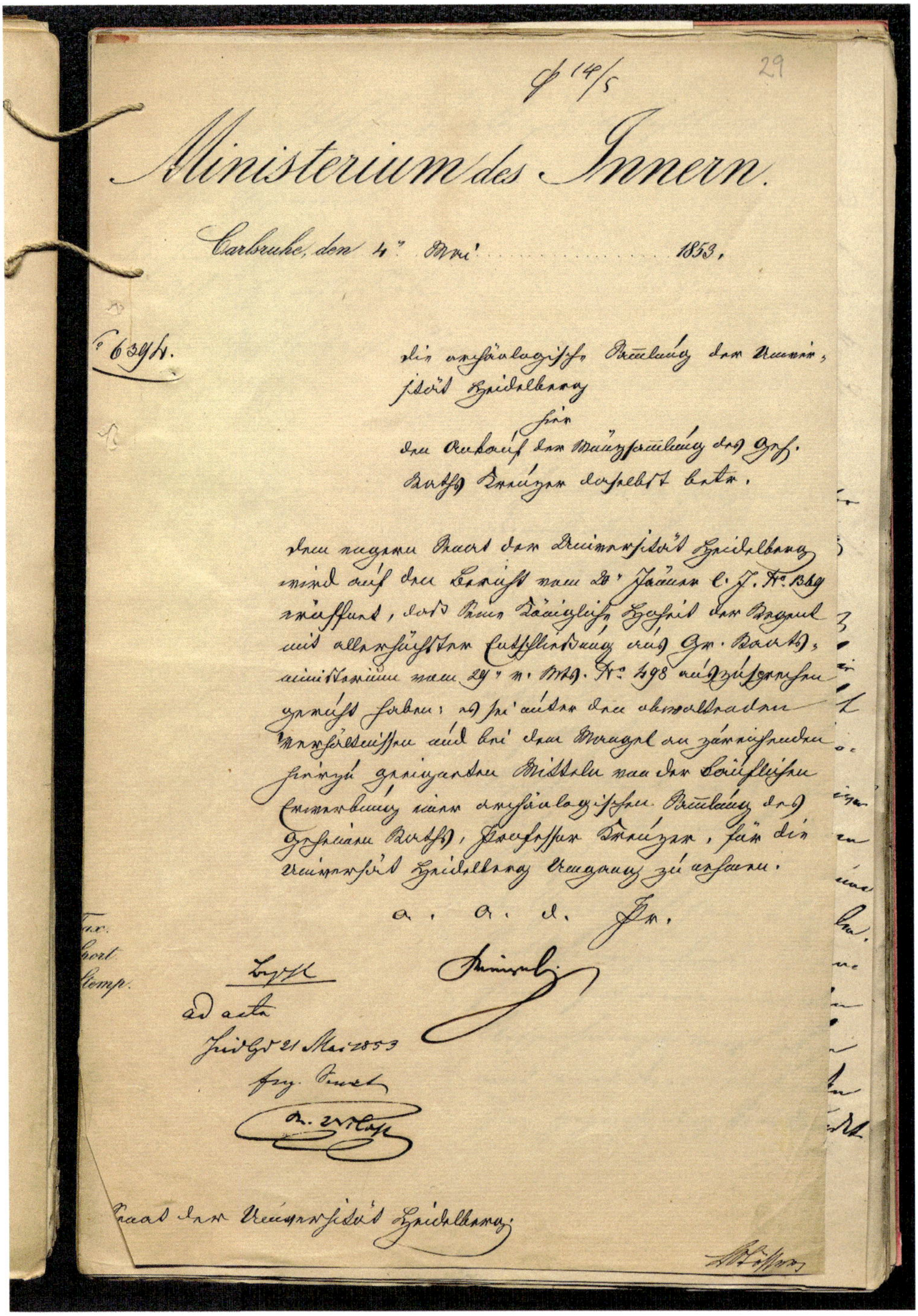

Ministerium des Innern.

Carlsruhe, den 4. Mai 1853.

Tax.
Port.
Stemp.

Abb. 2: Abschlägige Antwort des Ministeriums des Innern an die Universität Heidelberg bezüglich des Ankaufs der Creuzer-Sammlung.

nicht doch den Weg in die Heidelberger Universitätssammlung gefunden haben oder ob Creuzer durch Tausch mit anderen Kollegen diese Veränderungen im Bestand seiner Sammlung bewirkte.

Interessant ist diesbezüglich eine Bemerkung, die Creuzer selbst im Inventar von 1852 seiner Sammlung formulierte: »So konnte ich denn schon im Jahr 1835, als ein Verein von Alumnen des philologischen Seminars dahier einem auffallenden Mangel unsrer akademischen Sammlungen durch Subscriptionen abhelfen wollte, einige hundert meist griechische und römische Silber- und Erz-Münzen an unsere Universitäts-Bibliothek abgeben ...«.[19] Er verweist hiernach explizit auf das von Brummer erstellte Inventar des Antiquarium Creuzerianum, weswegen ein Teil seiner Sammlung aus dem Zeitraum vor 1835 tatsächlich Eingang in dieses gefunden haben dürfte. Eine konkretere Bezeichnung der Stücke bleibt an dieser Stelle allerdings leider aus.

Über einen kompletten Ankauf der Sammlung Creuzer wurde zudem schon lange vor der Veröffentlichung von Creuzers Katalog zu Verkaufszwecken 1852, nämlich bereits in der zweiten Hälfte der 1840er Jahre, zu verhandeln begonnen. Hierzu liegen im Generallandesarchiv in Karlsruhe diverse Briefwechsel zwischen der Universität Heidelberg, namentlich Dr. Zell, und dem Ministerium des Inneren vor. Karl Zell (1793–1873), seit 1847 Nachfolger von Creuzer, dessen Schüler er auch war, und Professor der Archäologie in Heidelberg,[20] stellte hierbei ausführlich die Vorteile der Sammlung, deren Zusammensetzung und den Nutzen für die Forschung dar und führte auch die zeitgleichen Bestände anderer Universitätssammlungen[21] als Argumentationsgrundlage für die Bereitstellung der Gelder für den Ankauf an. Bereits zu diesem Zeitpunkt war schon die Rede von den erst 1852 durch Creuzer selbst in seinem Katalog ins Feld geführten 2000 Gulden.[22]

Abschließend klären lässt sich jedoch an dieser Stelle nicht, ob auch später noch Teile der Creuzer'schen Privatsammlung in der Heidelberger Münzsammlung aufgegangen sind. Wenn überhaupt, wäre dies erst nach sehr detailliertem Abgleich der kompletten Heidelberger Sammlung mit allen alten Inventaren, Anschaffungslisten, Rechnungsbelegen, entsprechenden Briefwechseln etc. sowie der Publikation des aktuellen Bestandes in Karlsruhe möglich.

---

19 Creuzer 1852, S. 16.

20 Hampe 1961, S. 315.

21 Er zählt etwa die Universitätssammlungen – teils mit ihren Bestandsgruppen – in Göttingen, Leipzig, Bonn, Berlin, Freiburg, Gießen, Tübingen und Rostock in seinem Brief an das Ministerium des Inneren vom 25. 10. 1847 (Nr. 16260) auf.

22 Korrespondenz von Dr. Zell an das Ministerium des Innern vom 25. 10. 1847 (Nr. 16260), v. a. S. 7. Letztlich dreht sich aber seine gesamte Korrespondenz mit dem Ministerium bis 1852 in erster Linie um den Versuch, die Sammlung Creuzer anzukaufen. Für Unterstützung bei der Lesung der Handschriften danke ich herzlich Natascha Müller.

Eine weitere Möglichkeit, Stücke konkret zuzuweisen, gäbe es ggf. über die von Creuzer erwähnten sogenannten Becker'schen Fälschungen, die er, wohl wissend, dass es sich um Nachbildungen handelte, bei Frankfurter Händlern angekauft hatte und die er dann »bei der Vortrefflichkeit der Becker'schen Technik« an die Stelle der ihm fehlenden Stücke legte, um »so manche Lücken auszufüllen«, wie er schreibt.[23] Die Heidelberger Sammlung enthält tatsächlich etliche Fälschungen, die zum Großteil in das 19. Jahrhundert zu datieren sein dürften. Hier gälte es zu prüfen, ob es sich im Einzelnen um »Becker'sche Fälschungen« handelt. Da Carl Wilhelm Becker (geb. 1772) im Jahr 1830 verstarb, würde die Existenz solcher Münzen in der Heidelberger Sammlung eine Provenienz der Stücke aus der Sammlung Creuzer zumindest sehr wahrscheinlich machen. Für eine solch detaillierte Aufarbeitung der numismatischen Sammlung fehlen momentan allerdings die notwendigen personellen Ressourcen.[24] Es bleibt daher nur zu hoffen, dass dem wichtigen Aspekt der Sammlungsgeschichte zukünftig mehr Gewicht beigemessen werden kann.[25]

Die weitere Entwicklung der numismatischen Sammlung

In den folgenden Jahrzehnten wurde die Heidelberger Münzsammlung durch diverse Schenkungen und Ankäufe erweitert. Zells Nachfolger Karl Bernhard Stark (1824–1879) soll den Umfang der Antikensammlung, zu deren Beständen die numismatische Sammlung damals noch zählte, in seiner Wirkungszeit zwischen 1855 bis 1879 verdoppelt haben, denn es gelang ihm, einen festen Ankaufsetat für die Sammlung auszuhandeln.[26] So sind 1861 wohl aus der Sammlung Thiersch[27] einige griechische Münzen für die Heidelberger Sammlung erworben worden.[28] Außerdem ist in den Prorektoratsreden der Jahre 1865 und 1868 und auch späterer Jahre mehrfach von Münzschenkungen die Rede, deren konkreter Umfang und Zusammensetzung sich aber unserer Kenntnis entzieht.[29] Teilweise sind jedoch größere Bestände, wie etwa die Sammlung Lehmann, die 1877 erworben wurde, noch mit einzelnen Stücken nachweisbar. Insgesamt sollen es an die 1 100 Münzen gewesen

23 Creuzer 1852, S. 17.

24 Die Autorin hat diverse Aufgabengebiete in ihrer 50 %-Stelle zu betreuen. Dabei ist der Kuratur der Sammlung derzeit leider nur eine sehr untergeordnete Rolle zugewiesen worden.

25 Zu Sammlungsgeschichte und Provenienzforschung sind aktuell Überlegungen hinsichtlich eines Forschungsprojektes im Gange.

26 Neumüllers-Klauser 1961, S. 83 f.

27 Prorektoratsreden 1861, S. 18.

28 Ein Großteil der Sammlung Thiersch befindet sich wohl seit den 1860ern im Badischen Landesmuseum in Karlsruhe. Ob der Bestand dort tatsächlich noch en detail nachweisbar ist, wird derzeit geprüft.

29 Prorektoratsreden 1865, S. 26 f. und 1868, S. 26. Darüber hinaus sind auch Zuwächse aus den Jahren 1875 (Prorektoratsreden 1875, S. 34) und 1876 (Prorektoratsreden 1876, S. 28 und 51) belegt.

Abb. 3: Denarius serratus des L. Memmius Galeria (106 v.Chr.) aus der Smlg. Lehmann, Münzsammlung der Universität Heidelberg.

sein, die nach dem Tod des protestantischen Pfarrers Johann Georg Lehmann (1797–1876) im Jahr 1876 in die Sammlung eingegliedert wurden.[30] Auch die Universitätsbibliothek gelangte in den Besitz von hunderten Urkunden und Urkundenabschriften des 12. bis 19. Jahrhunderts aus dem Nachlass des Pfarrers, die zum Teil heute online zur Verfügung stehen.[31]

Nach dem aktuellen Aufarbeitungsstand sind heute noch rund 60 Münzen in der Heidelberger Münzsammlung definitiv der Sammlung Lehmann zuzuordnen. Ein detaillierter Abgleich wird hier aber ganz sicher noch weitere Zuweisungen möglich machen. Einen Teil der Sammlung Lehmann bilden beispielsweise einige gut erhaltene republikanische Prägungen (Abb. 3). Einzelne Erwerbungen lassen sich auch über das Rechnungsinventar der Universitätskasse nachweisen, jedoch werden hier zwar die Kaufpreise, nicht aber genauere Informationen zu den Münzen genannt, die über die gelegentliche Nennung von Prägeherren hinausgehen. Insofern sind auch hier konkrete Zuordnungen zu realiter vorhandenen Münzen in der Sammlung schwierig.[32] Allerdings wurde 1881 durch die Universität Heidelberg eine komplette Charge aus 790 electrotypischen Nachbildungen des British Museum zu 1 500 Mark angekauft. Der Vorgang lässt sich wiederum über Prorektoratsreden und das Rechnungsinventar der Universitätskasse eindeutig nachvollziehen.[33] Die gut erhaltenen Galvanos sind noch heute in insgesamt sieben Originalrahmen vorhanden. Angeschafft wurden sie, um die Sammlung um Stücke zu bereichern, die bekannt waren und für die Lehre als zentral angesehen wurden. Im Original hätte sich die Universität diese Stücke niemals leisten können. Galvanos zeigen die motivischen Details der Münzen deutlich besser als die im 19. Jahrhundert – in Ermangelung von hochauflösenden Fotos – ebenfalls noch beliebten Gipsabgüsse und eigneten sich daher für die Lehre erheblich besser als letztere.

30 Prorektoratsreden 1877, S. 26.

31 digi.ub.uni-heidelberg.de/de/sammlungen/urkunden/lehmann/1xx.html.

32 Vgl. dazu Belege der Universitätskasse, Rechnungsinventar 1878 (sic!)-1922 F-II-4071. Für den Hinweis danke ich sehr Dr. Hermann Pflug.

33 Die Übersicht der Stücke wurde durch Barclay Vincent Head (1844–1914) publiziert: Head 1880. Der Ankauf ist über Prorektoratsreden 1881, S. 25 und das Rechnungsinventar der Universitätskasse F-II-4071 unter Nr. 17 eindeutig belegt.

Neuerwerbungen und Schenkungen der folgenden Jahre bis ca. 1930 sind nicht mehr nachvollziehbar. Die momentan recherchierbaren Einträge enden hier.[34] Dies gilt allerdings nicht nur für die Münzen, sondern auch für alle übrigen Ankäufe der archäologischen Sammlung, obwohl zumindest für letztere diverse Ankäufe über andere Inventare nachweisbar sind. Gegebenenfalls ist die Ursache in den nachlässiger geführten Erwerbungseintragungen zu finden, statt darin, dass tatsächlich keine Münzen mehr Eingang in die Sammlung fanden.[35] Ab den 1930er Jahren wurden dann wieder mehr oder weniger durchgehend Neuzugänge zur Sammlung dokumentiert. Die erste Münze erscheint unter der Inventarnummer 32/12 und ist damit als zwölfter Sammlungszugang aus dem Jahr 1932 eindeutig festzumachen. Es handelt sich dabei um eine Tetradrachme mit Athena auf dem Avers und Eule auf dem Revers, die als Schenkung – allerdings ohne Namensangabe – verzeichnet wurde.[36]

Im Jahr 1967 beschrieb Roland Hampe (1908–1981), Professor für Klassische Archäologie in Heidelberg von 1957 bis zu seiner Emeritierung 1975, neben der archäologischen auch die numismatische Sammlung kurz und nannte dabei einen Gesamtumfang an originalen Münzen von 4500 Objekten.[37] Hinzuzurechnen zum heutigen Umfang der numismatischen Sammlung sind einige Neuerwerbungen im mittleren zweistelligen Bereich der letzten Jahrzehnte sowie die o.g. Galvanos, die Hampe nicht mitzählte.

Des Weiteren gelang es im Sommer 2018, insgesamt 137 griechische Silbermünzen, die aus dem sog. Asyut-Hort aus Mitteln der Volkswagenstiftung in den 1970er Jahren für ein Forschungsprojekt des Max-Planck-Instituts für Kernphysik in Heidelberg angeschafft und seitdem im Max-Planck-Institut in einem Tresor verwahrt worden waren, der Münzsammlung der Universität zuzuführen. Der Hort, ursprünglich bestehend aus fast 900 griechischen Silbermünzen, ist 1968/69 in Asyut in Ägypten entdeckt worden.[38] Alle Münzen waren seinerzeit vor 475 v. Chr. datiert worden und stammen aus Prägestätten wie Athen, Korinth, Aigina, Salamis, Rhodos, Samos, Thasos und etlichen mehr. Viele der Münzen weisen antike Prüfhiebe auf, die für die damaligen Projektleiter vor allem hinsichtlich zweier Punkte von Interesse waren: Erstens, weil die Marktpreise für die archaischen und frühklassischen Silbermünzen auf diese Weise nicht ganz so hoch waren,[39] da es sich nicht um Prachtexemplare handelte; und zweitens, da die ohnehin teilweise stark beschädigten Münzen durch die mitunter tiefen Einhiebe leichter zu beproben waren. Da

---

34 Die Recherchesituation für diesen Aufsatz wurde durch die Coronapandemie nicht eben vereinfacht. Umso mehr danke ich auch Nicolas Zenzen für die Organisation und Weitergabe von Scans aus dem Generallandesarchiv Karlsruhe, die die Sammlungsgenese recht gut zu belegen vermögen.

35 Für diesen wertvollen Hinweis danke ich herzlich Dr. Hermann Pflug.

36 Das Stück ist online unter pecunia.zaw.uni-heidelberg.de/ikmk/object?id=ID331 zu finden.

37 Hampe & Gropengießer 1967, S. 12.

38 Kraay 1977, S. 190.

39 Erworben wurden die Stücke um die Mitte der 1970er Jahre aus dem Schweizer Münzhandel.

Abb. 4: Stater aus Korinth (500–480 v. Chr.) mit tiefem Prüfhieb und Beprobungsbohrung, Münzsammlung der Universität Heidelberg.

die deutsche Archäometrie in den 1970er Jahren noch in den Kinderschuhen steckte, betrat das bei der Volkswagenstiftung eingeworbene Projekt »Die Handelswege im antiken griechischen Kulturraum für Gold, Silber und Blei. Lagerstätten, Verhüttung, Verarbeitung und Münzprägung« wissenschaftliches »Neuland«. Wolfgang Gentner (1906–1980), der das Projekt leitete, führte mit seinen Kollegen umfangreiche Materialanalysen an den numismatischen Objekten durch, die heute noch gut anhand der damals noch notwendigen, großen Bohrlöcher zu erkennen sind. Ziel des Projektes war es, die Herkunft des verwendeten Silbers nachzuweisen (Abb. 4).[40]

Nachdem die knapp 140 Münzen der Heidelberger Münzsammlung übergeben worden waren, wurden die Stücke zunächst inventarisiert, nach neuesten Standards bestimmt und digital aufgenommen. Sie sind mittlerweile zur Hälfte bereits online verfügbar. 2021 wurden einige Münzen aus diesem Bestand metallurgisch durch das CEZA[41] in Mannheim unter archäologisch-archäometrischen Fragestellungen analysiert. Weitere gemeinsame Forschungsprojekte zu diesem Komplex sind geplant. Auch im Vorfeld dieser Untersuchungen wurden bereits einige Bronze- und Silbermünzen durch Kollegen der Goethe-Universität Frankfurt am Main beprobt, und die Ergebnisse flossen in dortige Forschungsprojekte ein.[42]

Der Gesamtbestand der Münzsammlung der Universität Heidelberg kann also auf eine mittlere vierstellige Anzahl numismatischer Objekte beziffert werden, ergänzt wird sie durch eine ebenfalls recht umfangreiche Sammlung an Gipsabgüssen von Münzen aus großen weltweiten Sammlungen, die vor kurzem aus der Heidelberger Antikensammlung an die Münzsammlung übergeben wurde und derzeit inventarisiert wird.

Inhaltlich konzentriert sich das Heidelberger Münzkabinett vor allem auf antike Münzen von der Archaik bis in die Spätantike. Es finden sich aber auch einige keltische, sassani-

---

40 Wagner 2006, S. 230 f. Dort auch weiterführende Literatur zu den damals erzielten Ergebnissen.

41 ceza.de. Die Publikation der Ergebnisse wird mit Spannung erwartet.

42 Zu Projekten von Prof. Dr. Fleur Kemmers, Goethe Universität Frankfurt, in deren Rahmen auch Heidelberger Münzen beprobt wurden, vgl. etwa onlinelibrary.wiley.com/doi/full/10.1111/arcm.12499 oder unter uni-frankfurt.de/69818132/ContentPage_69818132.

dische, byzantinische, mittelalterliche, neuzeitliche und islamische Prägungen im Bestand. Den Großteil machen Münzen der Römischen Kaiserzeit aus, wobei auch provinzialrömische und alexandrinische Prägungen in stattlichem Umfang vertreten sind. Münzen aus Bronze- und Kupferlegierungen bilden das Rückgrat der Sammlung, jedoch sind auch Silberprägungen umfangreich vorhanden. Lediglich Gold macht weniger als ein Prozent des Bestandes aus. Gemäß der schon zur Ursprungszeit der Sammlung formulierten Grundsätze wurde der Bestand des Heidelberger Münzkabinetts für die Nutzung im »archäologischen Unterricht«[43] angelegt und deckt daher den kompletten Bereich der Antike gut ab, wobei der Fokus auf den in der akademischen Lehre stärker frequentierten Themen liegt.

Die Sammlung heute

Die Heidelberger Münzsammlung arbeitet schon seit dem Sommer 2014 – und damit schon weit vor der Initialisierung des Netzwerks universitärer Münzsammlungen (NUMiD) und als eine der ersten Universitätssammlungen deutschlandweit – mit dem Berliner mk-edit-System zur Digitalisierung ihrer Bestände. Die Sammlung ist bereits zu großen Teilen im Backend komplett mit Rumpfdaten und Bildern erfasst. Durch das geringe Stellenkontingent für die Sammlung geht die Onlinestellung der Münzen jedoch nicht so schnell voran. Aktuell[44] sind knapp 10 % der Sammlung online. Trotzdem sind die Nachfragen nach Bildrechten vonseiten numismatischer Projekte mit regionalen, ikonographischen, chronologischen und archäometrischen Fragestellungen aus dem In- und Ausland in Bezug auf die Heidelberger Sammlung in den letzten fünf Jahren stark angestiegen, was sehr erfreulich ist und die Wichtigkeit der Digitalisierungsmaßnahmen deutlich unterstreicht.

Die Heidelberger Sammlung spielt ihre numismatischen Objekte nicht nur auf das NUMiD-Portal[45] – und damit gleichzeitig auch in die internationalen Plattformen OCRE, CRRO, PELLA etc. – aus, sondern auch in das Portal[46] des Numismatischen Verbundes in Baden-Württemberg,[47] in das Graffiti-Portal[48] des Heidelberger SFB-Teilprojektes »Graffiti auf römischen Goldmünzen: Bedeutungsspektrum und Kommunikationsstrategien«[49]

43 Korrespondenz von Dr. Zell an das Ministerium des Innern vom 25.10.1847, in dem er erneut für die Anschaffung der Sammlung Creuzer wirbt. Generallandesarchiv Karlsruhe. Nr. 16260.

44 Stand März 2024.

45 numid.online.

46 Numismatik-BW.de.

47 NumismatischerVerbundBW.de.

48 pecunia.zaw.uni-heidelberg.de/graffiti.

49 materiale-textkulturen.de/teilprojekt.php?tp=A11&up.

und seit Mitte 2021 in das Heidelberger HEIDICON-Portal.[50] Dadurch hat sich die Sichtbarkeit der Sammlung erheblich verbessert.

Daneben wird die Sammlung auch durch die interne Heidelberger Forschung und den numismatischen Nachwuchs rege genutzt. Es entstanden in den vergangenen Jahren beispielsweise Masterarbeiten wie etwa zu »Herakles (ge)prägt. Die Taten des Herakles in der griechischen Münzprägung des 5. und 4. Jahrhunderts v. Chr.« von Annika Stöger M. A. oder »Der Vesta-Kult in Rom. Eine religionswissenschaftliche Untersuchung zur Konstruktion und Imagination einer kontinuierlichen Traditionslinie« von Friederike Stahlke M. A., die sich unter anderem mit Münzen der Heidelberger Sammlung befasst haben. Zudem wurden Abbildungen von Heidelberger Münzen in einigen Publikationen verwendet.[51]

Auch in der althistorischen und archäologischen Lehre wird die Sammlung häufig praktisch eingesetzt. Dieser Einsatz erstreckt sich von einer einfachen Präsentation der Münzen im Rahmen von Seminaren, um den Studierenden die Möglichkeit zu geben, diese Objekte selbst einmal »in die Hand zu bekommen« sowie selbst den inhaltlichen Bezug zu den Themen der Lehrveranstaltung herzustellen, bis hin zu praktischen beziehungsweise digitalen Bestimmungsübungen. An dieser Stelle wird üblicherweise mit dem über mk-edit zur Verfügung stehenden eNumis gearbeitet.[52] Die Studierenden bekommen für diese Art der Lehrveranstaltung im Original eine Münze, von der sie zunächst sämtliche technischen Daten (Gewicht, Durchmesser, Stempelstellung etc.) aufnehmen. Dann werden Schritt für Schritt einzelne Eingabefelder nach vorheriger Absprache freigegeben. Die Studierenden können dabei die Eingabe der Daten nach klarer Anweisung im Backend des Digitalen Münzkabinetts Heidelberg selbst durchführen. Die Münzen werden nach Abschluss der kompletten Eingabe – nach gründlicher Korrektur – mit dem entsprechenden Hinweis dort veröffentlicht.[53] Dadurch, dass die Teilnehmer wissen, dass ihre Münzdatensätze später unter dem eigenen Namen im digitalen Münzkabinett veröffentlicht werden, sind die Bemühungen, diese sehr sorgfältig durchzuführen, im Allgemeinen sehr hoch. Auf diesem Wege kann einerseits die Digitalisierung vorangetrieben, andererseits der wissenschaftliche Nachwuchs auf die digitalen Anforderungen der heutigen Zeit vorbereitet werden.

Auch ein virtuelles Ausstellungsprojekt wurde im eMuseum des Heidelberger digitalen Münzkabinetts im Rahmen eines Mittelseminars umgesetzt. Im Zuge dieser Lehrver-

---

50 heidicon.ub.uni-heidelberg.de.

51 Zum Beispiel wurde eine Abbildung einer Münze der Heidelberger Sammlung in der neuen althistorischen Einführung von Antje Kuhle und Martin Andreas Lindner (Kuhle & Lindner 2020, S. 123) als Anschauungsmaterial genutzt.

52 Zu eNumis s. den Beitrag von Bernhard Weiser und Johannes Wienand im vorliegenden Band.

53 Vgl. etwa pecunia.zaw.uni-heidelberg.de/ikmk/object?id=ID18.

anstaltungen kam ebenfalls zunächst die Eingabe der Münzen via eNumis zum Einsatz. Hierbei standen aber natürlich »inhaltlich verwandte« und nicht chronologisch ähnliche Münzen im Vordergrund. In diesem Falle wurden numismatische Objekte mit Architekturdarstellungen aus dem römischen und provinzialrömischen Kontext bearbeitet. Nach der Eingabe der Münzen erstellten die Studierenden in einem zweiten Schritt Texte zu »ihren« Objekten, die dann in der Gruppe vorgestellt und diskutiert wurden. Auf diese Weise kann das inhaltliche Verständnis und der interpretatorische Spielraum bei der Bearbeitung von numismatischen Objekten sehr gut vermittelt und auch problematisiert werden. Durch das am Ende stehende, gemeinsame Resultat der eMuseums-Ausstellung zum Thema »Architekturdarstellungen auf römischen Münzen«[54] entstand eine beeindruckende Gruppendynamik, in der alle Teilnehmer sich letztlich für die Qualität aller Beiträge verantwortlich fühlten. Die Texte und deren wissenschaftliche Tiefe waren allerdings mitunter so umfangreich, dass das eMuseum dafür letztlich nicht den geeigneten Raum bot.

Aus diesen Erfahrungen erwuchs die Idee, im Rahmen des Numismatischen Verbundes in Baden-Württemberg eine epochenübergreifende numismatische E-Learning-Plattform aufzubauen. Im Numismatischen Verbund in Baden-Württemberg (NV BW) haben sich 2016 zunächst sieben gleichberechtigte Partner – das Archäologische Landesmuseum in Konstanz mit dem Zentralen Fundarchiv in Rastatt, das Badische Landesmuseum in Karlsruhe, das Landesamt für Denkmalpflege in Esslingen, das Landesmuseum Württemberg in Stuttgart, die Reiss-Engelhorn-Museen in Mannheim, die Universität Mannheim und die Universität Heidelberg – zusammengeschlossen, um die Fachdisziplin Numismatik im Bundesland und darüber hinaus nachhaltig und auf mehreren Ebenen zu stärken. Dieser Verbund wurde dankenswerterweise zwischen Juli 2016 und Oktober 2018 vom Ministerium für Wissenschaft, Forschung und Kunst Baden-Württemberg gefördert. Im Frühjahr 2017, Winter 2017 und Frühjahr 2018 stießen dann die Universitäten Freiburg, Stuttgart und Konstanz hinzu sowie im Sommer 2022 der Arbeitskreis Numismatik im Historischen Verein Wertheim e. V.

Der Verbund wird durch die Autorin von der Universität Heidelberg aus koordiniert. Dies schließt regelmäßige Treffen und Gespräche auf Arbeits- und Leitungsebene ein. Da der Verbund das »Kleine Fach« Numismatik auf mehreren Ebenen voranzutreiben versucht, ist ein hohes Maß an Absprache und Kommunikation vonnöten. Zunächst hat sich der Verbund darauf geeinigt, dass langfristig möglichst alle numismatischen Bestände des Bundeslandes auf einer gemeinsamen Plattform veröffentlicht werden sollen. Diese Plattform basiert auf der KENOM-Erfassung und ist bereits seit 2017 unter numismatik-bw.de erreichbar. Dort werden natürlich auch die im Digitalen Münzkabinett der Universität Heidelberg publizierten Münzen eingespielt. In diesem Zusammenhang engagiert sich

54 pecunia.zaw.uni-heidelberg.de/ikmk/eMuseum.

der NV BW sowohl in der Normdatenredaktion des DANTE-Vokabularservers als auch für die Schaffung eines gemeinsamen deutschsprachigen numismatischen Normdatenvokabulars, da sich die Zusammenführung und vor allem der Austausch der in den großen numismatischen Datenbanken erfassten Sammlungsbestände bei der Zusammenführung der gemeinsamen Bestände im Portal des NV BW erheblich ambitionierter gestaltete als zunächst angenommen. So arbeiten alle beteiligten universitären Sammlungen mit der mk-edit-Erfassung im Rahmen des NUMiD-Verbundes, die Fundmünzen werden zum Teil über eine Heidelberger Version des von der Römisch-Germanischen Kommission entwickelten AFE-web[55] erfasst, zum Teil über die Erfassungssysteme des Landesamtes für Denkmalpflege, die Altfunde sind hingegen über KENOM erfasst, und die umfangreichen musealen Bestände wurden mit IMDASpro aufgenommen. Mit einem gemeinsamen, zentral verwalteten, ständig gepflegten und erweiterten Normdatenpool könnten nun Probleme, die bei der Entwicklung von Schnittstellen und Normdaten-Mappings entstehen, langfristig vermieden werden. Der Austausch von Forschungsdaten wäre damit erheblich vereinfacht, weswegen der NV BW sich in diesem Zusammenhang auch für ein derzeit geplantes, größeres Projekt engagiert.

Bei der Aufarbeitung der fundnumismatischen Bestände und Sammlungsobjekte werden ganz bewusst studentische Hilfskräfte und Praktikanten eingebunden, um diesen die Möglichkeit zu geben, praktisch direkt am Objekt zu arbeiten und Kontakte zu knüpfen. Auf diese Weise kann in einer längerfristigen Perspektive endlich der enorme numismatische Bestand in Baden-Württemberg einer interessierten Öffentlichkeit und der Forschungscommunity zugänglich gemacht werden. Die Angebote für Praktikanten- und HiWi-Stellen sowie numismatische Stellenausschreibungen innerhalb und außerhalb des Verbundes werden zentral auf der Homepage des Numismatischen Verbundes[56] veröffentlicht. Daneben gibt es auch eine Abschlussarbeitsbörse, die geeignete Fundkomplexe oder Sammlungsbestände der Partner aufführt und Kontakte von Wissenschaftlern zu Studierenden oder anderen Interessierten vermittelt. Auch gemeinsame Forschungsaktivitäten in Form von institutionenübergreifenden Forschungsanträgen werden regelmäßig im Verbund umgesetzt[57] sowie auf den Arbeitstreffen über eigene Antragsplanungen und Ausschreibungen informiert, um Konkurrenzsituationen innerhalb des Verbundes zu vermeiden.

Eine der wichtigsten Säulen der Verbundarbeit ist jedoch der niedrigschwellige Transfer des numismatischen Wissens in die Öffentlichkeit sowie die eng damit zusammenhängende Lehre und Vermittlung numismatischer Kenntnisse. Da an den Universitäten

55 www.bigdata.uni-frankfurt.de/afe-web.

56 NumismatischerVerbundBW.de.

57 Vgl. oben bei Anm. 14 etwa das BMBF-Projekt »Digitalisierungsplanung der Sammlung Friedrich Creuzer« des Badischen Landesmuseums Karslruhe.

im deutschsprachigen Raum zumeist nur noch antike Numismatik mehr oder weniger flächendeckend und fundiert gelehrt wird, die Bereiche der neuzeitlichen, mittelalterlichen, islamischen, byzantinischen, keltischen etc. Numismatik jedoch nur noch sehr punktuell oder fast gar nicht vermittelt werden, möchte der NV BW vor allem dieses Problem nachhaltig angehen. An diesem Punkt kamen einerseits Lehraufträge an den Universitäten zu den wenig in der Lehre vertretenen Themen durch Kollegen aus den musealen Sammlungen ins Spiel, andererseits die Erfahrungen mit dem eMuseum des universitären Sammlungserfassungsystems mk-edit als innovative Form der Wissensvermittlung, die letztlich auch die Konzeption der epochenübergreifenden numismatischen E-Learning-Plattform des Numismatischen Verbundes in Baden-Württemberg, NumiScience.de,[58] nachhaltig prägte. Dabei ist die Einbindung von numismatischen Objekten – auch aus dem Heidelberger Münzkabinett – im Rahmen von NumiScience ein Weg, die universitären Münzsammlungen noch stärker in den Fokus zu rücken. Die Plattform wurde durch den NV BW konzipiert und entwickelt. Sie ging erstmals bereits im Jahr 2017 online. Rasch zeigte sich allerdings, dass vor allem ein strukturierter inhaltlicher Aufbau der Plattform, der die Bedürfnisse verschiedener (nicht nur akademischer) Benutzergruppen in den Mittelpunkt stellt, nicht im Rahmen der normalen Verbundarbeit und -koordination zu leisten war. Daher hat der NV BW 2019/20 einen erneuten Vorstoß mit einem speziell auf den Ausbau von NumiScience.de zugeschnittenen Projektantrag gewagt, der erfolgreich war.

Zwischen 1. September 2020 und 30. August 2022 wurde die inhaltliche Weiterentwicklung von NumiScience nun im Rahmen eines von der Volkswagenstiftung finanzierten Projektes ermöglicht. Die an der Universität Heidelberg angesiedelte Redaktion wird seither bei dem inhaltlichen Ausbau durch die Mitglieder des NV BW sowie den NUMiD- und den KENOM-Verbund[59] unterstützt. Ein Fachboard, das sich aus Vertretern der Zielgruppen – Denkmalpflege, Schule, Universität, Verbrechensprävention – und der Koordination des NV BW zusammensetzt, prüft die Relevanz der Module für die verschiedenen Zielgruppen der Plattform, die gleichsam durch die Boardmitglieder repräsentiert werden. Anhand der umfangreichen numismatischen Bestände aller beteiligten Institutionen werden interaktive, epochenübergreifende Module präsentiert, die durch digitalisierte Quellen, Filme, interaktive Bestimmungsübungen, Quizoptionen usw. ergänzt werden. Hierbei waren die Erfahrungen mit dem eMuseum des digitalen Münzkabinetts besonders hilfreich, denn die Erarbeitung der Inhalte geschieht durch ausgewiesene Spezialisten ebenso wie im Kontext der Lehre gemeinsam mit Studierenden und Schülern etwa im Rahmen von Seminaren bzw. Projekttagen. Anschließend stehen die Module

58 NumiScience.de.
59 kenom.de/projektseite.

und Übungen dann anderen Nutzern zur Vertiefung ihrer numismatischen Kenntnisse bzw. für den Einsatz in eigenen Lehrveranstaltungen langfristig zur Verfügung. Im Rahmen von Übungen und Mittelseminaren an der Universität Heidelberg wurden für die E-Learning-Plattform bereits einige Fachmodule unter Einbeziehung u.a. der hiesigen Sammlungsbestände erarbeitet.

Das Vorgehen dabei ist ebenso praktikabel wie zielführend: Für die aktive Gestaltung von Modulen können sich interessierte Universitäten, Schulen, Sammlungen oder sonstige Institutionen und Spezialisten mit der Redaktion der E-Learning-Plattform in Verbindung setzen, um die inhaltliche Ausrichtung der geplanten Module abzustimmen. Im Backend des Portals wird dann beispielsweise für die Lehrenden ein Bereich freigegeben, der von den Studierenden bzw. Schülerinnen und Schülern im Rahmen der Lehrveranstaltung mit Inhalten gefüllt werden kann. Für die Eingabe steht ein Leitfaden zur Verfügung, zudem ist die Redaktion jederzeit ansprechbar. Die Erfahrungen mit diesem Konzept waren bislang ausgesprochen gut, denn die Studierenden erarbeiten die Inhalte, die als Seminararbeit bewertet werden können, nicht für die »Schublade« des Seminarleiters, sondern für eine langfristige Nutzung durch im Vorfeld klar definierte Zielgruppen (Sammler, Verbrechensprävention, Schüler, andere Studierende etc.). Diese Tatsache ist einerseits hoch motivierend, zumal die Beiträge – nach Wunsch – mit dem Namen und der Institution der Beiträger (nach einer Endredaktion) veröffentlicht werden. Insofern haben etwa studentische Beiträger dadurch direkt den Benefit einer ersten Veröffentlichung, auf die sie sich bei Bewerbungen beziehen können. Andererseits sind die Studierenden etc. natürlich gezwungen, die Inhalte zunächst auf einem sehr hohen wissenschaftlichen Niveau zu erarbeiten, um sie dann – etwa nach der Präsentation im Rahmen der Lehrveranstaltung – auf ein vermittelbares Niveau zugeschnitten auf eine spezielle Zielgruppe herunterzubrechen. Die Auseinandersetzung mit den numismatischen Objekten und komplexen numismatischen Fragestellungen ist dementsprechend erheblich tiefgehender als in einer »normalen« Lehrveranstaltung. Zudem werden im Zuge dessen Kenntnisse im Umgang mit Datenbanken, Bildrechtsvorgaben, verständlichen Schreiben etc. quasi »nebenher« vermittelt.

Die Resonanz, der sich NumiScience aus verschiedensten Nutzerkreisen erfreut, ist enorm. Zum einen häufen sich Anfragen zu in der Plattform eingebundenen Münzen aus Sammlungen und Fundkomplexen aus dem In- und auch Ausland, zum anderen wird der rein inhaltliche Mehrwert, den die Plattform bietet, um in benachbarten Fächern (z.B. Neuzeitliche, Mittelalterliche, Alte Geschichte, Kunstgeschichte, Archäologie, Ur- und Frühgeschichte, Islamwissenschaften, Theologie) sowie in der schulischen Lehre – Grundschule und weiterführende Schulformen in diversen Fächern (Geschichte, Sozialkunde, Sachunterricht, Latein, Gemeinschaftskunde, Wirtschaftskunde etc.) – die Münzen als Quelle einzubinden, immer stärker wahrgenommen und dezidiert eingesetzt. Dies schließt auch den Umgang mit Fundmünzen ein. So werden in Kürze deutschlandweit die Ansprechpartner im Falle von zufälligen Münzfunden vorgestellt oder explizit erklärt, warum das Suchen nach Münzen mit Metallsonden nur nach ausdrücklicher Genehmigung und fachlicher Einweisung der zuständigen Denkmalschutzbehörde erlaubt ist. Hierfür arbeitet der NV BW mit verschiedenen Landesämtern für Denkmalpflege zusammen.[60]

Mittels NumiScience kann somit mittelfristig ein Beitrag geleistet werden, um einerseits die Vermittlung von numismatischen Quellen von der Antike bis in die Gegenwart zu verstärken und Interesse an einer fundierten Beschäftigung damit zu wecken, andererseits können so die numismatischen Datenbanken und Sammlungsbestände in sehr viel höherem Maße sichtbar gemacht werden und der numismatische Nachwuchs an den Sammlungsbeständen ausgebildet sowie darüber hinaus in breitenwirksamer Vermittlung geschult werden. Für diesen Zweck werden neben oben erwähnten studentischen und wissenschaftlichen Hilfskräften auch regelmäßig studentische und Schülerpraktikanten bei der Sammlungsdigitalisierung eingebunden und die Bestände der Sammlung im Rahmen der Heidelberger KinderUni, der Kinderakademie Mannheim oder anderen Vorträgen mit Breitenwirkung eingesetzt.

Zusätzlich werden Teile des Heidelberger Münzkabinetts nach Möglichkeit auch physisch in Ausstellungen gezeigt. Da sich derzeit alle Ausstellungsräume der Universität Heidelberg im Umbau befinden, ist momentan keine Dauerausstellung mit numismatischen Inhalten möglich. Bei der Neugestaltung der musealen Präsentation ist die Einbindung der Numismatik jedoch natürlich eingeplant. Im Zuge dessen sollen die Münzen in inhaltlich passendem Kontext mit Objekten der anderen altertumswissenschaftlichen Sammlungen (Abguss- und Antikensammlung, Ägyptische Sammlung und Uruk-Warka-Sammlung) des Heidelberg Center for Cultural Heritage[61] (HCCH) gezeigt werden. Die Heidelberger Münzsammlung ist seit 2017 Teil der Sammlungslandschaft des HCCH und wirkte an diversen, durch das HCCH initiierten Aktionen, wie beispielsweise an der oben erwähnten KinderUni, mit, bei welcher sich altertumswissenschaftlich interessierte Kinder im Unterstufenalter gezielt und unter fachlicher Anleitung mit Sammlungsobjekten und damit einhergehenden Fragestellungen befassen dürfen. Ebenso werden unter dem Dach des HCCH Lehrveranstaltungen zu Kulturerbe-Themen gebündelt präsentiert, auch hier ist die numismatische Sammlung regelmäßig mit Lehrangeboten vertreten. Diese wer-

60 Hier zu nennen sind u.a. die Kooperationen mit dem Landesamt für Denkmalpflege Baden-Württemberg, dem Thüringischen Landesamt für Denkmalpflege oder der Außenstelle Speyer der Generaldirektion Kulturelles Erbe Rheinland-Pfalz.

61 hcch.uni-heidelberg.de.

den in Zukunft auch im Rahmen des neuen Masterstudiengangs »Cultural Heritage und Kulturgüterschutz«[62] angeboten werden.

Zuletzt waren Münzen der Heidelberger Sammlung physisch 2023 in der SCHRIFT-ARTE-FAKT-Ausstellung des SFB 933 zu sehen,[63] davor u. a. 2018 im Zuge der Ausstellung »Schlaglicht Numismatik. Die Götterwelt der Antike« zu sehen, die im Rahmen eines Mittelseminars gemeinsam mit Studierenden konzipiert und umgesetzt wurde. Diese haben zunächst im Vorfeld der Ausstellung die komplette Sammlung gesichtet, geeignete Münzen ausgewählt, Hintergründe zu diesen recherchiert, alle Ausstellungstexte selbstständig verfasst und auch die Präsentationsformen selbst erdacht und umgesetzt. Die Ausstellung war dann im Oktober 2018 im Rahmen der universitären Ausstellungsreihe »Sammlung des Monats« in der Außenstelle der Universitätsbibliothek im Neuenheimer Feld zu sehen. Die Studierenden boten in diesem Rahmen Führungen an und informierten über inhaltliche Aspekte ebenso wie über Ausstellungsoptionen von Münzen, mit denen sie sich im Rahmen der Lehrveranstaltung besonders intensiv auseinandergesetzt hatten. Auch in diesem Zusammenhang erwies sich die Zusammenarbeit im NV BW als Vorteil, da einige der beteiligten Museen für die Analyse der praktischen Umsetzung von Präsentationsformen numismatischer Objekte ihre Pforten öffneten und mit den Studierenden entsprechende Ausstellungsoptionen auf fachlicher und konservatorischer Ebene diskutierten. Auf Initiative des numismatischen Nachwuchses kamen in der Ausstellung selbst QR-Codes zum Einsatz, die in die Ausstellung eingebunden wurden und somit direkt das Digitale Münzkabinett mit der analogen Ausstellungskonzeption verknüpften.[64]

Zusammenfassend lässt sich sagen, dass die Heidelberger Sammlung eine in in- und externer Forschung sowie in persönlicher, digitaler und interaktiver Lehre sehr aktive Institution ist. Sie war im 19. Jahrhundert einst als Lehrsammlung konzipiert worden, um dem wissenschaftlichen Nachwuchs die Numismatik mit all ihren Facetten näherzubringen. Diesem Ziel fühlen wir uns nach wie vor verbunden und hoffen, es auch und gerade durch die neuen Medien und die fortschreitende Digitalisierung in Zukunft weiterhin erreichen zu können.

62 hcch.uni-heidelberg.de/de/studium-lehre/ma-cultural-heritage-und-kulturgueterschutz.

63 uni-heidelberg.de/de/ausstellung-schriftartefakt, mit Podcast zu Objekten unter uni-heidelberg.de/de/ausstellung-schriftartefakt/sprechende-objekte/sesterz-des-traian-und-denar-des-herennius-muenzen-aus-der-roemischen-kaiserzeit.

64 nvbw.zaw.uni-heidelberg.de/media/Ausstellung_Numismatik_wdNJfxb.pdf.

Objekt- und Abbildungsnachweise

Abb. 1 Münzsammlung der Universität Heidelberg, Inv. AN 244. Foto: Susanne Börner. pecunia.zaw.uni-heidelberg.de/ikmk/object?id=ID472.
Abb. 2 Universitätsarchiv Heidelberg, RA 6387, fol. 29.
Abb. 3 Münzsammlung der Universität Heidelberg, Inv. N10090. Foto: Susanne Börner. pecunia.zaw.uni-heidelberg.de/ikmk/object?id=ID230.
Abb. 4 Münzsammlung der Universität Heidelberg, Inv. Asy 105. Foto: Susanne Börner. pecunia.zaw.uni-heidelberg.de/ikmk/object?id=ID1248.

Bibliographie

Brummer 1836–1840 J.A. Brummer: *Prolusio, continens recensionem Graecorum aliorumque veterum numorum exceptis Romanis qui adservantur in academico antiquario Creuzeriano.* Heidelberg 1836–1840.
Creuzer 1843 F. Creuzer: *Katalog einer Privat-Antiken-Sammlung mit Nachweisungen.* Leipzig 1843.
Creuzer 1848 F. Creuzer: *Aus dem Leben eines alten Professors: Mit literarischen Beilagen und dem Porträt des Verfassers.* Leipzig 1848.
Creuzer 1852 F. Creuzer: *Verzeichniss der antiken Münzen, Bronzen, Bleie, Terracotten, Vasen, Marmor'n, Gemmen und anderen Anticaglien nebst Abdrücken im Besitze des Geheimraths und Professors Dr. Fr. Creuzer in Heidelberg: mit dessen Anmerkungen.* Heidelberg 1852.
Creuzer & Mone 1810 F. Creuzer & F.J. Mone (Hrsg.): *Symbolik und Mythologie der alten Völker, besonders der Griechen: in Vorträgen und Entwürfen; Bd. 1.* Leipzig 1810.
Gaidys & Krmnicek 2020 M. Gaidys & S. Krmnicek: *Gelehrtenbilder. Altertumswissenschaftler auf Medaillen des 19. Jahrhunderts. Begleitband zur online-Ausstellung im Digitalen Münzkabinett des Instituts für Klassische Archäologie der Universität Tübingen.* Tübingen 2020.
Hampe & Gropengießer 1967 R. Hampe & H. Gropengießer: *Aus der Sammlung des archäologischen Institutes der Universität.* Berlin 1967.
Hampe 1961 R. Hampe: Archäologisches Institut. In: G. Hinz (Hrsg.): *575 Jahre Ruprecht-Karls-Universität Heidelberg. Aus der Geschichte der Universität Heidelberg und ihrer Fakultäten.* Heidelberg 1961, S. 315–318.
Head 1880 B.V. Head: *Synopsis of the Contents of the British Museum, Department of Coins and Medals: A Guide to the Select Greek and Roman Coins Exhibited in Electrotype.* London 1880.
Hensen 2008 A. Hensen: Creuzer als Wegbereiter der archäologischen Forschung. In: F. Engehausen, A. Schlechter & J.P. Schwindt (Hrsg.): *Friedrich Creuzer 1771–1858. Philologie und Mythologie im Zeitalter der Romantik. Begleitband zur Ausstellung in der Universitätsbibliothek Heidelberg, 12. Februar–8. Mai 2008.* Heidelberg 2008, S. 99–111.
Kraay 1977 C.M. Kraay: The Asyut Hoard: Some Comments on Chronology. *Numismatic Chronicle* 17 (1977), S. 189–198.
Kuhle & Lindner 2020 A. Kuhle & M. Lindner: *Alte Geschichte. Quellen – Methoden – Studium.* Göttingen 2020.
Maaß 1988 M. Maaß: Badisches Landesmuseum Karlsruhe: 150 Jahre Antikensammlungen in Karlsruhe. Karlsruhe 1988.
Neumüllers-Klauser 1961 R. Neumüllers-Klauser: *Aus der Geschichte der Heidelberger Philosophischen Fakultät.* Heidelberg 1961.
Wagner 2006 G.A. Wagner: Wolfgang Gentner – Nestor der Archäometrie. In: G. Hoffmann & U. Schmidt-Rohr (Hrsg.): *Wolfgang Gentner. Festschrift zum 100. Geburtstag.* Berlin 2006, S. 225–238.
Stark 1880 K.B. Stark: Friedrich Creuzer, sein Bildungsgang und seine wissenschaftliche wie akademische Bedeutung. In: K.B. Stark (Hrsg.): *Vorträge und Aufsätze aus dem Gebiet der Archäologie.* Heidelberg 1880, S. 390–408.

Sämtliche Verweise auf Internetressourcen in diesem Beitrag wurden vor der Drucklegung geprüft.

Wenn Sammlungen ihren Dornröschenschlaf beenden dürfen ...

Die numismatische Sammlung der TU Bergakademie Freiberg

Angela Kugler-Kießling

Die numismatische Sammlung der Technischen Universität Bergakademie Freiberg gehört zu jenen Sammlungen der TU, denen im Laufe der letzten 200 Jahre eine überaus wechselvolle Geschichte beschieden war. Sie wurde entweder abgeschoben oder als besonders wertvoll bezeichnet und deshalb mit höchstmöglichen Sicherheitsmaßnahmen unter Verschluss gehalten. Beides war sicher nicht gerechtfertigt. Die folgende Beschreibung der Sammlungsentwicklung lässt mit einem Schmunzeln einmal mehr erkennen, dass sich Geschichte sehr oft wiederholt ...[1]

Zurück geht die Sammlung der Bergakademie auf einen der bekanntesten Lehrer der Alma Mater Fribergensis – den Mineralogen und Geologen Abraham Gottlob Werner (1749–1817).

> ... Abraham Gottlob Werner sammelte und kaufte fast bis zu seinem Ende ... aus brennendem Eifer für allgemeine Bildung sowohl, als besonders für das Alterthum, an dem er in seiner Jugend Vergnügen, im Alter Ruhe fand, die seltenen Münzen jeder Zeit, vorzüglich die der alten Völker und Regenten um jeden Preis zusammen ...[2]

Darüber, wann Werner mit dem Sammeln von antiken Münzen begann, liegen keine gesicherten Erkenntnisse vor. Allerdings schrieb der Naturphilosoph Gotthilf Heinrich von Schubert (1780–1860) über seinen Lehrer:

> ... Wenn man ihn in dem Lesen von Reisebeschreibungen vertieft, oder mit der Betrachtung von Gebirgskarten, mit der Anordnung seiner kostbaren Münzsammlung

---

1 An dieser Stelle soll ausdrücklich darauf hingewiesen werden, dass der historische Teil zur Werner'schen Münzgeschichte von Christel Grau (früherer Name Christel Goldhahn) um 1990 erarbeitet und im ersten Teil des neuen Kataloges zur Werner'schen Münzsammlung publiziert wurde: Goldhahn 1993, 1–26; s. auch Grau 2015.

2 Frisch 1825.

beschäftigt fand, dann begriff man eher den Zusammenhang solcher Studien mit der Hauptaufgabe seines Lebens, mit den Forschungen im Gebiet der Geologie und Mineralogie als bei seinen langwierigen Excerpten ...[3]

Da sich von Schubert von 1805 bis 1806 in Freiberg aufgehalten hat, ist anzunehmen, dass sich Abraham Gottlob Werner (Abb. 1) zu dieser Zeit schon mit der Numismatik beschäftigte – und zwar bereits über einen längeren Zeitraum, denn von Schubert beschreibt eine kostbare Sammlung (Abb. 2). Von Werner selbst gibt es keinerlei Hinweis, seit wann er sich tatsächlich mit dem Sammeln von Münzen befasste. Auch die Motivation seiner Sammlungstätigkeit ist bis heute nicht sicher belegt. Am wahrscheinlichsten erscheint deshalb die Aussage, dass es gar kein spezifisch numismatisches Interesse war, sondern dass er anhand von Münzen die Völkerwanderung und damit die Entwicklung der Sprachen nachvollziehen wollte.[4] Dafür würde auch sprechen, dass Werner offensichtlich keinen sonderlichen Wert auf die Qualität der Prägungen gelegt hat. Er erwarb seine Münzen und Medaillen durch Tausch und Kauf oder ließ sich ganze Konvolute von Studenten und Freunden mitbringen. Den Konvoluten entnahm er dann die Objekte, die er benötigte, bewahrte aber den Rest ebenfalls auf. In den folgenden Jahren bis 1817 wuchs die Sammlung auf etwa 5 800 antike römische, 393 griechische und 910 mittelalterliche und neuzeitliche Münzen an.

Abb. 1: Abraham Gottlob Werner. Medaille auf den 100. Todestag Werners 1917. Stempel geschnitten von Friedrich Wilhelm Hörnlein (1873–1945), Dresden.

Um auch junge Menschen für die Numismatik zu begeistern und ihnen einen entsprechenden Zugang zu dieser Wissenschaft zu ermöglichen, schenkte Werner 1815 insgesamt 436 seiner eigenen Sammelobjekte dem Freiberger Gymnasium. Auch die Ritter-Akademie zu Dresden (heute Palais Wackerbarth in der Dresdner Neustadt) erhielt eine kleine Sammlung römischer Münzen. Um den Wert des Geschenkes an General von Tettenborn (1759–1829), den »Chef dieses Institutes«, zu

3 Schubert 1855.

4 Dass allgemeinhistorische und völkerkundliche Interessen dieser Art beim Aufbau gelehrter Münzsammlungen in dieser Zeit eine wichtige Rolle spielten, zeigen auch die vorausgehenden Beiträge im vorliegenden Band.

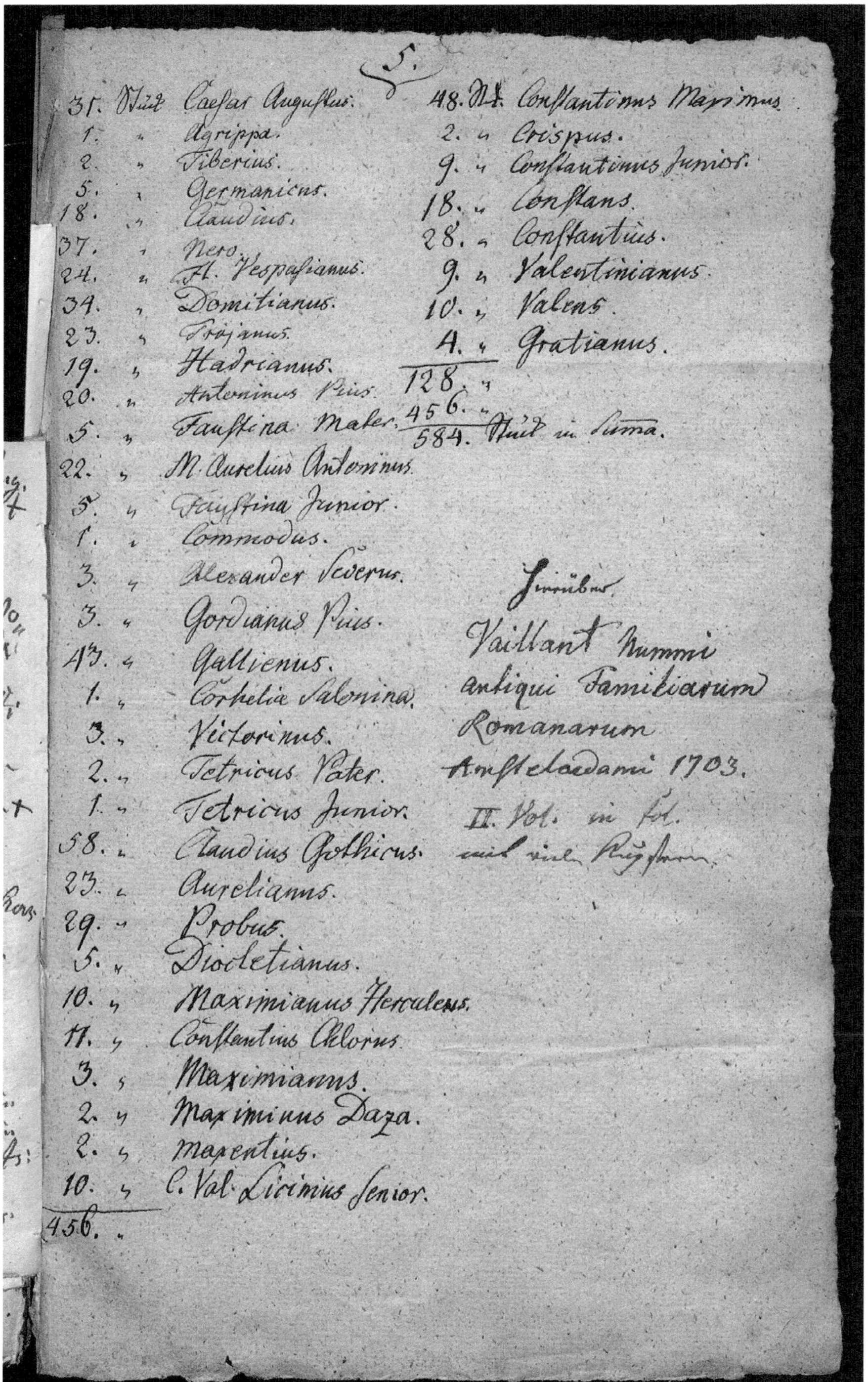

5.

31. Stück Caesar Augustus.
1. " Agrippa.
2. " Tiberius.
5. " Germanicus.
18. " Claudius.
37. " Nero.
24. " Fl. Vespasianus.
34. " Domitianus.
23. " Trajanus.
19. " Hadrianus.
20. " Antoninus Pius.
5. " Faustina Mater.
22. " M. Aurelius Antoninus.
5. " Faustina Junior.
1. " Commodus.
3. " Alexander Severus.
3. " Gordianus Pius.
43. " Gallienus.
1. " Cornelia Salonina.
3. " Victorinus.
2. " Tetricus Pater.
1. " Tetricus Junior.
58. " Claudius Gothicus.
23. " Aurelianus.
29. " Probus.
5. " Diocletianus.
10. " Maximianus Herculeus.
11. " Constantius Chlorus.
3. " Maximianus.
2. " Maximinus Daza.
2. " Maxentius.
10. " C. Val. Licinius Senior.
456. "

48. St. Constantinus Maximus.
2. " Crispus.
9. " Constantinus Junior.
18. " Constans.
28. " Constantius.
9. " Valentinianus.
10. " Valens.
4. " Gratianus.
128. "
456. "
584. Stück in Suma.

Hierüber.
Vaillant Nummi antiqui Familiarum Romanarum Amstelaedami 1703. II. Vol. in fol. mit vielen Kupfern.

Abb. 2: Seite aus dem von Abraham Gottlob Werner angelegten Münzverzeichnisses.

Abb. 3: Prämienspeciestaler anlässlich der Stiftung der Bergakademie Freiberg 1765.

Abb. 4: Prämientaler der Bergakademie Freiberg 1815, im Gewicht und Feingehalt eines Konventionsspeciestalers (A/Qu 114. Porträt von König Friedrich August I.).

erhöhen, ließ Werner auf eigene Kosten ein »schikliches Schränkchen zu den Münzen« anfertigen.[5]

1813 wurde Werner sogar vom Oberbergamt beauftragt, einen neuen Prämienspeciestaler zu entwerfen. Seit Gründung der Bergakademie 1765 wurden diese Taler an besonders fleißige Absolventen verliehen, und zu dieser Zeit war der Vorrat von 220 Exemplaren aufgebraucht (Abb. 3).[6] Da die Wiederverwendung der alten Prägestempel jedoch inzwischen nicht mehr möglich war, wurde vom Oberbergamt ein Gutachten darüber angefordert, ob es nicht besser sei, den auszuzeichnenden Schülern statt des Geldes lieber kleine, neu zu prägende Medaillen oder nützliche und angemessene Geschenke, wie Bücher und Instrumente, zu geben. Man einigte sich schließlich, eine neue Prämien-

---

5 *Mitteilungen des Freiberger Altertumsvereins* 39 (1903), S. 164–165.

6 Arnold & Quellmalz 1978, S. 112.

Medaille in Speciestalergröße zu prägen. Drei Entwürfe sind mit einem ausführlichen Vortrag Werners versehen.[7] Er schlug vor, 1815, das Jahr der Rückkehr des Königs Friedrich August I. (1750–1827) und der Wiederherstellung Sachsens als Beginn der Ausgabe der neuen Medaille zu wählen. Die Medaille sollte als Avers das Bildnis des Königs tragen. Auf dem Revers sollte ganz schlicht »Dem Fleisse« zu lesen sein (Abb. 4).[8]

Zwei Jahre später, am 30. Juni 1817, starb Abraham Gottlob Werner in Dresden. Am Vormittag dieses Tages verfügte er testamentarisch, dass alle seine Sammlungen gegen Zahlung einer Summe von 5000 Talern in den Besitz der Bergakademie übergehen sollten. Am 8. Juli 1817 wurden die Privaträume Werners geöffnet. Anwesend waren u. a. die Schwester Werners, Frau Christiane Sophie verwitwete Glaubitz (gest. 1840), als Erbin des persönlichen Besitzes, und der Kustos Ludwig Gustav Ferdinand Köhler (1795–1820) für die Bergakademie. Es erfolgte die testamentarisch festgelegte Teilung des Gesamtbesitzes. Am 25. Juli 1817 erließ Friedrich August den Befehl, dass der gesamte Nachlass Werners zu sichern sei und dass ohne die ausdrückliche Genehmigung des Königs keine Veränderungen erfolgen dürften. Bezüglich der Münzsammlung ordnete er in einem Mandat vom 19. August 1817 an, dass die Sammlung alter und neuer Münzen zu ordnen sei und ein Verzeichnis angefertigt werden solle.[9] Johann Carl Freiesleben (1774–1846), der die Oberaufsicht über die Sammlungen innehatte, schlug dem Oberbergamt in Freiberg die fachmännische Katalogisierung der nach seiner Meinung sehr kostbaren Sammlung vor. Benötigtes Personal gab es in Dresden im kurfürstlichen Münzkabinett, das damals zusammen mit der kurfürstlichen Bibliothek und der Antikensammlung im Japanischen Palais untergebracht war.

Abb. 5: Sesterz des Caligula (37–38 n. Chr.).

7 Universitätsarchiv Freiberg, OBA J 10561; Arnold & Quellmalz 1978.
8 Universitätsarchiv Freiberg, OBA 10561, Bl. 61.
9 Universitätsarchiv Freiberg, OBA 106287, Bl. 91.

Trotz dieser Überlegungen erstellte der Rektor des Freiberger Gymnasiums August Gotthilf Gernhard (1771–1845) vorerst das von König und Oberbergamt gewünschte Verzeichnis. Es umfasst 38 Seiten. Aufgeführt werden 112 alte goldene Münzen, 5 neue goldene Münzen, 188 alte Silber- und Kupfermünzen verschiedener Völker und Städte außer Rom, 326 alte römische Münzen bis zur Kaiserzeit (Abb. 5), 5155 römische Imperator- und Kaisermünzen, 230 Münzen des Mittelalters und 633 neuere Münzen.[10] Interessant ist der Bericht, den Gernhard über den vorgefundenen Zustand der Sammlung verfasste. Er belegt in beeindruckender Weise, dass Werner unendlich viel gesammelt, aber alles nur entsprechend seinen Interessen systematisiert hat. Ähnliches beschreibt Frisch auch von der Bibliothek Werners.[11]

> ... Zuerst fand ich die (sub I ABCD) der folgenden Blätter, angezeigten goldenen Münzen, eingewickelt und in einer gewöhnlichen Schachtel eingepackt, und es war bey ihnen nur der Werth des Goldes bestimmt. Die Münzen sub II waren nach einer sehr ansehnlichen geographischen Ordnung, die ich, da sie in Unordnung gebracht worden war, nicht ohne Mühe wiederherstellte, auf Tafeln ausgelegt und hier und da der Name der Völker und Länder, denen sie angehörten, auf kleinen Zettelchen beygefügt. Die Römischen Münzen aber, die in Pondera, Familien- und Kaisermünzen geordnet waren (siehe sub III) waren nicht selten, wegen des beschränkten Raumes zusammengeschoben und vermengt, die Familiennamen nicht überall beygefügt.
> Die Reihe der Römischen Imperatoren, welche ihre Zahlen für sich hat (sub IV) war an einigen Stellen wenig erhalten, und ist, da ich die Fehler erst zu spät bemerkte, noch nicht ganz wiederhergestellt, so daß man z. B. den Gallienus, der nach Valerian kommen sollte, vor dem Diocl. findet. Die Münzen, welche ich als unbestimmt aufgeführt habe, scheinen, eines Theils Wernern selbst nicht bekannt gewesen zu seyn, andern Theils habe ich meines Orts, sie noch nicht bestimmen können.
> Die plattierten, oder in neueren Zeiten geschlagenen Münzen, waren nirgends genauer getrennt, noch die Trennung angezeigt; obschon ich im ersten Theil der Reihe der Römischen Münzen bis zu No. 4102 keine falschen Münzen gefunden habe.
> In Rücksicht der übrigen kleinen Sammlungen auf einzelnen Tafeln, war es nicht überall gewiß, in welcher Absicht und Ordnung, wenn ja eine statt fand, Werner die Münzen gelegt hatte wißen wollen. Daher bin ich nur einer gewißen Wahrscheinlichkeit und Muthmaßung nachgegangen und habe diese an ihrer Stelle gelaßen, da ich hier nirgends Zettel oder Zeichen dabey fand. Andere Abtheilungen von Münzenscheinen für sich gelegt worden zu seyn, um, wenn es die Zeit einmal verstattete, eine Auswahl

10 Universitätsarchiv Freiberg, OBA 523, Bl. 14–32.
11 Frisch 1825.

> unter ihnen zu treffen, oder neue Sammlungen aus ihnen zu bilden. Andere die nicht lange vor seinem Tode gekauft waren, hatte er noch nicht ausgepackt und geordnet. Die Münzen des Mittelalters (sub V) oder die Bracteaten, waren ohne Ordnung in Schachteln aufbewahrt, in Papier eingewickelt und auf diesen zum Theil Aufschriften. Auf Ordnen der neueren Münzen scheint er keine Sorgfalt verwendet zu haben, dagegen war er ein unglaublicher Liebhaber des Alterthums und schonte in dieser Hinsicht keinen Aufwand, um das Seltenste zusammenzukaufen, denn recht gut erinnere (ich) mich, daß er selbst mir sagte, er habe ohngefähr 4000 rth. auf sein Münzkabinett verwendet. Zwar verschmähte er die neueren Zeiten nicht, doch zog er das Alterthum ihr weit vor, wenn er eine seltene Münze der Art erhalten hatte. In diesem Theile also ist noch alles ohne Ordnung, wie es vorher war. ...[12]

Den Katalog zur Werner'schen Münzsammlung sollte schließlich Johann Gottfried Lipsius (1754–1820), Inspektor des Dresdner Antiken- und Münzkabinetts, erstellen. Zuvor hatte der König in einem Schreiben an das Oberbergamt festgestellt:

> ... jede Kunstsammlung erhält einen vorzüglichen Werth und weit mehr Brauchbarkeit durch Fertigung eines vollständigen und Sachkenntnis beurkundenden Kataloges: besonders ist dies aber bei Münzsammlungen der Fall, und zwar in einem vorzüglichen Grade, wenn sie sich hauptsächlich nur auf alte Geschichte und Römische Münzen erstreckt, wie die Wernersche Sammlung, nach Inhalt des darüber vorhandenen höchst mangelhaften und unvollständigen Verzeichnisses. Da diese schöne Sammlung ... Eigenthum der Bergakademie bleiben wird; so triff hier noch ein zweifacher Grund ein auf einen vollständigen wissenschaftlichen Katalog sorgfältig bedacht zu seyn, einmal um dadurch den Gebrauch der Sammlung beim Studio der alten Geschichte zu erleichtern und sodann die Akademie gegen zu besorgende Veruntreuung und Bevortheilung zu verwahren, da sich nicht selten unredliche Beschauer auch wohl die Aufseher selbst den Mangel desselben zu Nutze machen, um dies und jenes davon an sich zu bringen oder mit etwas Schlechterem und Gemeinen zu vertauschen ...[13]

Leider bewahrheiteten sich diese Überlegungen des sächsischen Königs im Laufe der Jahre, und auch der überaus akribisch angelegte Katalog konnte weder Diebstahl noch das Austauschen von einzelnen Münzen verhindern – eine bittere Erkenntnis. Jedenfalls wurde am 17. Juni 1818 die Sammlung nach Dresden verbracht. Aber nicht der Inspektor der

12 Gemeint sind hier die neueren Münzen.
13 Universitätsarchiv Freiberg, OBA 524.

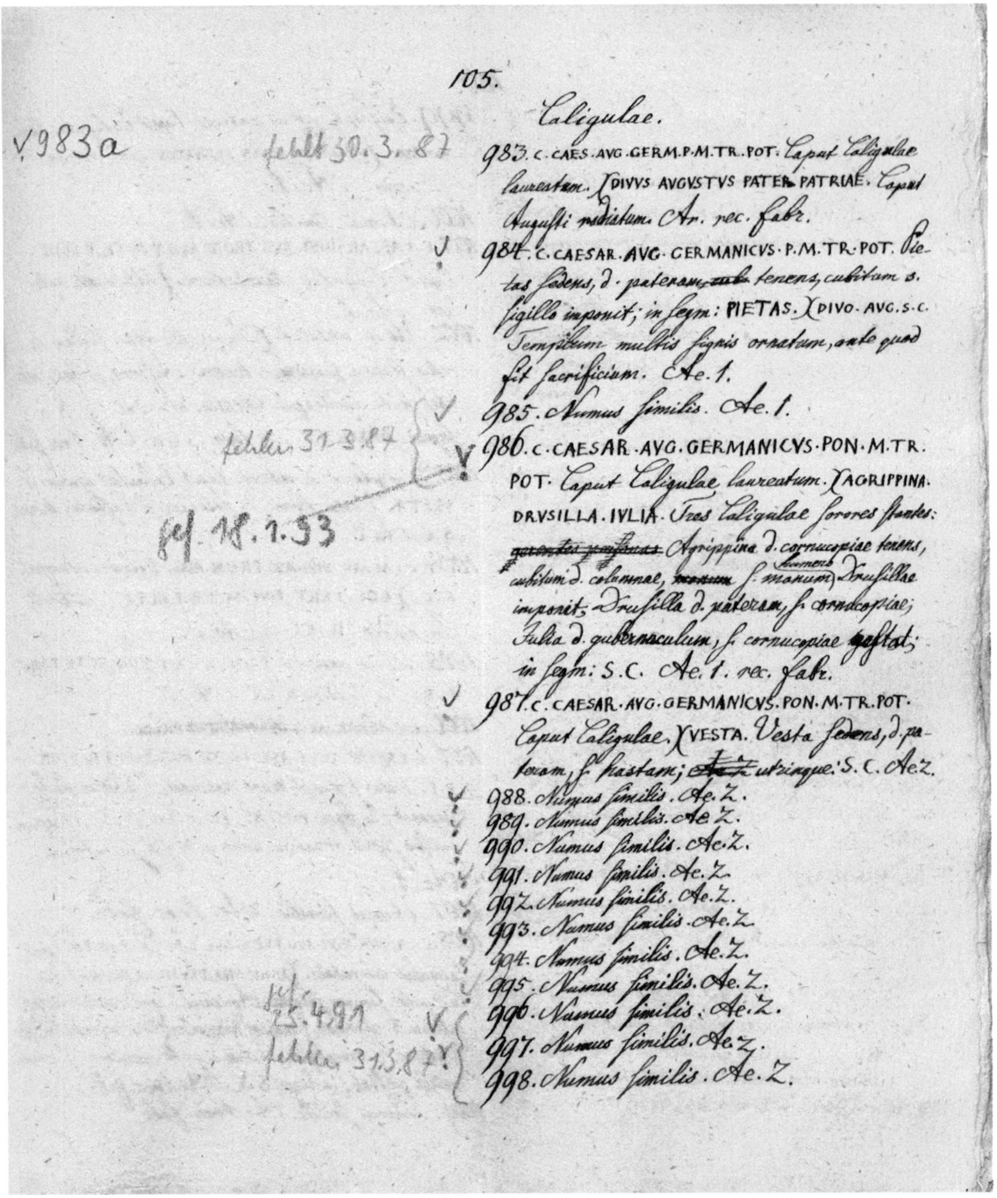

105.

Caligulae.

√983a fehlt 30.3.87

983. C. CAES. AVG. GERM. P. M. TR. POT. Caput Caligulae laureatum. } DIVVS AVGVSTVS PATER PATRIAE. Caput Augusti radiatum. Ar. rec. fabr.

√ 984. C. CAESAR. AVG. GERMANICVS. P. M. TR. POT. Pietas sedens, d. pateram tenens, cubitum s. sigillo imponit; in segm: PIETAS. } DIVO. AVG. S. C. Templum multis signis ornatum, ante quod fit sacrificium. Ae. 1.

√ 985. Numus similis. Ae. 1.

fehlen 31.3.87

986. C. CAESAR. AVG. GERMANICVS. PON. M. TR. POT. Caput Caligulae laureatum. } AGRIPPINA. DRVSILLA. IVLIA. Tres Caligulae sorores stantes: Agrippina d. cornucopiae tenens, cubitum d. columnae, s. humero Drusillae imponit; Drusilla d. pateram, s. cornucopiae; Iulia d. gubernaculum, s. cornucopiae gestat; in segm: S. C. Ae. 1. rec. fabr.

bef 18.1.93

√ 987. C. CAESAR. AVG. GERMANICVS. PON. M. TR. POT. Caput Caligulae. } VESTA. Vesta sedens, d. pateram, s. hastam; utrinque: S. C. Ae. 2.

√ 988. Numus similis. Ae. 2.
√ 989. Numus similis. Ae. 2.
√ 990. Numus similis. Ae. 2.
√ 991. Numus similis. Ae. 2.
√ 992. Numus similis. Ae. 2.
√ 993. Numus similis. Ae. 2.
√ 994. Numus similis. Ae. 2.
√ 995. Numus similis. Ae. 2.
√ 996. Numus similis. Ae. 2.
√ 997. Numus similis. Ae. 2.
√ 998. Numus similis. Ae. 2.

23.4.91
fehlen 31.3.87

Abb. 6: Aus dem von Justus Lipsius erstellten Katalog. Die Klammern trennen die Angaben von Avers und Revers.

kurfürstlich-königlichen Münzsammlung, sondern sein Sohn Justus Lipsius übernahm die Anfertigung des Kataloges. Mehr als drei Jahre dauerte die Arbeit. Grundlage für die Erschließung der Sammlung war ein System, das der Jesuit Johann Joseph Hilarius von Eckhel (1737–1798) entwickelt hatte und das ihn zum Begründer der Numismatik als eigene Wissenschaft werden ließ.[14] Lipsius ordnete die antiken Münzen nach Ländern und Städten. Die Münzen der Römischen Republik wurden in Konsular- und Familienmünzen geteilt. Der Anteil der anonymen Stücke wurde den Konsular-Münzen, die mit den Namen der jeweiligen Münzmeister versehenen den Familienmünzen zugeordnet. Für die Bearbeitung der Münzen und die Erstellung der beiden Katalog-Bände erhielt Lipsius damals 301 Taler und 11 Groschen (Abb. 6).[15]

Am 7. November 1821 war die Arbeit abgeschlossen. Ein zweibändiger Katalog, Band 1 antike Münzen, Band 2 mittelalterliche und neuzeitliche Münzen und 68 Münzpakete wurden in Dresden an den Geheimen Finanzrat Carl Heinrich Konstantin von Ende (1784–1845) übergeben. Gut verpackt in einer »... festen und wohlverwahrten Kiste ... die durch starke Nägel gehörig« verschlossen war, reisten Münzen und Kataloge wieder nach Freiberg zurück. Hier überlegte man, wie man denn künftig die Sammlung nutzen könne. Es gab eine Sammlung von einigem Wert. Neben den zahlreichen antiken Münzen gab es auch einige Objekte, die sächsische Münzgeschichte belegen. Aber was sollte man damit anfangen? Das Oberbergamt beschloss, die Sammlung zu veräußern, und schickte am 8. Dezember 1821 ein entsprechendes Verkaufsangebot an das königliche Münzkabinett nach Dresden. Als Begründung schrieb man »... in dem das Münz- und historische Studium zu weit außer dem Bereich der Bergwerkskunde liegt, als daß sich, mit gewiß seltener Ausnahme, die Zöglinge der Bergakademie damit beschäftigen könnten ...«.[16] Das Münzkabinett bot an, die Sammlung für 3000 Taler zu erwerben, wollte der Bergakademie allerdings die Summe in Form von jährlichen Zinsen in Höhe von 150 Talern zahlen.[17] Das Oberbergamt war damit einverstanden. Nach Prüfung der eingereichten Unterlagen durch den Oberkammerherrn Johann Georg Friedrich Heinrich von Friesen (1757–1824) teilte dieser mit, dass die Sammlung »... für unser vorhabendes Werk manches brauchbare zu enthalten scheint ...«.[18] König Friedrich August I. lehnte den Druck des Kataloges und den Kauf der Sammlung jedoch ab, da der verlangte Preis und der Nutzen in keinem Verhältnis stünden.

In Freiberg wurde jetzt Karl Gustav Adalbert von Weißenbach (1797–1848), inzwischen Bergakademie-Inspektor, mit der sicheren Verwahrung der Münzen beauftragt. Gleichzeitig sollte er mit Carl August Rüdiger (1793–1869), seit 1820 Rektor des Freiberger Gymnasiums, über den Verkauf von Dubletten und Tripletten verhandeln. Rüdiger, dessen Etat für die Schulbibliothek schon hinten und vorn nicht ausreichte, musste den Ankauf ab-

14 Zu Eckhel s.a. die Beiträge von Márton Gyöngyössy sowie Martin Baer und Hubert Emmerig im vorliegenden Band.

15 Universitätsarchiv Freiberg, OBA 524, Bl. 274.

16 Universitätsarchiv Freiberg, OBA 525, Bl. 1.

17 Universitätsarchiv Freiberg, OBA 525, Bl. 29.

18 Akten Münzkabinett Dresden, Schreiben von Friesens an den Inspektor des Königlichen Münzkabinetts Dresden.

lehnen, schloss aber offensichtlich einen späteren Ankauf nicht aus. 1824 wurde Ferdinand Reich (1799–1882) zum Akademie-Inspektor berufen. Die Werner'sche Münzsammlung war zu dieser Zeit immer noch in den Kisten verpackt. Er schlug deshalb vor, die Sammlung »... in dem dazu vorhandenen Schränkchen ...«, also in einem der Edelsteinschränke, einzuschließen. Da verbleibt die Sammlung und geriet in Vergessenheit. Sechs Jahre lang.

Am 9. Juli 1832 berichtete der Landrentmeister Johann Carl Christian Steinberg dem Königlichen Finanzministerium, die Werner'sche Münzsammlung »... belästige ...« die Kasse, da ihr Kapitalwert verzinst werden müsse und sie der Bergakademie keinen Nutzen bringe. So entstand der Vorschlag, die Sammlung nach dem Tod der Schwester Werners »... an einen oder mehrere Liebhaber zu bringen ...«.[19] Der Erlös sollte als zinsbares Kapital angelegt werden. 1833 teilte Reich dem Oberbergamt mit, dass er mit dem Auspacken der Münzen zwar begonnen habe, aber die materiellen Bedingungen für eine sichere Unterbringung der Sammlung unzureichend seien. Man brauche dringend neue Schränke. Am 7. Juli 1833 lehnte das Finanzministerium die finanziellen Mittel für neue Schränke ab.[20]

Am 9. November 1840 starb Christiane Sophie Glaubitz, und die Bergakademie unternahm einen weiteren Versuch, die Sammlung nach Dresden zu verkaufen. Aber die Argumente des dortigen Inspektors hatten sich nicht geändert. Im Gegenteil. Man kritisierte jetzt die unzureichende oder gar fehlerhafte Bestimmung.

> ... so findet sich auf den Rückseiten der Münzen des Kaisers Claudius häufig der Typus spes augusta S. C. Mit dem Bildn. d. Schreitenden Hoffnung, aber nur die diplomatisch genaueste Angabe der Umschrift der Kopfseite läßt erkennen, zu welchem Jahr der Regierung die Münze gehört, oder ob sie nicht gar nachgemacht sei ...[21]

Der nächste, der sich mit der Sammlung auseinandersetzen musste, war Carl Bernhard von Cotta (1808–1879), Professor für Geognosie und Versteinerungslehre. Auch er konnte damit nicht viel anfangen und bat deshalb den Dresdner Oberbibliothekar Friedrich Gustav Klemm (1802–1867) um Vermittlung. Klemm schrieb am 15. Februar 1850:

> ... Die Wernersche Sammlung ist namentlich in antiken Münzen stark, einem Zweig der Numismatik, der gegenwärtig minder stark gepflegt wird. Als ein Ganzes betrachtet würde daher die Sammlung vorzugsweise für eine Anstalt geeignet seyn, welche einen Grund braucht, um darauf wieder fortzubauen. Die Veräußerung kann entweder im Ganzen, oder im Einzelnen, durch Auction geschehen. Das erstere dürfte jedoch vor-

19 Universitätsarchiv Freiberg, OBA 10628/3, Bl. 154.
20 Universitätsarchiv Freiberg, OBA 10628/3, Bl. 209.
21 Aus den Akten im Münzkabinett Dresden, »die Freyberger Sammlung betreffend«.

> zuziehen seyn. Meine unmasgebliche Ansicht würde dahin gehen, daß man sie einer Regierung anbieten möge, welche sie eben als Grundlage für eine Bildungsanstalt gebrauchen könnte. Ich meine, daß vielleicht einer der Kais. Russischen Academien oder Gymnasien damit gedient seyn könnte ...[22]

Noch im selben Jahr beauftragte Friedrich Constantin Freiherr von Beust (1806–1891) ein weiteres Gutachten über die Sammlung und die dazugehörigen Kataloge. Dieses Gutachten entsprach sicher nicht den erwarteten Vorstellungen, denn es besagt:

> ... Der Catalog ist im Jahr 1821 von Justus Lipsius, Inspector des Königl. Münzkabinets in Dresden speciell und sorgfältig ausgearbeitet. Lipsius war für seine Zeit ein tüchtiger Numismatiker. Seitdem hat man freilich viele Münzen (antike und mittelalterliche) richtiger bestimmen gelernt; und Lipsius mag nicht genug große Sammlungen antiker Münzen gesehen haben, um ein sicheres Urteheil über Aechtheit einzelner Stücke fällen zu können. Nur ein sehr geübter Blick gibt dieses ... Ob die Exemplare der Wernerschen wirklich aecht sind, könnte nur der Augenschein lehren ... Unter den Mittelalter-Münzen würden bei dem jetztigen Stand der Wissenschaft viele anders zu bestimmen sein. Die sächsischen Münzen ... enthalten nichts Besonderes. Im Ganzen möchte ich mein Urtheil (nach dem Catalog) dahin aussprechen, daß die Sammlung nur einen geringen Werth über den des Metalls hinaus besitzt.[23]

Ein Verkauf war mit dieser Expertise nicht mehr möglich. Deshalb musste man nun die Münzsammlung mit dem gesamten bergakademischen Besitz auch noch bei der Leipziger Feuer-Versicherungs-Anstalt versichern. Die Versicherungssumme gab man mit 300 Talern an. Christel Grau (früherer Name Christel Goldhahn) gab in ihrer Arbeit 1994 eine Gesamtversicherungssumme von 66 000 Talern an und errechnete für die Münzsammlung damit einen Anteil von 0,5 Prozent. Zum Vergleich führte sie 10 000 Taler für die Werner'sche Mineralien-Sammlung, 1 000 Taler für die Edelsteinsammlung und für etwa 20 000 Bände der Privatbibliothek 15 000 Taler an. Eine Versicherungspolice vom 20. März 1868 gibt die Münzsammlung mit einer Versicherungssumme von 1 500 Talern an (die Mineraliensammlung mit 15 000, die Edelsteinsammlung mit 3 000 und die Bibliothek mit 30 000 Talern), d. h. mit 1,2 Prozent der Versicherungssumme von 125 000 Talern.[24]

Das Jahr 1869 brachte für die Bergakademie eine einschneidende Veränderung. Die Einführung des neuen Berggesetzes 1869 hob die Unterstellung der Akademie unter das

22 Universitätsarchiv Freiberg, BP 34, Bl. 167.
23 Universitätsarchiv Freiberg, BP 34, Bl. 69.
24 Universitätsarchiv Freiberg, OBA 10628/4. Dazu Goldhahn 1993, 11.

Oberbergamt auf. Von der Landesregierung wurde ein dreiköpfiges Direktorium mit der Leitung beauftragt. Ihm gehören Oberbergrat Carl Maximilian Ehregott Edler von der Planitz (1811–1883), Johann August Theodor Scheerer (1813–1873) und Julius Ludwig Weisbach (1806–1871) an. Bevor der Professor für Mineralogie Albin Weisbach (1833–1901) Kustos des Werner-Museums mit der Münzsammlung wurde, übernahm Christian Hugo Theodor Erhard (1839–1919) vorübergehend die Aufsicht über die Münzsammlung. Er unternahm einen letzten Versuch, die Sammlung loszuwerden.

Während des Deutsch-Französischen Krieges war die Universitätsbibliothek Straßburg zerstört worden, und bei der Suche nach Literaturspenden trat der Oberbibliothekar der Königlichen Öffentlichen Bibliothek zu Dresden, Professor Förstemann, auch an die Bergakademie heran. Erhard, der als Bibliothekar der bergakademischen Bibliothek fungierte antwortete am 4. Februar 1871 wie folgt:

> ... Dagegen enthält die numismatische Abtheilung der hiesigen Bibliothek lauter Werke, die für keinen Theil des bergakademischen Studiums von irgendwelcher Wichtigkeit sind, während es höchst wahrscheinlich sein dürfte, daß viele derselben beträchtlichen Werth für eine Universität haben. Es würde außerdem für die Bibliothek von Vortheil sein durch Entfernung dieser 292 Nummern starken Abtheilung entsprechend an Raum zu gewinnen; und erlaube ich mir daher den unmaßgeblichen Vorschlag, diese ganze Abtheilung aus der bergakademischen Bibliothek auszuscheiden.
> Gleichzeitig, obgleich nicht berufen hierüber eine Ansicht auszusprechen, möchte ich noch bemerken, ob nicht im Falle der Annahme obiger Vorschläge, ein ähnliches Verfahren nämlich Überweisung an eine öffentlich zugängliche Sammlung, bei der hiesigen Münzsammlung, die jetzt ohne irgendwelchen Nutzen verpackt in den Kästen des Wernermuseums ruht, auch am Platze wäre ...“.[25]

Das Finanzministerium stimmte schließlich zu, und Erhard wurde beauftragt, ein Verzeichnis der bergfachfremden Dubletten anzufertigen und den Katalog der numismatischen Abteilung einzureichen.

> ... Was dagegen Ihren Vorschlag in Betreff der Münzsammlung anlangt, so wird die Direktion der Bergakademie seiner Zeit dem Sächsischen Finanzministerium die definitive Ablehnung dieses Vorschlags gehorsamst empfehlen, da die bedrängten pekuniären Verhältnisse der Bergakademie wohl eine Veräußerung dieses werthvollen Besitzgegenstandes bei sich darbietender günstigen Gelegenheit rathsam, nimmermehr aber eine unentgeltliche Abgabe dieser Sammlung gerechtfertigt erscheinen lassen dürften.[26]

25 Universitätsarchiv Freiberg, OBA 10571/9, Bl. 207.
26 Universitätsarchiv Freiberg, OBA 10572/9, Bl. 212.

Am 1. September 1870 wurde Gustav Anton Zeuner (1828–1907) zum Direktor der Bergakademie berufen. Nach einigem Hin und Her teilt er am 5. Januar 1872 dem Finanzministerium mit, »... was endlich die von dem Docenten Erhard angeregte Veräußerung der Werner'schen Münzsammlung betrifft, so kann ich mich mit derselben in keiner Weise einverstanden erklären, sondern wünsche dieselbe der Bergakademie erhalten zu sehen und habe zu diesem Behufe bezüglich deren Aufstellung das Nöthige bereits veranlaßt ...«.[27] Mit Schreiben vom 24. November 1873 teilt Zeuner dem Finanzministerium mit, dass die Aufstellung der Münzsammlung in einer Weise erfolgt sei, die den bedeutenden Wert der Sammlung deutlich erkennen lasse. Zeuner unterstreicht, es sei wünschenswert, dass die Sammlung vollständig an der Bergakademie verbleibe.

Danach wurde es still um die Sammlung, die 55 Jahre lang alle Inspektoren und Kustoden der Bergakademie beschäftigt und zahlreiche Akten des Oberbergamtes und des Finanzministeriums gefüllt hatte. Erst als 1960 die Feierlichkeiten zum 200. Gründungsjubiläum der Bergakademie vorbereitet wurden, fragte der Direktor der Bibliothek, Walter Schellhas (1897–1988), in einer Senatssitzung nach dem Verbleib der Sammlung. Weil keiner wusste, wo die Sammlung abgeblieben war, rief Oskar Walter Oelsner (1902–1963), damaliger Rektor, tatsächlich eine »Kommission zur Aufklärung über den Verbleib der Werner-Münzen« ins Leben. Mitglieder der Kommission waren neben Walter Schellhas der Kustos der geologischen und mineralogischen Sammlungen Albert Bernstein (1894–1972) sowie der Direktor des Instituts für Rechtswissenschaften, Friedrich Otto Kurt Ebert (1900–1969). Unterstützt wurden die drei Herren von Tatjana von Schenck, Lotte Hamann und Alexander Schramm. Es begannen umfangreiche Recherchen, denn die Sammlung war eindeutig nicht mehr in Freiberg, aber wo war sie? Man entdeckte ein Übergabeprotokoll, in Briefform, aber ohne Unterschrift. Schließlich fand man auch einen Brief vom 5. März 1951, in dem Arthur Suhle (1898–1974), Leiter des Berliner Münzkabinetts, dem Rektor der Bergakademie Friedrich Leutwein (1911–1974) die Leihgabe vom Katalog der Werner'schen Münzsammlung – 6921 Münzen der Sammlung, 507 Münzabgüssen, 68 Münzkopien, 1 Katalog mit Münzfolien und Gipsabdrücken – bestätigte (Abb. 7 und 8).[28] Dazu gab es den Vermerk, dass am 30. August 1958 noch einmal 20 Münzen, die bei Aufräumungsarbeiten im Institut für Mineralogie und Lagerstättenlehre der Bergakademie gefunden worden waren, von Leutwein nach Berlin geschickt wurden.[29] Warum brauchte man im Berliner Münzkabinett ausgerechnet die Freiberger numismatische Sammlung? Was war passiert?

---

27 Universitätsarchiv Freiberg, OBA 10571/9, Bl. 225.
28 Universitätsarchiv Freiberg, I A, 76/1, Bl. 14.
29 Universitätsarchiv Freiberg, I A 76/1, Bl. 10.

Abb. 7: Katalog mit Münzfolien.

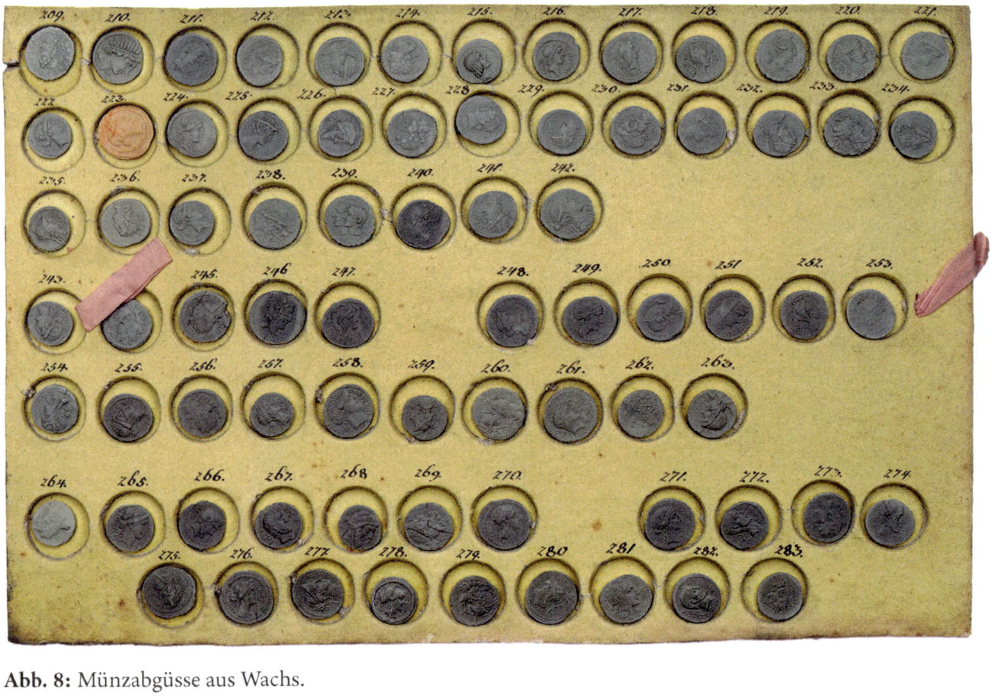

Abb. 8: Münzabgüsse aus Wachs.

1945 brachte die Rote Armee das im Keller des Pergamonmuseums eingelagerte Münzkabinett einschließlich der Bibliothek als Reparationsleistung nach Leningrad (heute St. Petersburg). Das Münzkabinett war aber Bestandteil der Lehre, und es gab eine Reihe von Ausstellungen, für die nun keine Exponate mehr vorhanden waren. Deshalb brauchte man schnell eine neue Sammlung. So erinnerte man sich an die viele Jahre feilgebotene Münzsammlung Abraham Gottlob Werners in Freiberg. Später schreibt Arthur Suhle dazu:

> ... Die Sammlung Werner wurde uns in dem Jahre 1951 als Leihgabe überlassen und war bis zum Jahre 1958/59, als die Berliner Sammlung aus der Sowjetunion zurückkehrte, von großer Bedeutung und erheblichem Nutzen für das Berliner Münzkabinett. Sie setzte uns in die Lage, bereits 1956 eine repräsentative Dauerausstellung antiker und deutscher Münzen zu eröffnen. Außerdem hatten meine jüngeren Mitarbeiter die Möglichkeit, sich anhand der Originale der Wernerschen Sammlung die notwendige Materialkenntnis zu erarbeiten ...[30]

Die Reparationsleistungen an die Sowjetunion ermöglichen der Freiberger Sammlung ein kurzzeitiges Auftauchen aus der Vergessenheit. Die Mitarbeiter des Berliner Münzkabinetts ordneten die Sammlung nach modernen Gesichtspunkten neu. Wahrscheinlich 1953 entstand ein Gutachten, das vom Berliner Amtsgerichtsrat Alfred Mamroth (1874–1957) erstellt wurde. Für ihn war die Sammlung in keinem sehr erfreulichen Zustand. Er listete fehlende Goldmünzen mit der entsprechenden Katalog-Nummer auf. Außerdem erwähnt dieses Gutachten erstmals auch besonders gut erhaltene und seltene Stücke und kommt letztendlich zu dem Schluss, »... daß für das Münzkabinett die leihweise Überlassung der Sammlung eine wertvolle Bereicherung darstellt«.[31]

Als dann 1958 die Berliner Sammlung ohne wesentliche Verluste zurückkam, während die Bibliothek weiter in der Sowjetunion verblieb, blieb zunächst auch die Freiberger Sammlung in Berlin. Noch überraschender ist, dass man jetzt in Freiberg die Rückführung der Sammlung forderte, einer Sammlung, die man 150 Jahre lang entweder loswerden wollte oder aber zwischenzeitlich vergessen hatte. Jetzt, wo sie endlich gut untergebracht war und genutzt wurde, sollte die Sammlung zurück. Der Grund dafür liegt auf der Hand. 1967 jährte sich der Todestag Werners zum 150. Mal. Problematisch daran ist, dass die Bergakademie keine Übergabequittung besaß. Lediglich die bereits erwähnte Empfangsbescheinigung von Professor Suhle aus Berlin gab Auskunft darüber, was eigentlich nach Berlin geliefert wurde. Am 2. Mai 1966 verhandelten der Direktor des Berliner Münzkabinetts Professor Arthur Suhle und der Direktor des Institutes für Rechtswissenschaften der Bergakademie

30 Universitätsarchiv Freiberg, I A 76/2, Schreiben Suhles vom 29.7.1966.
31 Akten im Münzkabinett Berlin, »die Freiberger Sammlung betreffend«.

Freiberg Professor Hans Kleine (1918–1986) über die Rückführung der Münzsammlung. Suhle hielt die Rückführung der Sammlung nach Freiberg jedoch für unangebracht.

> ... daß der bevorstehende 150. Todestag Werners das Interesse der Bergakademie wieder mehr als zuvor auch auf Werners verschiedenartige Sammlungen lenkt, wird man als ein Zeichen der Traditionsverbundenheit sehr begrüßen. Jedoch nehme ich nicht ohne großes Bedauern die jetzt erfolgte Kündigung des Leihvertrages zur Kenntnis. Einerseits ist auf längere Zeit die Sicherheit und Ordnung der Sammlung in Freiberg schwerlich gewährleistet. Die Erfahrung hat hundertfach bestätigt, daß jede Münzsammlung, die nicht unter dauernder Aufsicht und Betreuung eines eigens für sie angestellten Spezialisten steht, mit einer gewissen Notwendigkeit im Laufe der Zeit der Unordnung und Dezimierung anheim fällt. Dieses Schicksal hat ausnahmslos sämtliche Universitäts-, Gymnasial-, Bibliotheks- und Vereinssammlungen ereilt, und zwar nicht etwa erst in Kriegs- und Nachkriegsjahren ... Andererseits sind die antiken Münzen, aus denen die Sammlung Werner zum größten Teil besteht, Primärquellen für die althistorische Forschung. ... Die Sammlung Werner ist, solange sie sich im Berliner Münzkabinett befindet, zum Ruhme ihres Begründers und ihres Besitzers, dem internationalen wissenschaftlichen Austausch und Gespräch angeschlossen. In Freiberg ist die Sammlung, da sie im Rahmen der Bergakademie naturgemäß ein Fremdkörper ist, ihrer wissenschaftlichen Qualität gänzlich beraubt, d. h. ein historisches Quellenmaterial bleibt ungenutzt und wird vergessen. ... Aus diesen Gründen würde ich es für sinnvoller halten, wenn die Sammlung Werner in ihrem Hauptbestand dem Berliner Münzkabinett als Dauerleihgabe überlassen bliebe, selbstverständlich separiert von der Sammlung des Berliner Münzkabinetts und als »Sammlung Werner. Bergakademie Freiberg« etikettiert. Alle Rechte und Interessen der Bergakademie wären selbstverständlich gewahrt. ... wissenschaftlich interessant ist jedoch nicht der ganze Komplex der Sammlung Werner, und die ca. 1000 neuzeitlichen Münzen sowie die Münzkopien könnten meines Erachtens ohne Schaden in das Werner-Museum zurückgebracht und dort für Ausstellungszwecke genutzt werden.

Aber die Bergakademie bestand auf der Rückgabe der gesamten Sammlung. Als Termin dafür wurde der 29. August 1966, 10:00 Uhr festgelegt. Zur Übergabe machte Suhle folgenden Vorschlag:

> ... Ich nehme an, daß die Übergabe in der Weise erfolgt, daß die Münzen durchgezählt werden. In diesem Falle wäre es vielleicht günstig, wenn Sie sich zu ihrer Unterstützung bei dieser langwierigen, vielleicht sogar mehrere Stunden beanspruchenden Zählung einen Assistenten mitbringen wurden. ...

Suhle bot an, dass das Münzkabinett die Verpackung der Münzen übernahm. Die Bergakademie sollte das Fahrzeug stellen. Außerdem musste in Freiberg ein entsprechender Münzschrank bereitgehalten werden.

> ... Wenn die Bergakademie jetzt über keinen endgültigen Aufbewahrungsort verfügt, ist es unbedingt empfehlenswert, die Münzkisten zu versiegeln und unausgepackt zu lassen. In diesem Fall könnte einer meiner Mitarbeiter zu einem späteren Zeitpunkt, wenn die Voraussetzungen zum Auspacken der Sammlung gegeben sind, nach Freiberg fahren. ...

6 522 Münzen und Medaillen der Sammlung kamen nach Freiberg und wurden in besagten zwei Holzkisten im Institut für Mineralogie und Lagerstättenlehre eingestellt. 419 Münzen verblieben vorläufig noch in Berlin. Die noch fehlenden Kataloge, Münzabgüsse und Münzkopien wurden am 9. September 1966 an Martin Guntau (1933–2019), der inzwischen Kustos der Sammlungen des Institutes für Mineralogie und Lagerstättenlehre war, übergeben.

Neben der Münzsammlung holte die Bergakademie auch den ans Freiberger Gymnasium ausgelagerten Teil der Werner'schen Privatbibliothek zurück. Jenen Teil, der für die Lehre an der Bergakademie nicht relevant war, also alles, was man heute als Geisteswissenschaften bezeichnen würde. Damit waren dann tatsächlich alle Bestandteile der Werner'schen Sammlungen wieder unter »einem Dach«.

Jetzt hatte man die Sammlungen zwar wieder, aber wo sollte man damit hin? Das Werner-Museum war längst aufgelöst und der Bestand verstreut, einige Objekte sogar an das Stadt- und Bergbaumuseum abgegeben. Die gesamte Sammlung kam also vorerst in den beiden Holzkisten ins Institut für Mineralogie und Lagerstättenkunde. Zehn Tage später, am 19. September 1966, ging der Kampf um die Sammlung in die nächste Runde. Der Direktor des mineralogischen Institutes Professor Hans-Jürgen Rösler (1920–2009) forderte einen endgültigen Standort für die wertvolle Kollektion. Eine dauerhafte Unterbringung in seinem Institut hielt er für ausgeschlossen und schlug eine leihweise Übergabe der Sammlung mit dem historischen Münzschrank (Abb. 9) an das Stadt- und Bergbaumuseum vor, da dort eine geeignete Ausstellungsmöglichkeit und eine entsprechende Betreuung gewährleistet sei.[32]

Der Senat lehnte diesen Vorschlag ab. Dr. Guntau erhielt den Auftrag, den Münzschrank restaurieren zu lassen und die Einordnung der Münzen durch Vertreter des Berliner Münzkabinettes zu organisieren. Das passierte am 5. und 6. Mai 1967. Die beiden Vertreter aus Berlin stellten als erstes fest, dass der Münzschrank für die Unterbringung der Sammlung völlig ungeeignet war. Ebenso ungeeignet war die Ordnung. Für die Berliner Nutzung

---

32 Universitätsarchiv Freiberg, I A 76/2.

Abb. 9: Historischer Münzschrank etwa um 1900.

war eine historisch-chronologische Aufstellung (nach Prägejahr) erforderlich. In Freiberg wurde eine Ordnung nach Kaisern favorisiert. Die Münzen verblieben, nun wieder nach Kaisern und Kaiserhäusern sortiert, auf den mitgelieferten Papptafeln im nun versiegelten historischen Münzschrank im Institut für Mineralogie und Lagerstättenkunde.

1971 wurde das Institut für Mineralogie und Lagerstättenkunde die Sammlung endlich los. An der Bergakademie wurde ein Wissenschaftliches Informationszentrum (WIZ) gegründet. Es bestand aus Bibliothek, Archiv, Druckerei und Buchbinderei. Hier fand die Münzsammlung Abraham Gottlob Werners endlich ein Zuhause. Betreut wurde sie ab 5. Juni 1972 von Dr. Gert Seltmann, Vorsitzender der Fachgruppe Numismatik im Kulturbund der DDR. Er sollte die Sammlung »nutzbar gestalten« und erhielt dazu vom Direktor des WIZ die Aufgabe, jede Münze mit der Katalog-Nummer zu versehen, die Richtigkeit der Angaben zu prüfen, unbestimmte Münzen zuzuordnen, die Münzen auf den Tabletts systematisch zu ordnen, Doppel- oder Fehlstücke zu erfassen, eine Kartei anzulegen und die Münzen richtig zu pflegen. Es sollte ein neuer Münzschrank angeschafft werden, und die Sammlung sollte beworben werden. Außerdem erhielt Dr. Seltmann den Auftrag, Doppelstücke gegen fehlende Münzen zu tauschen.[33]

Am 27. Juni 1972 wurde über die Sicherung der Sammlung diskutiert. Gemeinsam mit dem Wissenschaftlichen Altbestand der Hochschulbibliothek sollten die Münzen in einem besonders gesicherten Keller des Institutes für Markscheidekunde in der Nonnengasse aufbewahrt werden. Dr. Peter Schmidt (1939–1999), der inzwischen zum Kustos des WIZ berufen worden war, beschaffte einen Panzerschrank und ließ im Keller Fenster und Türen vergittern.[34] Die Arbeit an und mit der Sammlung konnte beginnen. Sehr schnell stellte Dr. Seltmann fest, dass neben den antiken Münzen der Werner-Sammlung Münzen enthalten waren, die erst nach Werner in die Sammlung gekommen sein konnten. Ein möglicher späterer Gönner war nicht bekannt, und eine entsprechende Anfrage in Berlin brachte keine Klärung. Im Oktober kamen dann auch die restlichen Münzen aus Berlin zurück, und die Sammlung war wieder vollständig.

Abb. 10: Brakteat von Markgraf Heinrich dem Erlauchten (1221/30–1288), o. J.

Zum III. Bezirks-Numismatiker-Treffen am 14. September 1975 stellte Dr. Seltmann die Sammlung erstmals offiziell vor. Das Referat ist in den Akten der Universitätsbibliothek erhalten.[35] Seltmann ging von einer Zweiteilung der Sammlung

Abb. 11a–c: Indische Münzen aus der Zeit der Großmoguln.

33 Universitätsbibliothek/Wiss. Altbestand, Akten zur Wernerschen Münzsammlung, Bl. 27.
34 Universitätsbibliothek/Wiss. Altbestand, Akten zur Wernerschen Münzsammlung, Bl. 28.
35 Universitätsbibliothek/Wiss. Altbestand, Akten zur Wernerschen Münzsammlung, Bl. 50.

aus. Teil I beinhaltete die antiken Münzen und Teil II bestand aus einer Ansammlung von Münzen aller Länder etwa ab der Jahrtausendwende. Er bedauerte, dass Sachsen nicht in dem Umfang vertreten war, »dass eine Dokumentation der bodenständigen Kultur möglich wäre«. Er erwähnte Meißnische Brakteaten, die teilweise recht gut erhalten waren (Abb. 10), sowie eine Anzahl Groschen von Friedrich dem Freudigen (1257–1323) bis Johann Friedrich dem Großmütigen (1503–1554). Besonders hob er den doppelten Dreibrüder-Dicktaler von 1601 hervor. Abgebildet seien August (1589–1615), Christian II. (1583–1611) und Johann Georg I. (1585–1656). Geprägt wurde er mit einem Einfach-Talerstempel auf Dickschrötling. Goldmünzen fehlten in beiden Sammlungsteilen fast gänzlich. Seltmann ging davon aus, dass in der Zeit bis zum Zweiten Weltkrieg die meisten Stücke abhandengekommen seien. Erhalten geblieben waren einige interessante Goldstücke von Großmoguln aus dem vorderasiatischen Raum (Abb. 11a–c). Neben der Münzsammlung verwies er auf ein Konvolut wertvoller und attraktiver Medaillen, die jedoch später eingebracht wurden. Das Referat endete mit der Feststellung, »daß die Zeiten bei uns vorbei sind, in denen solche kulturellen Werte nutzlos in den Panzerschränken für einige Privilegierte gestapelt wurden ...«. Dubletten wurden dem Münzkabinett in Berlin angeboten. Von dort kam auch der Vorschlag, sich bei der Sammlung künftig auf regionale Stücke zu konzentrieren.

Etwa 1976 begannen die Vorbereitungen für einen Bibliotheksneubau. Die Planung sah vor, die Münzsammlung als Bestandteil des Wissenschaftlichen Altbestandes in das neue Gebäude zu übernehmen. Ebenfalls geplant war damals ein permanenter Ausstellungsraum, in dem in zwei bis drei speziell gesicherten Vitrinen mit angemessenen Licht- und Feuchtigkeitsverhältnissen Teile der numismatischen Sammlung gezeigt werden konnten.[36] Ein Maßnahmenplan der Bergakademie vom 23. Juli 1976 sah u. a. vor, dass alle An- und Verkäufe sowie die Tauschbeziehungen der Münzsammlung regelmäßig zu kontrollieren seien.[37] Zu den inhaltlichen Aufgaben im numismatischen Teil wird zu Beginn des Jahres 1978 angeführt, dass die Münzbestimmung abzuschließen und ein Verzeichnis der Falsifikate anzulegen sei. Es sollte eine Inventur der Arbeiten der letzten vier Jahre erfolgen. Vorgesehen war auch die Untersuchung der Münzen mittels Röntgenfluoreszenzanalyse. In dieser Zeit schlug Dr. Schmidt vor, systematisch Montangepräge zu erwerben. Er erklärte, dass montanistische Medaillen auch für eine 225 Jahre alte Fachbibliothek wie die der Bergakademie Freiberg begehrte Sammlungsobjekte sein können. Der Wissenschaftliche Altbestand dieser Bibliothek erwarb also auf Anregung des Kustos zielgerichtet derartige Medaillen. Inzwischen ist die Sammlung schon auf mehrere hundert Exemplare angewachsen. Ein beträchtlicher Teil davon reflektiert geowissenschaftliche Aussagen.

36 Universitätsbibliothek/Wiss. Altbestand, Akten zur Wernerschen Münzsammlung, Bl. 56–58.
37 Universitätsbibliothek/Wiss. Altbestand, Akten zur Wernerschen Münzsammlung, Bl. 73–77.

Hauptform der Erwerbung sind Geschenke, Tausch und Kauf. Ziel war der Aufbau einer montanistischen Medaillensammlung von Weltgeltung.

Im Juni 1978 wurde Dr. Seltmann aus gesundheitlichen Gründen von seinen Arbeiten mit der Münzsammlung entbunden. Ein neues Konzept sah eine engere Zusammenarbeit mit dem Münzkabinett in Dresden vor. So ging die Münzsammlung wieder auf Reisen. Diesmal nur bis Dresden. In Dresden wurden die Münzen über einen Zeitraum von etwa 3 Jahren nach modernen Gesichtspunkten katalogisiert. Die Bergakademie stellte für die Betreuung der Sammlung einen wissenschaftlichen Mitarbeiter für die Münzsammlung ein. Um Interessenkonflikten künftig entgegenzuwirken, sollte der Bearbeiter zwar Interesse an der Numismatik haben, selbst aber keine Sammlung besitzen. Außerdem entschied die Leitung des WIZ, die Sammlung Werners künftig im ursprünglichen Zustand zu belassen und nur die Sammlung der Montangepräge weiter zu vervollständigen.

Mit der politischen Wende konnte sich die Bergakademie den »Luxus« einer Münzsammlung nicht mehr leisten. Dennoch versuchte sie diesmal nicht, sie zu verkaufen oder anderweitig abzustoßen. Genau in dieser schwierigen Zeit erhielt die Bergakademie die erste bedeutende Zustiftung für ihre numismatische Sammlung. Der Geologe Gottfried Frölich[38] übergab seine überaus wertvolle Sammlung sächsischer Ausbeutetaler und unterstrich damit die Bedeutung der Sammlung. Von 1993 bis 2008 entstanden unter Anleitung des Münzkabinetts Dresden vier Kataloge zur Werner'schen Münzsammlung[39]. Federführend für die ersten drei Bände war Christel Grau (noch unter ihrem Geburtsnamen Christel Goldhahn). Mit Überzeugung arbeitete sie auch ehrenamtlich weiter an und mit der Sammlung, als gerade keine Honorarmittel zur Verfügung standen. Den letzten Band erstellte Jan-Erik Becker vom Münzkabinett Dresden. Ihm gelang es, eine ganze Reihe bis dahin unbestimmter Münzen einzuordnen. Als das Münzkabinett Dresden neue Münzschränke bekam, übernahm die Universitätsbibliothek vier der alten Münzschränke und konnte jetzt die Sammlung in richtigen Münzschränken aufbewahren. 2003 erhielt die TU Bergakademie Freiberg die bislang bedeutendste Zustiftung für ihre numismatische Sammlung. Der Bremer Architekt Hermann Brede (1923–2023) überließ der TU Bergakademie 68 montanistische Gepräge und trug damit so wesentlich zur Bereicherung der numismatischen Sammlung und zugleich des universitären Fundus an Kunst- und Kulturschätzen bei, dass ihm dafür 2016 vom Freistaat der Sächsische Verdienstorden verliehen wurde.

2009 übernahm eine neue Direktorin die Leitung der Universitätsbibliothek. Es folgte eine Zeit grundlegender Umstrukturierungen. Die Sammlung wurde jetzt nicht wie bisher in zwei, sondern in drei Teilsammlungen unterteilt. In Gruppe I blieben weiterhin die antiken und neuzeitlichen Münzen Werners, erfasst nach den Signaturen des alten Ka-

38 Dipl.-Geologe Gottfried Frölich war beim Rat des Bezirkes Karl-Marx-Stadt Abteilungsleiter Geologie.
39 Goldhahn 1993; Goldhahn 1994; Goldhahn 2000 und Becker 2008.

taloges von Lipsius. Dieses Konvolut blieb so bestehen, wie es von Werner ursprünglich angelegt wurde. Gruppe II bildeten die Montangepräge, die entsprechend den finanziellen Möglichkeiten der Universitätsbibliothek ergänzt wurden. Die Gruppe III umfasste die Medaillen, die die Bergakademie von 1957–2000 anlässlich des jährlich stattfindenden Berg- und Hüttenmännischen Tages herausgegeben hat. Hierbei handelt es sich fast ausschließlich um Medaillen aus Böttgerporzellan.

Mit dem altersbedingten Ausscheiden von Frau Grau im Frühjahr 2010 entfiel die qualifizierte, fachliche Betreuung der Sammlung erneut. Um dennoch auf die Bedeutung der Sammlung aufmerksam zu machen, wurde sie Gegenstand verschiedener Ausstellungen und Publikationen. Die TU Bergakademie erkannte den materiellen Wert der Sammlung an und erhöhte die Sicherheitsmaßnahmen. Die Holzschränke in den alarmgesicherten Arbeitsräumen der Bibliothek reichten nicht mehr aus. Man beschloss eine Umlagerung in ein Depot der Geowissenschaftlichen Sammlungen, die dem Institut für Mineralogie unterstellt sind. Diesmal waren es aber keine versiegelten Holzkisten, sondern Sicherheitsboxen, die durch eine Sicherheitsfirma im August 2012 in ein Depot des Schlosses Freudenstein umgesetzt wurden. Wieder war die Sammlung nur abgestellt.

Das änderte sich, als 2017 der deutschlandweite Forschungs- und Digitalisierungsverbund NUMiD als Netzwerk universitärer Münzsammlungen ins Leben gerufen wurde und sich die UB Freiberg an diesem Projekt beteiligte. Seither bekommt die Sammlung die Chance, zur ersten Sammlung der TU Bergakademie zu werden, die nicht nur digitalisiert wird, sondern auch über ein bundesweites Fachnetzwerk für weltweite Forschung und Lehre zur Verfügung steht.

Die Sammlung Abraham Gottlob Werners und die Montangepräge sind inzwischen vollständig digital fotografiert (ca. 8 000 Objekte) und werden vorwiegend von fachlich qualifizierten Wissenschaftlern, vermittelt durch das Münzkabinett in Dresden, in das NUMiD-System übertragen. Damit endet eine 200-jährige Odyssee. Die Sichtbarkeit der numismatischen Sammlung der TU Bergakademie wird sich deutlich erhöhen, der Mehrwert für Forschung, Lehre und Öffentlichkeitsarbeit liegt auf der Hand. Nicht unwesentlich ist der Schutz der Münzen und Medaillen, der durch hochaufgelöste Digitalfotos erzielt wird, da jedes Objekt jetzt eindeutig identifizierbar ist.

Objekt- und Abbildungsnachweise

Abb. 1 Bestand UB Freiberg, II-55-003. Foto: Angela Kugler-Kießling. numid.ub.tu-freiberg.de/object?id=ID1846.
Abb. 2 Werner-Nachlass Bd. 75. Foto: Angela Kugler-Kießling.
Abb. 3 Bestand UB Freiberg/Sammlung Brede. Foto: Angela Kugler-Kießling.
Abb. 4 Bestand UB Freiberg/Sammlung Brede, II-13-34. Foto: Angela Kugler-Kießling.

Abb. 5 Bestand UB Freiberg/Sammlung Werner, I-0984. Foto: Angela Kugler-Kießling. numid.ub.tu-freiberg.de/object?id=ID526.
Abb. 6 Bestand UB Freiberg. Foto: Angela Kugler-Kießling.
Abb. 7 Bestand UB Freiberg. Foto: Angela Kugler-Kießling.
Abb. 8 Bestand UB Freiberg. Foto: Angela Kugler-Kießling.
Abb. 9 Bestand UB Freiberg. Foto: Steffi Linke.
Abb. 10 Bestand UB Freiberg, I-6043. Foto: Angela Kugler-Kießling.
Abb. 11a–c Bestand UB Freiberg, I-6619; I-6622; I-6618. Foto: Angela Kugler-Kießling.

Bibliographie

Arnold & Quellmalz 1978 P. Arnold & W. Quellmalz: *Sächsisch-thüringische Bergbaugepräge – Gewinnung und Verhüttung von Gold, Silber und Kupfer im Spiegel der Münzen und Medaillen.* Leipzig 1978.

Becker 2008 J.-E. Becker: *Münzen von der griechischen Antike bis zur Neuzeit. Die Wernersche Münzsammlung der Bergakademie Freiberg in Sachsen, Teil 4.* Freiberg 2008.

Frisch 1825 S. G. Frisch: *Lebensbeschreibung Abraham Gottlob Werners.* Leipzig 1825.

Goldhahn 1993 C. Goldhahn: *Münzen der Römischen Republik. Die Wernersche Münzsammlung der Bergakademie Freiberg in Sachsen, Teil 1.* Freiberg 1993.

Goldhahn 1994 C. Goldhahn: *Münzen der Römischen Kaiserzeit (Augustus bis Marcus Aurelius). Die Wernersche Münzsammlung der Bergakademie Freiberg in Sachsen, Teil 2.* Freiberg 1994.

Goldhahn 2000 C. Goldhahn: *Münzen der Römischen Kaiserzeit (Commodus bis Theodosius I.). Die Wernersche Münzsammlung der Bergakademie Freiberg in Sachsen, Teil 3.* Freiberg 2000.

Grau 2015 C. Grau: Abraham Gottlob Werners (1749–1817) Münzsammlung und numismatische Bibliothek an der Technischen Universität Bergakademie Freiberg (Sachsen). In: H. Winter & B. Woytek (Hrsg.): Numismatik und Geldgeschichte im Zeitalter der Aufklärung. Beiträge zum Symposium im Residenzschloss Dresden, 4.–9. Mai 2009, Wien 2015, S. 245–263

Schubert 1855 G. H. Schubert: *Der Erwerb aus einem vergangenen und die Erwartungen von einem zukünftigen Leben: Eine Selbstbiographie in drei Teilen.* Erlangen 1855.

Die Geschichte des Münzkabinetts in der Antikensammlung • Kunsthalle zu Kiel (1840–2019)

Torsten Bendschus

Die Antikensammlung zu Kiel, die einen Teil der Kieler Kunsthalle darstellt, beherbergt ein Münzkabinett, das heute annähernd 2000 antike Münzen und galvanoplastische Münznachbildungen umfasst. Die Anfänge dieser numismatischen Sammlung sind auf das Wirken des Begründers der Klassischen Archäologie in Kiel, Peter Wilhelm Forchhammer (1801–1894), und dessen regen Austausch mit dem dänischen Königshaus in der ersten Hälfte des 19. Jahrhunderts zurückzuführen[1]. Damit stellt das Münzkabinett einen Teil norddeutscher Regional- und numismatischer Sammlungsgeschichte dar, der jedoch – beispielsweise im Vergleich zur bedeutenden, auf die Lange'sche Schenkung zurückgehenden Kieler Münz- und Medaillensammlung mittelalterlicher und neuzeitlicher Stücke – nahezu unbekannt ist. Zwar werden die Bestände noch heute in der Lehre der altertumswissenschaftlichen Disziplinen an der Christian-Albrechts-Universität zu Kiel eingesetzt, verborgen hinter einer Sicherheitstür und ohne Platz in der Dauerausstellung war die Sammlung für das breitere Publikum ebenso wie für die Fachwelt außerhalb Kiels bis vor kurzem aber quasi unsichtbar.

Im Winter 2018/19 realisierte die Abteilung Klassische Archäologie am Institut für Klassische Altertumskunde der CAU in Kooperation mit dem Berliner Münzkabinett und dem Netzwerk universitärer Münzsammlungen (NUMiD) eine grundlegende Dokumentation des Bestandes, die seit Januar 2019 in ersten Teilen als digitaler Objektkatalog online verfügbar ist.[2] Im Rahmen dieses Projektes erkannten die Verantwortlichen die

1 Zu Forchhammer und den Anfängen der Sammlung s. Bendschus 2024.

2 ikmk.uni-kiel.de. Das Projekt empfing in Kiel sowohl von Annette Haug als Leiterin der Antikensammlung als auch von ihrem damaligen Kustos Manuel Flecker von Beginn an großen Zuspruch und großzügige Unterstützung. In der Umsetzung war auf die hilfsbereite Kooperation sowohl seitens der NUMiD-Projektkoordinatorin Katharina Martin, des Sprechers des Verbundes Johannes Wienand und des Programmierers Jürgen Freundel als auch von Bernhard Weisser und Karsten Dahmen vom Berliner Münzkabinett stets Verlass. In der technischen Einrichtung zeigte sich das Rechenzentrum der CAU zu Kiel sehr zuvorkommend und hilfsbereit. Bei der Aufarbeitung der Sammlungsgeschichte ist insbesondere ihrem ehemaligen Kustos Joachim Raeder für vielfältige mündliche Auskünfte sowie Christa und Gert Wilhelm Trube

Notwendigkeit, auch die Sammlungsgeschichte des Münzkabinetts aufzuarbeiten und zu publizieren. Bislang gab es für die interessierte Öffentlichkeit, abgesehen von wenigen Worte im Jubiläumsband zum 175-jährigen Bestehen der Antikensammlung,[3] kaum eine Möglichkeit, sich über diese Münzsammlung zu informieren oder überhaupt Notiz von ihrer Existenz zu nehmen. Vorliegender Beitrag möchte daher erstmals ausführlich die Entstehung und die Geschichte dieser Münzsammlung nach aktuell verfügbarem Kenntnisstand zusammenfassen und in gedruckter Form darlegen; wohlwissend, dass die erhaltene Dokumentation eine keinesfalls lückenlose Rekonstruktion zulässt und daher in vielen Punkten skizzenhaft bleiben muss.

Obgleich der numismatische Teil der als sogenannte Münz- und Kunstsammlung begründeten Einrichtung neben Leistungen wie beispielsweise der Eröffnung eines eindrucksvollen bürgerlichen Kunstmuseums wohl keine bevorzugte Stellung im äußerst regen wissenschaftlichen Schaffen ihres ersten Direktors Peter Wilhelm Forchhammer einnahm, bemühte er sich, wie sich zeigen wird, über Jahrzehnte hinweg um die Verwaltung und Vergrößerung des Bestandes. Bereits Forchhammer strebte dabei eine repräsentative Lehrsammlung für Studierende an, als welche die Münzen und Nachbildungen auch heute noch genutzt werden. Mit vorliegender Rekonstruktion der Sammlungsgeschichte ist daher nicht zuletzt auch der Wunsch verbunden, Forchhammers bis in die heutige Lehrtätigkeit nachwirkende Aktivität als Direktor dieses Münzkabinetts als einen weiteren, bislang wenig beachteten Teil seiner umfassenden Verdienste zu würdigen.

Neben mündlichen Auskünften und den bereits publizierten Dokumenten aus dem Archiv der Antikensammlung[4] konnte für diesen Artikel eine Reihe bislang unpublizierter archivierter Schriftstücke herangezogen werden:

1. die »Summarische Übersicht über den Münzbestand der Universität in Kiel (aufbewahrt im archäolog. Institut)« von 1908;
2. die »Akten betr. Münzcabinet bw. Archäolog. Seminar«, eine kurze Übersicht der Sammlungsgeschichte bis zum April 1915;
3. die maschinenschriftliche Bestandsliste des Archäologischen Seminars von 1920;

für die Transkription der Dokumente in Kurrentschrift herzlicher Dank auszusprechen. Gewissenhaft halfen die studentischen Hilfskräfte Sixt Baumann und Julia Hagge bei der fotografischen Dokumentation des kompletten Bestandes. Für die lebendige und ergebnisorientierte Zusammenarbeit gilt aufrichtiger Dank schließlich den studentischen Teilnehmerinnen und Teilnehmern der museologischen Übung »NUMiD« im Wintersemester 2018/19: Sixt Baumann, Natalie Francoise Beyer, Marcel Deckert, Elena Diehl, Irene Ebke, Valentin Engel, Marieke Gottschalk, Frederik Greve, Rebecca Hannemann, Kristina Hüntemeyer, Steffen Nicolaisen, Daniel Nieswand und Sarah Smole.

3 Raeder 2015a, S. 29 mit Anm. 44. Die im vorliegenden Aufsatz wiedergegebenen Informationen zur generellen Geschichte der Antikensammlung sind hauptsächlich diesem Artikel entnommen. Der Beitrag ist eine leicht veränderte Fassung des Artikels in O. Auge (Hrsg.): *Christian-Albrechts-Universität zu Kiel. 350 Jahre Wirken in Stadt, Land und Welt.* Kiel 2015, S. 837–852.

4 Raeder 2015b.

4. das in den 1960er Jahren angefertigte und erweiterte handschriftliche Inventarbuch;
5. mehrere weitere, unpubliziert in den Archiven der Antikensammlung aufbewahrte Dokumente aus der zweiten Hälfte des 19. und der ersten Hälfte des 20. Jahrhunderts, darunter Briefe aus der Zeit Forchhammers und seiner Nachfolger sowie Kassenbücher und Buchhaltungsvermerke aus den Jahren 1841 bis 1866.

Die darin enthaltenen Informationen ermöglichen in groben Zügen eine Rekonstruktion der Gründung und Entwicklung des Münzkabinetts, die sich in drei Jahrhunderten abspielt. Den Beginn bildete eine Schenkung von Seiten des dänischen Königshauses im Jahr 1840.

Das 19. Jahrhundert: Eine königliche Stiftung und das Wirken Peter Wilhelm Forchhammers

Im September 1840 stiftete der dänische König und Herzog von Schleswig, Holstein und Lauenburg, Christian VIII. (1786–1848, reg. 1839–1848), einen Schrank mit 2 568 Münzen – nebst einer Büste seiner selbst – an die Universität der Stadt Kiel. Den Dank der Universität an den als Mäzen und Kunstförderer bekannten Monarchen[5] überbrachte wenig später, am 6. Oktober 1840, Peter Wilhelm Forchhammer (Abb. 1). Dieser war seit 1836 Professor für Klassische Altertumswissenschaften und Philologie in Kiel und persönlich vom König mit der Verwaltung des Münzkabinetts betraut worden.[6] Damit geht die Begründung der universitären, fortan Münz- und Kunstsammlung genannten Institution anderen bedeutenden Verdiensten Forchhammers voraus, der u. a. zusammen mit seinem jüngeren Kollegen Otto Jahn (1813–1869)[7] am 9. Dezember 1840 in Kiel die erste Winckelmann-Feier an einer deutschen Universität abhielt. Gemeinsam initiierten sie auch das »Comite zur Gründung eines Kunstmuseums in der Universitätsstadt der Herzogthümer«, das durch Festreden, Aufrufe und Denkschriften vielzählige Unterstützer aus dem Adel und dem Bürgertum der Stadt und des Landes für die Gründung eines Kunstmuseums gewinnen konnte. Die enorme, in nur wenigen Jahren zusammengebrachte Summe von 10 000 Talern wurde in erster Linie für die Anschaffung von Gipsabgüssen antiker Meisterwerke nach Vorbild der Sammlungen von Rom, Paris und London aufge-

5 Zu Christian VIII. als »Mäcen auf dem Thron« s. Jessen 1957, insb. S. 155. Vgl. auch die Einleitung von N. Breitenstein zur SNG Cop. Italy I (S. 10–14) sowie Ørsted 1848, zur Münzsammlung des Königs ebenda S. 25 f.

6 Zu P. W. Forchhammer: Höck & Pertsch 1898; Jessen 1957; Lullies & Schiering 1988, S. 27 f.; Raeder 2011; Schiering 2001.

7 Zu O. Jahn: Brandes-Druba 2014; Lullies & Schiering 1988, S. 35 f.; Müller 2012; Privat 1974.

Abb. 1: Peter Wilhelm Forchhammer (ca. 1860).

wandt, wobei die 1842 erworbenen Abgüsse der im British Museum ausgestellten Reliefplatten des Parthenon den Kern des neuen Kunstmuseums bildeten. Von 1843 bis 1887 im Ostflügel des Kieler Schlosses untergebracht, war das Museum von Beginn an, so Forchhammer bereits in seiner Panathenäischen Festrede am 28. Juni 1841, »offen und zugänglich für jedermann, zum Genuss und zur Belehrung für jedermann«.[8]

Dieses auf bürgerlichen Stiftungen fußende Kunstmuseum ist indes räumlich und administrativ klar von der eingangs erwähnten Münz- und Kunstsammlung Kiels zu trennen, die von Beginn an Teil der Universität war. Die königliche Münzschenkung von 1840 begründete gemeinsam mit dem etwa zeitgleichen Erwerb von Daktyliotheken diese Sammlung, in der die Münzen bis zum Ankauf mehrerer griechischer Gefäße, Lampen und Terrakotten aus Korinth und Aigina aus dem Besitz von Christoph Heinrich Detlev Fabricius (1802–1880) im Juli 1844 die einzigen originalen antiken Objekte blieben.[9] Die persönliche Beauftragung Forchhammers mit der Betreuung des gestifteten Münzschrankes und der Verwaltung des damit verbundenen jährlichen Etats[10]

8 P. W. Forchhammer, Panathenäische Festrede gehalten am 28sten Juni 1841 in der Akademischen Aula zu Kiel (Kiel 1841) 24 = J. Raeder 2015b, Textdok. 2. Forchhammers Kunstmuseum wurde dem Publikum erstmals am 18. 1. 1843, dem Geburtstag der Herzogin von Holstein-Glücksburg, nach Eintreffen der Parthenonabgüsse geöffnet, vgl. Correspondenz-Blatt Kiel Nr. 5, 18. 1. 1843, S. 17 = Raeder 2015b, Textdok. 8. Zum Kieler Schloss: Seebach 1965 und Neumann 2013. Der Schlosskomplex bildete, trotz Bewohnung durch das Fürstenhaus noch im 18. und 19. Jahrhundert, zu dieser Zeit bereits einen Kulturmittelpunkt der Stadt Kiel. Akademische Einrichtungen beheimateten hier u. a. die Sternwarte, das chemische Laboratorium (in der alten Schlossküche) und das Naturhistorische Museum. Das Kunstmuseum war in den Räumen der ehemaligen Schlosskirche untergebracht, die nach einem Brand 1838 nicht wieder als Kirche eingerichtet wurden; vgl. auch Grundriss in Raeder 2015a, Abb. 3. Die »liberalen« Zutrittsbedingungen zum Kunstmuseum dürfen für die Zeit Forchhammers als innovativ gelten.

9 Fabricius nahm als Oberst von 1825 bis 1844 an den griechischen Freiheitskämpfen teil, s. Raeder 2015a, Anm. 45. Vgl. auch den Brief an Forchhammer, eine Sendung griechischer Keramik begleitend, vom 5. 7. 1844 = Raeder 2015b, Textdok. 10.

10 Kurz nach der Schenkung von 1840 bewilligte König Christian VIII. einen jährlichen staatlichen Zuschuss von 278 Reichsbankthalern (Rbthr.), später erhöht auf 300 Rbthr., s. P. W. Forchhammer, Memorandum für Minister A. Falk (2. 12. 1876) = Raeder 2015b, Textdok. 22. Der Zuschuss aus dem Staatsfonds für das Jahr 1868 betrug 225 Rbthr. Angabe gemäß »Anlagen des Staatshaushalts-Etats für 1868 B. 3 Nr. 6 Etat S. 76«, zitiert in Ratjen 1870, S. 111 (»Anhang: Die pecuniären Verhältnisse der Institute«).

überrascht nicht, gingen der Schenkung seitens des Königs doch persönliche Kontakte[11] und bereits in den 1830er Jahren Münzgeschenke an Christian VIII. seitens Forchhammers voraus, der diese Stücke vermutlich von seinen ersten ausgiebigen Reisen im Mittelmeerraum (1830–1834) mitgebracht hatte. Ein Nachweis hierfür ist uns durch einen entsprechenden Vermerk in der Sylloge Nummorum Graecorum (SNG) Kopenhagen, dem Münzcorpus des Dänischen Nationalmuseums, erhalten. In deren Einleitung zum Katalog italischer Münzen wird Forchhammer für das Jahr 1834 als Stifter genannt.[12] Aus dieser Zeit kann indes nur eine Münze aus der Sylloge makedonischer Münzen der einstigen Königlichen Münz- und Medaillensammlung Dänemarks direkt als Geschenk Forchhammers an Christian VIII., damals noch Prinz Christian Friedrich, angesprochen werden.[13] Einige typidentische Stücke in beiden Sammlungen legen jedoch die Vermutung nahe, dass es teils Dubletten waren, die aus Kiel ihren Weg ins dänische Nationalmuseum fanden oder von königlicher Seite der Universität übergeben wurden.[14]

In den folgenden Jahrzehnten gelang es Forchhammer bis zu seinem Tod am 8. Januar 1894, den Bestand der nach Eigenaussage »kleinen unbedeutenden Münzsammlung«[15] durch Stiftungen und den Erwerb weiterer Objekte zu vergrößern. Die »Akten betr. Münzcabinet bw. Archäolog. Seminar«,[16] eine einseitige Zusammenstellung der Sammlungsgeschichte bis 1915, vermerken für den 10. Juni 1842 eine weitere Schenkung des dänischen Königs, die 138 Münzen umfasste. Als nächster Zugewinn ist ebenda erst wieder für den

11 Vgl. auch P.W. Forchhammer, Schreiben an den Kurator der Universität bezüglich der Kassenführung (27.11.1854) = Raeder 2015b, Textdok. 16: »[Als] S.M. König Christian VIII der Universität eine Münzsammlung schenkte und zugleich eine jährliche Summe ausfolgte zum Besten der somit gegründeten Münz- und Kunstsammlung der Universität, fiel mir gewißer Maaßen von selbst das Directorium dieser Sammlung zu, und wurde ich später bei meiner Ernennung zum Ordinarius in meiner Bestallung ... mit der Aufsicht über dieselbe beauftragt«.

12 N. Breitenstein, Introduction, in: SNG Cop. Italy I, S. 13: »In the 1820's and 1830's the prince augmented his collection from the aforesaid Danish private collections when they were dispersed, and many Danes and other people brought coins for him from abroad, among them the Duke of Decazes in 1825, Fr. Clauswitz, Danish diplomatist in Constantinople 1826, P. O. Brøndsted 1827, A. C. Gierlew, who had been consul in Tunis, 1829, and the classical philologist P. W. Forchhammer 1834«.

13 SNG Cop. Macedonia II Nr. 928, ausgezeichnet als Stiftung Forchhammers aus dem Jahr 1834. Forchhammer ist namentlich auch als Stifter zweier syrakusanischer Litrae des späten 3. Jhs. v. Chr. gekennzeichnet, doch fanden diese erst 1863 und damit nach dem Tod Christians VIII. Eingang in die dänische Sammlung, vgl. SNG Cop. Sicily II Nr. 884 u. 886.

14 Vornehmlich westgriechische Münzen aus Unteritalien und Sizilien, vgl. Münzkabinett der Antikensammlung zu Kiel, Inv.-Nr. gruen 024 = SNG Cop. Italy II Nr. 607–610 (Arpi); gruen 022 = SNG Cop. Italy III Nr. 1662–1674 (Bruttium); gruen 035 = SNG Cop. Sicily I Nr. 113–116 (Akragas); gruen 011 = SNG Cop. Italy II Nr. 900–908 (Tarent); gruen 023 = SNG Cop. Italy I Nr. 354–356 (Compulteria). Die Münzen im Dänischen Nationalmuseum sind jeweils als ehemalige Bestandteile der Sammlung Christians VIII. gekennzeichnet.

15 P. W. Forchhammer, Verwendung des Etats der Münz- und Kunstsammlung und Forderung nach Gehaltserhöhung (22. 2. 1877) 2 = Raeder 2015b, Textdok. 23.

16 Archiv der Universität Kiel (Rektorat) Titel VI Abschn. A Nr. 29.

3. Februar 1878 die Überweisung dreier neuzeitlicher Medaillen an Forchhammer genannt. In dieser Übersicht unerwähnt bleiben somit eine Vielzahl von Anschaffungen, die indes durch Rechnungen oder Kassenbucheinträge belegt sind.[17] Nur unvollständig und exemplarisch erlauben die uns überlieferten Dokumente also konkrete Einblicke in die sehr rege Tätigkeit Forchhammers, der zu diesem Zweck reichhaltige Korrespondenzen mit Sammlungen, Händlern und Numismatikern pflegte, von denen sich viele Briefe erhalten haben.

Insbesondere die an die jeweiligen Universitätskuratoren adressierten Schreiben, in denen Forchhammer Auskunft zur Verwendung des jährlichen Etats gibt, vermitteln lebhafte Eindrücke des Vorgehens des Direktors bei Aufbau und Verwaltung der numismatischen Sammlung. Aus Kostengründen und vor dem Hintergrund ihres Charakters als Lehrsammlung beschränkte er sich vorwiegend auf die Anschaffung von Münznachbildungen. So heißt es in einem Brief Forchhammers an Universitätskurator Johann Friedrich Jensen (1788–1848) vom 17. Mai 1842:

> Die Münzsammlung durch Anschaffung von antiken Original-Münzen [Hervorhebung Forchhammer] zu vervollständigen erscheint indessen aus einem doppelten Grunde unrathsam. Theils nämlich würden die hohen Preise solcher Münzen schon durch die jährlichen Erwerbungen von wenigen Stücken die ganze zu verwendende Summe erschöpfen, theils würde die Sammlung selbst bey dem günstigsten Kauf zum Behuf des Unterrichts eine höchst unvollständige bleiben. Es scheint daher sowohl dem Zweck, als dem Umfang der Mittel am meisten zu entsprechen, eine Sammlung von Münzabgüssen anzulegen, und zwar, wie es bey der Wohlfeilheit derselben möglich ist, in einem großen Maaßstabe. ... Die Preise der Münzabgüsse sind sehr verschieden. Diejenigen, welche das Kopenhagener Münzcabinet liefern könnte, 1 β Cour. pr Stück. Dagegen kosten die Berliner Abgüsse das Hundert 8 β Preuß., also ca. 31/2 P Cour. pr Stück. Die Pariser und Londoner sind nach den mir bisher mitgetheilten Angaben wohlfeiler.[18]

Im gleichen Brief werden auch bereits Überlegungen zur langfristigen beträchtlichen Vergrößerung der Sammlung, einschließlich der Anschaffung entsprechender Schränke aus Berlin, getätigt:

> Die Kosten einer solchen Sammlung erwachsen theils aus dem Ankauf der Abgüsse selbst und dem Transport, theils aus der ersten Anschaffung der nöthigen Schränke. – Da die Abgüsse nach dem überall angenommenen System einzuordnen sind, und

---

17 Hierzu zählen bspw. der Kauf mehrerer Schachteln mit Schwefelabgüssen aus Kopenhagen (11. 8. sowie 1. 9. 1842) oder der Kauf mehrerer Original-Münzen in Hamburg, vermutlich im Münzhandel (23. 2. 1855).

18 P. W. Forchhammer, Verwendung des jährlichen Etats für die Münz- und Kunstsammlung der Universität (17. 5. 1842) 2–3 = Raeder 2015b, Textdok. 7.

> daher für den künftigen Zuwachs bey jedem Lande und jeder Stadt eine Menge Fächer offen bleiben müssen, so wird es zur Vermeidung des eben so mühsamen als den Abgüssen nachtheiligen Umlegen der einzelnen Stücke nothwendig seyn, gleich anfangs wenigstens zwey größere Münzschränke anzuschaffen. Das Königliche Münzcabinet hat deren in neuerer Zeit mehrere anfertigen lassen und haben die Herrn Vorsteher desselben sich freundlichst erboten, mit Benutzung der erworbenen Erfahrung die Besorgung der erforderlichen Schränke zu übernehmen. Ein Schrank für ungefähr 3000 Abgüsse würde 80 Rbthr. kosten, also zwey solche Schränke mit Einschluß von 10 Rbthr. für Einpackung und Transport zusammen 170 Rbthr.[19]

Noch über 30 Jahre später hatte sich an Forchhammers Bevorzugung von Abgüssen nichts geändert. Am 22. Februar 1877 nennt er in einem Brief an Universitätskurator Baron von Scheel-Plessen (1811–1892) aber noch einen weiteren Grund hierfür, nämlich das Misstrauen gegenüber den Münzhändlern seiner Zeit:

> In Beziehung auf die Münzsammlung wird sich die Sammlung bei ihren geringen Mitteln vorläufig ausschließlich auf die Erwerbung von Abgüssen beschränken müssen. Theils steigen die werthvollen Originalmünzen täglich höher im Preis, theils ist der Ankauf derselben ohne Autopsie kaum thunlich, und selbst mit Autopsie bei den unzähligen und geschickt ausgeführten Falsificaten immer sehr mißlich.[20]

Peter Wilhelm Forchhammer starb am 8. Januar 1894. Seine Nachfolge als Direktor der Münz- und Kunstsammlung trat wenig später Otto Rossbach (1858–1931) an. In einem handschriftlichen Entwurf zu einem Beitrag für die »Chronik der Universität Kiel für das Jahr 1893/94« dokumentiert Rossbach eine letzte auf ihren ersten Verwalter zurückgehende Bereicherung der Münzsammlung: Aus dem Nachlass Forchhammers schenkte dessen Witwe Leonore (1832–1914; geb. Olshausen) der Münz- und Kunstsammlung »ca. 10 antike und moderne Silber- und ca. 60 Kupfermünzen, sowie 2 Bleiabgüsse aus dem Privatbesitz des verstorbenen Direktors«.[21]

---

19 Gemäß Eintragungen ins Ausgabenbuch der Universitätskunstsammlung 1842–1856 wurden zwei Münzschränke schließlich im August 1842 aus Kopenhagen für den Gesamtpreis von 162 Rbthr. inkl. Trägerlohn angeschafft.

20 P. W. Forchhammer, Verwendung des Etats der Münz- und Kunstsammlung und Forderung nach Gehaltserhöhung (22. 2. 1877) 2 = Raeder 2015b, Textdok. 23.

21 Otto Rossbach, Überraschende Funde von Originalwerken in der Münz- und Kunstsammlung der Universität (1894) = Raeder 2015b, Textdok. 35.

Das 20. Jahrhundert: Der endgültige Wandel zur klassisch-archäologischen Lehrsammlung und ein erster Katalog

Leider muss die genaue Zusammensetzung der königlichen Stiftung von 1840 in Ermangelung konkreter Aufzeichnungen heute unbekannt bleiben. Eine aktualisierte, freilich auch nur numerische Angabe zum Bestand der Sammlung und ihrer Zusammensetzung stellt erst wieder die »Summarische Übersicht über den Münzbestand der Universität in Kiel (aufbewahrt im archäolog. Institut)« vom 17. Juli 1908 dar. Sie nennt eine nicht bezifferte Menge an ungeordneten »Denk- und Schaumünzen (der Neuzeit) nebst einer kleinen Anzahl moderner Münzen«, ferner 2 570 antike Originalmünzen (davon 1 903 römisch) und 1 510 Nachbildungen (441 Schwefelabdrücke griechischer und römischer Münzen, 24 Gipsabgüsse römischen Großgeldes, drei nicht weiter bestimmte Abdrücke sowie 1 042 galvanoplastische Kopien).

Neben der Nennung mehrerer heute verschollener Kataloge enthält die Summarische Übersicht von 1908 auch die rätselhafte Erwähnung eines »handschriftlich zu Ende geführte[n]« Exemplares des zweiten Teils des »Verzeichniß der Münzsammlung des Museums vaterländischer Alterthümer in Kiel«.[22] Dies überrascht, da ansonsten keinerlei Verbindungen zwischen dem Kieler Museum vaterländischer Alterthümer, Vorgänger des heutigen Archäologischen Landesmuseums, und der universitären Münz- und Kunstsammlung bekannt sind. Als Provinzial-Museum wurde die Einrichtung 1835 von der kurz zuvor entstandenen Königlich Schleswig-Holstein-Lauenburgischen Gesellschaft für die Sammlung und Erhaltung vaterländischer Alterthümer gegründet.[23] Neben umfangreichen Beständen neuzeitlicher Münzen, darunter Dänisch-Norwegische Königsmünzen, Münzen des Oldenburgischen Fürsten- und Königshauses sowie Fundmünzen aus Adelby, Soltau, Jütland und Berlin, umfasste die zeitgleich mit der Museumsgründung angelegte Münzsammlung gemäß der Verzeichnisse im Jahr 1864 auch 84 originale antike Münzen und 41 Abgüsse antiker Stücke, hauptsächlich römische und byzantinische Prägungen von republikanischer Zeit bis Johannes I. Tzimiskes (reg. 969–976).

Mit unzweifelhaftem Bezug auf die Forchhammer-Sammlung ist im zweiten Teil des Verzeichnisses auf Seite 3 angemerkt: »Eine zweite Sammlung von antiken Münzen ist im Besitz der Kieler Universität. Hoffentlich wird die so wünschenswerthe Verschmelzung

22 Die ersten beiden Teile erschienen 1863 bzw. 1864 im Rahmen einer kurzlebigen Schriftenreihe: Handelmann & Klander 1863; Handelmann & Klander 1864. Das dritte Heft des Verzeichnisses, »Religiöse und moralische Medaillen«, erschien in *Jahrbücher für die Landeskunde* 9 (1867), ebenfalls herausgegeben von der Königlich Schleswig-Holstein-Lauenburgischen Gesellschaft, zu deren Vorstand Handelmann (1827–1891) gehörte. Christian Albrecht Klander (1817–1874) war Gymnasiallehrer in Plön und jener Jugendfreund Theodor Storms, an den dieser das Briefgedicht »An Klander« adressierte.

23 Die Initiative ging bereits 1831 von einem Brief der dänischen Kommission zur Bewahrung von Alterthümern aus. Zur Geschichte vgl. Bleile & Carnap-Bornheim 2011, S. 4–7 und 28 (Zeittafel).

beider Sammlungen nicht lange mehr auf sich warten lassen!« Hat eine solche Zusammenführung zu einem unbekannten Zeitpunkt stattgefunden? Vergleichbare Bewegungen sind seit Ende des 19. Jahrhunderts für die mittelalterlichen und ethnographischen Bestände des Museums belegt, letztere gar noch zu Lebzeiten Forchhammers und ebenfalls zu Gunsten einer universitären Sammlung.[24] Ein weiteres Indiz, das für eine Zusammenführung spricht, ist die Vielzahl der Original-Münzen des Verzeichnisses, die typologisch Stücken entsprechen, die sich heute im Münzkabinett der Antikensammlung befinden.[25] Mangels sorgfältiger Dokumentation und ohne detaillierte Beschreibungen oder Abbildungen ist momentan aber weder eine Identität der einzelnen Stücke nachweisbar noch eine Zusammenführung der Bestände zweifelsfrei zu belegen.[26]

Auch unter der Annahme einer Über- bzw. Zusammenführung der antiken Münzen bliebe einerseits unklar, weshalb viele der Originale nicht überführt wurden oder nicht mehr im Bestand des Münzkabinetts zu finden sind,[27] andererseits unbekannt, zu welchem Zeitpunkt zwischen 1864 und 1908 diese und die handschriftlich vermerkten Neuzugänge stattfanden, d. h. ob dies noch unter Forchhammers Aufsicht oder unter einem der ersten Nachfolger Forchhammers geschah. Nur vereinzelte Schriftstücke weisen darüber hinaus auf konkrete Bemühungen der nachfolgenden Direktoren um die Vergrößerung des Münzkabinetts hin, deren Verdienste somit womöglich Gefahr laufen, unbeachtet zu bleiben. Unter Rossbach ist 1894 eine »Neuordnung der Münzen« erwähnt.[28] Eine Ab-

---

24 Die ethnographischen Sammlungsbestände wurden 1891 an das drei Jahre zuvor gegründete Museum für Völkerkunde der Universität Kiel abgegeben. Die Abgabe der mittelalterlichen Bestände an das Thaulow-Museum erfolgte 1935.

25 Beispielsweise zwei Pentonkia der Mamertiner (Nr. 7–8 im Verzeichnis von 1864), vgl. Münzkabinett der Antikensammlung zu Kiel, Inv.-Nr. gruen 031; eine Bronzemünze des Agathokles mit Artemis-Büste (Nr. 11), vgl. Inv.-Nr. gruen 085; eine Litra aus Suessa Aurunca mit Minerva-Kopf und Hahn (Nr. 3, fälschlich unter Cales), vgl. Inv.-Nr. gruen 082; der Denar des M. Aemilius Scaurus und des P. Hypsaeus mit Darstellung des knienden Nabatäer-Königs Aretas III. (Nr. 19), vgl. Inv.-Nr. rot 068; ein FORTVNAE AVGVSTI-Dupondius des Domitian aus dem 15. Konsulat (Nr. 53), vgl. Inv.-Nr. blau 123.

26 Für die Korrespondenz danke ich herzlich Volker Hilberg, stellv. bevollm. Direktor im Fachgebiet Mittelalter & Dokumentationsarchiv des Museums für Archäologie Schloss Gottorf, der dem Verfasser per E-Mail bestätigte, dass eine umfassende Münzsammlung nicht mehr existiere. Leider sei auch die Dokumentation der Bestandsbewegungen sehr lückenhaft. Neben Fundmünzen und orientalischen Münzen ohne Inventar- und Fundortangaben seien aber noch 12 unbestimmte römische Münzen (ebenfalls ohne Inventar- und Fundortangaben) vorhanden, sodass die aktuelle von Herrn Hilberg unternommene Aufarbeitung der Altbestände auch Erkenntnisse zum Verhältnis dieser Stücke zum Inventar von 1864 sowie zur Münz- und Kunstsammlung verspricht.

27 Darunter drei tiberische Aurei (Nr. 33–35), der Beschreibung nach wohl des Typus RIC I^2 Tiberius 29. Das nahezu komplette Fehlen der Galvanos kaiserzeitlicher Münzen mag mit dem Vorhandensein ausreichender Originale in der Antikensammlung erklärbar sein. Beispielsweise verfügt das Münzkabinett über das Original eines flavischen Denars mit Statue auf columna rostrata im Revers (Inv.-Nr. blau 090), für welches das Verzeichnis des Museums vaterländischer Alterthümer einen Abguss (Nr. 52) listet.

28 O. Rossbach, Überraschende Funde von Originalwerken in der Münz- und Kunstsammlung der Universität (1894) = Raeder 2015b, Textdok. 35. Rossbach war von 1890 bis 1895 Professor für Klassische Philologie

rechnung über den Ankauf mehrerer Nachbildungen griechischer Münzen aus Thasos, Klazomenai und Makedonien vom Herzoglichen Münzkabinett in Gotha ist am 26. Juli 1905 von Ferdinand Noack (1865–1931), seit 1904 Sammlungsdirektor und Lehrstuhlinhaber für Klassische Archäologie in der Nachfolge Arthur Milchhoefers (1852–1903, ordentlicher Professor in Kiel 1895–1903), gegengezeichnet worden.[29]

Eine weitere Bestandsaufnahme vom 16. Juli 1920 vermerkt im Vergleich zum Bestand von 1908 den Verlust von 405 Münznachbildungen (nun 1 105 St.), jedoch nur 25 fehlende antike Originale (2 545 St.). Zum Zustand des Münzschrankes und seines Inhalts bemerkt die/der namentlich nicht genannte Verfasserin bzw. Verfasser, das Meiste sei nun »in völliger Unordnung in den Schubladen durcheinander geworfen, die Zettel, auf denen die Benennungen stehen, sind fast durchweg sinnlos entfernt, und die Anzahl der Stücke in den einzelnen Fächern stimmt nicht mehr mit den Angaben überein«. Es habe den Eindruck erweckt, »als ob der ganze Schrank einmal von unberufenen Händen durchwühlt worden sei auf der Suche nach wertvollen Objekten«, doch erscheint ein Diebstahl vor dem Hintergrund der sehr geringen Anzahl fehlender Originalstücke unwahrscheinlich.

Das im Bestand von 1920 zu bemerkende vollständige Fehlen mittelalterlicher und neuzeitlicher Münzen und Medaillen, die 1908 noch in unbekannter Anzahl vorhanden waren, ist indes mit einer vorangegangenen offiziellen Anweisung zu erklären. Mit Verfügung des Ministers der geistlichen, Unterrichts- und Medizinal-Angelegenheiten vom 14. April 1913, genehmigt im Juni 1913 vom Universitätskurator Kiels, wurden sämtliche nachantiken Stücke an das Kunsthistorische Institut in Kiel überwiesen.[30] Damit nahm das Münzkabinett unter seinem Direktor Bruno Sauer (1861–1919; Direktor von 1909 bis 1919)[31] endgültig den Charakter einer auf die Antike spezialisierten Lehrsammlung an. Diese Umstrukturierung geschah im Rahmen der Zusammenlegung der Archäologischen Sammlung (Antikensammlung) und der Münz- und Kunstsammlung – bislang getrennte Einrichtungen – zum Archäologischen Seminar. Seit August 1914 wird auch das Münzkabinett im Universitätsetat als Teil der dem Archäologischen Seminar angegliederten Antikensammlung geführt.

In diesem Zusammenhang überrascht auch nicht die Abgabe weiterer neuzeitlicher Medaillen unbekannter Herkunft an die Historische Landeshalle für Schleswig-Holstein

---

an der CAU zu Kiel und nach dem Tod Forchhammers vom 29. 1. 1894 bis zur Berufung Arthur Milchhoefers am 31. 7. 1895 kurzzeitig auch Direktor des Instituts und der Münz- und Kunstsammlung der Universität.

29 Zu F. Noack s. Lullies & Schiering 1988, S. 162 f. Zu A. Milchhoefer: Buchholz 2002; Lullies & Schiering 1988, S. 103–105; Stupperich 1994.

30 J. No. 2097 U. K. vom 26. 6. 1913, vgl. Der Universitätskurator, Zusammenlegung der »Münz- und Kunstsammlung« und der »Archäologischen Sammlung« (14. 4. 1913) = Raeder 2015b, Textdok. 39. Die Ausführung der Verfügung ist dem Rektorat am 26. 2. 1914 durch den damaligen Direktor der Antikensammlung und Lehrstuhlinhaber der Klassischen Archäologie, Bruno Sauer, schriftlich bestätigt worden (handschriftliche Aktennotiz im Archiv der Antikensammlung).

31 Zu B. Sauer: Buchholz 1982; Lullies & Schiering 1988, S. 140–141.

im April 1915, die seit einer Schenkung 1910 den ersten Teil der bedeutenden Münz- und Medaillensammlung des Ingenieurs Christian Lange (1845–1914) beherbergte.[32] Für den gleichen Monat ist ebenso der Verzicht auf den Erwerb einiger Arbeiten des Medailleurs Carl Seitz aus Leipzig dokumentiert. Aus dem Direktorat Eduard Schmidts (1879–1963; Direktor von 1925 bis 1946), Nachfolger von August Frickenhaus (1882–1925; Direktor von 1920 bis 1925), sind neben einem Nachweis für den einmaligen Erwerb von 93 Gipsabdrücken antiker Münzen vom Berliner Münzkabinett auch einige an ihn adressierte Briefe des dortigen Kustos Kurt Regling (1876–1935) erhalten, die den Kauf weiterer Nachbildungen vermutlich antiker Stücke zum Inhalt haben.

Die ausführlichste noch erhaltene wissenschaftliche Katalogisierung und wahrscheinlich erstmalige Referenzierung eines Großteils der Sammlung in Form eines unpublizierten hand- und maschinenschriftlichen Inventarbuches entstand in den 1960er Jahren. Es handelt sich dabei um ein bislang nicht gewürdigtes Verdienst des Numismatikers Volker Zedelius (1942–1994), der wahrscheinlich in seiner Kieler Zeit um das Jahr 1969[33] damit eine acht Jahre zuvor durch Jürgen Michel angefertigte Bestandsliste der galvanoplastischen Münznachbildungen ergänzte. Zedelius inventarisierte 947 griechische, republikanische und kaiserzeitliche Münzen neu, katalogisierte sie mit Kurzbeschreibungen sowie Angaben zu Größe, Gewicht, Stempelstellung und Typus, und bezifferte die Anzahl der übrigen nicht-inventarisierten Münzen (von griechischer bis byzantinischer Zeit) auf 492. Daraus ergibt sich ein Bestand aus nun insgesamt 1 439 Originalmünzen, zusätzlich zu den 307 von Michel inventarisierten Galvanos.[34] Sonstige Abdrücke aus Gips und Schwefelpaste wurden nicht erneut durchgezählt. Viele der originalen Stücke wurden in diesem Rahmen mittels einer schnellrotierenden Stahlbürste gereinigt. Bereits Zedelius stellte für einen Großteil der römischen Bronzemünzen eine vorangegangene chemische oder elektrolytische Reinigung fest, deren Folgen fast sämtliche Bronzemünzen noch immer durch einen unnatürlichen Glanz, geringfügige rosa-farbene Verfärbung und eine raue Oberfläche kennzeichnen.

---

32 Den Grundstock dieser Institution bildeten die drei Teilsammlungen Langes, bestehend größtenteils aus schleswig-holsteinischen und brandenburgisch-preußischen Prägungen des 17. bis 19. Jahrhunderts. Auf Basis der anfangs übergebenen Stiftung von 1 284 Münzen und 1 151 Medaillen war die Sammlung zum Zeitpunkt der Anfertigung eines Inventarbuchs im April 1959 auf ca. 11 800 Objekte angewachsen. Zuletzt wurde der Bestand im Jahre 2000 mit Zugang der Notgeldsammlung Dr. Rixen und 2005 mit der Sammlung Dr. Rasmussen hauptsächlich um Papiergeld und Notgeldscheine erweitert. Zur Sammlung vgl. Buhse 1949; Lange 1908–1912; North 1986; Mäkeler 2008.

33 Vgl. biographische Angaben im Nachruf auf Zedelius, verfasst von R. Cunz (Cunz 1995).

34 Im Jahr 2001 wurden unter der wissenschaftlichen Betreuung von Joachim Raeder, zu dieser Zeit Kustos der Antikensammlung, weitere, bis dahin nicht zugeordnete Münzen durch Christin Pschichholz und Boris Kaczinsky bestimmt und inventarisiert.

Das 21. Jahrhundert: Die Digitalisierung des Münzkabinetts

Die Kieler Antikensammlung und damit auch ihr Münzkabinett unterstehen noch heute dem Lehrstuhl der Abteilung Klassische Archäologie (seit 2012 Annette Haug) am Institut für Klassische Altertumskunde der Christian-Albrechts-Universität zu Kiel. Dabei erfährt sie großzügige Unterstützung durch den 1983 gegründeten Förderverein Freunde der Antike e. V. in Form von aktivem Engagement und zahlreichen Einzelspenden.[35] Auch die numismatische Sammlung ist in der Kunsthalle zu Kiel untergebracht (Abb. 2) und wird von unterschiedlichen Fachbereichen in die universitäre Lehre eingebunden, um die spezifischen wissenschaftlichen Methoden der Numismatik, den Aussagewert der Objektgattung für altertumswissenschaftliche Fragestellungen und die Bilderwelt antiker Münzen mit Studierenden zu diskutieren.[36] Im Wintersemester 2018/19 bot sich die Gelegenheit, im Rahmen des Netzwerks universitärer Münzsammlungen (NUMiD) und in Kooperation mit dem Münzkabinett der Staatlichen Museen zu Berlin die Bestände der Münzsammlung grundlegend zu dokumentieren, zu analysieren und als modernen interaktiven Objektkatalog online zugänglich zu machen. Die Dokumentation und Publikation des Münzkabinetts fand unter der administrativen Leitung von Manuel Flecker (Kustos 2017–2023) und unter der wissenschaftlichen Betreuung durch Torsten Bendschus, zu dieser Zeit Lehrstuhlassistent der Klassischen Archäologie in Kiel, statt.

Von Beginn an waren auch Kieler Studierende im Rahmen einer museologischen Übung[37] unmittelbar am gesamten wissenschaftlichen Prozess beteiligt. Dieser umfasste neben der Neuaufnahme der Messwerte (Abb. 3) auch eine Neubestimmung der Stücke im Kieler Münzkabinett. Eine aktuelle Referenzierung der römischen Münztypen nach den gängigen Katalogen der Roman Republican Coinage (RRC) und Roman Imperial Coinage (RIC) war notwendig, da diese Titel Zedelius für sein Inventarbuch 1969 und die Beschriftung der säurefreien Hüllen der Münzen augenscheinlich nicht zur Verfügung standen und sich sämtliche Referenzen auch der römischen Stücke daher auf die entsprechenden Kataloge des British Museum in London beziehen.

35 Zum Förderverein: Brandes-Druba 2013.

36 Zum Beispiel: »Münzen als Quellen in der Archäologie« (U. Kelp), SoSe 2014, LV-Nr. der CAU zu Kiel: 050508; »Antike Münzen« (P. Kobusch), SoSe 2017, LV-Nr. der CAU zu Kiel: 050643. Aus dem Fachbereich der Alten Geschichte führ(t)en Peter Weiß (geb. 1943) und Andreas Luther numismatische Lehrveranstaltungen durch, in denen neben Münzen der eigenen Sammlung der Alten Geschichte im Institut für Klassische Altertumskunde mitunter auch die Bestände der Antikensammlung genutzt wurden. Seit Publikation des Digitalen Münzkabinetts sind Teile der althistorischen Lehrsammlung unter Mitarbeit von Studierenden der Online-Sammlung als separater Bestand hinzugefügt worden.

37 »NUMiD – Neue Wege für alte Münzen (museologische Übung)« (T. Bendschus), WiSe 2018/19, LV-Nr. der CAU zu Kiel: 051135.

Abb. 2: Münzkabinett in der Antikensammlung, Kunsthalle zu Kiel, 2018.

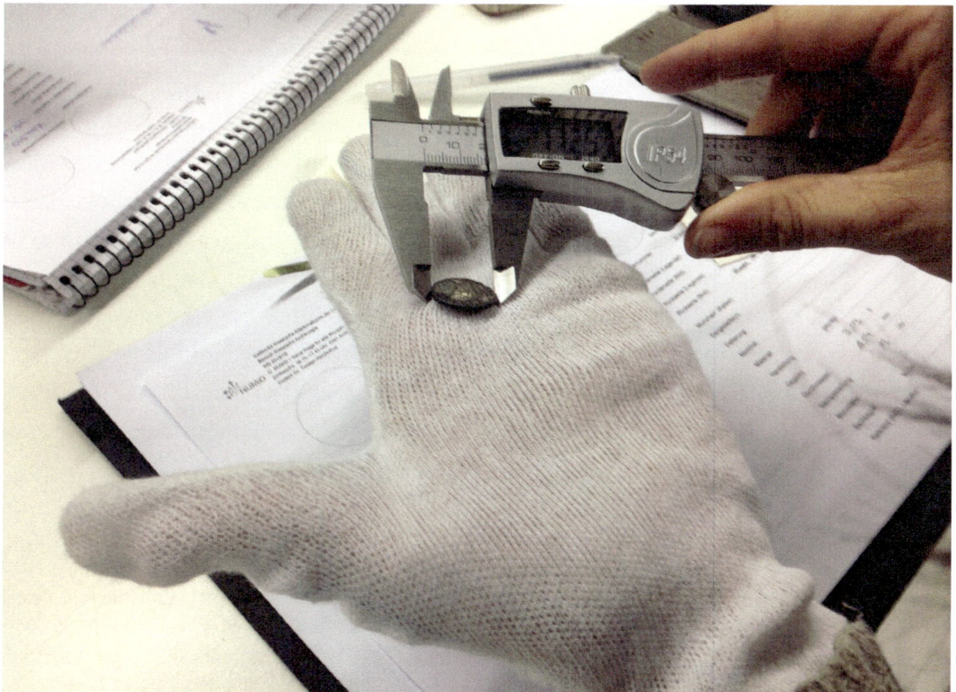

Abb. 3: Dokumentation der Münzen durch Studierende der Universität Kiel.

Mit Hilfe einer speziellen Reprostation zur digitalen Münzfotografie, welche vom NUMiD-Verbund zur Verfügung gestellt wurde, wurde der gesamte Bestand durch die Studierenden, ihren Betreuer und studentische Hilfskräfte fotografisch dokumentiert. Dadurch konnte der aktuelle Bestand exakt ermittelt werden: In der Sammlung befinden sich heute 298 galvanoplastische Nachbildungen, die ausschließlich von Originalen des British Museum angefertigt wurden. Sie umfassen von lydischen Elektron-Klümpchen des 8. Jahrhunderts v. Chr. über persische Satrapenmünzen und Prägungen griechischer Städte und Städtebünde bis hin zu frühen römischen Geldformen (*aes grave* Stücke und zwei massive *aes signatum* Barren) und kaiserzeitlichen Medaillen einen anschaulichen Querschnitt der antiken Geldgeschichte. Unzweifelhaft wurde dieser Bestand als Ergänzung der Originalstücke zu Lehrzwecken zusammengestellt. Der inventarisierte Bestand der Originale umfasst 109 griechische Münzen, deren leichter Schwerpunkt auf Prägeherren und Münzstätten des westgriechischen Kulturbereichs in Unteritalien und Sizilien wohl noch auf Forchhammer zurückzuführen ist. Unter den 111 Münzen der Römischen Republik stellen die zahlreichen gut erhaltenen Denare mit ihrer vielfältigen Bilderwelt den Höhepunkt der Sammlung dar.

Abb. 4: Sesterz des Nero (ca. 66 n. Chr.), Münzkabinett der Antikensammlung Kiel.

Demgegenüber enthält der Bestand von 908 kaiserzeitlichen Münzen (von Augustus bis Konstantin I.) überwiegend Bronzenominale (Abb. 4), ausgenommen eine Konzentration an Silbermünzen aus flavischer Zeit. Nachdem im Zuge der aktuellen Arbeiten 65 lose aufgefundene oder verstreut gelagerte Originale inventarisiert wurden,[38] beläuft sich die Zahl der nicht-inventarisierten antiken Münzen, sortiert in Kästchen gelagert, auf 435. Hinzu kommen 42 byzantinische, mittelalterliche und neuzeitliche Münzen inkl. zweier islamischer Medaillen. Der Gesamtbestand zählt damit aktuell 1 603 Münzen, zwei Medaillen und 298 Galvanos. Eine Zählung der in Schwefelpaste oder Gips hergestellten Abdrücke erfolgte nicht.

38 Neben diesem »Zuwachs« waren zudem einige Korrekturen möglich. Zum Beispiel konnte eine bislang unbestimmte Münze dem thrakischen Dynasten Adaios zugewiesen werden (Münzkabinett der Antikensammlung zu Kiel, Inv.-Nr. gruen 090). Eine Silbermünze des Septimius Severus mit der Darstellung des Caracalla im sog. Ersten Thronfolgertypus (Typus Argentarierbogen) wurde durch Studiosus Marcel Deckert und mit Hilfe der NUMiD-Kolleginnen und -Kollegen als moderne Gussfälschung nach dem Aureus-Typus RIC IV Caracalla 79 erkannt (Inv.-Nr. blau 392).

Im Januar 2019 ist das Digitale Münzkabinett der Antikensammlung zu Kiel mit den ersten 308 Katalogeinträgen online publiziert worden. Insgesamt 211 römische Münzen wurden mit den internationalen Datenbanken Online Coins of the Roman Empire (OCRE) und Coins of the Roman Republic Online (CRRO) der American Numismatic Society vernetzt.[39] Die Münzsammlung ist im Zuge der Publikation zudem ins Linked Open Data-Projekt von nomisma.org[40] sowie, als erstes Museum Schleswig-Holsteins, in die Online-Plattform museum-digital.de eingebunden worden.[41] Eine öffentliche Präsentation des digitalen Katalogs am 20. Februar 2019 vor zahlreichen interessierten Besucherinnen und Besuchern in der Kunsthalle zu Kiel und mehrere Pressemeldungen[42] trugen ebenfalls dazu bei, die Sichtbarkeit des Münzkabinetts der Antikensammlung erheblich zu verbessern und der Öffentlichkeit damit ein bislang nahezu unbekanntes Stück Kieler Regionalgeschichte präsent zu machen. Aktuell sind 351 Münzen der Antikensammlung zu Kiel online publiziert worden (Stand: März 2024). Seit der Publikation des digitalen Münzkabinetts sind zudem 52 Exemplare aus der Lehrsammlung der Alten Geschichte, die ebenfalls Teil des Instituts für Klassische Altertumskunde an der CAU zu Kiel ist, als separater Bestand hinzugekommen. Weitere 707 Münzen sind unter dem Stichwort »Co(i)ntribute!« in die Online-Datenbank eingepflegt worden. Hierbei handelt es sich um Datensätze, die lediglich Abbildungen sowie rudimentäre Informationen, beispielsweise zu Münzherren, Legenden, Material, Größe und Gewicht, beinhalten. Ein erklärender Text ruft interessierte Hobby-Numismatikerinnen und -Numismatiker sowie Münzsammlerinnen und -sammler explizit dazu auf, eigene Recherche zu betreiben, wie z. B. den Münztypus zu identifizieren. Hiermit ist der interessierten Öffentlichkeit eine Möglichkeit geboten, sich aktiv am weiteren Aufbau des digitalen Münzkabinetts zu beteiligen (und auf Wunsch natürlich auch namentlich als Bearbeiterin und Bearbeiter des Exemplars genannt zu werden).

Für die Zukunft ist angestrebt, einerseits die übrigen Objekte (Münzen sowie Galvanos) in den digitalen Katalog aufzunehmen und auch die bislang unbestimmten Bestände zu inventarisieren. Andererseits wird es ein Anliegen sein, die Sichtbarkeit des Münzkabinetts weiter zu verbessern. Ein bedeutender Schritt wäre, insofern entsprechende Mittel, geeignete Konzepte und räumliche wie personelle Möglichkeiten vorhanden sind, ausgewählte Stücke wieder in die Dauerausstellung der Antikensammlung zu Kiel zu in-

39 University of Kiel joins Nomisma, Numishare-Blogeintrag vom 24. 1. 2019: numishare.blogspot.com/2019/01/university-of-kiel-joins-nomisma.html. Zum Digitalen Münzkabinett der Antikensammlung zu Kiel s. auch o. Anm. 2.

40 nomisma.org/id/uni-kiel.

41 nat.museum-digital.de/institution/663.

42 Pressemeldung »Antike Schätze im neuen Gewand« auf www.uni-kiel.de vom 18. 2. 2019: www.uni-kiel.de/de/universitaet/detailansicht/news/031-muenzsammlung; Beitrag »Die Kieler Münzsammlung geht heute online« in den Kieler Nachrichten vom 20. 2. 2019.

tegrieren. Das Kabinett antiker Münzen der Kieler Universität und damit einen spannenden Teil der griechisch-römischen Bilderwelt auf diesem Wege der Öffentlichkeit wieder zugänglich zu machen, wird im besten Interesse seines Begründers und ersten Direktors Peter Wilhelm Forchhammers geschehen sein. Noch mehr allerdings wird es dem Anliegen Forchhammers entsprochen haben, Studierende des Fachbereichs unmittelbar in diesen Prozess zu involvieren und sie an Originalstücken die wissenschaftliche Dokumentation und Publikation antiker materieller Kultur zu lehren. Der Archäologe schrieb nämlich 1877 selbst:

> Die hiesige Kunst- und Münzsammlung ist, wie dergleichen Sammlung fast überall, zwar auch zur Belehrung des gesammten Publicums bestimmt und demgemäß zu fetztgesetzten Zeiten demselben geöffnet, jedoch vorzugsweise dem Unterricht der studirenden Jugend gewidmet, und stets mit dieser Rücksicht geleitet und vermehrt.[43]

Objekt- und Abbildungsnachweise

Abb. 1 Landesbibliothek Schleswig-Holstein. Foto: Antikensammlung, Kunsthalle zu Kiel.
Abb. 2 Foto: Torsten Bendschus.
Abb. 3 Foto: Antikensammlung, Kunsthalle zu Kiel.
Abb. 4 Münzkabinett der Antikensammlung zu Kiel, Inv. blau 054. Foto: Torsten Bendschus. www.ikmk.uni-kiel.de/object?id=ID306.

Bibliographie

Bendschus 2024 T. Bendschus, »Mit Rücksicht auf die Jugend geleitet und vermehrt«. Peter Wilhelm Forchhammer und die Anfänge des Münzkabinetts in der Antikensammlung · Kunsthalle zu Kiel. *Numismatisches Nachrichtenblatt* 73,1 (2024), S. 15–18

Bleile & Carnap-Bornheim 2011 R. Bleile & C. von Carnap-Bornheim (Hrsg.): *175 Jahre Archäologisches Landesmuseum.* Schleswig 2011.

Brandes-Druba 2013 B. Brandes-Druba (Hrsg.): *Freunde der Antike Kiel e.V. 1983 bis 2013.* Kiel 2013.

Brandes-Druba 2014 B. Brandes-Druba (Hrsg.): *Otto Jahn zum 200. Geburtstag.* Kiel 2014.

Buchholz 1982 H.-G. Buchholz: Bruno Wilhelm Sauer. In: H. G. Grundel, P. Moraw & V. Press (Hrsg.): *Gießener Gelehrte in der ersten Hälfte des 20. Jahrhunderts; Teil 2.* Marburg 1982, S. 789–799.

Buchholz 2002 H.-G. Buchholz: Arthur Milchhöfer, ein Verehrer und Fürsprecher Schliemanns und »Die Anfänge der Kunst in Griechenland«. *Opuscula Atheniensia* 27 (2002), S. 7–26.

Buhse 1949 K. H. Buhse: Die Münzsammlung Chr. Langes in Kiel. *Hamburger Beiträge zur Numismatik* 1.3 (1949), S. 117–118.

Cunz 1995 R. Cunz: Dr. phil. Volker Zedelius (1942—1994) in memoriam. *Nachrichten aus Niedersachsens Urgeschichte* 64.1 (1995), S. 195–198.

43 P. W. Forchhammer, Verwendung des Etats der Münz- und Kunstsammlung und Forderung nach Gehaltserhöhung (22. 2. 1877) = Raeder 2015b, Textdok. 23.

Handelmann & Klander 1863 G. H. Handelmann & C. A. Klander (Hrsg.): *Verzeichniß der Münzsammlung des Museums vaterländischer Alterthümer in Kiel. H. 1: Münzfunde, Oldenburgische und Vor-Oldenburgische Münzen.* Kiel 1863.

Handelmann & Klander 1864 G. H. Handelmann & C. A. Klander (Hrsg.): *Verzeichniß der Münzsammlung des Museums vaterländischer Alterthümer in Kiel. H. 2: Antike u. Orientalische Münzen.* Kiel 1864.

Höck & Pertsch 1898 A. Höck & L. Pertsch (Hrsg.): *P. W. Forchhammer. Ein Gedenkblatt.* Kiel 1898.

Jessen 1957 H. B. Jessen: Peter Wilhelm Forchhammer als Kunstförderer. Beiträge zu seiner Biographie. *Nordelbingen. Beiträge zur Kunst- und Kulturgeschichte Schleswig-Holsteins* 25 (1957), S. 150–163.

Lange 1908–1912 C. Lange: *Chr. Lange's Sammlung schleswig-holsteinischer Münzen und Medaillen; 2 Bde.* Berlin 1908–1912.

Lullies & Schiering 1988 R. Lullies & W. Schiering (Hrsg.): *Archäologenbildnisse.* Mainz 1988.

Mäkeler 2008 H. Mäkeler: Die Münz- und Medaillensammlung der Christian-Albrechts-Universität zu Kiel. *Christiana Albertina* 67 (2008), S. 93–101.

Müller 2012 C. W. Müller: Otto Jahn. *Der Neue Pauly* Suppl. 6 (2012), S. 621–624.

Neumann 2013 J. M. Neumann: »Das Schloss aus Ruinen wieder zu erwecken«. *Mitteilungen der Gesellschaft für Kieler Stadtgeschichte* 87 (2013), S. 1–30.

North 1986 M. North: *Die Medaillen der Brandenburg-Preußen-Sammlung Christian Lange, Numismatische Abhandlungen Bd. 1, Teil 1: Von den Anfängen bis 1713.* Kiel 1986.

Ørsted 1848 H. C. Ørsted: *Mindeskrift over Hans Majestæt Kong Christian den Ottende udgivet af det Kongelige Danske Videnskabernes Selskab.* Kopenhagen 1848.

Privat 1974 M. Privat: Jahn, Otto. *Neue Deutsche Biographie* 10 (1974), S. 304–306.

Raeder 2011 J. Raeder: Peter Wilhelm Forchhammer und die Begründung der Klassischen Archäologie in Kiel. *Christiana Albertina* 73 (2011), S. 36–45.

Raeder 2015a J. Raeder: Vom Kunstmuseum zur Antikensammlung. In: A. Haug (Hrsg.): *175 Jahre Kunstmuseum. Mit einem Verzeichnis der Abgüsse und Nachbildungen in der Antikensammlung, Kunsthalle zu Kiel.* Kiel 2015, S. 11–36.

Raeder 2015b J. Raeder (unter der Mitarbeit von G. W. Trube): Textanthologie zur Geschichte der Antikensammlung. In: A. Haug (Hrsg.): *175 Jahre Kunstmuseum. Mit einem Verzeichnis der Abgüsse und Nachbildungen in der Antikensammlung, Kunsthalle zu Kiel.* Kiel 2015, S. 37–142.

Ratjen 1870 H. Ratjen: *Geschichte der Universität zu Kiel.* Kiel 1870.

Schiering 2002 W. Schiering: Peter Wilhelm Forchhammer. Förderer der Künste und der Altertumswissenschaften in Schleswig-Holstein. *Nordelbingen. Beiträge zur Kunst- und Kulturgeschichte Schleswig-Holsteins* 71 (2002), S. 51–63.

Seebach 1965 C.-H. Seebach: *Das Kieler Schloss.* Neumünster 1965.

SNG Cop. Italy I. Sylloge Nummorum Graecorum Copenhagen Italy 1: Etruria – Campania. Copenhagen 1942.

SNG Cop Italy II. Sylloge Nummorum Graecorum Copenhagen Italy 2: Apulia – Lucania (Metapontum). Copenhagen 1942.

SNG Cop Italy III. Sylloge Nummorum Graecorum Copenhagen Italy 3: Lucania (Poseidonia) – Bruttium. Copenhagen 1942.

SNG Cop. Macedonia II. Sylloge Nummorum Graecorum Copenhagen Macedonia 2: Alexander I – Alexander III. Copenhagen 1943.

SNG Cop. Sicily II. Sylloge Nummorum Graecorum Copenhagen Sicily 2: Segesta – Sardinia. Copenhagen 1942.

Stupperich 1994 R. Stuperich: Milchhoefer, Arthur. *Neue Deutsche Biographie* 17 (1994), S. 503–504.

Sämtliche Verweise auf Internetressourcen in diesem Beitrag wurden vor der Drucklegung geprüft.

Die Einrichtung der Münzsammlung des Straßburger Instituts für Altertumswissenschaft

Eckhard Wirbelauer

Marie-Luise Deißmann-Merten in dankbarer Erinnerung

Die hier behandelte Sammlung[1] hat in den vergangenen hundert Jahren ein sehr wechselvolles Schicksal erlebt und verdankt ihr Überleben dem Einsatz meiner Kollegin Anne Jacquemin, die mit ihrer Inventur 2001 die Basis für die weitere Arbeit gelegt hat. In den letzten zwei Jahrzehnten haben meine Kollegen Cédric Brélaz und Julien Fournier mit sachkundiger Unterstützung von Antoine Simonin die griechischen Münzen neu geordnet, während ich selbst mit Hilfe von Aurélien Herber und Carine Hentz die römischen bearbeitet habe. Bei der Reorganisation kommt es einerseits darauf an, die noch erhaltenen, aber von den Münzen getrennten Unterlegzettel wieder den betreffenden Stücken zuzuordnen, um so die Verbindung zu den alten Bestandslisten zu ermöglichen. Andererseits wird die Sammlung seit 2007 wieder regelmäßig jedes Semester in zwei Veranstaltungen zur griechischen und römischen Numismatik eingesetzt, so dass jetzt nach der Ermittlung des noch Vorhandenen eine zeitgemäße Erschließung mittels eines Online-Katalogs in der IKMK-Familie (ikmk.net) ansteht.

* * *

Am 1. Mai 1872 wurde in Straßburg eine Universität eingeweiht, die nach dem erklärten Willen ihrer Gründerväter als Modell nach innen in das neue Deutsche Reich wirken und

1 Bei der Ermittlung und Beschaffung von Archivalien für den vorliegenden Beitrag haben mich Mitarbeiterinnen und Mitarbeiter des Zentralarchivs der Berliner Museen, des Stadtarchivs Nördlingen, der (damaligen) Archives Départementales du Bas Rhin sowie der Bibliothèque Nationale et Universitaire in Straßburg in sehr entgegenkommender Weise unterstützt. Ein besonderer Dank geht an Karsten Dahmen und Bernhard Weisser im Berliner Münzkabinett sowie an Johannes Wienand für die Gelegenheit, die ersten Jahre der Straßburger Sammlung in diesem Band vorzustellen, ebenso an Anna-Sophie Haake, Katharina Martin, Doris Meyer und Sylvain Perrot für kritische Lektüre und tatkräftige Mithilfe. Widmen möchte ich diesen Beitrag meiner unvergesslichen Lehrerin *in rebus numismaticis* und stets zugewandten Freiburger Kollegin Marie-Luise Deißmann-Merten, der Peter Franz Mittag und Bernhard Weisser ein würdiges Denkmal gesetzt haben, vgl. muenzenwoche.de/marieluise-deissmann-merten-1935-2011.

Abb. 1: Der Epigraphik-Raum im Institut d'histoire grecque mit dem Münzschrank und anderen Lehrmaterialien (2006).

nach außen ausstrahlen sollte. Leitstern war hierfür die Altertumswissenschaft, wobei neben dem allerorts gut etablierten Studium der griechischen und lateinischen Texte nun auch den antiken Objekten die angemessene Aufmerksamkeit geschenkt werden sollte. Daher setzte Theodor Mommsen (1817–1903) höchstpersönlich durch, dass den beiden Professuren der Klassischen Philologie auch eine der »Kunstarchäologie« sowie zwei der »griechischen und römischen Alterthumskunde/Altertumswissenschaft« zur Seite gestellt wurden.[2] Unter letzterer Bezeichnung verbarg sich die Epigraphik, und Mommsen sorgte dafür, dass zwei der vielversprechendsten Vertreter dieser noch jungen Disziplin berufen wurden: Ulrich Köhler (1838–1903) war damals mit der Edition der Inschriften Athens

2 Schappacher & Wirbelauer 2010; Wirbelauer 2016. Die Bezeichnung als »Institut für Altertumskunde« scheint die ursprüngliche zu sein, sie findet sich etwa auf dem Deckel des Ordners, worin die Hochschulverwaltung ab 1872 die Akten zu dieser Einrichtung ablegte; vgl. Archives d'Alsace, site de Strasbourg (ehemals Archives départementales du Bas-Rhin, im folgenden AA Strasbourg) 103AL Nr. 879. Schon bald aber wurde meist vom »Institut für Altertumswissenschaft« gesprochen, so in den Vorlesungsverzeichnissen und in den Berichten der Direktoren. Dieser Sprachgebrauch wurde dann auch auf dem neuen Einbanddeckel (mit den Akten ab 1907) übernommen, vgl. ebd. Nr. 878.

für die *Inscriptiones Graecae* beschäftigt, der noch nicht einmal 30-jährige Mommsen-Schüler Gustav Wilmanns (1845–1878) sollte die lateinischen Inschriften Nordafrikas für das *Corpus Inscriptionum Latinarum* bearbeiten.[3] Der eigentümliche Name des Instituts hielt sich im offiziellen Schrifttum der Universität bis zu ihrem Ende 1918, auch wenn sich die Professoren schon seit den 1880er Jahren mit der Vermittlung der »alten Geschichte« beauftragt sahen. Mit der Gründung der französischen Université de Strasbourg 1919 erhielt dann die Einrichtung den zeitgemäßen Namen »Institut d'Histoire Ancienne«, das zu Beginn der 1960er Jahre in das »Institut d'Histoire Grecque« und das »Institut d'Histoire Romaine« aufgespalten wurde (Abb. 1).

So sehr Köhler und Wilmanns in ihrem wissenschaftlichen Arbeiten auf Steininschriften ausgerichtet waren, so wenig wollten sie sich im akademischen Unterricht hierauf beschränken. Offenbar war dies auch schon in den Planungen zur Institutsgründung angesprochen worden, denn bereits im ersten Universitätsetat war unter Titel IV, lit. D, n. 24 eine Summe von 800 Thalern (zu gleichen Teilen der griechischen und der römischen Abteilung des Instituts) »für die Begründung und Fortführung einer antiquarischen Sammlung« bereitgestellt worden, wie aus einem Schreiben der beiden Institutsdirektoren vom 16. Juli 1872 an das Kuratorium der Universität[4] hervorgeht.[5] Köhler und Wilmanns unterbreiten darin ihre Vorstellungen zur angemessenen Bewirtschaftung dieser Mittel, die von den üblichen Praktiken der Buchhaltung abweichen müsse:[6]

> Wir haben uns in Folge dessen im Allgemeinen über die Grundsätze, nach denen wir die Sammlung am zweckmäßigsten anlegen und der Universität nutzbar machen können, geeinigt und sind nun im Begriff zu den ersten Anschaffungen zu schreiten. Wir setzen hierbei als selbstverständlich voraus, daß der Zweck der Sammlung sich nicht, wie es in dem an uns gerichteten Schreiben heißt, auf die Sammlung, Abformung u. Aufstellung von Inschriften beschränkt; eine solche Sammlung würde von geringem Nutzen sein, da ja die Inschriften nur ein Theil des Materials sind, welches wir in unserer Lehrtätigkeit brauchen; von gleicher Bedeutung sind die antiken Münzen, von gleicher Bedeutung auch die Beschaffung einer der Sammlung entsprechenden Biblio-

3 Zu Theodor Mommsen s. Heuß 1956; Wickert 1959–1980; Rebenich 2002. Zu Ulrich Köhler und Gustav Wilmanns s. Wirbelauer 2009, S. 236 u. 240 mit weiterführenden Hinweisen.

4 Das »Kuratorium« leitete die Universität, insbesondere in finanziellen Angelegenheiten.

5 Im Folgenden werden die Akten der gebenden und der empfangenden Einrichtung gemeinsam ausgewertet: Acta Straßburg = AA Strasbourg, 103AL Nr. 879; Acta Berlin = Zentralarchiv der Staatlichen Museen zu Berlin (im Folgenden: SMB-ZA), Acta betreffend die Aufstellung, Instandhaltung der Sammlung der Münzen und Medaillen, vol. 3 vom 1. 9. 1873 bis 31. 8. 1880 (SMB-ZA, I/MK 003).

6 Acta Straßburg, fol. 1–2. – In den Zitaten werden Orthographie und Zeichensetzung der Originaltexte beibehalten.

thek. Es würde dabei nun unsre Arbeit unendlich erschwert werden, und andrerseits die Chancen, daß dieselbe gut und brauchbar werde, viel geringer sein, wenn auch in Bezug auf uns keine Ausnahme von dem gewöhnlichen Geschäftsgang gemacht würde, nach welchem wir nur die Händel abzuschließen hätten und dann nachträglich von der Quästur die Auszahlung der betreffenden Summe an den Verkäufer erfolgte. Man kann nur in seltenen Fällen antiquarische Dinge bestellen und in größeren Massen auf einmal kaufen: am wichtigsten bei ihnen sind die Gelegenheitskäufe, für welche man namentlich Reisen, die man macht, trefflich verwenden kann; man erhält hier oft für einen geringeren Preis, was man sonst theuer bezahlen muß oder überhaupt nicht bekommt. Bei einer andren Klasse von Gegenständen, welche wir zu sammeln haben, namentlich den Abklatschen von Inschriften beschränken sich die Ausgaben meistens auf Trinkgelder, oder kommen noch andre Kosten hinzu, so sind dieselben doch so gering und vertheilen sich an so verschiedene Personen, daß man nicht daran denken kann, dieselben eine Rechnung an die Quästur einschicken zu lassen. Unterzeichnete erlauben sich daher an ein hochverehrtes Curatorium den Antrag zu stellen, daß ihnen von ihrer Etatsumme jährlich schon im Januar, in diesem Jahre sofort, die Hälfte zur Verfügung gestellt werde und sie über dieselbe entweder am Ende des Jahres oder auch in kürzeren Zeiträumen Rechnung abzulegen gehalten seien.
Die andre Hälfte würden wir wohl regelmäßig zur Beschaffung von Abgüssen, Photographieen und Büchern verwenden, für die dann, wenn es das Curatorium wünscht, der gewöhnliche Weg beibehalten werden könnte, wenngleich auch da der von uns vorgeschlagene vielleicht der praktischere sein würde.

Die Antwort der Universitätsleitung vom 29. Juli 1872 findet sich als Randbemerkung auf der Eingabe:

Das unterz. Kuratorium erwiedert Ihnen auf den gemeinschaftlichen Bericht vom 16. d. Mts. ergebenst, daß dem vorgeschlagenen Verfahren hinsichtlich der Verwendung der etatsmäßigen Fonds für das Institut der griechischen und römischen Alterthumskunde dieseits nichts entgegen steht. Es bleibt Ihnen demnach überlassen, Vorschüsse bis zur Höhe des zur Disposition gestellten Fonds gegen Ihre Anweisung aus der Universitätskasse zu entnehmen, u. deren Verwendung demnächst in rechnungsmäßiger Art anzuweisen.

Die hier zugebilligte Möglichkeit, mit Bargeld aus der Universitätskasse auf Reisen zu gehen, vereinfachte den Erwerb von Münzen erheblich und erlaubte es, bis zum Ende der Reichslandsuniversität eine stattliche Sammlung von fast 2700 griechischen und römischen Münzen zu erwerben.

Doch kommen wir zurück zu den Anfängen: Nach der Grundsatzentscheidung vom Sommer 1872 machten sich nun die beiden Gründungsdirektoren des Instituts auf die Suche nach einer größeren Sammlung geeigneter Münzen. Im Vertrauen auf die straßburgfreundliche Stimmung in Berlin beantragten sie für deren Erwerb eigene Mittel, und so kam – nicht unerwartet – am 2. Juli 1873 die frohe Kunde, dass »das kaiserliche Reichskanzler-Amt in Berlin zum Ankauf einer Sammlung antiquer Münzen für Lehrzwecke die Summe von 1500 Thlr. hochgeneigtest bewilligt« habe.[7] Daraufhin wandte sich Köhler – er leitete damals das Institut für Altertumswissenschaft alleine, da Wilmanns für Forschungsreisen in Nordafrika ein halbes Jahr Urlaub gewährt worden war – am 28. August 1873 mit einem umfangreichen Schreiben an den Kurator,[8] denn er hatte von einer besonderen Gelegenheit zum Erwerb einer Sammlung erfahren und brauchte nun hierfür die Hilfe der Chefetage:[9]

> Die Münchner Sammlung, deren Erwerb für das Institut früher in Aussicht genommen war, ist inzwischen bereits zum Verkauf gelangt, dagegen beabsicht[10] neuerdings die Verwaltung der königlichen Museen in Berlin sich der Doubletten des dortigen Münzkabinets auf dem Verkaufswege zu entäußern. Bei dem vorzüglichen Stande dieses Kabinets wäre dieß unzweifelhaft die beste Gelegenheit dem Bedürfnis des Straßburger Instituts abzuhelfen.
> Ich habe mir daher gestattet mich persönlich in Berlin an den General-Direktor der Königlichen Museen Herrn Grafen von Usedom Exzellenz[11] mit der Anfrage zu wenden, ob es möglich sein würde eine Auswahl der Berliner Münzdoubletten gegen eine entsprechende Entschädigung für das Institut zu erwerben. Der Herr General-Direktor hatte die Güte mir mitzutheilen, daß er seinerseits zwar diesem Wunsche gern entsprechen würde, aber nicht der Ansicht sei, daß es in seiner Kompetenz liege die vorhandenen Münz-Doubletten ohne Genehmigung des Königlich Preußischen Kultus-Ministeriums auf anderem als dem <u>Auktions</u>wege[12] zum Verkaufe zu bringen. Hierdurch würde aber der Erwerb einer Auswahl für das Institut nicht nur mit großen Weitläufigkeiten, sondern nothwendiger Weise auch mit neuen Kosten verbunden werden.

Im Anschluss ersuchte Köhler den Kurator um Einflussnahme beim Minister, um so der Auktion zu entgehen, nicht ohne auch noch mitzuteilen, dass Eile geboten sei, weil die Ver-

7 Acta Straßburg, fol. 12.
8 Acta Straßburg, fol. 9; zum Kuratorium vgl. o. Anm. 4.
9 Acta Straßburg, fol. 9–10.
10 Zu »beabsichten« = »beabsichtigen« vgl. Deutsches Wörterbuch von Jacob Grimm und Wilhelm Grimm, Neubearbeitung (A–F), digitalisierte Fassung im Wörterbuchnetz des Trier Center for Digital Humanities, Version 01/23, woerterbuchnetz.de/DWB2?lemid=B01111.
11 Zu Guido Graf von Usedom (1805–1884), Generaldirektor der Königlichen Museen in Berlin von 1872 bis 1879, vgl. Berner 1895.
12 Alle Unterstreichungen in den zitierten Passagen sind Hervorhebungen im Original.

steigerung für Oktober angesetzt sei. Ganz nebenbei erfahren wir aus dem Schreiben Köhlers, dass die beiden neuberufenen Straßburger Professoren offenbar sehr bald nach ihrem Eintreffen vor Ort den Erwerb einer Münzsammlung ins Auge gefasst hatten und dass sie dabei zunächst tatsächlich an den Münzhandel gedacht hatten, bevor sie von der offenbar neuartigen Initiative der Dublettenversteigerung durch das Berliner Münzkabinett erfuhren.[13]

Am 5. September 1873 richtet die Leitung der Universität Straßburg ein entsprechendes Schreiben an den Preußischen Unterrichtsminister Adalbert Falk (1827–1900):[14]

> Für den archäologischen Unterricht an hiesiger Universität ist die Erwerbung einer Sammlung antiker Münzen erforderlich. Wie aus einem Berichte des Direktors der hiesigen Sammlung hervorgeht, beabsichtigt die Verwaltung der Königlichen Museen in Berlin die Doubletten der dortigen Münzsammlung auf dem Verkaufswege abzugeben, und bei dem Reichthum dieses Kabinets wäre hierdurch eine vorzügliche Gelegenheit gegeben, dem Bedürfniß des Straßburger Instituts abzuhelfen. Auf eine bezügliche Anfrage des Directors des archäologischen Instituts[15] hat auch der Herr Generaldirector der Königlichen Museen Graf von Usedom Excellenz seine Bereitwilligkeit ausgesprochen eine Auswahl der Doubletten gegen entsprechende Entschädigung an das hiesige Institut abzutreten, mit dem Hinzufügen jedoch, daß es nicht in seiner

13 Dublettenverzeichnisse wurden im Münzkabinett bereits in den 1830er Jahren angelegt, vgl. SMB-ZA, I/MK 001 und 002, auch zu gelegentlichen Versteigerungen ist es gekommen. Mit den hohen Erwerbungszahlen seit den beginnenden 1870er Jahren kam es dann bald zu regelmäßigen Versteigerungen vgl. dazu Weisser 2020, S. 73–75. Soweit aus dem Findbuch zu den Akten des Münzkabinetts erkennbar, wurden nur noch ein weiteres Mal Dubletten außerhalb einer Versteigerung abgegeben, und zwar an Ludwig von Sybel (1846–1929), der 1877 zum außerordentlichen Professor für Klassische Archäologie an der Universität Marburg ernannt wurde und offenbar bald danach dem Straßburger Vorbild folgte, SMB-ZA, I/MK 003. Dasselbe Findbuch vermerkt allerdings noch weitere »Anfragen nach Dubletten und Abgüssen«. Später wurden dann auch »Münzen durch Tausch von Dubletten mit Museen und Privatpersonen« durch das Münzkabinett erworben, vgl. SMB-ZA, I/MK 007 (1893–1895) und folgende; ab 1904 wurden zu diesen Tätigkeiten eigene Akten geführt, vgl. SMB-ZA, I/MK 133–135 (bis 1935). Die Straßburger erwarben 1905 nochmals vier Dubletten vom Berliner Münzkabinett, zwei Æ Korinth sowie je ein Æ aus Samos und von Kleopatra (Inv.nr. 2609–2612); das die Übersendung begleitende Schreiben Heinrich Dressels (1845–1920) vom 25.11.1905 ist im Archiv der Sammlung erhalten.

14 Die Abschrift, die sich in den Acta Berlin, fol. 1, erhalten hat, lässt nicht genau erkennen, ob dieses Schreiben vom Kurator der Universität, Karl Ledderhose (1821–1899), oder vom damaligen Rektor der Universität, Anton de Bary (1831–1888), stammt. Auch der Entwurf dieses Schreibens (Acta Straßburg, fol. 11) bleibt hier unklar.

15 Der Vergleich mit dem zuvor zitierten Schreiben Köhlers macht deutlich, dass dem Kurator die feinsinnige begriffliche Differenzierung der auf die Antike ausgerichteten Institute (noch) nicht geläufig war, denn nicht der Direktor des (Kunst-)Archäologischen Instituts, Adolf Michaelis (1835–1910), sondern eben Ulrich Köhler als Direktor des Instituts für Altertumswissenschaft hatte mit Graf Usedom gesprochen. Die Wortwahl mag aber auch vom zu Beginn des Schreibens angeführten »archäologischen Unterricht« beeinflusst sein, eine Wendung, die dem Sprachgebrauch der damaligen Straßburger Altertumswissenschaftler entsprochen haben dürfte.

Kompetenz liege, ohne Ew. Excellenz Genehmigung die Doubletten anders als auf dem Auctionswege zum Verkauf zu bringen.
In Anbetracht einerseits des Bedürfnisstandes an hiesiger Universität, andrerseits der Weitläufigkeiten, welche der Erwerb auf dem Auctionswege für das hiesige Institut, voraussichtlich ohne entsprechenden Nutzen für das Königliche Münzkabinet mit sich bringen müßte, erlaubt sich Unterzeichneter daher an Ew. Excellenz die ganz ergebene Bitte zu richten, daß dem archäologischen Institute der Universität Straßburg eine Auswahl der im Königlichen Münzkabinet vorhandenen zur Veräußerung bestimmten Münzdoubletten bis zu einem Gesammtwerthe von 1500 Th. gegen Erlegung dieser Summe überlassen werde.

Der Minister forderte hierzu am 15. September den Bericht der Generalverwaltung der Königlichen Museen an, zu dessen Erledigung der Direktor des Münzkabinetts, Julius Friedländer (1813–1884),[16] am 31. Oktober 1873 folgende Aktennotiz anfertigte:[17]

1. Der Nutzen einer kleinen Münzsammlung von Originalen für eine Universität leuchtet nicht ein. Solche Sammlung würde doch nur aus den gewöhnlichen Münzen bestehen, das Studium der numismatischen Wissenschaft kann sich nur auf eine grosse Sammlung gründen. Als Lehrapparat für Archäologie würde besser eine grosse Sammlung guter Kopien dienen, welche alle schönen und wichtigen Münzen zeigte. Solche Kopien sind für mässige Preise zu erhalten. Galvanoplastische Nachbildungen der etwa 1000 besten Münzen des Britischen Museums sind auf Bestellung zu kommen. Die Mionnetschen Schwefelpasten[18] der Pariser Sammlung kommen zuweilen im Handel vor. Beides zu besorgen bin ich gern bereit.
2. Unser Münzkabinett besitzt jetzt nur wenige schöne Dubletten griechischer Münzen, mittelmässige Exemplare würden in Strassburg nicht erwünscht sein. Es würde kaum möglich sein, aus den vorhandenen Dubletten eine Sammlung die den Werth von 1500 Th. hat (welche angeboten werden), herzustellen.
3. Soll die Strassburger Universität jedoch einen Theil unserer Dubletten erhalten, so wäre es räthlich, zu warten bis bei Einordnung der Fox'schen Sammlung die sich ergebenden gewiss werthvollen Dubletten ausgesondert sein werden. Aus diesen wird sich dann eine passende Auswahl für die dort vorhandene Summe herstellen lassen.
4. Eine hübsche Reihe von Münzen der römischen Republik und der Kaiser ist vorhanden, und kann sogleich zusammengestellt werden.

16 Vgl. zu ihm Weisser 2020, zu den hier wichtigen Jahren 1873–1874 bes. S. 65–66.
17 Acta Berlin, Nr. 1513/73, fol. 2.
18 Vgl. Dahmen 2020, S. 333–351.

Friedländer scheint sich bei seiner ablehnenden Stellungnahme durchaus bewusst gewesen zu sein, dass er für den Fall, dass die Straßburger auf ihrem Ansinnen beharren sollten, etwas anbieten müsste. So stellte er in Aussicht, dass die Zahl geeigneter Dubletten griechischer Münzen deutlich steigen dürfte, nachdem die Sammlung des englischen Generals Charles Richard Fox (1796–1873) in die Berliner Bestände eingeordnet sein werde.[19] Dabei ist Friedländers Position, dass eine umfangreiche Sammlung von Kopien antiker Münzen für den akademischen Unterricht hilfreicher sein dürfte als eine geringe Zahl »gewöhnlicher« Stücke, durchaus plausibel, zumal in anderen Bereichen antiker Hinterlassenschaften, etwa bei der vollplastischen Skulptur oder den Reliefs, aber auch bei den Inschriften, mit Repliken in Form von Gipsen oder Abklatschen gearbeitet wurde. Andererseits sind Gipse von Münzen weniger dafür geeignet, von Hand zu Hand zu gehen, wie dies beim numismatischen Studium unvermeidbar ist; das Risiko ihrer Abnutzung oder gar ihrer Beschädigung ist nicht unerheblich. In seiner Reaktion auf die Berliner Einlassung machte Köhler freilich am 10. Dezember 1873 ein anderes Argument stark:[20]

> Den … gegen die Erwerbung von Originalmünzen für das Institut erhobenen Einwänden kann ich zu meinem Bedauern nicht beitreten. Es handelt sich nicht darum, in Straßburg ein Münzkabinet zu gründen wie das Berliner noch die Studirenden in das Studium der numismatischen Wissenschaft wie es dort heißt einzuführen, sondern die Sammlung soll als Apparat und Hülfsmittel dienen für historisch-antiquarische Vorlesungen und Übungen. Daß für diesen Zweck schon die Anschaffung von künstlichen Nachbildungen erwünscht sein würde, ist unleugbar, ebenso unbestreitbar aber scheint es mir, daß derselbe in höheren Grade erreicht werden würde durch die Erwerbung einer Auswahl von Originalien, welche durch künstliche Kopien seltener und kostbarer Stücke zu vervollständigen sein würde.

In seiner Antwort vom 29. Dezember, die auf dem Rand von Köhlers Eingabe erhalten ist, versuchte der Kurator, einem Kompromiss das Wort zu reden:

> Auf den gef. Bericht vom 10. d. M., den Ankauf von Doubletten griechischer Münzen betreffend, stelle ich mit Rücksicht auf die vorliegende Äußerung der Gl.Verwaltung der Kgl. Museen zu Berlin zur nochmaligen gef. Erwägung, ob es sich nicht empfehlen möchte, anstatt der ausschließlichen Verwendung des Betrags von 1500th. für griechische Münzen der Fox'schen Sammlung zugleich auf den Erwerb einer entsprechenden

19 Zu Charles Richard Fox und seiner Sammlung griechischer Münzen, die zu den reichhaltigsten Privatsammlungen ihrer Zeit zählte, vgl. jetzt Dahmen 2023. Nach Ausweis des Jahresberichts Friedländers für 1873 handelte es sich um 11 391 Münzen, davon 324 *AV*, 3 960 *AR* und 7 107 Æ.

20 Acta Straßburg, fol. 16.

Anzahl von Mionnet'schen Schwefelpasten der Pariser Sammlung Bedacht zu nehmen, um nicht dem zu beschaffenden Lehrapparat von vorn herein eine vielleicht zu einseitige Richtung zu geben. Zu dem Ende ersuche ich Sie ergebenst, vorerst über den Preiß der Mionnet'schen Pasten Erkundigung einzuziehen u. sich dann baldmöglichst weiter in der Sache zu äußern.

Drei Wochen später berichtete Köhler,[21]

daß ich mich ... sofort an eine renommirte Münzhandlung und gleichzeitig auch an einen Beamten des Königlichen Münzkabinets in Berlin gewandt habe zu dem Behufe über den Preiß der Mionnet'schen Schwefelpasten der Pariser Sammlung Erkundigungen einzuziehen. Hierauf ist mir die hier ganz ergebenst beigefügte Karte des Münzhändlers Hamburger[22] zugegangen, wonach derselbe nicht im Stande ist augenblicklich den Preiß der Pasten anzugeben. Dieß erklärt sich daraus, daß diese Pasten im Handel überhaupt nicht mehr, sondern nur auf antiquarischen Wege und gelegentlich zu haben sind, wonach sich auch der Preiß bestimmen dürfte. Sobald mir weitere Nachrichten auf meine Anfrage zugehen, werde ich nicht ermangeln, dieselben sofort zur Kenntniß Eines hochgeehrten Kuratoriums zu bringen.
P. S. Nachdem ich Obiges bereits geschrieben, geht mir soeben die ebenfalls hier ganz ergebenst s. p. r. beigefügte briefliche Mittheilung zu. Dieselbe rührt von dem Custos am königlichen Münzkabinet in Berlin Dr. von Sallet[23] her. Auf meine Anfrage nach dem eventuellen Preiß der Mionnet'schen Schwefelpasten erwidert Herr von Sallet darin, daß nach seiner Ansicht diese Pasten schwerlich irgendwo im Handel zu haben sein würden.
Indem ich Einem hochgeehrten Kuratorium das Weitere ganz ergebenst anheim stelle, erlaube ich mir zugleich auf meinen früheren Antrag zurückzukommen, hochgeneigtest vermitteln zu wollen, daß das Königliche Münzkabinet in Berlin nach Übernahme der Fox'schen Sammlung dem Institute eine Auswahl griechischer Münzen im Werthe von 1500 Rth. überlasse, beziehungsweise mich zu ermächtigen, eine solche Auswahl auf anderem Wege zu erwerben. Zur Unterstützung des Antrages erlaube ich mir Folgendes ganz ergebenst hinzuzufügen. Bei dem hohen Preiß in welchem die Münzen stehen, würde für den von der Kaiserlichen Reichsregierung hochgeneigtest bewilligten Fonds von 1500 Rth. nur ein kleiner Stock von Münzen zu beschaffen sein. Es würde

21 Acta Straßburg, fol. 18–19, Schreiben vom 20. 1. 1874.

22 Zu dem Frankfurter Münzhändler Leopold Hamburger (1836–1902) vgl. Kampmann 2022, S. 23–30.

23 Zu Alfred von Sallet und den Vorbehalten Friedländers ihm gegenüber vgl. Weisser 2020, S. 64 f., zu seinem Wirken als Nachfolger Friedländers Dahmen 2020, S. 81–86. Sallets von Köhler erwähnter Brief findet sich nicht in den Akten.

sich also voraussichtlich darum handeln, entweder Münzen oder Pasten zu erwerben, für Beides würden die Mittel nicht ausreichen. Der Besitz einer wenn auch kleinen Sammlung von Original-Münzen würde aber sowohl auf Lernende wie Lehrende anregend und die selbständige wissenschaftliche Forschung fördernd einwirken. Ich bedauere lebhaft, daß mein Kollege Wilmans welcher es übernommen hat die numismatischen Vorlesungen zu halten augenblicklich nicht hier anwesend ist.

Köhlers Insistieren hatte den gewünschten Erfolg, denn nun wandte sich der Kurator am 14. Februar 1874 im gewünschten Sinne erneut an das Kultusministerium in Berlin, das seinerseits am 28. Februar 1874 das Münzkabinett zur Auswahl geeigneter Dubletten ersuchte.[24] Von diesem Ansinnen wurde Friedländer offenbar überrascht, denn in der von ihm vorbereiteten Antwort der Generalverwaltung der Königlichen Museen an das Ministerium vom 26. März erfahren wir nun:[25]

Was zunächst die Einreihung der Fox'schen Samml. in das königl. Münz-Cabinet und die selbstverständlich erst nach dieser mögliche Ermittlung der durch dieselbe gewonnenen Dubletten anlangt, so ist dies eine so bedeutende Arbeit, daß sie einen längeren Zeitraum erfordert. Wenn es daher darauf ankommt, den von dem Prof. Köhler ausgesprochenen Wunsch bald erfüllt zu wissen, so muß von diesen Dubletten abgesehen, und die Auswahl auf den vorhandenen Vorrath älterer Dubletten beschränkt werden. Aus diesen hat die G. V.[26] eine Zahl von 16 goldenen, 265 silbernen und 363 bronzenen, also überhaupt 644, griechische Münzen aussuchen laßen, welche nach einer billigen Schätzung einen Werth von 700th haben dürften, und stellt dieselben zu dem angegebenen Zwecke zur Verfügung. Hiebei ist jedoch nicht zu verkennen, daß diese Auswahl die besten Stücke des Dubletten-Bestandes der Königl. Sammlung umfaßt, und daß die nächste Versteigerung dieser Dubletten Angesichts der außerordentlichen Preissteigerung, welche auch die antiken Münzen in letzter Zeit erfahren haben, durch die Abgabe jener Stücke zu einem so mäßigen Preise in ihrem Ertrage beeinträchtigt u. Seitens des Museums ein nicht unbeträchtliches Opfer gebracht werden wird.

Friedländer war sich offenbar seiner schwierigen Stellung in diesem Verfahren bewusst, denn als Leiter des Münzkabinetts musste es ihm ja daran gelegen sein, eine möglichst hohe Summe bei der Veräußerung von Dubletten zu erzielen. Die Straßburger wiederum hatten zuvor bereits erwirkt, der Versteigerung zu entgehen, um so die Dubletten zu einem

24 Acta Straßburg, fol. 20 (Entwurf des Schreibens vom 14. Februar) sowie Acta Berlin, Nr. 327/74.
25 Acta Berlin, Nr. 327/74.
26 G. V. = Generalverwaltung.

eher günstigen Preis zu erwerben. Um sich gegenüber etwaigen Vorwürfen abzusichern, hatte Friedländer seine Auswahl durch seinen Mitarbeiter Alfred von Sallet (1842–1897) schätzen lassen: Dem Aktenvermerk vom 12. März 1874 zufolge ist dieser, »ohne meine Schätzung zu kennen, ungefähr auf die nämliche Summe gekommen«.[27] Dass Friedländer mit seinen Bedenken gegen die Abgabe nicht alleine war, zeigen verschiedene Gesprächsnotizen in den erhaltenen Akten, so etwa diejenige zum zitierten Aktenvermerk: »Wie viel Münzen jeden Metalls sollen denn fortgehen? Wir würden sie sicher nicht für 700 Rth. einkaufen können«. So kam es am 17. April 1874 zur Entscheidung des Ministers Falk, das laufende Verfahren anzuhalten, um eine neue Schätzung einzuholen:[28]

> Auf den Bericht vom 26. v. M. eröffne ich der General-Verwaltung, daß ich unter den angezeigten Umständen Bedenken trage, zu dem vorgeschlagenen Verkauf einer Auswahl älterer Münz-Doubletten aus der Königlichen Münzsammlung an die Universität Straßburg für den Preis von 700 Thalern meine Zustimmung zu ertheilen.
> Es bleibt vielmehr zu erwägen, ob nicht ohne Unbilligkeit für die aus den Sammlungen ausgesonderten 644 griechischen Münzen ein Preis gefordert werden kann, bei welchem den Königlichen Museen voraussichtlich keine Nachtheile erwachsen.
> Die General-Verwaltung wolle daher eine anderweite Schätzung der gedachten Münzen bewirken lassen und mir den ermittelten Verkaufspreis baldigst anzeigen.
> Sollte dagegen in der That ein Nachtheil für die Königlichen Sammlungen aus diesem Verkaufe nicht wohl zu vermeiden sein, so würde voraussichtlich davon abgestanden werden müssen, dem Antrage der Universität Straßburg Statt zu geben.

Nun war es Friedländer, der mit seiner auf demselben Bogen notierten Antwort vom 27. April den Straßburgern zu Hilfe kam und auf die Risiken einer Auktion hinwies:

> Wenn diese Münzen der Strassburger Universität überlassen werden sollen, kann der Preis nicht höher als 700 Th. angesetzt werden, denn es ist zu bezweifeln, ob sie bei einer Auction höheren Ertrag geben würden.

Hiervon beeindruckt, ließ die General-Verwaltung am 15. Mai ihre Bedenken gegen die Veräußerung der Münzen fallen, so dass der Minister am 10. Juni zu folgender Entscheidung kam:[29]

---

27 Acta Berlin, Nr. 327/74, fol. 13, die im Folgenden zitierte Gesprächsnotiz ebd. auf der Rückseite.
28 Acta Berlin, Nr. 644/74.
29 Acta Berlin, Nr. 979/74.

> Auf den Bericht vom 15. v. M. eröffne ich der General-Verwaltung, daß ich durch denselben die gegen den freihändigen Verkauf einer Auswahl an Münz-Doubletten aus der Königlichen Münz-Sammlung an die Universität Straßburg geltend gemachten Bedenken für erledigt halte.
> Vor der definitiven Genehmigung des gedachten Verkaufs bedarf es jedoch der Aufstellung eines speciellen Verzeichnisses der abzutretenden Münzen, in welchem deren Tagwerth im Einzelnen anzugeben ist.
> Die General-Verwaltung veranlasse ich, ein solches Verzeichniß aufstellen zu lassen und an mich einzureichen.

Friedländer ließ seinen Mitarbeiter Sallet dieses Verzeichnis erstellen.[30] Hieraus wird deutlich, dass sich unter den »griechischen« Münzen solche aus dem gesamten griechisch-römischen Raum befanden, beginnend mit 16 Æ »hispanische Städtemünzen«, gefolgt von 7 AR und 4 Æ »celtiberische«; auch 2 AV und 3 AR »Gallische und Pannonische« und 5 AR und 5 Æ »Roma, Romani« sind enthalten. Die Identifizierung mit den heute noch vorhandenen Stücken ist noch nicht abgeschlossen und wird sicher nur zu geringen Teilen gelingen, da die vorliegenden historischen Inventare zu summarisch und in Bezug auf die späteren Erwerbungen zu lückenhaft sind. Betrachtet man die mitgeteilten Wertangaben, so sticht die Silbermünze »Segesta« mit 50 Thalern[31] bei weitem hervor, gefolgt von einer Silbermünze für Pyrrhos, die mit 10 Thalern bewertet wird. Alle übrigen Münzen, auch die 16 goldenen, werden mit einstelligen Beträgen angesetzt, wobei die Angaben mitunter summarisch sind, so etwa Syracus (25 Thaler für 1 AV, 8 AR, 1 Æ) oder Philipp II. (14 Thaler für 2 AV, 2 AR, 2 Æ) oder Alexander (14 Thaler für 2 AV, 3 AR, 2 Æ).

Nachdem die Universität Straßburg somit 644 griechische Münzen – »16 goldene, 265 silberne (und Billon), 363 kupferne« – zum Preis von 700 Thalern erworben hatte, bat Köhler am 18. Juli 1874 das Kultusministerium darum, für den restlichen Betrag von 800 Thalern römische Dubletten aussuchen zu lassen. Damit ließ sich zugleich ein Missverständnis bereinigen, das offenbar durch Wilmanns' Abwesenheit unterlaufen war und das dieser gleich nach seiner Rückkehr aus Nordafrika gegenüber dem Kurator richtigstellte.[32] Denn natürlich sollten mit den bewilligten 1 500 Thalern keinesfalls nur griechische Münzen angeschafft werden. Diesem Ansinnen wurde nun in Berlin ohne weitere Komplikationen stattgegeben, so dass bereits am 3. September die ministerielle Entscheidung vorlag.[33] Vorausgegangen war die Auswahl der Münzen im August durch Friedländer:[34]

30 Erhalten als Beilage zu Acta Berlin, Nr. 979/74, fol. 18–20.

31 Die Überprüfung der Aufsummierung der Wertangaben zeigt, dass es sich nicht um ein Versehen in der Liste handelt. In der heutigen Sammlung ist keine Münze von Segesta mehr enthalten.

32 Acta Straßburg, fol. 22, Schreiben von Wilmanns vom 6. 7. 1874.

33 Acta Berlin, Nr. 1472/74.

34 Acta Berlin, Nr. 1277/74, fol. 22, die Liste der ausgewählten Stücke ebd. fol. 23.

> Die besten unserer römischen Dubletten habe ich ausgewählt, sie liegen zusammen auf 10 Tafeln, welche im Münzkabinet bereit stehen. Umstehend das Verzeichnis derselben und eine mässige aber keineswegs niedrige Schätzung, welche die Summe von 800 Thalern ergiebt.

Die 872 römischen Münzen verteilen sich auf die gesamte Antike, beginnend bei 15 »italienisches *Aes grave*« (zum Wert von 35 Thalern) und 17 »römisches *Aes grave*«, gefolgt von Münzen der Republik, 199 »Denare einschliesslich einiger Quinare usw. mit Familiennamen« sowie 12 »Asses und Astheile mit Familiennamen« im Gesamtwert von 120 Thalern. Den Hauptteil bilden natürlich die »Kaisermünzen« von Caesar (2 *AV*, 7 *AR*, 2 *Æ*) bis zu byzantinischen Herrschern in Trapezunt, darunter allein 37 *AV* von Magnentius bis Johannes II. (1118–1143 – oder der Kaiser in Trapezunt, gest. 1297?). Die Liste beschließen ostgotische und vandalische Prägungen (10 + 2 im Gesamtwert von 8 Thalern) sowie sechs *Æ* »Paduaner«. Auf erstere sei gleich noch näher eingegangen, bei letzteren handelt es sich um Nachahmungen des 16. Jahrhunderts, die von echten antiken Prägungen dank ihrer häufig sehr guten Qualität bisweilen schwer zu unterscheiden sind.[35] Da sie ohne Wertangabe aufgelistet werden, hat Friedländer sie offensichtlich aus didaktischen Gründen der Auswahl beigefügt.

Nach der ministeriellen Zustimmung vom 3. September 1874 genehmigte auch »Seine Majestät der Kaiser und König« am 4. November das Geschäft.[36] Es wird am Ende des 3. Bandes des Erwerbungsbuchs des Münzkabinetts mit Datum vom 1. Dezember 1874 sowie im »Jahresbericht 1874« vom 3. Januar 1875 erwähnt:[37]

> An die Universität Strassburg wurden die besten Dubletten des Kabinets 644 griechische (darunter 16 *AV*, 265 *AR*) und 872 römische (darunter 50 *AV*, 593 *AR*) überlassen.

Der Handel mit der Universität Straßburg führte dazu, dass die Berliner Sammlung für das Jahr 1874 einen »Verlust« von über tausend antiken Münzen zu verzeichneten hatte, denn der Abgabe der 1 512 Dubletten standen lediglich der Erwerb von 131 griechischen (3 *AV*, 51 *AR*, 77 *Æ*) und 192 römischen Stücken (19 *AV*, 31 *AR*, 142 *Æ*) gegenüber. In der Geschichte des Berliner Münzkabinetts wird es nicht viele Jahre geben, in denen durch eigene Entscheidungen eine negative Bestandszahlenentwicklung festzustellen sein dürfte.

Nachdem die Zahlung der Kaufsumme von 1 500 Reichstalern angewiesen und die Frage der Transportkosten geklärt war, traten die nunmehr ehemaligen Berliner Dubletten am 11. Februar 1875 »in beifolgender Kiste« ihre Reise nach Straßburg an.

35 Vgl. Matzke o. J. (2019). Die Identifizierung solcher möglichen Paduaner im gegenwärtigen Bestand ist noch nicht abgeschlossen.

36 Acta Berlin, Nr. 1871/74; Acta Straßburg, fol. 30.

37 Acta Berlin; der Eintrag im Erwerbungsbuch III, Bild 689/692 im pdf-Dokument zugänglich auf smb.museum/museen-einrichtungen/muenzkabinett/sammeln-forschen/erwerbungsbuecher.

Nach der aus der gekreuzten Aktenüberlieferung erarbeiteten Erwerbungsgeschichte der Straßburger Münzen Berliner Provenienz soll nun im zweiten Teil des Beitrags geklärt werden, inwieweit diese heute noch identifiziert werden können und woher die übrigen Stücke stammen, die mit diesen gemeinsam den Grundstock der heutigen Sammlung bilden. Die Beantwortung wird durch zwei Umstände erschwert: Zum einen gibt es weder in Berlin noch in Straßburg eine Liste, die über die bereits erwähnte summarische Beschreibung hinausgeht. Also richtet sich das Augenmerk erst einmal auf die eher seltenen Stücke, mit anderen Worten, die beiden noch erhaltenen Goldprägungen: Bei der einen handelt es sich um ein Histamenon, den mittelbyzantinischen Nachfolger des Solidus, das den »Bulgarentöter« Basileios II. (976–1025) gemeinsam mit seinem jüngeren Bruder Konstantin VIII. (976–1028) zeigt (Abb. 2). Tatsächlich ist die Prägung auch im Münzkabinett vorhanden, und zwar bereits 1862, das Straßburger Exemplar kann also ohne Schwierigkeiten 1873 eine Berliner Dublette gewesen sein.[38] Dasselbe gilt auch für den makedonischen Zwölftel-Stater (Av.: Kopf des Apollon; Rv.: Blitzebündel, darunter Legende ΦΙΛΙΠΠΟΥ sowie Löwenkopf) (Abb. 3).[39] Georges Le Rider kannte immerhin drei Exemplare im Münzkabinett, von denen zumindest eines schon vor 1873 nachzuweisen ist.[40]

Abb. 2: Histamenon der Kaiser Basileios II Bulgaroktonos und Konstantin VIII., 26,3 mm, 4,37 g (Maßstab: 1:1).

Abb. 3: Makedonischer Zwölftel-Stater, um 345/42–328, 7,9 mm, 0,71 g (Maßstab: 2:1).

Bei der weiteren Suche nach Stücken aus dem Münzkabinett in der Straßburger Sammlung sei der Blick auf die ostgotischen und vandalischen Prägungen gerichtet, denn die heute noch in Straßburg vorhandenen passen überraschend gut zu den Angaben zu Metall und Bezeichnung in der Berliner Dublettenliste, wie aus folgender Gegenüberstellung deutlich wird (Tabelle 1):

38 Vgl. id.smb.museum/object/2356603 und insbesondere ikmk.smb.museum/object?id=18204118.

39 Pella, Douzième de statère, Le Rider 1977, S. 234–237 Nr. 6–35A. Eine genauere Identifizierung bedarf einer Stempelanalyse, die angesichts des Erhaltungszustandes des Straßburger Exemplars und mit den vorliegenden Abbildungen bei Le Rider, pl. 83, nicht hinreichend sicher durchzuführen ist.

40 Le Rider Nr. 9 = »Berlin 11513«; Nr. 26 = »Berlin (Imhoof-Blumer 1900)«; Nr. 34 = »Berlin 28772«.

Berliner Dublettenliste	Münze	Metall Durchmesser Gewicht	MIB I
1 Ꜹ Theoderich		Ꜹ 12,1 mm 0,69 g	49
2 Ꜹ Athalarich		Ꜹ 11,8 mm 0,68 g	54
	nicht vorhanden	Ꜹ – –	–
1 Ꜹ, 1 Æ Theodahat	nicht vorhanden	Ꜹ – –	–
		Æ 26,7 mm 9,21 g	81
1 Ꜹ, 1 Æ Wittiges		Ꜹ 13,9 mm 1,32 g	57
		Æ 16,7 mm 2,72 g	84
2 Æ Baduila		Æ 8,7 mm 0,77 g	88
		Æ 16,2 mm 5,39 g	89a
1 Æ Ravenna unter den Ostgoten		Æ 19,5 mm 3,00 g	72a

Berliner Dublettenliste	Münze	Metall Durchmesser Gewicht	MIB I
2 Æ Vandalen		Æ 20,7 mm 6,83 g	23
		Æ 19,3 mm 4,77 g	24
–		Æ 26,6 mm 16,96 g	70

Die in der Tabelle zuletzt aufgeführte Prägung ist die einzige in der heutigen Sammlung, die nicht in der Berliner Dublettenliste genannt wird. Sie erscheint aber in einem handschriftlichen Inventar, das bei der Münzsammlung aufbewahrt wird, und zwar als einzige in der Rubrik »Gothische Könige (s. Ravenna)« (Abb. 4a). Dieser Befund legt nahe, dass das bei der Sammlung erhaltene Inventar komplementär zur Berliner Dublettenliste zu verstehen ist und somit denjenigen Bestand (oder zumindest einen größeren Teil davon) umfasst, der gerade nicht aus Berlin, sondern aus anderen Provenienzen stammt. Diese Annahme bestätigt gleich zu Beginn im Inventar unter den italischen Münzen der Eintrag zu einer kupfernen FELIX RAVENNA-Prägung (Abb. 4b), auf die der Verweis »s. Ravenna« zielt und die durch den expliziten Hinweis auf das Kreuz im oberen Feld der Rückseite unschwer mit MIB I 72b zu identifizieren ist. Folglich ist nicht die oben abgebildete Münze gemeint, da hier das Kreuz fehlt. Die Straßburger Sammlung besaß also 1875 beide Varianten MIB I 72a und 72b, von denen die letztere heute als Verlust zu betrachten ist.

Damit sind wir bei der Frage angelangt, welche anderen Quellen zum Grundstock der Straßburger Studiensammlung Münzen beigesteuert haben. Am 6. Mai 1875 reichten Köhler und Wilmanns gemeinsam das »Inventar sämmtlicher seit Gründung der Universität bis zum 1. April 1875 für das Institut für Alterthumswissenschaft in Strassburg angekaufter Münzen« ein.[41] Zu Beginn der sieben Seiten umfassenden Zusammenstellung werden vier verschiedene Quellen genannt (Abb. 5):

41 Acta Straßburg, fol. 36–43.

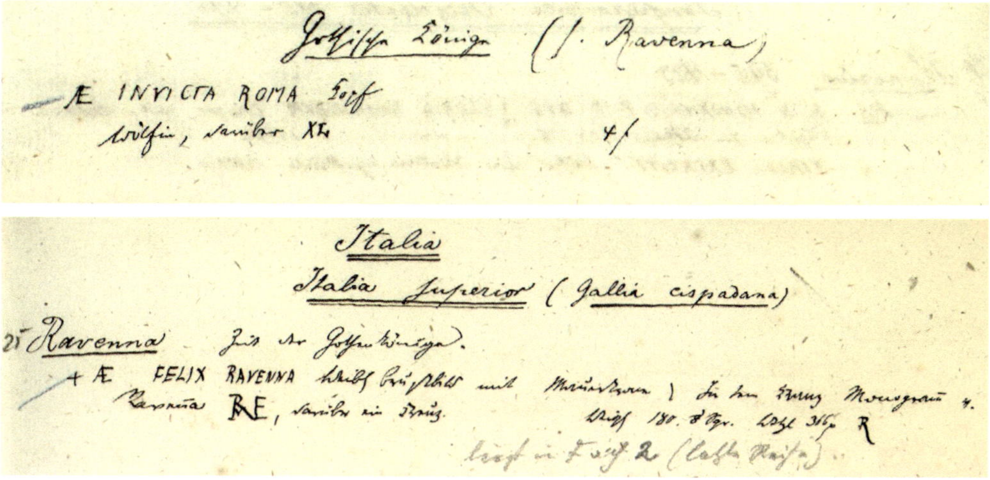

Abb. 4a und 4b: Inventar der Sammlung Müller, zwei Einträge zu ostgothischen Münzen.

1. Sammlung des Dr. Müller zu Strassburg.
2. Römische Kaisermünzen von verschiedenen italien. Händlern im Herbst 1872 von Prof. Wilmanns angekauft.
3. Dublettensammlung aus dem Berliner Museum.
4. Eine kleine Sammlung kleinasiat. Münzen vom Wirkl. Geh. Legationsrath Busch zu Berlin an Prof. Wilmanns für die Strassburger Sammlung geschenkt.

Bei letzterem handelt es sich um den preußischen Diplomaten Clemens August Busch (1834–1895),[42] der sich bereits in seinem Studium für orientalische Sprachen interessierte und seit 1861 in Konstantinopel gelebt hatte, woher die »kleine Sammlung kleinasiatischer Münzen« stammen dürfte. 1872 wurde er Legationsrat und Konsul in Sankt Petersburg, seit 1874 war er wieder zurück in Berlin. Doch die Verbindung zu Straßburg erklärt sich auf familiäre Weise, denn Busch heiratete in diesem Jahr 1875 die Witwe Justus Friedländers (1835–1873), des Neffen des Leiters des Münzkabinetts. So dürfen wir annehmen, dass Busch von Julius Friedländer auf das Interesse der Straßburger Universität an antiken Münzen aufmerksam gemacht worden ist, und zugleich wird hierdurch deutlich, dass Friedländer den Straßburgern trotz seiner ursprünglich ablehnenden Haltung sehr wohl helfen wollte und konnte. In der heutigen Sammlung weist auf diese Quelle nur noch ein einziger Unterlegzettel hin, den Wilmanns anfertigte: »Aus der Sammlung Busch<,> also wahrschl. kleinasiatisch. Fliegende Taube wie Sicyon, eingestempelt eine Nike?« (Abb. 6).[43]

42 Vgl. Knabe 1957.
43 Weisser 2020, S. 65 mit Hinweis auf das enge Verhältnis zwischen Onkel und Neffe, vgl. auch S. 63 Anm. 16 sowie ebd. S. 78.

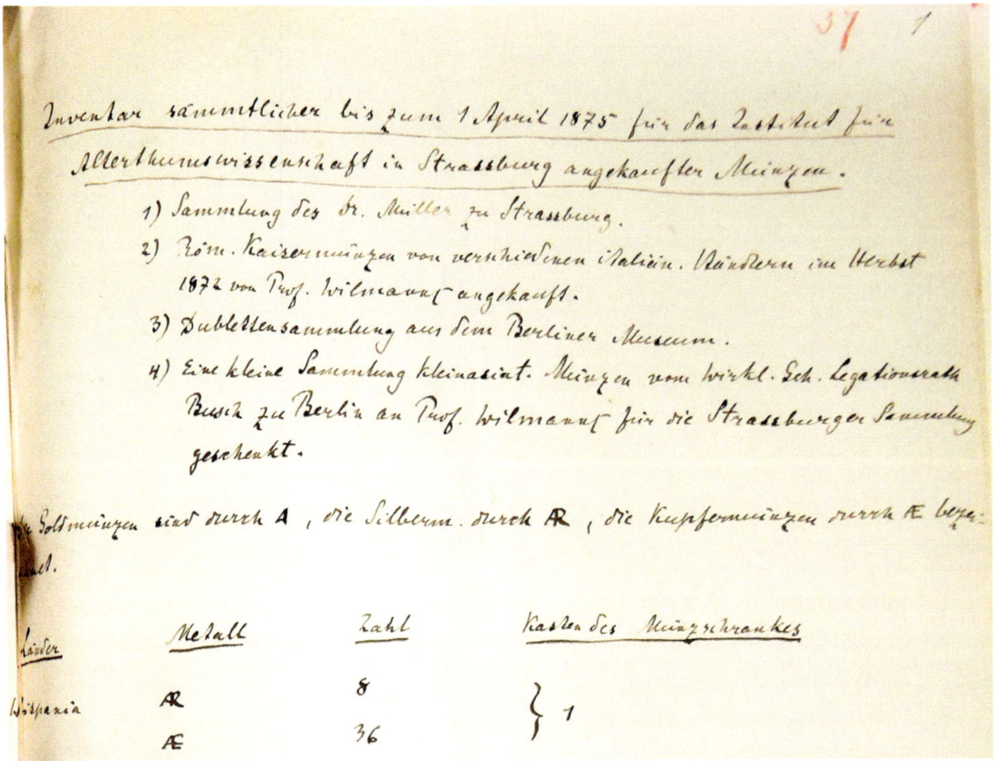

Inventar sämmtlicher bis zum 1 April 1875 für das Institut für Alterthumswissenschaft in Strassburg angekaufter Münzen.

1) Sammlung des Dr. Müller zu Strassburg.
2) Röm. Kaisermünzen von verschiedenen italien. Händlern im Herbst 1872 von Prof. Wilmanns angekauft.
3) Dublettensammlung aus dem Berliner Museum.
4) Eine kleine Sammlung kleinasiat. Münzen vom wirkl. Geh. Legationsrath Busch zu Berlin an Prof. Wilmanns für die Strassburger Sammlung geschenkt.

Die Goldmünzen sind durch A, die Silberm. durch AR, die Kupfermünzen durch Æ bezeichnet.

Länder	Metall	Zahl	Kasten des Münzschrankes
Hispania	AR	8	1
	Æ	36	

Abb. 5: Inventar von 1875, Beginn.

Noch wichtiger ist der Hinweis auf Ludwig Müller (1831–1910).[44] Dieser war im März des Jahres 1872 aus Nördlingen an die neugegründete Kaiserliche Universitäts- und Landesbibliothek gekommen. Als Bibliothekar verwaltete er hier nicht nur die Abteilung für Geschichte und elsässisch-lothringische Literatur, sondern betreute auch die regionale Münzsammlung, die 1873 mit dem Ankauf elsässischer Prägungen aus der ehemaligen Sammlung des Freiherren August von Berstett (1773–1860) begründet worden war.[45] Während sein

44 Georg Ludwig Müller war am 26.2.1831 in Hettenhausen bei Fulda geboren und nach Ausweis des Kirchenbuchs am 2.3.1831 getauft worden. Im Ruhestand seit 1905, starb er am 18.9.1910 bei einem Besuch in Nordlingen, vgl. *Biographisches Jahrbuch und deutscher Nekrolog* 15 (1910), S. 62*. Nach seinem Studium in Erlangen (immatrikuliert seit November 1849) und ersten beruflichen Erfahrungen in Schweinfurt und Augsburg wirkte Müller seit 1858 als Lehrer, Bibliothekar und Archivar in Nördlingen, wodurch er seine spätere Frau, Klara Beck (1849–1918) kennenlernte, deren Bruder Oscar Beck (1850–1924) den von seinem Urgroßvater gegründeten C.H. Beck Verlag 1889 von Nördlingen nach München verlegte, vgl. Rebenich 2013, insbesondere S. 133–134. Zu Müllers Wirken in und für Nördlingen s. Mußgnug 1926 und Voges 1993, zu den archivalischen Quellen in Straßburg s. Bornemann 2017, S. 48–49, 62–63, 65, 120–125.

45 Hottinger 1875, S. 33–34; Lang 1960, S. 130. August Freiherr von Berstett gilt als der Begründer der oberrheinischen Münzgeschichte, s. Gemmert 1958. Nachdem seine umfangreiche Sammlung in Freiburg 1848 von Revolutionären geplündert wurde, verkaufte er in den folgenden Jahren die Überreste an verschiedene

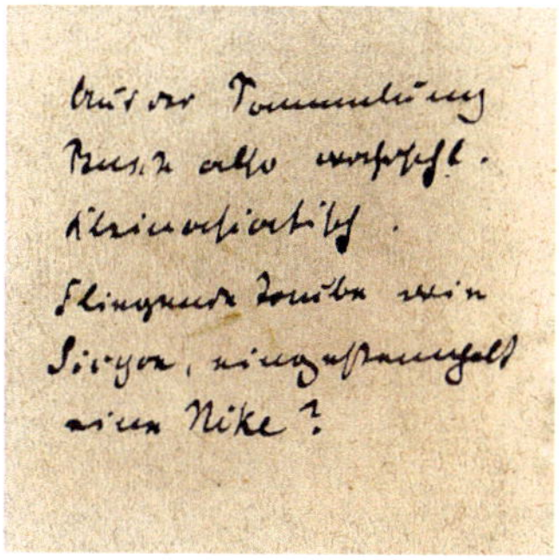

Abb. 6: Unterlegzettel von Wilmanns mit Hinweis auf die Sammlung Busch zu einer heute verlorenen Münze.

Wirken für die elsässische Numismatik zumindest den Expertinnen und Experten in Erinnerung blieb, ist seine Bedeutung für die Sammlung des Instituts für Altertumswissenschaft völlig in Vergessenheit geraten. Dabei ist Müllers nie erlahmendes Interesse für antike Münzen bekannt, denn er führte von 1873 bis 1909 ein Journal, worin er »Funde römischer Münzen in den Reichslanden« dokumentierte.[46] Diese Auflistung erweist sich nun als Schlüsseldokument für die Geschichte der universitären Sammlung, allerdings nicht wegen des Inhalts, sondern aufgrund der Schrift. Denn der Vergleich der Handschriften ergibt zweifelsfrei, dass das oben schon angesprochene Inventar, das sich zu den Dubletten aus Berlin komplementär verhält (Abb. 4), sowie die dazugehörigen Unterlegzettel von keinem anderen als Ludwig Müller angelegt wurden.[47] Hatte er also dem Institut nicht nur seine Sammlung überlassen, sondern dann auch noch diese inventarisiert und mit Unterlegzetteln versehen? Oder hatte Müller das Inventar und die Unterlegzettel bereits für die eigene Sammlung angefertigt und gemeinsam mit den Münzen dem Institut für Altertumswissenschaft übergeben? Für das zweite Szenario spricht zunächst einmal das oben ebenfalls schon angesprochene »Inventar sämmtlicher seit Gründung der Universität bis zum 1. April 1875 für das Institut für Alterthumswissenschaft in Strassburg angekaufter Münzen«: Es umfasst 936 griechische Münzen, davon 14 AV, 349 AR, 573 Æ, und 1429 römische Münzen, davon 52 AV, 581 AR, 796 Æ, also insgesamt 2365 Münzen aus den vier genannten Quellen. Nachdem die Bestände in dieser Form vereinigt worden waren, wäre es weder sinnvoll noch möglich gewesen,

Abnehmer: Die elsässischen Münzen und Medaillen erwarb der Schlettstädter Advokat Jean Baptiste Antoine Dorlan (1803–1862), dessen Erbin sie 1872 der Universitäts- und Landesbibliothek anbot.

46 Bibliothèque Nationale et Universitaire, Ms.7.133, vgl. numistral.fr/ark:/12148/btv1b10110727v. Der Verbleib der Fundmünzen aus der Reichslandzeit sowie der darauf folgenden Jahrzehnte verdient eine eigene Untersuchung. Etliche fanden in die »Landesmünzsammlung« Eingang, sofern sie nicht als Dubletten eingestuft und damit an Dritte abgegeben wurden, und befinden sich heute im Musée archéologique de Strasbourg. Dennoch verfügt inzwischen auch die Bibliothèque Nationale et Universitaire über eine stattliche Sammlung antiker Münzen: Lang 1960, S. 141 spricht von 1700 griechischen und 4300 römischen und führt letztere auf Bodenfunde zurück. Zu Prägungen der Ptolemäer und aus dem Mittleren Orient siehe den Bericht über ein Praktikum, das Antoine Simonin 2011 absolvierte, bu.unistra.fr/opac/resource/etude-des-collections-lagides-et-bactriennes-de-la-bibliotheque-nationale-universitaire-de-strasbour/BUS4372587.

47 Auf eine ausführliche paläographische Erörterung sei hier verzichtet; die Fundmünzendokumentation ist online zugänglich und kann mit dem Auszug aus dem Inventar (s. Abb. 4) und dem Unterlegzettel (s. Abb. 8) verglichen werden. Neben dem Duktus sei auf einige besonders charakteristische Buchstaben verwiesen, etwa die Großbuchstaben K (in »Kaiser«, »Kopf« oder »Kugel«) oder P (in »Pferd« oder »Parazonium«). Im Inventar können einige jüngere Einträge mit Gustav Wilmanns (und Eduard Thrämer?) verbunden werden.

das Inventar eines Teilbestands herzustellen. Hinzu kommen mehrere Nachträge in Müllers Inventar, die teils von einer anderen Hand vorgenommen wurden: Diese dürften von Gustav Wilmanns stammen und sich auf diejenigen Münzen beziehen, die er in Italien im Herbst 1872 erworben hatte (Abb. 5, unter Punkt 2).

Zu dem bislang Ausgeführten tritt nun noch eine Beobachtung hinzu, die das Format der von Müller geschriebenen Unterlegzettel betrifft: Diese sind bzw. waren[48] nämlich breiter als die heutige aus Karton gefertigte Fächereinteilung im Münzschrank. Diese mangelhafte Passgenauigkeit führte mit der Zeit zu manchen Zettelbeschädigungen, sicher auch zu etlichen Verlusten. Zur angesprochenen Fächereinteilung aber passen die jüngeren Unterlegzettel. Sie gehen – wie wiederum Schriftvergleiche deutlich machen – großenteils auf Eduard Thrämer (1843–1916)[49] zurück, ausgenommen den oben erwähnten Hinweis auf die Sammlung Busch (Abb. 6), den Wilmanns geschrieben hat. Thrämers Unterlegzettel betreffen insbesondere die letzten gut 300 Erwerbungen, auf denen fast regelmäßig Inventarnummern genannt werden und zu denen gelegentlich noch weitere Dokumente zum Kauf erhalten sind. Doch Thrämer hat auch ältere Stücke der Sammlung mit neuen Unterlegzetteln versehen. Hier interessieren besonders sechs, die sich auf »Großbronzen«, also Sesterzen Gordians III. beziehen und dabei explizit auf die Herkunft aus der »Sammlung Müller« hinweisen (Tabelle 2):

Münze	Unterlegzettel	Durchmesser Gewicht Referenz
		31,0 mm 17,70 g RIC 254a

48 In Unkenntnis der Bedeutung des überbreiten Formats sind etliche Zettel später beschnitten worden, glücklicherweise ohne Textverlust.

49 Eduard Thrämer, geb. 6./18. 1. 1843 in Dorpat, habilitierte sich 1888 in Straßburg und blieb für den Rest seines Lebens dieser Universität treu, die ihn 1902 zum außerordentlichen Professor für Klassische Philologie, mit dem besonderen Lehrauftrag für »Numismatik, Mythologie, gottesdienstliche und private Alterthümer und die einschlägigen Schriftsteller« ernannte. Er starb in Straßburg am 29. März 1916, vgl. mit weiteren Hinweisen Wirbelauer 2009, S. 240.

Münze	Unterlegzettel	Durchmesser Gewicht Referenz
	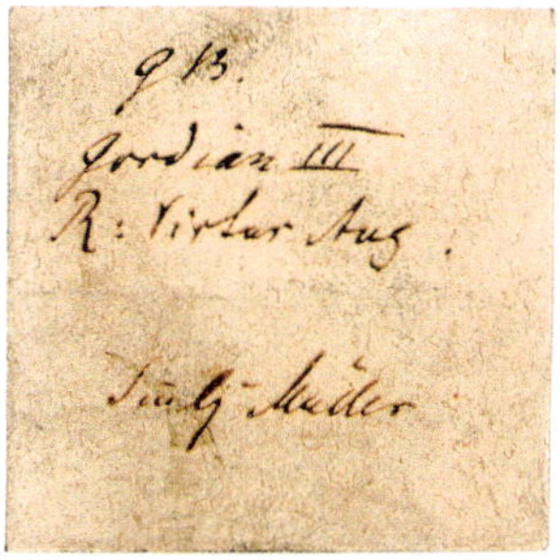	28,5 mm 14,21 g RIC 293a
	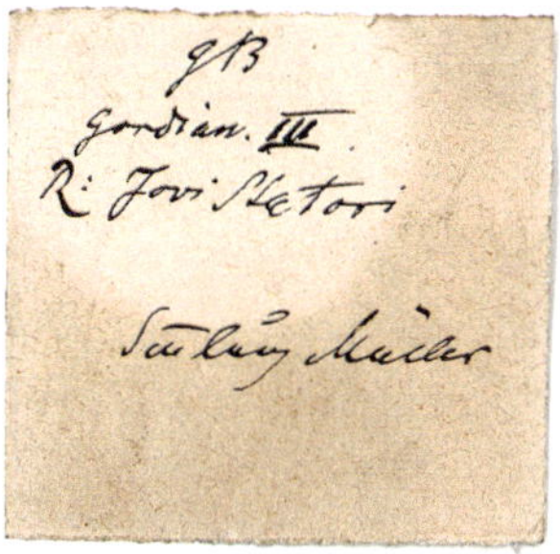	29,7 mm 15,84 g RIC 298a
	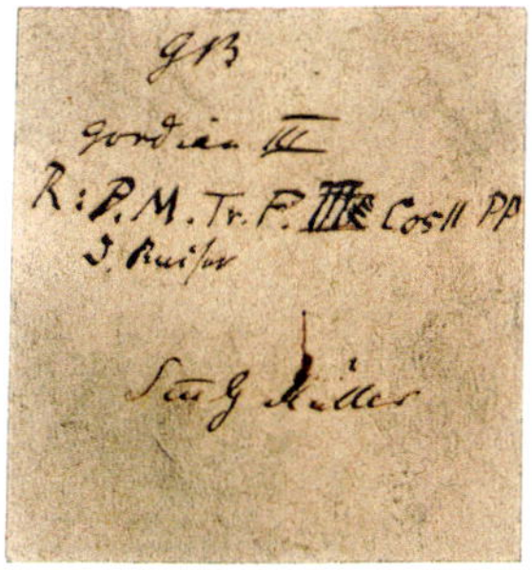	26,3 mm 9,13 g RIC 305a
nicht vorhanden	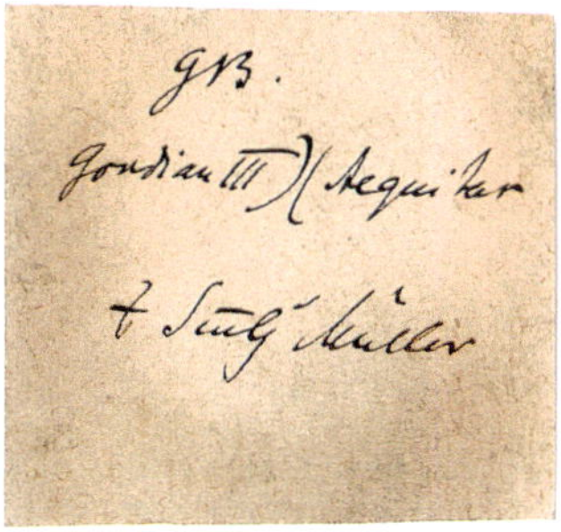	–

Münze	Unterlegzettel	Durchmesser Gewicht Referenz
nicht vorhanden	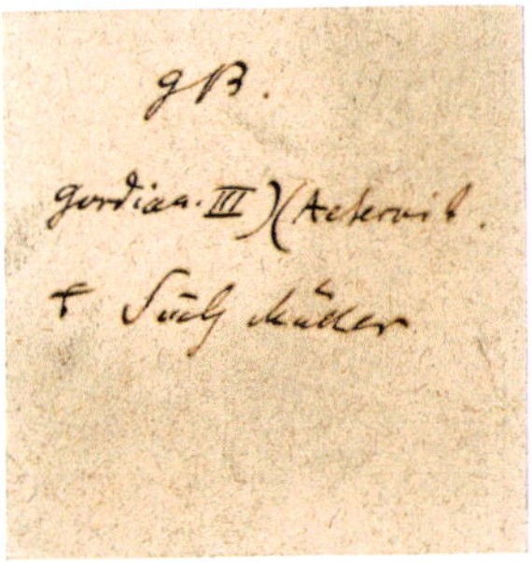	–

In Müllers Inventar sind zehn solcher »Großbronzen« aufgelistet, so dass sich die Frage stellt, ob es sich um einen späteren Verlust oder um Absicht Thrämers handelte. Nun zeigen die sechs erhaltenen Zettel teils sehr deutliche Spuren davon, dass sie gemeinsam mit den dazugehörigen Münzen über lange Zeit dem Sonnenlicht ausgesetzt waren, also nicht im Münzschrank, sondern in einer Vitrine aufbewahrt wurden. Zwei solcher Vitrinen haben sich bis heute erhalten und werden jetzt wieder für Ausstellungen genutzt (Abb. 7). Sollte Thrämer diese neuen Unterlegzettel eigens für die Ausstellung in der Vitrine erstellt und die Müller'schen Zettel als Stellvertreter im Münzschrank belassen haben? So ließe sich jedenfalls erklären, weshalb Thrämer zusätzlich zu Müllers Beschreibungen noch (ganz knappe) weitere anfertigte.

Abb. 7: Vitrine für Münzen und archäologische Kleinfunde, präsentiert bei einer Ausstellung in der MISHA 2022; in der Mitte das aufgeschlagene Inventar der Sammlung Müller.

Wir dürfen also nunmehr von drei erhaltenen Bestandsverzeichnissen ausgehen, die sich heute an drei verschiedenen Orten befinden. Das älteste ist das Inventar der Sammlung Müller nebst Nachträgen; es ist zugleich das bei weitem ausführlichste, und ihm entsprechen zudem auch noch etliche erhaltene Unterlegzettel (heute im Institut d'Histoire Romaine der Université de Strasbourg bei der Sammlung). Des Weiteren besitzen wir die summarisch gehaltenen Abgabelisten griechischer und römischer Prägungen, die in Berlin zusammengestellt wurden und die im Zentralarchiv der Berliner Museen verwahrt werden. Im Inventar aller bis zum 1. April 1875 erworbenen Münzen werden dann diese beiden Hauptquellen zu einer gleichfalls summarischen Übersicht vereinigt. Diese Aufstellung umfasst 936 griechische Münzen, davon 14 AV, 349 AR, 573 Æ, und 1429 römische Münzen, davon 51 AV, 581 AR, 797 Æ, also insgesamt 2365 Münzen; sie gelangte mit den Akten der Kaiser-Wilhelms-Universität in die Archives du département Bas-Rhin. Die zuletzt genannte Liste sollte nun eigentlich die Summe aus den beiden zuvor genannten Dokumenten angeben, doch zeigt der Vergleich der Zahlen einige Abweichungen (Tabelle 3):

»griechische Münzen« (Schubladen = »Kasten« n° 1–28)				
	AV	AR	Æ	Summe
Inventar der Sammlung Müller (kurz vor 1872)	1	86	236	303
Abgabeliste Berliner Dubletten (1874)	16	265	363	644
Summe	17	351	599	947
Inventar der Straßburger Sammlung (1.4.1875)	14	349	573	936
»römische Münzen« (Schubladen = »Kasten« n° 29–56)				
	AV	AR	Æ	Summe
Inventar der Sammlung Müller (kurz vor 1872)	1	100	398	499
Abgabeliste Berliner Dubletten (1874)	50	593	229	872
Summe	51	693	627	1371
Inventar der Straßburger Sammlung (1.4.1875)	51	581	797	1429

Zunächst einmal fällt die große Differenz bei den römischen Silber- und Kupferprägungen ins Auge: Während das Inventar der Sammlung Müller und die Berliner Dublettenliste zusammen 693 AR und 627 Æ kennen, nennt das Inventar von 1875 581 AR und 797 Æ. Die einfachste Erklärung hierfür ist die unterschiedliche Einordnung der Antoniniane des 3. Jahrhunderts, die in Berlin offenbar als Silberprägungen betrachtet wurden. Eine weitere Diskrepanz ergibt sich bei den »griechischen« Münzen, da das Inventar von 1875 2 AR und 26 Æ weniger kennt als die Summe der beiden älteren Verzeichnisse. Hier mag die unterschiedliche Einordnung kaiserzeitlicher lokaler Prägungen eine Rolle gespielt

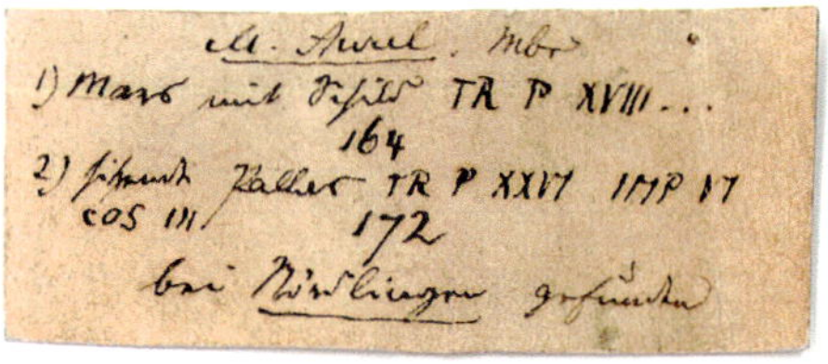

Abb. 8: Zwei »Mittelbronzen« (Dupondien) von Mark Aurel auf einem gemeinsamen Unterlegzettel, »bei Nördlingen gefunden« ...

haben.[50] Offenbleiben muss allerdings, weshalb im Inventar von 1875 insgesamt 65 Goldmünzen aufgelistet werden, während es in der Summe der beiden früheren Aufstellungen 68 sein sollten. Zu klären wäre dies nur mit dem durchnummerierten Inventar, das bislang nicht wiedergefunden wurde, obgleich es in der Reichslandzeit existiert haben muss, wie Thrämers Inventarnummern für die Neuerwerbungen zweifelsfrei belegen.

Die Identifizierung des erhaltenen Inventars mit Müllers Verzeichnis zu seiner eigenen Sammlung lässt nunmehr weitere Angaben in neuem Licht erscheinen: Auf einem gemeinsamen Unterlegzettel werden zwei »Mittelbronzen« von Mark Aurel als »bei Nördlingen gefunden« bezeichnet, ein klarer Hinweis auf Müllers frühere Wirkungsstätte (Abb. 8). Auch Müllers Inventar kennt beide Stücke, gleichfalls mit dem Hinweis auf Nördlingen, und zwar am Ende der Liste, als seien sie nachgetragen worden. Auf die Herkunft aus der Sammlung Müllers deutet schließlich noch ein weiterer Unterlegzettel hin, der auf einen Fund bei Memmingen von 1865 verweist, der sich im »städt. Museum« befinde. Damit scheint ausgeschlossen, dass dieser Zettel wirklich eine Münze dokumentiert haben könnte. Man mag eher an einen Abguss denken, von denen in der Sammlung einige wenige erhalten sind, doch sind hier mangels näherer Angaben zum Fund keine weiteren Aussagen möglich. Schließlich verdanken die späteren Nutzer der Institutssammlung Ludwig Müller auch den einen oder anderen Hinweis zur historischen Einordnung der Stücke im akademischen Unterricht, darunter auch denjenigen zu einem Sesterz des Domitian »a. 85 auf die Unterwerfung Deutschlands« (Abb. 4, 6. Eintrag).

Bleibt noch die Frage des Möbels: Der heutige Münzschrank bietet 56 Schubladen, angeordnet in zwei Reihen à 28 (Abb. 9). Dieser Schrank war vorhanden, als die Berliner Dubletten eintrafen. Denn das oben angesprochene »Inventar sämmtlicher seit Gründung der Universität bis zum 1. April 1875 für das Institut für Alterthumswissenschaft in Strassburg angekaufter Münzen« kennt bereits genau diese Anordnung im Schrank: Es beschreibt zunächst die »griechischen«, besser: nicht-römischen Prägungen, die sich in den Schubladen (hier »Kasten« genannt) der linken Hälfte befinden (Kasten 1 bis 27; Kasten 28 ist leer), während dann in »Kasten« 29 das *Aes grave* erscheint, gefolgt von den Münzen der

50 Ein besonders kurioses Beispiel ist die oben erwähnte Einordnung der Felix Ravenna-Prägung unter die griechischen Münzen.

Abb. 9: Der Münzschrank mit seinen Schubläden (»Kästen«).

Republik (»Kasten« 30–36) und der Kaiser (»Kasten« 37: Caesar bis L. Antonius; »Kasten« 38: Augustus) bis in die byzantinische Zeit. Ab der zweiten Hälfte des 3. Jahrhunderts wird es dann zunehmend eng in den »Kästen«:

- 52: Postumus – Aurelian 59 Münzen;
- 53: Firmus – Constantius: 64 Münzen;
- 54: Maximian – Sylvanus: 94 Münzen, darunter 1 *AV*;
- 55: Julian – Anastasius: 61 Münzen, darunter 20 *AV*;
- 56: Spätere Byzantiner: 73 Münzen, darunter 16 *AV*.

Da jeder »Kasten« durch Kartonstreifen in acht Reihen geteilt ist, in denen jeweils acht Kartoneinlagen Platz finden, können eigentlich nur 64 Münzen pro »Kasten« aufbewahrt werden. Nimmt man hinzu, dass auch noch Zettel mit Kaisernamen vorliegen, auf denen keine Münzen abgelegt sein sollten, damit sie ihre ordnende Funktion erfüllen konnten, dann wäre das Fassungsvermögen der Schubladen noch deutlich geringer. In jedem Fall scheint der Schrank bereits 1875 auf der römischen Seite übervoll.

In den Straßburger Akten ist nirgends von der Erwerbung dieses Schranks die Rede, obgleich er angesichts seiner nicht alltäglichen Bauart gewiss nicht billig und jedenfalls eine Einzelanfertigung war. Daher liegt die Vermutung nahe, dass es sich auch hierbei um eine Gabe Ludwig Müllers handelte, worin dieser seine eigene Sammlung verwahrt hatte, bevor sie in den Besitz der Universität gelangte. Der Schrank war sicherlich auf einen gewissen Zuwachs ausgelegt, doch brachten ihn die Berliner Dubletten, vor allem auf der römischen Seite, sofort an seine Grenzen. Wäre er erst in der letzten Phase der Verhandlungen mit dem Berliner Münzkabinett, also im Winter 1874/75 bestellt worden, dann bliebe unverständlich, weshalb er nicht einige Schubladen mehr erhalten hätte. Bereits fünf auf jeder Seite hätten das Problem gelöst, mit sieben bis zehn wäre sogar noch reichlich Platz für spätere Neuerwerbungen geblieben. Die obersten Schubladen wären dann zwar vielleicht etwas hoch und für kleinere Nutzer nicht einfach zu betrachten gewesen, doch lässt sich bis heute jede Schublade leicht herausziehen, so dass mit den Münzen auf einem Tisch bequem zu arbeiten ist. Kurzum: Wir dürfen davon ausgehen, dass auch der Schrank von Ludwig Müller stammt. Oder sollten Köhler und Wilmanns wirklich einen Schrank haben anfertigen lassen zu einem Zeitpunkt, zu dem sie noch nicht wissen konnten, wie viele Münzen dieser schließlich aufnehmen sollte?

Angesichts der hier vorgetragenen Überlegungen dürfen wir Ludwig Müller nunmehr als einen weiteren Gründervater der numismatischen Sammlung des Instituts für Altertumswissenschaft betrachten, neben den beiden Gründungsdirektoren des Instituts. Von Müller zeugt noch heute das Inventar seiner eigenen Sammlung, und sehr wahrscheinlich stammt auch der Münzschrank von ihm. Da die im Inventar von 1875 gebotene Aufstellung über die Herkunft der Münzen offenbar chronologisch angeordnet ist, gebührt Müller zudem die Ehre, als erster überhaupt zu dieser neuen Sammlung beigetragen zu haben, und dies offenbar nur wenige Monate nach seiner Ankunft, allerspätestens im Herbst 1872.[51] Zudem blieb er der Sammlung sehr viel länger erhalten. Ulrich Köhler verließ Straßburg noch im Jahr der Ankunft der Berliner Dubletten, um die Athenische Abteilung des Kaiserlichen Archäologischen Instituts aufzubauen und zugleich die weitere Edition des attischen Inschriftenkorpus voranzutreiben. Nur etwas mehr als zwei Jahre später, im März 1878, erlag Gustav Wilmanns der Malaria, die er sich bei seinen Reisen in Nordafrika zugezogen hatte, gerade einmal 32 Jahre alt. Da auch ihre Nachfolger bisweilen nur wenige Jahre in Straßburg wirkten, durfte sich Müller schon bald als das lebende Gedächtnis der Sammlung betrachten. Anfangs bestand sogar noch eine räumliche Einheit, denn die Universität und die Bibliothek teilten sich übergangsweise das Stadtschloss der Straßburger Bischöfe, das Armand Gaston Maximilien de Rohan-Soubise (1674–1749) von 1732 bis 1741 zwischen dem Münster und der Ill hatte errichten lassen.[52] Ludwig Müller hatte es also nicht weit, um mit den Münzen des Instituts, darunter seinen ehemals eigenen, zu arbeiten.

51 Wenn wir das Schreiben von Wilmanns und Köhler vom 16.7.1872 wörtlich verstehen, vgl. o. Zitat bei Anm. 6, dann könnte mit den »ersten Anschaffungen« auch der Erwerb der Sammlung Müller gemeint sein. Wir wissen freilich nicht, ob Müller seine Sammlung der Universität schenkte oder verkaufte.

52 Hausmann 1897, S. 65. Das Palais Rohan beherbergt heute drei verschiedene Museen, darunter neben dem Musée des Arts décoratifs und dem Musée des Beaux-Arts das bereits erwähnte Musée archéologique.

Beschließen wir diesen Beitrag mit einem Ausblick: Aus einem Bericht über die Tätigkeit des Instituts wissen wir, dass Wilmanns im Sommersemester 1875 eine numismatische Übung durchführte.[53] Er plante offenbar, hierzu auch die Berliner Dubletten heranzuziehen, und wandte sich daher, um deren rechtzeitiges Eintreffen besorgt, am 2. Februar 1875 an die Verwaltung, die ihm mündlich die beruhigende Antwort übermittelte; denn tatsächlich war die Sendung schon fast auf dem Weg. In den folgenden Jahren spielte die Sammlung eine wichtige Rolle in der akademischen Lehre und profitierte insbesondere von Eduard Thrämer, der seit den frühen 1890er Jahren die Numismatik in Lehre und Forschung vertrat, gefördert von den Institutsdirektoren, insbesondere von Karl Johannes Neumann (1857–1917).[54] In räumlicher Hinsicht stellte der Bezug des neuen Kollegiengebäudes im Jahr 1884 die akademische Beschäftigung mit den Münzen auf eine neue Grundlage, da nun die Objekte und die einschlägige Literatur in einem Raum gemeinsam studiert werden konnten. In diesem Gebäude, dem späteren Palais Universitaire, verblieb die Sammlung, ungeachtet kurzer kriegsbedingter Unterbrechungen, bis 2007 (Abb. 1). Nach Jahrzehnten eines »Dornröschenschlafs« dient sie heute wieder ihrem ursprünglichen Zweck, der Ausbildung der Studierenden.

Objekt- und Abbildungsnachweise

Abb. 1 Foto: Eckhard Wirbelauer, 2006.
Abb. 2 Collection numismatique, Instituts d'Histoire Grecque et Romaine. Foto: Eckhard Wirbelauer.
Abb. 3 Collection numismatique, Instituts d'Histoire Grecque et Romaine. Foto: Eckhard Wirbelauer.
Abb. 4 Collection numismatique, Instituts d'Histoire Grecque et Romaine. Scan: Eckhard Wirbelauer.
Abb. 5 Archives d'Alsace, site de Strasbourg (ehemals Archives départementales du Bas-Rhin) 103AL Nr. 879. Foto: Eckhard Wirbelauer.
Abb. 6 Collection numismatique, Instituts d'histoire grecque et romaine. Scan: Eckhard Wirbelauer.
Abb. 7 Foto: Sylvain Perrot, 2022.
Abb. 8 Collection numismatique, Instituts d'Histoire Grecque et Romaine. Scan: Eckhard Wirbelauer.
Abb. 9 Foto: Eckhard Wirbelauer.

In Tabelle 1 und 2 sind Objekte abgebildet aus der Collection numismatique, Instituts d'Histoire Grecque et Romaine; Aufnahmen: Eckhard Wirbelauer. In Tabelle 1 und Tabelle 2 sind die Münzen im Maßstab 1:1 abgebildet, ansonsten wie angegeben.

---

53 Acta Strasbourg, fol. 54a.; der o. bei Anm. 21 zitierte Passus am Ende von Köhlers Schreiben vom 20. 1. 1874, demzufolge Wilmanns »es übernommen hat die numismatischen Vorlesungen zu halten«, dürfte wohl nicht als Hinweis auf eine solche Veranstaltung in den drei Semestern der Straßburger Universität zwischen Sommer 1872 und Sommer 1873 zu verstehen sein, sondern vielmehr als Absichtserklärung. Allerdings ist nicht geklärt, welche Veranstaltungen Wilmanns bis Sommer 1873 abhielt.

54 Zu Thrämer s. o. Anm. 49; zu seinem Gönner Karl Johannes Neumann s. Wirbelauer 2009, S. 221–231 sowie 237–238.

Bibliographie

Berner 1895 E. Berner: Usedom, Karl Georg Ludwig Guido Graf von. *Allgemeine Deutsche Biographie* 39 (1895), S. 375–377.

Bornemann 2017 D. Bornemann: *Les archives institutionnelles de la Kaiserliche Universitäts- und Landesbibliothek zu Strassburg Période 1871–1918*. 2017, hal.science/hal-02178509.

Dahmen 2020 K. Dahmen: Herausforderungen für Alfred von Sallet (1884–1897). In: B. Weisser (Hrsg.): *Münzkabinett. Menschen – Münzen – Medaillen*. Regenstauf 2020, S. 81–86.

Dahmen 2020 K. Dahmen: Lange verloren und doch noch da ... Der Pariser Münzraub von 1831 und Mionnets Schwefelpasten in Berlin. *Numismatische Zeitschrift* 126 (2020), S. 333–351.

Dahmen 2023 K. Dahmen: General Charles Richard Fox (1796–1873), coin collector. In: S. Krmnicek & H. Rambach (Hrsg.): *Institutions and Individuals. The Numismatic World in the Long Nineteenth Century*, vol. 2. New York 2023, S. 68–79.

Gemmert 1958 F. J. Gemmert: August Freiherr von Berstett. Der Begründer der oberrheinischen Münzgeschichte. *Alemannisches Jahrbuch* 1958, S. 327–360.

Hausmann 1897 S. Hausmann: *Die Kaiser-Wilhelms-Universität Strassburg. Ihre Entwicklung und ihre Bauten. Mit Benutzung amtlicher Quellen bearbeitet*. Straßburg 1897.

Heuß 1956 A. Heuß: *Theodor Mommsen und das 19. Jahrhundert*, Kiel 1956 (Nachdruck Stuttgart 1996).

Hottinger 1875 Ch.G. Hottinger: *Die Kaiserliche Universitäts- und Landesbibliothek in Strassburg*. Straßburg (2. Aufl.) 1875.

Kampmann 2022 U. Kampmann: *Der Ursprung des deutschen Münzhandels: die Familien Hamburger und Schlessinger. Eine deutsch-jüdische Geschichte vom glücklichen Aufstieg und vom tragischen Ende der wichtigsten Münzhändlerdynastie vor dem Zweiten Weltkrieg*. Osnabrück 2022.

Knabe 1957 L. Knabe: Busch, Clemens. *Neue Deutsche Biographie* 3 (1957), S. 59–60, www.deutsche-biographie.de/pnd117179795.html.

Lang 1960 M. Lang: Le Cabinet numismatique de la Bibliothèque nationale et universitaire de Strasbourg. *Cahiers alsaciens d'archéologie, d'art et d'histoire* 4 (1960), S. 129–142.

Le Rider 1977 G. Le Rider: *Le monnayage d'argent et d'or de Philippe II frappé en Macédoine de 359 à 294*. Paris 1977.

Matzke o. J. (2019) M. Matzke (Hrsg.): *All'antica. Die Paduaner und die Faszination der Antike*. Regenstauf ohne Jahr (2019).

MIB I W. Hahn: *Moneta Imperii Byzantini*, Bd. 1: *Von Anastasius bis Justinianus I. (491–565). Einschließlich der ostgotischen und vandalischen Prägungen*. Wien 1973.

Mußgnug 1926 L. Mußgnug: Zur Erinnerung an Geheimrat Dr. Ludwig Müller. *Rieser Heimatbote* Nr. 15 und 16 vom 26.2. und 24.3.1926.

Rebenich 2002 S. Rebenich: *Theodor Mommsen. Eine Biographie*. München 2002.

RIC H. Mattingly, E. A. Sydenham & C. H. V. Sutherland: *The Roman Imperial Coinage*, vol. 4, part 3: *Gordian III – Uranius Antoninus*. London 1949.

Schappacher & Wirbelauer 2010 N. Schappacher & E. Wirbelauer: Zwei Siegeruniversitäten: Die Straßburger Universitätsgründungen von 1872 und 1919. *Jahrbuch für Universitätsgeschichte* 13 (2010), S. 45–72.

Voges 1993 D.-H. Voges: Müller, Ludwig. In: A. Schlagbauer & W.-D. Kavasch (Hrsg.): Rieser Biographien. Nördlingen 1993, S. 268–269.

Weisser 2020 B. Weisser: Julius Friedländer als Direktor (1868–1884). In: B. Weisser (Hrsg.): *Münzkabinett. Menschen – Münzen – Medaillen*. Regenstauf 2020, S. 59–79.

Wickert 1959–1980 L. Wickert: *Theodor Mommsen*, 4 Bde. Frankfurt a. M. 1959–1980.

Wirbelauer 2009 E. Wirbelauer: Alte Geschichte an der Straßburger Kaiser-Wilhelms-Universität (1872–1918). In: V. Losemann (Hrsg.): *Alte Geschichte zwischen Wissenschaft und Politik. Gedenkschrift Karl Christ*. Wiesbaden 2009, S. 209–240.

Wirbelauer 2016 E. Wirbelauer: Eine Reichsuniversität in Straßburg? Konzepte für die Universitätsgründung nach dem Deutsch-Französischen Krieg (1870/71). In: U. Huggle & H. Krieg (Hrsg.): *Schule und Bildung am Oberrhein in Mittelalter und Neuzeit*. Freiburg 2016, S. 129–152.

Sämtliche Verweise auf Internetressourcen in diesem Beitrag wurden vor der Drucklegung geprüft.

»Einmalig günstige Gelegenheiten«

Von Apostolo Zeno, Theobald Bieder, Peter Berghaus und der Einrichtung der Münzsammlung an der Universität Münster

Katharina Martin

Vorbereitungen

Gleich nach Gründung der Numismatischen Kommission der Länder in der Bundesrepublik Deutschland im Jahr 1950 versuchte sich deren Gründer und Vorsitzender, der Volkskundler und Numismatiker Walter Hävernick (1905–1983), einen Überblick zu verschaffen, wie es an den Universitäten um die Ausbildung kommender Numismatikergenerationen bestellt sei.[1] Er informierte die entsprechenden Institutionen und Fakultäten über Einrichtung und Aufgaben der Kommission (dazu gehörten 1950 die »Wiedereinrichtung der z. Zt. noch verpackten öffentlichen Münzsammlungen in Westdeutschland, Ausbildung und Betreuung des wissenschaftlichen Nachwuchses, Erfassung aller auftauchender Münzfunde …«) und fragte nach lokalen personellen Ressourcen und Lehrplänen.[2] An der Westfälischen Wilhelms-Universität Münster gab es 1950 in dieser Hinsicht nicht viel zu berichten, man war vornehmlich mit der Beseitigung von Kriegsschäden

---

1 Für vielfältige Unterstützung bei den Recherchen für diesen Beitrag und bei der Arbeit mit der Sammlung danke ich Karsten Dahmen, Gerd Dethlefs, Michael Fehlauer, Alfred Hübner, Peter Ilisch, Achim Lichtenberger, Stefan Kötz, Manuela Mayer, Manfred Mehl, Dieter Salzmann, Laurens & Carla Schulman und Roberto Tomassoni. Alle haben offen und bereitwillig ihr Wissen über einzelne Bereiche der Sammlungsgeschichte oder über die Vorbesitzer geteilt. Peter Berghaus selbst haben mein Mann Michael Fehlauer und ich vorzeiten, im Februar 2009, zum Erwerb der Slg. Apostolo Zeno noch befragen können; viele Details zur Sammlungsgeschichte verdanken wir seinem guten Langzeitgedächtnis.

2 Hävernick fragte konkret danach, »wieweit dort das Gebiet der Numismatik durch besondere Lehrkräfte vertreten wird. Nach unserer Erfahrung liegen im allgemeinen die Verhältnisse so, dass das Gebiet der antiken Numismatik durch die Archäologen und Althistoriker bestens bedacht wird, während es den Herrn Kollegen der mittleren und neueren Geschichte wegen der zu grossen Ausdehnung ihres Faches kaum je möglich ist, innerhalb der Hilfswissenschaften die mittlere und neue Numismatik zu berücksichtigen« (Unterstreichungen Hävernick). Der Brief liegt im Universitätsarchiv Münster, Bestand 62 Nr. 364 (Philosophische Fakultät [1773–2007], Sachakten 6.2. Geisteswissenschaftliche Disziplinen/Historisches Seminar Bd. 2 [Alte Sign. 110], 1938–1969).

und dem Aufbau einer neuen Bibliothek beschäftigt.[3] Daher meldete der Dekan in seinem Antwortschreiben: »die Numismatik ist an unserer Universität durch keine besondere Lehrkraft vertreten. Es besteht aber auch bis auf weiteres keine Aussicht, die Mittel für eine Vertretung dieses Fachs bewilligt zu erhalten«.[4]

Auch eine numismatische Sammlung war an der Universität Münster nicht vorhanden. 1884 hatte der erste Lehrstuhlinhaber für Klassische Archäologie Arthur Milchhöfer (1852–1903) mit der Sammlung von »Gypsabgüssen klassischer Bildwerke« ein erstes Archäologisches Museum in der Neuen Akademie am Domplatz eingerichtet, dessen Intention vornehmlich in der Anschauung und dem Studium der antiken Plastik lag.[5] 1897 kamen zwar einige provinzialrömische Originale hinzu, Münzen gehörten aber offenbar nicht zum Inventar, lediglich einige Nachbildungen waren vorhanden. Das geht aus dem Kurzbericht des Instituts- und Sammlungsleiters Friedrich Koepp (1860–1944) in der Universitätschronik von 1899/1900 hervor, in dem er eine Schenkung von privat erwähnt: »Frau Geheimrat Langen hatte die Güte, eine Sammlung von 54 Abdrücken römischer Münzen aus dem Nachlass ihres verstorbenen Gemahls dem Museum zu überweisen, wodurch die schon vorhandene Sammlung von Abdrücken griechischer Münzen in erwünschter Weise ergänzt wurde«.[6] Das heißt, es gab im Akademischen Jahr 1899/1900 bereits eine gewisse Anzahl »griechischer Abdrücke«. Vermutlich handelte es sich dabei um die 122 Galvanos von griechischen Münzen, die in dem in der Universitäts-Zeitung Nr. 81 vom 5. Februar 1910 abgedruckten Inventar genannt sind; die von Langen gestifteten Nachbildungen werden hier als Schwefelpasten identifiziert.[7] Seit wann genau

3 Siehe dazu die Unterlagen im Universitätsarchiv Münster, Bestand 9 Nr. 1863 (Kurator, Sachakten 4.6.1 Philosophisch-historische Fakultät/Institut für Altertumskunde, Bd. 3, Az. 33.22 Bd. 1, 1951–1961).

4 Antwort des Dekans vom 3.8.1950. Die im Universitätsarchiv Münster, Bestand 62 Nr. 364 archivierte Durchschrift ist nicht namentlich unterzeichnet. Es muss sich um Alfred Schmitt (1888–1976), Professor für vergleichende Sprachwissenschaft, handeln.

5 Niemer 2010, S. 77; Ellinghaus 1993, S. 101; Bensch et al. 2013, S. 471. Dafür waren dem ersten Inhaber des neuen Extraordinariats für Archäologie per Ministerialerlass 10 000 Reichsmark bewilligt worden: abgedruckt im Anhang bei Ellinghaus 1993, S. [149]. Zu den Räumlichkeiten Fornasier 1993, S. 124 f.

6 Koepp 1900, S. 19. Abgedruckt auch bei Ellinghaus 1993, S. 104. In der Chronik der Westfälischen Wilhelms-Universität erwähnt Koepp im Jahrgang 17, 1902/1903, S. 37 »Nachbildungen ... antiker Münzen«, die im Ausstellungsraum einer Schenkung von »Dubletten der Schliemannschen Funde aus Ilion« weichen mussten. Im Jahrgang 22, 1907/8, S. 33 nennt er (vermutliche dieselben) »Nachbildungen antiker Münzen«, die nun in Wandschränken im Hauptsaal des Akademiegebäudes untergebracht wurden.

7 Unter der Rubrik »Das Archäologische Museum. Ein Rundgang« wurden in regelmäßigen Abständen knappe Kurzbeschreibungen der im Museum ausgestellten Objekte vorgestellt. Der Rundgang beginnt in der Ausgabe 20 vom Samstag, 9.5.1908. In der Ausgabe 25 der Universitäts-Zeitung vom Samstag, 13.6.1908 wurden S. [153] unter Nr. 92–93 »Abgüsse zweier Goldmedaillons mit dem Kopf der Athena Parthenos. Gefunden in Südrußland Im Museum der Eremitage in Petersburg« aufgeführt, die im Archäologischen Museum zu sehen waren (s. auch Stähler 1993, S. 167). R. Hartmann listet dann in der Ausgabe 81 vom 5.2.1910, S. 468 schließlich »Abdrücke von Gemmen und Münzen«, darunter sind »im vorletzten Schrank ... 122 galvanoplastische Nachbildungen von griechischen Münzen. 53 Schwefelabdrücke von

die Galvanos in der Münsteraner Sammlung waren, in welcher Sammlung sich die Originale dieser Galvanos und der Langen'schen Schwefelpasten befanden oder was für Prägestätten, Münzherren oder Nominale vertreten waren, geht aus den erhaltenen Unterlagen nicht hervor. Eine einzige explizit numismatische Lehrveranstaltung, die Übung »Griechische Münzen« von Koepp im Sommersemester 1915, wird vermutlich auf diesen Galvanobestand zurückgegriffen haben.[8] Bei den Bombenangriffen auf Münster im Herbst 1944 wurde die Neue Akademie und mit ihr die Archäologische Sammlung zerstört;[9] nur Trümmer konnten geborgen werden; auch die Galvanos und Schwefelpasten waren vernichtet.

Abb. 1: Peter Berghaus (1919–2012).

1951 wiederholte Hävernick seine Rundfrage nach numismatischen Ressourcen an den Universitäten, und auch in diesem Jahr gab es noch nichts wesentlich Neues aus Münster zu berichten. Doch waren Veränderungen im Gange, und der Dekan – zu diesem Zeitpunkt der Philosoph Joachim Ritter (1903–1974) – konnte in seiner Antwort vom 5. November 1951 vermelden, »daß seit kurzem mit Herrn Dr. Berghaus hier in Münster Verhandlungen aufgenommen sind mit dem Plan, ihn in die Vorlesungstätigkeit der historischen Hilfswissenschaften einzubeziehen«.[10]

---

römischen Münzen (aus dem Besitz des verstorbenen Professors Langen [gemeint ist Peter Langen (1835–1897), Prof. der lateinischen Sprache in Münster, Anm. Verf.], Geschenk der Frau Geheimrat Langen)«; s. auch Stähler 1993, S. 171.

8 Für eine »Arbeit am Objekt« spricht auch die als *privatissime* ausgeschriebene Veranstaltung, s. Vorlesungsverzeichnis Sommersemester 1915, S. 18 (samstags, 11–1 Uhr); s. auch die Zusammenstellung bei Schulte 2017, S. 147.

9 Die Archäologische Sammlung war mehrfach umgezogen, erst 1935 waren die neuen Räumlichkeiten im Rosenhof feierlich eingeweiht worden (Fornasier 1993, S. 137 f.; Bensch et al. 2013, S. 473 f.). Zwischen 1938 und 1942 muss dann ein erneuter Umzug zurück zum Domplatz stattgefunden haben, mit einer provisorischen Aufstellung im Hörsaal 10, wo Max Wegner die Objekte sah, als er 1942 das Ordinariat übernahm und zur Vereidigung kurzfristig in Münster war (Wegner 1980, S. 417 f., s. auch Ellinghaus 1993, S. 116). Zu den Zerstörungen am Domplatz s. Niemer 2010, S. 58 und S. 181 sowie Bomben auf Münster, S. 30 f. Während der Rosenhof den Krieg nahezu unbeschadet überstanden hatte, erhielt die Neue Akademie am Domplatz Bombentreffer, dazu Fornasier 1993, S. 141.

10 Universitätsarchiv Münster, Bestand 62 Nr. 364. Überlegungen für die Stärkung der historischen Hilfswissenschaften hatte es bereits in den 1940er Jahren gegeben, das belegen weitere Unterlagen im Ordner Bestand 62 Nr. 364: So hatten 1942 Gerd Tellenbach (1903–1999) und Kurt von Raumer (1900–1982) aus der mittelalterlichen bzw. neuzeitlichen Geschichte in einem Schreiben »an den Herrn Reichsminister für Wissenschaft, Erziehung und Volksbildung durch den Kurator der Universität Münster« gefordert, das Historische Seminar mit neu zu schaffenden Abteilungen für Historische Hilfswissenschaften und für West-

Abb 2: Gussmedaille von Johannes Henke auf Peter Berghaus (2004), den Nestor der Numismatik in Deutschland (Bronze, 225,308 g, 101,2 × 81,0 mm).

In der Tat wurde Peter Berghaus (1919–2012, Abb. 1–2), seit 1950 Kustos am Münzkabinett des Westfälischen Landesmuseums und Landesnumismatiker für Westfalen, schließlich zum Lehrbeauftragten für Numismatik an der Westfälischen Wilhelms-Universität ernannt. Beginnend mit dem Sommersemester 1955 hielt er bis in die 1990er Jahre kontinuierlich numismatische Vorlesungen, Seminare, Kolloquien und Übungen ab. Dabei wechselten sich altertumskundliche, mittelalterliche und (seltener) neuzeitliche Themen ab; auch die methodischen Zugänge zur Numismatik und epochenübergreifende Fragestellungen behandelte er regelmäßig.[11]

Die Anfänge der Münzsammlung

Haptische Erfahrung am Originalobjekt machten alle Studierenden der Berghaus'schen Veranstaltungen; das gehörte zu seinem Unterrichtsverständnis, denn »die Numismatik ist speziell in Lehrveranstaltungen auf den Gebrauch von Originalen angewiesen«.[12] So begann er zeitgleich mit dem Beginn der universitären Lehre damit, für die Universität eine Münzsammlung aufzubauen. Verschiedene »günstige Gelegenheiten« sollten hier innerhalb kurzer Zeit zusammenkommen und schließlich zu einem Grundbestand von gut 2 500 Objekten führen, die repräsentative Bereiche der antiken Numismatik abdeckten.

fälische Landesgeschichte« zu ergänzen. Das Anliegen wurde unterstützt vom Physiker Hermann Senftleben (1890–1975), der zu diesem Zeitpunkt Dekan der Philosophischen und Naturwissenschaftlichen Fakultät war. Zwar lag ihr Fokus eher auf dem Archivwesen, doch ging es beiden darum, dass ernsthafte und intensive Arbeit in den Geschichtswissenschaften nur durch die Arbeit mit Originalquellen betrieben werden könne.

11 So beispielsweise »Westfälische Münz- und Geldgeschichte« (WS 1956/57, SS 1967, 1969/70, 1977/78, SS 1987), konkrete »Aufgaben und Methoden der wissenschaftlichen Numismatik« (WS 1974/75, SS 1988, SS 1997) oder der »Umgang mit Fundmünzen und Hortfunden«. Bei der Durchsicht der Vorlesungsverzeichnisse lässt sich letztlich ein ausgewogenes Verhältnis der Themen aller Epochen feststellen. Siehe auch Mäkeler 2012, S. 82.

12 So Berghaus 1978, S. 158. Dass Originale im Unterricht Verwendung fanden, geht aus den Veranstaltungstiteln in der Regel zwar nicht explizit hervor (Ausnahme SS 1957 »Numismatische Übungen an Originalen«), aber noch aus eigener Erfahrung erinnert sich die Verf. dieses Beitrags, dass Berghaus'sche Lehrveranstaltungen nie ohne echtes Anschauungsmaterial und »Hands-on« stattfanden.

Berghaus selbst skizziert den Beginn der Sammlung in seinem Aufsatz in der Festschrift für Friedrich Karl Dörner (1911–1992) von 1978.[13] Detaillierteres Aktenmaterial über den Erwerb, insbesondere Briefe und Anträge, Rechnungen und Auktionsnotizen, finden sich sowohl im Universitätsarchiv Münster, in den Akten des Münzkabinetts am LWL-Museum für Kunst und Kultur/Westfälisches Landesmuseum sowie im Archäologischen Museum/ Forschungsstelle Antike Numismatik der Universität.

Im Juni 1955 wurde am Dorotheum in Wien der erste Teil einer umfangreichen antiken Münzensammlung, der »Sammlung Apostolo Zeno« aus dem Besitz des oberösterreichischen Stiftes St. Florian versteigert.[14] Berghaus konnte Hans Erich Stier (1902–1979), den Direktor des Instituts für Altertumskunde/Abteilung Alte Geschichte der Universität Münster, der zugleich kommunal- und landespolitisch für die CDU aktiv war (u.a. als stellvertretender Vorsitzender des Kulturausschusses),[15] gewinnen, beim Kurator der Universität Mittel für den Erwerb eines Bestands »römischer Münzen ..., der als repräsentativer Querschnitt durch die römische Münzgeschichte gelten kann«,[16] zu beantragen:

> Herr Dr. Berghaus, Lehrbeauftragter für Numismatik, hat mir den Katalog dieser einzigartigen Versteigerung vorgelegt und angeregt, daß auch die Universität die günstige Gelegenheit ausnutzen möge, sich an der Versteigerung zu beteiligen, um Studienmaterial für die numismatischen Vorlesungen und Übungen, daneben aber auch für althistorische Vorlesungen, Übungen und Seminare zu erwerben. Ganz abgesehen davon, daß die Preise in Wien gewöhnlich erheblich unter dem normalen Preisniveau liegen, dürften sich bei dem großen Material der Sammlung Zeno viele Möglichkeiten ergeben, zu unverhältnismäßig niedrigen Preisen wesentliche Stücke von wissenschaftlichem Wert für unsere Zwecke zu sichern.
> Der Vorschlag von Herrn Berghaus, die Universität möge sich mit DM 3000 bis DM 5000 an der Versteigerung beteiligen, ist durchaus berechtigt und verdient Unterstützung. Ich möchte vorschlagen, die in Wien für die Universität ersteigerten Münzen dem Landesmuseum für Kunst und Kulturgeschichte unter der Bedingung zu überweisen, daß über diesen Bestand ein besonderes Inventar geführt wird. Wie ich höre, beabsichtigt auch das Landesmuseum für Kunst und Kulturgeschichte mit Mitteln des Landschaftsverbandes Westfalen-Lippe auf der Versteigerung Zeno zu kaufen.

13 Berghaus 1978, S. 158f. Zusammenfassend bei Bensch et al. 2013, S. 479.

14 Die Geschichte der Sammlung Zeno ist jüngst von Tomassoni 2022 erschöpfend abgehandelt. Zur Person Zenos s.u. ausführlicher. Auktion am 15.–16.6.1955: »I. Römische Kaisermünzen«. In den beiden Folgejahren folgten zwei weitere Auktionen: 5.–6.6.1956: »II. Römer (Schluss), Byzantiner, Germanen, Kontorniaten, Rom-Republik, Antikes Gold, Kelten, Orient« und 22.–23.3.1957 »III. (Schluss) Griechische Münzen«. Zur Dorotheums-Auktion Tomassoni 2022, S. 119.

15 Dazu Schulte 2017, S. 93f.

16 So Berghaus 1978, S. 158.

> Es besteht somit die Aussicht, in Münster eine Dozenten und Studenten zugängliche Studiensammlung aufzubauen.[17]

Der Kurator der Universität bewilligte umgehend 4000 DM für den Ankauf von Münzen bei der Dorotheums-Auktion und genehmigte die Aufbewahrung im Landesmuseum (das ebenfalls am Domplatz und dem Fürstenberghaus mit seinen verschiedenen historischen Seminaren und Instituten direkt gegenüber liegt), unter den folgenden Vorgaben:

1. Die Sammlung bleibt Eigentum der Universität Münster.
2. Die Sammlung wird bei der Universität inventarisiert.
3. Die leihweise Überlassung an das Landesmuseum wird unter der ~~Verpflichtung~~ Auflage erfolgen, dass die Sammlung den Studierenden der Universität Münster zugänglich gemacht wird und ausserdem auch die Sammlung des Landesmuseums.[18]

Für 23 768,40 ÖS/3 844,54 DM konnte Berghaus 1955 insgesamt 629 römische Reichsprägungen der Kaiserzeit erwerben, aus einer Zeitspanne von Augustus (reg. 27 v. Chr. – 14 n. Chr.) bis Licinius (reg. 308–324 n. Chr.).[19] Es war ihm wichtig, ein möglichst breites Spektrum abzudecken, sodass er vielfach Lots ersteigerte, die mehrere Exemplare (unterschiedliche Typen und/oder Nominale) enthielten. Die Qualität der Stücke ist durchweg gut und in jedem Fall gut geeignet, um als Lern- und Anschauungsobjekt in der Lehre zu dienen (Abb. 3).

Ein Jahr später wurde am Dorotheum der zweite Teil der Sammlung verauktioniert. Während 1955 noch formal Stier als Direktor des Instituts für Altertumskunde die Mittel für den Aufbau einer Lehrsammlung bei der Universitätsverwaltung beantragt hatte, war Berghaus offenbar inzwischen etabliert, sodass er den Antrag selbst stellte und Stier ihn lediglich befürwortete.[20]

---

17 Aus dem Antrag von Stier an den Kurator der Universität Münster vom 20. 5. 1955 (eingegangen am 23. 5. 1955): Universitäts-Archiv, Bestand 9 Nr. 1863. Dazu auch Tomassoni 2022, S. 120 mit Abb. 9.

18 Bewilligung des Kurators vom 27. 5. 1955 (handschriftliche Streichung der »Verpflichtung« und Ersetzung durch »Auflage« im Original). Universitäts-Archiv, Bestand 9 Nr. 1863. Kurator von 1951–1955 war August Flesch (1889–1972).

19 Der Abgleich der sog. Käuferrückstandzettel, der Dorotheums-Rechnung und der Auflistung der einzelnen Lose im Auktionskatalog (da es sich vielfach um mehrere Objekte umfassende Lots handelt) war nicht ganz unkompliziert. In seinem Schreiben an das Kuratorium der Universität vom 22. 6. 1955 hatte Berghaus »3 Gold-, 296 Silber- und 319 Bronzemünzen römischer Kaiser« (also 618 Stücke) gelistet. Tatsächlich waren es einige mehr. Ich danke Michael Fehlauer und Roberto Tomassoni für wiederholtes, gewissenhaftes Zählen und Abgleichen. Tomassoni 2022, S. 163–241 Nr. 1–629 hat den Münsteraner Bestand schließlich neu katalogisiert und publiziert.

20 So aus Berghaus' Antrag vom 30. 5. 1956 mit handschriftlichem Vermerk Stiers recto. Universitätsarchiv, Bestand 9 Nr. 1863.

Abb. 3: Sesterz des Hadrian (119/120 n. Chr.; Æ, 26,43 g, 35,3 mm), erworben 1955 im Rahmen der Dorotheums-Auktionen (Maßstab: 1,5:1).

> Der zweite Teil der Sammlung enthält die spätrömischen Serien, Byzanz, die Münzen der germanischen Reiche der Völkerwanderungszeit und ganz besonders eine sehr reiche Serie der Münzen aus der Zeit der römischen Republik. Auch hier handelt es sich wieder um eine einzigartige Gelegenheit, mit verhältnismäßig geringen Mitteln eine Typensammlung aufzubauen, die die bereits vorhandenen Bestände ergänzen und die genannten historischen Perioden sehr anschaulich darstellen würde. Gerade die Münzen aus der Zeit der römischen Republik sind durch die Vielfalt ihrer Darstellungen ganz besonders geeignet, die antike Mythologie, Kultur- und Staatsgeschichte zu demonstrieren.

Für den weiteren Ausbau der Lehrsammlung bewilligte der Kurator erneut die Ankaufsumme von 4000 DM.[21] Dem Antrag entsprechend konzentrierte Berghaus sich auf die republikanischen Bestände; insgesamt 122 Münzen der Römischen Republik (Abb. 4–5) gelangten so an die Universität Münster. Auch hier war es sein Ziel, für die Lehre ein breites Spektrum zur Verfügung zu haben, vom bronzenen Schwergeld bis zu Familiendenaren und imperatorischen Prägungen. Dazu kamen noch drei spätantike Münzen sowie vier Kontorniaten als Ergänzung der im Jahr zuvor erworbenen römischen Prägungen, neun byzantinische, vier keltische und zwei hellenistische Goldmünzen (Syrakus und Koson).[22]

21 Bewilligung vom 6. 6. 1956. Seit 1956 (bis 1970) war Oswald Frhr. v. Fürstenberg (1908–1981) Kurator der Universität.

22 Tomassoni 2022, S. 241–255 Nr. 630–773.

Abb. 4: As des Münzmeisters M. Censorinus (88 v. Chr.; Æ, 10,14 g, 28,3 mm, 12 h), erworben 1956 im Rahmen der Dorotheums-Auktionen (Maßstab: 1,5:1).

Abb. 5: Denar des Münzmeisters Q. Fabius Maximus (82–80 v. Chr.; AR, 3,92 g, 16,9 mm, 9 h), erworben 1956 im Rahmen der Dorotheums-Auktionen (Maßstab 1,5:1).

Insgesamt hatte Berghaus in den beiden Auktionen 773 Stücke aus dem ehemaligen Besitz Apostolo Zenos für die universitäre Münzsammlung erworben (und 195 für das Münzkabinett am Landesmuseum). Die vergleichsweise junge Münzsammlung der Universität kann damit auf eine alte und ehrwürdige Provenienz zurückblicken.

Apostolo Zeno und seine Sammlung

Im Jahr 1747 hatte das in der Nähe von Linz in Oberösterreich gelegene Augustiner Chorherrenstift St. Florian die 10 766 Münzen umfassende Sammlung des Venezianers Apostolo Zeno (geboren am 11. Dezember 1669 und gestorben am 11. November 1750) für 20 000 Gulden erworben.[23] Diesen beträchtlichen Bestand antiker Münzen hatte Zeno in

23 Arneth 1838, S. 40; Gaisberger 1871, S. vii, ix; Doblinger 1947, S. 263 datiert den Erwerb auf 1748. Negri 1816, S. 354–356 beschreibt die Verkaufsverhandlungen und Zenos Trennung – schweren Herzens – von seinen Münzen (»spargendo lagrime«, ebenda S. 356). Das ganze Verfahren mit Verhandlungen, Versand und Ankunft in St. Florian zog sich bis 1748 hin. Erasmus Frölich sichtete und bestätigte die Anzahl der geordneten Münzen in einem Schreiben an Wiesmayr vom 27. 1. 1748, »Perlustravi numismata singula, numero 10766, cimelii collecti et in ordinem redacti a viro celeberr. Dno Apostolo Zeno«, aus dem Stiftsarchiv St. Florian, Hs. 97, zitiert auch bei Gaisberger 1871, S. viii. Ausführlich Tomassoni 2022, S. 106–113.

seiner Wiener Zeit als Hofdichter und Reichshistoriograph am Hof Karls VI. (reg. 1711–1740) und während seiner anschließenden Jahre in Venedig zusammengetragen. Bekannt ist er heute eher als Librettoschreiber und Reformierer der italienischen Oper; hier setzte er sich mit meist antikem Erzählstoff auseinander, den er auf neue Weise dramatisierte, indem er ihn in ein neues Spannungsfeld mit der Musik brachte.[24] Dieselben Inhalte, Personen, Götter, Mythen und Geschichten begegneten ihm auch auf seinen Münzen. Als ambitionierter Sammler stand er in regem Briefverkehr mit seinen Zeitgenossen, bezeichnete das Münzensammeln als »mia estrema passione«,[25] und in vielen seiner Briefe thematisiert er numismatische Fragen im Allgemeinen, aber auch konkrete Neuerwerbungen oder besondere Stücke seiner Sammlung.[26] Schließlich suchte er einen Käufer für seine Münzen, denn er wollte einerseits seinen Neffen und Erben finanziell absichern, seine Sammlung sollte aber gleichzeitig als Konvolut der Nachwelt erhalten bleiben, was im Fall einer Übertragung an den Neffen offenbar mehr als fraglich war.[27]

Das Wiener Münzkabinett hatte Zenos Sammlung an das Kloster St. Florian vermittelt, wo Bedarf nach einer eigenen umfassenden wissenschaftlichen (Universal-)Sammlung bestand. Denn neben religiös-spirituellen und seelsorgerischen Aufgaben gehörte inzwischen auch das systematische Sammeln und Auswerten natur- und kulturhistorischer Objekte zu den Aktivitäten in den Klöstern der Zeit.[28] Die schon seit Renaissance und früher Neuzeit angelegten klösterlichen Mirabilia-Sammlungen und Wunderkammern hatten sich im 18. Jahrhundert zu wissenschaftlichen Sammlungen entwickelt, durch deren Erforschung sie – jenseits der Theologie – in einem akademischen Wettstreit miteinander standen.

---

24 Ausführlich dazu Fehr 1912.

25 So z. B. in einem Brief vom 30. 3. 1762 an den Erzbischof von Korfu Angelo Maria Quirini (1680–1755), Zeno 1785, Bd. IV S. 102 f. Nr. 680, oder ebenso in einem Brief vom 14. 12. 1726 an Lorenzo Patarol (1674–1757), ebd. S. 158 Nr. 701.

26 Zeno 1785, *passim;* in einem Brief vom 24. 11. 1741 an Gianfrancesco Baldini (1677–1764) (ebd. Bd. VI S. 146, Nr. 1149) skizziert er z. B. den Umfang seiner Sammlung und summiert die Kosten, die er für einzelne seiner Münzen, darunter einige Goldquinare, sowie seine gesamte Sammlung ausgegeben hat (ca. 10 000 Stücke, Kosten in Höhe von ca. 25 000 Fiorini/Gulden); in weiteren Briefen an Baldini erwähnt er zahlreiche Münzen, die er in Museen gesehen hat (ebd. S. 148–151 Nr. 1150–1150) oder diskutiert den Forschungsstand, z. B. ebd. S. 154–157 Nr. 1154 (Systematisierung durch Jean Foy-Vaillant [1632–1706]). Im Diario Zeniano *passim* berichtet Marco Forcellini (1711–1794) über viele Gespräche, die er mit Zeno über seine Münzen geführt hat, z. B. Forcellini, Diario Zeniano, S. 59 f., wo Münzen verschiedener Kaisergattinnen thematisiert sind, deren Beschaffenheit oder Seltenheit (Tranquillina); oft trieb ihn die Frage nach Echtheit um (ebd. S. 59, 86 f., 96 f. und öfter). Tomassoni 2022, S. 64–105 hat einzelne Erwerbungen seiner Sammlung detailliert recherchiert.

27 Gaisberger 1871, S. viii: »… so wollte er auch diesen numismatischen Schatz im Besitze eines Stiftes oder Klosters wissen, welches ihm die beruhigende Gewähr böte, dass er ungetrennt und mit seinem Namen fortwährend in Verbindung erhalten werden würde«. Hätte er die Sammlung seinem Neffen vermacht, hätte dieser sie aufgelöst.

28 Penz 2018, S. 27–29 spricht von der »Musealisierung der Stifte« und einer »Transformation in Stiftsmuseen« in der Romantik (ebd. S. 29).

Abb. 6: Porträt des Apostolo Zeno (eine von Zeno in Auftrag gegebene Kopie eines ungenannten Malers nach dem Original von Bartholomeo Nazzari).

So war auch den Florianern daran gelegen, ihr Stift zu einem Wissenschaftszentrum auszubauen. Besonders aktiv war Probst Johann Georg Wiesmayr (1695–1755), der das Stift in den Jahren 1732–1755 leitete. Mit Chrysosthomus Hanthaler (1690–1754), dem Archivar des Zisterzienserklosters Lilienfeld, tauschte er sich über die ideale Zusammensetzung einer Stiftssammlung aus.[29] Dieser gab ihm Hinweise für eine breit angelegte Sammlung, die die verschiedensten Objektgattungen von »Heiligen Sachen«, Naturalien, Schriften bis hin zu »Kunst=Sachen« und »Antiquiteten« umfassen sollte, und »wer mit münzen wohl versehen, rühme sich eines *münz-cabinets*«.[30] Nachdem bereits sein Vorgänger einige Medaillen und Gedenkmünzen erworben und Wiesmayr selbst weitere zeitgenössische Medaillen angekauft hatte, konnte er 1747 geschlossen die Sammlung Apostolo Zenos erwerben, für die Erasmus Frölich (1700–1758) ein empfehlendes Gutachten abgegeben hatte.[31]

29 Dazu Gaisberger 1871, S. x; Wutzl 1986. Der Schriftwechsel liegt im Stiftsarchiv St. Florian, Handschrift XC (90). Für Hinweise danke ich Manuela Mayer.

30 So Wutzl 1986, S. 236. Die anderen Gruppen benannt nach Hanthaler in Wutzl 1986, S. 238–244; s. auch Gaisberger 1871, S. x.

31 Doblinger 1947, S. 263. Zu Frölichs Gutachten: S. viii–ix.

Abb. 7: Joseph von Arneth, Lithographie von Adolf Dauthage (1856).

Um die Erinnerung an den ehemaligen Besitzer stets vor Augen zu halten, lieferte Zeno ein Ölgemälde von sich mit (Abb. 6). Er hatte es nach seinem von dem Venezianer Maler Bartolomeo Nazzari (1693–1758) geschaffenen Porträt fertigen lassen; der Name des Kopisten ist nicht überliefert. Während das Original mit seinen Büchern an das Dominikanerkloster alle Zattere in Venedig ging, kam die in kleinen Details abweichende Kopie mit den Münzen nach St. Florian.[32] Für die Aufbewahrung und Präsentation der Münzen ließen die Florianer Chorherren zudem repräsentative Münzschränke im Stil des Rokoko bauen – gefertigt von dem Tischler Johann Christian Jegg (1709–1789) und dem Bildhauer Johann Paul Sattler (geb. 1723)[33] – und sie begannen sogleich damit, die Sammlung zu sortieren und wissenschaftlich zu bearbeiten. Orientieren konnte man sich an dem kurzgefassten Bestandsverzeichnis, das nach St. Florian mitgeliefert worden war.[34] Zeno selbst hatte zwar einen detaillierten handschriftlichen Katalog seiner Sammlung erstellt (»Imperatorum Romanorum numismata aerea tum Latina tum Graeca«), dieser verließ Venedig aber nie; mit den anderen seiner Schriften befindet er sich heute in der Biblioteca Marciana in Venedig.[35]

Trotz des persönlichen Engagements verschiedener Florianer geriet die wissenschaftliche Bearbeitung der Sammlung im Kloster immer wieder ins Stocken, Sortierung und Klassifikation wurden wiederholt unterbrochen, meist, weil die damit betrauten Chorherren aus dem Stift für Seelsorge und Schuldienst in die Gemeinden entsandt wurden. Den ersten ausführlichen Bericht über die Arbeit mit den Münzen publizierte der Wiener

32 Das Originalbild Nazzaris hängt seit 1821 in der Bibliotheca Marciana (s. *Museo Archeologico della R. Biblioteca Marciana di Venezia.* Venedig 1872, S. 122 und *La Bibliotheca Marciana nella sua nuova sede.* Venedig 1906, S. 105). Die Florianer Kopie wurde nach der Versteigerung der Münzen in der 537. Kunstauktion des Dorotheum vom 12.9.1957 unter Kat.-Nr. 118 (S. 12 Taf. 29 »venezianisch«) angeboten und wurde vom niederländischen Münzenhändler Jacques Schulman ersteigert. So hatte Peter Berghaus es in Erinnerung. Das Bild befindet sich nach wie vor im Familienbesitz und hängt nun im Geschäft von Jacques' Sohn Laurens Schulman (so dessen freundliche Auskunft per E-Mail vom 8.10.2020), wo die Verf. und Michael Fehlauer es im Juli 2021 im Original sichten konnten.

33 Dazu Windisch-Graetz 1971, S. 388–390 mit Abb. 40–41; s. auch Kat. Dorotheum I 1955 Taf. 39.

34 Michael Arneth spricht von einer »einfachen Aufzählung des Inhalts der Münzsammlung, welche *Apostolo Zeno* gründete, und welche nun zu St. Florian ist«, so Arneth 1838, S. 48.

35 Biblioteca Nazionale Marciana, Ms. Lat. XIV 157–159. Kubitschek 1929, S. 285–296; Kubitschek 1930, S. 164. Für nähere Informationen zu den Inhalten von Zenos Katalog danke ich Roberto Tomassoni.

Numismatiker Joseph Arneth (1791–1863) (Abb. 7). Sein Bruder Michael Arneth (1771–1854), von 1823 bis 1854 Probst von St. Florian, hatte ihn gerufen, damit er sich der Münzsammlung annehme. Indem er Teile des vorausgegangenen Briefwechsels mit seinem Bruder rekapituliert, skizziert Arneth hier neben seinem eigenen Tätigkeitsbericht den Stand der Arbeiten an der Sammlung in den ersten knapp hundert Jahren und nennt die daran beteiligten Personen,[36] neben dem Wiener Numismatiker Frölich, der das ursprüngliche Gutachten geliefert hatte, auch verschiedene Chorherrn wie Franz Kurz (1771–1843), der schließlich in die Bibliothek versetzt wurde.[37] Anders war es dem bekannten Joseph Hilarius Eckhel (1737–1798) ergangen, der aus Wien kam und »dem man wohl eben so sehr, um sich nicht bloß zu geben, als auch aus nicht ganz ungegründeter Besorgniß, etwas abtreten zu müssen, den Zutritt zum Münzkabinete nur ungern gestattete, worüber er die bekannte bittere Klage führte«.[38] Es wird deutlich, dass man über seinen Schatz eifersüchtig wachte und ihn eigentlich selbstständig aufarbeiten wollte. Doch nicht nur fehlende personelle Kontinuität unter den betreuenden Chorherren, auch Kriegshandlungen in der Region bremsten den anfänglichen Elan der Florianer:

> Die dreimaligen feindlichen Einfälle haben gemacht, dass es mehrmals eingepackt, und zum Verschicken in Bereitschaft gesetzt werden mußte, was die ersten Male in ziemlicher Ordnung geschah. Aber im Jahre 1809 kam das Vordringen des Feindes so unerwartet und schnell, dass Kurz und der treffliche Bibliothekar [Carl Eduard] Klein dasselbe eben einzupacken angefangen hatten, als der Kanonendonner von dem nahen Edelsberg sich hören ließ. Sie wollten immer eine kleine Anzahl in der Ordnung, wie sie in den Kästen eingelegt waren, in Ein Papier also zusammenlegen, dass sie nicht leicht verrückt würden, um die künftige Wiedereinreihung zu erleichtern. Aber sie waren so nur mit den römischen Familienmünzen und dem größeren Theile der griechischen Gold- und Silbermünzen zu Stande gekommen, als der sich so nahe ankündigende Feind sie nötigte, nur schnell genug alle noch übrigen Münzen, etwa 5/6 der ganzen Sammlung, auf einen Teppich zu schütten, und von da unter einander, wie sie waren, in Geldsäcke zu verpacken, nur die griechischen Bronze- von den römischen Kaisermünzen geschieden.[39]

---

36 Arneth 1838. Der Bericht enthält mehrere Briefe von Michael und Joseph Arneth im Wortlaut, die die Situation um den festgefahrenen Stand der Arbeiten gut veranschaulichen.

37 Arneth 1838, S. 43 f.

38 So Arneth 1838, S. 42. Kubitschek 1929, S. 283 äußert sein Unverständnis darüber, dass Eckhel in St. Florian offenbar die Autopsie der Münzen verwehrt worden ist.

39 So der Wortlaut von Probst Michael Arneth, zitiert bei Arneth 1838, S. 44. Gemeint ist das Vordringen der Napoleonischen Truppen und die Schlacht am Edelsberg am 3. 5. 1809 im sogenannten Fünften Koalitionskrieg.

Das Ordnen und Auslegen der Münzen musste also wiederholt von Neuem begonnen werden. 1827 kam Joseph Arneth nach St. Florian, sichtete den Bestand und sortierte ihn nach dem damals aktuellen Werk von Theodore Edme Mionnet (1770–1842):[40]

> So »nahm ich sie aus den Säcken heraus, legte sie im großen hellen Saale über Deiner Wohnung auf langen Tischen aus, und sonderte sie in Klassen. Es war ein fröhliches, interessantes Treiben, die Monumente so vieler Fürsten, Völker und Städte nach ihren Reihen wieder zusammenzustellen. Häufig war ich der glücklichste Mann, dieß oder jenes werthvolle Denkmal einer längst verschwundenen Zeit wieder zu finden; das ganze Stift nahm mehr oder minder lebhaften Antheil an dieser Arbeit. Die Jungherren schrieben die Namen der Völker, Fürsten und Könige; Hr. [Joseph] Stern, der indessen der Sammlung beygegeben wurde, trug das Seinige mit Fleiße bei, um die Ordnung zu bewerkstelligen; es war ein Arbeiten und Schaffen, dem eines Bergwerkes vergleichbar.[41]

Trotz des deutlichen Überhangs an römischen Reichsprägungen legte er den Fokus auf die griechischen Münzen (auch auf die während römischer Herrschaft geprägten sogenannten Roman Provincials), von denen er einige in Kupfer stechen ließ und sie in seinem Bericht kurz vorstellt[42] – unter anderem die ungewöhnliche Prägung des Taubenorakels von Dodona.[43] Auch einige bis dato unbekannte römische Reichsprägungen hebt er hervor. Die Sammlung selbst charakterisiert er als »werthvoll« und »in der österreichischen Monarchie ohne Zweifel die dritte im Range« (nach Wien und Mailand).[44] Neben der Autopsie der Münzen widmet sich Arneth den Einschätzungen von Zeno selbst, die er in seinen Briefen überliefert. »Obschon *Apostolo Zeno* die griechischen Münzen hoch schätzte, so waren doch zu seiner Zeit die römischen noch die, welche am meisten Aufmerksamkeit erregten«.[45] Vollständige numismatische Porträtgalerien der römischen Kaiser zu besitzen, war Maxime der frühneuzeitlichen Sammler; die Kaisermünzen nehmen dementsprechend auch in Zenos Sammlung den deutlich größten Raum ein, was auch anhand der Auf-

40 Mionnet 1806–1837. Die Hauptbände waren bereits erschienen, die Nachträge zur Zeit von Arneths Aufenthalt in St. Florian gerade in Arbeit.

41 So Arneth 1838, S. 45. Zu Joseph Stern: s. Gaisberger 1871, S. xxii–xxiii.

42 Arneth 1838, S. 49–58.

43 Arneth 1838, S. 47. 51; ausführlicher Arneth 1840; Kenner 1871, S. 44–49. Kritisch zur Echtheit Kubitschek 1929, S. 294f. Es handelt sich um Kat. Dorotheum III 1957, S. 14 Nr. 3627; Franke 1956 hatte der Münze kurz zuvor eine ganze Studie gewidmet. Die Münze war sehr hochpreisig angesetzt und wurde während der Auktion nicht verkauft. Peter Robert Franke (1926–2018) konnte sie im Nachgang erwerben und stiftete sie der Universität von Ioannina (Information aus einem persönlichen Gespräch mit ihm am 4. 10. 2014 im Berliner Münzkabinett); das Vs.-Motiv ziert heute das Logo der Universität.

44 So Arneth 1838, S. 60.

45 So Arneth 1838, S. 61. Hervorhebung im Original.

Abb. 8: Bronzeguss-Medaille von Rudolf Marschall auf Friedrich Kenner als »verehrtem Mitgliede« der Wiener Numismatischen Gesellschaft (1899; Bronze, 359,52 g, 180 × 103 mm).

teilung der drei Dorotheums-Auktionen deutlich wird. Der nächste ausführliche Beitrag über die Geschichte der Sammlung mit Schwerpunkt auf ihre Zeit in St. Florian wurde von Joseph Gaisberger (1792–1871) verfasst. Er dient als Einleitung der Publikation von Friedrich Kenner (1834–1922) (Abb. 8), der 1871 einen Auswahlkatalog der Sammlung Zeno vorlegte, wofür er die von Arneth in Auftrag gegebenen Kupfertafeln nutzte, die ja auf die griechischen Münzen fokussiert waren.

Kritisch bewertete schließlich Wilhelm Kubitschek (1858–1936) (Abb. 9) die Aufarbeitung der Sammlung als gescheitert, nachdem er bei einem Forschungsaufenthalt in Venedig den handschriftlichen Katalog Zenos in der Biblioteca Marciana entdeckt hatte, dessen Existenz offenbar niemandem der früheren Bearbeiter bekannt war.[46] Er erkannte und formulierte das Problem der zahlreich vorhandenen, aber unbekannten, da unpublizierten Stiftssammlungen und plädierte für die Etablierung von reisenden numismatisch geschulten »Assistenten«, die zumindest Bestandslisten erstellen sollten.[47]

46 Kubitschek 1929, S. 285–296 fasst die einzelnen von ihm kurz gesichteten Handschriften zusammen und diskutiert einige numismatische Besonderheiten, darunter erwähnt er eine von Zeno im Katalog seiner Bronzen aufgeführte Münze mit Apollo auf der Vs. und einem Füllhorn auf der Rs., die Kubitschek als »kupferne Anima eines Silberdenars« (ebd. S. 287 f.) des Münzmeisters Q. Fabius Maximus (RRC 371/1) identifiziert. Ein (regulär silberner) Denar dieses Typs aus der Sammlung Zenos befindet sich heute im Archäologischen Museum der Universität unter der Inv. M 1971 (Katalog Dorotheum II Lot-Nr. 3007), hier Abb. 5, online abrufbar unter archaeologie.uni-muenster.de/ikmk/object?id=ID104; s. auch Kubitschek 1930, S. 164; zu seiner Person und seinen Verdiensten um den Wiener Lehrapparat s. den Beitrag von Martin Baer und Hubert Emmerig im vorliegenden Band.

47 Kubitschek 1930, S. 163–166. Einen in seiner Grundidee vergleichbaren Plan um Synergien bei der Pflege von Münzsammlungen hatte kurz zuvor Behrendt Pick (1861–1940) in Thüringen entwickelt, dieser ging

Abb. 9: Bronzeguss-Medaille von Ludwig Hujer auf Joseph Wilhelm Kubitschek zum 70. Geburtstag (1928; Æ, 99,19 g, 60 mm, 12 h).

Dazu kam es nicht. Vielmehr fiel die Sammlung ein weiteres Mal der Politik zum Opfer. Im Zuge des »Anschlusses« Österreichs an das Deutsche Reich 1938 wurden Klöster aufgelöst und ihr Besitz enteignet. Zwar konnten die Florianer Chorherren mit ihren Kunstgegenständen zunächst noch vor Ort bleiben, doch am 21. Januar 1941 wurde dem Prälaten Vinzenz Hartl (1872–1944) das Formular zur Beschlagnahmung des Stifts übergeben, und die Chorherrn mussten das Stift zum 20. April 1941 verlassen.[48] Ein »Führererlass« vom 30. September 1942 ordnete schließlich »die Zusammenfassung aller seit März 1938 in Österreich beschlagnahmten Münz- und Medaillensammlungen samt den dazugehörigen Möbeln und den numismatischen Büchern zu einem Münzkabinett in Linz an« – der sogenannte Sonderauftrag Linz.[49] Die Münzen der Sammlung Apostolo Zenos sollten mit den numismatischen Beständen aus anderen Sammlungen in das »Münzkabinett des Führers« im sogenannten Führermuseum in Linz integriert werden.[50] Die Sichtung und Auswahl erfolgte in Kremsmünster, wo alle Münzen gesammelt worden waren, bis sie zum Schutz vor alliierten Bombenabwürfen 1944 in ein Bergwerk bei Altaussee verbracht wurden.[51] Ein Teil, darunter offenbar alle Zeno-Münzen, gelangte in das von den Monuments Men der US-Army eingerichtete Zentralkunstdepot (Central Art Collecting Point) in München.[52]

Der lange Weg der Rückforderung der ehemaligen Stiftsgüter begann zwar gleich nach Kriegsende, doch erst 1950 war die Restituierung der Kunstsammlungen so weit abgeschlossen, dass als letztes Sammlungssegment auch die Münzsammlung nach St. Flo-

---

jedoch weiter und sah die Bildung von Sammelschwerpunkten durch Austausch unter den Kabinetten vor; s. dazu auch den Beitrag von Christoph Klose im vorliegenden Band mit Anm. 154.

48 Linninger 1958, S. 18; Bernauer 2005, S. 129 und 138 f.; Buchmayr 2008, S. 329: Die Klosterenteignungen im Gau Oberdonau, zu dem St. Florian gehörte, erfolgten später als in anderen Landesteilen.

49 So Buchmayr 2008, S. 363.

50 Buchmayr 2008, S. 334 und 364.

51 Buchmayr 2008, S. 364 f.

52 Dazu Buchmayr 2008, S. 365, 375 f., 387.

rian zurückkehrte.[53] Man entschied sich dann schweren Herzens und »aus wirtschaftlichen Gründen«, die Sammlung Apostolo Zenos geschlossen zu verkaufen.[54] Die Ironie des Schicksals zeigt sich darin, dass erst der Verkauf und damit die Auflösung der Sammlung eine vollumfängliche Katalogpublikation ihres Bestandes hervorbrachte. Anders als von Apostolo Zeno intendiert, wurde nun über drei Auktionen am Wiener Auktionshaus Dorotheum verteilt seine Sammlung in den Jahren 1955–1957 in alle Welt verstreut (darunter in nicht unbeträchtlicher Anzahl nach Münster). Gleichwohl bleibt gerade durch die von Robert Göbl (1919–1997) erstellten Auktionskataloge der Name des Vorbesitzers Apostolo Zeno dauerhaft bestehen.[55]

Ergänzungen des Bestandes

Hat sich eine Sammlung erst einmal etabliert, so ergeben sich oftmals Gelegenheiten zum weiteren Ausbau. Kurz bevor Berghaus zur zweiten Zeno-Auktion nach Wien aufbrechen wollte, hatte er das Angebot erhalten, insgesamt 16 antike Münzen des Kölner Althistorikers Fritz Fremersdorf (1894–1983) für die Sammlung anzukaufen: Es handelte sich vornehmlich um römisch-republikanische Denare, sogenannte Familienprägungen bis hin zu imperatorischen Prägungen aus der Zeit von 136–41 v. Chr.

53 Linninger 1951, S. 62 f. Ausführlich zur Restituierung der Kunstsammlungen Buchmayr 2008, S. 366 f. und 374–377, speziell zur Münzsammlung S. 387–390: »Am längsten mussten die St. Florianer Chorherren auf die Rückkehr ihrer Münzsammlung warten. Es sollte fünf Jahre lang dauern, bis die rund 16000 Münzen, die Münzkataloge, die numismatischen Bücher und die Möbel des Münzkabinetts wieder an ihrem Platz waren« (ebd. S. 387) sowie »Am 22. März 1950 übernahm Hofmeister Franz Linninger vom Bundesdenkmalamt die gesamte Münzsammlung des Stifts St. Florian und die numismatische Literatur. Aus der Teilsammlung des Apostolo Zeno fehlten einige schon von Probszt als ›fehlend‹ ausgewiesene Stücke. Am 28. März 1950 folgten aus dem Depot Ennsegg acht Münzkästen und ein Ölporträt von Apostolo Zeno aus der numismatischen Sammlung St. Florians« (ebd. S. 388).

54 So Wutzl 1986, S. 244 Anm. 24, der die Veräußerung ins Jahr 1954 datiert, was sich vermutlich auf den Zeitpunkt der Entscheidung zum Verkauf bezieht.

55 Eine solche Bewertung findet sich auch in einem Artikel der Wochenendausgabe der Frankfurter Allgemeinen Zeitung vom 25. 6. 1955, in dem der Autor Kurt Rudzinski (1911–1992) nach der ersten Auktion auf S. 19 formuliert »Wenn diese Sammlung von europäischer Bedeutung jetzt nach 200jährigem Bestehen – zunächst etwa die Hälfte – aufgelöst wurde, so ist ihr geistiger und kulturhistorischer Bestand jedoch dank des von dem Wiener Numismatiker Dr. Robert Göbl wissenschaftlich vorzüglich ausgestalteten Katalogs der Nachwelt erhalten geblieben«. Göbl hat alle Kataloge mit einer inhaltlichen Einleitung versehen: Im ersten Band geht es vornehmlich um die Person Zenos, die beiden folgenden sind inhaltlicher auf die Münzen ausgerichtet. Interessanterweise wird in keinem der drei Bände erwähnt, dass sich die Sammlung über 200 Jahre lang im Besitz des Stiftes St. Florian befand; Kat. Dorotheum I 1955, S. vi formuliert lediglich vage »als dieser [Kunstschatz] noch zu Zenos Lebzeiten nach Österreich kam« oder es wird ebd. S. vii in Anm. 1 von »den Besitznachfolgern der Sammlung Zeno« gesprochen.

(Abb. 10).[56] In Rücksprache mit dem Kurator der Universität konnte Berghaus von den in Wien nicht verausgabten Restmitteln 146,– DM für den Ankauf der Fremersdorf-Münzen verwenden.[57]

Abb. 10: Imperatorischer Denar des Gn. Domitius Ahenobarbus (41 v. Chr.; Æ 3,91 g, 20 mm, 1 h) aus der Slg. Fritz Fremersdorf (Maßstab: 1,5:1).

Unmittelbar nach seiner Rückkehr von der zweiten Zeno-Auktion aus Wien erreichte Berghaus zudem ein Brief der ehemaligen Lehrerin Clara Bieder (1875–1957) aus Hamburg, in dem sie Berghaus um Rat fragte, wie sie die Münzsammlung ihres verstorbenen Mannes Theobald Bieder (1876–1947) (Abb. 11) geschlossen halten und zugleich der Wissenschaft zugänglich machen könne. Berghaus kannte Bieder aus ihrer gemeinsamen Hamburger Zeit; beide waren langjährige aktive Mitglieder des Vereins der Münzenfreunde Hamburg:

> Sie werden sich doch sicher noch an meinen Mann Theobald Bieder erinnern und haben ja früher während Ihres Studiums einen Einblick in seine Münzsammlung gehabt. Sie werden sich dabei erinnern, dass mein Mann seine Sammlung ganz auf wissenschaftlicher Grundlage aufgebaut hat. Es ist eine Lehrsammlung, in der sich Münzen aus dem gesamten griechischen Kulturbereich mit seinen Prägestätten in seinen Kolonien, besonders in Kleinasien, befinden. ...
> Es kommt mir jetzt darauf an, die Sammlung möglichst geschlossen an ein Institut zu übergeben. Leider sind diese Institute nicht mit allzu reichen Mitteln gesegnet. Ist Ihnen vielleicht ein Institut oder eine Universität bekannt, an der antike Numismatik gelehrt wird, und die eventuell als Käufer in Betracht kommen könnte?[58]

56 Inv. M 1894–1900, 1904–1910, dazu kommen eine Bronze der sizilischen Mamertiner (M 381) und eine Didrachme aus dem lukanischen Velia (M 292).

57 Antrag Stiers vom 3.7.1956; die Durchschrift befindet sich im Erwerbungsarchiv des Münzkabinetts am LWL-Museum für Kunst und Kultur.

58 Der Brief vom 10.6.1956 ist ebenfalls im Münzkabinett am LWL-Museum für Kunst und Kultur archiviert.

Wie Zeno[59] war es auch Clara Bieder wichtig, »daß die Sammlung in ihrer Geschlossenheit unter dem Namen meines Mannes erhalten« blieb – das Andenken also der Beweggrund dafür, eine öffentliche Sammlung als zukünftigen Besitzer zu gewinnen. Berghaus antwortete ihr umgehend:

> Es ist ein merkwürdiges Zusammentreffen, daß ich Ihren Brief gerade in dem Moment erhalte, da ich von einer großen Münzversteigerung in Wien zurückkehre, wo ich für die hiesige Universität römische Münzen angekauft habe. Wir sind nämlich damit beschäftigt, eine Lehrsammlung für die hiesige Universität, an der ich seit einigen Semestern numismatische Vorlesungen halte, aufzubauen. Bisher haben wir aber nur römische Münzen erworben, planen jedoch, auch eine Lehrsammlung griechischer Münzen anzulegen. Es ist wirklich seltsam, daß ich seit einiger Zeit immer schon daran gedacht hatte, Ihnen unsere diesbezüglichen Pläne mitzuteilen und anzufragen, ob die Sammlung Ihres Gatten, die ich ja wirklich gut kenne, für ein solches Unternehmen in Frage käme. Und nun erhalte ich Ihren Brief, der die Ausführung dieses Planes in nächste Nähe rückt. Ich werde gleich dieser Tage mit den betreffenden Stellen der Universität über das Projekt sprechen und hoffe, damit auch in Ihrem Einverständnis zu handeln. Ich würde mich aufrichtig freuen, wenn die Sammlung Ihres Gatten auf diese Weise geschlossen bei einander bliebe und gerade mir, der ich Ihren Gatten doch seit meinen ersten numismatischen Schritten kannte und schätzte, zur Betreuung anvertraut würde.[60]

Die Einigung mit Clara Bieder erfolgte schnell, und so wandte sich Berghaus direkt an Hans von Heppe (1907–1982) vom Kultusministerium, um in Form einer »Forschungsbeihilfe« Gelder für den Ankauf auch dieser Sammlung zu erhalten. Denn die Mittel der Universität waren durch die Zeno-Erwerbungen erschöpft. Anders als bei Zeno stand hier eine komplexe Gesamtsammlung zur Disposition. Und während Berghaus bei den römischen Münzen immer ihren Charakter als Lehrinstrumente betont hatte, argumentierte er hier mit eher wissenschaftlichen Aspekten: Es ging ihm nun um den Ausbau der Lehr- hin zu einer Studien- und Forschungssammlung.

> Diese Sammlung ist mir seit vielen Jahren außerordentlich gut bekannt, ja sie bildet eine wesentliche Grundlage meiner wissenschaftlichen Forschungstätigkeit. Der Eigentümer, Theobald Bieder, Privatgelehrter in Hamburg, hat sie in sechzig Jahren nach wissenschaftlichen Grundsätzen aufgebaut und im Laufe der Zeit 1931 griechi-

59 Siehe hier Anm. 27.
60 Antwort vom 12.6.1956, Durchschlag im Münzkabinett am LWL-Museum für Kunst und Kultur.

sche Münzen, darunter 396 in Silber, zusammengetragen. Bei seinen Ankäufen hat er jeweils das wissenschaftliche Interesse in den Vordergrund gestellt und dafür das reine Sammlerinteresse, das sich auf die Erhaltung der Münzen bezieht und ihre Bewertung nicht unwesentlich beeinflußt, außer acht gelassen. Nur so ist es zu verstehen, daß diese einzigartige Sammlung, die eine große Zahl seltener Geprägte hoher wissenschaftlicher Bedeutung enthält, zu einem Preise von DM 6 500,- angeboten wird. ...
Das Schwergewicht der Sammlung Bieder liegt bei den historisch und kulturgeschichtlich so wichtigen griechischen und spanischen Provinzialmünzen der römischen Kaiserzeit, die seit dem Erscheinen des Werkes von Michael Grant From Imperium to Auctoritas, Cambridge 1946 im Mittelpunkt der antiken Münzforschung stehen und auch einen wesentlichen Teil meiner eigenen Studien ausmachen. ...
Ich stelle daher den Antrag, die Mittel für den Ankauf der Sammlung Bieder, DM 6 500,-, aus den Mitteln des Landes Nordrhein-Westfalen, Geisteswissenschaftliche Sektion bereitzustellen und damit meine bereits mehrjährigen Vorarbeiten zur griechischen Münzgeschichte im Rahmen der Förderung geisteswissenschaftlicher Forschungsvorhaben fördern zu wollen, da das Fundament meiner eigenen Forschung gefährdet ist, dazu auch die Mittel der westfälischen Wilhelms-Universität durch die Käufe römischer Münzen bei einer einmalig günstigen Gelegenheit in Wien kürzlich stark beansprucht worden sind. Bei diesem unvorhergesehenen Angebot handelt sich um eine einmalig günstige Gelegenheit.[61]

Unverzüglich bat er auch Stier um Unterstützung und Fürsprache, der sich durch seine Position im Kulturausschuss des Landes für den Antrag in Düsseldorf einsetzen konnte:

Sie erinnern sich sicherlich, dass ich Ihnen verschiedentlich von der bedeutenden Sammlung griechischer Münzen Theobald Bieder in Hamburg berichtet habe, die für meine bisherigen Studien von grosser Bedeutung war. Nun ist diese Sammlung in Gefahr, aufgelöst zu werden und damit als ein erstrangiges Quellenmaterial verloren zu gehen. Da wir in ganz Nordrhein-Westfalen keine auch nur annähernd so bedeutende Sammlung griechischer Münzen besitzen, auf der man weiter aufbauen könnte, habe ich einen Antrag an das Kultusministerium des Landes Nordrhein-Westfalen gestellt,

61 Auszüge aus dem Antrag vom 11. 7. 1956, Durchschrift im Erwerbungsarchiv des Münzkabinetts am LWL-Museum für Kunst und Kultur. Hans von Heppe kam aus Hamburg und war nur zwischenzeitlich 1952–1956 in Nordrhein-Westfalen tätig; die gemeinsame Hamburger Vergangenheit mag Berghaus ausgespielt haben, als er ihn anschrieb.

diese einmalige Gelegenheit auszunutzen und die Sammlung Bieder aus Mitteln der Arbeitsgemeinschaft für Forschung zu erwerben und in Münster zu deponieren.[62]

Aus beiden Briefen wird deutlich, dass Berghaus – obwohl von Haus aus Mittelalternumismatiker – aktuelle Forschungen auch aus dem Bereich Antike verfolgte und sich unter anderem mit dem methodischen Zugang Michael Grants (1914–2004) intensiv auseinandergesetzt hatte.[63] Weitsichtig erkannte er das Potenzial der Sammlung Bieder gerade durch den hohen Anteil an sogenannten Roman Provincials, den lokalen Städteprägungen im Römischen Reich, die die Forschung lange Zeit wenig im Blick hatte. Zeitgleich wurde auch die Kleinasien-Sammlung Hans von Aulocks (1906–1980) für eine Publikation im Rahmen der Sylloge Nummorum Graecorum vorbereitet,[64] aber erst zu Beginn der 1990er Jahre wurde das Material mit dem Projekt »Roman Provincial Coinage« grundlegend neu aufgenommen und neu bewertet.[65]

Schon am 21. Juli 1956 konnte er Clara Bieder mitteilen, dass die Mittel für den Ankauf der Sammlung bewilligt wurden und dass »die Sammlung Ihres Gatten also nun ganz im Sinne Ihres Gatten beieinanderbleiben und der Forschung immer zur Verfügung stehen wird«.[66] In seinem Dankschreiben an den Ministerialrat Eberhard Freiherr von Medem (1913–1993) betonte er den doppelten Vorzug der Sammlung als »ein vorzügliches Anschauungsmaterial für die Ausbildung hiesiger Studenten und eine Grundlage für ihre wissenschaftlichen Arbeiten«.[67]

Bereits Ende Juli waren die Münzen in Münster und »hier im Landesmuseum bei der Münzenlehrsammlung der Westfälischen Wilhelmsuniversität deponiert«.[68] Was mit großer Begeisterung und Elan begann, wurde dann jedoch verwaltungsrechtlich ausgebremst – ausgerechnet durch Walter Hävernick, Berghaus' Lehrer und Doktorvater, der

62 Aus dem Brief an Stier vom 12.7.1956, Durchschrift im Münzkabinett am LWL-Museum für Kunst und Kultur. Stier war MdL und 1947–1966 stellvertretender Vorsitzender des Kulturausschusses.

63 Grant 1946 und Grant 1953.

64 SNG von Aulock, Hefte 1–18, 1957–1968, s. hier auch den Beitrag von George C. Watson im vorliegenden Band.

65 Zur Einordnung der traditionell griechischen Lokalprägungen in den weiten Komplex einer römischen Währung s. die Vorbemerkung im Vorsatz von RPC I (»This book embodies a new conception of Roman coinage«) sowie S. vii, xiii–xvii, und die Einleitung S. 1–54; kompakte Informationen zum Verständnis auf der Website des Projekts rpc.ashmus.ox.ac.uk/introduction. Weit gedacht und groß angelegt war auch das in den 1970er Jahren begonnene Düsseldorfer Digitalisierungs-Projekt ISEgriM (»Informationssystem zur Erfassung griechischer Münzen«), das sich speziell den Städteprägungen aus Kleinasien verschrieben hatte, heute als »Greek Coinage of Asia Minor« abrufbar unter gcam.hhu.de, s. hier den Beitrag von Johannes Wienand im vorliegenden Band.

66 Durchschlag im Münzkabinett am LWL-Museum für Kunst und Kultur.

67 Schreiben vom 24.7.1956; Durchschlag im Münzkabinett am LWL-Museum für Kunst und Kultur.

68 Aus dem Schreiben an von Medem vom 31.7.1956, in dem er auch die Zahlungsmodalitäten aufführt, Durchschlag im Erwerbungsarchiv des Münzkabinetts am LWL-Museum für Kunst und Kultur.

sich in der (Hamburger) Angelegenheit Bieder offenbar übergangen fühlte und den Wert der Sammlung nun deutlich geringer einschätzte, als er um ein weiteres Gutachten angefragt wurde. Ein solches war »schon aus haushaltmässigen Gründen notwendig« geworden,[69] wie von Medem an Berghaus schrieb, was dieser zunächst nur als Formsache angesehen hatte. Was folgte, war ein emotional aufgeladener Disput,[70] der zwischenzeitlich das Lehrer-Schüler-Verhältnis von Berghaus und Hävernick trübte und in jedem Fall eine weitere Neubewertung erforderlich machte. Letztlich bestätigte ein neues Gutachten von Wilhelmine Hagen (1910–1996) vom Münzkabinett des Rheinischen Landesmuseums in Bonn den ursprünglich veranschlagten Wert als angemessen und charakterisierte die Sammlung Bieder nochmals folgendermaßen:[71]

> Sie bietet ein ausgezeichnetes Studienmaterial zur griechischen und römischen Münzgeschichte, da sie sowohl die griechischen Lokalprägungen vor der Römerzeit als auch die historisch und kulturgeschichtlich so interessanten Reihen der römischen Provinzialprägungen der griechischen Provinzen und Städte in z. T. beachtlicher Vollständigkeit enthält. Derart auf wissenschaftliche Vollständigkeit hin zusammengetragene Sammlungen werden kaum jemals geschlossen angeboten. Es wäre daher nur zu begrüssen, wenn ein so wichtiges Studienmaterial geschlossen erhalten und bei einem wissenschaftlichen Institut zur weiteren wissenschaftlichen Auswertung bereitgestellt würde.

Im Dezember konnte endlich die Rechnung beglichen werden.[72] Auch die zwischenzeitliche Missstimmung zwischen Lehrer und Schüler beruhigte sich wieder.[73]

---

69 Man hatte Hävernick als weiteren Gutachter ausgewählt, »der die Verhältnisse wohl am besten beurteilen kann«, so schreibt von Medem am 10.8.1956, Brief im Münzkabinetts am LWL-Museum für Kunst und Kultur.

70 Zahlreiche Briefe gingen hin und her, natürlich auch zwischen Berghaus und Clara Bieder, die sich »große Sorgen um meine Münzsammlung mache« (Brief vom 16.9.1956) oder kurz davor war, die Sammlung zurückzufordern (Brief vom 28.8.1956 und ähnlich auch am 16.9.1956). Die Lehrerin Clara Bieder hatte die numismatischen Aktivitäten ihres Mannes ganz offensichtlich interessiert verfolgt und sah auch recht klar, dass Hävernick zwar Fachmann auf dem Gebiet der mittelalterlichen Numismatik sei, aber kein Spezialist für die Antike und die Sammlung nur »in ihren Anfängen, als er noch Student war«, kenne (Brief vom 28.8.1956) und daher die »Sammlung meines Mannes wohl kaum richtig beurteilen« könne (Brief vom 16.9.1956). Dieser und weitere Briefe befinden sich in der Forschungsstelle Antike Numismatik sowie im Münzkabinett am LWL-Museum.

71 Aus dem Gutachten, Durchschlag in der Forschungsstelle Antike Numismatik.

72 Die endgültige Bewilligung der Forschungsbeihilfe kam am 29.11.1956 von Werner Haugg, Ministerialdirigent am Kultusministerium; mit Stempel vom 14.12.1956 wurden die Stücke im Inventarbuch vereinnahmt; alle Schriftstücke im Münzkabinett am LWL-Museum für Kunst und Kultur.

73 Einige Jahre später gab Peter Berghaus gemeinsam mit Gert Hatz (1928–2017) die Festschrift für Hävernick heraus: Berghaus & Hatz 1965, und Hävernick schrieb wiederum nicht nur einen eigenen Beitrag, sondern auch ein enthusiastisches Geleitwort für die Festschrift Berghaus: Fischer & Ilisch 1981, S. v.

Abb. 11: Porträtfoto von Theobald Bieder (1876–1947), von Clara Bieder an Peter Berghaus übergeben.

Theobald Bieder und seine Sammlung

Theobald Bieder (geboren am 26. Mai 1876 und gestorben am 24. April 1947) war im schlesischen Hirschberg geboren,[74] wuchs aber in Hamburg auf, wo er (wie später Berghaus) am traditionsreichen Johanneum eine humanistische Ausbildung erhielt (Abb. 11). Nach dem frühen Tod seines Vaters war ihm das geplante Studium der Mathematik und Astronomie nicht mehr möglich; über eine kaufmännische Tätigkeit kam er schließlich als wissenschaftlicher Mitarbeiter zur NORAG (»Nordische Rundfunk AG«, heute NDR).[75] Als Autodidakt forschte er in verschiedenen Bereichen, war aktives Gründungsmitglied der Hebbel-Gesellschaft und publizierte Arbeiten zu Friedrich Hebbel (1813–1863) und seinen Werken.[76] In den 1920er Jahren verfasste er u.a. eine dreibändige »Geschichte der Germanenforschung« sowie eine Studie »Das Hakenkreuz«.[77] Außerdem stand er den neogermanischen Bewegungen um Wilhelm Schwaner (1863–1944) und Ludwig Fahrenkrog (1867–1952) nahe; Briefwechsel mit völkischen Autoren sind erhalten.[78]

---

74 Zum Geburts- und Sterbedatum: Standesamt Hamburg Nord, Nr. 1099/1947, s. auch Hävernick 1947 S. 90.

75 Siehe dazu die Einträge im Kürschners Deutscher Gelehrten Kalender III (1928), S. 162, bei Degener 1928, S. 128 f.; Degener 1935, S. 121 sowie den Nachruf von Hävernick 1947, S. 90. In den Jahren 1929/30 war er Leiter der Literarischen Abteilung der NORAG, ab 1932 nur noch Leiter der untergeordneten Bibliothek, s. das Organigramm der NORAG, abrufbar unter docplayer.org/15640234-Nordische-rundfunk-a-g-norag.html. Im Zuge von Einsparmaßnahmen wurde Bieder 1933 entlassen, ausführlicher dazu Rimmele 1977, S. 132 f. In einem Brief an Ludwig Schemann vom 13. 9. 1934 berichtet Bieder über seine Entlassung im Juli 1933 und dass er zum Ende des Jahres als freier Mitarbeiter wieder eingestellt wurde (Archiv der Universitätsbibliothek Freiburg NL 12/1563). Ich danke Alfred Hübner (Pforzheim) für Hinweise.

76 Beispielsweise Bieder 1927 und Bieder 1937.

77 Bieder 1921; Bieder 1921–1925.

78 Mit Schwaner war er über die Germanenforschung lange vertraut und »per du«, s. ein Brief vom 31. 3. 1910 in der Universitätsbibliothek Kassel (archiviert unter 2° Ms. hist. litt. 38[Bieder:001]). Zahlreiche Briefe und Postkarten Bieders von 1911–1934 an den Rassenkundler Ludwig Schemann (1852–1938) befinden sich in der Universitätsbibliothek Freiburg. In einem Brief an Schemann schreibt er, »Ganz unter uns will ich Ihnen erzählen, dass ich so nebenbei meine Geschichte der Germanenforschung neu aufziehe. Der erste Teil hat mir schon lange nicht mehr gefallen, aus den damals 115 Seiten werden nach meiner Schätzung bis jetzt 250–300 Seiten werden« (Brief vom 13. 9. 1934) (Archiv der Universitätsbibliothek Freiburg NL 12/1563). Sowohl »Das Hakenkreuz« als auch der erste Band der »Geschichte der Germanenforschung« (Erster Teil: 1500 bis 1806) erschienen in den 1930 er Jahren im Rahmen des »Ahnenerbe« in

Abb. 12: Bronzemünze aus Nikopolis in Epirus (138–161 n.Chr.; Æ, 24,96 g, 31,9 mm, 12 h) (Maßstab: 1,5:1).

Neben aller romantischen Verklärung germanischer Vergangenheit und deutschnationaler Gesinnung war er begeisterter Sammler griechischer Münzen und publizierte auch in diesem Bereich gelegentlich.[79] Seit Januar 1906 war er Mitglied im Verein der kurz zuvor gegründeten Münzenfreunde in Hamburg, fast drei Jahrzehnte lang ihr Schriftführer, zuletzt 1945/46 als Geschäftsführer auch Vorsitzender und seit 1946 Ehrenvorsitzender.[80]

Den entscheidenden Grundstock seiner Sammlung hatte Bieder offenbar zu Beginn des 20. Jahrhunderts gelegt, als er bei dem Hamburger Münzenhändler Eugen von Krakau eine ältere Sammlung griechischer Münzen (oder zumindest größere Teile davon) ankaufen konnte.[81] In einem Aufsatz von 1906 berichtet er über seine Erwerbung und stellt einige der besonderen Münzen vor (Abb. 12),[82] darunter auch ein Medaillon des panionischen Bundes, das allerdings später nicht den Weg in die Münsteraner Sammlung gefunden hat.[83]

einer zweiten erweiterten Auflage. Im Degener 1928, S. 128 ist er als »parteilos« bezeichnet, das bestätigen die Unterlagen in seiner Akte im Bundesarchiv Berlin, R 9361-V/14176 bis in die späten 1930er Jahre.

79 Darunter Bieder 1906; Bieder 1930b; Bieder 1947a. Bei Degener 1928, S. 128 und Degener 1935, S. 121 werden auch »Hobbies« gelistet, so gilt er als Sammler von Büchern und Münzen.

80 Seelig 1979, S. 16 und 48 f.; Mehl 2004, S. 11 (1919–1946 Schriftführer [dieses Amt gab Bieder 1946 an Peter Berghaus weiter], 1936 Ehrenmitglied, 1946 Ehrenvorsitzender).

81 Bieder 1947, S. 74 schreibt »Aus einer reichen Sammlung antiker Münzen, die Anfang 1905 von Herrn E. v. Krakau in Hamburg gekauft wurden, erwarb ich u. a. …«. Die Auktionskataloge und Lagerlisten von E. von Krakau weisen sonst kaum Antiken auf; er war vielmehr auf neuzeitliche Münzen und Medaillen mit Schwerpunkt auf hanseatischen Geprägen spezialisiert. Daher ist davon auszugehen, dass diese Stücke nicht den Umweg über Kataloge genommen haben, sondern offenbar u. a. an Bieder direkt verkauft worden sind.

82 Bieder 1906, Sp. 3463–3465 Nr. 1–11; hier abgebildet ist ebd. Sp. 3463 Nr. 2 Taf. 163,2; s. auch Berghaus 1978, S. 158 f.

83 Bieder 1906, Sp. 3464 Nr. 4 und Bieder 1947, S. 74. Es handelt sich um RPC IV Temp. Nr. 1019/4 (dieses Stück). Berghaus hatte im Zuge der Übergabe der Münzen an das Archäologische Museum einen kurzen biographischen Informationstext zu Bieder zusammengestellt und darin vermerkt, die Witwe habe »Bieders letztem Arzt die Erlaubnis gegeben, zur Erinnerung an ihren Mann der Sammlung einige Stücke zu entnehmen«, Schreiben in der Forschungsstelle Antike Numismatik der Universität Münster.

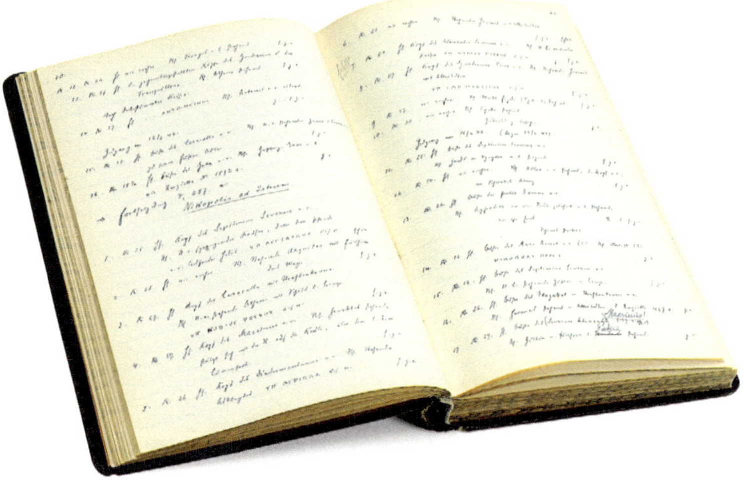

Abb. 13: Handschriftlicher Münzkatalog Theobald Bieders.

Wie groß darüber hinaus bereits dieser Anfangsbestand war und welche oder wie viele Stücke er wann und wo in den kommenden Jahrzehnten dazu erworben hat, lässt sich nicht mehr nachvollziehen. Berghaus, der mit Bieders Sammlung(sgeschichte) vertraut war, schreibt: »in 40 Jahren Sammeltätigkeit hat er dann seine griechischen Münzen planmäßig zusammengetragen«.[84] Bis etwa 1940 hatte er offenbar den Großteil seiner Sammlung abgeschlossen, denn sein sorgfältig geführter Katalog (Abb. 13) scheint »am Stück« konzipiert und geschrieben worden zu sein.[85] Ab 1942 gibt es gelegentlich datierte Neuzugänge von Einzelstücken, manchmal auch kleineren Konvoluten.

Ein einziger Hinweis auf eine weitere konkrete Objektprovenienz findet sich interessanterweise in den Erwerbungsakten am Berliner Münzkabinett, die bereits für das Jahr 1907 einen Kontakt mit Bieder belegen: Im Tausch mit einer Siliqua von Constantius II. (jetzt Münzkabinett Berlin, Objektnummer 18260844) erhielt Bieder im Gegenzug eine Kleinsilberprägung aus Thurioi in Unteritalien. In der Münsteraner Universitätssammlung befinden sich heute zwei Bieder'sche Trihemiobole aus Thurioi, von denen einer daher vermutlich aus dem Berliner Münzkabinett stammt und dort als Dublette ausgeschieden worden war (Abb. 14–15).[86]

Sein eigenes Sammlerverständnis formulierte Bieder so: »Der Wert einer Sammlung liegt einzig in den Anregungen und Belehrungen, die sie ihrem Besitzer vermitteln. Dabei

84 So Berghaus 1978, S. 159.

85 »Erst die Inventarisierung an berufener Stelle leistet für die völlige wissenschaftliche Erschließung des Materials Bürgschaft,« schreibt Bieder 1930b, S. 10.

86 Münster, Inv. M 285 und M 286. Das Berliner Münzkabinett hatte diese Münze bei Kube, in der Auktion Slg. Martini, Oktober 1907, Nr. 1756 erworben. Ich danke Karsten Dahmen für diese Auskunft.

Abb. 14: Trihemiobol aus Thurioi in Lukanien (ca. 443–440 v. Chr.; Æ, 1,19 g, 11,4 mm, 11 h). Archäologisches Museum der Universität Münster (Maßstab: 3:1).

Abb. 15: Trihemiobol aus Thurioi in Lukanien (ca. 400–350 v. Chr.; Æ, 1,03 g, 11,2 mm, 10 h), Archäologisches Museum der Universität Münster (Maßstab: 3:1).

sind eben die griechischen Münzen in ihrer Vielseitigkeit so beschaffen, daß auch eine bescheidene Sammlung hohen geistigen Gewinn verheißt«.[87] Dass er an seinen Münzen viel Freude hatte, weil er daraus lernen könne, bestätigte seine Witwe[88] und berichtete in einem anderen Schreiben, »mein Mann sprach gelegentlich über einzelne Teile im Münzverein und legte die beh(andelten) Stücke dann vor«.[89]

Wie zuvor die Münzen der Sammlung Zeno wurden auch die Bieder'schen Stücke im Landesmuseum in den hier üblichen Holzschächtelchen ausgelegt; die originalen Unterlegzettel, die Robert Wulff, ein Freund der Familie Bieder und ebenfalls Mitglied der Hamburger Münzenfreunde, erstellt hatte und von dessen Hand im Bieder'schen Katalog einige Ergänzungen und Korrekturen stammen,[90] wurden auf den Rückseiten sorgfältig aufgeklebt

87 So Bieder 1930b, S. 11.

88 »Mein Mann freute sich auch stets, wenn er Münzen vor sich hatte, an denen er lernen konnte«, aus einem Brief von Clara Bieder an Berghaus vom 17. 6. 1956, Erwerbungsarchiv des LWL-Museums.

89 So Clara Bieder in einem Brief vom 28. 8. 1956 an Peter Berghaus, Forschungsstelle Antike Numismatik.

90 In ihrem Brief vom 17. 6. 1956 schreibt Clara Bieder an Berghaus, »Unser lieber Freund Robert Wulff hat sie so sorgfältig beschriftet und geordnet« (Münzkabinett am LWL-Museum für Kunst und Kultur). In seinem Bericht über die Arbeit des Vereins schreibt Bieder 1930a, S. 40: »Herr Robert Wulff pflegt die gesamte Antike. Wir hörten von ihm einen interessanten Vortrag über das alt-italische Aes grave und einen

Abb. 16: Bronzemünze aus Ephesos in Ionien (193–211 n. Chr.; Æ, 20,62 g, 35 mm, 6 h) (Maßstab: 1,5:1).

Abb. 17: Drachme des Magistraten Kleandros aus Chios in Ionien (84–31 v. Chr.; Ꜳ, 3,60 g, 18 mm, 12 h) (Maßstab: 1,5:1).

und sind so ebenfalls erhalten. Aus der umfangreichen Sammlung publizierte Berghaus schließlich zwei pergamenische Münzen, deren Vorderseiten im Rahmen der *damnatio memoriae* des Maximinus Thrax (reg. 235–238) und seines Sohnes Maximus vollständig abgeschliffen worden waren.[91] Er und später Peter Ilisch (1947–2023) beantworteten zuverlässig Anfragen aus dem In- und Ausland nach Münzmaterial bestimmter Prägestätten; so gelangten Bieder-Münzen in zahlreiche Publikationen und Stempelstudien.[92] Bei der derzeitigen Aufarbeitung im Rahmen des Digitalisierungsprozesses finden sich immer wieder interessante Unikate, bislang unpublizierte Typen oder neue Varianten (Abb. 16–17).

weiteren über keltische Prägungen«. Wulff übernimmt 1953 das Amt des Schriftführers der Hamburger Münzenfreunde, stirbt jedoch im folgenden Jahr (Seelig 1979, S. 41 und 49).

91 Inv. Nr. M 1031 und M 1032 (= RPC VI [online] Temp. Nr. 4232/5 und Temp. Nr. 4235/5); dazu Berghaus 1978, S. 159–161.

92 Nur als kleine Auswahl: Franke 1961; Schönert Geiß 1970; Grunauer-von Hoerschelmann 1978; Klose 1980; Macdonald 1992; Westermark 2018. In der Berlin-Brandenburgischen Akademie der Wissenschaften sind zahlreiche Gipse von thrakischen Bieder-Stücken vorhanden (Byzantion, Perinthos, Hadrianopolis), die im Rahmen des »Griechischen Münzwerks« gesammelt wurden.

Nachtrag aus Kleinasien

Noch eine weitere »günstige Gelegenheit« bot sich Peter Berghaus, als er auf Vermittlung des Althistorikers Friedrich Karl Dörner (1911–1992), dessen Arbeits- und Forschungsschwerpunkte in Kleinasien lagen und der einige Jahre später die Forschungsstelle Asia Minor gründen sollte, von Hans von Aulock zwei frühe Elektronmünzen aus Ionien angeboten bekam.[93] So schrieb er am 9. Dezember 1958 an den Kurator der Universität:[94]

> Durch Vermittlung von Herrn Dr. Doerner ist es gelungen, dass Herr H. von Aulock, der bekannte Sammler und Kenner antiker kleinasiatischer Münzen in Istanbul, der Universität zwei griechische Goldmünzen zum Preis von DM 200.- reserviert hat.
>
> Es handelt sich um ionische Gepräge noch aus dem 7. Jahrhundert v. Chr., die zu den ältesten Münzen überhaupt gehören und deshalb von hervorragender pädagogischer Bedeutung sind. Münzen dieser Art werden im Freien Handel nur sehr selten angeboten und dann gewöhnlich zu unerschwinglichen Preisen. So sind diese beiden Münzen bisher auch nicht in dieser Form oder in Paralleltypen in der Studiensammlung der Universität vorhanden.
>
> Da eine ähnliche günstige Gelegenheit kaum in absehbarer Zeit wiederkehren dürfte, möchte ich Sie auf diese Erwerbsmöglichkeit aufmerksam gemacht haben und möchte Sie gleichzeitig um die Gewährung der Ankaufssumme von DM 200.- bitten. Eine ähnliche Gelegenheit dürfte kaum in absehbarer Zeit wieder vorkommen. Die Angelegenheit ist dadurch etwas dringend, als Herr von Aulock nur für eine begrenzte Zeit über die beiden Münzen, die schon hier in Münster zur Ansicht vorliegen, verfügen kann.

In seiner handschriftlichen Ergänzung befürwortete Stier, der das Schreiben an den Kurator weiterleitete, den Ankauf »wärmstens« und argumentierte damit, dass »der Erwerb der beiden Münzen … unsere Studiermöglichkeiten erheblich verbessern« würde. Erneut wurde die numismatische Ausbildung als Argument für den Ankauf genutzt. Der Kurator bewilligte am 16. Dezember 1958 die beantragten 200,– DM.[95]

---

93 Inv. Nr. M 1075 und 1076.

94 Universitätsarchiv Münster, Bestand 9 Nr. 1883 (Kurator, Sachakten 4. 6. 1 Philosophisch-historische Fakultät/Archäologisches Seminar Bd. 3, Az. 33.29 Bd. 1–2, 1957–1969).

95 Der Schriftwechsel zu dieser Erwerbung ist im Universitätsarchiv unter dem Archäologischen Seminar abgelegt (Bestand 9 Nr. 1883). Mit der Einrichtung des Extraordinariates für Arthur Milchhöfer ist die Klassische Archäologie in Münster zwar bereits seit 1883/1884 belegt, bis 1958 war sie aber Teil des Instituts für Altertumskunde. Erst 1958 wurde die Archäologie (inklusive Museum) ein eigenständiges Seminar.

Numismatik an der Universität Münster seit den 1950er Jahren – ein Ausblick

Die Nachricht, dass Peter Berghaus 1961 als »Lehrbeauftragter für Numesmatik [sic] an der Westfälischen Wilhelms-Universität« von Kultusminister Werner Schütz (1900–1975) nun zum Honorarprofessor ernannt worden war, schaffte es in die regionale Presse.[96] An der Universität selbst blieb das Interesse an eigener numismatischer Betätigung (und an der Sammlung) über lange Zeit überschaubar; bis in die 1990er Jahre wurde Numismatik als Unterrichtsfach fast ausschließlich von Berghaus abgedeckt.[97] Im Rahmen des Projekts »Das römische Herrscherbild« beschäftigte sich der Archäologe Max Wegner (1902–1998) mit Münzporträts und sammelte Gipsabgüsse römischer Kaisermünzen; unter seiner Betreuung entstanden auch einige dezidiert numismatische Dissertationen aus dem Bereich der kaiserzeitlichen Reichsprägung.[98] Eine kleine Gipssammlung von Münzen mit Abbildungen von Meilensteinen hatte der Wirtschaftshistoriker Thomas Pekáry (1929–2010) für seine »Untersuchungen zu den römischen Reichsstraßen« angelegt.[99] Die Gipssammlung war aus der persönlichen Forschung heraus entstanden und blieb in privatem Besitz.

1994 kam mit Dieter Salzmann ein Klassischer Archäologe an die Westfälische Wilhelms-Universität, dessen Interessen und Forschungen schon lange eng mit der Numismatik verbunden waren.[100] Er kannte die am Landesmuseum aufbewahrte universitäre Sammlung gut und holte sie nun an die Universität, wo der Bestand seither mehr als verdreifacht werden konnte.[101] Neben einer umfangreichen Stiftung hellenistischer Städte- und Herrscherprägungen (gut 1 800 Stücke), die die Sammlung Bieder gut um den vorkaiserzeitlichen Bereich ergänzt, wurde durch weitere Schenkungen und einige gezielte Ankäufe der auf Zeno und Bieder zurückgehende Altbestand inzwischen um verschiedene

96 So in den »Ruhrnachrichten« (Nr. 159 vom Dienstag, 11.7.1961) und in der »Westfalenpost« (Nr. 161 vom Donnerstag, 13.7.1961). Korrekt als »Lehrbeauftragter für Numismatik« in der Westfälischen Zeitung Bielefeld (Nr. 159 vom Donnerstag, 13.7.1961). Die Zeitungsausschnitte sind archiviert im Münzkabinett am LWL-Museum für Kunst und Kultur.

97 Die Ausnahmen sind überschaubar: Im WS 1976/77 eine Vorlesung in der Judaistik zu »Quellenkunde zum hellenistischen Judentum II: Denkmäler, Inschriften, Papyri, Münzen« (Bernhard Justus [1931–2023]); im SS 1979 ein Hauptseminar in der Archäologie (Werner Fuchs [1927–2016] gemeinsam mit Berghaus); im SS 1989 ein geschichtsdidaktisches Seminar »Antike Münzen als historische Quellen« (Dieter Metzler [geb. 1939]); eine epochenübergreifendes Hauptseminar »Geld und Kultur in historischer Perspektive« (Hans-Jürgen Teuteberg [1929–2015], Peter Funke und Peter Berghaus). Ab WS 1983/84 kam mit Berghaus' Nachfolger am Landesmuseum Peter Ilisch ein neuer Dozent hinzu; Berghaus selbst lehrte bis in die 1990er Jahre regelmäßig weiter.

98 Gisela Förschner, »Studien zu den Bildnissen Vespasians« (Diss. 1958); Volker Zedelius: »Untersuchungen zur Münzprägung von Pertinax bis Clodius Albinus« (Diss. 1976) und Bernhard Schulte: »Die Goldprägung der gallischen Kaiser von Postumus bis Tetricus« (Diss. 1977/78).

99 Pekáry 1968.

100 Um nur einige ganz wenige frühe Titel zu nennen, die von der breiten numismatischen Ausrichtung zeugen: Salzmann 1973; Salzmann 1974; Salzmann 1976; Salzmann 1981.

101 Dazu Bensch et al. 2013, S. 477 und 480. In den letzten zehn Jahren kam weiteres Material hinzu.

Sammlungsschwerpunkte erweitert: Dazu gehören städtische Prägungen aus Alexandria Troas,[102] Münzen des Kaisers Victorinus (reg. 269–271) aus dem Gallischen Sonderreich, Münzen der Dekapolis, frühislamische Stücke oder zwei Sondersammlungen Sizilien (2021 und 2023) sowie zuletzt eine riesige Menge (gut 10000 Stücke) an Münzgipsen aus dem Nachlass von Ulrich Werz (1964–2023).[103] Seit 2007 wird ein repräsentativer Querschnitt durch die Münzprägung der Antike im Archäologischen Museum ausgestellt; weitere Themenvitrinen vermitteln nicht nur einen Einblick in das Geldwesen der Antike, sondern bringen dem Museumspublikum u. a. mithilfe der Münzbilder einzelne im Museum ausgestellte Bereiche der Alten Welt näher.[104] Mit dem »Digitalen Münzkabinett« geht man inzwischen einen neuen Weg in der Präsentation und Aufarbeitung des Materials: 2016 wurden die ersten Datensätze freigegeben. Damit gehört die Münsteraner Sammlung neben Bonn, Düsseldorf und Heidelberg zu den Vorreitern im Netzwerk Universitärer Münzsammlungen (NUMiD).[105] Die Möglichkeiten der digitalen Vernetzung nutzt auch die 2019 eingerichtete »Online-Zeitschrift zur Antiken Numismatik« (OZeAN), die die traditionell in Buchform erscheinende Münsteraner Publikationsreihe »EUROS. Münstersche Beiträge zu Numismatik und Ikonographie« ergänzt.[106]

Gemeinsam mit Achim Lichtenberger hatte Salzmann im Jahr 2009 die Forschungsstelle Antike Numismatik gegründet,[107] um die inzwischen zahlreichen numismatischen Aktivitäten zu bündeln. Dazu gehört auch der 2006 eingerichtete Tag der Antiken Numismatik (TAN), der die Zusammenarbeit zwischen Universität und Museum neu belebt hat: Ein Format, das – organisiert von einem Team des Instituts, des Landesmuseums

102 Die Beschäftigung mit den Münzen der Stadt wurde durch die Survey- und Grabungsarbeiten der Forschungsstelle Asia Minor vor Ort 1993–2009 angeregt. Boßmann 2004, S. 265–284; Martin et al. S. 391 mit Anm. 38.

103 Verschiedene der genannten neuen Sammlungsbestandteile verdienen eine gesonderte Behandlung, sei es aus inhaltlich objektbezogenen oder aus provenienz- und forschungsgeschichtlichen Gründen. Da es im vorliegenden Beitrag insbesondere um die Etablierung der universitären Sammlung und um die Kooperation von Universität und Museum geht, bleibt es hier für die späteren Sammlungszugewinne bei der schlichten Nennung.

104 Zu der ab 2007 neuen Ausstellungskonzeption mit »erstmals umfangreich ausgestellten Münzen«, s. Bensch et al. 2013, bes. S. 476 mit Anm. 25, S. 479 und 488 (Zitat ebd. S. 479). Durch einen weiteren Um- bzw. Ausbau des Museums können inzwischen (seit 2021) deutlich mehr Themengebiete gezeigt werden. Die inhaltlich breite Neuaufstellung von Achim Lichtenberger und H.-Helge Nieswandt ermöglicht auch eine noch vielfältigere Präsentation von Münzen; kaum eine Vitrine funktioniert hier ohne numismatische Anschauungsobjekte.

105 archaeologie.uni-muenster.de/ikmk. Seither werden die Münzbestände sukzessive online publiziert; die Aktualisierung auf das neue »Responsive Design« erfolgte am 30. 1. 2018. Die Verf. begleitet den Digitalisierungsprozess der Sammlung von Anfang an.

106 Die verschiedenen Publikationsformate sind hier zusammengestellt: uni-muenster.de/Archaeologie/numismatik/publikationen.html, konkret zu OZeAN: ozean-numismatik.de, gemeinsam herausgegeben von Achim Lichtenberger, Ulrich Werz und der Verf., nach dem Tod von Ulrich Werz ab 2024 mit Stefan Krmnicek.

107 uni-muenster.de/Archaeologie/numismatik.

und des Vereins der Westfälischen Münzfreunde e.V. – seitdem jährlich ein breites numismatisches Publikum anzieht und insbesondere dem numismatischen Nachwuchs eine Plattform zur Präsentation neuer Forschungen bietet.[108]

Mit »Numismatik in Münster« etablierte Lichtenberger dann 2017 ein neues Netzwerk, das universitäre und museale Kräfte über Epochen- und Kulturgrenzen hinaus bündelt; die Mitglieder kommen aus verschiedenen Instituten und Museen der Stadt. Mit der hier verorteten Numismatischen Herbstschule wird akademische und museale Expertise in die Lehre getragen.[109] Die mit Stier und Berghaus vor fast 70 Jahren begonnene numismatische Kooperation über die Institutionen hinweg hat sich also bewährt und wird derzeit intensiv gepflegt und ausgebaut.

Objekt- und Abbildungsnachweise

Abb. 1 © LWL-Museum für Kunst und Kultur/Westfälisches Landesmuseum. Foto: Rudolf Wakonigg.
Abb. 2 Münzkabinett am LWL-Museum für Kunst und Kultur/Westfälisches Landesmuseum, Münster, Inv. 34763 Mz. Foto: Sabine Ahlbrand-Dornseif. medaillenkunst.de/index.php?medaille_id=16932.
Abb. 3 Ex Slg. Apostolo Zeno, Kat. Dorotheum I 1955, Nr. 743; Archäologisches Museum der Universität Münster, Inv. M 2146, Foto: Robert Dylka. archaeologie.uni-muenster.de/ikmk/object?id=ID2334.
Abb. 4 Ex Slg. Apostolo Zeno, Kat. Dorotheum I 1955, Nr. 2709; Archäologisches Museum der Universität Münster, Inv. M 1959. Foto: Robert Dylka. archaeologie.uni-muenster.de/ikmk/object?id=ID330.
Abb. 5 Ex Slg. Apostolo Zeno, Kat. Dorotheum II 1956, Nr. 3007; Archäologisches Museum der Universität Münster, Inv. M 1971. Foto: Robert Dylka. archaeologie.uni-muenster.de/ikmk/object?id=ID104.
Abb. 6 Privatbesitz Laurens Schulman. Foto: Michael Fehlauer.
Abb. 7 Privatbesitz und Scan: Michael Fehlauer.
Abb. 8 Institut für Klassische Archäologie der Universität Tübingen, Inv. VI 511/12a. Foto: Stefan Krmnicek. www.ikmk.uni-tuebingen.de/object?id=ID1846.
Abb. 9 Archäologisches Museum der Universität Münster, Inv. M 8176. Foto: Katharina Martin. archaeologie.uni-muenster.de/ikmk/object?id=ID3474.
Abb. 10 Archäologisches Museum der Universität Münster, Inv. M 1910. Foto: Robert Dylka. archaeologie.uni-muenster.de/ikmk/object?id=ID151.
Abb. 11 Forschungsstelle Antike Numismatik der Universität Münster. Scan: Robert Dylka.
Abb. 12 Archäologisches Museum der Universität Münster, Inv. M 762. Foto: Robert Dylka. archaeologie.uni-muenster.de/ikmk/object?id=ID1175.
Abb. 13 Forschungsstelle Antike Numismatik der Universität Münster. Foto: Lianna Hecht.
Abb. 14 Archäologisches Museum der Universität Münster, Inv. M 285. Foto: Robert Dylka. archaeologie.uni-muenster.de/ikmk/object?id=ID106.
Abb. 15 Archäologisches Museum der Universität Münster, Inv. M 286. Foto: Robert Dylka. archaeologie.uni-muenster.de/ikmk/object?id=ID107.
Abb. 16 Archäologisches Museum der Universität Münster, Inv. M 1095. Foto: Robert Dylka. archaeologie.uni-muenster.de/ikmk/object?id=ID1480.
Abb. 17 Archäologisches Museum der Universität Münster, Inv. M 1172. Foto: Robert Dylka. archaeologie.uni-muenster.de/ikmk/object?id=ID1653.

108 uni-muenster.de/Archaeologie/numismatik/tagdernumismatik.
109 uni-muenster.de/Numismatik.

Bibliographie

Arneth 1838 J. Arneth: Ueber die Sammlung antiker Münzen im Stifte St. Florian, einst die des Apostolo Zeno. *Jahrbücher der Literatur, Anzeige-Blatt für Wissenschaft und Kunst* 83 (1838), S. 40–64.

Arneth 1840 J. Arneth: *Ueber das Tauben-Orakel von Dodona. Zur Erklärung einer antiken Erz-Münze der Epiroten in der Münzsammlung des Stiftes St. Florian.* Wien 1840.

Bensch et al. 2013 M. J. Bensch, H.-H. Nieswandt, D. Salzmann, T. Schreiber & N. Theissing: 125 Jahre Archäologisches Museum der Westfälischen Wilhelms-Universität zu Münster – Räume, Bestände, Personen und Aktivitäten. In: F. M. Müller (Hrsg.): *Archäologische Universitätsmuseen und -sammlungen im Spannungsfeld von Forschung, Lehre und Öffentlichkeit.* Berlin 2013, S. 471–496.

Berghaus 1978 P. Berghaus: Erasionen auf Münzen von Pergamon in der Sammlung Th. Bieder der Westfälischen Wilhelms-Universität. In: S. Şahin, E. Schwertheim & J. Wagner (Hrsg.): *Studien zur Religion und Kultur Kleinasiens. Festschrift für Friedrich Karl Dörner zum 65. Geburtstag.* Leiden 1978, S. 158–162.

Berghaus & Hatz 1965 P. Berghaus & G. Hatz (Hrsg.): *Dona Numismatica. Walter Hävernick zum 23. Januar 1965 dargebracht.* Hamburg 1965.

Bernauer 2005, E. P. M. Bernauer: *St. Florian in der NS-Zeit.* Linz 2005.

Bibliotheca Marciana 1906 *La Bibliotheca Marciana nella sua nuova sede.* Venedig 1906.

Bieder 1906 Th. Bieder: Seltene griechische Münzen. *Blätter für Münzfreunde* 41.3 (1906), S. 3463–3465.

Bieder 1921–1925 Th. Bieder: *Geschichte der Germanenforschung; Teile 1–3.* Leipzig 1922–1925 (eine zweite vermehrte und verbesserte Auflage hrsg. von der Forschungsgemeinschaft »Das Ahnenerbe«. Berlin 1939).

Bieder 1921 Th. Bieder: *Das Hakenkreuz.* Berlin 1921.

Bieder 1927 Th. Bieder: *Führer durch das Hebbel-Museum Wesselburen.* Büsum 1927.

Bieder 1930a Th. Bieder: 25 Jahre Verein der Münzenfreunde in Hamburg (1904–1929). In: *Festgabe zur Feier des 25jährigen Bestehens des Vereins der Münzenfreunde in Hamburg 1930.* Hamburg 1930, S. 37–40.

Bieder 1930b Th. Bieder: Die Kulturbedeutung der griechischen Münzen. In: *Festgabe zur Feier des 25jährigen Bestehens des Vereins der Münzenfreunde in Hamburg 1930.* Hamburg 1930, S. 4–11.

Bieder 1937 Th. Bieder: *Adolf Stern und seine Beziehungen zu Friedrich Hebbel: Mit urschriftl. Wiedergabe von 6 Briefen.* Berlin 1937.

Bieder 1947a Th. Bieder: Ein kleinasiatisches Medaillon des Panionischen Bundes. *Hamburger Beiträge zur Numismatik* 1 (1947), S. 74.

Bieder 1947b Th. Bieder: Berichte und Nachrichten. *Hamburger Beiträge zur Numismatik* 1 (1947), S. 89.

Bomben auf Münster. Stadtmuseum Münster (Hrsg.): *Ausstellung über die Luftangriffe auf Münster im Zweiten Weltkrieg, Stadtmuseum Münster, 10. Oktober 1983 bis 29. April 1984.* Münster 1983.

Boßmann 2004 A. Boßmann: Die Münzen von Alexandreia Troas im Archäologischen Museum der Westfälischen Wilhelms-Universität. *Boreas* 27 (2004), S. 265–284.

Buchmayr 2008 F. Buchmayr: Kunstraub hinter Klostermauern. Aspekte der Enteignung und der Restitution von Kunstwerken und Kulturgütern in den oberösterreichischen Stiften und Klöstern. In: B. Kirchmayr, F. Buchmayr & M. John (Hrsg.): *Geraubte Kunst in Oberdonau.* Linz 2008, S. 319–502.

Doblinger 1947 M. Doblinger: Zur Pflege der Numismatik in Oberösterreich. *Jahrbuch des Oberösterreichischen Musealvereins* 92 (1947), S. 257–288.

Ellinghaus 1993 Ch. Ellinghaus: Das Archäologische Museum der Universität. Von der Begründung bis zum Untergang im Zweiten Weltkrieg. In: K. Stähler (Hrsg.): *»... und es fehlte fast an keiner Art«. Antikenliebhaberei und Antikenstudium in Münster, Dokumentation und Ausstellung zur 1200-Jahrfeier der Stadt Münster = Dokumentation und Ausstellung des Archäologischen Museums der Universität. Unter der Mitarb. von Dieter Duneka u. a.* Münster 1993, S. 101–117.

Fehr 1912 M. Fehr: *Apostolo Zeno (1668–1750) und seine Reform des Operntextes.* Zürich (Diss.) 1912.

Fischer & Ilisch 1981 Th. Fischer & P. Ilisch (Hrsg.): *Lagom. Festschrift für Peter Berghaus zum 60. Geburtstag am 20. November 1979.* Münster 1981.

Forcellini, Diario Zeniano M. Forcellini: *Diario Zeniano (Firenze, Biblioteca medicea Laurenziana, ASHB. 1502),* hrsg. von C. Viola. Pisa 2012.

Fornasier 1993 J. Fornasier: Archäologisches Museum der Universität. Die Räumlichkeiten. In: K. Stähler (Hrsg.): *»... und es fehlte fast an keiner Art«. Antikenliebhaberei und Antikenstudium in Münster, Dokumentation und Ausstellung zur 1200-Jahrfeier der Stadt Münster = Dokumentation und Ausstellung des Archäologischen Museums der Universität. Unter der Mitarb. von Dieter Duneka u. a.* Münster 1993, S. 119–142.
Franke 1956 P. R. Franke: Das Taubenorakel zu Dodona und die Eiche als der heilige Baum des Zeus Naios. *Mitteilungen des Deutschen Archäologischen Instituts, Athenische Abteilung* 71 (1957), S. 60–65.
Franke 1961 P. R. Franke: *Die antiken Münzen von Epirus I. Poleis, Stämme und epirotischer Bund bis 27 v. Chr.* Wiesbaden 1961.
Fuchs 1984 W. Fuchs, 100 Jahre Klassische Archäologie an der Westfälischen Wilhelms-Universität. *Boreas* 7 (1984), S. 7–14.
Gaisberger 1871 J. Gaisberger: Zur Geschichte d. Münzsammlung des Stiftes St. Florian. In: Kenner 1871, S. 7–28.
Grant 1946 M. Grant: *From Imperium to Auctoritas: A Historical Study of aes Coinages in the Roman Empire, 49 BC – A. D. 14.* Cambridge 1946.
Grant 1953 M. Grant: *The Six Main aes Coinages of Augustus: Controversial Studies.* Edinburgh 1953.
Hävernick 1947 W. Hävernick: Theobald Bieder †. *Hamburger Beiträge zur Numismatik* 1 (1947), S. 90.
Grunauer-von Hoerschelmann 1978 S. Grunauer-von Hoerschelmann: *Die Münzprägung der Lakedaimonier.* Berlin 1978.
Kat. Dorotheum I–III 1955–1957 Dorotheum Wien, Kunstabteilung: *Sonder-Münzenauktion. Sammlung Apostolo Zeno I–III.* Wien 1955–1957.
Kenner 1871 F. Kenner: *Die Münzsammlung des Stiftes St. Florian in Oberösterreich.* Wien 1871.
Klose 1987 D. O. A. Klose: *Die Münzprägung von Smyrna in der römischen Kaiserzeit.* Berlin 1987.
Koepp 1900 F. Koepp: Archäologisches Museum und Archäologischer Apparat. *Chronik der Königlichen Akademie zu Münster* 1899/1900 (1900), S. 18 f.
Kubitschek 1929 W. Kubitschek: Die Münzsammlung des Stiftes St. Florian in Oberösterreich. *Anzeiger der Akademie der Wissenschaften Wien, phil.-hist. Klasse* 66 (1929), S. 275–297.
Kubitschek 1930 W. Kubitschek: Die Münzsammlung Apostolo Zenos u. die Errichtung numismatischer Beiräte. *Frankfurter Münzzeitung* N.F. Nr. 21 (Nov. 1930), S. 163–166.
Linninger 1951 F. Linninger: Wissenschaftliche Tätigkeit und Heimatpflege in Oberösterreich. Bibliothek, Archiv, Sammlungen und Kirche des Stiftes St. Florian 1950. *Jahrbuch des Oberösterreichischen Musealvereines* 96 (1951), S. 62–64.
Linninger 1958 F. Linninger: *Führer durch das Chorherrenstift St. Florian.* St. Florian 1958.
Macdonald 1992 D. J. Macdonald: *The Coinage of Aphrodisias.* London 1992.
Mäkeler 2012 H. Mäkeler: Peter Berghaus (1919–2012). *Commission Internationale de Numismatique, Compte rendu* 59 (2012), S. 78–82.
Martin et al. 2017 K. Martin, H.-H. Nieswandt & D. Salzmann: Das Archäologische Museum der WWU und die Türkei. In: P. Leidinger & U. Hillebrand (Hrsg.): *Deutsch-türkische Beziehungen im Jahrhundert zwischen Erstem Weltkrieg und Gegenwart. Grundlagen zu Geschichte und Verständnis beider Länder – Festschrift 100 Jahre Deutsch-Türkische Gesellschaft Münster von 1916 e. V.* Berlin 2017, S. 385–404.
Mehl 2004 M. Mehl: 100 Jahre Verein der Münzenfreunde in Hamburg 1904–2004. In: M. Mehl (Hrsg.): *Delectat et docet. Festschrift zum 100jährigen Bestehen des Vereins der Münzenfreunde in Hamburg.* Hamburg 2004, S. 9–12.
Mionnet 1806–1837 Th. E. Mionnet: *Description des Médailles antiques.* Bde. 1–7. Paris 1806–1813, Suppléments, Bde. 1–9. Paris 1819–1837.
Museo Archeologico 1872 *Museo Archeologico della R. Biblioteca Marciana di Venezia.* Venedig 1872.
Negri 1816 F. Negri: *La vita di Apostolo Zeno.* Venedig 1816.
Niemer 2010 J. Niemer: *Vom Domplatz zum Schloss. Die Baugeschichte der Universität Münster von der Gründung bis zum Abschluss des Wiederaufbaus nach dem Zweiten Weltkrieg.* Münster 2010.
Pekáry 1968 Th. Pekáry: *Untersuchungen zu den römischen Reichsstraßen.* Bonn 1968.
Penz 2018 H. Penz: Vom Kloster zum Museum und zurück. Herausforderungen musealer Präsentationen in geistlichen Häusern. *Mitteilungen zu den Kulturgütern der Orden* 3 (2018), S. 25–32 (online abrufbar unter: mirko-online.at/images/MiRKO/2018mirko_25-32__penz.pdf).

Rimmele 1977 L.-D. Rimmele: *Der Rundfunk in Norddeutschland 1933–1945. Ein Beitrag zur nationalsozialistischen Organisations- und Kulturpolitik.* Hamburg 1977.

Salzmann 1973 D. Salzmann: *Antike Münzen. Katalog zur Ausstellung im Museum Bochum, Haus Kemnade.* Bochum 1973.

Salzmann 1974 D. Salzmann: Zur Münzprägung der mauretanischen Könige Juba II. und Ptolemaios. *Madrider Mitteilungen* 15 (1974), S. 174–183.

Salzmann 1976 D. Salzmann: Beobachtungen zur Münzprägung und Ikonographie des Claudius. *Archäologischer Anzeiger* (1976), S. 252–264.

Salzmann 1980 D. Salzmann: Die Münzprägung des Bonosus – eine moderne Fiktion. In: Th. Fischer & P. Ilisch (Hrsg.): *Lagom. Festschrift für Peter Berghaus zum 60. Geburtstag am 20. November 1979.* Münster 1981, S. 49–58.

Schönert-Geiß 1970 E. Schönert-Geiss: *Die Münzprägung von Byzantion.* Berlin 1970.

Schulte 2017 Ch. Schulte: *Das Institut für Altertumskunde an der Westfälischen Wilhelms-Universität Münster 1914–1958. Kontinuitäten und Diskontinuitäten in Lehrstuhlbesetzung und Wissenschaftsbetrieb.* Münster (Diss.) 2017 (abrufbar unter nbn-resolving.de/urn:nbn:de:hbz:6-76189625324).

Seelig 1979 G. Seelig: Zur Geschichte des Vereins der Münzenfreunde in Hamburg e.V. In: *Festschrift zum 75jährigen Bestehen des Vereins der Münzenfreunde in Hamburg.* Hamburg 1979, S. 7–58.

Stähler 1993 K. Stähler: Ausblick. Der Wiederaufbau des Archäologischen Museums der Universität. In: K. Stähler (Hrsg.): *»... und es fehlte fast an keiner Art«. Antikenliebhaberei und Antikenstudium in Münster, Dokumentation und Ausstellung zur 1200-Jahrfeier der Stadt Münster = Dokumentation und Ausstellung des Archäologischen Museums der Universität. Unter der Mitarb. von Dieter Duneka u.a.* Münster 1993, S. 143–146.

Tomassoni 2022 R. Tomassoni: *Cultura antiquaria ed erudizione tra Venezia e Vienna nel settecento. La collezione numismatica di Apostolo Zeno.* [Überarb. Phil. Diss., Univ. Venedig, 2021] Udine 2022.

Wegner 1980 M. Wegner: Altertumskunde. In: H. Dollinger (Hrsg.): *Die Universität Münster 1780–1980.* Münster 1980, S. 415–419.

Westermark 2018 U. Westermark: *The Coinage of Akragas c. 510–406 B.C.* Uppsala 2018.

Windisch-Graetz 1971 F. Windisch-Graetz: Barocke Möbelkunst in Österreich. In: *Sankt Florian. Erbe und Vermächtnis. Festschrift zur 900-Jahr-Feier.* Wien 1971, S. 346–362.

Wutzel 1986 O. Wutzel: Musealprogramm eines Historiographen des 18. Jahrhunderts. *Oberösterreichische Heimatblätter* 40.3/4 (1986), S. 234–244.

Zeno 1785 A. Zeno: *Lettere di Apostolo Zeno cittadino Veneziano.* 6 Bde. Venedig (2. Aufl.) 1785.

Sämtliche Verweise auf Internetressourcen in diesem Beitrag wurden vor der Drucklegung geprüft.

»Sehr geehrter Herr Doktor!«

Karl Welz (1887–1964) – ein Sammler und seine Händler
Anhang: Schriftenverzeichnis Dr. Karl Welz

Karl-Ludwig Elvers

In memoriam
Gunter Jackisch (1932–2010),
magistri optimi[1]

Zu den zahlreichen Utopien, die 1965 mit der Gründung der Ruhr-Universität Bochum (RUB) – der ersten Neugründung einer deutschen Universität nach dem Zweiten Weltkrieg – verbunden waren, gehörte die eigentlich zutiefst konservative und auf neuhumanistische Ideale der Vorkriegszeit zurückgehende Vorstellung, dass gerade Kunst und Kultur der Menschenbildung der künftigen Studierenden dieser Industrieregion förderlich sein sollten.[2] So flossen von Anfang an bis in die 1980er Jahre große Summen nicht nur in die »Kunst am Bau«, sondern auch in den Erwerb von antiker und moderner Kunst; dazu kamen umfangreiche Stiftungen. Bereits im Jahr der Gründung konnte der erste Ordinarius der Klassischen Archäologie, Bernard Andreae (geb. 1930), bei seinen Berufungsverhandlungen den Erwerb der Antikensammlung des 1964 verstorbenen Fuldaer Studienrates Dr. Karl Welz, vermittelt durch das Antiquariat Dr. Rudolf Habelt in Bonn, durchsetzen. Andreae kannte Welz und seine Sammlung bereits aus seinen Marburger Studentenzeiten, und so erfolgte bereits ein Jahr später auf seine Anregung und ebenso über Habelt der Erwerb der Welz'schen Sammlung von ca. 2 800 antiken Münzen. Sie reichen chronologisch von der Archaik bis in byzantinische Zeit und umfassen ca. zwei

---

1 Mein Dank gilt zuerst Prof. Cornelia Weber-Lehmann für die langjährige Zusammenarbeit bei der Erforschung der Geschichte der Sammlung Welz. Ihr wird auch die Initiative verdankt zu der anlässlich des Jubiläums »50 Jahre Ruhr-Universität Bochum« vom 17.12.2015 bis 31.8.2017 gezeigten Sonderausstellung »Sammeln – Verstehen. 50 Jahre Antiken in den Kunstsammlungen der RUB. Die Sammlung Dr. Karl Welz«, in die erste Ergebnisse dieser Forschungen eingeflossen sind. Die Nachfahren von Karl Welz gestatteten im Jahr 2019, den noch in Familienbesitz verbliebenen Teil der Sammlung aufzunehmen (bezeichnet als »Privatslg. Welz«), was durch den Verein zur Förderung der Erforschung antiker Kunst Bochum e.V. finanziert wurde. Dieser wie die Gesellschaft der Freude der RUB förderten maßgeblich die Digitalisierung der Sammlung, die es zum ersten Mal gestattet, durch den IKMK auch die Provenienzen systematisch zu erfassen. Für Auskünfte danke ich Prof. Bernard Andreae und Prof. Dieter Salzmann. Die Bibliothek des Münzkabinetts Berlin war bei der Recherche nach den Publikationen von Welz behilflich, Angela Berthold stellte Kopien der Anfragen von Welz an das Kabinett zur Verfügung, Simon Aschemeier hat sich um die Statistik der Provenienzen verdient gemacht. – Den besonderen Entstehungsbedingungen geschuldet ist die Belegdichte ungleichmäßiger geworden, als vom Verfasser gewünscht.

2 Gelebt 2015, S. 27; Hoppe-Sailer 2015.

Drittel griechische und ein Drittel römische Münzen. Ein kleiner Rest von 70 Münzen und einige Antiken verblieben bis heute in Familienbesitz. Das Wertgutachten wurde von Konrad Kraft (1920–1970) an der Frankfurter Universität erstellt; dabei wurde die Sammlung geordnet und zu etwa drei Vierteln von Leopold Göppner fotografiert.[3] Die Universität zahlte aus Eigenmitteln 150 000 DM. Zunächst als Ergänzung der vorhandenen kleinen Lehrsammlung gedacht, gelangte sie in die Obhut der Alten Geschichte unter dem ersten Ordinarius Franz Kiechle (1931–1991) und seinen Mitarbeitern. Thomas Fischer (1944–1994) erweiterte die Sammlung von 1975 bis zu seinem Tod 1994 durch Ankäufe und Schenkungen, darunter eine repräsentative Reihe von Greek Imperials. 1975 wurde ca. ein Drittel der Münzen durch den jungen Archäologen Dieter Salzmann in eine erste Dauerausstellung der Antikensammlung innerhalb der Kunstsammlungen auf dem Campus integriert.[4] Gegenwärtig werden, vor allem bedingt durch die Bearbeitung der Münzen im Rahmen des laufenden Digitalisierungsprozesses, nur kleinere Teile dauerhaft ausgestellt.

Mit der Sammlung Welz gelangten glücklicherweise auch wesentliche Teile der Unterlagen des Sammlers an die Universität, darunter eine umfangreiche Händlerkorrespondenz, um die es im Folgenden gehen soll. Weiter existiert ein Großteil der Welz'schen Kartellen (Unterlegzettel) – ein Teil war schon beim Ankauf nicht mehr (oder nie) vorhanden, ein weiterer ging wohl nach der Übernahme der Sammlung in Bochum verloren. Dazu kommt eine Akzessionsliste aus der Zeit des Ankaufs mit Angaben der Händler auf Grundlage der Welz'schen Kartellen.[5] Eine besondere dokumentarische Rolle kommt auch den herausragenden Fotos von Leopold Göppner zu, die aber leider nicht die ganze Sammlung festhalten (so sind einige wenige in Bochum eingetretene Verluste nicht durch Fotos belegt). Thomas Fischer fertigte 1976 ein Inventarbuch an und vergab die bis heute maßgeblichen Inventarnummern. Inkonsistenzen zwischen Akzessionsnummern, Fotos und Inventarnummern sind sehr selten, erschweren aber gelegentlich die genaue Zuweisung einzelner Stücke.

Der Erhalt der Händlerkorrespondenz ist ein fast einmaliger Glücksfall, denn sie erlaubt einen Einblick in die Beziehungen zwischen Sammler und Händler von der Mitte der 1920er Jahre fast bis zu Welz' Tod im Jahr 1964. Diese Unterlagen sind umso wertvoller, weil die Archive der betreffenden Firmen verloren sind bzw. als verloren gelten müssen. Das gilt leider auch für die Archive der Berliner Museen, mit denen Welz bis

3 Maria R.-Alföldi (1926–2022) benutzte später diese Bilder für die Illustrationen ihrer »Antiken Numismatik« von 1978. Zu Konrad Kraft s. auch den Beitrag von George C. Watson im vorliegenden Band.

4 Zur frühen Geschichte der Bochumer Münzsammlung s. Fischer 1976, zur Geschichte der Antikensammlung allgemein Andreae 2016.

5 Für die Firmen Adolph Cahn und die Münzen und Medaillen AG Basel verzeichnet die Liste summarisch nur den Namen »Cahn«, was die chronologische Einordnung von Käufen ohne weitere Angaben unmöglich macht. Ähnliches gilt für den Firmennamen »Hess«.

zum Zweiten Weltkrieg eine umfangreiche Korrespondenz vor allem über seine Antiken pflegte.[6] Einzig in den Akten des Berliner Münzkabinetts haben sich einige Anfragen von Welz aus den 1930er Jahren erhalten. Das Einpflegen der Sammlung in den »Interaktiven Katalog« (IKMK) ermöglicht jetzt eine noch genauere Bestimmung der Provenienz, also der Händler und möglicher weiterer Vorbesitzer. Insofern dürfte die Sammlung Welz als geschlossener Bestand aus dieser Zeit in einer institutionellen Sammlung in Deutschland einmalig sein. Deshalb lohnt es sich, nach einer knappen biographischen Skizze an einigen Beispielen exemplarisch die wissenschaftsgeschichtliche Bedeutung von Sammlung und Dokumentation zu verdeutlichen. Dabei wird auch die Logik der Käufe von Welz deutlich, die ein Resultat der politischen und wirtschaftlichen Umwälzungen seiner Zeit sind.

Der biographische Hintergrund

Karl Welz wurde am 7. Mai 1887 als ältestes von vier Kindern des Sattlermeisters und Weingutbesitzers Carl Kaspar Welz in Niederwalluf im Rheingau in der Nähe von Wiesbaden geboren.[7] Seine beiden Schwestern verstarben früh. Karl und sein Bruder Joseph erhielten eine gediegene Schulbildung. Beide konnten studieren, beide wurden promoviert, und beide arbeiteten als Gymnasiallehrer – Karl in Fulda, sein Bruder in Wiesbaden, wo die Nachfahren der Familie heute noch leben.

Nach dem Abitur zu Ostern 1905 in Wiesbaden begann Karl Klassische Philologie zu studieren. Nach Aufenthalten in Marburg, Berlin und München setzte er sein Studium in Straßburg fort. In den fünf Jahren seiner Studienzeit lernte er ausweislich seines Lebenslaufes in der Dissertation bei der Elite der spätwilhelminischen Geisteswissenschaften: angefangen bei Paul Natorp (1854–1924) in Marburg, Ulrich von Wilamowitz-Moellendorff (1848–1931), Hermann Diels (1848–1922) und Eduard Meyer (1855–1930) in Berlin, Ludwig Traube (1861–1907), Otto Crusius (1857–1918) und Adolf Furtwängler (1853–1907) in München, in Straßburg schließlich bei Richard Reitzenstein (1861–1931) und Bruno Keil (1859–1916). Im Wintersemester 1909/10 wurde er von Bruno Keil mit einer Arbeit über die griechischen Handschriften der Straßburger Universitätsbibliothek promoviert, die in zwei Teilen 1910 und 1913 erschien.[8]

Nach dem Staatsexamen folgte ab Ostern 1910 die Referendarsausbildung am Gymnasium in Oberlahnstein, sein »Probejahr« absolvierte er ab Februar 1912 am Gymnasium in Montabaur, bis er 1914 an das renommierte Domgymnasium in Fulda wechselte (heute

6 Die Archivalien zur Münzsammlung befinden sich im Archiv der Münzsammlung; die die Welz'sche Antikensammlung betreffende Korrespondenz befindet sich im Universitätsarchiv der RUB.

7 Zur Biographie Fischer 1976, S. 117 f. und ausführlich Hanna 2017.

8 Welz 1910; Welz 1913.

Rabanus-Maurus-Schule). Dort fand er am 1. Oktober 1915 seine erste und dauerhafte Anstellung, zunächst als Oberlehrer, seit 1926 als Studienrat. Seit dieser Zeit lebte er auch (mit kriegsbedingten Unterbrechungen) in Fulda, Schloßstr. 12.

Am Ersten Weltkrieg nahm Welz wohl erst spät als Frontsoldat teil. Seine Personalakte verzeichnet, dass er von der Dienstpflicht als »Einjährig-Freiwilliger« befreit und dem »Landsturm ohne Waffen« zugewiesen war. 1915 wurde er an der Waffe in Hanau ausgebildet. Wo und wann Welz an die Westfront kam, ist unbekannt. Für 1918 ist ein Kuraufenthalt in Bad Soden-Salmünster belegt. Einer seiner Schüler, Otto Schaffrath, berichtet aus den 1930er Jahren:

Abb. 1: Dr. Karl Welz als junger Mann.

> Wegen eines Kriegsleidens – er war während des ersten Weltkrieges mehrere Stunden verschüttet gewesen – litt er an starken nervösen Störungen. Mir schien, daß er dann besonders gereizt war, wenn sein Haar gerade geschoren und sein Bart frisch ausrasiert waren. Oft verlangte er, daß die Fenster weit geöffnet wurden, und stand dann tief atmend und den Brustkorb dehnend davor.[9]

Möglicherweise war dieses Trauma ursächlich für seine Neigung zur depressiven Verstimmung, zum Eigenbrötlertum und zu innerer Unruhe, die Welz ein Leben lang begleitet haben und immer wieder aus der Korrespondenz hervorscheinen (Abb. 1).

Recht anschaulich sind wir über die Persönlichkeit von Karl Welz als Lehrer in den späten 1920er und frühen 1930er Jahren informiert. Er war ein außergewöhnlich beliebter Pädagoge – von den Schülern liebevoll »Papa Welz« genannt –, nicht zuletzt wegen seiner unkonventionellen Lehrmethoden: So entwickelte er zum Ärger mancher Kollegen z.B. die Grammatik an den Texten selbst und verzichtete im Griechischen auf das Erlernen der Akzente – Textlektüre war wichtiger. Auch als Antikensammler war Welz seinen Schülern bekannt, denen er bereitwillig seine Schätze in seiner Wohnung zeigte.[10] Ein weiterer seiner Schüler am Beginn der 1930er Jahre, der spätere Richter am Bundes-

9 Schaffrath 1980, S. 280.
10 Schaffrath 1980, S. 280.

sozialgericht, Günther Willms (1912–1998), charakterisiert in seinen Lebenserinnerungen seinen Lehrer wie folgt:

> Er beherrschte die alte Sprache in allen Varianten, las sämtliche Texte von Homer und den Vorsokratikern bis Plutarch ohne Wörterbuch wie eine Muttersprache und lebte in einer hellenischen Traumwelt mit deren greifbaren Zeugnissen an Keramik, Glas und Münzen er sich bei einer Lebensführung von spartanischer Einfachheit umgeben hatte.[11]

Welz war als Junggeselle in den 1920er Jahren durchaus noch unternehmungslustig. Eine Griechenlandreise endete enttäuschend, weil die Gegenwart nicht mit seinen hochgespannten Erwartungen, dort die klassischen Griechen wiederzufinden, übereinstimmte.[12] Die Korrespondenz bezeugt außerdem mehrere Reisen nach Frankreich, wo er auch in Paris Antiken kaufte. Eine große, von ihm lange geplante Reise nach Algerien im Jahr 1930 scheiterte schließlich an der dortigen politischen Lage. Seine Reisen gab Welz spätestens auf, als er – als »eingefleischte[r] Junggeselle« (Willms) – im Jahr 1933 im Alter von 46 Jahren Henriette Quirin (gest. 1963), die 43-jährige Tochter seiner verstorbenen Vermieterin, heiratete und im gleichen Haus eine größere Wohnung bezog.

Ein einschneidendes Ereignis in seiner beruflichen wie persönlichen Laufbahn bedeutete für Welz die Versetzung in den dauernden Ruhestand durch das Preußische Erziehungsministerium, mitgeteilt im April 1937, verkündet im Juni und vollzogen zum 1. Oktober 1937.[13] Das Ministerium berief sich dabei auf § 6 des Gesetzes zur »Wiederherstellung des Berufsbeamtentums« vom April 1933, das die Versetzung »zur Vereinfachung der Verwaltung« ohne weitere Gründe erlaubte. Bereits 1931 war Welz als »überzählig« festgestellt worden, und dieses Argument nebst dem Vorwurf mangelnder Lehrerfolge nutzte der regimetreue Direktor der Schule, um den unmodernen, aber unkonventionellen Altphilologen und überzeugten Katholiken von der Schule zu entfernen.[14] Vielleicht ist es kein Zufall, dass ausgerechnet am 3. Oktober 1937 Willms als junger Journalist unter dem Pseudonym Wendelin Weiler im Feuilleton der Frankfurter Zeitung unter dem Titel »Diometh oder Das Land der Griechen« das Bild eines skurril-sympathischen Eigenbrötlers zeichnete, der sich selbst als »Grieche« sah: »Überall war Griechenland, überall, wo Menschen lebten, die von Herzen Griechen sind und das Land der Griechen in sich tragen«. Am Ende des Textes imaginiert »Studienprofessor Diometh« eine antike Stadt, die wie Troja im Feuer versinkt. Auf ihren Ruinen erblüht nachmals eine arkadische Landschaft –

11 Willms 1985, S. 127.
12 Hanna 2017, S. 43.
13 Urkunde und Begleitkorrespondenz im Archiv der Münzsammlung.
14 Schaffrath 1980, S. 279.

die regimekritischen Töne sind durchaus wahrnehmbar.[15] Konkrete Hinweise auf Welz' politische Haltung in der Weimarer Republik und der Zeit des NS liegen nicht vor. Während des Krieges wurde Welz einmal von der Gestapo verhört, weil er mit einem Fremdarbeiter gesprochen hatte.[16]

Welz reagierte auf die Zwangspensionierung zunächst mit einer recht ziellosen Suche nach neuer Beschäftigung. Dazu gehörte die Anfrage an die Berliner Museen nach einer Anstellung, die abschlägig beschieden wurde. Ebenso richtete Welz eine Anfrage an den Verlag Beck in München, als Korrektur-Leser zu arbeiten, verbunden mit der Zusendung von peniblen Korrekturen eines neu erschienenen Bandes aus dem Handbuch der Altertumswissenschaft.[17] Schließlich dachte er auch daran, Münzhändler zu werden, doch auch hier blieben seine Anfragen bei Frankfurter und Berliner Firmen erfolglos. Dazu gleich mehr.

Welz als Münzsammler in den 1920er bis 1940er Jahren

Vor diesem biographischen Hintergrund und im kulturellen Milieu einer traditionsbewussten hessischen Mittelstadt begann Welz praktisch unmittelbar nach der Währungsreform im August 1924, die die Rentenmark durch die Reichsmark ersetzte, antike Kunst und antike Münzen zu sammeln;[18] dazu kamen auch noch mittelalterliche Stücke und die unvermeidlichen Briefmarken. Finanzielle Unterstützung erhielt er durch eine Erbschaft bzw. einen Landverkauf im Jahr 1929.[19] Vielleicht brachte 1933 auch seine Frau Henriette als Immobilienerbin Geld mit in die Ehe.

Welz nahm sofort Kontakt zu den führenden deutschen und auch einigen internationalen Antiken- und Münzhändlern auf und pflegte diese z. T. bis zu seinem Tode. Gerade die Bekanntschaft mit Herbert A. Cahn (1915–2002) spielt für Welz' Sammeltätigkeit eine nach dem Zweiten Weltkrieg entscheidende Rolle.[20] Die Namensliste ist imposant:

15 Eine Abschrift wird Hannes Lehmann verdankt. Sie diente als Grundlage für eine Lesung dieses Textes durch den Schauspieler Marco Massafra am 6.7.2017 im Begleitprogramm zu der in Anm. 1 genannten Ausstellung.

16 Hanna 2017, S. 43.

17 Postkarte des Verlages Beck, 16.7.1937 (Archiv d. Münzsammlung).

18 Die bisher frühesten belegten Käufe antiker Münzen datieren vom 2.8.1924 (M 2419) und vom 2.9.1924 (M 2198 und Privatslg. Welz F 29).

19 Lederer, 1.6. und 17.6.1929 (Universitätsarchiv d. RUB).

20 Zu Herbert A. Cahn s. auch den Beitrag von George C. Watson im vorliegenden Band.

Münzhändler in Deutschland
- Robert Ball Nachf., Berlin
- Adolph Cahn, Frankfurt a. M.
- Ludwig Grabow, Rostock
- Otto Helbing Nachf., München
- Adolph Hess Nachf., Frankfurt a. M.
- Leo Hamburger, Frankfurt a. M.
- Franz Ferdinand Kraus, Braunschweig
- Philipp Lederer, Berlin
- Ernst Lejeune, Frankfurt a. M.
- Hans Meuss, Hamburg
- Eugen Merzbacher, Hamburg
- Friedrich Redder, Leipzig
- A. Riechmann & Co., Halle a. d. S.
- Sally Rosenberg, Frankfurt a. M.
- Felix Schlessinger, Berlin
- Karl Stettner, München
- C. G. Thieme, Dresden

Münzhändler im Ausland
- A. H. Baldwin, London
- Michele Baranowski, Mailand
- Oscar Ravel, Marseille
- Rodolfo Ratto, Lugano
- Jacques Schulman, Amsterdam
- B. A. Seaby, London

Dazu kamen seit 1933 die Schweizer Neugründungen der beiden Brüder Erich B. und Herbert A. Cahn in Basel, die Münzenhandlung Basel und Münzen und Medaillen AG, Basel. Die Verbindung zu den an arische Besitzer veräußerten Mutterhäusern in Frankfurt und München blieb aber weiter bestehen.
- Frankfurter Münzhandlung Elisabeth Button (ehemals Adolph Cahn)
- Dr. Busso Peus, Frankfurt (ehemals Adolph Hess Nachf.)
- Karl Kreß, München (ehemals Otto Helbing Nachf.)
- Waldemar Wruck, Berlin (arbeitete vorher bei Robert Ball Nachf.)

Die erhaltene Händlerkorrespondenz erlaubt nun ein lebendiges und facettenreiches Bild der Beziehungen zwischen den Verkäufern und dem »sehr geehrten Herrn Dr.«, denn es ging nicht nur um die bloße Abwicklung von Geschäften, sondern Welz teilte ihm näher bekannten Händlern auch häufig private Details mit und machte aus seinem Herzen, besonders bei Preisen, keine Mördergrube.

Die Händler erkannten schnell, dass Welz ein guter, aber nicht ganz einfacher Kunde war. Von Anfang an vermied er sehr teure Stücke und beschränkte sich auf das mittelpreisige Segment (»mittlere Sachen«). Da er seit den Dreißigerjahren nicht gerne reiste (selbst nach Frankfurt nicht), wurden seine niedrigen schriftlichen Gebote bei Auktionen oft überboten; häufiger ließ er sich auf Auktionen auch von Händlern vertreten, besonders von Herbert A. Cahn. Sehr üblich waren dafür Ansichtssendungen, aus denen die Kunden wählen konnten und die dringlich wieder zurückerwartet wurden. Einen erheblichen Teil der Stücke sandte Welz gewöhnlich wieder zurück.

Das nächste Problem war der zu zahlende Preis. Welz war von Anfang an ein sparsamer, wenn nicht gar geiziger Kunde, der mit den Händlern immer wieder per Postkarte über Preisnachlässe und Ratenzahlung feilschte. Häufig wurde dies widerwillig, aber unter Hinweis auf die guten Beziehungen von den Händlern akzeptiert. Besonders zu Beginn der 1930er Jahre standen die Händler unter so großem wirtschaftlichem Druck, dass sie bereit waren, erhebliche Rabatte zu gewähren. Nicht zuletzt waren seit dem Ersten Weltkrieg auch die deutschen Museen als Käufer stark eingeschränkt, in unserem Fall etwa das Berliner Münzkabinett.[21] Ärger bekam Welz allerdings mit den Händlern, wenn er gelegentlich den Ankauf von teuren Stücken zusagte, sich diese zuschicken oder zurücklegen ließ, aber dann auf den Erwerb verzichtete.

Ein sehr typisches und auch durch andere Quellen relativ gut dokumentiertes Beispiel für Welz' Erwerbungspolitik in dieser Zeit war sein Engagement beim Verkauf der Sammlung Haeberlin im Sommer 1933. Der Rechtsanwalt und Numismatiker Ernst Justus Haeberlin (1847–1925) hatte die bedeutendste Privatsammlung römisch-republikanischer Silbermünzen im 20. Jahrhundert zusammengetragen, die an Umfang und Qualität damals die Sammlungen von Paris, London und von Berlin ohnehin übertraf. Ungefähr 5000 Münzen kamen am 17. Juni 1933 in einer großen Gemeinschaftsauktion der Firmen Hess und Cahn in Frankfurt unter den Hammer.[22] Nach den Erinnerungen von Erich B. Cahn (1913–1993)[23] verlief die Auktion außerordentlich schleppend, größter Einzelkäufer war das Berliner Münzkabinett mit 1043 Stücken.[24] Welz war in Frankfurt nicht selbst anwesend, sondern engagierte sich intensiv im Nachverkauf der Restanten, so dass er bis

21 Zu dessen Erwerbungen in den 1920er und 1930er Jahren Kluge 2004, S. 25 f. und Dahmen 2020, S. 106–108.

22 Die Gold- und Silbermünzen der Römischen Republik bis 15 v. Chr. Sammlung Justizrat Dr. jur. et phil. h.c. Ernst Justus Haeberlin, Frankfurt 1933.

23 Cahn 1981, S. 146.

24 Weisser 2014, S. 279, 281.

Herbst 1933 über Cahn ca. 43 Denare aus der Sammlung erwarb und dabei noch große Rabatte herausschlug. So kostete ein Denar mit einem vorzüglichen Cäsar-Porträt 40 RM (Abb. 2), ein noch gut erhaltener Denar der Italischen Bundesgenossen nur 8 RM (Abb. 3).[25] Gleichzeitig erkundigte sich Welz auch nach dem Gesamtergebnis der Auktion, worauf ihm Herbert A. Cahn mitteilte, dass der »Preis am Tisch« für die verkauften Stücke bei ca. 40 000 RM gelegen habe, aber Welz davon »keinen Gebrauch« machen sollte, »da es sich um Bekanntgabe eines Geschäftsgeheimnisses handelt«.[26] Die exakte Zahl der von Welz erworbenen Stücke ist nicht mehr ganz genau zu ermitteln, da ein Teil der Kartellen verloren ist und die handschriftlichen Angaben zur Herkunft in der Fotokartei nicht restlos zuverlässig sind. Dazu kommt, dass bei einzelnen Münzen aus Lots anhand der Gewichtsdifferenzen zu den Katalogangaben nicht immer zweifelsfrei feststeht, welches Stück Welz erwarb.

Anhand der Händlerkorrespondenz lassen sich ebenso die Veränderungen auf dem Kunstmarkt nach der nationalsozialistischen Machtergreifung 1933 nachverfolgen. Die Devisenbewirtschaftung war bereits in der Weimarer Republik ein Problem, Zahlungen ins Ausland waren also schon vorher nicht ganz einfach, wurden aber durch die Isolationspolitik des Reiches spätestens 1937/38 praktisch unmöglich. Damit waren also nicht nur Zahlungen ins »feindliche« Ausland, also England oder die Schweiz, sondern auch nach Italien (an Rodolfo Ratto) betroffen.

Abb. 2: Denar des C. Iulius Caesar und des P. Sepullius Macer (44 v. Chr., Vorderseite) (Maßstab 2:1).

Parallel dazu entwickelte sich etwa ab Mitte der 1930er Jahre und verstärkt ab ca. 1936 unter dem Eindruck der drohenden Kriegsgefahr ein »Run in die Sachwerte«, der die Preise auf dem Kunstmarkt generell in die Höhe trieb. Dazu blieben durch die wirtschaftliche Isolation des Reichs die »Händler aus dem Orient«, wie der Berliner Händler Heinrich Grünthal (1905–2001) sie nannte, mit ihrem Material jetzt aus.[27] Auch führte die jüdische Zwangsemigration bis 1938 zu keinem Zuwachs (jedenfalls keinem nennenswerten) an antiken Münzen auf dem Kunstmarkt. Welz bildete in seinem Verhalten

Abb. 3: Denar der Italischen Bundesgenossen (90–88 v. Chr., Vorderseite) (Maßstab 2:1).

25 M 2396 (RRC 480,5b: mk-bochum.ikmk.net/object?id=ID304); Inv. M 2294 (HN Italy 408: mk-bochum.ikmk.net/object?id=ID23).

26 Cahn, 10. 10. 1933 (Archiv. d. Münzsammlung).

27 Grünthal, 2. 2. 1938 (Archiv d. Münzsammlung).

keine Ausnahme, er erwarb die überwiegende Zahl seiner Goldmünzen zwischen 1933 und 1939, darunter ab 1936 (und auch unbeeindruckt von der Zwangspensionierung) die teuersten Stücke: Dies geht aus einer handschriftlich erhaltenen Liste der Goldmünzen hervor, die Welz 1938 für eine erneute Deklarierung bei der Reichsbank anfertigte. Seine Befürchtung, dass diese Münzen eingezogen werden könnten, erfüllte sich glücklicherweise nicht.[28]

Die Korrespondenz dokumentiert in Teilen auch den gut bekannten Übergang der großen jüdischen Frankfurter Firmen an deutsche Inhaber und die schon vorher erfolgte Neugründung von geschäftlich selbständigen Münzhandlungen in der Schweiz.[29] Welz pflegte nun ganz selbstverständlich Kontakte zu den Schweizer Firmen (wiederum über Herbert A. Cahn) wie zu den deutschen Nachfolgefirmen Dr. Busso Peus und Elisabeth Button, bis Auslandsüberweisungen in die Schweiz unmöglich wurden. Welz erhielt noch 1944 Listen von Cahn, die letzte Postkarte von Cahn an Welz stammt aus dem Mai 1944.

Bemerkenswert ist der Briefwechsel mit Heinrich Grünthal von der Berliner Firma Robert Ball Nachf. im Januar/Februar 1938. Welz war seit 1932 Kunde von Ball, der Kontakt intensivierte sich ab 1936, und Welz kaufte dort seit dieser Zeit eine Reihe von Goldmünzen. Im Februar 1938 richtete er an Grünthal die Frage, ob er nicht in die Firma als Angestellter eintreten könne. Grünthal verneinte dies mit Hinweis auf die wirtschaftliche Lage der Firma und teilte zudem mit: »Mein Geschäft wird nicht weitergeführt, sondern ganz einfach zugemacht«. Gleichzeitig riet er Welz, selbst Münzhändler zu werden, dann aber in Berlin und nicht in Frankfurt wegen der großen dortigen Konkurrenz. »Könnten Sie sich, als Arier, nicht ein kleines Münzengeschäft einrichten?«[30] Heinrich Grünthal emigrierte dann noch im selben Jahr in die Vereinigten Staaten, nahm den Namen Henry Grunthal an und wurde nach dem Krieg Kurator bei der American Numismatic Society.[31]

Philipp Lederer (1872–1944), der in Berlin am Kupfergraben 4 von seiner Wohnung aus sein Geschäft führte, konnte dank einer »Sondererlaubnis«, wie Grünthal an Welz schrieb, noch bis 1938 weiter arbeiten. Welz war seit 1925 guter Kunde bei Lederer und verdankt ihm ein erst später als solches identifiziertes frühptolemäisches Herrscherporträt. In den Monaten vor der Reichspogromnacht verhandelte Lederer mit Welz intensiv über den Verkauf von Münzen und Antiken. Am 4. November 1938 bot er ihm sein Exemplar von Heads Historia Numorum zum Kauf an. Am 9. November 1938 konnte Lederer

28 Das teuerste Stück der Liste ist eine »Oktodrachme Kleopatra III.« (i. e. postum im Namen von Arsinoe II.), erworben 1939 für 550 RM bei Elisabeth Button, die in den frühen 1960er Jahren B. Andreae noch in der Sammlung sah, heute aber nicht mehr vorhanden ist.

29 Dazu ausführlich Cahn 1981. Zu den Beziehungen zum Berliner Münzhandel dieser Zeit jetzt ausführlich Elvers 2022.

30 Grünthal, 9. 2. 1938 (Archiv d. Münzsammlung).

31 Biographische Skizze: numismatics.org/authority/grunthal.

noch in die Schweiz emigrieren, denn am 24. Dezember 1938 schrieb er an Welz auf einer Postkarte, dass er bei seiner Schwester in Lugano untergekommen sei.[32] Nach dem Krieg versuchte Welz noch bei der Schwester vergeblich, Antiken aus den geretteten Teilen der Sammlung Lederers, der 1944 verstorben war, zu erwerben.[33]

Fast zur gleichen Zeit, als Heinrich Grünthal die Schließung seines Geschäftes zum 1. April 1938 ankündigte (die Firma selbst erlosch erst 1941),[34] wandte sich im Februar dessen ehemaliger Prokurist Dr. Waldemar Wruck (1902–1971), der sich Ende 1937 selbständig gemacht hatte, an Welz.[35] Er bot ihm gleich eine syrakusanische Dekadrachme zum Kauf für 750 RM an, »aus der Blütezeit der griechischen Stempelschneidekunst; sie ist zwar unsigniert, aber der Stempel hierzu wurde von der Meisterhand des griechischen Künstlers Euainetos geschnitten«. Nach einer Bemerkung über den nicht erstklassigen Zustand (»ein Fundexemplar«) verwies er auf Gutachten der Staatlichen Münzsammlung München und des British Museum, um die Echtheit zu belegen.[36] Auf die naheliegende Frage, warum nicht das Berliner Münzkabinett konsultiert worden sei, antwortete Wruck zunächst ausweichend, dann wenige Tage später mit einem Generalangriff auf die wissenschaftliche Befähigung des Kustos der Antikensammlung des Berliner Kabinetts, Josef Liegle (1893–1945), die hier ausführlicher zitiert sei:

> Seit dem Tod von Regling [im Jahr 1935] ist im hiesigen Kabinett keine anerkannte Autorität für antike Münzen. Der jetzige Leiter der Antikenabteilung verfügt nach allgemeiner Auffassung noch nicht über die nötige Erfahrung, so dass man sich an andere Staatliche Stellen wenden muss. Hinzu kommt aber noch etwas anderes. Der erwähnte Herr steht ganz unter dem Einfluss eines Berliner Numismatikers, der seit mehreren Jahren nur noch über antike Fälschungen arbeitet [gemeint ist Hugo Gaebler], bei dieser Arbeit sehr viel richtiges gefunden hat, vor allem auf seinem Spezialgebiet der makedonischen Münzen ... Ich habe dem erwähnten Herrn auch meine Dekadrachme gezeigt. Er hat sie natürlich für falsch erklärt. Obwohl sich im Berliner Kabinett der Gipsabguss eine solchen Münze aus der Sammlung Gnecchi befindet, die mit meinem Exemplar bei vollkommen anderer Zentrierung mit diesem Exemplar stempelgleich ist, dieselben kleine Mängel im Stempel aufweist wie mein Exemplar, so wollte der betreffende Herr doch nicht revidieren. Er suchte auch zu verhindern, dass ich mit Herrn Dr. Lederer über diese Münze sprach. Herr Dr. Lederer hat fast 10 Jahre lang für die Firma Hirsch in München die Antiken-Kataloge gearbeitet ... Herr Dr. Le-

32 Lederer, 4.11.1938 und 24.12.1938; Cahn 1946, S. 70.
33 Kraft-Lederer, 18.6.1946 (Archiv d. Münzsammlung).
34 Golenia 2011, S. 115.
35 Golenia 2011, S. 117.
36 Wruck, 17.2.1938 (Archiv d.Münzsammlung).

> derer handelt als Händler selbst ein Menschenalter mit antiken Münzen. Er hat diese Münze für zweifelsfrei echt erklärt und mir gestattet, von seiner Meinung auch dem erwähnten Herrn gegenüber Gebrauch zu machen. Trotzdem werde ich noch einmal mit dem Leiter der Antiken-Abteilung des Berliner Kabinetts über diese Münze sprechen.[37]

Welz erwarb die Münze nach einigem weiteren Hin und Her schließlich für 700 RM, der teuerste Ankauf vor dem Krieg (Inv. 723) (Abb. 4). Wrucks Kritik an Liegle war sicherlich auch für Welz so brisant, weil er selbst Liegle in den 1930er Jahren für Münzbeschreibungen und in Echtheitsfragen konsultierte.[38] Liegles Ablehnung ist sicher auch ein Resultat seiner langjährigen Beschäftigung mit Euainetos, die schließlich 1941 in das Berliner Winckelmannsprogramm »Euainetos. Eine Werkfolge nach Originalen der Staatlichen Museen zu Berlin« mündete.[39]

Abb. 4: Syrakus, Dekadrachme (Anf. 4. Jh. v. Chr., Vorder- und Rückseite) (Maßstab 1:1).

Die Korrespondenz mit Wruck wie mit Grünthal zeigt Welz in einer tiefen Lebenskrise nach der Zwangspensionierung. Wruck, der Welz' Qualitäten erkannte, versuchte ihn mit erstaunlich viel pädagogischem Feingefühl zu wissenschaftlicher Tätigkeit zu bewegen, darunter zu einem gemeinsam zu verfassenden »Handbuch über Münzen der Germanen«.[40] Nachdem Welz wohl angefangen hatte, Material zu sammeln, munterte Wruck ihn auf, überhaupt einmal etwas zu schreiben.[41] Daraus wurde nichts – Welz' Stunde als Gelehrter, wenn man dies so formulieren will, schlug erst nach dem Krieg.

37 Wruck, 28. 2. 1938 (Archiv d. Münzsammlung).

38 Eine Anfrage von Welz bezüglich der Echtheit von Münzen an das Berliner Kabinett vom 27. 2. 1933 (Archiv Münzkabinett, Staatliche Museen zu Berlin) und die Beantwortung durch Liegle am 1. 3. 1933 (Archiv d. Münzsammlung) haben sich erhalten.

39 Eine Würdigung von Liegles Tätigkeit als Kustos am Berliner Münzkabinett fehlt bis jetzt. Zum intellektuellen Hintergrund Liegles als Mitglied des »George-Kreises« und insbesondere als Übersetzer augusteischer Dichtung Schmidt 2007.

40 Wruck, 29. 4. 1938 (Archiv d. Münzsammlung).

41 Wruck, 10. 6. 1938 (Archiv d. Münzsammlung).

Im Jahr 1943 hatte die Sammlung nach Welz' eigener Aussage einen Umfang von ca. 1 100 Münzen.[42] Dass er dabei vom Verkauf zwangsenteigneter jüdischer Sammlungen profitierte, ist in Einzelfällen belegt, der genaue Umfang aber bisher nicht bekannt. Welz konnte sogar noch 1944 einzelne Stücke kaufen.[43] Aber noch im Jahr zuvor hatte er ernsthaft überlegt, die Sammlung zu verkaufen (und hatte begonnen, Russisch zu lernen).[44]

Die Nachkriegszeit

Im Krieg erteilte Welz in seiner alten Schule wieder Unterricht und wurde am Kriegsende noch zum Volkssturm eingezogen, überlebte aber die schweren Zerstörungen Fuldas und den Einmarsch der Amerikaner unversehrt. 1946 kehrte er kurzzeitig in den Schuldienst zurück (seine Unterschrift erscheint auf einem Abiturzeugnis dieses Jahres), er taucht aber nicht mehr in der offiziellen Lehrerliste dieser Jahre auf.[45] Auch seine Sammlung hatte den Krieg ohne nennenswerte Verluste überstanden. Von wirtschaftlicher Not war Welz offenbar nicht betroffen und verdiente ein Zubrot durch Nachhilfeunterricht. Jedoch hinterlässt die Korrespondenz den Eindruck, dass ihn die zurückliegenden Kriegsjahre und die unsicheren Zukunftsaussichten psychisch doch belastet hatten. Das Sammeln war unmöglich, im Vordergrund stand für ihn zunächst der Ausbau seiner Bibliothek.

In einem zweiten Schritt war er auf erneuter, diesmal durchaus ernsthafter Suche nach wissenschaftlicher Beschäftigung. So begann er 1948 unter schwierigsten postalischen Verhältnissen eine Zusammenarbeit mit der Kunsthistorikerin und Etruskologin Ragna Enking (1898–1975) in Berlin, später in Rom, die eine kommentierte Sammlung antiker Texte zur Geschichte der Etrusker beim Verlag Heimeran plante. Welz sollte dabei die antiken Texte im Original exzerpieren und die Übersetzungen erstellen. Das Unternehmen zog sich acht Jahre hin und scheiterte 1956 kläglich, weil Enking bei der Vorlage des Manuskriptes feststellte, dass die Übersetzungen z. T. aus bereits gedruckten Übertragungen abgeschrieben waren.[46]

Direkt nach der Währungsreform 1948 begann Welz wieder in großem Umfang Münzen zu kaufen. Zu den alten Händlern, insbesondere Herbert A. Cahn und Elisabeth Button (gest. 1963), traten jetzt u. a. Heinrich Pilartz (Köln), Hellmuth H. Kricheldorf (Stuttgart), Kurt Deppert (Frankfurt a. M.) und Oscar Rinaldi (Verona). Besonders Cahn und Rinaldi nahmen erheblichen Einfluss auf seine Erwerbungspolitik, die sich nun gegen-

42 Debus, 4.10.1943 (Universitätsarchiv d. RUB).
43 Button, 14.1.1944 (Archiv. d. Münzsammlung).
44 Debus, 10.12.1943 (Universitätsarchiv d. RUB).
45 Debus, 3.6.1946; 17.7.1946 (Universitätsarchiv d. RUB); Schaffrath 1980, S. 280; Schratz 1980, S. 298.
46 Enking, 26.6.1956 (Archiv d. Münzsammlung).

über der Vorkriegszeit grundlegend änderte. Auch der junge Archäologe Kurt Deppert (1926–1994), der zunächst bei Peus arbeitete und heimlich Antiken und Münzen an seinem Chef vorbei verkaufte, hatte einigen Einfluss auf seine Erwerbungen.

Ursächlich dafür waren die weiter hohen Preise für klassische Sammlerstücke in der jungen Bundesrepublik. Welz reagierte auf diese Situation wie auch andere Sammler, indem er auf billigere Nominale auswich. Dazu wurde er besonders motiviert und beraten von Herbert A. Cahn, der ihm nahelegte, doch frühes griechisches Klein- und Kleinstsilber zu kaufen. In den 1950er und 1960er Jahren strömten offensichtlich eine größere Zahl von Hortfunden von Kleinsilber aus Unteritalien und dem östlichen Mittelmeer auf den europäischen Markt, wo sie von den Händlern untereinander aufgeteilt und dann an ihre jeweiligen Kunden weitergereicht wurden. Gleichzeitig eröffnete ihm Cahn die Möglichkeit, diese Stücke in den Schweizer Münzblättern zu publizieren, deren Gründer und Redaktionsleiter er selbst bis 1964 war. So kaufte Welz bei Cahn und anderen Händlern mehrere Horte bzw. Teile von Horten und publizierte sie, davon vier in den Schweizer Münzblättern (in Klammern die Nummer des Inventory of Greek Coin Hoards [1973]):

- Metapont (Welz 1956 = Inventory of Greek Coin Hoards [IGCH] 1896)
- Pantikapaion I (Welz 1957 [e] = IGCH 996)
- Milet I (Welz 1961 [b] = IGCH 1168)
- Pantikapaion II (Welz 1962 [a]; nicht in IGCH aufgenommen)
- Kyzikos (Welz 1962 [d]; nicht in IGCH aufgenommen)
- Milet II (Welz 1965 = IGCH 1196)

Von Welz unpubliziert blieb ein kleiner Hort von Kleinsilber der Samier in Zankle/Messana (Coin Hoards 2, 1976, Nr. 12). Möglicherweise enthält die Sammlung auch noch weitere Horte. Zwei massaliotische Hemidrachmen (M 157 und 158) stammen z. B. aus dem Fund von Auriol. Bei näherer Betrachtung erweist sich ein Teil dieser Horte als wissenschaftsgeschichtlich außerordentlich interessant und soll hier in gebotener Kürze vorgestellt werden.

Aus dem umfangreichen Hort von Metapont (IGCH 1896) aus dem 5. Jahrhundert gelangten 1956 zunächst 24 Obole durch Cahn in die Sammlung, zwei Jahre später fünf weitere durch die Firma Santamaria in Rom, die den Fund vermarktete und Welz auf dessen Anfrage jede weitere Auskunft und Publikationsmöglichkeit strikt verweigerte.[47] Cahn und Colin Kraay (1918–1982), der weitere Exemplare für das Ashmolean Museum in Oxford erworben hatte, machten darauf aufmerksam, dass die Obole vom Typ Ähre/Ähre mit inkuser Rückseite (Inv. M 401, 402, 403 [Abb. 5] = HN Italy 1489) durch eine Stempelverbindung der Vorderseite mit den Obolen mit erhabener Rückseite vom Typ Ähre/Ochsenkopf (Privatslg. Welz F 69 [Abb. 6] = HN Italy 1500) verbunden sind und deswegen

47 Santamaria, 3. 5. 1958 (Archiv d. Münzsammlung).

für die Datierung der Kleinsilberprägung im Übergang von der Frühklassik zur Klassik eine besondere Rolle spielen.[48] Die qualitativ bessere Hälfte des Hortes befindet sich noch im Besitz der Nachfahren von Welz. Diese Münzen sind jetzt immerhin zusammen mit den Bochumer Stücken im IKMK zugänglich.

Abb. 5: Metapont, Obol (ca. 460–440 v. Chr.) (Maßstab: 3:1).

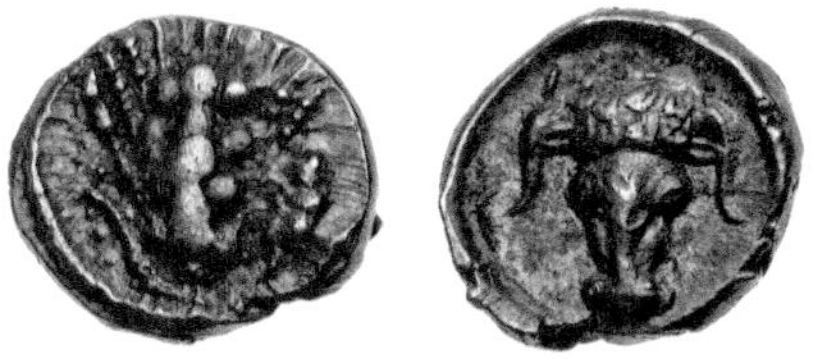

Abb. 6: Metapont, Obol (ca. 440–430 v. Chr.) (Maßstab: 3:1).

Vielleicht noch wichtiger ist der archaische Kleinsilberhort von Milet, oder genauer aus dem »westlichen Kleinasien« (IGCH 1168). 1960 kaufte Welz bei Deppert einen ersten Kleinsilberhort mit 19 Münzen aus Milet und Umgebung (IGCH 1196), den er in archaische Zeit datierte (Welz 1961 [b]). Kurz darauf meldete sich die junge Archäologin und Sammlerin Bärbel Pfeiler (1939–2023; nachmalig Barbara Deppert-Lippitz) zu Wort, die bereits vor Welz aus dem Hort Stücke erworben hatte, und datierte ihn korrekt in klassische Zeit.[49] Das hinderte Welz nicht daran, 1962 erneut bei Deppert 23 Kleinsilbermünzen (22 aus Milet, 1 aus Lamponeia) zu erwerben, die nun tatsächlich archaisch waren (IGCH 1168) (Abb. 7). Welz konnte vor seinem Tod nur noch eine summarische Anzeige fertigen, die 1965 postum und ohne Stückliste und Fotos erschien. Auch diesen Hort kannte Pfeiler, und er diente ihr als einer der beiden Leithorte in ihrer bis heute grundlegenden Arbeit über das Nominalsystem und die Datierung des archaischen Kleinsilbers aus Milet, die sie 1966 in der Schweizerischen Numismatischen Rundschau publizierte.[50] Von den ursprünglich 22 milesischen Münzen gelangten 1966 nur 21 nach Bochum, wo sie irgendwann nach der Übernahme mit fünf weiteren milesischen »Obolen«, die Welz 1963 bei Button erworben hatte, kontaminiert wurden. Pfeiler gibt leider nur eine Liste der verschiedenen Nominale und Typen mit den Gewichten, eine Zuordnung der 26 Bochumer Münzen zu ihren 22 Nummern steht noch aus.

Am interessantesten ist sicherlich der kleine Teil eines sizilischen Hortes, dessen fünf Stücke Welz bei Cahn und Rinaldi erwarb (M 644–647; 651). Er enthält Kleinsilber der Samier aus Zankle/Messana, wo sich die nach dem Ionischen Aufstand vertriebenen Sa-

48 Cahn als Nachtrag zu Welz 1956, S. 49; Kraay 1957.
49 Pfeiler 1962.
50 Pfeiler 1966, S. 12–14.

mier am Anfang des 5. Jahrhunderts kurzzeitig niedergelassen hatten (Abb. 8). Andere Teile des Hortes gelangten durch Willy Schwabacher (1897–1972) in die Sammlung des Stockholmer Münzkabinetts, der diese Stücke in einer postum publizierten Arbeit 1975 in der Festschrift für E. Homann-Wedeking (1908–2002) behandelte.[51] Der weitaus größte Teil gelangte in die Sammlung der Numismatikerin Elvira E. Clain-Stefanelli (1914–2002) in die Vereinigten Staaten und wurde von ihr 1987 in einem großen Aufsatz über archaisches Kleinsilber aus Sizilien und Unteritalien veröffentlicht und besprochen. Ihre Münzen wurden in den Jahren 2016/17 von Numismatica Ars Classica in Zürich und vor allem von Naville in London verkauft und in alle Welt zerstreut.[52]

Abb. 7: Milet, Tetartemorion (Ende 6./Anfang 5 Jh. v.Chr.) (Maßstab: 3:1).

Abb. 8: Samier in Zankle, Tetartemorion (493–488 v.Chr.) (Maßstab: 3:1).

Ein zweiter Sammelschwerpunkt, der ebenfalls der Preisentwicklung geschuldet war, bildete für Welz der Erwerb von billigen Bronzemünzen. Hier avancierte die Firma Oscar Rinaldi in Verona mit 261 Stücken (laut Frankfurter Akzessionsliste) zu seinem Haupthändler. Er zahlte häufig nur wenige Mark, z.T. bekam er die Stücke auch geschenkt. Sie stammen naturgemäß hauptsächlich aus der Magna Graecia. Mit großer Hingabe war er dabei auf der Suche nach ausgefallenen Motiven und seltenen Stücken, auch wenn sie schlecht erhalten waren. Rinaldi besaß eine eigene Hauszeitschrift im Zeitungsformat mit dem Titel »Italia numismatica«. Auch hier begann Welz seit 1957 in regelmäßigen Miszellen und in italienischer Übersetzung unter dem sprechenden Titel »Curiosità sulle monete greche« über seltene und ausgefallene Bronzemünzen für ein allgemeines Publikum zu schreiben. Eine dieser Arbeiten beschäftigte sich zum Beispiel mit der Darstellung des »Selbstmordes« auf griechischen Münzen. Andere Beiträge behandelten die ägyptischen Provinzialprägungen oder unteritalisch-sizilische Prägungen. Welz besprach dabei nicht nur eigene Münzen, sondern auch Stücke publizierter Sammlungen oder aus

51 W. Schwabacher an B. Andreae, 24.1.1972 (Archiv d. Münzsammlung; Schwabacher 1975 erwähnt S. 110 nur vier Bochumer Stücke).

52 Clain-Stefanelli 1987, S. 48–50. Die samischen Münzen aus Zankle im Handel: NAC 92, 1, 2016, 117; 92, 2, 2016, 1420, 1421; Naville 21, 2016, 43; 27, 2016, 71; 30, 2017, 35, 36;33, 2017, 35; 25, 2017, 31; 36, 2017, 39; 37, 2018, 42; 38, 2017, 52; 41, 2018, 34; 42, 2018, 33; 51, 2019, 26; Gorny & Mosch 244, 2017, 76; Roma Numismatics, E-Sale 53, 2019, 107 (ohne Anspruch auf Vollständigkeit).

Auktionskatalogen. Ein nachgelassenes, unveröffentlicht gebliebenes Manuskriptfragment im Archiv der Münzsammlung trägt den Titel »Scarto delle monete greche«, bezeichnet also die Stücke, die übrigbleiben, wenn die guten Münzen verkauft sind. Eine Auswertung dieser Texte im Hinblick auf die eigenen Stücke der Sammlung und deren Erwerbungsgeschichte steht noch aus.

Noch in einer dritten Händlerzeitschrift veröffentlichte Welz seit 1961, in »Der Münzen- und Medaillensammler. Berichte aus allen Gebieten der Münz-, Geld- und Medaillenkunde« des Händlers Hellmuth H. Kricheldorf in Stuttgart. In diesen Arbeiten beschäftigte er sich vor allem mit rein ikonographischen, jetzt auch mittelalterlichen Themen, wie etwa »Heilige auf Münzen« oder »Kephalephoren« (d. h. Heilige mit dem abgeschlagenen Kopf im Arm). Zu guter Letzt publizierte Welz in vier umfangreichen Arbeiten in den Fuldaer Geschichtsblättern insgesamt fünf mittelalterliche Münzfunde aus Fulda und Umgebung aus der Kriegs- und Nachkriegszeit, wobei er sich von Busso Peus (1902–1983) und Peter Berghaus (1919–2012) beraten ließ.

In den neun Jahren seiner Publikationstätigkeit brachte es Welz schließlich auf die imposante Zahl von 34 meist kürzeren Publikationen, deren Kopien heute einen Aktenordner füllen. Es scheint, als habe er in der letzten Phase seines Lebens damit seine Erfüllung gefunden – über seine Sammlung antiker Kunst publizierte Welz Zeit seines Lebens keine Zeile, obwohl er schon seit Beginn seiner Sammeltätigkeit immer im regen Austausch mit in- und ausländischen Fachleuten stand und ihnen schon vor dem Krieg deren Publikation ermöglichte).[53]

Während die Einzelbestimmungen der Münzen mit großer Sorgfalt durchgeführt waren und Welz hier in der Regel auf der Höhe der numismatischen Forschung war (er besaß alle wichtigen Nachschlagewerke, alle bisher erschienenen Bände der Sylloge Nummorum Graecorum, fast alle monographischen Werke zur Numismatik und zahlreiche Auktionskataloge), sah es im Bereich der Geschichte und des kulturgeschichtlichen Hintergrundes doch mitunter etwas anders aus.

Welz pflegte seine Publikationen mit allgemeinen kulturhistorischen Bemerkungen zu bereichern, in denen er zwar Quellen, aber bisweilen wenig bis gar keine Literatur zitierte, ganz gelegentlich diese auch nur aus der Erinnerung. Die Korrektur des frühen Aufsatzmanuskriptes über »Griechenmünzen vom Schwarzen Meer« von 1957 für die Schweizer Münzblätter begleitete die briefliche Bemerkung Cahns: »In einer Zeitschrift mit einiger wissenschaftlicher Prätention sollen möglichst neue Dinge publiziert werden, oder neue Kommentare zu bekannten Dingen. Einige der von Ihnen besprochenen Stücke fallen

53 Dazu gehörten u.a. Georg Lippold (1885–1954), Karl A. Neugebauer (1886–1945), Margarete Bieber (1879–1978) und John Beazley (1885–1970). Die Bearbeitung dieses weit umfangreicheren Themas ebenso wie der Provenienz der Antiken liegt in den Händen von Prof. Cornelia Weber-Lehmann.

nicht in die beiden Kategorien«. In der historischen Einleitung hatte sich Welz zunächst nur auf das Buch von Karl Neumann (1793–1870), Die Hellenen im Skythenlande (1855) bezogen und musste erst auf das Werk von Ellis H. Minns (1874–1953), Scythians and Greeks (1913) und weitere numismatische Fachliteratur hingewiesen werden.[54] Spätere Arbeiten zeigen doch eine größere Professionalisierung.

Ähnlich sah dies in seinen thematisch angelegten Aufsätzen aus, etwa über den »Esel des Dionysos« von 1959 oder über »Die Tauben der Aphrodite«. Unter diesem Titel sammelte Welz in zwei Aufsätzen, einmal in den Schweizer Münzblättern 1959 und dann im Münzen- und Medaillensammler von 1962, das Münzmaterial zu diesem Thema, zwei kenntnisreiche und durchaus charmante Arbeiten. Unweigerlich kam Welz dabei auch auf das bekannte Problem der (tatsächlichen oder nur vermeintlichen) Tempelprostitution im Aphrodite-Tempel in Korinth zu sprechen, verknüpfte dies nun mit dem Stil der Aphrodite-Köpfe auf korinthischen Drachmen und illustrierte das Argument mit mehreren Stücken seiner eigenen Sammlung:

> Die außerordentliche Mannigfaltigkeit der Haarbehandlung macht es m. E. unabweislich, bei den Vorbildern der Stempelschneider an die Tempeldirnen der Aphrodite zu denken. Nur durch ein Muster aus der Praxis des Lebens kann man auf solche Abwechslungen der Frisur kommen. Wir dürfen also in ihnen noch die Bilder der einst in Korinth lebenden Dirnen sehen, ja ich möchte in ihnen auch Tauben sehen, Tauben der Göttin Aphrodite.[55]

Drei Jahre später fühlte sich Welz zu einer ausführlicheren Begründung veranlasst:

> Sicherlich möchte ich nicht sagen, daß man die Tempelhetären porträtiert oder heroisiert habe, doch haben sie wohl als Modelle für die erstaunliche Mannigfaltigkeit der Typen gedient. ... Man muß sich vor Augen halten, daß die Anschauungen auf diesem Gebiet ganz anders waren als später in christlicher Zeit ... Ich mag mich irren, aber ich meine, vielen ihr Gewerbe am Gesichtsausdruck ablesen zu können.[56]

Dann referiert Welz die antiken Quellen zur korinthischen Tempelprostitution (ein Pindargedicht und eine Stelle bei Athenaios) und beendet die Diskussion mit einem Zitat aus dem Artikel »Dirne« von Hans Herter (1899–1984) im Reallexikon für Antike und Christentum; damit nicht genug, führt er am Schluss auch noch eine briefliche Mitteilung

54 Cahn, 10.1.1957 (Archiv d. Münzsammlung).
55 Welz 1959 [c].
56 Welz 1962 [f], S. 172.

von Herter an: »Hetären als Künstlermodelle sind vielfach belegt; so sehe ich nicht, warum das nicht auch für korinthische Stempelschneider sollte gelten können«.[57] Diese und ähnliche Passagen zeigen, dass für Welz die griechische Antike keine tote Vergangenheit, sondern lebendige Gegenwart war und ihm auch als Sehnsuchtsort in einem von zwei Kriegen und einer Diktatur geprägten Leben diente. Die Entwicklung einer historisch fundierten Altertumswissenschaft in wilhelminischer Zeit, die sich mit den Namen seiner prominenten akademischen Lehrer verbindet, hat er offenbar nicht wirklich aufgegriffen.

Im Oktober 1963 starb seine Ehefrau Henriette, am 17. April 1964 folgte Welz seiner Ehefrau nach und wurde unter großer Anteilnahme ehemaliger Schüler in Fulda begraben (Abb. 9).

Abb. 9: Altersbildnis Dr. Karl Welz.

Die Beschäftigung mit der Geschichte der Sammlung Welz zeigt deutlich, wie sich die individuelle Biographie, persönlicher Habitus und die Zeitläufe ineinander verschränken. Kunsthistorisch bedeutsamer als seine Münzsammlung ist sicherlich die ebenfalls nach Bochum gelangte Antikensammlung, deren nicht minder spannende Geschichte noch zu schreiben ist. Der vorliegende Beitrag versucht nicht nur Verständnis für eine auch nach damaligen Maßstäben eigenwillige Persönlichkeit zu wecken, sondern zeigt hoffentlich auch, nach welchen Grundsätzen und mit welchem z. T. sehr scharfen Blick er seine Sammlung zusammentrug. Sie zu besitzen, zu pflegen und zu erforschen, darauf kann die Ruhr-Universität Bochum heute zu Recht stolz sein.

57 Welz 1962 [f]; Herter 1957 (Zitat Sp. 1175; der Brief selbst ist nicht mehr erhalten).

Anhang: Schriftenverzeichnis Dr. Karl Welz[58]

Abkürzungen

FG	Fuldaer Geschichtsblätter
IN	Italia Numismatica
MMB	Der Münzen- und Medaillensammler Berichte aus allen Gebieten der Geld-, Münzen- und Medaillenkunde
SM	Schweizer Münzblätter
+	postum erschienen

Analecta Byzantina. Carmina inedita Theodori Prodromi et Stephano Physopalamitae, Leipzig: Noske 1910, 64 S.
Descriptio codicum Graecorum. Katalog der Kaiserlichen Universitäts- und Landesbibliothek in Straßburg, Straßburg: Trübner 1913, 64 S.
Ähren aus Metapont, Beschreibung eines Münzfundes. *SM* 6 (1956) S. 45–49 mit Nachtrag in Bd. 8 (1958) S. 76.
Curiosità sulle monete greche [I]. *IN* 8, H. 5 (1957) S. 33. [a]
Curiosità sulle monete greche [II]. *IN* 8, H. 7–8 (1957) S. 54. [b]
Rez. D. B. Schelov, Münzen des Bosporus, 6.–2. Jahrh. vor der Zeitenwende, Moskau 1956 (russ.). *SM* 7 (1957), S. 61. [c]
Unedierte und seltene Münzen aus dem griechischen Westen. *SM* 7 (1957) S. 77–81 mit Nachtrag in 6 (1958) S. 11 und S. 76. [d]
Griechenmünzen vom Schwarzen Meer, Beschreibung eines Fundes und einiger seltenen Stücke. *SM* 7 (1957) S. 25–31. [e]
Curiosità sulle monete greche [III]. *IN* 9, H. 2 (1958) S. 17 f. [a]
Curiosità sulle monete greche [IV]. *IN* 9, H. 6 (1958) S. 81 f. [b]
Numismatische Miszellen, 9: Die älteste Prägung von Tyras. *SM* 8 (1958) S. 39 f. [c]
Curiosità sulle monete greche [V]. *IN* 10, H. 4 (1959) S. 51. [a]
Curiosità sulle monete greche [VI]. *IN* 10, H. 11–2 (1959) S. 151. [b]
Die Tauben der Aphrodite. *SM* 9 (1959) S. 33–37. [c]
Ein Münzfund aus dem Fuldaer Land. *FG* 35 (1959) S. 156–169. [d]
Rez. von R. Gaettens, Das Geld- und Münzwesen der Abtei Fulda im Hochmittelalter usw. (1957). *FG* 35 (1959) S. 200–202. [e]
Der Esel des Dionysos. *Blätter für Münzfreunde und Münzforschung* 23, H. 2 (1959), S. 49–52 + Taf. 5. [f]
Zwei Münzfunde. *FG* 36 (1960) S. 49–59.
Le monete greche dello Stretto di Messina (Zankle-Rhegion). *IN* 12, H. 4 (1961) S. 49–51. [a]
Kleinmünzen aus Milet. *SM* 10 (1961) S. 99–101. [b]
Der Münzfund von 1946 im Mollenhauer-Haus zu Fulda [I. Die »einseitigen Pfennige«/II. Die Taler und eine Goldmünze]. *FG* 37 (1961) S. 89–94. [c]
Gold und Silber lieb ich sehr. *MMB* 1 (1961) S. 43 f. [d]
Heilige auf Münzen. *MMB* 1 (1961) S. 116 f. [e]
Zu Pantikapaion. *SM* 12 (1962) S. 3–6. [a]
Le monete greche di Cirene. *IN* 13, Nr. 4 (1962) S. 50. [b]
Der Münzfund von 1946 im Mollenhauer-Haus zu Fulda [III. Die Groschenprägungen]. *FG* 38 (1962) S. 128–138. [c]
Kyzikos in Mysien. *MMB* 2 (1962) S. 126–28. [d]
Religiöse Anrufungen auf Münzen. *MMB* 2 (1962) S. 157 f. [e]
Die Tauben der Aphrodite. *MMB* 2 (1962) S. 172 f. [f]

58 Das Schriftenverzeichnis wurde auf der Basis der Vorarbeiten von Thomas Fischer (1944–1994) vom Verfasser vervollständigt. Alle Arbeiten liegen im Archiv der Münzsammlung im Original oder in Kopie vor. Weiterhin existiert im Archiv eine Reihe von Manuskriptfragmenten.

Eine sonderbare Münze. *MMB* 2 (1962) S. 214. [g]
Le monete di Elis (Olimpia). *IN* 14, Nr. 4 (1963), 61–62. [a]
Zwei Bronzemünzen aus Thessalien. *MMB* 3 (1963) S. 254 mit Nachtrag von (H.) K(richel)d(orf). *MMB* 3 (1963) S. 273–275. [b]
Kopfträger – Kephalophoren. *MMB* 3 (1963) S. 323 mit Nachtrag von (H.) K(richel)d(orf). [c]
Zwei unbekannte Münzen. *MMB* 4 (1964) S. 395. [a]
+ Der Gersfelder Münzfund. *FG* 40 (1964) S. 48–55. [b]
+ Ein neuer Münzfund aus Milet. *SM* 15 (1965) S. 1 f.

Objekt- und Abbildungsnachweise

Abb. 1 Archiv der Münzsammlung der RUB (Fotograf unbekannt). Scan: Karl-Ludwig Elvers.
Abb. 2 Münzsammlung der RUB M 2396. Foto: Robert Dylka. mk-bochum.ikmk.net/object?id=ID304.
Abb. 3 Münzsammlung der RUB M 2294. Foto: Robert Dylka. mk-bochum.ikmk.net/object?id=ID23.
Abb. 4 Münzsammlung der RUB M 723. Foto: Robert Dylka. mk-bochum.ikmk.net/object?id=ID1300.
Abb. 5 Münzsammlung der RUB M 403. Foto: Robert Dylka. mk-bochum.ikmk.net/object?id=ID713.
Abb. 6 Privatsammlung Welz F 69. Foto: Robert Dylka. mk-bochum.ikmk.net/object?id=ID621.
Abb. 7 Münzsammlung der RUB M 1792. Foto: Robert Dylka. mk-bochum.ikmk.net/object?id=ID693.
Abb. 8 Münzsammlung der RUB M 644. Foto: Robert Dylka. mk-bochum.ikmk.net/object?id=ID1219.
Abb. 9 Archiv der Münzsammlung der RUB (Fotograf unbekannt). Scan: Karl-Ludwig Elvers.

Bibliographie

Andreae 2016 B. Andreae: *Wie Aristoteles ins Museum kam. Zur Gründung der Kunstsammlungen in der Ruhr-Universität Bochum im Jahr 1965.* Stuttgart 2016.
Cahn 1981 E. B. Cahn: Der Frankfurter Münzhandel 1924–1934. In: Frankfurter Numismatische Gesellschaft (Hrsg.), *75 Jahre Frankfurter Numismatische Gesellschaft.* Melsungen 1981, S. 135–158.
Cahn 1946 H. A. Cahn: Philipp Lederer. *Schweizerische Numismatische Rundschau* 32 (1946), S. 69–73.
Clain-Stefanelli 1987 E. E. Clain-Stefanelli: On some fractional silver coinages of Sicily and Magna Graecia during the fifth century B. C. *Revue Belge de Numismatique et de Sigillographie* 133 (1987), S. 39–65.
Dahmen 2020 K. Dahmen: Von Weimar zur Diktatur. Das Direktorat Kurt Reglings (1921–1935) und Arthur Suhles kommissarische Leitung (bis 1945). In: B. Weisser (Hrsg.): *Münzkabinett. Menschen – Münzen – Medaillen.* Berlin 2020, S. 10–120.
Elvers 2022 K.-L. Elvers: Dr. Karl Welz und der Berliner Münzhandel der 1930er Jahre. *Geldgeschichtliche Nachrichten* 57 (2022), S. 293–301.
Fischer 1976 Th. Fischer: Zur Geschichte und Bedeutung der RUB-Münzsammlung. *Jahrbuch der Ruhr-Universität Bochum* 1976 (1976), S. 117–125.
Gelebt 2015 T. J. Gelebt: Universität als Steuerungsinstrument. Die Ruhr-Universität zwischen Gesellschaftspolitik, Hochschul- und Landesplanung. In: R. Hoppe-Sailer et al. (Hrsg.): *Ruhr-Universität Bochum. Architekturvision der Nachkriegsmoderne.* Berlin 2015, S. 21–30.
Golenia 2011 P. Golenia: Exkurs: Berliner Münzhändler. In: Aktives Museum Faschismus und Widerstand in Berlin (Hrsg.): Gute Geschäfte. Kunsthandel in Berlin 1933–1945. Berlin 2011, S. 113–117.
Hanna 2017 G. W. Hanna: Dr. Karl Welz (1887–1964) als Sammler antiker Kleinkunst. *Buchenblätter (Beilage der Fuldaer Zeitung)* 11 (2017), S. 43–44; 12 (2017), S. 47–48; 15 (2017), S. 59.
Herter 1957 H. Herter: Dirne. *Reallexikon für Antike und Christentum* 3 (1957), Sp. 1154–1213.

Hoppe-Sailer 2015 R. Hoppe-Sailer: Im Westen viel Neues. Technik und Kunst – Utopien der 1960er Jahre. In: R. Hoppe-Sailer et al. (Hrsg.): *Ruhr-Universität Bochum. Architekturvision der Nachkriegsmoderne.* Berlin 2015, S. 251–259.

Kluge 2004 B. Kluge: *Das Münzkabinett. Museum und Wissenschaftsinstitut.* Berlin 2004.

Kraay 1957 C. Kraay: Epis de Metapont – un supplémet. *Schweizer Münzblätter* 7 (1957), S. 73–77.

Liegle 1941 J. Liegle: *Euainetos. Eine Werkfolge nach Originalen des Münzkabinetts zu Berlin.* Berlin 1941.

Pfeiler 1962 B. Pfeiler: Zur Münzkunde von Milet. *Schweizer Münzblätter* 12 (1962), S. 20–21.

Pfeiler 1966 B. Pfeiler: Die Silberprägung von Milet im 6. Jh. v. Chr. *Schweizerische Numismatische Rundschau* 45 (1966), S. 5–25.

Schaffrath 1980 O. Schaffrath: Schule im Umbruch (1930–1937). In: W. Böhne (Hrsg.): *Hrabanus Maurus und seine Schule. Festschrift der Rabanus-Maurus-Schule 1980.* Fulda 1980, S. 278–289.

Schmidt 2007 E. A. Schmidt: Josef Liegle als Übersetzer lateinischer Texte augusteischer Zeit. In: A. Kerkhecker et al. (Hrsg.): *Litterae Augustae. Augusteische Dichtungen und Texte des Princeps in deutscher Übersetzung.* Basel 2007, S. 11–60.

Schratz 1980 W. Schratz: Wir waren Schüler in schwieriger Zeit. In: W. Böhne (Hrsg.): *Rabanus Maurus und seine Schule. Festschrift der Rabanus-Maurus-Schule 1980.* Fulda 1980, S. 290–298.

Schwabacher 1975 W. Schwabacher: Zur Münzprägung der Samier in Zankle – Messana. In: Institut für Klassische Archäologie, München (Hrsg.): *Wandlungen. Studien zur antiken und neueren Kunst; E. Homann-Wedeking gewidmet.* Waldsassen 1975, S. 107–111.

Weisser 2014 B. Weisser: National wertvolles Kulturgut. Die Sammlung römischen Schwergeldes von Ernst Justus Haeberlin. In: R. Lehmann et al. (Hrsg.): *Nub Nefer – Gutes Gold. Gedenkschrift für Manfred Gutgesell.* Rahden 2014, S. 279–304.

Willms 1985 G. Willms: *Geträumte Republik.* Freiburg 1985.

Sämtliche Verweise auf Internetressourcen in diesem Beitrag wurden vor der Drucklegung geprüft.

Das Archiv Konrad Krafts an der Goethe-Universität

Genese, Systematik und Digitalisierung einer numismatischen Abgusssammlung

George C. Watson

Das Institut für Archäologische Wissenschaften der Goethe-Universität Frankfurt am Main verfügt über mehrere numismatische Sammlungen: Die Abteilung I (Klassische Archäologie) besitzt eine Lehrsammlung von rund 300 antiken und nachantiken Münzen, die das Institut 2016 als Schenkung erhielt.[1] Die Sammlung der Abteilung II (Archäologie und Geschichte der römischen Provinzen sowie Archäologie von Münze, Geld und Wirtschaft in der Antike) umfasst eine kleine Lehrsammlung von ungefähr 80 antiken Münzen sowie eine Sondersammlung gegengestempelter römischer Münzen im Umfang von etwa 300 Objekten.[2] Den eigentlichen Kern der numismatischen Sammlungen der Abteilung II aber bildet eine Kollektion an Gipsabgüssen antiker Münzen, die im Rahmen diverser Forschungsprojekte angefertigt wurden und die die Universität unter anderem von Richard Delbrueck (1875–1957), Peter Robert Franke (1926–2018) und Susanne Grunauer-von Hoerschelmann (1941–2022) übernehmen konnte.[3] Insgesamt ist von etwa 20 000 Münzabgüssen auszugehen. Ein Großteil stammt aus dem Nachlass Prof. Dr. Konrad Krafts (1920–1970), der im Zentrum der folgenden Ausführungen steht.

Der Beitrag ist in zwei Teile gegliedert: Der erste Teil konzentriert sich auf die Geschichte der Sammlung, auf die Person Konrad Krafts selbst und auf die Erkenntnisse, die sich aus seinem Archiv über seine Forschungstätigkeit gewinnen lassen. Der zweite Teil behandelt das jüngere Erschließungskonzept im Rahmen des NUMiD-Projekts und damit die Gegenwart und Zukunft der Sammlung. Aus den thematischen Überschneidungen der

1 Zur Geschichte der Sammlung der Abteilung I des Archäologischen Instituts, s. Hommel 1991; Mandel 1994.

2 Zur Geschichte der Abteilung II und ihrer Sammlung, s. von Kaenel 2014. 2021 wurde die Sammlung um eine Dauerleihgabe von 1 700 römischen Münzen erweitert.

3 Die Gipssammlung Delbruecks wurde im Laufe seines Münzbildnis-Projekts (Delbrueck 1940) zusammengetragen und der Goethe-Universität vom Rheinischen Landesmuseum Bonn als Dauerleihgabe übergeben. Alle Gipsabgüsse zu Grunauer-von Hoerschelmann 1978 sind vorhanden. Die Gipsabgüsse von Peter Robert Franke sind geringer an der Zahl und thematisch breiter gestreut. Es ist anzunehmen, dass auch die Gipsabgüsse von Clemens Bosch in Frankfurt sind; diese lassen sich aber nicht identifizieren.

beiden Abschnitte wird deutlich, wie die Geschichte einer Sammlung Wege und Möglichkeiten für die Zukunft vorgibt und eröffnet.

Geschichte

Konrad Kraft wurde 1920 in Reisdorf in Bayern geboren.[4] Nach siebenjährigem Militärdienst in Polen, Russland und Frankreich und anschließender Kriegsgefangenschaft studierte er 1946 bis 1948 Klassische Philologie und Alte Geschichte in München und promovierte anschließend bei Andreas Alföldi (1895–1981) in Bern mit einer Arbeit »Zur Rekrutierung der Alen und Kohorten an Rhein und Donau«.[5] Nach seiner Habilitation 1954 in München zum Thema »Der goldene Kranz Caesars und der Kampf um die Entlarvung des ›Tyrannen‹«, wurde er 1959 zunächst außerordentlicher Professor für Hilfswissenschaften der Altertumskunde an der Goethe-Universität Frankfurt und schließlich 1962 ordentlicher Professor für Alte Geschichte.

Münzen spielten in der wissenschaftlichen Betätigung Krafts stets eine zentrale Rolle. Dies gilt gleichermaßen für seine militärgeschichtlichen Forschungen wie für die ikonographischen Untersuchungen im Rahmen seiner Habilitation. In diesem Zusammenhang gründete er die bedeutende Reihe »Fundmünzen der römischen Zeit in Deutschland« und gab die ersten zehn Bände heraus. Außerdem bearbeitete und publizierte er Teile der umfangreichen griechischen Münzsammlung Hans von Aulocks (1906–1980)[6] und wurde im Zuge dieser Arbeiten auf die zahlreichen Stempelkoppelungen zwischen benachbarten Städten in der kaiserzeitlichen Münzprägung Kleinasiens aufmerksam. Dieses Phänomen wurde zum Kern eines langjährigen Forschungsprojekts, das er in Zusammenarbeit mit der Abteilung Istanbul des Deutschen Archäologischen Instituts bearbeitete.[7]

Bereits 1876 entwarf der renommierte Schweizer Numismatiker Friedrich Imhoof-Blumer (1838–1920) die folgende Faustregel, die bis heute Gültigkeit hat: »[aus der Nutzung desselben Stempels] ist zu schließen, dass beide Prägungen ungefähr gleichzeitig und in derselben Lokalität stattgefunden haben«.[8] Geht man davon aus, dass die einzelnen Städte des kaiserzeitlichen Kleinasiens jeweils ihre eigenen Münzen prägten, verstoßen Stempelkoppelungen zwischen unterschiedlichen Städten gegen die Regel Imhoofs und bedürfen somit einer gesonderten Erklärung. Drei Ansätze sind denkbar: (1) Die Münzen

4 Zum Leben Krafts, s. Alföldi 1971; Kienast & Castritius 2000.
5 Zu Alföldi s. auch die Einleitung sowie den Beitrag von Márton Gyöngyössy im vorliegenden Band.
6 Kraft 1957; Kraft 1959; Küthman & Kraft 1960; Kraft & Kienast 1962.
7 Das Anfangsdatum dieses Projekts ist unklar, aber bereits 1960 konnte Kraft erste Ergebnisse veröffentlichen; s. Kraft 1960.
8 Imhoof-Blumer 1876, S. 289.

wurden in einer gemeinsamen Münzstätte geprägt, (2) die Stempel selbst wurden durch Leihgabe oder Verkauf weitergegeben oder (3) Prägewerkstätten und -handwerker waren mobil und reisten umher. Die Diskussionen, die um diese drei Erklärungsansätze in der ersten Hälfte des 20. Jahrhunderts rege geführt wurden, führten zu keinem Konsens.[9] Kraft brachte das Phänomen der Stempelkoppelungen in Verbindung mit stilistischen Übereinstimmungen von Vorderseitenstempeln, wodurch sich die konkreten Abläufe der Münzproduktion besser erklären ließen. Er schlug ein System von mobilen Werkstätten und Prägehandwerkern vor, die Münzen für mehrere Städte innerhalb eines größeren geographischen Raumes produzierten. Er identifizierte eine Reihe von Werkstätten, darunter auch vier Werkstätten, die in der Zeit von Septimius Severus (reg. 193–211) bis Gallienus (reg. 253–268) an der Westküste Kleinasiens aktiv waren und die er als »Smyrna«, »Ephesos«, »Sardeis«, und »Pergamon« identifizierte.[10]

Diese Ergebnisse wurden in einer 1972 erschienenen Monographie mit dem Titel »Das System der kaiserzeitlichen Münzprägung in Kleinasien. Materialien und Entwürfe« publiziert. Dem Verfasser war bewusst, dass er mit seiner Rekonstruktion noch keine abschließende Lösung des Problems gefunden hatte:

> Obwohl die nachfolgende Arbeit von nicht geringem Umfang ist, handelt es sich doch nur um eine Skizze, die nicht wenige Lücken aufweist und in so manchen Punkten nur vorläufigen Charakter haben kann. Dieser Zustand ist natürlich wesentlich bedingt durch die ungeheure Masse des einschlägigen Materials. Auch nur halbwegs erschöpfende Vollständigkeit bezüglich der im folgenden angeschnittenen Probleme erreichen zu wollen, liefe letzten Endes auf ein Corpus der gesamten kaiserzeitlichen Prägung Kleinasiens hinaus, wie es ein einzelner niemals leisten könnte.[11]

Diesem »ersten Schritt« weitere folgen zu lassen, blieb Kraft verwehrt: Noch vor Erscheinen des Werkes verstarb er am 22. Oktober 1970 unerwartet und vorzeitig. Seine Mitarbeiterin Helga Gesche (geb. 1942) brachte das Manuskript nach seinem Tod in den Druck.

Trotz des skizzenhaften Charakters wurde das Werk von seinen Rezensenten hoch gelobt. Wendelin Kellner (1931–2023) bezeichnete es als »ein Vermächtnis von außer-

---

9 Die drei Ansätze wurden erstmals von Regling 1902, S. 201 vorgestellt. Für die weitere wissenschaftliche Diskussion s. Watson 2019, S. 11–16.

10 Er war sich darüber im Klaren, dass mit den Namen keine Aussage über den Standort der Werkstätten verbunden ist, sie sollten vielmehr einen Anhaltspunkt zum geographischen Wirkungsraum geben: Kraft 1972, S. 19.

11 Kraft 1972, S. 11.

ordentlichem wissenschaftlichem Wert«,[12] und Bernhard Overbeck (1942–2018) resümierte: »Selten kann man so wie bei dem hier vorgelegten Werk Krafts vorbehaltlos sagen, daß es zweifellos zu den wichtigsten und methodisch richtungsweisenden Arbeiten seines Fachgebiets gehört«.[13] Auch wenn Krafts These durch neuere Forschungen infrage gestellt wurde,[14] so bleibt das Werk doch weiterhin grundlegend für die Untersuchung der römischen Provinzialprägung Kleinasiens.

Die der Arbeit beigefügten Tafeln belegen die auch in den Rezensionen hervorgehobene bemerkenswerte Materialfülle, die Kraft für seine Forschungen zusammengetragen, untersucht und ausgewertet hat. Er konnte zeigen, dass identische Vorderseitenstempel nicht nur bei Münzen eng benachbarter Städte auftraten, sondern auch bei Münzen von Städten, die über 100 km voneinander entfernt lagen. Um diesen Nachweis führen zu können, musste Kraft eine beachtliche Menge an Vergleichsstücken aus zahlreichen öffentlichen und privaten Sammlungen weltweit zusammenführen. Dabei baute er eine beträchtliche Sammlung an Gipsabgüssen auf, zudem erstellte er eine umfangreiche Kartei, in der er publizierte wie unpublizierte Münzen verzeichnete und Fotos sammelte. Dieser Katalog ist ebenso wie die im Zuge seiner Stempelanalysen gesammelten Gipsabgüsse und die für die Sylloge Nummorum Graecorum (SNG) abgegossenen Münzen von Aulocks in Krafts Nachlass an der Goethe-Universität Frankfurt verwahrt.[15]

Krafts Gipssammlung umfasst Stücke aus fast allen großen öffentlichen deutschen wie internationalen Münzsammlungen, darunter den Münzkabinetten in Berlin, München und Gotha, dem Kunsthistorischen Museum in Wien, der Bibliothèque Nationale de France in Paris, dem British Museum in London und der American Numismatic Society in New York. Enthalten sind zudem Abgüsse von Münzen aus weiteren Sammlungen, etwa der Sammlung der Princeton University und dem Stockholmer Münzkabinett. Darüber hinaus finden sich zahlreiche Gipsabgüsse von Münzen aus dem Handel, wobei insbesondere Herbert A. Cahn (1915–2002), ein ehemaliger Student Krafts und Gründer der Münzhandlung Münzen und Medaillen AG, Zugang zu einer großen Zahl von Stücken ermöglicht hatte.[16]

In der Zeit nach 1970 musste die Gipssammlung mindestens einmal umziehen, sie scheint dies aber unbeschadet überstanden zu haben. Einige Tabletts mit ausgewählten Gipsabgüssen, die in Krafts Publikation abgebildet sind, liegen nach wie vor auf kleinen Unterlegzetteln, die festhalten, wohin die Abgüsse in die Sammlung zurückgelegt werden

12 Kellner 1973, S. 29.

13 Overbeck 1974, S. 519.

14 Siehe insb. Johnston 1982; Spoerri Butcher 2006; Watson 2019.

15 Von Aulocks Gipsabgüsse stammen nur aus den Regionen, die Kraft für die Sylloge-Bände bearbeitet hat. Erhalten sind fast alle Gipse aus Mysien, Karien und Ionien sowie einige aus Bithynien.

16 Zu Herbert A. Cahn s. auch den Beitrag von Karl-Ludwig Elvers im vorliegenden Band.

Abb. 1: Tablett aus der Gipssammlung der Goethe-Universität.

sollten (Abb. 1). Der Umstand, dass diese Abgüsse nie zurücksortiert wurden, zeigt, dass die Sammlung seit Krafts Tod unverändert blieb.[17]

Dieser Umstand bietet darüber hinaus die Möglichkeit, Einblicke in Krafts Arbeitsmethoden zu gewinnen. Wie war er in der Lage, das weit verstreute Material zu bewältigen? Wie gelang es ihm, Münzen bzw. Stempel in der Masse des Materials übersichtlich miteinander in Bezug zu setzen? Für meine eigene Forschung, die sich mit ähnlichen Fragen beschäftigt,[18] standen mir moderne Technologien zur Verfügung, insbesondere digitale Fotos und Datenbank-Software, die es mir ermöglichten, den Überblick über die

17 Einige Tabletts sind mit »Lehrveranstaltung« oder Ähnlichem beschriftet und offensichtlich zwischenzeitlich für Lehrzwecke genutzt worden. Hierbei handelt es sich aber um Ausnahmen, die nur wenige Gipsabgüsse betreffen.

18 Watson 2019.

zahlreichen Münzen aus den unterschiedlichsten Sammlungen zu bewahren. Wie aber konnte Kraft dies ohne die technologischen Hilfsmittel des 21. Jahrhunderts bewältigen? In seinem Band schreibt er dazu:

> Wohl die wichtigste aus dieser Arbeit zu beziehende Erkenntnis ist, daß die bisher übliche Form der Materialdarbietung nicht den tatsächlichen Gegebenheiten der Münzprägung im kaiserzeitlichen Kleinasien gerecht wird, sondern geradezu die organischen Zusammenhänge zerreißt und damit auch eine numismatische und historische Auswertung dieses reichen Quellenstoffes eher behindert als fördert.[19]

Ausgehend vom Problem »der bisher üblichen Form der Materialdarbietung« schlug Kraft ein neues System für die Bereitstellung des Materials vor, in dem Münzen statt nach Städten und Regionen nach Werkstätten und Lieferbezirken sortiert werden sollten.[20] Eine solche Anordnung wäre seiner Ansicht nach den tatsächlichen Gegebenheiten der Münzproduktion weitaus besser gerecht geworden und hätte es in der Arbeit an den Originalzeugnissen deutlich erleichtert, die Stempelkoppelungen zwischen entfernten Städten nachzuvollziehen.

Krafts Sammlung der Gipsabgüsse war allerdings keineswegs entsprechend Werkstätten und Lieferbezirken, sondern rein pragmatisch nach Ort und Zeit des Abgießens sortiert. Die Stücke wurden auf Tabletts verwahrt, die mit dem Namen der Sammlung bzw. des Verwahrungsortes beschriftet waren. Innerhalb der einzelnen Tabletts erscheint die Ordnung konfus: Die Stücke waren fast zufällig ausgelegt, nicht einmal Avers und Revers lagen konsequent paarweise beieinander (Abb. 2). In den meisten Fällen lassen sich Paare noch anhand der mit Bleistift auf den Rückseiten der Gipsabgüsse vermerkten Nummern zusammenbringen, doch nicht überall sind entsprechende Beschriftungen vorhanden. Bisweilen fehlt sogar der Gips einer Münzseite gänzlich.

Auch die Kartei trägt nicht durchgängig dazu bei, Struktur in die Gipssammlung zu bringen. Die Karteikarten sind im traditionellen System nach Region und Stadt sortiert. Der Inhalt der Kartei weist keine Überschneidung mit den Gipsabgüssen auf. Die auf den Karten abgebildeten und beschriebenen Münzen stammten ausnahmslos entweder aus wissenschaftlichen Publikationen oder aus Auktionskatalogen, nicht aus Sammlungsbeständen wie die Gipsabgüsse. In den 1960er Jahren wurden nur vereinzelt »Greek Impe-

19 Kraft 1972, S. 100. Er schrieb einen ganzen Abschnitt über »Konsequenzen für Corpus-Arbeit und Materialbereitstellung«.

20 Meines Wissens wurde das von Kraft vorgeschlagene System in keiner wissenschaftlichen Publikation angewandt. Sowohl Klose 1987, S. 1–2 als auch RPC I, S. xvi und 366 haben die Anwendung des Kraft'schen Systems erwogen, sich aber letztlich aufgrund pragmatischer Erwägungen entschieden, einer traditionellen Anordnung zu folgen.

Abb. 2: Blick in einen unbearbeiteten Teil der Gipssammlung der Goethe-Universität.

rials« veröffentlicht – in der SNG-Reihe wurden nur die Kopenhagen-, von Aulock- und Fitzwilliam-Bände vor 1970 publiziert –,[21] was zur Folge hat, dass das Material in Krafts Kartei recht beschränkt blieb. Weder zur Rekonstruktion der Arbeitsweise Krafts noch zu heutigen Forschungszwecken kann die Kartei viel beitragen.

Die Gipssammlung und die Kartei bieten also insgesamt nur vage Hinweise auf Krafts Arbeitsmethoden. Offenbar verfügte Kraft über ein hervorragendes Gedächtnis, das es ihm ermöglichte, die gewaltige Materialmenge zu überschauen. Diese Vermutung wird von einem in der Gipssammlung erhaltenen Zettel gestützt, der sich auf einen Besuch im British Museum vom 12. März 1962 bezieht (Abb. 3). Aufgelistet sind 47 Münzen, die Kraft sichten wollte. Der Zettel enthält außerdem handschriftlich von Gilbert Kenneth Jenkins

21 Andere Bände, die vor 1970 veröffentlicht wurden, haben keinen Bezug zu Kleinasien.

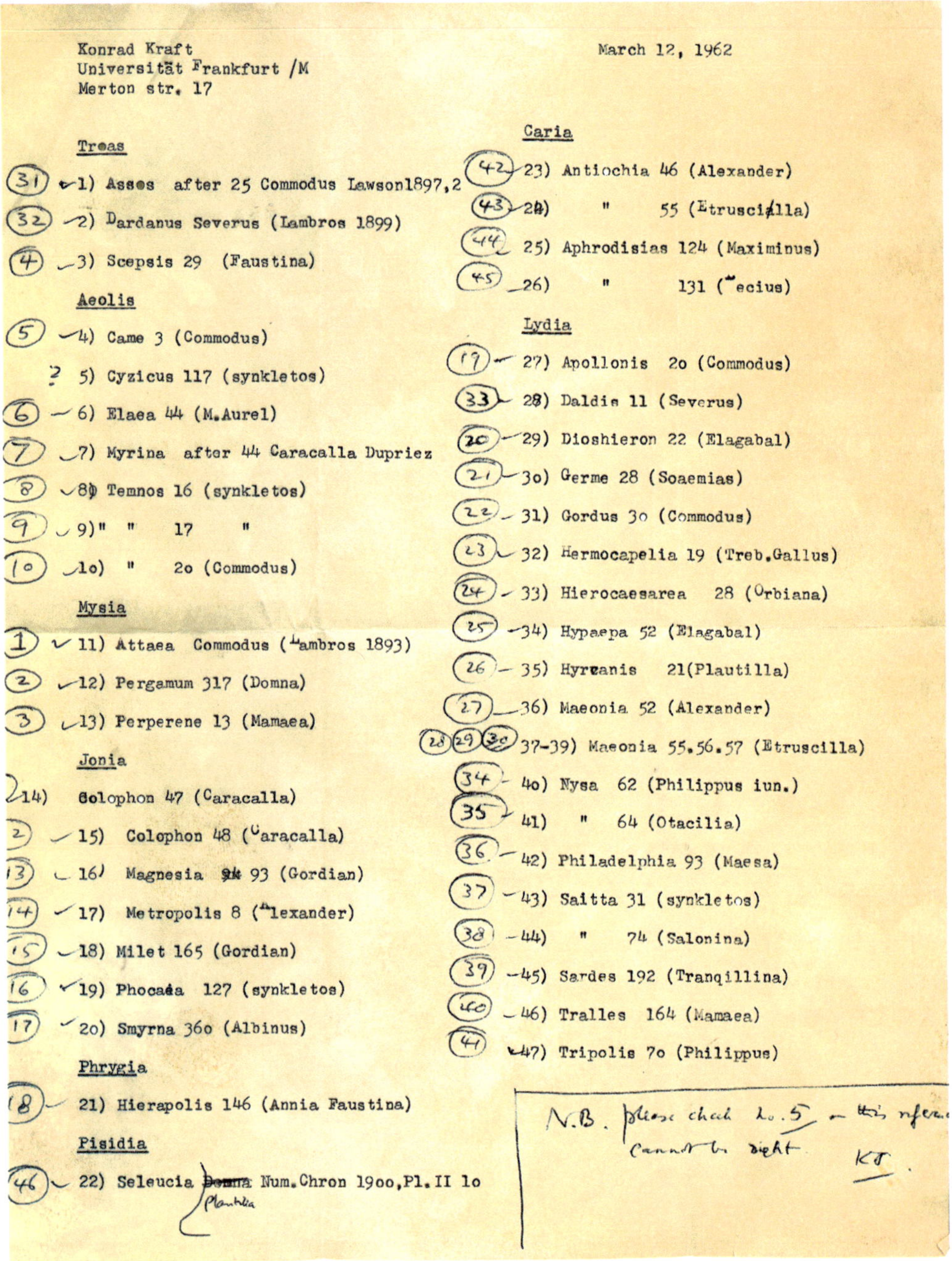

Konrad Kraft
Universität Frankfurt /M
Merton str. 17

March 12, 1962

Treas

1) Asses after 25 Commodus Lawson1897,2
2) Dardanus Severus (Lambros 1899)
3) Scepsis 29 (Faustina)

Aeolis

4) Came 3 (Commodus)
5) Cyzicus 117 (synkletos)
6) Elaea 44 (M.Aurel)
7) Myrina after 44 Caracalla Dupriez
8) Temnos 16 (synkletos)
9) " 17 "
10) " 20 (Commodus)

Mysia

11) Attaea Commodus (Lambros 1893)
12) Pergamum 317 (Domna)
13) Perperene 13 (Mamaea)

Jonia

14) Colophon 47 (Caracalla)
15) Colophon 48 (Caracalla)
16) Magnesia ~~9k~~ 93 (Gordian)
17) Metropolis 8 (Alexander)
18) Milet 165 (Gordian)
19) Phocaea 127 (synkletos)
20) Smyrna 360 (Albinus)

Phrygia

21) Hierapolis 146 (Annia Faustina)

Pisidia

22) Seleucia ~~Domna~~ Num.Chron 1900,Pl.II 10 (Plautilla)

Caria

23) Antiochia 46 (Alexander)
24) " 55 (Etruscilla)
25) Aphrodisias 124 (Maximinus)
26) " 131 (Decius)

Lydia

27) Apollonis 20 (Commodus)
28) Daldis 11 (Severus)
29) Dioshieron 22 (Elagabal)
30) Germe 28 (Soaemias)
31) Gordus 30 (Commodus)
32) Hermocapelia 19 (Treb.Gallus)
33) Hierocaesarea 28 (Orbiana)
34) Hypaepa 52 (Elagabal)
35) Hyrcanis 21(Plautilla)
36) Maeonia 52 (Alexander)
37-39) Maeonia 55.56.57 (Etruscilla)
40) Nysa 62 (Philippus iun.)
41) " 64 (Otacilia)
42) Philadelphia 93 (Maesa)
43) Saitta 31 (synkletos)
44) " 74 (Salonina)
45) Sardes 192 (Tranqillina)
46) Tralles 164 (Mamaea)
47) Tripolis 70 (Philippus)

N.B. please check No. 5 – this refer… cannot be right KJ.

Abb. 3: Blatt aus dem Archiv Konrad Krafts bezüglich eines Besuches im British Museum, 12. März 1962.

(1919–2005; »KJ«), damals Deputy Keeper des Münzkabinetts im British Museum, vorgenommene Anmerkungen. In einem Fall merkt Jenkins an, dass Krafts Angaben nicht stimmen können. Die 47 angefragten Stücke sind sowohl geographisch als auch chronologisch weit verstreut, und es fällt schwer, einen Zusammenhang zwischen den Stücken zu erkennen; offenbar hat Kraft das Museum nicht nur mit einer, sondern mit zahlreichen Forschungsfragen konsultiert. Stempelkoppelungen weisen die Stücke allesamt nicht auf, und nur eine Gruppe von vier Münzen des Commodus (reg. 180–192) wurde von Kraft im selben Abschnitt seines Werkes diskutiert.[22] In Bezug auf Krafts Forschungen ergibt die Zusammenstellung dieser 47 Münzen für sich genommen kaum Sinn. Schon bei seinem Besuch musste er sie in Verbindung mit weiteren andernorts aufbewahrten Münzen gebracht haben. Die Tatsache, dass die aufgelisteten Münzen aus unterschiedlichen Zeiten und Orten stammen, weist also ebenfalls auf ein groß angelegtes Vergleichsmaterial hin und belegt erneut Krafts herausragende Gedächtnisgabe.

Gegenwart und Zukunft

Die Frankfurter Gipsabgusssammlung und die Kartei bieten gewisse Hinweise auf die Arbeitsmethoden Krafts, lassen eine Rekonstruktion im Detail aber nicht zu. Die beachtliche Menge an Gipsabgüssen, die Kraft hinterlassen hat, bleibt jedoch auch jenseits der sammlungsgeschichtlichen Dimension wertvoll. Seit 2017 wird die Aufarbeitung und Digitalisierung dieses Materials unterstützt durch das NUMiD-Projekt, das eine sukzessive Erschließung für Forschung, Lehre und Öffentlichkeit ermöglicht. Von besonderer Relevanz sind hierbei die spezifischen Unterschiede zwischen Münz- und Gipssammlungen. Forschende, Studierende und das breite Publikum nähern sich Gipsabgüssen antiker Münzen mit grundlegend anderen Interessen und Fragestellungen als originalen antiken Münzen. Für die Aufarbeitung der Gipssammlung war daher entscheidend, dass auch die Erschließung der Sammlung diese unterschiedlichen Interessen widerspiegeln sollte. Der Fokus der folgenden Ausführungen wird daher auf jenen Aspekten der Erschließung liegen, in denen die spezifische Qualität einer Gipsabgusssammlung zum Tragen kommt.

Die Erschließung der Gipssammlung erfolgte in drei Schritten: (1) Inventarisierung, (2) Sortierung und (3) Digitalisierung. Sie wurde unter meiner Leitung von studentischen

22 Kraft 1972, S. 60–61, wo es um die Werkstätte »Pergamon« in der Zeit des Commodus geht. Die vier Münzen sind BMC Gordus 30 (Kraft 1972, Taf. 87, 4), BMC Apollonis 20 (Kraft 1972, Taf. 88, 12a), BMC Came 3 (Kraft 1972, Taf. 88, 13a), und BM Lawson 1897, 2 (Kraft 1972, Taf. 88, 14c).

Hilfskräften sowie von Studierenden im Rahmen numismatischer Lehrveranstaltungen durchgeführt.[23]

Zu (1): Inventarisierung. Zunächst wurden die Gipse von Avers und Revers derselben Münzen zusammengebracht und jeweils in ein eigenes Kästchen mit einer Notiz gelegt. Diese Notiz enthält Informationen über die Vorbesitzer bzw. Hersteller der Gipsabgüsse, die Sammlung, in der sich die originale Münze befindet, sowie eine von uns vergebene Inventarnummer. Ziel dieser Inventarisierung war es, einen Überblick über die Gesamtzahl der Gipsabgüsse zu erhalten und eindeutige Verweise auf einzelne Gipse zu ermöglichen. Auf die Aufnahme von weiteren Informationen über die Münzen wurde verzichtet. Die Vergabe der Inventarnummern wurde nicht an das räumliche Ordnungsprinzip der Gipse im Archiv gekoppelt. Bei der Nummerierung der Gipse stellt sich die grundsätzliche Frage, ob die Münzen oder die Abgüsse als Nummerierungsgrundlage dienen sollten. In den meisten Fällen entsprechen zwei Gipsabgüsse einer Münze. Diesem Problem wurde dadurch Rechnung getragen, dass die Inventarnummern grundsätzlich auf die einzelnen Münzen bezogen und für die Differenzierung der entsprechenden Gipse jeweils um ein »a« für Avers und/oder ein »r« für Revers ergänzt wurden.

Zu (2): Sortierung. Zentral war im zweiten Schritt die Frage nach der internen Ordnung der Sammlung. Für die Provinzialprägung der römischen Kaiserzeit erfolgt die Anordnung zumeist geographisch. Das am häufigsten verwendete System, das beispielsweise auch von der SNG-Reihe genutzt wird, stellt das von Joseph Hilarius Eckhel (1737–1798) eingeführte System dar, in dem Münzen chronologisch nach Stadt und die Städte alphabetisch unter historischen Landschaften sortiert werden.[24] Dieses System wurde aber von den Herausgebern der RPC-Typologie abgelehnt, die Landschaften wurden durch römische Provinzen – in Asia auch mit der Unterstufe *conventus* – ersetzt.[25] Das von Kraft vorgeschlagene System ist grundsätzlich ebenfalls geographisch orientiert, bezieht sich aber auf die Geographie der Münzproduktion, nicht auf politische, administrative oder ethnische Einheiten. Gegen eine geographische Sortierung spricht zudem die Tatsache, dass auch die Originalmünzen in den bedeutenden Sammlungen – etwa dem Münzkabinett Berlin, dem British Museum, der Bibliothèque Nationale de France – in einer geographischen Ordnung aufbewahrt werden, üblicherweise nach dem Eckhel'schen System. Eine andere Anordnung hätte unter Umständen das Potential geboten, andere Rückschlüsse zu ziehen und neue Verbindungen aufzuzeigen. Vorstellbar und interessant wäre etwa ein thematisches System gewesen – beispielsweise Münzen mit Architektur-

23 Besonderer Dank gilt Annika Haas, Daniele Marincola und Johannes Reifert, die sich intensiv mit der Bearbeitung der Gipssammlung beschäftigt haben.

24 Eckhel 1792, S. clxxviii–clxxxiii. Ein ähnliches System wurde früher von Pellerin 1763 angewandt, wie Eckhel selbst anerkannt hat. Eckhel war aber der Erste, der die Vor- und Nachteile des Systems reflektierte.

25 RPC I, S. xiv–xvii.

darstellungen auf einem Tablett, Münzen mit Götterdarstellungen auf einem anderen – oder eine rein chronologische Ordnung, bei der etwa alle augusteischen Münzen gruppiert worden wären.

Ganz grundsätzlich gilt, dass die Entscheidung für ein spezifisches Sortierungssystem von der Zusammensetzung des Bestandes und der Fragestellung abhängt. Diese Verbindung führt in ein hermeneutisches Grundproblem: Denn erst aus der Sortierung erkennt man die strukturelle Zusammensetzung des Bestandes und kann darauf aufbauend Fragestellungen entwickeln. Aus diesem Grund wurde die Entscheidung getroffen, für den Anfang das übliche Eckhel'sche System zu nutzen. Daraus ergeben sich zwei Vorteile: Erstens gewinnt man dadurch schneller einen Überblick über das Vorhandene, und zweitens können die beteiligten Studierenden sich in diesem System üben. Die nummerierten Gipsabgüsse wurden deshalb nach Regionen sortiert und verwahrt, allerdings innerhalb einer Region nicht nach Städten sortiert. Dies trägt zum einen der Tatsache Rechnung, dass unklar ist, wie viel Platz die jeweiligen Städte brauchen würden; außerdem bleiben andere Sortierungssysteme innerhalb einer Region möglich. Beispielsweise ließe sich so in der Zukunft problemlos eine Lehrveranstaltung zu »Götterdarstellungen auf lydischen Münzen« konzipieren.

Zu (3): Digitalisierung. Der noch laufende Schritt der Digitalisierung erfolgt über das NUMiD-Projekt und unter Verwendung des Interaktiven Katalogs des Münzkabinetts der Staatlichen Museen zu Berlin. Das Digitalisierungskonzept des NUMiD-Projekts sowie die Möglichkeiten des Berliner Interaktiven Katalogs sind schon andernorts beschrieben worden;[26] im Folgenden beschränke ich mich daher auf die Aspekte, die speziell die Digitalisierung einer Gipssammlung betreffen.

Die Sammlung Krafts umfasst Gipsabgüsse zahlreicher Münzen aus großen Museen (z. B. aus dem Münzkabinett Berlin oder dem British Museum). Es erscheint wenig sinn-

Abb. 4: Gipsabguss einer Münze von Salagassos.

26 Dahmen 2015, S. 178–179; Wienand 2017, S. 198–200; s. dazu auch den Beitrag von Bernhard Weisser und Johannes Wienand im vorliegenden Band.

voll, diese Gipsabgüsse zu digitalisieren, wenn doch die Museen selbst bereits ihre Bestände digitalisieren. Ebensowenig sinnvoll ist es zudem, Gipsabgüsse von Münzen aus bereits veröffentlichten Sammlungen (z. B. München) zu digitalisieren. Deshalb wurden bei der Digitalisierung Gipsabgüsse aus kleineren oder in geringerem Maße erschlossenen Sammlungen priorisiert. Unter ihnen sind Stockholm, Washington, Princeton und einige Stücke, die der Münzhändler Herbert A. Cahn Kraft zur Verfügung gestellt hatte.

Das folgende Beispiel soll bewusst auch die Schwierigkeiten aufzeigen, die neben allen Vorteilen der Erschließung nach dem beschrieben Vorgehen bei der Nutzung einer langjährig vernachlässigten Sammlung weiterhin bestehen. Es geht um ein Abgusspaar, das zusammen in den Schränken der Gipssammlung gefunden wurde (Abb. 4)[27] und dessen Beschriftungen auf den Rückseiten zu bestätigen scheinen, dass die beiden Gipse zusammengehören. Die entsprechende Münze wurde in Sagalassos in Pisidien unter der Herrschaft Kaiser Valerians (reg. 253–260) geprägt und kann wie folgt beschrieben werden:

Av: AV K ΠΟ Λ ΟVΑΛЄΡΙΑΝΟΝ; drapierte Büste des Valerian mit Lorbeerkranz nach r.; im Feld r., Ϛ.
Rv: CΑΓΑΛΑCCЄΩΝ ΠΡΩΤΗ Π[IC]ΙΔΙΑΣ / ΦΙΛΗ / ΚЄ CVΝ/ΜΑΧΟΣ ΡΩ/ΜЄΩΝ [Ω in ΠΡΩΤΗ und CΑΓΑΛΑCCЄΩΝ umgedreht]; Text in vier Zeilen umgeben von einem Kranz und weiterer Umschrift.
Durchmesser: 35,7 mm; Gewicht und Stempelstellung unbekannt.

Der Buchstabe Stigma im rechten Feld des Averses ist ein Wertzeichen und gibt einen Wert von 6 Assaria an. Weder der Avers-Stempel noch die Verbindung des Stigma-Wertzeichens mit dem Portrait Valerians wurden in zwei vor kurzem veröffentlichten Stempelstudien der Münzen von Sagalassos aufgenommen, von denen eine von mir selbst stammt und sich die andere in der Brüsseler Dissertation von Fran Stroobants findet.[28] Der Revers-Stempel ist von Münzen mit Doppelporträts von Valerian und Gallienus und dem Wertzeichen I (= 10 Assaria) bekannt,[29] was auf die Gleichzeitigkeit dieser Münzen hinweist und bei der Rekonstruierung des Nominalsystems in Sagalassos hilft.

Die konkreten Recherchen zur Herkunft der Münze gaben jedoch Anlass zu erheblichen Zweifeln: Auf demselben Tablett, auf dem sich die Gipsabgüsse befanden, lag auch ein Zettel mit dem Vermerk »Washington/Princeton«. Dies schien zunächst darauf hinzudeuten, dass die Originalmünze sich entweder in der Sammlung der Princeton University

27 Inv.-Nr. G3608ar.
28 Stroobants 2017; Watson 2019
29 Z. B. Watson 2019, Nr. 1605.

oder im Smithsonian Museum, Washington DC befindet.[30] Auf eine Anfrage beim Smithsonian Museum erhielt ich die Rückmeldung, dass die Münze dort nicht zu finden war. Ebensowenig findet sie sich in der Online-Datenbank der numismatischen Sammlung in Princeton. Die Tatsache, dass sich das Original nicht recherchieren lässt, macht auch die Existenz der Münze unsicher, und es bleibt fraglich, ob die beiden Gipsabgüsse tatsächlich zusammengehören. Die Entdeckung von neuem Material in einer Gipssammlung birgt somit stets auch einen gewissen Unsicherheitsfaktor.

Eine besondere Priorität wurde bei der Digitalisierung auf die Gipsabgüsse gelegt, die auf die Sammlung von Aulock zurückgehen. Die Sammlung von Aulocks bestand in einer umfangreichen Sammlung kleinasiatischer Münzen, und ihr Katalog in der Reihe Sylloge Nummorum Graecorum bleibt einer der wichtigsten Kataloge für kaiserzeitliche wie auch vorrömische Münzen. Die Sammlung selbst wurde allerdings in den 1980er Jahren, nach dem Tod von Aulocks, aufgelöst.[31] Die aktuellen Besitzer und Aufbewahrungsorte zahlreicher Stücke sind unbekannt, und die Abbildungen in den SNG-Bänden stellen die einzigen verfügbaren Bilder dieser Münzen dar. Bei der Digitalisierung der von Aulock-Münzen im Kraft'schen Archiv ist es das Ziel, hochwertige Fotos eines Teils dieser wichtigen Sammlung für die Forschung zur Verfügung zu stellen. Die Fotos wurden beispielsweise bereits im Rahmen des Historia Nummorum Online-Projekts von Koray Konuk berücksichtigt und bieten Wissenschaftlern und Laien mit einem Interessenschwerpunkt auf der Münzprägung Kariens qualitativ hochwertige Abbildungen.[32] Fotos der von Aulock-Münzen aus Ionien und Mysien stehen der Forschung und dem breiten Publikum ebenfalls bereits zur Verfügung.

Digitalisierung spielt auch in der Lehre der Goethe-Universität eine wichtige Rolle. Im Rahmen einer Bestimmungsübung erhielten die Studierenden jeweils einen (oder mehrere) Gipsabgüsse, um sie zu bestimmen, zu beschreiben und in die Online-Datenbank einzupflegen. Durch diese Übung sammeln Studierende Erfahrung in einem zentralen Tätigkeitsfeld numismatischer Arbeit, während zugleich die Digitalisierung der Sammlung vorangetrieben wird. Momentan werden die Abgüsse noch unsystematisch aus der Sammlung ausgewählt, mit Fortschreiten des Sortierungsprozesses wird jedoch in zunehmendem Maße eine fokussiertere Auswahl von Münzen möglich sein.

30 Weder Fran Stroobants noch ich haben die Sammlungen in Princeton oder Washington in Rahmen unserer Stempelstudien berücksichtigt.

31 Der Sohn von Aulocks hat 4418 Münzen dem Istanbuler Archäologischen Museum geschenkt, s. Olcay 1991, S. 207; Gökyıldırım 2016, S. xiiii. 2744 Stücke wurden 1978 vom British Museum gekauft (Information von Andrew Burnett). Die Übrigen sind in andere Museen, in Privatsammlungen oder in den Handel gelangt.

32 hno.huma-num.fr.

Fazit

Die Entscheidung zur Einbeziehung der Kraft'schen Gipsabgüsse in das NUMiD-Projekt war aus Sicht der numismatischen Forschung erfolgreich. Obwohl sich die durch seinen vorzeitigen Tod abgerissene Forschungsarbeit Konrad Krafts anhand seiner Gipssammlung und der Kartei nur in groben Zügen rekonstruieren lässt, war die Erschließung des Materials doch gewinnbringend. Es konnten Fragestellungen zur Genese, zur Organisation und zur Arbeit mit der Sammlung verfolgt werden, über die sich neue Perspektiven auf die Bestände eröffnet haben. Vor allem jedoch hat das Projekt zur Erschließung der Kraft'schen Gipsabgussammlung Material in digitaler Form bereitgestellt, dessen Wert für Forschungs- und Lehrzwecke durchaus bemerkenswert ist.

Objekt- und Abbildungsnachweise

Abb. 1 Frankfurt am Main, Goethe-Universität, Institut für Archäologische Wissenschaften II. Foto: George C. Watson.

Abb. 2 Frankfurt am Main, Goethe-Universität, Institut für Archäologische Wissenschaften II. Foto: George C. Watson.

Abb. 3 Frankfurt am Main, Goethe-Universität, Institut für Archäologische Wissenschaften II. Scan: George C. Watson.

Abb. 4 Frankfurt am Main, Goethe-Universität, Institut für Archäologische Wissenschaften II, G3608ar. Foto: George C. Watson. mkfrankfurt.uni-frankfurt.de/object?id=ID510.

Bibliographie

Alföldi 1971 A. Alföldi: Konrad Kraft. *Gnomon* 43. 3 (1971), S. 318–320.

Dahmen 2015 K. Dahmen: Ins Netz und gut? Die Digitalisierung im Berliner Münzkabinett und neue Themenportale für die Numismatik der römischen Antike. *Numismatisches Nachrichtenblatt* 5 (2015), S. 177–179.

Delbrueck 1940 R. Delbrueck: *Die Münzbildnisse von Maximinus bis Carinus.* Berlin 1940.

Eckhel 1792 J. H. Eckhel: *Doctrina Numorum Veterum. Pars I de Numis Urbis, Populorum, Regum. Volumen I continens Prolegomena generalia, tum Numos Hispaniae, Galliae, Britanniae, Germaniae, Italiae cum insulis.* Wien 1792.

Gökyıldırım 2016 T. Gökyıldırım: *İstanbul Arkeoloji Müzeleri Lydia sikkeleri kataloğu.* Istanbul 2016.

Grunauer-von Hoerschelmann 1978 S. Grunauer-von Hoerschelmann: *Die Münzprägung der Lakedaimonier.* Berlin 1978.

Hommel 1991 P. Hommel: *Antike Kleinkunst aus der Sammlung des Archäologischen Instituts der Universität Frankfurt.* Frankfurt am Main 1991.

Imhoof-Blumer 1876 F. Imhoof-Blumer: Griechische Münzen in dem Kgl. Münzkabinett im Haag und in anderen Sammlungen. *Zeitschrift für Numismatik* 3 (1876), S. 269–353.

Johnston 1982 A. Johnston: Die-sharing in Asia Minor: the view from Sardis. *Israel Numismatic Journal* 6–7 (1982–1983), S. 59–78.

Von Kaenel 2014 H.-M. von Kaenel: Archäologie und Geschichte der römischen Provinzen/Archäologie von Münze, Geld und Wirtschaft in der Antike. In: U. Mandel (Hrsg.): *Vom Objekt zur Kulturgeschichte: Wie*

Archäologen arbeiten. Beiheft zur gleichnamigen Ausstellung vom 21. Oktober 2014 bis 31. März 2015 im I. G. Farben-Haus der Goethe-Universität Frankfurt am Main. Frankfurt am Main 2014, S. 36–49.

Kellner 1973 W. Kellner: Konrad Kraft. Das System der kaiserzeitlichen Münzprägung in Kleinasien. Review. *Schweizer Münzblätter* 23 (1973), S. 29–31.

Kienast & Castritius 2000 D. Kienast & H. Castritius: Prof. Dr. Konrad Kraft (1920–1970). In: R. Cunz (Hrsg.): *Concordia ditat. 50 Jahre Numismatische Kommission der Länder in der Bundesrepublik Deutschland 1950–2000.* Regenstauf 2000, S. 79–94.

Klose 1987 D. A. O. Klose: *Die Münzprägung von Smyrna in der römischen Kaiserzeit.* Berlin 1987.

Kraft 1957 K. Kraft (Hrsg.): *Sylloge Nummorum Graecorum: Deutschland. Sammlung v. Aulock; Heft 4: Mysien.* Berlin 1957.

Kraft 1959 K. Kraft (Hrsg.): *Sylloge Nummorum Graecorum: Deutschland. Sammlung v. Aulock: Heft 5: Troas, Aeolis, Lesbos.* Berlin 1959.

Kraft 1960 K. Kraft: Stadt- oder Städte-Prägung im kaiserzeitlichen Kleinasien. In: XIe Congrès international des sciences historiques. Stockholm, 21–28 août 1960. Résumés des communications. Gothenburg 1960, S. 63–64.

Kraft 1972 K. Kraft: *Das System der kaiserzeitlichen Münzprägung in Kleinasien. Materialien und Entwürfe.* Berlin 1972.

Kraft & Kienast 1962 K. Kraft & D. Kienast (Hrsg.): *Sylloge Nummorum Graecorum: Deutschland. Sammlung v. Aulock: Heft 7: Karien.* Berlin 1962.

Küthman & Kraft 1960 H. Küthman & K. Kraft (Hrsg.): *Sylloge Nummorum Graecorum: Deutschland. Sammlung v. Aulock: Heft 6: Ionien.* Berlin 1960.

Mandel 1994 U. Mandel: Die Abgußsammlung des Städelschen Kunstinstitutes und ihre Erweiterung als Sammlung des Archäologischen Instituts der Universität. In: M. Herfort-Koch, U. Mandel & U. Schädler (Hrsg.): *Begegnungen – Frankfurt und die Antike.* Frankfurt am Main 1994, S. 231–252.

Olcay 1991 N. Olcay: Istanbul Arkeoloji Müzelerinin Sikke Kabinesi (Le Cabinet des médailles du musée archéologique d'Istanbul). *Anatolia Antiqua* 1.1 (1991), S. 205–208.

Overbeck 1974 B. Overbeck: Das System der kaiserzeitlichen Münzprägung in Kleinasien von Konrad Kraft. *Gnomon* 46.5 (1974), S. 518–520.

Pellerin 1763 J. Pellerin: *Recueil de médailles de peuples et de villes qui n'ont point encore été publiées, ou qui sont peu connues.* Paris 1763.

Regling 1902 K. Regling: Zur griechischen Münzkunde, Teil II. *Zeitschrift für Numismatik* 23 (1902), S. 190–202.

Spoerri Butcher 2006 M. Spoerri Butcher: L'organisation de la production monétaire au sein de la province d'Asie à l'époque de Gordien III (238–244). *Schweizerische Numismatische Rundschau* 85 (2006), S. 97–132.

Stroobants 2017 F. Stroobants: *The Long-Term Monetization of Sagalassos. Questioning Monetary Production, Circulation and Use From a Regional Perspective.* Leuven (Diss.) 2017.

Watson 2019 G. C. Watson: *Connections, Communities and Coinage. The System of Coin Production in Southern Asia Minor, AD 218–276.* New York 2019.

Wienand 2017 J. Wienand: NUMiD – Das Netzwerk universitärer Münzsammlungen in Deutschland. In: *EVA Berlin 2017. Elektronische Medien & Kunst, Kultur und Historie.* Berlin 2017, S. 195–204.

Sämtliche Verweise auf Internetressourcen in diesem Beitrag wurden vor der Drucklegung geprüft.

Homini lupus?

Die bemerkenswerte Geschichte eines digitalen Typenkatalogs der antiken Münzprägung Kleinasiens an der Universität Düsseldorf

Johannes Wienand

> Aber Isegrim hatte sie alle verschlungen; er hatte
> Über Not sich beladen, er wollte bersten.
> J. W. GOETHE *Reinecke Fuchs* I, 117 f.

Zum 1. Januar 1974 erwarb die Universität Düsseldorf ihren ersten eigenen Computer: einen Siemens-Großrechner 4004/45 mit 256 KB Hauptspeicher nebst vier Großplattenspeichern je 29 MB sowie weiteren Peripheriegeräten (Abb. 1).[1] Die Maschine war zuvor vom Rechenzentrum (gegründet 1969) zunächst stundenweise, später ganztägig angemietet worden und wurde zum Zeitpunkt der Übernahme durch die Universität noch immer in den Räumlichkeiten der Firma Siemens AG etwa sechs Kilometer vom Campus entfernt betrieben. Angesichts des rapide steigenden Rechenbedarfs der Institute und der Verwaltung war das Personal des Rechenzentrums erst kurz zuvor erheblich aufgestockt worden, so dass die Abteilung nun etwa 30 Mitarbeiter beschäftigte, darunter neben zwei Akademischen Räten, vier wissenschaftlichen Mitarbeitern, einem Systemprogrammierer, vier Programmierern und fünf Mathematisch-Technischen Assistentinnen auch fünf Maschinenbediener, eine Arbeitsvorbereiterin und fünf Locherinnen. Zudem war erst im Herbst 1973 ein Botendienst eingerichtet worden, mit dem die Rechenanfragen der Nutzer und die Ergebnisse der Datenverarbeitung dreimal täglich zwischen dem Campus und der Rechenanlage befördert werden konnten. Auf dem Campus selbst befanden sich neben den Büros für die Mitarbeiter des Rechenzentrums ein Ablochraum, ein Benutzerarbeitsraum und ein Beratungsraum. Ein eigenes Ausbildungsteam war für die Schulung der Universitätsmitglieder zuständig und bot ab dem Sommersemester 1974 einführende und

1 Für wertvolle Hinweise und Unterstützung danke ich Carsten Binder, Bruno Bleckmann, Ethan Gruber, Volker Heuchert, Jan Knop, Dane Kurth, Harald Laabs, Julius Leonhard, Katharina Martin, Lara Müller, Michael Schellenberg, Antina Scholz, Timo Stickler, Otfried von Vacano, Bernhard Weisser, Felix Wunder und Ruprecht Ziegler. Zur Geschichte des Düsseldorfer Universitätsrechenzentrums für die Jahre 1969 bis 1975 s. Knop 1976. Auf diesen Bericht stützen sich auch die im Folgenden genannten Informationen zur Frühphase der Digitalisierung an der Universität Düsseldorf; s. dazu auch Backhaus 1987. Allgemein zur Bedeutung der frühen Universitätsrechenzentren s. Formella et al. 2009; Busch et al. 2018. Bei den beiden Personen in Abb. 1 handelt es sich laut Auskunft von J. Knop um Herrn Schneider und Herrn Kowalewicz.

Abb. 1: Siemens-Rechenanlage der Universität Düsseldorf mit zwei Mitarbeitern des Universitätsrechenzentrums, 1974.

vertiefende Veranstaltungen etwa zur »Einführung in die Datenverarbeitung« oder zur »Logik der Programmierung« an.

Der rapide Ausbau der datentechnischen Infrastruktur in den Jahren 1973/74 und das Bemühen der Universität um eine Verbesserung der Nutzerfreundlichkeit ihrer Rechenanlage fällt zusammen mit dem Beginn dessen, was heute als »Digital Humanities« bezeichnet wird:[2] Nicht weniger als 30 Prozent der Gesamtbetriebszeit des Rechners wurden damals zur Bearbeitung von Rechenanfragen aus der Philosophischen Fakultät aufgewendet – selbst die Naturwissenschaftliche Fakultät wies keine höhere Quote auf. Innerhalb der Philosophischen Fakultät lässt sich eine überschaubare Gruppe maßgeblicher Akteure ausmachen, darunter an vorderster Front Professor Dietmar Kienast (1925–2012), Ordinarius der Alten Geschichte.[3] Kienast, zuvor seit 1965 Lehrstuhlinha-

2 Zu den Anfängen der Nutzung von Mitteln der elektronischen Datenverarbeitung in den Geisteswissenschaften siehe Hockey 2004; Dalbello 2011.

3 Zu Kienasts Biographie und akademischem Werdegang s. Ziegler 2013.

ber in Marburg, war im Wintersemester 1971/72 dem Ruf nach Düsseldorf gefolgt. Die Universität war erst wenige Jahre zuvor, im Jahr 1965, aus der Medizinischen Akademie hervorgegangen, die Philosophische Fakultät war zum Zeitpunkt der Berufung Kienasts gerade einmal drei Jahre alt.[4] Kienast war der erste von bislang drei Ordinarien auf dem Düsseldorfer Lehrstuhl für Alte Geschichte – es folgten 1990 Anthony Birley (1937–2020) und 2003 Bruno Bleckmann, und unter Kienasts Ägide wurde im Sommersemester 1972 überhaupt erst eine Abteilung Alte Geschichte als eigenständige Einheit innerhalb des Historischen Seminars geschaffen.[5]

Als einer der ersten Altertumswissenschaftler überhaupt hat Kienast das Potenzial nicht nur erkannt, sondern auch konsequent zu nutzen versucht, das die elektronische Datenverarbeitung für die altertumswissenschaftliche Forschung bot. Kienasts besondere Aufmerksamkeit galt dabei der antiken Numismatik: In diesem Forschungsfeld hatte er sich bereits einen Namen gemacht,[6] und gerade der hohe Grad an Serialität sowie die gute Überlieferungslage prädestinierten die antike Münzprägung in besonderem Maße für quantitative Analyseverfahren. Zudem hatten die wiederholten Versuche, die griechische Münzprägung in Printform vollständig zu erfassen und zu systematisieren, bis dato nicht zu befriedigenden Ergebnissen geführt – der schiere Umfang der griechischen Münzprägung und die hohe Vielfalt der Bild- und Textprogramme stellten kaum überwindbare Hürden für herkömmliche Systematisierungskonzepte dar: Vom siebten vorchristlichen bis ins dritte nachchristliche Jahrhundert umspannt die griechische Münzprägung ein ganzes Millennium, in dem schätzungsweise 1 500 Städte und etwa 500 Herrscher ihre eigenen Gepräge herstellen und in Umlauf bringen ließen – insgesamt eine Zahl an Typen und Varianten, die in die Hunderttausende geht. Das Material verteilt sich auf zahllose private wie öffentliche Sammlungen und war (und ist) in Teilen noch immer nicht wissenschaftlich aufgearbeitet. Zudem erweitert sich die Quellenbasis ständig durch archäologisch kontrollierte Neufunde, aber auch über den teils weniger transparenten Handel. Die Zahl publizierter Sammlungskataloge und sonstiger verfügbarer Corpora ist entsprechend über die Zeiten hinweg kontinuierlich angestiegen, mit jeder

---

4 Zur Geschichte der Universität Düsseldorf s. Plassmann & Süssmuth 2015.

5 Zur Gründung der Düsseldorfer Abteilung Alte Geschichte s. Kienast 1971/1972.

6 Hiervon zeugen zunächst und vor allem Kienasts numismatische Publikationen: K. Kraft & D. Kienast (Hrsg.), *SNGvA, Bd. 7: Karien 2334–2867.* Berlin 1962 (Kienast zeichnete hier für die Aufarbeitung der Nummern 2334 bis 2378 und 2740 bis 2867 verantwortlich); D. Kienast, *Die Fundmünzen der römischen Zeit in Deutschland; Abteilung 3: Saarland.* Berlin 1962; D. Kienast, Der Münzfund von Ankara (270–310 n.Chr.). Studien zu Besonderheiten des Geldumlaufs im Ostteil und Westteil des Imperiums. *Jahrbuch für Numismatik und Geldgeschichte* 12 (1962), S. 65–112; D. Kienast, Ein punischer Münzfund aus Tunis. *Gazette Numismatique Suisse* 15 (1965), S. 25–29. Kienasts Interesse an der Numismatik geht auf seine Zeit als Assistent bei Konrad Kraft (1920–1970) in Frankfurt am Main zurück. Zu Kraft und dem Frankfurter Umfeld s. den Beitrag von George C. Watson im vorliegenden Band.

neuen Publikation dieser Art wuchs aber zugleich die Notwendigkeit, die Informationen zum Zwecke wissenschaftlicher Verwertbarkeit auf sinnvolle Weise zusammenzuführen oder zumindest ein Werkzeug zu entwickeln, das eine zielführende Navigation durch die Informationsfluten zu ermöglichen versprach.

Die Lösung des Problems sah Kienast im Einsatz des Computers, sprich in einer digitalen Erfassung, Systematisierung und Auswertung des Materials mit den Mitteln der elektronischen Datenverarbeitung. Als die Universität mit der Anschaffung des Siemens-Großrechners und der Erweiterung der Personalkapazitäten im Rechenzentrum die Voraussetzungen für den Aufbau einer geeigneten Datenbank und entsprechender Programme zur Dateneingabe und Datenrückgewinnung schuf, zögerte Kienast nicht lange: Gemeinsam insbesondere mit seinem Mitarbeiter Dr. Otfried von Vacano (geb. 1939) entwickelte er mit technischer Unterstützung durch das Rechenzentrum eine speziell auf die typologische Erfassung der antiken griechischen Münzprägung ausgelegte Datenbank.[7] Das Projekt wurde auf den Namen ISEGRIM getauft. Die Bezeichnung ist das Akronym des etwas sperrigen Projektnamens »InformationsSystem zur Erfassung GRIechischer Münzen«. Zugleich ruft der Name (nicht ganz unbeabsichtigt) auch Assoziationen an den Wolf aus der Fabel Reinecke Fuchs hervor – dazu später mehr.

ISEGRIM steht für das früheste und für eines der ambitioniertesten Digitalisierungsprojekte in der Geschichte der Numismatik:[8] Von den skizzierten Anfängen her wurde über Jahrzehnte hinweg ein digitaler Typenkatalog entwickelt, gepflegt und erweitert, mit dem ursprünglich angestrebt war, die gesamte griechische Münzprägung der Antike zu systematisieren – und der schließlich immerhin einen Großteil der in der Literatur greifbaren Münztypen Kleinasiens verzeichnen sollte. ISEGRIM war dabei als reine Textdatenbank konzipiert. Eine Einbindung von Bilddateien, wie sie für heutige Digitalisierungskonzepte im Bereich des materiellen Kulturerbes typisch ist, wurde ab Mitte der 1990er Jahre zwar angedacht, aber letztlich nie verwirklicht.

Für die Abteilung Alte Geschichte der Universität Düsseldorf stellte ISEGRIM bis in die frühen 2000er Jahre hinein einen integralen Bestandteil des numismatischen Arbeitsbereichs dar, und das Datenbankprojekt dynamisierte in erheblichem Maße den Aufbau der numismatischen Infrastruktur vor Ort: Eine gut sortierte numismatische Bibliothek, eine umfangreiche Sammlung an Auktionskatalogen (die sich seit 2019 in der Universitätsbibliothek Braunschweig befindet) sowie die Diathek (inzwischen ausgemustert), eine umfangreiche Gipsabgusssammlung und mehrere Karteien wurden nicht zuletzt mit Blick

7 Zu Otfried von Vacanos Vater Otto Wilhelm von Vacano (1910–1997) s. Miller 2012.

8 Zu weiteren frühen numismatischen Datenbanken s. Denk 1983; Curtis 1987; Hofbauer 1987; Koelsch 1987; Szaivert 1987; Frías Fernández 1989; Bonincontro & Calabria 1991/1993; Holmberg 1991/1993; Volk 1992–1993; Neussel 1993; Smith 1994; Stumpf 1994. Zu frühen numismatischen Ressourcen im Internet s. u. Anm. 62.

auf ISEGRIM als Forschungs- und Nachweisinstrumente angelegt und kontinuierlich ausgebaut;[9] auch die projektrelevanten Segmente der Düsseldorfer Universitätssammlung antiker Münzen, die 1972 von Kienast eingerichtet worden war und durch Schenkungen und Ankäufe sukzessive erweiterte wurde, wurden in die Datenbank eingearbeitet. Zudem wurde ISEGRIM in der Lehre eingesetzt und bot die Möglichkeit, studentische Hilfskräfte an die numismatische Grundlagenarbeit nicht nur heranzuführen, sondern sie aktiv in die wissenschaftliche Tätigkeit einzubinden und entsprechend auszubilden.

Dieser Beitrag zeichnet die Geschichte von ISEGRIM bis in die Gegenwart nach: eine ebenso wechselhafte wie erstaunliche Geschichte, die inzwischen ein halbes Jahrhundert umfasst, die Vielschichtigkeit des universitären Sammeln und Systematisierens numismatischer Objekte und numismatischer Daten aufzeigt und als Lehrstück über Nutzen und Nachteil datenbankgestützter Quellenauswertung in den Altertumswissenschaften – sowie über Sinn und Unsinn aufwendiger Langzeitprojekte an geisteswissenschaftlichen Abteilungen deutscher Universitäten – dienen kann.

* * *

Die »Datenrückgewinnung« war, in der Diktion der 1970er Jahre gesprochen, die entscheidende Funktion, auf die ISEGRIM als numismatischer Typenkatalog hin ausgelegt wurde. Um die Datenbank mit Informationen füllen (»Dateneingabe«) und die gespeicherten Informationen dann auf spezifische Fragestellungen hin zugleich flexibel und verlässlich auslesen zu können (»Datenrückgewinnung«), wurden eine relationale Datenbanklogik sowie ein spezifisches Erfassungskonzept entwickelt. Die Erfassung und Systematisierung der numismatischen Informationen setzte bei einer eindeutigen »Münznummer« an (für die Nummerierung der Typen, nicht individueller Münzen, wie der Begriff suggeriert); hierarchisch untergeordnet wurden die entsprechende geographisch-chronologische Zuordnung, Sonderinformationen wie Beamtennamen und Stadttitulaturen, sodann eine formal standardisierte Bild- und Textbeschreibung, ferner technische Informationen und schließlich Nachweise und Referenzen erfasst. Jeder Kategorie konnten bestimmte Deskriptoren aus definierten, aber erweiterbaren Listen zugewiesen werden. In einer insgesamt überschaubaren Systematik wurden so die einzelnen Aspekte der Beschreibung festgehalten. Im Detail stellt sich die klassifikatorische Systematik von ISEGRIM wie folgt dar (Abb. 2):[10]

9 Grundlegend zur Geschichte der universitären Münzsammlung in Düsseldorf s. Wienand 2015.

10 Die Systematik und die entsprechenden Aspektbezeichnungen wurden von Kienast, von Vacano und Bödefeld in diversen Publikationen wiederholt vorgestellt; vgl. Bödefeld & Vacano 1978, insbes. S. 592–598; Kienast 1982a, S. 40 f.; Kienast 1982b, S. 39 f.; Vacano 1982, S. 343–345; Vacano 1984, S. 39 f.; Vacano 1994, S. 64 f.

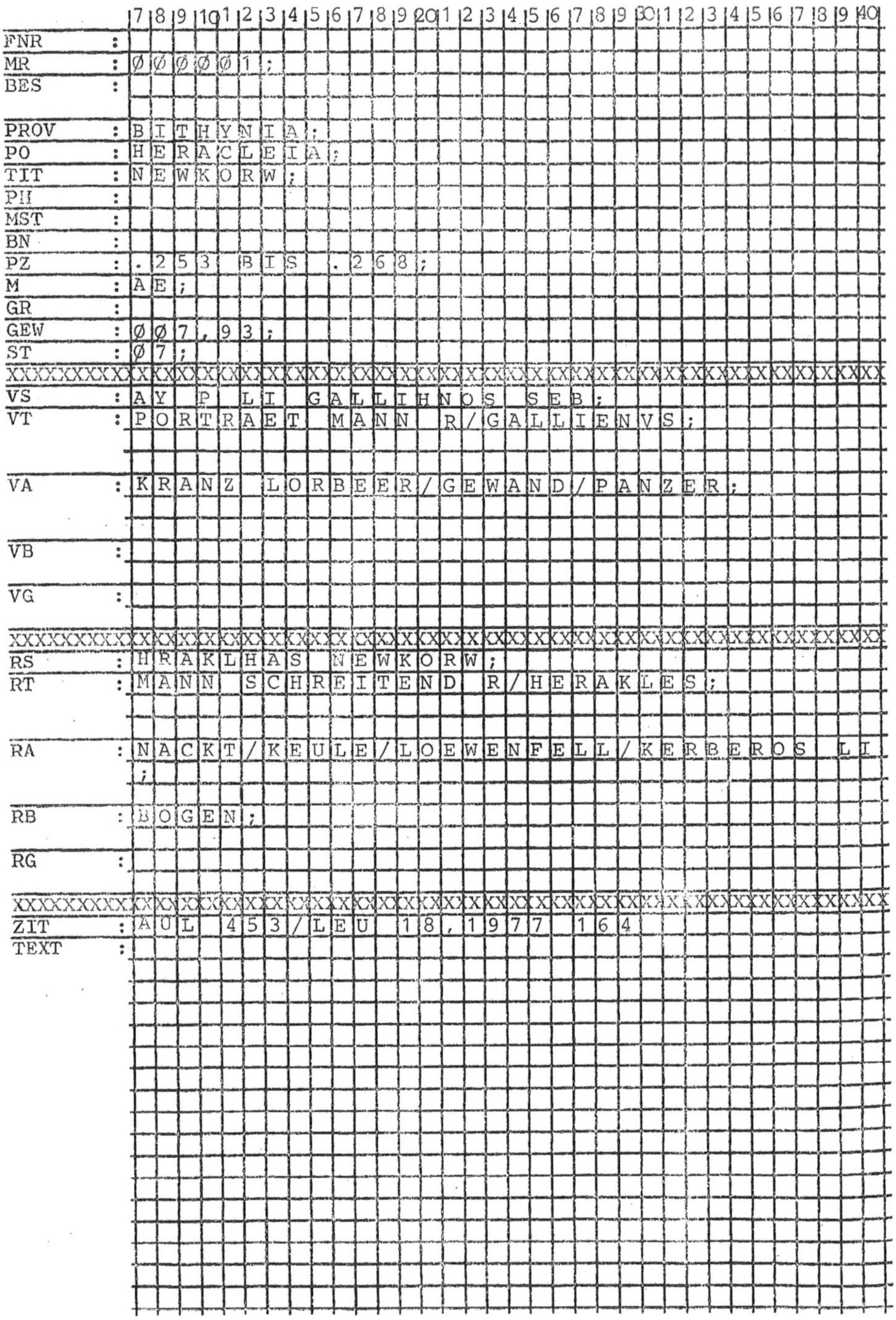
7 8 9 10 1 2 3 4 5 6 7 8 9 20 1 2 3 4 5 6 7 8 9 30 1 2 3 4 5 6 7 8 9 40

FNR :
MR : ØØØØØ1;
BES :
PROV : BITHYNIA;
PO : HERACLEIA;
TIT : NEWKORW;
PH :
MST :
BN :
PZ : .253 BIS .268;
M : AE;
GR :
GEW : ØØ7,93;
ST : Ø7;
XXXXXXXXXXXXXXXXXXXXXXXXXXXXXXXXXXXXXXXXXXXXXX
VS : AY P LI GALLIHNOS SEB;
VT : PORTRAET MANN R/GALLIENVS;
VA : KRANZ LORBEER/GEWAND/PANZER;
VB :
VG :
XXXXXXXXXXXXXXXXXXXXXXXXXXXXXXXXXXXXXXXXXXXXXX
RS : HRAKLHAS NEWKORW;
RT : MANN SCHREITEND R/HERAKLES;
RA : NACKT/KEULE/LOEWENFELL/KERBEROS LI
;
RB : BOGEN;
RG :
XXXXXXXXXXXXXXXXXXXXXXXXXXXXXXXXXXXXXXXXXXXXXX
ZIT : AUL 453/LEU 18,1977 164
TEXT :

Abb. 2: ISEGRIM-Formblatt: Darstellung aus einem Aufsatz von Bödefeld und von Vacano in der altertumswissenschaftlichen Fachzeitschrift *Chiron,* 1978.

MR: Münznummer

I. *Räumliche und zeitliche Zuordnung*
  ERD: Erdteil
  PRO: Provinz, Landschaft
  PO: Prägeort, Münzstätte
  PH: Prägeherr
  PZ: Prägezeit

II. *Aus der Inschrift entnommene Sonderinformationen*
  BN_: Beamtennamen
  BT_: Beamtentitulatur
  TL_: Stadttitulatur
  SP_: Spiele

III. *Vorderseite*
  VS_: Inschrift
  VT: Typ
  VA: Accessoires
  VF: Im Feld
  VG: Gegenstempel

IV. *Rückseite*
  RS_: Inschrift
  RT: Typ
  RA: Accessoires
  RF: Im Feld
  RG: Gegenstempel

V. *Technische Daten*
  M: Metall
  ST: Stempelstellung
  GR: Größe
  GEW: Gewicht

VI. *Literaturangaben*
  ZIT: des beschriebenen Stücks
  VGL: gleicher Stücke, die nur in technischen Aspekten abweichen
  SG: Stempelgleicher Stücke

TEXT: Platz für frei formulierten Text

Jeder »Münznummer«, die den entsprechenden Typ eindeutig identifizierte, konnten bis zu 99 Einzelmünzen zugeordnet werden, die sich unter den Aspekten ZIT, VGL und SG erfassen ließen. Die Einzelmünzen wurden über Referenzen auf Corpora, Auktionskataloge und öffentliche wie private Sammlungen angegeben. Die Literaturverweise wurden in einer standardisierten Kurzform ausgegeben, die Angaben verwiesen auf entsprechende Einträge in einer parallel zum digitalen Typenkatalog angelegten Literaturdatenbank, mit der die Referenzen verwaltet werden konnten. Über die Zeit der aktiven Arbeit an ISEGRIM hinweg wurden in dieser Literaturdatenbank insgesamt 1 861 Titel verzeichnet. Dieser verknüpften Literaturdatenbank kam für das Gesamtkonzept von ISEGRIM eine erhebliche Bedeutung zu, denn ISEGRIM wurde (und wird) nicht zuletzt zur Bestimmung von Münzen und damit zur Auffindung von Verweisen auf Vergleichsstücke in der Literatur eingesetzt: »Die Beschreibung sollte nicht die Publikation ersetzen, sondern zu ihr führen«, wie es von Vacano später formulierte.[11] Das Gesamtsystem von ISEGRIM, also die Kopplung der typologischen Systematik mit der Literaturdatenbank, sollte eine möglichst effiziente Recherche in den bestehenden Veröffentlichungen ermöglichen. Als eigenständiger Standard spielt die in der Datenbank hinterlegte »Münznummer« dagegen in der Forschung keine Rolle. ISEGRIM hat sich also nie selbst im eigentlichen Sinne zu einem Referenzcorpus entwickelt.[12]

In der typologischen Datenbank wurden nicht nur die Literaturverweise, sondern auch die Angaben zur räumlichen und zeitlichen Zuordnung sowie die Erfassung der technischen Aspekte standardisiert: Provinz, Prägeort und Prägeherr wurden (in der Regel in latinisierter Form) nach Head et al. 1911 ausgewiesen, die Prägezeit in Form dreistelliger Zahlen angegeben, wobei Datierungen zur Zeit vor Christi Geburt mit einem vorangestellten Minuszeichen zu kennzeichnen waren. Das Metall wurde mit den Abkürzungen AU (Gold), EL (Elektron), AR (Silber), AR SUB (subaerates Silber), AE bzw. BIL (unedles Metall), PB (Blei) und SN (Zinn) vermerkt. Gewicht und Größe wurden in Gramm bzw. Millimeter (drei Vorkomma- und zwei Nachkommastellen) angegeben.

Anspruchsvoller war die Vereinheitlichung der Angaben in den Bereichen Sonderinformationen sowie Bild- und Textbeschreibung. Bei allen oben mit einem Unterstrich gekennzeichneten Aspektbezeichnungen konnte vermerkt werden, ob die entsprechende Legende bzw. der entsprechende Legendenabschnitt in Griechisch (G), Lateinisch (L) oder in einer sonstigen Sprache (S) steht. Die Eingabe erfolgte allerdings stets in einer lateini-

11 Vacano 1994, S. 63. Dies wurde auch als Grund angegeben, weshalb auf die Eingabe leicht zugänglicher und übersichtlicher Publikationen zunächst gezielt verzichtet wurde.

12 Der Fokus auf die bestehende Literatur hat auch bedingt, dass ISEGRIM im Grunde nicht als kritisches Corpus angelegt war: Die systematische Erfassung des Materials aus öffentlichen und privaten Sammlungen bzw. grundsätzlich die Frage der Autopsie spielten eine untergeordnete Rolle.

schen Umschrift, wobei speziell bei den prominent vertretenen griechischen Inschriften bestimmte Transliterationsregeln zur Anwendung kamen.[13]

Eine verlässliche Datenrückgewinnung setzte eine standardisierte Eingabe nicht nur der technischen Aspekte voraus, sondern auch eine einheitliche Beschreibung der Münzabbildungen. Da die Datenbank die Möglichkeit bieten sollte, gezielt nach einzelnen Bildelementen zu suchen (bzw. da sie »eine maschinelle Sortierung erleichtern«[14] sollte), wurde die Beschreibung der Bildprogramme streng normiert. Über präzise definierte Deskriptoren wurden die einzelnen Elemente der Darstellungen und ihre Relationen zueinander verzeichnet. Die Bildprogramme der erfassten Münztypen wurden dabei in den einzelnen Facetten von links nach rechts und von oben nach unten beschrieben.[15] Die einzelnen Deskriptoren, mit denen jeweils ein individuelles Bildelement zu erfassen war, wurden durch einen Schrägstrich (»/«) getrennt. Gängige Deskriptoren waren etwa KOPF, PORTRAET, TIER, MISCHWESEN, KRANZ.[16] Der Deskriptor PORTRAET wurde speziell bei historischen Personen verwendet, der Deskriptor KOPF bei Gottheiten und Personifikationen. R stand für »nach rechts«, L für »nach links«, FR für »frontal«. KL wurde entsprechend für »Kopf links« etc. verwendet, RE und LI für »auf der rechten Seite« bzw. »auf der linken Seite«.

Bei der Dateneingabe wurde zwischen beschreibenden und interpretierenden Deskriptoren unterschieden: Der beschreibende Deskriptor für eine Darstellung der stehenden Athena mit nach links gewandtem Haupt war etwa FRAU STEHEND KL, der interpretierende Deskriptor für dasselbe Bildelement ATHENA. Die beiden Deskriptoren wurden durch einen Schrägstrich getrennt, wobei der beschreibende Deskriptor stets zuerst zu nennen war. Wenn in Folge mehrere gleichartige Bildelemente beschrieben werden sollten, ging ein Sammeldeskriptor voraus. Als Beispiele solcher Sammeldeskriptoren nennt von Vacano etwa PERSONEN 3, MISCHWESEN 2, ANSICHT ARENA.[17] Auf Sammeldeskriptoren dieser Art folgten dann jeweils detailliertere Beschreibungen mit geeigneten beschreibenden und interpretierenden Deskriptoren, in den genannten Fällen also Beschreibungen zu drei Personen bzw. zwei Mischwesen bzw. zu den Details der Arena. Zur Erfassung direkter ikonographischer Bezüge zwischen verschiedenen Bildelementen wurden relationale Deskriptoren wie NEBEN oder DARIN eingesetzt. Attri-

---

13 Grundsätzlich wurden griechische Buchstaben mit den lateinischen Buchstaben desselben Lautwerts wiedergegeben. Das Omega wurde mit einem W dargestellt, für das Eta wurde das H verwendet. Griechische Diphtonge wurde wie folgt geschrieben: P' = Phi; T' = Theta; C' = Chi; P" = Psi; S' = Stigma; vgl. Vacano 1994, S. 66.

14 Ibid.

15 Ibid.

16 Diese Beispiele nennt Vacano 1984, S. 42.

17 Vacano 1984, S. 42; Vacano 1994, S. 67.

bute (»wichtige Einzelheiten«[18]) wurden gesondert erfasst, wobei auch Details (z. B. KOPF GESENKT, FUSS ERHOBEN[19]) vermerkt werden konnten. Bezüge zwischen einzelnen Bildelementen, die durch die rigide Systematik verloren zu gehen drohten, ließen sich (zumindest innerhalb definierter Aspektgruppen) mittels einer Indizierungslogik abbilden: Hierzu wurden die fraglichen Deskriptoren, zwischen denen eine Relation angezeigt werden sollte, mit derselben Indexzahl in runden Klammern versehen. Kommentare, die bei der Suche und Sortierung ignoriert, aber dennoch bei Treffern angezeigt werden sollten, ließen sich in spitzen Klammern anbringen.

Ein typischer Eintrag in ISEGRIM sah demnach wie folgt aus:[20]

$«
MR: 036520/.03;«
ERD: AM;«
PRO: CARIA;«
PO: APOLLONIA;«
PZ: .253/.268;«
BNG: MENANDR;«
BTG: STRA;«
VSG: AYTOKR KAI POPIL GALLIHNOS B;«
VT: PORTRAET MANN R / GALLIENUS;«
VA: KRANZ LORBEER/GEWAND;«
VF: BST B<?>;«
RSG: APOLLWNIATWN STRA MENANDR;«
RT: TEMPELFRONT VIERSAEULIG(l) / DARIN / PERSONEN 3 / FRAU STEHEND KR(2) / ARTEMIS(2) / MANN STEHEND KL(3) / APOLLO(3) / FRAU STEHEND KL(4)<APHRODlTE?>;«
RA: ARCHITRAV GEBOGEN(1) / KOECHER(2) / PFEIL(2) / RABE(3)<?> / SCHALE(4) / FACKEL(4);«
M: AE;«
GR: 027,00(2,3);«
GEW: 010,85(1)/009,72(3);«
ZIT: SNG AUL 2494(1);«
VGL: SLG WEBER 6431(3);«

18 Vacano 1994, S. 67.
19 Vacano 1984, S. 43.
20 Dieses Beispiel hat Vacano 1994, S. 68 gewählt.

SG: ROBERT CARIE 2 S266AM(2,3) / COLL PARIS(2) / SLG WADDINGTON 2251(2);«
TEXT: 036520 AYTOKR KAI POPIL GALLIHNOS B – APOLLWNIATWN STRA MENANDR ---- . RT,ZUM TYP VGL. IMHOOF KM S121,9«

Aus der dargelegten Konzeption von ISEGRIM ergibt sich geradezu zwangsläufig der Anspruch auf eine möglichst umfassende (idealiter vollständige) Erfassung des numismatischen Materials auf Typenebene und damit verbunden der entsprechenden numismatischen Literatur. Denn da Suchanfragen in beliebiger Kombination der unterschiedlichsten Aspekte einer Münzbeschreibung ermöglicht werden und zur jeweils relevanten Literatur führen sollten, ließ sich das Ergebnis einer entsprechenden Datenbankrecherche nur dann als wissenschaftlich valide Auskunft werten, wenn der erfasste Bestand zumindest keine größeren Lücken aufwies. Als Fernziel wurde daher anfangs die Aufnahme sämtlicher bekannter Typen der antiken griechischen Münzprägung avisiert, letztlich wurde das Projekt aber faktisch, aus pragmatischen Gründen, auf die kleinasiatische Münzprägung begrenzt – gegenüber anderen typologischen Digitalisierungsprojekten zur griechischen Münzprägung ist für ISEGRIM allerdings charakteristisch, dass die Prägetätigkeit der gesamten vorrömischen und römischen Zeit berücksichtigt wird.[21]

Um diesen (noch immer gewaltigen) Bestand zu erfassen, wurde die Datenbank zunächst weitestgehend mit Informationen gespeist, die sich in der publizierten Literatur fanden, also primär in umfangreichen Corpora wie der Sylloge Nummorum Graecorum und weiteren Katalogen privater wie öffentlicher Sammlungen, in Spezialpublikationen zu einzelnen Städten, Herrschern, Regionen oder Nominalen sowie in Fundpublikationen, in Auktionskatalogen und in der sonstigen verstreuten Literatur. Die entsprechende Literatur wurde in Düsseldorf größtenteils angeschafft oder, soweit dies nicht möglich war, in Form von Kopien besorgt. Im Jahr 1986 schrieb von Vacano allerdings, dass sich »aus zeitlichen und ökonomischen Gründen« nicht alle einschlägigen Publikationen erfassen ließen, »zumal … ständig neues Material publiziert wurde«.[22] In die Datenbank sind auch Informationen aus der Gipsabgusssammlung der Düsseldorfer Abteilung für Alte Geschichte eingeflossen, die bereits 1972 parallel zur Sammlung an Originalen angelegt wurde und sich in den 1980er Jahren zu einem wichtigen numismatischen Forschungsinstrument entwickeln sollte. Die Sammlung enthält eine große Zahl an Gipsen unterschiedlichster öffentlicher und privater Sammlungen, die speziell für die Arbeit an ISEGRIM angefragt

21 Anders gehen etwa die typologischen Projekte ARCH (greekcoinage.org/arch-project.html) und CHANGE (greekcoinage.org/change) vor, die sich auf die vorrömische Münzprägung beschränken, und Roman Provincial Coinage Online (rpc.ashmus.ox.ac.uk), das die griechische Münzprägung im römischen Imperium erfasst.

22 Vacano 1986, S. ix.

wurden, zudem hat Ruprecht Ziegler (geb. 1945), später von 1995 bis 2010 Professor für Alte Geschichte an der Universität Duisburg, die Sammlung im Zuge der numismatischen Recherchen für seine Habilitationsschrift speziell im Bereich der kleinasiatischen Münzprägung der Kaiserzeit erheblich ausgebaut.[23] Insgesamt war eine systematische Erfassung von Auktionskatalogen und unpubliziertem Material zwar vorgesehen, ließ sich aufgrund mangelnder Ressourcen letztlich aber nur in eingeschränktem Maße durchführen.[24]

* * *

Die Vorzüge einer digitalen Bündelung der verstreuten Informationen zur griechischen Münzprägung beschrieben Helmuth Bödefeld und Otfried von Vacano in einem Aufsatz, der im Jahr 1978 in der althistorischen Fachzeitschrift Chiron erschienen ist, wie folgt:

> Speichert man die Vielzahl der Merkmale von Münzen, die bisher in Karteien festgehalten wurden, maschinengerecht in einen Rechner, so kann aufgrund der Fähigkeit des Computers, in kaum vorstellbarer Geschwindigkeit ermüdungs- und fehlerfrei die eingegebenen Informationen in einer der jeweiligen Fragestellung angepassten Ordnung aufzulisten, das gewünschte Material entsprechend der Fragestellung in kürzester Zeit und unter Ausnutzung aller eingespeicherten Informationen zur Verfügung gestellt werden.[25]

Der primäre Zweck der Datenbank wurde damit in der Möglichkeit gesehen, die gewaltigen Mengen an objekt- und literaturbezogenen numismatischen Informationen mit geringem Zeitaufwand auf individuelle Fragestellungen hin durchforsten und so die kleinasiatische Münzprägung in ihrer Gesamtheit überblicken, zugleich aber im Detail effektiv analysieren zu können. Kienast und sein Team verstanden ISEGRIM also als elektronische Version eines numismatischen Zettelkastens, der das Potenzial hatte, seine analogen Pendants (wie etwa die von Clemens Emin Bosch [1899–1955] aufgebaute numismatische Kartei zur antiken Münzprägung Kleinasiens, die sich heute im Münzkabinett der Staatlichen Museen zu Berlin befindet) in Nutzungseffizienz und Erfassungstiefe zu überbieten

23 Zieglers Arbeit, publiziert 1993, wurde 1992 ausgezeichnet mit dem Preis der Gesellschaft von Freunden und Förderern der Heinrich-Heine-Universität Düsseldorf. Zur Düsseldorfer Gipsabgusssammlung s. auch Wienand 2015, bes. S. 96 f.

24 An der Düsseldorfer Abteilung Alte Geschichte wurde zwar von Beginn an eine umfangreiche Sammlung an Auktionskatalogen angelegt, mit der Auswertung aber sind die Projektmitarbeiter angesichts der Massen an im Handel neu erscheinendem Material schlicht nicht nachgekommen. Die systematische Erfassung von Einzelobjekten, wie sie für Roman Provincial Coinage Online vorgenommen wird, war in Düsseldorf nicht möglich.

25 Bödefeld & Vacano 1978, S. 589 f.

(Abb. 3) – abgesehen davon, dass sich in einer analogen Kartei problemlos Abbildungen verwalten ließen, wie etwa in der Numismatischen Zentralkartei am Institut für Numismatik und Geldgeschichte der Universität Wien.[26]

Nachdem das Beschreibungsformular also in diversen Testläufen angepasst und in seine endgültige Form gebracht worden war,[27] wurde die Datenbank schließlich im Jahr 1974 auf dem Großrechner der Universität Düsseldorf eingerichtet und mit der vorrangig für Bibliothekszwecke entwickelten Datenbanksoftware GOLEM betrieben.[28] Um das System bekannt zu machen und um Unterstützung zu werben, wurde das Digitalisierungsprojekt

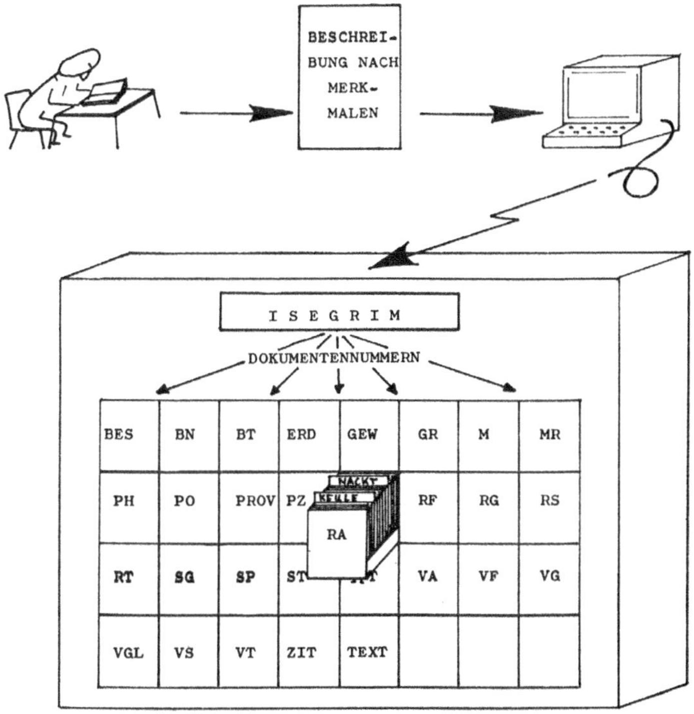

Abb. 3: Der Computer als besserer Zettelkasten: Visualisierung aus einem Beitrag von Vacanos zu den Akten des 9. Internationalen Kongresses für Numismatik, 1982.

26 Zur numismatischen Zentralkartei s. numismatik.univie.ac.at/ueber-uns/einrichtungen/zentralkartei-nzk.

27 Vacano 1994, S. 64.

28 Vacano 1994, S. 63. Der Einsatz der Software GOLEM für Belange der Düsseldorfer Philosophischen Fakultät wurde von Beginn an von Prof. Dr. Norbert Henrichs von der Forschungsabteilung für philosophische Information und Dokumentation wissenschaftlich begleitet; vgl. etwa Henrichs 1967 und Henrichs 1972. Henrichs hat auch den Aufbau der Datenbank ISEGRIM maßgeblich mit unterstützt. Als in Düsseldorf ISEGRIM eingeführt wurde, kam GOLEM bereits am Forschungsarchiv für römische Plastik des Archäologischen Instituts der Universität Köln zur digitalen Erfassung römischer Plastik zum Einsatz; siehe Kölner-Stadt-Anzeiger Nr. 15/20, 18. Januar 1974, S. 23.

im Jahr 1976 im Rahmen eines numismatischen Kolloquiums an der Kommission für Alte Geschichte und Epigraphik in München erstmals einer breiteren fachwissenschaftlichen Öffentlichkeit vorgestellt. Da damals nur über den Großrechner der Universität Düsseldorf auf die Datenbank zugegriffen werden konnte, war es den Münchner Fachkollegen nicht möglich, das System selbst zu testen, sie erhielten stattdessen filmisch festgehaltene Einblicke in die Arbeit an der Datenbank.[29] Aus der Präsentation ging zwei Jahre später der besagte Aufsatz im Chiron hervor.[30] In den folgenden Jahren schlossen sich weitere Projektvorstellungen an; so wurde die Datenbank von Ziegler und Bödefeld im Jahr 1978 auf einem Fachkongress über den Einsatz des Computers in der Numismatik in London vorgestellt und ein Jahr später erneut durch von Vacano auf dem 9. Internationalen Kongress für Numismatik in Bern präsentiert.[31]

Vom 24.–26. März 1981 führte die Abteilung Alte Geschichte mit Unterstützung der Gerda Henkel Stiftung selbst ein internationales Symposium über »Alphanumerische Datenverarbeitung in der Numismatik« in Düsseldorf durch, bei dem nun erstmals auch die Dateneingabe und Datenrückgewinnung an den mit dem Großrechner verbundenen Terminals praktisch demonstriert werden konnte.[32] Dabei wurde den Teilnehmern »Gelegenheit zu einem Dialog mit dem Computer geboten« (Abb. 4).[33] In den Beiträgen, die Kienast 1981 im »AHF Jahrbuch der historischen Forschung« und 1982 im »Jahresbericht der Gerda Henkel Stiftung« veröffentlichte, ist die Zufriedenheit darüber deutlich zu greifen, dass an dieser Präsentation auch »Gäste aus Ost- und Westeuropa sowie aus Australien und den USA« teilgenommen haben – dass nun also mehr als ein halbes Jahrzehnt nach Beginn des Projekts eine regelrecht internationale Öffentlichkeit geschaffen war.[34] Die Konferenzteilnehmer zeigten sich beeindruckt und veröffentlichten im Bulletin der Commission Internationale de Numismatique eine Resolution, in der die Arbeit an der Datenbank »als Dienst an der internationalen numismatischen Wissenschaft« bezeichnet und Kooperation wie Unterstützung in Aussicht gestellt wurden.[35]

Die Jahre von 1978 bis 1982, in die diese Entwicklungen fallen, wurden von den Verantwortlichen in Düsseldorf als goldenes Zeitalter des Digitalisierungsprojektes wahrgenommen. Dies lag nicht nur an den guten Fortschritten und am internationalen Zu-

29 Die Suche des Autors nach dem Filmmaterial verlief bisher ergebnislos.

30 Bödefeld & Vacano 1978.

31 Kienast 1982a, S. 40.

32 Kienast 1982a, S. 40 f. Programm und Teilnehmerliste des Symposiums befinden sich im Universitätsarchiv Düsseldorf, Bestand 4/2 Nr. 323.

33 Kienast 1982a, S. 41.

34 Kienast 1981, S. 42; Kienast 1982a, S. 40 f.

35 Resolution des Internationalen Symposions »Alphanumerische Datenverarbeitung in der Numismatik« (Düsseldorf, 26. 3. 1981) im Newsletter Nr. 3 der Commission Internationale de Numismatique, September 1981, S. 6. Die Resolution wurde von 24 international tätigen Kollegen unterzeichnet.

spruch zu dem Unternehmen, sondern war auch darin begründet, dass mit einer ersten Systemumstellung im Jahr 1978 die größte technische Hürde der frühen Projektphase bereits genommen war: Das Universitätsrechenzentrum hatte den alten Großrechner zu Gunsten einer neuen Siemens-Maschine ausmustern lassen, wodurch eine entsprechende Anpassung der Datenbank an die neue Umgebung erforderlich geworden war.[36] Bereits wenige Jahre nach dem Start des Projekts waren damit bereits die Fähigkeiten eines Diplom-Mathematikers gefragt gewesen, um das System überhaupt weiter betreiben zu können. Die Schwierigkeiten hatten zwar »relativ schnell gemeistert werden« können, wie Kienast in seinen Berichten aus den frühen 1980er Jahren versichert.[37] Die Datenbank – programmiert in Assembler und PL 1 – war aber nach wie vor speziell auf das Siemens-eigene Betriebssystem BS 2000 und das Datenrückgewinnungssystem GOLEM ausgelegt, so dass ein Betrieb nach wie vor nur auf Siemens-Großrechnern (und damit nur mit Unterstützung des Rechenzentrums) möglich war.[38] Dies stellte zwar damals noch kein Problem dar, sollte aber, wie sich noch zeigen wird, in den 1990er Jahren »erhebliche Schwierigkeiten« machen, als die Datenbank auf den Betrieb mit PCs umgestellt wurde.[39]

Abb. 4: Dateneingabe und Datenrückgewinnung am ISEGRIM-Terminal während des Symposiums »Alphanumerische Datenverarbeitung in der Numismatik«, Historisches Seminar der Universität Düsseldorf, 24. März 1981.

Die Jahre von 1978 bis 1982 standen aber nicht nur durch die breite Unterstützung und die geglückte Systemmigration unter einem guten Stern, das Projekt hat in diesem Zeitraum auch von einer großzügigen Förderung durch die Gerda Henkel Stiftung pro-

36 Kienast 1981a, S. 41 f. Der damalige Leiter des Rechenzentrums, Jan Knop (geb. 1940), hatte schon 1976 in einem Beitrag zum Jahrbuch der Universität Düsseldorf geschrieben, dass der Siemens-Rechner 4004/45 seine Kapazitätsgrenze erreicht habe und rechenintensive Anfragen zurückgestellt oder über eine Anlage in Köln abgewickelt werden mussten; Knop 1976, S. 148.

37 Kienast 1981a, S. 42; Kienast 1982, S. 40. Die Umstellung der Software nahm der Mathematiker W. Daiser vor.

38 Vacano 1994, S. 72.

39 Vacano 1994, S. 73.

fitieren können. Dadurch war die Abteilung Alte Geschichte damals in der Lage, 60 bis 80 Wochenarbeitsstunden numismatischen Fachpersonals, ebenso viele Arbeitsstunden studentischer Hilfskräfte sowie ungefähr 20 Wochenarbeitsstunden für Programmierung und Datenorganisation für ISEGRIM aufzuwenden.[40] Der hohe Personaleinsatz der Jahre 1978 bis 1982 hat entsprechende Resultate gezeitigt: Die in ISEGRIM erfassten Daten bildeten bei Ablauf der Förderung die kleinasiatische Münzprägung bereits so umfangreich ab, dass von Vacano auf dieser Grundlage einen »Typenkatalog der antiken Münzen Kleinasiens« in Printform vorbereiten konnte. Die Fertigstellung des Buches wurde zwar durch eine neuerliche Systemumstellung (hierzu unten mehr) verzögert, im Jahr 1986 konnte der »Typenkatalog« aber schließlich vorgelegt werden (Abb. 5).[41] Er stellt im Grunde einen für die Printform optimierten Datenbankauszug aus ISEGRIM dar: Zwar sollte ISEGRIM die Nutzung publizierter Kataloge ja gerade ablösen, auf die Datenbank konnte aber nur in Düsseldorf direkt zugegriffen werden, so dass der Publikation doch eine gewisse Brücken- und Vermittlungsfunktion zukam. Der Printkatalog machte einen breiteren Kreis potenzieller Nutzer mit den spezifischen Ansätzen und Vorzügen des Düsseldorfer Systematisierungskonzepts vertraut und stellte Transparenz hinsichtlich des Bearbeitungsstands und der Literaturerfassung her.

Der »Typenkatalog« dokumentiert, dass Mitte der 1980er Jahre noch deutliche Lücken in der Erfassung der numismatischen Literatur bestanden. Die damals veröffentlichte Literaturliste enthält mit 141 Titeln einen Großteil der einschlägigen Corpora sowie darüber hinausgehende Verweise auf relevante Materialvorlagen, weist aber auch Fehlstellen auf, die sich mit der Begründung einer leichten Zugänglichkeit der fraglichen Titel nur partiell erklären lässt.[42] Auch blieben 1986 noch ganze Bereiche ausgeklammert. In seiner Einführung zum »Typenkatalog« führte von Vacano als bis dato nicht erfasste Felder »die gut publizierten und leicht zugänglichen Königsprägungen der Attaliden, die kleinasiatischen Lysimachosmünzen und die postumen Alexanderprägungen, die ihre eigenen Probleme haben, sowie die sog. Kistophoren« an.[43] Diese Bereiche sollten zu einem späteren Zeitpunkt noch aufgenommen werden, entsprechend war bereits die Publikation eines Ergänzungsbandes zum »Typenkatalog« angedacht (der allerdings nie erscheinen sollte). Wer über den Kontakt mit dem Düsseldorfer Team die Datenbank direkt nutzte, wurde einstweilen gebeten, die fehlenden Publikationen gegebenenfalls anderweitig heranzuziehen, um die Lücken in den aus ISEGRIM gewonnenen Ergebnislisten auf herkömmliche Weise zu schließen.

* * *

40 Vacano 1984, S. 39.

41 Vacano 1986.

42 So wurde anfangs auch begründet, weshalb in der an ISEGRIM angeschlossenen Literaturdatenbank leicht zugängliche Titel teils unberücksichtigt blieben; s. o. Anm. 11.

43 Vacano 1986, S. ix.

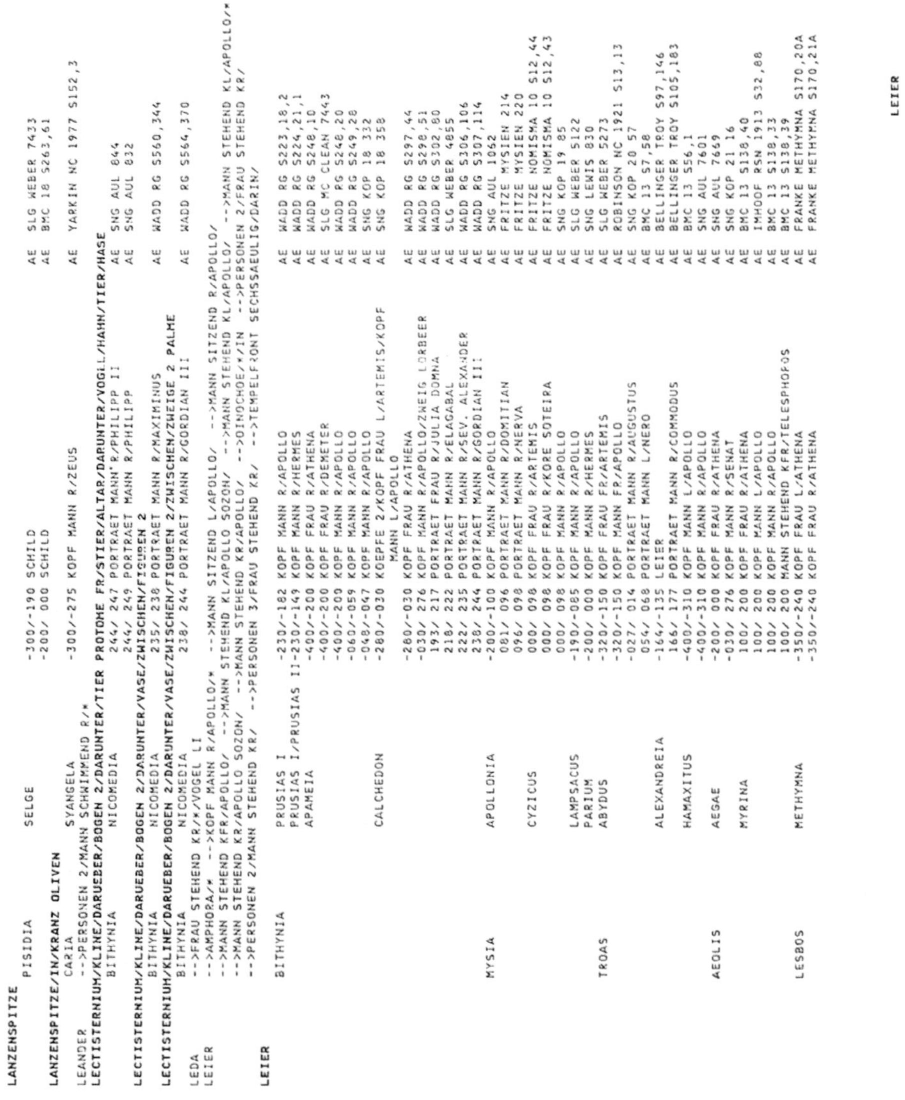

```
                                                                                      KRANZ LORBEER

LANZENSPITZE
        PISIDIA         SELGE               -300/-190 SCHILD                       AE  SLG WEBER 7433
                                            -200/ 000 SCHILD                       AE  BMC 18 S263,61
LANZENSPITZE/IN/KRANZ OLIVEN
        CARIA           SYANGELA            -300/-275 KOPF MANN R/ZEUS             AE  YARKIN NC 1977 S152,3
LEANDER   -->PERSONEN 2/MANN SCHWIMMEND R/*
LECTISTERNIUM/KLINE/DARUEBER/BOGEN 2/DARUNTER/TIER PROTOME FR/STIER/ALTAR/DARUNTER/VOGEL/HAHN/TIER/HASE
        BITHYNIA        NICOMEDIA            244/ 247 PORTRAET MANN'R/PHILIPP II   AE  SNG AUL 844
                                             244/ 249 PORTRAET MANN R/PHILIPP      AE  SNG AUL 832
LECTISTERNIUM/KLINE/DARUEBER/BOGEN 2/DARUNTER/VASE/ZWISCHEN/FIGUREN 2
        BITHYNIA        NICOMEDIA            235/ 238 PORTRAET MANN R/MAXIMINUS    AE  WADD RG S560,344
LECTISTERNIUM/KLINE/DARUEBER/BOGEN 2/DARUNTER/VASE/ZWISCHEN/FIGUREN 2/ZWISCHEN/ZWEIGE 2 PALME
        BITHYNIA        NICOMEDIA            238/ 244 PORTRAET MANN R/GORDIAN III  AE  WADD RG S564,370
LEDA      -->FRAU STEHEND KR/*/VOGEL LI
LEIER     -->AMPHORA/*  -->KOPF MANN R/APOLLO/*  -->MANN SITZEND L/APOLLO/  -->MANN SITZEND R/APOLLO/
          -->MANN STEHEND KFR/APOLLO/  -->MANN STEHEND KL/APOLLO SOZON/  -->MANN STEHEND KL/APOLLO/  -->MANN STEHEND KL/APOLLO/*
          -->MANN STEHEND KR/APOLLO SOZON/  -->MANN STEHEND KR/APOLLO/  -->OINOCHOE/*/IN  -->PERSONEN 2/FRAU STEHEND KR/
          -->PERSONEN 2/MANN STEHEND KR/  -->PERSONEN 3/FRAU STEHEND KR/  -->TEMPELFRONT SECHSSAEULIG/DARIN/
LEIER
        BITHYNIA        PRUSIAS I           -230/-182 KOPF MANN R/APOLLO           AE  WADD RG S223,18,2
                        PRUSIAS I/PRUSIAS II-230/-149 KOPF MANN R/HERMES           AE  WADD RG S224,21,1
                        APAMEIA             -400/-200 KOPF FRAU R/ATHENA           AE  WADD RG S248,10
                                            -400/-200 KOPF FRAU R/DEMETER          AE  SLG MC CLEAN 7443
                                            -400/-200 KOPF MANN R/APOLLO           AE  WADD RG S248,20
                                            -060/-059 KOPF MANN R/APOLLO           AE  WADD RG S249,28
                                            -048/-047 KOPF MANN R/APOLLO           AE  SNG KOP 18 332
                        CALCHEDON           -280/-030 KOEPFE 2/KOPF FRAU L/ARTEMIS/KOPF  AE  SNG KOP 18 358
                                                      MANN L/APOLLO
                                            -280/-030 KOPF FRAU R/ATHENA           AE  WADD RG S297,44
                                            -030/ 276 KOPF MANN R/APOLLO/ZWEIG LORBEER  AE  WADD RG S298,51
                                             193/ 217 PORTRAET FRAU R/JULIA DOMNA  AE  WADD RG S302,80
                                             218/ 222 PORTRAET MANN R/ELAGABAL     AE  SLG WEBER 4855
                                             222/ 235 PORTRAET MANN R/SEV. ALEXANDER  AE  WADD RG S306,106
                                             238/ 244 PORTRAET MANN R/GORDIAN III  AE  WADD RG S307,114
        MYSIA           APOLLONIA           -200/-100 KOPF MANN R/APOLLO           AE  SNG AUL 1062
                                             081/ 096 PORTRAET MANN R/DOMITIAN     AE  FRITZE MYSIEN 214
                                             096/ 098 PORTRAET MANN R/NERVA        AE  FRITZE MYSIEN 220
                        CYZICUS              000/ 098 KOPF FRAU R/ARTEMIS          AE  FRITZE NOMISMA 10 S12,44
                                             000/ 098 KOPF FRAU R/KORE SOTEIRA     AE  FRITZE NOMISMA 10 S12,43
                                             000/ 098 KOPF MANN R/APOLLO           AE  SNG KOP 19 85
                        LAMPSACUS           -190/-085 KOPF MANN R/APOLLO           AE  SLG WEBER 5122
                        PARIUM              -200/ 000 KOPF MANN R/HERMES           AE  SNG LEWIS 830
        TROAS           ABYDUS              -320/-150 KOPF FRAU FR/ARTEMIS         AE  SLG WEBER 5273
                                            -320/-150 KOPF MANN FR/APOLLO          AE  ROBINSON NC 1921 S13,13
                                            -027/ 014 PORTRAET MANN R/AUGUSTUS     AE  SNG KOP 20 57
                                             054/ 068 PORTRAET MANN L/NERO         AE  BMC 13 S7,58
                        ALEXANDREIA         -164/-135 LEIER                        AE  BELLINGER TROY S97,146
                                             166/ 177 PORTRAET MANN R/COMMODUS     AE  BELLINGER TROY S105,183
                        HAMAXITUS           -400/-310 KOPF MANN L/APOLLO           AE  BMC 13 S56,1
                                            -400/-310 KOPF MANN R/APOLLO           AE  SNG AUL 7601
        AEOLIS          AEGAE               -200/ 000 KOPF FRAU R/ATHENA           AE  SNG AUL 7669
                                            -030/ 276 KOPF MANN R/SENAT            AE  SNG KOP 21 16
                        MYRINA               100/ 200 KOPF FRAU R/ATHENA           AE  BMC 13 S138,40
                                             100/ 200 KOPF MANN L/APOLLO           AE  IMHOOF RSN 1913 S32,88
                                             100/ 200 KOPF MANN R/APOLLO           AE  BMC 13 S138,33
                                             100/ 200 MANN STEHEND KFR/TELESPHOROS AE  BMC 13 S138,39
        LESBOS          METHYMNA            -350/-240 KOPF FRAU L/ATHENA           AE  FRANKE METHYMNA S170,20A
                                            -350/-240 KOPF FRAU R/ATHENA           AE  FRANKE METHYMNA S170,21A

                                                                                      LEIER
```

Abb. 5: Bucheinband und Katalogeinträge aus von Vacanos *Typenkatalog der antiken Münzen Kleinasiens.*

Im Jahr 1982 lief die Förderphase aus, die für ISEGRIM verfügbaren Mittel gingen damit deutlich zurück. Da die Finanzierung der Arbeiten rund um die Datenbank nur partiell von der Universität übernommen wurde und es Kienast nicht gelungen ist, eine vollumfängliche oder auch nur annähernd umfassende Kompensation der externen Fördermittel über ein Anschlussprojekt zu erwirken,[44] musste der Personaleinsatz reduziert werden. Die Kosten wurden nun weitgehend über die regulären Finanz- und Personalkapazitäten des Lehrstuhls getragen. Der Anspruch, die Datenbank als nachhaltig relevantes Instrument der Numismatik zu etablieren, wurde aber nicht grundsätzlich infrage gestellt. Angesichts der Diskrepanz zwischen der Zielsetzung und den mit reduzierten Ressourcen erreichbaren Fortschritten nahmen die Beteiligten die Finanzierungslage als angespannt wahr. So zeigen die Lehrstuhlakten etwa, dass sich Kienast nun intensiv darum bemühte, möglichst hohe Quoten bei der Verteilung der Haushaltsmittel innerhalb des Historischen Seminars zu erzielen.[45]

Mit den Personalkapazitäten des Lehrstuhls sollte sich die Arbeit an der Datenbank zwar letztlich bis ins Jahr 2004 hinein fortführen lassen, allerdings zeigte sich schon zu Beginn der 1980er Jahre, dass die Datenbankstruktur so anspruchsvoll und die Konzeption des Projekts so ambitioniert angelegt war, dass sich die ursprüngliche Zielsetzung ohne eine dauerhafte Erhöhung der Grundfinanzierung, die freilich nirgends in Sicht war, nicht erreichen ließ: Die Beschränkung des Vorhabens auf die Münzprägung Kleinasiens (statt der gesamten griechischen Münzprägung der Antike) ließ sich unter diesen Umständen nicht revidieren. Allerdings erwies sich das strukturelle Problem als noch fundamentaler. Denn die Finanzierung eines Vorhabens dieser Art, das ganz spezifische Anforderungen fachwissenschaftlicher und informationstechnischer Art stellt, lässt sich nicht beliebig nach unten kalibrieren: Sie muss nicht nur langfristig gesichert sein; in bestimmten Situationen – etwa dem Wechsel des Betriebssystems – sind auch kurzfristig besondere Ressourcen und Kapazitäten erforderlich. Die Personaldecke, die der Lehrstuhl aus eigener Kraft dauerhaft aufbringen konnte, und die Mittel, die zur Bewältigung punktueller Herausforderungen zur Verfügung standen, waren aber so überschaubar, dass jede weitere Reduktion der Budgets (und jeder Faktor, der einen erhöhten Personalbedarf nach sich zog) das gesamte Vorhaben existenziell gefährden konnte. Unter diesen Voraussetzungen geriet das Datenbankprojekt dann auch tatsächlich durch eine Verkettung ungünstiger Faktoren in erhebliche Schwierigkeiten. Eine Reihe an Dokumenten aus dem

44 Die Lehrstuhlakten dokumentieren die Bemühungen Kienasts um weitere Fördermittel; Universitätsarchiv Düsseldorf, Bestand 4/2 Nr. 312.

45 Eine Aufstellung der Mittel für das Haushaltsjahr 1984 zeigt, dass Kienast für »Maschinen« (3 350,– DM), »Büromaterial« (5 230,– DM) und »Bibliotheksmittel« (7 096,35 DM) jeweils die höchsten Beträge innerhalb des Historischen Seminars erhielt; Universitätsarchiv Düsseldorf, Bestand 4/2 Nr. 312.

Januar 1983 zeigt, wie prekär die Situation damals schon unmittelbar nach dem Ende der Projektförderung war.

Mit Schreiben vom 11. Januar 1983 erfuhr Kienast vom Rechenzentrum, dass der Großrechner auf ein neues Betriebssystem umgestellt werden musste. Damit wurde zugleich erforderlich, die Programmroutinen zur Dateneingabe und Datenrückgewinnung an die neue Betriebsumgebung anzupassen. Kienast sprach in diesem Zusammenhang von einer »von uns nicht erwarteten und nicht zu verantworteten Umstellung«, die »mit Sicherheit erhebliche zusätzliche Arbeit und Zeit erfordern« werde.[46] Zugleich musste das Historische Seminar in den Jahren ab 1983 auch deutliche Kürzungen der Landesmittel hinnehmen, wodurch sich der Druck auf die Personalstruktur des Historischen Seminars insgesamt und damit mittelbar auch auf das Projekt ISEGRIM empfindlich erhöhte. In den Lehrstuhlakten lässt sich eine aufschlussreiche Episode greifen, die den Druck verdeutlicht, dem sich Kienast in dieser Situation ausgesetzt sah: Um die für die Arbeit an ISEGRIM verfügbaren Hilfskraftstellen im bestehenden Umfang erhalten zu können, nahm er eine erhebliche Konfrontation mit den Kollegen im Professorium des Historischen Seminars in Kauf.

Auf ministeriellen Beschluss hin mussten insgesamt fünf Planstellen vom Historischen Seminar abgezogen werden, namentlich je eine A13, A14 und A15-Stelle sowie zwei C2-Stellen. Das Seminar war gezwungen, noch im Januar des Jahres 1983 selbst Vorschläge zu unterbreiten, welche Stellen gestrichen werden können. Eine Verweigerung der Kooperation hätte dem Minister weitreichende Durchgriffsmöglichkeiten eröffnet. Professor Hans Süssmuth (1935–2020), der erst im Jahr 1980 auf den Lehrstuhl für Neuere Geschichte und Didaktik der Geschichte berufen worden war, sah sich in dieser Situation zur Aufgabe einer an seinem Lehrstuhl verorteten A13-Stelle veranlasst, hat im Gegenzug aber von den Kollegen feste Zusagen für Hilfskraftkapazitäten gefordert, um den Verlust der Stelle (die im Jahr 1984 dann auch tatsächlich gestrichen wurde) zumindest partiell kompensieren zu können. Abgesehen von Kienast waren sämtliche Professoren des Historischen Seminars bereit, anteilig zu dem geforderten Lastenausgleich beizutragen. Um auch Kienast noch ins Boot zu holen und zu einer gemeinsame Linie zu finden, wurde am 18. Januar ein Gespräch der Direktoren des Historischen Seminars zum Problemkreis »Abgaben von Planstellen und Ausgleich innerhalb des Faches« angesetzt.[47] Kienast ließ sich allerdings nicht umstimmen. Süssmuth schrieb zwei Tage später merklich frustriert an den damaligen Dekan der Philosophischen Fakultät, den Mediävisten Professor Rudolf Hiestand (1933–2023):

46 Schreiben Kienasts an Molitor vom 17.2.1983 (im Aktenbestand des Lehrstuhls Alte Geschichte, HHU Düsseldorf, o. N.).

47 Dies geht aus dem unten zitierten Schreiben Süssmuths an Hiestand hervor.

> Die im Einzelfall fehlende Bereitschaft, einen Ausgleich anteilig mitzutragen, hat zu der Situation geführt, dass in Zukunft innerhalb unseres Seminars die Lasten zunehmend ungleich verteilt sein werden. So würde ich beispielsweise ab Oktober 1984 weder eine studentische noch eine wissenschaftliche Hilfskraft in meiner Abteilung haben. Dieses vorläufige Ergebnis [des Gesprächs der Direktoren] müsste, sofern es ein Dauerzustand würde, das Klima in unserem Seminar aus meiner Sicht erheblich belasten. Ich bedaure es sehr, dass neue Spannungen dadurch geschaffen werden, dass eine einzelne Abteilung ohne Bereitschaft zum kleinsten Ausgleich bleibt. … Nachträglich wird mir bewusst, dass meine Kompromissbereitschaft ein Fehler ist. Ich muss daher betonen, dass die aus meiner Abteilung stammende A13-Stelle nur dann abgezogen werden darf, wenn vorher der auch von Ihnen unterstützte Ausgleich abgesichert ist. Ich trage erneut die Bitte an Sie heran, doch entsprechend der abgestimmten Konzeption, die sieben der acht Lehrstuhlinhaber mittragen, den Ausgleich herbeiführen zu helfen.[48]

Dennoch erging an Hiestand noch am selben Tag ein Schreiben des damaligen Geschäftsführenden Direktors des Historischen Seminars, Professor Hansgeorg Molitor (1939–2023), mit der Bestätigung, dass die A13-Stelle vom Lehrstuhl VII (Süssmuth) abgezogen werden könne. Molitor schrieb: »Ich erfülle diese schlimme Pflicht nur in der Erkenntnis, dass die Fortsetzung des energischen Widerstandes des Faches, der Fakultät und der Universität [gegen den Ministerialbeschluss] dem Fach und seinen Angehörigen nicht Nutzen, sondern Schaden brächte«. Aus einer Aktennotiz Molitors vom 25. Januar 1983 geht hervor, dass »die Zustimmung zu Inhalt und Verfahren der Zusage an Herrn Süssmuth … unter Zeitdruck zustande [kam], da der Dekan dem Rektor, der schon mehrfach eine entsprechende Auskunft angefordert hatte, bis Montag, den 24. 1. 1983, vormittags, Bericht erstatten musste. Wäre die Zusage nicht gemacht worden, so hätte dies bedeutet, dass das Historische Seminar dem Minister völlige Freiheit beim Zugriff auf mindestens drei Stellen des Historischen Seminars eingeräumt hätte«. Zwei Kollegen aus dem Professorium des Historischen Seminars hatten bis dahin allerdings nur in persönlichen Gesprächen ihre Zustimmung zu einer Neuverteilung der Hilfskraftstellen innerhalb des Seminars geben können – und Kienast hatte sich der Forderung Süssmuths nach einem Lastenausgleich weiterhin strikt widersetzt.

Das hatte den Geschäftsführenden Direktor des Historischen Seminars allerdings nicht daran gehindert, Süssmuth ebenfalls am 24. Januar »für den Fall, dass der Wissenschaftsminister die Stelle … A 13 … an Ihrem Lehrstuhl streicht und Sie diese Stelle deshalb nicht wieder besetzen können … einen Ausgleich durch das Historische Seminar der Universität

48 Schreiben Süssmuths an Hiestand vom 20. 1. 1983 (im Aktenbestand des Lehrstuhls Alte Geschichte, HHU Düsseldorf, o. N.).

Düsseldorf in der Größenordnung der Kapazität einer Wissenschaftlichen Hilfskraftstelle« zuzusagen.[49] In der Frage des Lastenausgleichs für den Abzug der Planstellen war Kienast innerhalb des Professoriums nun also vollständig isoliert. Seine kompromisslose Haltung, die er auch gegen jegliche Vermittlungsbemühungen des Direktors und des Dekans durchhielt, begründete Kienast unter Verweis auf das Datenbankprojekt ISEGRIM: Jede noch so begrenzte Reduktion der Personalkapazitäten würde das Projekt existenziell gefährden – eine Argumentation, die Kienast offenbar noch über Wochen hinweg verteidigen musste. Jedenfalls sah er sich noch am 17. Februar genötigt, seine Blockadehaltung zu erläutern. Er schrieb damals an Molitor, dass »die Abgabe einer Hilfskraftstelle ... die Fortführung der bis heute geleisteten Arbeit auf das äußerste gefährden, ja wahrscheinlich unmöglich machen [würde]. Ich fühle mich ... verpflichtet, alles zu tun, um auch unter den gegenwärtigen erschwerten Umständen das begonnene Unternehmen zu erhalten und weiterzuführen. Es ist mir unter diesen Umständen nicht möglich, eine Hilfskraftstelle abzugeben und damit die Verantwortung für ein eventuelles Scheitern unseres EDV-Projektes zu übernehmen. Ich behalte mir im Gegenteil vor, alle Möglichkeiten auszuschöpfen, um ein Scheitern dieses Unternehmens zu verhindern«.[50]

Dass die Datenbank unter dem personellen und finanziellen Druck, der in dieser Episode so deutlich hervortritt, überhaupt weiter gepflegt werden konnte, ist bemerkenswert. Die Arbeit ging nun zwar erheblich langsamer voran. Dennoch enthielt die Datenbank dann im Jahr 1994, gut zehn Jahre nach Ende der Projektförderung, bereits etwa 46 000 Datensätze.[51] Als 1992 das Corpus Roman Provincial Coinage (hrsg. von A. Burnett, M. Amandry und P. Pau Ripollès) erschien und in die Datenbank eingearbeitet wurde, waren durch die Aufnahme schon kaum mehr neue Münztypen zusammengekommen. Von Vacano schrieb damals: »Der Typenschatz der kleinasiatischen Prägungen scheint bei uns recht vollständig erfasst zu sein, wenn auch noch nicht alle publizierten Münzen aufgenommen sind«.[52] Nochmals einige Jahre später, im Jahr 2000, wies die Datenbank etwa 60 000 Datensätze auf.[53]

---

49 Schreiben Molitor an Süssmuth vom 24. 1. 1983 (im Aktenbestand des Lehrstuhls Alte Geschichte, HHU Düsseldorf, o. N.).

50 Schreiben Kienasts an Molitor vom 17. 2. 1983 (im Aktenbestand des Lehrstuhls Alte Geschichte, HHU Düsseldorf, o. N.). Mit dieser Haltung bekräftigte Kienast seine Position, die er bereits in einem Schreiben vom 24. 1. 1983 an Molitor (in Kopie an den Dekan der Philosophischen Fakultät, Prof. Hiestand) zum Ausdruck gebracht hatte: »aus gegebenem Anlass erlaube ich mir, Ihnen mitzuteilen, dass ich nach nochmaliger reiflicher Überlegung aus den Ihnen und den anderen Kollegen des Historischen Seminars bereits ausführlich dargelegten Gründen in der Stellenfrage keine Möglichkeit sehe, meine Position aufzugeben oder zu modifizieren« (im Aktenbestand des Lehrstuhls Alte Geschichte, HHU Düsseldorf, o. N.).

51 Vacano 1994, S. 62.

52 Vacano 1994, S. 62 Anm. 1.

53 Vacano 2000.

Die personelle und finanzielle Grundlage, auf der diese Fortschritte erzielt werden konnten, war allerdings äußerst dünn. Über Lehrstuhlmittel ließ sich die Datenerfassung gerade einmal mit wissenschaftlichen Hilfskräften im Umfang von 2×7 Wochenarbeitsstunden und studentischen Hilfskräften im Umfang von 2×9 Wochenarbeitsstunden finanzieren; für die Programmierung und Systembetreuung musste mit einer studentischen Hilfskraftstelle im Umfang von 16 Wochenarbeitsstunden ein gegenüber der Recherche und Eingabe vergleichsweise großer Aufwand betrieben werden.[54] Die Effizienz des Projektteams wurde durch arbeitsrechtliche Vorgaben eingeschränkt, denn »studentische wie wissenschaftliche Hilfskräfte [durften] nur drei, mit besonderem Antrag vier Jahre beschäftigt werden«; damit fiel »von der zur Verfügung stehenden Arbeitszeit ständig ein kräftiger Anteil für die Einarbeitung in numismatisches Spezialwissen und die genau festgelegte Grammatik und Sprache der Beschreibungen aus«.[55] Über die Schwierigkeiten, unter diesen Rahmenbedingungen eine solch anspruchsvolle Datenbank pflegen und erweitern zu können, schrieb von Vacano im Jahr 1994:

> Die studentische Hilfskraft, deren Aufgabe die Programmierung und Systembetreuung ist, kommt mit ihren Stunden ... kaum über die Runden. Dabei erfordert die Aufgabe eine besondere Qualifikation: Augenblicklich notwendig ist die Kenntnis der Betriebssysteme BS 2000, DOS, Windows, UNIX, der Programmiersprachen Assembler, PL I, C und der Datenbanksysteme GOLEM, LARS und Oracle. ... Es ist ausgesprochen schwierig, einen Kommilitonen mit so vielen Kenntnissen zu finden, dass er das Fehlende in angemessener Zeit erlernen könnte, – und wer diese Kenntnisse hat, nutzt sie in aller Regel gewinnbringender.[56]

* * *

Mitte der 1990er Jahre – Kienast war inzwischen emeritiert – war das Düsseldorfer Datenbankprojekt erneut in seinen Grundlagen bedroht: Auch der jüngste Großrechner, auf dem die Datenbank schließlich lief, musste abgeschaltet werden. Als Ersatz wurde von der Universität nun erstmals kein neuer Zentralrechner mehr besorgt, sondern ein Verbund an Universitätsrechnern und PCs etabliert.[57] Die Datenbanken wurden auf ORACLE umgestellt, das unter dem Betriebssystem UNIX lief. Damit war zwanzig Jahre nach dem

54 Vacano 1994, S. 74. Im Jahr 2000 schrieb von Vacano zur Publikation der Datenbank auf der ISEGRIM-Homepage, dass ihm damals für die Datenerfassung und -kontrolle 32 Wochenstunden studentischer Hilfskräfte und für die Programmierung 16 Stunden einer studentischen Hilfskraft zur Verfügung standen.

55 Vacano 1994, S. 74.

56 Ibid.

57 Vacano 1994, S. 73

Start von ISEGRIM eine dritte Systemmigration erforderlich. Über längere Zeit hinweg wurden verschiedene Datenbanksysteme erprobt, um »zumindest eine einigermaßen zufriedenstellende Übergangslösung« finden zu können.[58] Schließlich wurde die Entscheidung getroffen, ISEGRIM nicht länger im Rechenzentrum anzusiedeln, sondern auf einem am Lehrstuhl betriebenen Windows-PC zu implementieren und damit auch die Verantwortung für den Betrieb der Hardware und für die Konfiguration der Datenbankumgebung zu übernehmen.[59]

Eine tiefgreifende Anpassung der Programmlogik war erforderlich. »Das ganze Programmsystem ISEGRIM, das der Datenüberprüfung vor der Übergabe in die Datenbank diente, muss neu konzipiert und programmiert werden«, schrieb von Vacano im Jahr 1994,[60] und die Migration der Daten machte »erhebliche Schwierigkeiten«, unter anderem, da »die bisher genutzte ... Indizierungslogik zur Herstellung von Relationen innerhalb einer Zielinformation in verfügbaren Datenbanksystemen« nicht abgebildet werden konnte.[61] Die technische wie konzeptionelle Neuausrichtung von ISEGRIM gelang letztlich, und zwar nicht zuletzt deshalb, da sich eine studentische Hilfskraft mit Programmierkenntnissen fand, die den Herausforderungen des Wechsels auf eine dezentrale Rechnerstruktur gewachsen war.

Die erweiterten Steuerungsmöglichkeiten, die sich mit dem eigenverantwortlichen Betrieb der Hardware ergaben, ermöglichten es nun auch, ISEGRIM für den Zugriff über das Internet vorzubereiten. Während andere numismatische Ressourcen bereits direkt über das Internet zugänglich waren,[62] mussten bei ISEGRIM bis dato noch sämtliche externen Anfragen vom Düsseldorfer Personalstamm durchgeführt werden; die Ergebnislisten wurden dann ausgedruckt und per Post, ab Mitte der 1990er Jahre vermehrt auch per E-Mail verschickt.[63] Auf diese Weise konnte die Datenbank stets auch von außerhalb Düsseldorfs genutzt werden, die Abläufe waren aber umständlich und langwierig, und jede Anfrage bedeutete für die Düsseldorfer Mitarbeiter einen gewissen Arbeitsaufwand. Die Möglichkeit eines direkten Zugriffs von außen versprach nicht nur, die Verfahren zu vereinfachen und die Mitarbeiter in Düsseldorf zu entlasten, sondern auch den Nutzer-

---

58 Ibid.

59 »Mit nunmehr recht ordentlichen Ergebnissen«, wie Vacano 1994, S. 73 schrieb.

60 Vacano 1994, S. 73.

61 Ibid.

62 Zu numismatischen Ressourcen, die bereits Mitte der 1990er Jahre oder früher über das Internet verfügbar waren, siehe Moline 1989; Reed 1993; Ladouceur 1994; Reed 1994; Sayles 1996. Wolfgang Szaivert hat schon 1987 geschrieben, »dass die Erstellung und Pflege von Datenbanken ein ungeheuer arbeits- und zeitaufwendiger Vorgang ist, so dass der klare Wunsch besteht, solche Datenbanken international verwenden zu können, was sich wegen der leichten Vernetzbarkeit der einzelnen großen Rechenanlagen relativ leicht realisieren ließe« (Szaivert 1987, S. 570).

63 Vacano 1994, S. 72.

kreis zu erweitern und damit die Bedeutung der Datenbank zu steigern. 1999/2000 wurde ISEGRIM schließlich ans Internet angebunden. Die Datenbank wurde nun, nach den entsprechenden Umstellungen, mit MySQL, Apache und PHP betrieben.[64]

Mit der Implementierung der Datenbank auf einem PC und der Anbindung ans Internet zeigten sich allerdings auch deutlicher als zuvor die Grenzen der ursprünglichen Datenbankkonzeption. Denn ISEGRIM war für den Betrieb und die Bedienung durch ein überschaubares Team eingearbeiteter Mitarbeiter eingerichtet worden, zur Informationsrückgewinnung und Deutung der Ergebnisse war eine detaillierte Kenntnis der Aspektbezeichnungen, der Erfassungsprinzipien und der Beschreibungssprache nötig. Daran änderte sich auch mit den Umstellungen von 1994 und 1999/2000 nichts, denn die Art und Weise, wie aus ISEGRIM Informationen ausgelesen und wie diese dargestellt wurden, wurde bei der Implementierung auf PC und bei der Anbindung der Datenbank ans Internet im Wesentlichen beibehalten.

So wurden insbesondere keine weiteren Abfragefunktionalitäten eingerichtet, um die Datenrückgewinnung zu vereinfachen – denn mit der Eingabe eines einfachen Suchbegriffs ließen sich keine sinnvollen Treffer erzielen: Weiterhin die größte Hürde für nichtspezialisierte Nutzer stellten die Abkürzungen der Beschreibungsaspekte dar, die bei den Suchanfragen zwingend in einer spezifischen Syntax mitangegeben werden mussten.[65] Obgleich die Deskriptoren letztlich auch ins Englische und Französische übersetzt wurden (allerdings weder vollständig noch fehlerfrei), um die Attraktivität der Datenbank im internationalen Forschungsumfeld zu erhöhen, mussten in allen Sprachversionen bei einer Anfrage Suchaspekte eingegeben werden, die als Abkürzungen deutscher Begriffe für nichtdeutschsprachige Nutzer nicht ohne Weiteres verständlich waren (beispielsweise PH für Prägeherr oder BN für Beamtenname). Nur ein versierter Nutzer konnte folglich darauf verzichten, für die Recherche die entsprechenden Listen der Beschreibungsaspekte und ihrer Abkürzungen sowie eine Anleitung zur Suchsyntax zu konsultieren. Trotz ihrer vorrangigen Ausrichtung auf die griechische Münzprägung wurde zudem weiterhin darauf verzichtet, einen griechischen Zeichensatz einzubinden, was in der Konsequenz für die Nutzer des Internet-Suchformulars auch die Beherrschung der entsprechenden Trans-

64 Dies lässt sich einer im Januar 2000 auf der Homepage von ISEGRIM veröffentlichten Information von Vacanos entnehmen, die zum Zeitpunkt der Publikation dieses Beitrags noch abrufbar ist; siehe isegrim.dasr.de/isegrim/isegrim_d.html.

65 Kurth 2021, S. 1 bringt als Beispiel die (auf die englische Sprachversion von ISEGRIM bezogene) Anfrage VT: .*portrait man r.* VS: .*AYR ANTWN.* RT: .*persons 2.* RT: .*Apollo.* RS: .*EPI STR.* RS: .*STRATON.* für die Suche nach einer Münze, deren Vorderseite den Kopf des Kaisers zu einer Umschrift zeigt, in der die Buchstabenkombination ΑΥΡ ΑΝΤΩΝ enthalten ist, und deren Rückseite zwei Figuren abbildet, eine davon Apollo, und eine Legende anführt, die ЄΠΙ CTP und CTPATON enthält (entspricht Kurth 2020 Nr. 352 bzw. RPC VI, 4356-temporary).

literationsregeln erforderlich machte.[66] Immerhin wurde auf der Internetseite, über die ISEGRIM erreichbar war, eine Kurzanleitung mit den wichtigsten Hinweisen zur Bedienung bereitgestellt. Auch wenn diese Anleitung angesichts der hohen Anforderungen an die Bedienung bemerkenswert knapp gehalten war: Sie umfasste noch immer zwölf Seiten.

Die Hürden in der Bedienung der Datenbank sind bereits im Zuge der Düsseldorfer Präsentation von 1981 kritisiert worden, die Schwierigkeiten wurden aber nie systematisch abgebaut: »Ein guter Dialog am Rechner könne nur von gut ausgebildeten Numismatikern geführt werden«, heißt es im Kongressbericht – »Man war sich einig«, so liest man weiter, »dass zwar noch einige Funktionen automatischer Weiterverarbeitung in das System ISEGRIM eingebaut werden könnten, dass man aber nicht zu viel Denk- und vor allem Seharbeit auf die Maschine abwälzen dürfe. Es gelte, den Verlockungen des Perfektionismus zu widerstehen«.[67] Die Vorstellung, dass ISEGRIM letztlich nur von einem kleinen Kreis eingefleischter Spezialisten zu bedienen sei, blieb also auch im Zuge der Anbindung ans Internet richtungsgebend. Das Grundverständnis einer Datenbank von und für speziell geschulte Spezialisten zeigt sich am deutlichsten darin, dass auf die volle Funktionalität der Suchfunktion nur Zugriff haben sollte, wer sich zuvor personalisiert für die Nutzung registriert hatte. Über einen anonymen Gastzugang ließen sich lediglich eingeschränkte Suchfunktionen nutzen.

Mit dieser restriktiven Politik und den genannten Beschränkungen, die in den datentechnischen Anfängen des Projekts wurzeln, konnte ISEGRIM auch über das Internet letztlich kein größeres Publikum erreichen. Die Nutzungsstatistiken für die Jahre von 1999 bis 2013 lassen sich zwar nicht mehr lückenlos rekonstruieren, die Logfiles bieten dennoch ein aufschlussreiches Bild der externen Nachfrage des Datenbankangebots.[68] So lässt sich erkennen, dass die Anzahl an Logins von institutsfremden Anwendern über die Jahre hinweg kontinuierlich zugenommen hat, dies allerdings bis ins Jahr 2013 hinein nur auf insgesamt sehr niedrigem Niveau: Von 1999 bis 2004 haben sich lediglich 272 Anwender von außerhalb des Instituts angemeldet und die Datenbank wiederholt genutzt, darunter neben Forschern vor allem Händler. Weitere 150 Personen haben sich einen Account angelegt, das Datenbankangebot dann aber nicht weiter in Anspruch genommen. Mit den 338 Logins durch institutsfremde Anwender im Jahr 2001 gehen 3 539 einzelne Suchanfragen an die Datenbank einher. Für das erste Quartal 2014 verzeichnen die Logfiles 958 Logins mit insgesamt 4 516 Suchanfragen. Die Zugriffszahlen konnte die An-

66 Vacano 1994, S. 66.

67 Newsletter Nr. 3 der Commission Internationale de Numismatique, September 1981, S. 6.

68 Anzahl an ISEGRIM-Logins (jeweils in Klammern) von institutsfremden Anwendern pro Jahr für die Jahre 1999 (28); 2000 (176); 2001 (338); 2002 (267); 2003 (314); 2004 (324); 2005 (415); 2006 (1 123); 2007 (1 336); 2008 (2 359); 2009 (2 090); 2010 (2 333); 2011 (2 217); 2012 (2 260); 2013 (2 512). Ich danke Harald Laabs für die Logfile-Angaben, auf denen diese und die im Folgenden genannten Zahlen basieren.

bindung ans Internet also in einer Weise steigern, wie sie durch die manuelle Bearbeitung externer Suchanfragen durch den Düsseldorfer Personalstamm kaum möglich gewesen wäre. Dennoch blieben die Zugriffszahlen, verglichen mit konkurrierenden Angeboten, doch bescheiden – etwa gegenüber RPC Online, das sich seit 2006 über das Internet abrufen lässt und heute etwa 40 000 Anwender jährlich zählt.[69] ISEGRIM verfügte stets über einen sehr kleinen, sehr spezialisierten Nutzerkreis. Während sich in der Fachwelt noch im Jahr 2021 die Einschätzung vernehmen ließ, »for the past 20 years, the online Isegrim database was the ›go to‹ place to identify the coins of Asia Minor«,[70] hat das Angebot in weniger spezialisierten Kreisen kaum Bedeutung gewinnen können.

Auch das Fehlen einer Bilddatenbank wurde seit der Einrichtung des Internetzugangs verstärkt als Manko empfunden. An die Einbindung von Bilddateien war Mitte der 1970er Jahre, als das Datenbankkonzept für ISEGRIM entwickelt wurde, noch gar nicht zu denken gewesen, denn selbst der Speicherbedarf der reinen Textinformationen war gemessenen an den gegebenen Möglichkeiten erheblich: Die Datenbank benötigte in der jüngsten Version um die 195 MB Speicherplatz (einschließlich der Indizes), und selbst wenn diese Größenordnung heute recht überschaubar wirken mag: Alle vier Großplattenspeicher der Siemens-Maschine zusammen hätten dies im Jahr 1974 nicht fassen können. Speicherplatz und Rechenleistung sprachen Mitte der 1990er Jahre aber längst nicht mehr grundsätzlich gegen die Ergänzung einer Bilddatenbank, und andere Einrichtungen hatten bereits damit begonnen, einzelne numismatische Datensätze mit Bilddateien und teilweise auch ganze Bilddatenbanken über das Internet zugänglich zu machen.[71] Ab Mitte der 1990er Jahre wurde konsequenterweise auch für ISEGRIM die Einrichtung einer Bilddatenbank »technisch vorbereitet«, aber letztlich nie verwirklicht.[72]

Dass ISEGRIM 1994 und 1999/2000 zwar technisch adaptiert werden konnte, die Konzeption der Datenbank aber nicht grundsätzlich an die sich wandelnden Rahmenbedingungen datenbankgestützter Forschung und wissenschaftsbezogener Internetnutzung angepasst wurde – und ihr damit im Internetzeitalter auch die erhoffte Bedeutung verwehrt blieb –, hat personelle und strukturelle Gründe: Kienast – der Initiator des Projekts, der sich stets rigoros über alle Widerstände hinweg für die Datenbank eingesetzt und das System sogar weiterbetrieben hat, als dies ohne ausreichende personelle und finanzielle Mittel kaum mehr möglich erschien –, ist bereits 1990 emeritiert worden. Von Vacano konnte die Arbeit an der Datenbank ab 1990 unter Birley und ab 2003 unter Bleckmann

69 Die Zahl lässt sich einer auf rpc.ashmus.ox.ac.uk/news/support veröffentlichten Information vom 18.7.2022 entnehmen.

70 Kurth 2021, S. 1.

71 Einen Überblick über die Entwicklung von Bilddatenbanken für die Zeit von Mitte der 1980er bis Mitte der 1990er Jahre bietet Besser 1996 (mit weiteren Literaturhinweisen). Siehe auch die Literatur o. in Anm. 62.

72 Vacano 1994, S. 73.

noch fortsetzen. Allerdings wurde nun immer deutlicher, dass sich das Projekt nie auf ein institutionell eigenständiges und finanziell unabhängiges Fundament würde stellen lassen.

Als entscheidende Grundlage, die von Mitte der 1970er Jahre an über drei Jahrzehnte hinweg – und selbst in Phasen begrenzter Mittel – eine kontinuierliche Entwicklung von ISEGRIM ermöglicht hatte, erwies sich letztlich der spezifische Zuschnitt der akademischen Mittelbaustelle, die von Vacano als maßgeblicher Projektkoordinator bekleiden durfte: Bis zu von Vacanos Pensionierung im Jahr 2004 profitierte ISEGRIM von dieser entfristeten Beamtenstelle, die in den frühen 1970er Jahren eigens als volle numismatische Kustodenstelle mit einem entsprechend geringen Lehrdeputat von vier Semesterwochenstunden eingerichtet worden war und es der Abteilung Alte Geschichte ermöglichte, den numismatischen Arbeitsbereich mit den genannten Ressourcen – einer gut sortierten numismatischen Bibliothek mit umfassender Sammlung an Auktionskatalogen, einer beachtliche Sammlung originaler antiker Münzen, einer Diathek, einer umfangreichen Sammlung an Siegellackabformungen und Gipsabgüssen und eben auch dem Datenbankprojekt ISEGRIM – aufzubauen und kontinuierlich weiterzuentwickeln. Mit der Nachbesetzung nach von Vacanos Pensionierung wurde die Stelle in eine reguläre althistorische Assistenz mit nach oben angepasstem Lehrdeputat umgewandelt – ein Tribut an die geänderten universitären Rahmenbedingungen mit deutlich gestiegenen Studierendenzahlen und einer höheren administrativen Belastung des wissenschaftlichen Personals. Es zeigte sich nun, dass ISEGRIM im Kern stets ein »Projekt« geblieben ist, dem jegliche institutionelle Grundlage fehlte: Die Datenbank war letztlich ein Epiphänomen der von ihren Initiatoren im Rahmen ihrer individuellen wissenschaftlichen Tätigkeit frei gewählten Schwerpunktsetzung im Bereich der numismatischen Grundlagenarbeit.

Als ein in jahrzehntelanger Arbeit entwickeltes Forschungsinstrument, das wie ein Langzeitvorhaben konzipiert war, aber nie ein dauerhaft konservierbares Endprodukt hervorgebracht hat, war ISEGRIM in der strukturellen Matrix personeller Diskontinuität und systemischer Unterfinanzierung geisteswissenschaftlicher Abteilungen an deutschen Universitäten also ein höchst fragiles und potenziell ephemeres Geschöpf. Auf dem Kolloquium zu Ehren des 75. Geburtstages von Kienast, das im Jahr 2000 an der Münchner Kommission für Alte Geschichte und Epigraphik stattfand – zehn Jahre nach der Emeritierung von Kienast und vier Jahre vor seiner eigenen Pensionierung –,[73] hat von Vacano ein entsprechend nachdenkliches Fazit gezogen:

> Etwas, das uns zunächst nicht so klar war ... ist die heute meist anerkannte Tatsache, dass der Wert einer Datenbank mit der Aktualität ihres Inhaltes steigt und fällt. Eine

73 Das Programm des Kolloquiums mit Auflistung der Teilnehmer befindet sich im Universitätsarchiv Düsseldorf, Bestand 4/2 Nr. 321.

> Datenbank ist also nicht ein befristbares Projekt, das jederzeit abgebrochen werden kann. Es frisst den, der in diesem Projekt arbeitet, eines Tages ganz: Er muss sich entscheiden, ob er seiner Datenbank treu bleibt und sie zum Hauptarbeitsgebiet macht, oder ob er sie fallen lässt unter Verlust der ganzen bisher geleisteten Arbeit. Denn eine Datenbank veraltet technisch sehr schnell, wenn sie nicht ständig an die neuen Programme angepasst wird, und inhaltlich behält sie ihren Sinn nur durch die bereitgestellten, umfassenden Informationen, die die Suche nach den im Internet nebenher gebotenen, ergänzenden Informationen sehr unterschiedlicher Qualität reduziert, diese auf Dauer sogar durch einen gewissen Anspruch an den Standard verbessert.[74]

Das eindrückliche Bild von der Datenbank, die ihre Projektmitarbeiter verschlingt, evoziert den literarischen Namensvetter von ISEGRIM – den gleichnamigen Wolf aus der Fabel Reinecke Fuchs: Nicht ohne hintergründige Ironie hat von Vacano seinen Münchner Bericht überschrieben mit dem Titel »ISEGriM – der Wolf im Internet«. Als er im Jahr 2004 in Pension ging, wurde nicht nur die inhaltliche Redaktion der Datenbestände, sondern auch die technische Pflege der Datenbank eingestellt. ISEGRIM war nun ein alphanumerisches Relikt früherer Zeiten, das von den unkalkulierbaren Wogen des technischen Fortschritts ins Internetzeitalter gespült worden war, ohne auf dieses Schicksal hinreichend ausgelegt gewesen zu sein. Ein halbes Jahrzehnt später wurde der in die Jahre gekommene PC, auf dem die Datenbank bis dahin noch unverändert weiterlief, abgeschaltet und ausgemustert.

post scriptum

Entgegen aller Wahrscheinlichkeit hat ISEGRIM den Wegfall des Düsseldorfer PCs überdauert und führt seither ein bemerkenswertes »Nachleben«, dessen Verlauf faszinierende Schlaglichter auf die Entwicklung der digitalen Numismatik in den zurückliegenden anderthalb Jahrzehnten wirft – in einer Zeit also, die von der rasant steigenden Bedeutung digitaler Forschungsinstrumente und deren zunehmender Verflechtung im Semantic Web geprägt ist.

Ein zwar kleiner, aber engagierter Kreis treuer Nutzer hat ISEGRIM auch nach der Pensionierung von Vacanos weiter genutzt und wollte den Verlust der wertvollen Ressource nicht hinnehmen. Harald Laabs, der 1999/2000 als studentische Hilfskraft die letzte Systemumstellung durchgeführt und die Anbindung ans Internet eingerichtet hatte, stellte im Sommer 2009 auf entsprechende Anfragen hin die Datenbank aus einem Backup wie-

74 Vacano 2000.

der her und machte sie mit kleineren technischen Anpassungen in einer geeignet konfigurierten Datenbankumgebung auf einem Server außerhalb der Universität zugänglich.[75] Eine redaktionelle Betreuung der Inhalte gab es nicht mehr und vorerst auch keine Weiterentwicklung des Datenkonzepts, allerdings bot sich in den Jahren 2014/15 im Anschluss an eine Projektförderung des nordrhein-westfälischen Wissenschaftsministeriums, die auf die Digitalisierung der Düsseldorfer Universitätsmünzsammlung ausgerichtet war, die Gelegenheit, eine ISEGRIM-Abfrageseite nun auch wieder über ein Portal der Universität Düsseldorf anzubieten, wobei die Datenbank selbst weiter auf dem externen Server gehostet wurde. Im Zuge dieser Anpassungen wurde auch der PHP-Code aktualisiert, und die Zugriffsbeschränkungen wurden aufgehoben, so dass ISEGRIM auch ohne vorherige Registrierung genutzt werden konnte.

Bei dieser Gelegenheit wurde auf dem neuen Portal auch ein zusätzliches Suchformular eingerichtet, das – nun mit Blick auf die internationale Nutzerschaft unter dem Akronym GCAM für »Greek Coinage of Asia Minor« – in Ergänzung zur weiterhin bestehenden »Profisuche« eine vereinfachte Datenrückgewinnung ermöglichte; hierzu wurde ein entsprechend angepasster Ableger der eigentlichen ISEGRIM-Datenbank auf einem Server des Rechenzentrums der Universität Düsseldorf eingerichtet, der nun erstmals die griechischen Umschriften auch in einem griechischen Zeichensatz enthielt. Auch der Zugriff auf die vollständigen Literaturangaben, die nun per Mausklick auf die Kurzzitate erreichbar waren, wurde erleichtert.[76] Weitere Anpassungen, etwa die Vernetzung mit kontrollierten Vokabularen wie der Gemeinsamen Normdatei (GND) im Bereich der Personennamen oder den Georeferenzen von Pleiades, wurden nicht vorgenommen, so dass auch 2014/15 keine grundsätzliche Weiterentwicklung hin zu einer Linked Open Data Ressource gelang, obgleich sich die Datenbestände von ISEGRIM durch ihren hohen Grad an Strukuriertheit hierzu grundsätzlich anboten.

Im skizzierten Zustand, mit einer komplexen und einer vereinfachten Abfragemöglichkeit, existierte ISEGRIM bis zum 17. März 2021, als der externe Server, auf dem die Ausgangsversion der Datenbank lief, einen irreparablen Hardwaredefekt erlitt.[77] Zwar war

75 Die Internetseite lässt sich noch heute über isegrim.dasr.de/isegrim abrufen – allerdings seit März 2021 ohne Zugriffsmöglichkeit auf die Datenbank, s. u. bei Anm. 77.

76 Das Portal ist nach wie vor über gcam.hhu.de erreichbar, allerdings funktioniert seit März 2021 der Zugriff auf den externen Server nicht mehr (siehe die nächste Anm.). Die Seite hat von einer einfachen Stichwortsuche hin zu den komplexen Suchanfragen der ursprünglichen ISEGRIM-Suche ein breites Spektrum verschiedener Suchfunktionen angeboten. Die Anpassungen umgesetzt haben Harald Laabs und Jürgen Freundel. Das fragliche Projekt mit dem Titel »Geschichte prägen«, initiiert vom Autor dieses Beitrags, diente der »Digitalisierung und Open-Access-Publikation der numismatischen Sammlungen an der Heinrich-Heine-Universität Düsseldorf« (Laufzeit Oktober 2013 bis Dezember 2014).

77 Harald Laabs veröffentlichte am 17. 3. 2021 auf isegrim.dasr.de/isegrim die Nachricht: »Leider ist es nicht möglich, die alte Version des ISEGRIM Datenbankzugangs weiter bereitzustellen. 20 Jahre sind eine lange Zeit für ein Softwareprojekt, an dem niemand mehr arbeitet«.

der überarbeitete Ableger der Datenbank, der für die vereinfachten GCAM-Suchfunktionen eingerichtet worden ist, davon nicht betroffen, er ist zum Zeitpunkt der Fertigstellung dieses Beitrags weiter im Internet erreichbar. Doch die zwar schwieriger zu beherrschenden, aber auch flexibleren und differenzierteren Abfragemöglichkeiten der eigentlichen ISEGRIM-Datenbank ließen sich nicht wiederherstellen.

Zwei unterschiedliche Entwicklungen hat der endgültige Verlust der im Kern noch auf die ursprüngliche Konzeption der 1970er Jahre zurückgehenden ISEGRIM-Datenbank im Frühjahr 2021 angestoßen: Einerseits hat aus dem Kreis der treuen ISEGRIM-Nutzer die Numismatikerin Dane Kurth aus den ISEGRIM-Rohdaten eine xls-Datei erzeugt und diese im Juni 2021 (in einer ersten von inzwischen mehreren Fassungen) frei zugänglich ins Internet gestellt.[78] Die Datei enthielt im Kern die Daten aus ISEGRIM in einer revidierten englischen Sprachversion, die Inhalte der einzelnen Datenfelder waren auf entsprechende Spalten aufgeteilt, der Gesamtbestand war nach unterschiedlichen Metallen und nach chronologischen Kriterien gegliedert in verschiedenen Tabellenblättern abgelegt, sämtliche Spalten waren indiziert, die Inhalte ließen sich damit über Dropdownlisten oder entsprechende Eingaben sortieren und durchsuchen. Entscheidend ist vor allem, dass Kurth die Daten nicht nur konserviert hat, sie hat den Datenbestand auch gründlich redaktionell überarbeitet und korrigiert, und sie hat die Daten auch substanziell um neue Datensätze ergänzt: Mehr als anderthalb Jahrzehnte nach der Pensionierung von Vacanos fand nun erstmals wieder eine inhaltliche Arbeit am ISEGRIM-Datenbestand statt. In der Dateiversion vom Juni 2021 waren bereits 2 760 neue Datensätze hinzugekommen, in der aktuell jüngsten Fassung der xls-Datei summieren sich die Neuzugänge bereits auf mehr als 10 000 Datensätze – etwa sechzig Prozent davon im Bereich der kaiserzeitlichen Bronzeprägungen, weitere fünfzehn Prozent im Bereich der vorkaiserzeitlichen Bronzeprägungen, nochmals knapp fünfzehn Prozent im Bereich der Gold- und Elektronprägungen sowie weitere Ergänzungen in anderen Bereichen.[79]

Die zweite Entwicklung, die nun parallel hierzu einsetzt, ist im Kontext der Nationalen Forschungsdateninfrastruktur (NDFI) situiert und bietet erstmals die Perspektive, den über ein halbes Jahrhundert hinweg aufgebauten numismatischen Datenbestand von ISEGRIM im Semantic Web zu verankern: Innerhalb des Konsortiums NFDI4Objects nehmen es verschiedene Akteure gemeinsam in Angriff, das ISEGRIM-Vokabular

78 Am 18.6.2021 veröffentlichte Kurth auf ihrem ResearchGate-Profil eine zweiseitige Worddatei mit dem Titel »The resurrection in two forms of the Isegrim database of ancient coins of Asia Minor« mit einer kurzen Erläuterung zum Aufbau und zu den Nutzungsmöglichkeiten des Tabellendokuments sowie der Angabe der URL wildwinds.com/Isegrim/Isegrim_allfiles.xls für den Download der xls-Datei. Zum Zeitpunkt der Fertigstellung dieses Beitrags war eine Dateiversion vom 5.8.2024 verfügbar, die auf den Vortag datierte aktualisierte Nutzungshinweise enthielt.

79 Die genauen Zahlen finden sich in der Dateiversion vom 5.8.2024; siehe die vorausgehende Anm.

zu einer Linked Open Data Ressource auszubauen. Der Datenbestand wird nicht nur erstmals mit weiteren relevanten Vokabularen vernetzt, seine Existenz wird damit auch auf ein nachhaltiges Fundament gestellt, das von den personellen Diskontinuitäten und begrenzten Ressourcen im universitären Bereich unabhängig ist.[80] Der Datenbestand ist so umfangreich und durch die zahlreichen Kontrollroutinen, die bei seiner Erarbeitung durchlaufen wurden, von so hoher Qualität, dass dieser Schritt lohnend erscheint. Wenn dies gelingt, wird ISEGRIM als »Wolf im Internet« quasi im dreifachen Hegel'schen Sinne »aufgehoben« – nämlich erhöht, bewahrt und überwunden. Auch dies wird wohl, wie der Blick auf die bisherige Entwicklung lehrt, nicht das Ende der Geschichte sein.

Objekt- und Abbildungsnachweise

Abb. 1 Universitätsarchiv Düsseldorf, Bestand 8/19, Nr. 1030. Foto: unbekannt.
Abb. 2 Bödefeld & Vacano 1978, S. 596, Seminar für Alte Geschichte und Epigraphik, Heidelberg, Sign. XX 96. Scan: Johannes Wienand.
Abb. 3 Vacano 1982, S. 345, ULB Düsseldorf Sign. ant m 210.b517(1). Fotografische Reproduktion erstellt von der Universitäts- und Landesbibliothek Düsseldorf.
Abb. 4 Universitätsarchiv Düsseldorf, Bestand 8/19, Nr. 2046. Foto: Rudolf Haupt.
Abb. 5 Vacano 1986, ULB Düsseldorf, Sign. his e 98200.v112. Fotografische Reproduktion erstellt von der Universitäts- und Landesbibliothek Düsseldorf.

Bibliographie

Backhaus 1987 M. Backhaus (Hrsg.): *20 Jahre Datenverarbeitung/Universität Düsseldorf: Kooperation, Vernetzung, Anwendungen.* Düsseldorf 1987.

Besser 1996 H. Besser: Image Databases: The First Decade, the Present, and the Future. In: P. B. Heidorn & B. Sandore (Hrsg.): *Digital Image Access & Retrieval.* Urbana-Champaign 1996, S. 11–28.

Bödefeld & Vacano 1978 H. Bödefeld & O. von Vacano: Elektronische Datenverarbeitung in der antiken Numismatik. Ein Projekt zur Erfassung griechischer Münztypen am althistorischen Institut der Universität Düsseldorf. *Chiron* 8 (1978), S. 587–604.

Bonincontro & Calabria 1991/1993 I. Bonincontro & P. Calabria: Un'applicazione del modello relazionale ad una banca-dati per la numismatica. In: *Actes du XIe Congrès International de Numismatique,* vol. 4. Louvain-la-Neuve 1993, S. 397–400.

Busch et al. 2018 H. Busch et al.: *Geschichte der Zusammenarbeit der Rechenzentren in Forschung und Lehre. Vom Anfang des Informationszeitalters in Deutschland; Bd. 2: ZKI, Rechnerverbünde, Anwendervereine und Anwendungen sowie Ereignisse, Erkenntnisse und Kurioses.* Münster 2018.

Curtis 1987 J. Curtis: Coins and Computers: Best is Yet to Come. *Numismatic News* (Oktober 1987), S. 46–47.

---

80 Gerade mit Blick auf die Frage der Nachhaltigkeit drängt sich der Verdacht auf, dass der digitale Typenkatalog der antiken Münzprägung Kleinasiens, wie er über drei Jahrzehnte hinweg mit gewaltigem Aufwand an der Universität Düsseldorf entwickelt wurde, längst ein vielfach genutztes Referenzwerk der altertumswissenschaftlichen Forschung wäre, wenn er (mit geeigneten Indizes und Abbildungen versehen) in Printform und nicht als Datenbank vorgelegt worden wäre.

Dalbello 2011 M. Dalbello: A Genealogy of Digital Humanities. *Journal of Documentation* 67/3 (2011), S. 480–506.

Denk 1983 R. Denk: Analytisches Corpus der griechischen Münztypologie: Das Wiener Projekt. *Litterae Numismaticae Vindobonenses* 2 (1983), S. 7–28.

Formella et al. 2009 J. Formella et al.: *Geschichte der Zusammenarbeit der Rechenzentren in Forschung und Lehre. Vom Anfang des Informationszeitalters in Deutschland; Bd. 1: Vom Betrieb der ersten Rechner bis zur heutigen Kommunikation und Informationsverarbeitung.* Münster 2009.

Frías Fernández 1989 J. C. Frías Fernández: La base de datos MONEBIB. Bibliografía monetaria entre 1450 y 1850. In: *VII Congreso Nacional de Numismática.* Madrid 1989, S. 185–194.

Head et al. 1911 B. V. Head, G. F. Hill, G. Macdonald & W. Wroth: *Historia Numorum: A Manual of Greek Numismatics.* Oxford 1911.

Henrichs 1967 N. Henrichs: *GOLEM, ein Siemens-Retrieval-System im Dienste der Philosophie.* Düsseldorf 1967.

Henrichs 1972 N. Heinrichs: *Literatur-Dokumentation mit GOLEM.* München 1972.

Hockey 2004 S. Hockey: The History of Humanities Computing. In: S. Schreibman, R. G. Siemens & J. Unsworth (Hrsg.): *A Companion to Digital Humanities.* Oxford 2004, S. 1–19.

Hofbauer 1987 P. W. Hofbauer: Einsatz einer Datenbank für die griechische Münztypologie. *Litterae numismaticae Vindobonenses* 3 (1987), S. 555–565.

Holmberg 1991/1993 K Holmberg: Use of a PC-based Image Database in Numismatic Applications. In: *Actes du XIe Congrès International de Numismatique,* vol. 4. Louvain-la-Neuve 1993, S. 387–395.

Kienast 1971/1972 D. Kienast: Abteilung Alte Geschichte am Historischen Seminar. *Jahrbuch der Universität Düsseldorf 1971/1972* (1973), S. 113–114.

Kienast 1980/1981 D. Kienast: Alphanumerische Datenverarbeitung in der Numismatik. Bericht über ein Symposion. *Jahrbuch der Universität Düsseldorf 1980/1981* (1982), S. 241–242.

Kienast 1982a D. Kienast: Die Erstellung einer Datenbank der antiken Münzen Kleinasiens mit Hilfe der elektronischen Datenverarbeitung. Ein Unternehmen der Universität Düsseldorf. *Jahrbuch der historischen Forschung in der Bundesrepublik Deutschland 1981* (1982), S. 39–42.

Kienast 1982b D. Kienast: Kleinasiatischer Münzkatalog Projekt ISEGRIM. *Jahresbericht der Gerda Henkel Stiftung 1982* (1983), S. 37–41.

Knop 1976 J. Knop: Rechenzentrum der Universität Düsseldorf. *Jahrbuch der Universität Düsseldorf* 1973–1975 (1976), S. 147–149.

Koelsch 1987 G. Koelsch: Collector's Guide to Computer Software. *Coins* 34/7 (1987), S. 30–42.

Kurth 2020 D. Kurth: *Greek and Roman Provincial Coins: Lydia.* Loxahatchee 2020.

Kurth 2021 D. Kurth: The Resurrection in Two Forms of the Isegrim Database of Ancient Coins of Asia Minor. *ResearchGate* 18. Juni 2021 (online: t1p.de/os9w1).

Ladouceur 1994 Ch. Ladouceur: Coins on the Information Highway, *Canadian Numismatic Journal* 39/9 (1994), S. 448–450.

Miller 2012 M. Miller: Otto Wilhelm von Vacano (1910–1997). In: G. Brands & M. Maischberger (Hrsg.): *Lebensbilder – Klassische Archäologen und der Nationalsozialismus; Bd. 1.* Rahden 2012, S. 237–252.

Moline 1989 J. Moline: Linking Information to Objects: A Hypertext Prototype for Numismatists. *Visual Resources* 7/4 (1991), S. 361–377.

Neussel 1991 H. Neussel: Digitale Bilddatenbank von Münzen des belgischen Galliens. In: *Actes du XIe Congrès International de Numismatique,* vol. 2. Louvain-la-Neuve 1993, S. 47–48.

Plassmann & Süssmuth 2015 M. Plassmann & H. Süssmuth (Hrsg.): *Heinrich-Heine-Universität Düsseldorf von der Gründung bis zur Exzellenz.* Düsseldorf 2015.

Reed 1993 B. Reed: Technology Brings Smithsonian Coins into Collectors' Homes: Viewer Sees Coins from Vaults on TV. *Coin World* 34/1746 (1993), S. 25.

Reed 1994 P. B. Reed: Internet Computer Coin Network Debuts, *Coin World* 35/1797 (1994), S. 60.

Sayles 1996 S. A. Sayles: Accessing Ancient Coin Resources on the Internet. *The Celator* 10/9 (1996), S. 36–42.

Smith 1994 D. D. Smith: Computer Databases and Ancient Coins. *The Celator* 8/8 (1994), S. 14–19.

Stumpf 1994 G. Stumpf: MultiCoin: The Munich Image Database. *Annotazioni Numismatiche* 4 (1994), S. 331–338.

Szaivert 1987 W. Szaivert: EDV und Numismatik. *Litterae numismaticae Vindobonenses* 3 (1987), S. 567–573.

Vacano 1982 O. von Vacano: EDV-Forschungsprojekt Kleinasiatischer Münzkatalog. In: T. Hackens (Hrsg.): *Actes du IXe Congrès International de Numismatique*, vol. 1. Bern 1982, S. 341–349, Taf. 339.
Vacano 1984 O. von Vacano: ISEGRIM: Informations System zur Erfassung GRIechischer Münzen. *Bollettino di Numismatica; Suppl. 1: La numismatica e il computer.* Rom 1984, S. 38–45, 75 f.
Vacano 1986 O. von Vacano: *Typenkatalog der antiken Münzen Kleinasiens.* Berlin 1986.
Vacano 1994 O. von Vacano: ISEGRIM: Informationssystem zur Erfassung Griechischer Münzen. In: M. Fell, C. Schäfer & L. Wierschowski (Hrsg.): *Computer und Antike; Bd. 2: Datenbanken in der Alten Geschichte.* St. Katharinen 1994, S. 62–75.
Vacano 2000 O. von Vacano: ISEGriM – der Wolf im Internet, Referat, gehalten am 25. August 2000 auf dem Colloquium in München zum 75. Geburtstag von Dietmar Kienast [annotierte Fassung; im Bestand der Lehrstuhlakten, Abt. Alte Geschichte, Heinrich-Heine-Universität Düsseldorf].
Volk 1992–1993 T. Volk: Learning the Hard Way: 10 Years of Numismatics and Computing. *Nordisk Numismatisk Årsskrift* (1992–1993), S. 132–148.
Wienand 2015 J. Wienand: Geschichte prägen. Die numismatischen Sammlungen der Heinrich-Heine-Universität Düsseldorf und ihre Bedeutung für Forschung und Lehre. In: S. Knöll (Hrsg.): *Universitätssammlungen. Bewahren – Forschen – Vermitteln.* Düsseldorf 2015, S. 87–104.
Ziegler 1993 R. Ziegler: *Kaiser, Heer und städtisches Geld. Untersuchungen zur Münzprägung von Anarzabos und anderer ostkilikischer Städte.* Wien 1993.
Ziegler 2013 R. Ziegler: Dietmar Kienast †. *Gnomon* 85 (2013), S. 477–479.

Sämtliche Verweise auf Internetressourcen in diesem Beitrag wurden vor der Drucklegung geprüft.

Von Voit von Salzburg bis zu Ulrich Zwicker, vom Münzfreund zum Materialwissenschaftler

Geschichte und Zukunft der Münzsammlungen der FAU Erlangen-Nürnberg

Martin Boss & Andreas Murgan

Mitte des neunzehnten Jahrhunderts gelangte als Nachlass die Sammlung neuzeitlicher Münzen und Medaillen des Königlich Bayerischen Kammerherrn Major Friedrich August Valentin Voit von Salzburg (1795–1858) an die Universität nach Erlangen: vollständig samt zugehöriger Möbel (Abb. 1) und mit einem Konvolut damals zeitgenössischer Bücher zur Münzkunde. Dafür machte sich seinerzeit noch im Todesjahre des Kammerherrn der ordentliche Professor Carl Heyder (1812–1885) als Inhaber des damaligen Lehrstuhls für Ästhetik mit dem Zug nach München auf, um dort höchstselbst die Übernahme und Verbringung nach Erlangen zu begleiten. Davor hatte die Friedrich-Alexander-Universität (FAU) keine eigenständige numismatische Sammlung. Es ist keineswegs Zufall und ganz im Sinne des an Humboldt'schen Bildungsidealen geschulten Monarchen Maximilian II. (reg. 1848–1864 als König von Bayern), dass fast zeitgleich, innerhalb nur weniger Jahre, das markgräfliche Kuriositätenkabinett an das Wittelsbacher Museum nach München abgege-

Abb. 1: Biedermeier-Intarsien aus Sägefurnier auf der Flügeltür eines der Cabinets der Voit-von-Salzburgschen Münz- und Medaillensammlung.

Abb. 2: Medaille wohl des Alessandro Abondio auf Albert VI. den Leuchtenberger (1584–1666), Goldener Gnadenpfennig o. J., gefasst an drei Kettchen (AU, 28,5 g, 32 mm [Medaille]), Erlangen UB.

ben wurde – nicht unentgeltlich natürlich, so dass aus dessen Erlös der Grundstock für die Antikensammlung gelegt und 1857 von eben demselben Professor Hayder feierlich eröffnet werden konnte.

Seitdem nun besaß die Friedrich-Alexander-Universität Erlangen-Nürnberg eine namhafte Sammlung von Münzen in Silber und Gold sowie prächtiger Medaillen der Zeit vom späten 16. bis zum frühen 19. Jahrhundert, die dort im Magazin der Universitätsbibliothek schlummerte – jedoch ist schwer vorstellbar, dass damit jemals in nennenswertem Umfang Wissenschaft betrieben worden wäre. So wird es beim gelegentlichen Einsatz als Lehrmittel am Institut für Kunstgeschichte und von einzelnen prunkvolleren Schauobjekten (Abb. 2) bei Sonderausstellungen wie zum Beispiel anlässlich von Universitätsjubiläen[1] geblieben sein. Außer der Vorlage des grundlegenden Bestandskataloges durch Willy Schwabacher (1897–1972)[2] und gelegentlichen kleineren Veröffentlichungen in den Schriftenreihen der Universitätsbibliothek[3] ist die Voit von Salzburg'sche Münz- und Medaillensammlung mit all ihren Eigenheiten als historische Quelle bislang noch lange nicht so eingehend bearbeitet worden, wie es denn wünschenswert wäre. Trotzdem war sie die Keimzelle zu den heutigen Münzsammlungen der FAU.

Mit den Jahren entstand durch weitere, zum Teil sehr umfangreiche und großzügige Schenkungen einer der umfangreicheren numismatischen Bestände an Universitäten im deutschsprachigen Raum, die seit jüngster Zeit auch über zehntausend Münzen der Ilse und Ulrich Zwicker Stiftung umfassen.[4] Prof. Dr. Ulrich Zwicker (1921–2010)[5] gehörte zur Gründergeneration der 1966 gestarteten Technischen Fakultät und war der erste Lehrstuhlinhaber der Werkstoffwissenschaften (Metalle). Das bedeutet auch, dass

1 Boss et al. 2018, S. 73–78, 200–208, Nr. 30–38.
2 Schwabacher 1933.
3 Keunecke 2009.
4 Hofmann-Randall 2013.
5 Raub 2010, S. 779–783.

er seine Münzen nicht aus unmittelbaren beruflichen Sachzwängen heraus, sondern zunächst aus Liebhaberei im Laufe seines Lebens zusammengesammelt hat. In einem zweiten Schritt allerdings näherte er sich den Münzen dann mit dem Instrumentarium seiner Fachwissenschaft, entwickelte wegweisend neue werkstoffkundliche Fragestellungen und lieferte die Ansätze zu deren Beantwortung in Reihenuntersuchungen gleich mit.[6] Das hatte einige Vorteile, denn Mikrosondenanalysen sind zeitaufwendig und teuer, und die ansonsten oft hoffnungslose Bitte um Erlaubnis, gerade bei nicht ganz zerstörungsfreien Untersuchungen, erübrigt sich beim eigenen Material. Vor allem aber wäre ein solch langwieriges Vorhaben als befristetes Drittmittelprojekt völlig aussichtslos. Nach dem Tode Zwickers im Jahre 2010 wird dieser Ansatz mittlerweile vor allem am Geozentrum Nordbayern, Lehrstuhl für Mineralogie (Prof. Dr. Matthias Göbbels) in Zusammenarbeit mit dem Lehrstuhl der Informatik 9 (graphische Datenverarbeitung, Prof. Dr.-Ing. Marc Stamminger), mit der Antikensammlung der FAU sowie der Universitätsbibliothek weiter vorangetrieben.[7] Seit April 2017 ist die FAU, die seit 2016 unter dem Akronym NumFAU auch ein kleineres eigenes Projekt betrieben hat, deshalb Projektpartner im Netzwerk universitärer Münzsammlungen (NUMiD).[8]

Damit ist an sich schon mal viel gewonnen, da die Bestände in Erlangen jetzt in einer großen Zusammenschau überhaupt erst von außen in ihrer Vielfalt wahrgenommen werden und ihrerseits zu dem großen Panorama »dessen, was es gibt«, also den großen Corpuswerken des Semantic Web,[9] beitragen können. Bis die gesamten Bestände in ihrer Breite vollständig erschlossen sind, wird es allerdings noch einige Jahre dauern – länger als jede vorstellbare Drittmittelförderung hinreichen würde – und länger auch als das wissenschaftliche Schaffen, der Elan und Enthusiasmus der Autoren hier nur dauern könnten. Das ist eine gewisse Gefahr, denn wer weiß, wie sich mit den Jahren die Vorgaben dessen, was man überhaupt haben und bezwecken möchte, verändern werden? Die Datenvorlage alleine, zumal in ferner Zukunft, macht allerdings noch keine Wissenschaft. Was aber will und kann man zunächst einmal in der Zwischenzeit erreichen und mit welchen Mitteln soll das erreicht werden?

Da sind zunächst einmal die klassischen althergebrachten, aber noch lange nicht überflüssigen Einzeluntersuchungen zu ausgewählten Stücken; so legte im Rahmen der erneuten Durchsicht des schon veröffentlicht vorliegenden Bestandes gleich zu Beginn des NumFAU-Projektes und der Projektpartnerschaft in NUMiD eine ikonographische Analyse zu Z 419 aus der Sammlung Zwicker nahe, diese Münzen jetzt in einen späteren Zeit-

6 Zwicker 1992–1993; Zwicker 1995–2000, hier Band 26, 28, 31, 33–35, 39.
7 Boss et al. 2017, S. 7–19; online: mde.fau.de/?page_id=431; Boss et al. 2012, S. 73–78.
8 numid.phil.fau.de.
9 Nomisma (nomisma.org), überhaupt auch die Anbindung an die Projekte der American Numismatic Society, zusammengefasst unter numismatics.org/resources.

raum zu datieren und deren Bildaussage entsprechend anders zu lesen (Abb. 3).[10] Es ist eben keine Münze aus der Zeit des Dionysios II. von Syrakus, sondern ein Stück aus der Zeit des Agathokles. Es ist wohl auch keine Dodekalitra, sondern, wie weitere in Größe und Gewicht vergleichbare und zeitgleiche Goldmünzen aus dem ptolemäischen Ägypten, ein Trihemiobol.[11]

Abb. 3: Trihemiobol aus Syrakus (AU 968/1000, 1,12 g, 9,8 × 10 mm), Erlangen UB (Maßstab: 3:1).

Abb. 4a-b: Denar des Gaius Julius Caesar (Ꜳ, 3,74 g, ≈ 20 mm), Detailaufnahmen, Antikensammlung der FAU.

Ähnliches darf für den Denar des Caesar Nr. 282 aus der Sammlung Heerdegen in der Antikensammlung der FAU gelten, genau jener altbekannte Typus mit der Darstellung eines Elefanten auf seiner Vorderseite,[12] dessen Deutung des Objektes vor dem Elefanten trotzdem nicht geklärt ist und somit auch nicht eindeutig in digitaler Form verschlagwortet sein kann; so kommt es schon innerhalb von NUMiD zwischen den einzelnen Projekt-

10 Boss 2015, S. 57–62; Boss et al. 2017, S. 9 Abb. 2–3; online: mde.fau.de/?page_id=431.

11 Vgl. einen Trihemiobol von Berenike II., derzeit Privatbesitz Fam. Zwicker. Zwicker 1995–2000, hier Band 7, S. 24 f. Nr. Z 2616.

12 Boss et al. 2017, S. 10 Abb. 9–10; online: mde.fau.de/?page_id=431.

partnern zu widersprüchlichen Benennungen.[13] Hier kann hoffentlich eine neuerliche Autopsie des Stückes in Erlangen und die fotografische Dokumentation in entsprechend hoher Auflösung zur Klärung beitragen oder doch zumindest die Diskussion darüber erneut anstoßen (Abb. 4a und b): Es ist kein einziges ikonographisches Kriterium erfüllt, das auch nur daran denken lassen würde, dieses Objekt, dem sogar der geschlossene Kopfumriss abgeht, als Schlange oder Drache[14] zu deuten. Dagegen spricht alles für eine Palme, das Büschel der oben am Stamm zusammenlaufenden Wedel wie die Textur des Stammes selbst.[15] Beides, Elefant wie Palme, weist nach Afrika; das wiederum lässt fragen, ob unsere zeitliche Zuordnung dieses Münztypus zu den Gallierfeldzügen so überhaupt stimmt.

Abb. 5: Didrachme aus Gela (Æ plattiert, 7,48 g, ≈ 20 mm), Erlangen UB (Maßstab 2:1).

Ein drittes Fallbeispiel einer Einzeluntersuchung sind die ganz herkömmlichen detailgenauen Beobachtungen an Nummer Z 406 in den Beständen der Zwicker'schen Sammlung (Abb. 5). Es ist eine ungewöhnliche Münze einer Didrachme aus Gela,[16] die nicht aus massivem Silber besteht, sondern aus einem subaeraten Kern mit einer dünnen, erstaunlich reinen silbernen Plattierung. Korrosion hat den unedlen Kern mittlerweile stellenweise wieder freigelegt. Ihr Zahlzeichen alleine verriet aber seit der Antike ihre besondere Natur, da ihr Nominalwert ja nicht mehr aus dem Gewicht abgeleitet werden konnte und deshalb beigeschrieben werden musste. Falschgeld scheidet hiermit also von vornherein aus.

13 numid.phil.uni-erlangen.de/object?id=ID282; ikmk.smb.museum/object?id=18217041; numismatics.org/crro/id/rrc-443.1.

14 Schlangen haben in der Bildwelt typischerweise Zähne und einen Bart, ihre Bildform liegt spätestens mit der Schlangensäule von Delphi für die gesamte Antike fest; Kahyl 1992.

15 So ikmk.smb.museum/object?id=18253552 und viele, gerade sikulopunische Prägungen mehr, dort oft meist in Kombination mit Pferd, wie ikmk.smb.museum/object?id=18206056, auch als verkleinertes Beizeichen, so ikmk.smb.museum/object?id=18206038. Die Dattelpalme kann darüber hinaus auch auf die Region Judäa und allgemeiner die arabische Halbinsel verweisen oder in mythischen Zusammenhang auf Delos als Geburtsort der Artemis.

16 Boss et al. 2017, S. 10 f. Abb. 13–14; online: mde.fau.de/?page_id=431.

An dieser Stelle können jetzt werkstoffkundliche Untersuchungen weiterhelfen: Die Röntgenfluoreszenzanalyse lässt bei der genannten Nummer Z 406 einen nur wenig durch Eisen und Blei verunreinigten Kupferkern erkennen, auf dem in zwei Schichten das Silber aufgebracht ist. Zwicker hat aufgrund des mikroskopisch beobachteten eutektischen Erstarrungsgefüges geschlossen, dass dies bei Temperaturen oberhalb von 750 °Celsius geschehen sein muss; das wäre aber noch deutlich unterhalb des eigentlichen Schmelzpunktes von Silber bei 962 °Celsius.[17] Der Herstellungsprozess ist heute wohl am ehesten mit einer Pulverbeschichtung zu vergleichen. Bislang wird die Existenz solcher Münzen zumeist mit Notlagen begründet, in denen ein Mangel an Edelmetall ausgeglichen werden musste. Die Materialanalysen legen dagegen aber ein sehr aufwendiges Verfahren nahe, das nur durch Meister der Metallverarbeitung durchgeführt werden konnte: Goldschmiede etwa, die mit den verschiedensten Aufschmelztechniken wie der Granulation und deren Tücken vertraut waren und die das Schmelzverhalten der verschiedenartigen Metalle durch Flussmittel zu lenken wussten. Dies würde wiederum bedeuten, dass der scheinbaren Minderwertigkeit der im Kern unedlen Münze ein schwer zu beherrschendes und entsprechend teures handwerkliches Verfahren gegenübersteht. Gerade dieser Aufwand aber hebt diese Münzen von denen der Nachbarn Gelas ab. Sie dürfen deshalb wohl als frühe und überaus fortschrittliche Beispiele dafür gelten, dass hier bewusst nicht der Materialwert des Silbers, sondern ausschließlich der durch zwei Punkte angegebene Nominalwert galt. Dies aber kann nur ein selbstbewusstes und prosperierendes Gemeinwesen garantieren.

Solche werkstoffkundlichen Untersuchungen stellen immer den nächsten Schritt der Untersuchung dar, aber zuvor braucht es eine verlässliche Revision der Zuordnung nach althergebrachten Methoden. Werden jedoch einfach dieselben überkommenen Einordnungen und Deutungen aus zum Teil steinalten gedruckten Publikationen, Katalogen und Archivsystemen erneut in die Maskenfelder der online-Datenbankapplikationen übertragen, so werden auch dieselben alten Fehlurteile mit ins digitale Zeitalter übernommen – und der wissenschaftliche Diskurs tritt auf der Stelle. Und schlimmer noch: Da jede ausführlichere veröffentlichte Untersuchung hierzu in der Literaturliste unter »ferner liefen« verschwindet, wird der Irrtum in stetig zunehmender Verfestigung fortgeführt.

Gleiches kann für die 3D-Modellierung gelten. Natürlich lassen sich damit alle möglichen Spuren entdecken und festhalten, die durch den handwerklichen Vorgang des Prägens und den Einsatz besonderer Werkzeuge dafür verursacht worden sind (Abb. 6). Es lässt sich daraus sogar ablesen, wie vielschichtig der jeweils eingesetzte Fertigungsprozess war und welch verschiedene Verfahren zeitgleich nebeneinander bestanden haben, aber

17 Zwicker 1995–2000, hier Band 3, S. 136f., S. 211 Nr. Z 406.

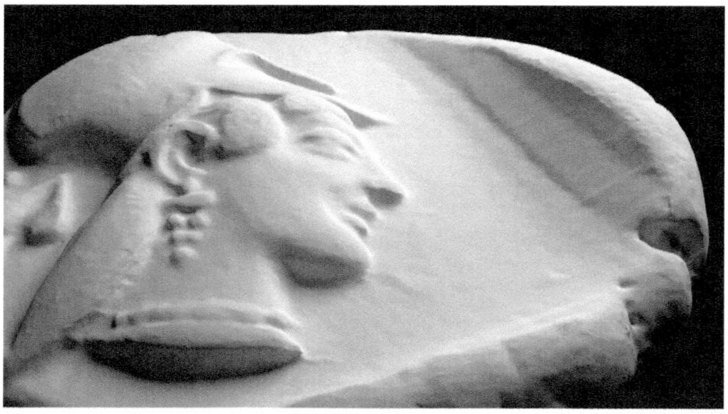

Abb. 6: Silberstater aus Korinth, 3D-Modell mit der Ansicht der Rückseite, mit Kopf der Athena.

auch deren Abfolge durch die Epochen.[18] Das Schlagen der Münzen ist eben gerade nicht ein durch alle Kulturräume hindurch und über alle Zeiten hinweg gleichbleibender simpler Vorgang, der sich sozusagen mit einem Schlag auch ohne großes Vorwissen von jedermann durchführen ließ. Die FAU in Erlangen kann hier sicherlich durch die besondere Konstellation der Institute und Lehrstühle, die bei NumFAU und NUMiD beteiligt sind und durch das derzeit versammelte Fachwissen einen besonderen Beitrag leisten. Es ist sehr erfreulich, wenn derartige Untersuchungen auch ihren Niederschlag in den derzeit entstehenden digitalen Corpuswerken finden können, zum Beispiel dadurch, dass überhaupt erst einmal Eingabefelder für »Beobachtungen zum Handwerk« oder zu »Spuren der Herstellung« bereitgestellt werden.

Gleiches gilt für die Werkstoffe, aus denen die Münzen gemacht sind, selbst, denn bislang ist nur eine grobe Zuordnung anhand optischer Kriterien üblich, die dann häufig in den Buchstabenkombinationen AV, AR und Æ ausgedrückt wird.[19] Weitere gängige Bezeichnungen des Münzmaterials wie »Billon« oder gar »Potin« sind da genauso wenig hilfreich wie scheinbar feinere Unterteilungen wie »Blassgold« oder »Rosengold«, da sie alle zwar aus den Traditionen verschiedener metallverarbeitender Gewerke abgeleitet sein mögen, aber trotzdem keine werkstoffkundlich zulässigen Begriffe sind; ihnen fehlt eine klar umrissene einheitliche Definition. An dieser Stelle muss mit einem Missverständnis aufgeräumt werden: Mit einer pauschalen Liste der Inhaltsstoffe in Massenprozent, meist aus einer einzigen Beprobung gewonnen, ist es noch lange nicht getan, denn die sagt noch gar nichts über das Gefüge aus, und eine einzige Beprobung reicht auch nicht aus, das möglicherweise inhomogene Metallstück einer Münze zu erfassen.

18 Boss et al. 2012, S. 73–78; Boss et al. 2017, S. 9 f., Abb. 3–8; online: mde.fau.de/?page_id=431.

19 Dabei sind gerade AV und AR keinesfalls mit den Kürzeln Au und Ag des Periodensystems durcheinanderzubringen, sondern stehen eigentlich lediglich für »im Anblick golden« oder »silbern«.

Abb. 7: Stater der Aulerci Cenomanni (AU plattiert, 4,83 g, ≈ 18 mm).

Abb. 8: Bildnismedaillon (Silberlegierung vergoldet, 5,32 g, 4,41 × 3,6 cm. Manuell in den Stempel geschlagenes Blech, 0,5 mm stark, der Rand nachträglich beschnitten).

Ziel müsste sein, das althergebrachte Vorgehen durch eine zeitgemäße präzise Analytik zu ergänzen, die auch ihre Messverfahren zumindest benennt; dazu gehört auch, die Messprotokolle offenzulegen. Hier sind an der FAU schon entsprechende Vorarbeiten geleistet worden:[20] Mit der Elektronenstrahl-Mikrosondenanalytik (EPMA für Electron Probe Microanalyser) konnten in kontrollierten Messreihen pro Münze Zusammensetzung und Gefüge der Münzmetalle im Detail erfasst werden. Das wird natürlich gerade bei plattierten Prägungen über unedlem Kern schnell aufwendig. Trotzdem lohnt es sich, denn über das handwerkliche Verfahren, wie denn nun die Edelmetallauflagen aufgebracht worden sind, wurden schon verschiedenste Vermutungen angestellt, ohne zu einer schlüssigen Erklärung zu finden. Gerade im Vergleich plattierter keltischer Münzen der Zwicker-Stiftung wie Z 139[21] mit einer neuzeitlichen feuervergoldeten Plakette aus der Voit von Salzburg'schen Sammlung Nr. 1703[22] lässt sich zumindest dieses Verfahren durch das Fehlen des verräterischen

20 Zuletzt: Wittmann 2019.

21 Wittmann 2019, S. 18–23, Abb. 1–6, Tab. 3–6 mit Diagramm 1.

22 Wittmann 2019, S. 79–81, Abb. 60–63, Tab. 40 und 41 mit Diagramm 15.

restlichen Quecksilberanteils endgültig ausschließen (Abb. 7 und 8). Es wird wohl ähnlich wie bei der Didrachme aus Gela Z 406[23] am ehesten an ein Aufschmelzverfahren zu denken sein.

Element	*Ma.-%norm*
Au	*26,5–42,6*
Ag	*9,9–64,4*
Cu	*7,7–50,7*
Fe	*0,0–0,6*
Sn	*0,0–0,2*
Hg	*0,0–0,1*

Materialanalyse der keltischen Münze Z139. Messung der Plattierschicht mit Elektronenstrahl-Mikrosonde (EPMA) im EDX-Modus am 11.6.2018 am Lehrstuhl für Mineralogie, GeoZentrum Nordbayern der FAU; Messgenauigkeit ± 1–2 %. Zur Methodik: Wittmann 2019, S. 12–15.

Element	*Ma.-%norm*
Au	*79,7–82,5*
Ag	*7,9–16,7*
Cu	*7,9–16,7*
Fe	*0,0–0,1*
Sn	*0,0*
Hg	*9,4–12,1*

Materialanalyse des Medaillons VvS 1703. Messung in der Schicht der Feuervergoldung mit Elektronenstrahl-Mikrosonde (EPMA) im EDX-Modus am 11.6.2018 am Lehrstuhl für Mineralogie, GeoZentrum Nordbayern der FAU; Messgenauigkeit ± 1–2 %.

Aber auch sonst: Quer durch die Epochen hielten sowohl die antiken Stücke der Zwicker'schen Stiftung wie auch manches Exemplar der Voit von Salzburg'schen Sammlung so manche fertigungstechnische Überraschung parat:[24] Als in Erlangen am 4. November 1743 die Friedrich-Alexander-Universität ins Leben gerufen wurde, war dies Anlass für mehrtägige Feierlichkeiten.[25] Unter anderem wurden dabei zwei Gedenkprägungen (»numi argentei«[26]) herausgegeben, die von der gerade entstehenden Universität selbst in Auftrag gegeben waren.[27] Die beiden Ausgaben sind voneinander grundverschieden: Die eine hat einen Durchmesser von fast 5 cm und wiegt in Silber knapp 30 g,[28] die andere ist mit 2,7 cm wesentlich kleiner und mit 4,05 g deutlich leichtgewichtiger[29] (Abb. 9); sie verhalten sich zueinander, wären sie denn gültige Zahlungsmittel, ungefähr wie Taler zu

23 Wittmann 2019, S. 3 f.

24 Boss et al. 2018, S. 73–78, S. 200–208, Nr. 30–38.

25 Gadendam 1744, bes. S. 25 ff., 50 (speziell zu den Gedenkprägungen); S. 54 f. (Wiedergaben im Tiefdruck); zudem Kupferstich nach S. 32; digitale-sammlungen.de/view/bsb11195580?page=51.

26 Gadendam 1744, S. 50.

27 Fischer & Maué 2000, S. 164 f. Nr. 2.509 und S. 166 f. Nr. 2.512.

28 Genau: 4,59 cm, 29,69 g. Schwankungen zwischen 27–30 g je nach Exemplar sind möglich; vgl. Fischer & Maué 2000, Nr. 164 Nr. 2.509; Boss et al. 2018, Nr. 30; numid.phil.uni-erlangen.de/object?id=ID1006.

29 Boss et al. 2018, Nr. 31; numid.phil.uni-erlangen.de/object?id=ID1007.

Groschen. Unterzieht man die kleinere der beiden einer genaueren Metallanalyse, so zeigt sich ein weiterer schwerwiegender Unterschied, denn sie besteht aus einer Silber-Kupfermischung, mit einem Feingehalt von nur knapp 60 Prozent Edelmetall.

Element	*Masse%*
Ag	*56,4*
Cu	*41,2*
Fe	*0,8*

Materialanalyse des Jetons der Sammlung Voit von Salzburg, Erlangen Universitätsbibliothek Nr. 1725. Messung mit Elektronenstrahl-Mikrosonde (EPMA) im EDX-Modus am 11.6.2018 am Lehrstuhl für Mineralogie, GeoZentrum Nordbayern der FAU; Messgenauigkeit ± 3 %.

Abb. 9: Jeton (Æ [Legierung 60/40% Ar/Cu], 4,05 g, 2,74 × 2,68 cm, 0,95 mm [Dicke]).

Was lässt sich aus diesen Unterschieden ableiten? Angeblich wurden durch den Markgrafen Friedrich (1711–1763) selbst oder zumindest in dessen Beisein bei den Feierlichkeiten zwischen dem 3. und 5. November 1743 insgesamt eintausend dieser beiden Prägungen unter das Volk gebracht und verteilt. Es ist anzunehmen, dass nur der geringste Teil dieser 1 000 Stücke die großen silbernen Exemplare gewesen sein dürften, sondern jene kleineren und in ihrer Legierung unedleren – sie sind im Wortsinne eben »Jetons«, die mit voller Hand unter die Zuschauermenge geworfen werden konnten. Man kennt den genauen Vorgang, die ausführenden Personen[30] und sogar den Zeitpunkt, zu dem dies geschah, wie die Zeitung »Die neue europäische Fama« für das Jahr 1743 zu berichten weiß:

30 Gadendam 1740, S. 50: »... ut numorum aliquot millia, ex utroque genera commixta, superessent in uulgus spargenda, quod negotium academiae quaestori commisimus, qui ipso dedicationis die, finitis sacris, expectationi concursantis populi ante palatium pulchre satisfecit«.

Nach diesem lösete man die Canonen, und Se. Hochfürstl. Durchl. erhoben sich, unter voriger Begleitung nach dem Schloße zurück, allwo offene Tafel war, an welche die Herren Professores gezogen wurden. Währender Tafel wurden unter das häuffig versammlete Volck silberne Münzen ausgeworfen.[31]

Abb. 10: Jeton (Æ, 6,66 g, 2,84 × 2,89 cm, 1,15 mm [Dicke]).

Nur wenige Jahrzehnte später, zu Zeiten des Ausbaus der Universität 1769 unter Markgraf Alexander (1736–1806), hat sich der Umgang und der Einsatz derartiger Medaillen und Jetons völlig verändert. Zwar gibt es unter dem und für den Markgrafen persönlich eine ganze Reihe von Medaillen, die ihn selbst oder Ereignisse seiner Regentschaft feiern, und es wurden für alle erdenklichen Anlässe Erinnerungsmedaillen geprägt,[32] aber keine einzige für die neu geordnete, erweiterte und umbenannte »Friedrich-Alexanders-Universität«. Stattdessen wurde 1786 ein 6,66 g schwerer Jeton anlässlich des 100-jährigen Jubiläums der Stadtgründung von »Christian-Erlangen«, so die wörtliche Benennung auf

31 Schumann 1743, S. 482 ff. (»Der zu Erlangen neuerrichtete Musensitz ist nunmehro eingeweihet worden …«) S. 485 (zu den Vorgängen am 4. November nach dem Festgottesdienst gegen Mittag).

32 Fischer & Maué 2000, S. 245 f. Nr. 3.707, S. 243 ff. Nr. 3.701 bis 3.706 (Vermählung) oder S. 347 f. Nr. 3.710 und 3.711., S. 255 f. Nr. 3.729 und 3.730 (Armenschule Fürth), S. 248 ff. Nr. 3.712 bis 3.717 (Porzellanmanufaktur Ansbach), S. 258 Nr. 3.735 (Brunnen Pfaffenhofen).

der Inschrift der Rückseite, herausgegeben (Abb. 10).[33] Auf den ersten Blick scheint er zwar dem früheren Jeton der Universitätsgründung nahe verwandt, auch wenn die Umschrift jetzt auf Deutsch statt in Latein abgefasst ist, aber die Materialunteruntersuchung enthüllt seinen wahren Wert:

Element	*Masse%*
Ag	*91,7*
Cu	*7,8*

Materialanalyse des Jetons der Sammlung Voit von Salzburg, Erlangen Universitätsbibliothek Nr. 1835. Messung mit Elektronenstrahl-Mikrosonde (EPMA) im EDX-Modus am 11.06.2018 am Lehrstuhl für Mineralogie, GeoZentrum Nordbayern der FAU; Messgenauigkeit ± 3 %.

Der Jeton besteht zu etwa 91 Prozent aus reinem Silber und reicht damit in seinem Feingehalt an Sterlingsilber heran. Da die standardisierte Silberlegierung für Taler auf 833⅓ zu 1 000 Teilen Feingehalt festgelegt war, ist er somit currenten Zahlungsmitteln sogar mehr als gleichwertig und mit ihnen, genau wie in der Beischrift vermerkt, auch konvertibel, denn auf der Vorderseite steht noch unter der Inschrift abschließend LX · E · F · M, also »60 davon ergeben eine feine Mark«. Ein Jeton entsprach somit sechs Groschen, mit denen man zur damaligen Zeit ungefähr ein Pfund Butter erstehen konnte.

Nachrechnen allerdings ergibt Erstaunliches, denn mit 6,66 g Gesamtgewicht ergeben sich 6,0606 g reines Silber, sodass 60 Münzen ein Silbergewicht von 363,636 g auf die Waage bringen würden; das ist weit mehr als die in Bayern geforderten 233,950 g oder den preußischen 233,855 g einer feinen Mark. 40 (genau genommen 39) statt 60 dieser Jetons würden eigentlich reichen. Es ist bislang unerklärlich, weshalb ein Wert von 6 Groschen oder ¼-Taler bezeichnet, aber Metall im Wert von ⅓ Taler verprägt worden ist; fast möchte man an einen schlichten Zahlendreher des lateinischen LX für 60 und XL für 40 denken.

Der Befragung der Münzen mit naturwissenschaftlichen Methoden oder mit quantitativen Methoden, die jetzt durch Big Data möglich werden, sollte immer auch eine geisteswissenschaftliche Fragestellung zugrunde liegen. Dafür ist eine gewisse Einsicht in die Werkstoffkunde und ins Handwerk sicherlich nicht hinderlich, denn damit fallen Spuren ins Auge, die auf jene Menschen hinweisen, die diese kleinen Kunstwerke geschaffen haben oder später damit umgegangen sind – und dazu gehört am End' der Geschicht' ja auch der Sammler.

So scheint schon die Frage nach den Beweggründen spannend, weshalb denn der Königlich Bairische Kammerherr Voit von Salzburg recht spät in seinem letzten Lebensjahrzehnt ab 1845 seine Sammlung zusammengetragen hat und welche Bedeutung er ihr beimaß. Kurzum: wieviel Kammerherr und wieviel fränkisches Landadelsgeschlecht steckt denn eigentlich in diesen Münzen und den erstaunlich zahlreichen protzigen Medaillen? Schon die Schränkchen zur Aufbewahrung der Sammlung mit ihren Intarsien

33 Fischer & Maué 2000, S. 259 Nr. 3.737; Boss u. a. 2018, Nr. 32; numid.phil.uni-erlangen.de/object?id=ID1011.

zeugen ja von einem gewissen Geltungsbedürfnis (Abb. 1); in den drinnen aufbewahrten Objekten vermisst man jedoch schon auf den ersten Blick jeglichen Hinweis auf alte Erbstücke oder Bezüge zur Familiengeschichte derer von Salzburg (an der Saale) ebenso wie auf etwaige vom Kammerherrn persönlich getragene Orden, Ehrenzeichen oder ihm selbst verliehene Medaillen.

Stattdessen fallen eine ganze Reihe von Medaillen auf, die ehemals gefasst oder mit Aufhängern versehen waren; im einfachsten Falle sind das Durchlochungen, die nicht immer fachmännisch oder auch nur mit halbwegs geeigneten Werkzeug ausgeführt sind (Abb. 11). Nur eine kleinere Zahl derer ist unbeschädigt geblieben und nur die prachtvollsten davon stecken noch in ihren vollständig erhaltenen Schmuckfassungen (Abb. 2). Die übrigen aber sind auf zum Teil abenteuerlich krude Art und Weise davon getrennt (Abb. 12). Die Bandbreite der Spuren solch mutwilliger Verunstaltung ist beträchtlich; das geschah wohl nicht durch eine Hand und damit auch nicht durch Voit von Salzburg selbst; es ist auch kaum anzunehmen, dass Händler dergestalt den Wert ihrer Ware sehenden Auges mindern. Allesamt waren die Stücke aber aufgrund dieser Mängel wohl umso günstiger zu erwerben. Hier eröffnen sich jetzt zwei Möglichkeiten: Entweder wurden sie vom Händler dem doch schon älteren Kammerherrn angedreht oder dem war es wurscht, solange sich die Schubladen der Sammlung zügig und ohne übermäßige Ausgaben füllten, nur gedacht als Ausweis standesgemäßer Liebhaberei zu Lebzeiten und danach vielleicht auch zum Nachruhm als Stifter.

Alle diese Beobachtungen und Überlegungen zu einzelnen Münzen haben eines gemeinsam: Sie beruhen auf sichtbaren und messbaren Spu-

Abb. 11: Taler der Stadt Nürnberg (1698). Oben am Rand unsachgemäß ausgeführte Durchlochung mit einem vierkantigen Werkzeug, ähnlich einer Ahle.

Abb. 12: Silberne Medaille, geschlagen von P. P. Werner mit dem Portrait des Nürnberger Patriziers Johann Friedrich Löffelholz von Kolberg (zu dessen Vermählung). Die ehemalige Aufhängung wurde unsachgemäß entfernt.

ren, die es festzuhalten und vorzulegen gilt – auch dann, wenn zu deren Deutung das letzte Wort noch nicht gesprochen scheint. Das wird zusätzliche Bereiche in den online-Wissensdatenbanken zur Numismatik nötig machen, in denen Serien der unterschiedlichsten Hilfsaufnahmen, Messprotokolle und 3D-Daten, aber auch schriftliche Dokumente bereitliegen.

Objekt- und Abbildungsnachweise

Abb. 1 Foto: Martin Boss.
Abb. 2 Slg. Voit von Salzburg Nr. 1474, Erlangen UB- Foto: Martin Boss. numid.phil.fau.de/object?id=ID1572.
Abb. 3 Ilse und Ulrich Zwicker Stiftung, Z 419, Erlangen UB. Foto: Georg Pöhlein. numid.phil.fau.de/object?id=ID1437.
Abb. 4 a-b Slg. Heerdegen Nr. 282, Antikensammlung der FAU. Mikroskopaufnahmen: FAU, Inst. f. Mineralogie, Christian Abe. numid.phil.fau.de/object?id=ID282.
Abb. 5 Ilse und Ulrich Zwicker Stiftung, Z 406, Erlangen UB. Foto: FAU, UB. numid.phil.fau.de/object?id=ID1424.
Abb. 6 Slg. Heerdegen 114, Antikensammlung der FAU. 3D-Modell: FAU, Frank Bauer. numid.phil.fau.de/object?id=ID114.
Abb. 7 Ilse und Ulrich Zwicker Stiftung, Z 139, Erlangen UB. Foto: Andreas Murgan. numid.phil.fau.de/object?id=ID1018.
Abb. 8 Slg. Voit von Salzburg 1703, Erlangen UB. Foto: FAU, UB. numid.phil.fau.de/object?id=ID1005.
Abb. 9 Slg. Voit von Salzburg 1725, Erlangen UB. Foto: FAU, UB. numid.phil.fau.de/object?id=ID1007.
Abb. 10 Slg. Voit von Salzburg 1835, Erlangen UB. Foto: FAU, UB. numid.phil.fau.de/object?id=ID1011.
Abb. 11 Slg. Voit von Salzburg 2936, Erlangen UB. Foto: Martin Boss. numid.phil.fau.de/object?id=ID1573.
Abb. 12 Slg. Voit von Salzburg 3038, Erlangen UB. Foto: Martin Boss. numid.phil.fau.de/object?id=ID1574.

Bibliographie

Boss 2015 M. Boss: Eine kleine Goldmünze aus Syrakus. In: R. & S. Nawracala (Hrsg.), *Polymatheia. Festschrift für Hartmut Matthäus.* Aachen 2015, S. 57–62.

Boss et al. 2012 M. Boss, B. Breuckmann & M. Göbbels: Auf der Spurensuche des Handwerks zum Prägen antiker Münzen unter Einsatz von höchstaufgelösten digitalen 2D- und 3D-Modellen. In: A. Bienert & D. Haffner (Hrsg.), *Konferenzband EVA 2012 Berlin Elektronische Medien & Kunst, Kultur, Historie, 7.–9. November 2012, 19. Berliner Veranstaltung der internationalen EVA-Serie Electronic Imaging & the Visual Arts.* Berlin 2012, S. 73–77. doi.org/10.11588/arthistoricum.162.204.

Boss et al. 2017 M. Boss, A. Murgan, F. Bauer & M. Göbbels: Grundsätzliche Überlegungen zur Edition des Bestandes an Münzen der FAU als frei zugängliche Datenbank. *Magazin für digitale Editionswissenschaften* 3 (2017), S. 7–19.

Boss et al. 2018 M. Boss, M. Göbbels, A. Murgan, Chr. Abe & J. Daub: »... unter das häufig versammlete Volck silberne Münzen ausgeworfen ...«. In: C. Hoffmann-Randall (Hrsg.), *Die Hohenzollern und die FAU. Vergangenheit und Gegenwart.* Erlangen 2018, S. 73–78.

Fischer & Maué 2000 D. Fischer & H. Maué, *Die Medaillen der Hohenzollern in Franken.* Nürnberg 2000.

Gadendam 1744 J. W. Gadendam: *Historia Academiae Fridericianae Erlangensis: Qua Praeter Eius Originem Solemnia Dedicationis Sacra Eventusque Proxime Secuti Referuntur.* Erlangen 1744.

Hofmann-Randall 2013 C. Hofmann-Randall: *Münzen, Bilder, Bibliotheken. Sammlungen in der Universitätsbibliothek Erlangen-Nürnberg. Ausstellung zum Jubiläum »100 Jahre Alte Universitätsbibliothek« 19. Oktober–22. November 2013*. Erlangen 2013.

Kahyl 1992 L. Kahyl: Python. *Lexicon Iconographicum Mythologiae Classicae* 7 (1992), S. 609–610.

Keunecke 2009 H. O. Keunecke: *August Freiherr Voit von Salzburg: seine Münz- und Medaillensammlung in der Universitätsbibliothek*. Erlangen 2009.

Raub 2010 C. Raub: Nachruf auf Ulrich Zwicker. *Fundberichte aus Baden-Württemberg* 31 (2010), S. 779–783.

Schumann 1743 G. Schumann: *Die neue europäische Fama, welche den Zustand der vornehmsten Höfe entdecket* 97 (1743).

Schwabacher 1933 W. Schwabacher: *Die Voit von Salzburg'sche Münz- und Medaillensammlung der Universitätsbibliothek Erlangen*. München 1933.

Wittmann 2019 A. Wittmann: *Mineralogisch-metallurgische Charakterisierung von keltischen Münzen*. Erlangen (BA-Arbeit; Betreuer: M. Göbbels) 2019.

Zwicker 1992–1993 U. Zwicker: *Katalog der Münzen in der Universitätsbibliothek Erlangen-Nürnberg Bd. 1–2; … aus den Sammlungen Will, Gerlach und Pick*. Erlangen 1992–1993.

Zwicker 1995–2000 U. Zwicker: *Katalog der Münzen in der Universitätsbibliothek Erlangen-Nürnberg Bd. 3–9; Sammlung Zwicker Teil 1–7*. Erlangen 1995–2000.

Sämtliche Verweise auf Internetressourcen in diesem Beitrag wurden vor der Drucklegung geprüft.

Materialität und Digitalität

Universitäre Münzsammlungen im Verbund mit dem Münzkabinett Berlin

Bernhard Weisser & Johannes Wienand

Die Digitalisierung bringt, scheinbar paradox, ein neues kulturwissenschaftliches Interesse an Materialität hervor. Dies betrifft auch die geisteswissenschaftliche Auseinandersetzung mit der materiellen Überlieferung menschlicher Kultur. Ganz unmittelbar sind dadurch der Zugang zu und der Umgang mit wissenschaftlichen Objektsammlungen betroffen – und damit auch die wissenschaftlichen Universitätssammlungen im Allgemeinen sowie die akademischen Münzsammlungen im Besonderen. Zwar fällt die Zeit, in der digitale Forschungsmethoden an den Universitäten erstmals in größerer Breite auch in den Geisteswissenschaften exploriert wurden, zusammen mit einer Phase, in der das Arbeiten mit und an Sammlungen historisch-archäologischer Originalzeugnisse durch die Mittel- und Personalkürzungen der 1980er und 1990er Jahre, durch die Deputatserhöhungen und die steigenden Studierendenzahlen immer schwieriger wurden und die Belange der Sammlungen zunehmend aus dem Blick der Instituts-, Fakultäts- und Universitätsleitungen gerieten. Die Tendenz hat sich in den zurückliegenden zwanzig bis fünfundzwanzig Jahren aber geändert.

Als erste Institution hat das Hermann von Helmholz-Zentrum für Kulturtechnik zu Beginn der 2000er Jahre damit begonnen, Universitätssammlungen großflächig zu erforschen.[1] Von 2004 bis 2009 wurde die Arbeit im Zuge eines DFG-Projekts intensiviert:[2] Über 1 000 universitäre Sammlungen und Museen in Deutschland wurden dabei in den Blick genommen – eine wichtige Vorarbeit für eine Arbeitsgruppe des Wissenschaftsrats, die 2009 eingerichtet wurde, um die Erkenntnisse über den Zustand universitärer Sammlungen zur Grundlage einer politischen Empfehlung zusammenzuführen. Heraus-

---

1 Siehe Weber 2010a, S. 3, abrufbar unter wissenschaftliche-sammlungen.de/files/8813/9757/0355/ums2010.pdf. Siehe hierzu und zum Folgenden auch Dahmen, Martin, Weisser & Wienand 2018.

2 DFG-Projekt »Universitätssammlungen in Deutschland. Untersuchungen zu Bestand und Geschichte«. Siehe Weber 2007, S. 228–243, abrufbar unter edoc.hu-berlin.de/handle/18452/18476; Weber 2010b, S. 121–126; s. auch die Dokumentation zum Projekt unter universitaetssammlungen.de/download/Projektdokumentation.pdf.

gekommen ist dabei im Jahr 2011 eine Programmschrift mit dem Titel »Empfehlungen zu wissenschaftlichen Sammlungen als Forschungsinfrastrukturen«.[3] Der Wissenschaftsrat stellt hier fest, dass »gerade an Universitäten ... Sammlungen als Infrastruktur für Forschung und Lehre eine wichtige Rolle [spielen], gerade hier gelingt es aber auch infolge von Ressourcenknappheit und häufig an anderen Interessen orientierten Allokationsentscheidungen nicht immer, ihr wissenschaftliches Potential zur Geltung zu bringen«.[4]

In der Tat ist angesichts struktureller Unterfinanzierung universitärer Forschungsinfrastrukturen (speziell im geistes- und kulturwissenschaftlichen Bereich) an eine geregelte Arbeit mit universitären Sammlungen oder selbst an eine bloße Bestandswahrung vielerorts auch weiterhin nicht zu denken – gerade die sogenannten »Kleinen Fächer« haben bekanntlich vielfach schon mit der Herausforderung zu kämpfen, die Existenz ihrer Abteilungen zu sichern und einen geregelten Forschungs- und Lehrbetrieb aufrechtzuerhalten.[5] Ein alarmierendes Symptom dieser Schwierigkeiten ist, dass knapp ein Drittel der von der DFG untersuchten Sammlungen bereits offiziell aufgelöst, verloren gegangen, nicht mehr an der Ursprungsuniversität vorhanden oder im Verbleib ungeklärt war.[6] Auch die Numismatik ist von den strukturellen Problemen der Universitäten betroffen: Die numismatischen Sammlungsinfrastrukturen der Universitäten konnten in den letzten Jahrzehnten nicht überall vor Verlust oder Auflösung geschützt werden. So wurden beispielsweise Diatheken, Gipsabgusssammlungen und Zettelkästen entsorgt, die noch in den 1970er und 1980er Jahren zur Kernausstattung der numismatischen Arbeitsbereiche gezählt hatten.

Die universitäre Numismatik ist aber im Grunde nur im Verbund mit einer umfassenderen numismatischen Forschungsinfrastruktur, zu der auch Sammlungen zählen, überhaupt in vollem Umfang in der akademischen Forschung und Lehre handlungsfähig. Gerade aus Sicht der Numismatik hat der Wissenschaftsrat also ein echtes Problem identifiziert – und zugleich entsprechende Empfehlungen formuliert, wie es zu beheben sei: »Neben einer sachgerechten institutionellen Grundfinanzierung der wissenschaftlichen Sammlungen und ergänzend zu der bereits bestehenden projektförmigen Förderung der sammlungsbezogenen Forschung sind neue Förderoptionen erforderlich. Der Wissen-

---

3 Wissenschaftsrat Drs. 10464–11, Berlin 28.1.2011, abrufbar unter wissenschaftsrat.de/download/archiv/10464-11.pdf.

4 Ibid. S. 6.

5 Die Entwicklung Kleiner Fächer dokumentiert die Arbeitsstelle Kleine Fächer an der Johannes Gutenberg Universität Mainz; s. www.zq.uni-mainz.de/mainzer-arbeitsstelle-kleine-faecher sowie kleinefaecher.de; s.a. Hochschulrektorenkonferenz 2012, abrufbar unter hrk.de/fileadmin/redaktion/hrk/02-Dokumente/02-10-Publikationsdatenbank/EVA-2012_Kleine_Faecher.pdf. Zur Numismatik als universitäres Fach s. Leschhorn 2017, S. 25–35; Weisser 2019, S. 265–267. Allgemein zu archäologischen Universitätsmuseen und -sammlungen im Spannungsfeld von Forschung, Lehre und Öffentlichkeit s. Müller 2013.

6 Weber 2010a, S. 4.

schaftsrat empfiehlt Bund, Ländern und der DFG, Instrumente zu entwickeln, die dazu geeignet sind, in einem mittelfristigen Förderhorizont von ca. fünf Jahren wissenschaftliche Sammlungen als Infrastrukturen für die Forschung zu erschließen und nutzbar zu machen. Geeignete Förderinstrumente sind ein guter finanzieller Anreiz für die Universitäten, sich stärker als bisher für ihre Sammlungen zu engagieren«.[7]

Direkt hervorgegangen aus dem verstärkten wissenschaftspolitischen Interesse an universitären Objektsammlungen sind zwei Programmlinien, die die numismatische Landschaft im deutschsprachigen Raum grundlegend verändern sollten: Zum einen hat sich auf die im Jahr 2010 von der DFG ausgeschriebene Förderlinie »Erschließung und Digitalisierung von objektbezogenen wissenschaftlichen Sammlungen« hin die Initiative KENOM (Kooperative Erschließung und Nutzung der Objektdaten von Münzsammlungen) zur digitalen Erschließung numismatischer Sammlungen gebildet, die museale und universitäre Einrichtungen wie das Niedersächsische Landesmuseum Hannover und das Archäologische Institut der Georg-August-Universität Göttingen mit dem Thüringischen Landesamt für Denkmalpflege und Archäologie für die wissenschaftliche Koordination und mit der Verbundzentrale des Gemeinsamen Bibliotheksverbundes Göttingen (VZG) als Dateninfrastrukturpartner zusammenführt.[8] Zum anderen hat sich das Bundesministerium für Bildung und Forschung (BMBF) durch die wissenschaftspolitischen Empfehlungen dazu inspirieren lassen, im Jahr 2015 die Förderlinie »Vernetzen – Erschließen – Forschen. Allianz für universitäre Sammlungen« aufzulegen.[9] Ausgehend von dieser Ausschreibung hat sich der Forschungs- und Digitalisierungsverbund NUMiD (Netzwerk universitärer Münzsammlungen) konstituiert, der insbesondere mit dem Münzkabinett der Staatlichen Museen zu Berlin als außeruniversitärem Partner kooperiert.[10]

Beide Verbünde – KENOM und NUMiD – haben sich seither im deutschsprachigen Raum zu den wichtigsten numismatischen Digitalisierungsnetzwerken entwickelt, und beide Verbünde spielen speziell auch für die universitären Münzsammlungen eine große Rolle. KENOM hat inzwischen über zwanzig Partner, darunter neben Museen, Bibliotheken, Stiftungen und Gesellschaften auch die akademischen Münzsammlungen der Uni-

---

7 Wissenschaftsrat 2011, S. 62.

8 Zur Förderlinie s. DFG Information für die Wissenschaft Nr. 26 vom 23.6.2010. Das gemeinsame Portal des KENOM-Verbunds ist unter kenom.de zu finden, eine Übersicht über Konzeption, Entstehung und Partner bietet kenom.de/projektseite.

9 Förderrichtlinie »Vernetzen – Erschließen – Forschen. Allianz für universitäre Sammlungen« vom 23.3.2015, Bundesministerium für Bildung und Forschung, BAnz AT 30.3.2015 B5. S.a. die Pressemitteilung des BMBF 024/2017 vom 14.3.2017. Das gemeinsame Portal des NUMiD-Verbunds ist unter numid.online zu finden, Hintergrundinformationen zum Netzwerk bietet die Seite numid-verbund.de.

10 Der Verbund war anfangs – bedingt durch die nationale Ausrichtung des Förderinstruments – auf Universitäten in Deutschland begrenzt; indem das Berliner Datenbanksystem inzwischen auch universitäre Münzsammlungen in Österreich (Wien) und Frankreich (Straßburg) einbezieht, ist diese Einschränkung faktisch überwunden.

versitäten Göttingen (Sammlung des Archäologischen Instituts), Leipzig (Münzsammlung der Universitätsbibliothek) und Jena (Orientalisches Münzkabinett) sowie die Münzsammlung des Stadtarchivs Mainz, deren Kernbestand auf dem 1784 gegründeten Münzkabinett der alten kurfürstlichen Universität beruht. Die Digitalisierung der Sammlungsbestände erfolgt über eine von der VZG bereitgestellte Datenbankinfrastruktur auf Basis von easydb, die seit 2015 über einen virtuellen Verbundkatalog verfügt, der über die Internetseite kenom.de den Zugang zu den numismatischen Digitalisaten ermöglicht. NUMiD umfasst fast alle universitären Münzsammlungen in Deutschland und inzwischen auch universitäre Partner in Österreich und Frankreich und bietet den Mitgliedern in Kooperation mit dem Berliner Münzkabinett eine vernetzte Datenbanklösung namens mk-edit/IKMK auf Basis von PHP und MySQL an, die inzwischen von über 30 universitären Standorten in Form jeweils eigener, über die gemeinsame Normdatenverwaltung miteinander verbundener digitaler Münzkabinette übernommen wurde. Die ersten digitalen Kabinette dieser Art wurden 2017 eingerichtet (funktional eingeschränkte Vorgängerversionen waren bereits zuvor an den Universitäten in Bonn und Düsseldorf in Betrieb). Einige Netzwerkmitglieder digitalisieren ihre Bestände über alternative Datenbanklösungen, etwa die oben genannten universitären KENOM-Partner. NUMiD verfügt ebenfalls über einen virtuellen Verbundkatalog, der über die Internetseite numid.online den Zugriff auf die von den universitären Partnern über mk-edit/IKMK erstellten Digitalisate ermöglicht. Gemeinsam mit musealen Münzsammlungen – insbesondere den Münzkabinetten der Staatlichen Museen zu Berlin, des Kunsthistorischen Museums Wien, der Stadt Winterthur sowie des Herzog Anton Ulrich-Museums in Braunschweig – werden die in numid.online zusammengeführten Bestände auch über das internationale numismatische Verbundportal ikmk.net erfasst.

Anders als beispielsweise generische Bilddatenbanken, wie sie von einigen Universitäten auch zur Erfassung der universitären Sammlungsbestände eingesetzt werden, sind die in den beiden genannten numismatischen Digitalisierungsverbünden genutzten Systeme auf die Anforderungen einer umfassenden Dokumentation und Publikation speziell des numismatischen Materials zugeschnitten. Sie verfügen darüber hinaus über Schnittstellen, die eine Vernetzung mit den rasch an Bedeutung gewinnenden numismatischen Forschungsportalen ermöglichen, wie sie etwa von der American Numismatic Society, der University of Oxford oder der Berlin-Brandenburgischen Akademie der Wissenschaften bereitgestellt werden.[11] Jenseits der immer wichtiger werdenden Spezialportale können

11 Zu nennen sind hier etwa numismatics.org/pella (»Coinage of the Macedonian Kings of the Argead Dynasty«), numismatics.org/sco (»Seleucid Coins Online«), numismatics.org/pco (»Ptolemaic Coins Online«), numismatics.org/crro (»Coinage of the Roman Republic Online«), numismatics.org/ocre (»Online Coins of the Roman Empire«), rpc.ashmus.ox.ac.uk (»Roman Provincial Coinage Online«) oder corpus-nummorum.eu (Thrakien, Mysien, Troas und Moesia).

die Daten aber auch an Datenbanken zum kulturellen Erbe weitergegeben werden, etwa an museum-digital.de oder europeana.eu.

Aus der noch vor einem Jahrzehnt bestehenden Vielfalt an unterschiedlichen Ansätzen zur Digitalisierung numismatischer Sammlungsbestände an Museen und Universitäten[12] heraus haben sich KENOM und NUMiD als die beiden Digitalisierungsverbünde erwiesen, die ein neues Paradigma einer speziell auf das numismatische Material zugeschnittenen, forschungsnahen und standortübergreifenden Sammlungsdigitalisierung etablieren: Im Verbund mit Dateninfrastrukturpartnern bündeln universitäre und museale Sammlungen ihre Synergien und stellen die Digitalisate ihrer Sammlungsobjekte gemäß FAIR-Prinzipien der Forschung in qualitativ hochwertiger Form, maschinenlesbar aufgearbeitet, frei zugänglich zur Verfügung.[13]

Aktuell verwalten die beiden Verbünde noch jeweils eigene normierte Vokabulare mit jeweils eigenen Verfahren der Qualitätssicherung; die Integration über beide Verbünde hinweg ist aber in Arbeit; perspektivisch soll die gemeinsame Verwaltung der Normdaten beim Berliner Münzkabinett liegen. In einigen Bereichen wurden bereits erste Schritte hin zu einer plattformübergreifenden Vereinheitlichung der Konzepte unternommen. Speziell die Vorarbeiten innerhalb des Numismatischen Verbunds in Baden-Württemberg (NVBW) sind hier hervorzuheben, der unter numismatik-bw.de ein Verbundportal für numismatische Sammlungen von Universitäten, Museen und Denkmalämtern in Baden-Württemberg – darunter auch KENOM und NUMiD-Partner – anbietet, die ihre Daten von ganz unterschiedlichen Datenbanken aus beisteuern und über ein gemeinsames Portal zugänglich machen.[14] Ein weiterer Schritt hin zu einer Integration der Thesauri ist 2023 erfolgt im Rahmen eines Projekts der Förderlinie Nationale Forschungsdateninfrastruktur (NFDI) mit Blick auf die deutsche Medaillenkunst von 1871 bis heute.[15] Anknüpfend an Ansätze

---

12 Eine im Zuge der Gründung des NUMiD-Verbunds durchgeführte Erhebung hat ergeben, dass sich im Jahr 2015 bereits über die Hälfte der Sammlungen auf die ein oder andere Weise um eine Digitalisierung ihrer Bestände bemühte. Neben den KENOM-Mitgliedern Göttingen, Leipzig und Jena kamen universitätseigene Lösungen wie beispielsweise FREIKON (auf Basis von easydb) an der Universität Freiburg zum Einsatz oder eigenständige Digitalisierungslösungen unterschiedlichen Zuschnitts wie beispielsweise in Köln (Klassische Philologie), Mainz oder Passau; andere Sammlungen hatten damit begonnen, digitale Fotografien der Sammlungsobjekte zu erstellen und/oder die Bestände mit Datenverwaltungsprogrammen wie Access, Excel oder FileMaker zu dokumentieren. Mit Unterstützung des Münzkabinetts der Staatlichen Museen zu Berlin hatten die Universitäten Bonn und Düsseldorf eine Vorgängerversion des heutigen mk-edit/IKMK-Modells implementiert.

13 FAIR: Findable (Auffindbar), Accessible (Zugänglich), Interoperable (Interoperabel), Reusable (Wiederverwendbar).

14 Informationen zum Numismatischen Verbund in Baden-Württemberg bietet die Seite nvbw.zaw.uni-heidelberg.de.

15 Das Normierungsprojekt zur Medaillenkunst bezieht sich auf das Portal »Medaillenkunst in Deutschland von 1870 bis heute« der Deutschen Gesellschaft für Medaillenkunst e.V.; beteiligt waren neben dem Berliner Münzkabinett Projektpartner an den Universitäten Braunschweig und Heidelberg und in der Ver-

und Zwischenergebnisse dieser Pilotprojekte soll die Normdatenansetzung über die nächsten Jahre hinweg weitgehend aufeinander abgestimmt und zusammengeführt werden. Perspektivisch sollen dabei durch gemeinsam genutzte Thesauri und entsprechend integrierte Workflows Kompetenzen gebündelt, Ressourcen geschont, die Qualitätskontrolle vereinheitlicht und der Datenaustausch vereinfacht werden.

Entscheidend ist, dass in beiden Verbünden die universitären Partner eine echte Perspektive auf den nachhaltigen Bestand der digitalen Infrastruktur erst durch die institutionalisierte Kooperation mit außeruniversitären Partnern gewinnen. Als Kleines Fach, das heute meist an Lehrstühlen der Archäologie oder Alten Geschichte, auch der Islamwissenschaft oder Theologie, jedenfalls typischerweise ohne spezifisch numismatische Denomination angesiedelt ist, ist die universitäre Numismatik von personellen Diskontinuitäten in besonderem Maße betroffen, denn mit den Köpfen wechseln immer auch die Forschungsinteressen und Schwerpunktsetzungen. An der Universität Basel beispielsweise hat in den zurückliegenden zweihundert Jahren vor allem Andreas Alföldi (1895–1981) ein verstärktes Interesse am Aufbau eines numismatischen Arbeitsbereichs gezeigt: In den vier Jahren seines Wirkens als Professor für Alte Geschichte an diesem Standort hat er eine beachtliche Gipsabgusssammlung aufgebaut, davon abgesehen hat sich die geld- und münzgeschichtliche Forschungsinfrastruktur an diesem Standort seit den 1830er Jahren kaum verändert. An der Universität des Saarlandes wurde die von Peter Robert Franke (1926–2018) in seiner Zeit als Professor für Alte Geschichte von 1967 bis 1994 aufgebaute numismatische Infrastruktur (darunter eine umfangreiche Gipsabgusssammlung und eine numismatische Bibliothek) sogar weitgehend aufgelöst.

Von personellen Fluktuationen kann auch die digitale Forschungsinfrastruktur numismatischer Arbeitsbereiche unmittelbar betroffen sein, dies zeigt das Beispiel der ISEGRIM-Datenbank, die unter Dietmar Kienast (1925–2012) und Otfried von Vacano (geb. 1939) von 1974 bis 2004 mit großem personellem und finanziellem Aufwand und hier ebenfalls im Zusammenhang mit einer umfangreichen Gipsabgusssammlung als numismatische Datenbank zur antiken griechischen Münzprägung Kleinasiens in Düsseldorf erarbeitet wurde, deren inhaltliche Betreuung mit der Emeritierung bzw. Verrentung ihrer Protagonisten dann aber eingestellt wurde.[16] Da an Universitäten numismatische Interessensschwerpunkte typischerweise in Phasen auftreten und wieder verschwinden, der Betrieb einer Forschungsdateninfrastruktur und die wissenschaftliche Pflege der Vokabulare aber – insbesondere, wenn sie nicht nur vor Ort, sondern standortübergreifend genutzt werden und dauerhaft verfügbar bleiben sollen – Langzeitaufgaben sind und Phasen feh-

---

bundzentrale des GBV (VZG) in Göttingen. An der Finanzierung beteiligt hat sich die Numismatische Kommission der Länder in der Bundesrepublik Deutschland.

16 Siehe dazu den Beitrag von Johannes Wienand im vorliegenden Band.

lender Betreuung nicht überstehen, können diese Aufgaben nicht nachhaltig an den Universitäten verankert werden.

Im deutschsprachigen Raum lassen sich heute nur ganz wenige universitäre Standorte ausmachen, die eine Ausnahme bilden könnten, da dort relativ stabile, über das Wirken einzelner Forscherinnen und Forscher hinausreichende Traditionen numismatischer Forschung und Lehre bestehen, dies wäre allen voran das Institut für Numismatik und Geldgeschichte in Wien – eine der größten und bedeutendsten Einrichtungen ihrer Art weltweit, die zudem auf eine lange Geschichte zurückblickt, mit zwei numismatischen Professuren und einem Mitarbeitendenstamm für Daueraufgaben in numismatischer Forschung und Lehre ausgestattet ist und numismatische Studiengänge anbietet.[17] An der Goethe-Universität Frankfurt am Main besteht eine in die 1960er Jahre zurückreichende Schwerpunktsetzung in numismatischer Forschung und Lehre, dort bildet das Institut für Archäologische Wissenschaften heute die Numismatik durch eine eigene Abteilung »Archäologie von Münze, Geld und von Wirtschaft in der Antike« ab, hier können derzeit ein numismatischer Schwerpunkt im BA-Studium sowie ein numismatischer Master-Studiengang belegt werden.[18] Die Universität Tübingen hat in den frühen 1970er Jahren eine »Numismatische Arbeitsstelle« am Institut für Klassische Archäologie eingerichtet und diese 2018 mit einer vollen Dauerstelle für Antike Numismatik ausgestattet; 1990 hat die Universität zudem an der Abteilung für Orient- und Islamwissenschaft des Asien-Orient-Instituts mit Unterstützung der Volkswagenstiftung eine Forschungsstelle für Islamische Numismatik Tübingen (FINT) gegründet, die nun ebenfalls über eine volle Dauerstelle für die Leitung der Sammlung verfügt.[19] Mit der Wiedereinrichtung eines Lehrstuhls für Semitische Philologie wurde an der Universität Jena das Orientalische Münzkabinett Jena als historisches Forschungsinstrument neu aufgebaut, das auf Ursprünge in der ersten Hälfte des 19. Jahrhunderts zurückgeht.[20] In Braunschweig hat die Technische Universität gemeinsam mit dem Herzog Anton Ulrich-Museum ausgehend von einer seit den frühen 2000er Jahren bestehenden Kooperation im numismatischen Bereich 2018 eine Professur für Alte Geschichte eingerichtet, mit der die Leitung des musealen Münzkabinetts verbunden ist.

An weiteren Universitäten haben sich aus länger bestehenden numismatischen Schwerpunktsetzungen erst in jüngerer Zeit verstärkte Institutionalisierungstendenzen ausgebildet, die aber weiterhin weniger stark personell unterfüttert sind, etwa in Münster mit der am Institut für Klassische Archäologie und Christliche Archäologie/Archäologisches Mu-

---

17 Zur Geschichte des Instituts für Numismatik und Geldgeschichte s. den Beitrag von Martin Baer und Hubert Emmerig im vorliegenden Band.

18 Einzelne Aspekte der Geschichte des numismatischen Arbeitsbereichs in Frankfurt thematisiert der Beitrag von George C. Watson im vorliegenden Band.

19 Siehe dazu die Beiträge von Stefan Krmnicek und Sebastian Hanstein im vorliegenden Band.

20 Siehe dazu den Beitrag von Stefan Heidemann im vorliegenden Band.

seum angesiedelten Forschungsstelle Antike Numismatik oder in Heidelberg mit dem am Seminar für Alte Geschichte und Epigraphik verorteten Heidelberger Zentrum für Antike Numismatik. Weitere Standorte wie Bochum, Freiburg, Göttingen, Graz, Greifswald, Halle, Köln, Leipzig, Rostock, Trier und Würzburg weisen (typischerweise im Zusammenhang mit einer numismatischen Sammlung) teils über Projektförderungen, teils von individuellen Forschungsinteressen geleitet wenigstens zeitweise eine bemerkenswert lebendige numismatische Forschung und Lehre auf. Hinzu kommen Standorte, bei denen eine vergleichsweise stabile Tradition numismatischer Lehre und Forschung weniger mit festem Universitätspersonal oder gar einer strategischen Berücksichtigung durch die Universitätsleitungen zusammenhängt, sondern sich in erster Linie aus der Nähe der Universitäten zu größeren, mit den Universitäten mehr oder weniger eng vernetzten öffentlichen Münzkabinetten ergibt, deren Personal über Privatdozenturen oder Lehraufträge die akademische Lehre im numismatischen Bereich bereichert, wie dies etwa in Berlin (mit der Nähe zum Münzkabinett der Staatlichen Museen), Dresden (Münzkabinett der Staatlichen Kunstsammlungen), Hannover (Landesmuseum und Museum August Kestner) und München (Staatliche Münzsammlung) der Fall ist. Auch hier besteht eine hinreichend belastbare Grundlage für den nachhaltigen Betrieb numismatischer Verbundinfrastrukturen und einer dauerhaft verankerten wissenschaftlichen Koordination und Qualitätskontrolle durch die betreffenden Universitäten nur in eingeschränktem Maße.

Die Universitäten sind also für die Entwicklung, die Etablierung und den nachhaltigen Betrieb von standortübergreifend operierenden Forschungsdateninfrastrukturen und das entsprechende Forschungsdatenmanagement strukturell auf außeruniversitäre Partner angewiesen, die mit entsprechender Langzeitperspektive als forschungsbezogene Datenkuratoren operieren und wissenschaftliches Qualitätsmanagement in spezifischen Wissenschaftszweigen wie der Numismatik losgelöst von personellen Fluktuationen zu ihren Daueraufgaben zählen können. In den Worten von Bernd Kluge (geb. 1949), von 1992 bis 2014 Direktor des Berliner Kabinetts: »Die Numismatik als Wissenschaftsdisziplin ist nach wie vor dauerhaft nur in den Münzkabinetten verwurzelt, an Universitäten und Akademien reichen diese Wurzeln nie tief genug, um Dürreperioden zu überstehen«.[21]

Auch die öffentlichen Museen unterliegen freilich Sparzwängen und teils auf kurzfristige Impulse ausgelegten wissenschaftspolitischen Trends – und selbst in Museen kann Personalmangel bzw. mangelnde fachliche Betreuung zur Gefährdung der Bestände führen, wie das Beispiel des sogenannten Greifswald-Vermächtnis in der Kunsthalle zu Kiel zeigt: Etwa 5 000 Objekte aus der Münzsammlung der Universität Greifswald waren Ende des Zweiten Weltkriegs an das Museum ausgelagert, dort aber lediglich in einem »Abstellraum in Kisten« gelagert, »die kaum noch zusammenhielten und aus denen bereits

21 Kluge 2004, S. 9.

einzelne Münzen auf den Boden gerollt waren«.[22] Lediglich der Hausmeister wusste damals die Objekte zu schätzen und verkaufte Ende der 1970er Jahre aus dem Greifswalder Bestand peu à peu an die 4000 Stück über »Münzen-Gino« in Hamburg, bis der Diebstahl schließlich aufflog. Auch solche verheerenden Fälle mangelnder Sorgfalt dürfen aber nicht darüber hinwegtäuschen, dass öffentliche Museen bei einer entsprechenden, im Leitbild verankerten wissenschaftlichen Zielsetzung gerade durch ihre besondere institutionelle Fundamentierung und eine über Personalwechsel hinausreichende Selbstverpflichtung zur Kuratierung der Bestände eine grundsätzlich günstigere Voraussetzung bieten, um nachhaltige Forschungsinfrastrukturen zu etablieren, dauerhaft bereitzustellen und mit einem festen Personalstamm auch kontinuierlich weiterzuentwickeln.

Speziell die Zusammenarbeit zwischen den universitären Münzsammlungen und dem Münzkabinett der Staatlichen Museen zu Berlin hat sich von dieser Voraussetzung her als überaus wertvoll für die universitäre Numismatik im deutschsprachigen Raum erwiesen. Das Münzkabinett der Staatlichen Museen zu Berlin zählt zu den forschungsstärksten öffentlichen Einrichtungen für Numismatik weltweit und hat sich in jüngerer Zeit als einer der wichtigsten Akteure im Feld der numismatischen Digitalisierung etabliert.[23] Mit einem Bestandskomplex von etwa 540000 Objekten aus allen Bereichen der Geldgeschichte bewahrt das Berliner Münzkabinett heute die größte Sammlung ihrer Art in Deutschland und eine der größten numismatischen Sammlungen weltweit.[24] Insgesamt etwa 5000 Objekte werden ausgestellt, vor allem in einer umfangreichen geldgeschichtlichen Dauerausstellung im Bode-Museum, aber auch im Alten Museum, im Neuen Museum und im Pergamonmuseum. Die Ursprünge der Bestände liegen in der Münzsammlung der hohenzollernschen Kurfürsten von Brandenburg, die Geschichte der Objektsammlung lässt sich bis auf Kurfürst Joachim II. (reg. 1535–1571) zurückverfolgen, die Ursprünge der numismatischen Bibliothek bis Friedrich II. (reg. 1740–1786).[25] 1868 wurde das Münzkabinett als eigenes Museum innerhalb der Königlichen Museen institutionalisiert. Seit 1904 ist das Kabinett – mit Studiensaal, Büros, Depots und Biblio-

---

22 *Die Zeit* 8/1986 (14.2.1986 = Kotte 1986).

23 Die Entwicklung des Münzkabinetts zum »Wissenschaftsinstitut« lässt sich im letzten Drittel des 19. Jahrhunderts deutlich fassen; s. Klose 2004, S. 20.

24 Die Bestände umfassen ca. 100000 griechische und ca. 50000 römische Münzen, ca. 160000 europäische Münzen des Mittelalters und der Neuzeit, ca. 35000 islamisch-orientalische Münzen sowie ca. 25000 neuzeitliche Medaillen sowie Papiergeld, historische Siegel, mehr als 15000 Münzwerkzeuge, darunter über 12000 Stempel, eine umfangreiche Abgusssammlung und weitere numismatische Objekte.

25 Die hier und im Folgenden konsultierte Literatur zur Geschichte des Berliner Münzkabinetts: Friedländer 1880; Menadier 1919; Regling 1930; Klose 2004; Weisser 2020; Weisser 2023.

thek (später kamen noch Restaurierungs- und Fotoateliers hinzu) – im Kaiser Friedrich-Museum, dem heutigen Bode-Museum, untergebracht.[26]

Seit dem 19. Jahrhundert ist das Berliner Münzkabinett durchgehend personell betreut.[27] Diese personelle Kontinuität und der Umstand, dass zum Personal herausragende Numismatiker zählten, boten die Voraussetzungen für die heutige Weltgeltung des Museums. Sie begünstigten das Wachstum der Sammlungen und den Aufbau des dazugehörigen wissenschaftlichen Apparates, bestehend aus Bibliothek, Archiv, Abgusssammlung und den auch heute noch stark wachsenden Beständen an Auktionskatalogen und Objektfotografien. Hinzu kommen Tätigkeiten in der universitären Lehre und eine enge Verbindung zur Numismatik an der Berlin-Brandenburgischen Akademie der Wissenschaften.[28] Ein reger Austausch des Berliner Kabinetts speziell mit Universitäten im In- und Ausland ist bereits im 19. Jahrhundert mit der engen Zusammenarbeit von Julius Friedländer (1813–1884), von 1868 bis zu seinem Tod Direktor des Münzkabinetts, und Theodor Mommsen (1817–1903) grundgelegt, dessen Interesse an der Numismatik Friedländer geweckt hat und der später zu einem bedeutenden Förderer des Kabinetts werden sollte. Ein Schüler Mommsens, Alfred von Sallet (1842–1897), wurde 1869 auf Fürsprache Mommsens zunächst Mitarbeiter des Berliner Münzkabinetts und übernahm dann später als Nachfolger Friedländers die Leitung des Kabinetts.

---

26 In der Geschichte des Kabinetts im 20./21. Jahrhundert spiegelt sich die wechselhafte deutsche Geschichte dieser Zeit wider – mit drastischen Kürzungen der Erwerbungsetats und der erzwungenen Einlieferung der mittelalterlichen und neuzeitlichen Goldmünzen bei der Reichsbank im Zuge des Ersten Weltkriegs (zum Einschmelzen kam es nicht, die Objekte wurden nach Kriegsende zurückgegeben); der Schließung und Evakuierung der Berliner Museen im Zweiten Weltkrieg; dem mutmaßlichen Gefallenentod des Kustos für antike Münzen Josef Liegle (1893–1945); der Beschlagnahmung und des Abtransports von Sammlung und Bibliothek durch die Rote Armee; dem Wiederaufbau in der Nachkriegszeit (einschließlich Aufbau einer Interimssammlung) und der politischen Neuorientierung in der DDR; der Rückkehr der Stammsammlung aus der Sowjetunion im Jahr 1958; der Wendephase mit Zusammenwachsen der Berliner Museen, Reintegration in die weltweite numismatische Community und Anbindung an internationale Projekte; einer umfassenden baulichen Sanierung und Wiedereröffnung des Kabinetts im Jahr 2004; und schließlich dem Aufbau starker Partnerschaften mit den numismatischen Arbeitsbereichen deutscher Universitäten und der Ausbildung eines besonderen Schwerpunkts in der numismatischen Digitalisierung.

27 Für die Bestände der Antike besteht die Kette aus Julius Friedlander (1813–1884), Alfred von Sallet (1842–1897), Heinrich Dressel (1845–1920), Kurt Regling (1876–1935), Josef Liegle (1893–1945), Eberhard Erxleben (1925–2010), Hans Dietrich Schultz (1934–2023) und Sabine Schultz (1937–2021) bis zu den heutigen Mitarbeitenden. Für Mittelalter und Neuzeit waren es bis 2019 Heinrich Bolzenthal (1796–1870), Julius Friedländer (s.o.), Julius Menadier (1854–1939), Friedrich Freiherr von Schrötter (1862–1944), Arthur Suhle (1898–1974), Joachim Weschke (1924–1983), Lore Börner (1928–2011), Bernd Kluge (geb. 1949), Heinz Fengler (1923–1999), Wolfgang Steguweit (geb. 1944), Elke Bannicke u.a. Der Bereich Islam wurde nicht ständig betreut und ist auch derzeit nicht besetzt: Adolf Erman (1854–1937), Heinrich Nützel (1863–1934), Walther Hellige (1910–1984) und bis 1985 Hermann Simon (geb. 1949) nahmen hierfür Verantwortung wahr. Für ein vollständiges Verzeichnis s. Weisser & Kluge 2020, S. 203–214.

28 Peter 2020, S. 285–299.

Auf Korrespondenzen und verschiedenste Kooperationen des Berliner Münzkabinetts mit universitären Partnern kommen die Beiträge dieses Bandes immer wieder in unterschiedlichen Zusammenhängen zu sprechen. So hat das Berliner Münzkabinett den Aufbau universitärer Sammlungen unterstützt, etwa durch Dublettenverkäufe, wie sie sich für das ausgehende 19. Jahrhundert für Straßburg gut nachvollziehen lassen, oder durch Schenkung von Gipsabgüssen Ende der 1920er Jahre an die Universität Gießen.[29] An mehreren Universitätsstandorten haben Personen gewirkt, die einen Teil ihrer wissenschaftlichen Laufbahn am Berliner Münzkabinett absolviert haben, wie etwa in Jena Behrendt Pick (1861–1940).[30] Eine institutionalisierte und durch Kooperationsverträge abgesicherte, langfristig angelegte Zusammenarbeit des Berliner Kabinetts mit dem universitären Verbund numismatischer Arbeitsbereiche im deutschsprachigen Raum hat sich in jüngerer Zeit im Zuge der Zusammenarbeit im Feld des Digitalen ergeben.

Die heutige Bedeutung des Berliner Münzkabinetts in diesem Bereich geht auf die Entwicklung und den konsequenten Ausbau eines auf die spezifischen Bedürfnisse numismatischer Forschung zugeschnittenen Digitalisierungskonzeptes zurück. Im Jahr 2005 hat das Berliner Münzkabinett zunächst die Anwendung mk-edit für die interne Datenverwaltung eingeführt und das Programm im Jahr 2007 mit dem Interaktiven Katalog des Münzkabinetts (IKMK) um ein digitales Äquivalent für die museale Präsentation von Einzelobjekten und thematisch verbundenen Gruppen (»Vitrinen«) von Münzen und Medaillen im Internet ergänzt.[31] Die beiden skizzierten Anforderungen – interne Bestandsdokumentation und Online-Präsentation – prägen maßgeblich das Datenbankkonzept auch in seiner heutigen Form noch, selbst wenn aus dem Dokumentationssystem mit Webpräsentation eines einzigen Hauses längst eine an die gestiegenen Anforderungen angepasste internationale Verbundlösung geworden ist, die von zahlreichen Museen und Universitäten genutzt wird und die den beteiligten Partnern jeweils eigene, aber technisch aufeinander abgestimmte und über eine gemeinsame Normdatenverwaltung miteinander vernetzte digitale Arbeitsbereiche für die Datenverwaltung (Backend) und digitale Münzkabinette für die Ausgabe der Digitalisate im Internet (Frontend) bereitstellt.[32]

---

29 Zu Straßburg s. den Beitrag von Eckhard Wirbelauer, zu Gießen den Beitrag von Michaela Stark im vorliegenden Band.

30 Zu Pick s. den Beitrag von Christoph Klose.

31 Als konzeptioneller Vorläufer des IKMK kann eine Flash-Anwendung zur digitalen Präsentation ausgewählter Münzen und Medaillen gelten, die Im Jahr 2006 bei der Wiedereröffnung des Bode-Museums für die dortige numismatische Dauerausstellung eingerichtet wurde. Das Konzept der Flash-Anwendung wurde von der Berliner Planungs- und Gestaltungsfirma polyform entwickelt und von Dr.-Ing. Jürgen Freundel umgesetzt (im Jahr 2018 wurde die Flash-Anwendung durch eine Kiosk-Version des IKMK abgelöst); s. dazu auch die nächste Anmerkung.

32 Das von Dr.-Ing. Jürgen Freundel entwickelte mk-edit/IKMK-System umfasst in seiner heutigen Ausrichtung für jede Partnereinrichtung ein eigenes mk-edit (Back-End) und IKMK (Front-End) sowie eine für den gesamten Verbund gemeinsame Normdatenverwaltung, auf die unten noch näher eingegangen

Das Beschreibungsformular bietet dabei vielfältige Möglichkeiten, auch objektbezogene Informationen zu dokumentieren und zu verwalten, die nicht über die digitalen Kabinette nach außen gespiegelt werden (wie interne Angaben zu Liegeort oder Kaufpreis, Bearbeitervermerke, Leihvertragsangaben etc.). Zugleich werden den Nutzerinnen und Nutzern der Webportale vielfältige Suchfunktionen (inkl. einer interaktiven Karte zur Visualisierung der Präge- und Fundorte) sowie eine aussagekräftige, allgemeinverständliche und zugleich ästhetisch ansprechende Präsentation der jeweiligen Suchergebnisse geboten – einschließlich hochwertiger Fotos von Vorder- und Rückseiten der Objekte, technischer und beschreibender Daten sowie Hinweisen auf Referenz- und Forschungsliteratur. Die jeweiligen Digitalisate der Einzelobjekte sind mit Permalinks ausgestattet und bieten die erfassten Informationen auch in maschinenlesbarer Form über Schnittstellen im JSON- und LIDO-Format an. Über den bereits genannten virtuellen Verbundkatalog ikmk.net lassen sich die Bestände der beteiligten Partnereinrichtungen seit 2021 gemeinsam recherchieren – mit aktuell über 130 000 Datensätzen von mehr als 45 Sammlungen aus drei Ländern ist der Verbund heute zweifellos ein internationales Schwergewicht.[33] Innerhalb des IKMK-Verbunds wird aktuell knapp ein Drittel der Digitalisate von den beteiligten universitären Sammlungen beigesteuert; neben den musealen und universitären Sammlungen wird das Berliner Datenbanksystem zudem von mehreren numismatischen Fundmünzprojekten genutzt, so etwa zur Erfassung der Fundmünzen von Priene und Pergamon in der Türkei, vom Tall Zira'a in Jordanien und Olympia in Griechenland.[34]

Das Herzstück der datentechnischen Infrastruktur ist die zentrale Normdatenansetzung, die es dem Verbund ermöglicht, gemeinsam einen vom Berliner Münzkabinett wissenschaftlich gepflegten und stetig wachsenden Pool an qualitativ hochwertigen Normdaten zu nutzen – die entscheidende Voraussetzung dafür, dass über den gesamten Verbund hinweg eine einheitlich hohe wissenschaftliche Qualität der Daten gewährleistet ist und sich die Digitalisate über die unterschiedlichen Sammlungen hinweg gemeinsam durchsuchen und über einheitliche Schnittstellen exportieren lassen. Die im Zuge der Datennormierung standardisierten Konzepte sind semantisch angereichert durch Verweise auf externe wissenschaftliche Vokabulare – etwa für Prägeautoritäten oder dargestellte Per-

wird. Einen Überblick über die Funktionalitäten bieten Dahmen, Martin, Vondrovec, Weisser & Wienand 2021, S. 230–233. Um die Entwicklung von mk-edit/IKMK hat sich die Erivan und Helga Haub-Stiftung besonders verdient gemacht: Die Stiftung fördert seit 2006 die Entwicklung des Interaktiven Katalogs und schenkte dem Berliner Münzkabinett zum Anlass des zehnten Geburtstages von mk-edit/IKMK ein ästhetisch und funktional aktualisiertes Design der Website (responsive design). Wie jede technische Neuerung des Systems wurde auch diese allen am Verbund beteiligten Sammlungen kostenfrei weitergegeben.

33 Eine aktuelle Übersicht über die beteiligten Sammlungen findet sich unter ikmk.net/collection_search.

34 Siehe ikmk.smb.museum/mk_priene (B. Weisser); ikmk.smb.museum/mk_pergamon (J. Chameroy); muenzen.tallziraa.de (K. Dahmen). Für Olympia (S. Killen) wird aktuell ein Portal eingerichtet. Weitere Fundorte (Assos, Patara) sollen folgen.

sonen zum Personenthesaurus der Gemeinsamen Normdatei (GND), für Geographika wie Präge- oder Fundorte zu geonames.org sowie für spezifisch numismatische Konzepte (Nominale, Materialien) zu nomisma.org. Verweise dieser Art werden in die Digitalisate eingebettet und über die digitalen Kabinette exportiert, so dass die Objektbeschreibungen stets auf vielfältige Weise mit externen wissenschaftlichen Datenquellen vernetzt sind und somit jeweils einen Knotenpunkt im »Semantic Web« bilden. Über das »Normdatenportal des Münzkabinetts« lässt sich unter ikmk.smb.museum/ndp der Gesamtbestand der vom Berliner Münzkabinett standardisierten Konzepte recherchieren. Die entsprechenden Vokabulare – aktuell insgesamt über 20 000 numismatisch relevante Konzepte, davon über 13 000 Personendaten, mehr als 3 000 Orte und über 2 500 Nominale – werden auch über den Dante-Server des Gemeinsamen Bibliotheksverbunds (GBV) gespiegelt und sollen von dort aus im Zuge der geplanten Integration der Normdatenverwaltung perspektivisch auch im KENOM-Verbund als maßgebliche Bezugsquelle numismatischer Konzepte genutzt werden können.

Welche Vorzüge ergeben sich nun aus der Sicht eines öffentlichen Museums mit der Digitalisierung im Feld der Numismatik? In früheren Generationen war das Wissen um die Sammlung und ihre Geschichte primär den Kuratoren vorbehalten, die sich dieses über Jahre erarbeitet hatten. War es nicht verschriftlicht, konnte es mit jedem Personalwechsel verloren gehen. Kontextualisierung im digitalen Raum lässt dagegen das bestehende Wissen zum Gemeingut werden. Es bedeutet, die numismatischen Objekte hinsichtlich ihrer Materialität zu beschreiben und sie in Bezug zu den mit Ihnen verbundenen Akteuren, Zeiten und Räumen zu setzen. Wenn die Aufgabe die Rekonstruktion der Prägetätigkeit einer Münzstätte ist, so lässt sich die einzelne Münze mit anderen, stempelgleichen Münzen verbinden; die nächsten Ebenen bieten die Münztypen, dann die Emissionen und schließlich ganze Serien oder Gruppen.

Wenn sich das Erkenntnisinteresse auf bildwissenschaftliche oder geldgeschichtliche Aspekte richtet, ergeben sich andere Bezugssysteme. Mehrdeutigkeiten und Unsicherheiten methodisch einzuordnen und zu visualisieren, ist eine weitere Herausforderung. Im semantischen Netz lassen sich die numismatischen Objekte auch mit den unterschiedlichen personenbezogenen und geographisch-chronologischen Informationen verbinden. Materialität, Serialität und Medialität bieten vielfältige Ansatzpunkte für Kontextualisierungen. Nicht zu unterschätzen ist auch der Aspekt des Kulturgutschutzes: Die Digitalisierung bietet die Möglichkeit, hochwertige Digitalfotografien systematisch mit Metadaten zu verknüpfen und so mit der wissenschaftlichen Publikation zugleich eine Datensicherung zu bieten, die feinste Details jedes individuellen numismatischen Objekts erkennen lässt, was auch für den Besitznachweis im Falle eines Diebstahles relevant ist – oder es idealiter durch die entsprechende Abschreckungswirkung erst gar nicht zu einem Diebstahl kommen lässt.

Das Berliner Münzkabinett im Verbund mit den universitären Partnern bemüht sich darum, die Belastungen, die sich für die einzelnen Sammlungen aus der gemeinsamen Arbeit ergeben, möglichst gering zu halten: Das Berliner Münzkabinett räumt den Partnern kostenfreie Lizenzen zur Nutzung des mk-edit/IKMK-Systems und der in Berlin verwalteten Normdaten ein; im Zuge der BMBF-Förderung hat der NUMiD-Verbund die Honorare für die Einrichtung der Datenbanken vor Ort übernommen; und die mit dem Berliner Münzkabinett geschlossenen Kooperationsverträge regeln, dass jede Weiterentwicklung des Systems – unabhängig davon, von welchem Partner und mit welchen Geldern sie im Einzelfall finanziert wird – allen Partnern im Verbund gleichermaßen zugutekommt. Die wissenschaftliche Verbundkoordination bietet zudem ein kostenloses Beratungs- und Schulungsprogramm an, für die Erstellung von Münzfotos wird eine digitale Reprostation kostenfrei zur Verfügung gestellt, und die Sammlungen konnten zeitweise auch mit Geldern zur Finanzierung von Hilfskräften unterstützt werden. Die Arbeit wurde und wird aber selbstverständlich vor Ort gemacht: Wie sehr eine Sammlung von den Unterstützungsangeboten profitieren kann, hängt auch davon ab, in welchem Maße ein eigenes Engagement in der Sammlungsarbeit möglich ist.

Nicht zu unterschätzen ist dabei, dass Studierende durch ihre Einbindung in die Arbeit vor Ort systematisch an die Numismatik herangeführt werden – ein wichtiger Aspekt der numismatischen Nachwuchsgewinnung und -förderung. So hat der intensive Einsatz des mk-edit/IKMK-Systems an Universitäten auch bereits mehrfach von den Bedürfnissen der akademischen Lehre her spezifische Weiterentwicklungen angestoßen – unter dem Titel eNumis wurde etwa die Möglichkeit eingerichtet, die Teilnehmerinnen und Teilnehmer numismatischer Übungen auf kontrollierte Weise mit dem NUMiD-System arbeiten zu lassen: Ausgehend vom Originalobjekt können von den Studierenden Schritt für Schritt Objekteinträge für das digitale Kabinett vor Ort erstellt werden, die sich dann unmittelbar freischalten lassen und so als valide Objektdokumentationen dauerhaft im Netz verfügbar sind. Für die Studierenden hat dies einen doppelten Reiz: Sie arbeiten mit den historischen Originalzeugnissen, und die Ergebnisse ihrer Auseinandersetzung mit dem Material verschwinden nicht in der Schublade, sondern bereichern die Forschung als frei zugängliches Digitalisat.[35]

Des Weiteren wurde das System um ein eMuseum ergänzt, mit dem sich bequem numismatische Online-Ausstellungen einrichten lassen, die direkt mit Objekteinträgen aus den digitalen Kabinetten verknüpft werden können. Auch dies ist für numismatische Übungen von Interesse, denn so können über individuelle Objektbestimmungen hinaus thematische Kontextualisierungen erfolgen: Auch dabei gilt wieder, dass die Publi-

35 Das Video einer Präsentation dieser eLearning-Funktion kann unter y2u.be/aC3vvLJ3v_k abgerufen werden.

kation der Arbeitsergebnisse für die Studierenden einen besonderen Reiz hat und auch besondere Lerneffekte mit sich bringt. Die neuen Funktionalitäten bieten eine ganze Bandbreite an Möglichkeiten, thematische Zugänge zu den Sammlungsbeständen zu entwickeln – hier lassen sich sogar 3D-Objekte, Filme oder Audio-Podcasts einbinden. Eine ganze Reihe numismatischer Online-Ausstellungen ist auf diese Weise in den letzten Jahren entstanden.[36] Während sich die beiden genannten Erweiterungen eNumis und eMuseum, deren Entwicklung von der Universität Düsseldorf finanziert wurde, speziell auf die akademische Lehre im Bereich der Numismatik beziehen, wurden in Würzburg ein Ikonographie-Thesaurus und in Heidelberg ein Erfassungsformular für sekundäre Merkmale sowie eine spezielle Funktion zur Dokumentation von Graffiti auf Münzen erarbeitet – auch in diesen Fällen stehen die entsprechenden Erweiterungen seither allen Partnern kostenfrei zur Verfügung.[37]

Durch die freie Lizenzierung eines auf die spezifischen Bedürfnisse der digitalen Numismatik zugeschnittenen, technisch zentral administrierten Datenbanksystems und durch das gemeinsame Qualitätsmanagement profitieren alle Verbundmitglieder von einer kontinuierlichen Aktualisierung der Software und einer nachhaltigen Unterstützung durch einen institutionell starken Partner – Aspekte, die in der sich rasch wandelnden digitalen Umwelt gerade für Einrichtungen mit geringer Personaldecke und beschränkten Budgets elementar sind. In enger Zusammenarbeit mit seinen universitären und musealen Partnern im deutschsprachigen Raum und darüber hinaus arbeitet das Münzkabinett der Staatlichen Museen zu Berlin so darauf hin, die Numismatik als bedeutende historisch-archäologische Grundwissenschaft nachhaltig zu stärken und sie in ihrer Rolle als Hüter unseres kulturellen Erbes zu unterstützen.

Für diese gemeinsame Anstrengung, insbesondere für die Bemühungen um eine Integration der Datennormierung über die unterschiedlichen numismatischen Digitalisierungsverbünde hinweg, bieten sich mit dem Aufbau einer Nationalen Forschungsdateninfrastruktur (NFDI) derzeit vielversprechende Perspektiven. Im Rahmen dieses von der DFG geförderten Prozesses etablieren sich aktuell wissenschaftliche Konsortien (Großverbünde), die sich zum Ziel gesetzt haben, jeweils für bestimmte Wissenschaftsfelder digitale Datenbestände zu erschließen, nachhaltig zu sichern, dauerhaft zugänglich zu halten und international zu vernetzen.[38] Beteiligt ist ein breites Spektrum unterschiedlicher For-

---

36 Eine Übersicht bietet die Seite ikmk.net/eMuseum; zu den Funktionalitäten des eMuseums s. Wienand 2018.

37 Zum Würzburger Ikonographie-Thesaurus s. nomisma.museum.uni-wuerzburg.de/iconography_search; das Heidelberger Graffiti-Portal: pecunia.zaw.uni-heidelberg.de/graffiti.

38 In der entsprechenden Bund-Länder-Vereinbarung von 26. November 2018 werden die Ziele hinsichtlich des Aufbaus und der Förderung einer nationalen Forschungsdateninfrastruktur wie folgt beschrieben: A. Aufbau einer koordinierten, vernetzten Informationsinfrastruktur zur Entwicklung eines nachhaltigen, interoperablen Forschungsdatenmanagements; B. Etablierung von in den wissenschaftlichen Disziplinen

schungs-, Infrastruktur- und Gedächtnisinstitutionen wie Universitäten, außeruniversitäre Forschungseinrichtungen, Bibliotheken, Archive, Museen und wissenschaftsnahe Dateninfrastrukturpartner. Gefördert wird im Rahmen dieser Initiative auch das Konsortium NFDI4Objects unter der Leitung des Deutschen Archäologischen Instituts, das sich speziell mit Forschungsdaten aus dem Bereich des materiellen Erbes der menschlichen Kultur befasst.[39] Der digitalen Numismatik kommt hier eine wichtige Rolle zu, gerade weil einrichtungsübergreifend koordinierte Digitalisierungskonzepte und -strategien mit wissenschaftlichem Qualitätsmanagement bereits bestehen und wichtige Akteure der numismatischen Verbünde – das Berliner Münzkabinett, die Verbundzentrale des GBV (ZVG), der NUMiD-Verbund und weitere Player – Mitantragsteller bzw. beteiligte Einrichtungen in NFDI4Objects sind. Mit diesen Voraussetzungen bestehen für die gemeinsame Arbeit des Berliner Münzkabinetts mit den universitären Partnern besonders günstige Perspektiven, vom Aufbau der Nationalen Forschungsdateninfrastruktur zu profitieren, den Prozess für eine weitere Integration und nachhaltige Festigung der gemeinsamen numismatischen Forschungsinfrastrukturen zu nutzen, die Relevanz der Numismatik als bedeutendes »Kleines Fach« zu stärken und einen Beitrag zur Wissenschaft zu leisten, der über das eigene Fach hinaus wirkt und ausstrahlt.[40]

Was am Ende zählt

»Quo vadis, deutsche Numismatik?«, so hat Bernd Kluge jüngst einen Aufsatz überschrieben, in dem er nach einer kritischen Bestandsaufnahme zum Schluss kommt, die digitale Bestandspublikation biete eine »kongeniale Verbindung von Forschung, Publika-

---

akzeptierten Prozessen und Verfahren zum standardisierten Umgang mit Forschungsdaten; C. Schaffung eines verlässlichen und nachhaltigen Dienste-Angebots, welches übergreifende und fachspezifische Bedarfe des Forschungsdatenmanagements in Deutschland abdeckt; D. Entwicklung disziplinübergreifender Metadatenstandards zur flächendeckenden (Nach-)Nutzbarkeit von Forschungsdaten; E. Anbindung der deutschen Forschungsdateninfrastrukturen an europäische und internationale Plattformen; F. Optimierung der Nachnutzbarkeit bereits erhobener Forschungsdaten wie auch der Infrastrukturen, in die sie eingebettet sind; dadurch Generierung zusätzlichen Wissens ohne den hohen Aufwand einer Datenneuerhebung sowie; G. Schaffung einer gemeinsamen Basis für Datenschutz sowie der Souveränität, Integrität, Sicherheit und Qualität von Daten. BAnz AT 21.12.2018 B10, § 1 (Ziele der Förderung); www.gwk-bonn.de/fileadmin/Redaktion/Dokumente/Papers/NFDI.pdf.

39 Über sein Tätigkeitsprofil und die Arbeitsfortschritte informiert das Konsortium unter nfdi4objects.net.

40 So lässt sich auch die Frage nach der Relevanz der Numismatik beantworten, die Maria R.-Alföldi (1926–2022) am 4.5.2003 im Rahmen eines Kolloquiums an der Goethe-Universität Frankfurt am Main aufgeworfen hat (die Akten sind publiziert als von Kaenel et al. 2004) und auf die von Kaenel 2004, S. 4 mit der geldgeschichtlichen Perspektive reagierte, mit der sich die Numismatik überzeugend in einen Dialog einbringen könne, »der in zunehmendem Maße interdisziplinär wird« (weiter ausgebaut in von Kaenel 2009, S. 9–24).

tion und Öffentlichkeitsarbeit«. Allerdings wirft er auch die Frage auf, »ob ein vollständig digital und online dokumentiertes Münzkabinett noch eigene Fachwissenschaftler für Numismatik brauchen wird«.[41] Die Antwort darauf lautet: Die wissenschaftliche Aufarbeitung und Publikation der Bestände sowie die fortdauernde Pflege der Datenbestände, ihre Kontextualisierung und Erforschung sind auf Dauer angelegte numismatische Kernaufgaben, und nach zwei Jahrzehnten digitaler Transformation arbeiten im Berliner Münzkabinett mehr Personen denn je. Auch an den Universitäten hat der Aufbau der Digitalisierungsverbünde die bestehenden numismatischen Infrastrukturen belebt und neue Impulse für die Forschung und die wissenschaftsnahe akademische Lehre gegeben.[42]

Anders als bei gedruckten Bestandskatalogen ist die Erstveröffentlichung einer Münze, die denselben wissenschaftlichen Standards wie etwa die Bestandskataloge der Reihe Sylloge Nummorum Graecorum genügt, eben kein abgeschlossenes Projekt, zwischen zwei Buchdeckeln festgehalten und in Bibliotheken verfügbar, sondern ein Knotenpunkt im World Wide Web, der sich immer wieder neu verweben und verbinden lässt. Sein Wert hängt von der wissenschaftlichen Qualität des Digitalisats ab, dieses wiederum vom Engagement und den Kompetenzen jener Menschen, die das Digitalisat erarbeitet und publiziert haben, die Datenqualität regelmäßig evaluieren und die Daten mit den jeweils neuesten Entwicklungen und Projekten verbinden. Sie sind es, die die Digitalisate in einer Weise aufbereiten, dass sie sich im Semantic Web mit den unterschiedlichsten Normvokabularen, Typologien und Referenzen verknüpfen lassen, und die es damit auch ermöglichen, die Objekte immer wieder neu unter jeweils aktuellen Fragestellungen und Erkenntnisinteressen wissenschaftlich zu erschließen und in der akademischen Lehre einzusetzen. Die digitale Transformation hat gerade erst begonnen, und die Fragen werden so schnell nicht ausgehen. Mut macht, dass junge Wissenschaftlerinnen und Wissenschaftler das Potential der Numismatik im digitalen Zeitalter zu schätzen wissen und ihre wissenschaftliche Energie einsetzen, um Methoden zu verfeinern und Erkenntnisse zu gewinnen – gerade auch im kooperativen Miteinander.

41 Kluge 2022, S. 374.

42 Die an anderer Stelle beschriebene Situation mit insgesamt knapp 25 Numismatikerstellen im deutschen öffentlichen Dienst hat sich in den letzten Jahren nur graduell verändert, so wichtig individuelle Entwicklungen auch für einzelne Standorte jeweils sein mögen; s. Wolters & Ziegert 2017; Weisser 2019, S. 264–277.

Bibliographie

Berthold 2015 A. Berthold: Fotoauftrag 2015/232. *Geldgeschichtliche Nachrichten* 50 (2015), S. 108.

Dahmen, Martin, Weisser & Wienand 2018 K. Dahmen, K. Martin, B. Weisser & J. Wienand: Das Netzwerk universitärer Münzsammlungen in Deutschland (NUMiD): Neue Perspektiven der Digitalisierung in der Numismatik. *ABI Technik* 38.4 (2018), S. 317–326.

Dahmen, Martin, Vondrovec, Weisser & Wienand 2021 K. Dahmen, K. Martin, K. Vondrovec, B. Weisser & J. Wienand: ikmk.net. Ein neues Suchportal für die IKMK-Familie. *Geldgeschichtliche Nachrichten* 56.316 (2012), S. 230–233.

Friedländer 1880 J. Friedländer: Das Münzkabinett. In: J. Friedländer & R. Schöne (Hrsg.): *Zur Geschichte der Königlichen Museen. Festschrift zur Feier ihres fünfzigjährigen Bestehens am 3. August 1880.* Berlin 1880, S. 135–145.

Günther & Fabricius 2021 E. Günther & J. Fabricius (Hrsg.): *Mehrdeutigkeiten. Rahmentheorien und Affordanzkonzepte in der archäologischen Bildwissenschaft.* Wiesbaden 2021.

Hochschulrektorenkonferenz 2012 Hochschulrektorenkonferenz (Hrsg.): *Ergebnisse eines HRK-Projekts Kleine Fächer an den deutschen Universitäten interdisziplinär und international.* Bonn 2012, hrk.de/fileadmin/redaktion/hrk/02-Dokumente/02-10-Publikationsdatenbank/EVA-2012_Kleine_Faecher.pdf.

Kluge 2004 B. Kluge: *Das Münzkabinett. Museum und Wissenschaftsinstitut.* Berlin 2004.

Kluge 2022 B. Kluge: Quo vadis, deutsche Numismatik? Ulrich Klein zum 80. Geburtstag. *Numismatisches Nachrichtenblatt* 71 (2022), S. 371–375.

Kotte 1986 B. Kotte: Die Münzmafia zahlte bar. *Die Zeit* 8/1986 (14. 2. 1986).

Leschhorn 2017 W. Leschhorn: Die numismatische Lehre in den altertumswissenschaftlichen Fächern in Deutschland. In: R. Wolters & M. Ziegert (Hrsg.): *Numismatik lehren in Europa.* Wien 2017, S. 25–35.

Menadier 1919 J. Menadier (unter Mitarbeit von H. Dressel, K. Regling & H. Nützel): *Die Schausammlung des Münzkabinetts im Kaiser Friedrich-Museum. Eine Münzgeschichte der europäischen Staaten (Führer durch die Staatlichen Museen).* Berlin 1919.

Müller 2013 F. Müller (Hrsg.): *Archäologische Universitätsmuseen und -sammlungen im Spannungsfeld von Forschung, Lehre und Öffentlichkeit.* Berlin 2013.

Peter 2020 U. Peter: Das Münzkabinett und die Berlin-Brandenburgische Akademie der Wissenschaften. Eine enge Partnerschaft. In: B. Weisser (Hrsg.): *Münzkabinett. Menschen Münzen Medaillen.* Berlin 2020, S. 285–299.

Regling 1930 K. Regling: Das Münzkabinett. In: [W. Waetzoldt] (Hrsg.): *Staatliche Museen zu Berlin. Gesamtführer zur Hundertjahrfeier.* Berlin 1930, S. 163–180.

von Kaenel 2004 H.-M. von Kaenel: Einführung. In: H.-M. von Kaenel et al. (Hrsg.): *Geldgeschichte vs. Numismatik. Theodor Mommsen und die antike Münze. Kolloquium aus Anlaß des 100. Todestages von Theodor Mommsen (1817–1903).* Berlin 2004, S. 1–4.

von Kaenel 2009 H.-M. von Kaenel: Coins in Context – A Personal Approach. In: H.-M. von Kaenel & F. Kemmers (Hrsg.): *Coins in Context I. New Perspectives for the Interpretation of Coin Finds.* Mainz 2009, S. 9–24.

von Kaenel et al. 2004 H.-M. von Kaenel, M. R.-Alföldi, U. Peter & H. Komnick (Hrsg.): *Geldgeschichte vs. Numismatik. Theodor Mommsen und die antike Münze. Kolloquium aus Anlaß des 100. Todestages von Theodor Mommsen (1817–1903).* Berlin 2004.

Weber 2007 C. Weber: Universitätssammlungen in Deutschland – Untersuchungen zu Bestand und Geschichte. In: R. Goebel et al. D. Burckhard, R. Hohls & C. Prinz (Hrsg.): *Geschichte im Netz: Praxis, Chancen, Visionen (Teilband II).* Berlin 2007, S. 228–243, edoc.hu-berlin.de/handle/18452/18476.

Weber 2010a C. Weber: Zur gegenwärtigen Situation der universitären Sammlungen. In: C. Weber & K. Mauersberger (Hrsg.): *Universitätsmuseen und -sammlungen im Hochschulalltag: Aufgaben – Konzepte – Perspektiven.* Berlin 2010, S. 3–9, wissenschaftliche-sammlungen.de/files/8813/9757/0355/ums2010.pdf.

Weber 2010b C. Weber: From Anatomy to Zoology: Results on the History of University Collections Based on Trans-Disciplinary Research. *University Museums and Collections Journal* 3 (2010), S. 121–126.

Weisser 2019 B. Weisser: Numismatiker in Deutschland. Zur Situation im Jahre 2019. *Geldgeschichtliche Nachrichten* 54 (2019), S. 264–277.

Weisser 2020 B. Weisser (Hrsg.): *Münzkabinett. Menschen, Münzen, Medaillen.* Berlin 2020.

Weisser 2023 B. Weisser: Das Münzkabinett der Staatlichen Museen zu Berlin (Preußischer Kulturbesitz) in den Jahren 2021 und 2022. *Online Zeitschrift zur antiken Numismatik* 5 (2023), S. 15–35, uni-muenster.de/Ejournals/index.php/ozean/article/view/5047.

Weisser & Kluge 2020 B. Weisser & B. Kluge: Mitarbeiter im Münzkabinett. In: B. Weisser (Hrsg.): *Münzkabinett. Menschen Münzen Medaillen.* Berlin 2020, S. 203–214.

Wienand 2018 J. Wienand: Ein numismatisches Museum im Netz: Neue technische Entwicklungen aus dem Bereich der universitären Lehre. *Numismatisches Nachrichtenblatt* 67/5 (2018), S. 1–3.

Wissenschaftsrat 2011 Wissenschaftsrat (Hrsg.): *Empfehlungen zu wissenschaftlichen Sammlungen als Forschungsinfrastrukturen,* Drs. 10464–11, Berlin 28. 1. 2011, wissenschaftsrat.de/download/archiv/10464-11.pdf.

Wolters & Ziegert 2017 R. Wolters und M. Ziegert (Hrsg.): *Numismatik lehren in Europa. Beiträge der internationalen Tagung vom 14.–16. Mai 2015 aus Anlass des 50-jährigen Bestehens des Instituts für Numismatik und Geldgeschichte der Universität Wien.* Wien 2017.

Sämtliche Verweise auf Internetressourcen in diesem Beitrag wurden vor der Drucklegung geprüft.

Konsultierte Aktenbestände und Archive

Amsterdam

Rijksmuseum

Basel

Basler Mission, Archiv

Berlin

Bundesarchiv
Deutsches Archäologisches Institut, Zentrale
Geheimes Staatsarchiv Preußischer Kulturbesitz
Humboldt-Universität zu Berlin, Universitätsarchiv
Landesarchiv Berlin
Staatliche Museen zu Berlin, Münzkabinett
Staatliche Museen zu Berlin, Zentralarchiv
Staatsbibliothek zu Berlin

Bochum

Ruhr-Universität Bochum, Münzsammlung
Ruhr-Universität Bochum, Universitätsarchiv

Budapest

Eötvös Loránd Universität, Numismatische Sammlung
Ungarisches Nationalmuseum

Düsseldorf

Heinrich-Heine-Universität Düsseldorf, Lehrstuhl für Alte Geschichte
Heinrich-Heine-Universität Düsseldorf, Universitätsarchiv

Dresden

Hauptstaatsarchiv Dresden – Sächsisches Staatsarchiv
Staatliche Kunstsammlungen Dresden, Münzkabinett

Erlangen

Friedrich-Alexander-Universität Erlangen, Antikensammlung
Friedrich-Alexander-Universität Erlangen, Universitätsbibliothek

Frankfurt

Goethe-Universität Frankfurt am Main, Institut für Archäologische Wissenschaften II.

Freiberg

TU Bergakademie Freiberg, Universitätsarchiv
TU Bergakademie Freiberg, Universitätsbibliothek

Gießen

Justus-Liebig-Universität Gießen, Antikensammlung
Justus-Liebig-Universität Gießen, Universitätsarchiv
Justus-Liebig-Universität Gießen, Universitätsbibliothek

Gotha

Landesarchiv Thüringen – Staatsarchiv Gotha
Universität Erfurt, Forschungsbibliothek Gotha

Göttingen

Georg-August-Universität Göttingen, Archäologisches Institut
Georg-August-Universität Göttingen, Ethnologisches Institut
Georg-August-Universität Göttingen, Kunstsammlung
Georg-August-Universität Göttingen, Universitätsarchiv
Georg-August-Universität Göttingen, Universitätsbibliothek
Stadtarchiv Göttingen

Graz

Universität Graz, Institut für Antike

Greifswald

Universität Greifswald, Akademisches Münzkabinett
Universität Greifswald, Gustaf-Dalman-Institut
Universität Greifswald, Kustodie
Universität Greifswald, Universitätsarchiv
Universität Greifswald, Universitätsbibliothek

Halle

Martin-Luther-Universität Halle-Wittenberg, Archäologisches Museum
Martin-Luther-Universität Halle-Wittenberg, Universitätsarchiv
Martin-Luther-Universität Halle-Wittenberg, Universitäts- und Landesbibliothek
Martin-Luther-Universität Halle-Wittenberg, Zentrale Kustodie

Hamburg

Museum für Hamburgische Geschichte, Bibliothek

Hannover

Niedersächsisches Landesarchiv

Heidelberg

Ruprecht-Karls-Universität Heidelberg, Münzsammlung
Ruprecht-Karls-Universität Heidelberg, Universitätsarchiv

Jena

Friedrich-Schiller-Universität Jena, Akademisches Münzkabinett
Friedrich-Schiller-Universität Jena, Lehrstuhl für Klassische Archäologie
Friedrich-Schiller-Universität Jena, Orientalisches Münzkabinett
Friedrich-Schiller-Universität Jena, Thüringer Universitäts- und Landesbibliothek
Friedrich-Schiller-Universität Jena, Universitätsarchiv
Städtische Museen Jena

Karlsruhe

Landesarchiv Baden-Württemberg, Abt. Generallandesarchiv Karlsruhe

Kiel

Antikensammlung · Kunsthalle zu Kiel, Münzkabinett
Christian-Albrechts-Universität zu Kiel, Universitätsarchiv im Landesarchiv Schleswig-Holstein

Leipzig

Universität Leipzig, Kunstsammlung
Universität Leipzig, Münzsammlung
Universitätsbibliothek Leipzig

London

British Library
British Museum

München

Bayerische Staatsbibliothek

Münster

LWL-Museum für Kunst und Kultur, Münzkabinett
Universität Münster, Archäologisches Museum
Universität Münster, Forschungsstelle Antike Numismatik
Universität Münster, Universitätsarchiv

Nördlingen

Stadtarchiv

Poznań

Archiwum Państwowe w Poznaniu (Staatsarchiv Posen)

Regensburg

Staatliche Bibliothek Regensburg

Rostock

Universität Rostock, Heinrich-Schliemann-Institut
Universität Rostock, Universitätsarchiv
Universität Rostock, Universitätsbibliothek

Schwerin

Landeshauptarchiv Schwerin

Strasbourg

Archives d'Alsace, site de Strasbourg (ehemals: Archives départementales du Bas-Rhin)
Bibliothèque Nationale et Universitaire
Université de Strasbourg, Faculté des Sciences Historiques, Instituts d'Histoire Grecque et Romaine, Collection numismatique

Stuttgart

Württembergische Landesbibliothek – Stefan George Archiv

Tübingen

Eberhard Karls Universität Tübingen, Forschungsstelle für Islamische Numismatik Tübingen
Eberhard Karls Universität Tübingen, Institut für Klassische Archäologie
Eberhard Karls Universität Tübingen, Universitätsarchiv

Weimar

Goethe- und Schiller-Archiv – Klassik Stiftung Weimar
Hauptstaatsarchiv Weimar – Landesarchiv
Herzogin Anna Amalia Bibliothek – Klassik Stiftung Weimar

Wien

Universität Wien, Institut für Numismatik und Geldgeschichte

Wolfenbüttel

Herzog August Bibliothek Wolfenbüttel

Würzburg

Julius-Maximilians-Universität Würzburg, Münzsammlung
Julius-Maximilians-Universität Würzburg, Universitätsarchiv

Zürich

Kanton Zürich, Staatsarchiv

Numismatische Sammlungsbestände öffentlicher Einrichtungen

Berücksichtigt sind im vorliegenden Band erwähnte öffentliche Einrichtungen mit numismatischen Sammlungsbeständen, einschließlich aufgelöster Sammlungen sowie kirchliche Einrichtungen und königliche/fürstliche Sammlungen. Private Sammlungsbestände sind im Personenindex berücksichtigt.

Personen

Berücksichtigt sind die im Band genannten Akteure rund um die Geschichte universitärer Münzsammlungen vom 16. Jahrhundert bis heute, darunter Wissenschaftler und Studierende, Archivare und Bibliothekare, Direktoren und Kuratierende, Akteure aus Politik und öffentlicher Verwaltung, Fürsten, Diplomaten und Mäzene, Kleriker und Missionare, Geschäftsreisende und Münzhändler, private Sammler und Stifter, Korrespondenzpartner und viele weitere Personen. Seitenangaben mit Sternchen (*) markieren Verweise auf private numismatische Sammlungen der entsprechenden Personen bzw. auf deren Eigenschaft als Vorbesitzer numismatischer Objekte. Auch die zahlreichen Personen, denen die Autorinnen und Autoren für Rat und Tat zu Dank verpflichtet sind, zählen zu den weiten Netzwerken rund um die universitären Münzsammlungen und sind ebenfalls aufgenommen. Seitenangaben mit hochgestelltem »D« markieren entsprechende Verweise auf Danksagungen.

Für wertvolle Unterstützung bei der Recherche danken wir Hadrien J. Rambach, Huda Subeh und vor allem Eckhard Wirbelauer.

Münzfunde

Berücksichtigt sind im vorliegenden Band erwähnte Münzfunde mit Angabe (a) spezifischer Fundorte bzw. (b) bestimmter Fundregionen. Für Erwähnungen von Funden ohne Nennung von Ort oder Region siehe (c) Münzfunde allgemein.

(a) Spezifische Orte

(b) Regionen (Länder, Gebiete, historische Regionen)

(c) Münzfunde allgemein